STAUFFER/SCHAETZLE
Barwerttafeln

BARWERTTAFELN

von

Dr. Wilhelm Stauffer †
Bundesrichter in Lausanne

Dr. Theo Schaetzle
Versicherungsmathematiker in Zürich

Dr. Marc Schaetzle
Rechtsanwalt in Zürich

Vierte, vollständig neubearbeitete und erweiterte Auflage

Schulthess Polygraphischer Verlag, Zürich 1989

1. Auflage 1948
2. Auflage 1958
3. Auflage 1970
4. Auflage 1989
(abgeschlossen im Oktober 1988)

Die Barwerttafeln sind urheberrechtlich geschützt. Jede auch nur auszugsweise Vervielfältigung der Tafeln oder des Textteils durch technische oder manuelle Verfahren ist nur mit ausdrücklicher und schriftlicher Genehmigung der Autoren oder des Verlags gestattet.

© Schulthess Polygraphischer Verlag AG, Zürich 1989
ISBN 3 7255 2662 1

In Erinnerung
an unseren Schwieger- und Grossvater

WILHELM STAUFFER

6.3.1893 – 10.4.1986

Zitiervorschlag:

Stauffer/Schaetzle
Barwerttafeln
4. Auflage 1989

Die vierte Auflage der Barwerttafeln erscheint 1990
in französischer Sprache unter dem Titel

Tables de capitalisation

Die deutsche und die französische Ausgabe
weisen die gleiche Numerierung der Randnoten (N) auf.

Vorwort

zur vierten Auflage

Barwerttafeln werden benützt, um Entschädigungen für dauernde Erwerbsunfähigkeit und für den Verlust des Versorgers zu berechnen. Sie sind aber auch für die Kapitalisierung periodischer Leistungen und für die Verrentung eines Kapitals in zahlreichen anderen Rechtsgebieten wie im Familien-, Erb-, Sachen- und Steuerrecht verwendbar.

Seit 30 Jahren werden in der Schweiz Invaliditäts- und Versorgungsschäden mittels unserer Barwerttafeln kapitalisiert. Die vierte Auflage basiert einerseits auf der Sterbetafel AHV VIbis, anderseits auf der schweizerischen Invaliditätsstatistik des Bundesamtes für Sozialversicherung, unter Berücksichtigung der Erwerbsstatistik des Bundesamtes für Statistik.

Wir haben versucht, die neue Auflage möglichst praxisorientiert zu gestalten, um den Gebrauch dieses teils juristischen, teils mathematischen Handbuchs zu erleichtern. Die Berechnungsbeispiele sind stark ausgebaut. Der Tabellenteil ist insbesondere wegen des 1979 eingeführten Regressrechtes der AHV und IV erweitert.

Die publizierten Kapitalisierungsfaktoren gelten für eine Jahresrente von einem Franken (d. h. nicht mehr für 100 Franken, wie in der 3. Auflage, so dass die Division durch 100 entfällt).

Die Tabellen sind in Zusammenarbeit und auf der EDV-Anlage der Libera Pensionskassen-Beratung in Zürich berechnet worden.

Den vielen Kollegen in amtlichen und privaten Stellungen, die uns erneut mit Rat und Tat zur Seite standen, sprechen wir unseren besten Dank aus.

Zürich, im Dezember 1988

THEO und MARC SCHAETZLE

Inhaltsübersicht

		Seite
	Gebrauchsanleitung	X
	Inhaltsverzeichnis	XII

Erster Teil	**Einleitung**	1
Zweiter Teil	**Beispiele**	*(gelb)*
	Körperverletzung: *Beispiele* ① – ⑲	15
	Tötung: *Beispiele* ⑳ – ㊴	79
	Ausserhalb des Haftpflichtrechts: *Beispiele* ㊵ – ㊶	148
Dritter Teil	**Erläuterungen**	213
	Kapitalisierung im Haftpflichtrecht	216
	Schaden infolge Körperverletzung	238
	Schaden infolge Tötung	255
	Kapitalisierung ausserhalb des Haftpflichtrechts	279
Vierter Teil	**Grundlagen**	287
	Rechnungsgrundlagen	290
	Elemente der Kapitalisierung	310
	Beschreibung der Tafeln	340
Fünfter Teil	**Tafeln**	363
	Aktivitätstafeln	*(braun)*
	Mortalitätstafeln	*(rot)*
	Zusatztafeln	*(blau)*
Anhang	Literaturverzeichnis	652
	Entscheidungsregister	657
	Mathematische Beschreibung der Tafeln	664
	Abkürzungsverzeichnis	672
	Sachregister	674

Gebrauchsanleitung

Die Barwerttafeln enthalten im fünften Teil Tabellen für die Kapitalisierung von Renten (Tafeln 18−52). Der Barwert, d. h. der heutige Wert von zukünftigen, periodischen Leistungen, wird durch Multiplikation des Jahresbetrages der Rente mit dem entsprechenden Kapitalisierungsfaktor, der aus der massgebenden Tafel abgelesen wird, berechnet.

	Beispiele	**Tafeln**
Schaden infolge Körperverletzung		Aktivität *(braun)*
Mann wird verletzt		
Aktivitätsdauer	①	20
bis AHV-Alter	②	18
Frau wird verletzt		
Aktivitätsdauer	⑤	20
bis AHV-Alter	⑥	19
Haushaltarbeit	⑦	20a
Kind wird verletzt	⑨ ⑩	21 22
Veränderlicher Erwerbsausfall	⑪ ⑫	21 − 24
Sozialversicherungsregress	⑯ − ⑲	18 − 24, 26b
Schaden infolge Tötung		
Mann versorgt Frau	⑳ − ㉒	25 26
Mann versorgt Frau und Kinder	㉓ ㉔	und 23
Frau versorgt Mann	㉖ − ㉘	27 28
Frau versorgt Mann und Kinder	㉙ ㉚	und 24
Wiederverheiratung	㉒	N 843 ff
Sozialversicherungsregress	㊲ − ㊴	25 − 28

Kapitalisierung in anderen Rechtsgebieten

	Beispiele	Tafeln
Familienrecht	㊵ – ㊼	Mortalität
Erbrecht	㊽ ㊾	
Sachenrecht	㊿ – 54	*(rot)*
Vertragsrecht	55 56	
Personalvorsorge	57 – 61	30 – 37
Steuerrecht	62 – 64	*(blau)*
Verwaltungsrecht	65	44 45
Sicherheitsleistung	66	Zeitrenten
Prozessrecht	67	
Konkursrecht	68	*(blau)*
Zinseszinsrechnungen	69 70	50

Inhaltsverzeichnis

	Seite	Note
Vorwort	VII	
Inhaltsübersicht	IX	
Gebrauchsanleitung	X	

Erster Teil **Einleitung**

	Seite	Note
1. Kapitalisierung	4	1
2. Barwerttafeln	5	9
3. Ausgestaltung	5	
a) Rechnungsgrundlagen	5	13
b) Änderungen gegenüber der dritten Auflage	6	16
4. Anwendung	6	
a) Im Haftpflichtrecht	6	17
b) In anderen Rechtsgebieten	8	29
c) Zuschnitt auf schweizerische Verhältnisse	9	42

Zweiter Teil **Beispiele** (gelbe Seiten)

	Seite	Note
Übersicht	13	
Vorbemerkungen	14	43

I. Kapitalisierung bei Körperverletzung

	Seite	Note
Verzeichnis der Beispiele	15	53
Schema zur Berechnung des Invaliditätsschadens	16	54

	Seite	Beispiel
Mann wird verletzt		
Erwerbstätiger wird verletzt	17	①
Schadensberechnung	17	①a
IV-Regress	20	①b
IV- und UV-Regress	22	①c
Erwerbsausfall bis zur mutmasslichen Pensionierung	24	②
Schadensberechnung	24	②a
Sozialversicherungsregress	26	②b
Erwerbstätiger mit Nebenverdienst wird verletzt	28	③
Erwerbsausfall und Pensionsschaden	30	④
Frau wird verletzt		
Erwerbstätige wird verletzt	32	⑤
Schadensberechnung	32	⑤a
Sozialversicherungsregress	34	⑤b
Erwerbsausfall bis zur mutmasslichen Pensionierung	36	⑥
Hausfrau wird verletzt	38	⑦
Teilzeiterwerbstätige wird verletzt	40	⑧
Kind wird verletzt		
Knabe oder Mädchen wird verletzt	43	⑨
Schadensberechnung	43	⑨a
IV-Regress	45	⑨b
Verzögerter Erwerbsbeginn	46	⑩
Veränderlicher Erwerbsausfall		
Steigender Erwerbsausfall	48	⑪
Sinkender Erwerbsausfall	51	⑫
Zeitpunkt der Kapitalisierung		
Bisheriger und zukünftiger Invaliditätsschaden	54	⑬

Kostenersatz	Seite	Beispiel
Pflege- und Heilungskosten	56	⑭
Schadensberechnung	56	⑭a
IV-Regress für Hilflosenentschädigung	58	⑭b
Hilfsmittel und Prothesen	59	⑮

Regress und Teilhaftung		
IV-Regress für Renten	61	⑯
IV-Regress bei Teilhaftung	65	⑰
IV- und UV-Regress	69	⑱
UV-Regress	74	⑲
Volle Haftung	74	⑲a
Teilhaftung und Kontrolle	76	⑲b

II. Kapitalisierung bei Tötung

	Seite	
Verzeichnis der Beispiele	79	
Schema zur Berechnung des Versorgungsschadens	80	

Mann wird getötet

	Seite	Beispiel
Erwerbstätiger Mann versorgt Frau	82	⑳
Schadensberechnung	82	⑳a
AHV-Regress	84	⑳b
Erwerbstätiger versorgt Frau bis zu seiner Pensionierung	86	㉑
Schadensberechnung	86	㉑a
AHV-Regress	89	㉑b
AHV- und UV-Regress	90	㉑c
Erwerbstätiger versorgt Frau mit Eigenerwerb; Wiederverheiratung	92	㉒
Erwerbstätiger versorgt Frau und Kind	95	㉓
Erwerbstätiger versorgt Frau und Kinder	97	㉔
Rentner versorgt Frau	100	㉕

	Seite	Beispiel
Frau wird getötet		
Erwerbstätige Frau versorgt Mann	102	㉖
Hausfrau versorgt Mann	104	㉗
Erwerbstätige Hausfrau versorgt Mann	106	㉘
Frau versorgt Mann und Kind	108	㉙
Erwerbstätige Hausfrau versorgt Mann und Kinder	110	㉚
Frau im AHV-Alter versorgt Mann	113	㉛
Kind wird getötet		
Tochter versorgt Vater	115	㉜
Sohn wird Mutter versorgen	117	㉝
Veränderlicher Versorgungsausfall		
Versorgungsschaden bei steigendem Einkommen	119	㉞
Versorgung von Frau und mehreren Kindern	122	㉟
Zeitpunkt der Kapitalisierung		
Bisheriger und zukünftiger Versorgungsschaden	125	㊱
Regress und Teilhaftung		
AHV-Regress für Witwen- und Waisenrenten	129	㊲
AHV- und UV-Regress für Hinterlassenenrenten	132	㊳
AHV- und UV-Regress bei Teilhaftung	141	㊴

III. Kapitalisierung ausserhalb des Haftpflichtrechts

	Seite	Beispiel
Verzeichnis der Beispiele	148	
Vorbemerkungen	150	

Familienrecht

Ehescheidung
Unterhaltsersatzanspruch des geschiedenen Gatten (ZGB 151–153)

	Seite	Beispiel
— lebenslänglicher Unterhaltsanspruch	152	40
— abgestufter Unterhaltsanspruch	156	41
— zeitlich begrenzter Unterhaltsanspruch	158	42
— Entschädigung für entgangene Anwartschaft	162	43
Unterhaltsbeitrag für das Kind (ZGB 156 II/276 ff)	164	44

Güterrechtliche Auseinandersetzung (ZGB 207 II/237)

	Seite	Beispiel
— Kapitalleistung wegen Arbeitsunfähigkeit	166	45
— Kapitalleistung einer Vorsorgeeinrichtung	168	46

Kindesrecht

	Seite	Beispiel
— Unterhaltsanspruch des Kindes (ZGB 287/288)	170	47

Erbrecht

	Seite	Beispiel
Nutzniessungsvermächtnis (ZGB 473)	173	48
Herabsetzung (ZGB 530)	176	49

Sachenrecht

Wohnrecht (ZGB 776)

	Seite	Beispiel
— lebenslängliches Wohnrecht	178	50
— Wohnrecht eines Ehepaares	179	51
Nutzniessung (ZGB 745)	181	52
Baurecht (ZGB 779)	182	53
Quellenrecht (ZGB 780)	184	54

Vertragsrecht	**Seite**	**Beispiel**
Leibrentenvertrag (OR 516)	185	(55)
Verpfründung (OR 521)	187	(56)
Personalvorsorge		
Laufende Altersrente	189	(57)
Anwartschaft auf Altersrente	190	(58)
Anwartschaft auf Witwenrente	191	(59)
Deckungskapital	193	(60)
Umwandlung einer Kapitalabfindung in eine Rente	194	(61)
Steuerrecht		
Erbschafts- und Schenkungssteuer	196	(62)
Vermögenssteuer	198	(63)
Einkommenssteuer	199	(64)
Verwaltungsrecht		
Enteignung	200	(65)
Sicherheitsleistung		
Sicherstellung einer Rente	202	(66)
Prozessrecht		
Streitwertberechnung	205	(67)
Konkursrecht		
Konkurs eines Pfrundgebers	207	(68)
Zinseszinsrechnungen		
Sparen	208	(69)
Abzahlung einer Schuld	209	(70)

Dritter Teil Erläuterungen

Seite Note

I. Kapitalisierung im Haftpflichtrecht

		Seite	Note
	Literaturhinweise	216	532
1.	Schadenausgleich bei Personenschäden	218	533
	A. Schaden	218	536
	B. Schadensberechnung	219	541
	C. Schadenersatz	220	549
	D. Subrogation	220	554
2.	Kapital oder Rente	224	
	A. Kapitalabfindung als Regel	224	576
	B. Schadenersatz in Rentenform	226	
	a) Festsetzung der Rentendauer und Rentenhöhe	226	595
	b) Indexierung von Schadenersatzrenten?	228	606
	c) Umwandlung von Aktivitäts- und Verbindungsrenten in lebenslängliche Renten	229	611
3.	Kapitalisierungsmethode	231	
	A. Kapitalisierungstabellen	231	619
	B. Aktivitätstafeln	232	627
	C. Zukünftiger Schaden	235	644
	– Reallohnerhöhung	236	649
	– Geldentwertung	236	653

II. Schaden infolge Körperverletzung

1.	Anspruchsgrundlagen	238	659
2.	Invaliditätsgrad	239	668
	– Erschwerung des wirtschaftlichen Fortkommens	241	679
	– Krankhafte Veranlagung	241	681
3.	Erwerbs- und Arbeitsausfall	242	
	a) Mutmasslicher Schaden	242	684
	b) Erwerbsausfall	242	688
	c) Arbeitsausfall	244	700

		Seite	Note
4.	Dauer des Invaliditätsschadens	246	707
	– Verkürzung der Lebenserwartung	247	718
5.	Zeitpunkt der Kapitalisierung	248	
	– Bisheriger und zukünftiger Schaden	248	722
	– Schadenszins	249	728
6.	Sozialversicherungsregress	250	730
	A. Eidg. Invalidenversicherung (IV)	250	731
	B. Obligatorische Unfallversicherung (UV)	252	742
7.	Ersatz der Kosten	253	749
	a) Pflege- und Heilungskosten	253	752
	b) Hilfsmittel und andere wiederkehrende Kosten	254	756

III. Schaden infolge Tötung

		Seite	Note
1.	Anspruchsgrundlagen	255	764
2.	Versorgungsausfall	256	770
	A. Versorgung aus Geldmitteln	257	773
	B. Versorgung aus Naturalleistungen	260	790
3.	Mehrere Versorgte	261	796
	A. Getrennte Ansprüche	261	797
	B. Versorgungsquoten bei mehreren Versorgten	261	799
	C. Vereinfachte Rechnung mit Durchschnittsquoten	264	811
4.	Versorgungsdauer	266	817
	a) Versorgung aus Erwerbseinkommen	267	821
	b) Versorgung durch Haushaltführung	268	829
	c) Versorgung aus Vermögen oder Renten	268	830
	d) Versorgung von Kindern	268	831
	e) Versorgung der Eltern	269	835
	f) Versorgung aus verschiedenen Quellen	270	840
	g) Versorgung Mehrerer	270	842
5.	Wiederverheiratung oder Scheidung	270	
	A. Abzug wegen möglicher Wiederverheiratung	270	843
	B. Scheidungswahrscheinlichkeit	274	859
6.	Zeitpunkt der Kapitalisierung	275	862
7.	Sozialversicherungsregress	276	867
	A. Alters- und Hinterlassenenversicherung (AHV)	276	868
	B. Obligatorische Unfallversicherung (UV)	277	878

IV. Kapitalisierung ausserhalb des Haftpflichtrechts   Seite   Note

1. Anwendung   279   885
   a) Auskauf oder Ablösung einer Rente   279   889
   b) Wertvergleich zwischen Rente und Kapital   280   896
   c) Sicherheitsleistung für eine Rente   281   900
   d) Streit- und Steuerwert   281   901
   e) Verrentung, insbesondere Rentenkauf   281   902
2. Barwerttafeln und andere Tabellen   282   903
3. Hinweise zur Kapitalisierung   284   914
   a) Rentendauer   284   916
   b) Kapitalisierungszinsfuss   286   932
   c) Zahlungsweise   286   934
   d) Kein Abzug für Vorteile der Kapitalabfindung   286   935

Vierter Teil   Grundlagen der Barwerttafeln

I. Rechnungsgrundlagen

   Literaturhinweise   290   936
1. Statistische Durchschnittswerte   290   937
2. Mortalität   292
   A. Sterbetafeln   292
      a) Volks- und AHV-Sterbetafeln   292   946
      b) Sterbetafel AHV VIbis 293   951
   B. Anwendung   293   954
   C. Vergleiche   294   960

		Seite	Note
3.	Aktivität		
	A. Notwendigkeit von Aktivitätstafeln	296	965
	B. Aktivitätsstatistik	297	970
	– Teilinvalidität	298	975
	– Verschiedene Berufe	298	977
	C. Anwendung	299	983
	– Rücktrittswahrscheinlichkeit	300	989
	– Arbeit im eigenen Haushalt	301	999
	D. Vergleiche	304	1011
4.	Verheiratung	306	1019
	– Wiederverheiratung von Verwitweten	306	1020
	– Wiederverheiratung von Geschiedenen	308	1030
	– Heiratshäufigkeit von Ledigen	308	1032
	– Scheidungswahrscheinlichkeit	309	1033

II. Elemente der Kapitalisierung

1.	Kapitalisierungsfaktoren	310	1036
2.	Rentendauer	311	1042
	A. Leibrente	313	1045
	B. Aktivitätsrente	313	1051
	C. Temporäre Rente	314	1056
	D. Aufgeschobene Rente	315	1060
	E. Verbindungsrente	316	1066
	F. Zeitrente	318	1071
	G. Ewige Rente	319	1079
3.	Rentenhöhe	320	
	A. Jahresbetrag der Rente = 1	320	1083
	B. Konstante Rente	320	1088
	C. Veränderliche Rente	321	1093
	Erste Methode: Umwandlung in konstante Renten	322	1100
	Zweite Methode: Aufgeschobene und temporäre Renten	323	1104
	Dritte Methode: Genaue Rechnung mit Tafeln 40/41	324	1112
	Vierte Methode: Wahl eines anderen Zinsfusses	324	1115

			Seite	Note
4.	Zinsfuss		325	
	A.	Diskontierung	325	1118
	B.	Kapitalertrag	325	1121
	C.	Geldentwertung	326	1124
	D.	Zinsfuss im Haftpflichtrecht	327	1132
	E.	Zinsfuss in anderen Rechtsgebieten	329	1142
		a) Kapitalisierung mit dem Nominalzins	329	1143
		b) Kapitalisierung mit dem Realzins	329	1146
		c) Kapitalisierung mit vorgegebenem Zinsfuss	330	1151
	F.	Umrechnung auf andere Zinsfüsse	330	1152
		Erste Methode: Mit Korrekturfaktoren	331	1156
		Zweite Methode: Vergleich von Aktivitätsrenten mit Leibrenten	332	1161
		Dritte Methode: Vergleich von temporären Renten mit Zeitrenten	332	1164
		Vierte Methode: Inter- oder Extrapolation	333	1168
		Zinsfuss 0%	333	1173
5.	Zahlungsweise		334	
	A.	Monatlich vorschüssige Zahlungsweise	334	1174
	B.	Umrechnung bei anderen Zahlungsarten	335	
		a) für Aktivitäts- und Leibrenten	335	1179
		b) für Zeitrenten	336	1184
6.	Altersbestimmung		337	1187
	A.	Rundungsmethoden	338	1190
	B.	Interpolation	339	1194
	C.	Alter am Rechnungstag	339	1197

III. Beschreibung der Tafeln

1.	Numerierung der Tafeln	340	
	– Gliederung der Tafeln	340	1199
	– Numerierung der Aktivitäts- und Mortalitätstafeln	341	1200
	– Konkordanz zur dritten Auflage	342	1201
2.	Beschreibung der einzelnen Tafeln	343	
	A. Aktivitätstafeln $\boxed{18}-\boxed{29}$ (braune Seiten)	343	1203
	B. Mortalitätstafeln $\boxed{30}-\boxed{39}$ (rote Seiten)	350	1248
	C. Zusatztafeln $\boxed{40}-\boxed{52}$ (blaue Seiten)	354	1275
3.	Fehlende Tafeln und Näherungsverfahren	360	1321

Fünfter Teil Tafeln

Anleitung zur Kapitalisierung   Seite 364

Aktivitätstafeln (braune Seiten)
Tables d'activité (pages brunes)

	Tafel/Table
Barwert einer temporären Aktivitätsrente bis Schlussalter — Männer *Valeur actuelle d'une rente temporaire d'activité jusqu'à l'âge-terme — hommes*	18
Barwert einer temporären Aktivitätsrente bis Schlussalter — Frauen *Valeur actuelle d'une rente temporaire d'activité jusqu'à l'âge-terme — femmes*	19
Barwert einer sofort beginnenden Aktivitätsrente — Männer und Frauen *Valeur actuelle d'une rente immédiate d'activité — hommes et femmes*	20
Barwert einer sofort beginnenden Rente — Männer und Frauen Mittelwert Aktivität/Mortalität *Valeur actuelle d'une rente immédiate — hommes et femmes* *Valeur moyenne entre activité et mortalité*	20a
Barwert einer aufgeschobenen Aktivitätsrente — Männer *Valeur actuelle d'une rente différée d'activité — hommes*	21
Barwert einer aufgeschobenen Aktivitätsrente — Frauen *Valeur actuelle d'une rente différée d'activité — femmes*	22
Barwert einer temporären Aktivitätsrente für eine bestimmte Dauer — Männer *Valeur actuelle d'une rente temporaire d'activité pour une certaine durée — hommes*	23
Barwert einer temporären Aktivitätsrente für eine bestimmte Dauer — Frauen *Valeur actuelle d'une rente temporaire d'activité pour une certaine durée — femmes*	24

	Tafel/Table
Barwert einer Verbindungsrente für aktiven Versorger, solange weibliche Versorgte lebt *Valeur actuelle d'une rente sur deux têtes — soutien actif masculin et femme soutenue*	25
Barwert einer temporären Verbindungsrente bis Alter 65 des aktiven Versorgers, solange weibliche Versorgte lebt *Valeur actuelle d'une rente temporaire sur deux têtes jusqu'à l'âge de 65 ans du soutien actif masculin ou jusqu'au décès de la femme soutenue*	26
Barwert einer temporären Verbindungsrente für aktiven Versorger bzw. bis Alter 62 der weiblichen Versorgten *Valeur actuelle d'une rente temporaire sur deux têtes jusqu'à la fin de l'activité du soutien actif masculin ou jusqu'à l'âge de 62 ans de la femme soutenue*	26a
Barwert einer temporären Verbindungsrente bis Alter 65 des aktiven Versorgers bzw. bis Alter 62 der weiblichen Versorgten *Valeur actuelle d'une rente temporaire sur deux têtes jusqu'à l'âge de 65 ans du soutien actif masculin ou jusqu'à l'âge de 62 ans de la femme soutenue*	26b
Barwert einer Verbindungsrente für aktive Versorgerin, solange männlicher Versorgter lebt *Valeur actuelle d'une rente sur deux têtes — soutien actif féminin et homme soutenu*	27
Barwert einer Verbindungsrente für aktive Versorgerin, solange männlicher Versorgter lebt Mittelwert Aktivität/Mortalität *Valeur actuelle d'une rente sur deux têtes — soutien actif féminin et homme soutenu* *Valeur moyenne entre activité et mortalité*	27a
Barwert einer temporären Verbindungsrente bis Alter 62 der aktiven Versorgerin, solange männlicher Versorgter lebt *Valeur actuelle d'une rente temporaire sur deux têtes jusqu'à l'âge de 62 ans du soutien actif féminin ou jusqu'au décès de l'homme soutenu*	28
Barwert einer aufgeschobenen Verbindungsrente für Kind als zukünftiger Versorger und weibliche Versorgte *Valeur actuelle d'une rente différée sur la tête d'un enfant (soutien futur) et d'une femme soutenue*	29a
Barwert einer aufgeschobenen Verbindungsrente für Kind als zukünftige Versorgerin und männlichen Versorgten *Valeur actuelle d'une rente différée sur la tête d'un enfant (soutien futur) et d'un homme soutenu*	29b

Mortalitätstafeln (rote Seiten)
Tables de mortalité (pages rouges)

        Tafel/Table

Barwert einer sofort beginnenden, lebenslänglichen Rente — Männer und Frauen   30
Valeur actuelle d'une rente viagère immédiate — hommes et femmes

Barwert einer aufgeschobenen Leibrente — Männer   31
Valeur actuelle d'une rente viagère différée — hommes

Barwert einer aufgeschobenen Leibrente — Frauen   32
Valeur actuelle d'une rente viagère différée — femmes

Barwert einer temporären Leibrente — Männer   33
Valeur actuelle d'une rente temporaire — hommes

Barwert einer temporären Leibrente — Frauen   34
Valeur actuelle d'une rente temporaire — femmes

Barwert einer lebenslänglichen Verbindungsrente — Mann und Frau   35
Valeur actuelle d'une rente viagère sur deux têtes — homme et femme

Barwert einer temporären Verbindungsrente bis Alter 65 des Mannes   36
Valeur actuelle d'une rente temporaire sur deux têtes jusqu'à l'âge de 65 ans de l'homme

Barwert einer temporären Verbindungsrente bis Alter 62 der Frau   37
Valeur actuelle d'une rente temporaire sur deux têtes jusqu'à l'âge de 62 de la femme

Barwert für lebenslängliche Leistungen — Männer
zahlbar alle 2, 3, 4, 5 und 6 Jahre   38
*Valeur actuelle pour prestations viagères — hommes
payables tous les 2, 3, 4, 5 et 6 ans*

Barwert für lebenslängliche Leistungen — Frauen
zahlbar alle 2, 3, 4, 5 und 6 Jahre   39
*Valeur actuelle pour prestations viagères — femmes
payables tous les 2, 3, 4, 5 et 6 ans*

Zusatztafeln (blaue Seiten)
Tables complémentaires (pages bleues)

Ausscheideordnung — Mortalität   40
Ordre de sortie — mortalité

Ausscheideordnung — Aktivität   41
Ordre de sortie — activité

Tafel/Table

Mittlere Lebenserwartung 42
Espérance de vie

Mittlere Dauer der Aktivität 43
Durée moyenne de l'activité

Barwert einer lebenslänglichen Rente — Männer (1% bis 12%) 44
Valeur actuelle d'une rente viagère immédiate — hommes

Barwert einer lebenslänglichen Rente — Frauen (1% bis 12%) 45
Valeur actuelle d'une rente viagère immédiate — femmes

Aufgeschobene Verbindungsrente (Aktivität) — Korrekturfaktoren 46
Rente différée sur deux têtes (activité) — Facteurs de correction

Temporäre Verbindungsrente (Aktivität) — Korrekturfaktoren 47
Rente temporaire sur deux têtes (activité) — Facteurs de correction

Abzinsungsfaktoren (½% bis 6%) 48
Facteurs d'escompte

Aufzinsungsfaktoren (½% bis 6%) 49
Facteurs d'intérêts composés

Barwert einer Zeitrente (½% bis 6%) 50
Valeur actuelle d'une rente certaine

Endwert einer Zeitrente (½% bis 6%) 51
Valeur finale d'une rente certaine

Reziproker Barwert einer Zeitrente (½% bis 6%) 52
Valeur actuelle réciproque d'une rente certaine

Anhang

Seite

I. Literaturverzeichnis 652

II. Entscheidungsregister 657

III. Mathematische Beschreibung der Tafeln
    A. Rechnungsgrundlagen 664
    B. Formeln zum Textteil 665
    C. Formeln zu den Tafeln 667

IV. Abkürzungsverzeichnis 672

V. Sachregister 674

Erster Teil

Einleitung

EINLEITUNG

Übersicht

1. Kapitalisierung

Handbuch zur Kapitalisierung periodischer Leistungen (Note 1f). Barwert und Rente (3f). Elemente der Kapitalisierung (5). Höhe und Dauer einer Rente (6–8).

2. Barwerttafeln

Kapitalisierungsfaktoren (9). Kapitalwert = Faktor x Jahresrente (10). Verrentung (11). Keine mathematischen Kenntnisse vorausgesetzt (12).

3. Ausgestaltung

Rechnungsgrundlagen: Aktualisierte Sterbetafel und Aktivitätsstatistik (13). Zunehmende Lebenserwartung erhöht die Barwerte (14). Die vierte Auflage ersetzt die früheren (15).

Änderungen gegenüber der dritten Auflage (16).

4. Anwendung

Im Haftpflichtrecht: Barwertberechnungen bei Körperverletzung und Tötung (17 f). Handhabung des richterlichen Ermessens (19). Früher Mortalitätstafeln, heute Aktivitätstafeln (20–22). Berücksichtigung konkreter Umstände (23–26). Statistische Wahrscheinlichkeiten als Notbehelf (27). Barwerttafeln zur Berechnung des Sozialversicherungsregresses (28).

In anderen Rechtsgebieten: Kapitalisierung und Verrentung (29). Anwendung im Familienrecht (30), Erbrecht (31), Sachenrecht (32), Vertragsrecht (33), Sozialversicherungsrecht (34), Steuerrecht (35), Verwaltungsrecht (36), für Sicherheitsleistungen (37), im Prozessrecht (38), Konkursrecht (39) sowie für Zinseszinsrechnungen (40). Kapitalisierung von Leib- und Zeitrenten (41).

Zuschnitt auf schweizerische Verhältnisse (42).

EINLEITUNG

1. Kapitalisierung

1 Die Barwerttafeln sind ein anerkanntes **Hilfsmittel** für die Kapitalisierung von Renten.

2 Sie finden in zahlreichen Rechtsgebieten Anwendung, in denen der kapitalisierte Wert einer periodischen Leistung (Rente) zu berechnen ist.

3 Als **Barwert** einer Rente wird das Kapital bezeichnet, das dem heutigen Gegenwert der zukünftigen, periodisch wiederkehrenden Leistungen entspricht. Der Barwert stellt damit den Kapitalwert dar, der zur Abgeltung einer Rente nötig ist.

4 Eine **Rente** ist eine in regelmässigen Zeitabständen wiederkehrende Geldleistung. Den Renten gleichgestellt sind andere periodisch oder kontinuierlich fortlaufend zu erbringende Leistungen wie Nutzniessung, Wohnrecht, Baurecht, Quellenrecht, Betreuung usw.

5 Um derartige Leistungen in ein Kapital umzurechnen, müssen folgende Elemente bekannt sein bzw. angenommen werden:

— die Höhe der periodischen Leistung (Rentenbetrag)

— Dauer, während der die periodische Leistung geschuldet ist (Laufzeit, Beginn und Ende)

— der Kapitalisierungszinsfuss (z. B. 3½%).

6 Die Höhe der Rente kann konstant oder veränderlich sein (z. B. zu- und abnehmen). Grundsätzlich kann jede Rente, selbst eine indexierte, kapitalisiert werden, d. h. ihr Barwert ermittelt werden.

7 Je nach Laufdauer können verschiedene Rentenarten unterschieden werden:

— Rente, die bis zum Tod läuft (sog. Leibrente: N 1045 ff)
— Rente bis Ende Arbeitsfähigkeit (Aktivitätsrente: N 1051 ff)
— Rente bis zu einem bestimmten Lebensalter oder längstens während einer gewissen Dauer (temporäre Rente: N 1056 ff)
— Rente, die erst später beginnt (aufgeschobene Rente: N 1060 ff)
— Rente auf mehrere Leben (Verbindungsrente: N 1066 ff)
— Rente für eine im voraus bestimmte Dauer (Zeitrente: N 1071 ff)
— Rente mit unbegrenzter Laufdauer (ewige Rente: N 1079 ff).

8 **Die (voraussichtliche) Laufdauer der Rente ist ausschlaggebend für die Wahl der zutreffenden Tafel.**

2. Barwerttafeln

9 Die Tafeln enthalten **Kapitalisierungsfaktoren,** die von der Laufzeit der Rente (N 1042 ff), vom Zinsfuss (N 1118 ff) sowie von der Zahlungsart (N 1174 ff) abhängen. Wird der Rentenbetrag in der Höhe einer Jahresrente mit dem Kapitalisierungsfaktor multipliziert, ergibt dies den Kapitalwert im Zeitpunkt der Kapitalisierung, d. h. den Barwert.

10 **Barwert = Faktor × Jahresrente**

11 Mittels der Barwerttafeln kann aber nicht nur eine Rente in ein Kapital (Kapitalisierung), sondern auch ein Kapital in eine Rente (sog. Verrentung) umgerechnet werden. Wird das Kapital durch den Kapitalisierungsfaktor dividiert, resultiert daraus die Jahresrente, d. h. der entsprechende Rentenbetrag für die Dauer eines Jahres.

12 Die Barwerttafeln sind so präsentiert, dass ihre Benützung keine mathematischen Kenntnisse voraussetzt. In der grossen Mehrzahl der Fälle kann unmittelbar auf die Tafeln abgestellt werden, d. h. der Kapitalisierungsfaktor direkt abgelesen oder durch eine einfache Rechnung eruiert werden. Nur ausnahmsweise zeigt sich in der Praxis das Bedürfnis, genauere Rechnungen auszuführen, die versicherungsmathematische Vorkenntnisse verlangen.

3. Ausgestaltung

a) Rechnungsgrundlagen

13 Die vorliegende vierte Auflage basiert auf aktuellen, zuverlässigen Rechnungsgrundlagen, nämlich auf der neusten, extrapolierten **Sterbetafel AHV VI**^{bis} sowie der schweizerischen **Aktivitätsstatistik.** Die Grundwerte sind 1987 berechnet worden und beruhen auf aussagekräftigen und verfeinerten Rechnungsmethoden (→ für die Mortalitätstafeln N 946 ff und für die Aktivitätstafeln N 965 ff).

14 Angesichts der verlängerten Lebenserwartung sind die Barwerte der **Mortalitätstafeln** (Tafeln 30–39 sowie 44/45), insbesondere für höhere Altersklassen, im Vergleich zur dritten Auflage gestiegen (→ N 962). Aufgrund der neuen Aktivitätsstatistik sind fast durchwegs auch die Barwerte der **Aktivitätstafeln** (Tafeln 18–29) höher ausgefallen (→ N 1013). Die Kapitalisierungsfaktoren der temporären Aktivitätsrenten (z. B. Tafeln 18/19) dagegen weisen im Vergleich zu den entsprechenden Barwerten der dritten Auflage nur minimale Unterschiede auf (→ N 1016).

15 In Anbetracht der neuen Rechnungsgrundlagen ist die vorhergehende Auflage überholt.

EINLEITUNG

b) Änderungen gegenüber der dritten Auflage

16   In verschiedener Hinsicht haben sich Anpassungen und Erweiterungen aufgedrängt:

– Die Kapitalisierungsfaktoren in den Tabellen sind neu für eine Jahresrente von 1 berechnet, so dass die Division durch 100 im Unterschied zur dritten Auflage entfällt.

– Neuerungen im Sozialversicherungsrecht (AHV/IV-Regress, UVG, BVG) sowie die jüngste Bundesgerichtspraxis zum Ersatz für entgangene Haushaltarbeit machten zusätzliche Tafeln erforderlich (Tafeln [20a], [26a], [26b], [27a], [38] und [39]).

– Für weitere Anwendungen ausserhalb des Haftpflichtrechts sind die Zusatztafeln ergänzt worden (Tafeln [47], [49], [51] und [52]).

– Die Aktivitätstafeln mit einem Zinsfuss von 4% sind fallen gelassen worden; dafür sind neu die Barwerte von Leibrenten zu einem Zinsfuss von 1% – 12% publiziert (Tafeln [44/45]).

– Die Beispiele sind wesentlich ausgebaut worden. Sie sind im zweiten Teil (auf gelbem Papier) systematisch dargestellt und sollen die Benützung der Barwerttafeln erleichtern.

– Als **Handbuch für die Kapitalisierung periodischer Leistungen** konzipiert, sind nur noch Fragen, die in unmittelbarem Zusammenhang mit Barwertberechnungen stehen, behandelt.

4. Anwendung

a) Im Haftpflichtrecht

17   Barwertberechnungen sind vor allem im Schadenersatzrecht von Nutzen.

18   **Invaliditätsschäden** (OR 46) und **Versorgungsschäden** (OR 45) werden meist in Form eines Kapitals ersetzt. Die zur Anwendung kommenden Regeln der Kapitalisierung bei Körperverletzung und Tötung sind in den Beispielen 1–39 und im dritten Teil erläutert.

19   Die Kapitalisierung stellt eine Art der Handhabe des richterlichen Ermessens zur Berechnung des Schadens dar, der mit Rücksicht auf den gewöhnlichen Lauf der Dinge abzuschätzen ist (OR 42).

20   Bereits zu Beginn dieses Jahrhunderts hat hiefür ein Verfahren Eingang gefunden, das bei Invalidität und Tod «auf gewisse durch die Lebenserfahrung gebotene Faktoren – die Angaben von Mortalitätstabellen – als rationelle Anhaltspunkte für das richterliche Ermessen» abstellt (BGE 29 II 488).

21 An Stelle der früher üblichen Mortalitätstabellen wird seit 1960 der zu kapitalisierende, zukünftige Invaliditäts- und Versorgungsschaden mittels unserer **Aktivitätstafeln** berechnet (→BGE 86 II 7; auf die seitherige, reiche Rechtsprechung wird in den Beispielen verwiesen). Diese Praxis wird von der Doktrin gutgeheissen: →ROLAND BREHM, Berner Komm., Vorbem. zu OR 45/46 N 36–60 (1987), ALFRED KELLER, Haftpflicht im Privatrecht, Band II, S. 38 f (1987) und KARL OFTINGER, Schweizerisches Haftpflichtrecht, Allg. Teil, S. 208 ff (4. Aufl. 1975), je mit zahlreichen Hinweisen.

22 Im allgemeinen lassen sich Invaliditäts- und Versorgungsschäden mit den gebräuchlichen Aktivitätstafeln kapitalisieren. Die Tafel 20 ist bestimmt für die Barwertberechnung von Schadenersatzrenten, die laufen, solange die verletzte Person arbeitsfähig geblieben wäre. Die Tafeln 25 und 27 sind anwendbar für die Kapitalisierung eines Versorgungsschadens, wenn angenommen wird, dass die Unterstützung längstens solange gedauert hätte, als der Versorger bzw. die Versorgerin arbeitsfähig gewesen wäre, und die versorgte Person lebt (Verbindungsrente).

23 Je nach besonderen Umständen kann sich aber auch eine differenziertere Berechnungsweise aufdrängen. Die Tafeln sind so ausgestaltet, dass sie eine entsprechende Kapitalisierung erlauben. So kann beispielsweise mit der Anwendung temporärer Aktivitätsrenten der Rücktrittswahrscheinlichkeit Rechnung getragen werden, wenn angenommen wird, dass die betreffende Person in einem bestimmten Alter pensioniert worden wäre (→ N 633 f). Für diesen Anwendungsfall ist beim Invaliditätschaden eines Mannes die Tafel 18, bei einer Frau die Tafel 19 beizuziehen. Für die Kapitalisierung eines Versorgungsschadens bis zum Alter 65 des Versorgers bzw. Alter 62 der Versorgerin dienen die Tafeln 26 und 28.

24 Für die Arbeit im eigenen Haushalt wird nach der neueren bundesgerichtlichen Praxis auf Mittelwerte zwischen den Aktivitäts- und Mortalitätstafeln abgestellt (BGE 108 II 440 f für den Versorgungsschaden und BGE 113 II 350 ff für den Invaliditätsschaden: N 638 ff). Die entsprechenden, arithmetischen Mittelwerte können aus den Tafeln 20a und 27a abgelesen werden.

25 Die Mortalitätstafeln gelangen im Haftpflichtrecht insbesondere dann zur Anwendung, wenn periodische Leistungen lebenslänglich zu erbringen sind: etwa Hilfsmittel oder Pflegeleistungen (→Beispiele 14 und 15) oder bei Versorgung aus Vermögen oder Pension (→Beispiele 25 und 31).

26 Die Besonderheiten des Einzelfalles sind, soweit möglich, zu berücksichtigen. In der Regel kann den konkreten Umständen durch die Wahl der adäquaten Tafel weitgehend Rechnung getragen werden. Ausnahmsweise können konkrete Anhaltspunkte aber auch ein Abweichen von Durchschnittswerten nahelegen (N 941–943).

27 Die Verwendung von statistischen Mittelwerten bildet zwar einen Notbehelf, ist aber noch immer der geeignetste Weg, um periodische Leistungen in ein Kapital umzurechnen.

28 Wachsende Bedeutung kommt dem **Sozialversicherungsrecht** zu. Heute subrogieren die meisten Sozialversicherungsträger für ihre Invaliden- und Hinterlassenenleistungen (→ die ausführlichen Werke von ALFRED MAURER und ROLAND SCHAER). Die Berechnung des jeweiligen Regresswertes erfolgt mit den Barwerttafeln. Im Vordergrund stehen die Tafeln 18/19 für Invalidenrenten der eidg. Invalidenversicherung und die Tafeln 26a/b für AHV-Witwenrenten, während der Regresswert der Leistungen aus obligatorischer Unfallversicherung regelmässig mit denselben Tafeln wie der Haftpflichtanspruch berechnet wird. Für die Ermittlung des Regressumfangs sowie des verbleibenden Restanspruchs des Geschädigten ist insbesondere der Grundsatz der zeitlichen Kongruenz zu beachten (N 565).

b) Anwendung in anderen Rechtsgebieten

29 Auch in zahlreichen Rechtsbereichen ausserhalb des Haftpflichtrechts kann sich die Notwendigkeit oder Wünschbarkeit von Kapitalwertberechnungen ergeben. So stellen sich Kapitalisierungs- und auch Verrentungsfragen etwa in folgenden Zusammenhängen:

30 – im **Familienrecht** (→ Beispiele 40–47)
Mit welchem Kapitalbetrag kann beispielsweise eine Unterhaltsersatzrente abgegolten werden?

31 – im **Erbrecht** (→ Beispiele 48 und 49)
Verletzt eine testamentarisch verfügte Nutzniessung einen Pflichtteil?

32 – im **Sachenrecht** (→ Beispiele 50–54)
Welches ist der Wert eines Wohn-, Bau- oder Quellenrechts?

33 – im **Vertragsrecht** (→ Beispiele 55 und 56)
Was kostet eine Leibrente oder eine Verpfründung?

34 – im **Sozialversicherungsrecht** (→ Beispiele 57–61)
Welches ist der heutige Wert anwartschaftlicher Altersleistungen?

35 – im **Steuerrecht** (→ Beispiele 62–64)
Wie hoch ist der Steuerwert einer vermachten Nutzniessung?

36 – im **Verwaltungsrecht** (→ Beispiel 65)
Welches ist der Wert eines Baurechts im Enteignungsfall?

37 – mit **Sicherheitsleistungen** (→ Beispiel 66)
In welchem Umfang ist für eine Rente Sicherstellung zu leisten?

38 – im **Prozessrecht** (→ Beispiel 67)
Wie hoch ist der Streitwert einer periodischen Leistung?

39	– im **Konkursrecht** (→ Beispiel 68)

Wieviel beträgt die Konkursforderung, wenn der Verpfründer in Konkurs fällt?

40	– mit **Zinseszinsrechnungen** (→ Beispiele 69 und 70)

Welches ist der Barwert eines verzinslichen Darlehens?

41	Ausserhalb des Schadenausgleichsrechts sind vorab Leib- und Zeitrenten zu kapitalisieren. Die Faktoren für lebenslängliche Renten sind in den Tafeln 44/45, diejenigen für Zeitrenten in der Tafel 50 zu verschiedenen Zinsfüssen tabelliert.

c) Zuschnitt auf schweizerische Verhältnisse

42	Die Rechnungsgrundlagen der Barwerttafeln, d. h. die Sterbetafel AHV VIbis und die neuste Aktivitätsstatistik, basieren auf Auswertungen gesamtschweizerischer Beobachtungsbestände. Infolgedessen sind die Tafeln auf schweizerische Verhältnisse zugeschnitten. Die theoretischen Überlegungen sind indessen allgemein gültig.

Zweiter Teil

Beispiele

Übersicht

Vorbemerkungen (N 43—52)

I. Kapitalisierung bei Körperverletzung   (Beispiele 1—19)   **Beispiel**

Verzeichnis der Beispiele (N 53)
Schema zur Berechnung des Invaliditätsschadens (N 54)
Mann wird verletzt   ①—④
Frau wird verletzt   ⑤—⑧
Kind wird verletzt   ⑨—⑩
Veränderlicher Erwerbsausfall   ⑪—⑫
Zeitpunkt der Kapitalisierung   ⑬
Kostenersatz   ⑭—⑮
Regress und Teilhaftung   ⑯—⑲

II. Kapitalisierung bei Tötung   (Beispiele 20—39)

Verzeichnis der Beispiele (N 198)
Schema zur Berechnung des Versorgungsschadens (N 199)
Mann wird getötet   ⑳—㉕
Frau wird getötet   ㉖—㉛
Kind wird getötet   ㉜—㉝
Veränderlicher Versorgungsausfall   ㉞—㉟
Zeitpunkt der Kapitalisierung   ㊱
Regress und Teilhaftung   ㊲—㊳

III. Kapitalisierung ausserhalb des Haftpflichtrechts   (Beispiele 40—70)

Verzeichnis der Beispiele (N 338)
Vorbemerkungen (N 339—347)
Familienrecht   ㊵—㊼
Erbrecht   ㊽—㊾
Sachenrecht   ㊿—54
Vertragsrecht   55—56
Personalvorsorge   57—61
Steuerrecht   62—64
Verwaltungsrecht   65
Sicherheitsleistung   66
Prozessrecht   67
Konkursrecht   68
Zinseszinsrechnungen   69—70

Vorbemerkungen

43 Die wichtigsten Anwendungsfälle der Barwerttafeln sind nachfolgend in Beispielen aus der Praxis dargestellt. Diese sind möglichst einfach gestaltet und systematisch aufgebaut. Sie zeigen, wie im Einzelfall kapitalisiert werden kann. Massgebend aber sind stets die konkreten Verhältnisse.

44 Eingangs sind jeweils die getroffenen Annahmen kurz umschrieben, wobei die Ausgangsdaten wie Alter und Höhe der periodischen Leistung (z. B. Erwerbs- oder Versorgungsausfall, Sozialversicherungsrente, Unterhaltsbeitrag, Nutzniessung usw.) frei gewählt sind. Sie dienen der Veranschaulichung, um die Kapitalisierungsmethode aufzuzeigen.

45 Aus den sich daraus ergebenden Rechnungsbeispielen kann insbesondere die zu verwendende **Tafel** entnommen werden, die in erster Linie von der Laufdauer der jeweiligen Rente abhängt.

46 In den Bemerkungen wird vorab auf Fragen der Kapitalisierung hingewiesen. Die Rechtsprechungszitate enthalten Angaben über neuere Urteile, die dem gewählten Beispiel entsprechen. Da Kapitalisierungsfragen weitgehend ins richterliche Ermessen fallen, kommt der Kasuistik besonderes Gewicht zu.

47 Ist eine Kapitalisierung durchzuführen, für die kein Beispiel vorliegt, so kann man meist auf die Rechenmethode bei ähnlichen Tatbeständen zurückgreifen.

48 Den haftpflichtrechtlichen Beispielen ist gemäss gefestigter Praxis ein Kapitalisierungszinsfuss von 3½% zugrundegelegt (N 1132 ff). Die übrigen Beispiele sind mit verschiedenen Zinsfüssen gerechnet (N 1142 ff). Zur Umrechnung auf andere Zinsfüsse: → N 1152−1173.

49 Die in den Tafeln angegebenen Kapitalisierungsfaktoren entsprechen einer Jahresrente von einem Franken. (Die Faktoren sind also − im Gegensatz zur dritten Auflage − nicht mehr durch 100 zu dividieren.)

50 Die Faktoren gelten für eine monatlich vorschüssige Zahlungsweise. Für andere Zahlungsweisen: → N 1179−1186.

51 Die Aktivitätstafeln, die vor allem im Schadenersatzrecht benützt werden, sind auf braunem, die Mortalitätstafeln, deren Hauptanwendungsgebiet ausserhalb des Haftpflichtrechts liegt, auf rotem, und die Zusatztafeln auf blauem Papier gedruckt. Wird in den Beispielen auf mehrseitige Tafeln hingewiesen, ist die massgebende Seite wie folgt bezeichnet: Tafel 18[1] = Seite 1 der Tafel 18.

52 Die Randnoten (N) verweisen vor allem auf die ergänzenden Erläuterungen im dritten und vierten Teil.

I. Kapitalisierung bei Körperverletzung

Verzeichnis der Beispiele

	Beispiel
Mann wird verletzt	
Erwerbstätiger wird verletzt	1
– Schadensberechnung	1a
– IV-Regress	1b
– IV- und UV-Regress	1c
Erwerbsausfall bis zur mutmasslichen Pensionierung	2
– Schadensberechnung	2a
– Sozialversicherungsregress	2b
Erwerbstätiger mit Nebenverdienst wird verletzt	3
Erwerbsausfall und Pensionsschaden	4
Frau wird verletzt	
Erwerbstätige wird verletzt	5
– Schadensberechnung	5a
– Sozialversicherungsregress	5b
Erwerbsausfall bis zur mutmasslichen Pensionierung	6
Hausfrau wird verletzt	7
Teilzeiterwerbstätige wird verletzt	8
Kind wird verletzt	
Knabe oder Mädchen wird verletzt	9
– Schadensberechnung	9a
– IV-Regress	9b
Verzögerter Erwerbsbeginn	10
Veränderlicher Erwerbsausfall	
Steigender Erwerbsausfall	11
Sinkender Erwerbsausfall	12
Zeitpunkt der Kapitalisierung	
Bisheriger und zukünftiger Invaliditätsschaden	13
Kostenersatz	
Pflege- und Heilungskosten	14
– Schadensberechnung	14a
– IV-Regress für Hilflosenentschädigung	14b
Hilfsmittel und Prothesen	15
Regress und Teilhaftung	
IV-Regress für Renten	16
IV-Regress bei Teilhaftung	17
IV- und UV-Regress	18
UV-Regress	19
– Volle Haftung	19a
– Teilhaftung und Kontrolle	19b

Schema zur Berechnung des Invaliditätsschadens

Alter (N 1187–1198)	Wie alt ist der Verletzte am Urteils- oder Vergleichstag? Das Alter wird regelmässig auf ganze Jahre auf den Zeitpunkt der Kapitalisierung (= Rechnungstag) ab- oder aufgerundet. Der zukünftige Schaden wird zumeist kapitalisiert, der bisherige konkret berechnet.
Invaliditätsgrad (N 668–683)	In welchem Umfang ist der Verletzte in Zukunft (noch) erwerbs- bzw. arbeitsfähig? Der Invaliditätsgrad bemisst sich nach der zu erwartenden Erwerbseinbusse und wird oft in Prozenten angegeben.
Erwerbsausfall (N 684–706)	Wieviel hätte der Verletzte in Zukunft verdient? Ausgehend von den konkreten Umständen ist das hypothetische, durchschnittliche Jahreseinkommen zu schätzen und anschliessend mit dem Invaliditätsgrad zu multiplizieren. Bestehen Anhaltspunkte für Einkommensänderungen: Ab welchem Alter hätte der Geschädigte wieviel im Jahr mehr oder weniger verdient?
Dauer (N 707–721)	Während welcher Dauer wirken sich die Nachteile der Arbeits- bzw. Erwerbsunfähigkeit aus? Beginn: sofort oder erst später? Ende: Wie lange wäre der Verletzte ohne Unfall erwerbs- oder arbeitstätig gewesen? Solange er arbeitsfähig geblieben wäre oder bis zu seiner wahrscheinlichen Pensionierung?
Kapitalisierung	Die Wahl der zutreffenden Tafel ist abhängig von der Dauer des mutmasslichen Erwerbsausfalls. Die entsprechende Aktivitätstafel aufschlagen und den Kapitalisierungsfaktor für das massgebende Alter ablesen. Kapitalisierungsfaktor × Erwerbsausfall = Invaliditätsschaden
Regress (N 730–748)	Werden Sozialversicherungsleistungen (z. B. Invaliden-, Zusatz- und Komplementärrenten) ausgerichtet, sind diese im Umfang der sachlichen und zeitlichen Kongruenz in Abzug zu bringen. Bei Teilhaftung ist das Quotenvorrecht des Geschädigten zu beachten und der Schaden allenfalls in verschiedene Perioden aufzugliedern (→Beispiele 1b, 17–19). In den übrigen Beispielen ist volle Haftung angenommen.

Vgl. auch die Tafeln 77 ff von KELLER/LANDMANN.

Invaliditätsschaden   **Beispiel 1a**

Erwerbstätiger wird verletzt
Schadensberechnung (ohne Regress)

Ein 35jähriger Kaufmann wird bei einem Verkehrsunfall derart verletzt, dass er sein Geschäft aufgeben muss. Er hätte, so sei angenommen, ohne Unfall in Zukunft ein Durchschnittseinkommen von 70'000 Fr. im Jahr erzielt.
Die Haftungsquote betrage 100%.

Berechnung

Alter des Verletzten am Rechnungstag	37 Jahre
Invaliditätsgrad	100%
mutmasslicher Erwerbsausfall im Jahr	70'000 Fr.
Dauer: längstens bis Ende Aktivität →	Tafel 20
Tafel 20, Alter des Mannes 37 →	Faktor 18.82
Gesamtschaden: 18.82 × 70'000 Fr. =	1'317'400 Fr.

Bemerkungen

55   Beim Invaliditätsschaden ist der jährliche Erwerbsausfall in der Regel als sofort beginnende Rente ab Rechnungstag (= Urteils- oder Vergleichstag) zu kapitalisieren. Zwischen Unfalltag und Rechnungstag verstreichen oft einige Jahre, weshalb in den Beispielen für die Berechnung des Invaliditätsschadens ein höheres Alter als am Unfalltag eingesetzt ist. (Näheres zum Zeitpunkt der Kapitalisierung: →Beispiel 13.)

56   Für die Ermittlung des zukünftigen Erwerbsausfalls und der anzunehmenden Laufdauer der Schadenersatzrente sind die konkreten Umstände im Einzelfall massgebend (BGE 113 II 347, 104 II 308).

57   In den meisten Beispielen wird einfachheitshalber von einem Invaliditätsgrad von 100% ausgegangen. Ist der konkrete Invaliditätsgrad kleiner, so ist die mutmassliche Erwerbseinbusse entsprechend zu reduzieren (→N 668−706).

58   Ist mit bleibender Erwerbsunfähigkeit zu rechnen, so ist im Hinblick auf die Kapitalisierung eine Laufdauer der Rente bis längstens Ende Aktivität oder bis zu einem bestimmten Schlussalter (z. B. Pensionierung) anzunehmen. Im ersten Fall ist mit Tafel 20 zu kapitalisieren; andernfalls ist Tafel 18 für Männer bzw. Tafel 19 für Frauen zu benützen.

BEISPIEL 1a

59 Die Verwendung von Tafel 20 drängt sich insbesondere bei Verletzung von Selbständigerwerbenden und allgemein bei jüngeren Personen auf. Wird dagegen ein Arbeitnehmer invalid, bei dem im konkreten Fall anzunehmen ist, dass er ohne Unfall voraussichtlich längstens bis zu seiner wahrscheinlichen Pensionierung erwerbstätig gewesen wäre, ist eine temporäre Aktivitätsrente zu kapitalisieren (→Beispiel 2).

60 Bestehen Anhaltspunkte, dass der zukünftige Erwerb gestiegen oder gesunken wäre, kann oft ein entsprechendes Durchschnittseinkommen zugrundegelegt werden. Ist jedoch davon auszugehen, dass sich in Zukunft eine wesentliche Einkommensänderung ereignet hätte, so lässt sich der Schaden mit aufgeschobenen bzw. temporären Renten kapitalisieren (→Beispiele 11 und 12). Ist mit einer Erwerbstätigkeit nach der Pensionierung oder einem Nebenverdienst zu rechnen: →Beispiel 3.

61 Werden Sozialversicherungsleistungen ausgerichtet, so ist für die Ermittlung des Rest- oder Direktschadens und für die Ausübung des Rückgriffs der Regresswert der entsprechenden Renten zu berechnen (→Beispiele 1b und 1c sowie 16−19).

Rechtsprechung

62 Beispiele zur Kapitalisierung mit Tafel 20 :

BGE 112 II 118/129: Ein 54jähriger Familienvater, der bei einer «coopérative fruitière» beschäftigt ist, erleidet einen Nervenschock, als er vernimmt, dass zwei Söhne von einem abstürzenden Militärflugzeug getötet, seine Frau und der dritte Sohn verletzt wurden. Er bleibt in der Folge zu 50% arbeitsunfähig.

BGE in JT 1985 I Nr. 37 S. 424 f (n. p. Erw. 3 von BGE 110 II 423): «En principe, la perte de gain future doit être calculée selon la table 20 de Stauffer/Schaetzle, cela pour tenir compte de la possibilité pour le lésé d'exercer, après l'âge de la retraite, des activités lucratives dans d'autres fonctions.» Zu beurteilen war der Invaliditätsschaden eines am Urteilstag 52jährigen SBB-Beamten.

BGE 104 II 307/309: Ein 38jähriger Techniker wird gelähmt. Das Bundesgericht wendet Tafel 20 an und spricht sich mit folgender Begründung gegen eine temporäre Aktivitätsrente aus: «Die Lösung, einfach auf das allgemeine Pensionierungsalter abzustellen, wäre zu starr. Nicht berücksichtigt würde dergestalt vor allem, dass nach der Pensionierung Erwerbstätigkeiten in andern als den bisherigen beruflichen Funktionen durchaus denkbar sind. (. . .) Zutreffend tut die Vorinstanz denn auch dar, dass gerade im Falle des Klägers mit einer Erwerbstätigkeit über das 65. Altersjahr hinaus zu rechnen ist. Dass ein Tiefbautechniker in leitender Stellung über diesen Zeitpunkt hinweg freiberuflich tätig ist, indem er etwa Begutachtungen und dergleichen übernimmt, ist ohnehin nicht ungewöhnlich. Vorliegend ist jedenfalls kein hinreichender Grund dafür ersichtlich, von der Aktivitätstafel 20 abzugehen.» (Diese Praxis wird bestätigt in BGE 113 II 345/349 f für eine 45jährige PTT-Beamtin.)

BEISPIEL 1a

63 In den letzten Jahren sind zahlreiche nicht veröffentlichte Urteile des Bundesgerichts gefällt worden, bei denen Tafel 20 zugrundegelegt wurde, so etwa:

n.p. BGE vom 29.1.1981 (Gaudin): Invaliditätsschaden eines 26jährigen Schreiners.

n.p. BGE vom 13.5.1980 (Beuchat): 46jähriger Erfinder.

n.p. BGE vom 7.6.1977 (Spuhler): 34jähriger Versicherungsinspektor.

n.p. BGE vom 15.6.1976 (Arnold): 57jähriger Steuerbeamter, der ein Treuhandbüro eröffnen wollte.

n.p. BGE vom 10.2.1976 (Donnet): 43jähriger Lastwagenchauffeur (n.p. Erw. 5 von BGE 102 II 33).

n.p. BGE 27.5.1975 (Soldati): 34jähriger Arzt.

64 Bei den nachfolgenden kantonalen Urteilen ist ebenso Tafel 20 verwendet worden:

ZivGer. BS vom 15.6.1987 (Berger), n.p.: 8jähriger Knabe, am Urteilstag 28jährig. Der zukünftige Erwerbsausfall, ausgehend von steigenden Renten, wird mit Tafel 20/21, d. h. bis Ende Aktivität, kapitalisiert (→Beispiel 11).

KantGer. VS in ZWR 1983 S. 174/188: 33jähriger Konditor.

KantGer. VD vom 18.11.1982 (Luthy), n.p.: 45jähriger Lastwagenchauffeur.

KantGer. VD vom 23.4.1980 (Scherrer), n.p.: 44jähriger selbständiger Unternehmer.

KantGer. VS vom 15.6.1979 (Praz), n.p.: 48jähriger Chauffeur und Magaziner.

KantGer. VS vom 27.2.1976 (Monnet), n.p.: 34jähriger Angestellter, am Rechnungstag 44jährig.

65 Weitere Hinweise auf Urteile, in denen mit Tafel 20 kapitalisiert worden ist: → Beispiel 5.

Invaliditätsschaden Beispiel **1b**

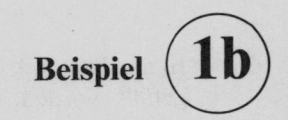

Erwerbstätiger wird verletzt
IV regressiert für Invalidenrente

In Ergänzung zum vorstehenden Beispiel (1a) erhält der verunfallte Kaufmann zusätzlich eine Invalidenrente der eidg. Invalidenversicherung (IV) von 16'000 Fr. im Jahr. Die IV nimmt Rückgriff.

Berechnung

a) Gesamtschaden gemäss Beispiel (1a)
   Tafel 20: 18.82 × 70'000 Fr. =   1'317'400 Fr.

b) Regresswert der Invalidenrente
   Alter des Verletzten am Rechnungstag   37 Jahre
   IV-Invaliditätsgrad   100%
   jährliche Invalidenrente   16'000 Fr.
   Dauer: längstens bis Alter 65 →   Tafel 18
   Tafel 18[1], Alter des Mannes 37, Schlussalter 65 →   Faktor 16.90
   IV-Regress: 16.90 × 16'000 Fr. =   270'400 Fr.

c) Restanspruch gegenüber dem Haftpflichtigen
   Gesamtschaden   1'317'400 Fr.
   abzüglich IV-Regress   − 270'400 Fr.
   Restschaden   1'047'000 Fr.

Bemerkungen

66 Die Invalidenrente der eidg. Invalidenversicherung erlischt spätestens mit dem Tod oder mit der Entstehung des Anspruchs auf eine Altersrente der AHV und wird damit längstens bis zum Alter 65 bzw. Alter 62 ausgerichtet (IVG 30 in Verbindung mit AHVG 21); in diesem Alter wird eine IV-Rente durch eine Altersrente der AHV abgelöst (BGE 112 II 129).

67 Die IV nimmt gemäss IVG 52 Rückgriff auf den haftpflichtigen Dritten, solange sie eine Invalidenrente ausrichtet, d. h. längstens bis Alter 65. Aus diesem Grunde ist der IV-Regress bei dauernder Erwerbsunfähigkeit mit Tafel 18 (bzw. für eine Frau mit Tafel 19, Schlussalter 62: →Beispiel 5b) zu kapitalisieren.

68 Falls der Verletzte verheiratet wäre oder minderjährige Kinder hätte und die IV entsprechende Zusatzrenten und Kinderrenten ausrichtet, subrogiert sie hiefür

Beispiel 1b

ebenso (IVG 52 II c). Zur Regresswertberechnung von Zusatz- und Kinderrenten: →Beispiel 16.

69 Bei Teilhaftung ist das Quotenvorrecht des Geschädigten zu beachten: → N 569 ff.

70

Beispiel für Teilhaftung

Im vorstehenden Beispiel berechnet sich der Restanspruch bei einer Teilhaftung von beispielsweise 70% nach folgendem Schema:

		Jahresbeträge
a)	mutmasslicher Erwerbsausfall	70'000 Fr.
b)	Haftpflichtanspruch: 70% von 70'000 Fr. =	49'000 Fr.
c)	Invalidenrente	16'000 Fr.
d)	Restanspruch: Erwerbsausfall	70'000 Fr.
	abzüglich IV-Leistungen	− 16'000 Fr.
	ungedeckter Schaden	54'000 Fr.

Ist der Haftpflichtanspruch kleiner als der ungedeckte Schaden, bildet der Haftpflichtanspruch die obere Grenze. Demzufolge beträgt der Restanspruch nur 49'000 Fr.

e)	IV-Regress:	Haftpflichtanspruch	49'000 Fr.
		abzüglich Restanspruch	− 49'000 Fr.
			0 Fr.

Infolge Quotenvorrecht des Geschädigten ist vorab sein ungedeckter Schaden zu decken, weshalb ein Regress der IV entfällt.

f) Der Geschädigte erhält:

	vom Haftpflichtigen	49'000 Fr.
	von der IV	16'000 Fr.
	insgesamt	65'000 Fr.

Kapitalisierung

Tafel 20, Alter des Mannes 37 →   Faktor 18.82
Restanspruch: 18.82 × 49'000 Fr. =   922'180 Fr.
(922'180 Fr. sind 70% des Gesamtschadens)

Rechtsprechung

71 BGE 112 II 118/129 f → Beispiel 16.

Invaliditätsschaden **Beispiel 1c**

Erwerbstätiger wird verletzt
Regress nach IVG und UVG

Ist der Erwerbstätige dem UVG unterstellt, so erhält er zusätzlich zur Invalidenrente der IV eine Komplementärrente vom Unfallversicherer. Diese betrage 38'000 Fr. im Jahr (bei einem versicherten Verdienst von 60'000 Fr.).

Berechnung

a) Gesamtschaden gemäss Beispiel 1a
   Tafel 20: 18.82 × 70'000 Fr. =   1'317'400 Fr.

b) Regresswert der IV-Invalidenrente gemäss Beispiel 1b
   Tafel 18: 16.90 × 16'000 Fr. =   270'400 Fr.

c) Regresswert der UV-Komplementärrente

Alter des Mannes am Rechnungstag	37 Jahre
UV-Invaliditätsgrad	100%
jährliche UV-Komplementärrente	38'000 Fr.
Regressdauer: längstens bis Ende Aktivität →	Tafel 20
Tafel 20, Alter des Mannes 37 →	Faktor 18.82
UV-Regress: 18.82 × 38'000 Fr. =	<u>715'160 Fr.</u>

d) Restanspruch

Gesamtschaden	1'317'400 Fr.
abzüglich IV-Regress	− 270'400 Fr.
abzüglich UV-Regress	− 715 160 Fr.
Restschaden	<u>331'840 Fr.</u>

Bemerkungen

72   Dem Verunfallten kann gleichzeitig ein Anspruch auf eine IV-Rente und auf eine UV-Rente aus obligatorischer Unfallversicherung zustehen. Er erhält in diesem Fall vom Unfallversicherer gemäss UVG 20 II eine Komplementärrente (→ N 743). Eine IV-Rente kann auch mit einer Rente der Militärversicherung kombiniert sein, wobei die letztere gekürzt wird, wenn sie zusammen mit der IV-Rente den dem Versicherten entgangenen mutmasslichen Jahresverdienst übersteigt (MVG 52).

BEISPIEL 1c

73   Gegenüber einem haftpflichtigen Dritten tritt der obligatorische Unfallversicherer bis auf die Höhe der gesetzlichen Leistungen in die Schadenersatzansprüche des Verletzten ein (UVG 41; für die Militärversicherung MVG 49 I).

74   Richtet der Sozialversicherer Renten (Invaliden- oder Komplementärrenten) aus, so geht der Schadenersatzanspruch nur für Leistungen gleicher Art und nur bis zu dem Zeitpunkt, bis zu welchem der Dritte Schadenersatz schuldet, auf ihn über (UVG 43).

75   Dies bedeutet, dass obwohl der Unfallversicherer bei Dauerinvalidität die Rente solange ausrichtet, als der Invalide lebt (also lebenslänglich), die Ansprüche dennoch nur bis zu dem Zeitpunkt übergehen, bis zu welchem der Dritte Schadenersatz schuldet. Wird der Schadenersatzanspruch mit Tafel 20 kapitalisiert, so ist infolgedessen auch der Regresswert der Invaliden- oder Komplementärrenten des Unfallversicherers mit derselben Tafel (bzw. demselben Faktor) zu berechnen.

76   Wenn die IV Zusatzrenten ausrichtet, sei es für die Ehefrau oder Kinder, wird die Komplementärrente bei deren Änderungen gemäss UVG 20 II angepasst: für die Kapitalisierung → Beispiel 18.

Rechtsprechung

77   BGE 95 II 582: «Wenn das Opfer eines Strassenverkehrsunfalles von der Schweizerischen Unfallversicherungsanstalt eine lebenslängliche Rente erhält, die auf die vom haftenden Dritten geschuldete Entschädigung für Erschwerung des wirtschaftlichen Fortkommens angerechnet wird, ist diese Rente nach den Aktivitätstafeln von STAUFFER und SCHAETZLE zu kapitalisieren.» Mit diesem Urteil ist eine Praxis eingeleitet worden, die heute generell gilt. An den Grundsatz der zeitlichen Kongruenz müssen sich auch AHV, IV, Militärversicherung sowie Pensions- und Krankenkassen halten. Für die obligatorische Unfallversicherung ist dieses Prinzip in UVG 43 III nun ausdrücklich verankert.

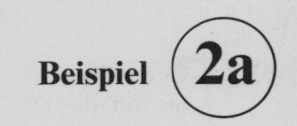

Invaliditätsschaden **Beispiel 2a**

Erwerbsausfall bis zur mutmasslichen Pensionierung
Schadensberechnung (ohne Regress)

> Ein 50jähriger Beamter wird zu 100% invalid. Das durchschnittliche Einkommen, das er in Zukunft bis zu seiner Pensionierung mit 65 voraussichtlich realisiert hätte, betrage 90'000 Fr. im Jahr.

Berechnung

Alter des Mannes am Rechnungstag	51 Jahre
Invaliditätsgrad	100%
Mutmasslicher Erwerbsausfall im Jahr	90'000 Fr.
Dauer: längstens bis zur Pensionierung im Alter 65 →	Tafel 18
Tafel 18², Alter des Mannes 51, Schlussalter 65 →	Faktor 10.09
Gesamtschaden: 10.09 × 90'000 Fr. =	<u>908'100 Fr.</u>

Bemerkungen

78 Gemäss bundesgerichtlicher Praxis ist grundsätzlich von der Aktivitätsdauer auszugehen und der Erwerbsausfall mit Tafel 20 zu kapitalisieren (→ Beispiel 1a).

79 Die Barwerttafeln sind so ausgestaltet, dass sie jedoch auch eine differenzierte Handhabung gestatten. So kann insbesondere, wenn aufgrund konkreter Umstände anzunehmen ist, der Geschädigte wäre längstens bis zu seiner Pensionierung erwerbstätig gewesen, Tafel 18 angewendet werden.

80 Im obigen Beispiel wird in Aussicht genommen, dass der Verletzte spätestens mit Vollendung des 65. Altersjahres aus dem Erwerbsleben ausgeschieden wäre (BVG 13 I). Gibt es Anhaltspunkte, dass er früher (z. B. mit 60) oder später (z. B. mit 67) zu arbeiten aufgehört hätte, so ist ebenso eine temporäre Aktivitätsrente (Tafel 18) — bis zum entsprechenden Schlussalter — zu kapitalisieren.

81 Wenn im Einzelfall ab Pensionierung ein reduziertes Erwerbseinkommen oder ein Nebenverdienst wahrscheinlich ist, kann der Invaliditätsschaden nach Beispiel 3 berechnet werden. Sprechen besondere Umstände für die Annahme, dass sich das Erwerbseinkommen im Laufe der Zeit wesentlich verändert hätte, so lässt sich der Erwerbsausfall zusätzlich mittels aufgeschobenen oder temporären Renten (Tafeln 21 bis 24) ermitteln (→ Beispiele 11 und 12).

BEISPIEL (2a)

82 Wird eine Frau verletzt und eine temporäre Aktivitätsrente zugrundegelegt, ist der entsprechende Faktor aus Tafel |19| abzulesen (→ Beispiel 6).

Rechtsprechung

83 Beispiele für die Kapitalisierung **temporärer Aktivitätsrenten:**

BGE in JT 1985 I S. 425 Nr. 39: Ein 55jähriger Coiffeur wird verletzt. Am Rechnungstag ist er 64 Jahre alt. Es wird das Schlussalter 68 angenommen (n.p. Erw. 2 von BGE 110 II 455).

BGE in JT 1981 I S. 457 ff Nr. 39: 54jähriger spanischer Saisonnier, der mit 60 voraussichtlich nach Spanien zurückgekehrt wäre. Kapitalisierung einer temporären Aktivitätsrente bis zum Schlussalter 60. Für die Zeit nach Alter 60 wird ein Restschaden verneint, da die SUVA-Rente höher ist als der um die Hälfte reduzierte Erwerbsausfall (n.p. Erw. 4 von BGE 107 II 348).

Oberger. BL in SJZ 83/1987 S. 48/50: «In Anbetracht der allgemeinen Zurückhaltung der Arbeitgeberschaft hinsichtlich der Beschäftigung von über 65jährigen Arbeitnehmern ist auch eher unwahrscheinlich, dass der Arbeitgeber des Klägers ihn über das 65. Altersjahr hinaus beschäftigt hätte. Auch fehlen Anhaltspunkte dafür, dass der Kläger nach Vollendung des 65. Altersjahres eine Erwerbstätigkeit anderer Art hätte aufnehmen können.» Am Unfalltag war er 61, am Urteilstag 64jährig.

BezGer. Zurzach in SJZ 76/1980 S. 11/14: 55jähriger Schichtarbeiter. «Bei der überwiegenden Zahl der Erwerbstätigen handelt es sich aber um Arbeitnehmer, welche mit Erreichen des 65. Altersjahres pensioniert werden; und hier drängt sich also die Begrenzung der Aktivitätsdauer auf 65 Jahre auf.» Zusätzlich ist ein Nebenverdienst angenommen worden: → Beispiel 3.

Weitere Hinweise auf die Judikatur in Beispiel 6.

Invaliditätsschaden **Beispiel 2b**

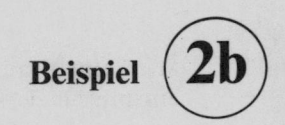

Erwerbsausfall bis zur mutmasslichen Pensionierung
Sozialversicherungsregress

In Ergänzung zu Beispiel 2a sei angenommen, dass die IV und der obligatorische Unfallversicherer eine Invaliden- bzw. Komplementärrente ausrichten, die sich zusammen auf 90% vom versicherten Verdienst (90% × 80'000 Fr. = 72'000 Fr.) belaufen. Die IV-Rente beträgt 18'000 Fr., die UV-Rente also 72'000 Fr. − 18'000 Fr. = 54'000 Fr.

Berechnung

a) Gesamtschaden gemäss Beispiel 2a
Tafel 18: 10.09 × 90'000 Fr. =   908'100 Fr.

b) Regresswert der IV-Rente
angenommene IV-Rente im Jahr   18'000 Fr.
Tafel 18: 10.09 × 18'000 Fr. =   181'620 Fr.

c) Regresswert der UV-Komplementärrente
angenommene Komplementärrente im Jahr   54'000 Fr.
Tafel 18: 10.09 × 54'000 Fr. =   544'860 Fr.

d) Restanspruch
Gesamtschaden   908'100 Fr.
abzüglich IV-Regress   −181'620 Fr.
abzüglich UV-Regress   −544'860 Fr.
Restschaden   181'620 Fr.

Bemerkungen

84   In Beispiel 1b wird der Regresswert der IV-Rente berechnet; diese Berechnungsmethode gilt ebenso, wenn angenommen wird, dass der Verletzte längstens bis Alter 65 erwerbstätig gewesen wäre. Da die IV eine Invalidenrente längstens bis zur Vollendung des 65. Altersjahres ausrichtet, tritt sie nur bis zu diesem Schlussalter in die Rechte des anspruchsberechtigten Geschädigten ein. Wird bei der Berechnung des Gesamtschadens von einem früheren Schlussalter als 65 ausgegangen, so ist der IV-Regress infolge des Kongruenzgrundsatzes auf dieses Alter beschränkt.

BEISPIEL (2b)

85 Aus Beispiel 1c geht die Kapitalisierungsmethode für die Berechnung des Regresswertes hervor, wenn der Verletzte zusätzlich zur IV-Rente eine Komplementärrente gemäss UVG erhält. Auch hier kommt der Grundsatz der zeitlichen Kongruenz zur Anwendung, der besagt, dass der Rückgriff des Unfallversicherers beschränkt ist auf die gleiche Zeitspanne wie der Schadenersatzanspruch. Wird der Haftpflichtanspruch mit Tafel 18 kapitalisiert, so ist auch der Regress des Unfallversicherers mit derselben Tafel 18 zu berechnen.

86 Wird für die Kapitalisierung des Schadenersatzanspruchs und der Sozialversicherungsleistungen der gleiche Kapitalisierungsfaktor benützt, so kann auch vorab der ungedeckte Restschaden ermittelt werden. Voraussetzung aber ist, dass das angenommene Schlussalter für den Haftpflichtanspruch höchstens 65 beträgt, da der IV Rückgriffsrecht zusteht.

87 **Beispiel**

Erwerbsausfall im Jahr	90'000 Fr.
abzüglich Invalidenrente im Jahr	− 18'000 Fr.
abzüglich Komplementärrente im Jahr	− 54'000 Fr.
Restanspruch im Jahr	18'000 Fr.
Kapitalisierung: →	Tafel 18
Tafel 18², Alter des Mannes 51, Schlussalter 65 →	Faktor 10.09
Restanspruch: 10.09 × 18'000 Fr. =	181'620 Fr.

88 Liegt das haftpflichtrechtlich angenommene Schlussalter über 65, so sind wegen der verschiedenen Laufdauer der Schadenersatz- und IV-Rente diese zuerst getrennt zu berechnen und erst anschliessend der Kapitalwert der Invalidenrente vom kapitalisierten Gesamtschaden in Abzug zu bringen.

Rechtsprechung

89 Oberger. BL in SJZ 83/1987 S. 50: Sozialversicherungsleistungen sind nur soweit anrechenbar, als sie sich auf den gleichen Zeitraum beziehen wie die Schadenersatzforderung. Dies gilt für Beginn und Ende; in casu für Leistungen der SUVA, IV und Pensionskasse bis Alter 65.

Weitere Hinweise in den Beispielen 1, 4, 16−19.

Invaliditätsschaden **Beispiel ③**

Erwerbstätiger mit Nebenverdienst wird verletzt
Schadensberechnung (ohne Regress)

Ein 47jähriger Koch in einem Hotel, der zusätzlich als Hauswart tätig ist, wird erwerbsunfähig. Es wird angenommen, dass er spätestens mit 65 pensioniert worden wäre, seinen Nebenberuf als Hauswart jedoch über das Pensionierungsalter hinaus ausgeübt hätte.

Berechnung

Alter des Mannes am Rechnungstag	50 Jahre
Invaliditätsgrad	100%
mutmassliches Erwerbseinkommen im Hauptberuf	50'000 Fr.
mutmassliches Erwerbseinkommen im Nebenberuf	10'000 Fr.
Dauer des Erwerbsausfalls:	
im Hauptberuf: längstens bis Schlussalter 65 →	Tafel 18
im Nebenberuf: längstens bis Ende Aktivität →	Tafel 20

a) Hauptberuf:
   Tafel 18², Alter heute 50, Schlussalter 65 →   Faktor 10.66
   kapitalisiert: 10.66 × 50'000 Fr. =   533'000 Fr.

b) Nebenberuf:
   Tafel 20, Alter des Mannes 50 →   Faktor 13.80
   kapitalisiert: 13.80 × 10'000 Fr. =   <u>138'000 Fr.</u>

c) Gesamtschaden: <u>671'000 Fr.</u>

BEISPIEL ③

90 **Graphische Darstellung des Erwerbsausfalls**

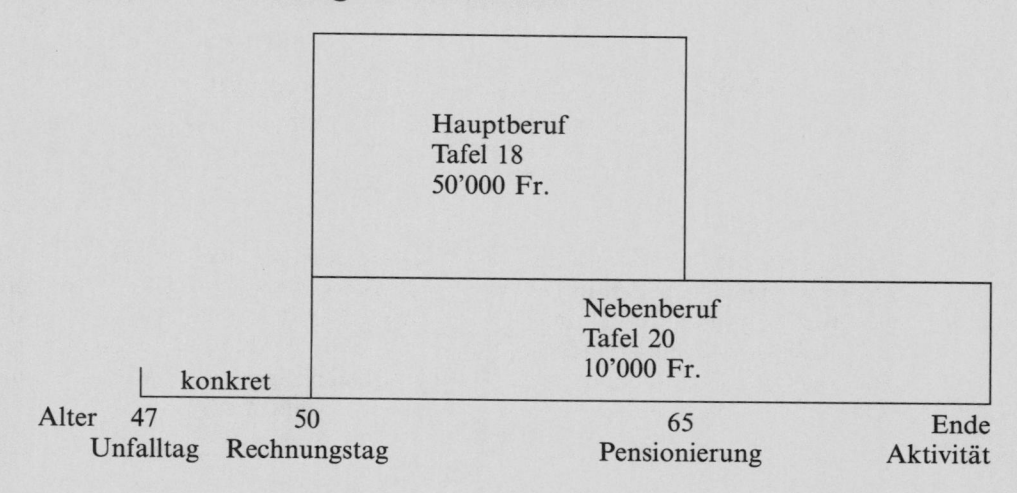

```
                    ┌─────────────────────────┐
                    │                         │
                    │   Hauptberuf            │
                    │   Tafel 18              │
                    │   50'000 Fr.            │
                    │                         │
                    │         ┌───────────────┴─────────────┐
                    │         │  Nebenberuf                 │
                    │         │  Tafel 20                   │
           konkret  │         │  10'000 Fr.                 │
      ──────────────┴─────────┴─────────────────────────────┘
   Alter  47        50                    65              Ende
          Unfalltag Rechnungstag          Pensionierung   Aktivität
```

Bemerkungen

91 Wenn der Nebenberuf beispielsweise erst nach der Pensionierung ergriffen würde, so ist mit aufgeschobenen oder temporären Renten zu rechnen (→ Beispiele 11 und 12).

Rechtsprechung

92 n.p. Erw. I/2 von BGE 98 II 129: Es wird angenommen, der verletzte kantonale Beamte hätte bis Alter 65, im Nebenberuf als Musiker bis Alter 70, gearbeitet. Kapitalisierung von zwei temporären Aktivitätsrenten mit verschiedenem Schlussalter.

BezGer. Zurzach in SJZ 76/1980 S. 11/14: Kapitalisierung des nebenberuflichen Erwerbsausfalls als Hausmetzger mit Tafel 20, während für den hauptberuflichen Erwerbsausfall des 55jährigen Arbeiters eine temporäre Aktivitätsrente bis Alter 65 angenommen wird.

Invaliditätsschaden **Beispiel 4**

Erwerbsausfall und Pensionsschaden
Schadensberechnung (ohne Regress)

Ein 54jähriger Prokurist wird invalid. Es wird davon ausgegangen, dass er bis zu seiner mutmasslichen Pensionierung im 63. Altersjahr an seiner jetzigen Stelle geblieben wäre und jährlich im Durchschnitt 80'000 Fr. verdient hätte. Da die Pensionskasse Invalidenrenten vorsieht, die mit der Zahl der Beitragsjahre steigen, erleidet er dadurch einen zusätzlichen Schaden, indem die Altersrente um 6'000 Fr. jährlich höher ausfällt, wenn er nicht invalid wird.

Berechnung

Alter des Mannes am Rechnungstag	56 Jahre
Invaliditätsgrad	100%
mutmasslicher Erwerbsausfall im Jahr	80'000 Fr.
mutmasslicher Schaden infolge kleinerer Pension im Jahr	6'000 Fr.
Dauer: Erwerbsschaden längstens bis Alter 63 →	Tafel 18
Pensionsschaden ab Alter 63, lebenslänglich →	Tafel 31

a) Erwerbsschaden:
   Tafel 18^2, Alter des Mannes 56, Schlussalter 63 → Faktor 5.81
   kapitalisiert: 5.81 × 80'000 Fr. =   464'800 Fr.

b) Pensionsschaden:
   Tafel 31^2, Alter 56, aufgeschoben um 7 Jahre → Faktor 9.39
   kapitalisiert: 9.39 × 6'000 Fr. =   56'340 Fr.

c) Gesamtschaden   521'140 Fr.

93 **Graphische Darstellung**

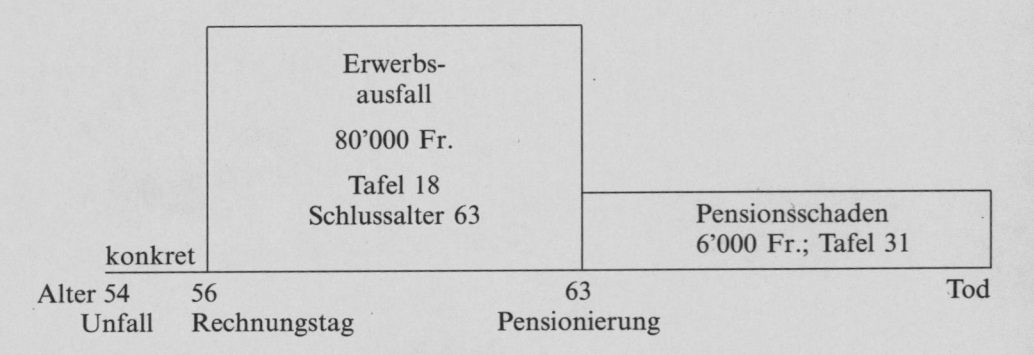

```
                    ┌─────────────────┐
                    │  Erwerbs-       │
                    │  ausfall        │
                    │                 │
                    │  80'000 Fr.     │
                    │                 ├──────────────────┐
                    │  Tafel 18       │  Pensionsschaden │
                    │  Schlussalter 63│  6'000 Fr.; Tafel 31 │
          konkret   │                 │                  │
Alter 54     56                       63                 Tod
Unfall    Rechnungstag            Pensionierung
```

BEISPIEL ④

Bemerkungen

94 Zum Erwerbsschaden: die Kapitalisierung entspricht Beispiel 2. Falls ein Pensionsschaden angenommen wird, drängt sich in der Regel die Annahme eines mutmasslichen Pensionierungsalters auf.

95 Zum Pensionsschaden: im obigen Beispiel erhält der Geschädigte eine Invalidenrente nach Massgabe der Beitragsjahre im Zeitpunkt der Invalidierung. Die Pensionskassen mit zeitgemässen Reglementen richten jedoch heute meist Invalidenrenten in der Höhe des Rentensatzes aus, der im Zeitpunkt der Alterspensionierung erreicht worden wäre; in diesem Fall entsteht auch kein Pensionsschaden.

96 Die Berechnung ist insoweit unvollständig, als im Beispiel vernachlässigt wird, dass der Verletzte ohne das schädigende Ereignis zwischen Alter 56 und 63 hätte invalid werden können. Ferner ist auch nicht berücksichtigt, dass allfällige Lohnerhöhungen regelmässig zu höheren Altersleistungen führen.

97 Wird wie in BGE 113 II 345/348 ff vom Bruttoeinkommen — einschliesslich der Beiträge des Arbeitgebers an die Sozialeinrichtungen — ausgegangen und angenommen, damit sei im konkreten Fall eine allfällige Beeinträchtigung der Sozialversicherungsleistungen abgegolten, so ist kein zusätzlicher Schaden für die Zeit nach der Pensionierung zu addieren.

Rechtsprechung

98 BGE 113 II 345/349 f: «Auszugehen ist vom Grundsatz, dass der Haftpflichtige für den gesamten kausalen Schaden einzustehen hat, mithin auch für eine Beeinträchtigung künftiger Sozialversicherungsleistungen ...» Die Kapitalisierung erfolgt grundsätzlich nach den Aktivitätstafeln, d. h. in casu mit Tafel 20, wobei «auch die Sozialversicherungsbeiträge einbezogen werden (BGE 90 II 188; Brehm, Vorbem. zu OR 45/46, N 24 f). Dieser Auffassung ist auch weiterhin der Vorzug zu geben, da die beeinträchtigte Rente im Regelfalle quantitativ nicht dem zu ersetzenden Erwerbsausfall entspricht und im allgemeinen auch nicht vollständig entfällt, sondern lediglich wegen Ausfalls künftiger Beiträge eine Herabsetzung erfährt. Allerdings ist dann zu beachten, dass richtigerweise in die Kapitalisierung nicht nur die Arbeitnehmer-, sondern auch die die Höhe des künftigen Rentenanspruches mitbeeinflussenden, zufolge Verlustes der Erwerbsfähigkeit aber entfallenden Arbeitgeberbeiträge einzubeziehen sind (Brehm, a.a.O.).»

n.p. BGE vom 11.11.1980 (Neuhaus): Vorzeitige Pensionierung einer 55jährigen Sekretärin infolge Unfall. Konkrete Schadensberechnung vom Datum der effektiven Pensionierung bis zur vorgesehenen Pensionierung sowie Kapitalisierung einer lebenslänglichen Rente im Umfang der wegen der vorzeitigen Pensionierung gekürzten Pensionskassenleistungen. Anrechnung ihrer Pensionskassenbeiträge, die sie nicht mehr zahlen muss, nicht aber der Sozialversicherungsbeiträge (AHV/IV/Arbeitslosenversicherung).

Invaliditätsschaden   **Beispiel 5a**

Erwerbstätige wird verletzt
Schadensberechnung (ohne Regress)

Eine 32jährige Primarlehrerin erleidet einen schweren Verkehrsunfall. Sie hätte in Zukunft durchschnittlich 60'000 Fr. im Jahr verdient.

Berechnung

Alter der Frau am Rechnungstag	35 Jahre
Invaliditätsgrad	100%
mutmasslicher Erwerbsausfall im Jahr	60'000 Fr.
Dauer: längstens bis Ende Aktivität →	Tafel 20
Tafel 20, Alter der Frau 35 →	Faktor 21.03
Gesamtschaden: 21.03 × 60'000 Fr. =	1'261'800 Fr.

Bemerkungen

99   Die in den Beispielen 1 bis 4 verwendete Methode ist für die Berechnung des Invaliditätsschadens einer Frau ebenfalls verwendbar.

100   Wenn mit Änderungen bezüglich Erwerbstätigkeit zu rechnen ist (z. B. Aufgabe oder Reduktion der Erwerbstätigkeit während der Zeit der Kindererziehung): → Beispiele 7 und 8 sowie 11 und 12.

101   Für den Fall, dass zusätzlich zum Verdienstausfall auch andere Nachteile der Arbeitsunfähigkeit (insbesondere hinsichtlich Arbeiten im Haushalt) entschädigt werden sollen: → Beispiel 7.

102   Bestehen konkrete Anhaltspunkte, dass sie ihren Beruf nur bis zu ihrer mutmasslichen Pensionierung ausgeübt hätte, kann eine temporäre Aktivitätsrente kapitalisiert werden: → Beispiel 6.

BEISPIEL 5a

Rechtsprechung

103 Kapitalisierung mit Tafel 20 :

BGE 113 II 345/348 ff: Der Erwerbsschaden einer 45jährigen PTT-Beamtin ist nach den Aktivitätstafeln — und nicht nach den Mortalitätstafeln — zu kapitalisieren. Die mutmassliche Pensionierung wird vom Bundesgericht nicht berücksichtigt. Auszugehen ist vom Bruttoeinkommen zuzüglich Beiträge des Arbeitgebers an Sozialversicherungen.

n.p. Erw. von BGE 108 II 422: 15jähriges Mädchen erleidet einen schweren Hirnschaden. Am Urteilstag ist sie 24. Das Bundesgericht bestätigt den von der Vorinstanz kapitalisierten Erwerbsausfall auf der Basis eines mutmasslichen Jahresverdienstes einer Kindergärtnerin in der Höhe von 24'000 Fr.

BGE 100 II 352/357 f: 60jährige spanische Hausangestellte. Kapitalisierung mit Tafel 20, wobei der mutmassliche, durchschnittliche Verdienstausfall reduziert wurde, weil sie in fortgeschrittenem Alter voraussichtlich nach Spanien zurückgekehrt wäre und dort weniger verdient hätte.

ZivGer. BS in BJM 1983 S. 67/71: 68jährige Verletzte, die ohne Unfall — über das normale Pensionierungsalter hinaus — beschäftigt geblieben wäre.

KantGer. VS vom 12.12.1979 (Jacquier), n.p.: 25jährige Barmaid, am Rechnungstag ist sie 39 Jahre alt. Kapitalisierung mit Tafel 20.

AppGer. BS in BJM 1972 S. 83 ff: Kapitalisierung mit Tafel 20 für 64jährige Sekretärin und Hausfrau, aber Abzug von 60% wegen Abnahme der Arbeitsfähigkeit.

Weitere Urteile, in denen der Invaliditätsschaden mit Tafel 20 berechnet worden ist:
→ Beispiel 1a.

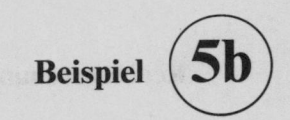

Invaliditätsschaden   **Beispiel 5b**

Erwerbstätige wird verletzt
Sozialversicherungsregress

In Ergänzung zum vorstehenden Beispiel erhält die Verletzte von der IV eine Invalidenrente in der Höhe von 15'000 Fr. im Jahr sowie eine Komplementärrente aus obligatorischer Unfallversicherung von jährlich 30'000 Fr. (in der Annahme, ihr versicherter Verdienst betrage 50'000 Fr.).

Berechnung

a) Gesamtschaden gemäss Beispiel 5a
   Tafel [20]: 21.03 × 60'000 Fr. =   1'261'800 Fr.

b) Regresswert der IV-Rente
   Alter der Frau am Rechnungstag   35 Jahre
   Invaliditätsgrad   100%
   IV-Rente im Jahr   15'000 Fr.
   Dauer: längstens bis Alter 62 →   Tafel [19]
   Tafel 19[1], Alter der Frau 35, Schlussalter 62 →   Faktor 17.16
   IV-Regress: 17.16 × 15'000 Fr. =   257'400 Fr.

c) Regresswert der UV-Komplementärrente
   Alter der Frau am Rechnungstag   35 Jahre
   Invaliditätsgrad   100%
   Komplementärrente im Jahr   30'000 Fr.
   Regressdauer: längstens bis Ende Aktivität →   Tafel [20]
   Tafel 20, Alter der Frau 35 →   Faktor 21.03
   UV-Regress: 21.03 × 30'000 Fr. =   630'900 Fr.

d) Restanspruch
   Gesamtschaden   1'261'800 Fr.
   abzüglich IV-Regress   − 257'400 Fr.
   abzüglich UV-Regress   − 630'900 Fr.
   Restschaden   373'500 Fr.

BEISPIEL 5b

Bemerkungen

a) IV-Regress (vgl. auch Beispiel 16)

104 Der Anspruch auf die Invalidenrente der eidg. Invalidenversicherung dauert längstens bis zum vollendeten 62. Altersjahr bzw. bis zum Tod (IVG 30); infolgedessen ist der IV-Regress für die Invalidenrente mit Tafel [19] bis zu diesem Schlussalter zu kapitalisieren. Dies gilt auch dann, wenn der Haftpflichtanspruch mit Tafel [20] berechnet wird.

b) UV-Regress (vgl. auch Beispiel 19)

105 Gemäss dem Grundsatz der zeitlichen Kongruenz darf der obligatorische Unfallversicherer auf den haftpflichtigen Dritten nur für die Zeitspanne, für die Ersatz geschuldet wird, Rückgriff nehmen (UVG 43 III). Deshalb ist der Regresswert der UV-Rente mit der gleichen Tafel zu berechnen wie der Schadenersatzanspruch (Beispiel 1c).

Invaliditätsschaden   Beispiel 6

Erwerbsausfall bis zur mutmasslichen Pensionierung
Schadensberechnung (ohne Regress)

Eine 53jährige Sekretärin wird teilinvalid. Laut Pensionskassenreglement werden Mitarbeiterinnen im Alter 62 pensioniert. Es wird angenommen, dass sie alsdann ihre Erwerbstätigkeit beendet hätte. Bis zu diesem Zeitpunkt wird von einem Durchschnittserwerb von 50'000 Fr. im Jahr ausgegangen.

Berechnung

Alter der Frau am Rechnungstag	55 Jahre
Invaliditätsgrad	40%
mutmasslicher Erwerbsausfall im Jahr: 40% von 50'000 Fr. =	20'000 Fr.
Dauer: längstens bis Alter 62 →	Tafel 19
Tafel 19², Alter der Frau 55, Schlussalter 62 →	Faktor 6.08
Gesamtschaden: 6.08 × 20'000 Fr. =	121'600 Fr.

Bemerkungen

106 Diesem Beispiel liegt die Annahme zugrunde, dass die Verletzte ohne Unfall bis zu ihrer mutmasslichen Pensionierung im Alter 62 gearbeitet hätte (BVG 13 I). Bestehen Anhaltspunkte, dass sie über das Pensionierungsalter hinaus eine Erwerbstätigkeit ausgeübt hätte, wäre mit Tafel 20 zu kapitalisieren: → Beispiel 5a.

107 Entscheidend für die Laufdauer einer Schadenersatzrente sind selbstverständlich auch hier die konkreten Umstände (N 941–943).

108 Zum Sozialversicherungsregress: → vorstehendes Beispiel 5b (im Rahmen der zeitlichen Kongruenz), weshalb auch der Regresswert der Invaliden- und Komplementärrente aus obligatorischer Unfallversicherung mit Tafel 19 zu berechnen ist.

109 Zu einem allfälligen Pensionsschaden: → Beispiel 4; zum Ersatz infolge Beeinträchtigung der Haushaltführung: → Beispiele 7 und 8.

BEISPIEL (6)

Rechtsprechung

110 Kapitalisierung temporärer Aktivitätsrenten (unter Annahme eines bestimmten Schlussalters):

n.p. BGE vom 11.11.1980 (Neuhaus): eine 50jährige Sekretärin wird infolge Unfall im Alter von 55 vorzeitig pensioniert. Kapitalisierung bis Alter 62 = statutarisches Pensionierungsalter (→Beispiel 4).

BGE in JT 1976 S. 457 Nr. 60: 60jährige Serviertochter. Kapitalisierung des vollen Erwerbsausfalls bis Alter 65.

Handelsger. ZH in ZR 68/1969 Nr. 2: 45jährige Kosmetikerin. Kapitalisierung bis Alter 65.

BGE 111 II 295: eine 28jährige Dirne verunfallt und macht einen Erwerbsausfall bis Alter 45 geltend. Dieser wäre mit Tafel 24 zu kapitalisieren.

Weitere Hinweise für die Kapitalisierung temporärer Aktivitätsrenten in Beispiel 2a.

Invaliditätsschaden Beispiel 7

Hausfrau wird verletzt

Eine nicht erwerbstätige 58jährige Hausfrau wird vollinvalid. Für den Wert der Hausfrauentätigkeit wird 20'000 Fr. im Jahr angenommen. Es wird davon ausgegangen, dass sie weiterhin im Haushalt tätig gewesen wäre, solange sie dazu in der Lage gewesen wäre.

Berechnung

Alter der Verletzten am Rechnungstag	60 Jahre
Invaliditätsgrad	100%
jährlicher Wert ihrer Arbeit als Hausfrau	20'000 Fr.
Dauer: Mittelwert Aktivität/Mortalität →	Tafel 20a
Tafel 20a, Alter der Frau 60 →	Faktor 14.29
Gesamtschaden: 14.29 × 20'000 Fr. =	285'800 Fr.

Bemerkungen

111 Um den Wert der Arbeit im Haushalt zu messen, wird meist von den Kosten ausgegangen, die die Verletzte für die Einstellung einer Hilfskraft aufwenden muss. Auszugehen ist dabei von «den Aufwendungen für eine nach üblichen Ansätzen zu entschädigende Haushalthilfe» (BGE 113 II 345/351 und 108 II 434/439; N 700 ff).

112 Zur Dauer der Nachteile der Arbeitsunfähigkeit bei Beeinträchtigung der Haushaltführung: Nach neuer Praxis des Bundesgerichts ist von einem Mittelwert zwischen Aktivität und Mortalität auszugehen, weil Haushaltarbeiten oft bedeutend länger ausgeübt werden als eine Erwerbstätigkeit ausserhalb des Hauses.

113 Der arithmetische Mittelwert der Tafeln 20 (Aktivität) und 30 (Mortalität) ist in Tafel 20a berechnet.

114 Die Mortalitätstafeln sind bei Dauerschäden insbesondere für den Ersatz der Kosten beizuziehen: → Beispiel 14.

115 Ist anzunehmen, dass eine Hausfrau oder ein Hausmann in einem späteren Zeitpunkt allenfalls eine Erwerbstätigkeit (wieder) aufgenommen hätte (z. B. wenn die Kinder selbständig werden): → Beispiel 8.

BEISPIEL 7

116 Zum Regress:
Ein Anspruch auf eine Invalidenrente der IV besteht längstens bis zur Erreichung des AHV-Alters. Anschliessend wird die IV-Rente durch eine Altersrente abgelöst. Deshalb ist für die Berechnung des Regresswertes eine temporäre Aktivitätsrente mit Schlussalter 65 bzw. 62 zu kapitalisieren (Tafel 18/19) und zwar auch dann, wenn der Haftpflichtanspruch mit Tafel 20a kapitalisiert wird: → Beispiel 16.

Rechtsprechung

117 BGE 113 II 345/350 ff: **Der zukünftige Invaliditätsschaden einer Hausfrau ist nach dem arithmetischen Mittel der Faktoren aus Tafel 20 und 30 zu kapitalisieren.** (Der Mittelwert entspricht Tafel 20a der vorliegenden vierten Auflage.) Mit dieser neuen Praxis übernimmt das Bundesgericht die in BGE 108 II 441 eingeleitete Rechtsprechung, wonach der Versorgungsschaden, den ein Mann dadurch erleidet, dass er infolge Tod seiner Frau auf eine Haushalthilfe angewiesen ist, mit einem arithmetischen oder gewogenen Mittel zwischen Aktivität und Mortalität zu kapitalisieren ist (hiezu → Beispiel 27). Der in der Doktrin an der bundesgerichtlichen Auffassung geübten Kritik (N 639) trägt das Bundesgericht nun insoweit Rechnung, als «bei der Kapitalisierung der Hausfrauenentschädigung das arithmetische und nicht ein gewogenes Mittel zwischen Aktivität und Mortalität zur Anwendung gebracht wird» (BGE 113 II 353).

ZivGer. BS vom 12.8.1985 (Durst), n.p.: 18jährige Lehrtochter verunfallt. Sie heiratet sechs Jahre später. Ihr jährlicher Erwerbsausfall als Hausfrau mit einem Kind sowie für Mithilfe im Betrieb des Ehemannes wird auf 36'000 Fr. geschätzt.

Invaliditätsschaden   **Beispiel 8**

Teilzeiterwerbstätige wird verletzt

Eine 34jährige Mutter, die neben dem Haushalt noch eine Halbtagsstelle als Krankenschwester innehat, verunfallt. Die Ausbildung des 10jährigen Kindes wird vermutlich in 10 Jahren abgeschlossen sein. Ab diesem Zeitpunkt wäre sie, so wird angenommen, wieder voll berufstätig gewesen und zwar bis zur wahrscheinlichen Pensionierung im Alter 62. Für die Zeit nach ihrer Berufsaufgabe soll zusätzlich ein Schaden kapitalisiert werden, weil sie in der Haushaltführung schwer beeinträchtigt ist.

Berechnung

Alter der Frau am Rechnungstag	34 Jahre
Invaliditätsgrad	100%
mutmasslicher Erwerbsausfall bis Alter 44, jährlich	20'000 Fr.
Kosten für Haushalthilfe bis Alter 44, jährlich	10'000 Fr.
mutmasslicher Erwerbsausfall ab Alter 44 bis 62, jährlich	50'000 Fr.
Kosten für Haushalthilfe ab Alter 62, jährlich	12'000 Fr.

a) bis Alter 44:
   Kosten 10'000 Fr. + Erwerbsausfall 20'000 Fr. =   30'000 Fr.
   Dauer bis Alter 44, temporäre Aktivitätsrente →   Tafel 24
   Tafel 24[1], Alter der Frau 34, Dauer 10 Jahre →   Faktor 8.43
   kapitalisiert: 8.43 × 30'000 Fr. =   252'900 Fr.

b) zwischen Alter 44 und 62:
   mutmasslicher Erwerbsausfall   50'000 Fr.
   Dauer: ab Alter 44 bis Alter 62 →   Tafel 19 minus 24
   Tafel 19[1], Alter 34, Schlussalter 62 →   Faktor   17.56
   minus Tafel 24[1], Alter 34, Dauer 10 Jahre →   Faktor − 8.43
   Rente bis 62 abzüglich Rente bis 44   Faktor   9.13
   kapitalisiert: 9.13 × 50'000 Fr. =   456'500 Fr.

c) Beeinträchtigung im Haushalt ab Alter 62:
   mutmasslicher Schaden im Jahr   12'000 Fr.
   Dauer: ab Alter 62 und
           bis Mitte Aktivität/Mortalität →   Tafel 20a minus 19
   Tafel 20a, Alter der Frau 34 →   Faktor   22.44
   minus Tafel 19[1], Alter 34, Schlussalter 62 →   Faktor −17.56
   Rente Tafel 20a abzüglich Rente bis 62   Faktor   4.88
   kapitalisiert: 4.88 × 12'000 Fr. =   58'560 Fr.

d) Gesamtschaden   __767'960 Fr.__

BEISPIEL (8)

118 **Graphische Darstellung**

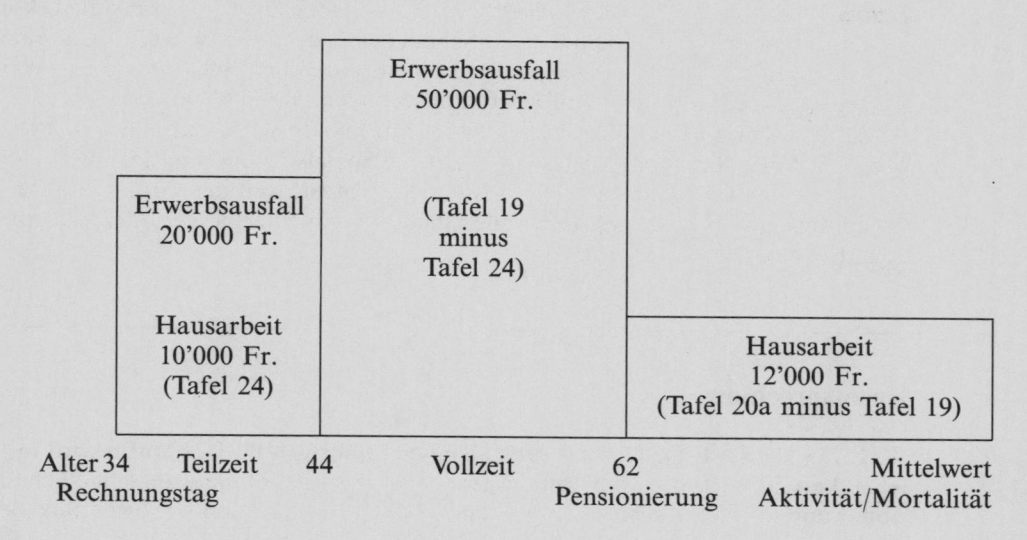

```
                    Erwerbsausfall
                    50'000 Fr.

  Erwerbsausfall    (Tafel 19
  20'000 Fr.        minus
                    Tafel 24)
                                        Hausarbeit
  Hausarbeit                            12'000 Fr.
  10'000 Fr.                            (Tafel 20a minus Tafel 19)
  (Tafel 24)

 Alter 34    Teilzeit    44   Vollzeit    62              Mittelwert
 Rechnungstag                            Pensionierung   Aktivität/Mortalität
```

Bemerkungen

119 Da in diesem Beispiel von unterschiedlichen Rentenhöhen mit verschiedener Laufdauer ausgegangen wird, ist die Berechnung etwas kompliziert. Zuerst ist eine temporäre Aktivitätsrente mit Tafel 24 bis zum Alter 44, d. h. während zehn Jahren, zu kapitalisieren, wobei die Kosten von 10'000 Fr. und der Erwerbsausfall von 20'000 Fr. zusammengezählt werden können, da sie die gleiche Laufdauer haben (vgl. oben a). In einem zweiten Schritt (b) ist der Erwerbsausfall von 50'000 Fr. für die Zeit bis zum Schlussalter 62, beginnend ab Alter 44, zu berechnen. Der Kapitalisierungsfaktor ergibt sich aus dem Faktor einer temporären Aktivitätsrente bis Alter 62 (Tafel 19) minus dem Faktor einer temporären Aktivitätsrente für die Dauer von 10 Jahren (Tafel 24). Soll schliesslich berücksichtigt werden, dass sie nach ihrer Erwerbsaufgabe erneut im Haushalt aktiv gewesen wäre, ist nach neuer bundesgerichtlicher Rechtsprechung vom Mittelwert zwischen Aktivität und Mortalität auszugehen (N 638–643). Dies kann mit einer aufgeschobenen Rente ab Alter 62 berechnet werden: Tafel 20a minus Tafel 19 (oben c).

120 Vernachlässigt ist bei dieser Rechnungsweise, dass die verletzte Frau auch vom Alter 44 bis 62 in der Haushaltführung infolge Invalidität beeinträchtigt ist.

121 Zur Berechnung des Regresswertes der Sozialversicherungsleistungen: IV-Regress längstens bis Alter 62 (Tafel 19); Subrogation für Komplementärrente nach UVG im Umfang der zeitlichen Kongruenz: → Beispiele 18 f.

BEISPIEL (8)

122 Statt dieser differenzierten Rechenmethode, die mehrere Annahmen hinsichtlich Rentenhöhe und Dauer der verschiedenen Schadensposten voraussetzt, könnte vereinfachend eine durchschnittliche Schadenersatzrente mit Tafel 20 kapitalisiert werden. Würde im obigen Beispiel von einem jährlichen Schaden von 36'000 Fr. ausgegangen, ergäbe dies einen Invaliditätsschaden von 766'440 Fr. (= 36'000 Fr. × 21.29, dem Faktor der Tafel 20 für eine 34jährige Frau). Diese einfachere Methode führt aber dann nicht zum Ziel, wenn Sozialversicherungsleistungen ausgerichtet werden oder nur eine Teilhaftung gegeben ist, weil der Grundsatz der zeitlichen und sachlichen Kongruenz eine Gliederung in einzelne Perioden erforderlich macht (→ Beispiele 16—19).

Rechtsprechung

123 BGE 113 II 345 ff: Der Erwerbsausfall einer 45jährigen PTT-Beamtin wird mit Tafel 20 kapitalisiert, d. h. das Bundesgericht berücksichtigt die wahrscheinliche Pensionierung nicht (→Beispiel 5). Der zusätzliche Schaden, den sie durch ihre Beeinträchtigung in der Haushaltführung erlitt, wird mit dem arithmetischen Mittelwert der Faktoren aus den Tafeln 20 und 30 ermittelt (→Beispiel 7).

BGE 99 II 221/225 f: Eine 27jährige Hausfrau, die zusätzlich ihrem Ehemann bei Büroarbeiten hilft, verunfallt. Das Bundesgericht fragt sich, «ob die Ehefrau in Zukunft willens oder gezwungen sein könnte, wieder ins Erwerbsleben einzutreten, ihren früheren Beruf also wieder aufgenommen hätte oder sonst einer Erwerbstätigkeit nachgegangen wäre, z. B. wegen Wegfall des Versorgers oder weil sie aus anderen Gründen ihre Arbeitskraft ganz oder teilweise ausserhalb des Haushaltes hätte einsetzen wollen. Das Bundesgericht hat diese Möglichkeit wiederholt berücksichtigt.» (Es folgt ein Überblick über die Rechtsprechung.) «Im Schrifttum wird ebenfalls die Auffassung vertreten, bei dauernder Invalidität einer Hausfrau könne die Möglichkeit berücksichtigt werden, dass sie ohne Unfall in Zukunft wieder eine Erwerbstätigkeit ausgeübt hätte.» (...) «Die blosse Möglichkeit, dass eine im Haushalt tätige Ehefrau ohne Unfall später wieder einem Erwerb nachgegangen wäre, genügt indes nicht, um einen zusätzlichen Anspruch zu begründen. Es müssen vielmehr konkrete Anhaltspunkte vorliegen, die dies aufgrund der Lebenserfahrung nicht nur als objektiv möglich, sondern als wahrscheinlich erscheinen lassen.»

ZivGer. BS in BJM 1983 S. 67/71 f: Der Invaliditätsschaden einer am Urteilstag 68jährigen Frau, die vor dem Unfall in der Registratur arbeitete und über das AHV- und Pensionierungsalter hinaus beschäftigt geblieben wäre, wird für ihre Berufs- und Hausfrauentätigkeit mit Tafel 20 berechnet.

ZivGer. NE in RJN 1982 S. 41 f: 51jährige Fabrikarbeiterin und Hausfrau mit Tafel 20.

AppGer. BS in BJM 1972 S. 83 ff: 64jährige, verheiratete Sekretärin wird verletzt; der Erwerbsausfall wird kapitalisiert mit Tafel 20 und reduziert um 60%, «womit auch der erfahrungsgemäss über die Berufstätigkeit hinaus andauernden Hausfrauenarbeit hinlänglich Rechnung getragen ist».

Invaliditätsschaden Beispiel **9a**

Knabe oder Mädchen wird verletzt
Schadensberechnung (ohne Regress)

Ein 7jähriger Schüler wird derart verletzt, dass damit gerechnet werden muss, dass er zeit seines Lebens vollständig erwerbsunfähig sein wird.

Berechnung

Alter des Knaben am Rechnungstag	18 Jahre
Invaliditätsgrad	100%
Angenommenes Alter bei Beginn der Erwerbstätigkeit	20 Jahre
Aufschubszeit 20 Jahre minus 18 Jahre, also	2 Jahre
Mutmassliches, durchschnittliches Einkommen im Jahr	50'000 Fr.
Dauer: aufgeschobene Rente bis Ende Aktivität →	Tafel 21
Tafel 21[1], Alter des Mannes 18, um 2 Jahre aufgeschoben →	Faktor 21.29
Gesamtschaden: 21.29 × 50'000 Fr. =	1'064'500 Fr.

124 **Graphische Darstellung**

```
                          ┌─────────────────────────────┐
                          │                             │
                          │       Erwerbsausfall        │
                          │                             │
                          │         50'000 Fr.          │
                          │                             │
                          │          Tafel 21           │
                          │                             │
           |konkret|aufgeschoben|

Alter      7       18        20                        Ende
         Unfall Rechnungstag Erwerbsaufnahme         Aktivität
```

Bemerkungen

125 Ist ein Kind verletzt worden, so treten neben allfälligen Kosten die finanziellen Auswirkungen erst im Zeitpunkt ein, in dem es, unversehrt geblieben, zu arbeiten und zu verdienen angefangen hätte. Je nach Umständen ist das früher oder später, meist zwischen 18–25 Jahren. Der Kapitalisierungsfaktor für eine aufgeschobene, während der Dauer der Erwerbsfähigkeit auszurichtenden Rente ist für Knaben in Tafel 21, für Mädchen in Tafel 22 zu finden.

BEISPIEL 9a

126 Bei schweren Körperverletzungen von Kindern kann der künftige Schaden meist erst nach Jahren abgeschätzt werden, wenn einigermassen Klarheit über die dauernden Auswirkungen der Schädigung besteht (Stabilisierung des Zustandes, Gewöhnung an das Leiden, Schulung und berufliche Ausbildung).

127 Bleibt ein Kind dauernd invalid, so wird in der Praxis im allgemeinen eine konstante Aktivitätsrente, allenfalls mit aufgeschobenem Beginn, kapitalisiert, die längstens bis Ende Aktivität — und nicht bis zu einem bestimmten Schlussalter — läuft.

Rechtsprechung

128 BGE 100 II 305: «Erleidet ein Kind eine Körperverletzung, die einen bleibenden körperlichen Nachteil zur Folge hat, so ist seine spätere Erwerbseinbusse nur schwer abzuschätzen. Das darf den Richter aber nicht hindern, diese Schätzung unter Berücksichtigung aller in Betracht kommender Umstände trotzdem vorzunehmen. Dabei darf sich die noch verbleibende Ungewissheit nicht zu Ungunsten des Klägers auswirken. Sie muss vielmehr vom Beklagten, der für das schädigende Ereignis einzustehen hat, in Kauf genommen werden (BGE 95 II 264 und 81 II 518).»

129 Kapitalisierung mit Tafel 21 bzw. 22 :

	Alter am Unfalltag	Alter am Urteilstag	aufgeschoben um Jahre	Alter bei Erwerbsbeginn	angenommener Erwerbsausfall im Jahr
Oberger. BL in JT 1985 I S. 425 Knabe: Tafel 21	8	14	6	20	60'000 Fr.
KantGer. FR, Extraits 1980 S. 16 Mädchen: Tafel 22	6	11	8	19	24'000 Fr.
KantGer. VS vom 1.12.78, n.p. Knabe: Tafel 21	6	13	7	20	30'000 Fr.
KantGer. VS vom 24.11.78, n.p. Knabe: Tafel 21	12	17	9	26	42'000 Fr.
n.p. BGE vom 21.5.75 Mädchen: Tafel 22	5	14	9	23	40'000 Fr.
Oberger. ZH, ZR 1975 Nr. 25 Knabe: Tafel 21	12	15	5	20	33'000 Fr.
KantGer. VS vom 30.1.75, n.p. Mädchen: Tafel 22	22	26	2	28	36'000 Fr.

Invaliditätsschaden　　　　　　　　　　　　　　　**Beispiel 9b**

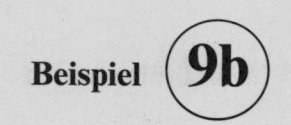

Kind wird verletzt
Regress nach IVG

Wie Beispiel 9a, wobei aber die IV zusätzlich ab Alter 20 eine Invalidenrente in der Höhe von jährlich 12'000 Fr. ausrichtet.

Berechnung

a) Gesamtschaden gemäss Beispiel 9a
   Tafel 21: 21.29 × 50'000 Fr. =　　　　　　　　　　　　　　　1'064'500 Fr.

b) Regresswert der Invalidenrente
   Alter des verletzten Knaben am Rechnungstag　　　　　　　　　18 Jahre
   Invaliditätsgrad　　　　　　　　　　　　　　　　　　　　　　　100%
   Invalidenrente ab Alter 20, jährlich　　　　　　　　　　　　　12'000 Fr.
   Aufschubszeit: 20 Jahre minus 18 Jahre =　　　　　　　　　　2 Jahre
   Dauer: um 2 Jahre aufgeschoben und bis Alter 65 →　Tafeln 18 minus 23
   Tafel 18[1], Alter 18, Schlussalter 65 →　　　　　　　　　　Faktor　22.25
   minus Tafel 23[1], Alter 18, Dauer 2 Jahre →　　　　　　　　Faktor − 1.93
   Kapitalisierungsfaktor:　　　　　　　　　　　　　　　　　　　　20.32
   IV-Regress: 20.32 × 12'000 Fr. =　　　　　　　　　　　　　　243'840 Fr.

c) Restanspruch
   Gesamtschaden　　　　　　　　　　　　　　　　　　　　　　　1'064'500 Fr.
   abzüglich IV-Regress　　　　　　　　　　　　　　　　　　　　− 243'840 Fr.
   Restschaden　　　　　　　　　　　　　　　　　　　　　　　　　820'660 Fr.

Bemerkungen

130　Im Unterschied zur Berechnung des Gesamtschadens, der bei dauernder Invalidität regelmässig mit den Tafeln 21, 22 oder 20 berechnet wird, endet die IV-Rente spätestens bei Erreichen des AHV-Rentenalters.

131　Um eine aufgeschobene, d. h nicht sofort beginnende Rente zu kapitalisieren, die längstens bis zu einem bestimmten Schlussalter läuft, ist der Faktor einer sofort beginnenden temporären Aktivitätsrente bis zum mutmasslichen Beginn der IV-Rente (Tafeln 23/24) vom Faktor der temporären Aktivitätsrente bis Schlussalter 65/62 (Tafeln 18/19) zu subtrahieren, unter der Voraussetzung, dass die IV-Rente und die angenommene Aufnahme der Erwerbstätigkeit den gleichen Beginn aufweisen.

Invaliditätsschaden **Beispiel** **10**

Kind wird verletzt
Verzögerter Erwerbsbeginn

Eine 17jährige Schülerin wird verletzt. Ohne Unfall hätte sie im Alter von 22 Jahren einen Beruf ergriffen. Nun verzögert sich die Ausbildung, da sie infolge der erlittenen Behinderungen voraussichtlich drei Jahre aussetzen muss und somit erst mit 25 eine Erwerbstätigkeit aufnehmen kann. Als zukünftiges, durchschnittliches Erwerbseinkommen wird 40'000 Fr. angenommen.

Berechnung

Alter des Mädchens	17 Jahre
Invaliditätsgrad	100%
Ohne Verletzung: Beginn der Erwerbstätigkeit im Alter von	22 Jahren
Infolge Verletzung: Beginn der Erwerbstätigkeit im Alter von	25 Jahren
Erwerbsausfall während 3 Jahren, jährlich	40'000 Fr.
Dauer des Erwerbsausfalls: zwischen Alter 22 und 25 →	Tafel 22
Tafel 22¹, Alter 17, aufgeschoben um 5 Jahre (22−17) →	Faktor 19.91
minus Tafel 22¹, Alter 17, aufgeschoben um 8 Jahre (25−17) →	Faktor −17.53
Erwerbsausfall für verzögerten Erwerbsbeginn	Faktor 2.38
Gesamtschaden: 2.38 × Fr. 40'000 Fr. =	95'200 Fr.

Bemerkungen

132 Besteht keine Dauerinvalidität, so kann der Beginn des Erwerbslebens als Folge des Unfalls verzögert werden, wenn beispielsweise ein Schüler repetieren muss. Ist von einem steigenden Erwerbseinkommen auszugehen, so sind aufgeschobene in Verbindung mit temporären Aktivitätsrenten zu kapitalisieren: → Beispiel 11.

133 Für den Fall, dass zu Beginn von einer Vollinvalidität, später aber von einer Teilinvalidität ausgegangen wird: → Beispiel 12.

BEISPIEL 10

Rechtsprechung

134 n.p. BGE vom 21.10.1985 (Ibrahim): Einem 31jährigen Informatiker, der als Universitätsassistent tätig ist, muss nach einem Unfall die Milz entfernt werden. Er macht einen Schaden für zwei Jahre Verzögerung in seiner Karriere als zukünftiger Professor geltend. Das Bundesgericht hält den Wahrscheinlichkeitsbeweis für nicht erbracht.

KantGer. VS vom 22.11.1984 (Combe), n.p.: 18jähriger muss wegen eines Skiunfalls eine Klasse wiederholen. Der Verlust infolge verzögertem Erwerbsbeginn wird auf 50'000 Fr. festgesetzt. Für den zukünftigen Erwerbsausfall als Klarinettist wird von durchschnittlich 75'000 Fr. ausgegangen und mit Tafel 21 gerechnet. Am Rechnungstag ist er 25.

KantGer. VS vom 30.1.1975 (Spira), n.p.: 26jährige Jus-Studentin ist gezwungen, ein halbes Jahr auszusetzen. Für den erlittenen Erwerbsausfall sowie für die Erschwerung des wirtschaftlichen Fortkommens wird eine um zwei Jahre aufgeschobene Rente mit Tafel 22 kapitalisiert.

Invaliditätsschaden   **Beispiel 11**

Steigender Erwerbsausfall

Ein 27jähriger EDV-Spezialist hat zur Zeit des Unfalls 50'000 Fr. verdient. Es wird angenommen, dass er ohne Unfall ab 35 Jahren einen Durchschnittserwerb von 75'000 Fr. erzielt und ab Alter 40 jährlich 100'000 Fr. verdient hätte.

Berechnung

Alter des Mannes am Rechnungstag	29 Jahre
Invaliditätsgrad	100%
mutmasslicher Erwerbsausfall im Jahr:	
ab Alter 29	50'000 Fr.
ab Alter 35	75'000 Fr.
ab Alter 40	100'000 Fr.
Dauer: sofort beginnend und aufgeschoben bis Ende Aktivität	Tafeln [20] und [21]

a) Mindesterwerbsausfall während Aktivitätsdauer → Tafel [20]
Tafel 20, Alter des Mannes 29 → Faktor 21.15
kapitalisiert: 21.15 × 50'000 Fr. =   1'057'500 Fr.

b) zusätzlicher Erwerbsausfall ab Alter 35 → Tafel [21]
Tafel 21[1], Alter 29, aufgeschoben um 6 Jahre → Faktor 15.74
kapitalisiert: 15.74 × 25'000 Fr. (= 75'000 − 50'000)   393'500 Fr.

c) zusätzlicher Erwerbsausfall ab Alter 40 → Tafel [21]
Tafel 21[3], Alter 29, aufgeschoben um 11 Jahre → Faktor 12.03
kapitalisiert: 12.03 × 25'000 Fr. (= 100'000 − 75'000)   300'750 Fr.

d) Gesamtschaden   1'751'750 Fr.

BEISPIEL (11)

135 **Graphische Darstellungen des Erwerbsausfalls**

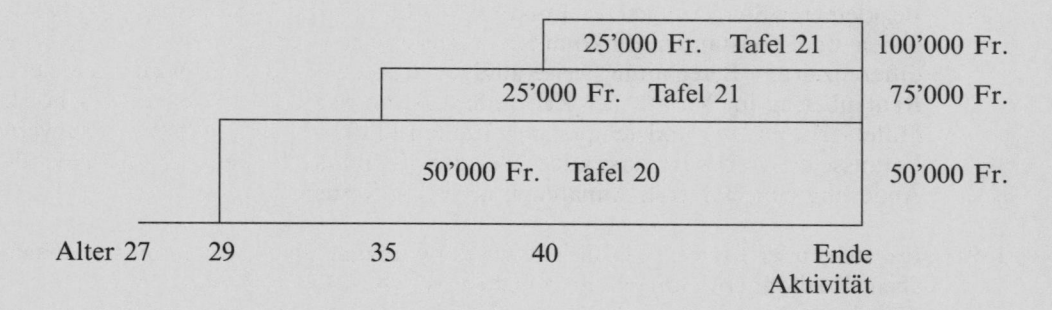

```
                              ┌─────────────────────┐
                              │ 25'000 Fr. Tafel 21 │ 100'000 Fr.
                        ┌─────┴─────────────────────┤
                        │   25'000 Fr. Tafel 21     │  75'000 Fr.
                  ┌─────┴───────────────────────────┤
                  │        50'000 Fr. Tafel 20      │  50'000 Fr.
                  │                                 │
Alter 27    29         35            40           Ende
                                                  Aktivität
```

136 Diese Berechnungsmethode kann tabellarisch wie folgt dargestellt werden:

Beginn	Aufschub in Jahren	Rente	Differenz	Faktor	Barwert
29 Jahre	0	Fr. 50'000	Fr. 50'000	21.15	1'057'500 Fr.
35 Jahre	6	Fr. 75'000	Fr. 25'000	15.74	393'500 Fr.
40 Jahre	11	Fr. 100'000	Fr. 25'000	12.03	300'750 Fr.
					<u>1'751'750 Fr.</u>

137 Der Invaliditätsschaden kann auch mit temporären Aktivitätsrenten kapitalisiert werden, das Resultat ist das gleiche:

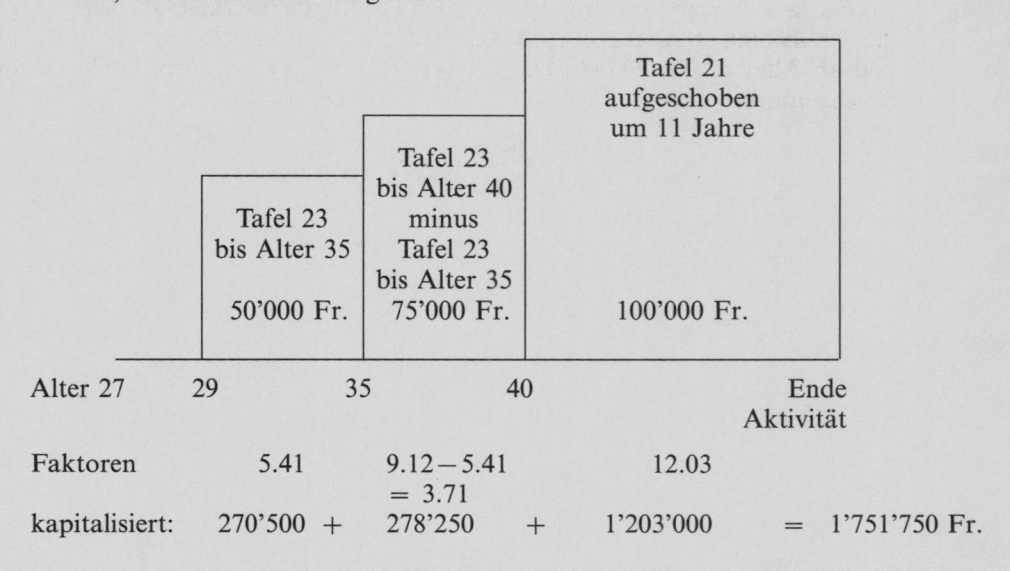

```
                                    ┌──────────────────┐
                                    │    Tafel 21      │
                                    │  aufgeschoben    │
                                    │   um 11 Jahre    │
                        ┌───────────┤                  │
                        │  Tafel 23 │                  │
                        │bis Alter 40│                 │
                        │  minus    │                  │
             ┌──────────┤ Tafel 23  │                  │
             │ Tafel 23 │bis Alter 35│                 │
             │bis Alter 35│         │                  │
             │ 50'000 Fr.│ 75'000 Fr.│  100'000 Fr.    │
             │           │           │                 │
Alter 27   29        35          40                 Ende
                                                    Aktivität

Faktoren          5.41        9.12 – 5.41         12.03
                              = 3.71
kapitalisiert:  270'500  +    278'250     +    1'203'000   =  1'751'750 Fr.
```

BEISPIEL (11)

Bemerkungen

138 Bei kleineren Steigerungen des Einkommens kann meistens von einem durchschnittlichen und konstanten Einkommen ausgegangen werden. Falls sich jedoch eine differenziertere Berechnungsweise aufdrängt und angenommen wird, dass sich der Rentenbetrag im Verlauf der Zeit ändert, kann der Barwert mit aufgeschobenen (Tafel 21 und 22) und temporären Renten (Tafel 23 und 24) ermittelt werden. Voraussetzung aber ist, dass auch über den Zeitpunkt, an dem die voraussichtliche Änderung eintreten soll, Annahmen getroffen werden.

139 Ein steigender Erwerbsausfall ist etwa dann anzunehmen, wenn von voraussichtlichen Reallohnerhöhungen auszugehen ist (N 649–652) oder wenn konkrete Anhaltspunkte bestehen, dass beispielsweise eine Hausfrau erwerbstätig wird, wenn die Kinder selbständig werden: → Beispiel 8.

140 Bei der Kapitalisierung aufgeschobener Renten ist zu beachten, dass vom jeweiligen Alter am Rechnungstag – und nicht vom Alter zum Zeitpunkt der Rentenänderung – auszugehen ist.

Rechtsprechung

141 ZivGer. BS vom 15.6.1987 (Berger), n.p.: ein 8jähriger Knabe wird zu 100% invalid. Am Urteilstag ist er 28jährig. Es wird angenommen, dass er ohne Unfall eine kaufmännische Ausbildung hätte abschliessen können. Das Gericht nimmt an, sein zukünftiges Erwerbseinkommen hätte sich wie folgt entwickelt: ab Alter 28 (gerundet) Fr. 49'000, ab Alter 30 Fr. 54'000, ab Alter 40 Fr. 62'000, ab Alter 50 Fr. 68'000 und ab Alter 57 Fr. 73'000. Die Kapitalisierung wird mit den Tafeln 20 und 21 durchgeführt.

Invaliditätsschaden **Beispiel 12**

Sinkender Erwerbsausfall

Eine 53jährige Journalistin erleidet einen Verkehrsunfall. Sie ist als Redaktorin bei einer Tageszeitung angestellt und hat ein Jahreseinkommen von 60'000 Fr. Sie wäre laut dem Pensionskassenreglement mit 62 pensioniert worden. Es wird davon ausgegangen, dass sie nach der Pensionierung weiter als freie Mitarbeiterin gearbeitet hätte und dabei noch jährlich 20'000 Fr. verdient hätte.

Berechnung

Alter der Frau am Rechnungstag	56 Jahre
Invaliditätsgrad	100%
mutmasslicher Erwerbsausfall bis Alter 62	60'000 Fr.
mutmasslicher Erwerbsausfall ab Alter 62	20'000 Fr.

a) Mindesterwerbsausfall bis Ende Aktivität → Tafel [20]
Tafel 20, Alter der Frau 56 → Faktor 13.76
kapitalisiert: 13.76 × 20'000 Fr. =   275'200 Fr.

b) Zusätzlicher Erwerbsausfall bis Alter 62 → Tafel [19]
Tafel 19[2], Alter der Frau 56, Schlussalter 62 → Faktor 5.31
kapitalisiert: 5.31 × 40'000 Fr. (= 60'000 Fr. − 20'000 Fr.)   212'400 Fr.

c) Gesamtschaden   487'600 Fr.

142 **Graphische Darstellung des Erwerbsausfalls**

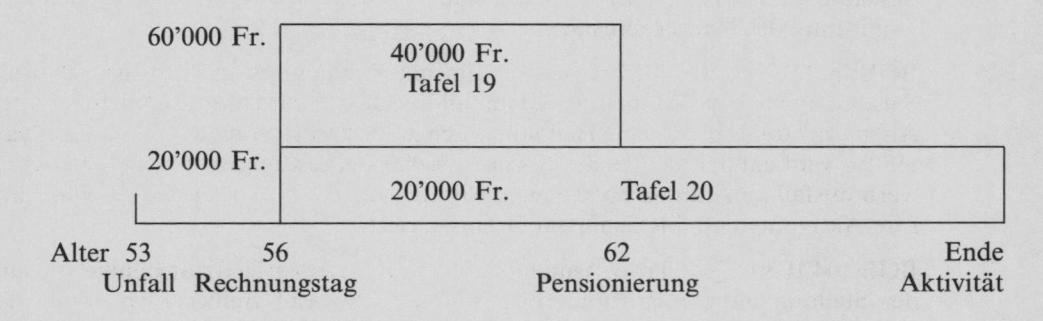

```
60'000 Fr. ┌─────────────────────┐
           │    40'000 Fr.       │
           │    Tafel 19         │
20'000 Fr. ├─────────────────────┴──────────────────────────┐
           │    20'000 Fr.          Tafel 20                │
           └────────────────────────────────────────────────┘
  Alter 53    56              62                        Ende
  Unfall  Rechnungstag   Pensionierung                Aktivität
```

BEISPIEL (12)

Bemerkungen

143 Zum gleichen Ergebnis führt folgende Methode:

a) Erwerbsausfall von 60'000 Fr. bis Alter 62 → Tafel [19] Tafel 19^2, Alter der Frau 56, Schlussalter 62 → Faktor 5.31 kapitalisiert: 5.31 × 60'000 Fr. =	318'600 Fr.
b) plus Erwerbsausfall von 20'000 Fr. ab Alter 62 bis Ende Aktivität → Tafel [20] minus Tafel [19] Tafel 20, Alter der Frau 56 → Faktor 13.76 minus Tafel 19^2, Alter 56, Schlussalter 62 → − Faktor 5.31 Faktor der aufgeschobenen Rente 8.45 kapitalisiert: 8.45 × 20'000 Fr. =	169'000 Fr.
c) Gesamtschaden	487'600 Fr.

144 Ein sinkendes Erwerbseinkommen wird in der Judikatur etwa bei Gastarbeitern angenommen, wenn konkrete Anhaltspunkte dafür bestehen, dass sie in absehbarer Zeit in ihre Heimat zurückgekehrt wären und dort weniger verdient hätten.

145 Mit aufgeschobenen und temporären Aktivitätsrenten lassen sich auch steigende und sinkende Schadenersatzrenten kombinieren. Bei sich ändernder Rentenhöhe empfiehlt es sich oft, die Kapitalisierungsmethode aufzuzeichnen und bei der Berechnung zuerst von der kleinsten Rente auszugehen und anschliessend die zusätzlichen Rentendifferenzen aufzustocken (→Beispiel 11).

Rechtsprechung

146 BGE 111 II 295: Sinkender Erwerbsausfall einer Dirne, die einen Erwerbsausfall von monatlich über 10'000 Fr. geltend macht. Rückweisung an die Vorinstanz zur Ermittlung des Verdienstausfalls.

BGE in JT 1981 I S. 457 ff Nr. 39: Ein am Rechnungstag 54jähriger spanischer Saisonnier wird durch einen Arbeitsunfall invalid. Es wird angenommen, dass er im Alter von 60 Jahren in seine Heimat zurückgekehrt wäre und dort nur noch etwa die Hälfte verdient hätte. Da die Sozialversicherungsleistungen den reduzierten Erwerbsausfall ab Alter 60 übersteigen, wird der ungedeckte Schaden auf eine temporäre Aktivitätsrente bis Schlussalter 60 limitiert.

BGE 104 II 307/309: Trotz Annahme, dass der verletzte Tiefbautechniker in leitender Stellung bis zur Pensionierung und anschliessend freiberuflich erwerbstätig gewesen wäre, wird in diesem Entscheid mit Tafel 20 kapitalisiert (→Beispiel 1a). Wenn davon ausgegangen würde, dass sich das Erwerbseinkommen nach der Pensionierung reduziert, wäre nach dem vorstehend beschriebenen Verfahren zu rechnen.

BEISPIEL (12)

BGE 100 II 352/357 f: Eine im Urteilszeitpunkt 60jährige spanische Haushaltsgehilfin verliert drei Finger. Das Bundesgericht kapitalisiert mit Tafel 20, reduziert aber den mutmasslichen jährlichen Erwerbsausfall, weil sie beabsichtigte, nach Spanien zurückzukehren, und weil angesichts ihres Alters mit einer Erwerbsabnahme zu rechnen war.

BezGer. Zurzach in SJZ 76/1980 S. 11 – 15: Erwerbsausfall eines 55jährigen Fabrikarbeiters aus Hauptberuf bis zur mutmasslichen Pensionierung im Alter 65, zusätzlicher Erwerbsausfall aus Nebenverdienst als Hausmetzger ab Rechnungstag bis Ende Aktivität (Tafel 20).

Invaliditätsschaden **Beispiel 13**

Zeitpunkt der Kapitalisierung
Bisheriger und zukünftiger Invaliditätsschaden

In den vorstehenden Beispielen ist jeweils vereinfachend nur der zukünftige Invaliditätsschaden berechnet worden. Nun soll auch der bis zum Urteilstag aufgelaufene Schaden an einem Beispiel veranschaulicht werden.

Berechnung

a) Bisheriger Schaden
Unfall 1985, Urteil 1988, Dauer zwischen Unfall und Urteil — 3 Jahre
Alter am Unfalltag — 30 Jahre
Einkommensausfall zwischen Unfall und Urteilstag:
36 Monate zu 5'000 Fr. monatlich, d. h. insgesamt — 180'000 Fr.
(plus Schadenszins von 5% ab mittlerem Verfall)

b) Zukünftiger Schaden
Alter am Rechnungstag — 33 Jahre
zukünftiger, durchschnittlicher Erwerbsausfall im Jahr — 80'000 Fr.
Dauer: bis Ende Aktivität → Tafel 20
Tafel 20, Alter des Mannes 33 → Faktor 20.07
kapitalisiert: 20.07 × 80'000 Fr. = 1'605'600 Fr.

c) Invaliditätsschaden
Bisheriger Schaden — 180'000 Fr.
Zukünftiger Schaden — 1'605'600 Fr.
Gesamtschaden — __1'785'600 Fr.__

Bemerkungen

a) Schadensberechnung bis zum Rechnungstag

147 Gemäss ständiger Rechtsprechung ist der Invaliditätsschaden bis zum Urteils- oder Verhandlungstag bzw. Vergleichstag gesondert und konkret zu berechnen: → N 722–729. Bis zu diesem Zeitpunkt werden die entstandenen Kosten und der tatsächlich erlittene Erwerbsausfall addiert.

BEISPIEL (13)

148 Bis zum Urteils- bzw. Vergleichstag sind die real- und teuerungsbedingten Lohnerhöhungen in die Schadensberechnung einzubeziehen.

149 Zwischen dem Unfall- und dem Urteilstag verstreichen oft etliche Jahre. Werden Kinder oder Jugendliche verletzt, so dauert die Zeit bis zur endgültigen Abrechnung zum Teil sehr lang. Als Beispiele seien erwähnt: n.p. BGE vom 3.2.1981 (Bourquin): Alter bei Unfall 18, bei Urteil 27; ZivGer. BS vom 15.6.1987 (Berger), n.p.: Unfall mit 8 Jahren, beim erstinstanzlichen Urteil ist er 28jährig; KantGer. VS vom 12.12.1979 (Jacquier), n.p.: Unfall mit 25, Urteil mit 39.

b) **Schadensberechnung ab Rechnungstag**

150 Ab Urteils- oder Vergleichstag wird der zukünftige Invaliditätsschaden in aller Regel kapitalisiert: →N 576 ff.

151 Zuerst ist das Alter des Anspruchsberechtigten am Rechnungstag zu bestimmen. Dieses wird meist auf das näherliegende Altersjahr gerundet (→N 1187 ff).

152 Anschliessend ist der durchschnittliche, hypothetische Erwerbsausfall festzulegen, wobei Reallohnerhöhungen – nicht aber teuerungsbedingte Lohnerhöhungen – grundsätzlich zu berücksichtigen sind: →N 644 ff.

c) **Regress**

153 Die bis zum Rechnungstag erbrachten Sozialversicherungsleistungen werden (inklusive Teuerungszulagen) zusammengezählt. Zukünftige IV- oder UV-Leistungen sind zusätzlich in der Höhe zur Zeit der Schadenerledigung auf diesen Zeitpunkt zu kapitalisieren (→Beispiele 16–19).

154 Der Grundsatz der zeitlichen Kongruenz ist sowohl mit bezug auf den Rentenbeginn als auch auf das Rentenende zu beachten.

Rechtsprechung

155 BGE 108 II 422: Bei einer Blinddarmoperation wird ein Mädchen verletzt. Das Urteil des Tessiner Appellationsgerichts erfolgt zehn Jahre später. Der bisherige Schaden wird konkret berechnet (mit 5% Zins ab verschiedenen Verfalldaten). Der zukünftige Schaden wird auf den Urteilstag (= Rechnungstag) kapitalisiert.

BGE 99 II 214/216: Die konkrete Berechnung des Schadens erfolgt auf den Urteilstag des kantonalen Gerichts, das noch auf neue Tatsachen abstellen darf.

Invaliditätsschaden Beispiel **14a**

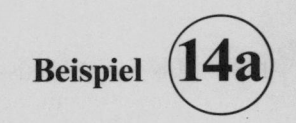

Pflege- und Heilungskosten
Schadensberechnung (ohne Regress)

Eine 31jährige Frau wird querschnittgelähmt. Der Haftpflichtige hat u. a. auch für die zukünftigen Pflegekosten Ersatz zu leisten. Diese betragen pro Tag beispielsweise 60 Franken. Es ist davon auszugehen, dass die invalide Frau zeit ihres Lebens auf Pflege angewiesen sein wird.

Berechnung

Alter der Frau am Rechnungstag	35 Jahre
angenommene Pflegekosten im Jahr: 60 Fr. × 365 =	21'900 Fr.
Dauer: lebenslänglich →	Tafel 30
Tafel 30, Alter der Frau 35 →	Faktor 23.41
Barwert der Pflegekosten: 23.41 × 21'900 =	512'679 Fr.

Bemerkungen

156 Ist die verletzte Person ständig auf Hilfe Dritter angewiesen, so ist regelmässig eine lebenslängliche Rente zu kapitalisieren. Dasselbe kann auch für den Ersatz von Heilungskosten gelten. Eingesparte Aufwendungen (z. B. Verpflegungskosten bei einem Spitalaufenthalt) sind in Abzug zu bringen. Dagegen ist auch die Pflege, die von Familienangehörigen übernommen wird, zu entschädigen.

157 Entstehen die Pflege- oder Heilungskosten erst in einem späteren Zeitpunkt oder ist der zu erwartende Anstieg der Kosten zu berücksichtigen, so sind aufgeschobene Renten zu kapitalisieren: Tafel 31 für Männer, Tafel 32 für Frauen.

Rechtsprechung

158 n.p. Erw. von BGE 108 II 422: Ein 15jähriges Mädchen bleibt nach einer Blinddarmoperation durch schweres Verschulden eines Anästhesiearztes ans Bett gefesselt und bedarf, solange es lebt, intensiver Pflege. Zu den lebenslänglich kapitalisierten Pflegekosten in der Höhe von 363'000 Fr. kommt der zukünftige Erwerbsausfall, der mit Tafel 20 berechnet, einen Betrag von 558'000 Fr. ergibt.

BEISPIEL (14a)

ZivGer. BS vom 15.6.1987 (Berger), n.p : Ein 8jähriger Knabe wird vollinvalid. Im Urteilszeitpunkt ist er 28jährig. Die Kosten für die nächsten zwei Jahre werden konkret berechnet. Für die Zeit danach werden die mutmasslichen Heilungskosten mit Tafel 31 kapitalisiert.

Handelsger. ZH vom 20.10.1986 (Serrao), n.p.: Entschädigung von monatlich 400 Fr. für die Pflege einer 58jährigen Italienerin durch Familienangehörige in ihrer Heimat. Kapitalisierung einer lebenslänglichen Rente mit einem Kapitalisierungszinsfuss von 4% angesichts des im Vergleich zur Schweiz höheren Zinssatzes (→ N 1138).

KantGer. VS vom 6.9.79 (Hennemuth), n.p.: Die Kosten für die Pflegeperson eines Paraplegikers werden – wegen der angenommenen Verkürzung der Lebenserwartung – in Form einer (von den Parteien vereinbarten) indexierten Rente ersetzt. Für die Pflegekosten und den Erwerbsausfall ist Sicherstellung mit Bankgarantie bzw. Grundpfand in der Höhe von 750'000 Fr. zu leisten. Zur Berechnung der Höhe der Sicherstellung: → Beispiel 66.

Invaliditätsschaden **Beispiel 14b**

IV-Regress für Hilflosenentschädigung

Entsprechend dem schweren Grad der Hilflosigkeit der Frau im vorstehenden Beispiel ⑭ₐ zahlt die IV eine Entschädigung von monatlich 600 Franken.

Berechnung

a) Pflegekosten gemäss Beispiel ⑭ₐ
   Tafel 30 : 23.41 × 21'900 Fr.   512'679 Fr.

b) Regresswert der IV/AHV-Hilflosenentschädigung
   Alter der Frau am Rechnungstag   35 Jahre
   Hilflosenentschädigung im Jahr   7'200 Fr.
   Dauer: lebenslänglich →   Tafel 30
   Tafel 30, Alter der Frau 35 →   Faktor 23.41
   Regress: 23.41 × 7'200 Fr. =   168'552 Fr.

c) Restanspruch
   Gesamtschaden   512'679 Fr.
   abzüglich Regress   −168'552 Fr.
   Restschaden   344'127 Fr.

Bemerkungen

159 Invalide, die für alltägliche Lebensverrichtungen dauernd auf Hilfe Dritter angewiesen sind oder der persönlichen Überwachung bedürfen, haben Anspruch auf eine Hilflosenentschädigung, die in Rentenform ausgerichtet wird (IVG 42).

160 Gemäss IVG 52 II d nimmt die IV Rückgriff für Hilflosenentschädigungen, wenn der haftpflichtige Dritte die Pflegekosten oder andere aus der Hilflosigkeit erwachsende Kosten zu ersetzen hat.

161 Ist anzunehmen, dass die Hilflosenentschädigung zeitlebens ausgerichtet wird, ist der Regresswert mit Tafel 30 zu berechnen. Nach Erreichen des AHV-Alters geht der Regressanspruch auf die AHV über.

Rechtsprechung

162 n.p. Erw. von BGE 108 II 422: Die IV-Hilflosenentschädigung wird von den Pflegekosten abgezogen, obwohl die Operation mit den tragischen Folgen 1972 stattfand, das IV-Regressrecht aber erst auf den 1.1.1979 eingeführt worden ist.

Invaliditätsschaden   **Beispiel 15**

Hilfsmittel und Prothesen

Einem 40jährigen Ingenieur sind die Kosten für eine Prothese sowie für einen Rollstuhl zu ersetzen. Die Prothese sei alle drei Jahre ab Rechnungstag und der Rollstuhl alle fünf Jahre, zum ersten Mal in zwei Jahren, zu erneuern.

Berechnung

Alter des Mannes am Rechnungstag	40 Jahre
Prothesenkosten:	
ab Rechnungstag alle drei Jahre erneuerbar	1'000 Fr.
Rollstuhl: ab Alter 42 alle fünf Jahre zu ersetzen	3'000 Fr.

a) Prothesenkosten
   Dauer: lebenslänglich, periodisch wiederkehrend → Tafel 38
   Tafel 38², Alter des Mannes 40,
   alle drei Jahre, nicht aufgeschoben → Faktor 7.37
   kapitalisiert: 7.37 × 1'000 Fr. =   7'370 Fr.

b) Rollstuhlkosten
   Dauer: lebenslänglich, periodisch wiederkehrend → Tafel 38
   Tafel 38⁴, Alter des Mannes 40,
   alle fünf Jahre, aufgeschoben um zwei Jahre → Faktor 4.21
   kapitalisiert: 4.21 × 3'000 Fr. =   12'630 Fr.

c) Barwert der Kosten insgesamt   20'000 Fr.

Bemerkungen

163   Wie Pflegekosten (Beispiel 14) sind auch wiederkehrende Kosten für Hilfsmittel oft lebenslänglich zu ersetzen.

164   Kosten, die laufend anfallen (z. B. bei Pflegebedürftigkeit) können mit Tafel 30 kapitalisiert werden. Das gleiche gilt für Hilfsmittel, die jedes Jahr zu erneuern sind.

165   Für Kosten, die dagegen nur alle paar Jahre anfallen, ist auf Tafel 38 für Männer bzw. auf Tafel 39 für Frauen abzustellen.

BEISPIEL (15)

166 Die Tafeln 38/39 enthalten die Barwerte für lebenslängliche Renten, die periodisch wiederkehren (alle 2, 3, 4, 5 oder 6 Jahre). Fällt die Erneuerung mit dem Rechnungstag zusammen, so ist die Aufschubszeit 0 Jahre. Ist die nächste Anschaffung erst in einem späteren Zeitpunkt vorgesehen, sind die entsprechenden Kapitalisierungsfaktoren – aufgeschoben um 2, 3, 4 oder 5 Jahre – zu wählen (→N 1270 ff).

167 Wird ein Hilfsmittel für die Ausübung einer Erwerbstätigkeit benötigt, so ist der Barwert allenfalls mit den Aktivitätstafeln zu bestimmen.

Rechtsprechung

168 n.p. Erw. 10 von BGE 104 II 307: Autobetriebs- und Garagekosten werden für die Aktivitätsdauer mit Tafel 20 kapitalisiert. Zusätzlich sind Anschaffungskosten für ein Autotelephon und Anpassungskosten für ein geeignetes Automobil zu ersetzen.

n.p. BGE vom 6.7.1976 (Dunkel): Ein 11jähriger Knabe verliert ein Auge. Die Kosten für die periodische Auswechslung der Augenprothese und für die Medikamente werden kapitalisiert.

BGE 89 II 23 f: Der Ersatz für Prothesenkosten, die alle drei Jahre während der ganzen Lebensdauer anfallen, ist nicht ex aequo et bono festzusetzen, sondern nach den Barwerttafeln zu berechnen.

KantGer. VS vom 6.9.1979 (Hennemuth), n.p.: Mehrkosten für Anschaffung und Betrieb eines Spezialfahrzeuges.

Invaliditätsschaden   **Beispiel (16)**

IV-Regress für Renten

Ein am Rechnungstag 38jähriger Gastwirt verunfallt. Sein zukünftiger Erwerbsausfall wird auf 50'000 Fr. im Jahr bemessen. Von der eidg. Invalidenversicherung erhält er eine Invalidenrente, eine Zusatzrente für seine 34jährige Ehefrau sowie eine Kinderrente für seine 9jährige Tochter.

Berechnung

Beispiel (16) gibt eine überschlagsmässige Berechnung ohne Aufteilung in verschiedene Zeitperioden wie in den Beispielen (17) und (18) bei Teilhaftung.

a) Schadensberechnung
Alter des Mannes am Rechnungstag	38 Jahre
Alter der Frau	34 Jahre
Alter des Kindes	9 Jahre
Invaliditätsgrad	100%
mutmasslicher Erwerbsausfall im Jahr	50'000 Fr.
Dauer: längstens bis Ende Aktivität →	Tafel 20
Tafel 20, Alter des Mannes 38 →	Faktor 18.49
Gesamtschaden: 18.49 × 50'000 Fr. =	**924'500 Fr.**

b) Regresswert der IV-Renten

– Invalidenrente: jährlich   13'000 Fr.
   Dauer: längstens bis Alter 65 des Mannes →   Tafel 18
   Tafel 18[1], Alter 38, Schlussalter 65 →   Faktor 16.50
   kapitalisiert: 16.50 × 13'000 Fr. =   214'500 Fr.

– Zusatzrente für die Ehefrau: jährlich   3'900 Fr.
   Dauer: längstens bis Alter 65 des Mannes →   Tafel 26b
   Tafel 26b[3], Alter des Versorgers 38,
      Alter der Versorgten 34 →   Faktor 16.34
   kapitalisiert: 16.34 × 3'900 Fr. =   63'726 Fr.

– Kinderrente: jährlich   5'200 Fr.
   Alter des Kindes 9, angenommenes Schlussalter 20
   Dauer 11 Jahre (= 20 Jahre minus 9 Jahre) →   Tafel 23
   Tafel 23[3], Alter 38, Dauer 11 Jahre →   Faktor 9.07
   kapitalisiert: 9.07 × 5'200 Fr. =   47'164 Fr.
   IV-Regress   **325'390 Fr.**

c) Restanspruch
Gesamtschaden	924'500 Fr.
abzüglich IV-Regress	–325'390 Fr.
Restschaden	**599'110 Fr.**

BEISPIEL (16)

Bemerkungen

169 Gemäss IVG 52 tritt die eidg. Invalidenversicherung gegenüber einem haftpflichtigen Dritten, der für den Invaliditätsschaden eines IV-Versicherten haftet, in die Ansprüche des Geschädigten ein. Zuerst ist folglich der Gesamtschaden zu berechnen. Der Regress geht nicht weiter als der Schadenersatzanspruch.

170 Die IV subrogiert bis zur Höhe ihrer gesetzlichen Leistungen, jedoch nur soweit als ihre Leistungen zusammen mit dem vom Haftpflichtigen geschuldeten Ersatz den Gesamtschaden übersteigen. Sind die IV-Leistungen kleiner als der Gesamtschaden, verbleibt dem Geschädigten ein Rest- oder Direktanspruch gegenüber dem haftpflichtigen Dritten oder dessen Haftpflichtversicherer.

171 Entsprechend dem konkret bis zum Urteils- oder Vergleichstag berechneten Schaden (→ Beispiel 13) werden die aufgelaufenen IV-Leistungen (z. B. Taggelder oder Rentenraten) aufaddiert. Die künftigen IV-Leistungen (insbesondere die Invalidenrenten und allfälligen Hilflosenentschädigungen) werden ab Rechnungstag für die Durchführung des Rückgriffs kapitalisiert. Die Regresswertberechnung erfolgt durch das Bundesamt für Sozialversicherung. Für die Höhe der zu kapitalisierenden IV-Leistungen wird auf den Rechnungstag (und nicht auf den Unfalltag) abgestellt.

a) Zur Invalidenrente:

172 Die Invalidenrente erlöscht mit Entstehung des Anspruchs auf eine Altersrente, d. h. mit Erreichen des AHV-Rentenalters. Gemäss AHVG 21 I i. V. m. IVG 30 wird die Invalidenrente bei Männern nach zurückgelegtem 65. Altersjahr, bei Frauen nach zurückgelegtem 62. Altersjahr durch eine Altersrente abgelöst. Für Altersrenten, die an Stelle der Invalidenrenten treten, subrogiert die AHV nicht, da der Versicherte diese auch ohne schädigendes Ereignis hätte beanspruchen können. Dies bedeutet, dass, auch wenn der Haftpflichtanspruch mit Tafel 20 berechnet wird, der Regress auf das Alter 65 bzw. 62 terminiert ist.

173 Demzufolge ist der Regresswert der Invalidenrente mit Tafel 18 (Schlussalter 65) für Männer und mit Tafel 19 (Schlussalter 62) für Frauen zu kapitalisieren.

174 Wird der Schadenersatzanspruch jedoch zeitlich auf ein früheres Schlussalter beschränkt (z. B. Alter 60), so ist dieses Endalter auch beim Regress zu beachten, da die Laufdauer der Rente die Höchstgrenze für die Subrogation bildet (Grundsatz der zeitlichen Kongruenz).

b) Zur Zusatzrente für die Ehefrau:

175 Richtet die IV neben der einfachen Invalidenrente auch eine Zusatzrente für die Ehefrau aus (IVG 34), so nimmt die IV auch für diese Rückgriff. Die Zusatzrente ist wie die Kinderrente explizit in IVG 52 II c erwähnt.

BEISPIEL (16)

176 Die IV regressiert im vorliegenden Beispiel für die Zusatzrente längstens bis der invalide Mann das AHV-Rentenalter erreicht. Infolgedessen ist die Zusatzrente für die Ehefrau als temporäre Verbindungsrente mit Tafel 26b zu kapitalisieren.

c) **Zur Kinderrente:**

177 Invalide Erwachsene erhalten zusätzlich zur einfachen Invalidenrente Kinderrenten (IVG 35). Diese werden ausgerichtet bis zur Vollendung des 18. Altersjahres. Für Kinder, die noch in der Ausbildung stehen, dauert der Rentenanspruch bis zum Abschluss der Ausbildung, längstens aber bis zum 25. Altersjahr (AHVG 25 II). Für die Berechnung des Regresswertes der Kinderrente ist folglich ein Schlussalter anzunehmen: dieses wird oft auf Alter 20 festgelegt.

178 Erhält ein IV-anspruchsberechtigter Vater die Kinderrente, so wird der Kapitalwert mit Tafel 23 berechnet. Ist eine Mutter anspruchsberechtigt, ist Tafel 24 zu verwenden. Für die Kapitalisierung der Kinderrente ist auf das Alter des IV-Rentenbezügers (des Vaters oder der Mutter, nicht des Kindes) am Rechnungstag abzustellen. Die Dauer, während der die Rente läuft, ergibt sich aus der Differenz zwischen dem Alter des Kindes am Rechnungstag und dem angenommenen Schlussalter. Da die Sterbenswahrscheinlichkeit des Kindes sehr klein ist, wird sie vernachlässigt (N 1324).

179 Erreicht der IV-anspruchsberechtigte Elternteil das AHV-Rentenalter, bevor das Kind das angenommene Schlussalter, z. B. das 20. Altersjahr vollendet hat, so ist Tafel 18 bzw. 19 mit Schlussalter 65 bzw. 62 zu verwenden. Da im AHV-Rentenalter die IV keine Kinderrenten mehr ausrichtet, ist sie ab diesem Alter auch nicht mehr rückgriffsberechtigt.

d) **Andere Leistungen:**

180 Für IV-Hilflosenentschädigungen → Beispiel 14b; für Sachleistungen (Hilfsmittel) → Beispiel 15.

Rechtsprechung

181 BGE 112 II 118/129 f: Ein 54jähriger Landwirt wird bleibend zu 50% arbeitsunfähig, als er vernimmt, dass zwei seiner Söhne von einem Militärflugzeug getötet wurden. Seine Ehefrau ist 42, sein überlebender Sohn 18½ Jahre alt.

a) bezüglich Invalidenrente führt das Bundesgericht aus:

«Pour calculer les montants déductibles à ce titre, on doit tenir compte du fait que les rentes d'invalidité sont remplacées par les rentes de vieillesse lorsque le bénéficiaire atteint l'âge auquel il y a droit (soit 65 ans pour le demandeur), et que la rente AVS ne doit pas être prise en considération dans le droit de subrogation, car il ne s'agit pas d'une rente couvrant le risque d'invalidité qui fonde la prétention du demandeur...»

BEISPIEL (16)

b) zur Zusatzrente für die Ehefrau (IVG 34 I):

Das Bundesgericht rechnete mit Tafel 23 für die Dauer von 13 Jahren (d. h. bis die Ehefrau 55 wird, da für sie von diesem Alter an gemäss AHVG 22bis eine AHV-Zusatzrente ausgerichtet wird, auch wenn der Mann nicht invalid geworden wäre). Bei dieser Berechnungsweise mit Tafel 23 (temporäre Aktivitätsrente für Männer) wird die Sterbenswahrscheinlichkeit der Ehefrau allerdings vernachlässigt, was aber wenig ausmacht, so dass die Zusatzrenten einfachheitshalber auch mit Tafel 23 statt Tafel 26b kapitalisiert werden dürfen.

c) zur Kinderrente (IVG 35 I):

Diese wird wie im obigen Beispiel mit Tafel 23 berechnet (Alter des Vaters am Rechnungstag 54, Dauer 1½ Jahre, d. h. bis der 18½jährige Sohn 20 Jahre alt wird).

Invaliditätsschäden Beispiel 17

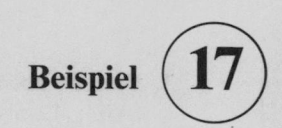

IV-Regress
Teilhaftung

Gleicher Tatbestand wie vorstehendes Beispiel 16, wobei aber der Schadenersatzanspruch infolge Selbstverschulden auf 70% reduziert wird.

Berechnung

Alter des Mannes am Rechnungstag	38 Jahre
Alter der Frau	34 Jahre
Alter der Tochter	9 Jahre

Jahresbeträge

1. Periode bis Alter 20 des Kindes
   (Alter 38 bis 49 des Mannes)

a) mutmasslicher Erwerbsausfall — 50'000 Fr.

b) Haftpflichtanspruch: 70% von 50'000 Fr. = — 35'000 Fr.

c) Leistungen der IV
   - IV-Rente des Mannes — 13'000 Fr.
   - IV-Zusatzrente für die Ehefrau — 3'900 Fr.
   - IV-Kinderrente — 5'200 Fr.
   IV-Leistungen insgesamt — 22'100 Fr.

d) Restanspruch
   mutmasslicher Erwerbsausfall — 50'000 Fr.
   abzüglich IV-Leistungen — −22'100 Fr.
   ungedeckter Schaden — 27'900 Fr.

e) IV-Regress
   Haftpflichtanspruch — 35'000 Fr.
   abzüglich Restanspruch — −27'900 Fr.
   IV-Regress — 7'100 Fr.

f) Der Geschädigte erhält:
   vom Haftpflichtigen — 27'900 Fr.
   von der IV — 22'100 Fr.
   insgesamt — 50'000 Fr.

BEISPIEL (17)

2. **Periode ab Alter 20 des Kindes bis Alter 65 des Mannes**
   (Alter 49 bis 65 des Mannes)

   a) mutmasslicher Erwerbsausfall . . . . 50'000 Fr.

   b) Haftpflichtanspruch: 70% von 50'000 Fr. = ... 35'000 Fr.

   c) Leistungen der IV
   - IV-Rente des Mannes   13'000 Fr.
   - IV-Zusatzrente für die Ehefrau   3'900 Fr.
   IV-Leistungen insgesamt . . . . 16'900 Fr.

   d) Restanspruch
   mutmasslicher Erwerbsausfall   50'000 Fr.
   abzüglich IV-Leistungen   −16'900 Fr.
   ungedeckter Schaden . . . . 33'100 Fr.

   e) IV-Regress
   Haftpflichtanspruch   35'000 Fr.
   abzüglich Restanspruch   −33'100 Fr.
   IV-Regress . . . . 1'900 Fr.

   f) Der Geschädigte erhält:
   vom Haftpflichtigen   33'100 Fr.
   von der IV   16'900 Fr.
   insgesamt . . . . 50'000 Fr.

3. **Periode ab Alter 65 des Mannes bis Ende Aktivität**

   a) mutmasslicher Erwerbsausfall . . . . 50'000 Fr.
   b) Haftpflichtanspruch: 70% von 50'000 Fr. = ... 35'000 Fr.
   c) keine IV-Leistungen

Kapitalisierung des IV-Regresses

1. **Periode bis Alter 20 des Kindes**
   (Alter 38 bis 49 des Mannes)

   jährlicher IV-Regress   7'100 Fr.
   Tafel [23]³, Alter 38, Dauer 11 Jahre (= 20 − 9) →   Faktor 9.07
   kapitalisiert: 9.07 × 7'100 Fr. = ... 64'397 Fr.

2. **Periode ab Alter 20 des Kindes bis Alter 65 des Mannes**
   (Alter 49 bis 65 des Mannes)

   jährlicher IV-Regress   1'900 Fr.
   Tafel [26b]³, Alter Versorger 38, Versorgte 34 →   Faktor   16.34
   minus Tafel [23]³, Alter 38, Dauer 11 →   Faktor − 9.07
                                                          Faktor   7.27
   kapitalisiert: 7.27 × 1'900 Fr. = ... 13'813 Fr.
   IV-Regress insgesamt . . . . 78'210 Fr.

BEISPIEL (17)

Restanspruch

Haftpflichtanspruch 70% von 924'500 Fr. gemäss Beispiel 16	647'150 Fr.
abzüglich IV-Regress	− 78'210 Fr.
Restanspruch	<u>568'940 Fr.</u>

182 **Graphische Darstellung der Jahresbeträge**

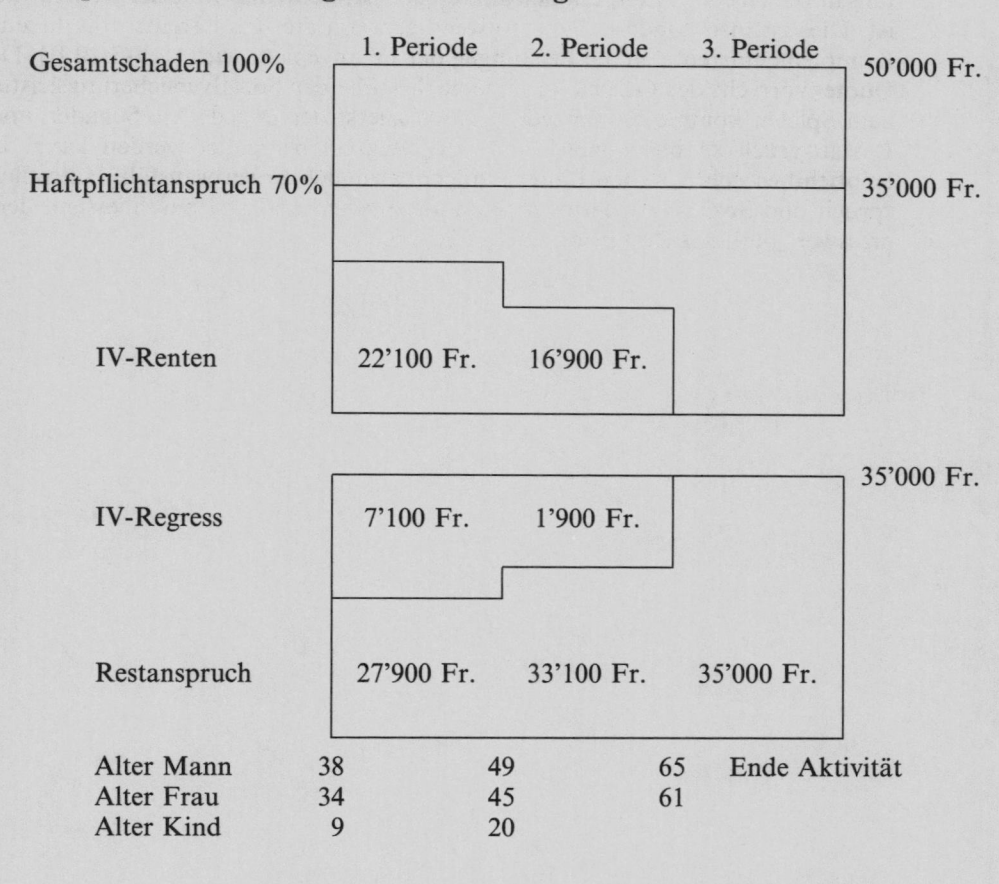

	1. Periode	2. Periode	3. Periode	
Gesamtschaden 100%				50'000 Fr.
Haftpflichtanspruch 70%				35'000 Fr.
IV-Renten	22'100 Fr.	16'900 Fr.		
				35'000 Fr.
IV-Regress	7'100 Fr.	1'900 Fr.		
Restanspruch	27'900 Fr.	33'100 Fr.	35'000 Fr.	
Alter Mann	38	49	65	Ende Aktivität
Alter Frau	34	45	61	
Alter Kind	9	20		

BEISPIEL (17)

Bemerkungen

183 Das Quotenvorrecht des Geschädigten ergibt sich aus IVG 52 I in Verbindung mit AHVG 48^{quater} I und besagt, dass im Falle einer Teilhaftung vorab sein ungedeckter Schaden zu ersetzen ist und der Sozialversicherer somit nur regressberechtigt ist, wenn der Restanspruch kleiner ist als der Haftpflichtanspruch (N 569–572).

184 Der Grundsatz der zeitlichen Kongruenz bedingt, dass die Berechnung gegebenenfalls in verschiedene Zeitperioden aufzuteilen ist, wenn die Höhe der Renten variabel ist. Dies ist insbesondere dann notwendig, wenn die Kinderrente erlischt und die Komplementärrente an die Leistungen der IV angepasst wird (UVG 20 II). Da das Quotenvorrecht des Geschädigten je nach Höhe der Sozialversicherungsleistungen zum Spielen kommt, ist für jede Periode zuerst der ungedeckte Schaden und der Restanspruch zu bestimmen, bevor der Regress berechnet werden kann. Dabei empfiehlt es sich, von den Jahresbeträgen bezüglich Erwerbsausfall, Haftpflichtanspruch und Sozialversicherungsrenten auszugehen und erst anschliessend den Regresswert und den Restanspruch zu berechnen.

Invaliditätsschaden   **Beispiel 18**

IV- und UV-Regress

Gleicher Sachverhalt wie in Beispiel (16). Zusätzlich richtet die SUVA eine Komplementärrente aus. Der bei der SUVA versicherte Verdienst beläuft sich auf Fr. 40'000. Die Komplementärrente beträgt im Jahr:
- ab Rechnungstag: 13'900 Fr. (= 36'000 Fr. – 22'100 Fr.),
- nach Wegfall der IV-Kinderrente: 19'100 Fr. (= 36'000 Fr. – 16'900 Fr.).

Berechnung

Alter des Mannes	38 Jahre
Alter der Frau	34 Jahre
Alter der Tochter	9 Jahre

a) Gesamtschaden gemäss Beispiel 16
   Tafel [20]: 18.49 × 50'000 Fr. =   924'500 Fr.

b) IV-Regress gemäss Beispiel 16
   – Invalidenrente:
     Tafel [18]: 16.50 × 13'000 Fr. =   214'500 Fr.
   – Zusatzrente für die Ehefrau:
     Tafel [26b]: 16.34 × 3'900 Fr. =   63'726 Fr.
   – Kinderrente:
     Tafel [23]: 9.07 × 5'200 Fr. =   47'164 Fr.
   IV-Regress   325'390 Fr.

c) UV-Regress
   UV-Komplementärrente
   – bis Ende Aktivität (zeitliche Kongruenz) →   Tafel [20]
     Tafel 20, Alter des Mannes 38 →   Faktor 18.49
     kapitalisiert: 18.49 × 19'100 Fr. =   353'159 Fr.
   – abzüglich IV-Kinderrente →   Tafel [23]
     Tafel 23³, Alter des Mannes 38, Dauer 11 →   Faktor 9.07
     kapitalisiert: 9.07 × 5'200 Fr. =   – 47'164 Fr.

   UV-Regress   305'995 Fr.

d) Restanspruch
   Gesamtschaden   924'500 Fr.
   abzüglich IV-Regress   –325'390 Fr.
   abzüglich UV-Regress   –305'995 Fr.
   Restschaden   293'115 Fr.

BEISPIEL (18)

Bemerkungen

185 Die Höhe der Komplementärrenten bestimmt sich nach UVG 20. Da Komplementärrenten unter anderem an die Kinderrenten angepasst werden, sind die entsprechenden Kapitalwertberechnungen der UV-Komplementärrenten gestaffelt durchzuführen. Vorgängig ist festzulegen, ab welchem Alter bzw. ab welchem Zeitpunkt die Höhe der Komplementärrenten ändert. Zur Berechnung der Komplementärrenten → N 743 f.

186 **Graphik zur Berechnung der IV- und UV-Renten**

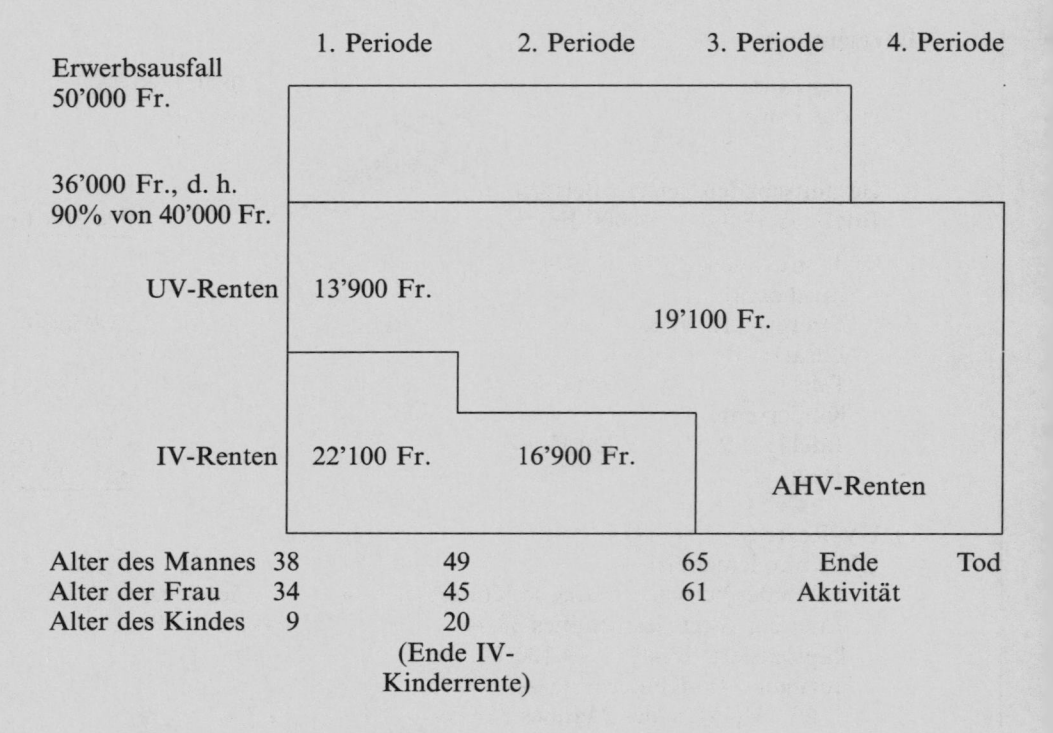

	1. Periode	2. Periode	3. Periode	4. Periode
Erwerbsausfall 50'000 Fr.				
36'000 Fr., d. h. 90% von 40'000 Fr.				
UV-Renten	13'900 Fr.	19'100 Fr.		
IV-Renten	22'100 Fr.	16'900 Fr.		AHV-Renten

Alter des Mannes	38	49	65	Ende	Tod
Alter der Frau	34	45	61	Aktivität	
Alter des Kindes	9	20			
		(Ende IV-Kinderrente)			

BEISPIEL (18)

187 **Graphik zur Berechnung des IV-Regresses**

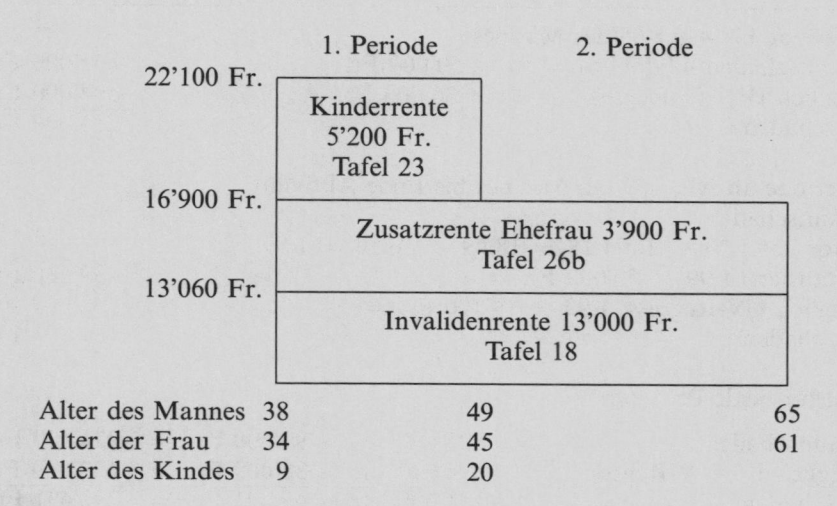

```
                    1. Periode          2. Periode
    22'100 Fr.  ┌─────────────┐
                │ Kinderrente │
                │   5'200 Fr. │
                │   Tafel 23  │
    16'900 Fr.  ├─────────────┴──────────────────────┐
                │    Zusatzrente Ehefrau 3'900 Fr.   │
                │             Tafel 26b              │
    13'060 Fr.  ├────────────────────────────────────┤
                │      Invalidenrente 13'000 Fr.     │
                │             Tafel 18               │
                └────────────────────────────────────┘
```

Alter des Mannes 38   49   65
Alter der Frau   34   45   61
Alter des Kindes 9   20

188 **Graphik zur Berechnung des UV-Regresses**

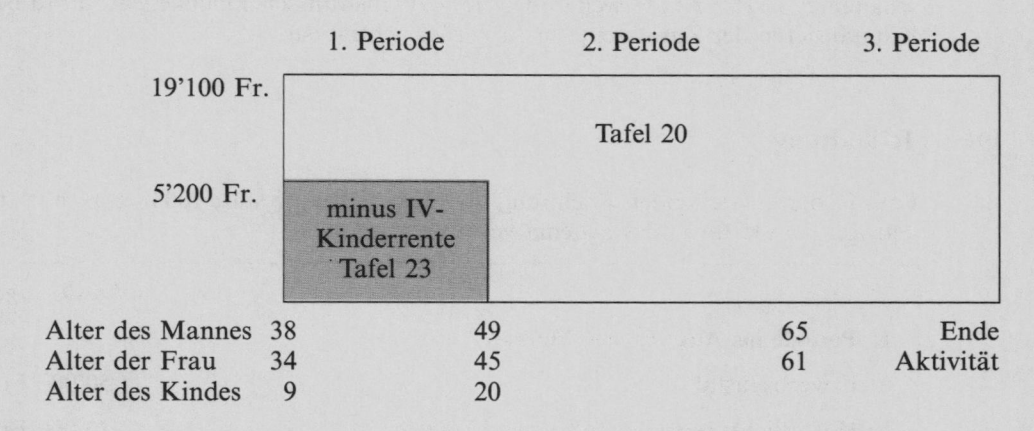

```
                    1. Periode          2. Periode         3. Periode
    19'100 Fr.  ┌───────────────────────────────────────────────────┐
                │                                                   │
                │                     Tafel 20                      │
                │                                                   │
     5'200 Fr.  ├─────────────┐                                     │
                │  minus IV-  │                                     │
                │ Kinderrente │                                     │
                │   Tafel 23  │                                     │
                └─────────────┴─────────────────────────────────────┘
```

Alter des Mannes 38   49   65   Ende
Alter der Frau   34   45   61   Aktivität
Alter des Kindes 9   20

189   Die Rechnung kann vereinfacht werden, wenn mehrere Sozialversicherungsinstitutionen am Rückgriff beteiligt sind, die Gesamtgläubiger sind, wie IV und SUVA (AHVV 79^{quater} III i. V. m. IVV 39ter und UVV 52). In diesem Fall kann bis zum Alter 65 mit einem einheitlichen Total der Leistungen der IV und der SUVA von 36'000 Fr. gerechnet werden. In der Praxis ist es so, dass die SUVA auch den Regress der IV durchführt.

BEISPIEL (18)

190 Die vereinfachte Rechnung wäre folgende:

1. Periode bis Alter 65 des Mannes:	
Gesamtschaden: (Tafel 18) 16.50 × 50'000 Fr. =	825'000 Fr.
abzüglich IV-/UV-Regress: 16.50 × 36'000 Fr. =	−594'000 Fr.
Restschaden	231'000 Fr.
2. Periode ab Alter 65 des Mannes bis Ende Aktivität	
Gesamtschaden:	
Faktor Tafel 20 − Tafel 18 = 18.49 − 16.50 = 1.99	
kapitalisiert: 1.99 × 50'000 Fr. =	99'500 Fr.
abzüglich UV-Regress: 1.99 × 19'100 Fr. =	− 38'009 Fr.
Restschaden	61'491 Fr.
Total für beide Perioden	
Gesamtschaden 825'000 Fr. + 99'500 Fr. =	924'500 Fr.
abzüglich IV-/UV-Regress 594'000 Fr. + 38'009 Fr. =	−632'009 Fr.
Restschaden 231'000 Fr. + 61'491 Fr. =	292'491 Fr.

Die vereinfachte Rechnung weicht ein wenig von der genaueren Berechnung (Restschaden 293'115 Fr.) ab, weil dabei die Sterbenswahrscheinlichkeit der Frau beim Kapitalisieren der Zusatzrente nicht berücksichtigt ist.

191 **Teilhaftung**

Falls in der vorstehenden Rechnung die Haftungsquote statt 100% z. B. nur 70% beträgt, könnte folgendes Schema verwendet werden:

	Jahresbeträge
1. Periode bis Alter 65 des Mannes	
a) Erwerbsausfall	50'000 Fr.
b) Haftpflichtanspruch: 70% von 50'000 Fr. =	35'000 Fr.
c) IV- und UV-Renten: 90% von 40'000 Fr. =	36'000 Fr.
d) Restanspruch: Erwerbsausfall	50'000 Fr.
abzüglich IV-/UV-Renten	−36'000 Fr.
ungedeckter Schaden	14'000 Fr.
e) IV-/UV-Regress: Haftpflichtanspruch	35'000 Fr.
abzüglich Restanspruch	−14'000 Fr.
IV-/UV-Regress	21'000 Fr.

BEISPIEL (18)

Jahresbeträge

2. Periode ab Alter 65 des Mannes

a) Erwerbsausfall	50'000 Fr.
b) Haftpflichtanspruch: 70% von 50'000 Fr. =	35'000 Fr.
c) UV-Komplementärrente	19'100 Fr.
d) Restanspruch: Erwerbsausfall	50'000 Fr.
abzüglich UV-Rente	−19'000 Fr.
ungedeckter Schaden	30'900 Fr.
e) UV-Regress: Haftpflichtanspruch	35'000 Fr.
abzüglich Restanspruch	−30'900 Fr.
UV-Regress	4'100 Fr.

Kapitalisierung des IV-/UV-Regresses

1. Periode bis Alter 65 des Mannes

IV-/UV-Regress (Tafel 18): 16.50 × 21'000 Fr. =	346'500 Fr.

2. Periode ab Alter 65 des Mannes bis Ende Aktivität

UV-Regress: Faktor Tafel 20 minus Faktor Tafel 18
            Faktoren: 18.49 − 16.50 = 1.99

kapitalisiert: 1.99 × 4'100 Fr. =	8'159 Fr.
IV-/UV-Regress zusammen	354'659 Fr.

Restanspruch

Haftpflichtanspruch: 70% von 924'500 Fr. =	647'150 Fr.
abzüglich IV-/UV-Regress	−354'659 Fr.
Restanspruch (wie N 190)	292'491 Fr.

192   Sind die Sozialversicherer nicht Gesamtgläubiger (weil der Unfallversicherer eine private Versicherungsgesellschaft ist), so ist der Regress entsprechend aufzuteilen.

Invaliditätsschaden **Beispiel 19a**

Regress nach UVG
Volle Haftung

Eine 43jährige Frau wird bleibend teilinvalid. Der Invaliditätsgrad wird auf 20% festgesetzt. Der obligatorische Unfallversicherer richtet eine Invalidenrente von 8'000 Fr. im Jahr aus.

Berechnung

a) Schadensberechnung
Alter der Frau am Rechnungstag	45 Jahre
mutmassliches Einkommen im Jahr	50'000 Fr.
Invaliditätsgrad	20%
Erwerbsausfall im Jahr: 20% von 50'000 Fr. =	10'000 Fr.
Dauer: längstens bis Ende Aktivität →	Tafel [20]
Tafel 20, Alter der Frau 45 →	Faktor 18.03
Gesamtschaden: 18.03 × 10'000 Fr. =	180'300 Fr.

b) Regresswert der Invalidenrente nach UVG
Alter der Frau am Rechnungstag	45 Jahre
Invalidenrente im Jahr	8'000 Fr.
Dauer: längstens bis Ende Aktivität →	Tafel [20]
Tafel 20, Alter der Frau 45 →	Faktor 18.03
UV-Regress: 18.03 × 8'000 Fr. =	144'240 Fr.

c) Restanspruch
Gesamtschaden	180'300 Fr.
abzüglich UV-Regress	−144'240 Fr.
Restschaden	36'060 Fr.

BEISPIEL 19a

Bemerkungen

193   Der Rückgriff des obligatorischen Unfallversicherers ist in UVG 41 ff. geregelt. Richtet er Renten aus, so können Ansprüche hiefür nur bis zu dem Zeitpunkt auf ihn übergehen, bis zu welchem der Dritte Schadenersatz schuldet (UVG 43 III). Eine UV-Rente ist folglich für den Regress grundsätzlich mit den Aktivitätstafeln zu kapitalisieren, auch wenn sie lebenslänglich ausbezahlt wird. Falls für die Berechnung des Gesamtschadens Tafel 20 benützt wird, ist auch die UV-Rente mit dieser Tafel zu kapitalisieren. Wird der Gesamtschaden mit einer temporären Aktivitätsrente (Tafel 18 oder 19) berechnet, ist auf dasselbe Schlussalter für die Regresswertberechnung abzustellen: → Beispiele 1 ff. und 5 ff.

Rechtsprechung

194   BGE in JT 1981 I S. 457 Nr. 39 ff: Ein am Rechnungstag 54jähriger Spanier, der als Saisonnier in der Schweiz arbeitet, erleidet 1974 einen Arbeitsunfall. Die SUVA richtet ihm eine Rente von monatlich 1498 Fr. aus, die IV eine Rente von 827 Fr. Es wird angenommen, dass er im Alter von 60 Jahren in seine Heimat zurückgekehrt wäre. Da er aber in Spanien weniger verdient hätte, als ihm die SUVA zahlt, berechnet das Bundesgericht den Restschaden mit einer temporären Aktivitätsrente bis zum Schlussalter 60 und verneint ab diesem Alter einen ungedeckten Schaden. Für den Regress der SUVA müsste zusätzlich der Gesamtschaden vor und nach Alter 60 separat ermittelt werden. (Die IV war nicht regressberechtigt, da sich der Unfall vor 1979 ereignete.)

Zu BGE 95 II 582 → Beispiel 1c.

Invaliditätsschaden   **Beispiel 19b**

Regress nach UVG
Teilhaftung und Kontrolle

Gleicher Sachverhalt wie vorstehendes Beispiel (19a), aber Haftungsquote nur 60%.

Berechnung

Jahresbeträge

a) Gesamtschaden   10'000 Fr.

b) Haftpflichtanspruch (Haftungsquote 60%)   6'000 Fr.

c) Leistung des obligatorischen Unfallversicherers   8'000 Fr.

d) Restanspruch
       Gesamtschaden   10'000 Fr.
       abzüglich UV-Leistung   − 8'000 Fr.
       ungedeckter Schaden   2'000 Fr.

e) UV-Regress
       Haftpflichtanspruch   6'000 Fr.
       abzüglich Restanspruch   − 2'000 Fr.
       UV-Regress   4'000 Fr.

f) Die Geschädigte erhält
       vom Haftpflichtigen   2'000 Fr.
       vom Unfallversicherer   8'000 Fr.
       insgesamt   10'000 Fr.

Kapitalisierung

a) Restanspruch
    Tafel 20, Alter der Frau 45 →   Faktor 18.03
    kapitalisiert: 18.03 × 2'000 Fr. =   36'060 Fr.

b) UV-Regress
    Tafel 20, Alter der Frau 45 →   Faktor 18.03
    kapitalisiert: 18.03 × 4'000 Fr. =   72'120 Fr.

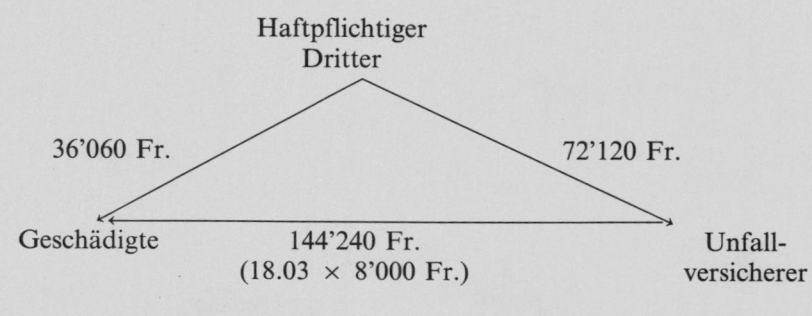

BEISPIEL (19b)

195 **Kontrolle**

```
                    Haftpflichtiger
                        Dritter
        36'060 Fr.                   72'120 Fr.

    Geschädigte      144'240 Fr.            Unfall-
                   (18.03 × 8'000 Fr.)      versicherer
```

196
Der haftpflichtige Dritte hat der Geschädigten	36'060 Fr.
und dem Unfallversicherer	72'120 Fr.
und somit insgesamt zu zahlen	108'180 Fr.
Der obligatorische Unfallversicherer zahlt der Geschädigten	144'240 Fr.
und erhält aus Regress	− 72'120 Fr.
d. h. er bleibt belastet mit	72'120 Fr.
Die Geschädigte erhält vom haftpflichtigen Dritten	36'060 Fr.
und vom Unfallversicherer	144'240 Fr.
damit insgesamt	180'300 Fr.
Belastung des haftpflichtigen Dritten (60% von 180'300 Fr.)	108'180 Fr.
Belastung des obligatorischen Unfallversicherers	72'120 Fr.
insgesamt	180'300 Fr.

Die Geschädigte erhält in diesem Fall — wegen ihres Quotenvorrechts — den gesamten Schaden ersetzt, obwohl der Dritte nur für 60% haftet.

Die Kontrollrechnung ist auf den Zeitraum, für welchen Schadenersatz geschuldet ist, d. h. bis Ende Aktivität der Frau, begrenzt.

Rechtsprechung

197 BGE 104 II 307/309 ff: Bestätigung der in BGE 93 II 407, 96 II 355 und 98 II 129 eingeleiteten Praxis zum Quotenvorrecht des Geschädigten für sämtliche identische Schadensposten. Heute ist das Quotenvorrecht in UVG 42 I gesetzlich verankert.

II. Kapitalisierung bei Tötung

Verzeichnis der Beispiele

	Beispiel
Mann wird getötet	
Erwerbstätiger Mann versorgt Frau	20
– Schadensberechnung	20a
– AHV-Regress	20b
Erwerbstätiger versorgt Frau bis zu seiner Pensionierung	21
– Schadensberechnung	21a
– AHV-Regress	21b
– AHV- und UV-Regress	21c
Erwerbstätiger vesorgt Frau mit Eigenerwerb; Wiederverheiratung	22
Erwerbstätiger versorgt Frau und Kind	23
Erwerbstätiger versorgt Frau und Kinder	24
Rentner versorgt Frau	25
Frau wird getötet	
Erwerbstätige Frau versorgt Mann	26
Hausfrau versorgt Mann	27
Erwerbstätige Hausfrau versorgt Mann	28
Frau versorgt Mann und Kind	29
Erwerbstätige Hausfrau versorgt Mann und Kinder	30
Frau im AHV-Alter versorgt Mann	31
Kind wird getötet	
Tochter versorgt Vater	32
Sohn wird Mutter versorgen	33
Veränderlicher Versorgungsausfall	
Steigender Versorgungsausfall	34
Versorgung von Frau und mehreren Kindern	35
Zeitpunkt der Kapitalisierung	
Bisheriger und zukünftiger Versorgungsschaden	36
Regress und Teilhaftung	
AHV-Regress für Witwen- und Waisenrenten	37
AHV- und UV-Regress für Hinterlassenenrenten	38
AHV- und UV-Regress bei Teilhaftung	39

199 Schema zur Berechnung des Versorgungsschadens

Alter (N 1187–1198)	Für die Kapitalisierung wird auf das Alter am Todestag des Versorgers abgestellt und das Alter des Versorgers und der Versorgten regelmässig auf ganze Jahre auf- oder abgerundet.
Versorgungsausfall (N 770–816)	Die Schätzung des hypothetischen Versorgungsausfalls hängt wesentlich von den konkreten Umständen des Einzelfalles ab. In den Beispielen sind einige Möglichkeiten seiner Festsetzung skizziert: – Wieviel hätte der Versorger in Zukunft mutmasslich verdient? Durchschnittseinkommen im Jahr annehmen. Bestehen Anhaltspunkte für Einkommensänderungen: ab welchem Alter und in welchem Umfang? – Welchen Teil seines Erwerbs hätte der Versorger für die Versorgte aufgewendet? Die Versorgungsquote ist unter Berücksichtigung der fixen Kosten zu ermitteln. – Im Falle der Versorgung durch Arbeit (z. B. Haushalt und Erziehung): Was kostet eine Ersatzkraft? Entfallende Aufwendungen? – Bei mehreren Versorgten ist der Anteil für jeden Versorgten einzeln zu bestimmen. – Kontrolle: Können die Versorgten mit dem angenommenen Versorgungsausfall den bisherigen bzw. mutmasslichen Lebensstandard wahren?
Versorgungsdauer (N 817–842)	Wie lange wäre die versorgte Person unterstützt worden? Beginn: sofort oder erst später (aufgeschobene Rente)? Ende: Die Laufdauer ist grundsätzlich abhängig von der Aktivitätsdauer des Versorgers und von der Lebensdauer des Versorgten. Bei Kindern als Versorgte endet die Unterstützung regelmässig mit deren Eintritt ins Erwerbsleben; ab diesem Zeitpunkt erhöht sich der Versorgungsanteil der übrigen Versorgten. Allenfalls kann von durchschnittlichen und konstanten Versorgungsquoten ausgegangen werden (N 811 ff).

Kapitalisierung

Der Versorgungsschaden wird als Verbindungsrente mit den Aktivitätstafeln kapitalisiert, wenn die Versorgung bis Ende Aktivität des Versorgers bzw. bis zum Tod der versorgten Person gedauert hätte. Nur ausnahmsweise, z. B. bei Versorgung aus Vermögenserträgnissen oder aus Pension sind die Barwerte mit den Mortalitätstafeln zu berechnen. Bei Versorgung aus Naturalleistungen, insbesondere bei Arbeit im Haushalt, wird das arithmetische Mittel zwischen Aktivität und Mortalität zugrundegelegt.

Um den Kapitalwert des Versorgungsschadens zu bestimmen, ist der jährliche Versorgungsausfall mit dem entsprechenden Faktor zu multiplizieren. Die Beispiele 20 bis 39 geben Hinweise, wie zu kapitalisieren ist.

Regress
(N 867–884)

Richtet die AHV oder ein obligatorischer Unfallversicherer den Versorgten Hinterlassenenrenten aus, so ist der Regress für die Witwen- und Waisenrenten, der den Sozialversicherungsträgern zusteht, zu berechnen. Bei der Tafelwahl ist vor allem die zeitliche Kongruenz zwischen gleichartigen Schadensposten und Sozialversicherungsleistungen sowie bei Teilhaftung das Quotenvorrecht der Hinterlassenen zu beachten.

Versorgungsschaden **Beispiel 20a**

Erwerbstätiger Mann versorgt Frau
Schadensberechnung (ohne Regress)

Ein 49jähriger Architekt hinterlässt seine 45jährige Frau. Er hätte, so wird angenommen, in Zukunft 80'000 Fr. im Jahr verdient. Die Fixkosten werden auf jährlich 16'000 Fr. geschätzt.

Berechnung

a) Versorgungsausfall im Jahr

Einkommen des Mannes	80'000 Fr.
minus Fixkosten	−16'000 Fr.
variable Ausgaben	64'000 Fr.
Die Hälfte davon für die Frau	32'000 Fr.
plus Fixkosten	+16'000 Fr.
jährlicher Versorgungsausfall der Frau	48'000 Fr.

b) Kapitalisierung

Alter des Mannes am Todestag	49 Jahre
Alter der Frau am Todestag des Mannes	45 Jahre
jährlicher Versorgungsausfall	48'000 Fr.
Versorgungsdauer:	
bis Ende Aktivität des Mannes bzw. der Tod der Frau →	Tafel 25
Tafel 25^9, Alter des Versorgers 49, der Versorgten 45 →	Faktor 13.89
Gesamtschaden: 13.89 × 48'000 Fr. =	<u>666'720 Fr.</u>

Bemerkungen

200 Bei der Berechnung des Versorgungsschadens sind die konkreten Umstände massgebend (BGE 113 II 323, 108 II 434).

201 Der **Versorgungsausfall** (N 770 ff) bestimmt sich nach den Unterhaltsleistungen, welche die versorgte Person künftig vom Versorger erhalten hätte. Erfolgt die Unterstützung aus dem Erwerbseinkommen, wird vom mutmasslichen Erwerbseinkommen ausgegangen und anschliessend unter Einbezug der Fixkosten der jährliche Versorgungsausfall ermittelt. Entscheidend ist, was die versorgte Person zum Leben braucht, um den bisherigen bzw. den zu erwartenden Lebensstandard beibehalten zu können. Die Versorgungsquote im obigen Beispiel beträgt 60% (48'000 Fr. von 80'000 Fr.).

BEISPIEL (20a)

202 Zur **Versorgungsdauer** (N 817 ff): die Unterstützung aus Erwerbseinkommen wird oft solange geleistet, als der Versorger hiezu in der Lage ist und die versorgte Person am Leben ist. Die Versorgungsdauer hängt damit sowohl von der Lebensdauer des Versorgers und der versorgten Person als auch von der Aktivitätsdauer des Versorgers ab. Infolgedessen ist eine Verbindungsrente zu kapitalisieren (N 1066–1070).

203 Ist anzunehmen, dass der Versorger, der seine Frau aus seinem Erwerbseinkommen unterstützt, längstens bis zur mutmasslichen Pensionierung im Alter 65 erwerbstätig gewesen wäre, ist statt Tafel 25 die Tafel 26 zu verwenden →Beispiel 21. Zum Pensionsschaden →Beispiel 25.

204 Bei der Kapitalisierung ist auf das **Alter** des Versorgers und der versorgten Person am Todestag des Versorgers abzustellen (Beispiel 36).

205 Je nach den konkreten Umständen ist die Möglichkeit einer Wiederverheiratung des überlebenden Ehegatten zu berücksichtigen: →N 843–858 und Beispiel 22 (N 238).

206 Erhält die Witwe eine Witwenrente von der AHV →das folgende Beispiel 20b. Erhält sie zusätzlich eine Rente aus der obligatorischen Unfallversicherung →Beispiel 21c.

Rechtsprechung

207 Kapitalisierung mit Tafel 25:

BGE 113 II 323/336 ff: Ein 36jähriger Chauffeur hinterlässt (neben drei minderjährigen Kindern, für die kein Direktanspruch geltend gemacht wird) eine 33jährige Witwe. Bezüglich Versorgungsdauer hält das Bundesgericht fest, dass es auf die Aktivitätsdauer abzustellen pflegt, «selbst wenn eine Pensionierung mit 65 wahrscheinlich ist, wie z. B. bei einem Beamten (nicht veröffentlichte Erw. 3c zu BGE 110 II 423 ff; siehe ferner BGE 112 II 129 und 104 II 309).» →Beispiel 1.

BGE in SJ 1974 S. 248: 48jähriger Marktfahrer unterstützt 64jährige Frau, wobei wegen Alkoholismus von einer um drei Jahre verkürzten Lebenserwartung, d. h. vom Alter 67, ausgegangen wird, obwohl das Urteil erst 12 Jahre nach dem Tod des Versorgers gefällt wurde (n.p. Erw. 9 von BGE 99 II 207).

Oberger. ZH in SJZ 83/1987 S. 275: 38jähriger Monteur versorgt 26jährige Frau.

AppHof BE in ZBJV 120/1984 S. 280/282: Versorger ist ein 53jähriger Prokurist in einer Uhrenschalenfirma. Die Versorgte ist 51 Jahre alt.

KantGer. NE in JT 1984 I S. 437: 26jähriger Buchhalter versorgt 23jährige Frau.

KantGer. VD vom 1.2.1980 (Schneeberger), n.p.: 53jähriger Hauswart hinterlässt Witwe, die 63jährig ist.

KantGer. GR in PKG 1978 S. 15 ff: 28jähriger Bahnangestellter hinterlässt 22jährige Braut.

Versorgungsschaden Beispiel **20b**

Erwerbstätiger versorgt Frau
AHV regressiert für Witwenrente

In Ergänzung zum vorstehenden Beispiel 20a richtet die AHV eine Witwenrente in der Höhe von 15'000 Fr. jährlich aus.

Berechnung

a) Gesamtschaden gemäss Beispiel 20a
   Tafel 25 : 13.89 × 48'000 Fr. =   666'720 Fr.

b) Regresswert der AHV-Witwenrente
Alter des Mannes am Todestag	49 Jahre
Alter der Frau am Todestag des Mannes	45 Jahre
AHV-Witwenrente im Jahr	15'000 Fr.
Dauer: bis Alter 62 der Frau →	Tafel 26a
Tafel 26a[4], Alter des Versorgers 49, der Versorgten 45 →	Faktor 11.47
AHV-Regress: 11.47 × 15'000 Fr. =	172'050 Fr.

c) Restanspruch
Gesamtschaden	666'720 Fr.
abzüglich AHV-Regress	−172'050 Fr.
Restschaden	494'670 Fr.

Bemerkungen

208   Nach Art. 48ter AHVG tritt die Alters- und Hinterlassenenversicherung (AHV) gegenüber einem Dritten, der für den Tod eines Versorgers haftet, im Zeitpunkt des Ereignisses bis auf die Höhe ihrer gesetzlichen Leistungen in die Ansprüche der Hinterlassenen ein.

209   Die Witwenrente der AHV wird längstens bis zum Ende jenes Monats ausgerichtet, in welchem die Witwe das 62. Altersjahr erreicht. Spätestens in diesem Zeitpunkt wird die Witwenrente durch eine Altersrente abgelöst (Art. 23 III AHVG).

BEISPIEL (20b)

210 Aus dem Grundsatz der sachlichen und zeitlichen Identität (→ N 562 ff) ergibt sich, dass der Regress der AHV auf den Kapitalwert einer Verbindungsrente beschränkt ist, die längstens bis zum Alter 62 der Witwe läuft bzw. solange der Versorger aktiv ist. Nur bis zu diesem Zeitpunkt erbringt die AHV kongruente Leistungen zum Haftpflichtanspruch.

211 Infolgedessen ist der Regresswert der AHV-Witwenrente mit Tafel 26a zu berechnen, wenn der Versorgerschaden mit Tafel 25 kapitalisiert wird. Die Verbindungsrente der Tafel 26a läuft, solange der Versorger aktiv ist und die Versorgte das 62. Altersjahr noch nicht erreicht hat.

212 Wird dagegen der Versorgungsschaden mit Tafel 26 berechnet und damit angenommen, dass der Versorger seine Ehefrau aus Erwerbseinkommen nur bis zu seinem 65. Altersjahr versorgt hätte, so ist der Regresswert der AHV-Witwenrente aus Gründen der zeitlichen Kongruenz mit Tafel 26b zu kapitalisieren. Diese Verbindungsrente läuft längstens bis zum Alter 65 des Mannes bzw. bis zum Alter 62 der Frau → Beispiel 21b.

213 Falls der Versorger der obligatorischen Unfallversicherung unterstellt war, ist der UV-Regress mit derselben Tafel zu kapitalisieren wie der Haftpflichtanspruch → Beispiel 21c. Für AHV- und UV-Regress → Beispiele 21c und 38; bei Teilhaftung → Beispiel 39.

214 Wiederverheiratung: Die Witwenrente erlischt im Falle der Wiederverheiratung gemäss AHVG 23 III, UVG 29 VI, BVG 22 II, weshalb bei der Berechnung des Sozialversicherungsregresses allenfalls ein Abzug vorzunehmen ist: → N 850–852.

Rechtsprechung

215 BGE 113 II 323/336 ff: Die in diesem Entscheid verwendete Tafel 26bis entspricht der Tafel 26a der vorliegenden vierten Auflage der Barwerttafeln. Falls, wie die Vorinstanz entschied, der Versorgungsschaden mit Tafel 26 zu berechnen ist, wäre für den AHV-Regress die Tafel 26b zugrundezulegen.

BGE 112 II 87/93: «Für IV-Renten des Versorgers wird (...) nur bis zu seinem 65., für AHV-Renten der Witwe nur bis zu ihrem 62. Altersjahr regressiert.»

Oberger. ZH in SJZ 83/1987 S. 275/278: Die 26jährige Witwe erhält von der AHV eine Kapitalabfindung, die in eine Jahresrente mit Tafel 25 — entsprechend der Berechnung des Versorgungsschadens — umgerechnet wird.

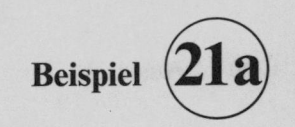

Versorgungsschaden Beispiel **21a**

Erwerbstätiger versorgt Frau bis zu seiner Pensionierung
Schadensberechnung (ohne Regress)

Ein Beamter stirbt bei einem Unfall. Es wird angenommen, dass er seine Ehefrau aus Erwerbseinkommen längstens bis zu seiner Pensionierung im Alter 65 unterstützt hätte. Am Todestag sei er 55 Jahre alt gewesen, sie 53. Sein mutmassliches Durchschnittsverdienst hätte künftig 60'000 Fr., die Fixkosten 12'000 Fr. pro Jahr betragen.

Berechnung

a) Versorgungsausfall im Jahr

Einkommen des Mannes	60'000 Fr.
minus Fixkosten	− 12'000 Fr.
variable Ausgaben	48'000 Fr.
Die Hälfte davon für die Frau	24'000 Fr.
plus Fixkosten	+ 12'000 Fr.
jährlicher Versorgungsausfall der Frau	36'000 Fr.

b) Kapitalisierung

Alter des Mannes am Todestag	55 Jahre
Alter der Frau am Todestag des Mannes	53 Jahre
Versorgungsdauer:	
bis Alter 65 des Mannes bzw. bis Tod der Frau →	Tafel 26
Tafel 26[12], Alter des Versorgers 55, der Versorgten 53 →	Faktor 7.58
Gesamtschaden: 7.58 × 36'000 Fr. =	272'880 Fr.

BEISPIEL 21a

Bemerkungen

216 Die Versorgungsquote in diesem Beispiel beträgt 60% (36'000 Fr. von 60'000 Fr.).

217 Im Unterschied zum vorstehenden Beispiel 20 wird hier angenommen, dass der Versorger längstens bis zu seiner mutmasslichen Pensionierung im Alter 65 erwerbstätig gewesen wäre. Nach der Pensionierung hätten er und seine Ehefrau ihr Leben beispielsweise aus Vermögen oder Renten der AHV und der Pensionskasse bestritten (Beispiel 25).

218 Infolge der zeitlichen Begrenzung der mutmasslichen Aktivitätsdauer ist eine Verbindungsrente zu kapitalisieren, die bis zum Tode der versorgten Frau bzw. längstens bis zum Alter 65 des Versorgers läuft, d. h. mit Tafel $\boxed{26}$.

219 Ist anzunehmen, dass die Erwerbstätigkeit des Versorgers kurz vor oder nach dem Alter 65 des Mannes endet, kann der entsprechende Barwert mit Tafel 26 wie folgt geschätzt werden:

Beispiel: Mann versorgt Frau bis Alter 67	
Alter des Mannes am Todestag	40 Jahre
Alter der Frau am Todestag des Mannes	35 Jahre
Versorgungsdauer: 67 Jahre minus 40 Jahre =	27 Jahre
Da Tafel $\boxed{26}$ auf Endalter 65 abstellt, kann näherungsweise wie folgt gerechnet werden:	
Alter des Mannes, herabgesetzt um 2 Jahre	38 Jahre
Alter der Frau, herabgesetzt um 2 Jahre	33 Jahre
Versorgungsdauer unverändert	27 Jahre
Tafel $\boxed{26}$7, Alter des Versorgers 38, der Versorgten 33 →	Faktor <u>16.35</u>

BEISPIEL 21a

220 Soll der Faktor genau ermittelt werden, sind die Ausscheideordnungen (Tafeln 40 und 41) und die Abzinsungsfaktoren gemäss Tafel 48 beizuziehen:

Tafel 25 [9], Alter des Versorgers 40, der Versorgte 35 →	Faktor 17.50
Tafel 25 [14], Alter Versorger 67, Versorgte 62 →	Faktor 6.34
Wahrscheinlichkeit, dass der Mann nach 27 Jahren noch lebt und arbeitsfähig ist, nach Tafel 41 :	
$\dfrac{\text{männliche Aktive im Alter 67}}{\text{männliche Aktive im Alter 40}} = \dfrac{58'833}{95'299} =$	0,617 35
Wahrscheinlichkeit, dass die Frau nach 27 Jahren noch lebt, nach Tafel 40 :	
$\dfrac{\text{weibliche Lebende im Alter 62}}{\text{weibliche Lebende im Alter 35}} = \dfrac{94'417}{98'928} =$	0,954 40
Abzinsungsfaktor Tafel 48 [3], Dauer 27, zu 3,5%	0,395 012
Korrekturfaktor zur Rente 67/62 0,617 35 × 0,954 40 × 0,395 012 =	0,232 74
Um 27 Jahre aufgeschobene Rente: 0,232 74 × 6.34 =	– 1.48
Faktor der temporären Verbindungsrente für 27 Jahre	16.02
Der Fehler des näherungsweise berechneten Faktors von 16.35 beträgt 2%.	

221 Zur Annäherung können auch Renten auf ein Leben dienen, nämlich wenn eine Person, insbesondere die Versorgte, noch jung ist:

Dies führt zu folgender Vereinfachung:	
Alter des Versorgers am Todestag	40 Jahre
Temporäre Aktivitätsrente bis Schlussalter 67, Dauer 27 →	Tafel 23
Tafel 23 [5], Alter des Mannes 40, Dauer 27 Jahre →	Faktor 16.19
Der Fehler gegenüber dem genauen Faktor von 16.02 beläuft sich auf nur 1%.	

Rechtsprechung

222 Vgl. die Hinweise auf die Judikatur zu Beispiel 2a für die entsprechende Kapitalisierung beim Invaliditätsschaden. Statt Tafel 18 ist beim Versorgungsschaden jedoch eine temporäre Verbindungsrente, d. h. Tafel 26 zu verwenden, wenn von einem angenommenen Schlussalter 65 bezüglich Erwerbstätigkeit des Versorgers ausgegangen werden soll.

In BGE 113 II 323/336 berechnet die Vorinstanz den Versorgungsschaden mit Tafel 26, während das Bundesgericht die Tafel 25 wählt (→ Beispiel 20a).

Versorgungsschaden   **Beispiel 21b**

Erwerbstätiger versorgt Frau bis zu seiner Pensionierung AHV regressiert für Witwenrente

---

In Ergänzung zum vorstehenden Beispiel 21a erhalte die hinterbliebene Frau von der AHV eine Witwenrente von 14'000 Fr. im Jahr.

Berechnung

a) Gesamtschaden gemäss Beispiel 21a
Tafel 26: 7.58 × 36'000 Fr. =   272'880 Fr.

b) Regresswert der AHV-Witwenrente
Alter des Mannes am Todestag   55 Jahre
Alter der Frau am Todestag des Mannes   53 Jahre
AHV-Witwenrente im Jahr   14'000 Jahre

Dauer:
bis Alter 65 des Mannes bzw. Alter 62 der Frau →   Tafel 26b
Tafel 26b^5, Alter des Versorgers 55, der Versorgten 53 →   Faktor 7.03
AHV-Regress: 7.03 × 14'000 Fr. =   98'420 Fr.

c) Restanspruch
Gesamtschaden   272'880 Fr.
abzüglich AHV-Regress   − 98'420 Fr.
Restschaden   174'460 Fr.

Bemerkungen

223   Zur Begrenzung des AHV-Regresses auf das Alter 62 der Witwe: → Beispiel 20b.

224   Zusätzlich ist aus Gründen der zeitlichen Kongruenz zu berücksichtigen, dass Regress- und Haftpflichtanspruch bezüglich Schlussalter kongruent sein müssen. Wird angenommen, dass der Versorger seine Ehefrau längstens bis zur Erreichung des AHV-Rentenalters aus Erwerbseinkommen versorgt hätte, ist folglich auch der Regress auf das Alter 65 des Versorgers zu begrenzen. In diesem Fall ist der Rückgriff der AHV mit Tafel 26b zu berechnen.

Rechtsprechung

225   BGE 113 II 323/336 f: Die an den Versorgungsschaden, der vom Bundesgericht mit Tafel 25 kapitalisiert wird, angerechnete Witwenrente wird mit Tafel 26bis berechnet, die der Tafel 26a der vorliegenden Auflage entspricht.

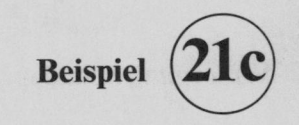

Versorgungsschaden   Beispiel **21c**

Erwerbstätiger versorgt Frau bis zu seiner Pensionierung
Regress nach AHVG und UVG

Zusätzlich zur AHV-Witwenrente (Beispiel 21b) erhalte die hinterlassene Frau eine Komplementärrente der SUVA in der Höhe von 22'000 Fr. im Jahr.

Berechnung

a) Gesamtschaden gemäss Beispiel 21a Tafel 26 : 7.58 × 36'000 Fr.	272'880 Fr.
b) AHV-Regress gemäss Beispiel 21b Tafel 26b : 7.03 × 14'000 Fr. =	98'420 Fr.
c) Regresswert der SUVA-Rente Alter des Mannes am Todestag Alter der Frau am Todestag des Mannes SUVA-Komplementärrente im Jahr	55 Jahre 53 Jahre 22'000 Fr.
Dauer: bis Alter 65 des Mannes bzw. bis Tod der Frau → Tafel 26[12], Alter des Versorgers 55, der Versorgten 53 → SUVA-Regress: 7.58 × 22'000 Fr. =	Tafel 26 Faktor 7.58 <u>166'760 Fr.</u>
d) Restanspruch Gesamtschaden abzüglich AHV-Regress abzüglich SUVA-Regress Restschaden	272'880 Fr. − 98'420 Fr. <u>−166'760 Fr.</u> <u>7'700 Fr.</u>

Bemerkungen

226 Das am 1.1.1984 in Kraft getretene UVG erfasst sämtliche Arbeitnehmer, die obligatorisch bei der SUVA oder einem anderen zugelassenen Unfallversicherer versichert sind.

227 Stirbt ein Versicherter an den Folgen eines Unfalls, so haben der überlebende Ehegatte und die Kinder Anspruch auf Hinterlassenenrenten (UVG 28 ff). Steht ihnen ein Anspruch auf AHV-Renten zu, so erhalten sie Komplementärrenten (UVG 31 IV).

BEISPIEL (21c)

228 Im vorstehenden Beispiel wird von einem versicherten Jahresverdienst von 55'000 Fr. ausgegangen. Die Witwenrente beträgt 40% davon, d. h. Fr. 22'000. Die Komplementärrente ergibt sich aus folgender Rechnung:

90% von 55'000 Fr.	= 49'500 Fr.
abzüglich AHV-Renten	−14'000 Fr.
offen	35'500 Fr.

Die SUVA-Rente von 22'000 Fr. stellt daher eine unechte Komplementärrente dar.

229 Haftet ein Dritter für den Tod, so tritt der obligatorische Unfallversicherer im Zeitpunkt des Ereignisses bis auf die Höhe seiner gesetzlichen Leistungen in die Ansprüche der Hinterlassenen ein (UVG 41).

230 In verschiedener Hinsicht muss zwischen den Haftpflicht- und Sozialversicherungsleistungen Kongruenz bestehen:

231 a) in zeitlicher Hinsicht: «Leistet der Versicherer Renten, so können Ansprüche hiefür nur bis zu dem Zeitpunkt auf ihn übergehen, bis zu welchem der Dritte Schadenersatz schuldet» (UVG 43 III). Dies bedeutet, dass der Versorgungsschaden und der Regresswert der UV-Witwenrenten mit der gleichen Tafel (bzw. mit demselben Faktor) zu berechnen sind. Wird der Gesamtschaden beispielsweise mit Tafel 25 kapitalisiert, ist auch für die Berechnung des UV-Regresses auf Tafel 25 abzustellen, obwohl die Witwenrente grundsätzlich lebenslänglich ausgerichtet wird (UVG 29 VI).

232 b) In personeller Hinsicht: Der Sozialversicherer subrogiert in die Ansprüche jedes einzelnen Versorgten, weshalb auch deren haftpflichtrechtlichen Ansprüche getrennt zu berechnen sind.

233 c) In sachlicher Hinsicht: Die Hinterlassenenrenten und der Ersatz für Versorgungsschaden stehen sich von Gesetzes wegen als Leistungen gleicher Art gegenüber (UVG 43 II e). Gleiches gilt für die Witwenabfindung (UVG 32).

Rechtsprechung

234 In den nachfolgenden Entscheiden ist jeweils sowohl der Versorgungsschaden und der Regress des obligatorischen Unfallversicherers für die Witwenrente mit Tafel 25 berechnet worden: BGE 113 II 323/336 f; Oberger. ZH in SJZ 83/1987 S. 278; AppHof BE in ZBJV 120/1984 S. 282; KantGer. NE in RJN 1980/81 S. 57.

| Versorgungsschaden | Beispiel 22 |

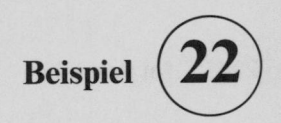

Erwerbstätiger versorgt Frau mit Eigenerwerb
Wiederverheiratung

Ein 37jähriger Handwerker verunfallt und hinterlässt eine gleichaltrige Witwe. Sein zukünftiges Einkommen wird auf 50'000 Fr. pro Jahr geschätzt. Ferner wird angenommen, dass die Witwe erwerbstätig sei und 20'000 Fr. im Jahr verdiene. Die Fixkosten werden auf 10'000 Fr. veranschlagt.

Berechnung

a) Versorgungsausfall im Jahr

Einkommen des Mannes	50'000 Fr.
plus Einkommen der Frau	+ 20'000 Fr.
Gesamteinkommen	70'000 Fr.
minus Fixkosten	− 10'000 Fr.
variable Ausgaben	60'000 Fr.
Die Hälfte davon für die Frau	30'000 Fr.
plus Fixkosten	+ 10'000 Fr.
Bruttoversorgungsausfall	40'000 Fr.
minus Einkommen der Frau	− 20'000 Fr.
jährlicher Versorgungsausfall der Frau	20'000 Fr.

b) Kapitalisierung

Alter des Mannes am Todestag	37 Jahre
Alter der Frau am Todestag des Mannes	37 Jahre
Versorgungsdauer:	
bis Ende Aktivität des Mannes bzw. Tod der Frau →	Tafel 25
Tafel 25[7], Alter des Versorgers 37, der Versorgten 37 →	Faktor 18.39
Gesamtschaden: 18.39 × 20'000 Fr. =	367'800 Fr.

c) Berücksichtigung der Möglichkeit
einer Wiederverheiratung der Witwe:

Gesamtschaden	367'800 Fr.	
Abzug gemäss N 845, Alter der Frau 39:		
Variante «schweiz. Bevölkerung» → 10%	− 36'780 Fr. →	331'020 Fr.
Variante «Grundlage SUVA» → 1%	− 3'678 Fr. →	364'122 Fr.

Bemerkungen

235 Versorgungsausfall:
Der mutmassliche Eigenerwerb der versorgten Person ist in die Berechnung des Versorgungsausfalles einzubeziehen, insbesondere wenn ein solcher bereits vor der Verwitwung erzielt wurde (N 784 ff). Oft ist jedoch zu berücksichtigen, dass ein Teil des Einkommens auf die Seite gelegt wird (etwa zur Erhaltung des Lebensstandards auch im Alter).

236 Versorgungsdauer:
Im Beispiel ist vernachlässigt, dass das Einkommen der Frau bzw. ihr Beitrag an die ehelichen Lasten gegebenenfalls nur solange anzurechnen ist, als sie erwerbstätig ist.

237 Die Kapitalisierung entspricht Beispiel 20.

238 Zusätzlich wird im vorliegenden Beispiel davon ausgegangen, dass aufgrund der konkreten Umstände die Möglichkeit der Wiederverheiratung der Witwe nicht ausser acht gelassen werden sollte. In N 845 sind die prozentualen Abzüge im Sinne von Richtwerten enthalten, wobei unseres Erachtens auf das Alter des überlebenden Ehegatten im Zeitpunkt des Rechnungstages abzustellen ist (→ Beispiel 36, N 320). Wenn die Witwe am Urteils- oder Vergleichstag 39 Jahre alt ist, beträgt der Abzug 10%, wenn die Statistik der schweizerischen Bevölkerung benützt wird, bzw. 1%, wenn die Grundlagen der SUVA verwendet werden (→ N 1020−1029).

239 Zum Regress:
Zur Berechnung des Regresswertes einer Witwenrente aus obligatorischer Unfallversicherung: → Beispiele 21c und 38. Richtet die AHV eine einmalige Abfindung aus (AHVG 24), nimmt sie hiefür ebenso Rückgriff, wobei der Kapitalbetrag in eine Rente umgerechnet werden kann.

Rechtsprechung

240 BGE 108 II 434: Grundsatzentscheid zur Berechnung des Versorgungsausfalls → Beispiele 27 und 31.

BGE 99 II 207/209: 10% vom Versorgungsausfall der Witwe wird wegen zukünftigem Eigenerwerb abgezogen.

Oberger. ZH in SJZ 83/1987 S. 275: Der 38jährige Versorger war Gärtner und Monteur, die 26jährige Versorgte Chemielaborantin. Ihr Verdienst wird als Unterhaltsbeitrag in reduzierter Höhe in Abzug gebracht. Ein anschauliches Beispiel für die Schadensberechnung.

BEISPIEL (22)

AppHof BE in ZBJV 120/1984 S. 281 f: Da die 51jährige Versorgte voraussichtlich noch vier Jahre als Büroangestellte gearbeitet hätte, wird die Witwenquote auf 35% reduziert.

ZivGer. NE in RJN 1980−81 S. 57:
Folgende Rechnung wird durchgeführt:

Einkommen von Mann und Frau	69'000 Fr.	
Gemeinsame Ausgaben (⅚ von 69'000 Fr.)	57'500 Fr.	
(Sparquote	11'500 Fr.)	
Witwenquote, 57% von 57'500 Fr.		32'775 Fr.
minus SUVA-Witwenrente		−10'334 Fr.
minus ⅚ des Eigenerwerbs der Witwe		−20'500 Fr.
Restanspruch		1'941 Fr.

KantGer. GR in PKG 1978 S. 15 ff: Abzug des Bruttolohns der 22jährigen Braut.

Versorgungsschaden Beispiel 23

Erwerbstätiger versorgt Frau und Kind

Ein 25jähriger kaufmännischer Angestellter stirbt und hinterlässt eine 26jährige Ehefrau und ein 4jähriges Kind. Sein zukünftiges Erwerbseinkommen hätte im Durchschnitt 50'000 Fr. im Jahr betragen.

Berechnung

a) Versorgungsschaden der Frau

Einkommen des Mannes	50'000 Fr.
konstante, durchschnittliche Versorgungsquote	52%
jährlicher Versorgungsausfall: 52% von 50'000 Fr.	26'000 Fr.
Alter des Mannes am Todestag	25 Jahre
Alter der Frau am Todestag des Mannes	26 Jahre
Versorgungsdauer:	
bis Ende Aktivität des Mannes bzw. bis Tod der Frau →	Tafel 25
Tafel 25[5], Alter des Versorgers 25, der Versorgten 26 →	Faktor 21.69
Gesamtschaden der Frau: 21.69 × 26'000 Fr. =	__563'940 Fr.__

b) Versorgungsschaden des Kindes

Einkommen des Mannes	50'000 Fr.
Versorgungsquote	16%
jährlicher Versorgungsausfall: 16% von 50'000 Fr. =	8'000 Fr.
Alter des Versorgers am Todestag	25 Jahre
Alter des Kindes am Todestag des Vaters	4 Jahre
Versorgung bis Alter 20 des Kindes →	Tafel 23
Dauer der Versorgung: 20 Jahre − 4 Jahre =	16 Jahre
Tafel 23[3], Alter des Mannes 25, Dauer 16 Jahre →	Faktor 12.22
Gesamtschaden des Kindes: 12.22 × 8'000 Fr. =	__97'760 Fr.__

Bemerkungen

241 Der Versorgungsausfall der Witwe und der Waisen ist getrennt zu berechnen, wobei der jeweilige Anteil regelmässig in prozentualen Quoten festgelegt wird. Die Versorgungsquoten hängen selbstverständlich von den konkreten Umständen im Einzelfall ab. Die in N 806 wiedergegebenen Quoten bilden blosse Richtwerte.

242 Im vorstehenden Beispiel wird für die Witwe von einer durchschnittlichen und konstanten Versorgungsquote von 52% (unter Einbezug der Fixkosten) ausgegangen: gemäss N 812, Variante B. Die Dauer der Kinderrente: 20 − 4 = 16 Jahre. Damit ist eine Durchschnittsquote angenommen, ausgehend von der Annahme, dass der Mutter bis zum Selbständigwerden des Kindes eine etwas tiefere Quote, nämlich 50%, und für die Zeit danach eine etwas höhere, nämlich 55%, zugestanden wird. Wenn keine konstante Quote zugrunde gelegt werden soll, sind temporäre Verbindungsrenten zu kapitalisieren, die bei Flüggewerden der Kinder entsprechend zu erhöhen sind: → Beispiel 35.

243 Zur Versorgungsdauer der Witwe: → Beispiele 20 bis 22.

244 Die Versorgung eines Kindes endet im allgemeinen im Zeitpunkt, in dem es erwerbstätig wird. Heute wird hiefür oft das Alter 20 gewählt. Ist ein Studium wahrscheinlich, wird das für die Versorgung anzunehmende Schlussalter bis etwa zum 25. Altersjahr verlängert (N 831–834).

245 Der jährliche Versorgungsausfall des Kindes wird kapitalisiert mit Tafel 23, wenn der Vater verunglückt, bzw. mit Tafel 24, wenn die Mutter Versorgerin ist. Die Dauer ergibt sich aus dem angenommenen Alter, in dem das Kind selbständig geworden wäre, abzüglich dem Alter des Kindes zum Unfallzeitpunkt. Da die Sterbenswahrscheinlichkeit eines Kindes minim ist, wird sie vernachlässigt (N 1324).

246 Je nach den konkreten Verhältnissen wird die Möglichkeit einer Wiederverheiratung des überlebenden Ehegatten berücksichtigt: → N 843 ff und Beispiel 22.

Rechtsprechung

247 Zu den Versorgungsquoten von Witwen und Waisen → Beispiel 24.

BGE in JT 1980 I 449: 29jähriger Mechaniker hinterlässt 25jährige Witwe und einen zwei Monate alten Sohn. Angesichts des Eigenerwerbs der Witwe als Handarbeitslehrerin wird ihre Versorgungsquote auf 35% festgesetzt, während für das Kind eine Quote von 20% angenommen wird.

Versorgungsschaden | **Beispiel 24**

Erwerbstätiger versorgt Frau und Kinder

Ein Chemiker verunfallt tödlich im Alter von 40 Jahren. Er hinterlässt eine 35jährige Witwe sowie eine 12jährige Tochter und einen 8jährigen Sohn. Sein mutmassliches Erwerbseinkommen wird auf 100'000 Fr. im Jahr geschätzt. Es wird davon ausgegangen, dass die Kinder im Alter 24 selbständig werden.

Berechnung

a) Versorgungsschaden der Frau
Einkommen des Mannes — 100'000 Fr.
durchschnittliche und konstante Versorgungsquote — 45%
jährlicher Versorgungsausfall: 45% von 100'000 Fr. = 45'000 Fr.
Alter des Mannes am Todestag — 40 Jahre
Alter der Frau am Todestag des Mannes — 35 Jahre
Versorgungsdauer:
bis Ende Aktivität des Mannes bzw. Tod der Frau → Tafel 25
Tafel 25^9, Alter des Versorgers 40, der Versorgten 35 → Faktor 17.50
Gesamtschaden der Frau: 17.50 × 45'000 Fr. = 787'500 Fr.

b) Versorgungsschaden der Tochter
Einkommen des Vaters — 100'000 Fr.
durchschnittliche Versorgungsquote — 14,5%
jährlicher Versorgungsausfall: 14,5% von 100'000 Fr. = 14'500 Fr.
Alter des Vaters am Todestag — 40 Jahre
Alter der Tochter am Todestag des Vaters — 12 Jahre
Versorgungsdauer: bis Alter 24 der Tochter → Tafel 23
Tafel 23^3, Alter 40, Dauer 12 (= 24 − 12) → Faktor 9.68
Gesamtschaden der Tochter: 9.68 × 14'500 Fr. = 140'360 Fr.

c) Versorgungschaden des Sohnes
Einkommen des Vaters — 100'000 Fr.
durchschnittliche, konstante Versorgungsquote — 14,5%
jährlicher Versorgungsausfall: 14,5% von 100'000 Fr. = 14'500 Fr.
Alter des Vaters am Todestag — 40 Jahre
Alter des Sohnes am Todestag des Vaters — 8 Jahre
Versorgungsdauer: bis Alter 24 des Sohnes → Tafel 23
Tafel 23^3, Alter 40, Dauer 16 (= 24 − 8) → Faktor 11.98
Gesamtschaden des Sohnes: 11.98 × 14'500 Fr. = 173'710 Fr.

BEISPIEL (24)

248   **Graphische Darstellung der Kapitalisierung**

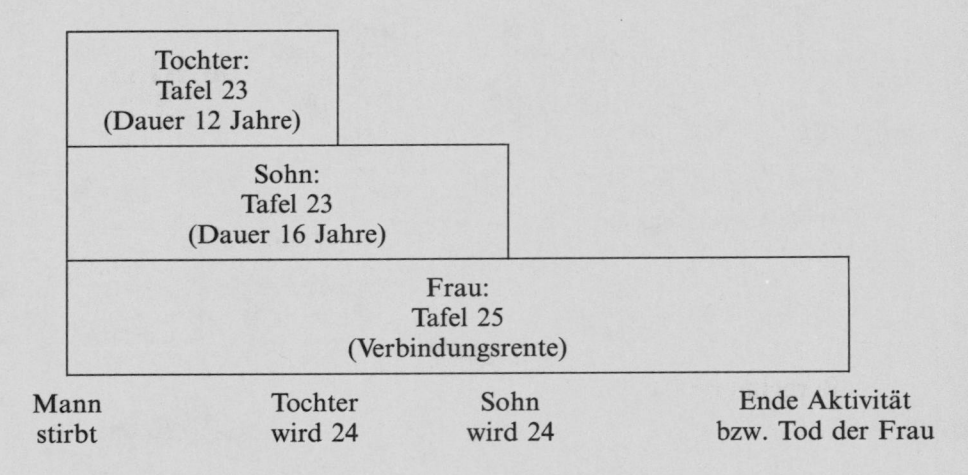

```
        ┌─────────────────┐
        │    Tochter:     │
        │    Tafel 23     │
        │ (Dauer 12 Jahre)│
     ┌──┴─────────────────┤
     │       Sohn:        │
     │      Tafel 23      │
     │  (Dauer 16 Jahre)  │
 ┌───┴────────────────────┴──────────────────────┐
 │                   Frau:                        │
 │                  Tafel 25                      │
 │              (Verbindungsrente)                │
 └────────────────────────────────────────────────┘
  Mann           Tochter        Sohn          Ende Aktivität
  stirbt         wird 24        wird 24       bzw. Tod der Frau
```

Bemerkungen

249   Die Versorgungsansprüche der Witwe und der Waisen sind getrennt zu berechnen (N 797). Im allgemeinen kann davon ausgegangen werden, dass je mehr Versorgte vorhanden sind, desto kleinere Versorgungsquoten zu wählen sind.

250   Die Versorgungsquoten bei mehreren Versorgten (→ N 799 ff) entsprechen in diesem Beispiel der Variante A in N 812. Die mittlere Dauer der Kinderrenten ergibt sich wie folgt: $24 - 12 = 12$ und $24 - 8 = 16$, zusammen 28, dividiert durch $2 = 14$.

251   Annäherungsweise kann von durchschnittlichen und konstanten Versorgungsquoten ausgegangen werden, da die Annahme sich ändernder Versorgungsausfälle die Kapitalisierung temporärer bzw. aufgeschobener Verbindungsrenten bedingt (→ Beispiele 35 und 38).

252   Zur Versorgungsdauer: für die Witwe → Beispiele 20 und 21; für die Waisen → Beispiel 23. Je nach den konkreten Umständen ist die Möglichkeit einer Wiederverheiratung des überlebenden Gatten zu berücksichtigen: → N 843 ff und Beispiel 22. Für den Fall, dass Sozialversicherungsleistungen ausgerichtet werden: → Beispiele 37 bis 39.

BEISPIEL (24)

Rechtsprechung

253 BGE 101 II 346/351 ff: Das Jahreseinkommen des Versorgers betrug zum Zeitpunkt der Kapitalisierung Fr. 21'600. Als zukünftiges Einkommen für die Berechnung des Versorgungsausfalls der Frau nimmt das Bundesgericht 37'500 Fr., für das 14jährige Kind 30'000 Fr. und für das 9jährige 33'500 Fr. an. Als Versorgungsquote für die Mutter 30%, für die Kinder bis zum Ausscheiden der Tochter je 15% und für den Sohn allein 20% (n.p. Erw. 5).

BGE 97 II 123 ff: 39jähriger Bauarbeiter verunglückt und hinterlässt seine 25jährige Frau und zwei in Italien lebende Töchter. Das Bundesgericht übernimmt die von der Vorinstanz angenommenen Durchschnittsquoten: für die Witwe 35%, für das ältere Kind 12,5% und für das jüngere 14%.

KantGer. JU vom 24.4.1987, n.p. (Teutschmann): Versorgungsquote der Mutter von drei Kindern während drei Jahren 30%, nachher steigend auf 35%. Die Quoten der Kinder werden auf je 11,5% festgesetzt und nach Selbständigwerden des Ältesten auf je 12% erhöht. Die Witwe waren 42, die Kinder 14, 6 und 1 Jahre alt, der Versorger 43.

KantGer. VS vom 1.10.1976 (Cretol), n.p.: Annahme durchschnittlicher und konstanter Versorgungsquoten: für die 30jährige Witwe 38% und für die beiden Kinder im Alter von 9 und 7 Jahren je 11%.

Oberger. ZH in ZR 69/1970 Nr. 141: Durchschnittliche Versorgungsquote der Witwe von 35%, für die drei Kinder zusammen 30%, ausgehend von einem um jährlich 1% steigenden Reallohn des tödlich verunfallten Werkmeisters.

Weitere Hinweise auf die Judikatur bei BREHM, Komm. zu OR 45 N 143.

Versorgungsschaden **Beispiel 25**

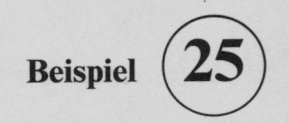

Rentner versorgt Frau

Ein Pensionierter wird im Alter von 69 Jahren überfahren. Er lebte im Konkubinat mit seiner nicht erwerbstätigen Lebensgefährtin zusammen, die zum Zeitpunkt des Unfalls 64jährig war. Die Altersrente der Pensionskasse betrage 25'000 Fr., die einfache AHV-Altersrente des Mannes 15'000 Fr., diejenige der Frau 10'000 Fr. im Jahr.

Berechnung

a) Versorgungsausfall im Jahr

Altersrente der Pensionskasse	25'000 Fr.
plus AHV-Altersrente Mann	15'000 Fr.
plus AHV-Altersrente Frau	10'000 Fr.
Gesamteinkommen	50'000 Fr.
minus Fixkosten	–10'000 Fr.
variable Ausgaben	40'000 Fr.
Die Hälfte davon für die Frau	20'000 Fr.
plus Fixkosten	+10'000 Fr.
minus AHV-Altersrente Frau	–10'000 Fr.
jährlicher Versorgungsausfall der Frau	20'000 Fr.

b) Kapitalisierung

Alter des Mannes am Todestag	69 Jahre
Alter der Frau am Todestag des Mannes	64 Jahre
jährlicher Versorgungsausfall der Frau	20'000 Fr.
Versorgungsdauer: solange er und sie leben →	Tafel 35
Tafel 35[14], Alter des Mannes 69, der Frau 64 →	Faktor 9.58
Gesamtschaden: 9.58 × 20'000 Fr. =	191'600 Fr.

BEISPIEL (25)

Bemerkungen

254   Wird eine Frau aus der Pension des Mannes (oder aus seinem Vermögen) versorgt, so ist regelmässig eine lebenslängliche Verbindungsrente auf das kürzere Leben zu kapitalisieren: Tafel 35. Im Beispiel erhält die versorgte Frau keine Witwenrente (weder von der Pensionskasse noch von der AHV), da sie mit dem Verstorbenen nicht verheiratet war.

255   Wäre sie mit dem Versorger verheiratet gewesen und noch nicht im AHV-Alter, würde die AHV für die Witwenrente bis längstens zur Vollendung ihres 62. Altersjahres subrogieren. Wenn sie im Zeitpunkt des tödlichen Unfalls ihres Mannes bereits im AHV-Alter war, entfällt ein Regress der AHV für die Altersrente. War der Mann bereits pensioniert, deckt ihre Altersrente in der Regel den Ausfall an Versorgung aus der AHV-Ehepaaraltersrente, die wegfällt.

Die Berechnung des Versorgungsausfalls erfolgt analog, wenn ein IV-Rentner seine Ehefrau aus Leistungen der Invalidenversicherung versorgt (vgl. hienach zu BGE 112 II 87).

Rechtsprechung

256   BGE 112 II 87/93 f: Versorgt ein invalider Mann seine Ehefrau aus der Invalidenrente und zahlt die AHV nach dem Unfalltod des Versorgers eine Witwenrente, so kann die AHV, obwohl die IV-Rente wegfällt, auf den haftpflichtigen Dritten Rückgriff nehmen. Infolgedessen ist die Witwenrente, wie in Beispiel 21b, bis zum Alter 62 der Frau bzw. bis zum Alter 65 des Versorgers in Abzug zu bringen. Ab Alter 62 erhält die Witwe eine Altersrente und im Alter 65 des Mannes wäre seine Invalidenrente in eine Altersrente umgewandelt worden. Die Kapitalisierung erfolgt deshalb mit Tafel 26b.

BGE 109 II 65/70 ff: Der pensionierte Beamte bezog ein Ruhegehalt von 50'000 Fr. im Jahr, nach seinem Tod richtet die Pensionskasse der Witwe eine Witwenrente von ca. 33'000 Fr. aus. Der Pensionskasse wird der Rückgriff für die Witwenrente verweigert, da der Versorger im Zeitpunkt des Unfalltodes bereits pensioniert war. Die Frage, inwieweit die Witwenrente an den Versorgungsausfall aus entgangenem Ruhegehalt anzurechnen ist, wird offen gelassen.

BGE 108 II 434 ff: Differenzierte Berechnung des Versorgungsausfalls eines pensionierten Witwers → Beispiel 31. «Massgebend für den Ersatz des Versorgerschadens ist der Betrag, dessen der Überlebende bedarf, um in denselben Verhältnissen zu leben, wie wenn sein Versorger nicht vorzeitig gestorben wäre» (Pra. 72/1983 Nr. 54 S. 138).

Versorgungsschaden Beispiel 26

Erwerbstätige Frau versorgt Mann

Eine 34jährige Verkäuferin hinterlässt einen gleichaltrigen Ehemann. Sie hätte in Zukunft ein mutmassliches Erwerbseinkommen von 40'000 Fr. im Jahr erzielt; er ein solches von 50'000 Fr.

Berechnung

a) Versorgungsausfall im Jahr

Einkommen der Frau	40'000 Fr.
Einkommen des Mannes	50'000 Fr.
Gesamteinkommen	90'000 Fr.
minus Fixkosten	–20'000 Fr.
variable Ausgaben	70'000 Fr.
Die Hälfte davon für den Mann	35'000 Fr.
plus Fixkosten	20'000 Fr.
Bruttoversorgungsausfall	55'000 Fr.
minus Einkommen des Mannes	–50'000 Fr.
jährlicher Versorgungsausfall des Mannes	5'000 Fr.

b) Kapitalisierung

Alter der Frau am Todestag	34 Jahre
Alter des Mannes am Todestag der Frau	34 Jahre
Versorgungsdauer:	
bis Ende Aktivität der Frau bzw. Tod des Mannes →	Tafel 27
Tafel 27[7], Alter der Versorgerin 34, des Versorgten 34 →	Faktor 19.98
Gesamtschaden des Mannes: 19.98 × 5'000 Fr. =	__99'900 Fr.__

BEISPIEL 26

Bemerkungen

257 In diesem Beispiel wird angenommen, dass die Frau ihren Mann aus Erwerbstätigkeit versorgt hätte, solange sie arbeitsfähig gewesen wäre. Würde dagegen davon ausgegangen, dass sie beispielsweise nur bis zur Pensionierung im Alter von 62 Jahren im Erwerbsleben geblieben wäre, ist Tafel 28 zu verwenden, die den Kapitalisierungsfaktor für eine Rente enthält, die solange läuft, als der versorgte Mann lebt und die Versorgerin arbeitsfähig ist, aber längstens bis zu ihrem 62. Altersjahr. Falls zusätzlich zu berücksichtigen ist, dass sie ihren Mann durch Haushalttätigkeit unterstützt hätte: → Beispiel 28. Je nach den konkreten Umständen ist die Möglichkeit einer Wiederverheiratung zu berücksichtigen → N 843 ff und Beispiel 22.

Rechtsprechung

258 BGE 82 II 132: Die Ehefrau führt ein Café. Ihr 39jähriger Mann übernimmt dieses nach ihrem Tod. Für eine kurze Übergangszeit wird ihm ein Versorgungsschaden von 8'000 Fr. zugesprochen (1956). Die Ausführungen sind heute noch gültig: Le mari ne peut «prétendre à des dommages-intérêts pour perte de soutien que si, par suite du décès de son épouse, il subit une atteinte pécuniaire dans son genre de vie conforme à son état. Pour juger si cette condition est remplie, il faut comparer la situation qu'il a avec celle dans laquelle il se serait trouvé si sa femme n'était pas décédée prématurément» (S. 135).

Versorgungsschaden   **Beispiel 27**

Hausfrau versorgt Mann

Eine 49jährige Hausfrau verunfallt tödlich. Der Ehemann ist unter den gegebenen Umständen auf eine Haushälterin angewiesen, die im Jahr 20'000 Fr. kostet.

Berechnung

a) Versorgungsausfall im Jahr

Kosten für Ersatzkraft (z. B. Haushälterin)	20'000 Fr.
Einkommen des Mannes	40'000 Fr.
minus Fixkosten	– 8'000 Fr.
variable Ausgaben	22'000 Fr.
davon die Hälfte als ersparte Aufwendungen	–11'000 Fr.
jährlicher Versorgungsausfall des Mannes	9'000 Fr.

b) Kapitalisierung

Alter der Frau am Todestag	49 Jahre
Alter des Mannes am Todestag der Frau	51 Jahre
Versorgungsdauer:	
bis Ende Arbeitsfähigkeit der Frau bzw. Tod des Mannes →	Tafel 27a
Tafel 27a[10], Alter der Versorgerin 49, des Versorgten 51 →	Faktor 15.38
Gesamtschaden: 15.38 × 9'000 Fr. =	138'420 Fr.

Bemerkungen

259   Eine Hausfrau ist Versorgerin ihres Ehemannes (oder einer anderen Person) in dem Ausmass, in dem der Versorgte durch ihren Tod in seinem Lebensstandard eingeschränkt wird. Anhaltspunkte für die Ermittlung des Wertes der Hausarbeit geben im allgemeinen die Kosten, die für eine Ersatzkraft aufgewendet werden müssen, wobei zu berücksichtigen ist, dass der persönliche Einsatz der Ehefrau naturgemäss grösser ist als bei einer Drittperson.

260   Das Bundesgericht kapitalisiert den Versorgungsschaden eines Rentners, den dieser durch den Tod seiner haushaltführenden Ehefrau erleidet, mit dem Mittelwert zwischen Aktivität und Mortalität: → unten zu BGE 108 II 441. Die Kapitalisierungsfaktoren für den arithmetischen Mittelwert der Tafeln 27 und 35 sind in Tafel 27a enthalten.

BEISPIEL (27)

261 Je nach den konkreten Umständen ist die Möglichkeit einer Wiederverheiratung zu berücksichtigen → N 843 ff und Beispiel 22.

Rechtsprechung

262 BGE 108 II 434/441: «In BGE 102 II 90 ff hat das Bundesgericht die nach dem Tod einer Hausfrau geschuldete Rente auf der Basis der Aktivitätstabellen von STAUFFER/SCHAETZLE kapitalisiert (Tafel 27). Daran ist nicht festzuhalten, trägt es doch der Tatsache keine Rechnung, dass die meisten Frauen bis in ein vorgerücktes Alter im Haushalt tätig sind. Entgegen der Auffassung von SZÖLLÖSY (Die Berechnung des Invaliditätsschadens im Haftpflichtrecht, Zürich 1970) erhalten diesfalls die aktivitätsbegrenzenden Faktoren, auf denen die Aktivitätstafeln beruhen und aus denen sich die Differenz zwischen den Mortalitäts- und Aktivitätskoeffizienten ergibt, ein allzu grosses Gewicht im Vergleich zur Wirklichkeit. Anderseits kann man bei Berücksichtigung der natürlichen Grenzen jeder menschlichen Tätigkeit auch nicht soweit gehen, die Mortalitätstafeln anzuwenden, wie dies BUSSY (Festschrift Assista, S. 171) vorschlägt. Der Wert der Haushaltarbeit und die Lebenserfahrung rechtfertigen es, auf das Mittel oder das gewogene Mittel zwischen den im Einzelfall anwendbaren Mortalitäts- und Aktivitätskoeffizienten abzustellen (z. B. im Verhältnis von 2 für den Mortalitäts- und 1 für den Aktivitätskoeffizienten)» (Pra. 72/1983 Nr. 54 S. 141).

In BGE 113 II 345/353 wird den Kritiken an dieser bundesgerichtlichen Auffassung dadurch Rechnung getragen, «dass bei der Kapitalisierung der Hausfrauenentschädigung das arithmetische und nicht ein gewogenes Mittel zwischen Aktivität und Mortalität zur Anwendung gebracht wird. Das trägt dazu bei, einen unrealistischen Begriff der Aktivität zu vermeiden.»

Versorgungsschaden **Beispiel 28**

Erwerbstätige Hausfrau versorgt Mann

Eine 53jährige Hausfrau, die zusätzlich halbtagsweise eine Erwerbstätigkeit als Apothekerin ausübte und dabei in Zukunft durchschnittlich 35'000 Fr. verdient hätte, stirbt und hinterlässt einen 55jährigen Ehemann. Laut Reglement der Pensionskasse werden Mitarbeiterinnen der Apotheke mit 62 pensioniert.

Berechnung

Versorgungsausfall im Jahr

a) Versorgung aus Geldleistungen (Erwerbstätigkeit)
Einkommen der Frau 35'000 Fr.
Versorgungsquote des Mannes: 60% von 35'000 Fr. = 21'000 Fr.

b) Versorgung aus Naturalleistungen (Hausarbeit)
Kosten für Ersatzkraft 10'000 Fr.
jährlicher Versorgungsausfall des Mannes 31'000 Fr.

Kapitalisierung

Alter der Frau am Todestag 53 Jahre
Alter des Mannes am Todestag der Frau 55 Jahre

a) jährlicher Versorgungsausfall aus Geldleistungen 21'000 Fr.
Versorgungsdauer:
bis Alter 62 der Frau bzw. Tod des Mannes → Tafel 28
Tafel 28[12], Alter der Versorgerin 53, des Versorgten 55 → Faktor 7.29
kapitalisiert: 7.29 × 21'000 Fr. = 153'090 Fr.

b) jährlicher Versorgungsausfall aus Naturalleistungen 10'000 Fr.
Versorgungsdauer:
bis Ende Arbeitsfähigkeit der Frau bzw. Tod des Mannes → Tafel 27a
Tafel 27a[12], Alter der Versorgerin 53, des Versorgten 55 → Faktor 13.82
kapitalisiert: 13.82 × 10'000 Fr. = 138'200 Fr.

c) Versorgungsschaden des Mannes
aus Geldleistungen 153'090 Fr.
aus Naturalleistungen 138'200 Fr.
Gesamtschaden 291'290 Fr.

BEISPIEL (28)

263 Graphische Darstellung der Kapitalisierung

```
┌─────────────────────────────┐
│ Versorgung aus Erwerb       │
│ 21'000 Fr. im Jahr          │
│ Tafel 28                    │
└─────────┬───────────────────────────────┐
          │ Versorgung aus Naturalleistungen│
          │ 10'000 Fr. im Jahr; Tafel 27a   │
          └─────────────────────────────────┘
```

	Unfall		Mittelwert
Alter der Versorgerin	53	62	Aktivität/
Alter des Versorgten	55	64	Mortalität

Bemerkungen

264 Diesem Beispiel ist ein durchschnittlicher Versorgungsausfall aus Haushaltarbeit zugrundegelegt, d. h. allfällige Mehrleistungen im Haushalt nach Erwerbsaufgabe sind inbegriffen. Ebenso sind hier die ausführlicheren Berechnungen des Versorgungsausfalls aus Erwerbstätigkeit (→ Beispiel 26) einerseits und aus Haushaltstätigkeit (→ Beispiel 27) anderseits vereinfacht. Je nach den konkreten Umständen ist allenfalls die Möglichkeit der Wiederverheiratung zu berücksichtigen.

265 Kapitalisierung mit nur einer Tafel

Der Versorgungsschaden für entgangene Naturalleistungen bzw. Haushaltarbeit wird entsprechend der neuen bundesgerichtlichen Praxis mit dem arithmetischen Mittel der Aktivitäts- und Mortalitätskoeffizienten (Tafel 27a) kapitalisiert. Die etwas umständliche Rechnung mit verschiedenen Tafeln für die Versorgung aus Erwerb und aus Naturalleistungen kann indessen vermieden werden, indem – vereinfachend – von einem durchschnittlichen jährlichen Versorgungsausfall ausgegangen wird und dieser mit dem entsprechenden Faktor der Tafel 27 multipliziert wird:

Durchschnittlicher, jährlicher Versorgungsausfall	23'000 Fr.
Versorgungsdauer:	
bis Ende Aktivität der Frau bzw. Tod des Mannes →	Tafel 27
Tafel 27[12], Alter der Versorgerin 53, des Versorgten 55 →	Faktor 12.89
Gesamtschaden: 12.89 × 23'000 Fr. =	<u>296'470 Fr.</u>

Rechtsprechung

266 BGE 113 II 345 ff: Analoge Berechnung des Invaliditätsschadens einer 45jährigen Frau, deren Erwerbsausfall mit Tafel 20 (vgl. Erw. 1) und deren Schaden, der ihr durch die Beeinträchtigung in der Haushaltführung entstanden ist, mit dem Mittel der Faktoren aus Tafel 20 und 30 (Erw. 2) kapitalisiert wird.

Versorgungsschaden **Beispiel 29**

Frau versorgt Mann und Kind

Die Gattin eines 41jährigen Mannes und Mutter eines 5jährigen Kindes verunfallt im Alter von 35 Jahren. Neben ihrer Betreuungstätigkeit arbeitete sie als Übersetzerin. Der mutmassliche jährliche Versorgungsausfall des Mannes und des Kindes zusammen wird auf 30'000 Fr. veranschlagt.

Berechnung

Versorgungsausfall im Jahr	30'000 Fr.

Verteilung unter den Versorgten:
durchschnittliche Versorgungsquoten gemäss N 812 (Variante C)
– des Mannes 56%
– des Kindes 18%
Versorgung von Mann und Kind 74%

Die 74% entsprechen dem jährlichen Versorgungsausfall von 30'000 Fr.

– Anteil des Mannes: $\frac{56\%}{74\%} \times 30'000$ Fr. = 22'700 Fr.

– Anteil des Kindes: $\frac{18\%}{74\%} \times 30'000$ Fr. = 7'300 Fr.

Kapitalisierung

a) Versorgungsschaden des Mannes
  Alter der Frau am Todestag   35 Jahre
  Alter des Mannes am Todestag der Frau   41 Jahre
  jährlicher Versorgungsausfall des Mannes   22'700 Fr.
  Versorgungsdauer:
  bis Ende Aktivität der Frau bzw. Tod des Mannes →   Tafel 27
  Tafel 27[7], Alter der Versorgerin 35, des Versorgten 41 →   Faktor 18.82
  Gesamtschaden des Mannes: 18.82 × 22'700 Fr. =   427'214 Fr.

b) Versorgungsschaden des Kindes
  Alter der Mutter   35 Jahre
  Alter des Kindes am Todestag der Mutter   5 Jahre
  jährlicher Versorgungsausfall des Kindes   7'300 Fr.
  Versorgungsdauer: bis Alter 20 des Kindes →   Tafel 24
  Tafel 24[3], Alter der Frau 35, Dauer 15 Jahre (= 20−5) →   Faktor 11.62
  Gesamtschaden des Kindes: 11.62 × 7'300 Fr. =   84'826 Fr.

BEISPIEL 29

Bemerkungen

267 Bezüglich Versorgungsausfall, -quoten und -dauer: → Beispiele 23 sowie 26 bis 28. Selbstverständlich können die Anteile auch anders verteilt werden.

268 Im Beispiel ist der Versorgungsschaden des Mannes vereinfachend mit Tafel 27 berechnet, da einerseits angenommen werden kann, dass die Betreuung durch die Mutter im Laufe der Zeit mit fortschreitender Entwicklung des Kindes kleiner geworden wäre, anderseits wohl von einer steigenden Erwerbstätigkeit auszugehen ist. Die Annahme eines durchschnittlichen und konstanten Versorgungsausfalls erleichtert die Kapitalisierung.

269 Der Versorgungsschaden des Kindes wird mit Tafel 24 kapitalisiert, wenn die Mutter Versorgerin ist. Die minime Sterbenswahrscheinlichkeit des Kindes kann vernachlässigt werden (N 1324).

270 Je nach den konkreten Umständen ist die Möglichkeit einer Wiederverheiratung des Mannes zu berücksichtigen → N 843 ff und Beispiel 22.

Rechtsprechung

271 BGE 102 II 90 ff: Tod einer Ehefrau und Mutter. Die Ansprüche der versorgten Personen werden nicht gesondert berechnet und zugesprochen, «wenn sie praktisch im Anspruch des Ehemannes aufgehen» . . . Er «hat also nach dem Tod der Ehefrau schon allein Anspruch auf vollen Ersatz des durch die Anstellung einer Haushälterin bedingten Mehraufwandes. Freilich erfasst dieser Anspruch auch den Versorgerschaden der Kinder.» Die Versorgerin war 46jährig, der versorgte Ehemann 47 Jahre alt. Als Versorgungsausfall wird für die kürzere Periode bis zur Volljährigkeit des jüngsten Kindes ein Jahresbetrag von 10'000 Fr. und für die verbleibende Zeit danach ein Betrag von 5'000 Fr. angenommen. Für die Kapitalisierung wird schliesslich ein durchschnittlicher, jährlicher Versorgungsausfall von 6'000 Fr. gewählt und mit Tafel 27 gerechnet. (Nach Einführung des AHV-Regressrechtes im Jahr 1979 sind die Ansprüche der einzelnen Versorgten schon aus diesem Grund getrennt zu berechnen.)

Versorgungsschaden   Beispiel 30

Erwerbstätige Hausfrau versorgt Mann und Kinder

Die Versorgerin sei 42, der Ehemannn 44, das älteste Kind 17, das mittlere 10 und das jüngste 6jährig. Die Verunfallte sei vor dem Unfall Inhaberin einer Boutique gewesen und habe zusätzlich den Haushalt geführt und die Kinder betreut. Weiter sei angenommen, dass das älteste Kind mit 23, die beiden jüngeren mit 20 erwerbstätig werden.

Berechnung

Versorgungsausfall im Jahr

Versorgung aus Geldleistungen	40'000 Fr.
Versorgung aus Naturalleistungen (Betreuung)	25'000 Fr.
Versorgung von Mann und Kindern zusammen	65'000 Fr.

Verteilung unter den Versorgten
durchschnittliche Versorgungsquoten gemäss N 812   (Variante B)
- Anteil des Mannes → 49%
- Anteil je Kind →15%, d. h. alle drei Kinder 45%
Versorgung von Mann und Kindern zusammen 94%

Die 94% entsprechen dem jährlichen Versorgungsausfall von   65'000 Fr.

- Anteil des Mannes: $\dfrac{49\%}{94\%} \times 65'000$ Fr. =   33'884 Fr.

- Anteil je Kind: $\dfrac{15\%}{94\%} \times 65'000$ Fr. =   10'372 Fr.

BEISPIEL 30

Kapitalisierung
a) Versorungsschaden des Mannes
   Versorgungsdauer:
   bis Ende Aktivität der Frau bzw. Tod des Mannes →   Tafel 27
   Tafel 27⁹, Alter der Versorgerin 42, des Versorgten 44 →   Faktor 17.16
   Gesamtschaden des Mannes: 17.16 × 33'884 Fr. =   581'449 Fr.

b) Ältestes Kind (17jährig)
   Versorgungsdauer: bis Alter 23 →   Tafel 24
   Tafel 24¹, Alter der Frau 42, Dauer 6 Jahre (= 23 − 17) →   Faktor 5.40
   Gesamtschaden: 5.40 × 10'372 Fr. =   56'009 Fr.

c) Mittleres Kind (10jährig)
   Versorgungsdauer: bis Alter 20 →   Tafel 24
   Tafel 24¹, Alter der Frau 42, Dauer 10 Jahre (= 20 − 10) → Faktor 8.38
   Gesamtschaden: 8.38 × 10'372 Fr. =   86'917 Fr.

d) Jüngstes Kind (6jährig)
   Versorgungsdauer: bis Alter 20 →   Tafel 24
   Tafel 24³, Alter der Frau 42, Dauer 14 Jahre (= 20 − 6) →   Faktor 10.93
   Gesamtschaden: 10.93 × 10'372 Fr. =   113'366 Fr.

Bemerkungen

272   Zur Berechnung des jährlichen Versorgungsausfalls: →Beispiele 26 bis 28.

273   In diesem Beispiel wird von durchschnittlichen und konstanten Versorgungsquoten ausgegangen: →N 812, bei einer mittleren Laufzeit der Kinderrenten von 10 Jahren, berechnet aus 23 − 17 = 6 Jahre
                           20 − 10 = 10 Jahre
                           20 − 6 = 14 Jahre
                           30 Jahre : 3 = 10 Jahre.

274   Eine andere approximative Berechnungsmethode mit steigenden Renten ist in Beispiel 35 beschrieben. Soll die Berechnung möglichst genau durchgeführt werden, ist die etwas kompliziertere Methode, die in Beispiel 38 dargestellt ist, zu wählen.

BEISPIEL (30)

275 Hinsichtlich der Dauer der Versorgung durch die Frau ist einfachheitshalber angenommen, dass sie ihren Ehemann während ihrer mutmasslichen Aktivitätsdauer aus ihrer Erwerbs- und Arbeitstätigkeit zu Hause unterstützt hätte. Würden für die Unterstützung aus Erwerb und Haushaltführung verschiedene Versorgungsdauern angenommen, wäre für die Versorgung aus Erwerb je nach den konkreten Umständen Tafel 27 oder 28 zu benützen und für die Haushalttätigkeit nach bundesgerichtlicher Rechtsprechung auf Tafel 27a (Mittelwert zwischen Aktivität und Mortalität) abzustellen. Bestünden zudem Anhaltspunkte, dass die Ehefrau, nachdem die Kinder selbständig geworden wären, vermehrt sich ihrem Beruf gewidmet hätte, müssten zusätzlich steigende Verbindungsrenten zugrundegelegt werden.

276 Zur Versorgungsdauer der Kinder: → Beispiele 23 und 24.

277 Je nach den konkreten Umständen ist die Möglichkeit einer Wiederverheiratung zu berücksichtigen → N 843 ff und Beispiel 22.

Rechtsprechung

278 BGE 102 II 90: Hausfrau hinterlässt Mann und fünf Kinder → Beispiel 29.

BGE 101 II 257/262 f: Die Versorgerin war zum Unfallzeitpunkt 32, ihr Ehemann 33, die Kinder 8, 6 und 3 Jahre alt. Die Versorgungsansprüche werden getrennt berechnet, wobei dem Mann und den drei Kindern je ein Viertel des jährlichen Versorgungsausfalles zugesprochen werden. Da der Mann jedoch nur bis zum Alter 18 des jüngsten Kindes auf eine Haushalthilfe angewiesen war, wird der Versorgungsschaden des Mannes mit einer temporären Verbindungsrente für die Dauer von 15 Jahren berechnet (zur Art der Kapitalisierung: → Beispiel 38).

KantGer. VS vom 9.3.1979, n.p. (Zufferey): Versorgerin stirbt im Alter von 25 Jahren und hinterlässt ihren 28jährigen Ehemann sowie ein 7, 3 und 1jähriges Kind. Der Wert ihrer Arbeit im Haus und als Angestellte wird auf 24'000 Fr. jährlich veranschlagt. Die Kapitalisierung wird anhand der Ausscheideordnungen und Abzinsungsfaktoren durchgeführt, wobei der Versorgungsschaden des Ehemannes auf 19 Jahre, d. h. bis zur Volljährigkeit des jüngsten Kindes, beschränkt wird.

Oberger. ZH in ZR 71/1972 Nr. 72 Erw. 6: Die 32jährige Versorgerin führte den Haushalt und arbeitete als Verkäuferin im Lebensmittelgeschäft ihres 39jährigen Gatten. Ausgehend von einem konstanten und durchschnittlichen Versorgungsausfall (mit Versorgungsquoten von 37% für den Mann und je 12% für die drei Kinder) wird der Versorgungsschaden des Ehemannes mit Tafel 20 kapitalisiert, da angenommen wird, dass sich die Ehegatten gleichzeitig aus dem Erwerbsleben zurückgezogen hätten. Die Versorgungsschäden der Kinder sind mit temporären Leibrenten statt mit Tafel 24 berechnet worden.

Versorgungsschaden **Beispiel 31**

Frau im AHV-Alter versorgt Mann

Eine 65jährige Frau verunfallt tödlich. Ihr Ehemann ist 67 und pensioniert. Sie führte den Haushalt. Von der Pensionskasse und der AHV erhielten sie zusammen jährlich 30'000 Fr. Zusätzlich unterstützte die Frau ihren Mann aus ihrem Vermögen, das sie früher erbte.

Berechnung

Alter der Versorgerin am Todestag	65 Jahre
Alter des Versorgten am Todestag der Frau	67 Jahre

a) *Versorgungsausfall im Jahr*
  – Versorgung aus Renten und Vermögen

Gesamteinkommen = Gesamtausgaben	40'000 Fr.
minus Fixkosten	− 12'000 Fr.
variable Ausgaben	28'000 Fr.
davon die Hälfte für den Mann	14'000 Fr.
plus Fixkosten	12'000 Fr.
Bruttoversorgung (65% des Gesamteinkommens)	26'000 Fr.
abzüglich Einkommen des Mannes nach dem Unfall	− 20'000 Fr.
Versorgungsausfall aus Geldleistungen	6'000 Fr.

  – Versorgung aus Haushalttätigkeit
    Kosten für Hilfskraft   14'000 Fr.

  jährlicher Versorgungsausfall des Mannes   20'000 Fr.

b) *Kapitalisierung*
  – Versorgungsausfall aus Geldleistungen   6'000 Fr.
    Versorgungsdauer: solange sie und er leben → Tafel 35
    Tafel 35[14], Alter des Mannes 67, der Frau 65 → Faktor 10.05
    kapitalisiert: 10.05 × 6'000 Fr. =   60'300 Fr.

  – Versorgungsausfall aus Haushalttätigkeit 14'000 Fr.
    Versorgungsdauer:
    Mittelwert zwischen Aktivität und Mortalität → Tafel 27a
    Tafel 27a[14], Versorgerin 65, Versorgter 67 → Faktor 8.88
    kapitalisiert: 8.88 × 14'000 Fr. =   124'320 Fr.

  Gesamtschaden des Mannes   184'620 Fr.

BEISPIEL (31)

Bemerkungen

279 Haben verschiedene Versorgungsleistungen eine unterschiedliche Laufdauer, so sind diese grundsätzlich gesondert zu rechnen. Dies betrifft insbesondere die Versorgung aus Erwerb (Beispiele 26 und 28), aus Haushalttätigkeit (Beispiel 27) sowie aus Renten und Vermögen (Beispiel 25). Da sich die einzelnen Versorgungsarten überschneiden können und teilweise voneinander abhängig sind, ist im Sinne einer Vereinfachung auch denkbar, im Einzelfall von einem durchschnittlichen und konstanten Versorgungsbetrag auszugehen und diesen mit einem einzigen Faktor zu kapitalisieren.

Rechtsprechung

280 BGE 108 II 434 ff: Grundlegendes Beispiel für die heute massgebende Berechnung des Versorgungsausfalls. Die Versorgerin, Frau Berthe Blein, war 63, der versorgte Ehemann 64 Jahre alt, als sie an den Folgen eines Autounfalls starb.

a) zur Berechnung des Versorgungsausfalls: ausgehend vom Gesamteinkommen von 30'000 Fr. und einer Versorgungsquote des Mannes von 65% kommt das Bundesgericht auf einen Bruttoversorgungsausfall von 19'500 Franken. Das Einkommen des hinterlassenen Mannes beträgt nach dem Unfall 24'000 Fr., d. h. 4'500 Fr. mehr. Dieser Betrag wird von den Kosten für eine Haushaltshilfe von 14'040 Fr. (für 18 Stunden wöchentlich zu 15 Fr.) subtrahiert: 14'040 Fr. minus 4'500 Fr. = 9'540 Fr., was den jährlichen Versorgungsausfall ergibt. Zum selben Ergebnis gelangt das Bundesgericht mit folgender Rechnung, die dem obigen Beispiel entspricht: 65% vom Gesamteinkommen plus Haushaltkosten abzüglich Einkommen des Versorgten.

b) zur Kapitalisierung: →Beispiel 27. Gewogenes oder arithmetisches Mittel zwischen Aktivitäts- und Mortalitätskoeffizienten. Das jetzt massgebende arithmetische Mittel entspricht der Tafel 27a der vorliegenden Auflage.

ZivGer. NE in RJN 1986 S. 52: Berechnung des Versorgungsausfalls nach der im Fall Blein eingeführten Methode. Versorgerin war 69, Versorgter 68. Die Kapitalisierung mit dem Mittel zwischen einem gewogenen (2 × Faktor Mortalität und 1 × Faktor Aktivität) und dem arithmetischen Mittelwert der Tafeln 27 und 35 ist durch BGE 113 II 345/353 überholt.

Versorgungsschaden Beispiel (32)

Tochter versorgt Vater

Die 22jährige Tochter, die ihren 58jährigen, invaliden Vater unterstützt, stirbt bei einem Unfall. Es wird angenommen, dass sie ihn bis zu seinem Tode mit Versorgungsleistungen in der Höhe von 1'000 Fr. monatlich versorgt hätte.

Berechnung

Alter der Tochter am Todestag	22 Jahre
Alter des Vaters am selben Tag	58 Jahre
jährlicher Versorgungsausfall	12'000 Fr.
Versorgungsdauer: solange er lebt und sie aktiv ist →	Tafel 27
Tafel 27[6], Alter der Versorgerin 22, des Versorgten 58 →	Faktor 14.58
Gesamtschaden des Vaters: 14.58 × 12'000 Fr. =	__174'960 Fr.__

Bemerkungen

281 Ein Versorgungsschaden der Eltern oder eines Elternteils beim Tod eines Kindes wird heutzutage nur ausnahmsweise angenommen (unten: BGE 112 II 122). Voraussetzung ist zumeist, dass die versorgte Person selbst nicht in der Lage ist, für ihren Lebensunterhalt aufzukommen.

282 Zur **Kapitalisierung:** Unterstützt ein erwachsenes Kind seinen Vater oder seine Mutter, so ist eine sofort beginnende Verbindungsrente zu kapitalisieren. Ist anzunehmen, dass das Kind die versorgte Person zeit ihres Lebens unterstützt hätte, so sind folgende Tafeln zu verwenden (vgl. auch N 1325):

– Kind unterstützt Vater: Tafel 27
– Kind unterstützt Mutter: Tafel 25.

283 Wird angenommen, dass die Tochter oder der Sohn eines Tages eine eigene Familie gründen wird und alsdann die Versorgung der Eltern aufhört, so könnte eine Kürzung aufgrund statistischer Durchschnittswerte vorgenommen werden. Die entsprechenden Rechnungsgrundlagen sind in N 1023 f beschrieben.

BEISPIEL (32)

284 Eine lebenslängliche Rente wäre wie folgt zu kürzen, wenn sie nicht nur beim Tod, sondern auch bei einer allfälligen Heirat enden soll:

Verehelichung Lediger – Abzüge in Prozenten		
Alter	*Mann*	*Frau*
20	56%	63%
25	59%	58%
30	47%	37%
35	28%	20%
40	17%	11%

285 Im vorliegenden Beispiel wäre nach dieser Methode der Versorgungsschaden des Vaters von 174'960 Fr. bei einer Tochter im Alter von 22 Jahren um 61% auf 68'234 Fr. zu reduzieren.

286 Selbstverständlich sind die konkreten Umstände massgebend, weshalb die angeführten Abzüge lediglich als Richtwerte anzusehen sind.

287 Ist angesichts besonderer Verhältnisse davon auszugehen, dass die Versorgung durch das Kind zu einem bestimmten Zeitpunkt beendet worden wäre, so kann statt dessen eine aufgeschobene Rente, kapitalisiert mit Tafel 29a oder 29b, in Abzug gebracht werden: → Beispiel 33.

Rechtsprechung

288 BGE 112 II 118/122: «Les enfants ne peuvent être considérés comme soutien de leurs parents, au sens de l'art. 45 al. 3 CO, que dans la mesure où la contribution qu'ils apportent ou auraient apportée par leur travail au revenu de la famille dépasse ce qu'ils reçoivent de leurs parents, de sorte que leur décès contraint ceux-ci à réduire leur train de vie. (...) Or il ressort de l'expérience générale de la vie qu'en l'espèce, le montant de l'aide future apportée jusqu'à l'âge de 22 ans par les enfants à leurs parents aurait été compensée, d'un point de vue purement économique, par les frais liés à leur entretien.»

KantGer. VD in JT 1981 I S. 456 Nr. 37: Ein 23jähriger Ausländer hinterlässt seine verwitwete Mutter, die in Griechenland lebt. Wegen verkürzter Lebenserwartung der herzkranken Mutter wird der kapitalisierte Betrag abgerundet.

Für weitere Hinweise auf die Rechtsprechung → BREHM, Komm zu OR 45, N 188–192.

Versorgungsschaden **Beispiel 33**

Sohn wird Mutter versorgen

Ein 9jähriger Knabe wird überfahren. Ab Alter 20 hätte er seine körperlich behinderte Mutter mit durchschnittlich 8'000 Fr. jährlich unterstützt.

Berechnung

Alter des Knaben am Todestag	9 Jahre
Versorgung ab Alter 20, d. h. nach	11 Jahren
Alter der Mutter am Todestag des Kindes	40 Jahre
jährlicher Versorgungsausfall	8'000 Fr.
Versorgungsdauer:	
ab Alter 20, solange der Sohn aktiv ist und die Mutter lebt →	Tafel 29a
Tafel 29a³, Alter der Versorgten 40,	
aufgeschoben um 11 Jahre →	Faktor 12.69
Gesamtschaden der Mutter: 12.69 × 8'000 Fr. =	<u>101'520 Fr.</u>

Bemerkungen

289 Eine hypothetische, erst in einem späteren Zeitpunkt beginnende Versorgung wird angesichts des ausgebauten Sozialversicherungssystems immer seltener angenommen. Dazu kommt, dass die Ausgaben für das Kind, die bis zu seiner eigenen Erwerbstätigkeit anfallen, anzurechnen sind.

290 Zur Kapitalisierung: Wird dennoch von einem Versorgungsschaden ausgegangen, so ist eine aufgeschobene Verbindungsrente mit Tafel 29a oder 29b zu kapitalisieren. Die Rente beginnt frühestens im Alter, in dem das Kind erwerbstätig wird, und läuft längstens bis zum Tod der versorgten Person. Wird angenommen, dass die Unterstützungsbedürftigkeit der versorgten Person später beginnt, d. h. nachdem das Kind bereits erwerbstätig ist, so richtet sich die Aufschubzeit nach dem im konkreten Fall angenommenen Versorgungsbeginn.

291 Wird eine weibliche Person versorgt, ist Tafel 29a, wird eine männliche Person unterstützt, ist Tafel 29b zu verwenden. Werden beide Eltern vom Kind versorgt, ist der Versorgungsschaden für jeden Elternteil getrennt zu berechnen.

BEISPIEL (33)

292 Die gleichen Tafeln sind beizuziehen, wenn die Versorgung zu einem früheren Zeitpunkt endet oder reduziert wird, z. B. weil das Kind heiratet. Wird im obigen Beispiel angenommen, der Sohn hätte mit 30 geheiratet und danach die Mutter nicht mehr unterstützen können, so wäre eine um 21 (= 30 − 9) Jahre aufgeschobene Rente mit Tafel 29a zu kapitalisieren und vom Barwert der nur um 11 Jahre aufgeschobenen Rente zu subtrahieren. Möglich wäre auch ein prozentualer Abzug → Beispiel 32.

293 Die Tafeln 29a und 29b sind ebenso verwendbar, wenn angenommen wird, dass das Kind seine Mutter oder seinen Vater nicht nur während seiner eigenen Aktivitätsdauer, sondern zeit seines Lebens unterstützt hätte. Ist die versorgte Person über 50, ergeben sich die gleichen Faktoren. Wenn die versorgte Person beim Todestag des Kindes dagegen unter 50 Jahre alt ist, ist der Kapitalisierungsfaktor wie folgt zu erhöhen:

Alter der versorgten Person	Erhöhung des Faktors nach Tafeln 29a bzw. 29b
20 − 29	0.55
30 − 39	0.30
40 − 49	0.15

294 Die Erhöhung hängt vom Alter der versorgten Person, nicht von der Aufschubszeit ab.

295 Würde im vorstehenden Beispiel angenommen, dass das Kind später seine Mutter, solange es lebt, — und nicht nur während seiner Aktivitätsdauer — unterstützen würde, wäre der Faktor 12.69 der Tafel 29a um 0.15 auf 12.84 zu erhöhen.

Rechtsprechung

296 BGE 112 II 118/122: Das Bundesgericht lehnt einen Versorgungsschaden der Eltern zweier Söhne im Alter von 18 und 11 Jahren ab. Die Aufwendungen für ihren Unterhalt bis zur eigenen Erwerbstätigkeit würden nach allgemeiner Lebenserfahrung die zukünftige Unterstützung der Eltern aufwiegen.

Weitere Hinweise bei BREHM, Komm. zu OR 45, N. 193−203.

Versorgungsschaden Beispiel **34**

Steigender Versorgungsausfall
(approximative Schadensberechnung mit Tafel 46)

Ein 32jähriger Bankprokurist, der ein Erwerbseinkommen von 60'000 Fr. hatte, verunfallt tödlich. Es wird angenommen, dass er mit 40 ein Einkommen von 90'000 Fr. und mit 50 ein solches von 120'000 Fr. erzielt hätte. Die Witwe sei 31 Jahre alt und nicht erwerbstätig.

Berechnung

a) *Versorgungsausfall im Jahr*

Einkommen des Mannes zwischen Alter 32 und 40	60'000 Fr.
Versorgungsquote der Witwe 60%	36'000 Fr.
Einkommen des Mannes zwischen Alter 40 und 50	90'000 Fr.
Versorgungsquote der Witwe 50%	45'000 Fr.
Einkommen des Mannes ab 50 bis Ende Aktivität	120'000 Fr.
Versorgungsquote der Witwe 40%	48'000 Fr.

b) *Kapitalisierung*

- sofort beginnende Rente ab Alter 32 bis Ende Aktivität
 des Mannes bzw. Tod der Frau → Tafel $\boxed{25}$
 Tafel 25[7], Alter des Versorgers 32, der Versorgten 31 → Faktor 19.99
 kapitalisiert: 19.99 × 36'000 Fr. = 719'640 Fr.

- um 8 Jahre aufgeschobene Rente Tafeln $\boxed{25/46}$
 Korrekturfaktor Tafel 46, Versorger 32, Versorgte 31 → 66%
 Faktor der aufgeschobenen Rente: 0,66 × 19.99 = Faktor 13.19
 kapitalisiert: 13.19 × 9'000 Fr. (= 45'000 − 36'000) 118'710 Fr.

- um 18 Jahre aufgeschobene Rente Tafel $\boxed{25/46}$
 Korrekturfaktor Tafel 46, Versorger 32, Versorgte 31 → 35%
 Faktor der aufgeschobenen Rente: 0,35 × 19.99 = Faktor 7.00
 kapitalisiert: 7.00 × 3'000 Fr. (= 48'000 − 45'000) 21'000 Fr.

Gesamtschaden der Frau <u>859'350 Fr.</u>

BEISPIEL (34)

297 **Graphische Darstellung des Versorgungsausfalls**

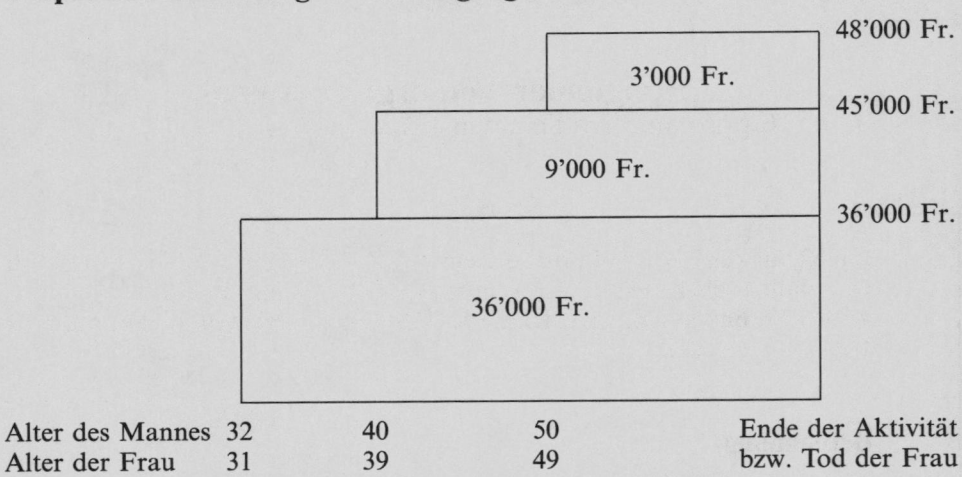

```
                                                    48'000 Fr.
                          3'000 Fr.
                                                    45'000 Fr.
                     9'000 Fr.
                                                    36'000 Fr.

                    36'000 Fr.
```

| Alter des Mannes | 32 | 40 | 50 | Ende der Aktivität |
| Alter der Frau | 31 | 39 | 49 | bzw. Tod der Frau |

298 Steigende Renten setzen sich aus sofort beginnenden und aufgeschobenen (oder temporären) zusammen. Zuerst wird eine sofort beginnende Verbindungsrente für den niedrigsten Betrag kapitalisiert. Anschliessend sind aufgeschobene Verbindungsrenten in der Höhe der Steigerungsdifferenzen aufzustocken.

Bemerkungen

299 Zum Versorgungsausfall: Dieser ist unter Berücksichtigung der fixen Kosten und des allenfalls zumutbaren Eigenerwerbs der Witwe zu schätzen: N 770 ff. Im obigen Beispiel sind bei steigendem Einkommen sinkende Versorgungsquoten angenommen worden, da bei höherem Einkommen regelmässig die Sparquote steigen dürfte.

300 Zur Kapitalisierung: Zu- oder abnehmende Renten ergeben sich, wenn beispielsweise von zukünftigen Steigerungen des Einkommens oder von Veränderungen der Versorgungsquoten der Hinterlassenen ausgegangen wird. Die Rechnung wird erleichtert, wenn statt dessen ein konstanter Durchschnittswert eingesetzt werden kann.

301 In diesem Beispiel sind die aufgeschobenen Renten mit den Korrekturfaktoren der Tafel 46 berechnet. Sie gestatten eine approximative Berechnung aufgeschobener Verbindungsrenten aus den sofort beginnenden der Tafeln 25 und 27. Da es sich um Schätzungen handelt, gilt der gleiche Faktor oft für mehrere Altersjahre.

BEISPIEL (34)

302 Neben der approximativen Berechnungsmethode mit Tafel 46 kann über die Ausscheideordnungen der Tafeln 40/41 und die entsprechenden Abzinsungsfaktoren der Tafel 48 eine veränderliche Rente genau berechnet werden (→ Beispiel 38).

303 Je nach den konkreten Umständen ist die Möglichkeit einer Wiederverheiratung zu berücksichtigen → N 843 ff und Beispiel 22.

Rechtsprechung

304 BGE 113 II 323/336 f: Berechnung eines um 7½ Jahre aufgeschobenen Versorgungsschadens mit dieser Methode. Die Tafel 46 der vorliegenden Auflage entspricht der Tafel 66 der dritten Auflage.

BGE 101 II 346/351: Angenommene Verdiensterhöhung des Versorgers von 21'600 auf 37'500 Fr. im Jahr. Kapitalisierung einer konstanten Rente.

Versorgungsschaden **Beispiel 35**

Versorgung von Frau und mehreren Kindern
(approximative Schadensberechnung mit Tafel 46)

Sachverhalt wie in Beispiel (24), wobei aber statt von durchschnittlichen und konstanten Versorgungsquoten nun von aufgeschobenen Renten mit den Korrekturfaktoren der Tafel 46 ausgegangen wird.

Berechnung

Alter des Mannes am Todestag	40 Jahre
Alter der Frau	35 Jahre
Alter der Tochter	12 Jahre
Alter des Sohnes	8 Jahre
angenommene Versorgung der Kinder bis Alter 24	
Einkommen des Mannes im Jahr	100'000 Fr.

a) Versorgungsschaden der Witwe:
   Versorgungsquote der Witwe anfänglich 42%   42'000 Fr.
   Tafel $\boxed{25}^9$, Versorger 40, Versorgte 35 →   Faktor 17.50
   kapitalisiert: 17.50 × 42'000 Fr. =   735'000 Fr.

Die Versorgungsquote der Witwe steigt
jedesmal, wenn ein Kind 24 Jahre alt wird:

nach 12 Jahren von 42% auf 45%, d. h. auf   45'000 Fr.
Steigerung: 45'000 Fr. − 42'000 Fr. =   3'000 Fr.
Korrekturfaktor Tafel $\boxed{46}$, Versorger 40, Versorgte 35 →   45%
Faktor der aufgeschobenen Rente: 0,45 × 17.50 =   7.88
kapitalisiert: 7.88 × 3'000 Fr. =   23'640 Fr.

nach 16 Jahren, wenn auch der Sohn
selbständig geworden ist, steigt die
Versorgungsquote der Witwe von 45% auf   50%
Steigerung: 50'000 Fr. − 45'000 Fr. =   5'000 Fr.
Korrekturfaktor Tafel $\boxed{46}$, Versorger 40, Versorgte 35 →   32%
Faktor der aufgeschobenen Rente: 0,32 × 17.50 =   5.60
kapitalisiert: 5.60 × 5'000 Fr. =   28'000 Fr.

Gesamtschaden der Witwe   786'640 Fr.

BEISPIEL (35)

b) Versorgungsschaden der Tochter:
Versorgungsquote 14%   14'000 Fr.
Versorgungsdauer bis längstens Alter 24 →   Tafel [23]
Tafel 23³, Vater 40, Dauer 12 Jahre (= 24−12) →   Faktor 9.68
Gesamtschaden der Tochter: 9.68 × 14'000 Fr. =   135'520 Fr.

c) Versorgungsschaden des Sohnes:
Versorgungsquote 14% bis Tochter 24 Jahre alt
ist, d. h. während 12 Jahren   14'000 Fr.
Versorgungsquote 15% ab Alter 20
(nach Ausscheiden der Tochter) bis Alter 24   15'000 Fr.
Tafel [23]³, Alter des Vater 40, Dauer 16 Jahre → Faktor 11.98
kapitalisiert: 11.98 × 15'000 Fr. =   179'700 Fr.
Tafel [23]³, Alter des Vaters 40, Dauer 12 Jahre → Faktor 9.68
kapitalisiert: 9.68 × 1'000 Fr. (15'000−14'000 Fr.) =   − 9'680 Fr.
Gesamtschaden des Sohnes   170'020 Fr.

Bemerkungen

305 Die Versorgungsquoten der Witwe und der beiden Kinder entsprechen der Variante A in N 806.

306 Der steigende Versorgungsschaden des Sohnes wird kapitalisiert, indem zuerst 15'000 Fr. während 16 Jahren gerechnet und dann 1'000 Fr. während der ersten 12 Jahre abgezogen werden:

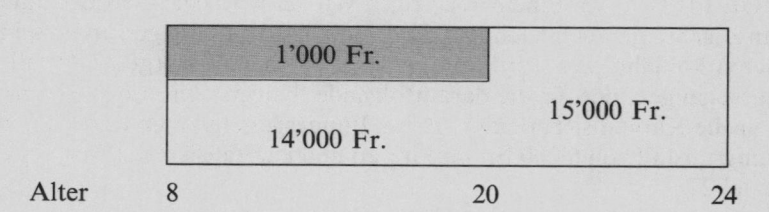

```
                    ┌─────────────────┬──────────────────┐
                    │   1'000 Fr.     │                  │
                    │                 │    15'000 Fr.    │
                    │   14'000 Fr.    │                  │
                    └─────────────────┴──────────────────┘
    Alter     8                      20                 24
```

307 Im Falle von veränderlichen Renten kann der Barwert des Versorgungsschadens mit drei Methoden berechnet werden:

1. Approximative Methode mit Korrekturfaktoren der Tafel 46;

2. mit durchschnittlichen und konstanten Versorgungsquoten: → Beispiele 24 und 30;

3. genauere Berechnungsweise → Beispiele 21a (N 220) und 38.

308 Da den Beispielen 24, 35 und 38 der gleiche Sachverhalt zugrunde liegt, ermöglicht die vorstehende Berechnung mit den Korrekturfaktoren zugleich einen Vergleich einerseits mit den vorgeschlagenen durchschnittlichen Versorgungsquoten und anderseits mit der genauen Berechnungsweise über die Ausscheideordnungen und Abzinsungsfaktoren, wie sie für die Regresswertberechnung in der obligatorischen Unfallversicherung üblich sind:

Gesamtschaden	Witwe	Tochter	Sohn
Beispiel 24	787'500 Fr.	140'360 Fr.	173'710 Fr.
Beispiel 35	786'640 Fr.	135'520 Fr.	170'020 Fr.
Beispiel 38	786'450 Fr.	135'520 Fr.	170'020 Fr.

309 Je nach den konkreten Umständen ist die Möglichkeit einer Wiederverheiratung zu berücksichtigen → N 843 ff und Beispiel 22.

Rechtsprechung

310 a) **Mit Korrekturfaktoren:**

BGE 113 II 323/336 f: → Beispiel 34.

b) **Mit durchschnittlichen Versorgungsquoten:**

BGE 102 II 90/95: Einem 47jährigen Witwer wird ein Anspruch auf eine Haushälterin zugebilligt, auch nachdem die Kinder eigenständig geworden sein werden. Bis zu deren Volljährigkeit wird von einem jährlichen Versorgungsausfall von 10'000 Fr. ausgegangen, der für die darauffolgende, längere Zeit auf 5'000 Fr. reduziert wird. Für die Kapitalisierung nimmt das Bundesgericht einen durchschnittlichen Versorgungsausfall von 6'000 Fr. im Jahr an und kapitalisiert den Versorgungsschaden mit Tafel 27.

BGE 101 II 346/353: → Beispiel 24.

c) **Mittels Ausscheideordnungen und Abzinsungsfaktoren:**

BGE 101 II 257/263: Mit der genauen Methode wird der Versorgungsschaden eines Witwers für die Dauer von 15 Jahren (bis das jüngste, im Unfallzeitpunkt dreijährige Kind 18 Jahre alt ist) kapitalisiert.

Versorgungsschaden Beispiel **36**

Zeitpunkt der Kapitalisierung
Bisheriger und zukünftiger Versorgungsschaden

Gleicher Sachverhalt wie Beispiel ⑳. Der Versorger stirbt am Unfalltag im Alter von 49 Jahren. Seine Frau ist zu diesem Zeitpunkt 45jährig. Die Höhe des Versorgungsschadens werde erst 4 Jahre nach dem Unfall endgültig festgelegt, wenn der Versorger 53 geworden wäre und die Witwe 49 Jahre alt ist.

Berechnung

a) Versorgungsschaden der Witwe
  Alter des Mannes am Todestag   49 Jahre
  Alter der Frau am Todestag des Mannes   45 Jahre
  jährlicher Versorgungsausfall: 60% von 80'000 Fr. =   48'000 Fr.
  kapitalisiert mit Tafel |25|: 13.89 × 48'000 Fr. =   666'720 Fr.

b) AHV-Regress für Witwenrente
  AHV-Witwenrente am Urteilstag   15'000 Fr.
  kapitalisiert mit Tafel |26a|: 11.47 × 15'000 Fr. =   172'050 Fr.

c) Restanspruch
  Gesamtschaden   666'720 Fr.
  abzüglich AHV-Regress   − 172'050 Fr.
  Restschaden   494'670 Fr.

  Zins 5% ab Todestag

Bemerkungen

311   Der Versorgungsschaden wird gemäss gefestigter Praxis seit 1958 (BGE 84 II 300) auf den Todestag des Versorgers berechnet (→ N 862−866). Dies bedeutet vorab, dass für die Kapitalisierung auf das Alter am Todestag des Versorgers abzustellen ist. (Beim Invaliditätsschaden dagegen wird vom Alter des Verletzten am Urteils- oder Vergleichstag ausgegangen: → Beispiel 13).

312 Die Berechnung auf den Todestag des Versorgers stellt eine Vereinfachung dar. Dadurch kann der Versorgungsschaden (abgesehen von der Verzinsung) in einem einzigen Berechnungsgang ermittelt werden. Würde dagegen auf den Urteils- oder Vergleichstag abgestellt, so sollte die Wahrscheinlichkeit, dass der Versorger zwischen dem Todestag und dem Urteilstag hätte sterben oder arbeitsunfähig werden können, nicht vernachlässigt werden. Diese Wahrscheinlichkeit könnte durch fast gleich hohe Abzüge, wie sie in der dritten Auflage auf S. 177 beschrieben worden sind, berücksichtigt werden.

313 Die Kapitalisierung auf den Todestag bedeutet selbstverständlich nicht, dass für die Ermittlung des Versorgungsausfalls ausschliesslich auf die Verhältnisse am Todestag des Versorgers abzustellen ist und die zukünftige, hypothetische Entwicklung (z. B. hinsichtlich des Erwerbseinkommens des Versorgers) ausser acht zu lassen wäre. Wie beim Invaliditätsschaden hat auch beim Versorgungsschaden «die Bestimmung des massgebenden Verdienstes und der zu kapitalisierenden Rente nach der allgemeinen Regel» auf den Rechnungstag zu erfolgen (→STAUFFER/SCHAETZLE, Die Berücksichtigung der Teuerung bei der Bestimmung von Invaliditäts- und Versorgungsschäden, in SJZ 71/1975 S. 120).

314 Ziel des Versorgungsausgleichs durch den haftpflichtigen Dritten ist die Wahrung des Lebensstandards der versorgten Personen (BGE 108 II 436). Infolgedessen sind etwa Reallohnerhöhungen vom Todestag an in Rechnung zu stellen. Allerdings werden in der Rechtsprechung Entwicklungen nach dem Tode nur mit Zurückhaltung berücksichtigt.

315 Was die Teuerung betrifft, ist die Periode zwischen Todestag und Rechnungstag zu unterscheiden von der Zeit nachher. (In den Beispielen wird der Vergleichstag oder Urteilstag, an dem letztmals noch neue Tatsachen geltend gemacht werden können, als Rechnungstag bezeichnet.)

316 Gemäss ständiger Praxis wird seit 1946 (BGE 72 II 134) mit einem Zinsfuss von $3\frac{1}{2}\%$ kapitalisiert. Dadurch soll für die zukünftige Teuerung ab Urteilstag wenigstens teilweise ein Ausgleich geschaffen werden (→N 1133). Für die erste Periode zwischen Todes- und Rechnungstag dagegen wird damit die Teuerung jedoch überhaupt nicht ausgeglichen. Die Kapitalisierung auf den Todestag mit $3\frac{1}{2}\%$ bedeutet, dass der Barwert auf diesen Tag mit $3\frac{1}{2}\%$ diskontiert wird. Da die Kapitalabfindung für den erlittenen Versorgungsschaden jedoch erst zu einem späteren Zeitpunkt zur Auszahlung gelangt, ist die entsprechende Diskontierung rückgängig zu machen, indem das Kapital mit einem Korrekturzins von $3\frac{1}{2}\%$ zu verzinsen ist. Soweit also ab Todestag ein Zins von $3\frac{1}{2}\%$ bezahlt wird, ist damit nur die vorausgegangene Abzinsung neutralisiert. Infolgedessen sind — wie beim Invaliditätsschaden — teuerungsbedingte Einkommensentwicklungen bis zum Rechnungstag zu berücksichtigen bzw. einzurechnen, sofern nicht im Einzelfall besondere Umstände vorliegen (wie z. B. in einer notleidenden Branche, in der kein Teuerungsausgleich erfolgt).

BEISPIEL (36)

317 Allerdings sprechen die Gerichte regelmässig einen Zins von 5% vom Todestag an zu. Da dieser Zinssatz um 1½% höher ist als der Diskontierungszinsfuss von 3½%, wird damit meist ein voller Ausgleich dafür geboten, dass das Erleben des Urteilstages durch die versorgte Person vernachlässigt ist, wenn eine Verbindungsrente auf den Todestag des Versorgers kapitalisiert wird. Insoweit haben die 1½% nichts mit der teuerungsbedingten Einkommensentwicklung zu tun.

318 Im Beispiel ist ein durchschnittliches Einkommen von 80'000 Fr. angenommen. Ausgegangen wird zwar vom Einkommen am Todestag, dazu gezählt werden aber die durchschnittlichen teuerungsbedingten Erhöhungen bis zum Rechnungstag sowie die erwarteten realen Verbesserungen des Einkommens ab Todestag für die mittlere Aktivitätsdauer, analog zur Bestimmung des Erwerbsausfalls beim Invaliditätsschaden (→ N 644 ff).

319 Bezüglich Versorgungsausfall bestehen zumindest Anhaltspunkte, wie sich die Einkommensverhältnisse des Versorgers bis zum Rechnungstag entwickelt hätten. So ist es prinzipiell leichter, rückblickende Aussagen über Reallohnerhöhungen oder Teuerung zu machen, als diese für die Zukunft zu prognostizieren. Aus diesem Grunde stellt sich die Frage, ob die Rechtsprechung sich nicht allzu grosse Zurückhaltung auferlegt, wenn sie nur erwiesene Lohnerhöhungen in die Schadensberechnung einbezieht. Erfolgte die Versorgung beispielsweise durch Haushaltführung und Kinderbetreuung, so kann kaum von den Kosten für eine Ersatzkraft im Zeitpunkt des Todes ausgegangen werden, ohne dass die tatsächlichen Kosten zur Zeit des Rechnungstages beachtet werden.

320 Die Praxis geht auch hinsichtlich des Wiederverheiratungsabzugs vom Alter der versorgten Person zum Zeitpunkt des Todes des Versorgers aus. Für die in N 845 tabellierten Richtwerte sollte unseres Erachtens jedoch auf das Alter der versorgten Person am Rechnungstag und nicht am Todestag abgestellt werden: N 858. Denn am Urteilstag ist die versorgte Person entweder noch nicht verheiratet, diesfalls gilt die Wahrscheinlichkeit einer Wiederverheiratung für die Zukunft (ab Rechnungstag), oder sie ist bereits wieder verehelicht, was als Tatfrage zu berücksichtigen ist.

321 Werden, wie vorgeschlagen, reallohn- und teuerungsbedingte Einkommensänderungen bis zum Rechnungstag berücksichtigt, so ist für die Berechnung des Regresswertes der Sozialversicherungsleistungen von der zur Zeit des Urteils- oder Vergleichstags effektiv ausgerichteten AHV- und UV-Renten auszugehen. Wenn dagegen der Gesamtschaden entsprechend der bundesgerichtlichen Praxis aber auf den Todestag zurückgerechnet wird, sind auch die bis zum Rechnungstag erfolgten Rentenanpassungen unberücksichtigt zu lassen: zu kapitalisieren wären in diesem Fall die auf den Todestag verfügten Renten.

BEISPIEL (36)

Rechtsprechung

322 BGE 84 II 300ff: Der Versorgerschaden ist abstrakt auf den Zeitpunkt des Todes zu berechnen. Diese Praxis ist seither immer wieder bestätigt worden, so z. B. in BGE 108 II 440, 101 II 351 f, 99 II 211, 97 II 131.

Diese Methode «bietet eine praktische und im allgemeinen auch angemessene Lösung für einen Entscheid, der ohnehin weitgehend auf Schätzungen und Hypothesen beruht. Daran festzuhalten, rechtfertigt sich umso mehr, als gerade das Haftpflichtrecht angesichts der Häufigkeit von Schadenfällen, die übrigens grösstenteils durch Vergleich erledigt werden, auf eine einfache und praktische Berechnungsart angewiesen ist» (BGE 113 II 333).

Massgebend ist der zukünftige Versorgungsausfall. Dennoch wird die Enwicklung zwischen Todestag und Urteilstag nur mit Zurückhaltung berücksichtigt, weil ungewiss sei, ob der Versorger den Urteilstag erlebt hätte (BGE 97 II 131) und weil die Löhne auch sinken könnten (BGE 101 II 352).

Die Formel, wonach die seit dem Tod eingetretenen Tatsachen nur mit Zurückhaltung berücksichtigt werden dürfen, lautet: «Sans doute ne peut-on raisonnablement ignorer, dans l'appréciation de la perte de soutien, les faits postérieurs à la mort du soutien, mais le juge doit faire preuve de retenue dans la prise en considération de ces faits» (BGE 108 II 440). So sind in diesem Fall die Anpassungen der AHV-Rente berücksichtigt worden, da sie nicht weit weg vom Todestag entfernt und für die ganze überblickbare Zukunft gültig seien.

Schliesslich stellt das Bundesgericht auch für den Wiederverheiratungsabzug auf das Alter am Todestag ab: → N 858. Heiratet eine Witwe oder ein Witwer nach dem Urteil der kantonalen Instanz, an dem noch letztmals neue Tatsachen geltend gemacht werden konnten, so darf die Wiederverheiratung nicht berücksichtigt werden, auch wenn diese vor dem Urteil des Bundesgerichtes stattfand: BGE 72 II 215.

Differenzierend das Oberger. ZH in SJZ 83/1987 S. 279: «Die seit dem Tode des Ehemannes verflossene Zeit kann nun aber im vorliegenden Falle nicht einfach ausser acht gelassen werden. Auch wenn man nicht grundsätzlich von der bundesgerichtlichen Praxis abweichen will, so belegt doch die Tatsache, dass die Klägerin bis heute keinerlei neue Bindung mehr eingegangen ist, dass von einem intensiven Wiederverheiratungswillen nicht die Rede sein kann. Dies muss in einer angemessenen Kürzung des Wiederverheiratungsabzuges seinen Niederschlag finden, wobei es mangels anderer einigermassen zuverlässiger Anhaltspunkte am besten scheint, eben doch auf den im heutigen Zeitpunkt massgebenden Prozentsatz von 21% abzustellen. Damit ist allen zu Gunsten der Klägerin sprechenden Reduktionsfaktoren, welche im Zeitpunkt des Todesfalles erst 26jährig war, hinreichend Rechnung getragen.» Am Urteilstag war sie 37jährig.

Versorgungsschaden Beispiel 37

AHV-Regress für Witwen- und Waisenrenten

Gleicher Sachverhalt wie in Beispiel 24. Zusätzlich richtet die AHV der Witwe eine Witwenrente von 14'400 Fr. sowie den beiden Kindern je 7'100 Fr. aus (gerundete Beträge). Gemäss Beispiel 24 beträgt der Gesamtschaden der Witwe 787'500 Fr., der Tochter 140'360 Fr. und des Sohnes 173'710 Fr.

Berechnung des AHV-Regresses

Alter des Mannes am Todestag	40 Jahre
Alter der Frau	35 Jahre
Alter der Tochter	12 Jahre
Alter des Sohnes	8 Jahre
jährliche AHV-Witwenrente	14'400 Fr.
jährliche AHV-Waisenrente pro Kind	7'100 Fr.

a) Witwenrente
 Regressdauer: längstens bis Alter 62 der Witwe → Tafel 26a
 Tafel 26a³, Alter des Versorgers 40, der Versorgten 35 → Faktor 16.02
 kapitalisiert: 16.02 × 14'400 Fr. 230'688 Fr.

b) Waisenrente der Tochter
 Regressdauer: längstens bis Alter 24 → Tafel 23
 Tafel 23³, Alter des Vaters 40, Dauer 12 Jahre (= 24−12) → Faktor 9.68
 kapitalisiert: 9.68 × 7'100 Fr. = 68'728 Fr.

c) Waisenrente des Sohnes
 Regressdauer: längstens bis Alter 24 → Tafel 23
 Tafel 23³, Alter des Vaters 40, Dauer 16 Jahre (= 24−8) → Faktor 11.98
 kapitalisiert: 11.98 × 7'100 Fr. = 85'058 Fr.

Berechnung des Restanspruchs

a) der Witwe
 Gesamtschaden gemäss Beispiel 24 787'500 Fr.
 abzüglich AHV-Regress für Witwenrente − 230'688 Fr.
 Restschaden der Witwe 556'812 Fr.

b) der Tochter
 Gesamtschaden gemäss Beispiel 24 140'360 Fr.
 abzüglich AHV-Regress für Waisenrente der Tochter − 68'728 Fr.
 Restschaden 71'632 Fr.

c) des Sohnes
 Gesamtschaden gemäss Beispiel 24 173'710 Fr.
 abzüglich AHV-Regress für Waisenrente des Sohnes − 85'058 Fr.
 Restschaden 88'652 Fr.

Bemerkungen

323   AHVG 48ter bestimmt: «Gegenüber einem Dritten, der für den Tod oder die Gesundheitsschädigung eines Versicherten haftet, tritt die Alters- und Hinterlassenenversicherung im Zeitpunkt des Ereignisses bis auf die Höhe ihrer gesetzlichen Leistungen in die Ansprüche des Versicherten und seiner Hinterlassenen ein.» Näheres hiezu hinten N 868–877.

324   Zur Berechnung des Regresswertes der AHV-Witwenrente → Beispiel 20b. Diese wird längstens bis zum Beginn der Altersrente, d. h. bis zum zurückgelegten 62. Altersjahr der Witwe ausgerichtet. Wird der Versorgungsschaden der Witwe mit Tafel 25 kapitalisiert, ist der Regresswert mit Tafel 26a zu berechnen. Da die AHV in die Rechte der versorgten Person eintritt, ist der Rückgriff zudem auf den haftpflichtrechtlich relevanten Schaden begrenzt; wird der Versorgungsschaden mit Tafel 26 berechnet, d. h. angenommen, dass der Versorger seine Ehefrau bis zu seiner Pensionierung im Alter von 65 Jahren aus seinem Erwerbseinkommen versorgt hätte, so ist der Rückgriff für die AHV-Witwenrente auf das Alter 65 des Versorgers beschränkt, weshalb in diesem Fall Tafel 26b zu verwenden ist → Beispiel 21b.

325   Die Waisenrenten werden bis zum vollendeten 18. Altersjahr des Kindes oder bis Ende Ausbildung, längstens aber bis zum vollendeten 25. Altersjahr, ausgerichtet (AHVG 25 II). Stirbt der Vater, wird der Regresswert der AHV-Waisenrente mit Tafel 23 (Beispiel 23), stirbt die Mutter mit Tafel 24 berechnet (Beispiel 29). Schliesslich ist der Grundsatz der zeitlichen und sachlichen Identität zu beachten: → N 562 ff.

BEISPIEL (37)

Rechtsprechung

326   BGE 113 II 323/337: Die Leistungen der Sozialversicherungen werden ohne die bis zum Urteilstag gewährten Teuerungszulagen in die Berechnung des Versorgungsschadens einbezogen, weil die Teuerung auch bezüglich Gesamtschaden nicht berücksichtigt wird, und mit Tafel 26bis kapitalisiert. (Die Tafel 26bis entspricht der Tafel 26a der vorliegenden Auflage).

BGE 112 II 87/93 f: Die AHV darf für die von ihr auszurichtenden Witwenrenten nicht über das 62. Altersjahr der Witwe regressieren. Zur aufgeworfenen Frage der Bereicherung führt das Bundesgericht aus: «Selbst wenn der Geschädigte vorher» — d. h. vor Erreichung des AHV-Rentenalters — «stirbt, ergibt sich keine verkappte Doppelzahlung oder Bereicherung der Sozialversicherung, weil dieses Risiko bei der Kapitalisierung der Rente mitberücksichtigt wird, was sich in anderen Fällen, wo der Rentenberechtigte das AHV-Alter erreicht, zulasten der Sozialversicherung auswirkt. (...) Bis zur Einführung des Regressrechtes konnte der Geschädigte seinen Versorgerschaden und seine Rentenansprüche kumulativ geltend machen, und zwar ersteren gegenüber dem Haftpflichtigen und letztere gegenüber der Sozialversicherung; der Versorgerschaden war deshalb z. B. in Fällen wie hier unabhängig von der AHV-Witwenrente zu berechnen. Dadurch ergaben sich zuweilen stossende Überentschädigungen, die durch das Regressrecht der Sozialversicherung auf den Haftpflichtigen vermieden werden sollen. Eine Entlastung oder Besserstellung des Haftpflichtigen ist dagegen nicht gewollt; seine Stellung wird bloss insofern geändert, als er inskünftig einen Teil seiner Schuld der Sozialversicherung statt dem Geschädigten gegenüber zu begleichen hat...»

KantGer. JU vom 24.4.1987, n. p. (Teutschmann): Berechnung des AHV-Rückgriffs für Witwen- und Waisenrenten (wobei der Versorgungsschaden noch nicht geltend gemacht worden ist). Die Witwenrente wird mit Tafel 26bis, die Waisenrenten werden mit Tafel 23 bis Alter 20 kapitalisiert.

Versorgungsschaden — Beispiel 38

AHV- und UV-Regress für Hinterlassenenrenten
(Berechnung mit Tafeln 40/41)

Zusätzlich zu den AHV-Renten gemäss Beispiel (37) (Chemiker mit mutmasslichem Erwerbsausfall von 100'000 Fr. im Jahr, die Witwe erhält von der AHV 14'400 Fr., die zwei Kinder je 7'100 Fr.) richtet die obligatorische Unfallversicherung Komplementärrenten aus.

Berechnung

Alter des Mannes am Todestag	40 Jahre
Alter der Frau am Todestag des Mannes	35 Jahre
Alter der Tochter	12 Jahre
Alter des Sohnes	8 Jahre

1. Periode bis Alter 24 der Tochter *Jahresbeträge*
(Alter 40 bis 52 des Mannes)

a) Versorgungsausfall
für die Witwe 42% von 100'000 Fr. =	42'000 Fr.
für die Tochter 14% von 100'000 Fr. =	14'000 Fr.
für den Sohn 14% von 100'000 Fr. =	14'000 Fr.
zusammen 70%	70'000 Fr.

b) AHV-Leistungen
Witwenrente	14'400 Fr.
Waisenrente der Tochter	7'100 Fr.
Waisenrente des Sohnes	7'100 Fr.
zusammen	28'600 Fr.

c) UV-Leistungen
Komplementärrente der Witwe	24'800 Fr.
Komplementärrente der Tochter	9'300 Fr.
Komplementärrente des Sohnes	9'300 Fr.
zusammen	43'400 Fr.

BEISPIEL (38)

Jahresbeträge

2. Periode bis Alter 24 des Sohnes
   (Alter 52 bis 56 des Mannes)

a) Versorgungsausfall
   für die Witwe 45% von 100'000 Fr. =   45'000 Fr.
   für den Sohn 15% von 100'000 Fr. =   15'000 Fr.
   zusammen 60% =   60'000 Fr.

b) AHV-Leistungen
   Witwenrente   14'400 Fr.
   Waisenrente des Sohnes   7'100 Fr.
   zusammen   21'500 Fr.

c) UV-Leistungen
   unechte Komplementärrente der Witwe   32'000 Fr.
   unechte Komplementärrente des Sohnes   12'000 Fr.
   zusammen   44'000 Fr.

3. Periode bis Alter 62 der Frau
   (Alter 56 bis 67 des Mannes)

a) Versorgungsausfall
   für die Witwe 50% von 100'000 Fr. =   50'000 Fr.

b) AHV-Leistungen
   Witwenrente   14'400 Fr.

c) UV-Leistungen
   unechte Komplementärrente der Witwe   32'000 Fr.

4. Periode ab Alter 62 der Frau
   (Alter 67 bis Ende Aktivität des Mannes)

a) Versorgungsausfall
   für die Witwe 50% von 100'000 Fr. =   50'000 Fr.

b) UV-Leistungen
   unechte Komplementärrente der Witwe   32'000 Fr.

BEISPIEL (38)

Kapitalisierung

A. Witwe

1. Periode bis Alter 24 der Tochter
(Alter 40 bis 52 des Mannes/Alter 35 bis 47 der Frau)

Alter der Witwe 35, Dauer 12 Jahre
Berechnung der temporären Verbindungsrente

- Faktor der nicht-temporären Verbindungsrente
  Tafel 25[9], Alter des Versorgers 40, der Versorgten 35 →   Faktor 17.50

- um 12 Jahre aufgeschobene Verbindungsrente
  ausgehend von Tafel 25[11], Versorger 52, Versorgte 47 →   Faktor 12.61

  Wahrscheinlichkeit, dass der 40jährige nach 12 Jahren noch
  lebt und aktiv ist   Tafel [41]
  $$\frac{\text{männliche Aktive Alter 52}}{\text{männliche Aktive Alter 40}} = \frac{90'437}{95'299} = \quad 0.948\,98$$

  Wahrscheinlichkeit, dass die 35jährige
  nach 12 Jahren noch lebt   Tafel [40]
  $$\frac{\text{weibliche Lebende Alter 47}}{\text{weibliche Lebende Alter 35}} = \frac{98'072}{98'928} = \quad 0.991\,35$$

  Abzinsungsfaktor Tafel [48][3], Dauer 12 Jahre, zu 3,5%   0.661 783

  Korrekturfaktor zur Rente 52/47
  0.94898 × 0.99135 × 0.661783 =   0.622 59

  um 12 Jahre aufgeschobene Rente: 0.62259 × 12.61 =   Faktor 7.85

- temporäre Verbindungsrente: Faktor 17.50 minus 7.85 =   Faktor 9.65

a) Versorgungsausfall: 9.65 × 42'000 Fr. =   405'300 Fr.

b) AHV-Regress: 9.65 × 14'400 Fr. =   −138'960 Fr.

c) UV-Regress: 9.65 × 24'800 Fr. =   −239'320 Fr.

d) Restanspruch   27'020 Fr.

BEISPIEL (38)

2. **Periode bis Alter 24 des Sohnes**
   (Alter 52 bis 56 des Mannes/Alter 47 bis 51 der Frau)
   - um 12 Jahre aufgeschobene Verbindungsrente der 1. Periode: Faktor 7.85
   - um 16 Jahre aufgeschobene Verbindungsrente
     ausgehend von Tafel 25^{12}, Versorger 56, Versorgte 51 → Faktor 10.85

   Wahrscheinlichkeit, dass der 40jährige nach 16 Jahren
   noch lebt und ativ ist → Tafel 41
   $$\frac{\text{männliche Aktive Alter 56}}{\text{männliche Aktive Alter 40}} = \frac{86'186}{95'299} = 0.90437$$

   Wahrscheinlichkeit, dass die 35jährige Frau
   nach 16 Jahren noch lebt → Tafel 40
   $$\frac{\text{weibliche Lebende Alter 51}}{\text{weibliche Lebende Alter 35}} = \frac{97'465}{98'928} = 0.98521$$

   Abzinsungsfaktor Tafel 48 ^{3}, Dauer 16 Jahre, zu 3,5%   0.576 706

   Korrekturfaktor zu Rente 56/51
   $0.90437 \times 0.98521 \times 0.576706 =$ 0.51384

   um 16 Jahre aufgeschobene Rente: $0.51384 \times 10.85 =$ Faktor 5.58

   - aufgeschoben um 12, temporär für 4 Jahre:
     Faktor 7.85 minus 5.58 =   Faktor 2.27

   a) Versorgungsausfall: $2.27 \times 45'000$ Fr. =   102'150 Fr.
   b) ungekürzter AHV-Regress: $2.27 \times 14'400$ Fr. =   – 32'688 Fr.
   c) ungekürzter UV-Regress: $2.27 \times 32'000$ Fr. =   – 72'640 Fr.
   d) kein ungedeckter Schaden   < 0 Fr.

   Beschränkung des AHV-/UV-Regresses auf   102'150 Fr.

3. **Periode bis Alter 62 der Frau**
   (Alter 56 bis 67 des Mannes/Alter 51 bis 62 der Frau)

   - ab Alter der Frau 35, Dauer 27 Jahre
     Tafel 26a ^{3}, Alter des Versorgers 40, der Versorgten 35 → Faktor 16.02
     abzüglich temporäre Verbindungsrente
     für die Aufschubszeit von 16 Jahren, wie oben $9.65 + 2.27 =$
        Faktor –11.92
   - aufgeschoben um 16, temporär für 11 Jahre   Faktor 4.10

   a) Versorgungsausfall: $4.10 \times 50'000$ Fr. =   205'000 Fr.
   b) AHV-Regress: $4.10 \times 14'400$ Fr. =   – 59'040 Fr.
   c) UV-Regress: $4.10 \times 32'000$ Fr. =   –131'200 Fr.
   d) Restanspruch   14'760 Fr.

BEISPIEL (38)

4. Periode ab Alter 62 der Frau
(ab Alter 62 der Frau bis Ende Aktivität des Mannes)

Tafel [25]⁹, Alter des Versorgers 40, der Versorgten 35 →	Faktor 17.50
minus Tafel [26a]³, Versorger 40, Versorgte 35→	Faktor −16.02
aufgeschoben um 27 Jahre	Faktor 1.48

a) Versorgungsausfall: 1.48 × 50'000 Fr. =   74'000 Fr.

b) UV-Regress: 1.48 × 32'000 Fr. =   − 47'360 Fr.

c) Restanspruch   26'640 Fr.

Zusammenfassung 1. bis 4. Periode für die Witwe

	Gesamtschaden	AHV-Regress	UV-Regress	Restanspruch
1. Periode	405'300	138'960	239'320	27'020
2. Periode	102'150	102'150		0
3. Periode	205'000	59'040	131'200	14'760
4. Periode	74'000	0	47'360	26'640
	786'450	718'030		68'420

a) Versorgungsausfall   786'450 Fr.

b) AHV-/UV-Regress   −718'030 Fr.

c) Restanspruch   68'420 Fr.

BEISPIEL (38)

B. Tochter

Nur erste Periode bis Alter 24 der Tochter, Dauer 12 Jahre
Tafel [23]³, Alter des Mannes 40, Dauer 12 Jahre →   Faktor 9.68

a) Versorgungsausfall: 9.68 × 14'000 Fr. =   135'520 Fr.

b) ungekürzter AHV-Regress: 9.68 × 7'100 Fr. =   − 68'728 Fr.

c) ungekürzter UV-Regress: 9.68 × 9'300 Fr. =   − 90'024 Fr.

d) kein ungedeckter Schaden   < 0 Fr.

Beschränkung des AHV-/UV-Regresses auf   135'520 Fr.

C. Sohn

1. Periode ab Alter 8 des Sohnes bis Alter 24 der Tochter

Tafel [23]³, Alter des Mannes 40, Dauer 12 Jahre →   Faktor 9.68

a) Versorgungsausfall: 9.68 × 14'000 Fr. =   135'520 Fr.

b) ungekürzter AHV-Regress: 9.68 × 7'100 Fr. =   − 68'728 Fr.

c) ungekürzter UV-Regress: 9.68 × 9'300 Fr. =   − 90'024 Fr.

d) kein ungedeckter Schaden   < 0 Fr.

2. Periode ab Alter 20 bis 24 des Sohnes

Tafel [23]³, Alter des Mannes 40, Dauer 16 Jahre →   Faktor 11.98
Tafel [23]³, Alter des Mannes 40, Dauer 12 Jahre →   Faktor − 9.68
Rente Alter 20 bis 24 des Sohnes   Faktor 2.30

a) Versorgungsausfall: 2.30 × 15'000 Fr. =   34'500 Fr.

b) ungekürzter AHV-Regress: 2.30 × 7'100 Fr. =   − 16'330 Fr.

c) ungekürzter UV-Regress: 2.30 × 12'000 Fr. =   − 27'600 Fr.

d) kein ungedeckter Schaden   < 0 Fr.

Beschränkung des AHV-/UV-Regresses
erste Periode   135'520 Fr.
zweite Periode   34'500 Fr.
AHV-/UV-Regress   170'020 Fr.

BEISPIEL (38)

327 **Graphische Darstellung des Versorgungsausfalls und der AHV- und UV-Renten**

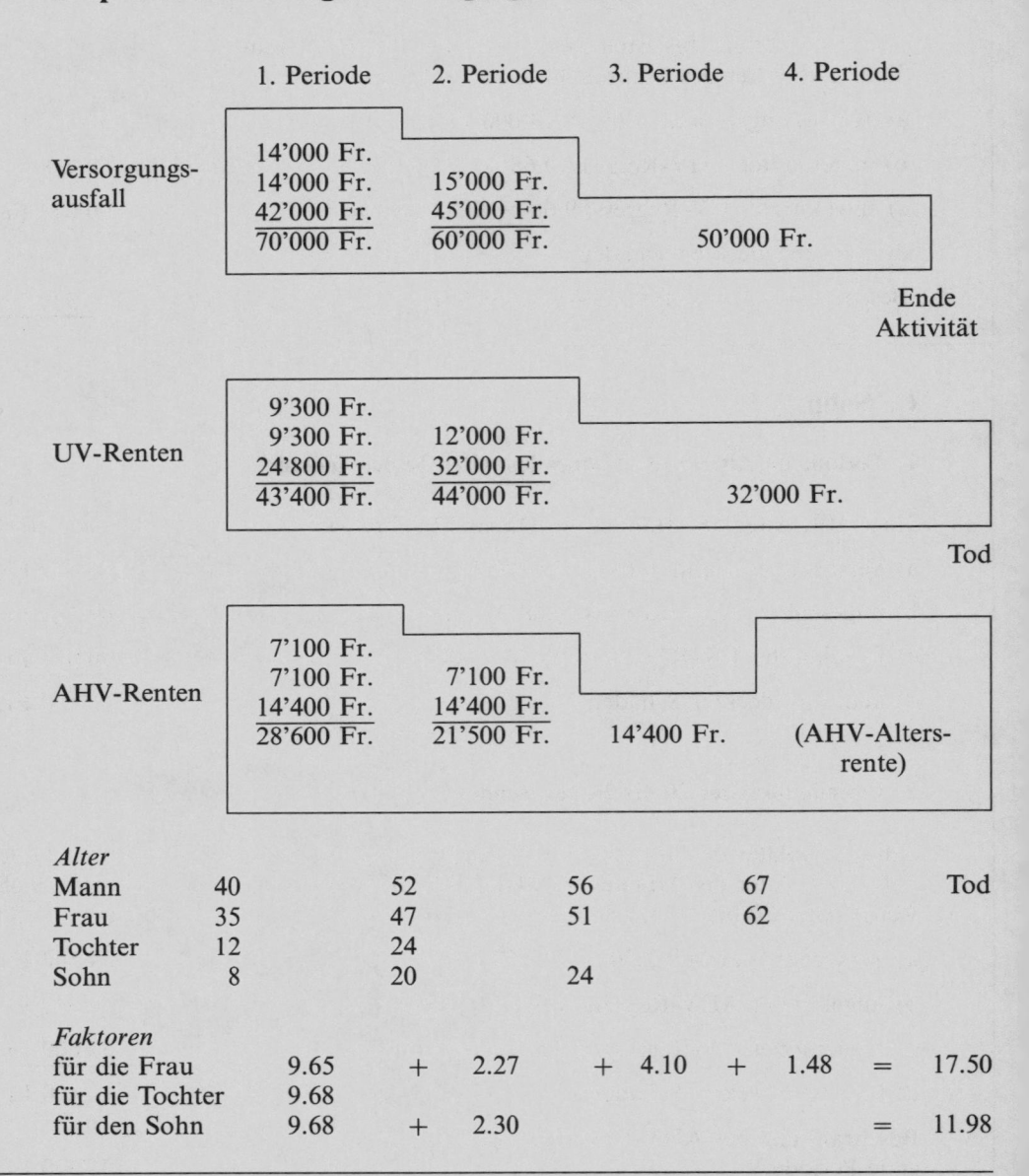

	1. Periode	2. Periode	3. Periode	4. Periode
Versorgungs-ausfall	14'000 Fr. 14'000 Fr. 42'000 Fr. ————— 70'000 Fr.	15'000 Fr. 45'000 Fr. ————— 60'000 Fr.	50'000 Fr.	

Ende Aktivität

	1. Periode	2. Periode	3. Periode	4. Periode
UV-Renten	9'300 Fr. 9'300 Fr. 24'800 Fr. ————— 43'400 Fr.	12'000 Fr. 32'000 Fr. ————— 44'000 Fr.	32'000 Fr.	

Tod

	1. Periode	2. Periode	3. Periode	4. Periode
AHV-Renten	7'100 Fr. 7'100 Fr. 14'400 Fr. ————— 28'600 Fr.	7'100 Fr. 14'400 Fr. ————— 21'500 Fr.	14'400 Fr.	(AHV-Alters-rente)

Alter					
Mann	40	52	56	67	Tod
Frau	35	47	51	62	
Tochter	12	24			
Sohn	8	20	24		

Faktoren						
für die Frau	9.65	+ 2.27	+ 4.10	+ 1.48	=	17.50
für die Tochter	9.68					
für den Sohn	9.68	+ 2.30			=	11.98

BEISPIEL (38)

Bemerkungen

328 «Gegenüber einem Dritten, der für den Unfall haftet, tritt der Versicherer im Zeitpunkt des Ereignisses bis auf die Höhe der gesetzlichen Leistungen in die Ansprüche des Versicherten und seiner Hinterlassenen ein» (UVG 41).

329 Anspruch auf Hinterlassenenrenten haben Kinder sowie unter bestimmten Voraussetzungen der überlebende Ehegatte (UVG 28 ff). Die Höhe der UV-Renten bemisst sich nach UVG 31, wobei die Witwen-, Witwer- und Waisenrenten als Komplementärrenten ausgerichtet werden, wenn sie zusätzlich zu AHV-Renten erbracht werden. Da die Komplementärrenten bei Änderungen im Bezügerkreis der AHV-Renten angepasst werden (UVG 31 IV), sind oft temporäre oder aufgeschobene Verbindungsrenten zu kapitalisieren, wenn ein Kind des Versorgers selbständig wird, d. h. aus der Versorgung wegfällt.

330 Die obligatorische Unfallversicherung richtet in diesem Beispiel ausgehend von einem versicherten Verdienst von 80'000 Fr. folgende Komplementärrenten aus (gerundet):

– anfänglich 90% von 80'000 Fr. abzüglich AHV-Renten von 28'600 Fr., ergibt 72'000 Fr. minus 28'600 Fr. = 43'400 Fr.; anteilsmässig verteilt für die Witwe 24'800 Fr. (40 : 70) sowie für jedes Kind 9'300 Fr. (15 : 70);
– vom Zeitpunkt, wo die AHV nur noch für ein Kind eine Waisenrente ausrichtet, erhöhen sich die Komplementärrenten auf 32'000 Fr. (40%) für die Witwe und 12'000 Fr. (15%) für das zweite Kind (UVG 31 I und IV).

331 Der berechnete Gesamtschaden für die Witwe weicht etwas ab von demjenigen der Beispiele 24 und 37, in denen durchschnittliche anstelle von steigenden Versorgungsquoten eingesetzt sind. (Vgl. auch Beispiel 35, N 308).

332 Für die Frau ist die erste und zweite Periode genau, aber etwas kompliziert mit den Tafeln 40/41 und 48 berechnet worden. Einfacher wäre es, die Sterblichkeit der Frau während der ersten 16 Jahre zu vernachlässigen und mit Tafel 23 zu rechnen. Die Faktoren für die Frau wären neu:

$$9.68 + 2.30 + 4.04 + 1.48 = 17.50$$

und das Ergebnis: AHV-/UV-Regress 717'772 Fr. statt 718'030 Fr.
Restschaden   68'288 Fr. statt 68'420 Fr.

333 Im Zusammenhang mit der Kapitalisierung ist dem Grundsatz der zeitlichen Kongruenz besondere Beachtung zu schenken (UVG 43 III, N 565). Wird der Versorgungsschaden mit den Aktivitätstafeln berechnet, ist grundsätzlich auch die UV-Rente mit derselben Aktivitätstafel zu kapitalisieren: → Beispiel 21c. Bezüglich Wiederverheiratung → Beispiel 20b (N 214).

334 Ist neben der AVH ein privater UVG-Versicherer regressberechtigt, so sind die Regressansprüche verhältnismässig aufzuteilen.

BEISPIEL (38)

Rechtsprechung

335 BGE 113 II 323/336 f: Das Bundesgericht kapitalisiert den Versorgungsschaden und die anzurechnende SUVA-Rente mit Tafel 25, während die Vorinstanz beide Barwerte mit Tafel 26 berechnete.

BGE 101 II 346/354 f: Seit 1969 (BGE 95 II 582/588 f) wird der Regress der SUVA mit den Aktivitätstafeln berechnet, da die zeitliche Kongruenz zwischen Sozialversicherungsleistungen und Schadenersatzansprüchen zu beachten ist. Dieser Grundsatz gilt heute allgemein: UVG 43 III.

BGE 97 II 123/132 ff: Berechnung des Restschadens unter Berücksichtigung der SUVA-Rente samt Wiederverheiratungsabzug mit derselben Tafel und einem Kapitalisierungszinsfuss von 4%.

Oberger. ZH in SJZ 83/1987 S. 275/278: Regresswert der UV-Grundrente wird entsprechend dem Versorgungsschaden der Witwe mit Tafel 25 berechnet.

Versorgungsschaden Beispiel 39

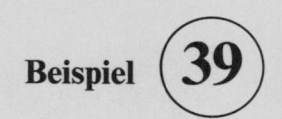

AHV- und UV-Regress
Teilhaftung

Gleicher Sachverhalt wie vorstehendes Beispiel (38), jedoch mit einer auf 60% reduzierten Haftungsquote.

Berechnung

Alter des Mannes am Todestag	40 Jahre
Alter der Frau am Todestag des Mannes	35 Jahre
Alter der Tochter	12 Jahre
Alter des Sohnes	8 Jahre

A. Witwe

Jahresbeträge

Haftpflichtanspruch der Frau	
1. Periode: 60% von 42'000 Fr. =	25'200 Fr.
2. Periode: 60% von 45'000 Fr. =	27'000 Fr.
3. und 4. Periode: 60% von 50'000 Fr. =	30'000 Fr.

AHV- und UV-Leistungen wie Beispiel 38.

1. Periode bis Alter 24 der Tochter
(Alter 40 bis 52 des Mannes/Alter 35 bis 47 der Frau)

a) Versorgungsausfall	42'000 Fr.
b) Haftpflichtanspruch 60% =	25'200 Fr.
c) Leistungen der Sozialversicherungen	
AHV-Witwenrente	14'400 Fr.
UV-Witwenrente	24'800 Fr.
zusammen	39'200 Fr.
d) Restanspruch	
Versorgungsausfall	42'000 Fr.
abzüglich AHV-/UV-Leistungen	−39'200 Fr.
ungedeckter Schaden	2'800 Fr.

BEISPIEL 39

Jahresbeträge

e) AHV-/UV-Regress
   Haftpflichtanspruch   25'200 Fr.
   abzüglich ungedeckter Schaden   − 2'800 Fr.
   AHV-/UV-Regress   22'400 Fr.

f) Die Frau erhält
   vom Haftpflichtigen   2'800 Fr.
   aus Sozialversicherung   39'200 Fr.
   insgesamt   42'000 Fr.

Kapitalisierung

– des Restanspruchs: 9.65 × 2'800 Fr.   27'020 Fr.
– des AHV-/UV-Regresses: 9.65 × 22'400 Fr.   216'160 Fr.

(zur Faktorenberechnung siehe Beispiel 38)

2. Periode ab Alter 24 der Tochter bis Alter 24 des Sohnes
(Alter 52 bis 56 des Mannes/Alter 47 bis 51 der Frau)

a) Versorgungsausfall   45'000 Fr.

b) Haftpflichtanspruch 60% =   27'000 Fr.

c) Leistungen der Sozialversicherungen
   AHV-Witwenrente   14'400 Fr.
   UV-Witwenrente   32'000 Fr.
   zusammen   46'400 Fr.

d) Restanspruch
   Versorgungsausfall   45'000 Fr.
   abzüglich AHV-/UV-Leistungen   −46'400 Fr.
   kein ungedeckter Schaden   < 0 Fr.

e) AHV-/UV-Regress
   Haftpflichtanspruch   27'000 Fr.
   abzüglich Restanspruch   −   0 Fr.
   Beschränkung des AHV-/UV-Regresses auf   27'000 Fr.

f) Die Frau erhält
   aus Sozialversicherung   46'400 Fr.
   vom Haftpflichtigen   0 Fr.
   insgesamt   46'400 Fr.

Kapitalisierung

– kein Restanspruch
– des AHV-/UV-Regresses: 2.27 × 27'000 Fr. =   61'290 Fr.

BEISPIEL (39)

3. **Periode ab Alter 24 des Sohnes bis Alter 62 der Frau**
   (Alter 56 bis 67 des Mannes/Alter 51 bis 62 der Frau)

	Jahresbeträge
a) Versorgungsausfall	50'000 Fr.
b) Haftpflichtanspruch 60% =	30'000 Fr.
c) Leistungen der Sozialversicherungen	
AHV-Witwenrente	14'400 Fr.
UV-Witwenrente	32'000 Fr.
zusammen	46'400 Fr.
d) Restanspruch	
Versorgungsausfall	50'000 Fr.
abzüglich AHV-/UV-Leistungen	−46'400 Fr.
ungedeckter Schaden	3'600 Fr.
e) AHV-/UV-Regress	
Haftpflichtanspruch	30'000 Fr.
abzüglich Restanspruch	− 3'600 Fr.
AHV-/UV-Regress	26'400 Fr.
f) Die Frau erhält	
vom Haftpflichtigen	3'600 Fr.
aus Sozialversicherung	46'400 Fr.
insgesamt	50'000 Fr.

Kapitalisierung

- des Restanspruchs: 4.10 × 3'600 Fr. =   14'760 Fr.
- des UV-Regresses: 4.10 × 26'400 Fr. =   108'240 Fr.

BEISPIEL (39)

4. Periode ab Alter 62 der Frau
(ab Alter 62 der Frau bis Ende Aktivität des Mannes)

	Jahresbeträge
a) Versorgungsausfall	50'000 Fr.
b) Haftpflichtanspruch 60% =	30'000 Fr.
c) Sozialversicherungsleistungen UV-Witwenrente	32'000 Fr.
d) Restanspruch Versorgungsausfall abzüglich UV-Witwenrente ungedeckter Schaden	50'000 Fr. −32'000 Fr. 18'000 Fr.
e) UV-Regress Haftpflichtanspruch abzüglich Restanspruch UV-Regress	30'000 Fr. −18'000 Fr. 12'000 Fr.
f) Die Frau erhält vom Haftpflichtigen aus Sozialversicherung insgesamt	18'000 Fr. 32'000 Fr. 50'000 Fr.

Kapitalisierung

– des Restanspruchs: 1.48 × 18'000 Fr. =	26'640 Fr.
– des UV-Regresses: 1.48 × 12'000 Fr. =	17'760 Fr.

Zusammenfassung 1. bis 4. Periode für die Witwe

	AHV-/UV-Regress	Restanspruch
1. Periode	216'160 Fr.	27'020 Fr.
2. Periode	61'290 Fr.	0 Fr.
3. Periode	108'240 Fr.	14'760 Fr.
4. Periode	17'760 Fr.	26'640 Fr.
Total	403'450 Fr.	68'420 Fr.

Kontrolle:

AHV-/UV-Regress	403'450 Fr.
Restanspruch	68'420 Fr.
Haftpflichtanspruch	471'870 Fr.
(= 60% von 786'450 Fr. gemäss Beispiel 38)	

BEISPIEL (39)

B. Tochter
(nur erste Periode bis Alter 24 der Tochter)

	Jahresbeträge
a) Versorgungsausfall	14'000 Fr.
b) Haftpflichtanspruch 60% =	8'400 Fr.
c) Sozialversicherungsleistungen	
AHV-Waisenrente	7'100 Fr.
UV-Waisenrente	9'300 Fr.
zusammen	16'400 Fr.
d) Restanspruch	
Versorgungsausfall	14'000 Fr.
abzüglich AHV-/UV-Leistungen	−16'400 Fr.
kein ungedeckter Schaden	< 0 Fr.
e) AHV-/UV-Regress	
Haftpflichtanspruch	8'400 Fr.
abzüglich Restschaden	− 0 Fr.
AHV-/UV-Regress	8'400 Fr.

Kapitalisierung

- kein Restanspruch
- des AHV-/UV-Regresses
  Tafel [23]³, Alter des Mannes 40, Dauer 12 Jahre →   Faktor 9.68
  9.68 × 8'400 Fr. =   81'312 Fr.
  (= 60% von 135'520 Fr. gemäss Beispiel 38)

BEISPIEL (39)

C. Sohn

1. Periode bis Alter 24 der Tochter

Jahresbeträge

a) Versorgungsausfall	14'000 Fr.
b) Haftpflichtanspruch 60% =	8'400 Fr.
c) Sozialversicherungsleistungen	
AHV-Waisenrente	7'100 Fr.
UV-Waisenrente	9'300 Fr.
zusammen	16'400 Fr.
d) Restanspruch	
Versorgungsausfall	14'000 Fr.
abzüglich AHV-/UV-Leistungen	−16'400 Fr.
kein ungedeckter Schaden	< 0 Fr.
e) AHV-/UV-Regress	
Haftpflichtanspruch	8'400 Fr.
abzüglich Restanspruch	− 0 Fr.
AHV-/UV-Regress	8'400 Fr.

Kapitalisierung

– kein Restanspruch
– des AHV-/UV-Regresses
  Tafel $\boxed{23}^3$, Alter des Mannes 40, Dauer 12 Jahre →   Faktor 9.68
  9.68 × 8'400 Fr. =   81'312 Fr.

2. Periode ab Alter 24 der Tochter bis Alter 24 des Sohnes

Jahresbeträge

a) Versorgungsausfall	15'000 Fr.
b) Haftpflichtanspruch 60%	9'000 Fr.
c) Sozialversicherungsleistungen	
AHV-Waisenrente	7'100 Fr.
UV-Waisenrente	12'000 Fr.
zusammen	19'100 Fr.
d) Restanspruch	
Versorgungsausfall	15'000 Fr.
abzüglich Sozialversicherungsleistungen	−19'100 Fr.
kein ungedeckter Schaden	< 0 Fr.
e) AHV-/UV-Regress	
Haftpflichtanspruch	9'000 Fr.
abzüglich Restanspruch	− 0 Fr.
AHV-/UV-Regress	9'000 Fr.

BEISPIEL (39)

Kapitalisierung

- kein Restanspruch
- des AHV-/UV-Regresses
  Tafel [23]³, Alter des Mannes 40, Dauer 16 Jahre →   Faktor   11.98
  Tafel [23]³, Alter des Mannes 40, Dauer 12 Jahre →   Faktor − 9.68
  aufgeschoben um 12, Dauer 4 Jahre   2.30
  2.30 × 9'000 Fr. =   20'700 Fr.

Zusammenfassung für den Sohn:

- kein Restanspruch
- AHV-/UV-Regress: 81'312 Fr. + 20'700 Fr. =   102'012 Fr.
  (= 60% von 170'020 Fr. gemäss Beispiel 38)

Bemerkungen

336 Wie in Beispiel 38 könnte auch bei der Teilhaftung mit der einfacheren Methode von N 332 kapitalisiert werden. Zum Quotenvorrecht des Geschädigten → N 569−572.

Rechtsprechung

337 BGE 113 II 323/336 ff: Versorgungsschaden einer Witwe, die AHV- und SUVA-Leistungen erhält. Da die drei minderjährigen Kinder des Versorgers Waisenrenten erhalten, die deren Schaden decken, wird für die Witwe ein um 7½ Jahre aufgeschobener Versorgungsausfall kapitalisiert (d. h. mit Beginn nach Erlöschen der Waisenrenten). Das Quotenvorrecht der Witwe führt dazu, dass das Mitverschulden des tödlich verunfallten Versorgers «keinen Einfluss auf die Berechnung dieses Schadens hat» (S. 332).

III. Kapitalisierung ausserhalb des Haftpflichtrechts

338 **Verzeichnis der Beispiele**

	Beispiel
Familienrecht	
Ehescheidung	
Unterhaltsersatzanspruch des geschiedenen Gatten (ZGB 151 – 153)	
– lebenslänglicher Unterhaltsanspruch	40
– abgestufter Unterhaltsanspruch	41
– zeitlich begrenzter Unterhaltsanspruch	42
– Entschädigung für entgangene Anwartschaft	43
Unterhaltsbeitrag für das Kind (ZGB 156 II/276 ff)	44
Güterrechtliche Auseinandersetzung (ZGB 207 II/237)	
– Kapitalleistung wegen Arbeitsunfähigkeit	45
– Kapitalleistung einer Vorsorgeeinrichtung	46
Kindesrecht	
– Unterhaltsanspruch des Kindes (ZGB 287/288)	47
Erbrecht	
Nutzniessungsvermächtnis (ZGB 473)	48
Herabsetzung (ZGB 530)	49
Sachenrecht	
Wohnrecht (ZGB 776)	
– lebenslängliches Wohnrecht	50
– Wohnrecht eines Ehepaares	51
Nutzniessung (ZGB 745)	52
Baurecht (ZGB 779)	53
Quellenrecht (ZGB 780)	54
Vertragsrecht	
Leibrentenvertrag (OR 516)	55
Verpfründung (OR 521)	56

Personalvorsorge	**Beispiel**
Laufende Altersrente	(57)
Anwartschaft auf Altersrente	(58)
Anwartschaft auf Witwenrente	(59)
Deckungskapital	(60)
Umwandlung einer Kapitalabfindung in eine Rente	(61)
Steuerrecht	
Erbschafts- und Schenkungssteuer	(62)
Vermögenssteuer	(63)
Einkommenssteuer	(64)
Verwaltungsrecht	
Enteignung	(65)
Sicherheitsleistung	
Sicherstellung einer Rente	(66)
Prozessrecht	
Streitwertberechnung	(67)
Konkursrecht	
Konkurs eines Pfrundgebers	(68)
Zinseszinsrechnungen	
Sparen	(69)
Abzahlung einer Schuld	(70)

Vorbemerkungen

339 Im Gegensatz zur Berechnung von Personenschäden im Haftpflichtrecht, für die von den Aktivitätstafeln ausgegangen wird, sind in anderen Rechtsgebieten vorab **Mortalitätstafeln** zu benützen. Gegebenenfalls sind auch Zeitrenten zu kapitalisieren.

340 Aus den Tafeln lassen sich die Kapitalisierungsfaktoren ablesen, um den Barwert, d. h. den Kapitalwert einer periodischen Leistung im Zeitpunkt der Kapitalisierung, ermitteln zu können.

341 Die Wahl der massgebenden Tafel bestimmt sich in erster Linie nach der Rentendauer (N 1042 ff). Leibrenten laufen bis zum Tod einer Person oder, als Verbindungsrente auf das kürzere Leben, bis zum Tod des Zuerststerbenden von zwei oder mehr Personen. Temporäre Leibrenten fallen spätestens beim Tod oder beim Eintritt eines anderen Ereignisses bzw. mit Ablauf einer im voraus bestimmten Dauer dahin. Zeitrenten laufen während einer bestimmten Zeit, unabhängig vom Leben oder Sterben eines Menschen.

342 Die Kapitalisierungsfaktoren für Leibrenten sind in den Tafeln 44 und 45, diejenigen für Zeitrenten in der Tafel 50 enthalten.

343 Diese Tafeln sind für verschiedene Zinsfüsse berechnet, wobei die Diskontierung bei der Wahl des Zinsfusses zu berücksichtigen ist: je höher der Kapitalisierungszinsfuss, desto kleiner der Barwert (N 1118 ff). Falls die Höhe einer Rente konstant ist, kann in der Regel von der zu erwartenden Nominalrendite ausgegangen werden. Ist die Höhe dagegen veränderlich, insbesondere wenn sie von der Geldentwertung beeinflusst wird, ist grundsätzlich auf den realen Kapitalertrag abzustellen. So kann beispielsweise im Falle indexierter Renten ein Kapitalisierungszinsfuss zugrundegelegt werden, der dem Unterschied zwischen dem Nominalzins und der Geldentwertung entspricht. In den fiktiven Rechenbeispielen sind wir jeweils von einem niedrigen Zinsfuss ausgegangen, wenn eine indexierte Rente angenommen wird. Der Zinsfuss hängt entscheidend von der zukünftigen, wirtschaftlichen Entwicklung ab, weshalb der jeweils in den Beispielen eingesetzte Kapitalisierungszinsfuss auf die entsprechenden Annahmen auszurichten ist.

344 Die Kapitalisierungsfaktoren für temporäre und aufgeschobene Leibrenten (Tafeln 31 bis 34), für Verbindungsrenten auf das kürzere Leben (Tafel 35) und für temporäre Verbindungsrenten (Tafeln 36 und 37) sind zu einem Zinsfuss von 3½% berechnet. Für die Umrechnung auf einen anderen Zinsfuss →N 1152 ff. Zur Altersbestimmung: →N 1187 ff; zur Zahlungsweise: →N 1174 ff.

345 Die Mortalitätstafeln beruhen auf der Sterbetafel AHV VIbis, die in N 951 ff besprochen ist. Sie gibt die Sterblichkeit wieder, die für die nächsten Jahrzehnte erwartet wird und bezieht sich auf die gesamte Bevölkerung. Man darf sie deshalb ganz allgemein für Kapitalisierungen von Leibrenten verwenden.

346 Die in den Beispielen getroffenen Annahmen sind als Anhaltspunkte gewählt worden, um Fragen in den Zusammenhang mit der Kapitalisierung einzubetten und die Tafelwahl durch analoge Anwendung im Einzelfall zu erleichtern. Hauptzweck ist das Aufzeigen der Berechnungsmethode.

347 Wie die Aktivitätstafeln basieren auch die Mortalitätstafeln auf statistischen Durchschnittswerten; im Einzelfall aber haben die konkreten Verhältnisse den Vorrang: → N 941–943.

Ehescheidung   Beispiel 40

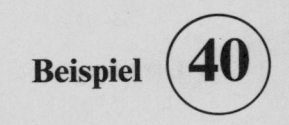

Lebenslänglicher Unterhaltsanspruch
(ZGB 151–153)

In einer Scheidungskonvention wird der Mann verpflichtet, seiner Frau eine indexierte, lebenslängliche Unterhaltsersatzrente von monatlich 500 Fr. zu bezahlen. Die Parteien kommen überein, dass die Entschädigung in Form einer einmaligen Kapitalabfindung erbracht werden soll.

Berechnung

Alter des Mannes	57 Jahre
Alter der Frau	55 Jahre
Jahresbetrag der Rente: 12 × 500 Fr. =	6'000 Fr.
Dauer: solange die Frau und der Mann leben →	Tafel 35
Tafel 35[12], Alter des Mannes 57, der Frau 55, zu 3,5% →	Faktor 14.00

Umrechnung auf einen Kapitalisierungszinsfuss von 2%
Korrektur pro 0,5% gemäss N 1156, Zeile B   5%
3,5% auf 2% umgerechnet: 3 × 5% =   15%
ein kleinerer Zinsfuss ergibt einen höheren Kapitalwert, weshalb der Korrekturbetrag zu addieren ist
korrigierter Faktor: 14.00 + 15% =   16.10

Kapitalwert des Unterhaltsanspruchs: 16.10 × 6'000 Fr. =   **96'600 Fr.**

Bemerkungen

348   Die Unterhaltsverpflichtung gemäss ZGB 151 I und 152 kann in Renten- oder Kapitalform vereinbart und zugesprochen werden. In der älteren Rechtsprechung ist eine Kapitalabfindung oft vorgezogen worden, während heute etwa in neun von zehn Scheidungsfällen die Rentenform gewählt wird (HEGNAUER, Grundriss des Eherechts, 2. Auflage 1987, S. 76). Soweit es die Vermögensverhältnisse erlauben, können jedoch gewichtige Gründe für eine definitive Auseinandersetzung sprechen: vgl. etwa TERCIER, L'indemnité due à l'épouse divorcée pour la perte du droit à l'entretien, in Erhaltung und Entfaltung des Rechts in der Rechtsprechung des Schweizerischen Bundesgerichts, Basel 1975, S. 311 f; JERMANN, Die Unterhaltsansprüche des geschiedenen Ehegatten, Berner Diss. 1980, S. 110 f; → auch N 576 ff zur Wahl zwischen Kapital und Rente im Haftpflichtrecht.

BEISPIEL ㊵

349 Eine vom Richter festgesetzte oder genehmigte Unterhalts- oder Bedürftigkeitsrente kann nach Rechtskraft des Scheidungsurteils von den Parteien auch ohne behördliche Mitwirkung abgeändert werden und insbesondere zum Zweck der Ablösung der Rente kapitalisiert werden.

350 Wird eine Kapitalabfindung beschlossen, so ist von der massgebenden Rentendauer und Rentenhöhe auszugehen.

351 Zur Dauer: Nach der Praxis des Bundesgerichts ist die Unterhaltsersatzrente grundsätzlich lebenslänglich auszurichten, es sei denn, dass triftige Gründe vorliegen, die eine zeitliche Begrenzung nahelegen, so etwa bei nur vorübergehenden Nachteilen oder bei nur kurzer Ehedauer. In der kantonalen Rechtsprechung bilden zeitlich limitierte Renten jedoch die Regel (→ Beispiel 42). 1986 ist jede vierte Rente unbefristet zugesprochen worden (HEGNAUER S. 76).

352 Die Rentendauer hängt zusätzlich von der Vererblichkeit ab: Unterhaltsersatzrenten (ZGB 151 I) und Bedürftigkeitsrenten (ZGB 152) gelten heute als aktiv und passiv unvererblich, d. h. sie laufen längstens bis der Rentenberechtigte oder der Rentenpflichtige stirbt (vgl. SCHWARZENBACH, Die Vererblichkeit der Leistungen bei Scheidung, Zürcher Diss. 1987, S. 55, sowie BÜHLER/SPÜHLER, Komm. zu ZGB 153 N 25 ff, je mit weiteren Hinweisen). Dagegen sind Renten gemäss ZGB 151 I, die nicht den Unterhalt ersetzen sollen (→ Beispiel 43), passiv vererblich, während zur Frage der aktiven Vererblichkeit die Meinungen auseinandergehen: → Max KELLER, Die Anwendung obligationenrechtlicher Regeln auf den Anspruch gemäss Art. 151 I ZGB, in Festschrift Hegnauer (1986) S. 226. Abweichende Vereinbarungen hinsichtlich Vererblichkeit bleiben vorbehalten (ZGB 158 Ziff. 5). Zur Auswirkung auf die Kapitalisierung: → N 918–922.

353 Gemäss ZGB 153 I erlischt die Rente, wenn der berechtigte Ehegatte sich wieder verehelicht (es sei denn, die Parteien hätten dies ausgeschlossen: BGE 81 II 587/591 f). Infolgedessen kann vom errechneten Kapitalbetrag (wie beim Versorgungsschaden: → N 843 ff und Beispiel 22) ein Abzug im Hinblick auf seine Wiederverheiratungsmöglichkeit vorgenommen werden. Im Unterschied zum Versorgungsschaden erlischt der Unterhaltsbeitrag bei Wiederverheiratung aber unabhängig von der wirtschaftlichen Situation in der neuen Ehe, allenfalls aber auch schon beim Eingehen einer eheähnlichen Lebensgemeinschaft (Konkubinat: hiezu BGE 109 II 188).

BEISPIEL (40)

354 Nachfolgend ist die Höhe der prozentualen Abzüge angegeben, um die der Kapitalwert von lebenslänglichen Renten zu kürzen ist, wenn die Möglichkeit einer Wiederverheiratung von geschiedenen Personen berücksichtigt werden soll:

355 **Wiederverheiratung Geschiedener
Abzüge in Prozenten**

Alter	Mann	Frau	Alter	Mann	Frau
20	75	86	45	41	20
21	75	82	46	40	19
22	75	78	47	38	18
23	75	73	48	37	16
24	74	69	49	35	15
25	72	66	50	34	14
26	71	63	51	33	13
27	70	60	52	32	12
28	68	57	53	30	11
29	67	55	54	29	10
30	66	52	55	28	9
31	64	49	56	27	8
32	63	46	57	26	7
33	61	43	58	24	7
34	59	40	59	23	6
35	57	38	60	22	6
36	56	35	61	21	6
37	54	33	62	20	6
38	52	31	63	19	5
39	50	29	64	18	5
40	49	28	65	17	5
41	47	26	66	17	5
42	45	24	67	16	5
43	44	23	68	15	5
44	42	22	69	15	5

356 Im vorstehenden Beispiel wäre der Kapitalwert der Unterhaltsbeiträge von 96'600 Fr. bei einer Frau im Alter von 55 Jahren um 9% auf 87'906 Fr. zu reduzieren.

357 Die prozentualen Abzüge sind nicht unbesehen zu übernehmen, da sie lediglich Richtwerte bilden, die jedenfalls an die konkreten Umstände im einzelnen Fall anzupassen sind. Die Abzüge sind berechnet für konstante und lebenslängliche Verhältnisse, d. h. nicht für zeitlich limitierte oder veränderliche Renten. Zu den Rechnungsgrundlagen der statistischen Richtwerte → N 1019 ff.

BEISPIEL (40)

358 Die Bedeutung der konkreten Umstände gilt noch ausgeprägter bezüglich einer Korrektur im Hinblick auf ZGB 153 II. Danach kann eine Unterhaltsersatz- oder Bedürftigkeitsrente bei erheblicher Veränderung der Verhältnisse nachträglich herabgesetzt oder ganz aufgehoben werden. Der Umfang eines allfälligen Abzugs bestimmt sich nach dem Wahrscheinlichkeitsgrad des Eintritts einer entsprechenden Änderung. Insoweit bei der Festsetzung der Rente eine Reduktion bereits in Aussicht genommen werden kann (z. B. bei Erreichen des Pensionierungsalters), so kann eine entsprechend abgestufte Rente kapitalisiert werden: → Beispiel 41. Eine andere Möglichkeit könnte darin bestehen, die Kapitalabfindung mit einer Rückfallsklausel für bestimmte Änderungen der Verhältnisse zu koppeln: → Beispiel 47.

359 Zur angemessenen Rentenhöhe gibt es eine reiche Praxis: vgl. statt vieler etwa JERMANN S. 105 ff und BÜHLER/SPÜHLER, Komm. zu ZGB 151 N 32−42. Die Rente kann auch abgestuft werden, was die Kapitalisierung beeinflusst: → Beispiele 41 f.

360 Heute werden Unterhaltsbeiträge regelmässig indexiert, wenn anzunehmen ist, dass das Einkommen des Rentenpflichtigen an die Teuerung angepasst wird (JERMANN S. 137−142; KREIS in SJZ 78/1982 S. 286−288; BGE 100 II 245). Im Vordergrund steht der Landesindex der Konsumentenpreise. Wird die Rente kapitalisiert, so kann der Indexierung durch die Wahl eines tieferen Zinsfusses Rechnung getragen werden: → N 1124 ff und 1146 ff.

361 Die Unterhaltsrenten sind meist monatlich im voraus zu erbringen. Diese Zahlungsweise entspricht den tabellierten Kapitalisierungsfaktoren. Falls ausnahmsweise eine andere Zahlungsart vorgesehen ist → N 1179 ff.

Rechtsprechung

362 HAUSHEER, Neuere Tendenzen der bundesgerichtlichen Rechtsprechung im Bereiche der Ehescheidung, Festschrift Hegnauer (1986) S. 167−185.

Ehescheidung Beispiel (41)

Abgestufter Unterhaltsanspruch
(ZGB 151−153)

Im Unterschied zum vorstehenden Beispiel (40) werde der 57jährige Ehemann verpflichtet, seiner 55jährigen Ehefrau eine Rente von 36'000 Fr. im Jahr bis zu ihrem 62. Altersjahr und anschliessend eine auf 24'000 Fr. reduzierte Rente bis zu ihrem Tod zu entrichten. Wie hoch ist der Kapitalwert dieser Rente?

Berechnung

Alter des Mannes	57 Jahre
Alter der Frau	55 Jahre

a) Kapitalwert der lebenslänglichen Verbindungsrente → Tafel 35
   Tafel 35 auf 2% umgerechnet (Beispiel 40) →   Faktor 16.10
   kapitalisiert: 16.10 × 24'000 Fr. =   386'400 Fr.

b) Kapitalwert der Rente bis Alter 62 der Frau →   Tafel 37
   Tafel 37[12], Alter des Mannes 57, der Frau 55
   zu 3,5% →   Faktor 5.99

   Umrechnung auf einen Zinsfuss von 2% (→ N 1164 ff)
   Zeitrente Tafel 50[3] zu 3,5%, Faktor 6.23 → Dauer 7 Jahre
   Zeitrente Tafel 50[1] zu 2%, Dauer 7 Jahre → Faktor 6.54
   Verhältnis der Zeitrenten zu 2% und zu 3,5%:
   Faktor 6.54 : Faktor 6.23 =   1.050
   korrigierter Faktor: 1.050 × 5.99 =   6.29

   kapitalisiert: 6.29 × 12'000 Fr. =   75'480 Fr.

c) Kapitalwert des Unterhaltsanspruchs   461'880 Fr.

BEISPIEL (41)

363 **Graphische Darstellung**

```
          (b)    12'000 Fr.
          (a)           24'000 Fr.
```

Alter der Frau   55   62   Tod des
Alter des Mannes 57   64   Zuerststerbenden

Bemerkungen

364 Zur Kapitalisierung: die Unterhaltsersatzrente ist aktiv und passiv unvererblich und ist damit als Verbindungsrente auf das kürzere Leben zu kapitalisieren (N 1066 ff).

365 Da die Rentenhöhe im Beispiel bei Erreichen des AHV-Rentenalters der Frau herabgesetzt wird, ist zuerst eine lebenslängliche Verbindungsrente von 24'000 Fr. im Jahr (a) und anschliessend eine temporäre Rente von 12'000 Fr. (= 36'000 − 24'000 Fr.) bis zum Alter 62 der Frau zu kapitalisieren. Wird eine Abstufung der Rente bei Erreichen des 65. Altersjahres des Mannes vorgesehen, ist Tafel |36| statt |37| zu verwenden.

366 Mit den Tafeln 36 und 37 kann auch eine künftige, ziffernmässige Erhöhung von Unterhalts- und Bedürftigkeitsrenten kapitalisiert werden, wenn die Abstufung entweder im Alter 65 des Mannes oder im Alter 62 der Frau vorgesehen ist.

367 Für andere Alter fehlen entsprechende Tafeln mit Kapitalisierungsfaktoren für temporäre Verbindungsrenten. Im folgenden Beispiel 42 ist beschrieben, wie diese mit den Tafeln 35, 40 und 48 berechnet oder bei kürzerer Laufdauer einfacher mit temporären Leibrenten oder Zeitrenten kapitalisiert werden können.

Rechtsprechung

368 BGE 108 II 30/33: Die Pensionierung kann zu einer erheblichen Veränderung der wirtschaftlichen Verhältnisse auf Seiten des Pflichtigen führen, die eine Herabsetzung der Unterhaltsbeiträge nahelegt. Massgebend sind die konkreten Verhältnisse.

BGE 105 II 166/170 f: Eine im Scheidungsurteil vorgesehene lebenslängliche Rente, die nach der voraussichtlichen Pensionierung im Alter 65 reduziert wird, kann nachträglich indexiert werden, soweit sie Ersatz für den ehelichen Unterhaltsanspruch darstellt.

BGE 100 II 245/249 f: Der Scheidungsrichter kann progressiv oder degressiv abgestufte Renten festsetzen. Falls eine Indexklausel vorgesehen ist, muss sie sowohl den Anstieg wie auch das Absinken des Lebenskostenindexes berücksichtigen.

Ehescheidung Beispiel **42**

Zeitlich begrenzter Unterhaltsanspruch
(ZGB 151−153)

Die im Scheidungsurteil festgehaltene Rente zugunsten der geschiedenen Frau soll abgelöst werden, da der Mann nach Übersee auswandert. Die indexierte Rente sei auf 10 Jahre limitiert und belaufe sich auf monatlich Fr. 1'000.

Berechnung

Der Kapitalwert einer derartigen Rente kann genau mit der Berechnungsmethode (a) oder annäherungsweise mit einer temporären Leibrente (b) oder einer Zeitrente (c) berechnet werden:

a) Kapitalisierung einer temporären Verbindungsrente

Alter des Mannes	34 Jahre
Alter der Frau	33 Jahre
Jahresbetrag der Rente: 12 × 1'000 Fr. =	12'000 Fr.
Dauer: solange er und sie leben, aber längstens 10 Jahre	

lebenslängliche Verbindungsrente → Tafel 35
ab Alter des Mannes 44 (34 + 10), der Frau 43 (33 + 10)
Tafel 35[9], Alter des Mannes 44, Alter der Frau 43 →   Faktor   18.50

Wahrscheinlichkeit, dass der 34jährige Mann
nach 10 Jahren noch lebt →   Tafel 40
$$\frac{\text{Mann Alter 44}}{\text{Mann Alter 34}} = \frac{96308}{97387} = 0{,}9889$$

Wahrscheinlichkeit, dass die 33jährige Frau
nach 10 Jahren noch lebt →   Tafel 40
$$\frac{\text{Frau Alter 43}}{\text{Frau Alter 33}} = \frac{98475}{98994} = 0{,}9948$$

Abzinsungsfaktor Tafel 48 , Dauer 10 Jahre, zu 3,5% →   Faktor   0.7089
Korrekturfaktor zur Rente 44/43: 0.9889 × 0.9948 × 0.7089 =   0.6974
um 10 Jahre aufgeschobene Rente: 0.6974 × 18.50 =   Faktor   12.90

temporär = lebenslänglich minus aufgeschoben (N 1065):
lebenslängliche Verbindungsrente →   Tafel 35
Tafel 35[7], Alter des Mannes 34, Alter der Frau 33 →   Faktor   21.32
minus um 10 Jahre aufgeschobene Verbindungsrente, wie oben   Faktor − 12.90
temporäre Verbindungsrente, Dauer 10 Jahre   Faktor   8.42

BEISPIEL (42)

Umrechnung auf einen Zinsfuss von 1,5% (→ N 1164 ff)
Zeitrente Tafel $\boxed{50}^3$ zu 3,5%, Faktor 8.47 →   Dauer 10 Jahre
Zeitrente Tafel $\boxed{50}^1$ zu 1,5%, Dauer 10 Jahre →   Faktor 9.30
Verhältnis der Zeitrenten zu 1,5% und zu 3,5%:
9.30 : 8.47 =   1.098
korrigierter Faktor: 1.098 × 8.42 =   9.25

Kapitalwert der Unterhaltsbeiträge: 9.25 × 12'000 Fr. =   <u>111'000 Fr.</u>

b) Kapitalisierung einer temporären Leibrente

Alter des Mannes   34 Jahre
Alter der Frau   33 Jahre
Jahresbetrag der Rente: 12 × 1'000 Fr. =   12'000 Fr.
Dauer: solange er lebt, aber längstens 10 Jahre →   Tafel $\boxed{33}$
Tafel 33[1], Alter des Mannes 34, Dauer 10 Jahre, zu 3,5% →   Faktor 8.44

Umrechnung auf den Kapitalisierungszinsfuss von 1,5%
Zeitrente Tafel $\boxed{50}^3$ zu 3,5%, Faktor 8.47 →   Dauer 10 Jahre
Zeitrente Tafel $\boxed{50}^1$ zu 1,5%, Dauer 10 Jahre →   Faktor 9.30
Verhältnis der Zeitrenten zu 1,5% und zu 3,5%:
9.30 : 8.47 =   1.098
korrigierter Faktor: 1.098 × 8.44 =   9.27

Kapitalwert der Unterhaltsbeiträge: 9.27 × 12'000 Fr. =   <u>111'240 Fr.</u>

c) Kapitalisierung einer Zeitrente

Jahresbetrag der Renten: 12 × 1'000 Fr. =   12'000 Fr.
Dauer: 10 Jahre →   Tafel $\boxed{50}$
Tafel 50[1], Dauer 10 Jahre, Zinsfuss 1,5% →   Faktor 9.30
Kapitalwert der Unterhaltsbeiträge: 9.30 × 12'000 Fr. =   <u>111'600 Fr.</u>

d) Reduktion

Zur statistischen Wahrscheinlichkeit der Wiederverheiratung Geschiedener: →
Beispiel 40.

BEISPIEL �42

Bemerkungen

369 a) Zur Kapitalisierung einer *temporären Verbindungsrente:*

Wird angenommen, dass die zu kapitalisierende Rente aktiv und passiv unvererblich ist (→ Beispiel 40), ist theoretisch richtigerweise eine temporäre Verbindungsrente zu berechnen, wenn die Rentendauer in zeitlicher Hinsicht beschränkt ist. Die Kapitalisierung erfolgt mit den Tafeln 35, 40 und 48 und ist etwas kompliziert.

370 b) Zur Kapitalisierung einer *temporären Leibrente:*

Einfacher ist die Rechnung, wenn statt einer temporären Verbindungsrente eine temporäre Leibrente auf die Person mit der kürzeren Lebenserwartung kapitalisiert wird. Aus der Tafel 42 kann leicht eruiert werden, welche Person die kürzere Lebenserwartung hat. Danach beträgt die mittlere Lebenserwartung eines 34jährigen Mannes 44 Jahre und einer 33jährigen Frau 52 Jahre, weshalb im Beispiel eine temporäre Leibrente auf das Leben des Mannes gestellt ist. Wird eine temporäre Leibrente gemäss der Methode b) gerechnet, wird die Sterbenswahrscheinlichkeit einer Person vernachlässigt (im Beispiel diejenige der Frau, da sie kleiner ist als diejenige des Mannes). Die dadurch bedingte Ungenauigkeit fällt bei kürzerer Laufdauer oder bei jüngeren Personen wenig ins Gewicht und kann regelmässig hingenommen werden. Ist die Rente indexiert, so ist zusätzlich die Umrechnung auf einen kleineren Zinsfuss vorzunehmen.

371 c) Zur Kapitalisierung einer *Zeitrente:*

Noch einfacher ist die Kapitalisierung einer Zeitrente (Methode c). Bei dieser Rechnungsart wird sowohl die Sterbenswahrscheinlichkeit des Rentenpflichtigen wie auch diejenige des Rentenberechtigten vernachlässigt. Der Kapitalwert der entsprechenden Zeitrente stellt damit die Höchstgrenze dar, da dabei nicht berücksichtigt ist, dass der Mann oder die Frau während der Rentendauer sterben könnte. Beträgt die restliche, vereinbarte oder vom Gericht festgesetzte Dauer der Rente lediglich einige Jahre, dürfte der dadurch entstehende Fehler meist in Kauf genommen werden, es sei denn die Ehegatten seien bereits in fortgeschrittenem Alter. Für die Wahl einer Zeitrente anstelle einer temporären Leib- oder Verbindungsrente spricht zudem, dass der Kapitalisierungsfaktor für den jeweiligen Zinsfuss direkt aus der Tafel 50 abgelesen werden kann.

BEISPIEL (42)

372 d) Reduktion

Zusätzlich ist zu beachten, dass die Rentenverpflichtung bei Wiederverheiratung (oder allenfalls im Konkubinatsfall) aufhört und dass die Rente aus anderen Gründen herabgesetzt werden könnte (ZGB 153). Die Wahrscheinlichkeit des Eintritts eines Aufhebungs- oder Herabsetzungsgrundes lässt sich statistisch kaum erfassen. Infolgedessen ist gegebenenfalls der ermittelte Kapitalwert unter Berücksichtigung der konkreten Umstände zu reduzieren, unabhängig davon, ob eine temporäre Leibrente oder eine Zeitrente kapitalisiert wird.

373 e) Beurteilung

Die theoretisch genaue Rechnung a) ergibt	111'000 Fr.
die einfachere b)	111'240 Fr.
die einfachste c)	111'600 Fr.

374 Die Unterschiede sind bei jüngeren Personen so klein, dass meistens die Methode c) genügt (→ auch Beispiel 47). Bei kürzerer Laufdauer dürfte selbst bei älteren Personen die Kapitalisierung einer Zeitrente genügen. Die Differenz zwischen der Methode a) und c) beträgt beispielsweise bei einer auf 5 Jahre befristeten Rente 1½%, wenn die Ehegatten beide 50 Jahre alt sind, und 4%, wenn sie beide 60 Jahre alt sind.

Rechtsprechung

375 Die Rente wird regelmässig in zeitlicher Hinsicht limitiert, wenn die durch die Scheidung erlittene Beeinträchtigung nur von vorübergehender Dauer ist: → etwa BGE 111 II 305; 110 II 225; 109 II 87, 184 und 286.

BGE 110 V 242/247: Beispiel einer Kapitalabfindung anstelle einer temporären Rente.

Ehescheidung **Beispiel 43**

Entschädigung für entgangene Anwartschaft
(ZGB 151 I)

Ein Ehepaar steht in Scheidung. Er sei 47, sie 44 Jahre alt. Die Frau macht u. a. geltend, dass der Mann vom 65. Altersjahr an eine Rente von 20'000 Fr. im Jahr aus beruflicher Vorsorge in Aussicht hat. Wie hoch wäre die entsprechende, sofort beginnende Entschädigungsrente nach ZGB 151 I für die Beeinträchtigung dieser Anwartschaft?

Berechnung

a) Kapitalisierung
Alter des Mannes	47 Jahre
anwartschaftliche Altersrente im Jahr	20'000 Fr.
Dauer: um 18 Jahre (65 − 47) aufgeschoben, solange er lebt →	Tafel 31
Tafel 31³, Alter des Mannes 47, aufgeschoben um 18 Jahre →	Faktor 5.65
heutiger Kapitalwert der Altersrente: 5.65 × 20'000 Fr. =	113'000 Fr.

b) Verrentung
Alter der Frau	44 Jahre
ihr Anteil an der Anwartschaft, z. B. ½ von 113'000 Fr. =	56'500 Fr.
Dauer: sofort beginnende lebenslängliche Rente →	Tafel 30
Tafel 30, Alter der Frau 44 →	Faktor 21.48
Umrechnung ihrer Anwartschaft in eine Rente: 56'500 Fr. : 21.48 =	__2'630 Fr. im Jahr__

Bemerkungen

376 Eine allfällige Schlechterstellung der geschiedenen Frau in der Altersvorsorge kann nach heutigem Recht unter dem Gesichtswinkel von ZGB 151–153 berücksichtigt werden (Näheres hiezu: BÜHLER/SPÜHLER, Komm. zu ZGB 151 N 27 ff; RIEMER in BJM 1977 S. 61; STETTLER in SJ 1985 S. 305–322 sowie BGE 94 II 217 und 84 II 1.

377 Im Beispiel ist zuerst der gegenwärtige Kapitalwert der anwartschaftlichen Altersrente, auf die der Mann ab Alter 65 Anspruch hat, berechnet worden (a). In einem zweiten Schritt ist ihr Anteil mit 50% eingesetzt und der entsprechende Kapitalwert von 56'500 Fr. in eine lebenslängliche Rente umgerechnet worden (b).

BEISPIEL ㊸

378 Bezüglich Vererblichkeit ist zu beachten, dass der Ersatz für die Beeinträchtigung von Vermögensrechten und Anwartschaften gemäss ZGB 151 I, soweit er nicht für den entgangenen ehelichen Unterhalt geschuldet ist, nach einhelliger Lehre und Rechtsprechung passiv vererblich ist und die Rentenverpflichtung damit auf die Erben übergeht (BÜHLER/SPÜHLER, Komm. zu ZGB 153 N 30). Bezüglich Vererblichkeit auf Seiten des Rentenberechtigten ist angenommen, dass die Rente höchstens solange läuft, als die anspruchsberechtigte Frau lebt (so auch SCHWARZENBACH, zit. in N 352, S. 48 ff). Infolgedessen ist eine Leibrente auf das Leben der Frau einzusetzen. Für den Fall, dass statt dessen aktive Vererblichkeit angenommen würde: → N 922.

379 Zur Kapitalabfindung für eine anwartschaftliche Altersrente → Beispiel 58; für eine anwartschaftliche Witwenrente → Beispiel 59. Bezüglich letzterer ist Art. 20 I BVV 2 mit in Betracht zu ziehen, da danach eine nach mindestens zehnjähriger Ehe geschiedene Frau nur Anspruch auf eine Witwenrente im Todesfall des Mannes hat, soweit ihr im Scheidungsurteil eine Rente oder eine Kapitalabfindung zugesprochen worden ist.

380 Hinsichtlich der AHV-Witwenrente wird die geschiedene Frau gemäss AHVG 23 II «der Witwe gleichgestellt, sofern der Mann ihr gegenüber zu Unterhaltsbeiträgen verpflichtet war und die Ehe mindestens zehn Jahre gedauert hatte.» Dies gilt auch im Falle einer Kapitalabfindung, wenn damit Unterhaltsansprüche gemäss ZGB 151 oder 152 abgegolten werden (BGE 110 V 242). Falls die entsprechenden Voraussetzungen erfüllt sind, bleibt der geschiedenen Frau somit die Anwartschaft auf ihre Witwenrente gewahrt; sie hat hiefür keinen besonderen Anspruch mehr im Rahmen von ZGB 151.

Rechtsprechung

381 BezGer. Rorschach in Plädoyer 1986 Nr. 5 S. 30 f: Der Frau wird eine Entschädigungsrente ab Alter 62 als Ausgleich für beeinträchtigte Anwartschaften zugesprochen.

Ehescheidung   **Beispiel 44**

Unterhaltsbeitrag für das Kind
(ZGB 156 II/276 ff)

Der 50jährige Vater ist bereit, für den Unterhalt und die Erziehung seines 14jährigen Kindes einen monatlichen, indexierten Beitrag von 750 Fr. bis zur Mündigkeit zu bezahlen. Da der Vater nach der Scheidung die Schweiz verlassen will, wird anlässlich der Scheidungsverhandlung beschlossen, die in Aussicht genommene Rente durch eine einmalige Kapitalabfindung abzulösen.

Berechnung

Alter des Kindes	14 Jahre
Alimente im Jahr: 12 × 750 Fr. =	9'000 Fr.
Dauer der Zeitrente: 6 Jahre (20 − 14) →	Tafel 50
Tafel 50[1], Dauer 6 Jahre, Zinsfuss 1,5% →	Faktor 5.74
Kapitalwert der Unterhaltsbeiträge: 5.74 × 9'000 Fr. =	<u>51'660 Fr.</u>

Bemerkungen

382   Aus der Natur der Beiträge eines Elternteils an den Unterhalt und die Erziehung eines Kindes im Sinne von ZGB 156 II ergibt sich, dass diese beim Tod des Kindes wie auch des Schuldners enden. Es liegt mithin aktive und passive Unvererblichkeit vor. Infolgedessen wäre genau genommen eine temporäre Verbindungsrente zu kapitalisieren: → N 1323 f. Da die Sterbenswahrscheinlichkeit des Kindes jedoch gering ist und kaum ins Gewicht fällt, kann diese (wie im Haftpflichtrecht: → N 833) vernachlässigt werden.

BEISPIEL (44)

383 Der Fehler ist aber selbst dann nicht gross, wenn auch die Sterblichkeit des Vaters ausser acht gelassen wird, obwohl seine statistische Sterbenswahrscheinlichkeit höher ist als diejenige des Kindes. Bei kürzerer Rentendauer ist der Fehler minim. Im vorliegenden Fall ist, wenn seine Sterbenswahrscheinlichkeit einkalkuliert werden soll, der Kapitalwert einer temporären Leibrente auf das Leben des Vaters zu berechnen:

Dauer der Rente: bis der Vater stirbt, längstens 6 Jahre →   Tafel $\boxed{33}$
Tafel 33^2, Alter des Vaters 50, Dauer 6 Jahre, zu 3,5% →   Faktor 5.37

  Umrechnung auf den Zinsfuss von 1,5% (→ N 1164 ff)
  Zeitrente Tafel 50^3 zu 3,5%, Faktor 5.43 →   Dauer 6 Jahre
  Zeitrente Tafel 50^1 zu 1,5%, Dauer 6 Jahre →   Faktor 5.74
  Verhältnis der Zeitrenten zu 1,5% und zu 3,5%:   5.74 : 5.43 = 1.057
  korrigierter Faktor: 1.057 × 5.37 =   5.68

Kapitalwert der Unterhaltsbeiträge: 5.68 × 9'000 Fr. =   <u>51'120 Fr.</u>

---

384 Der Unterschied zum Ergebnis der einfachen Rechnung mit einer Zeitrente beträgt nur Fr. 540. Ist die Mutter Rentenschuldnerin, so ist die temporäre Leibrente mit Tafel $\boxed{34}$ zu kapitalisieren.

385 Wird eine Zeitrente (statt einer temporären Leibrente) kapitalisiert, so entfällt die Umrechnung auf den gewünschten Zinsfuss, die bei indexierten Renten, die nicht zu 3,5% kapitalisiert werden sollten, nötig wäre. Zudem ist mit in Betracht zu ziehen, dass die Rentenverpflichtung über das 20. Altersjahr hinaus weiterdauern kann, wenn das Kind noch in Ausbildung ist. Bei der Kapitalisierung einer Zeitrente bis zur Mündigkeit wird auf der einen Seite die Sterblichkeit des rentenpflichtigen Elternteils sowie des Kindes vernachlässigt, aber auf der anderen Seite auch die Möglichkeit einer längeren Rentendauer aufgrund von ZGB 277 II ausser Betracht gelassen. Näheres zum Schlussalter: → Ruth REUSSER, Unterhaltspflicht, Unterstützungspflicht, Kindesvermögen, in: Das neue Kindesrecht, Berner Tage für die juristische Praxis 1977, Bern 1978, S. 62 ff.

386 Für den Fall, dass ein gestaffelter Unterhaltsbeitrag zu kapitalisieren ist oder eine Korrektur angesichts der Revidierbarkeit des Unterhaltsbeitrages bei Änderung der Verhältnisse (ZGB 157) in Aussicht genommen wird: → Beispiel 47.

387 Heute werden Unterhaltsbeiträge für Kinder zumeist indexiert, weshalb ein entsprechend tiefer Kapitalisierungszinsfuss zu wählen ist: → N 1124 ff und 1146 ff.

Rechtsprechung

388 Zum Schlussalter: BGE 112 II 199, 109 II 371, 107 II 465.

Ehescheidung **Beispiel 45**

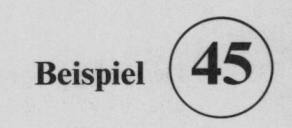

Güterrechtliche Auseinandersetzung
Kapitalleistung wegen Arbeitsunfähigkeit
(ZGB 207 II/237)

Ein 40jähriger Mann wird 1990 infolge eines Verkehrsunfalles invalid und erhält vom Haftpflichtversicherer ein Kapital von Fr. 180'000. Zehn Jahre später, im Jahr 2000, wird die Scheidungsklage eingereicht, weshalb die güterrechtliche Auseinandersetzung vorzunehmen ist. Das Ehepaar lebt unter dem Güterstand der Errungenschaftsbeteiligung. Wieviel ist dem Eigengut gutzuschreiben?

Berechnung

a) Umrechnung des erhaltenen Kapitals in eine Rente
vor 10 Jahren wegen Arbeitsunfähigkeit erhaltene Kapitalleistung 180'000 Fr.
entspricht einer jährlichen Aktivitätsrente gemäss Tafel [20]
Tafel 20, Alter des Mannes 40 → Faktor 17.79
Jahresbetrag der Rente: 180'000 Fr. : 17.79 = 10'118 Fr.

b) Kapitalwert dieser Rente bei Auflösung des Güterstandes
Alter des Mannes 50 Jahre
Tafel 20, Alter des Mannes 50 → Faktor 13.80
Kapitalwert: 13.80 × 10'118 Fr. = 139'628 Fr.

Bemerkungen

389 Beim Güterstand der Errungenschaftsbeteiligung wird gemäss ZGB 197 II Ziff. 3 die Entschädigung wegen Arbeitsunfähigkeit der Errungenschaft zugerechnet. Im Zeitpunkt der Auflösung des Güterstandes sind Errungenschaft und Eigengut auszuscheiden. Verfallene Renten gehören zur Errungenschaft, während zukünftige Renten dem Eigengut zufallen. Ist statt einer Rente eine Kapitalabfindung wegen Arbeitsunfähigkeit ausgerichtet worden, wie dies in der haftpflichtrechtlichen Praxis üblich ist (N 581 f), sieht ZGB 207 II eine entsprechende Lösung vor. Danach wird diese «im Betrag des Kapitalwertes der Rente, die dem Ehegatten bei Auflösung des Güterstandes zustünde, dem Eigengut zugerechnet.»

BEISPIEL (45)

390 Eine analoge Regelung sieht ZGB 237 für den Güterstand der Gütergemeinschaft vor. Der Teil einer Kapitalabfindung, der bei Auflösung des Güterstandes bereits abgegolten ist, fällt ins Gesamtgut, der zu diesem Zeitpunkt noch nicht abgegoltene Teil dagegen ins Eigengut.

391 Dies bedeutet, dass jeweils vorab zu klären ist, für welchen Zeitraum eine Kapitalabfindung wegen Arbeitsunfähigkeit seinerzeit entrichtet worden ist. Erstreckt sich die Rente, die der Kapitalabfindung zugrundelag, über den Zeitpunkt der Auflösung des Güterstandes hinaus, so ist folgende Rechnung durchzuführen:

392 In einem ersten Schritt ist die Rente zu ermitteln, die der damaligen Kapitalabfindung entspricht. In der Regel kann von der damals kapitalisierten Rente ausgegangen werden. Die Berechnungsmethode ergibt sich aus den Beispielen 1 ff.

393 In einem zweiten Schritt ist die so ermittelte Rente auf das Alter im Zeitpunkt der Einreichung des Scheidungsbegehrens zu kapitalisieren (ZGB 204 II). Daraus ergibt sich der gegenwärtige Kapitalwert, der durch die seinerzeitige Kapitalabfindung noch nicht abgegolten ist. Dieser Kapitalwert der noch nicht verfallenen Rente ist dem Eigengut zuzuzählen.

394 Im Beispiel ist angenommen, die damals kapitalisierte Rente sei mit der Aktivitätstafel 20 berechnet worden. Erfolgte die Barwertberechnung aufgrund einer anderen Tafel, so ist der Kapitalwert für die zukünftige Periode mit derselben Tafel zu bestimmen.

395 Ist die Kapitalabfindung bereits vor der Heirat ausgerichtet worden, fällt diese ganz ins Eigengut (ZGB 198 Ziff. 2; hiezu auch HAUSHEER und GEISER, Güterrechtliche Sonderprobleme, in: Vom alten zum neuen Eherecht, Bern 1986, S. 102 f. Vgl. auch die graphische Darstellung von NÄF-HOFMANN, Das neue Ehe- und Erbrecht im Zivilgesetzbuch, Zürich 1986, N 899).

Ehescheidung **Beispiel 46**

Güterrechtliche Auseinandersetzung
Kapitalleistung einer Vorsorgeeinrichtung
(ZGB 207 II/237)

> Eine verheiratete Frau hat von einer Vorsorgeeinrichtung im Alter von 62 Jahren ein Alterskapital von 100'000 Fr. erhalten. Fünf Jahre später scheidet das Ehepaar, das unter dem ordentlichen Güterstand der Errungenschaftsbeteiligung lebte. Welcher Anteil des Alterskapitals fällt ins Eigengut?

Berechnung

a) Umrechnung des vor 5 Jahren erhaltenen Alterskapitals in eine Rente

erhaltenes Alterskapital	100'000 Fr.
entspricht einer lebenslänglichen Rente ab Alter 62 →	Tafel 30
Tafel 30, Alter der Frau 62 →	Faktor 15.91
Jahresbetrag der Rente im Alter 62: 100'000 Fr.: 15.91 =	6'285 Fr.

b) Kapitalwert dieser Rente bei Auflösung des Güterstandes

Alter der Frau	67 Jahre
Dauer: lebenslängliche Rente ab Alter 67 →	Tafel 30
Tafel 30, Alter der Frau 67 →	Faktor 13.86
Kapitalwert im Alter 67: 13.86 × 6'285 Fr. =	__87'110 Fr.__

BEISPIEL (46)

396 **Graphische Darstellung**

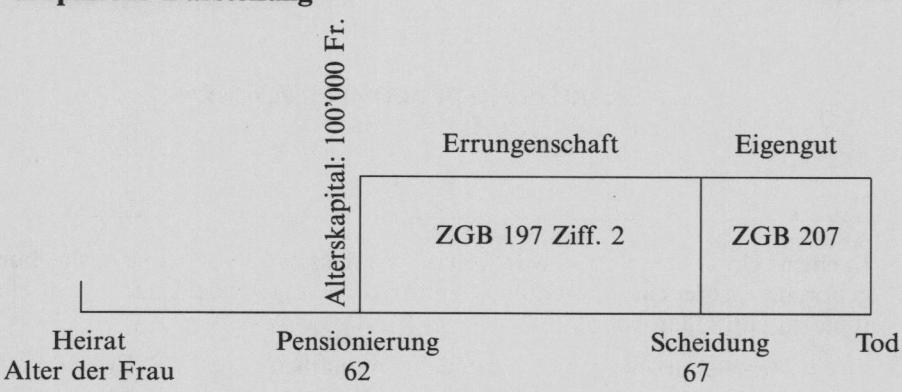

```
                    Alterskapital: 100'000 Fr.
                    │
                    │   Errungenschaft        Eigengut
                    │  ┌──────────────────┬──────────────┐
                    │  │                  │              │
                    │  │  ZGB 197 Ziff. 2 │   ZGB 207    │
                    │  │                  │              │
   ─────────────────┴──┴──────────────────┴──────────────┴─────
   Heirat              Pensionierung         Scheidung      Tod
   Alter der Frau           62                   67
```

Bemerkungen

397 Kapitalleistungen von Vorsorgeeinrichtungen, die im Rahmen der zweiten oder dritten Säule erbracht werden, fallen insoweit ins Eigengut, als sie sich auf die Periode nach der Auflösung des Güterstandes beziehen (ZGB 207 II und 237; → HAUSHEER/GEISER, a.a.O., S. 98–103; DESCHENAUX/STEINAUER, Le nouveau droit matrimonial, Bern 1987, S. 272–287; kritisch PIOTET in SJZ 82/1986 S. 240–245).

398 Wie im vorangehenden Beispiel 45 ist zuerst die seinerzeit erhaltene Kapitalleistung in eine Rente umzurechnen. In der Regel ist das Alterskapital für den zukünftigen Lebensunterhalt gedacht, weshalb dieses einer lebenslänglichen Rente entspricht (Tafel 30).

399 Anschliessend ist der Kapitalwert dieser Rente zu ermitteln, ausgehend vom Alter bei Auflösung des Güterstandes (bei einer Scheidung: vom Alter bei Einreichung des Scheidungsbegehrens, ZGB 204 II). Der zukünftige Kapitalwert, der dem Eigengut zugezählt wird, ist mit derselben Tafel zu kapitalisieren, mit dem das Kapital der Vorsorgeeinrichtung in eine (lebenslängliche) Rente umgerechnet wird. Falls die Ehe durch Tod aufgelöst wird, kommen ZGB 207/237 nicht zum Zug.

400 Zukünftige Leistungen von Vorsorgeeinrichtungen, die noch nicht ausgerichtet sind, stellen blosse Anwartschaften dar: → Beispiele 43, 58 und 59.

Kindesrecht Beispiel (47)

Unterhaltsanspruch des Kindes
(ZGB 287/288)

In einem Unterhaltsvertrag wird vereinbart, dass der Vater für seine vor kurzem geborene Tochter eine Abfindungssumme für die folgende, indexierte Unterhaltsrente zu entrichten hat:

a) von der Geburt bis zum 6. Altersjahr, monatlich	400 Fr.
b) vom 6. bis zum 12. Altersjahr, monatlich	500 Fr.
c) vom 12. bis zum 16. Altersjahr, monatlich	600 Fr.
d) vom 16. bis zum 20. Altersjahr, monatlich	700 Fr.

Wie berechnet sich die Abfindungssumme?

Berechnung

a) von Geburt bis zum 6. Altersjahr, im Jahr   4'800 Fr.
Tafel [50], Dauer 6 Jahre, Zinsfuss 2,5% →   Faktor   5.58
kapitalisiert: 5.58 × 4'800 Fr. =   26'784 Fr.

b) vom 6. bis zum 12. Altersjahr, im Jahr   6'000 Fr.
Tafel [50], Dauer 12 Jahre, Zinsfuss 2,5% →   Faktor   10.40
minus Tafel [50], Dauer 6 Jahre, Zinsfuss 2,5% →   Faktor − 5.58
um 6 Jahre aufgeschobene Zeitrente (Dauer 6 Jahre) Faktor   4.82
kapitalisiert: 4.82 × 6'000 Fr. =   28'920 Fr.

c) vom 12. bis zum 16. Altersjahr, im Jahr   7'200 Fr.
Tafel [50], Dauer 16 Jahre, Zinsfuss 2,5% →   Faktor   13.23
minus Tafel [50], Dauer 12 Jahre, Zinsfuss 2,5% →   Faktor −10.40
um 12 Jahre aufgeschobene Zeitrente (Dauer 4 Jahre) Faktor   2.83
kapitalisiert: 2.83 × 7'200 Fr. =   20'376 Fr.

d) vom 16. bis zum 20. Altersjahr, im Jahr   8'400 Fr.
Tafel [50], Dauer 20 Jahre, Zinsfuss 2,5% →   Faktor   15.80
minus Tafel [50], Dauer 16 Jahre, Zinsfuss 2,5% →   Faktor −13.23
um 16 Jahre aufgeschobene Zeitrente (Dauer 4 Jahre) Faktor   2.57
kapitalisiert: 2.57 × 8'400 Fr. =   21'588 Fr.

Abfindungssumme   97'668 Fr.

BEISPIEL (47)

401 **Graphische Darstellung des Unterhaltsanspruchs**

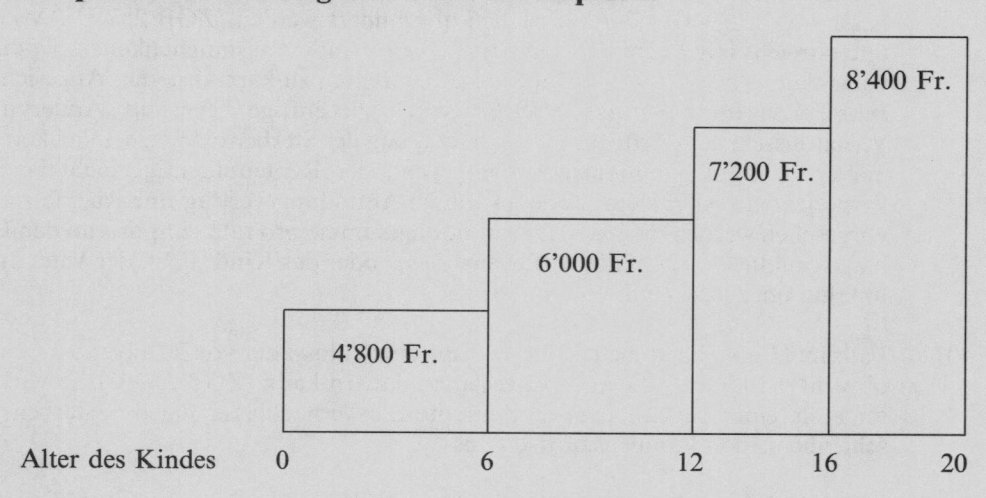

```
                                                        8'400 Fr.

                                         7'200 Fr.

                        6'000 Fr.

      4'800 Fr.


Alter des Kindes   0        6         12        16        20
```

Bemerkungen

402 Eine Kapitalabfindung des Kindes für seinen Unterhaltsanspruch kann vereinbart werden, wenn seine Interessen es rechtfertigen: ZGB 288. Vgl. hiezu Martin METZLER, Die Unterhaltsverträge nach dem neuen Kindesrecht, Freiburger Diss., Zürich 1980, S. 211–276, und Ruth REUSSER, zit. in N 385, S. 69 f.

403 Abgestufte Unterhaltsbeiträge sind in der Praxis sehr häufig. Im Beispiel werden drei Steigerungen angenommen. Das Schlussalter der Unterhaltspflicht muss nicht mit 20 enden: ZGB 277 II. Weiteres zur Abstufung bei METZLER S. 79 ff.

404 Zur Kapitalisierung: Wird wie im Beispiel von Zeitrenten ausgegangen und mit Tafel 50 kapitalisiert, wird damit weder die Sterbenswahrscheinlichkeit des Vaters noch diejenige des Kindes berücksichtigt.

405 Falls genauer gerechnet werden soll, kann eine temporäre Leibrente auf das Alter des Vaters oder noch genauer eine temporäre Verbindungsrente auf das Leben des Vaters sowie des Kindes kapitalisiert werden: → Beispiel 42. Wenn die gleichen Unterhaltsbeiträge des Kindes wie im Beispiel 47 mittels temporären Leibrenten mit Tafel 33 (d. h. unter Berücksichtigung der Sterbenswahrscheinlichkeit des Vaters, aber unter Vernachlässigung der geringeren Sterbenswahrscheinlichkeit des Kindes) berechnet werden, ergibt sich eine Abfindungssumme von 96'156 Fr.; die Differenz beträgt somit 1,6%. Die aufgeschobene Rente ist aus der temporären ableitbar: → N 1063 ff.

BEISPIEL (47)

406 Bei erheblichen Veränderungen der Verhältnisse kann der Unterhaltsbeitrag angepasst (ZGB 286 II) oder vertraglich abgeändert werden (ZGB 287 II). METZLER unterstreicht mit Recht die Bedeutung dieser Änderungsmöglichkeiten, weshalb er vorschlägt, Zeitrenten statt temporäre Leibrenten zu kapitalisieren. Angesichts der zahlreichen Imponderabilien (Schlussalter, zukünftige Teuerung, Änderung der Verhältnisse u. a.) dürfte die Vernachlässigung der Sterbenswahrscheinlichkeit regelmässig in Kauf genommen werden, wenn der Rentenpflichtige nicht bereits in vorgerücktem Alter steht. Zudem kann im Abfindungsvertrag eine Rückfallsklausel vorgesehen werden, wonach die Abfindungssumme pro rata temporis an den Unterhaltsschuldner zurückfällt, z. B. wenn dieser oder das Kind stirbt, der Vater arbeitsunfähig oder das Kind adoptiert wird.

407 Falls im Hinblick auf die Kapitalisierung ein Schlussalter von 20 angenommen wird, obwohl die Unterhaltsdauer auch länger dauern kann (ZGB 277 II), so wirkt sich im Falle einer entsprechenden Zeitrente die Vernachlässigung der Sterbenswahrscheinlichkeiten kompensatorisch aus.

408 Soll die Abfindungssumme auch für Unterhaltsbeiträge über das 20. Altersjahr des Kindes gelten, so kann ein entsprechendes Schlussalter (z. B. Alter 26) angenommen werden und für diese Periode eine weitere aufgeschobene Zeitrente kapitalisiert werden. In diesem Fall drängt sich eine Rückfallsklausel auf, wonach der entsprechende Barwert zurückzuerstatten ist, falls das Kind nicht mehr in Ausbildung steht. Bezüglich Rückfallsklausel kritisch dagegen STETTLER, Le droit suisse de la filiation, in Traité de droit privé suisse, vol. III/II 1, Freiburg 1987, S. 351.

409 Ist die Rente indexiert, so ist ein entsprechend niedriger Zinsfuss zu wählen, der dem zu erwartenden Realzins entspricht: → N 1146 ff. Zur Indexierung: KREIS in SJZ 78/1982 S. 286−288; BGE 98 II 257.

410 Der Unterhaltsbeitrag ist im voraus zu entrichten (ZGB 285 III). In der Praxis sind in aller Regel monatliche Zahlungsperioden vorgesehen. Die monatlich vorschüssige Zahlungsweise liegt auch den Tafeln zugrunde. Wird ausnahmsweise eine andere Zahlungsweise vereinbart, ist dies bei der Kapitalisierung zu beachten: → N 1179 ff.

Rechtsprechung

411 ZR 76/1977 Nr. 100 S. 262: Kapitalisierung temporärer Renten zur Schadensberechnung im Vaterschaftsprozess. Kapitalisierungszinsfuss 3,5% und 10% Zuschlag zum Kapitalwert für zukünftige Geldentwertung bei einer sechsjährigen Laufzeit. Zur Indexierung vgl. auch: ZR 86/1987 Nr. 27 und 29.

Erbrecht   Beispiel 48

Nutzniessungsvermächtnis
(ZGB 473)

Der Erblasser vermacht seiner Frau u. a. die lebenslängliche Nutzniessung am Vermögen, bestehend aus 10 Obligationen im Wert von total 100'000 Fr. zu 5%.

Berechnung

Alter der Frau	60 Jahre
Wert der Nutzniessung im Jahr: 5% von 100'000 Fr. =	5'000 Fr.
Dauer: solange sie lebt →	Tafel 45
Tafel 45², Alter der Frau 60, Zinsfuss 5% →	Faktor 14.19
Kapitalwert der Nutzniessung: 14.19 × 5'000 Fr. =	<u>70'950 Fr.</u>

Bemerkungen

412 Seit 1988 erhält der überlebende Ehegatte, wenn er mit Nachkommen zu teilen hat, die Hälfte der Erbschaft (rev. Art. 462 Ziff. 1 ZGB). Sein früheres Wahlrecht zwischen der Hälfte der Erbschaft zu Nutzniessung oder einem Viertel zu Eigentum ist abgeschafft worden. Die weiteren gesetzlichen Nutzniessungsrechte gemäss aZGB 460 und 462 II sind ebenfalls aufgehoben.

413 Dagegen kann der Erblasser gestützt auf ZGB 473 den überlebenden Ehegatten nach wie vor durch Verfügung von Todes wegen gegenüber den gemeinsamen und den während der Ehe gezeugten nichtgemeinsamen Kindern und deren Nachkommen begünstigen, indem er ihm die Nutzniessung am ganzen Nachlass zuwendet oder einen Teil des Nachlasses zu Eigentum und einen Teil zur Nutzniessung einräumt.

414 In der Regel wird ein lebenslängliches Nutzniessungsrecht vermacht, weshalb der zu erwartende, jährliche Nutzniessungsertrag mit dem Faktor für das betreffende Alter gemäss Tafel 44 bzw. 45 multipliziert werden kann. Wird die Nutzniessung ausnahmsweise zeitlich beschränkt, ist eine temporäre Leibrente mit Tafel 33 bzw. 34 zu kapitalisieren (Zinsfuss 3,5%: zur Umrechnung → N 1152 ff).

415 Kapitalisiert wird der Ertrag der Nutzniessung unter Berücksichtigung der zukünftigen Entwicklung (z. B. anderer Zinsfuss beim Ersatz abgelaufener Obligationen). Der Nutzniessungsertrag ist auch für die Wahl des Kapitalisierungszinsfusses massgebend.

BEISPIEL 48

416 Die Zuwendung der Nutzniessung am ganzen Nachlass an den überlebenden Ehegatten nach ZGB 473 stellt, sofern keine besonderen Umstände vorliegen, bei Frauen über ca. 81 Jahren und bei Männern über ca. 77 Jahren eine Verletzung seines Pflichtteils dar, wenn ein Zinsfuss von 3,5% gewählt wird. Dies ergibt sich aus folgender Formel:

$$\tfrac{1}{4} \text{ Nachlass} = 3{,}5\% \times \text{Nachlass} \times \text{Faktor Tafel 30}$$

417 D. h. der Pflichtteil des überlebenden Ehegatten (¼ des Nachlasses im Fall von ZGB 473) ist gleich gross wie der Kapitalwert der Nutzniessung (= deren Jahresbetrag kapitalisiert), wenn der Faktor der Tafel 30 ca. 7.14 beträgt.

418 Aus der Formel folgt:

$$\text{Faktor} = \frac{1}{4} : \frac{3{,}5}{100} = 7.14$$

419 Zur Berechnungsweise siehe auch Thomas GEISER, Artikel 473 ZGB und das neue Eherecht, in ZBJV 122/1986 S. 129 N 19 sowie DESCHENAUX/STEINAUER, Le nouveau droit matrimonial, Bern 1987, S. 540—547.

420 Angewendet auf die vorliegende vierte Auflage ergeben sich aus dem Faktor von 7.14 die erwähnten Altersgrenzen. Für andere Zinsfüsse ist auf Tafel 44/45 abzustellen: → Beispiel 49 (N 434 f).

421 Schliesslich ist die Möglichkeit der Wiederverheiratung des überlebenden Gatten zu berücksichtigen, denn gemäss ZGB 473 III entfällt im Falle der Wiederverheiratung die Nutzniessung auf jenem Teil der Erbschaft, der im Zeitpunkt des Erbganges nach den ordentlichen Bestimmungen über den Pflichtteil der Nachkommen nicht hätte mit der Nutzniessung belastet werden dürfen. Dies bedeutet, dass der Pflichtteil der gemeinsamen oder während der Ehe gezeugten nichtgemeinsamen Kinder oder deren Nachkommen bei einer erneuten Heirat wiederherzustellen ist. Die Nutzniessung ist folglich auf den Wert zu reduzieren, «der kapitalisiert der verfügbaren Quote und dem Pflichtteil des Ehegatten entspricht» (kritisch: DRUEY, Das neue Erbrecht und seine Übergangsordnung, in: Vom alten zum neuen Eherecht, Bern 1986, S. 173; einlässlich hiezu auch STEINAUER, L'art. 473 al. 3 CC: Droit actuel et projet de révision, in ZSR 1980 I 341 ff).

422 Zur Berücksichtigung der Wiederverheiratungswahrscheinlichkeit: → die statistischen Durchschnittswerte der schweizerischen Bevölkerung für Witwen und Witwer in N 845. Die dort tabellierten Abzüge stellen jedoch insoweit Höchstwerte dar, als sie darauf beruhen, dass im Falle einer Wiederverheiratung die Rente bzw. die Nutzniessung vollständig und nicht nur im Umfang des Pflichtteils gemäss ZGB 473 III ein Ende findet. Zudem bilden die tabellierten Werte blosse Richtwerte, da in erster Linie, wie im Haftpflichtrecht, auf die konkreten Umstände des Einzelfalles abzustellen ist.

423 Die nuda proprietas entspricht dem Wert des Nutzniessungsobjektes abzüglich dem Kapitalwert der Nutzniessung.

424 Im Beispiel:

	100'000 Fr.	(Nutzniessungsobjekt)
	−70'950 Fr.	(Wert der Nutzniessung)
	29'050 Fr.	(nacktes Eigentum)

425 Der Erblasser kann dem überlebenden Ehegatten ein Wahlrecht einräumen, wonach dieser entweder zwischen der grösstmöglichen Quote, d. h. 5/8 zu vollem Eigentum oder im Rahmen von ZGB 473 eine geringere disponible Quote des Nachlasses zu Eigentum und ausserdem den ganzen Rest zu Nutzniessung wählen darf (hiezu S. BURCKHARDT in SJZ 83/1987 S. 4–8). Kontrovers ist dabei der Umfang der verfügbaren Quote bei Anwendung von ZGB 473 in der neuen Fassung vom 5.10.1984. Drei Interpretationen werden vorgeschlagen, nämlich 3/8, 2/8 oder 1/8: vgl. hiezu die Übersicht bei DESCHENAUX/STEINAUER, S. 540 ff. Wird von einer disponiblen Quote von 3/8 ausgegangen, so kann der Erblasser dem überlebenden Ehegatten das volle Eigentum an 3/8 des Nachlasses und zusätzlich 5/8 des Nachlasses zu Nutzniessung zuhalten. Rein rechnerisch ergeben sich daraus folgende Altersgrenzen, welche das Wahlrecht beeinflussen können: Ist die überlebende Ehegattin im Zeitpunkt des Todes des Erblassers älter als 72 Jahre, ist es für sie grundsätzlich günstiger, 5/8 zu Eigentum zu wählen. Ist sie weniger als 72 Jahre alt, dürfte für sie die Wahl von 3/8 zu Eigentum und 5/8 zu Nutzniessung prinzipiell vorteilhafter sein. Für den überlebenden Ehemann liegt die entsprechende Altersgrenze bei 66 Jahren, wenn ebenfalls sowohl von einem Ertrag von 3,5% als auch einem Kapitalisierungszinsfuss von 3,5% ausgegangen wird und die Möglichkeit einer Reduktion im Sinne von ZGB 473 III wegen Wiederverheiratung ausser acht gelassen wird.

426 Beträgt die verfügbare Quote gemäss ZGB 473 dagegen nur 1/8 oder 2/8 zu Eigentum und der Rest zu Nutzniessung oder wird ein anderer Kapitalisierungszinsfuss gewählt, verschiebt sich die Altersgrenze. Wird z. B. von einem Nachlass eines Erblassers im Gesamtwert von 800'000 Fr., einem Nutzniessungsertrag von 4,5% und einer disponiblen Quote bei Anwendung von ZGB 473 von 2/8 ausgegangen, so ergibt sich folgende Rechnung: Wann ist 5/8 zu Eigentum gleichwertig 2/8 zu Eigentum und dem Ertrag von 6/8 der Nutzniessung multipliziert mit dem entsprechenden Kapitalisierungsfaktor, d. h. 500'000 Fr. = 200'000 Fr. + 4,5% × 600'000 Fr. × Faktor Tafel 45 zu 4,5%? Daraus resultiert ein Faktor von 11.11, was laut Tafel 45 bei 4,5% einem Alter von 71 Jahren entspricht.

427 **Zuweisung der Wohnung an den überlebenden Ehegatten**

Der überlebende Ehegatte kann die Nutzniessung am Haus oder an der Wohnung oder ein Wohnrecht beanspruchen: ZGB 219/244 II sowie 612a: → Beispiel 50 (Wohnrecht) und Beispiel 52 (Nutzniessung). Dauert das entsprechende Recht des überlebenden Gatten, solange er lebt, kann der Zuweisungspreis mit Tafel 44/45 berechnet werden, indem der entsprechende Faktor mit dem jährlichen Wert bzw. Ertrag multipliziert wird, den Dritte beispielsweise für die Miete entrichten müssten. Ist eine zeitliche Beschränkung anzunehmen, so ist eine temporäre Leibrente mit den Tafeln 33/34 zu kapitalisieren.

Erbrecht **Beispiel 49**

Herabsetzung
(ZGB 530)

Der Erblasser hinterlässt eine Tochter und vermacht einem 50jährigen, invaliden Freund eine lebenslängliche Rente in der Höhe von 5'000 Fr. im Jahr. Der Nachlass betrage 200'000 Fr., die disponible Quote gemäss ZGB 471 ein Viertel, der verfügbare Betrag somit Fr. 50'000. Kann die Tochter Herabsetzung der Rente verlangen?

Berechnung

a) Kapitalwert der Leibrente
Alter des Bedachten im Zeitpunkt des Todes des Erblassers — 50 Jahre
Jahresbetrag der Rente — 5'000 Fr.
Kapitalwert der Rente → Tafel 44
Tafel 44^2, Alter des Mannes 50, Zinsfuss 5% → Faktor 14.77
Kapitalwert: 14.77 × 5'000 Fr. = **73'850 Fr.**

b) Herabsetzung der Rente
Verfügbarer Betrag — 50'000 Fr.
Umrechnung in entsprechende Leibrente → Tafel 44
Tafel 44^2, Alter des Mannes 50, Zinsfuss 5% → Faktor 14.77
herabgesetzte Rente im Jahr: 50'000 Fr. : 14.77 = **3'385 Fr.**

Bemerkungen

428 Die Herabsetzung setzt eine Pflichtteilsverletzung voraus. Ist die Erbschaft mit einer Rente belastet, ist deren Kapitalwert zu ermitteln, um feststellen zu können, ob die Erben allenfalls in ihren Pflichtteilen verletzt sind.

429 Übersteigt der Kapitalwert der Rente den verfügbaren Teil der Erbschaft, so können die Erben gestützt auf ZGB 530 entweder die verhältnismässige Herabsetzung oder, unter Überlassung des verfügbaren Teils der Erbschaft an den Bedachten, deren Ablösung verlangen.

BEISPIEL (49)

430 Hat der überlebende Ehegatte mit Nachkommen zu teilen, so kann ihm der Erblasser ⅝ zu Eigentum zuwenden. Die Pflichtteile der Nachkommen sind aber auch gewahrt, wenn der Erblasser nach ZGB 530 dem überlebenden Gatten die Nutzniessung am ganzen Nachlass zukommen lässt, sofern die Witwe im Zeitpunkt des Erbganges mindestens ca. 57 oder der Witwer mindestens ca. 49 Jahre alt ist und ein Zinsfuss von 3,5% gewählt wird. Die Berechnung ist folgende:

$$\text{⅝ Nachlass} = 3{,}5\% \times \text{Nachlass} \times \text{Faktor Tafel 30}$$

431 In Worten: Die verfügbare Quote ist gleich gross wie der Kapitalwert der Nutzniessung, wenn der Faktor der Tafel 30 ca. 17.86 beträgt.

432 Denn aus der Formel ergibt sich:

$$\text{Faktor} = \frac{5}{8} : \frac{3{,}5}{100} = 17.86$$

433 Zur Berechnung der Altersgrenze → GEISER, a. a. O., S. 131 N 25, wobei die leichte Erhöhung im Vergleich zur dritten Auflage auf die längere Lebenserwartung zurückzuführen ist. Ferner DESCHENAUX/STEINAUER, zit. in Beispiel 48 (N 419).

434 Anderer Zinsfuss: Wenn der Nachlass beispielsweise einen Ertrag von 5% abwirft und dementsprechend ein Kapitalisierungszinsfuss von 5% gewählt wird, so gilt die Formel:

$$\text{⅝ Nachlass} = 5\% \times \text{Nachlass} \times \text{Faktor Tafel 44/45 zu 5\%}$$

435 Die Altersgrenzen erhöhen sich dann für eine Witwe auf ca. 66 Jahre und für einen Witwer auf ca. 59 Jahre. Bei einem Zinsfuss von 4% würden die entsprechenden Altersgrenzen bei 60 bzw. 53 Jahren liegen.

436 Die Berechnungsmethode ist dieselbe, wenn statt einer Rente eine andere periodische Leistung erbracht wird (z. B. Nutzniessung, Wohnrecht oder Unterhaltsleistungen). Falls die periodische Leistung zeitlich limitiert ist, sind temporäre Leibrenten (Tafeln 33/34) oder Zeitrenten (Tafel 50) zu kapitalisieren.

Sachenrecht Beispiel 50

Lebenslängliches Wohnrecht
(ZGB 776)

Eine 75jährige Eigentümerin verkauft ihr Einfamilienhaus einer Pensionskasse, will aber weiterhin darin wohnen. Der zukünftige, jährliche Wert ihres Wohnrechts wird auf 24'000 Fr. veranschlagt. Welches ist der entsprechende Kapitalwert ihres Wohnrechts?

Berechnung

Alter der berechtigten Frau	75 Jahre
zukünftiger Wert des Wohnrechts im Jahr	24'000 Fr.
Dauer des Wohnrechts: solange sie lebt →	Tafel 45
Tafel 45^2, Alter der Frau 75, Zinsfuss 4,5% →	Faktor 9.52
Kapitalwert des Wohnrechts: 9.52 × 24'000 Fr. =	228'480 Fr.

Bemerkungen

437 In der Regel wird ein Wohnrecht lebenslänglich gewährt. Es ist aktiv unvererblich, aber passiv vererblich, sofern nichts anderes vereinbart wird. Soll der Wert eines derartigen lebenslänglichen Wohnrechts bestimmt werden, so ist eine Leibrente auf das Leben der berechtigten Person mit den Tafeln 44/45 zu kapitalisieren.

438 Im Beispiel wird von einem angenommenen Nominalzins von 4,5% ausgegangen, da die zu erwartende Steigerung des jährlichen Wertes des Wohnrechts bereits berücksichtigt ist. Wird statt dessen vom gegenwärtigen Wert des Wohnrechts (ohne Berücksichtigung zukünftiger Wertänderungen) ausgegangen, so könnte entweder eine steigende Rente oder ein entsprechend niedriger Kapitalisierungszinsfuss gewählt werden (N 1149).

439 Ein Wohnrecht kann auch durch Vermächtnis begründet werden (BGE 91 II 94/97) und untersteht gegebenenfalls der Herabsetzung: → Beispiel 49. Zum Wohnrecht des überlebenden Ehegatten: → Beispiel 48 (N 427). Ist mehr als eine Person berechtigt: → Beispiel 51.

440 Weiteres zur Berechnung eines Wohnrechts bei NAEGELI, Handbuch des Liegenschaftsschätzers, 2. Auflage Zürich 1980, S. 242 ff.

Sachenrecht Beispiel 51

Wohnrecht eines Ehepaares

Ein Ehepaar verkauft ihre Liegenschaft gegen Anrechnung des Kapitalwertes eines lebenslänglichen Wohnrechts an den Verkaufspreis. Der Kaufpreis betrage 500'000 Fr., der jährliche Wert des Wohnrechts wird auf 20'000 Fr. veranschlagt, d. h. auf 4% von Fr. 500'000.

Berechnung

Alter des Ehemannes	66 Jahre
Alter der Ehefrau	65 Jahre
jährlicher Wert des Wohnrechts	20'000 Fr.
Dauer: solange einer der beiden Ehegatten lebt, Verbindungsrente auf das längere Leben →	Tafeln 30/35
Tafel 30, Alter des Mannes 66 →	Faktor 11.62
Tafel 30, Alter der Frau 65 →	Faktor 14.71
total	Faktor 26.33
minus Tafel 35[14], Alter des Mannes 66, der Frau 65 →	Faktor − 10.32
Faktor für eine Rente auf das längere Leben zu 3,5%	16.01
Umrechnung auf den Kapitalisierungszinsfuss von 4%: Korrekturfaktor pro 0,5% gemäss N 1156, Zeile B →	6%
3,5% auf 4% umgerechnet: 6% von 16.01 =	0.96
ein höherer Zinsfuss ergibt einen niedrigeren Kapitalwert, weshalb der Korrekturbetrag zu subtrahieren ist:	Faktor 16.01
minus Korrekturbetrag	− 0.96
Verbindungsrente auf das längere Leben zu 4%	Faktor 15.05
Kapitalwert des Wohnrechts: 15.05 × 20'000 Fr. =	301'000 Fr.

Bemerkungen

441 Dauer: Das Wohnrecht dauert auf das längere Leben, d. h. bei Vorversterben des Mannes bis zum Tod der Frau bzw. bei Vorversterben der Frau bis zum Tod des Mannes. *Eine Verbindungsrente auf das längere Leben wird wie folgt kapitalisiert: die Summe der beiden Leibrentenfaktoren auf ein Leben abzüglich dem Faktor der Verbindungsrente auf das kürzere Leben.*

442 Zins: Da der jährliche Wert des Wohnrechts von 20'000 Fr. in diesem Beispiel 4% des Kaufpreises beträgt, kann unter Umständen auch ein Kapitalisierungszinsfuss von 4% gewählt werden.

Rechtsprechung

443 VerwGer. BS in BJM 1984 S. 206: Kapitalisierung eines lebenslänglichen Wohnrechts zu Gunsten des Veräusserers einer Liegenschaft sowie seiner Gattin.

Sachenrecht **Beispiel** 52

Nutzniessung
(ZGB 745)

Die Nutzniesserin sei 18 Jahre alt und erhalte für die Dauer von 8 Jahren das Recht an Zinsen eines Nutzniessungskapitals von Fr. 200'000. Der durchschnittliche Ertragswert wird auf 7'000 Fr. im Jahr veranschlagt, ausgehend von einem zu erwartenden Zins von 3½%. Welches ist der Kapitalwert dieser Nutzniessung?

Berechnung

Alter der Nutzniesserin	18 Jahre
Nutzniessungswert im Jahr	7'000 Fr.
Dauer der Nutzniessung (temporäre Leibrente): 8 Jahre →	Tafel 34
Tafel 34[1], Alter der Frau 18, Dauer 8 Jahre →	Faktor 7.00
Kapitalwert der Nutzniessung: 7.00 × 7'000 Fr. =	<u>49'000 Fr.</u>

Bemerkungen

444 Die Nutzniessung gibt dem Berechtigten ein beschränktes dingliches Recht auf Gebrauch an einer Sache oder an einem Recht.

445 Ist die Sache verbrauchbar, erhält der Nutzniesser grundsätzlich das Eigentum, wird aber für den Kapitalwert zu Beginn der Nutzniessung ersatzpflichtig: ZGB 772 I.

446 Zur Nutzniessungsdauer: diese ist entweder als Leibrente auf das Leben einer Person (Tafel 44/45) oder als temporäre Leibrente mit einer zusätzlichen zeitlichen Begrenzung (Tafel 33/34) oder als Zeitrente (Tafel 50) auf eine im voraus bestimmte Anzahl Jahre ausgestaltet.

Hinweise zur Kapitalisierung:

– Beispiel 50 (Leibrente auf ein Leben)
– Beispiel 51 (Verbindungsrente auf das längere Leben)
– Beispiel 40 (Verbindungsrente auf das kürzere Leben)
– Beispiel 53 (Zeitrente).

Sachenrecht   Beispiel 53

Baurecht
(ZGB 779)

Ein Grundeigentümer gewährt einem Bauherrn ein Baurecht als Dienstbarkeit. Der Bauherr hat hiefür einen jährlich im voraus zahlbaren, indexierten Baurechtszins zu zahlen. Das Baurecht wird für die Dauer von 70 Jahren eingeräumt. 20 Jahre später erwägen die Parteien eine Ablösung des Baurechts.

Berechnung

Jährlicher Baurechtszins heute	100'000 Fr.
Restliche Baurechtsdauer: 70 Jahre − 20 Jahre =	50 Jahre
Dauer der Zeitrente: 50 Jahre →	Tafel 50
Tafel 50^2, Dauer 50 Jahre, Zinsfuss 1% →	Faktor 39.41
Korrekturfaktor, weil der Baurechtszins nicht monatlich vorschüssig, sondern jährlich vorschüssig zahlbar ist	1.0046
1.0046 × 39.41 =	korrigierter Faktor 39.59
Kapitalwert des Baurechts: 39.59 × 100'000 Fr. =	__3'959'000 Fr.__

Bemerkungen

447 Das Baurecht ist, sofern nichts anderes vereinbart wird, vererblich und übertragbar (ZGB 779 II). Ist die Dauer limitiert, ist eine Zeitrente (Tafel 50) zu kapitalisieren. Der Kapitalwert des Baurechts ergibt sich durch Multiplikation des entsprechenden Faktors für die vorgesehene oder verbleibende Dauer mit dem vereinbarten oder zu erwartenden jährlichen Baurechtszins.

448 Statt als Dienstbarkeit kann auch ein selbständiges und dauerndes Baurecht im Grundbuch als separates Grundstück eingetragen werden, wobei die gesetzlich zulässige Höchstdauer auf 100 Jahre befristet ist (ZGB 779 lit. 1).

449 Im Beispiel wird von einem niedrigen Kapitalisierungszinsfuss von 1% ausgegangen, da der Baurechtszins an einen Index (z. B. Baukosten- oder Mietindex) gebunden ist (N 1150).

450 Ist der Baurechtszins nicht monatlich vorschüssig zu leisten, ist eine entsprechende Korrektur vorzunehmen: → N 1184.

BEISPIEL (53)

451 Für weitergehende Fragen siehe NAEGELI, Handbuch des Liegenschaftenschätzers, 2. Auflage Zürich 1980, S. 254 ff, sowie die Dissertation von H. M. RIEMER, Das Baurecht (Baurechtsdienstbarkeit) des Zivilgesetzbuches und seine Behandlung im Steuerrecht, Zürich 1968.

Rechtsprechung

452 BGE 112 Ib 514: Enteignung eines baurechtsbelasteten Grundstücks. Bei einer verbleibenden Restdauer des Baurechts von 96,5 Jahren kapitalisiert die Vorinstanz eine ewige Rente zu 5,5%. Das Bundesgericht berechnet statt dessen den Kapitalwert der geschuldeten Baurechtszinse nur für die Restdauer, unter Einbezug des diskontierten Wertes des nach Ablauf des Baurechts freiwerdenden Grundstücks und der realen Wertsteigerungen.

Sachenrecht   Beispiel 54

Quellenrecht
(ZGB 780)

Ein bestehendes Recht an der Aneignung und Ableitung von Quellwasser wird auf 2'000 Fr. im Jahr geschätzt. Welches ist der Kapitalwert dieses Quellenrechts, falls es abgelöst werden soll?

Berechnung

Jährlicher Wert	2'000 Fr.
Dauer: ewig (übertragbar und vererblich) →	Tafel 50
Tafel 50^2, ewige Rente, unterste Zeile, Zinsfuss 3% →	Faktor 33.87
Kapitalwert des Quellenrechts: 33.87 × 2'000 Fr. =	__67'740 Fr.__

Bemerkungen

453 Das Quellenrecht ist übertragbar und vererblich, weshalb eine ewige Rente zu kapitalisieren ist: → N 1079 ff. Falls eine bestimmte Dauer des Wasserrechts vorgesehen ist, kann aus derselben Tafel 50 der Faktor für eine entsprechende Zeitrente abgelesen werden.

454 Der Kapitalisierungszinsfuss hängt u. a. davon ab, ob von einem steigenden Wasserpreis auszugehen ist: → N 1150.

Rechtsprechung

455 BGE 113 II 209: Eine Gemeinde verpflichtete sich vor 63 Jahren, einer anderen Gemeinde gegen eine einmalige Kapitalzahlung von 56'000 Fr. auf «ewige Zeiten» 70 Liter Wasser pro Minute zu liefern. Die Wasser liefernde Gemeinde wird gestützt auf ZGB 2 für berechtigt erklärt, den obligatorischen Vertrag entschädigungslos zu kündigen, nachdem die getätigten Investitionen der anderen Gemeinde seit über 22 Jahren amortisiert sind. Durch Verrentung mit Tafel 50 lässt sich der Rentenbetrag ermitteln, welcher dem seinerzeit entrichteten Kapitalbetrag entsprochen hat.

BGE 89 II 293 f: Kapitalisierung des jährlichen Wasserzinses von 4'000 Fr. ergibt bei einem Zinsfuss von 5% einen Streitwert von 80'000 Fr., wobei die Geldentwertung und andere Faktoren, die zur Erhöhung des Wasserzinses führen könnten, nicht berücksichtigt wurden.

Vertragsrecht   Beispiel (55)

Leibrentenvertrag
(OR 516)

Ein 70jähriger Mann erbt ein Vermögen von 600'000 Fr. und erwägt, damit eine lebenslängliche Rente zu kaufen.

Berechnung

Alter des Mannes	70 Jahre
Kapital	600'000 Fr.
Dauer: bis zu seinem Tod →	Tafel 44
Tafel 44², Alter 70, Zinsfuss 3% →	Faktor 10.42
jährliche Rente: 600'000 Fr. : 10.42 (N 483) =	<u>57'582 Fr.</u>

Bemerkungen

456 Das Beispiel ist mit unseren Tafeln berechnet. Diese gelangen aber nur dann zur Anwendung, wenn eine Leibrente nicht bei einer Versicherungsgesellschaft erworben wird: → Marc SCHAETZLE, Komm. zu OR 520. Untersteht eine Leibrente ausnahmsweise dem OR (und nicht dem VVG), so kann der Barwert mit den Tafeln 44/45 ermittelt werden, wenn sie auf ein Leben gestellt ist. Ist sie passiv unvererblich (etwa bei einer schenkungsweise bestellten Rente) oder auf das Leben eines Dritten und zugleich auf das Leben des Rentengläubigers gestellt, so kann eine entsprechende Verbindungsrente mit Tafel 35 kapitalisiert werden. Näheres hiezu bei SCHAETZLE, Komm. zu OR 516 N 46 ff bezüglich Dauer und N 67 ff zur Kapitalisierung und Vererblichkeit.

BEISPIEL (55)

Tarife der Lebensversicherungsgesellschaften

457 In aller Regel werden Leibrenten jedoch bei Lebensversicherungsgesellschaften gekauft, weshalb das VVG zur Anwendung kommt. Dabei werden die Tarife der «Verkäufer» benützt, die vom Bundesamt für Privatversicherungswesen genehmigt werden müssen. Die Versicherungsgesellschaften verwenden hiefür eigene Rechnungsgrundlagen (→ N 910).

458 Eine sofort beginnende, lebenslängliche Rente von einem Franken im Jahr kostet zur Zeit (1988) bei einer Lebensversicherungsgesellschaft:

Alter	Männer	Frauen
50	20.62 Fr.	22.42 Fr.
55	18.57 Fr.	20.50 Fr.
60	16.40 Fr.	18.35 Fr.
65	14.15 Fr.	15.97 Fr.
70	12.00 Fr.	13.55 Fr.
75	9.90 Fr.	11.07 Fr.
80	7.95 Fr.	8.71 Fr.

459 Dieser Tarif gilt für eine monatlich vorschüssige Rente.

460 Ein 70jähriger Mann erhält somit für eine Einmalprämie von 600'000 Fr. eine jährliche Rente von 50'000 Fr. (= 600'000 Fr. : 12.00). Der Unterschied zu 57'582 Fr. erklärt sich einerseits aus Verwaltungskosten, anderseits durch die zusätzlich zu den Renten auszahlbaren Überschussanteile.

Rechtsprechung

461 BGE 111 II 260: → Beispiel 56.

BGE 107 II 226: Vergleich über Kapitalzahlung für Leibrenten, Wohnrechte u. a.

VerwGer. BS in BJM 1984 S. 206: Kapitalisierung einer Leibrente auf das Leben eines Ehepaars mit den Barwerttafeln.

Vertragsrecht   Beispiel 56

Verpfründung
(OR 521)

Der Wert der periodischen Leistungen eines Pfrundgebers für Unterhalt und Pflege werde auf 20'000 Fr. im Jahr geschätzt. Die Pfründerin ist heute 75 Jahre alt. Wie hoch ist der Kapitalwert der Pfrundleistungen?

Berechnung

Alter der Frau	75 Jahre
Wert der Pfrundleistungen im Jahr	20'000 Fr.
Dauer: solange sie lebt →	Tafel 45
Tafel 45^2, Alter 75, Zinsfuss 2,5% →	Faktor 10.91
Kapitalwert der Verpfründung: 10.91 × 20'000 Fr. =	218'200 Fr.

Bemerkungen

462 Beim Verpfründungsvertrag gewährt der Pfrundgeber dem Pfründer «Unterhalt und Pflege auf Lebenszeit» (OR 521 I): hiezu M. SCHAETZLE, Komm. zu OR 521–529, speziell zu Fragen der Kapitalisierung: N 44 ff zu OR 521.

463 Eine Verpfründung kann aus folgenden Gründen beendet werden:
– im gegenseitigen Einverständnis,
– durch Kündigung bei erheblichem Missverhältnis zwischen Leistung und Gegenleistung,
– durch einseitige Aufhebung aus wichtigen Gründen sowie
– bei Tod und Konkurs der Pfrundgebers.

464 Mit Ausnahme des letzten Falles kann der Ablösungswert jeweils mit den Barwerttafeln ermittelt werden. Diese können unseres Erachtens selbst dann benutzt werden, wenn bei «Kündigung» gemäss OR 526 II der Wert der zukünftigen Verpfründung «nach den Grundsätzen einer soliden Rentenanstalt» zu ermitteln ist; denn die Tarife der Versicherungsgesellschaften enthalten einen Unkostenfaktor, der den Wertvergleich verfälscht. Dagegen kommen die Versicherungstarife zur Anwendung (→ Beispiel 68), wenn der Verpfründer in Konkurs fällt.

BEISPIEL (56)

465 Im Beispiel beziehen sich die angenommenen Pfrundleistungen in der Höhe von 20'000 Fr. im Jahr auf den heutigen Wert, weshalb ein kleiner Kapitalisierungszinsfuss angezeigt ist, um zukünftige Erhöhungen der Kosten auszugleichen (→ 1150).

466 Zur temporären oder aufgeschobenen Verpfründung: → SCHAETZLE, Komm. zu OR 521 N 12–16.

Rechtsprechung

467 BGE 111 II 260/262: Der Arbeitgeber verpflichtete sich, seiner Hausangestellten zeit ihres Lebens Unterhalt und Pflege zu gewähren. Bei Auflösung des Arbeitsverhältnisses muss er ihr den Kapitalwert einer entsprechenden Leibrente bezahlen.

BGE 98 II 313: Kapitalisierung der ausstehenden Pfrundleistungen im Zeitpunkt der Konkurseröffnung der Pfrundgebers.

Steuerrekurskommission AG in AGVE 1981 S. 396: Ermittlung des kapitalisierten Wertes einer Verpfründung, die bis zum Tod des Pfrundnehmers bzw. des Pfrundgebers dauert. Gutes Kapitalisierungsbeispiel.

Personalvorsorge   Beispiel 57

Laufende Altersrente

Eine Aktiengesellschaft zahlt ihrem früheren Mitarbeiter vereinbarungsgemäss eine lebenslängliche Rente von 15'000 Fr. im Jahr. Auf der Rente werden Teuerungszulagen gewährt. Welcher Kapitalwert ist für diese Rente in der Bilanz einzusetzen?

Berechnung

Alter des Mannes	70 Jahre
Jahresbetrag der Rente	15'000 Fr.
Dauer: solange er lebt →	Tafel 44
Tafel 44², Alter 70, Zinsfuss 2% →	Faktor 11.22
Kapitalwert der laufenden Altersrente: 11.22 × 15'000 Fr. =	__168'300 Fr.__

Bemerkungen

468 Angesichts der zukünftigen Teuerungszulagen ist es angezeigt, einen kleinen Kapitalisierungszinsfuss zu wählen, was vorsichtigen Bilanzierungsgrundsätzen entspricht: → N 1146 ff.

469 In ähnlicher Weise können andere laufende Renten kapitalisiert werden. Bei Witwenrenten wäre gegebenenfalls die Wiederverheiratungswahrscheinlichkeit (BVG 22 II: → N 843 ff), bei Invalidenrenten die Möglichkeit der Reaktivierung (BVG 26 III), bei Waisenrenten das Schlussalter (BVG 22 III) zu berücksichtigen.

Personalvorsorge **Beispiel 58**

Anwartschaft auf Altersrente

Ein 50jähriger Arbeitnehmer ist bei einer Pensionskasse versichert, die ihm nach ihrem Reglement vom Alter 65 an eine Altersrente von 30'000 Fr. im Jahr ausrichten wird. Anlässlich der bevorstehenden Scheidung stellt sich die Frage nach dem Kapitalwert dieser anwartschaftlichen Rente.

Berechnung

Alter des Mannes	50 Jahre
jährliche Altersrente	30'000 Fr.
Dauer: ab Alter 65 bis zu seinem Tod →	Tafel 31
Tafel 31[4], Alter 50, aufgeschoben um 15 Jahre →	Faktor 6.31
Kapitalwert der anwartschaftlichen Altersrente: 6.31 × 30'000 Fr. =	189'300 Fr.

Bemerkungen

470 Die Rente beginnt in 15 Jahren zu laufen, wenn der Mitarbeiter 65 wird, und läuft, solange er lebt. Die Tafel 31 enthält die entsprechenden Kapitalisierungsfaktoren aufgeschobener Leibrenten.

471 Ist die Altersrente für eine Frau bestimmt, ist Tafel 32 zu verwenden.

472 Der Tafel 31 liegt ein Zinsfuss von 3,5% zugrunde. Mit diesem Kapitalisierungszinsfuss soll eine zukünftige Anpassung der Rente an eine allfällige Teuerung teilweise berücksichtigt werden: → N 1124 ff. Für die Umrechnung auf einen anderen Kapitalisierungszinsfuss: → N 1152 ff.

473 Vgl. auch Beispiel 43, in dem die Anwartschaft auf Altersleistungen in eine sofort beginnende Rente umgerechnet wird.

Personalvorsorge **Beispiel 59**

Anwartschaft auf Witwenrente

Zusätzlich zur aufgeschobenen Altersrente im Beispiel 58 wird gemäss Reglement der Pensionskasse eine Witwenrente in der Höhe von 60% der Altersrente ausgerichtet, falls der Mann vor der Frau stirbt.

Berechnung

Alter des Mannes	50 Jahre
Alter der Frau	48 Jahre
jährliche Witwenrente: 60% von 30'000 Fr. =	18'000 Fr.
Dauer: solange die Frau nach dem Tod des Mannes lebt	

a) Leibrente für die Frau, Alter 48, Tafel 30 →	Faktor 20.45
b) abzüglich Verbindungsrente Tafel 35[11], Alter des Mannes 50, der Frau 48 →	Faktor −16.58
c) Faktor der anwartschaftlichen Witwenrente	3.87

Kapitalwert der anwartschaftlichen Witwenrente:
3.87 × 18'000 Fr. =   <u>69'660 Fr.</u>

Bemerkungen

474 Die anwartschaftliche Witwenrente wird ausgerichtet für die Zeit, während der die Frau ihren Mann überlebt. Also ist eine Leibrente für die Frau (solange sie lebt) abzüglich einer Verbindungsrente (solange beide leben) zu kapitalisieren.

475 Zum Zinsfuss: → Beispiel 58 (N 472).

476 Bei jüngeren Personen wäre gegebenenfalls die Wahrscheinlichkeit einer allfälligen Wiederverheiratung zu berücksichtigen (BVG 22; → N 843 ff).

BEISPIEL 59

477   **Graphische Darstellung der Anwartschaft auf eine Witwenrente**

$$a - b = c$$

```
                    ┌─────────────────────────────┐
                    │            a)                │
                    │         Leibrente            │
                    │         Tafel 30             │
                    │        Faktor 20.45          │
                    └─────────────────────────────┘
Alter der Frau   48                                  Tod


                    ┌──────────────────┬──────────┐
                    │       b)         │    c)    │
                    │ Verbindungsrente │ Leibrente│
                    │     Tafel 35     │   minus  │
                    │                  │Verbindungsrente│
                    │   Faktor 16.58   │Faktor 3.87│
                    └──────────────────┴──────────┘
Alter des Mannes  50                 Tod des
Alter der Frau    48              Zuerststerbenden
```

192

Personalvorsorge **Beispiel 60**

Deckungskapital

Um die in den vorstehenden Beispielen 58 und 59 angenommenen Leistungen zu finanzieren, entrichten der Arbeitnehmer und der Arbeitgeber zusammen jährliche Beiträge von 8'000 Franken.

Berechnung

Kapitalwert der anwartschaftlichen Leistungen	
anwartschaftliche Altersrente (Beispiel 58)	189'300 Fr.
anwartschaftliche Witwenrente (Beispiel 59)	69'660 Fr.
Gegenwert der zukünftigen Leistungen	258'960 Fr.
abzüglich Gegenwert der zukünftigen Beiträge	
temporäre Leibrente bis Alter 65 des Mannes → Tafel 33	
Tafel 33[4], Alter 50, Dauer 15 Jahre (= 65 − 50) → Faktor 11.27	
Kapitalwert der Beiträge: 11.27 × 8'000 Fr. =	−90'160 Fr.
Deckungskapital	168'800 Fr.

Bemerkungen

478 Nach OR 331 lit. b Abs. 4 bestimmt sich das Deckungskapital wie folgt: Barwert der Leistungen minus Barwert der Beiträge.

479 Die Pensionskassen benützen eigene Rechnungsgrundlagen und zum Teil andere Zinsfüsse: vgl. HELBLING, Personalvorsorge und BVG, 3. Auflage 1987, S. 207–229, und AMREIN/CHUARD/WECHSLER, Kosten und Reserven für BVG- und Pensionskassenleistungen (Barwerttafeln), Zug 1988, sowie die Grundlagen der Eidg. Versicherungskasse (EVK) von 1980 und diejenigen der Versicherungskasse der Stadt Zürich (VZ), ebenfalls von 1980 (→ N 909 und 1015–1017).

480 Die Beispiele 58–60 sind mit einem Zinsfuss von 3,5% gerechnet. Für die Umrechnung auf einen anderen Zinsfuss: → N 1152 ff.

481 Zukünftige Lohnerhöhungen sowie Invaliden- und Waisenleistungen sind nicht berücksichtigt.

482 Werden die Leistungen nicht in Form einer Rente erbracht, sondern als Kapital, so können ähnliche Berechnungen durchgeführt werden, insbesondere mit den Tafeln 40/41 und 48.

Personalvorsorge   **Beispiel 61**

Umwandlung einer Kapitalabfindung in eine Rente

Ein Mann erhält bei seiner Pensionierung eine Kapitalabfindung von 300'000 Fr. Statt dieses Kapitals möchte er eine Rente beziehen, solange er oder seine Frau lebt. Wie hoch ist die entsprechende Rente?

Berechnung

Alter des Mannes	65 Jahre
Alter der Frau	57 Jahre
Höhe der Kapitalabfindung	300'000 Fr.
Dauer: solange mindestens er oder sie lebt,	
Verbindungsrente auf das längere Leben →	Tafel 30/35
Tafel 30, Alter des Mannes 65 →	Faktor 12.00
Tafel 30, Alter der Frau 57 →	Faktor 17.72
total	29.72
minus Tafel 35^{14}, Alter des Mannes 65, der Frau 57 →	Faktor − 11.36
Faktor für eine Rente auf das längere Leben, Zinsfuss 3,5%	18.36
Jahresbetrag der Rente: 300'000 Fr. : 18.36 =	**16'340 Fr.**

Bemerkungen

483   Für die Umrechnung eines Kapitals in eine Rente ist der Kapitalbetrag durch den entsprechenden Faktor zu dividieren.

484   Ist die Rente auf das Leben einer einzigen Person gestellt, ergibt sich der Faktor aus den Tafeln 44/45.

485   Im obigen Beispiel ist angenommen, dass die Rente bis zum Tod des Zuletztsterbenden auszurichten ist. Es handelt sich damit um eine Verbindungsrente auf das längere Leben. Der Faktor einer derartigen Rente wird wie folgt ermittelt: Summe der beiden Leibrentenfaktoren auf ein Leben abzüglich Faktor der Verbindungsrente auf das kürzere Leben.

BEISPIEL (61)

486 Häufig werden Leib- und auch Verbindungsrenten bei Lebensversicherungsgesellschaften erworben. Diese verwenden eigene Rechnungsgrundlagen: → N 910. Auch Pensionskassen benützen regelmässig eigene Rechnungsgrundlagen: → Beispiel 60 (N 479).

487 Die Barwerttafeln können auch zu Vergleichszwecken benützt werden. Im Beispiel ist ein Zinsfuss von 3,5% gewählt, womit der zukünftigen Geldentwertung zum Teil Rechnung getragen wird (N 1124 ff). Für die Umrechnung auf einen anderen Zinsfuss: → N 1152 ff.

Rechtsprechung

488 BGE 113 III 10 (→ Beispiel 68)

Steuerrecht **Beispiel 62**

Erbschafts- und Schenkungssteuer

Ein Erblasser vermacht einer ehemaligen Schulfreundin eine lebenslängliche Rente von 400 Fr. im Monat zu Lasten des Nachlasses. Der Kapitalwert der Rente unterliegt der Erbschaftssteuer.

Berechnung

Alter der Frau	60 Jahre
Jahresbetrag der Rente	4'800 Fr.
Dauer: lebenslänglich →	Tafel 45
Tafel 45², Alter 60, Zinsfuss 4,5% →	Faktor 14.94
Kapitalwert der Rente: 14.94 × 4'800 Fr. =	71'712 Fr.

Bemerkungen

489 Nutzniessungen und Ansprüche auf periodische Leistungen werden für die Berechnung der Erbschafts- und Schenkungssteuer zumeist kapitalisiert.

490 Die Mehrzahl der Kantone verwenden hiezu unsere Barwerttafeln. In einzelnen Kantonen sehen die Gesetze zum Teil eigene Tabellen oder Rechnungsgrundlagen vor oder benützen die von der eidg. Steuerverwaltung herausgegebene Tabelle (→ Beispiel 64) oder stellen (ohne Diskontierung) auf die durchschnittliche Lebenserwartung ab.

491 Zum Zinsfuss: dieser variiert in den Kantonen, die unsere Tafeln gebrauchen, zwischen 3½% und 5¼%. Im Kanton Zürich beispielsweise richtet er sich nach dem durchschnittlichen Zinssatz der Kassenobligationen der Kantonalbank und betrug 1986/87 4½% und 1985 5%.

BEISPIEL (62)

492 Ist der Kapitalwert indexierter Renten zu berechnen, kann ein entsprechend niedriger Zinsfuss gewählt werden (→ N 1146 ff). Im Kanton Zürich entspricht der zu wählende Kapitalisierungsfaktor der mittleren Lebenserwartung, womit Indexierung und Diskontierung gleichmässig gegeneinander aufgewogen werden, was einem Zinsfuss von 0% entspricht (N 1173): vgl. die Weisung der Finanzdirektion über die Bewertung von Nutzniessungen und von Ansprüchen auf periodische Leistungen für die Erbschafts- und Schenkungssteuer vom 30.12.1986, abgedruckt bei ZUPPINGER, Zürcher Steuergesetze, Band II, 2. Aufl., Zürich 1987, S. 110 f.

493 Die Kapitalisierungsfaktoren der Barwerttafeln sind für monatlich vorschüssige Renten berechnet. Sind täglich wiederkehrende oder kontinuierlich zu erbringende Leistungen zu kapitalisieren, sind die Faktoren für Leibrenten um 0,04 zu reduzieren: → N 1179.

Rechtsprechung

494 BJM 1984 S. 206: Berechnung der Kapitalgewinnsteuer bei Einräumung einer Leibrente und eines Wohnrechts.

AGVE 1981 S. 396: Kapitalisierung der Pfrundleistungen zur Berechnung der Schenkungssteuer.

Steuerrecht **Beispiel 63**

Vermögenssteuer

Eine Firma verspricht einer besonders erfolgreichen Filialleiterin beim Austritt eine Rente von 10'000 Fr. im Jahr, zahlbar während 10 Jahren. In ihrer Bilanz führt sie deshalb eine Schuld für die Rentenzusage in der Höhe des Kapitalwertes auf.

Berechnung

Alter der Frau	61 Jahre
Wert der Jahresrente	10'000 Fr.
Dauer: während 10 Jahren, längstens bis zu ihrem Tod →	Tafel 34
Tafel 34^2, Alter der Frau 61, Dauer 10 Jahre →	Faktor 8.27
Kapitalwert der Rente: 8.27 × 10'000 Fr. =	__82'700 Fr.__

Bemerkungen

495 Wird eine Rente lebenslänglich ausgerichtet, ist eine Leibrente mit Tafeln 44/45 zu kapitalisieren. Ist die Leibrente zusätzlich zeitlich limitiert, handelt es sich um eine temporäre Leibrente (Tafeln 33/34 : zu 3,5%). Für die Umrechnung auf einen anderen Zinsfuss: → N 1152 ff.

Steuerrecht **Beispiel 64**

Einkommenssteuer

Ein 60jähriger Mann erhält von seinem Arbeitgeber bei der Beendigung seiner Erwerbstätigkeit eine Kapitalabfindung von Fr. 500'000. Diese wird zu dem Satz besteuert, der anwendbar wäre, wenn er anstelle der Kapitalabfindung eine entsprechende Rente erhalten würde.

Berechnung

Alter des Mannes	60 Jahre
Höhe der Kapitalabfindung	500'000 Fr.
Umwandlung in eine lebenslängliche Rente →	Tafel 44
Tafel 44^2, Alter des Mannes 60, Zinsfuss 3% →	Faktor 14.65
Jahresbetrag der Rente: 500'000 Fr. : 14.65 =	34'130 Fr.

Bemerkungen

496 Bei Kapitalabfindungen für wiederkehrende Leistungen und bei Beendigung eines Arbeitsverhältnisses ist im Bund und in den meisten Kantonen eine besondere Besteuerung vorgesehen. Diese richtet sich nach dem Steuersatz, der sich ergäbe, wenn anstelle der Kapitalabfindung eine entsprechende jährliche Leistung ausgerichtet würde.

497 Für die Umrechnung solcher Kapitalleistungen in lebenslängliche Renten werden auf Bundes- wie auch auf kantonaler Ebene die von der eidg. Steuerverwaltung mit Kreisschreiben vom 28.10.1980 herausgegebenen Umrechnungstabellen verwendet (abgedruckt bei MASSHARDT, Komm. zur direkten Bundessteuer, Art. 40, 2. Aufl., Zürich 1985, S. 235 ff/239 und mit Beispielen bei HELBLING, Personalvorsorge und BVG, 3. Auflage 1987, S. 54 f). Ihr liegen die Einzelrententarife der schweizerischen Versicherungsgesellschaften von 1980 zugrunde: → Beispiel 55. Bei Verwendung dieses Tarifs ergibt sich eine Jahresrente von 30'377 Fr. (= 500'000 Fr. : 16.46).

498 Kapitalabfindungen für Unterhaltsrenten, z. B. gestützt auf ZGB 151 f, die steuerrechtlich als Einkommen beim Berechtigten erfasst werden, sind manchmal in Renten umzurechnen. Sind für die Berechnung der Kapitalabfindung temporäre Renten kapitalisiert worden, so stellt sich die Frage, ob die Rückumrechnung in die entsprechende Jahresrente mit denselben Tafeln erfolgen sollte, die zur Kapitalisierung verwendet worden sind.

Verwaltungsrecht　　　　　　　　　　　　　　　　　　　　　　**Beispiel** 65

Enteignung

Ein Elektrizitätswerk ist konzessioniert zur Ausnützung der Wasserrechte an einem Flusslauf. Die Konzession läuft noch 40 Jahre. Der Wert dieses Rechts wird auf 100'000 Fr. im Jahr veranschlagt. Im Enteignungsverfahren ist der Kapitalwert dieser Konzession zu ermitteln.

Berechnung

Wert der Konzession im Jahr	100'000 Fr.
Restdauer: 40 Jahre →	Tafel 50
Tafel 50, Dauer 40 Jahre, Zinsfuss 5% →	Faktor 17.62
Kapitalwert der Konzession: 17.62 × 100'000 Fr. =	1'762'000 Fr.

Bemerkungen

499　Im Enteignungsfall erhält der Berechtigte (z. B. der Konzessionär) eine Entschädigung für die Nachteile, die ihm aus der Entziehung oder Beschränkung seiner Rechte erwachsen. Für die Expropriation von Dienstbarkeiten sowie den Ersatzanspruch bei vorzeitiger Aufhebung von Miet- oder Pachtverträgen vgl. EntG 23 f.

500　Der Kapitalwert kann mit der Tafel 50 (Zeitrente und ewige Rente) berechnet werden, wenn die Laufdauer nicht vom Leben eines Menschen abhängt. Handelt es sich um eine Leibrente, z. B. wenn ein Nutzniessungsberechtigter enteignet wird, so sind die Tafeln 44/45 zu verwenden.

501　Im Beispiel ist der diskontierte Wert des Werkes nach Ablauf der eingeräumten Konzessionsdauer noch nicht berücksichtigt. Weiter wären die Modalitäten des Heimfalls zu beachten.

502　Der Wahl des Kapitalisierungszinsfusses kommt bei länger dauernden Rechtsverhältnissen erhebliche Bedeutung zu (N 1119).

BEISPIEL 65

Rechtsprechung

503 BGE 112 Ib 514: → Beispiel 53.

BGE 109 Ib 26: Enteignung eines an Dritte verpachteten Kieswerkes. Kapitalisierung der mutmasslichen zukünftigen Pachterträge unter Berücksichtigung der Konzessionsdauer, der Lebensdauer der Gebäulichkeiten und Maschinen, allenfalls notwendiger Investitionen wie auch des Risikos von Ertragsschwankungen infolge wechselnder Nachfrage.

ZR 66/1967 Nr. 1: Kapitalisierung des Mietertrages bei Abtretung von Parkplätzen.

Sicherheitsleistung **Beispiel 66**

Sicherstellung einer Rente

Gemäss Scheidungsurteil wird ein Mann verpflichtet:
a) seiner 54jährigen Frau lebenslänglich monatliche Unterhaltsbeiträge von 500 Fr. sowie
b) seiner 14jährigen Tochter bis zum 22. Altersjahr 800 Fr. monatlich zu zahlen. Beide Renten werden an den Landesindex der Konsumentenpreise angepasst. Kurz nach der Scheidung trifft der Mann Anstalten, sein Vermögen beiseite zu schaffen, weshalb für die zukünftigen Unterhaltsbeiträge Sicherheit verlangt wird.

Berechnung

Künftige Unterhaltsbeiträge
für die Frau 6'000 Fr. im Jahr
für das Kind 9'600 Fr. im Jahr
berechnet als Zeitrenten → Tafel 50

a) für die Frau
Dauer (unten N 515): 100 Jahre − 54 Jahre = 46 Jahre
Tafel 50[1], Dauer 46, Zinsfuss 1% → Faktor 36.93
kapitalisiert: 36.93 × 6'000 Fr. 221'580 Fr.

b) für das Kind
Dauer: 22 Jahre − 14 Jahre = 8 Jahre
Tafel 50[1], Dauer 8, Zinsfuss 1% → Faktor 7.69
kapitalisiert: 7.69 × 9'600 Fr. = 73'824 Fr.

Sicherheitsleistung insgesamt 295'404 Fr.

Bemerkungen

504   Verschiedene Gesetzesbestimmungen sehen eine Sicherstellungspflicht für Renten oder andere periodische Leistungen vor, so etwa:

505   – OR 43 II (sowie EHG 9), wonach der Richter den Schuldner (gegebenenfalls) zur Sicherheitsleistung anzuhalten hat (BGE 52 II 100; 42 II 389/399; KantGer. VS vom 6.9.1979 i. S. Hennemuth, n. p.). Haftpflicht- und Unfallversicherer sind jedoch von einer Sicherstellungspflicht ausgenommen (BREHM, Komm. zu OR 43 N 94).

BEISPIEL (66)

506 – ZGB 292: Sicherheitsleistung der Eltern für künftige Unterhaltsbeiträge.

507 – ZGB 760: Recht des Eigentümers, vom Nutzniesser Sicherheit zu verlangen (gilt auch für die Zuwendung der Nutzniessung an den überlebenden Ehegatten gemäss ZGB 473).

508 – ZGB 218 II: Sicherstellung der Beteiligungsforderung und des Mehrwertanteils im Zusammenhang mit der güterrechtlichen Auseinandersetzung.

509 – ZGB 489 f: Sicherstellung in Fällen der Nacherbeneinsetzung.

510 Für Scheidungsrenten (→Beispiele 40 – 44) kann, soweit sie Schadenersatzcharakter haben, aufgrund von OR 43 II in Verbindung mit ZGB 7 Sicherstellung verlangt werden, wenn die Erfüllung konkret gefährdet ist und der Schuldner zu Sicherheitsleistungen imstande ist (BGE 107 II 396; Max KELLER, Festschrift Hegnauer, zit. in N 352, S. 228). Generell erscheint eine Sicherstellung dann angezeigt, wenn die Zahlungsfähigkeit des Schuldners oder sein Erfüllungswille zweifelhaft erscheint.

511 Bei der Bestimmung der Höhe von Sicherheitsleistungen für zukünftige Renten sind regelmässig **Zeitrenten** zu kapitalisieren. Die Mortalitäts- und die Aktivitätstafeln dagegen sind nicht anzuwenden, da diese auf Wahrscheinlichkeitsrechnungen und statistischen Mittelwerten beruhen. Dabei könnte der Rentengläubiger im Einzelfall zu Verlust kommen, wenn er länger leben sollte, als nach der durchschnittlichen Lebenserwartung anzunehmen gewesen wäre. Bei der Zeitrente ist diese Möglichkeit ausgeschlossen: deren Laufdauer ist im voraus bestimmt und nicht vom Leben oder Sterben eines Menschen abhängig.

512 Bei einer Sicherstellung wird eine Rente nicht durch ein Kapital abgelöst. Das Eigentum verbleibt dem Rentenschuldner. Zeigt es sich, dass beim Tod des Rentenberechtigten die Sicherstellung zu hoch war, so kommt diese wieder dem Rentenschuldner zugute. Er erleidet somit grundsätzlich keinen Verlust, auch wenn der Sicherstellungsbetrag höher ist als der Kapitalwert der Rente.

513 Für welche Dauer ist die Zeitrente zu kapitalisieren? Ausgangspunkt muss die Zeit sein, während der die Rente längstens laufen kann. Ein absolutes Maximum bildet die sogenannte ewige Rente (N 1079 ff). Die Rentendauer hängt im übrigen von den konkreten Verhältnissen ab.

514 Oft wird die Rente bis zum Tod des Rentenberechtigten oder -verpflichteten geschuldet, wobei zusätzlich noch eine bestimmte Höchstdauer gegeben sein kann (wie etwa im obigen Beispiel die Rente für das Kind). Bei einer temporären Rente ist die zu kapitalisierende Zeitrente auf die vorgegebene Laufdauer zu begrenzen.

515 Handelt es sich um eine Leibrente, die zeitlich nicht begrenzt ist, d. h. also lebenslänglich läuft (wie etwa im Beispiel die lebenslängliche Rente für die Frau oder im Falle eines Wohnrechts oder einer Nutzniessung), kann beispielsweise ein Maximalalter von 100 Jahren angenommen werden. Damit dürfte die Sicherheit in aller Regel ausreichen, da es heute immer noch eine Seltenheit ist, 100 Jahre alt zu werden (1980 lebten 43 Männer und 136 Frauen im Alter von 100 oder mehr Jahren in der Schweiz). Ist die betreffende Person bereits bejahrt (z. B. über 80), so darf es verantwortet werden, das Endalter allenfalls noch zu erhöhen. Auch bei vorsichtiger Wahl der maximalen Rentendauer kann der Rentenberechtigte in ganz seltenen Fällen zu kurz kommen. Doch dies ist in Kauf zu nehmen, da es unbillig wäre, den Rentenschuldner in einer Art und Weise zu belasten, die in keinem Verhältnis zum Kapitalwert steht, zu dem er unter Umständen alternativ hätte angehalten werden können.

516 Unseres Erachtens gelten diese Überlegungen im Prinzip auch für das Haftpflichtrecht, falls ausnahmsweise der Haftpflichtige zu einer Sicherstellung verpflichtet werden sollte. BREHM dagegen schlägt vor, auf den niedrigeren Barwert des Invaliditäts- oder Versorgungsschadens abzustellen (Komm. zu OR 43 N 92).

517 Endet eine Rente im Falle der Verheiratung (z. B. gemäss ZGB 153 I → Beispiel 40 N 353 ff), so ist bei der Berechnung der Sicherheitsleistung kein entsprechender Abzug vorzunehmen. Ist indessen eine Heirat bereits in Sichtweite, so mag allenfalls ein Verstoss gegen Treu und Glauben vorliegen, wenn auf einer sofortigen Sicherstellung für die ganze Rentendauer beharrt wird. Wird als Sicherstellung eine Risikoversicherung abgeschlossen, so kann ein Widerrufsverzicht bis zum allfälligen Zeitpunkt einer Wiederverheiratung des Rentenberechtigten begrenzt werden.

518 Macht der Sicherstellungspflichtige im Laufe der Zeit geltend, aufgrund seiner bisherigen Rentenleistungen sei die geleistete Sicherheit nun zu gross geworden und müsse ihm deshalb im entsprechenden Masse zurückbezahlt werden, so ist eine neue Zeitrente zu kapitalisieren und die Differenz dem Ansprecher zur Verfügung zu stellen.

519 Die Sicherheitsleistung ist umso grösser, je länger die Rente bezahlt werden muss. Immerhin ist infolge des Zinseinflusses die Zunahme nicht proportional. Insbesondere erhöht sich der Kapitalwert von Zeitrenten nicht stark, wenn eine an sich lange Zahlungsdauer noch weiter erstreckt wird. Wie aus Tafel 50 ersichtlich ist, beträgt der Faktor bei einem Zinsfuss von 3½% für eine Rentendauer von 40 Jahren 21.76 und für 50 Jahre nur 23.90.

520 Der für die Kapitalwertberechnung anwendbare Zinsfuss (→ N 1142 ff), dürfte im allgemeinen auch für die Kapitalisierung der Sicherheitsleistung benützt werden. Ist Sicherheit für eine indexierte Rente zu leisten, wird meist von einem niedrigen Zinsfuss auszugehen sein.

Prozessrecht   Beispiel 67

Streitwertberechnung

Ein 40jähriger Beamter wird bei einem Verkehrsunfall derart verletzt, dass er in Zukunft keiner Erwerbstätigkeit mehr nachgehen kann. Die Haftungsquote von 100% ist unbestritten. Der Rechtsanwalt des Verletzten geht bei der Berechnung des Invaliditätsschadens von einem zukünftigen Jahreseinkommen von 60'000 Fr. aus und kapitalisiert mit der Aktivitätstafel 20. Der Haftpflichtversicherer anerkennt den angenommenen Erwerbsausfall und leistet entsprechende Akontozahlungen; dagegen verwendet er für die Kapitalisierung die Tafel 18, da der geschädigte Beamte wahrscheinlich längstens bis zum 65. Altersjahr, dem statutarisch vorgesehenen Pensionierungsalter, erwerbstätig geblieben wäre.

Berechnung

Alter des Mannes am Rechnungstag   43 Jahre
jährlicher Erwerbsausfall   60'000 Fr.

a) Kapitalisierung mit Tafel 20 (→Beispiel 1)
   Tafel 20, Alter des Mannes 43 →   Faktor 16.67
   Barwert gemäss Klageschrift: 16.67 × 60'000 Fr. =   1'000'200 Fr.

b) Kapitalisierung mit Tafel 18 (→Beispiel 2)
   Tafel 18[1], Alter 43, Schlussalter 65 → Faktor 14.28
   Barwert gemäss Klageantwort: 14.28 × 60'000 Fr. =   − 856'800 Fr.

c) Streitwert:
   Klägerisches Rechtsbegehren, soweit es bestritten ist, d. h.
   Differenz zwischen a) und b)   143'400 Fr.

(Allfällige Sozialversicherungsleistungen sind nicht berücksichtigt.)

Bemerkungen

521 Bei vermögensrechtlichen Klagen richtet sich die sachliche Zuständigkeit der ordentlichen Gerichte nach dem Streitwert. Nach ihm kann sich auch die Zulässigkeit von Rechtsmitteln bestimmen. Schliesslich hängen die Gerichtsgebühren sowie das Anwaltshonorar u. a. vom Streitwert ab.

522 Bei periodisch wiederkehrenden Leistungen halten die Zivilprozessordnungen im allgemeinen fest, dass deren Kapitalwert als Streitwert gilt: → GULDENER, Schweiz. Zivilprozessrecht, 3. Auflage Zürich 1979, S. 114 N 36.

523 Die vorliegenden Tafeln können für die Streitwertberechnung verwendet werden, soweit nicht eine gesetzliche Norm eine besondere Wertbestimmung vorsieht (wie z. B. ZGB 783 II). Bei ungewisser oder unbeschränkter Dauer gilt zum Teil die zwanzigfache Jahresrente als Kapitalwert (so etwa OG 36 V und ZH ZPO § 21), was dem Barwert einer jährlich nachschüssig zu zahlenden ewigen Rente zu einem Zinsfuss von 5% entspricht.

Rechtsprechung

524 ZivGer. BS in BJM 1981 S. 340 und AppGer. BS in BJM 1980 S. 323: Kapitalisierung des jährlichen Erbschaftsertrages bzw. der Unterhaltsbeiträge zur Bemessung des für die Honorarforderung massgebenden Streitwertes.

ZR 75/1976 Nr. 34: Kapitalwert zukünftiger Mietzinse als Streitwert.

ZR 66/1967 Nr. 86: Kapitalwertberechnung von Unterhaltsbeiträgen im Vaterschaftsprozess zur Bemessung des Anwaltshonorars, ausgehend vom Streitwert.

BGE 89 II 287/294 → Beispiel 54.

Konkursrecht Beispiel 68

Konkurs eines Pfrundgebers

Ein Pfrundgeber fällt in Konkurs. Die Pfrundnehmerin ist 70 Jahre alt und macht ihre Ansprüche in Form einer Kapitalforderung geltend. Der Wert der Pfrundleistungen betrage 25'000 Fr. im Jahr.

Berechnung

Alter der Pfrundnehmerin	70 Jahre
Tarif «einer soliden Rentenanstalt» → Beispiel 55 (N 458):	Faktor 13.55
Kapitalwert der Pfrundleistungen: 13.55 × 25'000 Fr. =	338'750 Fr.

Bemerkungen

525 Gemäss 518 III und 529 II ist, wenn der Leibrentenschuldner oder der Pfrundgeber in Konkurs gerät, der Rentengläubiger oder Pfrundnehmer berechtigt, seine Ansprüche in Form einer Kapitalforderung geltend zu machen. Das Gesetz schreibt dabei vor, dass der Anspruch sich nach dem Kapital bestimmt, mit dem eine Leibrente in der Höhe der zur Zeit der Konkurseröffnung noch ausstehenden Pfrundleistungen bei einer soliden Rentenanstalt erworben werden könnte: → Marc SCHAETZLE, Komm. zu OR 518 N 22 ff und zu OR 529 N 5 ff; ferner vorne Beispiele 55 und 56.

Rechtsprechung

526 BGE 113 II 10 zu SchKG 93 und 275: Beschränkte Pfändbarkeit und Arrestierbarkeit von Kapitalabfindungen aus beruflicher Altersvorsorge. Um den Pfändungsumfang zu bestimmen, ist die Kapitalabfindung in eine jährliche Rente umzurechnen.

BGE 98 II 313: Konkurs des Pfrundgebers. Kapitalisierung der noch nicht erbrachten Pfrundleistungen auf den Zeitpunkt der Konkurseröffnung.

Zinseszinsrechnungen Beispiel 69

Sparen

Beispiel a: einmalige Einlage

Ein Sparheft wird mit 10'000 Fr. bei einer Bank eröffnet und während 7 Jahren mit 4% verzinst. Es erfolgen weder Einlagen noch Rückzüge. Welches ist zusammen mit den Zinseszinsen der Betrag nach 7 Jahren?

Anfangskapital	10'000 Fr.
aufgezinst →	Tafel 49
Tafel 49³, Dauer 7 Jahre, Zins 4% →	Faktor 1.315932
Kapital nach 7 Jahren: 1.315932 × 10'000 Fr. =	<u>13'159 Fr.</u>

Bemerkungen

527 Angenommen ist ein konstanter Zins von 4%.

528 Die Bank schreibt am Ende jeden Jahres den Zins für ein Jahr gut, also sind Zinseszinsen einzurechnen. Sämtliche Faktoren der Barwerttafeln berücksichtigen diese Methode.

Beispiel b: monatliche Einlagen

Statt einer einmaligen Einlage werden monatlich 100 Fr. auf das Sparheft einbezahlt.

Einlagen im Jahr: 12 × 100 Fr. =	1'200 Fr.
Die Summe der Einlagen während 7 Jahren einschliesslich Zins:	
Endwert einer Zeitrente →	Tafel 51
Tafel 51³, Dauer 7 Jahre, Zinsfuss 4% →	Faktor 8.068399
geäufnetes Kapital nach 7 Jahren: 8.068399 × 1'200 Fr. =	<u>9'682 Fr.</u>

Bemerkungen

529 Umgekehrt kann auch berechnet werden, wie hoch die monatlichen Einlagen sein müssen, um ein bestimmtes Kapital anzusparen. Soll ein Kapital von beispielsweise 13'000 Fr. in 7 Jahren geäufnet werden, so ist eine Einlage von 13'000 Fr. : 8.068399 = 1'611 Fr. im Jahr, d. h. 134 Fr. monatlich, zu leisten.

Zinseszinsrechnungen Beispiel 70

Abzahlung einer Schuld

Beispiel a: vorzeitige Rückzahlung

Ein Schuldner ist verpflichtet, in zwei Jahren 10'000 Fr. und im Jahr 7% Zins zu entrichten. Wie viel muss er bezahlen, wenn er die Schuld bereits heute begleichen würde?

Schuld nach 2 Jahren	10'000 Fr.
vorzeitige Rückzahlung: Abzinsungsfaktor zu 7%	
$\dfrac{1}{1{,}07 \times 1{,}07} =$	Faktor 0,8734
Barwert: 0,8734 × 10'000 Fr.	__8'734 Fr.__

Bemerkungen

530 Der Barwert ist kleiner als die Schuld, da der Gläubiger das Kapital bereits heute erhält und dieses an Zins legen kann. Der Abzinsungsfaktor zu 7% ist mittels der Formel zu Tafel 48 im Anhang III berechnet (→ N 1155).

BEISPIEL (70)

> *Beispiel b: monatliche Abzahlung*
>
> Eine Schuld von 10'000 Fr. sei in 7 Jahren durch konstante Tilgungsraten bei einem Zinsfuss von 5% abzuzahlen.
>
> | | |
> |---|---:|
> | Schuld | 10'000 Fr. |
> | Abzahlungsdauer: | 7 Jahre |
> | jährliche Tilgungsrate → | Tafel [52] |
> | Tafel 52[3], Dauer 7 Jahre, Zinsfuss 5% → | Faktor 0.168296 |
> | Jahresbetrag der Tilgung: 0.168296 × 10'000 Fr. = | 1'683 Fr. |
> | Monatliche Tilgungsrate: 1'683 Fr. : 12 = | <u>140.25 Fr.</u> |

Bemerkungen

531 Die jährliche Tilgungsrate wird mit dem reziproken Faktor des Barwertes einer Zeitrente berechnet. Kontrollrechnung:

Barwert einer Zeitrente von	1'683 Fr. im Jahr
Tafel 50[3], Dauer 7 Jahre, Zinsfuss 5% →	Faktor 5.941920
Barwert: 5.94192 × 1'683 Fr. =	<u>10'000 Fr.</u>

Dritter Teil

Erläuterungen

Übersicht

		Note
I.	**Kapitalisierung im Haftpflichtrecht**	
1.	Schadenausgleich bei Personenschäden	532
2.	Kapital oder Rente	576
3.	Kapitalisierungsmethode	619
II.	**Schaden infolge Körperverletzung**	
1.	Anspruchsgrundlagen	659
2.	Invaliditätsgrad	668
3.	Erwerbs- und Arbeitsausfall	684
4.	Dauer des Invaliditätsschadens	707
5.	Zeitpunkt der Kapitalisierung	722
6.	Sozialversicherungsregress	730
7.	Ersatz der Kosten	749
III.	**Schaden infolge Tötung**	
1.	Anspruchsgrundlagen	764
2.	Versorgungsausfall	770
3.	Mehrere Versorgte	796
4.	Versorgungsdauer	817
5.	Wiederverheiratung oder Scheidung	843
6.	Zeitpunkt der Kapitalisierung	862
7.	Sozialversicherungsregress	867
IV.	**Kapitalisierung ausserhalb des Haftpflichtrechts**	
1.	Anwendung (Rentenauskauf, Wertvergleich, Verrentung)	885
2.	Barwerttafeln und andere Tabellen	903
3.	Hinweise zur Kapitalisierung	914

I. Kapitalisierung im Haftpflichtrecht

532 *Literaturhinweise*

Die haftpflichtrechtliche Literatur ist seit Erscheinen der dritten Auflage (1970) stark angewachsen und heute derart reichhaltig, dass wir uns auf Fragen, die einen engen Bezug zur Kapitalisierung aufweisen, beschränken.

Die nachfolgenden Standardwerke sind nur mit dem Autorennamen zitiert:

KARL OFTINGER	Schweizerisches Haftpflichtrecht Allgemeiner Teil (Band I): 4. Aufl. 1975 Besonderer Teil: OFTINGER/STARK (Bände II/1−3), ab 1987
ROLAND BREHM	Berner Kommentar zum Obligationenrecht (OR 41−61) 1. Lieferung zu OR 41−44, 1986 2. Lieferung zu OR 45−48, 1987
ALFRED KELLER	Haftpflicht im Privatrecht Band I: 4. Aufl. 1979 Band II: Schadenberechnung/Genugtuung/Ersatzpflicht mehrerer/Verjährung, 1987
HENRI DESCHENAUX/ PIERRE TERCIER	La responsabilité civile, 2. Aufl. 1982
MAX KELLER/ VALENTIN LANDMANN	Haftpflichtrecht. Ein Grundriss in Tafeln, 2. Aufl. 1980
MAX KELLER/SONJA GABI	Das Schweizerische Schuldrecht, Band II, Haftpflichtrecht, 2. Aufl. 1988
EMIL STARK	Ausservertragliches Haftpflichtrecht, Skriptum, 2. Aufl. 1988
HANS MERZ	Schweizerisches Privatrecht, Obligationenrecht, Allg. Teil, Band VI/1, § 17, 1984

Monographien zum Invaliditäts- und Versorgungsschaden:

PAUL SZÖLLÖSY	Die Berechnung des Invaliditätsschadens im Haftpflichtrecht europäischer Länder, 1970
PIERMARCO ZEN-RUFFINEN	La perte de soutien, Diss. 1979
EMIL STARK	Berechnung des Versorgerschadens. Ausgewählte Fragen, in ZSR 105/1986 I S. 337–378

Das Haftpflichtrecht wird zunehmend vom Sozialversicherungsrecht beeinflusst und überlagert. Zum Regressrecht, das die Verbindung schafft:

ROLAND SCHAER	Grundzüge des Zusammenwirkens von Schadenausgleichsystemen, 1984
ALFRED MAURER	Sozialversicherungsrecht, Band I, 1979 Sozialversicherungsrecht, Band II, 1981 Unfallversicherungsrecht, 1985
GERHARD STOESSEL	Das Regressrecht der AHV/IV gegen den Haftpflichtigen, Diss. 1982

Weitere Literaturhinweise zu besonderen Fragen finden sich im Kontext, ein ausführliches Literaturverzeichnis im Anhang I.

HAFTPFLICHTRECHT

1. Schadenausgleich bei Personenschäden

533 Haftung im Sinne des Haftpflichtrechts heisst Einstehenmüssen für die wirtschaftlichen Folgen eines schädigenden Verhaltens oder Ereignisses. Eine Verpflichtung zu Schadenersatz kann aus Delikt, aus Vertragsverletzung oder kraft öffentlichen Rechts entstehen. Die entsprechenden Verschuldens-, Kausal- und Gefährdungshaftungsnormen bilden die Grundlage.

534 Zu den sachlichen und persönlichen Voraussetzungen der Haftpflicht wird auf die einschlägige Literatur verwiesen. Nachfolgend sind lediglich Fragen des Schadens, der Schadensberechnung und des Schadenersatzes angeschnitten.

535 Einzubeziehen ist schliesslich das Regressrecht, wenn in der Folge gesundheitlicher Schädigungen oder Tod einerseits ein Haftpflichtiger schadenersatzpflichtig wird, anderseits Sozialversicherungsleistungen erbracht werden.

A. Schaden

536 Schaden ist eine allgemeine Voraussetzung der Haftpflicht und bedeutet materielle Einbusse. Zwei Vermögensstände werden miteinander verglichen: Der Schaden bildet die Differenz zwischen dem gegenwärtigen Stand des Vermögens des Geschädigten und dem Stand, den das Vermögen hätte, wenn das schädigende Ereignis nicht eingetreten wäre.

537 Der Schadensbegriff gründet auf der Differenztheorie. Ein Schaden kann grundsätzlich nur entstehen, wenn ein schädigendes Ereignis zu einer Vermögensverminderung führt (Ausnahmen: N 700 und 790 f).

538 Aus dem so definierten Schadensbegriff folgt, dass nicht die Körperverletzung oder Tötung an sich einen Schaden im haftpflichtrechtlichen Sinn darstellt, sondern ausschliesslich die finanziellen Folgen eines Unfalls. Auswirkungen immaterieller Art können allenfalls über die Genugtuung aufgefangen werden.

539 Im Zusammenhang mit der Kapitalisierung stehen Dauerschäden im Vordergrund, d.h. längerfristige Vermögenseinbussen. Dabei handelt es sich um zukünftige, hypothetische Vermögensminderungen, die im Zeitpunkt der Schadensberechnung und der Kapitalisierung noch gar nicht oder nur zum Teil entstanden sind und deren Ausmass lediglich geschätzt werden kann.

540 Dem Grundsatz nach ist jeder geldwerte Nachteil, der dem Geschädigten entsteht, auszugleichen. Voraussetzung ist, dass die Einbusse auf das Schadenereignis zurückzuführen ist, für das ein Haftpflichtiger einzustehen hat. Die entsprechenden Vermögensnachteile, soweit sie vom Gesetz oder von der Rechtsprechung zugelassen werden, bilden den haftpflichtrechtlich relevanten Schaden (hiezu einlässlich SCHAER § 2).

B. Schadensberechnung

541 Steht fest, was zum relevanten Schaden gehört, so ist das Schadenausmass zu ermitteln. Beim Invaliditätsschaden lautet die Hauptfrage: Wieviel hätte der Verletzte in Zukunft durch seine Arbeit verdient, wenn der Unfall sich nicht ereignet hätte? Beim Schaden infolge Tötung: In welchem Umfang wären die Versorgten künftig unterstützt worden?

542 Schadenereignisse können gleichzeitig auch mit Vorteilen verbunden sein. Vermögensvorteile sind grundsätzlich an den Schaden anzurechnen, wenn sie auf das schädigende Ereignis zurückzuführen sind und ein Ausgleich zumutbar ist: vgl. hiezu Rolf KUHN, Die Anrechnung von Vorteilen im Haftpflichtrecht, SG Diss. 1987, sowie STEIN in SVZ 1986 S. 241 ff und 269 ff.

543 Die Sozial- und Schadensversicherungsleistungen, die infolge des schädigenden Ereignisses ausgerichtet werden, entlasten den Haftpflichtigen nicht, da die Versicherungsträger in die Rechte des Geschädigten eintreten (AHVG 48ter, IVG 52, UVG 41, MVG 49, VVG 72). Sie werden deshalb nicht als Vorteile an den Schaden angerechnet.

544 Die allgemeine Regel, wonach der Schaden konkret zu berechnen ist, muss bei hypothetischen Schäden relativiert werden. Für künftige Schäden müssen wir uns an Wahrscheinlichkeiten und Schätzungen halten.

545 Um die Höhe eines Invaliditäts- oder Versorgungsschadens bestimmen zu können, ist ein Abstellen auf Durchschnittswerte, die allgemeine Lebenserfahrung und den gewöhnlichen Lauf der Dinge unerlässlich (→ N 619 ff). Die einzelnen Schadenelemente sind «weitgehend typisiert, standardisiert oder pauschaliert» (SCHAER, Rz 285 und 399 ff), da individuelle Prognosen im konkreten Einzelfall kaum zum Ziel führen.

546 «Erfahrungswerte aller Art sind dienlich: die Gewichtung bestimmter Verletzungen und Verluste durch die Rechtsprechung, Statistiken über Löhne und Lebenserwartung, Tabellen über die mutmassliche Dauer der Berufstätigkeit und die Wahrscheinlichkeit einer Wiederverheiratung» (A. KELLER, II S. 27; ähnlich BREHM, N 29 ff in Vorbem. zu OR 45/46; SZÖLLÖSY, S. 81, und GUHL/MERZ/KUMMER S. 69).

547 Der Geschädigte erleidet oft einen wirtschaftlichen Schaden, der sich rechnerisch aus verschiedenen Schadensposten zusammensetzt. Wenn diese rechtlich eine unterschiedliche Behandlung erfordern, ist eine Aufgliederung in einzelne Positionen unumgänglich. Das ist insbesondere der Fall, wenn Sozialversicherungsleistungen ausgerichtet werden, für die im Umfang der sachlichen und zeitlichen Kongruenz ein Regressrecht besteht.

548   Zu den Anforderungen an den Schadensbeweis: Es ist Sache des Geschädigten, den Schaden nachzuweisen, während den Haftpflichtigen die Beweislast für anzurechnende Vorteile trifft (OR 42 I/ZGB 8). Bei ziffernmässig nicht nachweisbaren Schäden spielt jedoch das richterliche Ermessen eine bedeutende Rolle (OR 42 II). So dürfen an den Beweis für Körperschädigungen, die sich in finanzieller Hinsicht in Zukunft auswirken werden, keine allzu strengen Anforderungen gestellt werden. Der Wahrscheinlichkeitsnachweis muss ausreichen, da auf den gewöhnlichen Lauf der Dinge abzustellen ist. Einen Anwendungsfall dieser Regel bilden die Aktivitätstafeln, die für die Dauer der mutmasslichen Arbeitsfähigkeit von statistischen Mittelwerten ausgehen (BGE 104 II 308 f).

C. Schadenersatz

549   Schadenersatz ist eine Form der Wiedergutmachung für die Folgen eines schädigenden Ereignisses, soweit diese sich wirtschaftlich auswirken. Ob der erlittene Schaden ganz oder nur teilweise zu ersetzen ist, ist eine Frage der Schadenersatzbemessung.

550   Die Grundlage der Schadenersatzbemessung bildet die Schadensberechnung. Die ermittelte Schadenssumme stellt die Höchstgrenze des zu ersetzenden Schadens dar.

551   Voller Schadenausgleich ist geschuldet, wenn sämtliche Haftungsvoraussetzungen erfüllt sind. Liegen jedoch Reduktionsgründe vor, wird die Haftungsquote entsprechend herabgesetzt.

552   Zu einer Ermässigung der Ersatzpflicht können namentlich Selbst- und Mitverschulden, eigene Betriebsgefahr, konstitutionelle Prädisposition, mitwirkender Zufall, Gefälligkeitshandlungen, ungewöhnlich hohes Einkommen des Geschädigten u.a. führen (OR 43/44 und Spezialgesetze).

553   Schadensberechnung und Schadenersatzbemessung sind auseinanderzuhalten. Werden Sozialversicherungsleistungen erbracht, kommt regelmässig das Quotenvorrecht des Geschädigten zum Zug, wenn die Ersatzpflicht reduziert wird (→ N 569 ff).

D. Subrogation

554   Mehr und mehr ergänzen Versicherungen die haftpflichtrechtlichen Ansprüche oder treten an deren Stelle. Während früher der Haftpflichtige bzw. sein Haftpflichtversicherer den Schaden deckte, springen heute die Sozialversicherer ein und ersetzen den Schaden oft weitgehend.

555   Das Zusammenspiel zwischen Versicherer und Haftpflichtigen bedarf der Koordination, wenn bei Körperverletzung oder Tod einerseits Versicherungsleistungen, anderseits Haftpflichtansprüche vorgesehen sind.

556 Eine Möglichkeit der Koordination bildet die Subrogation. Danach tritt der Versicherer für seine schadenausgleichenden Leistungen gegenüber einem Dritten, der für den Unfall haftet, in die Ansprüche des Versicherten und seiner Hinterbliebenen ein.

557 Das Subrogationsprinzip gewährt die Vorausleistungspflicht des Versicherers, verhindert Überentschädigungen an den Geschädigten, befreit aber den haftpflichtigen Dritten nicht von seiner Ersatzpflicht. Diese Vorteile bewogen auch die von Prof. Maurer präsidierte Arbeitsgruppe der Schweiz. Gesellschaft für Versicherungsrecht, die Legalzession als einheitliche Koordinationsregel zu empfehlen (vgl. MAURER, Kumulation, S. 64).

558 Heute hat sich die Subrogation in der Sozialversicherung durchgesetzt. Den Trägern der Alters-, Hinterlassenen-, Invaliden-, obligatorischen Unfall- und Militärversicherung steht ein gesetzlich verankertes Rückgriffsrecht zu. Gemäss Bericht und Entwurf zu einem Allgemeinen Teil der Sozialversicherung soll das Subrogationsprinzip im Verhältnis zum Haftpflichtigen sogar generell eingeführt werden und zwar «auch für Versicherungszweige, für die heute ein gesetzliches Regressrecht nicht vorgesehen ist» (S. 58), d.h. für die berufliche Alters-, Hinterlassenen- und Invalidenvorsorge sowie die Krankenversicherung.

559 In der Privatversicherung subrogieren die Schadenversicherer, während für Summenversicherungsleistungen das Prinzip der Anspruchskumulation gilt (VVG 72 und 96). Lebens-, Invaliditäts- und private Unfallversicherungsleistungen berühren den Schaden nicht (vgl. SCHAER, Rz 18, und die Literaturhinweise bei STARK, Skriptum, N 981). Da sich Kapitalisierungsfragen vorwiegend im Zusammenhang mit gesetzlichen Invaliden- und Hinterlassenenrenten stellen, beschränken wir uns im folgenden auf den Sozialversicherungsregress.

560 Soweit ein Subrogationsrecht vorgesehen ist, treten die Sozialversicherer im Zeitpunkt des schädigenden Ereignisses bis auf die Höhe ihrer gesetzlichen Leistungen in die Rechte des Geschädigten gegenüber dem haftpflichtigen Dritten ein, unabhängig von dessen Haftungsgrund (integrale Subrogation).

561 Aus dem Subrogationsprinzip folgt, dass der Rückgriff einerseits auf den haftpflichtrechtlich relevanten Schaden, andererseits auf die gesetzlichen Sozialversicherungsleistungen begrenzt ist. Dabei kommt ein Regress nur für solche Leistungen in Frage, die nicht unabhängig vom schädigenden Ereignis ausgelöst werden (also nicht für Altersrenten, die ab Erreichen eines bestimmten Alters entrichtet werden).

562 Zudem spielt die Subrogation nur soweit, als der Schadenersatzanspruch und die Versicherungsleistungen gleichartig und kongruent sind, d.h. insoweit sie sich funktions- und umfangmässig entsprechen. Der Grundsatz der Kongruenz bildet das massgebende Kriterium für die angestrebte Koordination und bestimmt u.a. den Regressumfang (hiezu eingehend SCHAER § 16 und MAURER, Sozialversicherungsrecht I, S. 400 ff).

563 Heute manifestiert sich das Kongruenzprinzip in vierfacher Hinsicht:
— **personell:** d.h. die Ansprüche müssen der gleichen Person zustehen,
— **ereignisbezogen:** die Leistungen müssen durch dasselbe schädigende Ereignis ausgelöst werden,
— **sachlich:** sie müssen inhaltlich gleichartig sein und
— **zeitlich:** sie müssen die gleichen Zeitperioden betreffen.

564 Das Erfordernis der Kongruenz hat das Bundesgericht durch Auslegung von KUVG 100 entwickelt, indem es den Regress der SUVA im Laufe der Zeit auf identische Leistungskategorien beschränkte (vgl. die Entwicklungsstufen in BGE 54 II 468, 60 II 36 und 157, 63 II 201, 64 II 428, 85 II 261, 90 II 84). Diese Rechtsprechung ist in den neueren Sozialversicherungsgesetzen gesetzlich verankert worden: nur «Leistungen gleicher Art» gehen auf den Versicherer über (AHVG 48^{quinquies}, IVG 52 II und UVG 43 I/II).

565 Im Zusammenhang mit der Kapitalisierung ist vor allem die **zeitliche Kongruenz** für die Leistungspaare «Invalidenrente — Ersatz für Erwerbsunfähigkeit» sowie «Hinterlassenenrente — Versorgungsschaden» von zentraler Bedeutung. Der Grundsatz der zeitlichen Kongruenz besagt, dass der Versicherer nur für den Zeitraum subrogiert, für den auch ein entsprechender Haftpflichtanspruch besteht. Diese Regel ist in BGE 95 II 582/588 (Chaboudez) eingeführt worden: Obwohl die SUVA-Invalidenrente lebenslänglich erbracht wird, ist der Regress, wie der Haftpflichtanspruch, mit den Aktivitätstafeln zu berechnen. Heute ist der Grundsatz der zeitlichen Kongruenz generell zu beachten, obwohl er nur in UVG 43 III ausdrücklich gesetzlich festgeschrieben ist (MAURER, Sozialversicherungsrecht I, S. 403; SCHAER, Rz 1225 ff; M. SCHAETZLE, Personalvorsorge, S. 61 und 79 f).

566 Das Subrogationsprinzip wirkt sich auf die Berechnung des Invaliditäts- und Versorgungsschadens so aus, dass vom Gesamtschaden die Sozialversicherungsleistungen zu subtrahieren sind. Verbleibt ein Rest, so kann der Geschädigte diesen als ungedeckten Rest- oder Direktanspruch vom Haftpflichtigen einfordern. Die Berechnungsmethode ergibt sich für den Invaliditätsschaden aus den Beispielen 1 f, 5, 9 sowie 16 bis 19, für den Versorgungsschaden aus den Beispielen 20 f und 37 bis 39.

567 Wie diese Beispiele zeigen, ist der Kongruenzgrundsatz für die Kapitalisierung von besonderer Tragweite. Werden Sozialversicherungsleistungen ausgerichtet, ist bei der Berechnung des Regress- und Restanspruchs stets zu berücksichtigen, inwieweit sich gleichartige Leistungen in zeitlicher Hinsicht — und zwar sowohl bezüglich Beginn als auch Ende — entsprechen. Wenn beispielsweise der Schaden mit temporären oder aufgeschobenen Aktivitätsrenten berechnet wird, so ist der Regressanspruch mit denselben Tafeln bzw. Faktoren zu kapitalisieren, sofern die Sozialversicherungsleistungen nicht während einer kürzeren Dauer ausgerichtet werden (vgl. etwa Oberger. BL in SJZ 83/1987 S. 50).

568 Bei Vollhaftung, d.h. bei einer Haftungsquote von 100%, entspricht der Restanspruch der Differenz zwischen dem Haftpflichtanspruch und den gleichartigen Sozialversicherungsleistungen.

569 Bei Teilhaftung ist zusätzlich das **Quotenvorrecht des Geschädigten** zu beachten. Dem Geschädigten steht ein Prioritätsrecht auf den Haftpflichtanspruch zu. Dies hat zur Folge, dass der Anspruch des Geschädigten nur so weit auf den Versicherer übergehen kann, als dessen Leistungen zusammen mit dem von haftpflichtigen Dritten geschuldeten Ersatz den Schaden übersteigen (AHVG 48^{quater} I, UVG 42 I, SVG 88). «Dieses Privileg will den Geschädigten nicht bereichern, sondern vor ungedecktem Schaden bewahren» (BGE 113 II 91). Zur Berechnungsmethode: →Beispiele 1b (N 70), 17, 19b und 39.

570 Ist der Gesamtschaden wegen der sachlichen Identität in verschiedene Schadensposten oder aufgrund der zeitlichen Kongruenz in verschiedene Schadensperioden aufzugliedern, so ist für jede Schadensposition vorab zu prüfen, ob das Quotenvorrecht gewahrt ist (ebenso A. Keller, II S. 193 f, und Schaer, Rz 723 und 1239).

571 Neben der Teilhaftung kann das Quotenvorrecht auch dann zum Tragen kommen, wenn ausnahmsweise die vom Haftpflichtversicherer gedeckte Versicherungssumme nicht ausreicht, um die Schadenersatzforderung vollumfänglich zu decken, oder der Haftpflichtige nicht haftpflichtversichert und insolvent ist (vgl. Stein, Der Regress gemäss Unfallversicherungsgesetz, Strassenverkehrsrechts-Tagung 1984, S. 9).

572 Liegt dagegen grobe Fahrlässigkeit vor, gilt grundsätzlich nicht das Quotenvorrecht des Geschädigten, sondern das Prinzip der Quotenteilung: vgl. hiezu A. Keller, II S. 194 ff; Schaer, Rz 1270; Stein S. 10 ff.

573 Die Sozialversicherer üben ihr Rückgriffsrecht gegenüber dem Haftpflichtigen bzw. dessen Haftpflichtversicherer regelmässig in Kapitalform aus (z.B. BGE 113 II 86 ff, 112 II 168; Stoessel, S. 24 f und 92). Infolgedessen sind die Sozialversicherungsleistungen, soweit sie zum Regress zugelassen sind, zu kapitalisieren.

574 Für die Berechnung des Schadens und des Regressanspruchs sind die selben Rechnungsgrundlagen zu verwenden. Dies folgt aus der Rechtsfigur der Subrogation und stellt einen Anwendungsfall des Kongruenzprinzips dar. Wird der Invaliditäts- oder Versorgungsschaden mit den Aktivitätstafeln berechnet, so sind diese auch für die Bestimmung des Regresswertes zu benützen (etwa BGE 112 II 128 f, 95 II 582; Oftinger, I S. 418, und Schmid, Die Leistungen des Versicherers und die Ansprüche der Geschädigten, Strassenverkehrsrechts-Tagung 1984, S. 31).

575 Weitere Hinweise zum Regress nach IVG (→ N 731 ff), AHVG (→ N 868 ff) und UVG (→ N 742 ff für Invalidenrenten und N 878 ff für Hinterlassenenrenten). Für das Rückgriffsrecht anderer Sozialversicherungsträger — z.B. gestützt auf MVG 49, BtG 48 V und V^{bis}, BVG 34 II i.V.m. BVV 2 Art. 26 — gelten entsprechende Kapitalisierungsgrundsätze.

2. Kapital oder Rente

A. Kapitalabfindung als Regel

576 Die idealste Form des Schadenersatzes ist die Naturalrestitution. Sie ist aber nur in den seltensten Fällen möglich. Beim Invaliditäts- und Versorgungsschaden kommt praktisch nur Geldersatz in Betracht. Da es sich dabei um Dauerschäden handelt, stellt sich die Frage, ob die Geldleistung in Form einer periodisch fällig werdenden Rente oder eines Kapitals als einmalige Abfindung zu erbringen ist.

577 Der schweizerische Gesetzgeber hat die Frage, ob eine Kapitalabfindung oder eine Rente auszurichten ist, nicht entschieden (OR 43 I; in EHG 9 und ElG 36 II heisst es: «entweder eine Kapitalsumme oder eine jährliche Rente»).

578 Die herrschende Lehre nimmt an, dass der Richter grundsätzlich frei darüber entscheiden kann, ob der Ersatz in Renten- oder Kapitalform zu erfolgen hat. Er sei an die Anträge der Parteien nicht gebunden (in diesem Sinn etwa: BREHM, N 7 zu OR 43; OFTINGER, I S. 217; ENGEL, Traité des obligations, S. 347; KELLER/GABI, S. 113 f; KELLER/LANDMANN, S. 108a; MERZ, S. 211; ZEN-RUFFINEN, S. 121; DESCHENAUX/TERCIER, § 27 N 3 f).

579 Das Bundesgericht scheint demgegenüber davon auszugehen, dass der Richter aufgrund seines Ermessens nur einzugreifen habe, wenn über die Form der Entschädigung keine Einigkeit besteht (BGE 69 II 25, 54 II 296; ausgenommen im Anwendungsbereich von EHG 9 I, in dem ausdrücklich vorgesehen ist, dass der Richter bei der Entschädigungsform nicht an die Anträge der Parteien gebunden ist; doch selbst hiefür folgte das KantGer. VS [zit. in N 610] der Parteivereinbarung).

580 Von den übereinstimmenden Anträgen abzuweichen, dürfte sich unseres Erachtens nur ausnahmsweise rechtfertigen, wenn der Geschädigte aus besonderen Gründen gegen seinen eigenen Willen geschützt werden müsste. Schliesslich können die Parteien auf dem Gebiet des Privatrechts über den Prozessgegenstand im ganzen Umfang frei verfügen, sofern weder eine gesetzliche Bestimmung noch die Natur der Verhältnisse dies verbieten. Dazu kommt, dass sie selbst an den Urteilsspruch nicht gebunden sind, und ein Kapital in eine Rente umwandeln oder eine Rente statt eines Kapitals vereinbaren können.

581 Indes kommt in der gerichtlichen Praxis dieser Frage nur eine untergeordnete Bedeutung zu, da die Geschädigten fast ausnahmslos ein Kapital wünschen und die Haftpflichtversicherer ebenso die definitive Erledigung durch Auszahlung eines Kapitals bevorzugen. Die Richter ihrerseits halten sich an die in diesem Punkt meist übereinstimmenden Anträge der Parteien oder entscheiden sich für die Kapitalform. In BGE 112 II 120 f/129 etwa ist eine indexierte Rente eingeklagt worden; das

Bundesgericht aber entschied — ohne zu diesem Problem weiter Stellung zu nehmen — dass gemäss ständiger Praxis die Entschädigung in Form einer Kapitalabfindung zu erfolgen habe. Ebenso mit einlässlicher Begründung das ZivGer. BS in BJM 1986 S. 148–154 und im n.p. Entscheid i.S. Berger vom 15.6.1987, Erw. 5.

582 Aber auch in den viel zahlreicheren ausserprozessualen Erledigungen wird in aller Regel ein Kapital vereinbart (STARK, Skriptum N 81; SZÖLLÖSY, S. 267; OFTINGER, I S. 217; STOESSEL, S. 22; ZEN-RUFFINEN schreibt — bedauernd — in Festschrift für Jeanprêtre S. 149: «La rente est tombée en désuétude»).

Folgende Gründe sprechen für eine Entschädigung in *Kapitalform:*

583 — Mit einer einmaligen Kapitalabfindung ist die Auseinandersetzung endgültig abgeschlossen. Dies liegt im beidseitigen Interesse der Parteien.

584 — Ein Kapital bildet bei Dauerschäden oft eine willkommene Ergänzung zu den in Rentenform ausgerichteten Leistungen der Sozialversicherungen (AHV, IV, Unfall- und Militärversicherung, berufliche Vorsorge).

585 — Der Geschädigte hat mit einem Kapital allenfalls eine bessere Ausgangslage für einen Neuanfang, eine Umschulung, eine andere Ausbildung, die Eröffnung eines eigenen Geschäfts, den Aufbau einer neuen Existenz u.a.m.

586 — Der Geschädigte kann sich gegen die Geldentwertung durch geeignete Anlage schützen.

587 — Eine definitive Erledigung wirkt sich generell günstig auf den Geschädigten aus und mag allfällige Begehrungsneurosen oder -tendenzen verhindern helfen.

588 — Mit einer einmaligen Kapitalabfindung kann bei einer Versicherungsgesellschaft eine Leibrente gekauft werden (→ Beispiel 55), was das Risiko der Zahlungsunfähigkeit oder Zahlungsunwilligkeit eines nicht haftpflichtversicherten Ersatzpflichtigen minimiert.

Auf der anderen Seite können Ersatzleistungen in *Rentenform* aber auch Vorteile aufweisen:

589 — Eine Schadenersatzrente entspricht einem periodischen Schaden, der laufend oder wiederkehrend anfällt, an sich besser. Erwerbs- und Versorgungsausfall entstehen naturgemäss nicht auf einmal und die laufenden Lebenshaltungskosten lassen sich durch regelmässige Zahlungen (Renten) ganz oder teilweise decken.

590   — In Ausnahmesituationen erscheint die Rentenform als angemessenere Lösung, wenn sich aus besonderen Gründen ein Abweichen von statistischen Mittelwerten aufdrängt (→ N 943).

591   — Zudem schützt eine Rente den Anspruchsberechtigten, wenn er mit einem Kapital nicht umzugehen versteht.

592   Renten und Kapital können miteinander kombiniert werden, wie etwa so, dass anfänglich eine Rente und erst auf einen späteren Zeitpunkt hin ein Kapital zugesprochen oder vereinbart wird. Die Verbindungsmöglichkeit ist in EHG 9 ausdrücklich vorgesehen, gilt aber generell.

593   Wird die Kapitalform gewählt, so ist heute kein Abzug für allfällige Vorteile der Kapitalabfindung mehr vorzunehmen (zur Begründung → unsere dritte Auflage S. 124 f; STEIN in SJZ 67/1971 S. 49 sowie NEHLS, Kapitalisierungstabellen, S. 17). Der Barwert entspricht der kapitalisierten Rente. Ebensowenig sind Abrundungen oder pauschale Kürzungen, wie sie in der früheren Praxis gelegentlich vorgenommen wurden, angängig (ebenso BREHM, N 67−69 in Vorbem. zu OR 45/46 mit weiteren Hinweisen). Dagegen wird bei grösseren Beträgen oft auf runde Summen auf- oder abgerundet (z.B. BGE 113 II 350 und Oberger. ZH in SJZ 83/1987 S. 279).

594   Abschliessend sei OFTINGER zitiert, der pointiert festhält «dass die Rente so schwere Nachteile, das Kapital so grosse Vorteile hat, dass die Rente nur ganz ausnahmsweise in Betracht fällt» (I S. 217). Der letzte publizierte Rentenentscheid des Bundesgerichts geht denn auch auf das Jahr 1955 zurück (BGE 81 II 168 f, wobei sich die aufgeschobene Rente für das dreijährige Kind rückblickend zum Nachteil der Geschädigten zusehends entwertete).

B. Schadenersatz in Rentenform

a) Festsetzung der Rentendauer und Rentenhöhe

595   Falls bei Dauerschäden ausnahmsweise eine Rente gesprochen oder vereinbart wird, ist gleichzeitig zu bestimmen, wie hoch die Schadenersatzrente ist und wie lange sie ausgerichtet werden soll. Es bedarf — wie bei der Kapitalabfindung — der Annahmen über die hypothetische Einkommensentwicklung und die mutmassliche Aktivitätsdauer, um die Rentenhöhe und die Rentendauer festlegen zu können.

596 Dies wirft besondere Probleme auf, die schwierig zu lösen sind, da in einem Urteil festgesetzte Schadenersatzrenten grundsätzlich nicht revidiert werden können (ausgenommen im begrenzten Umfang von OR 46 II). Aber auch im aussergerichtlichen Vergleich sind nachträgliche Änderungen an die strengen Voraussetzungen gebunden, die an die Anwendung der clausula rebus sic stantibus oder einen Grundlagenirrtum gestellt werden (vgl. GAUCH, Strassenverkehrsrechts-Tagung 1984, S. 14 ff, und OFTINGER, I 474 ff).

597 Voraussehbare Änderungen sind bei der Bestimmung der Schadenersatzrente zu berücksichtigen, soweit dies möglich ist.

598 Ändert der Invaliditätsgrad im Laufe der Zeit, so ist aber eine Anpassung der Schadenersatzrente zumeist ausgeschlossen (→ N 675), es sei denn, dass im Urteil ein Rektifikationsvorbehalt aufgenommen worden ist.

599 Ferner sind Annahmen darüber zu treffen, in welchem Umfang der Erwerbsausfall Änderungen erfahren könnte. Wie lange wäre der Verletzte, wenn sich der Unfall nicht ereignet hätte, erwerbstätig gewesen? Soll beispielsweise die Schadenersatzrente bei Erreichen des Pensionierungsalters aufhören oder reduziert werden?

600 Beim Versorgungsschaden wäre bei der Festsetzung der Rente etwa klarzustellen, inwieweit eine Wiederverheiratung die Schadenersatzrente gegebenenfalls beeinflussen soll (→ N 843 ff) oder in welchem Ausmass sich die Rentenhöhe der übrigen versorgten Personen ändert, wenn beispielsweise ein Kind selbständig wird (→ N 800). Zur Umrechnung einer Verbindungsrente in eine lebenslängliche Rente → N 612.

601 Sozialversicherungsrenten werden an bestimmte Änderungen angepasst: etwa bei Änderungen des Invaliditätsgrades (IVG 41, UVG 22 I, MVG 26 I), bei Wechsel des Aufgabenbereiches (BGE 105 V 29) sowie Komplementärrenten bei Änderungen der AHV/IV-Renten (UVG 20 II und 31 IV; → Beispiele 18 und 38).

602 Da den Sozialversicherungsträgern ein Regressrecht zusteht, müsste grundsätzlich auch der Restschaden bei jeder Rentenänderung neu berechnet werden. Dies erschwert oder verunmöglicht eine definitive Schadenerledigung. Zum Problemkreis der Rentenrevisionen im Zusammenhang mit dem Regress → SCHAER, Rz 806 ff, und STOESSEL, S. 109 ff.

603 Eine endgültige Auseinandersetzung liegt jedoch sowohl im Interesse der Sozial- als auch der Haftpflichtversicherer. Deshalb wird beim Invaliditäts- und Versorgungsschaden auch der Sozialversicherungsregress zumeist in Kapitalform durchgeführt (N 573).

604 Im übrigen unterscheiden sich Sozialversicherungsleistungen und Haftpflichtansprüche oft hinsichtlich Rentenhöhe und -dauer, da sie nach anderen Kriterien bemessen werden. Dazu kommt, dass bei der Ausübung des Rückgriffs der Grundsatz der Kongruenz (N 562 ff) und das Quotenvorrecht des Geschädigten (N 569 ff) zu beachten sind. Dies hat zur Folge, dass für die Bestimmung des Regressumfangs und des Restanspruchs die Renten selbst dann zu kapitalisieren sind, wenn der Geschädigte die Schadenersatzleistungen in Rentenform erhält (BGE 107 II 490). Auch bei Rentenzahlungen sind somit die Tafeln beizuziehen (OFTINGER, I S. 209, und STOESSEL, S. 140).

605 Die mangelnden oder zumindest erschwerten Anpassungsmöglichkeiten von Schadenersatzrenten an sich ändernde Verhältnisse bilden einen gewichtigen Nachteil der Rentenform. Einerseits sind nicht alle Änderungsmöglichkeiten voraussehbar, anderseits bleiben die Parteien während der ganzen Rentenlaufdauer aneinander gekettet. Würde im Haftpflichtrecht von der bewährten Kapitalform abgewichen und vermehrt Renten gewählt, wie verschiedene Autoren postulieren (etwa STEIN in der Festschrift Assista S. 331 f), so sollten unseres Erachtens auch die engen Fesseln, die an die Revidierbarkeit gelegt sind, in Koordination mit dem Sozialversicherungsrecht gelockert werden.

b) Indexierung von Schadenersatzrenten?

606 In der Doktrin wird verschiedentlich der Ruf laut, im Haftpflichtrecht seien indexierte Renten auszurichten, um der künftigen Teuerung besser Rechnung zu tragen: vgl. MERZ S. 212 f und bereits 1962 im Komm. zu ZGB 2, N 209; ZEN-RUFFINEN S. 130 und in Hommage à R. Jeanprêtre S. 153 f; BUSSY, La dépréciation, S. 33 f und «lésions corporelles» S. 196; STEIN, Konkurrenz, in BJM 1979 S. 15; WEBER in ZSR 100/1981 I S. 177 N 56 und Komm. zu OR 84 N 206; de lege ferenda WESSNER in Festschrift Jeanprêtre S. 175 f. Einlässlich zu diesem Problem auch IM OBERSTEG, Die Berücksichtigung der Geldentwertung im schweizerischen Privatrecht, Basler Diss. 1978, S. 44 ff. Die herrschende Lehre nimmt indessen nach wie vor eine ablehnende Haltung gegenüber einer Indexierung haftpflichtrechtlicher Renten ein: so etwa OFTINGER, I S. 224 f; BREHM, N 10 zu OR 43; SZÖLLÖSY, Teuerung, in ZBJV 112/1976 S. 39 f; STOESSEL S. 110; PICCARD, Kapitalisierung, S. 110 f.

607 Auch die Rechtsprechung entschied bislang gegen indexierte Renten im Haftpflichtrecht: BGE 112 II 129, 96 II 447, JT 1958 I S. 450 und fundiert ZivGer. BS in BJM 1986, S. 148–154. Mit dem seit über vierzig Jahren konstant gehaltenen Kapitalisierungszinsfuss von nur $3^1/_2\%$ ist die Teuerung wenigstens teilweise ausgeglichen worden. Dies wird auch von den eben genannten Befürwortern einer Rentenindexierung anerkannt.

608 Zur Berücksichtigung der Teuerung durch die Wahl eines niedrigen Kapitalisierungszinsfusses →N 1124 ff. Voraussetzung für die Kapitalisierung indexierter Renten ist, dass über die zukünftige Realzinsentwicklung Annahmen getroffen werden. Zur Kapitalisierung indexierter familienrechtlicher Unterhaltsrenten →N 1148 ff.

609 Interessant ist in diesem Zusammenhang, «dass selbst in Ländern, wo regelmässig oder vereinzelt indexierte Renten zugesprochen werden, die Anspruchsberechtigten in der Folge fast immer die Kapitalisierung der Renten wünschen» (SZÖLLÖSY, Teuerung, in ZBJV 112/1976 S. 37).

610 In OR 43 II ist vorgesehen, dass der Schuldner zu einer Sicherheitsleistung anzuhalten ist, wenn Schadenersatz in Gestalt einer Rente zugesprochen wird. (Zur Sicherheitsleistung → Beispiel 66; in einem n.p. Entscheid des KantGer VS vom 6.9.79 i.S. Hennemuth c. Luftseilbahn Betten-Bettmeralp vereinbarten die Parteien eine indexierte Rente, für die in der Höhe von 750'000 Fr. Sicherheit zu leisten war.)

c) Umwandlung von Aktivitäts- und Verbindungsrenten in lebenslängliche Renten

611 Wird in einem Versorgungsfall eine Rente zugesprochen, so kann diese je nach der voraussichtlichen Abnahme der Erwerbsfähigkeit des Versorgers abgestuft und auf dessen hypothetisches Ableben hin ganz aufgehoben werden (z.B. BGE 57 II 302 f). Die Versorgung bzw. die Schadenersatzrente endet damit allenfalls vor dem Tod der versorgten Person. Unter Umständen kann es deshalb zweckmässiger sein, eine derartige Verbindungsrente, deren Laufdauer einerseits durch die Aktivitätsdauer des Versorgers, anderseits durch den Tod der versorgten Person begrenzt ist, in eine lebenslängliche, gleichbleibende Rente für den Versorgten umzuwandeln.

612 *Beispiel:* Umwandlung einer Verbindungsrente in eine Leibrente

a) Berechnung des Versorgungsschadens:
Alter des Mannes am Todestag	60 Jahre
Alter der Frau am Todestag des Mannes	55 Jahre
jährlicher Versorgungsausfall	20'000 Fr.
Tafel 25[14], Alter des Versorgers 60, der Versorgten 55→	Faktor 9.11
Barwert des Versorgungsschadens: 9.11 × 20'000 Fr. =	182'200 Fr.

b) Umwandlung in eine lebenslängliche Rente für die Frau:
Tafel 30, Alter der Frau 55→	Faktor 18.39
Jahresbetrag der Rente: 182'200 Fr. : 18.39 =	9'908 Fr.

613 Zuerst wird der Barwert des Versorgungsschadens berechnet und der kapitalisierte Betrag anschliessend durch den Faktor der Leibrente gemäss Tafel 30 dividiert. Die Rente von 9'908 Fr. ist zwar kleiner als der jährliche Versorgungsausfall von 20'000 Fr., würde aber ausgerichtet, solange die Frau lebt (mittlere Lebenserwartung 30.57 Jahre nach Tafel 42), und nicht nur während der mittleren Aktivitätsdauer des Mannes von 12.01 Jahren (Tafel 43).

614 Auch bei der Beurteilung der Folgen einer Körperverletzung kann die gleiche Überlegung angestellt werden. Wenn der Verletzte eine Rente statt eines Kapitals erhalten soll, kann es für ihn gegebenenfalls dienlich sein, nicht nur während seiner mutmasslichen Aktivitätsdauer, sondern sein ganzes Leben lang auf eine dann allerdings etwas herabgesetzte Rente zählen zu dürfen.

615 *Beispiel:* Umwandlung einer Aktivitätsrente in eine lebenslängliche Rente

a) Berechnung des Invaliditätsschadens:
Alter des Verletzten am Rechnungstag   50 Jahre
jährlicher Erwerbsausfall   30'000 Fr.
Tafel 20, Alter des Mannes 50→   Faktor 13.80
Barwert des Invaliditätsschadens: 13.80 × 30'000 Fr. =   414'000 Fr.

b) Umwandlung in eine lebenslängliche Rente:
Tafel 30, Alter des Mannes 50→   Faktor 17.58
Jahresbetrag der Rente: 414'000 Fr. : 17.58 =   23'549 Fr.

616 Diese Rente ist zahlbar, bis der Geschädigte stirbt, und tritt an die Stelle des jährlichen Schadens von 30'000 Fr., der sich nur auf die Dauer der Aktivität bezieht.

617 Das angeregte Verfahren, das indessen kaum ohne Zustimmung des Berechtigten zur Anwendung gebracht werden dürfte, läuft darauf hinaus, nicht zu versuchen, die ohne das schädigende Ereignis bestehende Lage möglichst genau wieder herzustellen, sondern vielmehr eine zweckmässige Rentenentschädigung zu ermitteln (vgl. auch PICCARD, Kapitalisierung, S. 85).

618 Durch die Wahl eines geeigneten Zinsfusses bei der Umwandlung in eine Rente (b) könnte die Teuerung teilweise oder voll berücksichtigt werden.

3. Kapitalisierungsmethode

A. Kapitalisierungstabellen

619 Ein zukünftiger Schaden, der in Kapitalform zu ersetzen ist, wird nach dem «gewöhnlichen Lauf der Dinge» bestimmt (OR 42 II). Erfahrungswerte bilden die Richtschnur. Ein Hilfsmittel für Aussagen über den gewöhnlichen Lauf stellen statistische Durchschnittswerte dar (→ N 937 ff). Zwar treffen solche Mittelwerte im Einzelfall nicht zu. Doch «es gibt keine bessere Möglichkeit, weil eine individuelle Prognose gar nicht möglich ist» (BREHM, N 30 in Vorbem. zu OR 45/46).

620 Aus diesem Grund stellt das Bundesgericht seit gut 100 Jahren auf Tabellen ab. Angewendet wurden zuerst die Tarife von Rentenanstalten (BGE 6 S. 624, 7 S. 830, 18 S. 810), dann die SOLDAN'schen Tabellen, die erstmals 1895 erschienen sind (BGE 22 S. 608, 28 II 42, 29 II 488). Ab 1918 wurden die Tabellen von PICCARD und seit 1960 unsere Barwerttafeln benützt (BGE 81 II 42 ff, 86 II 7 ff). Näheres hiezu hinten N 946 ff und 965 ff sowie in unserer dritten Auflage S. 120 ff.

621 Die vorliegende vierte Auflage beruht auf der schweizerischen Sterbetafel AHV VIbis (→ N 951 ff) sowie der entsprechenden Aktivitätsstatistik (→ N 970 ff).

622 Bei der Schadensberechnung ist von den Gegebenheiten des Einzelfalles auszugehen. Kapitalisierungsvorgaben bilden u.a. Alter und Geschlecht sowie Invaliditätsgrad, Erwerbsausfall, Aktivitätsdauer für den Invaliditätsschaden bzw. Versorgungsausfall, Versorgungsquote, mutmassliche Unterstützungsdauer für den Versorgungsschaden.

623 Auf der Grundlage der konkreten Angaben und Annahmen lassen sich die Kapitalisierungsfaktoren aus den Tafeln ablesen. Die Multiplikation des entsprechenden Kapitalisierungsfaktors mit der Jahresrente, d.h. dem angenommenen, durchschnittlichen Erwerbs- oder Versorgungsausfall im Jahr, ergibt den Barwert des Invaliditäts- oder Versorgungsschadens.

624 Die massgebende Tafel wird in erster Linie durch die Dauer der Rente bestimmt. Um eine Anpassung an konkrete Umstände zu ermöglichen, stehen zahlreiche Tafeln für die Kapitalisierung zur Verfügung.

625 In ganz besonders gelagerten Fällen mag es sich auch rechtfertigen, von den vorliegenden Tafeln abzuweichen. Es sollten aber handfeste Anhaltspunkte vorliegen, die ein Abweichen nahelegen. Dies ist insbesondere dann der Fall, wenn in einem konkreten Fall angenommen werden muss, dass die Lebens- und/oder Aktivitätserwartung keinesfalls dem Durchschnittswert entspricht, z.B. bei einer unheilbaren, tödlichen Krankheit (vgl. BGE 113 II 93, 86 II 13, 57 II 301 f; BREHM, N 31–35 in Vorbem. zu OR 45/46 sowie hinten N 941 ff).

626 Ist ausnahmsweise davon auszugehen, dass der Geschädigte oder Versorgte eine derart verkürzte Lebenserwartung hat, so könnte ein Ausweg darin bestehen, ihm eine Rente statt einer Kapitalabfindung (in der Höhe der kapitalisierten temporären Rente für die angenommene, verbleibende Lebenserwartung) zuzusprechen (ebenso KantGer. VS vom 6.9.1979, n.p., für einen 18jährigen Paraplegiker → N 610).

B. Aktivitätstafeln

627 Die Rentendauer von Dauerschäden bestimmt sich heute regelmässig nach den Aktivitätstafeln, mit denen seit 1960 kapitalisiert wird (→ N 965 ff). Die Mortalitätstafeln kommen im Haftpflichtrecht nur noch zur Anwendung, wenn lebenslängliche Renten zu kapitalisieren sind (→ Beispiele 4, 14, 15, 25, 31).

628 Die Aktivitätstafeln werden heute allgemein anerkannt: OFTINGER, I S. 208 f und 215; A. KELLER, II S. 38; BREHM, N 36—60 in Vorbem. zu OR 45/46; STARK, Skriptum N 82; MERZ, S. 202 N 46; GUHL/MERZ/KUMMER S. 71; DESCHENAUX/ TERCIER, S. 219, 231 und 237; ENGEL S. 348; GRAF/SZÖLLÖSY in SJZ 81/1985 S. 226 f; ZEN-RUFFINEN, S. 122; STOESSEL, S. 92 u.a. Sie stellen eine einheitliche Kapitalisierungsgrundlage dar und helfen mit, Invaliditäts- und Versorgungsschäden aussergerichtlich zu berechnen, was bekanntlich in der weit überwiegenden Mehrzahl der Fälle geschieht. «Sie erhöhen die Rechtssicherheit und erleichtern die rasche, aussergerichtliche Schadenerledigung» (SZÖLLÖSY S. 270 f).

629 Der Aktivitätsdauer kommt bei der Kapitalisierung haftpflichtrechtlicher Renten besondere Bedeutung zu. Wie lange wäre der Verunfallte ohne Eintritt des schädigenden Ereignisses arbeits- oder erwerbsfähig geblieben? Wie lange hätte er den Versorgten unterstützt?

630 Schadenersatz ist beim Invaliditätsschaden für die Folgen des teilweisen oder gänzlichen Verlusts der Arbeitsfähigkeit zu leisten. Die mutmassliche Dauer der Arbeitsfähigkeit ist im allgemeinen nicht identisch mit der Lebensdauer. Deshalb ist bei der Barwertberechnung nicht nur auf die Sterblichkeit, sondern zusätzlich auf die Möglichkeit der Verminderung der Arbeitsfähigkeit (namentlich infolge Krankheit und Alter) abzustellen.

631 In der Rechtsprechung wird grundsätzlich von der durchschnittlichen, normalen Aktivitätsdauer ausgegangen, wie die zahlreichen Hinweise in den Beispielen belegen (→ insbesondere die Zitate in den Beispielen 1a und 20a). Danach wird der Invaliditätsschaden mit Tafel [20], der Versorgungsschaden mit Tafel [25] (für einen Versorger) bzw. Tafel [27] (für eine Versorgerin) kapitalisiert.

632 Liegen besondere Umstände vor, kann **differenziert** werden: einerseits nach unten, indem eine temporäre Aktivitätsrente kapitalisiert wird, um etwa einer früheren Aufgabe der Erwerbstätigkeit Rechnung zu tragen, oder nach oben, damit insbesondere eine über die mittlere Aktivitätsdauer hinausgehende Dauer der Arbeit im eigenen Haushalt berücksichtigt wird.

633 Insoweit die Aktivitätstafeln lediglich die Invalidierungswahrscheinlichkeit — im Gegensatz zur **Rücktrittswahrscheinlichkeit** — berücksichtigen, gehen sie nur von der mittleren Dauer der Arbeits*fähigkeit* aus: → N 989 ff. Hierauf weisen insbesondere Szöllösy, Brehm und Schaer zu Recht hin (zit. in N 636). In den Aktivitätstafeln sind diejenigen nicht erfasst, die aus anderen als gesundheitlichen Gründen nicht mehr erwerbstätig sind (vgl. auch BGE 113 II 352 und JT 1985 I S. 424 f Nr. 37).

634 Mit dem zunehmenden Ausbau der Sozialversicherung und der beruflichen Vorsorge fällt das Ausscheiden aus dem Erwerbsleben infolge Pensionierung immer mehr ins Gewicht. Es rechtfertigt sich deshalb vorab bei älteren, unselbständig Erwerbstätigen, das mutmassliche Pensionierungsalter als Schlussalter anzunehmen und temporäre Aktivitätsrenten zu kapitalisieren: Im Invaliditätsfall sind dies die Tafeln [18] für Männer und [19] für Frauen (→ Beispiele 2a, 4 und 6).

635 Für die Berechnung des Gesamtschadens infolge Tötung stehen zwei Tafeln mit temporären Verbindungsrenten zur Verfügung, die auf den heutigen Beginn der AHV-Altersrenten abgestimmt sind: Tafel [26], wenn angenommen wird, der Versorger hätte seine Frau, bis er 65 geworden wäre, aus seinem Erwerbseinkommen versorgt, und Tafel [28] für den Fall, dass die Versorgerin ihren Mann bis zur Erreichung ihres 62. Altersjahres aus ihrem Verdienst unterstützt hätte (→ Beispiele 21a und 28).

636 Für eine vermehrte Berücksichtigung der Rücktrittswahrscheinlichkeit sprechen sich namentlich die folgenden Autoren aus: Brehm, N 42−60 in Vorbem. zu OR 45/46; Szöllösy, S. 270 und in ZBJV 112/1976 S. 38; Graf/Szöllösy in SJZ 81/1985 S. 227; Schaer, Rz 149 f; Stoessel, S. 83 N 47, S. 93 N 9 und S. 95 N 19; Vaverka in SJZ 81/1985 S. 371. Auch in der Rechtsprechung ist verschiedentlich das mutmassliche Pensionierungsalter berücksichtigt worden, indem temporäre Aktivitätsrenten kapitalisiert oder ein sinkender Erwerbsausfall angenommen wurde: → die Zitate in N 83, 92, 110 und 146. Im allgemeinen allerdings zieht insbesondere das Bundesgericht für die Kapitalisierung des Erwerbsausfalls die nicht-temporären Aktivitätstafeln [20], [25] und [27] vor, «selbst wenn eine Pensionierung mit 65 Jahren wahrscheinlich ist» (so neustens für den Versorgungsschaden BGE 113 II 336 f und ebenso für den Invaliditätsschaden BGE 113 II 350: in Bestätigung der in N 62 f, 103 und 207 aufgeführten Entscheide).

637 Bei Selbständigerwerbenden oder jüngeren Arbeitnehmern drängt sich ein Abstellen auf das Pensionierungsalter tatsächlich kaum auf. Für jüngere Personen fällt im übrigen der Unterschied zwischen den Kapitalisierungsfaktoren der Tafeln 20 und 18/19 weniger ins Gewicht. Ist beispielsweise der Barwert einer Aktivitätsrente nach Tafel 20 für einen 55jährigen Mann von 11.58 um 50% höher als 7.67 nach Tafel 18 bis Schlussalter 65, so macht die Differenz bei einem 25jährigen nur noch 6% aus (Tafel 18: 20.81 und Tafel 20: 22.07). Da zudem Prognosen über eine lange Zeitspanne für jüngere Erwerbstätige – unabhängig ihrer beruflichen Stellung zum Zeitpunkt des Unfalles – noch mit vermehrten Unsicherheitsfaktoren behaftet sind, erscheint es angebracht, weiterhin auf die durchschnittliche Aktivitätserwartung, die den Tafeln 20 und 25/27 zugrunde liegt, abzustellen, sofern nicht im Einzelfall Indizien für eine kürzere Erwerbsdauer sprechen.

638 Im weiteren geht das Bundesgericht für die **Tätigkeit im eigenen Haushalt,** die oft länger ausgeübt wird als eine Erwerbstätigkeit ausser Haus, vom Mittelwert zwischen der Aktivitäts- und Mortalitätsdauer aus (→ N 999 ff). Wird eine Hausfrau verletzt, kann Tafel 20a, wird sie getötet, Tafel 27a benützt werden (→ Beispiele 7, 8, 27, 28, 31).

639 Die neue Praxis ist im Entscheid Blein (BGE 108 II 441) eingeführt worden, wobei für die Kapitalisierung entweder ein gewogenes Mittel (zweimal Mortalität, einmal Aktivität) oder ein arithmetisches Mittel in Aussicht genommen wurde. Diese Rechtsprechung ist von GRAF/SZÖLLÖSY, La capitalisation de l'arrêt Blein: une inadvertance? in SJZ 81/1985 S. 225–229, und BREHM, N 41 und 47 in Vorbem. zu OR 45/46 sowie N 119 zu OR 46, kritisiert worden, von STARK in ZSR 105/1986 S. 368 und A. KELLER, II S. 60 im Grundsatz nicht abgelehnt und von ZEN-RUFFINEN in JT 1983 I S. 199 f und an der Strassenverkehrsrechts-Tagung 1986, S. 21, sowie von PFIFFNER, in Plädoyer 1983 Nr. 2 S. 5, begrüsst worden.

640 Der Kritik trägt das Bundesgericht nun insoweit Rechnung, als es im Fall Quadranti (BGE 113 II 353) den Schaden für die Beeinträchtigung in der Haushalttätigkeit mit dem arithmetischen Mittel zwischen Aktivität und Mortalität kapitalisiert (ebenso das Zürcher Oberger. in Plädoyer 1988, Nr. 3 S. 37). Vgl. hiezu auch hinten N 1003 ff.

641 Wird einerseits der Erwerbs- oder Versorgungsausfall mit einer temporären Aktivitätsrente und anderseits die erlittene Beeinträchtigung in der Haushaltführung mit dem Mittelwert zwischen Aktivität und Mortalität berechnet, so könnte aus Praktikabilitätsgründen der durchschnittliche Schaden auch mit den Tafeln 20 bzw. 27 kapitalisiert werden (→ N 122 in Beispiel 8, N 265 in Beispiel 28 sowie N 268 in Beispiel 29).

642 Die Bestrebungen, den Schaden immer weiter auszudifferenzieren, d.h. insbesondere in verschiedene Schadensposten aufzugliedern, die zusätzlich eine unterschiedliche Laufdauer aufweisen, erschweren die Berechnung des Invaliditäts- und Versorgungsschadens zusehends. Dazu kommt, dass das ausgebaute Sozialversicherungsnetz, verbunden mit dem auf die AHV und IV erweiterten Subrogationsrecht, den Komplexitätsgrad beträchtlich erhöht. Dies vor allem deshalb, weil die Berechnungen jeweils nur noch unter Beachtung der sachlichen und zeitlichen Kongruenz der einzelnen Schadensposten sowie des Quotenvorrechts des Geschädigten durchgeführt werden können (→Beispiele 16 bis 19 und 37 bis 39).

643 Die Suche nach einfachen und praktikablen Lösungen sollte bei der Benützung der Barwerttafeln nicht aus den Augen verloren werden. In diesem Sinne seien unsere zahlreichen Vorschläge, um die Rechnungen zu vereinfachen, verstanden. So vor allem die Empfehlung für den Erwerbs- und Versorgungsausfall von Durchschnittswerten auszugehen, um die Kapitalisierung veränderlicher Renten zu vermeiden (→N 1090 ff). In der gleichen Richtung gehen die Hinweise auf die Höhe der Versorgungsquoten für Familien mit mehreren Kindern (→N 804 ff) und ganz besonders auf die vereinfachte Rechnung mit Durchschnittsquoten in N 812. Schliesslich sind in zahlreichen Beispielen auch Varianten aufgezeigt, welche die Schadensberechnung erleichtern (→etwa N 219 und 221 in Beispiel 21a, N 265 in Beispiel 28 sowie N 1323 ff).

C. Zukünftiger Schaden

644 Dem Invaliditäts- und Versorgungsschaden ist gemeinsam, dass es sich bei beiden um einen Dauerschaden handelt, der ganz oder zumindest zur Hauptsache in Zukunft entstehen wird. Über die künftige Entwicklung — wenn sich der Unfall nicht ereignet hätte — sind aber nur hypothetische Aussagen möglich (hiezu BGE 86 II 45 f; BREHM, N 6 ff in Vor bem. zu OR 45/46, und PICCARD, Kapitalisierung, S. 79 ff).

645 Im Invaliditätsfall, d.h. bei Verletzungen mit längerfristigen Folgen, ist in erster Linie die zukünftige Verdiensteinbusse zu schätzen (N 684 ff). Beim Versorgungsschaden stellt sich als Hauptfrage: In welchem Ausmass wäre die versorgte Person in Zukunft vom Versorger unterstützt worden? (N 770 ff).

646 Für die Schätzung des künftigen Erwerbs- und Versorgungsausfalls sind wir auf zahlreiche Hypothesen und Erfahrungswerte angewiesen (N 544–546). Dabei wird regelmässig von der bisherigen Einkommenssituation und vom Lebensstandard des Geschädigten ausgegangen und auf die Zukunft projiziert. Werden Kinder und Jugendliche verletzt, sind Annahmen über ihre zukünftige und hypothetische Erwerbsentwicklung besonders schwierig, da nur wenige Anhaltspunkte zur Verfügung stehen.

647 Die Aufgabe besteht darin, möglichst realistische und wahrscheinliche Annahmen zu treffen — weder einseitig zu Gunsten noch zu Ungunsten des Geschädigten.

648 Hinsichtlich der Zukunftsaussichten ist zwischen der realen und nominellen Einkommensentwicklung zu unterscheiden.

649 Einzurechnen sind die zu erwartenden, zukünftigen **Reallohnerhöhungen** (ebenso BREHM, N 12–20 in Vorbem. zu OR 45/46, und ZEN-RUFFINEN S. 68 ff). Dabei sprechen die Erfahrungen der letzten Jahrzehnte für die Annahme, dass das Realeinkommen im allgemeinen weiterhin steigen wird (ebenso Oberger. ZH in SJZ 83/1987 S. 276).

650 Massgebend sind Annahmen über die individuelle Einkommensentwicklung. Bei jüngeren Personen kann regelmässig mit aufstiegsbedingten Einkommenssteigerungen gerechnet werden. Das im Beispiel 11 N 141 zitierte Urteil des Zivilgerichtes Basel vom 15.6.1987 mag als Präjudiz für angemessene Lohnerhöhungen, gestützt auf Lohnskalen für einen kaufmännischen Angestellten, dienen. Weitere Vergleichsmassstäbe geben allenfalls auch Ämterklassifikationen und Besoldungsstufen von Beamten.

651 Als Beispiele für die Annahme durchschnittlicher Reallohnerhöhungen sei auf einen Entscheid des Zürcher Obergerichts hingewiesen, in dem von einer linearen, realen Steigerung von durchschnittlich 1% pro Jahr ausgegangen wird (ZR 69/1970 Nr. 141 = SJZ 67/1971 S. 9).

652 Gestützt auf Prognosen des St. Galler Zentrums für Zukunftsforschung wird im Demographiebericht der AHV (Bern 1988, S. 19) «eine Variante des Hauptszenarios mit einem realen Einkommenszuwachs von 2% bis zum Jahr 2005 und von 1,8% bis zum Jahr 2025 berechnet».

653 Die künftige **Geldentwertung** ist gemäss bundesgerichtlicher Praxis dagegen grundsätzlich nicht zu berücksichtigen (BGE 113 II 332, 96 II 447; ferner BGE in JT 1958 I S. 450 Nr. 73, wonach ein Zuschlag für Geldentwertung sich mit unserer ganzen gesetzlichen Ordnung des Geldwesens nicht vereinen lasse, und n.p. BGE 7.2.1956, weil der Empfänger eines Kapitals u.a. die Möglichkeit habe, dieses nutzbringend in Sachwerten anzulegen). Ebenso die herrschende Lehre: SZÖLLÖSY, Teuerung, in ZBJV 112/1976 S. 33; BREHM, N 21 in Vorbem. zu OR 45/46; a.A. BUSSY, La dépréciation, S. 21; vgl. auch STEIN in SJZ 67/1971 S. 51 f.

654 Dabei darf nicht verkannt werden, dass im Haftpflichtrecht seit 1946 in konstanter Praxis ein niedriger Kapitalisierungszinsfuss von nur 3½% verwendet wird. Damit soll die zukünftige Teuerung wenigstens zum Teil ausgeglichen werden: → N 1133. Da der Nominalertrag zumeist deutlich über 3½% liegt (N 1127), kommt die Differenz dem Geschädigten zu.

KAPITALISIERUNGSMETHODE

655 Im Familienrecht ist es heute durchaus üblich, Renten mit Schadenersatzcharakter zu indexieren, d.h. den Lebenskosten anzupassen (→ N 360 und 1140). Um bei haftpflichtrechtlichen Personenschäden die Invaliden und Versorgten durch die künftige Geldentwertung, welche bei Dauerschäden ins Gewicht fällt, nicht einseitig zu benachteiligen, sollte unseres Erachtens wenigstens bei den Annahmen des künftigen realen Erwerbs- oder Versorgungsausfalls nicht allzu grosse Zurückhaltung geübt werden. In ähnlicher Richtung geht der Vorschlag von OFTINGER, bei der Festsetzung des Lohnes im Rahmen der Schadensberechnung einen bestimmten, vorsichtig gewählten Teuerungsausgleich zu veranschlagen (I S. 225; ebenso ZivGer. BS vom 15.6.1987 Erw. 5, n.p.). Schliesslich belegen die von BREHM (N 18 f in Vorbem. zu OR 45/46) aufgeführten Beispiele deutlich, dass die Praxis — rückblickend betrachtet — oft von zu pessimistischen Annahmen ausgegangen ist, was sich für den Geschädigten nachteilig auswirkte (ebenso STEIN bereits in ZBJV 90/1954 S. 396 f und in SJZ 57/1961 S. 106 f).

656 Sind die Prognosen für den zukünftigen Schaden getroffen, empfiehlt es sich, einen jährlichen Durchschnittsbetrag zu wählen, welcher dem mittleren, zukünftigen Erwerbs- oder Versorgungsausfall entspricht. Der jährliche Ausfall bildet die zu kapitalisierende Rente.

657 Ist zu bestimmten Zeitpunkten mit Änderungen des Erwerbs- oder Versorgungsausfalls zu rechnen, z.B. im Zeitpunkt der mutmasslichen Pensionierung, kann für die verschiedenen Zeitperioden auch von mehreren durchschnittlichen Jahresbeträgen ausgegangen werden.

658 Die Methode der Kapitalisierung wird für die Folgen der Körperverletzung in den Beispielen 1 bis 19 und für diejenigen im Todesfall in den Beispielen 20 bis 39 veranschaulicht und im folgenden näher erläutert.

II. Schaden infolge Körperverletzung

1. Anspruchsgrundlagen

659 OR 46 I: *Körperverletzung gibt dem Verletzten Anspruch auf Ersatz der Kosten, sowie auf Entschädigung für die Nachteile gänzlicher oder teilweiser Arbeitsunfähigkeit, unter Berücksichtigung der Erschwerung des wirtschaftlichen Fortkommens.*

660 Dies ist die massgebende Rechtsgrundlage für die Berechnung des Schadens infolge Körperverletzung. Eine solche geht meist auf einen Unfall zurück. Aber auch andere Ursachen wie Krankheiten, Operationen oder ein Schock (z.B. BGE 112 II 118 ff) vermögen Körperverletzungen im Sinne von OR 46 auszulösen.

661 Der Begriff der Körperverletzung ist entsprechend weit gefasst. Somatische und psychische Integritätsverletzungen fallen darunter. Als Körperverletzung gilt beispielsweise auch die Beschädigung von Prothesen (→ N 756 ff).

662 Leistungsauslösend ist aber nicht die Körperverletzung an sich, sondern die darauf zurückzuführende Vermögenseinbusse. Auszugehen ist vom allgemeinen Schadensbegriff (N 537). Entscheidend ist, ob eine Vermögensminderung eingetreten ist.

663 Gemäss OR 46 ist nur der direkt Geschädigte anspruchsberechtigt (BGE 112 II 124 ff; vgl. auch GIOVANNONI, Le dommage indirect, in ZSR 1977 I S. 31 ff). Bei bestimmten Kosten (z.B. Besuchskosten bei Hospitalisation eines Kindes oder Mehrkosten, die dem Ehegatten deswegen anfallen) führt eine starre Anwendung des Grundsatzes aber zu wenig befriedigenden Ergebnissen, weshalb ein Direktschaden konstruiert wird (BREHM, N 23 zu OR 41 und N 17 zu OR 46). In besonders tragischen Fällen weitet neuerdings das Bundesgericht diesen Grundsatz insoweit aus, als es auch bloss reflektorisch Geschädigten zumindest einen Genugtuungsanspruch einräumt (BGE 112 II 226).

664 Die Arbeitsunfähigkeit kann sich vorübergehend oder dauernd auswirken. Beim Verdienstausfall während der Heilung handelt es sich um einen temporären Schaden: hiezu BREHM, N 34 ff zu OR 46. Ist der Heilungsprozess abgeschlossen und steht der Schaden im Zeitpunkt der Schadensberechnung fest, so ist er konkret zu berechnen. Entstandene Kosten und tatsächlicher Erwerbsausfall werden zusammengezählt; die Frage der Kapitalisierung stellt sich insoweit nicht (→ Beispiel 13 N 147–149).

665 Ist mit längerfristigen oder bleibenden Folgen der Körperverletzung zu rechnen, so wird der hypothetische, zukünftige Schaden ermittelt und in der Regel kapitalisiert. Diesen Schaden bezeichnen wir im folgenden als Invaliditätsschaden.

666 Der zu ersetzende Invaliditätsschaden besteht in der durch die Körperverletzung bewirkten Beeinträchtigung der Fähigkeit zur nutzbringenden Entfaltung der Arbeitskraft (BGE 99 II 216, 49 II 164). Entscheidend ist aber meist nicht die Beeinträchtigung der Arbeits-, sondern vielmehr der Erwerbsfähigkeit (Näheres hiezu bei SZÖLLÖSY, S. 63 ff und 78 ff; OFTINGER, I S. 183 N 118; BREHM, N 35 zu OR 46; SCHAER, Rz 133; vgl. auch UVG 43 II lit. c sowie IVG 52 II lit. c, in denen für den Invaliditätsschaden der Begriff «Erwerbsunfähigkeit» verwendet wird). Dennoch kann auch ein Schaden entstehen, wenn nicht die Erwerbsfähigkeit tangiert ist, sondern allein die Arbeitsfähigkeit, etwa bei Arbeiten im eigenen Haushalt oder für nicht entlöhnte Kinderbetreuung (N 700–706).

667 Die Höhe des Invaliditätsschadens ist abhängig vom Invaliditätsgrad (N 668 ff), vom Erwerbs- oder Arbeitsausfall (N 684 ff) sowie von der Dauer der Nachteile der Arbeitsunfähigkeit (N 707 ff).

2. Invaliditätsgrad

668 Um das Ausmass der Einbusse festzustellen, die der Verletzte wegen gänzlicher oder teilweiser Arbeitsunfähigkeit erleidet, wird vorab der Invaliditätsgrad bestimmt.

669 Üblicherweise wird dabei von der prozentualen medizinisch-theoretischen (anatomisch-funktionellen) Beeinträchtigung der körperlichen Unversehrtheit ausgegangen. Die Ermittlung der «incapacité fonctionnelle» ist grundsätzlich Sache des Arztes. An dessen Auffassung ist der Richter in dem Sinne gebunden, dass er sich nicht in medizinische Fragen einmischen darf, während er anderseits zu überprüfen hat, ob der ärztliche Begutachter von zutreffenden tatsächlichen und rechtlichen Voraussetzungen ausgegangen ist.

670 Die ärztliche Expertise bildet oft den Ausgangspunkt zur Festlegung der finanziellen Auswirkungen der Verletzung auf das Erwerbs- oder Arbeitsleben des Geschädigten (BGE 113 II 347; SZÖLLÖSY, S. 81 ff, und BREHM, N 60 ff zu OR 46). In der Praxis wird des öftern vom ärztlichen Gutachten abgewichen. Bei SCHAER ist in seinem Anhang I ein Überblick über die Judikatur zusammengetragen.

671 Der haftpflichtrechtlich relevante Invaliditätsgrad ergibt sich damit aus dem Vergleich zwischen zwei Einkommen, in dem der hypothetische Verdienst, den der Anspruchsberechtigte ohne Unfall erzielt hätte, dem Einkommen gegenübergestellt wird, das er trotz Invalidität zu erzielen vermag.

672 Bei teilweiser Erwerbsunfähigkeit (Beispiele 6 und 19) sind die verbleibenden und zumutbaren Erwerbsmöglichkeiten abzuschätzen, wobei Stellung, Beruf und persönliche Zukunftsaussichten zu berücksichtigen sind (BGE 99 II 218). Ausschlaggebend sind die konkreten Umstände: deshalb können im Haftpflichtrecht gleiche

Verletzungen bei Personen mit verschiedenen Berufen zu sehr unterschiedlichen Invaliditätsgraden führen (vgl. die Kasuistik bei BREHM, N 70 f zu OR 46, und OFTINGER, I S. 200 f).

673 Von besonderer Wichtigkeit ist der Invaliditätsgrad auch in der Sozialversicherung. Während dieser früher weitgehend abstrakt ermittelt wurde, sind nun auch in der sozialen Invalidenversicherung im Sinne eines einheitlichen Invaliditätsbegriffs die wirtschaftlichen Auswirkungen zu berücksichtigen (UVG 18 II; IVG 28). Dennoch muss der haftpflicht- und sozialversicherungsrechtlich ermittelte Invaliditätsgrad im konkreten Fall nicht identisch sein (SCHAER, Rz 1197).

674 Der Invaliditätsgrad kann sich im Laufe der Zeit ändern. So gelingt es einem Verletzten möglicherweise, sich bis zu einem gewissen Grad an die Beeinträchtigung anzupassen (vgl. etwa BGE 72 II 206, OFTINGER, I S. 195). Hier kommt den Bestrebungen der Invalidenversicherung, körperlich Behinderten die Wiedereingliederung in den Arbeitsprozess zu erleichtern, grosse Bedeutung zu. Überdies kann ein Jugendlicher unter Umständen schon bei der Berufswahl auf sein körperliches Gebrechen Rücksicht nehmen. Auf der anderen Seite kann sich der Zustand auch verschlechtern. Meist empfiehlt es sich, mit der Schadenerledigung zuzuwarten, bis sich der Zustand konsolidiert hat, wobei der Haftpflichtversicherer für die Zwischenzeit regelmässig Akontozahlungen leistet.

675 In der sozialen Invalidenversicherung können Renten unter bestimmten Umständen revidiert werden, wogegen der vom Haftpflichtigen zu ersetzende Schaden grundsätzlich unabänderlich ist (→ N 596 ff; Ausnahme OR 46 II). Also ist der Möglichkeit späterer Änderungen des Invaliditätsgrades bereits im Zeitpunkt der Kapitalisierung Rechnung zu tragen. Allenfalls kann ein Vorbehalt aufgenommen werden, wonach bei erheblicher Änderung des Invaliditätsgrades die Berechnung des Gesamtschadens, des Regresses und des Restschadens zu wiederholen ist. Dies bedingt jedoch, dass der Geschädigte, der Haftpflichtige und der Sozialversicherer zu einer derartigen Lösung Hand bieten.

676 Bei der Festsetzung des Invaliditätsgrades ist weiter mit in Betracht zu ziehen, dass der Verletzte verpflichtet ist, im Rahmen des ihm Zumutbaren den Schaden zu mindern. Soweit z.B. ein Berufswechsel zumutbar ist, kann dem Rechnung getragen werden (STARK, Skriptum N 77). Für allfällige Umschulungskosten oder ein geringeres Einkommen als im bisherigen Beruf hat der Schädiger aufzukommen.

677 Ein strenger Massstab ist bezüglich der Frage anzulegen, ob ein Verletzter sich zum Zweck der Verbesserung seiner Erwerbsfähigkeit einer erfolgversprechenden und gefahrlosen Operation unterziehen müsste.

678 Der Geschädigte darf die schadenausgleichenden Leistungen nach seinem Gutdünken verwenden. So stellte das Zürcher Obergericht beispielsweise fest, dass eine teilinvalide Frau ihre frühere Erwerbstätigkeit nicht wieder aufzunehmen braucht, wenn ihr die Sozialversicherungsrenten ausreichen (Plädoyer 1988, Nr. 3 S. 37).

679 Die «**Erschwerung des wirtschaftlichen Fortkommens**», die in OR 46 ausdrücklich erwähnt ist, bildet ebenfalls einen Bestandteil des Invaliditätsschadens. Eine derartige Erschwerung setzt nicht notwendigerweise eine Beeinträchtigung der Arbeitsfähigkeit voraus (BGE 99 II 219), wenn sie auch meist mit ihr verbunden ist. Ist letzteres der Fall, so ist es angezeigt, die Beeinträchtigung der Erwerbsfähigkeit und die Erschwerung des wirtschaftlichen Fortkommens in einem einzigen jährlichen Ausfallbetrag zusammenzufassen (ebenso SZÖLLÖSY, S. 88). Dieses Vorgehen entspricht der gerichtlichen und aussergerichtlichen Praxis und stimmt mit den neuen Subrogationsnormen im Sozialversicherungsrecht überein. In IVG 52 II c und UVG 43 II c wird die Erschwerung des wirtschaftlichen Fortkommens von der erwähnten Erwerbsunfähigkeit mitumfasst.

680 Ist eine Erschwerung des wirtschaftlichen Fortkommens ohne zusätzlichen Erwerbsausfall anzunehmen, sollte für diesen Nachteil ebenfalls eine (gegebenenfalls aufgeschobene) Rente festgelegt werden, die anschliessend kapitalisiert wird. Dieses Vorgehen ist einem ex aequo et bono ermittelten Kapitalbetrag vorzuziehen, weil das letztere Verfahren leicht zu Willkür, zum mindesten aber zu Rechtsungleichheit führen kann.

681 Eine **krankhafte Veranlagung** des Verletzten vermag die schädigenden Folgen eines Unfalles zu erhöhen. Aufgrund einer derartigen Prädisposition kann zwischen den vom Haftpflichtigen gesetzten Ursachen und den Auswirkungen der Körperverletzung ein offensichtliches Missverhältnis eintreten, so dass die Belastung des Verantwortlichen mit dem ganzen Schaden unbillig wäre (BGE 113 II 86 und 345; A. KELLER, II S. 46).

682 Zu der in unserer dritten Auflage (S. 87) erwähnten «formule Gabrielli» zur Berücksichtigung schon vorhandener Invaliditäten vgl. nun Oberger. BL in SJZ 83/1987 S. 49.

683 Ist die Lebenserwartung bereits vor Eintritt des schädigenden Ereignisses reduziert → N 625; wird sie dagegen infolge des Unfalls verkürzt → N 718–721.

3. Erwerbs- und Arbeitsausfall

a) Mutmasslicher Schaden

684 Im Invaliditätsfall wirken sich die Nachteile der Arbeitsunfähigkeit überwiegend in Zukunft aus: Wie hätte sich das Arbeits- und insbesondere das Erwerbsleben des Verletzten entwickelt, wenn der Unfall sich nicht ereignet hätte? Vgl. auch N 644 ff.

685 Bei Verletzung eines Erwerbstätigen ist die Höhe des künftigen Erwerbsausfalls abzuschätzen. Reale Einkommensverbesserungen sind zu berücksichtigen, während teuerungsbedingte Lohnsteigerungen nur teilweise ausgeglichen werden, indem mit einem niedrigen Zinsfuss diskontiert wird: → N 1133.

686 Entscheidend bei bleibender Verminderung der Arbeitsfähigkeit ist das, was der Verletzte wahrscheinlich während der mutmasslichen Aktivitätsdauer voraussichtlich hätte realisieren können und das nun ausfällt. Welches wären seine zukünftigen Verdienstaussichten gewesen? Es erweist sich dabei als zweckmässig, von Durchschnittswerten auszugehen, allenfalls von einer gestaffelten Einkommensentwicklung (Beispiel 11). Sodann ist der geschätzte, künftige Durchschnittserwerb auf ein Jahr umzurechnen. Bei Vollinvalidität entspricht der jährliche Ausfall der zu kapitalisierenden Jahresrente. Bei teilweiser Erwerbsunfähigkeit ist vorgängig der in Prozenten festgelegte Invaliditätsgrad mit dem mutmasslichen Erwerbseinkommen zu multiplizieren (→ Beispiele 6 und 19).

687 Bei der Schätzung des durchschnittlichen Einkommens ist zu beachten, dass der zeitlich näherliegende Erwerbsausfall, der mit weniger Unsicherheitsfaktoren behaftet ist, bei der Kapitalisierung wegen der Diskontierung stärker ins Gewicht fällt als der sich erst in weiterer Zukunft auswirkende.

b) Erwerbsausfall

688 Wird ein Erwerbstätiger verletzt, ist sein mutmasslicher Erwerbsausfall zu ermitteln. Ausgangspunkt bilden dabei die Einkommensverhältnisse vor dem Unfall.

689 In BGE 113 II 348 ff (Quadranti) wird der Vorschlag von BREHM (N 25 in Vorbem. zu OR 45/46) aufgenommen: «Der Haftpflichtige hat das Bruttoeinkommen — einschliesslich der Beiträge des Arbeitgebers an die Sozialeinrichtungen —, das in der Regel nach den Aktivitätstafeln zu kapitalisieren ist, zu ersetzen» (vgl. auch vorne N 97).

690 Bei selbständig Erwerbstätigen sind Prognosen über zukünftige Verdienstmöglichkeiten meist unsicherer (vgl. etwa BGE 111 II 295, 102 II 38 Erw. 2). Auch bei unregelmässigen Gewinnaussichten wird ein Durchschnittseinkommen — unter Abzug der Gewinnungskosten (BGE 90 II 188) — an Hand vergleichbarer Berufs- und Branchenansätze zugrundegelegt.

691 Als Erwerb gelten auch regelmässige Neben- und Zusatzeinnahmen aller Art, wie namentlich Gratifikationen, 13., 14. Monatslohn, Treueprämien, Überstunden-, Schicht- oder Sonntagsarbeitszulagen sowie regelmässige Trinkgelder. Ebenso sind Reiseentschädigungen, welche die effektiven Auslagen übersteigen, oder Bezugsrechte für Mitarbeiteraktien dem Einkommen zuzuzählen. Soweit es sich um Lohnbestandteile handelt, die in grösseren als jährlichen Abständen zur Auszahlung gelangen, sind diese anteilsmässig auf ein Jahr umzurechnen.

692 Auch ein eigentlicher Nebenverdienst stellt einen Schadensposten dar, der immer dann gesondert zu kapitalisieren ist, wenn angenommen wird, dass diese Tätigkeit während einer anderen Zeitdauer (z.B. über die mutmassliche Pensionierung hinaus) ausgeübt worden wäre (→ Beispiel 3). Zusätzlich drängt sich eine gestaffelte Kapitalisierung auf, wenn der Sozialversicherer nur für kongruente Leistungen subrogiert (z.B. für den versicherten Hauptverdienst, nicht dagegen für nicht versicherten Nebenverdienst oder Haushalttätigkeit).

693 Nachteile der Arbeitsunfähigkeit im Sinne von OR 46 können auch in einem Verlust von Pensionskassenleistungen bestehen (vgl. hiezu M. SCHAETZLE, Personalvorsorge, S. 24 ff). Der Schaden besteht allenfalls darin, dass der Verletzte eine kleinere Altersrente erhält, als wenn er weiter bis zu seiner Pensionierung gearbeitet hätte: → Beispiel 4 und BREHM, N 108–110 zu OR 46. Wird ein solcher Verlust an Altersrenten als Schaden geltend gemacht, so sind auch die dabei eingesparten Beiträge als Vorteile anzurechnen (ebenso n.p. BGE vom 11.11.1980 [Alpina/Neuhaus] und BezGer. Zurzach in SJZ 76/1980 S. 15).

694 Bei Ausländern, insbesondere bei Gastarbeitern, wird zum Teil berücksichtigt, dass sie allenfalls vor ihrer Pensionierung in ihre Heimat zurückkehren könnten. Dem ist vom Bundesgericht beispielsweise in JT 1981 I S. 457 Nr. 39 und in BGE 100 II 357 f mit der Annahme einer sinkenden Einkommensentwicklung, im n.p. BGE vom 27.5.1975 («Winterthur»/Simone) mit einer temporären Aktivitätsrente Rechnung getragen worden (→ Beispiele 2 und 12).

695 Wird ein Kind verletzt, so treten die finanziellen Auswirkungen, abgesehen von den anfallenden Kosten (→ N 749 ff), erst im Zeitpunkt auf, in dem es, unversehrt geblieben, zu arbeiten und zu verdienen angefangen hätte. Infolgedessen sind bei Kindern und Jugendlichen regelmässig aufgeschobene Renten zu kapitalisieren (→ Beispiel 9).

696 Bei Jugendlichen ist abzuklären, welcher Beruf ohne Unfall in Frage gekommen wäre. Zwingt bei nur teilweiser Invalidität die Art der Verletzung nicht dazu, von diesem abzugehen, so ist der voraussichtliche Ausfall bei der entsprechenden Erwerbstätigkeit in Rechnung zu stellen. Muss der Verletzte des Unfalles wegen einen anderen, weniger einträglichen Beruf wählen, so ist der daherige Ausfall zu ersetzen (BGE 100 II 304 Erw. 4).

697 Viel schwieriger gestalten sich die Schätzungen bei jüngeren Kindern. Welchen Beruf hätte ein 5 oder 10jähriges Kind ausgeübt, wäre es nicht verletzt worden? Und wie sind seine Erwerbsaussichten zu beurteilen? Ungewissheiten dürfen sich nicht zu Ungunsten des Verletzten auswirken (KELLER/GABI, S. 87). Im Rückblick zeigt die Durchsicht der Rechtsprechung, dass sich die seinerzeit gestellten Prognosen oft als zu tief erwiesen: →N 655.

698 Massgebend ist — wie bei der Verletzung bereits Erwerbender — die reale Einkommensentwicklung (N 649 ff). Zu Recht wird von STEIN (in SJZ 67/1971 S. 107) und von BUSSY (La dépréciation, S. 29/30) kritisiert, wenn hiefür Lohnskalen, die zum Zeitpunkt der Kapitalisierung gelten, unbesehen übernommen werden. In der Regel dürfte es richtiger sein, von einem erhöhten realen Durchschnittsverdienst auszugehen oder aber ab einem bestimmten Alter eine entsprechende Einkommenssteigerung anzunehmen (→Beispiel 11).

699 Ist damit zu rechnen, dass ein verletzter Schüler oder Lehrling ohne Unfall früher ins Erwerbsleben eingetreten wäre, so wird auch der durch die Verzögerung entstandene Schaden entsprechend Beispiel 10 kapitalisiert.

c) Arbeitsausfall

700 Ausser der Erwerbsfähigkeit kann auch die Arbeitsfähigkeit tangiert werden, wenn eine Körperverletzung keine unmittelbare Einkommenseinbusse zur Folge hat, insbesondere bei unentgeltlich geleisteter Arbeit. Den Hauptanwendungsfall bildet die Beeinträchtigung in der Haushaltführung und Betreuung: → Beispiel 7.

701 Wird eine Hausfrau verletzt und dadurch ihre Arbeitsfähigkeit zu Hause reduziert, wird ihr Schaden meist nach dem Nettoaufwand für eine Haushalthilfe bemessen: BGE 113 II 350 f; Oberger. ZH in Plädoyer 1988 Nr. 3 S. 35 ff; KantGer. SG in SJZ 83/1987 S. 398 f. Zur Berechnung des Hausfrauenschadens eingehend auch BUSSY, L'indemnisation des lésions corporelles de la femme mariée, Festschrift Assista S. 147 ff, und BREHM, N 111 ff zu OR 46.

702 Auch wenn im Kontext einfachheitshalber von Hausfrau die Rede ist, so gelten die Bemerkungen selbstverständlich auch für den Hausmann.

703 Unterstützt die verletzte Person andere Personen, z.B. den Ehegatten im Geschäft oder Kinder, die sie aufzieht und betreut, wird regelmässig der Schaden gleichgesetzt mit den Kosten, die notwendig werden, um die ausfallende Arbeit durch eine Drittperson ausführen zu lassen. Diese Kosten geben zumindest eine Richtschnur für den Wert der Haushaltarbeit. Auch die reiche Literatur, die zu diesem Problemkreis beim Versorgungsschaden in den letzten Jahren publiziert wurde, kann beigezogen werden (→ N 790 ff). Die Berechnungsmethoden können per analogiam auf den ähnlich gearteten Invaliditätsschaden übertragen werden. Hauptbemessungskriterium bildet die aufgewendete Arbeitszeit. Diese wird mit den Kosten, die einer Ersatzperson zu zahlen wären, multipliziert. Das Resultat entspricht der erlittenen Beeinträchtigung der Arbeitsfähigkeit und kann alsdann kapitalisiert werden (vgl. Beispiel 5 mit Hinweisen auf die Judikatur).

704 Auch wenn die Haushalthilfe nicht angestellt wird, kann ein rechtserheblicher Schaden dadurch entstehen, dass die Bewältigung der Arbeiten mehr Zeit beansprucht oder Familienangehörige einspringen müssen (Plädoyer 1988 Nr. 3 S. 36). Auch in diesem Fall steht der Ersatzanspruch der verletzten Person zu, nicht dem Partner oder den Kindern, die lediglich Reflexgeschädigte sind (vgl. auch BGE 110 II 455).

705 Ist anzunehmen, dass die haushaltführende oder kinderbetreuende Person, in einem späteren Zeitpunkt, den erlernten Beruf wieder aufgenommen oder sonst eine Erwerbstätigkeit ausgeübt hätte, so ist auch dieser Erwerbsausfall zu ersetzen. Laut BGE 99 II 226 müssen hiefür konkrete Anhaltspunkte bestehen, die blosse Möglichkeit genügt nicht. Ein Indiz für eine spätere Erwerbstätigkeit dürfte die vor Eheschluss bzw. vor der Geburt eines Kindes geleistete Berufstätigkeit bilden.

706 Die Folgen der Arbeitsunfähigkeit sind zu unterscheiden von den tatsächlich anfallenden Kosten (z. B. Pflegekosten), die im Gegensatz zur beeinträchtigten Arbeitsfähigkeit oft lebenslänglich geschuldet werden (→ N 753).

KÖRPERVERLETZUNG

4. Dauer des Invaliditätsschadens

707 Wenn die mutmassliche jährliche Erwerbseinbusse festgestellt bzw. geschätzt ist, so sind Annahmen über die Laufzeit der Schadenersatzrente zu treffen.

708 Bei einem Dauerschaden ist grundsätzlich von der **Aktivitätsdauer** auszugehen: →N 627 ff.

709 Die mutmassliche Dauer, während welcher der Verletzte ohne Eintritt des schädigenden Ereignisses arbeits- bzw. erwerbsfähig gewesen wäre, hängt wesentlich von den besonderen Umständen des Einzelfalles ab. «Die konkreten Verhältnisse gehen vor (doch nur, wenn sie genügend sicher und greifbar sind)», so OFTINGER, I S. 209.

710 Im folgenden sind einzelne Fallgruppen unterschieden, welche die Laufdauer der entsprechenden Schadenersatzrente bestimmen:

711 Bei Erwerbstätigkeit bis Ende Aktivität (Tafel 20): → Beispiele 1 und 5. Die Tafel 20 ist anzuwenden, wenn von einer normalen Aktivitäts- und Lebensdauer auszugehen ist, d.h. keine Gründe vorliegen, die für eine abweichende Aktivitätserwartung sprechen.

712 Bei angenommener Erwerbstätigkeit bis zur mutmasslichen Pensionierung (Tafeln 18/19): → Beispiele 2 und 6. Bei Arbeitnehmern, die wahrscheinlich mit der Pensionierung aus dem Erwerbsleben ausscheiden, kann auf das mutmassliche Rücktrittsalter abgestellt werden (→ N 633 ff). Dies dürfte insbesondere bei älteren Angestellten der Fall sein. Eine Schwelle bildet dabei meistens das Erreichen des AHV-Alters.

713 Bei Erwerbstätigkeit über das mutmassliche Pensionierungsalter hinaus: → Beispiel 3. Hatte der Erwerbstätige einen Nebenverdienst oder ist anzunehmen, dass er einen solchen − z.B. nach seiner Pensionierung − aufgenommen hätte, so ist diesem Rechnung zu tragen, und zwar regelmässig mit Tafel 20. Ist mit einem reduzierten Erwerbseinkommen nach der Pensionierung zu rechnen, können die Tafeln 18/19 und 20 kombiniert werden (→ Beispiel 12).

714 Bei sich änderndem Erwerbs- und Arbeitsausfall (Tafeln 21 − 24): → Beispiele 8, 11 und 12. Ein steigender oder sinkender Erwerbsausfall lässt sich mit aufgeschobenen (Tafeln 21/22) und temporären (Tafeln 23/24) Aktivitätsrenten kapitalisieren. Voraussetzung einer mehrphasigen Kapitalisierung ist, dass für die Veränderung ein bestimmter Zeitpunkt angenommen wird.

715 Bei Verletzung eines Kindes (Tafeln 21/22): → Beispiele 9 und 10. Bei Kindern und Jugendlichen sind regelmässig aufgeschobene Renten zu kapitalisieren, da ein Erwerbsschaden erst ab voraussichtlichem Eintritt ins Erwerbsleben entsteht.

716 Bei Verletzung einer Hausfrau (Tafel 20a): → Beispiele 7 und 8. Der Schaden bei Beeinträchtigung der Arbeitsfähigkeit ist gemäss BGE 113 II 353 mit dem arithmetischen Mittel zwischen Aktivität und Mortalität zu berechnen: → N 638 ff.

717 Zum Pensionsschaden (Tafeln 31/32): → Beispiel 4. Werden wegen des Unfalls nur reduzierte Pensionskassenleistungen vorgesehen, so ist der Pensionsschaden mit den Mortalitätstafeln zu kapitalisieren.

Verkürzung der Lebenserwartung wegen des schädigenden Ereignisses

718 Eine Körperverletzung kann zusätzlich eine Verkürzung der Lebenserwartung zur Folge haben. Ist diese bei der Schadensberechnung zu berücksichtigen?

719 Gemäss OFTINGER (I S. 210 N 212) ist die Beachtung einer ungünstigen Lebensprognose rechtsmissbräuchlich (ZGB 2), wenn diese auf den Unfall zurückzuführen ist, für den der haftpflichtige Dritte verantwortlich ist. SZÖLLÖSY (S. 94 Fn 8 und S. 271 f) und BREHM (N 35 in Vorbem. zu OR 45/46) dagegen vertreten die gegenteilige Auffassung.

720 In der Rechtsprechung ist verschiedentlich ein Abzug vorgenommen worden. Eine Übersicht über die Gerichtspraxis gibt das Schaden-Bulletin Nr. 9 der Schweiz. Rückversicherungs-Gesellschaft 1987 S. 48 f. Letztmals hat das Bundesgericht in JT 1981 I S. 456 Nr. 38 zwar auf einen derartigen Abzug verzichtet, da nicht nachgewiesen war, ob die Verkürzung der Lebenserwartung auch eine Verkürzung der Aktivitätsdauer zur Folge hatte, aber grundsätzlich die Möglichkeit einer Reduktion ausdrücklich bejaht.

721 Ergibt sich gestützt auf den medizinischen Befund, die Körperverletzung werde aller Voraussicht nach zu einer bestimmten Verkürzung der Lebensdauer — gemessen an Tafel 42 — führen (was nur ausnahmsweise anzunehmen sein dürfte), so ist dies kaum zu beachten, wenn dadurch die mittlere Aktivitätserwartung (Tafel 43) nicht unterschritten wird. Die Beeinträchtigung der Lebenserwartung müsste deshalb schon ein beträchtliches Ausmass annehmen, um den Schadenersatz zu beeinflussen; in diesem Fall ist allerdings auch die Ausrichtung einer Rente statt eines Kapitals zu erwägen. Dazu kommt, dass eine allfällige Verkürzung der Lebens- und Aktivitätserwartung einen Anspruch auf Genugtuung begründet.

5. Zeitpunkt der Kapitalisierung

Bisheriger und zukünftiger Schaden

722 Die Schadensberechnung erfolgt auf den Urteilstag (OR 46 II) oder Vergleichstag, d.h. auf den Rechnungstag: → *Beispiel 13*. In der Praxis wird zum Teil auch der Zeitpunkt der medizinischen Begutachtung als Stichtag gewählt. Zwischen Unfall- und Rechnungstag können oft Jahre verstreichen. Zumeist wird abgewartet, bis sich der Gesundheitszustand einigermassen konsolidiert hat und der Schaden überblickbar wird.

723 Bis zum vereinbarten Rechnungstag bzw. zum Tag des Urteils der kantonalen Instanz, vor der letztmals noch neue Tatsachen vorgebracht werden können, ist der Schaden konkret zu berechnen (so BGE 99 II 216, 86 II 7/13, 84 II 292/301, 77 II 152 f). Im Zeitpunkt der Schadensberechnung steht fest, ob der Verletzte lebt (andernfalls stellt sich die Frage, ob die Voraussetzungen eines Versorgungsschadens erfüllt sind). Ungewissheit besteht dagegen für die Zukunft, und für diese sind die vorliegenden Tafeln, die auf Wahrscheinlichkeiten beruhen, zu verwenden.

724 Dies führt bei der Berechnung des Körperschadens zu einer Zäsur, indem unterschieden wird zwischen dem aktuellen, bereits entstandenen und dem zukünftigen, hypothetischen Schaden. Der im Zeitpunkt der Schadenerledigung schon eingetretene Schaden wird möglichst genau ermittelt und aufaddiert, während der zukünftige Schaden regelmässig kapitalisiert wird.

725 In den gegenwärtigen Schaden sind die reale Einkommensentwicklung sowie die effektive Teuerung einzurechnen (ebenso OFTINGER, I S. 223; BUSSY, La dépréciation, S. 15; BREHM, N 22 in Vorbem. zu OR 45/46). Schliesslich sind auch die Teuerungszulagen auf den zum Regress zugelassenen Sozialversicherungsleistungen bis zum Rechnungstag miteinzubeziehen (gl. A. SCHAER, Rz 1205). Zur Berechnung des zukünftigen Schadens: → 644 ff.

726 Massgebend für die Kapitalisierung ist das Alter des Geschädigten am Rechnungstag. (Zu Altersbestimmung und Rundungsmethoden: → N 1187 ff). Auf dieses Alter zum Zeitpunkt der Kapitalisierung ist ebenfalls abzustellen, wenn einem verletzten Kind anstelle einer Rente, die erst nach einer bestimmten Anzahl von Jahren zu laufen beginnt, eine Kapitalabfindung zugesprochen wird. Auch in diesem Fall weiss man, dass das Kind am Rechnungstag lebt, so dass für die Kapitalisierung künftiger Leistungen ebenso vom Alter am Urteils- oder Vergleichstag auszugehen ist (Beispiele 9 und 10). Bei Kindern und Jugendlichen muss oft sehr lange zugewartet werden, bis der Schaden absehbar und berechenbar ist.

727 Die Sozialversicherungsträger (eidg. Invalidenversicherung, obligatorische Unfallversicherung u.a.) nehmen Regress für Invalidenrenten, die sie ausrichten. Gesamtschaden, Regress und Restschaden sind koordiniert zu berechnen. Ein sinnvolles Abstimmen könnte u.a. dadurch erzielt werden, dass die Kapitalisierung des Restschadens und des Regressanspruchs auf den gleichen Zeitpunkt vorgenommen würde. Als geeigneter Rechnungstag bietet sich der Zeitpunkt der Rentenfestsetzung (so SCHAER, Rz 1184 N 38) oder des Rentenbeginns an. Wird der Invaliditätsschaden aussergerichtlich berechnet, besteht diese Koordinationsmöglichkeit bereits heute.

Schadenszins

728 Ab Eintritt des Schadens schuldet der Haftpflichtige einen Schadenszins von 5% auf dem bis zum Rechnungstag entstandenen Schaden (SZÖLLÖSY, S. 95). Ist anzunehmen, dass dieser ab Unfalltag gleichmässig entstanden ist (z.B. bei Pflegekosten), so wird der Schadenszins einfachheitshalber auf dem Gesamtbetrag ab mittlerem Verfall zwischen Unfall- und Rechnungstag gewährt (BGer in JT 1981 I S. 462 und BGE 82 II 35).

729 Zusätzlich läuft ab Urteils- oder Vergleichstag ein Verzugszins von 5% bis zur Bezahlung, und zwar sowohl auf dem bisherigen wie auch auf dem zukünftigen, kapitalisierten Schaden.

6. Sozialversicherungsregress

730 Die allgemeinen Regeln zum Regressrecht sind in den N 554–575 zusammengefasst, während nachstehend die Grundsätze zur Berechnung des Regresswertes der Invaliden- und obligatorischen Unfallversicherung skizziert sind. Für weitere Fragen zum Subrogationsrecht siehe etwa MAURER, Sozialversicherungsrecht I § 20, und A. KELLER, II S. 185 ff.

A. Eidg. Invalidenversicherung (IV)

731 Die IV kann seit 1979 auf den haftpflichtigen Dritten Rückgriff nehmen (IVG 52 mit Verweis auf die massgebenden AHV-Bestimmungen). Gemäss AHV 48ter ist der Regress «auf die Höhe ihrer gesetzlichen Leistungen» begrenzt.

732 Die IV subrogiert nur im Rahmen identischer Schadensposten, d.h. für Leistungen gleicher Art. Welche Schadensposten und IV-Leistungen sich in sachlicher Hinsicht entsprechen, ist in IVG 52 II umschrieben. Im Zusammenhang mit der Kapitalisierung ist das in lit. c. genannte Leistungspaar von besonderer Bedeutung, nämlich die Invalidenrenten einschliesslich Zusatz- und Kinderrenten, die dem Ersatz für Erwerbsunfähigkeit entsprechen. Wird ein Familienvater verletzt, so tritt die IV in seine Ersatzansprüche ein, wobei zusätzlich zur Invalidenrente auch die Zusatzrente für die Ehefrau und die Kinderrenten – im Rahmen der zeitlichen Kongruenz – vom Regress erfasst werden (ebenso BGE 112 II 129 f; SCHAER, Rz 1147 und 1209; a.A. STOESSEL S. 79 f). Die Zusatzrente ist dem invaliden Mann selbst dann zuzurechnen, wenn diese der Frau gestützt auf IVG 34 III ausbezahlt wird (A. KELLER, II S. 213).

733 Am Erfordernis der sachlichen Identität gebricht es jedoch, wenn dem Geschädigten Schadenersatzansprüche für entgangene Altersleistungen zustehen (→ Pensionsschaden im Beispiel 4; für weitere haftpflichtrechtlich relevanten Schadenersatzansprüche, die vom Regressanspruch der IV nicht erfasst sind → STOESSEL, S. 18 N 6).

734 Die IV subrogiert lediglich im Umfang der zeitlichen Kongruenz, d.h. nur soweit sich Haftpflicht- und Versicherungsleistungen in zeitlicher Hinsicht entsprechen (→ N 565).

735 Dies bedeutet einerseits, dass die IV längstens für die Zeitperiode Rückgriff nehmen kann, für die sie Leistungen erbringt. Da die Invalidenrente in der Regel nur bis zur Entstehung eines Anspruchs auf eine Altersrente ausgerichtet wird, ist der IV-Regress auf das zurückgelegte 65. bzw. 62. Altersjahr beschränkt (IVG 30 i.V.m. AHVG 21). Dieses Schlussalter gilt auch dann, wenn der Schadenersatzanspruch mit Tafel 20 berechnet wird (→ Beispiel 1b).

736 Anderseits ist der IV-Regress durch den Haftpflichtanspruch limitiert. Wird eine Invalidenrente zwar bis zum AHV-Alter ausgerichtet, aber Ersatz für eine Erwerbstätigkeit nur für eine kürzere Zeit zugestanden, subrogiert die IV nur bis zu diesem Zeitpunkt.

737 Für Invalidenrenten berechnet sich der Regress der IV mit temporären Aktivitätsrenten, d.h. mit den Tafeln 18/19, eventuell 23/24: → Beispiele 1b, 2b, 5b, 9b sowie 16 bis 18.

738 Der Rückgriff der IV für die Zusatzrente für die Ehefrau ist zudem auf die Zeitperiode begrenzt, bis einer der Ehegatten das AHV-Alter erreicht: → Beispiele 16 bis 18.

739 Kinderrenten werden ausgerichtet bis zur Vollendung ihres 18. Altersjahres bzw. bis zum Abschluss der Ausbildung, längstens aber bis zum 25. Altersjahr (IVG 35 i.V.m. AHVG 25 II). Erreicht der Vater oder die Mutter, die eine Invalidenrente erhalten, vorher das AHV-Alter, erlischt die Kinderrente der IV. Infolgedessen sind im Hinblick auf den Regress temporäre Aktivitätsrenten mit den Tafeln 18/23 für Väter bzw. 19/24 für Mütter zu kapitalisieren: → Beispiele 16 bis 18.

740 Unter bestimmten Voraussetzungen subrogiert auch die AHV für invaliditätsbedingte Altersrenten, soweit diese auf ein schädigendes Ereignis zurückzuführen sind, für das ein Haftpflichtiger einzustehen hat. Dazu zählen einerseits die Ehepaar-Altersrenten, die wegen mindestens hälftiger Invalidität der Ehefrau ausgerichtet werden (AHVG 22 I), anderseits die Zusatzrente zur einfachen Altersrente des Ehemannes, die deshalb gewährt wird, weil er unmittelbar vor Entstehung des Anspruchs auf eine einfache Altersrente eine Zusatzrente zur einfachen Invalidenrente erhielt (AHVG 22bis I i.V.m. IVG 34).

741 Schliesslich ist auch das Quotenvorrecht des Geschädigten zu beachten (IVG 52 I i.V.m. AHVG 48quater): → N 569 ff und Beispiele 16 bis 18; vgl. hiezu auch STOESSEL, S. 99 ff. Ändern sich die IV-Leistungen (z.B. bei Erlöschen der Kinderrente), so erfordert das Kongruenzprinzip eine Aufgliederung in mehrere Zeitperioden.

B. Obligatorische Unfallversicherung (UV)

742　1984 löste das UVG das KUVG aus dem Jahr 1911 ab. Seither sind alle Arbeitnehmer obligatorisch gegen Berufs- und Nichtberufsunfälle sowie gegen Berufskrankheiten versichert, entweder bei der SUVA oder einem andern zugelassenen Versicherer.

743　Im Invaliditätsfall wird bei dauernder Erwerbsunfähigkeit eine Invalidenrente ausgerichtet (UVG 18 ff). Sie beträgt 80% des versicherten Verdienstes. Zahlt die IV zugleich eine Invalidenrente, richtet der obligatorische Unfallversicherer eine Komplementärrente bis zu 90% des versicherten Verdienstes aus (→ Beispiele 1c und 18).

744　Der versicherte Verdienst ist der Lohn, den der Versicherte im Jahr vor dem Unfall bezogen hat (UVG 15). Somit beträgt die UVG-Rente nach UVG 20 II im Beispiel 1c:

90% des versicherten Verdienstes (60'000 Fr.)	54'000 Fr.
abzüglich IV-Rente	− 16'000 Fr.
Komplementärrente	38'000 Fr.

745　Das Rückgriffsrecht wird in UVG 41 ff geregelt: → hiezu MAURER, Unfallversicherungsrecht, S. 545 ff; SCHMID, Die Leistungen der Versicherten und die Ansprüche der Geschädigten, Strassenverkehrsrechts-Tagung 1984, und A. KELLER, II 199−202.

746　Nur Leistungen gleicher Art gehen auf den Unfallversicherer über, namentlich Invalidenrenten, die dem Schadenersatzanspruch für Erwerbsunfähigkeit entsprechen (UVG 43 II c: sachliche Kongruenz). Diese Leistungskategorie betrifft den Invaliditätsschaden nach abgeschlossener Behandlung. Die Abfindung gemäss UVG 23 ist der Invalidenrente gleichgestellt.

747　«Leistet der Versicherer Renten, so können Ansprüche hiefür nur bis zum Zeitpunkt auf ihn übergehen, bis zu welchem der Dritte Schadenersatz schuldet» (UVG 43 III). Das Prinzip der zeitlichen Kongruenz bedeutet insbesondere, dass Invaliden- und Komplementärrenten, die lebenslänglich ausgerichtet werden, nur für die Zeit übergehen, für die der Haftpflichtanspruch dauert: → Beispiel 1c, 2b, 5b sowie 18 f.

748　Bei Teilhaftung ist das Quotenvorrecht des Geschädigten zu berücksichtigen (UVG 42 I): → N 569 ff und Beispiel 19b sowie MAURER, Sozialversicherungsrecht, I S. 556 ff.

7. Ersatz der Kosten

749 Zu den Kosten, die dem Verletzten gemäss OR 46 I zu vergüten sind, zählen etwa: Heilungskosten, Spital- und Arztkosten, Transportkosten, Medikamente, Kuren, Diagnosen, Therapien, Analysen, Adaptionskosten, Hilfsmittel, Hauspflege, Besuchskosten usw.: Brehm, N 7 ff zu OR 46; A. Keller, II S. 47−49; Oftinger, I S. 191 f; Piccard, Kapitalisierung, S. 83 f.

750 Entstehen solche Kosten zusätzlich zu den vom Haftpflichtigen zu ersetzenden Nachteilen der Arbeitsunfähigkeit, sind diese getrennt zu berechnen. Im Regressfall ist insbesondere der Grundsatz der sachlichen und zeitlichen Kongruenz zu beachten.

751 Für eine Barwertberechnung fallen insbesondere Pflege- und Heilungskosten (nachstehend a) sowie Hilfsmittel (b) in Betracht:

a) Pflege- und Heilungskosten

752 Unfallbedingte Kosten für Pflege im Spital, in einem Heim oder zu Hause sind zu ersetzen. Dazu gehört auch die Pflege durch Familienangehörige, auch wenn der Geschädigte dafür nichts bezahlen muss (BGE 97 II 266). Eingesparte Kosten sind in Abzug zu bringen.

753 Bei schwerer Invalidität sind dauernde Aufwendungen, die voraussichtlich bis ans Lebensende des Geschädigten zu erbringen sind, mit Tafel 30 zu kapitalisieren (Brehm, N 23 zu OR 46).

754 Zur Kapitalisierung: → Beispiel 14a.

755 Für die Leistungskategorie, die gemäss IVG 52 II und UVG 43 II a dem Schadensposten «Kosten» entsprechen → Stoessel, S. 80 f, und Schmid, Strassenverkehrsrechts-Tagung 1984, S. 21. Zur Kapitalisierung des Regressanspruchs: → Beispiel 14b.

b) Hilfsmittel und andere wiederkehrende Kosten

756 Zu dieser Kategorie können etwa gezählt werden:

— Hilfsmittel (Invalidenauto, Rollstühle, Treppenraupen usw.)
— Vermehrte Bedürfnisse (z. B. regelmässige Kuren), geeignete Wohnungen und behinderungsbedingte bauliche Veränderungen, besondere Verpflegung
— Prothesen, Gebisse, Spezialschuhe u.a.

757 Bedürfen diese periodisch der Erneuerung oder der Reparatur, so werden die Kosten (allenfalls die Amortisationskosten) häufig kapitalisiert.

758 Muss angenommen werden, dass das entsprechende Hilfsmittel während der ganzen Lebensdauer nötig sein wird, kann der Kapitalwert mittels Tafel 30 (Mortalität) errechnet werden (→ Beispiel 15 N 163 f, BGE 72 II 205).

759 Für die Kapitalisierung von Kosten, die bis zum Tod, aber längstens bis zu einem gewissen Zeitpunkt zu ersetzen sind, stehen die Tafeln 33/34 (temporäre Leibrenten) zur Verfügung.

760 Stehen die Kosten in engem Zusammenhang mit der (verbleibenden) Erwerbsfähigkeit (etwa für ein Invalidenfahrzeug, das ausschliesslich für den Weg zur Arbeit benötigt wird), so ist Tafel 20 (eventuell Tafeln 18/19) zu verwenden (→ N 167).

761 Fallen die Kosten, für die der Haftpflichtige lebenslänglich Ersatz schuldet, in grösseren Abständen an (z.B. alle zwei oder drei Jahre, wenn das Hilfsmittel zu erneuern ist), so können die Tafeln 38/39 benützt werden (→ Beispiel 15 und N 1270 ff).

762 Behelfsmässig wurde in BGE 89 II 23 f, da in unserer 2. Auflage die Faktoren fehlten, die den neuen Tafeln 38/39 entsprechen, wie folgt gerechnet: Für die Kosten von 1500 Fr. der Prothese, die alle drei Jahre zu erneuern ist, wurde der jährliche Durchschnittswert von 500 Fr. mit dem Barwert einer lebenslänglichen Rente (heute Tafel 30) multipliziert.

763 Die Tafeln 38/39 werden insbesondere auch für die Berechnung des IV-Regresses für Hilfsmittel benützt.

III. Schaden infolge Tötung

1. Anspruchsgrundlagen

764 OR 45 III: *Haben andere Personen durch die Tötung ihren Versorger verloren, so ist auch für diesen Schaden Ersatz zu leisten.* Dies ist die gesetzliche Grundlage für den allgemein als Versorgerschaden bezeichneten Ersatz für entgangenen Unterhalt. Da indessen der zu ersetzende Schaden nicht beim getöteten Versorger eintritt, sondern vielmehr die Versorgung der Anspruchsberechtigten ausfällt, verwenden wir den Begriff Versorgungsschaden.

765 Alle Personen, die vom Getöteten regelmässig unterstützt worden wären, sind ersatzberechtigt. Im schweizerischen Recht ist die Versorgereigenschaft nicht von einer gesetzlichen oder vertraglichen Unterhaltspflicht abhängig. Versorgung bildet damit ein tatsächliches, kein rechtliches Kriterium. Massgebend ist allein, ob der Versorger jemanden ganz oder teilweise «nach der Lebenserfahrung in mehr oder weniger naher Zukunft unterstützt hätte, wenn der Unfall nicht eingetreten wäre» (BGE 72 II 196 f).

766 Als Versorger kommen in Betracht: Ehemann (z.B. BGE 113 II 323) und Ehefrau (BGE 108 II 434), Mutter (BGE 102 II 92) und Vater (BGE 72 II 168), Grosseltern, Geschwister (BGE 59 II 371, 53 II 51), Kinder (BGE 74 II 209 f), Verlobte (BGE 66 II 220), Stiefeltern (BGE 72 II 168), Schwiegerkinder (BGE 88 II 462). Auch entfernteren Verwandten, Konkubinatspartnern (n.p. BGE vom 31. Mai 1988) und Freunden kann grundsätzlich die Versorgereigenschaft zukommen. Die Beispiele 20 bis 39 beschränken sich auf die Hauptanwendungsfälle. Einfachheitshalber wird unter Versorger auch die Versorgerin verstanden, sofern für die Kapitalisierung nicht das Geschlecht massgebend ist.

767 Versorgung im Sinne von OR 45 bedeutet, dass ein oder mehrere Versorgte in Zukunft von einem Versorger regelmässig unterstützt worden wären. Entscheidend ist dabei, dass der Versorgte durch den Tod seines Versorgers in seiner Lebensweise beeinträchtigt wird (so bereits BGE 57 II 182 f; erneut bestätigt in BGE 102 II 93, 108 II 436, 112 II 92). Es genügt, dass sich der Lebensstandard des Versorgten verringert, er muss nicht armengenössig werden oder in eine Notlage kommen (BGE 82 II 39). Das Kriterium der Lebensstandwahrung bildet unbestrittenermassen die massgebende Richtschnur.

768 Im Schadenersatzrecht sind grundsätzlich nur die direkt Betroffenen anspruchsberechtigt. Hievon macht OR 45 III eine Ausnahme, indem Drittpersonen, die durch die Tötung ihren Versorger verloren haben, einen Schadenersatzanspruch eingeräumt wird. Aus diesem Ausnahmecharakter wird eine zurückhaltende Auslegung

abgeleitet (BGE 112 II 124). Auf diese Einstellung ist es wohl zurückzuführen, dass Rechtsprechung und herrschende Lehre für die Geltendmachung eines Versorgungsschadens verlangen, dass der Versorgte unterstützungsbedürftig sein müsse (BGE 99 II 208 ff, 95 II 416, 93 I 592, 53 II 126, 37 II 367; OFTINGER, I S. 235 f; BREHM, N 54 ff zu OR 45). Der Gesetzestext aber legt die zusätzliche Voraussetzung der Versorgungsbedürftigkeit nicht nahe. Zudem kommt dem Kriterium der Bedürftigkeit heute angesichts des ausgebauten Sozialversicherungssystems keine eigenständige Bedeutung mehr zu, es sei denn, dass mit dem Begriff der Bedürftigkeit nur gesagt werden will, «dass der Versorgte nicht in der Lage sein darf, gestützt auf ein ausreichendes Einkommen oder Vermögen aus eigenen Mitteln seinen Lebensstandard aufrechtzuerhalten» (STARK, ZSR 105/1986 S. 342; KELLER/GABI, S. 94). Der «Begriff der Unterstützungsbedürftigkeit stellt lediglich eine sprachliche Verkürzung dieses Grundsatzes dar» (n.p. BGE vom 31. Mai 1988 Erw. 2c) und bildet folglich nur dann eine adäquate Voraussetzung des Versorgungsschadens, wenn unabhängig vom Tod des Versorgers auf die wirtschaftliche Situation des Versorgten abgestellt wird. Entfällt die Unterstützungsbedürftigkeit aber gerade weil der Versorger gestorben ist, so stellt sich allenfalls die Frage der Vorteilsanrechnung, nicht aber der Unterstützungsbedürftigkeit (vgl. M. SCHAETZLE, Personalvorsorge, S. 27–29; ebenso ZEN-RUFFINEN S. 104).

769 Bei den weiteren Nachteilen infolge von Tötung, die in OR 45 erwähnt sind, stellen sich kaum Kapitalisierungsfragen. Falls periodisch anfallende Grabunterhaltskosten zu ersetzen sind (so STAUFFER/SCHAETZLE, 3. Aufl. S. 72 f, und OFTINGER in seiner 4. Auflage S. 229, während das Bundesgericht einen solchen Schadensposten durchwegs ablehnt, weil er unvereinbar sei mit der Pietätspflicht → BGE 113 II 338), bildet die Lebenserwartung, die der Verstorbene zum Zeitpunkt seines vorzeitigen Todes noch hatte, die oberste Grenze (Tafel 30). Im folgenden können wir uns auf den Versorgungsschaden beschränken.

2. Versorgungsausfall

770 Der häufigste Fall von Versorgungsschaden ergibt sich beim Tod eines Ehepartners und Elternteils. Je nach Art der Unterstützung werden verschiedene Methoden zur Berechnung des entgangenen Unterhalts angewandt. Eine Unterscheidung drängt sich inbesondere zwischen Geld- und Naturalleistungen auf.

771 Der Versorgungsschaden hängt davon ab, wieviel die versorgte Person benötigt, um ihren Lebensstandard beizubehalten. Die wirtschaftliche Lage der versorgten Person nach dem Unfall ist mit derjenigen zu vergleichen, wenn der Versorger nicht gestorben wäre.

772 Die Berechnung des Versorgungsausfalls wird immer differenzierter und schwieriger. Die Empfehlung von STARK in ZSR 105/1986 S. 340 — «es ist ein Ausgleich zu suchen zwischen der Verfeinerung des Rechts einerseits und seiner Praktikabilität andersseits» — ist hier besonders beherzigenswert.

VERSORGUNGSAUSFALL

A. Versorgung aus Geldmitteln

773 Steht der Verlust des Erwerbseinkommens des Versorgers im Vordergrund, so ist vom Versorgungsausfall, wie in den Beispielen 20 bis 22, 26 und 28 veranschaulicht, auszugehen.

774 Als erstes ist die Höhe des wegfallenden Verdienstes des Verstorbenen zu schätzen. Die Frage, wieviel der Verstorbene in Zukunft verdient hätte, ist möglichst konkret zu beantworten (BGE 90 I 84). Das zum mutmasslichen Erwerbsausfall im Zusammenhang mit dem Invaliditätsschaden Ausgeführte gilt grundsätzlich auch für den Versorgungsschaden → N 688 ff. Ausgangspunkt bildet meist das Einkommen, das der Verstorbene zur Zeit des Unfalles erzielte. Sodann sind Schätzungen über die wahrscheinliche Einkommensentwicklung vorzunehmen: → N 649 ff (wobei die Rechtsprechung zukünftige Änderungen nur mit Zurückhaltung anzunehmen pflegt: → N 322).

775 In der Regel empfiehlt es sich, ein Durchschnittseinkommen zugrunde zu legen, in dem die angenommenen künftigen Änderungen berücksichtigt sind. Drängt sich eine genauere Berechnungsweise auf, so sind Annahmen darüber zu treffen, in welchem Zeitpunkt das Einkommen gestiegen bzw. gesunken wäre, was die Schadensberechnung aber kompliziert (vgl. etwa Beispiel 34).

776 Sind die Annahmen über den zu erwartenden durchschnittlichen Verdienst getroffen, so ist in einem zweiten Schritt zu ermitteln, wieviel dem Versorgten davon zukommen soll, damit er in seiner Lebensweise nicht beeinträchtigt wird.

777 In der Praxis wird der Versorgungsanteil zumeist in Prozenten des Erwerbsausfalls angegeben (vgl. etwa OFTINGER, I S. 238 ff; BREHM, N 100 ff und 143 zu OR 45, und STARK, Skriptum N 110). Der so ermittelte prozentuale Anteil des Einkommens bildet die sogenannte Versorgungsquote. Mittels dieser Quote lässt sich auf einfache Weise der durchschnittliche, jährliche Versorgungsausfall bestimmen, der die Basis für die Kapitalisierung bildet. Diese Rechnungsmethode ist ohne weiteres anwendbar, wenn der Versorger und die versorgte Person nicht zusammen lebten.

778 Weit häufiger aber sind Versorgungsschäden, bei denen Versorger und Versorgter unter einem Dach lebten. Alsdann ist zusätzlich zu beachten, dass die Lebenskosten für eine alleinstehende Person regelmässig grösser sind als für eine Person, die in einer Gemeinschaft lebt (BGE 93 I 592, 72 II 168). Damit nun die versorgte Person ihren Lebensstandard auch nach dem Tod des Versorgers beibehalten kann, sind die Gesamtaufwendungen in sogenannte fixe Kosten (für Miete, Heizung, Strom, Wasser, Telephonanschluss, fester Anteil für Auto, Versicherung usw.) und variable, d.h. personenabhängige Ausgaben (für Essen, Kleidung, Vergnügen etc.) aufzuschlüsseln. Insoweit die Fixkosten dem Hinterbliebenen auch nach dem Tod des Versorgers anfallen, sind sie von dessen Einkommen vorweg abzuziehen. Vom Restbetrag ist der prozentuale Anteil abzuschätzen, den der Versorger für den Unterhalt des Versorgten aufgewendet hätte. Anschliessend sind die subtrahierten Fixkosten wiederum zu addieren. Das so ermittelte Ergebnis bildet den massgebenden Versorgungsausfall.

Diese von STEIN (in SJZ 67/1971 S. 53) in Anlehnung an die deutsche Praxis vorgeschlagene und von ZEN-RUFFINEN (S. 78 ff) propagierte Berechnungsmethode ist vom Bundesgericht in BGE 108 II 436 ff übernommen worden. Vgl. zu dieser differenzierenden Berechnungsmethode STARK in ZSR 105/1986 S. 344 ff; A. KELLER, II S. 76, und für das deutsche Recht WUSSOW/KÜPPERSBUSCH, Ersatzansprüche bei Personenschäden, Rz 233 ff.

779 Die Berechnungsmethode unter Berücksichtigung der fixen Kosten ist in den Beispielen 20 bis 22 sowie 25 bis 27 skizziert. Stirbt beispielsweise ein Ehemann und hinterlässt eine nicht erwerbstätige Witwe, so ist die Berechnung ihres Versorgungsausfalls relativ einfach: vom mutmasslichen Einkommen des Versorgers werden die fixen Haushaltungskosten abgezogen. Diese und die Hälfte vom verbleibenden Rest, der den variablen Aufwendungen entspricht, bilden den Versorgungsausfall, wenn angenommen wird, dass der Anteil der variablen Kosten für beide Ehegatten gleich hoch ist. Letzteres ist in der Regel anzunehmen (ebenso BGE 113 II 334 und STARK in ZSR 105/1986 S. 346). Eine gleich hohe Ehegattenquote entspricht auch dem heutigen Eherecht. Eine andere Aufteilung dürfte im Einzelfall nur gerechtfertigt sein, wenn infolge besonderer Umstände (etwa bei Krankheit oder schwerer Arbeit) vermehrte Bedürfnisse des einen Partners anzunehmen sind.

780 Die Höhe der Fixkosten bzw. das Verhältnis zwischen fixen und variablen Kosten ist im Einzelfall anhand der konkreten Umstände zu bestimmen. Im Sinne von Anhaltspunkten können die vom BIGA regelmässig erhobenen Auswertungen über die Ausgaben der privaten Haushalte in der Zeitschrift «Die Volkswirtschaft» (Tabelle B 16.1) beigezogen werden.

781 Diese Berechnungsmethode führt im Ergebnis zu einem höheren Versorgungsausfall. Für alleinstehende Versorgte variierten die Anteile in der früheren Gerichtspraxis mehrheitlich zwischen 40% bis 45%, seltener 50% (vgl. die Übersichten zur Judikatur bei BREHM, N 100 ff zu OR 45; OFTINGER, I S. 239 ff, und ZEN-RUFFINEN, S. 72 ff). Werden die Fixkosten berücksichtigt, so übersteigt die Versorgungsquote jedoch stets 50%, wenn für Versorger und Versorgten von gleich hohen variablen Kosten ausgegangen wird.

782 In den Beispielen 20 und 21 beträgt der jährliche Ausfall beispielsweise 60%, im Beispiel 31 65% vom Gesamteinkommen. Massgebend sind die faktischen Verhältnisse, wobei insbesondere der jeweiligen Ausgestaltung der ehelichen Lebensgemeinschaft Rechnung zu tragen ist.

783 In besonders guten finanziellen Verhältnissen, z.B. bei hohen Einkommen, sind entweder tiefere Quoten anzunehmen oder aber Steuerfragen abzuklären: STEIN/RENNHARD, Unfall, was nun? S. 193 ff, und STARK in ZSR 105/1986 S. 345 ff. In bescheidenen Situationen ist von entsprechend höheren Unterhaltsquoten auszugehen, damit der bisherige Lebensstand beibehalten werden kann (BGE 113 II 334).

784 Ist der Versorgte erwerbstätig, so ist dessen zukünftiges Einkommen teilweise oder ganz anzurechnen: BREHM, N 130−134 zu OR 45; SCHAER, Rz 177−183; STARK in

ZSR 105/1986 S. 349 ff mit zahlreichen Hinweisen auf die Praxis und Rechenbeispielen. Sind beide Ehegatten erwerbstätig, ist der Unterhaltsbeitrag des versorgten Gatten, der für den gemeinsamen Unterhalt bestimmt ist, zum Einkommen des Versorgers hinzuzurechnen (Beispiele 22 und 26). Hinterlässt der Versorger eine Witwe bzw. die Versorgerin einen Witwer, so kann der Anrechnungsumfang anhand des bisherigen Beitrages der versorgten Person an die ehelichen Lasten bemessen werden. Richtlinie bildet ZGB 163 II. In der Höhe, in der dieser eheliche Unterhaltsbeitrag infolge Tod des Versorgers in Zukunft entfällt, entsteht ein anrechenbarer Vorteil (hiezu ausführlich Oberger. ZH in SJZ 83/1987 S. 275 ff).

785 Im Rahmen der Schadenminderungspflicht kann dem Versorgten allenfalls auch zugemutet werden, eine Erwerbstätigkeit aufzunehmen, wenn er im Zeitpunkt des schädigenden Ereignisses nicht erwerbstätig war. So wird man beispielsweise von einer kinderlosen jungen Witwe, die eine (frühere) Erwerbstätigkeit wieder aufnehmen kann, erwarten, dass sie zur Verminderung des Schadens beiträgt (BGE 59 II 461 ff; ZEN-RUFFINEN S. 83 f; RUSCONI, Strassenverkehrsrechts-Tagung 1986, S. 7). In der Regel dürfte der Grundsatz der Beibehaltung des bisherigen Lebensstandards gegen eine derartige Erwerbsaufnahme sprechen und schwerer wiegen. «Ziel des Haftpflichtrechtes ist es gerade, den Zustand, wie er ohne den Tod des Versorgers wäre, annähernd zu erhalten und die Berechtigten nicht zu zwingen, ihre Lebensführung wesentlich zu ändern» (BGE 102 II 93).

786 Ein Versorgungsschaden kann auch insoweit entstehen, als Unterhaltsleistungen durch den Tod des geschiedenen Gatten ausfallen (BGE 100 II 2; hiezu ZEN-RUFFINEN, S. 31). Der Versorgungsausfall bestimmt sich nach der Höhe und Dauer der Alimente.

787 Die Geldleistungen des Versorgers können auch aus dem Vermögen oder dessen Erträgnissen stammen (→ Beispiel 31 und OFTINGER, I S. 238). Zur Dauer: → N 830.

788 Ebenso bildet der Ausfall von Rentenleistungen einen Versorgungsschaden (→ Beispiele 25). In BGE 109 II 68, 108 II 440, 64 II 429 und 56 II 269 erfolgte die Versorgung aus Altersrenten, in BGE 112 II 92 aus Invaliden- und Zusatzrenten. Wenn anstelle der Alters- oder Invalidenrenten von Sozialversicherungen und Pensionskassen Hinterbliebenenrenten ausgerichtet werden, ist zu prüfen, ob ein Regressrecht besteht und die Witwen-, Witwer- oder Waisenrenten nur im Sinne einer Vorleistung erbracht werden. Ist kein Regress oder statutarischer Abtretungszwang bzw. keine Leistungskürzung vorgesehen, so stellt sich die Frage einer Anrechnung kongruenter Hinterlassenenleistungen.

789 Vorteile, die den Schaden reduzieren und dem Versorgten infolge Tod des Versorgers zukommen, werden grundsätzlich angerechnet. Bei güter- und erbrechtlichen Vorteilen sind die daraus resultierenden Erträge nach billigem Ermessen zu berücksichtigen (BGE vom 28.4.1987 in NZZ vom 17.12.1987 S. 22, BGE 99 II 212 f, 95 II 411, 53 II 53), aber nur soweit die Versorgung aus dem entsprechenden Vermögen erfolgt wäre. Lebens- und private Unfallversicherungsleistungen sind im Anwendungsbereich von VVG 96 nicht in die Schadensberechnung einzubeziehen (BGE 97 II 273).

B. Versorgung aus Naturalleistungen

790 Werden die Versorgungsleistungen nicht in Geld, sondern in Form von Arbeit erbracht, so ist deren Wert zu ermitteln. Der Begriff Arbeit ist dabei weit zu fassen: Arbeit im Sinne von Versorgung kann aus jeder Art von Unterhaltsgewährung bestehen, wie etwa Haushaltarbeit, Kinderbetreuung und Erziehung, Mithilfe im Geschäft oder zu Hause, Pflege u.a., sofern diesen Leistungen auch ein wirtschaftlicher Wert zugemessen werden kann. Für zerstörte immaterielle Werte dagegen verbleiben bestenfalls Genugtuungsansprüche.

791 Der Wert der infolge Tod wegfallenden Arbeitsleistungen wird zumeist danach bestimmt, wieviel eine gleichwertige Ersatzkraft kosten würde: →Beispiele 27 f und 31. Die Aufwendungen für die entsprechende Hilfskraft dienen aber lediglich als Vergleichsmassstab. Die Ersatzkraft muss nicht eingestellt werden.

792 Die Berechnung des Wertes der Haushaltarbeit hat die Rechtsprechung und die Lehre in jüngster Zeit intensiv beschäftigt (vgl. statt vieler BGE 108 II 434 ff und Oberger. ZH in Plädoyer 1988, Nr. 3 S. 35 ff; ZEN-RUFFINEN in JT 1983 I S. 194 ff sowie Strassenverkehrsrechts-Tagung 1986, S. 17 ff; STARK in ZSR 105/1986 S. 354 ff; SCHAER, Rz 184 ff). Da hier nicht der Ort ist, die verschiedenen Berechnungsmethoden darzustellen, beschränken wir uns auf minimale Hinweise. Anhand von statistischen Erhebungen über Arbeitszeit und Stundenansätze können die ungefähren Kosten für eine Ersatzkraft geschätzt werden: vgl. z.B. A.R. BRÜNGGER, Die Bewertung des Arbeitsplatzes in privaten Haushalten, Zürich 1977; SCHULZ-BORCK/HOFMANN, Schadenersatz bei Ausfall von Hausfrauen und Müttern im Haushalt (mit Berechnungstabellen), 2. Aufl., Karlsruhe 1983.

793 Vom so ermittelten Arbeitswert sind die eingesparten Aufwendungen unter spezieller Berücksichtigung der fixen Kosten in Abzug zu bringen. Dabei werden die Kosten der Haushaltführung vor und nach dem Tod des Versorgers miteinander verglichen. Allenfalls ist auch ein angemessener Betrag, den der haushaltführende Ehegatte zur freien Verfügung erhalten hätte, mit in die Schadensberechnung einzubeziehen. Für die Berücksichtigung einer zusätzlichen eigenen Erwerbstätigkeit →Beispiel 28; STARK, Skriptum N 129–135, und WUSSOW/KÜPPERSBUSCH, Ersatzansprüche bei Personenschäden, Rz 288 ff.

794 Da es sich um einen zukünftigen Schaden handelt, sind Reallohnerhöhungen angemessen zu berücksichtigen (ZR 1972 Nr. 72; N 649 ff). Dazu kommt, dass Drittpersonen meistens nicht mit gleicher Intensität und Interesse arbeiten wie eine Ehefrau und Mutter, weshalb die Kosten für die Ersatzkraft entsprechend zu erhöhen sind (BGE 108 II 439; zurückhaltend STARK in ZSR 105/1986 S. 355). Kann der Lebensstand der Versorgten zudem nur durch Mehraufwendungen und ins Gewicht fallenden Eigenleistungen gehalten werden, so ist auch hiefür Ersatz geschuldet (hiezu GIRSBERGER in SJZ 61/1965 S. 274).

795 Verlieren Eltern ihr Kind, sind die hypothetischen Unterhalts- und Erziehungskosten an einen allfälligen Versorgungsschaden anzurechnen (so die herrschende Lehre – vgl. BREHM, N 201 zu OR 45, sowie neu das Bundesgericht in BGE 112 II 122).

3. Mehrere Versorgte

796 Mit den skizzierten Berechnungsmethoden für Geld- und Naturalleistungen kann die Höhe des rechtlich relevanten Versorgungsausfalls ermittelt werden. Hat der Versorger mehrere Personen unterstützt — wenn beispielsweise eine Familie mit Kindern ihre Mutter oder ihren Vater verliert — sind zusätzliche Annahmen über die Höhe und Dauer der einzelnen Versorgungsleistungen zu treffen.

A. Getrennte Ansprüche

797 Jedem Versorgten steht grundsätzlich ein eigener Anspruch zu, der gesondert zu berechnen ist (BGE 66 II 175; ZR 71/1972 Nr. 72; ZEN-RUFFINEN, S. 49 ff; OFTINGER, I S. 239). Stirbt ein Familienvater, so sind Ehefrau und jedes Kind ersatzberechtigte Versorgte (BGE 90 II 85). Ebenso verhält es sich, wenn die Mutter die Versorgerin ist.

798 In BGE 102 II 92 ist offenbar angenommen worden, dass die Ansprüche selbst jüngerer Kinder im Ersatzanspruch des Ehemannes aufgehen können (zustimmend BREHM, N 88 und 175–178 zu OR 45). Es dürfte indessen der Rechtslage und den Interessen der Kinder besser entsprechen, wenn deren Ansprüche gesondert und in ihrem eigenen Namen behandelt werden. Zudem ist eine Globalberechnung angesichts des Regressrechts der Sozialversicherungen meist nicht mehr angängig. Denn die AHV muss gemäss dem Grundsatz der personellen Identität für die Waisenrenten rechnerisch getrennt Rückgriff nehmen und zwar unter zusätzlicher Beachtung der zeitlichen Kongruenz bei Renten mit verschiedener Laufdauer: → Beispiel 37 und N 881. Eine quotenmässige Aufschlüsselung der Ansprüche für Kind und Mann bzw. Frau legen aber auch die Neuerungen im Familienrecht nahe. Ferner ist es unangebracht, wenn der Abzug für eine mögliche Wiederverheiratung (→ N 845) auch den Anspruch der Kinder tangiert (SCHAER, Rz 175 N 16 und Rz 187, sowie differenzierend STARK in ZSR 105/1986 S. 343 und 350 f).

B. Versorgungsquoten bei mehreren Versorgten

799 Ist ausnahmsweise anzunehmen, dass der Versorgte verschiedene Personen unabhängig voneinander unterstützt hätte und die einmal bestimmte Höhe des Anspruchs eines Versorgten nicht durch Veränderungen, die bei anderen Versorgten eintreten, beeinflusst wird, so gestaltet sich die Schadensermittlung einfach. Die einzelnen Versorgungsschäden, an der je zwei Personen beteiligt sind, nämlich der Versorger und der Versorgte, können unabhängig berechnet und jedem Versorgten einzeln zugesprochen werden.

800 Die Rechnung wird sogleich unübersichtlicher, wenn vorausgesetzt wird, dass die Versorgungsleistungen voneinander abhängig sind. Dies ist insbesondere dann der Fall, wenn ein Versorger Kinder und Ehegatte hinterlässt. Oft wird davon auszugehen sein, dass die Versorgungsleistungen für die übrigen Versorgten ansteigen, wenn ein Kind erwerbstätig wird (BGE 101 II 353, 90 II 85).

801 Da jeder Anspruch getrennt zu berechnen ist, sind temporäre und aufgeschobene Verbindungsrenten mit steigenden Leistungen zu kapitalisieren: → Beispiel 38. Namentlich bei kinderreichen Familien ergeben sich komplizierte Verhältnisse. Es ist daher nach Vereinfachungen zu suchen: → N 811 ff.

802 Die reiche Rechtsprechung hinsichtlich Versorgungsquoten ist zusammengefasst und kommentiert bei OFTINGER, I S. 239–241, sowie für den Familienvater als Versorger bei ZEN-RUFFINEN, S. 70 ff, und BREHM, N 141–144 zu OR 45.

803 Die Höhe der Beiträge, mit denen die verschiedenen Versorgten unterstützt worden wären, darf nicht schematisch festgesetzt werden, sondern muss vielmehr unter Berücksichtigung der besonderen Verhältnisse des einzelnen Falles geprüft werden.

804 Immerhin ist es in versicherungsmathematischen Gutachten manchmal notwendig, umfassende Verteilungspläne aufzustellen. Da die Gerichte heute einer Witwe ohne minderjährige Kinder zwischen 50% bis 70% des Einkommens des verstorbenen Ehemannes zusprechen dürften, sind im folgenden fünf entsprechende Varianten beschrieben:

Versorgungsquote für eine Witwe ohne Kinder in % des Einkommens des Versorgers	
Variante A	50%
Variante B	55%
Variante C	60%
Variante D	65%
Variante E	70%

805 Für kleine Einkommen werden eher die höheren Ansätze in Frage kommen, während für grosse die niedrigeren gewählt werden könnten: → N 783.

806 Sind neben der Witwe auch Waisen anspruchsberechtigt, so ist der Anteil der Witwe kleiner. Die fünf Varianten lassen sich etwa wie folgt erweitern:

Versorgungsquote für die Witwe und pro Kind
in % des Einkommens des Versorgers

	Variante A Witwe Kind	Variante B Witwe Kind	Variante C Witwe Kind	Variante D Witwe Kind	Variante E Witwe Kind
Witwe allein	50 –	55 –	60 –	65 –	70 –
Witwe mit 1 Kind	45 15	50 16	54 18	58 20	63 21
Witwe mit 2 Kindern	42 14	46 15	50 16	54 18	58 20
Witwe mit 3 Kindern	39 13	42 14	46 15	50 16	54 18
Witwe mit 4 Kindern	36 12	39 13	43 14	46 15	50 17
Witwe mit 5 Kindern	33 11	37 12	40 13	43 14	46 16
Witwe mit 6 Kindern	31 10	34 11	37 12	40 13	43 14
Witwe mit 7 Kindern	28 9.5	31 10	34 11	37 12	40 13
Witwe mit 8 Kindern	25 9	28 9.5	31 10	34 11	36 12
Witwe mit 9 Kindern	23 8.5	26 9	28 9.5	30 10.5	32 11.5
Witwe mit 10 Kindern	21 8	23 8.5	25 9	27 10	29 11

807 Anwendungsbeispiel: Für den Fall, dass bei einer Familie mit zwei Kindern Variante C gewählt wird, erhält nach Zeile 3 die Witwe 50%, während auf die beiden Kinder je 16% entfallen, was zusammen 82% ergibt. Wird das ältere Kind erwerbstätig, so hätte der Mann von diesem Zeitpunkt an etwas weniger von seinem Einkommen für die Frau und das jüngere Kind aufgewendet, weshalb deren Quoten möglicherweise auf 54% und 18% steigen, total somit 72% (Zeile 2). Ist auch das jüngere Kind selbständig, so erhält die Witwe 60% zugesprochen, was Ausgangspunkt war für die Wahl der Variante C (erste Zeile).

808 Die angeführten Verteilungspläne beruhen auf gewissen Annahmen, die im Anhang III zu N 806 beschrieben sind. Das Total für Witwen und Waisen in Variante C steigt ab fünf Kindern auf über 100% des Einkommens des Mannes, da die Fixkosten immer stärker ins Gewicht fallen. Dies widerspricht keineswegs der Logik, weil es richtigerweise im Sinne einer zweiten Schadenskomponente berücksichtigt werden muss, wenn durch den Todesfall das Leben der Hinterlassenen «teurer» geworden ist (so auch ZEN-RUFFINEN, S.72; BREHM, N 105 zu OR 45; STARK, Skriptum N 118c, und A. KELLER, II S. 80).

809 Diese Verteilungsordnung ist in den Beispielen 35 und 38 f benutzt worden. Sie ist auch für Witwer (statt Witwen) verwendbar.

810 Es ist nicht schwer, die Verteilung zu ändern, beispielsweise miteinander zu kombinieren, und der Wirklichkeit besser anzupassen, wenn der Tatbestand hiezu Veranlassung gibt.

C. Vereinfachte Rechnung mit Durchschnittsquoten

811 Die vorstehenden Varianten führen zu steigenden Renten, deren Kapitalisierung nicht ganz einfach ist. Zur Erleichterung darf manchmal eine approximative Methode herangezogen werden, die auf durchschnittliche und konstante Renten abstellt. Zahlreiche angestellte Berechnungen erlauben, die folgenden durchschnittlichen Versorgungsquoten vorzuschlagen; deren Höhe hängt nur noch davon ab, wieviele Kinder anfänglich da sind und wie lange es durchschnittlich dauert, bis ihre Versorgung aufhört. Dadurch wird erreicht, dass für jede versorgte Person ihre Quote während der ganzen Versorgungsdauer gleich hoch bleibt. Mit dieser Rechnungsweise kann die Kapitalisierung zusätzlicher temporärer oder aufgeschobener Renten vermieden werden.

Der Vorschlag auf der gegenüberliegenden Seite (N 812) beruht auf den Verteilungsplänen der N 804 und 806. Danach beträgt die Quote einer Witwe ohne Kinder gemäss

Variante A	50%
Variante B	55%
Variante C	60%
Variante D	65%
Variante E	70%.

MEHRERE VERSORGTE

Durchschnittliche Versorgungsquote
in % des Einkommens des Versorgers

Durchschnittliche Laufzeit der Waisenrenten	Anfängliche Kinderzahl										
	0	1	2	3	4	5	6	7	8	9	10
Durchschnittsquote der Witwe nach Variante A											
20 Jahre	50	46	44	42	40	37	35	33	31	29	27
15 Jahre	50	47	45	43	41	39	37	36	34	32	31
10 Jahre	50	48	46	45	43	42	41	40	38	37	36
5 Jahre	50	49	48	47	46	46	45	44	43	43	42
0 Jahre	50	50	50	50	50	50	50	50	50	50	50
Durchschnittsquote pro Kind nach Variante A											
	–	15	14.5	14	13	12.5	11.5	11	10.5	10	9.5
Durchschnittsquote der Witwe nach Variante B											
20 Jahre	55	51	48	45	43	41	39	36	34	32	30
15 Jahre	55	52	49	47	45	43	41	39	37	35	34
10 Jahre	55	53	51	49	47	46	45	44	42	41	40
5 Jahre	55	54	53	52	51	50	49	49	48	47	47
0 Jahre	55	55	55	55	55	55	55	55	55	55	55
Durchschnittsquote pro Kind nach Variante B											
	–	16	15.5	15	14	13.5	12.5	12	11.5	11	10.5
Durchschnittsquote der Witwe nach Variante C											
20 Jahre	60	55	52	49	47	44	42	40	37	35	32
15 Jahre	60	56	54	51	49	47	45	43	41	39	37
10 Jahre	60	57	55	53	52	50	49	48	46	45	43
5 Jahre	60	58	57	56	56	55	54	53	52	52	51
0 Jahre	60	60	60	60	60	60	60	60	60	60	60
Durchschnittsquote pro Kind nach Variante C											
	–	18	17	16	15	14.5	14	13.5	13	12	11
Durchschnittsquote der Witwe nach Variante D											
20 Jahre	65	59	56	53	51	48	46	43	40	37	35
15 Jahre	65	60	58	55	53	51	49	47	44	42	40
10 Jahre	65	62	60	58	56	55	53	52	50	48	47
5 Jahre	65	63	62	61	60	59	58	58	57	56	55
0 Jahre	65	65	65	65	65	65	65	65	65	65	65
Durchschnittsquote pro Kind nach Variante D											
	–	20	18.5	17.5	16.5	15.5	15	14.5	14	13	12
Durchschnittsquote der Witwe nach Variante E											
20 Jahre	70	64	60	57	54	51	48	46	43	40	38
15 Jahre	70	65	62	60	57	54	52	50	48	45	43
10 Jahre	70	67	64	62	60	59	58	56	54	52	50
5 Jahre	70	68	67	66	65	64	63	62	61	60	59
0 Jahre	70	70	70	70	70	70	70	70	70	70	70
Durchschnittsquote pro Kind nach Variante E											
	–	21	20	19	18	17	16	15.5	15	14	13

813   Mit der Annahme durchschnittlicher und konstanter Versorgungsquoten wird eine grosse Vereinfachung erreicht. So ist im Beispiel 38 eine Witwenrente zu kapitalisieren, die während den ersten 12 Jahren 42%, während den nächsten 4 Jahren 45% und nachher dauernd 50% beträgt. An deren Stelle kann aufgrund der vorstehenden Tabelle auf eine Durchschnittsquote von 45% — wie im Beispiel 24 beschrieben — abgestellt werden.

814   Für die Waisen dürfen die Durchschnittsquoten eingesetzt werden, die jeweils in der untersten Zeile angegeben sind. Im Beispiel 38 steigt deshalb die Rente des Sohnes nicht von 14% auf 15% nach 12 Jahren, sondern sie beläuft sich während 16 Jahren einheitlich auf 14½%.

815   Zum System von Durchschnittsquoten vgl. Oberger. ZH in ZR 71/1972 Nr. 72 sowie STEIN, Die zutreffende Rententafel, in SJZ 67/1971 S. 53; A. KELLER, II S. 38 f/80, und BREHM, N 142 zu OR 45.

816   Die Durchschnittsquoten stimmen nicht immer ganz genau, wie der Vergleich in Beispiel 35 N 308 zeigt. Diejenige für die Witwen wären insbesondere kleiner, wenn der Mann schon ziemlich alt ist. Exaktere Berechnungen sind deshalb mit aufgeschobenen Renten durchzuführen (→ Beispiele 35 und 38). Um mindestens einen ersten Überblick zu gewinnen, dürfte es immerhin zweckmässig sein, von Durchschnittsquoten auszugehen. Doch soll das gegebene Schema keine starre Regel bilden. Es ist stets auf die Übereinstimmung mit der konkreten Situation zu achten.

4. Versorgungsdauer

817   Die Versorgung ist aus verschiedenen Gründen zeitlich begrenzt. Einerseits dauert sie längstens bis zum Tod der versorgten Person. Anderseits kann eine Versorgung grundsätzlich nur solange gewährt werden, als der Versorger hiezu überhaupt in der Lage gewesen wäre, d.h. längstens bis zu seinem Tod. Da der Versorger oder der Versorgte zuerst sterben kann, ist eine Verbindungsrente auf das kürzere Leben zu kapitalisieren: → N 1066 ff. Dieser Grundsatz ist vom Bundesgericht in BGE 77 II 40 (Monnier) unter Verwendung der schon in unserer ersten Auflage empfohlenen Verbindungsrenten anerkannt worden und wird seither in konstanter Praxis befolgt (BGE 113 II 336 f und die in den Beispielen 20 ff zit. Entscheide; ZEN-RUFFINEN, S. 123).

818   Zusätzlich ist zu berücksichtigen, dass der Versorger in der Regel jemanden nur solange unterstützt, als er arbeitsfähig ist. Massgebend ist damit die Aktivitätsdauer auf Seiten des Versorgers: → N 627 ff; BGE 113 II 336 f, 86 II 8; STARK, Skriptum N 127; OFTINGER, I S. 241 f, und A. KELLER, II S. 75.

819 Wie beim Invaliditätsschaden sind jedoch die konkreten Verhältnisse des Einzelfalles ausschlaggebend, die eine differenzierte Anwendung der Tafeln nahelegen können: →N 632 ff.

820 Die Art der Versorgung bzw. die Quelle, aus welcher der Versorger seine Unterstützungsleistungen erbringt, hat meist einen entscheidenden Einfluss auf die Versorgungsdauer und damit auf die anzuwendende Tafel.

a) Versorgung aus Erwerbseinkommen

821 Soweit die Unterhaltsleistungen aus dem Erwerbseinkommen des Versorgers stammen, endet die Versorgung mit der Aufgabe der Erwerbstätigkeit. Da Männer und Frauen eine unterschiedliche Aktivitäts- und Lebenserwartung haben, ist für die Kapitalisierung zu unterscheiden, ob ein Mann eine Frau versorgt oder umgekehrt. Für den Fall, dass Versorger und versorgte Person gleichen Geschlechts sind →N 1325.

822 Ist anzunehmen, dass ein männlicher Versorger eine Frau solange unterstützt hätte, als er arbeitsfähig gewesen wäre, ist Tafel 25 zu benützen: →Beispiel 20. Die Tafel berücksichtigt die durchschnittliche Aktivitätserwartung von Männern und die Lebenserwartung von Frauen.

823 Versorgt dagegen eine Frau einen Mann aus ihrem Erwerb, solange sie dazu in der Lage ist, wird mit Tafel 27 kapitalisiert: →Beispiel 26.

824 Ist damit zu rechnen, dass die Versorgung längstens bis zum Erreichen des AHV-Alters gedauert hätte, ist von temporären Verbindungsrenten auszugehen (N 1069 f).

825 Versorgt ein Mann eine Frau längstens bis zur mutmasslichen Pensionierung: →Beispiel 21. Tafel 26 enthält die Kapitalisierungsfaktoren, wenn angenommen wird, dass die Versorgung längstens bis zum Alter 65 des Versorgers gedauert hätte.

826 Unterstützt statt dessen eine Frau bis zu ihrem 62. Altersjahr einen Mann, ist Tafel 28 zu verwenden: →Beispiel 28.

827 Ist mit einer kürzeren Versorgungsdauer zu rechnen, können temporäre Verbindungsrenten (vgl. BGE 101 II 262 f) oder allenfalls temporäre Leibrenten oder Zeitrenten kapitalisiert werden: →N 1323 f. Ein Anwendungsfall bildet etwa der Verlust zeitlich limitierter Scheidungsrenten bei Tötung des Unterhaltsverpflichteten.

828 In der Regel erfolgt die Kapitalisierung auf den Todestag des Versorgers (→N 862). Ist ausnahmsweise von einem späteren Beginn oder einer Erhöhung des Versorgungsausfalls auszugehen, sind aufgeschobene Verbindungsrenten zu kapitalisieren (Beispiel 34 und BGE 113 II 336 f).

b) Versorgung durch Haushaltführung

829 Gemäss neuerer Bundesgerichtspraxis ist ein Versorgungsschaden, den ein Mann dadurch erleidet, dass ihn seine Frau infolge des schädigenden Ereignisses im Haushalt nicht mehr unterstützen kann, mit dem arithmetischen Mittel zwischen Aktivität und Mortalität zu kapitalisieren: → N 638 ff und Beispiel 27. Die Tafel 27a enthält die entsprechenden Faktoren (→ N 1240).

c) Versorgung aus Vermögen oder Renten

830 Ist die versorgte Person aus dem Vermögen oder dem Vermögensertrag des Versorgers unterstützt worden und ist davon auszugehen, dass der Versorger die versorgte Person bis zu seinem mutmasslichen Tod versorgt hätte, so spielt die Aktivitätsdauer des Versorgers keine Rolle. Entsprechendes gilt für eine Rente, die lebenslänglich ausgerichtet wird. Da lediglich die Lebenserwartung zu berücksichtigen ist, kommen ausschliesslich die Mortalitätstafeln zur Anwendung: → Beispiele 25 und 31. Die Tafel 35 ist immer dann zu verwenden, wenn eine Versorgungsdauer bis zum Tod des Zuerststerbenden anzunehmen ist. Ganz ausnahmsweise ist auch ein Anspruch über den Tod des Versorgers hinaus möglich, wenn beispielsweise die Hinterlassenenrenten infolge Unfall gekürzt werden (M. SCHAETZLE, Personalvorsorge, S. 108 und 111).

d) Versorgung von Kindern

831 Ein Kind, das einen Elternteil verliert, erleidet regelmässig einen Versorgungsschaden. Die Praxis anerkennt die Mutter als Versorgerin seit langem auch dann, wenn bei ihrem Tod der erwerbsfähige Vater noch lebt (BGE 66 II 176). Dies gilt ebenso, wenn der Vater stirbt und Frau und Kind zurücklässt. Auch Drittpersonen können natürlich Versorger von Kindern oder Jugendlichen sein.

832 Die Versorgung dauert in der Regel bis das Kind selbständig wird und eine Erwerbstätigkeit aufnimmt. In der Praxis wird die Versorgungsdauer heute meist auf ein Alter um 20 (zwischen 18 und 25 Jahren) begrenzt (hiezu ZEN-RUFFINEN, S. 100; STARK, Skriptum N 128; A. KELLER, II S. 84, und BREHM, N 138−140 zu OR 45).

833 Im Hinblick auf die Kapitalisierung ist im Einzelfall darüber zu befinden, wie lange die Versorgung voraussichtlich gedauert hätte. Steht die Anzahl Jahre fest, so kann eine temporäre Rente kapitalisiert werden. Ist der Vater gestorben, erfolgt die Kapitalisierung mit Tafel 23: → Beispiele 23 und 24, beim Tod der Mutter mit Tafel 24: → Beispiele 29 und 30. Da die Sterblichkeit der Kinder klein ist, kann sie in der Regel vernachlässigt werden. Wollte man sie − ausnahmsweise − berücksichtigen, so wären temporäre Verbindungsrenten zu kapitalisieren (N 1323). In Ausnahmefällen (z.B. bei kranken Kindern) kann auch eine lebenslängliche Versorgung angenommen werden (Tafel 35).

834 Sind steigende Versorgungsleistungen an das Kind zugrunde zu legen, weil diese sich mit dem Älterwerden erhöhen, so lässt sich der Barwert mit aufgeschobenen und temporären Renten (auf das Leben des Versorgers) berechnen: → Beispiele 35 (N 306) und 47 sowie Beispiel 21 in der dritten Auflage.

e) Versorgung der Eltern

835 Früher ist oft angenommen worden, dass ein Kind, wäre es nicht gestorben, seine Eltern oder einen Elternteil unterstützt hätte (z.B. BGE 62 II 58, 58 II 37). Heute ist angesichts des Ausbaus der Sozialversicherungs- und Pensionskassenleistungen eine Versorgung durch die Kinder immer weniger häufig und wahrscheinlich (statt vieler: BREHM, N 188 ff zu OR 45). Der letzte publizierte Entscheid des Bundesgerichtes stammt denn auch aus dem Jahre 1953. Da jedoch noch heute Kinder ihre pflegebedürftigen Eltern versorgen, ist keineswegs auszuschliessen, dass entsprechende Versorgungsschäden entstehen. Auch der Ortsgebrauch kann die Annahme einer Versorgung nahelegen, etwa in ländlichen Verhältnissen oder bei Gastarbeitern.

836 Die Versorgung, die das Kind gegebenenfalls erbracht hätte, kann aus Geld- oder Naturalleistungen bestehen (z.B. unentgeltliche Mithilfe im elterlichen Haushalt, vgl. WEGMANN in SJZ 61/1965 S. 100). Im Hinblick auf die Kapitalisierung ist zu unterscheiden, ob es sich um eine gegenwärtige Versorgung handelt, bei der das Kind im Zeitpunkt seines Todes die Eltern bereits unterstützte, oder um eine zukünftige, hypothetische Versorgung.

837 Sind die Eltern (oder Grosseltern oder andere Personen) bereits vor dem Todestag versorgt worden, so ist eine sofort beginnende, d.h. ab Todestag laufende Verbindungsrente mit Tafel 25 bzw. 27 zu kapitalisieren: → Beispiel 32.

838 Andernfalls beginnt die Versorgung frühestens, wenn das Kind ins Erwerbsleben eintritt, und meist nicht bevor die Eltern, gegebenenfalls altershalber, unterstützungsbedürftig werden, so dass im konkreten Fall entschieden werden muss, um wieviel Jahre der Rentenbeginn hinausgeschoben wird.

839 Erfolgt die zukünftige (aufgeschobene) Versorgung aus dem Erwerbseinkommen, sind die Tafeln 29a oder 29b zu verwenden: → Beispiel 33.

f) Versorgung aus verschiedenen Quellen

840 Da bei verschiedenen Versorgungsarten und entsprechenden Schadensposten unterschiedliche Versorgungsdauern eine Rolle spielen, sind oftmals mehrere Tafeln zu benützen: → Beispiele 28 und 31.

841 Eine getrennte Berechnungsweise für die einzelnen Schadenspositionen mag sich insbesondere auch aus Gründen der zeitlichen und sachlichen Kongruenz aufdrängen, wenn Sozialversicherungsträger für ihre Leistungen während bestimmter Perioden Rückgriff nehmen können: → Beispiele 37 bis 39.

g) Versorgung Mehrerer

842 Steht mehreren Personen ein Ersatzanspruch aus Versorgungsschaden zu, sind grundsätzlich Annahmen über die Versorgungsdauer für jeden einzelnen Versorgten zu treffen. Sind die Versorgungsleistungen zusätzlich voneinander abhängig, so erschwert dies die Berechnung. Im Sinne einer Vereinfachung haben wir vorgeschlagen, annäherungsweise von durchschnittlichen und konstanten Renten auszugehen: → N 811 ff.

5. Wiederverheiratung oder Scheidung

A. Abzug wegen möglicher Wiederverheiratung

843 Der Versorgungsschaden des überlebenden Gatten wird unter Umständen ganz oder teilweise dadurch ausgeglichen, dass er oder sie eine neue Ehe eingeht. Dies wird bei der Kapitalabfindung dadurch berücksichtigt, dass ein Abzug vorgenommen wird, sofern eine gewisse Wahrscheinlichkeit für eine Wiederverheiratung spricht (BGE 108 II 442, 102 II 96, 91 II 224).

844 Dabei sind die konkreten Verhältnisse zu beachten, «notamment l'âge, le caractère, la condition sociale, le milieu local, les attaches familiales, la santé, l'attrait physique et la situation économique...» (BGE 95 II 418 f). Die Bedeutung der konkreten Umstände wird zu Recht auch in der Doktrin unterstrichen: z.B. von PICCARD, Kapitalisierung, S. 91 f; BÜHLER in SJZ 67/1971 S. 168; STEIN, Vorteilsanrechnung, in SVZ 1986 S. 280 ff; OFTINGER, I S. 245; A. KELLER, II S. 87; ZEN-RUFFINEN, S. 110 ff.

845 Anhaltspunkte für die Bemessung der im Hinblick auf die Wiederverheiratungsmöglichkeit vorzunehmenden Abzüge bieten folgende Richtwerte:

Wiederverheiratung von verwitweten Personen
Abzug in Prozenten

Alter	Schweiz. Bevölkerung		SUVA	Alter	Schweiz. Bevölkerung	
	Männer	Frauen	Frauen		Männer	Frauen
16			30			
17			29			
18		75	28			
19		73	27			
20	78	70	26	50	35	4
21	80	65	24	51	34	4
22	81	59	23	52	32	4
23	81	52	21	53	31	4
24	81	46	19	54	29	3
25	80	40	17	55	28	3
26	79	36	16	56	26	3
27	78	32	14	57	24	3
28	76	30	12	58	23	3
29	75	28	10	59	22	2
30	73	26	9	60	20	2
31	71	24	7	61	19	2
32	68	21	6	62	17	2
33	66	19	5	63	16	2
34	64	17	4	64	15	2
35	62	15	3	65	14	2
36	60	14	2	66	13	2
37	58	12	2	67	12	2
38	56	11	1	68	11	2
39	54	10	1	69	11	2
40	52	9	1	70	10	2
41	50	9	1	71	9	1
42	48	8	1	72	9	1
43	46	8	1	73	8	1
44	44	7	1	74	8	1
45	42	7	1	75	8	1
46	41	6	1	76	7	1
47	39	6	1	77	7	1
48	38	5	1	78	7	1
49	37	5	0	79	7	1

846 Angegeben sind die Abzüge in Prozenten, die vom Barwert einer lebenslänglichen Rente (auf ein Leben) vorzunehmen sind, wie sie sich aus der SUVA-Statistik und der Statistik der gesamtschweizerischen Bevölkerung ergeben. Zu den Rechnungsgrundlagen: → N 1020 ff.

847 Für die Berechnung des Versorgungsschadens bei Berücksichtigung der Wiederverheiratungsmöglichkeit → Beispiel 22. Für die Möglichkeit der Heirat eines Kindes als Versorger der Eltern → Beispiel 32.

848 Da den konkreten Umständen des Einzelfalls besondere Bedeutung zukommt, sind die entsprechenden Abzüge nicht in die Kapitalisierungsfaktoren der Tafeln eingerechnet.

849 Die vorstehend tabellierten Abzüge sind aber auch aus folgenden Gründen nicht unbesehen anzuwenden:

— Das Alter bildet nur ein Element, das Aussagen über die Wiederverheiratungswahrscheinlichkeit erlaubt. Wichtig sind aber die gesamten konkreten Umstände sowie der Heiratswille.

— Zudem gibt die Statistik der Wiederverheiratung von verwitweten Personen einerseits keinen Aufschluss über die Möglichkeit, dass die versorgte Person statt einer neuen Ehe auch ein Konkubinatsverhältnis eingehen könnte.

— Anderseits ist nicht berücksichtigt, ob und inwieweit die neue Ehe des überlebenden Gatten die wegfallende Versorgung in der ersten Ehe nach Umfang und Dauer ausgleichen wird. Eine zweite Heirat muss noch nicht bedeuten, dass der Versorgte deswegen mit entsprechenden Versorgungsleistungen rechnen kann.

850 Die letztgenannte Einschränkung gilt jedoch nicht bei der Berechnung des Regresswertes von Witwenrenten. Im Sozialversicherungsrecht verliert die Witwe, die wieder heiratet, regelmässig ihre Witwenrente. So erlischt der Anspruch auf eine Witwenrente der AHV (AHVG 23 III), der Militärversicherung (MVG 30 III) sowie aus beruflicher Vorsorge (BVG 22 II), was ebenso für eine Hinterlassenenrente des überlebenden Ehegatten (Witwe und Witwer) in der obligatorischen Unfallversicherung gilt (UVG 29 VI).

851 Die Sozialversicherungsträger sind für Witwenrenten aufgrund des Kongruenzprinzips (N 565) nur solange regressberechtigt, als sie diese ausrichten (hiezu BGE 97 II 132 f).

852 Da die Wiederverheiratung im Sozialversicherungsrecht ein zwingender Beendigungsgrund ist, muss bei der Regresswertberechnung grundsätzlich ein entsprechender Abzug vorgenommen werden. Eine Herabsetzung des Regresswertes ist selbst dann angezeigt, wenn bei der Berechnung des Gesamtschadens die Wiederverheiratungsmöglichkeit ganz oder teilweise ausser Betracht gelassen wird. In den tabellierten Werten ist allerdings nicht berücksichtigt, dass eine Witwenrente unter bestimmten Umständen wieder aufleben kann (AHVV 46 III, UVG 33).

853 Ausserhalb des Regressrechts stellt sich bei der Berücksichtigung der Möglichkeit einer Wiederverheiratung zusätzlich das Problem, auf welchen Schadensposten bei der Berechnung des Versorgungsausfalls ein Abzug vorzunehmen ist (→ N 798 sowie STARK in ZSR 105/1986 S. 350 f und Oberger. ZH in SJZ 83/1987 S. 278). Ferner hat auch die Laufdauer der Rente einen Einfluss (vgl. BGE 101 II 264). Schliesslich kann eine neue Ehe der versorgten Person wieder aufgelöst werden.

854 In der Praxis werden bei der Ermittlung des Versorgungsschadens die weiteren Faktoren, welche die Wiederverheiratungswahrscheinlichkeiten beeinflussen, oft dergestalt berücksichtigt, dass die Richtwerte nur in einem reduzierten Ausmass in Abzug gebracht werden (STEIN/RENNHARD, Unfall, was nun? S. 149, und A. KELLER, II S. 86 ff). Dass die statistischen Zahlen «mit Zurückhaltung anzuwenden sind, anerkennt auch das Bundesgericht, da es sie seit Jahren erheblich zu unterschreiten pflegt» (BGE 113 II 335).

855 Eine Übersicht über die seit 1970 ergangenen Entscheide — in Ergänzung zu den bei BREHM (N 121 zu OR 45) angeführten Urteilen — gibt folgendes Bild:

Effektive Kürzung	Urteil	Alter der Witwe am Todestag	SUVA-Statistik		Statistik CH-Bevölkerung	
			4. A. in %	3. A. in %	4. A. in %	3. A. in %
30%	BGer in JT 1980, 449	25	17	40	40	53
30%	KantGer. VS 9.3.79	25	17	40	40	53
21%	BGE 113 II 335	33	5	21	19	31
21%	Oberger. ZH, SJZ 1987, 279	26	16	37	36	50
10%	ZivGer. Sarine, 2.12.85	24	19	42	46	55
7%	KantGer. JU, 24.4.87	42	1	7	8	15
0%	KantGer. BE, ZBJV 1984, 280	54	0	1	3	4
0%	KantGer. TI, JT 1973, 469	45	1	4	7	11

856 Aus dieser Übersicht geht zugleich hervor, dass die Abzüge, die sich aufgrund der neusten Statistiken ergeben (N 845), zumeist wesentlich kleiner sind als diejenigen, die 1970 in der dritten Auflage als Tafel 60 gestützt auf die damaligen Rechnungsgrundlagen publiziert worden sind.

857 OFTINGER (I S. 246) und ZEN-RUFFINEN (S. 113 f) kritisieren die Praxis der Wiederverheiratungsabzüge und schlagen vor, den Versorgungsschaden in Rentenform (mit Rektifikationsvorbehalt für den Fall der Wiederverheiratung) ersetzen zu lassen, wenn im konkreten Einzelfall mit einer Wiederverheiratung zu rechnen ist (dagegen BGE 54 II 297 f).

858 Wird ein Abzug wegen der Möglichkeit einer Wiederverheiratung vorgenommen, so ist unseres Erachtens auf das Alter des überlebenden Gatten am Urteils- oder Vergleichstag abzustellen und nicht auf dasjenige am Todestag des Versorgers: → Beispiel 36. Das Bundesgericht nimmt demgegenüber an, dass wie für die Barwertberechnung vom Zeitpunkt des Todes des Versorgers auszugehen ist (BGE 113 II 335, 95 II 418). Bei der Kapitalisierung des Versorgungsschadens liegen aber besondere Verhältnisse vor; insbesondere weiss man nicht, ob der vorzeitig Verstorbene den Rechnungstag (Urteils- oder Vergleichstag) überhaupt erlebt hätte. Bei der Wiederverheiratungsfrage dagegen besteht Gewissheit, ob der Versorgte (Witwe oder Witwer) im Zeitpunkt der Schadensberechnung verheiratet ist oder nicht, so dass kein Grund gegeben ist, auf einen anderen Zeitpunkt abzustellen (so auch OFTINGER, I S. 246; RUSCONI in Repetorio 1970 S. 13; ZEN-RUFFINEN, S. 61 f und 114; A. KELLER, II S. 89; gl. A. Oberger. ZH in SJZ 83/1987 S. 279 [zit. in N 322], ausgehend von den SUVA-Zahlen der dritten Auflage).

B. Scheidungswahrscheinlichkeit

859 Bei der Berücksichtigung der Wiederverheiratungsmöglichkeit — als «Vorteil» bzw. als «Nachteil» (PICCARD, Kapitalisierung, S. 89 N 15) — ist zu beachten, dass der überlebende Ehegatte nur deshalb eine neue Ehe eingehen kann, weil der Versorger getötet wurde. In dogmatischer Hinsicht erschiene es naheliegender, statt der Wiederverheiratungswahrscheinlichkeit die Möglichkeit einer Scheidung zu berücksichtigen (aber nicht zusätzlich, wie BREHM in N 129 zu OR 45 vorschlägt, wonach dem Scheidungsrisiko durch Erhöhung des Wiederverheiratungsabzugs Rechnung zu tragen sei). Es geht kaum an, den Versorgungsschaden zu reduzieren, weil die Ehe hätte geschieden werden können, und zusätzlich noch, weil der überlebende Ehegatte wieder heiraten kann, nachdem sein Ehepartner getötet wurde.

860 In der Rechtsprechung wird jedoch die Möglichkeit einer Scheidung oder Trennung als stossend empfunden und nicht berücksichtigt (vgl. die Hinweise bei STARK, in ZSR 105/1986 S. 377; OFTINGER, I S. 247, und ZEN-RUFFINEN, S. 31).

861 Bei zerrütteten Eheverhältnissen, insbesondere wenn vor Eintritt des schädigenden Ereignisses bereits die feste Scheidungsabsicht bestand oder die Scheidung gar eingeleitet war, drängt sich die Annahme einer temporären Rente auf, wobei allfällige Unterhaltsleistungen (→ Beispiele 40 bis 42), die nun entfallen, sich verlängernd auswirken müssten. Werden die statistischen Grundlagen über die Scheidungshäufigkeit beigezogen (→ N 1033), so ist folglich zu beachten, dass der Versorgungsausfall nicht nur bis zur Scheidung dauert, sondern allenfalls darüber hinaus bis zur Beendigung der Unterhaltspflicht.

6. Zeitpunkt der Kapitalisierung

862 Die Schadensberechnung erfolgt im Haftpflichtrecht grundsätzlich auf den Urteils- oder Vergleichstag. Für den Versorgungsschaden aber wird insoweit von diesem Grundsatz abgewichen, als auf den Todestag kapitalisiert wird. Infolgedessen gibt es — anders als beim Invaliditätsschaden (N 722 ff) — grundsätzlich keine Aufgliederung zwischen bisherigem Schaden (Todestag bis zum Urteilstag) und dem zukünftigen Versorgungsschaden ab Urteilstag: → *Beispiel 36*.

863 Die Kapitalisierung per Todestag stellt eine vereinfachende Rechnungsweise dar: vgl. hiezu unsere dritte Auflage S. 176–179, wo auch die Korrekturen beschrieben sind, falls eine genaue Rechnung erforderlich ist.

864 Das Bundesgericht geht seit 1958 (vgl. BGE 84 II 300 ff) in konstanter Praxis vom Todestag des Versorgers aus (z.B. BGE 108 II 440 m.w.H.). Diese Rechtsprechung wird mehrheitlich auch von der Lehre gebilligt: BREHM, N 94 zu OR 45; STARK, Skriptum N 126; kritisch KELLER/GABI, S. 73 und 98, sowie ZEN-RUFFINEN, S. 59 ff und 126.

865 Die Kapitalisierung auf den Todestag heisst jedoch nicht, dass spätere Entwicklungen oder Tatsachen, die sich auf die Höhe des Versorgungsausfalls auswirken, unberücksichtigt zu lassen sind (vgl. A. ZEN-RUFFINEN, S. 61 f und 127 f; BUSSY, La dépréciation, S. 17 f und BREHM, N 22 in Vorbem zu OR 45/46). So ist etwa veränderten Lohnverhältnissen, «auch wenn sie eine Folge der bis zum Urteilstag fortgeschrittenen Inflation sind», Rechnung zu tragen (SZÖLLÖSY, Teuerung, in ZBJV 112/1976 S. 32; ebenso WEBER, Komm. zu OR 84 N 206; IM OBERSTEG, S. 67 ff, und Oberger. ZH in ZR 69/1970 S. 374 f). In BGE 113 II 333 wird aber erneut auch die bis zum Urteilstag eingetretene Teuerung ausser acht gelassen und die frühere Praxis bestätigt (vgl. hiezu N 316 f).

866 Wie in Beispiel 36 ausgeführt ist, sollte u.E. wie folgt gerechnet werden:
hinsichtlich Alter

a) für die Kapitalisierung: per Todestag
b) hinsichtlich Wiederverheiratungsabzug: per Rechnungstag

hinsichtlich Höhe des Versorgungsausfalls

c) Teuerung bis Rechnungstag
d) Reale Einkommensentwicklung ab Todestag während ganzer Aktivitätsdauer.

7. Sozialversicherungsregress

867 Die nachstehenden Hinweise ergänzen die allgemeinen Ausführungen zum Regress (→ N 554–575) sowie die Beispiele 20/21 und 37 bis 39. Zur Bestimmung des Regressanspruchs sind vor allem Witwen- und Waisenrenten zu kapitalisieren.

A. Alters- und Hinterlassenenversicherung (AHV)

868 Das auf den 1.1.1979 eingeführte Subrogationsrecht der AHV ist in AHVG 48ter ff geregelt (vgl. hiezu die Arbeiten von Maurer und Schaer).

869 Der Umfang der Subrogation bestimmt sich nach den auszurichtenden AHV-Renten, wobei die personelle, sachliche und zeitliche Kongruenz zu beachten ist: → N 562 ff.

870 Die Witwenrente wird längstens bis zum vollendeten 62. Altersjahr ausgerichtet und danach durch eine Altersrente abgelöst (AHVG 23 III). Für Altersrenten, die anstelle einer Witwenrente treten, besteht keine Subrogation der AHV. Dies ist unbestritten, denn die Altersrente wird unabhängig von einem schädigenden Ereignis ausgerichtet (vgl. z.B. Rusconi in JT 1984 I S. 459). Daraus folgt, dass der AHV-Regress für eine Witwenrente mit einer temporären Verbindungsrente, die längstens bis Alter 62 der Versorgten läuft, zu kapitalisieren ist: Tafel 26a (→ Beispiel 20b). Wird der Versorgungsschaden der Witwe jedoch mit Tafel 26 berechnet, d.h. angenommen, dass der Versorger seine Frau nur bis zu seinem 65. Altersjahr unterstützt hätte, so ist aus Gründen der zeitlichen Kongruenz die Rente mit Tafel 26b zu kapitalisieren (→ Beispiel 21b).

871 Die Tafeln 26a und 26b sind so ausgestaltet, dass es nicht auf den Altersunterschied der Ehegatten ankommt (N 1233; A. Keller, II S. 207), sondern nur darauf, ob der Gesamtschaden mit Tafel 25 oder 26 berechnet wird.

872 Stirbt ein Versorger, der bereits eine Ehegatten-Altersrente erhielt, so kann die AHV keinen Rückgriff für die Witwenrente nehmen, da diese kleiner ist (Rusconi, a.a.O. S. 461; vgl. auch die Kritik von Schaer an BGE 109 II 65 in Rz 1124 ff).

873 Die Witwenrente erlischt zudem, wenn sich die Witwe wieder verheiratet (AHVG 23 III). Diesem Beendigungsgrund kann bei der Regresswertberechnung durch einen entsprechenden Abzug Rechnung getragen werden: → N 850–852.

874 Das Kongruenzprinzip ist auch bezüglich der Waisenrente zu berücksichtigen. Nur solange als die Waisenrente ausgerichtet (N 325 in Beispiel 37) und zugleich ein Versorgungsschaden des Kindes angenommen wird, subrogiert die AHV. Da die Waisenrenten zudem gemäss AHVG 28bis durch Kinderrenten abgelöst werden,

wenn die Eltern eine Altersrente beanspruchen können, ist auch das Schlussalter 65 bzw. 62 zu beachten. Der Regresswert berechnet sich mit den Tafeln 23/24. Sind mehrere Kinder anspruchsberechtigt: → N 798.

875 Zum AHV-Regressrecht für unfallbedingte Leistungen: → N 740.

876 Bei Teilhaftung kann das Quotenvorrecht des Geschädigten (AHVG 48quater I) dazu führen, dass der Versorgungsschaden in verschiedene Schadensperioden aufzugliedern ist, um die zeitliche Kongruenz zu wahren: → Beispiel 39.

877 Für weitere Modalitäten des AHV-Rückgriffs siehe auch A. KELLER, II S. 205–210, und STOESSEL S. 92 ff.

B. Obligatorische Unfallversicherung (UV)

878 Das UVG gilt für Unfälle, die sich nach dem 1. Januar 1984 ereignet haben. Für frühere Unfälle ist nach wie vor das KUVG anzuwenden, das einen grösseren Kreis von anspruchsberechtigten Personen kannte. Im Band Unfallversicherungsrecht von MAURER werden im 6. Abschnitt einlässlich die Versicherungsleistungen und im 31. Kapitel der Rückgriff der Unfallversicherer behandelt.

879 Stirbt der Versicherte an den Folgen des Unfalls, so haben der überlebende Ehegatte und die Kinder Anspruch auf Hinterlassenenrenten (UVG 28). Die Voraussetzungen für Witwen- und die strengeren für Witwerrenten sind in UVG 29, diejenigen für Waisenrenten in UVG 30 umschrieben.

880 Haben die Hinterlassenen zugleich Anspruch auf Renten der AHV, so werden ihnen vom Unfallversicherer Komplementärrenten bis maximal 90% des versicherten Verdienstes ausgerichtet. Zur Berechnung der Komplementärrenten → N 228 in Beispiel 21c und N 330 in Beispiel 38.

881 Richtet die SUVA oder ein anderer Unfallversicherungsträger Hinterlassenenrenten aus, so treten sie in deren Rechte aus Versorgungsschaden ein (UVG 43 II e). «Der Rechtsübergang erfolgt nicht pauschal, sondern pro Kopf. Mit der Witwenrente subrogiert der Versicherer in den Versorgerschaden der Witwe, mit der Kinderrente in jenen des Kindes. Hinterlässt der Verstorbene mehrere Kinder, erfolgt der Rechtseintritt nach Köpfen. Wenn bei der Kapitalisierung von Kinderrenten und des ihnen gegenüber stehenden Versorgerschadens in der Praxis gleichwohl ab und zu blockweise, also ohne Separierung der Kinder, gerechnet wird, so rein der Einfachheit halber. Auf Verlangen muss eine Berechnung nach Köpfen erstellt werden. Das umso mehr, als gerade bei Kindern die Schlussalter stark differieren» (SCHMID, Die Leistungen des Versicherers und die Ansprüche der Geschädigten, Strassenverkehrsrechts-Tagung 1984, S. 12).

TÖTUNG

882 Die Rente an den überlebenden Ehegatten wird grundsätzlich lebenslänglich ausbezahlt, doch ist das mit BGE 95 II 582 eingeführte Erfordernis der zeitlichen Kongruenz, das nun in UVG 43 III verankert ist, zu beachten. Da der Versorgungsschaden regelmässig mit den Aktivitätstafeln kapitalisiert wird, ist der Regresswert mit denselben Kapitalisierungsfaktoren zu berechnen (→ Beispiele 21c und 38/39).

883 Die Rente an den überlebenden Ehegatten erlischt bei Wiederverheiratung (UVG 29 VI). Die Möglichkeit der Wiederverheiratung kann durch einen Abzug vom kapitalisierten Regresswert berücksichtigt werden → N 845 (Anwendungsbeispiel: BGE 97 II 132 ff).

884 Zur Berechnung des Regressanspruchs für Waisenrenten → Beispiel 38. Im Gegensatz zu den AHV-Waisenrenten erlischt die UV-Waisenrente mit der Heirat.

IV. Kapitalisierung ausserhalb des Haftpflichtrechts

1. Anwendung

885 Die Barwerttafeln werden neben dem Haftpflichtrecht auch in zahlreichen anderen Rechtsgebieten benützt, in denen es nicht um Fragen des deliktischen Schadenausgleichs geht.

886 Im folgenden sind die wichtigsten Benützungshinweise zur Handhabung der Barwerttafeln zusammengefasst. Sie ergänzen die **Beispiele** ㊵ **bis** ㊸ auf den gelben Seiten, in denen die Hauptanwendungsfälle exemplarisch dargestellt sind.

887 Während im Haftpflichtrecht heute zumeist Aktivitätsrenten kapitalisiert werden, stehen in den übrigen Rechtsgebieten **Leibrenten und Zeitrenten** im Vordergrund. Die Tafeln 44 und 45 enthalten die Kapitalisierungsfaktoren für lebenslängliche Renten, die Tafel 50 diejenigen für Zeitrenten.

888 Der Kapital- oder Barwert, d.h. der heutige Gegenwert einer Rente, kann aus verschiedenen Gründen ermittelt werden, etwa

a) um eine Rente abzulösen und durch ein Kapital zu ersetzen,
b) um den Wert einer Rente mit dem entsprechenden Kapitalwert zu vergleichen,
c) um eine Rente sicherzustellen oder
d) um den Streitwert oder Steuerwert einer periodischen Leistung zu eruieren.
e) Ist ein Kapital vorgegeben, so lässt sich schliesslich auch die entsprechende Rente berechnen (Verrentung).

a) Auskauf oder Ablösung einer Rente

889 Eine periodische Leistung (Rente) kann von Gesetzes wegen oder mittels Parteiabrede durch eine einmalige Kapitalabfindung abgelöst werden. Eine solche Umwandlung ist am Anfang, d.h. bei Rentenbeginn, oder in einem späteren Zeitpunkt möglich. Wird eine Rentenverpflichtung durch eine einmalige Kapitalabfindung ersetzt, ist der Kapitalwert im Zeitpunkt der Ablösung massgebend.

Derartige Rentenauskäufe kommen beispielsweise in folgenden Zusammenhängen vor:

890 — Im Familienrecht: Wird im Scheidungsurteil ein Gatte zu Unterhaltsbeiträgen verpflichtet, können diese abgeändert und zum Zweck der Ablösung kapitalisiert werden (→ Beispiele 40 bis 43). Ebenso lassen sich Unterhaltsleistungen für die Kosten und Erziehung eines Kindes unter Umständen durch eine Kapitalabfindung ersetzen (→ Beispiel 44). Auch im Kindesrecht ist die Möglichkeit einer Kapitalabfindung in ZGB 288 ausdrücklich vorgesehen (→ Beispiel 47).

891 — Im Sachenrecht: Dienstbarkeiten sind unter gewissen Voraussetzungen ablösbar. Der entsprechende Kapitalwert lässt sich durch Kapitalisierung des jeweiligen Jahreswertes der Dienstbarkeit (z.B. Nutzniessung, Wohnrecht, Baurecht oder Quellenrecht) berechnen: → Beispiele 50 bis 54. Auch Grundlasten, die nicht mit einer unablösbaren Grunddienstbarkeit verbunden sind, lassen sich gemäss ZGB nach dreissigjährigem Bestand ablösen (BGE 93 II 71).

892 — Im Obligationenrecht: Schuldrechtliche periodische Leistungen sind durch eine Kapitalauszahlung ersetzbar, wenn dies vereinbart (z.B. der Rückkauf einer Rentenversicherung) oder gesetzlich vorgesehen ist (→ Beispiel 56).

893 — Im Sozialversicherungsrecht ist verschiedentlich die Möglichkeit gegeben, eine Rente auszukaufen: UVG 35, MVG 37, BVG 37 II. Im Rahmen der beruflichen Vorsorge können die Reglemente vorsehen, dass der Destinatär anstelle einer Alters-, Witwen- oder Invalidenrente eine Kapitalabfindung verlangen kann: BVG 37 III.

894 — Im Verwaltungsrecht wird ebenfalls eine Kapitalisierung nötig, wenn z.B. die Entschädigung für die Ablösung einer Konzession oder eines Baurechtes im Enteignungsfall zu bestimmen ist (→ Beispiel 65).

895 — Im Konkursrecht: Fällt ein Leibrentenschuldner in Konkurs, so ist gemäss OR 518 III der Leibrentengläubiger berechtigt, seinen Anspruch in Form einer Kapitalforderung geltend zu machen. Eine analoge Bestimmung enthält OR 529 II für die Verpfründung (→ Beispiel 68).

b) Wertvergleich zwischen Rente und Kapital

Der Kapitalwert einer periodischen Leistung ist gegebenenfalls auch aus folgenden Gründen zu ermitteln:

896 — Im Erbrecht können Erben in ihren Pflichtteilsansprüchen verletzt worden sein. Vermacht der Erblasser einem Dritten eine wiederkehrende Leistung, so ist deren Kapitalwert zu bestimmen, um die Frage einer allfälligen Pflichtteilsverletzung zu beantworten (→ Beispiele 48 und 49).

897   — Im Vertragsrecht: nach verschiedenen gesetzlichen Bestimmungen wird ein Anfechtungs- oder Aufhebungsrecht eingeräumt, wenn ein erhebliches Missverhältnis zwischen Leistung und Gegenleistung besteht. Auch hier kann bei periodischen Leistungen nur über eine Kapitalisierung festgestellt werden, ob ein Rechtsschutz gegeben ist oder nicht (vgl. etwa OR 21 und 24, 245 Ziff. 4, 526 I, EHG 17, SVG 87, StGB 157).

898   Der Vergleich zwischen einer Rente, einer Pension, einer Nutzniessung usw. und einer alternativ in Frage kommenden Kapitalleistung kann ganz allgemein von Interesse sein, z.B. der Kapitalwert einer Dienstbarkeit (etwa eines Wohnrechts: → Beispiele 50 und 51), der Kaufpreis einer Leibrente (→ Beispiel 55) oder der Wert einer Anwartschaft (→ Beispiele 57 bis 60).

899   Einige Gründe sprechen für ein Kapital, andere für eine Rente. In N 576 ff sind Vor- und Nachteile aufgelistet, die teilweise über das Haftpflichtrecht hinaus gelten.

c) *Sicherheitsleistung für eine Rente*

900   Ist jemand zur Zahlung einer Rente verpflichtet, so kann er zu einer Sicherstellung angehalten werden (etwa gestützt auf OR 43 II oder ZGB 292). Zur Berechnung: → Beispiel 66.

d) *Streit- und Steuerwert*

901   Sowohl im Prozess- wie im Steuerrecht ergibt sich bei periodischen Leistungen die Notwendigkeit, den Kapitalwert zu berechnen: so für die Erbschafts-, Schenkungs- und Vermögenssteuer (→ Beispiele 62 und 63) oder im Prozessfall für die Ermittlung des Streitwertes (→ Beispiel 67). Weiteres hiezu bei PICCARD, Kapitalisierung, S. 60–65.

e) *Verrentung, insbesondere Rentenkauf*

902   Häufig werden Renten (meist Leibrenten) bei einer Versicherungsgesellschaft gekauft: → Beispiel 55. Ferner können auch vorgesehene Kapitalzahlungen in entsprechende Renten umgewandelt werden: → Beispiel 61. Zudem werden Kapitalabfindungen bei Pensionierungen zur Festsetzung der Einkommenssteuer in eine lebenslängliche Rente umgerechnet: → Beispiel 64. Schliesslich drängt sich allenfalls eine Verrentung bei der güterrechtlichen Auseinandersetzung auf, wenn ein Ehegatte eine Kapitalabfindung von einer Personalvorsorge-Einrichtung oder wegen Arbeitsunfähigkeit erhalten hat (→ Beispiele 45 und 46) sowie wenn ihm wegen Scheidung eine Anwartschaft entgeht (→ Beispiel 43).

AUSSERHALB HAFTPFLICHTRECHT

2. Barwerttafeln und andere Tabellen

903   Grundsätzlich können die vorliegenden Tafeln verwendet werden, wenn der Kapitalwert einer Rente oder umgekehrt die Höhe einer Rente zu ermitteln ist.

904   Bei Zeitrenten ist die Rentendauer im voraus bestimmt, weshalb der Kapitalwert ausschliesslich durch Abzinsung zu berechnen ist: Tafel 50 für Zinsfüsse von ½% bis 6%.

905   Für Leibrenten sind die Mortalitätstafeln zu benützen. Diese basieren auf der Sterbetafel AHV VIbis, also der Sterbenswahrscheinlichkeit, die für die hiesige Bevölkerung in den kommenden Jahrzehnten erwartet wird (→ N 951 ff). Für die Kapitalisierung wiederkehrender, zukünftiger Leistungen bilden die Mortalitätstafeln (30 bis 39 sowie 44/45) damit die geeigneten Rechnungsgrundlagen.

906   Die Mortalitätstafeln beruhen auf statistischen Durchschnittswerten. Ausgangspunkt für die Kapitalisierung ist jedoch der jeweilige Einzelfall. Dieser kann ausnahmsweise ein Abweichen von Durchschnittswerten nahelegen: → N 941–943. Die konkreten Umstände haben grundsätzlich Vorrang.

907   Die Mortalitätstafeln im fünften Teil sind jedoch nicht anzuwenden, wenn besondere Rechnungsgrundlagen, andere Rechnungsmethoden oder -tabellen bzw. spezielle Kapitalisierungsnormen vorgesehen sind.

Nicht anzuwenden sind unsere Barwerttafeln vor allem in folgenden Fällen:

908   — Im Sozialversicherungsrecht kommen für den Rentenauskauf (→ N 893) besondere Rechnungsgrundlagen zur Anwendung, zum Beispiel bei der obligatorischen Unfallversicherung: UVG 35 und 89 I sowie UVV 46 II (MAURER, Unfallversicherungsrecht, S. 454 N 1186).

909   — Personalvorsorge-Einrichtungen verwenden speziell auf ihre Bedürfnisse zugeschnittene Tabellenwerke (→ N 479 in Beispiel 60). Die Pensionskassen müssen im Sinne von BVG 65 das Beitragssystem und die Finanzierung so regeln, dass die Erfüllung der übernommenen Verpflichtungen gesichert ist. Auszurechnen sind Beiträge, Anwartschaften auf Alters-, Invaliden- und Hinterlassenenleistungen, Deckungskapitalien usw., und zwar zu einem der beruflichen Vorsorge angepassten Zinsfuss. Ebenso erstellt das Bundesamt für Sozialversicherung Tabellen zur Umrechnung von Kapitalabfindungen in Renten für die Berechnung der AHV-Beiträge bei freiwilligen Vorsorgeleistungen (AHVV 6bis VI).

910 — Versicherungsgesellschaften benützen selbstverständlich für den Abschluss von Lebensversicherungen eigene Tarife (→ N 458 in Beispiel 55 sowie Beispiel 68). Sie bieten hiefür besondere Formen an, z.B. Rentenversicherungen mit Rückgewähr, mit jährlichen Prämienzahlungen usw. Ausserdem müssen sie einerseits Verwaltungskosten einrechnen und vorsichtigerweise einen niedrigen, sogenannten technischen Zinsfuss vorsehen, anderseits beteiligen sie die Versicherten an den erzielten Überschüssen.

911 Die Höhe des Kapitalwertes kann gesetzlich vorgeschrieben sein: so beträgt er z.B. den zwanzigfachen Betrag der Jahresleistung von Grundlasten gemäss ZGB 783 II. Auch der Streitwert bei ungewisser oder unbestimmter Dauer entspricht dem zwanzigfachen Wert der einjährigen Nutzung laut OG 36 V und etwa ZH ZPO § 21 (→ N 523 in Beispiel 67).

912 Kantonale Steuerverwaltungen stützen sich, um die Einkommenssteuer bei Kapitalabfindungen für wiederkehrende Leistungen oder bei Beendigung eines Arbeitsverhältnisses zu veranlagen, auf die Tabelle der eidg. Steuerverwaltung (→ N 497 in Beispiel 64). Hingegen stellen sie mehrheitlich auf unsere Barwerttafeln ab, um Erbschafts- oder Schenkungssteuern auf Nutzniessungen und anderen periodischen Leistungen zu erheben (→ Beispiel 62).

913 Auch wenn andere Rechnungsgrundlagen zu verwenden sind, wird im allgemeinen nach den gleichen Rechnungsmethoden wie in unseren Barwerttafeln kapitalisiert. Zudem erlauben die vorliegenden Tafeln auch in diesen Fällen zumindest eine überschlagsmässige Vergleichsrechnung oder Schätzung.

3. Hinweise zur Kapitalisierung

914 Der Kapitalwert einer periodisch wiederkehrenden Leistung (Rente) ergibt sich aus der Multiplikation ihres Jahresbetrages mit dem Kapitalisierungsfaktor, der aus den Tafeln im fünften Teil abgelesen werden kann. Zu diesem Zweck ist auch bei nicht geldmässig bestimmten Leistungen vorab deren Jahreswert zu bestimmen oder zu schätzen.

915 Der Kapitalisierungsfaktor hängt von der Rentendauer (a), dem Kapitalisierungszinsfuss (b) und von der Zahlungsweise der Rente (c) ab.

a) Rentendauer

916 Wie im vierten Teil unter N 1042 ff einlässlich beschrieben, ist in erster Linie über den Rentenverlauf Klarheit zu gewinnen.

917 Folgende **Rentenarten** stehen im Vordergrund:
— die zu kapitalisierende Rente läuft eine im voraus bestimmte Zeit und ist vom Leben und Sterben eines Menschen unabhängig: Zeitrente;
— die Rentendauer ist unbegrenzt: ewige Rente;
— die Rente läuft, solange eine Person lebt: Leibrente;
— die Rente läuft, solange eine Person lebt, aber höchstens während einer bestimmten Dauer oder bis zu einem bestimmten Zeitpunkt: temporäre Leibrente;
— die Rente beginnt erst in einem späteren Zeitpunkt zu laufen: aufgeschobene Rente;
— die Rente ist vom Leben zweier oder mehrerer Personen abhängig: Verbindungsrente.

918 Die Rentendauer wird unter anderem auch von der Frage der aktiven und passiven **Vererblichkeit** beeinflusst (→ N 352 in Beispiel 40):

919 — ist eine Rente aktiv unvererblich, aber passiv vererblich, so ist eine Leibrente auf das Leben des Berechtigten zu kapitalisieren (→ Beispiele 43 und 50);

920 — ist die Rente aktiv vererblich, aber passiv unvererblich, handelt es sich um eine Leibrente auf das Leben des Rentenpflichtigen;

921 — ist die Rente aktiv und passiv unvererblich, so läuft sie bis zum Tod des Zuerststerbenden, weshalb eine Verbindungsrente auf das kürzere Leben zu kapitalisieren ist (→ N 1066; Beispiele 40, 41 und 44);

KAPITALISIERUNG

922 — ist die Rente sowohl aktiv als auch passiv vererblich, ist Tafel 50 zu verwenden (→ Beispiele 53 und 54). Entweder ist eine bestimmte Zeitdauer anzunehmen oder der Kapitalwert einer ewigen Rente zu berechnen.

923 Bei einer **Wiederverheiratung** verliert ein Rentenberechtigter gegebenenfalls ganz oder teilweise seinen Anspruch (→ zu den Rechnungsgrundlagen N 1019 ff):

924 — Ein *geschiedener* Ehegatte geht seiner Unterhaltsrente verlustig, wenn er wieder heiratet (ZGB 153 I). Dieser Möglichkeit könnte bei einer Kapitalisierung durch die in Beispiel 40 N 355 beschriebenen Abzüge Rechnung getragen werden.

925 — Dem *verwitweten* Ehegatten wird die ihm vermachte Nutzniessung bei einer Wiederverheiratung gemäss ZGB 473 III entzogen. Auch dieser Umstand kann zu einer Reduktion des Kapitalwertes führen (→ N 421 f in Beispiel 48), ähnlich wie im Haftpflichtrecht beim Versorgungsschaden.

926 In beiden Fällen sind die tabellierten Abzüge jedoch als blosse Richtwerte aufzufassen und den konkreten Umständen des Einzelfalles anzupassen (→ N 1035).

Weitere Beendigungsgründe von Renten bilden etwa:

927 — Kinder- und Waisenrenten sind zahlbar bis zur Mündigkeit oder bis zum Abschluss der Ausbildung: z.B. gemäss ZGB 156 II und 277 (→ Beispiele 44 und 47), AHVG 25 II und 26 II (→ Beispiel 37), IVG 35 (→ Beispiel 16), UVG 30 III (→ Beispiele 38 und 39), BVG 22 III;

928 — zeitlich begrenzte oder abgestufte Unterhaltsansprüche geschiedener Ehegatten (→ Beispiele 41 und 42);

929 — andere zeitlich limitierte Nutzungsrechte wie Nutzniessung (→ Beispiel 52) oder Baurecht (→ Beispiel 53).

930 Meist führen derartige Beendigungsgründe zu temporären Renten, nämlich entweder zu temporären Leibrenten (Tafeln 33 und 34) oder zu Zeitrenten (Tafel 50). Mit diesen, allenfalls kombiniert mit aufgeschobenen Renten, lassen sich auch veränderliche Renten kapitalisieren: → Beispiele 47 und 58 bis 60.

931 Verbindungsrenten enden beim Tod der einen oder anderen Person (Tafel 35). Barwerte temporärer Verbindungsrenten sind tabelliert, wenn sie bis Alter 65 des Mannes (Tafel 36) oder bis Alter 62 der Frau (Tafel 37) laufen; für andere Fälle ist in Beispiel 42 die genaue Rechnungsweise angegeben sowie auf Vereinfachungen hingewiesen, die oft darin bestehen, dass temporäre Verbindungsrenten durch temporäre Leibrenten oder sogar Zeitrenten ersetzt werden (vgl. auch N 1323 ff).

b) Kapitalisierungszinsfuss

932 Der Zinsfuss, mit dem kapitalisiert, d.h. diskontiert wird (N 1118 f), spielt eine nicht zu vernachlässigende Rolle. Grundsätzlich ist zu unterscheiden, ob von einer festen Höhe der Rente (→ Beispiele 48 und 52) oder von einer eventuellen künftigen Steigerung, etwa zur Berücksichtigung der zu erwartenden Geldentwertung, auszugehen ist. Ist eine Rente indexiert (und beispielsweise an den Landesindex der Konsumentenpreise anzupassen), so kann ein entsprechend niedriger Kapitalisierungszinsfuss angenommen werden: → N 1124 ff und Beispiele 40 ff.

933 Je kleiner der Kapitalisierungszinsfuss, desto grösser ist der Kapitalwert. Die Kapitalisierungsfaktoren mit verschiedenen Zinsfüssen für Leibrenten sind in den Tafeln 44/45 und für Zeitrenten in Tafel 50 wiedergegeben.

c) Zahlungsweise

934 Die vorliegenden Barwerttafeln sind für monatlich vorschüssige Renten berechnet. Dies entspricht der üblichen Zahlungsweise im Haftpflicht-, Sozialversicherungs- und Familienrecht. Für die Umrechnung auf eine andere Zahlungsweise sind in N 1179 ff entsprechende Korrekturfaktoren aufgeführt (→ auch Beispiel 53).

d) Kein Abzug für Vorteile der Kapitalabfindung

935 Wie im Haftpflichtrecht (→ N 593) ist auch in anderen Rechtsgebieten grundsätzlich kein Abzug für allfällige Vorteile einer Kapitalzahlung vorzunehmen (ebenso beispielsweise für das Familienrecht BÜHLER/SPÜHLER, Komm. zu ZGB 151 N 48, und METZLER, Die Unterhaltsverträge nach dem neuen Kindesrecht, S. 253 ff). Denn die Rentenverpflichtung entspricht − richtig kapitalisiert − dem Kapitalwert.

Vierter Teil

Grundlagen der Barwerttafeln

Übersicht

		Note
I.	**Rechnungsgrundlagen**	
1.	Statistische Durchschnittswerte	937
2.	Mortalität	946
3.	Aktivität	965
	– Rücktrittswahrscheinlichkeit	989
	– Arbeit im eigenen Haushalt	999
4.	Verheiratung	1019
II.	**Elemente der Kapitalisierung**	
1.	Kapitalisierungsfaktoren	1036
2.	Rentendauer (verschiedene Rentenarten)	1042
3.	Rentenhöhe	1083
4.	Zinsfuss (Kapitalisierung, Geldentwertung, Umrechnung)	1118
5.	Zahlungsweise	1174
6.	Altersbestimmung	1187
III.	**Beschreibung der Tafeln**	
1.	Numerierung der Tafeln	1199
2.	Beschreibung der einzelnen Tafeln	1203
3.	Fehlende Tafeln und Näherungsverfahren	1321

I. Rechnungsgrundlagen

936 *Literaturhinweise*

BERND HERZOG Die Überlebensordnungen AHV VI und AHV VIbis, in Mitteilungen der Vereinigung schweizerischer Versicherungsmathematiker, 1987, Heft 2, S. 147–170

WERNER GREDIG Technische Grundlagen der Invalidenversicherung, in Mitteilungen der Vereinigung schweizerischer Versicherungsmathematiker, 1987, Heft 2, S. 171–180

STREIT/GREDIG Herleitung einer Aktivitätsordnung auf Grund der Erfahrungen bei der IV, in Mitteilungen der Vereinigung schweizerischer Versicherungsmathematiker, 1984, Heft 2, S. 131–148

1. Statistische Durchschnittswerte

937 Aktivitäts- und Mortalitätstafeln beruhen auf Statistiken, aus denen für die hypothetische zukünftige Entwicklung bestimmte Schlüsse gezogen werden. Zwar beziehen sich die Wahrscheinlichkeitsaussagen von Tabellen und Statistiken «nur auf ein Kollektiv, also eine statistische Masse». Trotzdem darf (und muss, da andere Wege nicht gangbar sind) «die juristische Technik Brücken von der statistischen Wahrscheinlichkeit zum Einzelfall schlagen» (WEITNAUER, Wahrscheinlichkeit und Tatsachenfeststellung, Beiheft zum deutschen «Versicherungsrecht» 1968 S. 3–21).

938 Heute ist allgemein anerkannt, dass bei der Kapitalisierung von statistischen Mittelwerten auszugehen ist. So etwa BGE 86 II 9 bzw. Pra 49/1960 Nr. 67 S. 194: «Ein zukünftiger Schaden muss notwendigerweise nach den Regeln der Erfahrung ermittelt werden, und diese findet ihren sichersten Ausdruck in den auf Grund von Statistiken erstellten Tabellen.» Dies gilt, wie der gleiche Entscheid festhält, sowohl für die Mortalitäts- wie auch für die Aktivitätstafeln. Die den Barwerttafeln zugrundeliegenden statistischen Rechnungsgrundlagen erlauben eine Kapitalisierung, die auf andere Weise – ohne der Willkür zu verfallen – gar nicht durchgeführt werden kann.

939　Barwerttafeln, abgestützt auf statistische Erhebungen, leisten einen nicht zu unterschätzenden Beitrag an die **Rechtssicherheit**. Im Haftpflichtrecht kommt dazu, dass die grosse Mehrzahl der Invaliditäts- und Versorgungsschäden gar nicht zur gerichtlichen Austragung kommt.

940　Angesichts der aktuellen und verfeinerten Rechnungsgrundlagen können die Barwerttafeln grundsätzlich zur Kapitalisierung periodischer Leistungen herangezogen werden. Der Anwendung sind aber auch Grenzen gesetzt.

941　So können im Einzelfall besondere Umstände ein **Abweichen von den statistischen Durchschnittswerten** nahelegen. «Die Notwendigkeit der Abweichung von den Sterblichkeitstabellen in Ausnahmefällen wird nicht ein für allemal von der Hand gewiesen werden können»; doch «werden jedenfalls an eine Abweichung davon strenge Anforderungen zu stellen sein» (BGE 57 II 301). Ebenso NEHLS: «nur mit grösster Vorsicht», da sämtliche Fälle in den Statistiken enthalten sind (Kapitalisierungstabellen S. 34). Ähnlich OFTINGER, I S. 209 und 242, sowie GRAF/SZÖLLÖSY in SJZ 81/1985 S. 227 f.

942　Die konkreten Umstände im Einzelfall lassen sich meist durch eine differenzierte Verwendung der Tafeln berücksichtigen. Ist etwa von zusätzlichen Beendigungsgründen auszugehen, können oft temporäre Renten kapitalisiert werden. Denkbar ist auch, dass beispielsweise die Dauer der Arbeitsfähigkeit identisch mit der Lebenserwartung ist. Falls die Möglichkeit der Invalidierung ausser acht zu lassen ist, sind die Mortalitätstafeln statt die Aktivitätstafeln anzuwenden.

943　Drängt sich in Ausnahmefällen ein Abweichen von den ausgewiesenen Durchschnittswerten auf, können die Kapitalisierungsfaktoren erhöht oder reduziert werden, wobei sich Anhaltspunkte aus entsprechenden temporären Leib- oder Zeitrenten ableiten lassen. Bei einer sehr ungünstigen Lebenserwartung (z. B. wegen schwerer, unheilbarer Krankheit) ist allenfalls eine Rente einer Kapitalabfindung vorzuziehen (N 625 f).

944　Im folgenden sind die Rechnungsgrundlagen der Mortalitäts- und Aktivitätstafeln dargestellt. Anschliessend werden die Elemente der Kapitalisierung und die einzelnen Tafeln beschrieben.

945　Im Anhang III findet der Versicherungsmathematiker sämtliche Formeln der publizierten Tafeln.

RECHNUNGSGRUNDLAGEN

2. Mortalität

A. Sterbetafeln

a) Volks- und AHV-Sterbetafeln

946 In der Schweiz bestehen seit langem zuverlässige Sterbestatistiken. Sie bilden die massgebende Grundlage für die Kapitalisierung.

947 Das Bundesgericht hat in BGE 22 S. 608 erstmals die von SOLDAN 1895 in seiner Arbeit über die Fabrikhaftpflicht publizierten Sterbetafeln angewendet. Seine Mortalitätstabellen wurden in der Folge das gebräuchliche Kapitalisierungsinstrument (BGE 28 II 43).

948 Von 1918 an haben die in mehreren Auflagen erschienenen Lebenserwartungs-, Barwert- und Rententabellen von Paul PICCARD gute Dienste geleistet. Sie gründeten auf den jeweils neusten, schweizerischen Volkssterbetafeln.

949 Im Jahre 1948 erschien die erste Auflage unserer Barwerttafeln, die neu auch Aktivitätszahlen enthielten. Damals gingen wir ebenfalls von den schweizerischen Sterbetafeln aus, die alle 10 Jahre — gestützt auf die Ergebnisse der Volkszählung — ausgearbeitet werden. Für die zweite und dritte Auflage der Barwerttafeln (erschienen 1958 und 1970) konnten wir aber bereits auf die **extrapolierten** Rechnungsgrundlagen der eidg. Alters- und Hinterlassenenversicherung abstellen, und zwar für die zweite Auflage auf die Sterbetafel AHV II und für die dritte auf die Sterbetafel AHV IVbis.

950 Im Gegensatz zu den schweizerischen Sterbetafeln berücksichtigen die Tafeln der AHV die in Zukunft zu erwartende Entwicklung der Sterblichkeit, d.h. die mittelfristige Verlängerung der Lebenserwartung. Auf diese ist bei der Kapitalisierung Rücksicht zu nehmen. Denn bei der Berechnung von Barwerten ist — wie bei den Vorausberechnungen der AHV — eine Schätzung für die Zukunft vorzunehmen. Deshalb ist die mutmassliche Entwicklung der Mortalitätsverhältnisse, wie sie während der Laufzeit der in Frage stehenden Renten zu erwarten ist, einzubeziehen. (Hiezu ausführlich unsere dritte Auflage, S. 125 ff mit Hinweisen auf BGE 86 II 10 und 155 sowie STEIN in ZBJV 90/1954 S. 397 f und in SJZ 57/1961 S. 105 f.)

MORTALITÄT

b) Sterbetafel AHV VIbis

951 Für die vierte, vorliegende Auflage können wir nun die neuste Sterbetafel **AHV VI**^{bis} verwenden. Diese enthält wiederum allgemeine Durchschnittswerte für die Schweiz und ist vom Bundesamt für Sozialversicherung 1987 berechnet worden. Der Ausschuss für mathematische und finanzielle Fragen der Eidg. AHV/IV-Kommission hat sie unter dem Vorsitz von Prof. Hans BÜHLMANN genehmigt. Die Grundlagen und Grundwerte sind abgedruckt und kommentiert von HERZOG, Die Überlebensordnungen AHV VI und AHV VIbis (zit. in N 936).

952 Die Sterbetafel AHV VIbis geht von der Entwicklung der Sterblichkeit aus, die sich aufgrund der sechs letzten schweizerischen Volkssterbetafeln ableiten lässt. Auch die jüngsten Erhebungen zeigen einen erneuten Rückgang der Sterblichkeit: → hiezu die Erläuterungen zur neusten schweizerischen Sterbetafel 1978/83, welche 1985 vom Bundesamt für Statistik veröffentlicht worden ist (Statistische Quellenwerke der Schweiz, Heft 779, S. 8 ff).

953 In der Sterbetafel AHV VIbis ist die mittelfristig zu erwartende Entwicklung der Sterblichkeit eingerechnet. Dabei ist für die Vorausberechnung ein Zeitraum von 30 Jahren zugrundegelegt. Für den sich aus dem vorhandenen Datenmaterial ergebenden Extrapolationsansatz sei auf die vorstehend erwähnte Arbeit von HERZOG verwiesen. Die Berechnungsmethoden und geprüften Hypothesen sind darin einlässlich beschrieben und begründet.

B. Anwendung

954 Die Mortalitätstafeln im fünften Teil haben die extrapolierte Sterbetafel AHV VIbis zur Grundlage. Das ausgewertete Datenmaterial bezieht sich auf die gesamte Wohnbevölkerung der Schweiz und ist somit auf schweizerische Verhältnisse zugeschnitten.

955 Die Mortalitätstafeln tragen die Nummern $\boxed{30-39}$ und sind auf rotem Papier abgedruckt. Sie sind von der Ausscheideordnung der Lebenden (Tafel $\boxed{40}$) abgeleitet: → N 1275 ff.

956 Zur Kapitalisierung wiederkehrender Leistungen, die bis zum Ableben einer (oder mehrerer) Personen zu entrichten sind, werden die Mortalitätstafeln benützt. Ihr Hauptanwendungsgebiet liegt im Familienrecht (→ Beispiele 40 ff), Erbrecht (→ Beispiele 48 f), Sachenrecht (→ Beispiele 50 ff), Vertragsrecht (→ Beispiele 55 f), Sozialversicherungsrecht (→ Beispiele 57 ff), Steuerrecht (→ Beispiele 62 ff) sowie Prozessrecht (→ Beispiel 67). Mortalitätstafeln sind aber auch heute noch im Haftpflichtrecht zu gebrauchen, wenn ausnahmsweise lebenslängliche Renten zu kapitalisieren sind (→ Beispiele 4, 14 f, 25 und 31). Ihre Anwendung ist generell dann angezeigt, wenn eine zukünftige Leibrente in ein Kapital bzw. ein Kapital in eine lebenslängliche Rente umzurechnen ist.

957 Der Barwert einer monatlich vorschüssig zahlbaren Leibrente lässt sich für einen Kapitalisierungszinsfuss von 3½% aus Tafel 30 ablesen. Zusätzlich enthält die Tafel 44 für Männer bzw. die Tafel 45 für Frauen die Barwerte einfacher Leibrenten zu Zinsfüssen von 1% bis 12%. Für verbundene Leibrenten auf zwei Leben — Verbindungsrenten auf das kürzere Leben — ist Tafel 35 beizuziehen (Zinsfuss 3½%). Für die Umrechnung auf andere Zinsfüsse →N 1152 ff; für andere als monatlich vorschüssige Zahlungen →N 1179 ff.

958 In einzelnen Fällen wird die Sterbenswahrscheinlichkeit vernachlässigt (N 1324), z.B. beim Versorgungsschaden eines Kindes (→Beispiele 23 f und 29) oder im Familienrecht bei Unterhaltsansprüchen eines Kindes (→Beispiele 44 und 47).

959 Die Mortalitätstafeln enthalten Durchschnittswerte. In Ausnahmefällen kann von ihnen abgewichen werden →N 941–943.

C. Vergleiche

960 Der Vergleich zwischen den schweizerischen Sterbetafeln (abgekürzt SM für Männer und SF für Frauen) und den extrapolierten AHV-Sterbetafeln zeigt folgendes Bild:

Mittlere Lebenserwartung
in Jahren

Alter	Männer			Frauen		
	SM 78/83	AHV IVbis 3. Aufl.	AHV VIbis 4. Aufl.	SF 78/83	AHV IVbis 3. Aufl.	AHV VIbis 4. Aufl.
0	72.40	74.35	76.55	79.08	80.33	83.97
20	53.76	55.72	57.11	60.06	61.22	64.39
40	35.09	36.64	38.27	40.69	41.49	44.81
60	17.94	18.81	20.40	22.43	22.65	25.99
80	6.29	6.88	7.52	7.76	7.69	9.60

961 Für Männer und Frauen ergibt sich bei der neuen AHV-Sterbetafel VIbis (= Tafel **42**) für alle Alter eine zunehmende Langlebigkeit, sowohl im Vergleich zur schweizerischen Sterbetafel wie auch zur AHV-Sterbetafel IVbis bzw. zur dritten Auflage der Barwerttafeln.

MORTALITÄT

962 Auf die Barwerte wirkt sich die Lebensverlängerung wie folgt aus:

Barwert einer lebenslänglichen Rente gemäss Tafel 30

Alter	Männer			Frauen		
	3. Aufl. (AHV IVbis)	4. Aufl. (AHV VIbis)	Zunahme	3. Aufl. (AHV IVbis)	4. Aufl. (AHV VIbis)	Zunahme
0	26.25	26.60	1%	26.90	27.23	1%
20	24.29	24.43	1%	25.27	25.60	1%
40	20.18	20.62	2%	21.64	22.40	4%
60	13.12	13.94	6%	15.17	16.66	10%
80	5.86	6.34	8%	6.46	7.86	22%

963 Die Kapitalisierungsfaktoren der Tafel 30 (Mortalität) weisen der Zunahme der Lebenserwartung entsprechende, höhere Werte auf als in der dritten Auflage. Ebenso sind auch die Faktoren der übrigen Mortalitätstafeln (31 bis 39 sowie 44/45) zumeist höher.

964 Die Beobachtungen des Bundesamtes für Statistik über den Beitrag der verschiedenen Altersklassen an die Lebensverlängerung zeigen, dass in der letzten Zeit die 65- und mehr jährigen den grössten Beitrag an die zunehmende Langlebigkeit erbringen, während die Jüngeren nichts mehr zur Lebensverlängerung beitragen (→ Statistische Quellenwerke der Schweiz, Heft 779, S. 10).

RECHNUNGSGRUNDLAGEN

3. Aktivität

A. Notwendigkeit von Aktivitätstafeln

965 Beim Invaliditäts- und Versorgungsschaden ist Schadenersatz für die Folgen der Verminderung oder des Wegfalls der Arbeits- bzw. Erwerbsfähigkeit zu leisten. Deren Dauer ist im allgemeinen nicht identisch mit der Lebensdauer. Deshalb darf richtigerweise bei den entsprechenden Barwertberechnungen nicht nur auf die Sterblichkeit, sondern es muss überdies auch noch auf die Möglichkeit einer Verminderung der Arbeitsfähigkeit (namentlich zufolge Krankheit und Alter) Rücksicht genommen werden.

966 Dies ist in der Literatur schon im letzten Jahrhundert betont worden. So hat beispielsweise GIOJA vorgeschlagen, bei der Schadensberechnung im Alter progressive Abstriche am Verdienst vorzunehmen (Dell'ingiuria dei danni, S. 244, Milano 1829).

967 Auch das Bundesgericht stellte bereits 1892 fest, erfahrungsgemäss könne nicht angenommen werden, dass ein Mensch während der ganzen nach den Mortalitätstabellen wahrscheinlichen Lebensdauer unvermindert arbeitsfähig geblieben wäre (BGE 18 S. 252). Dieser Erkenntnis ist zumeist durch einen ex aequo et bono festgesetzten Abstrich bei der Kapitalabfindung Rechnung getragen worden (etwa BGE 29 II 612, 34 II 446, 52 II 102 f).

968 In der ZBJV 83/1947 S. 294 ff und in der ersten Auflage unserer Barwerttafeln (1948) veröffentlichten wir Aktivitätstabellen, die auf schwedischem Zahlenmaterial beruhten. Das Bundesgericht verhielt sich ihnen gegenüber zunächst ablehnend, weil ausländische Grundlagen für die Schweiz nicht verwendbar seien (JT 1953 I S. 74 f). 1955 geht das Bundesgericht erstmals von einem Mittelwert zwischen den Lebenserwartungstabellen von PICCARD und unseren Aktivitätstafeln aus (BGE 81 II 42 ff). Bei der zweiten Auflage unseres Tabellenwerkes, das 1958 erschien, konnten wir uns auf die Vorarbeiten zur Einführung der eidg. Invalidenversicherung stützen. 1960 hat sie das Bundesgericht durch Experten prüfen lassen und dann angesichts des positiven Befunds als anwendbar erklärt (BGE 86 II 7). An dieser Praxis hat es seither festgehalten.

969 Seit 1971 wird bis heute ausschliesslich die dritte Auflage verwendet: → N 627 ff sowie die Zitate zur Judikatur in den Beispielen 1 bis 39.

AKTIVITÄT

B. Aktivitätsstatistik

970 Die Aktivitätstafeln der vierten Auflage basieren auf der neusten **Statistik der eidg. Invalidenversicherung**. Diese ist vom Bundesamt für Sozialversicherung 1987 erstellt und von GREDIG unter dem Titel «Technische Grundlagen der Invalidenversicherung» (zit. in N 936) beschrieben worden.

971 Die eidg. Invalidenversicherung erstreckt sich als allgemeine Volksversicherung auf die ganze Bevölkerung der Schweiz. Sie bildet damit die geeignete Grundlage, um allgemeingültige Durchschnittswerte für hiesige Verhältnisse zu gewinnen.

972 In dieser Statistik sind alle Personen erfasst, die in der Schweiz Invalidenrenten erhalten. Die Bestände der invaliden Personen sind dem zentralen Rentenregister entnommen. Wird diese Statistik mit derjenigen der schweizerischen Wohnbevölkerung in Beziehung gesetzt, so kann daraus die **Wahrscheinlichkeit, invalid zu sein,** abgeleitet werden. Somit sind nun auch die Reaktivierungen berücksichtigt, was die Rechnungsgrundlagen der Aktivitätstafeln weiter verfeinert. Der Beobachtungszeitraum umfasst die Jahre 1979 bis 1983.

973 Aus der Invaliditätsstatistik und der Sterbetafel AHV VIbis, die beide 1987 berechnet worden sind, lässt sich die Aktivitätsordnung ableiten. Sie erfasst, wer weder durch Tod ausgeschieden noch invalid ist, also diejenigen Personen, die keine Invalidenrente erhalten. Diese werden demzufolge als Aktive, d.h. Arbeitsfähige, bezeichnet. Im Gegensatz zur AHV-Sterbetafel werden die Wahrscheinlichkeiten, invalid zu sein, jedoch nicht extrapoliert, da kein eindeutiger Trend für eine Zu- oder Abnahme in den nächsten Jahren als ausgewiesen anzunehmen ist. Die Ausscheideordnung der Aktiven ist in Tafel 41 enthalten (N 1279 ff). Sie bildet die Grundlage für alle Aktivitätstafeln 18 bis 29.

974 In der Statistik der Invalidenrentner fehlen die Alter unter 18 Jahren und die AHV-Alter, weshalb entsprechende Ergänzungen vorgenommen werden mussten. Sie erfolgten unter anderem in Anlehnung an die Erwerbsstatistik des Bundesamtes für Statistik aufgrund der Volkszählung von 1980 (auszugsweise veröffentlicht in Heft 709 der Statistischen Quellenwerke der Schweiz von 1985). Diese Statistik beruht auf der Beantwortung von Fragebogen, welche Schlüsse für verschiedene Kategorien von Erwerbszugehörigkeit (Voll- und Teilzeiterwerbstätigkeit, Rentner, Arbeit im Haushalt, Familienangehörigkeit usw.) erlauben. Jede Kategorie ist altersmässig und nach Geschlecht aufgeschlüsselt. Insbesondere geben die beim Bundesamt für Statistik vorhandenen, detaillierten Unterlagen auch Hinweise über die Arbeit im Haushalt (N 1004) und die Erwerbstätigkeit im vorgerückten Alter.

RECHNUNGSGRUNDLAGEN

Teilinvalidität

975 Im übrigen sind die Ergebnisse der jüngsten Invaliditätsstatistik unverändert übernommen worden. Dies hat zur Folge, dass Invalide mit einem Invaliditätsgrad zwischen 50% und 66% (in Härtefällen auch unter 50%) nur halb zählen.

976 Bei der Ermittlung der durchschnittlichen, zukünftigen Aktivitätsdauer wird darauf abgestellt, ob und wann jemand arbeitsunfähig wird. Der Eintritt der Arbeitsunfähigkeit wird, gesamthaft betrachtet, viel weniger häufig durch Unfall verursacht als aus anderen Gründen, wie Krankheit und Alter. Nach Auswertungen des Bundesamtes für Sozialversicherung sind schon vor dem AHV-Alter nur 10% der Invaliditätsfälle Opfer eines Unfalls (Invaliditätsstatistik 1987, herausgegeben vom Bundesamt für Sozialversicherung, S. 13). Nun gibt es bei Krankheit weniger Teilinvalidität als bei Unfall. Deshalb ist das Fehlen der Invaliditätsgrade unter 50% in der Invaliditätsstatistik – was sich zu Gunsten des Geschädigten auswirkt – von untergeordneter Bedeutung.

Verschiedene Berufe

977 Die vorliegenden Tabellen sind nicht nach dem Beruf des Verletzten oder Getöteten abgestuft. Sie enthalten Durchschnittswerte, die sämtliche Berufe umfassen. Die ihnen zugrundeliegende Aktivitätsstatistik kennt keine entsprechende Spezifizierung.

978 Dies entspricht auch der langjährigen Gerichtspraxis, welche eine Kategorienbildung von Berufstätigen ablehnt (BGE 113 II 352; «Es geht nicht darum, verschiedene Kategorien von Berufstätigen zu bilden...»; ebenso n.p. Erw. von BGE 110 II 423 ff: PICCARD, Kapitalisierung, S. 99, und GRAF/SZÖLLÖSY in SJZ 81/1985 S. 227 f).

979 Zu beachten ist, dass die hier verwendete Statistik jegliche Erwerbs- oder Arbeitsmöglichkeit umfasst. Sie geht folglich nicht etwa von der Berufsinvalidität aus, d.h. von der Unfähigkeit, einen bestimmten Beruf weiter ausüben zu können oder in einem bestimmten Betrieb bzw. in einer bestimmten Gruppe von Betrieben (Bergwerke usw.) Arbeit zu finden. Vielmehr wird über den Begriff der Berufsinvalidität hinausgegangen und auch die Möglichkeit, in einem anderen Beruf tätig zu sein, nicht vernachlässigt.

980 Ein weiterer Grund, die Aktivitäts- und Mortalitätstafeln nicht nach Berufen zu gliedern, bildet der statistisch erwiesene Verlauf der beruflichen Übermorbidität und -mortalität, d.h. deren Zunahme in jungen Jahren und Abnahme mit dem Alter: → Näheres hiezu in unserer dritten Auflage, S. 132 und 140.

981 Schliesslich spricht auch der Umstand dafür, von einer allgemeinen Aktivitätsstatistik auszugehen, die nicht nach Berufen aufgeteilt ist, dass nur auf diese Weise der heute in beruflicher Hinsicht erhöhten Mobilität Rechnung getragen werden kann. Es hält schwer, diesbezüglich hypothetische Prognosen zu stellen (beispielsweise vorauszusehen, ob eine 30jährige Person immer in ihrem angestammten Beruf geblieben wäre).

982 Häufig können also Aktivitätstafeln verwendet werden, die direkt der Aktivitätsordnung (Tafel 41) entsprechen, d.h. die Tafeln 20, 25 und 27. Legen jedoch besondere Umstände eine differenzierte Betrachtungsweise nahe, so sind andere Tafeln zu benützen. Wenn beispielsweise eine Pensionierung in absehbarer Zeit anzunehmen ist, so kann ein Invaliditäts- oder Versorgungsschaden mit temporären Aktivitätsrenten (Tafeln 18/19 bzw. 26/28) kapitalisiert werden (→ N 633 ff). Ist hingegen ausschliesslich eine Beeinträchtigung der Haushaltführung zu ersetzen, können gemäss heutiger Rechtsprechung die Mittelwerte der Tafeln 20a und 27a beigezogen werden (→ N 638 ff).

C. Anwendung

983 Aktivitätstafeln beziehen sich auf Renten, die laufen, bis die betreffende Person stirbt oder arbeitsunfähig wird. Beide Beendigungsgründe — Tod und Arbeitsunfähigkeit — sind eingerechnet.

984 Die Aktivitätstafeln finden vor allem im Schadenersatzrecht Anwendung: → N 627 ff sowie speziell zum Invaliditätsschaden die Beispiele 1 bis 19 und zum Versorgungsschaden die Beispiele 20 bis 39.

985 Ausserhalb des Haftpflichtrechts sind nur ausnahmsweise Aktivitätsrenten zu kapitalisieren (→ etwa die Beispiele 45 und 67), da zumeist der Kapitalwert von Leib- oder Zeitrenten zu ermitteln ist.

986 Die Aktivitätstafeln sind auf braunem Papier gedruckt: Tafeln 18 bis 29. Die Tafeln 18—24 enthalten die Barwerte für Aktivitätsrenten auf ein Leben, während sich die Tafeln 24—29 auf zwei Leben beziehen. Die letzteren — sogenannte Verbindungsrenten: N 1066 ff — hängen von der Lebensdauer zweier Personen und von der Aktivitätsdauer, gegebenenfalls auch von einem bestimmten Schlussalter der einen oder anderen Person ab.

987 Wie die Mortalitätstafeln basieren auch die Aktivitätstafeln auf statistischen Durchschnittswerten: im Einzelfall aber ist den konkreten Verhältnissen der Vorrang einzuräumen: → N 941—943.

988 Heute werden bezüglich Anwendung der Aktivitätstafeln in der Literatur und in der Rechtsprechung vorwiegend zwei Themenkreise diskutiert, die nachfolgend erörtert werden, nämlich einerseits die Rücktrittswahrscheinlichkeit und anderseits die Arbeit im Haushalt.

Rücktrittswahrscheinlichkeit

989 Die Rechnungsgrundlagen der Aktivitätstafeln beruhen vorab auf den statistischen Wahrscheinlichkeiten, infolge Gesundheits- oder Altersgründen aus dem Erwerbsleben auszuscheiden. Sie gehen damit in erster Linie von der Erwerbs- bzw. Arbeitsfähigkeit aus. Denn Schadenersatz ist bei Dauerschäden nicht länger als bis zum Tod oder bis zum Eintritt von Arbeitsunfähigkeit zu leisten.

990 Dagegen ist die Wahrscheinlichkeit, aus anderen als gesundheitlichen Gründen nicht mehr zu arbeiten, nicht eingerechnet. Insbesondere ist nicht erfasst, wer freiwillig die Erwerbstätigkeit beendet.

991 In den Aktivitätstafeln wird somit nur auf die Erwerbs**fähigkeit,** nicht aber auf die Erwerbs**tätigkeit** abgestellt. Es wird nicht berücksichtigt, wie lange jemand tatsächlich einem Erwerb nachgeht, sondern bloss, wie lange jemand hiezu fähig wäre: → N 633 ff.

992 Daraus folgt, dass die Rücktrittswahrscheinlichkeit in den Aktivitätstafeln nicht enthalten ist. Ihr kann aber dadurch Rechnung getragen werden, dass ein bestimmtes Schlussalter angenommen und eine temporäre Rente kapitalisiert wird. Eine derart zeitlich limitierte Rente erlischt nicht nur im Todes- und Invaliditätsfall, sondern endet zusätzlich nach Ablauf einer bestimmten Anzahl Jahren. Damit kann berücksichtigt werden, dass das tatsächliche Erwerbsleben allenfalls kürzer ist als die Aktivitätsdauer im Sinne der Arbeitsfähigkeit.

993 Die Annahme eines mutmasslichen Pensionierungsalters liegt heute oft nahe. Der Ausbau der Sozialversicherung und die wachsende Verbreitung der beruflichen Vorsorge haben zur Folge, dass immer mehr Erwerbstätige nur bis zur Pensionierung arbeiten. Das AHV- und BVG-Alter wird damit mehr und mehr zu einer verbreiteten Schwelle hinsichtlich Rücktrittsalter. Dazu kommt, dass im Regressfall der Grundsatz der zeitlichen Kongruenz beachtet werden muss, weshalb sich oft ein kongruentes Schlussalter aufdrängt.

994 Im Haftpflichtrecht können deshalb etwa für Arbeitnehmer im vorgerückten Alter temporäre Aktivitätsrenten kapitalisiert werden, wenn nicht mit einer Erwerbstätigkeit über das Pensionierungsalter hinaus zu rechnen gewesen wäre (→ N 636).

AKTIVITÄT

995 Verschiedene Tafeln stehen zur Verfügung, um den Barwert einer Rente zu berechnen, die längstens bis zur voraussichtlichen Aufgabe der Erwerbstätigkeit läuft:

996 beim Invaliditätsschaden:
Tafel 18: für Männer bis Alter 65 (und andere Schlussalter), → Beispiele 2, 3 und 4;
Tafel 19: für Frauen bis Alter 62 (und andere Schlussalter), → Beispiele 6 und 8;
Für den Fall einer verminderten Erwerbstätigkeit nach der mutmasslichen Pensionierung → Beispiele 3 und 12;

997 beim Versorgungsschaden:
Tafel 26: mutmassliche Pensionierung des Versorgers im Alter 65, → Beispiel 21;
Tafel 28: mutmassliche Pensionierung der Versorgerin im Alter 62, → Beispiel 28;

998 für die Berechnung des AHV/IV-Regresses:
Tafel 18/19: Regress für Invalidenrenten: → Beispiele 1, 2, 5, 16−18;
Tafel 26a/b: Regress für Witwenrenten: → Beispiele 20, 21, 37−39.

Arbeit im eigenen Haushalt

999 Die Arbeit im Haushalt (z.B. kochen) wird heute noch vorwiegend von Frauen übernommen, wobei der Anteil der Hausmänner jedoch im Steigen begriffen ist. Im folgenden sprechen wir von Hausfrauen, implizieren dabei aber auch die Hausarbeit, die durch Männer erledigt wird. Im Sinne des neuen Eherechts geht es zugleich um eine gleichwertige Bemessung der Haushaltarbeit.

1000 In der Literatur ist insbesondere von BUSSY (in der Festschrift Assista S. 171) vorgeschlagen worden, den Schadenersatz, den eine Hausfrau aus Beeinträchtigung in der Haushaltführung erleidet, mit den Mortalitätstafeln zu kapitalisieren. Das Bundesgericht aber folgte während Jahrzehnten der herrschenden Doktrin und kapitalisierte den Schaden, den eine invalid gewordene Hausfrau erleidet bzw. den Schaden, den ein Mann geltend macht, weil er nach dem Tod seiner Frau auf eine Haushalthilfe angewiesen ist, mit den Aktivitätstafeln.

1001 Als jedoch das Bundesgericht 1982 im Fall Blein die Schadensberechnung eines 64jährigen Ehemannes prüfte, der seine 63jährige, im Haushalt tätige Ehefrau verloren hatte, befürwortete es ein arithmetisches oder gewogenes Mittel zwischen Aktivität und Mortalität (BGE 108 II 441; → N 639 und Beispiel 27).

1002 1987 hat das Bundesgericht seine Praxis im Entscheid Quadranti bestätigt, in dem es für eine 45jährige Frau, die (erneut) verletzt wurde, den zukünftigen Invaliditätsschaden wegen Beeinträchtigung der Haushaltführung — im Gegensatz zum Schaden wegen Verlust der Erwerbsfähigkeit, den sie zusätzlich erlitt — mit dem arithmetischen Mittelwert der Tafel 20 (Aktivität) und Tafel 30 (Mortalität) berechnete (BGE 113 II 353).

1003 Die Arbeit im eigenen Haushalt wird im allgemeinen länger als die Erwerbstätigkeit ausgeübt. Wie das Bundesgericht feststellt, weicht die Aktivitätsdauer im Haushalt erfahrungsgemäss von derjenigen ausser Hauses wesentlich ab: «Berufstätige Frauen führen den Haushalt — abgesehen vom Falle der Totalinvalidität — regelmässig auch fort, wenn sie die Erwerbstätigkeit aufgegeben haben» (BGE 113 II 352).

1004 Die Statistik der eidg. Invalidenversicherung, auf der die Aktivitätstafeln fussen, erfassen diejenigen Personen, die eine Invalidenrente erhalten. Als Invalidität im Sinne von IVG 4 gilt die durch Krankheit oder Unfall verursachte Erwerbsunfähigkeit. Der Erwerbsunfähigkeit ist die Unmöglichkeit, sich im bisherigen Aufgabenbereich zu betätigen, gleichgestellt (IVG 5). Deshalb können auch nicht erwerbstätige Hausfrauen Invalidenrenten beanspruchen und sind in der Invaliditätsstatistik inbegriffen. Für die höheren Alter ergeben sich zudem aus der Volkszählung 1980 Anhaltspunkte über den Anteil Rentner(innen), die im Haushalt arbeiten, wobei allerdings über das Ausmass der Haushalttätigkeit keine Angaben erhältlich sind. Daraus folgt, dass in der Aktivitätsordnung (Tafel 41) sowohl die berufstätigen wie auch die im Haushalt tätigen Personen grundsätzlich mitenthalten sind.

1005 Veranschaulichen lässt sich dies anhand der Aktivitätsquoten: Diese ergeben sich durch Division der Anzahl Aktiven (Tafel 41) durch die Anzahl Lebende (Tafel 40). Für 75jährige Frauen beispielsweise beträgt die Aktivitätsquote 60% (50'564 : 84'274), was besagt, dass 60% der 75jährigen Frauen voll arbeiten und 40% gar nicht arbeiten. Die Aktivitätsquote kann aber auch wie folgt interpretiert werden: 40% der Frauen im Alter von 75 Jahren arbeiten voll, 40% arbeiten zur Hälfte und 20% sind arbeitsunfähig.

1006 Dieses Ergebnis ist vergleichbar mit den neueren Untersuchungen über die Haushaltarbeit, die zudem zeigen, wie stark die im Haushalt aufgewendete Anzahl Stunden von den konkreten Umständen (z.B. vom Alter der haushaltführenden Personen und von der Anzahl Familienmitglieder und deren Alter) abhängig ist (hiezu etwa Oberger. ZH in Plädoyer 1988, Nr. 3 S. 35 ff mit weiteren Hinweisen).

1007 Für die Kapitalisierung lassen sich daraus folgende Schlüsse ziehen: Da in der Aktivitätsstatistik auf die Arbeitsfähigkeit abgestellt ist, können die Aktivitätstafeln (Tafel 20, 25 und 27) grundsätzlich auch für die Arbeit im Haushalt verwendet werden. Sie geben Durchschnittswerte wieder und sind deshalb geeignet für Barwertberechnungen, bei denen von einer mittleren Laufdauer ausgegangen werden kann. Im Haftpflichtrecht ist dies insbesondere dann der Fall, wenn für den zukünftigen Schaden von einem Durchschnittswert für das Einkommen aus einer Arbeit ausserhalb des eigenen Haushaltes einerseits und für den Wert der Haushaltführung anderseits ausgegangen wird (→ Beispiel 28 N 265).

AKTIVITÄT

1008 Wird der erlittene Schaden jedoch in einzelne Schadensposten und verschiedene Schadenarten gegliedert, ist allenfalls eine differenzierte Berechnungsweise vorzuziehen. Wenn beispielsweise der Erwerbsschaden und die Beeinträchtigung in der Haushaltführung gesondert berechnet wird, mag auch die Annahme unterschiedlicher Laufdauern der Schadenersatzrenten angezeigt sein. Wird bezüglich Rentenhöhe differenziert, ist jeweils zu prüfen, ob sich dies zugleich auf die Rentendauer auswirkt.

1009 In der folgenden Übersicht sind verschiedene Laufdauern, die für die Berechnung eines Invaliditätsschadens einer 40jährigen Frau beispielsweise angenommen werden können, graphisch dargestellt:

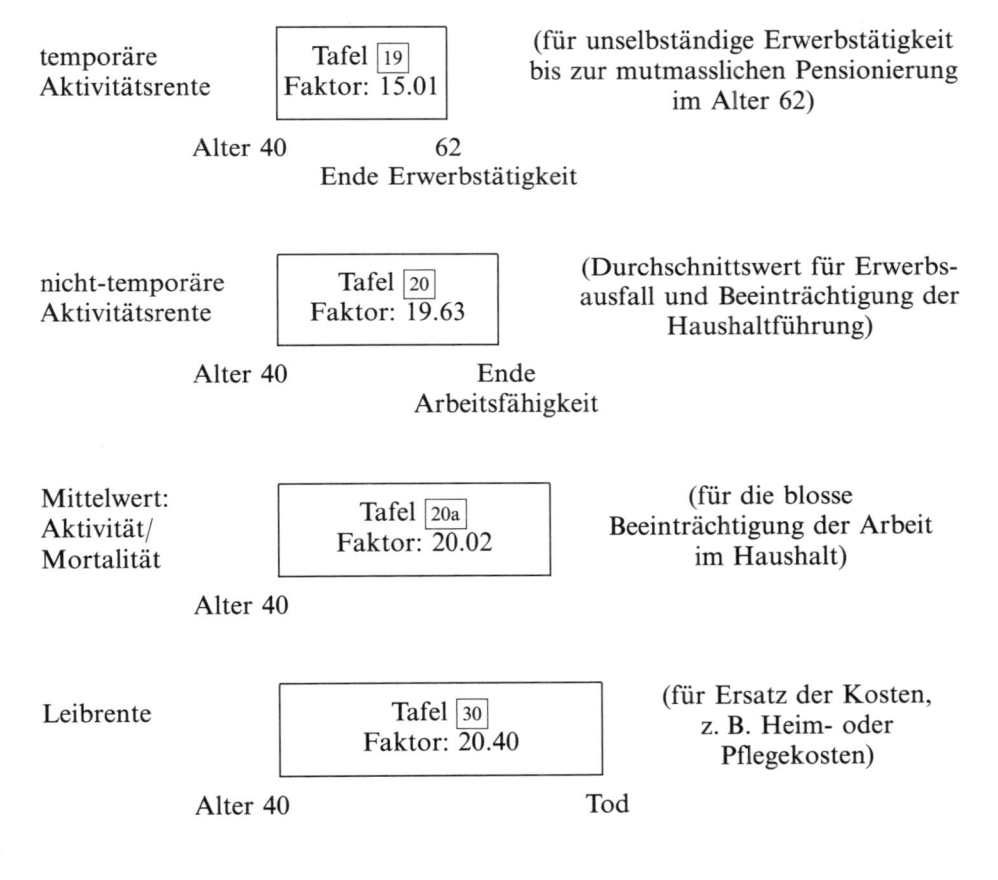

temporäre Aktivitätsrente	Tafel [19] Faktor: 15.01	(für unselbständige Erwerbstätigkeit bis zur mutmasslichen Pensionierung im Alter 62)
	Alter 40 — 62 Ende Erwerbstätigkeit	
nicht-temporäre Aktivitätsrente	Tafel [20] Faktor: 19.63	(Durchschnittswert für Erwerbsausfall und Beeinträchtigung der Haushaltführung)
	Alter 40 — Ende Arbeitsfähigkeit	
Mittelwert: Aktivität/ Mortalität	Tafel [20a] Faktor: 20.02	(für die blosse Beeinträchtigung der Arbeit im Haushalt)
	Alter 40	
Leibrente	Tafel [30] Faktor: 20.40	(für Ersatz der Kosten, z. B. Heim- oder Pflegekosten)
	Alter 40 — Tod	

1010 Geht es bei der Berechnung des Versorgungsschadens ausschliesslich um den Wert der Haushaltarbeit, den die getötete Frau nicht mehr erbringen kann, so ist gemäss der neuen Rechtsprechung der arithmetische Mittelwert zwischen Aktivität und Mortalität, d.h. Tafel 27a, zugrunde zu legen (→ Beispiele 27 und 28).

RECHNUNGSGRUNDLAGEN

D. Vergleiche

1011 Um die Rechnungsgrundlagen hinsichtlich Aktivität zu beurteilen, kann die mittlere Dauer der Aktivität verglichen werden:

Mittlere Aktivitätsdauer
in Jahren

Alter	Männer			Frauen		
	3. Aufl. (S. 193)	4. Aufl. (Tafel 43)	Zunahme	3. Aufl. (S. 193)	4. Aufl. (Tafel 43)	Zunahme
0	65.49	67.00	2%	71.08	73.03	3%
20	47.04	47.78	2%	52.13	53.63	3%
40	28.13	28.98	3%	32.70	34.31	5%
60	10.70	12.01	12%	14.29	16.21	13%

1012 Die in der vierten Auflage verwendeten Grundlagen führen zu einer Verlängerung der Aktivitätsdauer, die etwa der Zunahme der Lebenserwartung entspricht ($\to$ N 960).

1013 Ein analoges Bild zeigt ein Vergleich der Tafeln 20 :

Barwert einer Aktivitätsrente

Alter	Männer			Frauen		
	3. Aufl.	4. Aufl.	Zunahme	3. Aufl.	4. Aufl.	Zunahme
0	25.46	25.78	1%	26.18	26.42	1%
20	22.89	22.93	0%	23.97	24.10	1%
40	17.60	17.79	1%	19.30	19.63	2%
60	8.66	9.37	8%	11.05	11.92	8%

1014 Die Unterschiede der Barwerte zwischen den Tafeln 20 der dritten und vierten Auflage sind relativ gering, werden jedoch im fortgeschrittenen Alter höher.

1015 Einen weiteren Vergleich stellen STREIT und GREDIG an bezüglich temporärer Aktivitätsrenten mit den Grundlagen der eidg. Versicherungskasse (EVK) und der Versicherungskasse der Stadt Zürich (VZ), die beide aus dem Jahre 1980 stammen, sowie der dritten Auflage unserer Barwerttafeln (zit. in N 936, dort Tabelle 5, S. 145). Werden zusätzlich die Barwerte der entsprechenden Tafeln 18/19 der vorliegenden vierten Auflage aufgeführt, ergeben sich folgende Werte:

Barwert einer temporären Aktivitätsrente

1016

Alter	Männer bis Schlussalter 65			
			Barwerttafeln	
	EVK (1980)	VZ (1980)	3. Aufl. (1970)	4. Aufl. (1988)
20	22.09	22.19	21.97	21.89
30	19.44	19.52	19.41	19.40
40	15.64	15.78	15.72	15.65
50	10.54	10.76	10.75	10.66
60	4.09	4.16	4.25	4.26

Alter	Frauen bis Schlussalter 62			
			Barwerttafeln	
	EVK (1980)	VZ (1980)	3. Aufl. (1970)	4. Aufl. (1988)
20	21.68	21.87	21.86	21.81
30	18.76	18.98	19.02	19.00
40	14.72	14.95	15.05	15.01
50	9.22	9.43	9.59	9.56
60	1.88	1.87	1.91	1.92

1017 Im Vergleich zu den entsprechenden Barwerten der beiden grossen Pensionskassen des Bundes und der Stadt Zürich ergeben sich nur minimale Unterschiede trotz verschiedener Beobachtungsbestände. Während die AHV/IV die gesamte Wohnbevölkerung umfasst, sind bei den genannten Pensionskassen die selbständig Erwerbstätigen und die Nicht-Berufstätigen ausgeschlossen; zudem setzt die Aufnahme eine ärztliche Untersuchung voraus.

1018 Die Kapitalisierungsfaktoren temporärer Aktivitätsrenten sind in der dritten und in der vierten Auflage der Barwerttafeln praktisch gleich hoch.

RECHNUNGSGRUNDLAGEN

4. Verheiratung

1019 Eine Rente endet unter Umständen, wenn der Rentner heiratet (beispielsweise die Witwenrente nach AHVG 23 III, UVG 29 VI, BVG 22 II). Zudem kann eine Heirat der versorgten Person auch deren Versorgungsschaden mindern. Schliesslich führt eine Wiederverheiratung meist zu einer Beendigung von scheidungsrechtlichen Unterhaltsrenten sowie, wenigstens in einem gewissen Umfang, von Nutzniessungen verwitweter Personen.

Wiederverheiratung von Verwitweten

1020 Über die Häufigkeit von Heiraten werden Statistiken erstellt. Für Witwen stehen zwei Zahlenreihen zur Verfügung, nämlich die der SUVA und die der schweizerischen Bevölkerung.

1021 Die SUVA-Grundlagen 1980/81 beziehen sich auf die Witwen, die 1971 bis 1980 von ihr Renten erhielten und heirateten. Zusätzlich nimmt die SUVA an, dass der zeitliche Trend anhält und die Zahl der Wiederverheiratungen weiterhin abnimmt. Zwar fielen in der Vergangenheit bedeutende Schwankungen auf, doch ist «von 1953 bis 1973 (recte 1983) die Wiederverheiratungshäufigkeit ... stark zurückgegangen. Dies dürfte u.a. auf den Einfluss der AHV-Renten zurückzuführen sein, die zusammen mit den SUVA-Renten für die Witwen der tödlich Verunfallten ein gutes Renteneinkommen ergeben.» (SUVA 1984, Ergebnisse der Unfall-Statistik 1978–1982 S. 82).

1022 Für Witwer konnte die SUVA noch keine brauchbare Statistik erarbeiten, da erst wenige Witwerrenten ausgerichtet wurden.

1023 Eine solche für Witwer und Witwen erstellt das Bundesamt für Statistik zusätzlich zu den schweizerischen Sterbetafeln. Sie beruht auf den Angaben der Zivilstandsämter über die Eheschliessungen und auf den anlässlich der Volkszählung erfassten Bevölkerungszahlen. Daraus werden analog zur Sterbenswahrscheinlichkeit geglättete Heirats- und Scheidungswahrscheinlichkeiten abgeleitet. Aktuelle Zahlenreihen wurden 1988 in den Statistischen Berichten Nr. 150 (Schweizerische Sterbetafel 1978/1983, Sterblichkeit nach Todesursachen/Ausscheide- und Überlebensordnungen nach Zivilstand) — geordnet nach Geschlecht und Alter — veröffentlicht. Daraus ergibt sich folgende Entwicklung der Heiratshäufigkeiten für die Zeit um 1970 und 1980:

1024 **Statistische Heiratswahrscheinlichkeit**

Bei einem Ausgangsbestand von je 1000 Personen heirateten innerhalb der Altersgruppen:

Männer						
Altersgruppen	Ledige		Verwitwete		Geschiedene	
	1968/73	1978/83	1968/73	1978/83	1968/73	1978/83
20–29	700	533	725	823	828	758
30–39	514	473	846	738	803	652
40–49	179	132	724	487	656	460
50–59	56	42	560	345	447	311
60–69	18	12	276	158	192	147
70 u. mehr	6	4	71	38	70	49

Frauen						
Altersgruppen	Ledige		Verwitwete		Geschiedene	
	1968/73	1978/83	1968/73	1978/83	1968/73	1978/83
20–29	807	658	614	710	830	890
30–39	407	373	380	241	605	496
40–49	135	102	153	76	343	254
50–59	44	34	76	32	190	125
60–69	10	7	27	11	50	28
70 u. mehr	2	1	3	2	8	7

(Statistische Berichte, Nr. 150, Tabelle 5*, S. 19)

1025 Bei den über 30jährigen ist die Heiratsneigung der Männer grösser als die der Frauen, sie ist aber für beide Geschlechter von 1970 bis 1980 zurückgegangen.

1026 Bemerkenswert ist bei den Frauen der grosse Unterschied zwischen den verwitweten und den geschiedenen. Der Grund liegt wohl darin, dass erstere, im Gegensatz zu letzteren, Witwenrenten erhalten, die sie verlieren, wenn sie wieder heiraten. Bei den jüngeren Witwen spielt dies eine weniger grosse Rolle, da sie von der AHV, wenn sie kinderlos sind, nur eine Abfindung erhalten (AHVG 24). Hingegen fällt der Wegfall der Rente noch mehr ins Gewicht, wenn die SUVA zusätzlich eine Komplementärrente ausrichtet. Diese unterschiedliche Behandlung wirkt sich verständlicherweise bei den gegebenenfalls vorzunehmenden Wiederverheiratungsabzügen stark aus. Ausserdem ist beim Vergleich mit den SUVA-Zahlen zu beachten, dass diese extrapoliert sind.

1027 Aufgrund der von der SUVA erhaltenen Angaben sowie der Ausscheideordnungen im erwähnten Bericht Nr. 150 sind die Abzüge in N 845 berechnet worden. Sie sagen aus, um wieviel der Barwert der lebenslänglichen Rente von verwitweten Personen zur Berücksichtigung der Möglichkeit einer Wiederverheiratung zu kürzen ist. Jene Leibrente hört beim Tode auf, die derart gekürzte Witwen- und Witwerrente auch bei Wiederverheiratung. Diese Abzüge geben einerseits Hinweise, um Versorgungsschäden von Verwitweten zu berechnen (→ N 843 ff) und andererseits für die Nutzniessung überlebender Ehegatten (→ N 925).

1028 Im Vergleich zur dritten Auflage (dort Tafel 60) ergeben sich fast durchwegs kleinere Abzüge. Der Unterschied ist bei den SUVA-Grundlagen ausgeprägt (vgl. N 845 und 855).

1029 Im Gegensatz zu den früheren Auflagen der Barwerttafeln ist jetzt keine Abfindung in der Höhe von drei Jahresrenten bei der Wiederverheiratung eingeschlossen. Dies entspricht der heutigen Regelung in AHVG 23 III und UVG 29 VI (im Gegensatz zum früheren KUVG 88).

Wiederverheiratung von Geschiedenen

1030 Der Unterhaltsbeitrag an den geschiedenen Ehegatten erlischt mit der Wiederverheiratung (ZGB 153 I). Für die Kapitalisierung erlauben die entsprechenden Ausscheideordnungen der Geschiedenen ebenfalls, Abzüge im Sinne von Richtwerten abzuleiten (→ N 355 in Beispiel 40). Die derart reduzierte Leibrente endet nicht nur, wenn der Anspruchsberechtigte stirbt, sondern auch wenn er wieder heiratet.

1031 Die Kürzungen sind recht hoch. Die schweizerische Statistik zeigt indessen auch, dass 1984 (nach beträchtlichen Schwankungen der Heiratshäufigkeit seit den sechziger Jahren) 55 von 100 geschiedenen Männern und 49 von 100 geschiedenen Frauen wieder heirateten. Dazu kommen die nicht erfassten Konkubinatsverhältnisse (vgl. J.-E. NEURY, Die Wiederverheiratung der Geschiedenen, in Statistische Hefte, 01005, Bundesamt für Statistik, 1985, S. 11).

Heiratshäufigkeit von Ledigen

1032 Diese ist allenfalls bei der Berechnung eines Versorgungsschadens zu beachten, den Eltern erleiden, weil ihr Kind getötet wird (→ N 284 in Beispiel 32).

VERHEIRATUNG

Scheidungswahrscheinlichkeit

1033   In den Statistischen Berichten von 1988, Nr. 150, S. 20, enthält die Tabelle 7* die statistische Scheidungswahrscheinlichkeit. Danach liessen sich bei einem Ausgangsbestand von je 1000 Personen innerhalb der Altersgruppen scheiden:

Altersgruppen	Männer		Frauen	
	1968/73	1978/83	1968/73	1978/83
20–29	82	148	84	142
30–39	64	124	61	116
40–49	46	78	41	66
50–59	27	35	21	24
60–69	11	13	9	9
70 u. mehr	4	5	2	3

1034   Seit 1967 ist eine starke und ziemlich regelmässige Zunahme der Zahl der Scheidungen festzustellen. «1983 endeten 30% der Ehen mit einer Scheidung» (J.-E. NEURY, Die Scheidungen in der Schweiz seit 1967, in Statistische Hefte, 01001, Bundesamt für Statistik, 1985, S. 11).

1035   Abschliessend ist festzuhalten, dass die Gerichtspraxis bei der Berücksichtigung von Zivilstandsänderungen viel weniger auf statistische Durchschnittswerte abstellt als hinsichtlich der Mortalitäts- oder Aktivitätstafeln. Insbesondere wird oft zu beurteilen versucht, ob der subjektive Wille vorhanden sei oder nicht, eine neue Ehe einzugehen, oder ob mit einer Scheidung in absehbarer Zeit zu rechnen gewesen wäre. Die konkreten Verhältnisse des Einzelfalles führen eher dazu, von statistischen Wahrscheinlichkeiten abzuweichen, als bei Prognosen über den Eintritt von Todes- oder Invaliditätsfällen, die kaum von den individuellen Absichten der betreffenden Personen beeinflusst werden. Infolgedessen sind die entsprechenden Verheiratungs- und Scheidungsstatistiken lediglich im Sinne von *Richtwerten* beizuziehen (vgl. auch N 854 f).

II. Elemente der Kapitalisierung

1. Kapitalisierungsfaktoren

1036 Barwerttafeln dienen zur Umrechnung von periodisch wiederkehrenden Leistungen in ein Kapital (einmalige Abfindung). Der Barwert bildet die Summe der einzelnen Beträge, die mit der Wahrscheinlichkeit ihres Anfallens multipliziert und diskontiert werden. Er entspricht wertmässig der kapitalisierten Rente im Zeitpunkt der Kapitalisierung.

1037 Der Kapitalisierung liegt folgende Frage zugrunde: welches ist der Wert von Leistungen, die in Zukunft unter bestimmten Voraussetzungen fällig werden? Fallen diese Leistungen (zumeist Geldleistungen) periodisch an — z.B. jeden Monat — handelt es sich um Renten. Die Summe der einzelnen Rentenbeträge, berechnet unter Berücksichtigung der erst zukünftigen Fälligkeit, ergibt den Barwert, d.h. den heutigen Kapitalwert. Wiederkehrende Leistungen, die kontinuierlich erbracht werden, wie Nutzniessung, Pfrund, Wohnrecht, Quellenrecht usw. sind wie Renten kapitalisierbar.

1038 Die Tafeln enthalten Faktoren zur Kapitalisierung von Renten. Mit ihnen lässt sich der Barwert einer Rente berechnen. Der Kapitalisierungsfaktor kann aus den Tafeln abgelesen und mit dem Jahresbetrag der Rente multipliziert werden.

1039 Die in den Tafeln aufgeführten Kapitalisierungsfaktoren hängen von verschiedenen Elementen ab:
— Rentendauer (N 1042 ff)
— Rentenhöhe (N 1083 ff)
— Kapitalisierungszinsfuss (N 1118 ff)
— Zahlungsweise (N 1174 ff)
— Alter der massgebenden Person (N 1187 ff).

1040 Mit der Kapitalisierung wird also eine Rente in ein Kapital umgerechnet. Mit den gleichen Faktoren kann aber auch ein Kapital in eine Rente umgerechnet werden (Verrentung); statt mit dem Faktor multipliziert, wird durch den gleichen Faktor dividiert: → Beispiele 43, 45, 46, 49, 55, 61 und 64. Die Verrentung bildet damit das Spiegelbild der Kapitalisierung.

1041 Im Haftpflichtrecht wird der Schaden meist durch eine Kapitalzahlung abgegolten (→ N 576 ff). Auch in anderen Rechtsgebieten kann eine einmalige Zahlung an Stelle einer Rente treten (→ Beispiele 40 bis 70). Zusätzlich werden die Barwerttafeln auch für Wertvergleiche und Schätzungen benutzt.

2. Rentendauer

1042 Die Laufdauer der Rente, d.h. ihr Beginn und ihr Ende, ist für die Wahl der massgebenden Tafel entscheidend. Im folgenden sind die im Zusammenhang mit der Kapitalisierung wichtigsten Renten graphisch dargestellt und kurz beschrieben.

1043 Die Dauer, während der eine Rente läuft, kann unter anderem abhängig sein vom Leben einer Person (Leibrente: → folgender Abschnitt A) oder von ihrer Aktivitätsdauer (Aktivitätsrente: B). Die Laufdauer kann auch von anderen Umständen beeinflusst sein, etwa bei Jugendlichen vom Eintritt ins Erwerbsleben, bei Erwachsenen von einem bestimmten Schlussalter (z.B. Pensionierung) oder bei Verwitweten oder Geschiedenen von einer allfälligen Wiederverheiratung. Ist die Rente zeitlich limitiert, spricht man von einer temporären Rente (C). Beginnt die Rente erst in einem späteren Zeitpunkt zu laufen, handelt es sich um eine aufgeschobene Rente (D). Schliesslich kann eine Rente vom Leben oder von der Aktivitätsdauer mehrerer Personen abhängig sein (Verbindungsrente: E). Läuft die Rente während einer im voraus bestimmten Zeit, unabhängig vom Leben oder Tod eines Menschen, heisst sie Zeitrente (F). Bei unbeschränkter Dauer geht diese in eine ewige Rente über (G).

ELEMENTE DER KAPITALISIERUNG

1044 Graphische Darstellung zur Veranschaulichung der wichtigsten Rentenarten:

| Tafel 30 | lebenslängliche Leibrente |

Beginn — Tod

| Tafel 20 | Aktivitätsrente |

Beginn — Ende Aktivität/Tod

| Tafeln 18/19 und 23/24 | temporäre Aktivitätsrente |

Beginn — Schlussalter/Ende Aktivität/Tod

| Aufschubszeit | Tafeln 21/22 | aufgeschobene Aktivitätsrente |

Beginn — Ende Aktivität/Tod

| Tafel 35 | Verbindungsrente (auf das kürzere Leben) |

Beginn — Tod des Zuerststerbenden

| Tafel 50 | Zeitrente |

Beginn — feste Dauer — Ende

A. Leibrente

1045 Eine Leibrente läuft, solange ein Mensch lebt, d.h. bis zu seinem Tod.

1046 Hängt sie von der Lebensdauer eines einzigen Menschen ab, wird auch von einer einfachen Leibrente gesprochen. Ist die Laufdauer auf das Leben mehrerer abgestimmt, handelt es sich um eine Verbindungsrente (→N 1066 ff).

1047 Leibrenten enden per definitionem spätestens mit dem Tod, müssen aber nicht zwingend lebenslänglich laufen. Ist die Rentendauer zusätzlich limitiert, z.B. auf ein bestimmtes Schlussalter oder einen bestimmten Zeitpunkt, nennt man sie temporäre Leibrente (N 1056 ff).

1048 Der Barwert von Leibrenten wird mittels Sterbetafeln berechnet. Die Grundlage der vorliegenden Mortalitätstafeln (Tafeln 30 bis 39 sowie 44/45) bildet die extrapolierte Sterbetafel AHV VIbis (→N 951 ff). In ihr ist die in Zukunft zu erwartende Verlängerung der Lebensdauer eingerechnet (hiezu BGE 86 II 7 ff).

1049 Die Mortalitätstafeln finden in zahlreichen Rechtsgebieten Verwendung: →Beispiele 40 bis 68. Im Haftpflichtrecht dagegen werden sie seltener benützt: →Beispiele 4, 14 f, 25 und 31.

1050 Der Leibrentenvertrag ist ein im OR eigens normierter Vertragstypus. Die Gesetzesbestimmungen finden grundsätzlich auch Anwendung auf leibrentenähnliche Verhältnisse wie Wohnrecht und Nutzniessung, nicht aber auf solche Leibrentenverträge, die dem Versicherungsvertragsgesetz unterstehen (Näheres hiezu bei M. Schaetzle, Komm. zu OR 516−520).

B. Aktivitätsrente

1051 Eine Aktivitätsrente (auch Aktivenrente genannt) läuft solange, als eine Person arbeitsfähig ist, längstens aber bis zu ihrem Tod.

1052 Analog zur Leibrente kann auch zwischen Aktivitätsrenten auf ein Leben und verbundenen Renten auf mehrere Leben unterschieden werden. Von besonderer Bedeutung sind ferner die temporären Aktivitätsrenten, die z.B. bis zu einem bestimmten Schlussalter laufen.

ELEMENTE DER KAPITALISIERUNG

1053 Die Aktivitätstafeln enthalten Kapitalisierungsfaktoren für Renten, die während der durchschnittlichen Aktivitätsdauer laufen. Sie tragen die Nummern 18 bis 29 und sind auf den braunen Seiten abgedruckt. Sie sind entsprechend der konstanten Praxis im Schadenersatzrecht zu einem Kapitalisierungszinsfuss von 3½% (→ N 1132 ff) und für eine monatlich vorschüssige Zahlungsweise (→ N 1174 ff) berechnet.

1054 Die Aktivitätstafeln fussen einerseits, wie die Mortalitätstafeln, auf der Sterbetafel AHV VIbis, anderseits zusätzlich auf der Aktivitätsstatistik (N 970 ff).

1055 Die Aktivitätsrenten sind vor allem im Haftpflichtrecht von grosser praktischer Bedeutung (→ N 627 ff).

C. Temporäre Rente

1056 Eine temporäre Rente ist zeitlich begrenzt. Handelt es sich um eine temporäre Leibrente, so läuft sie bis zu einem bestimmten Lebensalter oder während einer bestimmten Dauer, jedoch längstens bis zum Tod der betreffenden Person (Tafeln 33/34).

1057 Bei einer temporären Aktivitätsrente wird zusätzlich die Wahrscheinlichkeit, arbeitsunfähig zu werden, berücksichtigt. Die Tafeln 18/19 enthalten Kapitalisierungsfaktoren temporärer Aktivitätsrenten bis zu einem bestimmten Schlussalter, die Tafeln 23/24 für eine bestimmte Dauer. Hängt die Laufdauer überdies vom Leben oder von der Aktivitätsdauer einer weiteren Person ab, bezeichnen wir diese als temporäre Verbindungsrenten (Tafeln 26, 26a/b, 28, 29a/b sowie 36/37; für weitere Kombinationen können die Korrekturfaktoren der Tafel 47 benützt werden, vgl. auch N 1323).

1058 Im Haftpflichtrecht werden häufig temporäre Aktivitätsrenten kapitalisiert. Hauptanwendungsfälle bilden Schadenersatzrenten, die solange laufen, als die verletzte oder getötete Person ohne Unfall arbeitsfähig gewesen wäre, jedoch längstens bis zum mutmasslichen Pensionierungsalter (→ Beispiele 2, 6, 21 und 28). Beim Versorgungsschaden von Kindern wird angenommen, dass sie längstens bis zum Eintritt ins Erwerbsleben unterstützt worden wären (→ Beispiele 23 f, 29 f und 35). Ferner sind bei Regresswertberechnungen von Renten der AHV/IV regelmässig temporäre Aktivitätsrenten zu kapitalisieren (→ Beispiele 16 bis 18 sowie 37 bis 39).

1059 Auch im Familienrecht ist oft der Kapitalwert zeitlich limitierter Renten zu ermitteln → Beispiele 41 ff.

D. Aufgeschobene Rente

1060 Bei aufgeschobenen Renten ist die Rentenzahlung im Zeitpunkt der Kapitalisierung noch nicht fällig. Leibrenten, Aktivitätsrenten und Zeitrenten können einen aufgeschobenen Beginn aufweisen.

1061 Die Tafeln 21/22 enthalten Kapitalisierungsfaktoren für aufgeschobene Aktivitätsrenten. Für aufgeschobene Leibrenten auf ein Leben sind die Tafeln 31/32 zu benützen, während mit Tafel 46 aufgeschobene Verbindungsrenten auf das Leben zweier Personen geschätzt werden können (vgl. auch N 1323).

1062 Wird ein Kind verletzt, so ist oft eine aufgeschobene Rente auf den Zeitpunkt zu kapitalisieren, in dem es eine Erwerbstätigkeit aufgenommen hätte, wenn das schädigende Ereignis nicht eingetreten wäre (→ Beispiele 9 und 10). Nur noch selten wird heute dagegen ein hypothetischer Versorgungsschaden von Eltern angenommen: → Beispiele 32 und 33.

1063 Besondere Bedeutung kommt den aufgeschobenen und temporären Renten zu, wenn der Barwert veränderlicher Renten zu berechnen ist. Grundsätzlich gilt:

aufgeschobene + temporäre = sofort beginnende Rente.

temporäre Aktivitätsrente	Tafel 23
plus	
aufgeschobene Aktivitätsrente	Tafel 21
ergibt	
sofort beginnende Aktivitätsrente	Tafel 20

1064 Für einen 40jährigen Mann beispielsweise ergeben sich folgende Faktoren:

Tafel 23[5] (temporär: Dauer 25 Jahre) →	Faktor	15.65
Tafel 21[5] (aufgeschoben um 25 Jahre) →	Faktor +	2.14
Tafel 20 (sofort beginnende Aktivitätsrente) →	Faktor	17.79

1065 Dies gilt gleichermassen für Leibrenten. So entspricht z. B. für eine 20jährige Frau die Summe der Kapitalisierungsfaktoren einer temporären Leibrente für die Dauer von 10 Jahren und einer um 10 Jahre aufgeschobenen der sofort beginnenden Leibrente:

Tafel 34[1]: Alter der Frau 20, Dauer 10 Jahre →	Faktor	8.45
Tafel 32[1]: Alter der Frau 20, Aufschub 10 Jahre →	Faktor +	17.15
Tafel 30: Alter der Frau 20, sofort beginnend →	Faktor	25.60

E. Verbindungsrente

1066　Renten auf verbundene Leben oder kurz Verbindungsrenten sind vom Schicksal von zwei (oder mehr) Personen abhängig. Eine Leibrente auf zwei Leben läuft meist bis eine der beiden Personen stirbt (Tafel 35). Sie endet folglich mit dem Tod des Zuerststerbenden. Man nennt sie deshalb auch eine Rente «auf das kürzere Leben».

1067　Eine Verbindungsrente kann aber auch bis zum Tod der zuletzt sterbenden Person laufen und damit «auf das längere Leben» gestellt sein. Ihr Barwert entspricht der Summe beider Renten auf die einzelnen Personen, abzüglich der Rente auf das kürzere Leben: →Beispiele 51 und 61.

1068　Zusätzlich zur Lebensdauer beider Personen können Verbindungsrenten auch von der Aktivitätsdauer einer der beiden Personen abhängen. Eine derartige Verbindungsrente läuft einerseits bis die eine Person stirbt oder arbeitsunfähig wird, anderseits aber längstens bis zum Tod der andern Person. Diese Verbindungsrenten kommen vor allem im Haftpflichtrecht zur Berechnung des Versorgungsschadens vor (→BGE 86 II 8 und N 818). Die versorgte Person hat grundsätzlich Anspruch auf Versorgung für die Zeit, während welcher der Versorger voraussichtlich aktiv geblieben wäre, längstens aber bis zu ihrem Ableben, d.h. ihre eigene Lebenserwartung ist mit in Rechnung zu stellen. Dies deshalb, weil die Person mit der grösseren Lebenserwartung trotzdem vor der anderen sterben kann, die Versorgung aber längstens bis zum Tod des Zuerststerbenden dauert. Aus diesem Grund darf sich die Kapitalisierung nicht nur auf die Person mit der kürzeren Lebenserwartung stützen. Dies bildet seit BGE 77 II 40 gefestigte Praxis.

1069　Die Laufdauer von Verbindungsrenten kann sofort beginnen, aufgeschoben oder temporär sein und zwar auf der Grundlage der Aktivitäts- oder Lebensdauer. Da die Zahl der Tafeln naturgemäss begrenzt ist, musste aus den möglichen Kombinationen von Verbindungsrenten eine Auswahl getroffen werden. Für verschiedene, nicht tabellierte Renten sind Näherungsverfahren möglich: →N 1322 ff.

1070 Graphik zur Laufdauer von Verbindungsrenten:

		Beispiele
auf das längere Leben	Tod des Zuletztsterbenden	(51) (61)
auf das kürzere Leben Tafel [35]	Tod des Zuerststerbenden	(25) (31) (40) – (42)
Versorger: Aktivität Versorgte: Mortalität Tafel [25]	Ende Aktivität/Tod	(20) (22) – (24), (34) – (39)
Versorger: Aktivität bis Schlussalter 65; Versorgte: Mortalität Tafel [26]		(21)
Versorger: Aktivität Versorgte: Mortalität bis Alter 62 Tafel [26a]		(20b)
Versorger: Aktivität bis Alter 65; Versorgte: Mortalität bis Alter 62 Tafel [26b]		(16) (21b)

ELEMENTE DER KAPITALISIERUNG

F. Zeitrente

1071 Eine Zeitrente läuft während einer im voraus bestimmten Anzahl Jahren, unabhängig vom Leben und Sterben eines Menschen.

1072 Der Barwert einer Zeitrente (auch Annuität genannt) ergibt sich aus einer blossen Zinseszinsrechnung. Um sie anstellen zu können, muss ausser dem Betrag der Rente deren Dauer, die Zahlungsart sowie der massgebende Zinsfuss bekannt sein oder angenommen werden. Der heutige Wert (Barwert) entspricht der Summe der einzelnen, mit dem Abzinsungsfaktor der Tafel 48 diskontierten Beträge.

1073 Beispiel einer nachschüssigen Rente von 100 Franken während drei Jahren bei einem Zinsfuss von 3½%, berechnet mit Tafel 48[3]:

Ende 1. Jahr	100 Fr. × 0.966 184 =	96.62 Fr.
Ende 2. Jahr	100 Fr. × 0.933 511 =	93.35 Fr.
Ende 3. Jahr	100 Fr. × 0.901 943 =	90.19 Fr.
Barwert	=	280.16 Fr.

Dieser Betrag entspricht dem Faktor der Tafel 50[3] von 2,85447, umgerechnet gemäss N 1184 mit 0.98149 = 2.80163.

1074 Der Barwert einer aufgeschobenen Zeitrente lässt sich leicht wie folgt kapitalisieren:

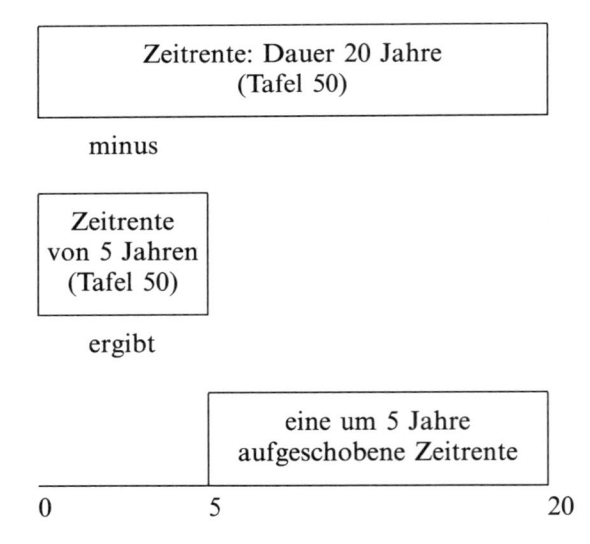

```
        ┌─────────────────────────────┐
        │  Zeitrente: Dauer 20 Jahre  │
        │         (Tafel 50)          │
        └─────────────────────────────┘
                 minus
        ┌──────────────┐
        │   Zeitrente  │
        │ von 5 Jahren │
        │  (Tafel 50)  │
        └──────────────┘
                ergibt
                       ┌──────────────────────────┐
                       │    eine um 5 Jahre       │
                       │ aufgeschobene Zeitrente  │
                       └──────────────────────────┘
        0        5                              20
```

Beispiel: aufgeschobene Zeitrente

Tafel 50[3], Zinsfuss 3½%, Dauer 20 Jahre	14.48
minus Tafel 50[3], Zinsfuss 3½%, Dauer 5 Jahre	− 4.60
um 5 Jahre aufgeschobene Zeitrente, Dauer 15 Jahre	9.88

1075 Die Tafeln 50 bis 52 betreffen die Zeitrenten: Tafel 50 gibt den Barwert (N 1312), Tafel 51 den Endwert (N 1315) und Tafel 52 den reziproken Barwert (N 1317), je für 12 Zinsfüsse. Zur Anwendung → Beispiele 69 und 70. Soll eine Zeitrente mit einem Zinsfuss von 0% kapitalisiert werden, so entspricht der Faktor den Anzahl Jahren, während der die Zeitrente läuft (für weitere Zinsfüsse → N 1155). Die Tafeln 50 bis 52 sind, wie die übrigen Tafeln, für eine monatlich vorschüssige Zahlungsweise berechnet. Zur Umrechnung: → N 1184 ff.

1076 Zeitrenten sind zu unterscheiden von temporären Leibrenten. Während die Laufdauer einer Zeitrente vorgegeben ist, läuft eine temporäre Leibrente längstens bis zu einem bestimmten Zeitpunkt, endet aber bereits früher, wenn die Person, auf welche die Rente gestellt ist, vorher stirbt. Noch grösser ist der Unterschied zwischen einer Zeitrente und einer temporären Aktivitätsrente, indem bei letzterer zusätzlich berücksichtigt ist, dass die betreffende Person früher arbeitsunfähig werden kann.

1077 Zeitrenten werden in verschiedenen Rechtsbereichen kapitalisiert: So etwa im Familienrecht Kinderrenten (→ Beispiele 44 und 47), Baurecht (→ Beispiel 53), Enteignung (→ Beispiel 65), Sicherstellung (→ Beispiel 66).

1078 Im Haftpflichtrecht kommen kaum Zeitrenten zur Anwendung (ebenso BGE 113 II 352), es sei denn etwa bei sehr ungünstiger Lebenserwartung (N 625 f), anstelle temporärer Leib- oder Verbindungsrenten (N 1328).

G. Ewige Rente

1079 Im Gegensatz zur Zeitrente ist die ewige Rente von unbeschränkter Dauer. Sie hat kein Ende und somit auch keinen Endwert.

1080 Der Barwert ergibt sich bei jährlich nachschüssiger Zahlung aus der Division des Rentenbetrages durch den Zinsfuss (z.B. 1 : 5% = 20, → N 911). Die Kapitalisierungsfaktoren für eine monatlich vorschüssig zahlbare, ewige Rente sind für 12 Zinsfüsse am Schluss der Tafel 50 aufgeführt, ihr reziproker Wert in Tafel 52. Für andere Zahlungsweisen: → N 1184.

1081 Zur Problematik von Verträgen auf «ewige Zeit» → BGE 113 II 209, 93 II 300, SJZ 84/1988 S. 47.

1082 Ewige Renten kommen dagegen im Sachenrecht vor (vor allem zeitlich nicht beschränkte Grunddienstbarkeiten und Grundlasten). Für die Kapitalisierung → Beispiel 54. Für weitere Anwendungsfälle → PICCARD, Kapitalisierung, S. 17–19.

ELEMENTE DER KAPITALISIERUNG

3. Rentenhöhe

A. Jahresbetrag der Rente = 1

1083 Ziel der Kapitalisierung ist die Umrechnung einer Rente in ein Kapital:

Barwert = Kapitalisierungsfaktor × Jahresbetrag der Rente

1084 Im Haftpflichtrecht wird eine Rente kapitalisiert, die im Invaliditätsfall dem mutmasslichen, jährlichen Erwerbsausfall und im Todesfall dem Versorgungsausfall entspricht. Im Familienrecht sind zum Teil jährliche Unterhaltsbeiträge, im Erb- und Sachenrecht sind Nutzniessungen zu kapitalisieren.

1085 Die Kapitalisierungsfaktoren in den Tafeln sind einheitlich für eine **Jahresrente von 1 Franken** angegeben.

1086 In den vorhergehenden Auflagen der Barwerttafeln waren die Kapitalisierungsfaktoren für einen Jahresbetrag von 100 Franken aufgeführt. Dies hatte zur Folge, dass jeweils durch 100 dividiert werden musste. Dieser Schritt entfällt bei Anwendung der vorliegenden vierten Auflage.

1087 Um die Kapitalisierungsfaktoren in den Tafeln zu benützen, ist der Rentenbetrag für ein Jahr zu ermitteln. Wird beispielsweise eine monatliche Rente von 1000 Fr. ausgerichtet, so beträgt die Jahresrente 12 000 Fr. Wird ein Monatslohn von 3000 Fr. während 13 Monaten bezahlt, so ist von einer Jahresrente von 39 000 Fr. auszugehen. Wenn angenommen wird, dass die Erwerbstätigkeit im Jahr auf 9 Monate beschränkt ist (z.B. bei einem Saisonnier) und der mutmassliche Monatslohn 2000 Fr. beträgt, ergibt dies eine Jahresrente von 18 000 Fr.

B. Konstante Rente

1088 Bleibt eine Rente während der ganzen Dauer gleich hoch, so spricht man von konstanten Renten. Die Tafeln enthalten Faktoren für konstante, d.h. unveränderliche Renten.

1089 Wird von Renten ausgegangen, die während der ganzen Laufdauer konstant bleiben, kann der Kapitalisierungsfaktor aus den Tafeln abgelesen und direkt mit der Jahresrente multipliziert werden.

1090 Nun sind aber zukünftige Geldleistungen häufig Änderungen oder Anpassungen unterworfen. Dennoch ist es vorteilhaft, auch bei unregelmässig wiederkehrenden Leistungen, von jährlichen Durchschnittswerten auszugehen; denn die Annahme konstanter, durchschnittlicher Renten erleichtert die Kapitalisierung beträchtlich.

1091 Die Kapitalisierung setzt oft verschiedene Hypothesen voraus. So sind etwa Annahmen bezüglich Rentenlaufdauer (Lebensdauer, Aktivitätsdauer, mögliche Wiederverheiratung usw.) oder Kapitalisierungszinsfuss (zukünftiger Kapitalertrag, mutmassliche Teuerung) zu treffen. Die zahlreichen Imponderabilien, die allenfalls bei der Berechnung von Barwerten zu berücksichtigen sind, legen die Annahme von Durchschnittswerten gerade hinsichtlich der Rentenhöhe oft nahe. Schliesslich beruhen prognostische Aussagen in aller Regel auf Vereinfachungen oder approximativen Schätzungen (vgl. etwa N 122 in Beispiel 8 und N 268 in Beispiel 29).

1092 Es empfiehlt sich deshalb, wenn möglich, von einer durchschnittlichen Rentenhöhe auszugehen.

C. Veränderliche Rente

1093 Renten können im Laufe der Zeit steigen oder fallen. Die in Zukunft zu erbringenden Geldleistungen werden beispielsweise zu einem bestimmten Zeitpunkt erhöht oder herabgesetzt. Auch indexierte Renten, die an die Teuerung angepasst werden, stellen veränderliche Renten dar.

1094 Im Haftpflichtrecht wird relativ häufig von veränderlichen Renten ausgegangen, z.B. bei zu erwartenden Lohnerhöhungen: → die abgestuften Renten in den Beispielen 11 und 34. Beim Versorgungsschaden wird zusätzlich eine Steigerung des Versorgungsausfalls der Witwe oder des Witwers angenommen, wenn die Kinder selbständig werden und damit die Versorgungsquote steigt: → Beispiele 35, 38 und N 799 ff.

1095 Im Familienrecht sind oft veränderliche Renten zu kapitalisieren, etwa wenn zeitlich gestaffelte Unterhaltsbeiträge an die Kinder oder den geschiedenen Gatten vereinbart bzw. vom Gericht genehmigt werden. Zusätzlich wird heute in der Regel eine Anpassung der Unterhaltsbeiträge an die Lebenshaltungskosten vorgesehen. Auch in anderen Rechtsgebieten sind ähnliche Wertänderungen der periodischen Leistungen in Betracht zu ziehen, wie etwa beim Wohnrecht (→ Beispiel 50), Baurecht (→ Beispiel 53) und bei der Verpfründung (→ Beispiel 56).

1096 Sinkende und steigende, selbst indexierte Renten, können kapitalisiert werden. Voraussetzung ist aber, dass über den wahrscheinlichen Zeitpunkt sowie das Ausmass der Veränderung (z.B. über die zukünftige Entwicklung des Konsumentenpreisindexes) Annahmen getroffen werden.

ELEMENTE DER KAPITALISIERUNG

1097 Ist nur eine einmalige, zukünftige Änderung der Rente in Betracht zu ziehen, kann der Barwert leicht ermittelt werden (→ Beispiele 11, 34 und 41).

1098 Häufige und unregelmässige Änderungen der Rentenhöhe erschweren die Kapitalisierung. Unterliegen die Anpassungen jedoch bestimmten Regeln, vor allem wenn sich der Rentenbetrag jeweils um einen festen Faktor erhöht, so gestaltet sich selbst die Barwertberechnung indexierter Renten problemlos, vorausgesetzt der Index ändere sich um den gleichen Betrag (die Teuerung belaufe sich beispielsweise durchwegs auf 2% im Jahr) bzw. es werde die Annahme eines gleich bleibenden Mittelwertes akzeptiert.

1099 Veränderliche Renten können auf verschiedene Arten kapitalisiert werden. Im folgenden sind vier Methoden kurz beschrieben:

1100 Erste Methode: **Umwandlung in durchschnittliche, konstante Renten**

1101 Je nach Rentenverlauf kann allenfalls ein Durchschnittswert angenommen und somit eine konstante, unveränderliche Rente kapitalisiert werden. Möglicherweise kann die Laufdauer der Rente in zwei oder mehrere Zeitabschnitte unterteilt werden, für welche jeweils ein Durchschnittswert zugrunde gelegt wird. Der gesuchte Barwert entspricht sodann der Summe der Barwerte von konstanten und zum Teil aufgeschobenen Renten.

1102 Vorbehalt: Bei der Ermittlung des Durchschnitts sind die Probleme der Abzinsung und der verschiedenen Wahrscheinlichkeiten zu beachten. So ist insbesondere zu berücksichtigen, dass bei der Kapitalisierung die erste Zeit nach Beginn der Rente stärker ins Gewicht fällt als die späteren Perioden.

1103 Ein Anwendungsfall dieser Methode, bei der von durchschnittlichen und konstanten Renten ausgegangen wird, bilden die Versorgungsquoten → Beispiele 24 und 37.

1104 Zweite Methode: **Aufgeschobene und temporäre Renten**

1105 Veränderliche Aktivitäts- und Leibrenten auf ein Leben lassen sich im allgemeinen mit aufgeschobenen bzw. temporären Renten (Tafeln 21 bis 24 bzw. Tafeln 31 bis 34) berechnen.

1106 Bei stufenweise veränderlichen Renten kann mit einfachen Skizzen der Rentenverlauf veranschaulicht werden.

1107 *Steigende Renten:*

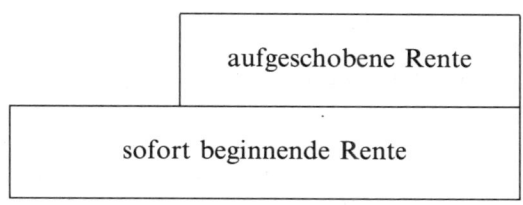

```
              ┌──────────────────────┐
              │  aufgeschobene Rente │
      ┌───────┴──────────────────────┤
      │      sofort beginnende Rente │
      └──────────────────────────────┘
```

1108 Steigt eine Rente, weil beispielsweise mit einer Lohnerhöhung gerechnet wird, kann zuerst eine sofort beginnende Aktivitätsrente und anschliessend eine aufgeschobene im Umfang der Lohnerhöhung kapitalisiert werden. Beide Beträge ergeben zusammen den Barwert der steigenden Rente → Beispiele 11 und 34. Vgl. auch eine andere, zum gleichen Resultat führende Rechnungsweise im Beispiel 35 N 306.

1109 *Sinkende Renten:*

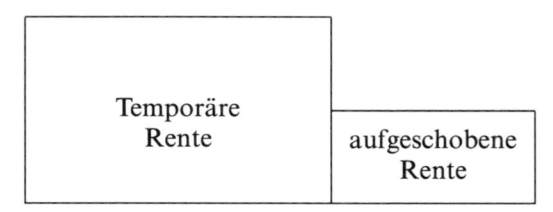

```
      ┌──────────────┐
      │  Temporäre   │
      │    Rente     ├──────────────┐
      │              │ aufgeschobene│
      │              │    Rente     │
      └──────────────┴──────────────┘
```

1110 Der Barwert fallender Renten (z. B. ab Zeitpunkt der mutmasslichen Pensionierung) kann wie folgt berechnet werden: Zuerst die temporäre, höhere Rente und sodann die aufgeschobene, kleinere Rente kapitalisieren und addieren → N 143 im Beispiel 12.

1111 Zum gleichen Ergebnis führt auch die Rechnung mit zwei sofort beginnenden Renten von unterschiedlicher Dauer (→ Beispiele 3, 12 und 28):

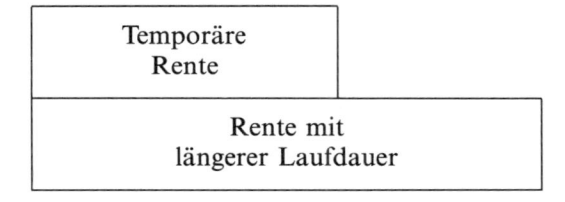

```
      ┌──────────────┐
      │  Temporäre   │
      │    Rente     │
      ├──────────────┴───────┐
      │      Rente mit       │
      │   längerer Laufdauer │
      └──────────────────────┘
```

ELEMENTE DER KAPITALISIERUNG

1112 Dritte Methode: **Genaue Rechnung mit Tafeln 40/41**

1113 Infolge AHV/IV- und UV-Regress gelangt diese genaue Rechnungsweise immer mehr zur Anwendung. Mit einem Taschenrechner ist sie durchaus ausführbar, erfordert aber verschiedene Operationen.

1114 Mit dieser Methode sind die Beispiele 21, 38 und 42 berechnet. Zur Kapitalisierung veränderlicher Verbindungsrenten: → N 1322 ff.

1115 Vierte Methode: **Wahl eines anderen Zinsfusses**

1116 Diese Methode eignet sich insbesondere für die Kapitalisierung indexierter Renten: → N 1124 ff.

1117 Da indexierte Renten in zeitlichen Abständen angepasst werden, stellen sie veränderliche Renten dar, die mit aufgeschobenen und temporären Renten kapitalisiert werden könnten. Dieses Verfahren ist jedoch kompliziert, wenn mit laufenden Änderungen zu rechnen ist. Zudem sind im voraus Annahmen darüber zu treffen, in welchem Ausmass und zu welchem Zeitpunkt die Anpassungen vorgenommen werden. Dies ist äusserst schwierig. Deshalb ist die Approximation durch die Wahl eines anderen Zinsfusses vorzuziehen.

4. Zinsfuss

A. Diskontierung

1118   Der Zins ist ein wichtiges Element der Kapitalisierung. Wer ein Kapital erhält, kann dieses während der ganzen Rentenlaufzeit nutzbringend (zinstragend) anlegen, während Renten nur nach und nach ausgerichtet werden. Der Barwert soll aber wertmässig der kapitalisierten Rente entsprechen. Deshalb ist der Zinsvorteil des Kapitalempfängers bei der Kapitalisierung durch eine entsprechende Abzinsung zu kompensieren. Die in den Tafeln wiedergegebenen Kapitalisierungsfaktoren sind folglich diskontiert.

1119   Die Wahl des Kapitalisierungszinsfusses wirkt sich auf den Barwert bei Renten mit längerer Laufzeit stark aus. Ein Beispiel: Der Kapitalisierungsfaktor einer Leibrente für einen 20jährigen Mann beträgt 57.11 bei 0%, 16.22 bei 6% und 8.75 bei 12%.

1120   Je höher der Kapitalisierungszinsfuss, desto niedriger ist der Barwert (und umgekehrt).

B. Kapitalertrag

1121   Die Höhe des Kapitalisierungszinsfusses hängt also vorab vom Kapitalertrag ab, der in Zukunft erwartet wird. Auszugehen ist somit vom mutmasslichen Ertrag, den das Kapital während der Rentendauer abwerfen wird.

1122   Einen Hinweis auf die Zinsentwicklung gibt die Rendite eidgenössischer Obligationen seit dem zweiten Weltkrieg (Quelle: Statistische Jahrbücher der Schweiz):

1948−1952	3.0%	1968−1972	5.0%
1953−1957	3.0%	1973−1977	5.6%
1958−1962	3.1%	1978−1982	4.4%
1963−1967	4.0%	1983−1987	4.5%

1123   Die Rendite anderer Anlagen ist oft höher. Die jährliche Performance (Kapitalgewinn inklusive Dividenden) von Aktien betrug von 1925 bis 1987, mit Einschluss des Kurssturzes im Oktober 1987, 8.9% (arithmetisches Mittel) bzw. 7.1% (geometrisches Mittel) im Vergleich zur Obligationenrendite von 4.4% (D. WYDLER, Die Performance von Aktien und Obligationen in der Schweiz, Pictet & Cie, Genf 1988 sowie R. MOLINARO in NZZ vom 5./6.3.1988 S. 35).

ELEMENTE DER KAPITALISIERUNG

C. Geldentwertung

1124 Soll neben dem Kapitalertrag auch die zukünftige Geldentwertung berücksichtigt werden, so kann ihr durch die Wahl eines entsprechend reduzierten Kapitalisierungszinsfusses Rechnung getragen werden.

1125 Die Teuerung, berechnet als jährlicher Durchschnitt aufgrund des Landesindexes der Konsumentenpreise, hat sich in der Schweiz wie folgt entwickelt:

1948–1952	1.0%	1968–1972	4.7%
1953–1957	1.1%	1973–1977	5.1%
1958–1962	1.6%	1978–1982	4.5%
1963–1967	3.8%	1983–1987	2.0%

1126 Der reale Zinsfuss entspricht der Differenz zwischen dem Kapitalertrag und der Inflationsrate.

1127 In der Periode von 1925 bis 1987 rentierten Obligationen real 2.0% und Aktien real 6.4% (arithmetisches Mittel) bzw. 4.6% (geometrisches Mittel) im Jahr (vgl. WYDLER und MOLINARO, zit. in N 1123).

1128 Soll die Teuerung vollumfänglich ausgeglichen werden, so ist die zukünftige Entwicklung des Realzinses zu prognostizieren und mit diesem zu kapitalisieren (vgl. etwa SUTER in SJZ 67/1971 S. 221 f). Dies stellt eine sehr einfache Methode dar, um den Kapitalwert indexierter Renten zu berechnen. Sie genügt in der Praxis.

1129 Theoretisch wäre die Differenz zwischen Kapitalertrag und Inflationsrate (= Realzins) noch durch den Quotienten «1 + Inflationsrate» zu dividieren (hiezu z. B. HELBLING, Personalvorsorge und BVG, 1987, S. 420). Demnach wäre der genaue Kapitalisierungszinsfuss, mit den vorstehenden Zahlen von 1983–1987 berechnet,

$$\frac{4{,}5\% - 2\%}{1 + 2\%} = \frac{2{,}5\%}{1{,}02} = 2{,}45\%$$

gegenüber dem Realzins von 2,5% (= 4,5% – 2%). Mit den Durchschnittszahlen 1948–1987 berechnet, ergibt sich ein Realzins von 1.1% (= 4.1% Obligationenrendite – 3% Teuerung), hingegen ein theoretischer Kapitalisierungszinsfuss von

$$\frac{4{,}1\% - 3{.}0\%}{1 + 3{.}0\%} = \frac{1{.}1\%}{1{.}03} = 1{.}07\%.$$

1130 Allerdings sind Prognosen für die Zukunft spekulativ. So kann nicht unbesehen von der Vergangenheit auf die Zukunft geschlossen werden. Immerhin weisen die Zinssätze und Preissteigerungen gewisse Parallelen auf (je höher die Inflation, desto grösser in der Regel der Zins), so dass der Realzins im allgemeinen weniger ausgeprägt Schwankungen unterworfen ist als die Teuerung von einem Jahr zum andern.

1131 Zur Frage der Berücksichtigung der Geldentwertung im Haftpflichtrecht →nachstehend Abschnitt D, in anderen Rechtsgebieten →Abschnitt E.

D. Zinsfuss im Haftpflichtrecht

1132 *Die Rechtsprechung wendet im Schadenersatzrecht seit 1946 in konstanter Praxis einen Kapitalisierungszinsfuss von 3½% an* (BGE 72 II 132; ausdrücklich bestätigt in BGE 96 II 446 f; 101 II 352; implizit angewandt in den zahlreichen Urteilen, auf die in den Beispielen 1 bis 39 hingewiesen ist). Diese ständige Praxis hat sich bewährt und wirkt sich positiv auf die Rechtssicherheit aus.

1133 Mit einem Zinsfuss von 3½% ist die Geldentwertung teilweise berücksichtigt worden, da der durchschnittliche Kapitalertrag in den letzten Jahren über 3½% lag (N 1122). Damit ist zugunsten des Geschädigten ein gewisser Teuerungsausgleich geschaffen worden. Insoweit ist der in der Rechtsprechung betonte Grundsatz, die Teuerung sei bei der Schadensberechnung ausser acht zu lassen, relativiert (BGE 113 II 332; SZÖLLÖSY in ZBJV 112/1976, Teuerung, S. 22 und 33; vgl. auch STEIN, Die zutreffende Rententafel, in SJZ 67/1971 S. 50 f, und WESSNER in Hommage à Jeanprêtre S. 163).

1134 Die Kapitalisierung auf der Basis von 3½% hat sich im Haftpflichtrecht durchgesetzt und wird von der Doktrin gebilligt: SZÖLLÖSY, S. 97; STARK, Skriptum N 82 f; A. KELLER, II S. 37 f; BREHM, N 61 in Vorbem. zu OR 45/46; SCHAER, Rz 144, 174; MERZ in ZBJV 108/1972 S. 89; IM OBERSTEG, Die Berücksichtigung der Geldentwertung im schweiz. Privatrecht, Basler Diss. S. 62; während vereinzelt ein höherer (z.B. ENGEL, Traité des obligations en droit suisse, S. 348 pro 4%) oder tieferer Zinsfuss (ZEN-RUFFINEN in der Festschrift Jeanprêtre 1982, S. 152) gefordert wird. Zur früheren Praxis: SECRÉTAN in JT 1960 I S. 341.

1135 Es empfiehlt sich in der Regel, einen möglichst stabilen Kapitalisierungszinsfuss zu wählen. Insbesondere sollte man sich bei Renten mit einer längeren Laufzeit nicht von momentanen Zinsschwankungen leiten lassen, da sich diese längerfristig oft ausgleichen (BGE 96 II 446; ebenso PICCARD, Kapitalisierung, S. 96 f).

1136 Das Bundesgericht ist selbst in Zeiten einer hohen Teuerung und einem hohen Kapitalertrag nicht vom konstanten Kapitalisierungszinsfuss von 3½% abgewichen (vgl. hiezu: W. STAUFFER und TH. SCHAETZLE in SJZ 71/1975 S. 120 sowie BGE 101 II 352 f). Es ist «nicht die momentane Lage auf dem Geldmarkt ... massgebend, sondern ihre mutmassliche Entwicklung auf lange Sicht» (Pra 60/1971 Nr. 167 S. 527). Eine Anpassung an die jeweilige Situation des Geld- und Kapitalmarktes hätte zudem, wie sich rückblickend zeigt, zu stossenden oder zumindest rechtsungleichen Ergebnissen geführt.

1137 Ebenso werden auch die Sozialversicherungsleistungen, die zu Regresszwecken kapitalisiert werden, aus Kongruenzgründen mit einem Zinsfuss von 3½% berechnet (SCHAER Rz 1205; STOESSEL S. 157 f; BGE 113 II 336, 112 II 129 f; vgl. auch N 574). Dadurch wird den zukünftigen Anpassungen der Sozialversicherungsrenten an den Preis- und gegebenenfalls Lohnindex insoweit Rechnung getragen, als der in der Kapitalabfindung mitenthaltene Teuerungsausgleich im Umfang des Regresses auf den Sozialversicherungsträger übergeht.

1138 Nur in ganz vereinzelten Fällen — vorab bei Ausländern, die allenfalls in ihrer Heimat einen besseren Kapitalertrag erzielen können — ist ein höherer Kapitalisierungszinsfuss gewählt worden: so etwa 4% für eine(n) Italiener(in) in BGE 97 II 133, Handelsger. ZH vom 20.10.1986, n.p., und KantGer VD in JT 1969 I S. 474 sowie für einen Franzosen in BGE 101 II 263: «vu le taux d'escompte élevé en France». Wenn jedoch im Hinblick auf eine höhere Rendite ein höherer Kapitalisierungszinsfuss gewählt wird, so müsste auf der anderen Seite auch die wahrscheinlich höhere Inflationsrate mitberücksichtigt werden. Vgl. auch BREHM, N 64—66 in Vorbem. zu OR 45/46, mit weiteren Hinweisen auf nichtveröffentlichte kantonale Urteile. Die Parteien dürfen einen abweichenden Zinsfuss selbst stillschweigend vereinbaren (BGE 97 II 133).

1139 Durch die Wahl eines niedrigen Kapitalisierungszinsfusses soll der zukünftig zu erwartenden Geldentwertung wenigstens teilweise Rechnung getragen werden. Die Berücksichtigung eines vollen Teuerungsausgleichs im Haftpflichtrecht würde dagegen eine grundsätzliche Praxisänderung bedingen, die weittragende Konsequenzen haben könnte. Soweit demnach die zukünftige teuerungsbedingte Einkommensentwicklung aus grundsätzlichen Erwägungen bei der Schätzung des periodischen Schadens ausser acht gelassen wird, so ist jedoch zumindest den zu erwartenden Reallohnerhöhungen angemessen Rechnung zu tragen (vgl. hiezu N 655).

1140 Wenn anstelle eines Kapitals ausnahmsweise eine Rente gewählt werden sollte, stellt sich die Frage einer Indexierung (angedeutet in BGE 100 II 254 zu ZGB 151 f). Eine solche Anpassung an den Landesindex der Konsumentenpreise oder an den Lohnindex ist denn auch in der Literatur verschiedentlich gefordert worden: →N 606 ff. Die Gründe, die für eine Indexierung familienrechtlicher Unterhaltsrenten sprechen, lassen sich aber nicht ohne weiteres auf das Haftpflichtrecht übertragen, da Schadenersatzrenten für Erwerbs- und Versorgungsausfall grundsätzlich nicht revidierbar sind (→N 596; ebenso ZivGer. BS in BJM 1986 S. 151).

1141 Falls jedoch eines Tages auch im Haftpflichtrecht von indexierten Renten ausgegangen würde (was im Ermessen des Richters liegt oder auch gemeinsam von den Parteien beantragt werden kann: KantGer. VS vom 6.9.1979, zit. in N 610, und BGE 107 II 490), liessen sich diese mittels eines entsprechend gewählten Zinsfusses kapitalisieren (N 1128). Voraussetzung aber wäre, dass von Seiten des Richters oder der Parteien Annahmen über die zukünftige Teuerung sowie über die zu erwartende Entwicklung des Kapitalertrages bzw. über den mutmasslichen Realzins getroffen würden.

E. Zinsfuss in anderen Rechtsgebieten

1142 Drei Hauptgruppen können unterschieden werden:
— die zukünftige Geldentwertung spielt keine Rolle (a)
— die zukünftige Teuerung ist zu berücksichtigen (b)
— der Kapitalisierungszinsfuss ist vorgegeben (c).

a) Kapitalisierung mit dem Nominalzins

1143 Der Nominalzins entspricht dem frankenmässigen Kapitalertrag, ohne dass der Geldentwertung Rechnung getragen wird.

1144 Besteht eine Rente aus festen Frankenbeträgen (Nominalbeträgen), so ist mit dem mutmasslichen, nominellen Kapitalmarktszins zu rechnen.

1145 Im Beispiel 48 besteht das Nutzniessungsvermögen aus festverzinslichen Obligationen. Der Ertrag ist nicht mit den Lebenshaltungskosten gekoppelt, somit drängt sich eine Kapitalisierung mit dem Nominalzinsfuss auf.

b) Kapitalisierung mit dem Realzins

1146 Der Realzins ergibt sich aus dem Nominalzins abzüglich Geldentwertung: → N 343 und 1124—31.

1147 Renten werden oft an die Teuerung angepasst, d.h. indexiert. Als Index steht dabei der Konsumentenpreisindex im Vordergrund. Die Rente wird demgemäss jeweils um die Steigerung der Konsumentenpreise erhöht.

1148 Heute sind in der Praxis insbesondere familienrechtliche Unterhaltsbeiträge indexiert: → Beispiele 40 ff (ferner ZEN-RUFFINEN, Hommage à Jeanprêtre, 1982, S. 145 ff).

1149 Für die Kapitalisierung indexierter Renten stehen zwei Rechnungsmodelle im Vordergrund:

— erstens, indem ein zukünftiger Durchschnittswert einschliesslich der prognostizierten Entwicklung des Indexes angenommen wird, d.h. dass die zu kapitalisierende Rente entsprechend erhöht wird: → N 1100ff;

— oder zweitens, indem von einem Kapitalisierungszinsfuss ausgegangen wird, der dem mutmasslichen, zukünftigen Realzins entspricht: → N 1115ff.

1150 Nach den gleichen Verfahren kann etwa bei der Verpfründung vorgegangen werden, da ihr Wert den Lebenshaltungskosten folgt. Ebenso ist der Wert periodischer Leistungen wie Wohnrecht und Baurecht Veränderungen unterworfen. Sollen zukünftige, wertmässige Änderungen bei der Kapitalisierung berücksichtigt werden, so kann dies analog zur Kapitalisierung einer indexierten Rente erfolgen. Statt auf die Konsumentenpreise wäre beim Wohnrecht auf die Mietzinse vergleichbarer Wohnungen und beim Baurecht auf die Landpreise und Verkehrswerte von Gebäuden abzustellen.

c) *Kapitalisierung mit vorgegebenem Zinsfuss*

1151 In einzelnen Rechtsgebieten ist ein Kapitalisierungszinsfuss vorgeschrieben, so etwa im Steuerrecht oder im Sozialversicherungs- und Personalvorsorgerecht (→ N 908 ff).

F. Umrechnung auf andere Zinsfüsse

1152 In der vorliegenden vierten Auflage sind die Kapitalisierungsfaktoren der Aktivitätstafeln 18 bis 29 nur für einen Zinsfuss von 3½% berechnet. Da keine Anzeichen ersichtlich sind, die ein Abweichen von der konstanten Praxis im Haftpflichtrecht in bezug auf den Zinsfuss nahelegen, konnte auf die erneute Publikation mit einem Zinsfuss von 4% verzichtet werden.

1153 Bestehen Gründe, die einen anderen Zinssatz als 3½% nahelegen, ist es möglich, die Umrechnung mit einer der nachstehend angeführten Methoden annäherungsweise durchzuführen. Ist eine genaue Rechnung erwünscht, so ist diese mittels versicherungsmathematischer Methoden zu ermitteln.

1154 Ausserhalb des Haftpflichtrechts dagegen führen die berechtigten Interessen allenfalls zu anderen Zinsfüssen, weshalb die Barwerte der hauptsächlich in Frage kommenden Leibrenten auf ein Leben (Tafeln 44 und 45) zu den Zinsfüssen 1% bis 12% wiedergegeben sind. Zusätzlich sind die Auf- und Abzinsungsfaktoren zu 12 Zinsfüssen in den Tafeln 48 und 49 enthalten. Dies gilt auch für die Barwerte, die Endwerte sowie die reziproken Barwerte von Zeitrenten: Tafeln 50, 51 und 52.

1155 Drängt sich ein Kapitalisierungszinssatz auf, der in den Tafeln nicht berücksichtigt ist, so gibt es für die Umrechnung verschiedene Näherungsverfahren. Die Tafeln 48/49 und hieraus die Tafeln 50 bis 52 lassen sich mittels der Formeln im Anhang ohne Schwierigkeiten ergänzen (→ Beispiel 70a und z.B. GERBER, Kapitel 1, zit. in N 1326).

1. Methode: **Mit Korrekturfaktoren**

1156 Für sofort beginnende und nicht temporäre Aktivitäts- und Leibrenten (Tafeln 20, 20a, 25, 27 und 27a, 35) kann der Barwert für einen anderen Kapitalisierungszinsfuss als 3½% mit nachfolgenden Korrekturfaktoren *näherungsweise* berechnet werden, wobei A der Barwert zu 3½% und B die Korrektur bedeutet:

A von bis	0 0.99	1.00 3.49	3.50 6.49	6.50 9.49	9.50 12.49	12.50 14.99	15.00 17.49	17.50 19.99	20.00 21.99	22.00 23.49	23.50 24.49	24.50 25.49	über 25.50
B	0%	1%	2%	3%	4%	5%	6%	7%	8%	9%	10%	11%	12%

1157 Zuerst wird der Kapitalisierungsfaktor für 3½% ermittelt. Je nach dessen Höhe — vorstehend in der Reihe A angegeben — wird der Faktor für eine Ermässigung oder eine Erhöhung des Zinsfusses von je ½% um die unter B aufgeführte Korrektur vergrössert oder verkleinert.

1158 Ein höherer Zinsfuss führt zu einem kleineren Barwert und ein niedrigerer Zinsfuss entsprechend zu einem höheren Barwert.

1159 *Beispiel:* Aktivitätsrente zu 4½%

Tafel 20, Alter des Mannes 30, Zinsfuss 3½% →	Faktor 20.90
Korrektur nach Zeile B im obigen Schema pro ½%	8%
3½% auf 4½% umgerechnet, d. h. um 1% höher: 2 × 8% =	16%
Korrekturbetrag: 16% von 20.90 =	3.34

ein höherer Zinsfuss ergibt einen niedrigeren Barwert,
weshalb der Korrekturbetrag zu subtrahieren ist: Faktor zu 3½%   20.90
minus Korrekturbetrag   − 3.34
Kapitalisierungsfaktor der Aktivitätsrente zu 4½%   17.56
(vgl. auch Beispiele 40 und 51)

1160 Vorbehalt: Diese Methode geht von einem Kapitalisierungszinsfuss von 3½% aus, wie er im Haftpflichtrecht üblich ist. Weicht der in Aussicht genommene Kapitalisierungszinsfuss wesentlich von 3½% ab, so verliert diese Methode an Genauigkeit.

2. Methode: **Vergleich von Aktivitätsrenten mit Leibrenten**

1161 Die Kapitalisierungsfaktoren von lebenslänglichen Renten auf ein Leben sind in den Tafeln 44 für Männer und 45 für Frauen für je 22 Zinsfüsse angegeben. Mit Hilfe dieser beiden Tafeln können auch die Kapitalisierungsfaktoren für Renten der Tafeln 20 und 20a zu anderen Zinsfüssen als 3½% näherungsweise bestimmt werden. Diese Methode dürfte oft genauer sein als die erste.

1162 Als erstes ist der Faktor einer Leibrente für das betreffende Alter anhand der Tafeln 44 oder 45 zu eruieren, und zwar für den Zinsfuss von 3½% wie auch für den gesuchten Zinsfuss. Anschliessend ist das Verhältnis zwischen den beiden abgelesenen Kapitalisierungsfaktoren durch Division zu berechnen. Das Ergebnis ist schliesslich mit dem Faktor der Aktivitätsrente (Tafel 20 oder 20a) zu multiplizieren.

1163 *Beispiel:* Aktivitätsrente zu 4%

Leibrente für 30jährige Frau, zu 3½%, Tafel 45[1] → Faktor 24.28
Leibrente für 30jährige Frau, zu 4%, Tafel 45[1] → Faktor 22.19
Verhältnis der Faktoren zu 4% und zu 3½%:
Faktor 22.19 : Faktor 24.28 = 0,9139
Aktivitätsrente zu 3½%, Tafel 20 → Faktor 22.25
Aktivitätsrente zu 4%: 0.9139 × 22.25 = Faktor <u>20.33</u>

3. Methode: **Vergleich von temporären Renten mit Zeitrenten**

1164 Sind temporäre Aktivitäts- und Leibrenten zu einem höheren oder tieferen Zinsfuss als 3½% zu kapitalisieren, können diese mit Zeitrenten verglichen werden, die zu zwölf verschiedenen Zinsfüssen berechnet sind.

1165 Zuerst wird der Kapitalisierungsfaktor aus der massgebenden Tafel 18/19, 23/24 oder 33/34 zu 3½% abgelesen (1). Von diesem Faktor ausgehend, wird in Tafel 50 der Faktor einer Zeitrente für 3½% gesucht, der dem ersteren möglichst nahe kommt (2). Nachher wird auf der gleichen Zeile der Faktor zum neuen Zinsfuss ermittelt (3). Das Verhältnis der Zeitrenten-Barwerte ergibt den anzuwendenden Korrekturfaktor (4). Schliesslich ist das Resultat mit dem Faktor der temporären Rente zu multiplizieren (5).

1166 *Beispiel:* Temporäre Aktivitätsrente bis Alter 65 zu 3%

(1) Tafel 18[2], Alter des Mannes 55, Schlussalter 65, zu 3½% → Faktor 7.67
(2) Zeitrente Tafel 50[3] zu 3½%, Faktor 7.75 → Dauer 9 Jahre
(3) Zeitrente Tafel 50[1] zu 3%, Dauer 9 Jahre → Faktor 7.91
(4) Verhältnis der Zeitrenten zu 3% und zu 3½%:
Faktor 7.91 : Faktor 7.75 = 1.021
(5) Faktor der gesuchten Rente zu 3%: 1.021 × 7.67 = <u>7.83</u>
(vgl. auch Beispiele 41 ff)

1167 Mit diesem Näherungsverfahren für temporäre Renten lassen sich aufgeschobene Renten zu anderen Zinsfüssen als 3½% schätzen, indem vorgängig die Regel «aufgeschoben = sofort beginnend minus temporär» angewendet wird (→ N 1063).

4. Methode: **Inter- oder Extrapolation**

1168 Stehen Tafeln für zwei oder mehr Zinsfüsse zur Verfügung, können mittels Interpolation oder Extrapolation die Kapitalisierungsfaktoren für weitere Zinsfüsse berechnet werden.

1169 *Beispiel Interpolation:* Leibrente zu einem Zinsfuss von 3¾%

Tafel 45[1], Alter der Frau 46 →	Faktor zu 3½%	20.98
Tafel 45[1], Alter der Frau 46 →	minus Faktor zu 4%	−19.50
Unterschied zwischen 3½% und 4%:		1.48
Unterschied zwischen 3½% und 3¾%: 0,5 × 1.48 =		0.74
Kapitalisierungsfaktor zu 3¾%: 20.98−0.74 =		20.24

1170 Interpolationen ergeben etwas zu hohe Barwerte, doch ist der Fehler minim.

1171 *Beispiel Extrapolation:* Leibrente zu einem Zinsfuss von 13%

Tafel 44[3], Alter des Mannes 30 →	Faktor zu 11%	9.43
Tafel 44[3], Alter des Mannes 30 →	minus Faktor zu 12%	− 8.72
Unterschied zwischen 11% und 12%		0.71
Kapitalisierungsfaktor zu 13%: 8.72−0.71 =		8.01

1172 Extrapolationen führen zu etwas zu kleinen Faktoren.

5. **Zinsfuss 0%**

1173 Aktivitätsrenten (Tafel 20) zu einem Kapitalisierungszinsfuss von 0% entsprechen der mittleren Aktivitätsdauer (→ Tafel 43), so wie Leibrenten (Tafeln 30 und 44/45) zu einem Zinsfuss von 0% mit der mittleren Lebenserwartung (Tafel 42) identisch sind (N 1293). Der Barwert einer Zeitrente (Tafel 50) sowie deren Endwert (Tafel 51) zu einem Zinsfuss von 0% ist gleich der Dauer, d.h. der Anzahl der in Frage stehenden Jahre (→ N 492).

5. Zahlungsweise

A. Monatlich vorschüssige Zahlungsweise

1174 Mit der Zahlungsweise werden die Fälligkeitstermine der einzelnen periodischen Leistungen (Rentenbeträge) umschrieben. Renten können vor- oder nachschüssig (prae- oder postnumerando) sowie in verschiedenen Intervallen, z.B. monatlich oder jährlich, zahlbar sein. Vorschüssig heisst, dass sie zu Beginn jeder Zahlungsperiode fällig werden.

1175 Die in den Tafeln angegebenen Kapitalisierungsfaktoren sind für Renten berechnet, die *monatlich vorschüssig* zahlbar sind, also zu Beginn jeden Monats.

1176 Dieser Zahlungsmodus entspricht der Praxis im Schadenersatzrecht (OFTINGER, I S. 214; DESCHENAUX/TERCIER § 27 N 10; ZEN-RUFFINEN, S. 120). Ebenso werden Sozialversicherungsrenten regelmässig monatlich und zum voraus bezahlt (AHVG 44 I, IVV 82, UVG 49 III, BVG 38).

1177 Auch Alimente im Familienrecht sind üblicherweise monatlich im voraus zu zahlen: für Kinderrenten ist dies in ZGB 285 III ausdrücklich vorgesehen; für Renten nach ZGB 151/152 vgl. BÜHLER/SPÜHLER, Komm. zu ZGB 151 N 51 und zu 152 N 20.

1178 Die Zahlungsart wirkt sich auf die Höhe der Kapitalisierungsfaktoren aus, fällt aber weniger stark ins Gewicht als andere Komponenten wie die Rentenhöhe, die Rentendauer oder der Zinsfuss.

ZAHLUNGSWEISE

Umrechnung bei anderen Zahlungsarten

a) für Aktivitäts- und Leibrenten

1179   Ist anzunehmen, die Rente sei in einer anderen Zahlungsart — nachschüssig (postnumerando) bzw. nicht in Monatsraten — zu entrichten, so sind die tabellierten Faktoren wie folgt zu erhöhen bzw. herabzusetzen:

Zahlungsweise	Korrektur
jährlich vorschüssig	+ 0.46
halbjährlich vorschüssig	+ 0.21
vierteljährlich vorschüssig	+ 0.08
täglich oder kontinuierlich	− 0.04
monatlich nachschüssig	− 0.08
vierteljährlich nachschüssig	− 0.16
halbjährlich nachschüssig	− 0.29
jährlich nachschüssig	− 0.54

1180   *Beispiel:* jährlich vorschüssige Aktivitätsrente

Alter der Frau	40 Jahre
Tafel 20, Alter der Frau 40 →	Faktor 19.63
Korrektur gemäss obigem Schema	+ 0.46
Faktor für die jährlich vorschüssige Aktivitätsrente	20.09

1181   Diese Korrekturen hängen nicht vom Zinsfuss ab. Deshalb gelten die obenstehenden Zahlen und das Beispiel für sämtliche sofort beginnenden, nicht temporären Aktivitäts- und Mortalitätstafeln, also für Tafel 20, 20a, 25, 27, 27a, 30, 35, 38, 39, 44 und 45.

1182   Für temporäre und aufgeschobene Renten ergeben sich etwas kleinere Korrekturen, wobei insbesondere für jüngere Personen zum Vergleich auch die nachfolgend wiedergegebenen Faktoren für Zeitrenten herangezogen werden können.

1183   In den im Kanton Zürich geltenden Kapitalisierungsfaktoren für die Bewertung von Nutzniessungen zur Berechnung der Erbschafts- und Schenkungssteuern (→ N 492) ist die Korrektur − 0.04 für täglich oder kontinuierlich fällig werdende Leistungen bereits enthalten.

ELEMENTE DER KAPITALISIERUNG

b) für Zeitrenten

1184 Sind Zeitrenten oder ewige Renten nicht monatlich vorschüssig, sondern postnumerando oder in anderen Fälligkeitsperioden zahlbar, so sind die Bar- und Endwerte mit nachstehenden Korrekturfaktoren zu multiplizieren:

Zinsfuss	vorschüssig			
	jährlich	halbjährlich	vierteljährlich	täglich
0,5%	1.002 288	1.001 040	1.000 416	0.999 792
1%	1.004 567	1.002 074	1.000 829	0.999 586
1,5%	1.006 838	1.003 104	1.001 241	0.999 378
2%	1.009 101	1.004 130	1.001 651	0.999 175
2,5%	1.011 356	1.005 151	1.002 058	0.998 972
3%	1.013 604	1.006 169	1.002 464	0.998 770
3,5%	1.015 842	1.007 180	1.002 868	0.998 568
4%	1.018 074	1.008 188	1.003 270	0.998 368
4,5%	1.020 298	1.009 192	1.003 670	0.998 169
5%	1.022 514	1.010 192	1.004 069	0.997 971
5,5%	1.024 721	1.011 187	1.004 465	0.997 774
6%	1.026 922	1.012 179	1.004 859	0.997 578

Zinsfuss	nachschüssig			
	monatlich	vierteljährlich	halbjährlich	jährlich
0,5%	0.999 584	0.999 169	0.998 546	0.997 301
1%	0.999 171	0.998 343	0.997 101	0.994 621
1,5%	0.998 760	0.997 521	0.995 665	0.991 959
2%	0.998 351	0.996 704	0.994 237	0.989 315
2,5%	0.997 944	0.995 892	0.992 818	0.986 689
3%	0.997 540	0.995 084	0.991 407	0.984 081
3,5%	0.997 137	0.994 280	0.990 004	0.981 490
4%	0.996 737	0.993 480	0.988 610	0.978 917
4,5%	0.996 338	0.992 686	0.987 224	0.976 361
5%	0.995 942	0.991 895	0.985 847	0.973 822
5,5%	0.995 549	0.991 110	0.984 477	0.971 300
6%	0.995 156	0.990 327	0.983 115	0.968 794

1185 *Beispiel:* jährlich nachschüssige Zeitrente

Dauer	15 Jahre
Zinsfuss	5%
Tafel 50 (monatlich vorschüssig) →	Faktor 10.658 678
Korrekturfaktor für jährlich nachschüssig, 5%	0.973 822
Faktor der Zeitrente: 0.973 822 × 10.658 678 =	10.379 655

1186 Diese Korrekturfaktoren und die Rechenmethode des Beispiels gelten für die Tafeln 50 und 51 (vgl. auch Beispiel 53). Für Tafel 52 wäre der reziproke Wert zu nehmen. Dieser ergibt sich aus der Division der Zahl 1 durch den entsprechenden, obenstehenden Korrekturfaktor.

6. Altersbestimmung

1187 Massgebend ist das Alter zum Zeitpunkt der Kapitalisierung bzw. am Tag, auf den die Barwertberechnung erfolgt (Rechnungstag → N 1197 f).

1188 Im Schadenersatzrecht wird das Alter üblicherweise auf ganze Jahre ab- oder aufgerundet: BGE 108 II 441 «l'âge déterminant étant celui qui correspond au plus proche anniversaire de la naissance» (vgl. auch BGE 102 II 94, 96 II 367, 77 II 153). Nur selten drängt sich eine Interpolation auf: → N 1194.

1189 Ausserhalb des Haftpflichtrechts wird meist ebenfalls auf ganze Jahre gerundet, wobei zum Teil als massgebendes Alter die Differenz zwischen dem laufenden Kalenderjahr und dem Geburtsjahr zu wählen ist (z.B. BVV 2 Art. 13 oder im Steuerrecht, vgl. etwa die in N 492 zit. Weisung der Finanzdirektion des Kantons Zürich).

ELEMENTE DER KAPITALISIERUNG

A. Rundungsmethoden

1190 Zur Rundung des Alters auf ganze Jahre gibt es verschiedene Methoden. Übersichtlich ist z.B. zuerst das Alter auf Jahre, Monate und Tage zu bestimmen und dann weniger als 6 Monate abzurunden bzw. 6 oder mehr Monate aufzurunden, wobei meistens jeder Monat zu 30 Tagen eingesetzt werden darf.

1191 *Beispiel:*

Rechnungstag	10. 3.1994	
Geburtstag der Person	24.11.1982	
genaues Alter am	24.11.1993	11 Jahre
genaues Alter am	24. 2.1994	11 Jahre 3 Monate
genaues Alter am	10. 3.1994	11 Jahre 3 Monate 16 Tage
gerundetes Alter am	10. 3.1994	<u>11 Jahre</u>

1192 Oft kann einfach geschätzt werden, ob mehr oder weniger als 6 Monate vergangen sind:

Beispiel:

Rechnungstag	13.11.1997	
Geburtstag	6. 1.1953	
Alter am	6. 1.1997	44 Jahre
vom 6.1.1997 bis zum 13.11.1997		
vergehen mehr als 6 Monate, gerundet also		<u>1 Jahr</u>
gerundetes Alter am 13.11.1997		<u>45 Jahre</u>

1193 Massgebendes Alter als Differenz zwischen Rechnungsjahr und Geburtsjahr (N 1189):

Beispiel:

Rechnungsjahr	1990
Geburtsjahr	−1917
gerundetes Alter	<u>73 Jahre</u>

ALTERSBESTIMMUNG

B. Interpolation

1194 Ist ausnahmsweise von einem genaueren Alter auszugehen, so können die in den Tabellen aufgeführten Faktoren interpoliert werden (z.B. BGE 112 II 130 und ZR 71/1972 S. 227).

1195 *Beispiel:* Temporäre Aktivitätsrente bis Alter 65 für einen 63½jährigen Mann

Tafel 18^2, Alter des Mannes 63, Schlussalter 65 →   Faktor 1.86
Tafel 18^2, Alter des Mannes 64, Schlussalter 65 →   Faktor 0.96
Mittelwert = (1.86 + 0.96) : 2 =   Faktor 1.41

Dieser Kapitalisierungsfaktor gilt für eine Laufdauer von 1½ Jahren.

1196 Bei temporären Renten mit kurzer Laufzeit mag sich eine genauere Rechnungsweise aufdrängen.

C. Alter am Rechnungstag

1197 Beim Invaliditätsschaden ist auf das Alter des Verletzten am Rechnungstag abzustellen (BGE 112 II 129, 96 II 367; → Beispiel 13). Das Alter am Rechnungstag ist auch dann massgebend, wenn eine aufgeschobene Rente zu kapitalisieren ist, etwa bei Kindern und Jugendlichen, die noch nicht erwerbstätig sind (→ Beispiele 9 und 10).

1198 Beim Versorgungsschaden sind mehrere Alter zu berücksichtigen. Erfolgt die Schadensberechnung und die Kapitalisierung per Todestag (→ Beispiel 36), so ist sowohl das Alter des Versorgers als auch des Versorgten auf diesen Tag ab- oder aufzurunden.

III. Beschreibung der Tafeln

1. Numerierung der Tafeln

1199 **Gliederung der Tafeln**

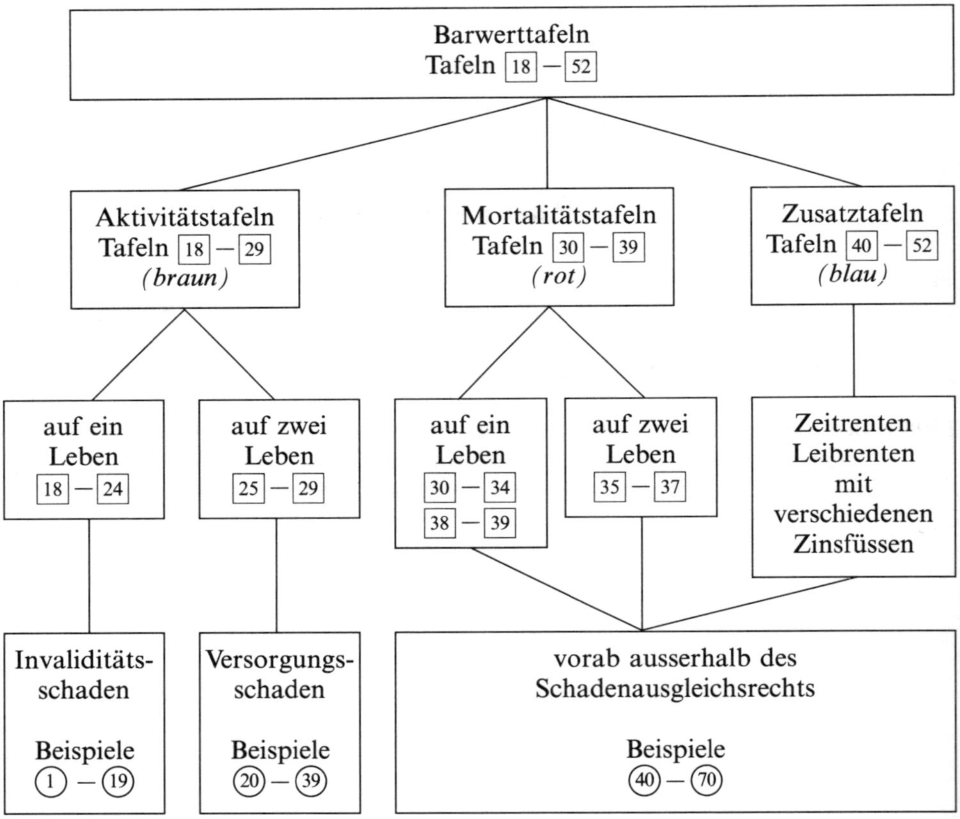
Barwerttafeln
Tafeln 18 – 52
Aktivitätstafeln
Tafeln 18 – 29
(braun)
Mortalitätstafeln
Tafeln 30 – 39
(rot)
Zusatztafeln
Tafeln 40 – 52
(blau)
auf ein Leben
18 – 24
auf zwei Leben
25 – 29
auf ein Leben
30 – 34
38 – 39
auf zwei Leben
35 – 37
Zeitrenten
Leibrenten
mit verschiedenen Zinsfüssen
Invaliditätsschaden
Beispiele
1 – 19
Versorgungsschaden
Beispiele
20 – 39
vorab ausserhalb des Schadenausgleichsrechts
Beispiele
40 – 70

Numerierung der Aktivitäts- und Mortalitätstafeln

	Aktivitätstafeln braun		Mortalitätstafeln rot	
	Männer	Frauen	Männer	Frauen
Rente auf ein Leben				
sofort beginnend	20	20	30	30
Mittelwert Aktivität/Mortalität	20a	20a		
aufgeschoben	21	22	31	32
temporär				
bis zu einem bestimmten Schlussalter	18	19	33^{1-6}*	34^{1-6}
während einer bestimmten Dauer	23	24	33^{7-11}	34^{7-11}
Rente auf zwei Leben				
sofort beginnend	25	27	35	35
Mittelwert Aktivität/Mortalität		27a		
aufgeschoben	29a	29b		
temporär				
bis Schlussalter 65 des Mannes	26		36	
bis Schlussalter 62 der Frau	28		37	
für AHV/IV-Regress	26a/b			

(*33^{1-6} = Seite 1 bis 6 der Tafel 33)

1201   **Konkordanz zur dritten Auflage**

Die Tafelnummern der dritten und vierten Auflage stimmen überein, ausser für die nachfolgenden Tafeln:

vierte Auflage Tafel	dritte Auflage Tafel
18/19	in 23/24 enthalten
20a neu	–
26a/26b neu	–
27a neu	–
28 neu	–
29a	28
29b	29
33/34	33/34 und 37
37 neu	–
38/39 neu	–
40	62
41	62
42	61
43	S. 193
44	65
45	65
46	66
47 neu	–
48	63
49 neu	–
50	64
51 neu	–
52 neu	–
N 845	Tafel 60

1202   Die meisten Tafeln sind im Vergleich zur dritten Auflage erweitert worden.

2. Beschreibung der einzelnen Tafeln

A. Aktivitätstafeln 18 — 29 (braune Seiten)

1203 Aktivitätstafeln beziehen sich auf Renten, die laufen, bis die betreffende Person stirbt oder invalid wird. Beendigungsgrund ist somit entweder der Todesfall oder das Ende der Arbeitsfähigkeit, im Gegensatz zu den Mortalitätstafeln, in denen nur die Sterblichkeit, nicht aber die Invalidität berücksichtigt ist.

1204 Die Aktivitätstafeln 18–24 enthalten Kapitalisierungsfaktoren für Renten auf ein Leben, die also nur eine einzige Person betreffen, während die Tafeln 25–29 für Verbindungsrenten gelten. Letztere hängen einerseits von der Lebensdauer zweier Personen ab, anderseits von der Aktivität der einen oder anderen Person. Sie beziehen sich auf das kürzere von zwei Leben.

1205 Hauptanwendung der Tafeln 18–24: Invaliditätsschaden
(und Regress für Invalidenrenten);
Hauptanwendung der Tafeln 25–29: Versorgungsschaden
(und Regress für Hinterlassenenrenten).

BESCHREIBUNG DER TAFELN

Tafeln 18 und 19

Barwert einer temporären Aktivitätsrente bis Schlussalter
Tafel 18: Männer
Tafel 19: Frauen

1206 Temporäre Aktivitätsrente, d.h. zahlbar längstens bis zu einem bestimmten Schlussalter. Sie beginnt sofort, d.h. am Rechnungstag, und endet mit dem Tod oder bei Arbeitsunfähigkeit, spätestens aber bei Erreichen eines angenommenen Alters.

1207 Die Tafeln 18/19 werden ergänzt durch die Tafeln 23/24, denn statt ein Schlussalter anzunehmen, kann auch auf eine entsprechende Dauer abgestellt werden.

Beispiel:

Alter des Mannes	50 Jahre
Tafel 18[1], Schlussalter 60	→ Faktor 8.05
Tafel 23[2], Dauer 10 Jahre (= 60 − 50)	→ Faktor 8.05

1208 Die Schlussalter in der Tafel 18 (Männer) sind auf die Alter 56 bis 85, diejenigen in der Tafel 19 (Frauen) auf die Alter 53 bis 82 beschränkt. Für andere Schlussalter sind die Tafeln 23/24 zu verwenden, indem statt von einem Schlussalter von einer entsprechenden Dauer ausgegangen wird.

1209 Das heutige AHV-Alter ist besonders gekennzeichnet:
— in Tafel 18 für Männer das Alter 65,
— in Tafel 19 für Frauen das Alter 62.

1210 *Hauptanwendung:*
Invaliditätsschaden bis zur mutmasslichen Pensionierung:
→ Beispiele 2 bis 4, 6, 8 und 12 sowie N 712.
Ferner für den IV-Regress: → Beispiele 1, 5, 6, 16−18.

Tafel 20

Barwert einer sofort beginnenden Aktivitätsrente

1211 Kapitalisierungsfaktoren für Renten, die bis zum Tod oder bis Ende Arbeitsfähigkeit laufen.

1212 Die Werte für Männer und Frauen sind in verschiedenen Kolonnen tabelliert.

1213 *Hauptanwendung:*
Invaliditätsschaden eines Erwerbstätigen: → Beispiele 1, 3, 5, 12.
Zur Regresswertberechnung von UV-Invalidenrenten (zeitliche Kongruenz), nicht aber für IV-Invalidenrenten: → Beispiele 16−19.

BESCHREIBUNG DER TAFELN

Tafel 20a

Barwert einer sofort beginnenden Rente: Mittelwert Aktivität/Mortalität

1214 Arithmetischer Mittelwert zwischen der Aktivitätstafel 20 und der Mortalitätstafel 30.

1215 *Hauptanwendung:*
Invaliditätsschaden einer Hausfrau:
Gemäss neuster bundesgerichtlicher Praxis ist für die Berechnung des Schadens wegen Beeinträchtigung der Haushaltführung vom arithmetischen Mittelwert zwischen Aktivität und Mortalität auszugehen (BGE 113 II 353): → Beispiele 7 und 8.

Tafeln 21 und 22

Barwert einer aufgeschobenen Aktivitätsrente
Tafel 21: Männer
Tafel 22: Frauen

1216 Die Aktivitätsrente beginnt nicht sofort, sondern erst in einem späteren Zeitpunkt, ist also aufgeschoben. Die Aufschubszeit ist in Jahren angegeben. Bezüglich Rentenende entsprechen sie der Tafel 20, laufen also bis Ende Arbeitsfähigkeit bzw. Tod.

1217 Aufgeschobene und temporäre Renten ergänzen sich: → N 1063.

1218 *Hauptanwendung:*
Verletzung eines Kindes: → Beispiele 9 und 10.

Tafeln 23 und 24

Barwert einer temporären Aktivitätsrente für eine bestimmte Dauer
Tafel 23: Männer
Tafel 24: Frauen

1219 Die Aktivitätsrente beginnt sofort, d.h. am Rechnungstag, und endet mit dem Tod oder bei Arbeitsunfähigkeit, jedoch spätestens nach einer bestimmten Dauer.

1220 Die Tafeln 23/24 sind zum Teil identisch mit den Tafeln 18/19: → N 1207.

1221 *Hauptanwendung:*
Veränderliche (steigende oder sinkende) Renten: → Beispiele 8 und 11.
IV-Regress für Kinderrenten: → Beispiele 16–18.
Versorgung eines Kindes: → Beispiele 23 f, 29 f, 35.
AHV- und UV-Regress für Waisenrenten: Beispiele 37–39.

BESCHREIBUNG DER TAFELN

Tafel 25

Barwert einer Verbindungsrente für aktiven Versorger, solange weibliche Versorgte lebt

1222 Die Rente läuft, solange der Versorger lebt und arbeitsfähig ist, längstens bis zum Tod der versorgten Frau.

1223 Kapitalisierungsfaktoren für verbundene Renten auf das kürzere Leben, wobei zusätzlich die Aktivitätserwartung des Versorgers berücksichtigt ist. Allgemein zu den Verbindungsrenten: → N 1066 ff.

1224 Die Tafel 25 ist für männliche Versorger und weibliche Versorgte, die Tafel 27 für weibliche Versorgerinnen und männliche Versorgte bestimmt. Sind versorgende und versorgte Person gleichen Geschlechts: → N 1325.

1225 *Hauptanwendung:*
Versorgungsschaden einer Frau: → Beispiele 20, 22−24, 37−39.
UV-Regress für Witwenrenten (zeitliche Kongruenz): → Beispiel 38.

Tafel 26

Barwert einer temporären Verbindungsrente bis Alter 65 des aktiven Versorgers, solange weibliche Versorgte lebt

1226 Die Rente läuft, solange der Versorger lebt und arbeitsfähig ist, längstens aber bis zum zurückgelegten 65. Altersjahr, und solange die versorgte Frau lebt.

1227 Für andere Schlussalter: → N 219 ff in Beispiel 21a und N 1323 ff. Versorgt eine Frau längstens bis zu ihrem 62. Altersjahr einen Mann: → Tafel 28.

1228 *Hauptanwendung:*
Versorgungsschaden einer Frau, wenn angenommen wird, der Versorger hätte sie längstens bis zu seinem 65. Altersjahr versorgt: → Beispiel 21.
UV-Regress für Witwenrente (zeitliche Kongruenz): → Beispiel 21.

BESCHREIBUNG DER TAFELN

Tafeln 26a und 26b

Tafel 26a
Barwert einer temporären Verbindungsrente für aktiven Versorger bzw. bis Alter 62 der weiblichen Versorgten

Tafel 26b
Barwert einer temporären Verbindungsrente bis Alter 65 des aktiven Versorgers bzw. bis Alter 62 der weiblichen Versorgten

1229 Die Rente der Tafel 26a läuft, solange der Versorger lebt und arbeitsfähig ist und die versorgte Frau lebt, jedoch längstens bis zum zurückgelegten 62. Altersjahr.

1230 Da die AHV eine Witwenrente längstens bis zum zurückgelegten 62. Altersjahr der Witwe ausrichtet, bildet dieser Zeitpunkt einen Endtermin, der beim AHV-Regress zu beachten ist: → Beispiel 20b. Ebenso bezüglich IV-Zusatzrente für die Ehefrau: → N 175 in Beispiel 16.

1231 Die Rente der Tafel 26b läuft einerseits, solange der Versorger lebt und arbeitsfähig ist, aber noch nicht das 65. Altersjahr zurückgelegt hat, und anderseits solange die Frau lebt und noch nicht das 62. Altersjahr zurückgelegt hat.

1232 Wird bei der Berechnung des Haftpflichtanspruchs zusätzlich berücksichtigt, dass die Frau aus dem Erwerbseinkommen ihres Mannes nur bis zu seinem 65. Altersjahr versorgt worden wäre, d.h. der Versorgungsschaden mit Tafel 26 kapitalisiert, so gebietet der Grundsatz der zeitlichen Kongruenz, dass auch dieser Endtermin bei der Regresswertberechnung der AHV-Witwenrente berücksichtigt wird: → Beispiel 21b.

1233 Die Kapitalisierungsfaktoren der Tafeln 26a/26b sind zum Teil identisch. Sie unterscheiden sich nur, wenn die Frau mehr als drei Jahre jünger ist als der Mann.

1234 *Anwendung:*
Regresswertberechnung für AHV-Witwenrenten:
Tafel 26a, wenn der Haftpflichtanspruch mit Tafel 25 berechnet wird: → Beispiele 20, 37–39;
Tafel 26b, wenn der Haftpflichtanspruch mit Tafel 26 berechnet wird: → Beispiel 21.
IV-Regress für Zusatzrente für die Ehefrau: → Beispiele 16–18.

Tafel 27

Barwert einer Verbindungsrente für aktive Versorgerin, solange männlicher Versorgter lebt

1235 Die Rente läuft, solange die Versorgerin lebt und arbeitsfähig ist, längstens bis zum Tod des versorgten Mannes.

1236 Kapitalisierungsfaktoren für verbundene Renten auf das kürzere Leben, wobei zusätzlich die Aktivitätserwartung der Versorgerin berücksichtigt ist. Allgemein zu den Verbindungsrenten: → N 1066 ff.

1237 Die Tafel 27 ist für weibliche Versorgerinnen und männliche Versorgte, die Tafel 25 dagegen für männliche Versorger und weibliche Versorgte bestimmt. Sind versorgende und versorgte gleichen Geschlechts: → N 1325.

1238 *Hauptanwendung:*
Versorgungsschaden eines Mannes: → Beispiele 26, 29 und 30.

Tafel 27a

Barwert einer Verbindungsrente für aktive Versorgerin: Mittelwert Aktivität/Mortalität

1239 Arithmetischer Mittelwert zwischen der Aktivitätstafel 27 und der Mortalitätstafel 35.

1240 In der Tafel 27a ist die Aktivitätserwartung der Frau sowie die Lebenserwartung von Frau und Mann berücksichtigt. Soll statt von der Aktivitätserwartung der Frau von derjenigen des Mannes ausgegangen werden (für den Fall, dass der Mann die Frau versorgt und der Mittelwert Aktivität/Mortalität zugrundegelegt werden soll), ist das arithmetische Mittel zwischen den Kapitalisierungsfaktoren der Tafeln 25 und 35 zu berechnen.

1241 *Anwendung:*
Versorgungsschaden eines Mannes bei Tod einer Hausfrau: → Beispiele 27, 28 und 31.

Tafel 28

Barwert einer temporären .Verbindungsrente bis Alter 62 der aktiven Versorgerin, solange männlicher Versorgter lebt

1242 Die Rente läuft, solange die Versorgerin lebt und arbeitsfähig ist, längstens aber bis zum zurückgelegten 62. Altersjahr, und solange der versorgte Mann lebt.

1243 Für andere Schlussalter: → N 219 ff in Beispiel 21a und N 1323 ff. Versorgt ein Mann längstens bis zu seinem 65. Altersjahr eine Frau: → Tafel 26.

1244 *Hauptanwendung:*
Versorgungsschaden eines Mannes, wenn angenommen wird, dass die Versorgerin ihn bis zu ihrer Pensionierung im Alter 62 versorgt hätte: → Beispiel 28.

Tafeln 29a und 29b

Barwert einer aufgeschobenen Verbindungsrente

Tafel 29a

für Kind als zukünftiger Versorger und weibliche Versorgte

Tafel 29b

für Kind als zukünftige Versorgerin und männlichen Versorgten

1245 Die Aktivitätsrente auf verbundene Leben der Tafeln 29a/29b beginnt nicht sofort, sondern frühestens mit dem mutmasslichen Eintritt des Kindes ins Erwerbsleben, und läuft solange, als es lebt und arbeitsfähig ist, und die versorgte Person lebt. Bei der Aufschubszeit ist oft mit zu berücksichtigen, dass die Versorgung erst beginnt, wenn die versorgte Person unterstützungsbedürftig wird (N 835 ff).

1246 Bei Kindern als zukünftige Versorger (Tafeln 29a/29b) ist deren Geschlecht nicht von Bedeutung, weshalb hier auf das der versorgten Person abgestellt werden kann. Diese Tafeln gelten übrigens auch, wenn nur die Mortalität des Kindes, nicht aber seine Aktivität zu berücksichtigen ist.

1247 *Anwendung:*
Tafel 29a: zukünftige, hypothetische Versorgung einer Frau: → Beispiel 33;
Tafel 29b: zukünftige, hypothetische Versorgung eines Mannes.

BESCHREIBUNG DER TAFELN

B. Mortalitätstafeln $\boxed{30}$ – $\boxed{39}$ (rote Seiten)

1248   Die Mortalitätstafeln enthalten Kapitalisierungsfaktoren für Leibrenten. Sie laufen, bis eine Person stirbt. Die Tafeln 30–34 sowie 38/39 sind für Renten auf ein Leben, die Tafeln 35–37 für Verbindungsrenten auf das kürzere von zwei Leben berechnet.

1249   Die Rechnungsgrundlage der Mortalitätstafeln – die extrapolierte Sterbetafel AHV VIbis – ist in N 951 ff beschrieben.

1250   Lebenslänglich laufende Renten werden in zahlreichen Rechtsgebieten kapitalisiert: → Beispiele 40 bis 68. Ferner werden die Mortalitätstafeln ebenso zur Umrechnung eines Kapitals in eine Leibrente benützt: → Beispiele 43, 46, 49, 55, 61 und 64.

1251   Die Mortalitätstafeln 30–39 sind zu einem Kapitalisierungszinsfuss von 3½% berechnet. Zusätzlich enthalten die Tafeln 44/45 die entsprechenden Kapitalisierungsfaktoren für sofort beginnende Leibrenten auf ein Leben zu 22 Zinsfüssen.

Tafel 30

Barwert einer lebenslänglichen Rente auf ein Leben

1252 Leibrente, die sofort beginnt und bis zum Tod läuft.

1253 Die Werte für Männer und Frauen sind in verschiedenen Kolonnen tabelliert. Andere Zinsfüsse: → Tafeln 44/45.

1254 In der Tafel 30 sind die Kapitalisierungsfaktoren für die Alter 0–99 wiedergegeben. Für die Alter über 99 lauten die Faktoren wie folgt:

Alter	Barwert für Männer	Barwert für Frauen
100	1.75	1.70
101	1.63	1.55
102	1.51	1.41
103	1.40	1.29
104	1.31	1.19
105	1.22	1.09
106	1.17	1.00
107	1.11	0.92
108	1.02	0.86
109	0.54	0.54

1255 Zur Anwendung in einzelnen Rechtsgebieten, etwa im
Familienrecht: → Beispiele 43 und 46
Sachenrecht: → Beispiel 51
in der Personalvorsorge: → Beispiele 59 und 61
sowie im Haftpflichtrecht:
– Ersatz lebenslänglicher Kosten → Beispiel 14
– Pensionsschaden bei Körperverletzung → Beispiel 4.

Tafeln 31 und 32

Barwert einer aufgeschobenen Leibrente
Tafel 31: Männer
Tafel 32: Frauen

1256 Die Leibrente ist aufgeschoben, d.h. sie beginnt nicht sofort, sondern in einem späteren Zeitpunkt, und endet mit dem Tod. Die Aufschubszeit ist in Jahren angegeben.

1257 Die aufgeschobenen Leibrenten der Tafeln 31/32 und die temporären Leibrenten der Tafeln 33/34 ergänzen sich: →N 1063.

1258 Die Tafeln 38/39 betreffen ebenfalls aufgeschobene Leibrenten, die aber nur alle paar Jahre erbracht werden.

1259 *Anwendung:*
Pensionsschaden bei Körperverletzung: → Beispiel 4
Veränderliche Renten im Scheidungs- und Kindesrecht: → Beispiel 43
Anwartschaftliche Altersrenten: → Beispiel 58.

Tafeln 33 und 34

Barwert einer temporären Leibrente
Tafel 33: Männer
Tafel 34: Frauen

1260 Die Leibrente beginnt sofort, d.h. am Rechnungstag, und endet nach einer bestimmten Dauer oder bei Erreichen eines bestimmten Alters, jedoch spätestens mit dem Tod.

1261 Ist die zeitliche Begrenzung durch eine Dauer (Anzahl Jahre) bestimmt, können die ersten sechs Seiten der Tafeln 33/34 benützt werden. Ist die zeitliche Terminierung durch ein Schlussalter gegeben, sind die Seiten sieben bis elf zu verwenden.

1262 Die aufgeschobenen Leibrenten der Tafeln 31/32 und die temporären Leibrenten der Tafeln 33/34 ergänzen sich: → N 1063.

1263 *Anwendung:*
Temporäre bzw. veränderliche Leibrenten: → Beispiele 42, 44, 47, 52, 60 und 63.

Tafel 35

Barwert einer lebenslänglichen Verbindungsrente

1264 Die Rente läuft, bis der Mann oder die Frau stirbt. Die Rente ist damit auf das kürzere Leben gestellt, sie endet mit dem Tod des Zuerststerbenden (→ N 1066).

1265 Ist die Verbindungsrente vom Leben zweier Personen des gleichen Geschlechts abhängig: → N 1325. Zu Verbindungsrenten, die auf das Leben von mehr als zwei Personen gestellt sind: → N 1326. Zur Kapitalisierung von Verbindungsrenten auf das längere Leben: → N 1067 sowie Beispiele 51 und 61.

1266 *Anwendung:*
Lebenslängliche Scheidungsrenten: → Beispiele 40–42
Wohnrecht für zwei Personen: → Beispiel 51
Versorgung im AHV-Alter: → Beispiele 25 und 31
Personalvorsorge: → Beispiele 59 und 61.

Tafel 36

Barwert einer temporären Verbindungsrente bis Alter 65 des Mannes

1267 Die Rente läuft, solange der Mann und die Frau leben, aber längstens bis zum Alter 65 des Mannes. Für andere Schlussalter: → N 1227. Die Tafel 36 entspricht der Tafel 26, die jedoch zusätzlich auf die Arbeitsfähigkeit des Mannes Rücksicht nimmt.

Tafel 37

Barwert einer temporären Verbindungsrente bis Alter 62 der Frau

1268 Die Rente läuft, solange der Mann und die Frau leben, aber längstens bis zum Alter 62 der Frau. Für andere Schlussalter: → N 1243. Die Tafel 37 entspricht der Tafel 28, in der aber zusätzlich die Arbeitsfähigkeit der Frau einkalkuliert ist.

1269 *Anwendung:*
Abgestufte Unterhaltsrente: → Beispiel 41.

Tafeln 38 und 39

Barwert für lebenslängliche Leistungen: zahlbar alle 2, 3, 4, 5 oder 6 Jahre
Tafel 38: Männer
Tafel 39: Frauen

1270 Die Rente läuft lebenslänglich, wird aber nur alle 2, 3, 4, 5 oder 6 Jahre erbracht.

1271 Fällt der Rechnungstag nicht mit dem Zeitpunkt des Rentenbeginns zusammen, ist zusätzlich die Aufschubszeit zu beachten.

1272 Zur Tafel 38 Seite 4: für eine um 5 Jahre aufgeschobene Rente ist der Faktor aus der um 0 Jahre aufgeschobenen Rente abzuleiten, indem 1 abgezogen wird, also beispielsweise für die oberste Zeile 5.83 − 1 = 4.83. Analoges gilt für Tafel 39 Seite 4.

1273 Das Bundesamt für Sozialversicherung hat auf der Grundlage der dritten Auflage der Barwerttafeln eigene Tafeln für die Kapitalisierung bei Sachleistungen der eidg. Invalidenversicherung erstellt und als Tafel 30bis herausgegeben. Die Tafeln 38 und 39 der vorliegenden vierten Auflage entsprechen dieser und sind mit der neuen Sterbetafel der AHV VIbis berechnet.

1274 *Anwendung:*
Lebenslängliche Sachleistungen, die alle n Jahre erbracht werden: → Beispiel 15.

BESCHREIBUNG DER TAFELN

C. Zusatztafeln 40 – 52 (blaue Seiten)

Tafel 40

Ausscheideordnung Mortalität

1275 Auf diesen Grundzahlen beruhen die Barwerte aller Leibrenten der Tafeln 30–39 und 44/45 sowie die durchschnittliche Lebenserwartung (Tafel 42).

1276 Ausgegangen wird von 100 000 Lebenden im Alter 0, von denen jährlich eine gewisse Anzahl durch Tod ausscheidet. Beispiel aus Tafel 40: Im Alter 40 leben 96 853 Männer; im nächsten Jahr sterben 110, so dass im Alter 41 nur noch 96 743 am Leben sind.

1277 Diese Grundwerte sind Bestandteil der Sterbetafel AHV VIbis: → N 951 ff.

1278 Mit den Ausscheideordnungen können die Überlebenswahrscheinlichkeiten berechnet werden, z.B. ob eine versorgte Person nach einer bestimmten Anzahl Jahren noch lebt: → Beispiele 21, 38 und 42. Sie dienen damit der genauen Berechnung des Barwertes temporärer oder aufgeschobener Verbindungsrenten, die nicht tabelliert sind: → N 1323.

Tafel 41

Ausscheideordnung Aktivität

1279 Auf diesen Grundzahlen beruhen die Barwerte aller Aktivitätsrenten der Tafeln 18–29 sowie die mittlere Aktivitätserwartung (Tafel 43).

1280 Ausgegangen wird von 100 000 aktiven Personen im Alter 0. Die Ausscheideordnung enthält für jedes Altersjahr die Zahl der Aktiven, wovon eine gewisse Anzahl sterben oder invalid werden bzw. diejenigen hinzukommen, die wieder aktiv werden.

1281 Der Ausscheideordnung der Tafel 41 liegt zusätzlich zur Sterbetafel AHV VIbis die Aktivitätsstatistik zugrunde: → N 970 ff. Diese basiert im wesentlichen auf den vom Bundesamt für Sozialversicherung berechneten «Technischen Grundlagen der Invalidenversicherung» (zit. in N 936).

1282 Mit der Ausscheideordnung der Aktiven kann ermittelt werden, ob z.B. ein Versorger nach einer bestimmten Anzahl Jahren noch lebt und arbeitsfähig ist: → Beispiele 21 und 38. Mit dieser Methode werden temporäre und aufgeschobene Verbindungsrenten genau berechnet: → N 1323.

BESCHREIBUNG DER TAFELN

Tafel 42

Mittlere Lebenserwartung

1283 Anzahl Jahre, die eine Person eines bestimmten Alters im Durchschnitt noch leben wird. Aus der Tafel 42 lässt sich beispielsweise entnehmen, dass eine 50jährige Frau noch 35.23 Jahre leben würde, wenn die Sterblichkeit genau der Sterbetafel AHV VIbis folgte.

1284 An der mittleren Lebenserwartung kann die zeitliche Entwicklung der Sterblichkeit gemessen werden: N 960.

1285 Die mittlere Lebenserwartung kann zu überschlagsmässigen Schätzungen verwendet werden, führt aber leicht zu Trugschlüssen. So darf sie nicht zur Kapitalisierung von Leibrenten benützt werden. Der Barwert einer Zeitrente für die Dauer der mittleren Lebenserwartung ergibt nicht den Barwert der entsprechenden Leibrente. (Näheres hiezu bei NEHLS, Kapitalisierungstabellen, S. 33 f, und SCHNEIDER/SCHLUND/HAAS, Kapitalisierungs- und Verrentungstabellen, S. 16 f).

1286 Beispiel:

Alter der Frau	60 Jahre
Tafel 42, Lebenserwartung →	26 Jahre
Tafel 50^3, Zeitrente, Dauer 26, 3½% →	Faktor 17.21
Tafel 30, Leibrente, Alter der Frau 60 →	Faktor 16.66
Nur Tafel 30 gibt den richtigen Wert.	

Tafel 43

Mittlere Dauer der Aktivität

1287 Anzahl Jahre, die eine Person eines bestimmten Alters im Durchschnitt noch aktiv, d.h. nicht invalid, sein wird.

1288 Ein Vergleich der mittleren Aktivitätsdauer dient zur Beurteilung von Aktivitätstafeln: N 1011.

BESCHREIBUNG DER TAFELN

1289   Aus Tafel 43 ergibt sich etwa, dass eine 50jährige Frau noch 25 Jahre arbeitsfähig bleiben würde, wenn die Abnahme ihrer Arbeitsfähigkeit der Tafel 41 und ihre Sterblichkeit der Tafel 40 entspräche. Daraus ist nun aber keinesfalls abzuleiten, dass diese Frau im Alter 75 aufhören würde zu arbeiten. Dies besagt lediglich, vereinfacht ausgedrückt, dass von 100 Frauen, die 50 Jahre alt sind, die eine Hälfte, nämlich 50, vor dem Alter 75, die andere Hälfte jedoch nach dem Alter 75 arbeitsunfähig würde. Dazu kommt, dass bei dieser Überlegung die Sterblichkeit vernachlässigt wird, was die Annahme der Arbeitsniederlegung im Alter 75 weiter verfälscht, da die Frau schliesslich auch vor dem Alter 75 sterben könnte.

1290   *Die mittlere Aktivitätserwartung darf nicht zur Kapitalisierung herangezogen werden.* Welche Fehler dabei entstehen können, erhellt folgendes Beispiel: Die mittlere Lebenserwartung eines 40jährigen Mannes beträgt 38.27 (Tafel 42), die mittlere Aktivitätserwartung 28.98 (Tafel 43); die letztere ist damit um 24.27% kleiner als die durchschnittliche Lebenserwartung. Es wäre unzutreffend, den Barwert einer lebenslänglichen Rente nach Tafel 30 von 20.62 um 24.27% zu kürzen, denn dies ergäbe lediglich einen Faktor von 15.62, während gemäss Tafel 20 der Barwert einer entsprechenden Aktivitätsrente 17.79 beträgt.

1291   Der Anspruch auf medizinische Massnahmen gemäss IVG 12 I wird etwa davon abhängig gemacht, ob der zu erwartende Eingliederungserfolg wahrscheinlich während eines bedeutenden Teils der Aktivitätserwartung erhalten bleiben wird (→ BGE 104 V 79, 101 V 50, 97 f und 104).

Tafeln 44 und 45

Barwert einer lebenslänglichen Rente (zu Zinsfüssen von 1% bis 12%)
Tafel 44: Männer
Tafel 45: Frauen

1292   Leibrente, die sofort beginnt und bis zum Tod der betreffenden Person läuft; zu 22 Zinsfüssen berechnet als Ergänzung der Tafel 30, welche die Kapitalisierungsfaktoren für Leibrenten zu einem Zinsfuss von 3½% enthält. Ausserhalb des Haftpflichtrechts werden oft Leibrenten zu verschiedenen Zinsfüssen kapitalisiert: → N 932 und Beispiele 48–50, 55–57, 62–64.

1293   Ist eine Leibrente mit einem Zinsfuss von 0% zu kapitalisieren, so entspricht der Barwert der mittleren Lebenserwartung gemäss Tafel 42. Beispiel: der Kapitalisierungsfaktor einer Leibrente zu einem Zinsfuss von 0% beträgt gemäss Tafel 42 für einen 30jährigen Mann 47.89.

BESCHREIBUNG DER TAFELN

Tafeln 46 und 47

Korrekturfaktoren von aufgeschobenen und temporären Verbindungsrenten (Aktivität)
Tafel 46: für aufgeschobene Verbindungsrenten
Tafel 47: für temporäre Verbindungsrenten

1294 Die Tafel 46 enthält Korrekturfaktoren, um eine aufgeschobene aus einer sofort beginnenden Verbindungsrente für einen Aktiven und eine weibliche Person (Tafel 25) zu berechnen. Tafel 47 dient gleichermassen für die Kapitalisierung temporärer Verbindungsrenten.
Diese Korrekturfaktoren gestatten lediglich eine approximative Berechnung. Da es sich um blosse Schätzungen handelt, gilt die gleiche Korrektur oft für mehrere Altersjahre.

1295 Genauere Barwertberechnungen können mit den Ausscheideordnungen der Tafeln 40/41 durchgeführt werden: → Beispiele 21, 38 und 42 (vgl. auch N 1323 ff).

1296 Anwendung: → Beispiele 34 und 35.

1297 Handelt es sich um eine aktive Versorgerin, die einen Mann versorgt (Tafel 27), können im Sinne einer Annäherung ebenfalls die Korrekturfaktoren der Tafeln 46/47 beigezogen werden, wobei für die 1. Kolonne vom Alter der Frau, für die 2. vom Alter des Mannes auszugehen ist.

1298 Vorbehalt: Bei den Korrekturfaktoren für temporäre Verbindungsrenten (Tafel 47) ist zu beachten, dass deren Barwert nicht höher sein kann als derjenige einer Zeitrente für die gleiche Dauer. Dies gilt insbesondere für temporäre Renten mit kurzer Laufdauer.

1299 Die gleichen Korrekturfaktoren sind auch für die Mortalitätstafel 35 einigermassen zutreffend. Vgl. auch für andere Rechenmethoden Beispiel 42.

Tafel 48

Abzinsungsfaktoren (zu Zinsfüssen von ½% bis 6%)

1300   Barwert der Summe 1, die erst nach einer gewissen Anzahl von Jahren fällig wird und inzwischen keinen Zins einbringt.

1301   Näheres zur Abzinsung (Diskontierung): → N 1118 ff.

1302   Je höher der Kapitalisierungszinsfuss, desto kleiner ist der Abzinsungsfaktor und damit auch der Barwert.

1303   Anwendung: → N 1073 und Beispiel 70.

1304   Die Abzinsungsfaktoren sind zudem auch bei Barwertberechnungen mit Hilfe der Ausscheideordnungen (Tafeln 40/41) beizuziehen: → N 1323.

Tafel 49

Aufzinsungsfaktoren (zu Zinsfüssen von ½% bis 6%)

1305   Betrag, der sich ergibt, wenn die Summe 1 eine gewisse Anzahl von Jahren an Zins gelegt wird. So steigt der Wert von 1 Franken bei einem Zinsfuss von 3½% nach einem Jahr auf 1.035 Franken; nach einem weiteren Jahr auf 1.035×1.035 Fr. = 1.071 Fr.

1306   Je höher der Zinsfuss, desto höher der Aufzinsungsfaktor.

1307   Anwendung: → Beispiel 69.

Tafeln 50–52

1308   Sie geben den Barwert, den Endwert und den reziproken Barwert von Zeitrenten zu zwölf verschiedenen Zinsfüssen wieder (→ N 1155).

1309   Eine Zeitrente läuft während einer im voraus bestimmten Zeit und ist vom Leben und Sterben eines Menschen unabhängig: → N 1071 ff.

1310   Im Gegensatz zu den üblichen Zinseszinstabellen sind die Tafeln 50–52 für eine monatlich vorschüssige Zahlungsweise berechnet. Zur Umrechnung: → N 1179 ff.

1311   Die Tafeln 50–52 sind auf sechs Stellen nach dem Komma berechnet. In den Beispielen – ausgenommen 69 und 70 – sind die Faktoren einfachheitshalber auf zwei Stellen hinter dem Komma gerundet.

BESCHREIBUNG DER TAFELN

Tafel 50

Barwert einer Zeitrente (zu Zinsfüssen von ½% bis 6%)

1312 Heutiger Kapitalwert von künftigen, während einer im voraus bestimmten Zeitspanne periodisch fällig werdenden Leistungen.

1313 Für die in der letzten Zeile angegebenen Kapitalisierungsfaktoren von ewigen Renten: → N 1079 ff.

1314 Anwendung: → Beispiele 42, 44 und 47 (Familienrecht), 53 und 54 (Sachenrecht), 65 (Verwaltungsrecht), 66 (Sicherheitsleistungen) sowie 70 (Zinseszins).

Tafel 51

Endwert einer Zeitrente (zu Zinsfüssen von ½% bis 6%)

1315 Von der Zeitrente, die während einer im voraus bestimmten Zeit erbracht wird, kann ihr Endwert berechnet werden. Der Endwert ist im Gegensatz zum Barwert, welcher dem heutigen Kapitalwert entspricht, der Wert am Ende der Laufdauer der Rente. Der Endwert kann durch Aufzinsung (Tafel 49) des Barwertes berechnet werden. Er ist gleich der Summe der aufgezinsten Rentenbeträge.

1316 Anwendung: → Beispiel 69.

Tafel 52

Reziproker Barwert einer Zeitrente (zu Zinsfüssen von ½% bis 6%)

1317 $$\text{Reziproker Barwert} = \frac{1}{\text{Kapitalisierungsfaktor}}$$

1318 Der reziproke Barwert ergibt sich aus der Division der Zahl 1 durch den Kapitalisierungsfaktor der Tafel 50.

1319 Beispiel: Eine Zeitrente, die während 10 Jahren läuft und mit einem Zinsfuss von 5% abgezinst wird, hat einen Barwert von 7.929 306 (Tafel 50[3]). Deshalb beträgt der reziproke Wert 1 : 7.929 306 = 0.126 114 (Tafel 52[3]).

1320 Anwendung: → Beispiel 70.

3. Fehlende Tafeln und Näherungsverfahren

1321   Für die meisten in der Praxis vorkommenden Fälle genügen die vorliegenden Tafeln. Renten auf ein Leben sind fast vollständig erfasst.

1322   Die Verbindungsrenten dagegen sind so umfangreich und mannigfaltig, dass nicht alle denkbaren Kombinationen aufgenommen werden können. Enthalten sind die Kapitalisierungsfaktoren für Verbindungsrenten auf der Grundlage Mortalität (Tafel 35) und Aktivität (Tafeln 25 und 27), ferner temporäre Verbindungsrenten für das Schlussalter 65 des Mannes (Tafel 26/Beispiel 21 und Tafel 36) und für das Schlussalter 62 der Frau (Tafel 28/Beispiel 28 und Tafel 37/Beispiel 41).

Auch nicht tabellierte Verbindungsrenten können kapitalisiert werden:

1323   — Temporäre und aufgeschobene Verbindungsrenten lassen sich mit verschiedenen Methoden berechnen:
       a) mit den Ausscheideordnungen der Tafeln 40/41 und den Abzinsungsfaktoren der Tafel 48 (genaue Rechnungsweise): → Beispiel 21a N 220 sowie Beispiele 38 und 42;
       b) approximativ mit den Korrekturverfahren der Tafeln 46/47: → Beispiele 34 und 35 sowie N 1294 ff;
       c) annäherungsweise unter Umständen gemäss N 219 in Beispiel 21a.

1324   — Falls eine Person viel jünger ist als die andere, genügt es oft, Renten auf ein Leben heranzuziehen, denn für die ältere ist die Wahrscheinlichkeit, zu sterben oder gegebenenfalls invalid zu werden, viel grösser als für die jüngere. Wird z.B. ein Kind versorgt, kann regelmässig seine Sterbenswahrscheinlichkeit vernachlässigt werden, weshalb statt einer temporären Verbindungsrente eine temporäre Rente auf ein Leben kapitalisiert wird: Tafeln 23/24 (→ Beispiele 23 f und 29 f). Ausserhalb des Schadenersatzrechts → Beispiele 42, 44, 47 N 405.

1325   — Die Verbindungsrenten sind nur für Personen verschiedenen Geschlechts berechnet. Für Gleichgeschlechtige (z.B. Frau versorgt Frau) sind im allgemeinen folgende Annäherungen zulässig:
       a) bei den Aktivitätstafeln ist so vorzugehen, wie wenn die versorgte Person anderen Geschlechts wäre. Wenn z.B. ein 60jähriger Bruder seinen 55jährigen Bruder unterstützt, so kommt der Faktor der Tafel 25 (Alter des Versorgers 60, Alter der Versorgten 55) in Frage;
       b) bei den Mortalitätstafeln, wie wenn die Person mit der längeren Lebenserwartung (Tafel 42) anderen Geschlechts wäre.

1326 Weiter ist es möglich, verbundene Renten auf mehr als zwei Leben zu kapitalisieren, z.B. wenn drei Kindern durch letztwillige Verfügung eine Rente vermacht wird, die bis zum Tod des dritten Kindes läuft. Für die genaue Berechnung des Barwertes einer derartigen Rente auf das Leben mehrerer Personen sind aber versicherungsmathematische Kenntnisse unerlässlich (→ H. U. GERBER, Lebensversicherungsmathematik, 1986, S. 80−90).

1327 Veränderliche Renten können aus temporären und aufgeschobenen Renten berechnet werden: → Beispiele 8, 11 f, 17 f, 34 f, 38, 41 und 47. Mehr hiezu in N 1093−1117.

1328 Die meisten Tafeln sind nur zu 3½% berechnet. Methoden für approximative Umrechnungen auf andere Zinsfüsse sind in N 1152−1173 beschrieben. Für Leibrenten auf ein Leben enthalten die Tafeln 44 und 45 Zinsfüsse von 1% bis 12%, für die reinen Zinseszinsfaktoren der Tafeln 48 bis 52 Zinsfüsse von ½% bis 6%. Unter gewissen Umständen dürfen Zeitrenten (Tafel 50) an Stelle von temporären Leib- oder Verbindungsrenten kapitalisiert werden (→ Beispiele 42, 44, 47).

1329 Schliesslich ist nochmals zu unterstreichen, dass die besonderen Verhältnisse des Einzelfalls stets den Vorrang haben und ein Abweichen von statistischen Durchschnittswerten ausnahmsweise nahelegen können: → N 941−943.

1330 Auf Grund der gegebenen Faktoren und Grundwerte, insbesondere mit den Ausscheideordnungen der Tafeln 40/41 ist es dem Fachmann möglich, mit den Methoden der Lebensversicherungsmathematik noch weitere Kombinationen von Renten zu berechnen. Und ferner können, wenn keine eigentlichen Berechnungen zum Ziele führen, mit Hilfe verfeinerter Verfahren Abschätzungen vorgenommen werden. Dies ist dann allerdings regelmässig Sache des Versicherungsmathematikers. Auch wenn im Einzelfall keine exakte Berechnung möglich ist, so sollten doch Verstösse gegen elementare Rechenregeln vermieden werden.

Fünfter Teil

Tafeln

Aktivitätstafeln Tafeln $\boxed{18}$ — $\boxed{29}$ (braune Seiten)
Verzeichnis: erste braune Seite

Mortalitätstafeln Tafeln $\boxed{30}$ — $\boxed{39}$ (rote Seiten)
Verzeichnis: erste rote Seite

Zusatztafeln Tafeln $\boxed{40}$ — $\boxed{52}$ (blaue Seiten)
Verzeichnis: erste blaue Seite

Anleitung zur Kapitalisierung

Das Ziel der Kapitalisierung ist die Umrechnung einer Rente in ein Kapital. Hiezu ist ein Faktor nötig. Dieser kann aus den nachfolgenden Tafeln abgelesen werden.

Barwert = Faktor × Jahresrente

Die Tafeln gehen von einem Jahresbetrag der Rente von 1 Franken aus. In der dritten Auflage betrug die Jahresrente dagegen 100, weshalb zusätzlich die Jahresrente oder der Faktor durch 100 dividiert werden musste. Diese Division entfällt jetzt.

Zuerst ist die Höhe der Rente zu bestimmen und gegebenenfalls auf ein Jahr umzurechnen. Die Jahresrente entspricht im Schadenersatzrecht z.B. dem jährlichen Erwerbs- oder Versorgungsausfall.

Die Faktoren ergeben sich aus dem Alter der massgebenden Person, der Laufdauer der Rente, dem Zinsfuss und der Zahlungsweise.

Die Rentendauer ist für die Wahl der richtigen Tafel entscheidend. Die Überschrift über den Tafeln gibt kurz die jeweilige Laufdauer der Rente an. Vor der Kapitalisierung ist deshalb Klarheit darüber zu gewinnen, wann die Rente beginnt und wie lange sie läuft.

Kapitalisierungszinsfuss: Die in den Tafeln wiedergegebenen Faktoren sind diskontiert, weil ein Kapital zinstragend angelegt werden kann.

Da im Haftpflichtrecht ein Zinsfuss von 3½% verwendet wird, sind die Aktivitäts- und Mortalitätstafeln (ausgenommen Leibrenten der Tafeln 44/45 und Zinseszinsfaktoren der Tafeln 48 bis 52) nur mit diesem Zinsfuss berechnet. Für die Umrechnung auf einen anderen Zinsfuss: → N 1152 ff.

Je höher der Zinsfuss, desto niedriger der Barwert.

Monatlich vorschüssige Renten sind zu Beginn eines jeden Monats zahlbar. Falls eine andere Zahlungsweise vorgesehen ist, sind die tabellierten Werte zu korrigieren: → N 1179 ff.

Konstante Renten:
Die Tafeln basieren auf Renten, die während der ganzen Laufdauer gleich hoch sind. Wenn möglich, ist deshalb von einem konstanten jährlichen Durchschnittswert auszugehen.

Veränderliche Renten:
Muss eine voraussichtliche spätere Änderung der Verhältnisse berücksichtigt werden, so sind temporäre und aufgeschobene Renten einzusetzen (→ Beispiele 8, 11 f, 34 f, 41 und 47). Der Barwert indexierter Renten kann mittels eines herabgesetzten Kapitalisierungszinsfusses berechnet werden (N 1124−1131).

Auf den gelben Seiten finden sich zahlreiche Rechnungsbeispiele. Die braunen Seiten enthalten die Kapitalisierungsfaktoren für Aktivitätsrenten, die roten für Leibrenten und die blauen u.a. für Zeitrenten.

Aktivitätstafeln

	Tafel
Barwert einer temporären Aktivitätsrente bis Schlussalter — Männer	18
Barwert einer temporären Aktivitätsrente bis Schlussalter — Frauen	19
Barwert einer sofort beginnenden Aktivitätsrente — Männer und Frauen	20
Barwert einer sofort beginnenden Rente — Männer und Frauen Mittelwert Aktivität/Mortalität	20a
Barwert einer aufgeschobenen Aktivitätsrente — Männer	21
Barwert einer aufgeschobenen Aktivitätsrente — Frauen	22
Barwert einer temporären Aktivitätsrente für eine bestimmte Dauer — Männer	23
Barwert einer temporären Aktivitätsrente für eine bestimmte Dauer — Frauen	24
Barwert einer Verbindungsrente für aktiven Versorger, solange weibliche Versorgte lebt	25
Barwert einer temporären Verbindungsrente bis Alter 65 des aktiven Versorgers, solange weibliche Versorgte lebt	26
Barwert einer temporären Verbindungsrente für aktiven Versorger bzw. bis Alter 62 der weiblichen Versorgten	26a
Barwert einer temporären Verbindungsrente bis Alter 65 des aktiven Versorgers bzw. bis Alter 62 der weiblichen Versorgten	26b
Barwert einer Verbindungsrente für aktive Versorgerin, solange männlicher Versorgter lebt	27
Barwert einer Verbindungsrente für aktive Versorgerin, solange männlicher Versorgter lebt Mittelwert Aktivität/Mortalität	27a
Barwert einer temporären Verbindungsrente bis Alter 62 der aktiven Versorgerin, solange männlicher Versorgter lebt	28
Barwert einer aufgeschobenen Verbindungsrente für Kind als zukünftiger Versorger und weibliche Versorgte	29a
Barwert einer aufgeschobenen Verbindungsrente für Kind als zukünftige Versorgerin und männlichen Versorgten	29b

18 Tafel Seite 1 — 3½% — AKTIVITÄT

Temporäre Aktivitätsrente – Männer

Alter heute	zahlbar bis zum Alter ...									
	56	57	58	59	60	61	62	63	64	65
0	24.38	24.50	24.62	24.73	24.83	24.93	25.02	25.11	25.19	25.26
1	24.26	24.39	24.51	24.63	24.74	24.84	24.93	25.02	25.11	25.18
2	24.10	24.23	24.36	24.48	24.59	24.70	24.80	24.89	24.97	25.05
3	23.94	24.07	24.21	24.33	24.45	24.55	24.66	24.75	24.84	24.92
4	23.76	23.90	24.04	24.17	24.29	24.40	24.51	24.61	24.70	24.78
5	23.58	23.72	23.86	23.99	24.12	24.24	24.35	24.45	24.54	24.63
6	23.39	23.54	23.68	23.82	23.95	24.07	24.18	24.29	24.39	24.48
7	23.20	23.35	23.50	23.64	23.78	23.90	24.02	24.13	24.23	24.33
8	22.99	23.16	23.31	23.46	23.60	23.73	23.85	23.96	24.07	24.17
9	22.79	22.96	23.12	23.27	23.41	23.55	23.67	23.79	23.90	24.00
10	22.57	22.74	22.91	23.07	23.22	23.35	23.49	23.61	23.72	23.83
11	22.35	22.53	22.70	22.86	23.02	23.16	23.30	23.42	23.54	23.65
12	22.12	22.30	22.48	22.65	22.81	22.96	23.10	23.23	23.35	23.46
13	21.88	22.07	22.26	22.43	22.60	22.75	22.90	23.03	23.16	23.28
14	21.63	21.83	22.02	22.20	22.38	22.53	22.69	22.83	22.96	23.08
15	21.38	21.59	21.79	21.97	22.15	22.32	22.47	22.62	22.75	22.88
16	21.12	21.33	21.54	21.73	21.91	22.08	22.25	22.40	22.54	22.67
17	20.86	21.08	21.30	21.50	21.68	21.86	22.03	22.18	22.33	22.46
18	20.59	20.82	21.04	21.25	21.44	21.63	21.80	21.96	22.11	22.25
19	20.35	20.59	20.82	21.03	21.24	21.43	21.61	21.77	21.93	22.07
20	20.10	20.34	20.58	20.80	21.02	21.21	21.40	21.57	21.74	21.89
21	19.84	20.10	20.34	20.57	20.79	21.00	21.19	21.37	21.54	21.70
22	19.57	19.83	20.09	20.33	20.56	20.77	20.97	21.16	21.33	21.49
23	19.28	19.56	19.83	20.07	20.31	20.53	20.74	20.93	21.12	21.28
24	18.98	19.26	19.54	19.80	20.04	20.27	20.49	20.69	20.88	21.05
25	18.66	18.96	19.25	19.52	19.77	20.01	20.23	20.44	20.64	20.81
26	18.33	18.64	18.93	19.21	19.47	19.72	19.95	20.17	20.37	20.56
27	17.97	18.29	18.60	18.89	19.16	19.41	19.66	19.88	20.09	20.28
28	17.61	17.94	18.26	18.56	18.84	19.10	19.35	19.58	19.80	20.00
29	17.22	17.56	17.89	18.20	18.50	18.77	19.03	19.27	19.49	19.70
30	16.83	17.18	17.53	17.85	18.15	18.43	18.70	18.95	19.18	19.40
31	16.41	16.78	17.13	17.47	17.78	18.08	18.35	18.61	18.85	19.08
32	15.98	16.36	16.73	17.07	17.40	17.70	17.99	18.26	18.51	18.74
33	15.54	15.94	16.32	16.67	17.01	17.33	17.63	17.90	18.16	18.40
34	15.08	15.49	15.88	16.25	16.60	16.93	17.24	17.52	17.79	18.04
35	14.60	15.03	15.43	15.82	16.18	16.52	16.84	17.13	17.41	17.67
36	14.11	14.55	14.98	15.37	15.75	16.10	16.43	16.74	17.03	17.29
37	13.60	14.06	14.50	14.91	15.30	15.66	16.00	16.32	16.62	16.90
38	13.08	13.56	14.01	14.43	14.84	15.21	15.57	15.90	16.21	16.50
39	12.54	13.03	13.49	13.94	14.35	14.75	15.12	15.46	15.78	16.07
40	11.98	12.49	12.97	13.43	13.86	14.27	14.65	15.01	15.34	15.65
41	11.40	11.92	12.43	12.90	13.35	13.77	14.17	14.54	14.88	15.20
42	10.80	11.35	11.87	12.36	12.83	13.27	13.68	14.06	14.42	14.75
43	10.19	10.75	11.30	11.81	12.29	12.74	13.17	13.57	13.94	14.28
44	9.55	10.14	10.70	11.23	11.73	12.20	12.65	13.06	13.44	13.80
45	8.90	9.51	10.10	10.65	11.17	11.66	12.12	12.55	12.95	13.31
46	8.23	8.86	9.47	10.04	10.59	11.09	11.57	12.01	12.43	12.81
47	7.53	8.19	8.83	9.42	9.98	10.51	11.01	11.47	11.90	12.30
48	6.81	7.50	8.16	8.77	9.36	9.91	10.42	10.90	11.35	11.77
49	6.06	6.78	7.46	8.10	8.71	9.28	9.82	10.32	10.79	11.22

Beispiele ① – ④, ⑯, ⑱

ACTIVITÉ 3½% Table 18 page 2

Rente temporaire d'activité – hommes

Age actuel	payable jusqu'à l'âge de ...									
	56	57	58	59	60	61	62	63	64	65
50	5.30	6.04	6.75	7.42	8.05	8.65	9.21	9.73	10.22	10.66
51	4.49	5.27	6.01	6.71	7.37	7.99	8.58	9.12	9.62	10.09
52	3.67	4.48	5.25	5.98	6.67	7.32	7.93	8.49	9.02	9.51
53	2.80	3.65	4.46	5.22	5.94	6.61	7.25	7.84	8.40	8.91
54	1.91	2.80	3.65	4.44	5.20	5.90	6.57	7.19	7.77	8.30
55	0.97	1.90	2.79	3.62	4.42	5.16	5.86	6.50	7.11	7.67
56		0.97	1.91	2.78	3.61	4.39	5.13	5.81	6.45	7.03
57			0.98	1.91	2.78	3.60	4.37	5.09	5.76	6.38
58				0.97	1.90	2.76	3.58	4.33	5.04	5.69
59					0.97	1.89	2.75	3.55	4.30	4.99
60						0.97	1.88	2.73	3.53	4.26
61							0.97	1.87	2.72	3.50
62								0.96	1.87	2.70
63									0.97	1.86
64										0.96

Age actuel	payable jusqu'à l'âge de ...									
	66	67	68	69	70	71	72	73	74	75
50	11.08	11.45	11.80	12.10	12.37	12.61	12.82	13.00	13.16	13.28
51	10.52	10.92	11.27	11.59	11.87	12.12	12.34	12.53	12.69	12.82
52	9.96	10.37	10.74	11.07	11.37	11.63	11.85	12.05	12.22	12.36
53	9.38	9.80	10.19	10.54	10.85	11.12	11.36	11.56	11.74	11.88
54	8.79	9.24	9.65	10.01	10.33	10.62	10.86	11.08	11.26	11.42
55	8.19	8.66	9.08	9.46	9.80	10.10	10.36	10.58	10.78	10.94
56	7.58	8.07	8.52	8.91	9.27	9.58	9.86	10.09	10.30	10.47
57	6.95	7.47	7.94	8.36	8.73	9.06	9.35	9.60	9.81	9.99
58	6.29	6.84	7.34	7.78	8.17	8.52	8.83	9.09	9.31	9.50
59	5.63	6.20	6.73	7.20	7.62	7.98	8.30	8.58	8.82	9.02
60	4.93	5.55	6.10	6.60	7.04	7.43	7.77	8.07	8.32	8.53
61	4.22	4.87	5.46	5.99	6.46	6.88	7.24	7.55	7.82	8.05
62	3.47	4.16	4.80	5.36	5.86	6.31	6.69	7.03	7.32	7.56
63	2.69	3.43	4.11	4.72	5.26	5.74	6.15	6.51	6.82	7.08
64	1.85	2.66	3.39	4.04	4.63	5.14	5.59	5.97	6.31	6.58
65	0.97	1.84	2.64	3.34	3.98	4.53	5.02	5.44	5.80	6.10
66		0.95	1.83	2.60	3.29	3.90	4.43	4.89	5.28	5.61
67			0.96	1.81	2.57	3.24	3.83	4.33	4.76	5.13
68				0.95	1.79	2.54	3.18	3.74	4.23	4.63
69					0.95	1.78	2.51	3.13	3.67	4.13
70						0.95	1.77	2.48	3.09	3.60
71							0.94	1.75	2.45	3.03
72								0.94	1.74	2.41
73									0.94	1.72
74										0.92

Exemples ① – ④, ⑯, ⑱

18 Tafel Seite 3   3½%   AKTIVITÄT

Temporäre Aktivitätsrente – Männer

Alter heute	\multicolumn{10}{c}{zahlbar bis zum Alter ...}

Alter heute	66	67	68	69	70	71	72	73	74	75
0	25.33	25.39	25.45	25.50	25.54	25.58	25.62	25.65	25.67	25.69
1	25.25	25.32	25.38	25.43	25.48	25.52	25.55	25.58	25.61	25.63
2	25.13	25.19	25.25	25.31	25.36	25.40	25.44	25.47	25.50	25.52
3	25.00	25.07	25.13	25.19	25.24	25.28	25.32	25.35	25.38	25.41
4	24.86	24.93	25.00	25.06	25.11	25.15	25.19	25.23	25.26	25.28
5	24.71	24.79	24.86	24.92	24.97	25.02	25.06	25.09	25.12	25.15
6	24.57	24.64	24.71	24.77	24.83	24.88	24.92	24.96	24.99	25.02
7	24.42	24.50	24.57	24.63	24.69	24.74	24.78	24.82	24.85	24.88
8	24.26	24.34	24.41	24.48	24.54	24.59	24.64	24.68	24.71	24.74
9	24.09	24.18	24.26	24.33	24.39	24.44	24.49	24.53	24.56	24.59
10	23.92	24.01	24.09	24.16	24.23	24.28	24.33	24.37	24.41	24.44
11	23.75	23.84	23.92	24.00	24.06	24.12	24.17	24.22	24.25	24.29
12	23.57	23.66	23.75	23.82	23.89	23.95	24.00	24.05	24.09	24.12
13	23.38	23.48	23.57	23.65	23.72	23.78	23.84	23.88	23.92	23.96
14	23.19	23.29	23.38	23.46	23.54	23.60	23.66	23.71	23.75	23.78
15	22.99	23.10	23.19	23.28	23.35	23.42	23.48	23.53	23.57	23.61
16	22.79	22.89	22.99	23.08	23.16	23.23	23.29	23.34	23.38	23.42
17	22.59	22.70	22.80	22.89	22.97	23.05	23.11	23.16	23.21	23.25
18	22.38	22.49	22.60	22.69	22.78	22.85	22.92	22.97	23.02	23.06
19	22.21	22.33	22.44	22.53	22.62	22.70	22.77	22.82	22.87	22.91
20	22.02	22.15	22.26	22.36	22.45	22.53	22.60	22.66	22.72	22.76
21	21.84	21.97	22.09	22.19	22.29	22.37	22.44	22.50	22.56	22.60
22	21.64	21.78	21.90	22.01	22.11	22.19	22.27	22.33	22.39	22.44
23	21.44	21.58	21.70	21.82	21.92	22.01	22.09	22.15	22.21	22.26
24	21.21	21.35	21.49	21.60	21.71	21.80	21.88	21.95	22.01	22.06
25	20.98	21.13	21.27	21.39	21.50	21.59	21.68	21.75	21.81	21.86
26	20.73	20.89	21.03	21.15	21.27	21.37	21.45	21.53	21.59	21.65
27	20.46	20.62	20.77	20.90	21.02	21.12	21.21	21.29	21.35	21.41
28	20.19	20.35	20.51	20.64	20.76	20.87	20.96	21.04	21.11	21.17
29	19.89	20.07	20.22	20.37	20.49	20.60	20.70	20.78	20.85	20.91
30	19.60	19.78	19.94	20.09	20.22	20.33	20.43	20.52	20.59	20.65
31	19.28	19.47	19.64	19.79	19.92	20.04	20.14	20.23	20.31	20.37
32	18.95	19.15	19.32	19.48	19.62	19.74	19.85	19.94	20.02	20.09
33	18.62	18.82	19.00	19.17	19.31	19.44	19.55	19.64	19.73	19.80
34	18.27	18.48	18.67	18.83	18.98	19.12	19.23	19.33	19.41	19.49
35	17.91	18.12	18.32	18.49	18.64	18.78	18.90	19.00	19.09	19.17
36	17.54	17.76	17.96	18.14	18.30	18.45	18.57	18.68	18.77	18.85
37	17.15	17.38	17.59	17.78	17.94	18.09	18.22	18.33	18.42	18.50
38	16.76	17.00	17.22	17.41	17.58	17.73	17.87	17.98	18.08	18.16
39	16.35	16.59	16.82	17.02	17.20	17.36	17.49	17.61	17.72	17.80
40	15.93	16.19	16.42	16.63	16.81	16.98	17.12	17.24	17.35	17.44
41	15.49	15.76	16.00	16.22	16.41	16.58	16.73	16.85	16.96	17.06
42	15.05	15.33	15.58	15.80	16.00	16.18	16.33	16.46	16.58	16.67
43	14.60	14.88	15.14	15.38	15.58	15.76	15.92	16.06	16.18	16.28
44	14.13	14.42	14.70	14.94	15.15	15.34	15.50	15.65	15.77	15.87
45	13.65	13.96	14.24	14.49	14.72	14.91	15.09	15.23	15.36	15.47
46	13.17	13.49	13.78	14.04	14.27	14.48	14.65	14.81	14.94	15.05
47	12.67	13.00	13.30	13.57	13.81	14.03	14.21	14.37	14.51	14.62
48	12.15	12.50	12.81	13.09	13.34	13.56	13.76	13.92	14.07	14.18
49	11.62	11.98	12.31	12.60	12.86	13.09	13.29	13.46	13.61	13.74

Beispiele ① – ④, ⑯, ⑱

ACTIVITÉ 3½% Table **18** page 4

Rente temporaire d'activité – hommes

Age actuel	payable jusqu'à l'âge de ...									
	76	77	78	79	80	81	82	83	84	85
0	25.71	25.73	25.74	25.75	25.76	25.76	25.77	25.77	25.77	25.78
1	25.65	25.67	25.68	25.69	25.70	25.70	25.71	25.71	25.71	25.72
2	25.54	25.55	25.57	25.58	25.59	25.59	25.60	25.60	25.60	25.61
3	25.43	25.44	25.46	25.47	25.47	25.48	25.49	25.49	25.49	25.50
4	25.30	25.32	25.33	25.35	25.35	25.36	25.37	25.37	25.37	25.38
5	25.17	25.19	25.20	25.21	25.22	25.23	25.24	25.24	25.24	25.25
6	25.04	25.06	25.07	25.08	25.09	25.10	25.11	25.11	25.11	25.12
7	24.90	24.92	24.94	24.95	24.96	24.97	24.97	24.98	24.98	24.99
8	24.76	24.78	24.80	24.81	24.82	24.83	24.83	24.84	24.84	24.85
9	24.62	24.64	24.66	24.67	24.68	24.69	24.69	24.70	24.70	24.70
10	24.46	24.49	24.50	24.52	24.53	24.54	24.54	24.55	24.55	24.55
11	24.31	24.33	24.35	24.37	24.38	24.39	24.39	24.40	24.40	24.40
12	24.15	24.17	24.19	24.20	24.22	24.23	24.23	24.24	24.24	24.24
13	23.98	24.01	24.03	24.04	24.05	24.06	24.07	24.08	24.08	24.08
14	23.81	23.84	23.85	23.87	23.88	23.89	23.90	23.91	23.91	23.91
15	23.64	23.66	23.68	23.70	23.71	23.72	23.73	23.74	23.74	23.74
16	23.45	23.48	23.50	23.52	23.53	23.54	23.55	23.56	23.56	23.56
17	23.28	23.31	23.33	23.35	23.36	23.37	23.38	23.39	23.39	23.39
18	23.09	23.12	23.14	23.16	23.18	23.19	23.20	23.20	23.21	23.21
19	22.95	22.98	23.00	23.02	23.04	23.05	23.06	23.06	23.07	23.07
20	22.79	22.82	22.85	22.87	22.88	22.90	22.91	22.91	22.92	22.92
21	22.64	22.67	22.70	22.72	22.73	22.75	22.76	22.76	22.77	22.77
22	22.47	22.51	22.53	22.55	22.57	22.58	22.59	22.60	22.61	22.61
23	22.30	22.33	22.36	22.38	22.40	22.41	22.42	22.43	22.44	22.44
24	22.10	22.14	22.17	22.19	22.21	22.22	22.23	22.24	22.25	22.25
25	21.91	21.94	21.97	22.00	22.02	22.03	22.04	22.05	22.06	22.06
26	21.69	21.73	21.76	21.78	21.80	21.82	21.83	21.84	21.85	21.85
27	21.46	21.49	21.53	21.55	21.57	21.59	21.60	21.61	21.62	21.62
28	21.22	21.26	21.29	21.32	21.34	21.36	21.37	21.38	21.38	21.39
29	20.96	21.00	21.04	21.07	21.09	21.10	21.12	21.13	21.13	21.14
30	20.71	20.75	20.78	20.81	20.83	20.85	20.87	20.88	20.88	20.89
31	20.43	20.47	20.51	20.54	20.56	20.58	20.59	20.61	20.61	20.62
32	20.14	20.19	20.23	20.26	20.28	20.30	20.31	20.32	20.33	20.34
33	19.85	19.90	19.94	19.97	20.00	20.02	20.03	20.04	20.05	20.06
34	19.55	19.60	19.64	19.67	19.69	19.72	19.73	19.74	19.75	19.76
35	19.23	19.28	19.32	19.35	19.38	19.40	19.42	19.43	19.44	19.45
36	18.91	18.96	19.01	19.04	19.07	19.09	19.11	19.12	19.13	19.14
37	18.57	18.63	18.67	18.71	18.74	18.76	18.78	18.79	18.80	18.81
38	18.23	18.29	18.34	18.37	18.40	18.43	18.44	18.46	18.47	18.48
39	17.87	17.93	17.98	18.02	18.05	18.07	18.09	18.11	18.12	18.12
40	17.51	17.57	17.62	17.66	17.70	17.72	17.74	17.76	17.77	17.77
41	17.13	17.20	17.25	17.29	17.32	17.35	17.37	17.38	17.40	17.40
42	16.75	16.82	16.87	16.91	16.95	16.98	17.00	17.01	17.02	17.03
43	16.36	16.43	16.48	16.53	16.57	16.59	16.62	16.63	16.64	16.65
44	15.96	16.03	16.09	16.13	16.17	16.20	16.22	16.24	16.25	16.26
45	15.56	15.63	15.69	15.74	15.78	15.81	15.83	15.85	15.86	15.87
46	15.14	15.22	15.28	15.33	15.37	15.41	15.43	15.45	15.46	15.47
47	14.72	14.80	14.86	14.92	14.96	14.99	15.02	15.04	15.05	15.06
48	14.28	14.37	14.44	14.49	14.53	14.57	14.59	14.61	14.63	14.64
49	13.84	13.93	14.00	14.05	14.10	14.13	14.16	14.18	14.20	14.21

Exemples ① – ④, ⑯, ⑱

18 Tafel Seite 5 — 3½% — AKTIVITÄT

Temporäre Aktivitätsrente – Männer

Alter heute	\multicolumn{10}{c}{zahlbar bis zum Alter ...}									
	76	77	78	79	80	81	82	83	84	85
50	13.39	13.48	13.56	13.62	13.66	13.70	13.73	13.75	13.77	13.78
51	12.94	13.03	13.11	13.17	13.22	13.26	13.29	13.31	13.32	13.34
52	12.48	12.58	12.66	12.72	12.77	12.81	12.84	12.87	12.88	12.90
53	12.01	12.11	12.19	12.26	12.31	12.36	12.39	12.41	12.43	12.44
54	11.55	11.65	11.74	11.81	11.87	11.91	11.95	11.97	11.99	12.00
55	11.07	11.19	11.28	11.35	11.41	11.46	11.49	11.52	11.54	11.55
56	10.61	10.73	10.82	10.90	10.96	11.01	11.05	11.07	11.10	11.11
57	10.14	10.26	10.37	10.45	10.51	10.56	10.60	10.63	10.65	10.67
58	9.66	9.79	9.90	9.98	10.05	10.11	10.15	10.18	10.20	10.22
59	9.19	9.32	9.44	9.53	9.60	9.66	9.70	9.73	9.76	9.77
60	8.71	8.85	8.97	9.07	9.15	9.21	9.25	9.29	9.31	9.33
61	8.23	8.39	8.52	8.62	8.70	8.77	8.82	8.85	8.88	8.90
62	7.76	7.92	8.06	8.17	8.26	8.33	8.38	8.42	8.45	8.47
63	7.29	7.47	7.62	7.73	7.83	7.90	7.96	8.00	8.03	8.05
64	6.82	7.01	7.17	7.30	7.40	7.48	7.54	7.58	7.62	7.64
65	6.35	6.56	6.73	6.87	6.98	7.07	7.13	7.18	7.22	7.25
66	5.89	6.12	6.30	6.45	6.57	6.67	6.74	6.79	6.83	6.86
67	5.43	5.68	5.89	6.06	6.19	6.29	6.37	6.43	6.47	6.51
68	4.97	5.25	5.48	5.66	5.81	5.92	6.01	6.07	6.12	6.16
69	4.50	4.82	5.07	5.28	5.44	5.57	5.67	5.75	5.80	5.84
70	4.03	4.38	4.67	4.90	5.09	5.24	5.35	5.43	5.49	5.54
71	3.52	3.93	4.26	4.52	4.73	4.90	5.03	5.12	5.20	5.25
72	2.98	3.45	3.83	4.13	4.38	4.57	4.72	4.83	4.91	4.97
73	2.38	2.93	3.37	3.73	4.01	4.24	4.41	4.54	4.63	4.70
74	1.70	2.34	2.86	3.28	3.62	3.88	4.08	4.23	4.35	4.43
75	0.92	1.69	2.31	2.81	3.21	3.53	3.77	3.95	4.08	4.18
76		0.92	1.67	2.27	2.76	3.13	3.42	3.64	3.80	3.92
77			0.91	1.64	2.23	2.69	3.04	3.31	3.50	3.65
78				0.90	1.63	2.19	2.63	2.95	3.19	3.37
79					0.91	1.61	2.15	2.56	2.86	3.08
80						0.90	1.59	2.10	2.49	2.76
81							0.89	1.56	2.05	2.41
82								0.88	1.53	2.01
83									0.88	1.51
84										0.87

Beispiele ① – ④, ⑯, ⑱

ACTIVITÉ 3½% Table 19
page 1

Rente temporaire d'activité – femmes

Age actuel	payable jusqu'à l'âge de ...									
	53	54	55	56	57	58	59	60	61	62
0	24.14	24.29	24.43	24.57	24.70	24.83	24.95	25.06	25.18	25.28
1	24.01	24.17	24.32	24.46	24.59	24.73	24.85	24.97	25.09	25.20
2	23.85	24.01	24.16	24.31	24.45	24.59	24.72	24.84	24.96	25.08
3	23.66	23.83	23.99	24.14	24.29	24.43	24.56	24.69	24.82	24.94
4	23.48	23.66	23.82	23.98	24.13	24.28	24.42	24.55	24.68	24.80
5	23.29	23.47	23.64	23.80	23.96	24.11	24.26	24.39	24.53	24.65
6	23.08	23.27	23.45	23.62	23.78	23.93	24.08	24.23	24.37	24.50
7	22.89	23.08	23.26	23.44	23.60	23.77	23.92	24.07	24.21	24.35
8	22.67	22.87	23.06	23.24	23.42	23.58	23.74	23.90	24.05	24.19
9	22.45	22.65	22.85	23.04	23.22	23.39	23.56	23.72	23.87	24.01
10	22.22	22.43	22.63	22.83	23.01	23.19	23.36	23.53	23.69	23.84
11	21.98	22.20	22.41	22.61	22.81	22.99	23.17	23.34	23.51	23.66
12	21.74	21.96	22.18	22.39	22.59	22.78	22.96	23.14	23.31	23.47
13	21.48	21.72	21.94	22.16	22.37	22.57	22.76	22.94	23.12	23.28
14	21.22	21.46	21.69	21.92	22.13	22.34	22.53	22.72	22.91	23.08
15	20.95	21.20	21.44	21.67	21.89	22.11	22.31	22.51	22.70	22.87
16	20.67	20.93	21.18	21.42	21.65	21.87	22.08	22.29	22.48	22.67
17	20.38	20.65	20.91	21.16	21.39	21.62	21.84	22.05	22.25	22.45
18	20.09	20.37	20.64	20.90	21.14	21.38	21.61	21.83	22.03	22.23
19	19.81	20.10	20.37	20.64	20.89	21.14	21.38	21.60	21.82	22.02
20	19.51	19.81	20.10	20.38	20.64	20.90	21.14	21.38	21.60	21.81
21	19.21	19.52	19.82	20.10	20.38	20.64	20.89	21.14	21.37	21.59
22	18.88	19.20	19.51	19.80	20.09	20.36	20.62	20.88	21.12	21.35
23	18.54	18.87	19.19	19.50	19.79	20.08	20.35	20.61	20.86	21.10
24	18.19	18.53	18.86	19.18	19.49	19.78	20.06	20.33	20.59	20.84
25	17.81	18.17	18.51	18.84	19.15	19.46	19.75	20.03	20.30	20.55
26	17.42	17.79	18.15	18.49	18.82	19.13	19.43	19.72	20.00	20.26
27	17.02	17.41	17.77	18.13	18.47	18.79	19.10	19.40	19.69	19.96
28	16.61	17.01	17.39	17.76	18.11	18.45	18.77	19.08	19.38	19.66
29	16.18	16.59	16.98	17.36	17.73	18.08	18.41	18.73	19.04	19.33
30	15.73	16.16	16.57	16.96	17.34	17.70	18.05	18.38	18.70	19.00
31	15.27	15.72	16.14	16.54	16.93	17.31	17.67	18.01	18.34	18.66
32	14.79	15.25	15.69	16.11	16.51	16.90	17.27	17.63	17.97	18.30
33	14.30	14.78	15.23	15.67	16.09	16.49	16.87	17.24	17.60	17.93
34	13.80	14.29	14.76	15.21	15.64	16.06	16.46	16.84	17.21	17.56
35	13.27	13.78	14.26	14.73	15.18	15.61	16.02	16.42	16.80	17.16
36	12.72	13.25	13.75	14.24	14.70	15.15	15.57	15.99	16.38	16.75
37	12.16	12.71	13.23	13.73	14.21	14.68	15.12	15.54	15.95	16.34
38	11.58	12.15	12.69	13.21	13.70	14.19	14.64	15.09	15.51	15.91
39	10.98	11.57	12.12	12.66	13.18	13.68	14.15	14.61	15.05	15.46
40	10.36	10.97	11.55	12.11	12.64	13.16	13.65	14.13	14.58	15.01
41	9.71	10.34	10.94	11.53	12.08	12.61	13.12	13.62	14.09	14.53
42	9.05	9.71	10.33	10.93	11.50	12.06	12.59	13.10	13.58	14.05
43	8.37	9.04	9.69	10.31	10.91	11.48	12.03	12.56	13.06	13.54
44	7.66	8.37	9.03	9.68	10.30	10.90	11.46	12.01	12.54	13.03
45	6.92	7.65	8.35	9.02	9.66	10.28	10.86	11.43	11.98	12.49
46	6.17	6.92	7.64	8.34	9.00	9.65	10.26	10.85	11.41	11.95
47	5.37	6.16	6.90	7.63	8.31	8.98	9.62	10.23	10.81	11.37
48	4.56	5.37	6.15	6.90	7.61	8.30	8.96	9.60	10.21	10.78
49	3.72	4.56	5.37	6.15	6.89	7.61	8.29	8.95	9.59	10.18

Exemples ⑤ – ⑧

19 Tafel Seite 2 — 3½% — AKTIVITÄT

Temporäre Aktivitätsrente – Frauen

Alter heute	zahlbar bis zum Alter ...									
	53	54	55	56	57	58	59	60	61	62
50	2.84	3.72	4.55	5.36	6.14	6.88	7.59	8.28	8.93	9.56
51	1.93	2.84	3.71	4.55	5.35	6.13	6.86	7.58	8.26	8.90
52	0.98	1.93	2.83	3.70	4.54	5.34	6.11	6.85	7.56	8.23
53		0.99	1.93	2.84	3.70	4.54	5.34	6.11	6.85	7.54
54			0.98	1.92	2.82	3.70	4.53	5.33	6.09	6.82
55				0.99	1.92	2.83	3.69	4.53	5.33	6.08
56					0.98	1.92	2.82	3.69	4.52	5.31
57						0.99	1.92	2.83	3.69	4.51
58							0.98	1.92	2.82	3.68
59								0.99	1.93	2.82
60									0.98	1.92
61										0.97

Alter heute	zahlbar bis zum Alter ...									
	63	64	65	66	67	68	69	70	71	72
50	10.15	10.72	11.26	11.76	12.23	12.68	13.09	13.48	13.83	14.16
51	9.53	10.11	10.67	11.19	11.68	12.15	12.58	12.98	13.35	13.69
52	8.88	9.49	10.07	10.61	11.12	11.60	12.05	12.47	12.85	13.20
53	8.21	8.85	9.45	10.02	10.55	11.05	11.52	11.95	12.35	12.71
54	7.52	8.18	8.81	9.39	9.95	10.47	10.95	11.40	11.82	12.20
55	6.81	7.50	8.15	8.76	9.34	9.88	10.38	10.85	11.28	11.68
56	6.06	6.78	7.46	8.10	8.69	9.26	9.79	10.27	10.72	11.14
57	5.30	6.05	6.76	7.42	8.04	8.63	9.18	9.69	10.16	10.59
58	4.50	5.28	6.02	6.71	7.36	7.97	8.54	9.07	9.56	10.01
59	3.68	4.49	5.26	5.98	6.66	7.30	7.90	8.45	8.96	9.43
60	2.81	3.66	4.46	5.22	5.92	6.59	7.22	7.79	8.33	8.82
61	1.91	2.79	3.64	4.42	5.16	5.86	6.51	7.12	7.67	8.18
62	0.98	1.91	2.79	3.61	4.38	5.11	5.80	6.43	7.01	7.54
63		0.97	1.90	2.77	3.58	4.35	5.07	5.73	6.35	6.91
64			0.98	1.89	2.75	3.56	4.32	5.02	5.67	6.26
65				0.97	1.88	2.74	3.54	4.29	4.97	5.60
66					0.97	1.88	2.74	3.52	4.26	4.92
67						0.97	1.88	2.72	3.50	4.21
68							0.97	1.87	2.71	3.47
69								0.97	1.86	2.68
70									0.97	1.85
71										0.96

Beispiele ⑤ – ⑧

ACTIVITÉ 3½% Table 19 page 3

Rente temporaire d'activité – femmes

Age actuel	\multicolumn{10}{c}{payable jusqu'à l'âge de ...}
	63	64	65	66	67	68	69	70	71	72
0	25.38	25.48	25.57	25.66	25.74	25.81	25.89	25.95	26.01	26.07
1	25.31	25.41	25.50	25.59	25.67	25.75	25.83	25.89	25.96	26.01
2	25.19	25.29	25.39	25.48	25.57	25.65	25.73	25.80	25.86	25.92
3	25.05	25.16	25.26	25.35	25.44	25.53	25.61	25.68	25.75	25.81
4	24.92	25.03	25.13	25.23	25.33	25.41	25.49	25.57	25.64	25.70
5	24.78	24.89	25.00	25.10	25.20	25.29	25.37	25.45	25.52	25.59
6	24.62	24.74	24.85	24.96	25.06	25.15	25.24	25.32	25.40	25.46
7	24.48	24.60	24.72	24.83	24.93	25.03	25.12	25.20	25.28	25.35
8	24.32	24.45	24.57	24.68	24.79	24.89	24.98	25.07	25.15	25.22
9	24.15	24.28	24.41	24.53	24.64	24.74	24.84	24.93	25.01	25.09
10	23.98	24.12	24.25	24.37	24.48	24.59	24.69	24.79	24.87	24.95
11	23.81	23.95	24.09	24.21	24.33	24.44	24.55	24.64	24.73	24.81
12	23.63	23.77	23.91	24.04	24.17	24.28	24.39	24.49	24.58	24.66
13	23.44	23.59	23.74	23.87	24.00	24.12	24.23	24.33	24.43	24.52
14	23.25	23.40	23.55	23.69	23.82	23.94	24.06	24.17	24.27	24.36
15	23.05	23.21	23.36	23.51	23.64	23.77	23.89	24.00	24.10	24.20
16	22.84	23.01	23.17	23.32	23.46	23.59	23.72	23.83	23.94	24.03
17	22.63	22.80	22.97	23.12	23.27	23.41	23.53	23.65	23.76	23.86
18	22.42	22.60	22.77	22.93	23.09	23.23	23.36	23.48	23.60	23.70
19	22.22	22.41	22.59	22.75	22.91	23.06	23.19	23.32	23.44	23.55
20	22.02	22.21	22.40	22.57	22.73	22.88	23.03	23.16	23.28	23.39
21	21.80	22.00	22.19	22.37	22.54	22.70	22.85	22.98	23.11	23.22
22	21.56	21.77	21.97	22.15	22.33	22.49	22.65	22.79	22.92	23.04
23	21.32	21.54	21.74	21.94	22.12	22.29	22.44	22.59	22.73	22.85
24	21.07	21.29	21.51	21.70	21.89	22.07	22.23	22.38	22.52	22.65
25	20.80	21.03	21.25	21.45	21.65	21.83	22.00	22.15	22.30	22.43
26	20.52	20.76	20.98	21.20	21.40	21.59	21.76	21.92	22.08	22.21
27	20.23	20.47	20.71	20.93	21.14	21.33	21.51	21.68	21.84	21.98
28	19.93	20.19	20.43	20.66	20.87	21.08	21.27	21.44	21.60	21.75
29	19.61	19.88	20.13	20.37	20.59	20.80	21.00	21.18	21.34	21.50
30	19.29	19.57	19.83	20.07	20.30	20.52	20.72	20.91	21.08	21.24
31	18.96	19.24	19.51	19.77	20.00	20.23	20.44	20.63	20.81	20.98
32	18.61	18.90	19.18	19.45	19.69	19.93	20.14	20.34	20.53	20.70
33	18.26	18.56	18.85	19.12	19.38	19.62	19.84	20.05	20.24	20.42
34	17.89	18.21	18.51	18.79	19.05	19.30	19.53	19.75	19.95	20.13
35	17.51	17.84	18.15	18.44	18.71	18.97	19.21	19.43	19.64	19.83
36	17.11	17.45	17.77	18.07	18.36	18.63	18.88	19.11	19.32	19.52
37	16.71	17.06	17.40	17.71	18.00	18.28	18.54	18.78	19.00	19.20
38	16.29	16.66	17.00	17.33	17.63	17.92	18.19	18.44	18.67	18.88
39	15.86	16.24	16.60	16.93	17.25	17.55	17.82	18.08	18.32	18.54
40	15.42	15.82	16.19	16.53	16.86	17.17	17.46	17.72	17.97	18.20
41	14.96	15.37	15.75	16.11	16.45	16.77	17.07	17.34	17.60	17.83
42	14.49	14.91	15.31	15.68	16.04	16.37	16.68	16.96	17.23	17.47
43	14.00	14.44	14.85	15.24	15.61	15.95	16.27	16.57	16.84	17.09
44	13.51	13.96	14.39	14.79	15.17	15.53	15.86	16.17	16.45	16.71
45	12.99	13.46	13.90	14.32	14.71	15.08	15.43	15.75	16.04	16.31
46	12.46	12.95	13.41	13.84	14.25	14.63	14.99	15.32	15.63	15.91
47	11.90	12.41	12.89	13.34	13.76	14.16	14.53	14.87	15.19	15.48
48	11.34	11.86	12.36	12.82	13.26	13.67	14.06	14.42	14.75	15.05
49	10.76	11.30	11.82	12.30	12.76	13.19	13.59	13.96	14.30	14.62

Exemples ⑤ – ⑧

19 Tafel Seite 4   3½%   AKTIVITÄT

Temporäre Aktivitätsrente – Frauen

Alter heute	zahlbar bis zum Alter ...									
	73	74	75	76	77	78	79	80	81	82
0	26.12	26.16	26.20	26.24	26.27	26.30	26.32	26.34	26.36	26.37
1	26.07	26.11	26.16	26.19	26.23	26.26	26.28	26.30	26.32	26.33
2	25.98	26.02	26.07	26.11	26.14	26.17	26.20	26.22	26.24	26.25
3	25.86	25.91	25.96	26.00	26.04	26.07	26.09	26.12	26.13	26.15
4	25.76	25.81	25.86	25.90	25.94	25.97	26.00	26.02	26.04	26.06
5	25.65	25.70	25.75	25.80	25.83	25.87	25.90	25.92	25.94	25.96
6	25.53	25.58	25.63	25.68	25.72	25.75	25.78	25.81	25.83	25.84
7	25.41	25.47	25.52	25.57	25.61	25.65	25.68	25.70	25.72	25.74
8	25.29	25.35	25.41	25.45	25.50	25.53	25.56	25.59	25.61	25.63
9	25.16	25.22	25.28	25.32	25.37	25.41	25.44	25.47	25.49	25.51
10	25.02	25.09	25.14	25.20	25.24	25.28	25.31	25.34	25.37	25.39
11	24.89	24.95	25.01	25.07	25.11	25.15	25.19	25.22	25.24	25.26
12	24.74	24.81	24.87	24.93	24.98	25.02	25.05	25.08	25.11	25.13
13	24.59	24.67	24.73	24.79	24.84	24.88	24.92	24.95	24.98	25.00
14	24.44	24.51	24.58	24.64	24.69	24.74	24.77	24.81	24.83	24.86
15	24.28	24.36	24.43	24.49	24.54	24.59	24.63	24.66	24.69	24.71
16	24.12	24.20	24.27	24.34	24.39	24.44	24.48	24.52	24.55	24.57
17	23.95	24.04	24.11	24.18	24.23	24.28	24.33	24.36	24.39	24.42
18	23.79	23.88	23.96	24.03	24.08	24.14	24.18	24.22	24.25	24.27
19	23.64	23.73	23.81	23.88	23.94	24.00	24.04	24.08	24.11	24.14
20	23.49	23.58	23.67	23.74	23.80	23.86	23.91	23.95	23.98	24.01
21	23.33	23.43	23.51	23.59	23.65	23.71	23.76	23.80	23.84	23.86
22	23.15	23.25	23.34	23.41	23.48	23.54	23.59	23.64	23.67	23.70
23	22.96	23.07	23.16	23.24	23.31	23.37	23.43	23.47	23.51	23.54
24	22.77	22.88	22.97	23.06	23.13	23.19	23.25	23.29	23.33	23.36
25	22.55	22.67	22.76	22.85	22.93	22.99	23.05	23.10	23.14	23.17
26	22.34	22.45	22.56	22.65	22.72	22.79	22.85	22.90	22.94	22.98
27	22.11	22.23	22.34	22.43	22.51	22.58	22.64	22.69	22.74	22.77
28	21.88	22.01	22.12	22.21	22.30	22.37	22.43	22.49	22.53	22.57
29	21.64	21.76	21.88	21.98	22.06	22.14	22.21	22.26	22.31	22.34
30	21.39	21.52	21.64	21.74	21.83	21.91	21.98	22.03	22.08	22.12
31	21.13	21.26	21.38	21.49	21.58	21.67	21.74	21.80	21.84	21.88
32	20.85	21.00	21.12	21.23	21.33	21.41	21.49	21.55	21.60	21.64
33	20.58	20.73	20.86	20.97	21.07	21.16	21.24	21.30	21.35	21.40
34	20.30	20.45	20.58	20.70	20.81	20.90	20.97	21.04	21.09	21.14
35	20.00	20.16	20.30	20.42	20.53	20.62	20.70	20.77	20.83	20.87
36	19.69	19.86	20.00	20.13	20.24	20.34	20.42	20.49	20.55	20.60
37	19.39	19.55	19.70	19.84	19.95	20.05	20.14	20.21	20.27	20.32
38	19.07	19.24	19.40	19.53	19.65	19.76	19.85	19.92	19.99	20.04
39	18.73	18.92	19.08	19.22	19.34	19.45	19.54	19.62	19.69	19.74
40	18.40	18.59	18.76	18.90	19.03	19.14	19.24	19.32	19.39	19.44
41	18.05	18.24	18.41	18.57	18.70	18.82	18.92	19.00	19.07	19.13
42	17.69	17.89	18.07	18.23	18.37	18.49	18.59	18.68	18.75	18.81
43	17.32	17.53	17.72	17.88	18.02	18.15	18.26	18.35	18.42	18.48
44	16.95	17.17	17.36	17.53	17.68	17.81	17.92	18.01	18.09	18.16
45	16.56	16.78	16.98	17.16	17.31	17.45	17.56	17.66	17.74	17.81
46	16.16	16.40	16.60	16.79	16.95	17.09	17.21	17.31	17.39	17.46
47	15.74	15.99	16.20	16.39	16.56	16.70	16.83	16.93	17.02	17.09
48	15.32	15.58	15.80	16.00	16.17	16.32	16.45	16.56	16.65	16.72
49	14.90	15.16	15.39	15.60	15.78	15.93	16.07	16.18	16.27	16.35

Beispiele ⑤ – ⑧

ACTIVITÉ 3½% Table 19 page 5

Rente temporaire d'activité – femmes

Age actuel	payable jusqu'à l'âge de ...									
	73	74	75	76	77	78	79	80	81	82
50	14.46	14.73	14.97	15.18	15.37	15.53	15.67	15.78	15.88	15.96
51	14.00	14.28	14.53	14.75	14.94	15.11	15.25	15.38	15.48	15.56
52	13.52	13.82	14.08	14.31	14.51	14.68	14.83	14.96	15.06	15.15
53	13.05	13.35	13.62	13.86	14.07	14.25	14.41	14.54	14.65	14.74
54	12.55	12.86	13.14	13.39	13.61	13.80	13.96	14.10	14.21	14.31
55	12.04	12.37	12.66	12.92	13.15	13.35	13.51	13.66	13.78	13.87
56	11.51	11.86	12.16	12.43	12.67	12.87	13.05	13.20	13.32	13.42
57	10.98	11.34	11.65	11.93	12.18	12.39	12.58	12.73	12.86	12.97
58	10.42	10.79	11.12	11.41	11.67	11.89	12.09	12.25	12.38	12.49
59	9.85	10.24	10.59	10.89	11.16	11.39	11.59	11.76	11.90	12.01
60	9.26	9.67	10.03	10.35	10.62	10.87	11.08	11.25	11.40	11.52
61	8.65	9.07	9.45	9.78	10.08	10.33	10.55	10.73	10.88	11.01
62	8.03	8.47	8.87	9.22	9.52	9.79	10.02	10.21	10.37	10.50
63	7.42	7.89	8.30	8.67	8.99	9.27	9.51	9.71	9.88	10.02
64	6.80	7.29	7.73	8.12	8.46	8.75	9.01	9.22	9.40	9.54
65	6.18	6.70	7.16	7.57	7.93	8.24	8.51	8.74	8.93	9.08
66	5.53	6.09	6.58	7.02	7.40	7.73	8.02	8.26	8.46	8.62
67	4.86	5.45	5.98	6.44	6.85	7.20	7.51	7.77	7.98	8.15
68	4.16	4.79	5.36	5.85	6.29	6.67	6.99	7.27	7.50	7.68
69	3.42	4.10	4.71	5.24	5.71	6.12	6.47	6.76	7.00	7.21
70	2.65	3.39	4.04	4.61	5.12	5.56	5.93	6.25	6.52	6.73
71	1.83	2.63	3.33	3.96	4.51	4.98	5.39	5.74	6.02	6.26
72	0.95	1.82	2.60	3.28	3.88	4.40	4.85	5.23	5.54	5.80
73		0.96	1.81	2.57	3.23	3.80	4.29	4.71	5.05	5.34
74			0.95	1.79	2.52	3.16	3.71	4.17	4.56	4.87
75				0.94	1.77	2.48	3.10	3.62	4.05	4.41
76					0.94	1.75	2.45	3.04	3.53	3.94
77						0.94	1.74	2.42	2.98	3.45
78							0.94	1.72	2.37	2.91
79								0.93	1.70	2.33
80									0.92	1.67
81										0.92

Exemples ⑤ – ⑧

20 Tafel / Table — 3½% — AKTIVITÄT / ACTIVITÉ

Sofort beginnende Aktivitätsrente – Rente immédiate d'activité

Alter	Männer	Frauen	Age	Hommes	Femmes
0	25.78	26.42	50	13.80	16.23
1	25.72	26.38	51	13.36	15.84
2	25.61	26.30	52	12.92	15.44
3	25.50	26.20	53	12.47	15.04
4	25.38	26.11	54	12.03	14.62
5	25.25	26.01	55	11.58	14.20
6	25.12	25.90	56	11.14	13.76
7	24.99	25.80	57	10.70	13.32
8	24.85	25.69	58	10.25	12.86
9	24.71	25.57	59	9.81	12.40
10	24.56	25.45	60	9.37	11.92
11	24.41	25.33	61	8.94	11.43
12	24.25	25.20	62	8.51	10.94
13	24.09	25.07	63	8.10	10.48
14	23.92	24.93	64	7.69	10.03
15	23.75	24.79	65	7.30	9.60
16	23.57	24.65	66	6.92	9.17
17	23.40	24.50	67	6.57	8.74
18	23.22	24.36	68	6.23	8.31
19	23.08	24.23	69	5.92	7.88
20	22.93	24.10	70	5.63	7.46
21	22.78	23.96	71	5.35	7.05
22	22.62	23.80	72	5.09	6.66
23	22.45	23.64	73	4.84	6.29
24	22.26	23.47	74	4.59	5.93
25	22.07	23.28	75	4.37	5.60
26	21.86	23.09	76	4.15	5.29
27	21.63	22.89	77	3.93	5.00
28	21.40	22.69	78	3.72	4.71
29	21.15	22.47	79	3.52	4.45
30	20.90	22.25	80	3.32	4.20
31	20.63	22.02	81	3.13	3.97
32	20.35	21.78	82	2.96	3.75
33	20.07	21.54	83	2.79	3.53
34	19.77	21.29	84	2.61	3.31
35	19.46	21.03	85	2.43	3.09
36	19.15	20.76	86	2.25	2.86
37	18.82	20.49	87	2.08	2.64
38	18.49	20.21	88	1.93	2.42
39	18.14	19.92	89	1.78	2.21
40	17.79	19.63	90	1.62	2.01
41	17.42	19.32	91	1.44	1.83
42	17.05	19.01	92	1.21	1.65
43	16.67	18.69	93	0.97	1.48
44	16.28	18.37	94	0.71	1.30
45	15.89	18.03	95	0.54	1.11
46	15.49	17.69	96		0.91
47	15.08	17.33	97		0.73
48	14.66	16.97	98		0.54
49	14.23	16.61			

Beispiele / Exemples ①–⑧, ⑪, ⑫, ⑯–⑲, ㊺

AKTIVITÄT/MORTALITÄT
ACTIVITÉ/MORTALITÉ

3½%

Tafel **20a**
Table

Sofort beginnende Rente — Rente immédiate
Mittelwert: Aktivität/Mortalität — Valeur moyenne: activité/mortalité

Alter	Männer	Frauen	Age	Hommes	Femmes
0	26.19	26.83	50	15.69	18.07
1	26.15	26.81	51	15.30	17.73
2	26.05	26.74	52	14.90	17.38
3	25.96	26.65	53	14.50	17.03
4	25.85	26.58	54	14.10	16.67
5	25.74	26.49	55	13.70	16.30
6	25.63	26.40	56	13.30	15.91
7	25.51	26.31	57	12.89	15.52
8	25.39	26.22	58	12.48	15.12
9	25.26	26.12	59	12.07	14.71
10	25.13	26.02	60	11.66	14.29
11	25.00	25.91	61	11.25	13.86
12	24.86	25.80	62	10.84	13.43
13	24.72	25.69	63	10.44	13.00
14	24.57	25.58	64	10.04	12.58
15	24.42	25.46	65	9.65	12.16
16	24.26	25.34	66	9.27	11.73
17	24.11	25.21	67	8.90	11.30
18	23.95	25.09	68	8.54	10.87
19	23.82	24.97	69	8.18	10.43
20	23.68	24.85	70	7.84	9.99
21	23.55	24.73	71	7.51	9.55
22	23.41	24.59	72	7.18	9.12
23	23.26	24.45	73	6.87	8.71
24	23.09	24.30	74	6.55	8.29
25	22.93	24.14	75	6.25	7.89
26	22.74	23.98	76	5.95	7.50
27	22.55	23.81	77	5.65	7.12
28	22.35	23.64	78	5.37	6.74
29	22.13	23.45	79	5.10	6.38
30	21.92	23.27	80	4.83	6.03
31	21.68	23.07	81	4.58	5.70
32	21.44	22.87	82	4.34	5.38
33	21.20	22.66	83	4.11	5.06
34	20.94	22.44	84	3.87	4.75
35	20.67	22.22	85	3.64	4.44
36	20.39	21.99	86	3.42	4.14
37	20.11	21.76	87	3.20	3.85
38	19.82	21.52	88	2.99	3.56
39	19.51	21.27	89	2.79	3.29
40	19.21	21.02	90	2.59	3.03
41	18.88	20.75	91	2.38	2.78
42	18.56	20.48	92	2.16	2.55
43	18.23	20.21	93	1.94	2.33
44	17.88	19.93	94	1.71	2.11
45	17.54	19.63	95	1.53	1.89
46	17.19	19.34	96	1.17	1.68
47	16.83	19.03	97	1.09	1.48
48	16.45	18.71	98	1.01	1.29
49	16.07	18.40	99	0.94	0.93

Beispiele / Exemples ⑦, ⑧

21 Tafel Seite 1   3½%   AKTIVITÄT

Aufgeschobene Aktivitätsrente – Männer

Alter heute	um ... Jahre aufgeschoben									
	1	2	3	4	5	6	7	8	9	10
0	24.79	23.84	22.93	22.04	21.18	20.36	19.56	18.79	18.05	17.33
1	24.74	23.79	22.87	21.98	21.12	20.30	19.49	18.72	17.98	17.26
2	24.63	23.68	22.75	21.87	21.01	20.18	19.39	18.61	17.87	17.14
3	24.51	23.56	22.64	21.75	20.90	20.07	19.27	18.50	17.75	17.03
4	24.39	23.44	22.52	21.63	20.78	19.95	19.15	18.38	17.63	16.91
5	24.26	23.32	22.40	21.51	20.65	19.83	19.02	18.25	17.51	16.79
6	24.14	23.19	22.27	21.38	20.53	19.70	18.90	18.12	17.38	16.66
7	24.00	23.05	22.13	21.25	20.39	19.56	18.76	17.99	17.25	16.53
8	23.87	22.91	22.00	21.11	20.25	19.43	18.63	17.85	17.11	16.39
9	23.72	22.77	21.85	20.97	20.11	19.29	18.48	17.72	16.97	16.25
10	23.58	22.62	21.71	20.82	19.97	19.14	18.34	17.57	16.82	16.11
11	23.42	22.48	21.56	20.67	19.81	18.99	18.19	17.42	16.67	15.96
12	23.27	22.32	21.40	20.51	19.66	18.83	18.03	17.26	16.52	15.81
13	23.10	22.16	21.23	20.35	19.50	18.67	17.87	17.11	16.37	15.66
14	22.94	21.98	21.07	20.18	19.33	18.50	17.71	16.95	16.21	15.50
15	22.76	21.82	20.90	20.01	19.16	18.34	17.55	16.79	16.05	15.34
16	22.59	21.64	20.72	19.84	18.99	18.17	17.38	16.62	15.89	15.18
17	22.41	21.46	20.55	19.67	18.82	18.00	17.21	16.46	15.72	15.01
18	22.24	21.29	20.38	19.50	18.65	17.83	17.05	16.29	15.55	14.84
19	22.09	21.15	20.23	19.36	18.50	17.69	16.91	16.14	15.41	14.70
20	21.95	21.00	20.09	19.21	18.36	17.55	16.75	15.99	15.25	14.55
21	21.80	20.85	19.93	19.06	18.21	17.38	16.60	15.83	15.10	14.39
22	21.64	20.69	19.78	18.90	18.04	17.22	16.43	15.67	14.93	14.21
23	21.46	20.52	19.61	18.72	17.87	17.04	16.26	15.49	14.75	14.04
24	21.29	20.34	19.41	18.53	17.68	16.86	16.07	15.30	14.56	13.85
25	21.09	20.13	19.22	18.33	17.48	16.66	15.86	15.10	14.36	13.64
26	20.87	19.92	19.00	18.12	17.27	16.44	15.65	14.88	14.14	13.43
27	20.65	19.70	18.79	17.90	17.04	16.22	15.43	14.65	13.92	13.20
28	20.41	19.47	18.55	17.66	16.81	15.99	15.19	14.42	13.68	12.97
29	20.17	19.22	18.30	17.42	16.56	15.74	14.95	14.17	13.44	12.72
30	19.91	18.96	18.05	17.16	16.30	15.48	14.69	13.92	13.18	12.47
31	19.64	18.70	17.78	16.89	16.04	15.21	14.42	13.65	12.91	12.20
32	19.37	18.42	17.50	16.62	15.76	14.94	14.14	13.38	12.63	11.92
33	19.08	18.13	17.22	16.33	15.48	14.65	13.86	13.09	12.35	11.64
34	18.78	17.84	16.92	16.04	15.18	14.36	13.56	12.80	12.06	11.35
35	18.48	17.53	16.62	15.73	14.88	14.05	13.26	12.49	11.76	11.05
36	18.16	17.22	16.30	15.42	14.56	13.74	12.95	12.18	11.45	10.74
37	17.84	16.89	15.98	15.09	14.24	13.42	12.62	11.86	11.13	10.43
38	17.50	16.56	15.64	14.75	13.90	13.08	12.30	11.54	10.81	10.10
39	17.16	16.21	15.29	14.41	13.56	12.74	11.96	11.20	10.47	9.77
40	16.80	15.85	14.94	14.06	13.21	12.40	11.61	10.85	10.12	9.43
41	16.44	15.49	14.57	13.70	12.85	12.04	11.25	10.50	9.78	9.08
42	16.07	15.12	14.21	13.33	12.49	11.67	10.89	10.14	9.42	8.73
43	15.68	14.74	13.83	12.96	12.11	11.30	10.52	9.77	9.05	8.36
44	15.30	14.36	13.45	12.57	11.73	10.92	10.14	9.40	8.68	8.00
45	14.91	13.96	13.05	12.18	11.34	10.53	9.76	9.01	8.31	7.63
46	14.51	13.56	12.65	11.78	10.94	10.14	9.36	8.63	7.93	7.26
47	14.10	13.15	12.24	11.37	10.54	9.73	8.97	8.24	7.55	6.89
48	13.67	12.73	11.83	10.96	10.12	9.33	8.57	7.85	7.16	6.50
49	13.25	12.31	11.41	10.53	9.71	8.92	8.17	7.45	6.77	6.13

Beispiele ⑨, ⑪

ACTIVITÉ 3½% Table 21 page 2

Rente différée d'activité – hommes

Age actuel	différée de ... ans									
	1	2	3	4	5	6	7	8	9	10
50	12.82	11.88	10.97	10.11	9.29	8.50	7.76	7.05	6.38	5.75
51	12.38	11.44	10.54	9.68	8.87	8.09	7.35	6.65	5.99	5.37
52	11.93	11.00	10.10	9.25	8.44	7.67	6.94	6.25	5.60	4.99
53	11.49	10.56	9.67	8.82	8.01	7.25	6.53	5.86	5.22	4.63
54	11.05	10.12	9.23	8.38	7.59	6.83	6.13	5.46	4.84	4.26
55	10.61	9.68	8.79	7.96	7.16	6.42	5.72	5.08	4.47	3.91
56	10.17	9.23	8.36	7.53	6.75	6.01	5.33	4.69	4.11	3.56
57	9.72	8.79	7.92	7.10	6.33	5.61	4.94	4.32	3.75	3.23
58	9.28	8.35	7.49	6.67	5.92	5.21	4.56	3.96	3.41	2.91
59	8.84	7.92	7.06	6.26	5.51	4.82	4.18	3.61	3.08	2.61
60	8.40	7.49	6.64	5.84	5.11	4.44	3.82	3.27	2.77	2.33
61	7.97	7.07	6.22	5.44	4.72	4.07	3.48	2.95	2.48	2.06
62	7.55	6.64	5.81	5.04	4.35	3.71	3.15	2.65	2.20	1.82
63	7.13	6.24	5.41	4.67	3.99	3.38	2.84	2.36	1.95	1.59
64	6.73	5.84	5.03	4.30	3.65	3.06	2.55	2.10	1.72	1.38
65	6.33	5.46	4.66	3.96	3.32	2.77	2.28	1.86	1.50	1.20
66	5.97	5.09	4.32	3.63	3.02	2.49	2.03	1.64	1.31	1.03
67	5.61	4.76	4.00	3.33	2.74	2.24	1.81	1.44	1.14	0.89
68	5.28	4.44	3.69	3.05	2.49	2.00	1.60	1.26	0.98	0.75
69	4.97	4.14	3.41	2.79	2.25	1.79	1.42	1.10	0.85	0.64
70	4.68	3.86	3.15	2.54	2.03	1.60	1.25	0.96	0.73	0.54
71	4.41	3.60	2.90	2.32	1.83	1.42	1.09	0.83	0.62	0.45
72	4.15	3.35	2.68	2.11	1.64	1.26	0.96	0.71	0.52	0.37
73	3.90	3.12	2.46	1.91	1.47	1.11	0.83	0.60	0.43	0.30
74	3.67	2.89	2.25	1.73	1.31	0.97	0.71	0.51	0.36	0.24
75	3.45	2.68	2.06	1.56	1.16	0.84	0.60	0.42	0.29	0.19
76	3.23	2.48	1.88	1.39	1.02	0.73	0.51	0.35	0.23	0.15
77	3.02	2.29	1.70	1.24	0.89	0.62	0.43	0.28	0.18	0.11
78	2.82	2.09	1.53	1.09	0.77	0.53	0.35	0.23	0.14	0.08
79	2.61	1.91	1.37	0.96	0.66	0.44	0.28	0.18	0.11	0.06
80	2.42	1.73	1.22	0.83	0.56	0.36	0.22	0.13	0.08	0.04
81	2.24	1.57	1.08	0.72	0.46	0.29	0.17	0.10	0.05	0.03
82	2.08	1.43	0.95	0.61	0.38	0.23	0.13	0.07	0.04	0.02
83	1.91	1.28	0.82	0.51	0.31	0.17	0.10	0.05	0.02	0.01
84	1.74	1.12	0.70	0.42	0.24	0.13	0.07	0.03	0.01	
85	1.56	0.97	0.58	0.33	0.18	0.09	0.04	0.02		
86	1.40	0.84	0.48	0.26	0.13	0.06	0.02	0.01		
87	1.25	0.71	0.39	0.20	0.09	0.03	0.01			
88	1.10	0.60	0.30	0.14	0.05					
89	0.97	0.49	0.22	0.08	0.02					
90	0.82	0.37	0.14	0.04						
91	0.65	0.24	0.07	0.01						
92	0.46	0.12	0.02							
93	0.26	0.03								
94	0.09									

Exemples ⑨, ⑪

21 Tafel Seite 3 3½% AKTIVITÄT

Aufgeschobene Aktivitätsrente – Männer

Alter heute	um ... Jahre aufgeschoben									
	11	12	13	14	15	16	17	18	19	20
0	16.63	15.96	15.31	14.69	14.09	13.50	12.94	12.39	11.87	11.36
1	16.56	15.89	15.24	14.61	14.01	13.43	12.86	12.31	11.79	11.28
2	16.45	15.78	15.13	14.50	13.90	13.31	12.75	12.20	11.68	11.18
3	16.33	15.66	15.01	14.39	13.78	13.20	12.64	12.10	11.57	11.07
4	16.22	15.54	14.90	14.27	13.67	13.08	12.52	11.98	11.46	10.96
5	16.09	15.42	14.77	14.15	13.54	12.96	12.40	11.87	11.34	10.85
6	15.97	15.29	14.65	14.02	13.42	12.84	12.28	11.74	11.23	10.73
7	15.83	15.16	14.51	13.89	13.29	12.72	12.16	11.62	11.11	10.60
8	15.70	15.03	14.38	13.76	13.17	12.59	12.03	11.50	10.98	10.48
9	15.56	14.89	14.25	13.63	13.03	12.46	11.90	11.36	10.85	10.35
10	15.42	14.75	14.11	13.49	12.90	12.32	11.77	11.23	10.71	10.22
11	15.27	14.61	13.97	13.35	12.76	12.18	11.63	11.09	10.58	10.08
12	15.12	14.46	13.83	13.21	12.61	12.04	11.48	10.95	10.43	9.94
13	14.97	14.31	13.68	13.06	12.46	11.89	11.34	10.80	10.29	9.79
14	14.82	14.16	13.52	12.90	12.31	11.74	11.18	10.65	10.14	9.64
15	14.66	13.99	13.36	12.74	12.15	11.58	11.03	10.50	9.98	9.48
16	14.49	13.83	13.20	12.59	11.99	11.42	10.87	10.33	9.82	9.32
17	14.33	13.67	13.04	12.42	11.83	11.26	10.70	10.17	9.66	9.16
18	14.16	13.50	12.87	12.25	11.66	11.09	10.54	10.01	9.49	9.00
19	14.02	13.35	12.72	12.11	11.51	10.93	10.38	9.85	9.34	8.84
20	13.86	13.20	12.56	11.95	11.35	10.78	10.22	9.69	9.17	8.68
21	13.70	13.04	12.40	11.78	11.19	10.61	10.06	9.52	9.01	8.50
22	13.53	12.87	12.22	11.61	11.01	10.44	9.88	9.35	8.83	8.33
23	13.35	12.68	12.04	11.42	10.83	10.25	9.70	9.16	8.64	8.14
24	13.15	12.49	11.85	11.23	10.63	10.06	9.50	8.96	8.45	7.95
25	12.95	12.28	11.65	11.02	10.43	9.85	9.29	8.76	8.24	7.74
26	12.73	12.07	11.43	10.81	10.21	9.63	9.08	8.54	8.03	7.53
27	12.51	11.84	11.20	10.58	9.99	9.41	8.85	8.32	7.81	7.31
28	12.27	11.61	10.97	10.35	9.75	9.17	8.62	8.09	7.58	7.08
29	12.03	11.36	10.72	10.10	9.51	8.94	8.38	7.85	7.34	6.85
30	11.77	11.11	10.47	9.85	9.26	8.69	8.14	7.61	7.09	6.61
31	11.51	10.85	10.20	9.59	9.00	8.43	7.88	7.35	6.84	6.36
32	11.24	10.57	9.94	9.32	8.73	8.16	7.61	7.09	6.58	6.10
33	10.95	10.29	9.66	9.05	8.46	7.89	7.35	6.82	6.32	5.84
34	10.67	10.01	9.37	8.76	8.17	7.61	7.07	6.55	6.05	5.58
35	10.37	9.71	9.08	8.47	7.88	7.32	6.79	6.27	5.78	5.31
36	10.06	9.41	8.77	8.17	7.59	7.03	6.49	5.99	5.50	5.04
37	9.75	9.09	8.47	7.86	7.29	6.73	6.20	5.70	5.22	4.76
38	9.42	8.77	8.15	7.55	6.98	6.43	5.90	5.41	4.93	4.48
39	9.09	8.45	7.83	7.23	6.66	6.12	5.60	5.11	4.65	4.20
40	8.76	8.11	7.49	6.91	6.34	5.81	5.30	4.82	4.36	3.93
41	8.41	7.77	7.16	6.58	6.02	5.50	4.99	4.52	4.07	3.65
42	8.06	7.43	6.82	6.25	5.70	5.18	4.69	4.22	3.78	3.37
43	7.71	7.08	6.48	5.92	5.37	4.86	4.38	3.93	3.50	3.10
44	7.35	6.73	6.14	5.58	5.05	4.55	4.08	3.63	3.22	2.84
45	6.99	6.38	5.79	5.24	4.72	4.23	3.77	3.34	2.94	2.58
46	6.63	6.02	5.45	4.90	4.40	3.92	3.48	3.06	2.68	2.32
47	6.25	5.66	5.10	4.57	4.07	3.61	3.18	2.78	2.41	2.08
48	5.89	5.30	4.75	4.24	3.76	3.31	2.89	2.51	2.16	1.85
49	5.52	4.95	4.41	3.91	3.44	3.01	2.61	2.25	1.92	1.63

Beispiele ⑨, ⑪

ACTIVITÉ 3½% Table **21** page 4

Rente différée d'activité — hommes

Age actuel	11	12	13	14	15	16	17	18	19	20
				différée de ... ans						
50	5.15	4.59	4.07	3.58	3.14	2.72	2.35	2.00	1.70	1.43
51	4.78	4.24	3.74	3.27	2.84	2.44	2.09	1.77	1.49	1.24
52	4.43	3.90	3.41	2.96	2.55	2.18	1.85	1.55	1.29	1.07
53	4.07	3.56	3.09	2.67	2.28	1.93	1.62	1.35	1.11	0.91
54	3.73	3.24	2.79	2.38	2.02	1.70	1.41	1.17	0.95	0.77
55	3.39	2.92	2.50	2.12	1.78	1.48	1.22	1.00	0.80	0.64
56	3.07	2.62	2.23	1.87	1.56	1.28	1.05	0.84	0.67	0.53
57	2.76	2.34	1.97	1.64	1.35	1.10	0.89	0.71	0.56	0.44
58	2.47	2.08	1.73	1.42	1.16	0.94	0.75	0.59	0.46	0.35
59	2.19	1.83	1.51	1.23	0.99	0.79	0.62	0.49	0.37	0.28
60	1.94	1.60	1.30	1.05	0.84	0.66	0.52	0.40	0.30	0.22
61	1.70	1.39	1.12	0.89	0.71	0.55	0.42	0.32	0.24	0.17
62	1.48	1.19	0.95	0.75	0.59	0.45	0.34	0.25	0.18	0.13
63	1.28	1.02	0.81	0.63	0.48	0.37	0.27	0.20	0.14	0.10
64	1.11	0.87	0.68	0.52	0.39	0.29	0.21	0.15	0.11	0.07
65	0.95	0.74	0.57	0.43	0.32	0.23	0.17	0.12	0.08	0.05
66	0.80	0.62	0.47	0.35	0.25	0.18	0.13	0.09	0.06	0.04
67	0.68	0.51	0.38	0.28	0.20	0.14	0.10	0.06	0.04	0.03
68	0.57	0.42	0.31	0.22	0.16	0.11	0.07	0.05	0.03	0.02
69	0.48	0.35	0.25	0.17	0.12	0.08	0.05	0.03	0.02	0.01
70	0.39	0.28	0.20	0.14	0.09	0.06	0.04	0.02	0.01	0.01
71	0.32	0.23	0.15	0.10	0.07	0.04	0.02	0.01	0.01	
72	0.26	0.18	0.12	0.08	0.05	0.03	0.02	0.01		
73	0.21	0.14	0.09	0.06	0.03	0.02	0.01	0.01		
74	0.16	0.10	0.07	0.04	0.02	0.01	0.01			
75	0.13	0.08	0.05	0.03	0.01	0.01				
76	0.09	0.06	0.03	0.02	0.01					
77	0.07	0.04	0.02	0.01						
78	0.05	0.03	0.01	0.01						
79	0.03	0.02	0.01							

Age actuel	21	22	23	24	25	26	27	28	29	30
50	1.19	0.98	0.80	0.64	0.52	0.41	0.32	0.24	0.18	0.14
51	1.02	0.83	0.67	0.54	0.42	0.33	0.25	0.19	0.14	0.10
52	0.87	0.70	0.56	0.44	0.34	0.26	0.20	0.15	0.11	0.08
53	0.73	0.59	0.46	0.36	0.28	0.21	0.16	0.11	0.08	0.06
54	0.61	0.48	0.38	0.29	0.22	0.16	0.12	0.08	0.06	0.04
55	0.51	0.39	0.30	0.23	0.17	0.12	0.09	0.06	0.04	0.03
56	0.41	0.32	0.24	0.18	0.13	0.09	0.07	0.04	0.03	0.02
57	0.33	0.25	0.19	0.14	0.10	0.07	0.05	0.03	0.02	0.01
58	0.27	0.20	0.14	0.10	0.07	0.05	0.03	0.02	0.01	0.01
59	0.21	0.15	0.11	0.08	0.05	0.04	0.02	0.01	0.01	
60	0.16	0.12	0.08	0.06	0.04	0.02	0.01	0.01	0.01	
61	0.12	0.09	0.06	0.04	0.03	0.02	0.01	0.01		
62	0.09	0.06	0.04	0.03	0.02	0.01	0.01			
63	0.07	0.05	0.03	0.02	0.01	0.01				
64	0.05	0.03	0.02	0.01	0.01					
65	0.03	0.02	0.01	0.01						
66	0.02	0.01	0.01							
67	0.02	0.01								
68	0.01	0.01								
69	0.01									

Exemples ⑨ , ⑪

21 Tafel Seite 5 — 3½% — **AKTIVITÄT**

Aufgeschobene Aktivitätsrente – Männer

Alter heute	um ... Jahre aufgeschoben									
	21	22	23	24	25	26	27	28	29	30
0	10.88	10.41	9.95	9.52	9.10	8.69	8.30	7.92	7.56	7.21
1	10.80	10.33	9.87	9.44	9.02	8.61	8.22	7.84	7.48	7.13
2	10.69	10.22	9.77	9.34	8.92	8.51	8.12	7.74	7.38	7.02
3	10.58	10.12	9.67	9.23	8.81	8.40	8.02	7.64	7.27	6.92
4	10.48	10.01	9.56	9.12	8.70	8.30	7.91	7.53	7.17	6.81
5	10.36	9.89	9.44	9.01	8.59	8.19	7.79	7.42	7.06	6.70
6	10.24	9.78	9.33	8.89	8.47	8.07	7.68	7.30	6.94	6.59
7	10.12	9.65	9.21	8.77	8.35	7.95	7.56	7.18	6.82	6.47
8	10.00	9.53	9.08	8.65	8.23	7.83	7.44	7.06	6.70	6.35
9	9.87	9.40	8.95	8.52	8.10	7.70	7.31	6.93	6.57	6.22
10	9.74	9.27	8.82	8.39	7.97	7.57	7.18	6.81	6.44	6.09
11	9.60	9.14	8.69	8.25	7.84	7.43	7.05	6.67	6.31	5.96
12	9.46	8.99	8.54	8.11	7.70	7.29	6.90	6.53	6.17	5.82
13	9.31	8.85	8.40	7.97	7.55	7.15	6.76	6.39	6.03	5.68
14	9.16	8.70	8.25	7.82	7.40	7.00	6.61	6.24	5.88	5.53
15	9.01	8.54	8.10	7.66	7.25	6.85	6.46	6.09	5.73	5.38
16	8.84	8.38	7.94	7.51	7.09	6.69	6.30	5.93	5.58	5.23
17	8.68	8.22	7.77	7.34	6.93	6.53	6.14	5.77	5.42	5.07
18	8.51	8.05	7.61	7.18	6.76	6.36	5.98	5.61	5.26	4.91
19	8.36	7.90	7.45	7.02	6.61	6.21	5.83	5.46	5.10	4.76
20	8.19	7.73	7.29	6.86	6.44	6.05	5.66	5.29	4.94	4.60
21	8.03	7.56	7.12	6.69	6.28	5.88	5.49	5.12	4.77	4.43
22	7.85	7.38	6.94	6.51	6.10	5.70	5.32	4.95	4.60	4.26
23	7.66	7.20	6.76	6.33	5.92	5.52	5.14	4.77	4.42	4.08
24	7.47	7.01	6.56	6.14	5.72	5.33	4.95	4.59	4.24	3.91
25	7.27	6.81	6.36	5.93	5.53	5.13	4.76	4.39	4.05	3.72
26	7.06	6.60	6.15	5.73	5.32	4.93	4.55	4.20	3.85	3.53
27	6.84	6.38	5.94	5.51	5.11	4.72	4.35	4.00	3.66	3.34
28	6.61	6.15	5.72	5.30	4.89	4.51	4.14	3.79	3.46	3.14
29	6.38	5.92	5.49	5.07	4.67	4.29	3.93	3.59	3.26	2.95
30	6.14	5.69	5.25	4.84	4.45	4.07	3.72	3.37	3.05	2.75
31	5.89	5.44	5.02	4.61	4.22	3.85	3.50	3.16	2.85	2.55
32	5.64	5.20	4.77	4.37	3.99	3.62	3.28	2.95	2.65	2.36
33	5.38	4.94	4.53	4.13	3.75	3.40	3.06	2.74	2.44	2.17
34	5.12	4.69	4.28	3.89	3.52	3.17	2.84	2.53	2.25	1.98
35	4.86	4.43	4.03	3.64	3.28	2.94	2.62	2.33	2.05	1.79
36	4.60	4.17	3.78	3.40	3.05	2.72	2.41	2.12	1.86	1.61
37	4.32	3.91	3.52	3.16	2.82	2.50	2.20	1.92	1.67	1.44
38	4.06	3.65	3.28	2.92	2.59	2.28	1.99	1.73	1.49	1.27
39	3.79	3.39	3.02	2.68	2.36	2.07	1.79	1.55	1.32	1.12
40	3.52	3.14	2.78	2.45	2.14	1.86	1.60	1.37	1.16	0.98
41	3.25	2.88	2.54	2.22	1.93	1.66	1.42	1.20	1.01	0.84
42	2.99	2.63	2.30	2.00	1.72	1.47	1.25	1.05	0.87	0.72
43	2.73	2.39	2.07	1.79	1.53	1.29	1.09	0.91	0.75	0.61
44	2.48	2.15	1.86	1.58	1.34	1.13	0.94	0.78	0.63	0.51
45	2.24	1.93	1.65	1.40	1.17	0.98	0.80	0.66	0.53	0.42
46	2.00	1.71	1.45	1.22	1.01	0.84	0.68	0.55	0.44	0.35
47	1.78	1.51	1.27	1.05	0.87	0.71	0.57	0.46	0.36	0.28
48	1.57	1.32	1.10	0.90	0.74	0.59	0.48	0.38	0.29	0.22
49	1.37	1.14	0.94	0.77	0.62	0.49	0.39	0.30	0.23	0.18

Beispiele ⑨, ⑪

ACTIVITÉ 3½% Table 21
page 6

Rente différée d'activité – hommes

Age actuel	\multicolumn{10}{c}{différée de ... ans}
	31	32	33	34	35	40	45	50	55	60
0	6.87	6.54	6.23	5.92	5.62	4.30	3.19	2.28	1.53	0.95
1	6.78	6.46	6.14	5.83	5.54	4.21	3.11	2.20	1.46	0.88
2	6.69	6.36	6.04	5.74	5.44	4.12	3.01	2.11	1.38	0.81
3	6.58	6.25	5.94	5.63	5.34	4.02	2.92	2.01	1.29	0.75
4	6.47	6.15	5.83	5.53	5.23	3.91	2.82	1.92	1.21	0.68
5	6.37	6.04	5.72	5.42	5.12	3.81	2.72	1.83	1.13	0.62
6	6.25	5.92	5.61	5.31	5.01	3.70	2.61	1.73	1.05	0.55
7	6.13	5.81	5.49	5.19	4.89	3.58	2.51	1.64	0.97	0.49
8	6.01	5.69	5.37	5.07	4.78	3.47	2.40	1.54	0.89	0.44
9	5.89	5.56	5.25	4.94	4.65	3.35	2.29	1.44	0.81	0.38
10	5.76	5.43	5.12	4.82	4.53	3.23	2.17	1.34	0.73	0.33
11	5.62	5.30	4.99	4.69	4.40	3.11	2.06	1.25	0.66	0.29
12	5.49	5.16	4.85	4.55	4.26	2.98	1.95	1.15	0.59	0.25
13	5.34	5.02	4.71	4.41	4.13	2.85	1.83	1.06	0.52	0.21
14	5.20	4.88	4.57	4.27	3.98	2.72	1.72	0.96	0.46	0.17
15	5.05	4.73	4.42	4.13	3.84	2.59	1.60	0.87	0.40	0.14
16	4.90	4.58	4.27	3.98	3.69	2.45	1.49	0.78	0.34	0.12
17	4.74	4.42	4.12	3.83	3.55	2.32	1.37	0.70	0.29	0.09
18	4.58	4.27	3.96	3.67	3.39	2.18	1.26	0.62	0.25	0.08
19	4.43	4.11	3.81	3.52	3.25	2.05	1.15	0.55	0.21	0.06
20	4.27	3.96	3.66	3.37	3.09	1.91	1.04	0.48	0.17	0.05
21	4.11	3.79	3.50	3.21	2.94	1.78	0.94	0.41	0.14	0.03
22	3.94	3.63	3.33	3.05	2.79	1.65	0.84	0.35	0.11	0.03
23	3.77	3.46	3.17	2.89	2.62	1.52	0.75	0.30	0.09	0.02
24	3.59	3.28	3.00	2.72	2.46	1.38	0.66	0.25	0.07	0.01
25	3.41	3.11	2.82	2.55	2.30	1.26	0.57	0.21	0.05	0.01
26	3.22	2.93	2.65	2.39	2.14	1.13	0.49	0.17	0.04	0.01
27	3.03	2.74	2.47	2.22	1.97	1.01	0.42	0.14	0.03	
28	2.84	2.56	2.30	2.05	1.82	0.89	0.36	0.11	0.02	
29	2.65	2.38	2.12	1.88	1.66	0.78	0.30	0.08	0.02	
30	2.47	2.20	1.95	1.72	1.50	0.68	0.25	0.07	0.01	
31	2.28	2.02	1.78	1.55	1.35	0.59	0.20	0.05	0.01	
32	2.09	1.84	1.61	1.40	1.20	0.50	0.16	0.04		
33	1.91	1.67	1.45	1.25	1.07	0.43	0.13	0.03		
34	1.73	1.50	1.29	1.10	0.94	0.36	0.10	0.02		
35	1.55	1.34	1.14	0.97	0.82	0.29	0.08	0.01		
36	1.39	1.19	1.01	0.85	0.70	0.24	0.06	0.01		
37	1.23	1.04	0.88	0.73	0.60	0.19	0.04	0.01		
38	1.08	0.91	0.76	0.62	0.51	0.15	0.03			
39	0.94	0.78	0.65	0.53	0.42	0.12	0.02			
40	0.81	0.67	0.55	0.44	0.35	0.09	0.02			
41	0.69	0.57	0.46	0.36	0.29	0.07	0.01			
42	0.59	0.47	0.38	0.30	0.23	0.05	0.01			
43	0.49	0.39	0.31	0.24	0.19	0.04				
44	0.41	0.32	0.25	0.19	0.15	0.03				
45	0.33	0.26	0.20	0.15	0.11	0.02				
46	0.27	0.21	0.16	0.12	0.08	0.01				
47	0.22	0.16	0.12	0.09	0.06	0.01				
48	0.17	0.13	0.09	0.07	0.05	0.01				
49	0.13	0.10	0.07	0.05	0.03					

Exemples ⑨ , ⑪

22 Tafel Seite 1   3½%   AKTIVITÄT

Aufgeschobene Aktivitätsrente – Frauen

Alter heute	um ... Jahre aufgeschoben									
	1	2	3	4	5	6	7	8	9	10
0	25.43	24.49	23.57	22.69	21.83	21.00	20.21	19.44	18.69	17.97
1	25.40	24.45	23.53	22.65	21.78	20.96	20.16	19.39	18.64	17.92
2	25.31	24.36	23.45	22.55	21.70	20.87	20.07	19.30	18.55	17.83
3	25.22	24.27	23.35	22.46	21.61	20.78	19.98	19.21	18.46	17.74
4	25.12	24.17	23.25	22.37	21.51	20.68	19.88	19.11	18.36	17.64
5	25.02	24.07	23.16	22.27	21.41	20.58	19.78	19.01	18.26	17.54
6	24.92	23.97	23.05	22.16	21.31	20.48	19.68	18.90	18.16	17.44
7	24.82	23.86	22.94	22.06	21.20	20.37	19.57	18.80	18.05	17.33
8	24.70	23.75	22.83	21.95	21.09	20.26	19.46	18.69	17.94	17.22
9	24.59	23.64	22.72	21.83	20.97	20.14	19.34	18.57	17.83	17.10
10	24.47	23.52	22.60	21.71	20.85	20.02	19.22	18.46	17.71	16.99
11	24.34	23.39	22.47	21.58	20.73	19.90	19.10	18.33	17.59	16.87
12	24.22	23.26	22.34	21.46	20.60	19.78	18.97	18.20	17.46	16.74
13	24.08	23.13	22.21	21.32	20.47	19.64	18.85	18.08	17.33	16.62
14	23.94	23.00	22.07	21.19	20.33	19.51	18.72	17.94	17.20	16.49
15	23.81	22.85	21.94	21.05	20.20	19.38	18.58	17.81	17.07	16.35
16	23.66	22.72	21.80	20.91	20.06	19.23	18.44	17.67	16.93	16.21
17	23.52	22.57	21.65	20.77	19.91	19.09	18.30	17.53	16.79	16.07
18	23.37	22.42	21.51	20.62	19.77	18.95	18.15	17.38	16.64	15.93
19	23.25	22.30	21.38	20.50	19.65	18.82	18.02	17.25	16.52	15.80
20	23.12	22.16	21.25	20.37	19.51	18.68	17.89	17.12	16.38	15.66
21	22.97	22.02	21.11	20.22	19.36	18.54	17.74	16.97	16.23	15.51
22	22.82	21.87	20.95	20.06	19.21	18.39	17.58	16.82	16.07	15.35
23	22.66	21.70	20.78	19.90	19.05	18.22	17.42	16.65	15.90	15.19
24	22.48	21.53	20.61	19.73	18.87	18.05	17.25	16.47	15.73	15.02
25	22.30	21.35	20.43	19.54	18.69	17.86	17.06	16.29	15.55	14.83
26	22.10	21.16	20.24	19.35	18.50	17.67	16.87	16.10	15.36	14.64
27	21.91	20.96	20.04	19.15	18.30	17.47	16.68	15.90	15.16	14.44
28	21.70	20.75	19.83	18.95	18.09	17.27	16.47	15.69	14.95	14.23
29	21.49	20.54	19.62	18.73	17.88	17.05	16.25	15.48	14.74	14.02
30	21.27	20.31	19.40	18.51	17.66	16.83	16.03	15.26	14.52	13.80
31	21.03	20.09	19.17	18.28	17.42	16.60	15.80	15.03	14.29	13.57
32	20.80	19.85	18.93	18.04	17.19	16.36	15.57	14.80	14.05	13.34
33	20.56	19.61	18.68	17.80	16.95	16.12	15.33	14.55	13.81	13.10
34	20.30	19.35	18.44	17.55	16.69	15.87	15.07	14.31	13.56	12.86
35	20.04	19.09	18.18	17.29	16.44	15.61	14.82	14.05	13.32	12.60
36	19.78	18.83	17.91	17.03	16.17	15.35	14.55	13.79	13.05	12.34
37	19.51	18.55	17.64	16.75	15.90	15.08	14.29	13.52	12.79	12.07
38	19.22	18.28	17.36	16.47	15.62	14.81	14.01	13.25	12.51	11.80
39	18.94	17.99	17.07	16.19	15.34	14.52	13.73	12.96	12.22	11.52
40	18.64	17.69	16.78	15.90	15.04	14.23	13.43	12.67	11.94	11.23
41	18.34	17.39	16.48	15.59	14.75	13.92	13.13	12.38	11.64	10.93
42	18.03	17.08	16.17	15.29	14.43	13.61	12.83	12.07	11.34	10.63
43	17.71	16.76	15.85	14.96	14.11	13.30	12.51	11.75	11.02	10.32
44	17.38	16.44	15.52	14.64	13.80	12.98	12.19	11.43	10.71	10.00
45	17.05	16.09	15.18	14.31	13.46	12.64	11.86	11.11	10.38	9.68
46	16.70	15.75	14.85	13.97	13.12	12.30	11.52	10.77	10.05	9.35
47	16.35	15.41	14.49	13.61	12.77	11.96	11.17	10.43	9.70	9.02
48	16.00	15.05	14.13	13.25	12.41	11.60	10.82	10.07	9.36	8.67
49	15.62	14.68	13.76	12.89	12.05	11.24	10.46	9.72	9.00	8.32

Beispiele ⑨ , ⑩

ACTIVITÉ 3½% Table 22 page 2

Rente différée d'activité – femmes

Age actuel	\multicolumn{10}{c}{différée de ... ans}
	1	2	3	4	5	6	7	8	9	10
50	15.24	14.29	13.39	12.51	11.68	10.87	10.09	9.35	8.64	7.95
51	14.85	13.91	13.00	12.13	11.29	10.49	9.71	8.98	8.26	7.58
52	14.46	13.51	12.61	11.74	10.90	10.10	9.33	8.59	7.88	7.21
53	14.05	13.11	12.20	11.34	10.50	9.70	8.93	8.19	7.50	6.83
54	13.64	12.70	11.80	10.92	10.09	9.29	8.53	7.80	7.10	6.44
55	13.21	12.28	11.37	10.51	9.67	8.87	8.12	7.39	6.70	6.05
56	12.78	11.84	10.94	10.07	9.24	8.45	7.70	6.98	6.30	5.66
57	12.33	11.40	10.49	9.63	8.81	8.02	7.27	6.56	5.90	5.28
58	11.88	10.94	10.04	9.18	8.36	7.58	6.84	6.15	5.50	4.89
59	11.41	10.47	9.58	8.72	7.91	7.14	6.42	5.74	5.10	4.50
60	10.94	10.00	9.11	8.26	7.46	6.70	6.00	5.33	4.70	4.13
61	10.46	9.52	8.64	7.79	7.01	6.27	5.57	4.92	4.31	3.76
62	9.96	9.03	8.15	7.33	6.56	5.83	5.14	4.51	3.93	3.40
63	9.51	8.58	7.71	6.90	6.13	5.41	4.75	4.13	3.57	3.06
64	9.05	8.14	7.28	6.47	5.71	5.01	4.36	3.77	3.23	2.74
65	8.63	7.72	6.86	6.06	5.31	4.63	4.00	3.42	2.90	2.44
66	8.20	7.29	6.43	5.65	4.91	4.25	3.64	3.08	2.59	2.15
67	7.77	6.86	6.02	5.24	4.53	3.88	3.29	2.76	2.30	1.89
68	7.34	6.44	5.60	4.84	4.15	3.52	2.95	2.46	2.02	1.64
69	6.91	6.02	5.20	4.46	3.78	3.17	2.64	2.17	1.76	1.41
70	6.49	5.61	4.81	4.07	3.42	2.85	2.34	1.90	1.53	1.21
71	6.09	5.22	4.42	3.72	3.09	2.54	2.07	1.66	1.31	1.03
72	5.71	4.84	4.06	3.38	2.78	2.26	1.81	1.43	1.12	0.86
73	5.33	4.48	3.72	3.06	2.49	2.00	1.58	1.24	0.95	0.72
74	4.98	4.14	3.41	2.77	2.22	1.76	1.37	1.06	0.80	0.59
75	4.66	3.83	3.12	2.50	1.98	1.55	1.19	0.90	0.67	0.49
76	4.35	3.54	2.84	2.25	1.76	1.35	1.02	0.76	0.55	0.39
77	4.06	3.26	2.58	2.02	1.55	1.17	0.87	0.64	0.45	0.31
78	3.77	2.99	2.34	1.80	1.36	1.01	0.74	0.52	0.36	0.24
79	3.52	2.75	2.12	1.60	1.19	0.87	0.62	0.43	0.28	0.18
80	3.28	2.53	1.91	1.42	1.03	0.73	0.51	0.34	0.22	0.13
81	3.05	2.31	1.72	1.25	0.89	0.61	0.41	0.26	0.16	0.09
82	2.84	2.11	1.53	1.09	0.75	0.50	0.32	0.20	0.12	0.06
83	2.62	1.91	1.36	0.94	0.63	0.40	0.25	0.14	0.08	0.04
84	2.41	1.71	1.18	0.79	0.51	0.31	0.18	0.10	0.05	0.02
85	2.20	1.52	1.01	0.65	0.40	0.23	0.13	0.07	0.03	0.01
86	1.98	1.32	0.85	0.52	0.31	0.17	0.09	0.04	0.02	0.01
87	1.76	1.13	0.70	0.41	0.23	0.11	0.05	0.02	0.01	
88	1.56	0.96	0.56	0.31	0.16	0.07	0.03	0.01		
89	1.36	0.79	0.44	0.22	0.11	0.04	0.01			
90	1.17	0.65	0.33	0.16	0.06	0.02	0.01			
91	1.01	0.52	0.24	0.10	0.03	0.01				
92	0.84	0.40	0.16	0.06	0.01					
93	0.70	0.29	0.10	0.02						
94	0.53	0.18	0.04	0.01						
95	0.38	0.09	0.01							
96	0.22	0.03								
97	0.10									

Exemples ⑨, ⑩

Aufgeschobene Aktivitätsrente – Frauen

Tafel Seite 3 — 3½% — AKTIVITÄT

Alter heute	um ... Jahre aufgeschoben									
	11	12	13	14	15	16	17	18	19	20
0	17.28	16.60	15.96	15.33	14.72	14.14	13.57	13.03	12.50	11.99
1	17.22	16.55	15.90	15.27	14.67	14.08	13.52	12.97	12.44	11.94
2	17.14	16.46	15.81	15.18	14.57	13.99	13.42	12.88	12.36	11.85
3	17.04	16.37	15.72	15.09	14.49	13.90	13.33	12.79	12.26	11.76
4	16.94	16.27	15.62	15.00	14.39	13.80	13.24	12.69	12.17	11.67
5	16.84	16.17	15.52	14.89	14.29	13.71	13.14	12.60	12.08	11.57
6	16.74	16.07	15.42	14.79	14.19	13.61	13.04	12.50	11.97	11.47
7	16.64	15.96	15.31	14.69	14.08	13.50	12.94	12.40	11.87	11.37
8	16.52	15.85	15.21	14.58	13.98	13.40	12.83	12.29	11.77	11.26
9	16.41	15.74	15.09	14.47	13.87	13.28	12.72	12.18	11.66	11.15
10	16.30	15.62	14.98	14.36	13.75	13.17	12.61	12.07	11.54	11.04
11	16.17	15.51	14.86	14.23	13.63	13.05	12.49	11.95	11.43	10.92
12	16.05	15.39	14.74	14.11	13.51	12.93	12.37	11.83	11.31	10.80
13	15.93	15.25	14.61	13.99	13.39	12.81	12.25	11.70	11.18	10.68
14	15.79	15.12	14.48	13.86	13.26	12.68	12.12	11.57	11.05	10.55
15	15.66	14.99	14.35	13.72	13.13	12.54	11.98	11.44	10.92	10.42
16	15.52	14.86	14.21	13.59	12.99	12.41	11.85	11.31	10.78	10.28
17	15.38	14.71	14.07	13.45	12.85	12.27	11.71	11.17	10.64	10.14
18	15.24	14.57	13.93	13.30	12.70	12.12	11.56	11.02	10.50	9.99
19	15.11	14.44	13.79	13.17	12.57	11.99	11.43	10.89	10.36	9.86
20	14.97	14.30	13.65	13.03	12.43	11.84	11.28	10.74	10.22	9.72
21	14.82	14.15	13.50	12.88	12.27	11.69	11.13	10.59	10.07	9.56
22	14.66	13.99	13.35	12.72	12.12	11.53	10.97	10.43	9.91	9.40
23	14.50	13.83	13.18	12.55	11.95	11.37	10.81	10.26	9.74	9.24
24	14.32	13.65	13.00	12.38	11.77	11.19	10.63	10.09	9.57	9.07
25	14.13	13.47	12.82	12.19	11.59	11.01	10.45	9.91	9.39	8.89
26	13.95	13.27	12.63	12.01	11.40	10.82	10.26	9.72	9.20	8.70
27	13.75	13.08	12.43	11.81	11.21	10.63	10.07	9.53	9.01	8.51
28	13.54	12.87	12.22	11.60	11.00	10.43	9.87	9.33	8.81	8.31
29	13.33	12.66	12.01	11.39	10.80	10.22	9.66	9.12	8.60	8.11
30	13.11	12.44	11.80	11.18	10.58	10.00	9.44	8.91	8.40	7.90
31	12.88	12.21	11.58	10.95	10.36	9.78	9.22	8.69	8.18	7.68
32	12.65	11.99	11.34	10.73	10.13	9.55	9.00	8.47	7.95	7.46
33	12.41	11.75	11.11	10.49	9.89	9.32	8.77	8.24	7.72	7.24
34	12.16	11.50	10.86	10.24	9.65	9.08	8.53	8.00	7.49	7.00
35	11.91	11.25	10.61	10.00	9.41	8.84	8.29	7.76	7.25	6.77
36	11.65	10.99	10.36	9.74	9.15	8.58	8.04	7.51	7.01	6.52
37	11.38	10.73	10.09	9.48	8.89	8.33	7.78	7.26	6.76	6.28
38	11.12	10.46	9.82	9.21	8.63	8.06	7.52	7.00	6.51	6.02
39	10.84	10.18	9.55	8.94	8.35	7.80	7.26	6.74	6.24	5.77
40	10.55	9.89	9.27	8.66	8.08	7.52	6.99	6.47	5.98	5.50
41	10.25	9.61	8.98	8.38	7.79	7.24	6.71	6.20	5.70	5.23
42	9.96	9.30	8.68	8.08	7.51	6.95	6.42	5.91	5.43	4.96
43	9.65	9.00	8.38	7.78	7.21	6.66	6.13	5.63	5.15	4.69
44	9.34	8.69	8.07	7.47	6.91	6.36	5.83	5.34	4.86	4.41
45	9.01	8.37	7.75	7.17	6.60	6.05	5.54	5.04	4.57	4.13
46	8.69	8.04	7.43	6.84	6.28	5.74	5.23	4.74	4.28	3.85
47	8.35	7.71	7.10	6.52	5.96	5.43	4.92	4.44	3.99	3.57
48	8.01	7.37	6.76	6.19	5.63	5.11	4.61	4.15	3.71	3.30
49	7.66	7.02	6.43	5.85	5.31	4.79	4.31	3.85	3.42	3.02

Beispiele ⑨, ⑩

ACTIVITÉ   3½%   Table 22 page 4

Rente différée d'activité – femmes

Age actuel	\multicolumn{10}{c}{différée de ... ans}
	11	12	13	14	15	16	17	18	19	20
50	7.30	6.67	6.08	5.51	4.97	4.47	4.00	3.55	3.14	2.75
51	6.94	6.31	5.73	5.17	4.65	4.16	3.69	3.26	2.86	2.49
52	6.56	5.95	5.37	4.83	4.32	3.84	3.39	2.97	2.59	2.24
53	6.19	5.59	5.02	4.49	3.99	3.52	3.09	2.69	2.33	1.99
54	5.81	5.23	4.67	4.15	3.67	3.22	2.80	2.42	2.07	1.76
55	5.44	4.86	4.32	3.82	3.35	2.92	2.52	2.16	1.83	1.54
56	5.07	4.50	3.97	3.49	3.04	2.62	2.25	1.90	1.60	1.33
57	4.69	4.14	3.63	3.16	2.73	2.34	1.98	1.67	1.39	1.14
58	4.32	3.79	3.30	2.85	2.44	2.07	1.74	1.45	1.19	0.97
59	3.95	3.44	2.97	2.55	2.16	1.81	1.51	1.24	1.01	0.81
60	3.59	3.10	2.66	2.25	1.89	1.57	1.30	1.05	0.84	0.67
61	3.25	2.78	2.36	1.98	1.65	1.35	1.10	0.88	0.70	0.55
62	2.91	2.47	2.07	1.72	1.42	1.15	0.92	0.73	0.57	0.44
63	2.59	2.18	1.81	1.49	1.21	0.97	0.77	0.60	0.46	0.35
64	2.30	1.91	1.57	1.28	1.02	0.81	0.63	0.49	0.37	0.27
65	2.03	1.67	1.36	1.09	0.86	0.67	0.52	0.39	0.29	0.21
66	1.77	1.44	1.15	0.91	0.71	0.55	0.42	0.31	0.23	0.16
67	1.54	1.23	0.97	0.76	0.59	0.44	0.33	0.24	0.17	0.12
68	1.32	1.04	0.81	0.63	0.47	0.35	0.26	0.18	0.13	0.08
69	1.12	0.88	0.67	0.51	0.38	0.28	0.20	0.14	0.09	0.06
70	0.94	0.73	0.55	0.41	0.30	0.21	0.15	0.10	0.06	0.04
71	0.79	0.60	0.44	0.32	0.23	0.16	0.11	0.07	0.04	0.02
72	0.65	0.48	0.35	0.25	0.17	0.12	0.07	0.05	0.03	0.01
73	0.53	0.39	0.28	0.19	0.13	0.08	0.05	0.03	0.02	0.01
74	0.43	0.31	0.21	0.14	0.09	0.06	0.03	0.02	0.01	
75	0.35	0.24	0.16	0.10	0.06	0.04	0.02	0.01		
76	0.27	0.18	0.12	0.07	0.04	0.02	0.01	0.01		
77	0.21	0.13	0.08	0.05	0.03	0.01	0.01			
78	0.16	0.10	0.06	0.03	0.02	0.01				
79	0.11	0.07	0.04	0.02	0.01					

Age actuel	21	22	23	24	25	26	27	28	29	30
50	2.40	2.07	1.77	1.50	1.26	1.05	0.86	0.70	0.56	0.45
51	2.15	1.84	1.56	1.31	1.09	0.90	0.73	0.59	0.46	0.36
52	1.92	1.62	1.36	1.13	0.93	0.76	0.61	0.48	0.38	0.29
53	1.69	1.42	1.18	0.97	0.79	0.63	0.50	0.39	0.30	0.23
54	1.48	1.23	1.01	0.82	0.66	0.52	0.41	0.31	0.24	0.18
55	1.28	1.05	0.85	0.69	0.54	0.42	0.33	0.25	0.18	0.13
56	1.09	0.89	0.71	0.56	0.44	0.34	0.26	0.19	0.14	0.10
57	0.93	0.74	0.59	0.46	0.35	0.27	0.20	0.14	0.10	0.07
58	0.77	0.61	0.48	0.37	0.28	0.21	0.15	0.11	0.07	0.05
59	0.64	0.50	0.39	0.29	0.22	0.16	0.11	0.08	0.05	0.03
60	0.52	0.40	0.30	0.23	0.16	0.12	0.08	0.05	0.03	0.02
61	0.42	0.32	0.24	0.17	0.12	0.08	0.06	0.04	0.02	0.01
62	0.33	0.25	0.18	0.13	0.09	0.06	0.04	0.02	0.01	0.01
63	0.26	0.19	0.13	0.09	0.06	0.04	0.02	0.01		
64	0.20	0.14	0.10	0.07	0.04	0.03	0.02	0.01		
65	0.15	0.10	0.07	0.04	0.03	0.02	0.01			
66	0.11	0.07	0.05	0.03	0.02	0.01				
67	0.08	0.05	0.03	0.02	0.01	0.01				
68	0.05	0.03	0.02	0.01	0.01					
69	0.04	0.02	0.01	0.01						

Exemples ⑨, ⑩

22 Tafel Seite 5 — 3½% — AKTIVITÄT

Aufgeschobene Aktivitätsrente – Frauen

Alter heute	um ... Jahre aufgeschoben									
	21	22	23	24	25	26	27	28	29	30
0	11.51	11.03	10.58	10.14	9.71	9.30	8.90	8.52	8.15	7.79
1	11.44	10.97	10.52	10.07	9.65	9.23	8.84	8.45	8.09	7.73
2	11.36	10.89	10.43	9.99	9.56	9.15	8.75	8.37	8.00	7.64
3	11.27	10.79	10.34	9.90	9.47	9.06	8.66	8.28	7.91	7.55
4	11.17	10.70	10.24	9.81	9.38	8.97	8.57	8.19	7.82	7.46
5	11.08	10.61	10.15	9.71	9.29	8.88	8.48	8.10	7.73	7.37
6	10.98	10.51	10.05	9.61	9.19	8.78	8.38	8.00	7.63	7.27
7	10.88	10.41	9.95	9.51	9.09	8.68	8.28	7.90	7.53	7.17
8	10.77	10.30	9.85	9.40	8.98	8.57	8.18	7.79	7.42	7.07
9	10.66	10.19	9.74	9.30	8.87	8.46	8.07	7.68	7.31	6.96
10	10.55	10.08	9.62	9.19	8.76	8.35	7.95	7.57	7.20	6.85
11	10.43	9.96	9.51	9.07	8.64	8.23	7.84	7.46	7.09	6.73
12	10.31	9.84	9.39	8.95	8.52	8.11	7.72	7.34	6.97	6.61
13	10.19	9.72	9.26	8.82	8.40	7.99	7.60	7.21	6.85	6.49
14	10.06	9.59	9.13	8.70	8.27	7.86	7.47	7.09	6.72	6.37
15	9.93	9.46	9.00	8.56	8.14	7.73	7.34	6.96	6.60	6.24
16	9.79	9.32	8.87	8.43	8.00	7.60	7.20	6.83	6.46	6.11
17	9.65	9.18	8.73	8.29	7.87	7.46	7.07	6.69	6.33	5.97
18	9.51	9.04	8.58	8.15	7.73	7.32	6.93	6.55	6.18	5.83
19	9.37	8.90	8.45	8.01	7.59	7.18	6.79	6.41	6.05	5.70
20	9.22	8.76	8.30	7.87	7.45	7.04	6.65	6.27	5.91	5.56
21	9.07	8.60	8.15	7.72	7.30	6.89	6.50	6.12	5.76	5.41
22	8.92	8.45	8.00	7.56	7.14	6.73	6.35	5.97	5.61	5.26
23	8.75	8.28	7.83	7.39	6.97	6.57	6.18	5.81	5.45	5.10
24	8.58	8.11	7.66	7.22	6.81	6.41	6.02	5.64	5.28	4.94
25	8.40	7.93	7.48	7.05	6.63	6.23	5.84	5.47	5.11	4.77
26	8.21	7.75	7.30	6.87	6.45	6.05	5.67	5.30	4.94	4.60
27	8.02	7.56	7.11	6.68	6.27	5.87	5.48	5.12	4.76	4.42
28	7.83	7.37	6.92	6.49	6.08	5.68	5.30	4.93	4.58	4.24
29	7.63	7.16	6.72	6.29	5.88	5.49	5.11	4.74	4.39	4.06
30	7.42	6.96	6.52	6.09	5.68	5.29	4.91	4.55	4.20	3.87
31	7.20	6.75	6.30	5.88	5.48	5.09	4.71	4.35	4.01	3.68
32	6.99	6.53	6.09	5.67	5.27	4.88	4.51	4.15	3.81	3.48
33	6.76	6.31	5.87	5.45	5.05	4.67	4.30	3.94	3.61	3.28
34	6.53	6.08	5.65	5.23	4.83	4.45	4.08	3.73	3.40	3.08
35	6.30	5.85	5.42	5.01	4.61	4.23	3.87	3.52	3.19	2.88
36	6.06	5.61	5.19	4.77	4.38	4.01	3.65	3.31	2.99	2.69
37	5.81	5.37	4.95	4.54	4.15	3.78	3.43	3.09	2.78	2.49
38	5.57	5.12	4.70	4.30	3.92	3.55	3.21	2.88	2.58	2.29
39	5.31	4.87	4.46	4.06	3.68	3.32	2.99	2.67	2.37	2.10
40	5.05	4.62	4.21	3.81	3.44	3.10	2.77	2.46	2.17	1.91
41	4.79	4.36	3.95	3.57	3.21	2.87	2.55	2.25	1.98	1.72
42	4.52	4.10	3.70	3.33	2.97	2.64	2.33	2.05	1.78	1.54
43	4.25	3.84	3.45	3.08	2.74	2.42	2.12	1.85	1.60	1.37
44	3.98	3.58	3.20	2.84	2.51	2.20	1.92	1.66	1.42	1.20
45	3.71	3.32	2.95	2.60	2.28	1.99	1.72	1.47	1.25	1.05
46	3.44	3.06	2.70	2.37	2.06	1.78	1.53	1.29	1.09	0.90
47	3.17	2.80	2.46	2.14	1.85	1.59	1.34	1.13	0.94	0.77
48	2.91	2.55	2.22	1.92	1.65	1.39	1.17	0.97	0.80	0.65
49	2.65	2.31	1.99	1.71	1.45	1.22	1.01	0.83	0.68	0.54

Beispiele ⑨, ⑩

ACTIVITÉ 3½% Table 22 page 6

Rente différée d'activité – femmes

Age actuel	\<td colspan=10>différée de ... ans

Age actuel	31	32	33	34	35	40	45	50	55	60
0	7.45	7.12	6.80	6.49	6.19	4.84	3.71	2.77	1.99	1.36
1	7.38	7.05	6.73	6.42	6.11	4.76	3.64	2.70	1.92	1.29
2	7.30	6.97	6.64	6.33	6.03	4.68	3.55	2.62	1.85	1.22
3	7.21	6.88	6.55	6.24	5.94	4.59	3.47	2.54	1.77	1.15
4	7.12	6.78	6.46	6.15	5.85	4.51	3.38	2.45	1.69	1.08
5	7.02	6.69	6.37	6.06	5.76	4.41	3.30	2.37	1.62	1.01
6	6.93	6.59	6.27	5.96	5.66	4.32	3.21	2.28	1.53	0.94
7	6.83	6.49	6.17	5.86	5.56	4.22	3.11	2.20	1.45	0.87
8	6.72	6.39	6.07	5.76	5.46	4.12	3.02	2.11	1.37	0.80
9	6.62	6.28	5.96	5.65	5.36	4.02	2.92	2.01	1.29	0.73
10	6.50	6.17	5.85	5.55	5.25	3.92	2.82	1.92	1.20	0.66
11	6.39	6.06	5.74	5.43	5.14	3.81	2.72	1.82	1.12	0.60
12	6.27	5.94	5.62	5.32	5.02	3.70	2.61	1.73	1.03	0.54
13	6.15	5.82	5.51	5.20	4.90	3.59	2.50	1.63	0.95	0.48
14	6.03	5.70	5.38	5.08	4.78	3.47	2.40	1.53	0.87	0.42
15	5.90	5.57	5.25	4.95	4.66	3.35	2.28	1.43	0.79	0.36
16	5.77	5.44	5.13	4.82	4.53	3.23	2.17	1.33	0.71	0.31
17	5.63	5.31	4.99	4.69	4.40	3.11	2.05	1.23	0.64	0.27
18	5.50	5.17	4.86	4.56	4.27	2.98	1.94	1.13	0.57	0.22
19	5.36	5.04	4.72	4.42	4.13	2.85	1.82	1.04	0.50	0.19
20	5.22	4.90	4.59	4.29	4.00	2.72	1.70	0.94	0.43	0.15
21	5.07	4.75	4.44	4.14	3.86	2.59	1.59	0.85	0.37	0.12
22	4.92	4.60	4.29	4.00	3.71	2.45	1.47	0.76	0.32	0.10
23	4.77	4.45	4.14	3.85	3.56	2.32	1.35	0.68	0.27	0.08
24	4.61	4.29	3.98	3.69	3.41	2.18	1.24	0.59	0.22	0.06
25	4.44	4.13	3.82	3.53	3.25	2.03	1.13	0.52	0.18	0.04
26	4.27	3.96	3.66	3.37	3.09	1.89	1.01	0.44	0.15	0.03
27	4.10	3.79	3.49	3.20	2.93	1.75	0.91	0.38	0.12	0.02
28	3.92	3.61	3.31	3.03	2.76	1.61	0.81	0.32	0.09	0.02
29	3.74	3.43	3.14	2.86	2.59	1.47	0.71	0.26	0.07	0.01
30	3.55	3.25	2.96	2.68	2.42	1.34	0.61	0.22	0.05	0.01
31	3.36	3.06	2.78	2.51	2.25	1.21	0.53	0.18	0.04	
32	3.17	2.88	2.60	2.33	2.09	1.08	0.45	0.14	0.03	
33	2.98	2.69	2.42	2.16	1.92	0.96	0.38	0.11	0.02	
34	2.78	2.50	2.24	1.99	1.76	0.84	0.32	0.08	0.01	
35	2.59	2.32	2.06	1.82	1.60	0.73	0.26	0.06	0.01	
36	2.40	2.13	1.88	1.65	1.44	0.63	0.21	0.05	0.01	
37	2.21	1.95	1.71	1.49	1.29	0.54	0.17	0.03		
38	2.02	1.77	1.54	1.33	1.14	0.45	0.13	0.02		
39	1.84	1.60	1.38	1.19	1.00	0.38	0.10	0.02		
40	1.66	1.43	1.23	1.04	0.87	0.31	0.08	0.01		
41	1.49	1.27	1.08	0.91	0.75	0.25	0.06	0.01		
42	1.32	1.12	0.94	0.78	0.64	0.20	0.04			
43	1.16	0.97	0.81	0.67	0.54	0.16	0.03			
44	1.01	0.84	0.69	0.56	0.45	0.12	0.02			
45	0.87	0.72	0.58	0.47	0.37	0.09	0.01			
46	0.74	0.60	0.48	0.38	0.30	0.07	0.01			
47	0.63	0.50	0.40	0.31	0.24	0.05				
48	0.52	0.41	0.32	0.25	0.19	0.03				
49	0.43	0.34	0.26	0.20	0.15	0.02				

Exemples ⑨, ⑩

23 Tafel Seite 1   3½%   AKTIVITÄT

Temporäre Aktivitätsrente – Männer

Alter heute	zahlbar längstens während ... Jahren									
	1	2	3	4	5	6	7	8	9	10
0	0.99	1.94	2.85	3.74	4.60	5.42	6.22	6.99	7.73	8.45
1	0.98	1.93	2.85	3.74	4.60	5.42	6.23	7.00	7.74	8.46
2	0.98	1.93	2.86	3.74	4.60	5.43	6.22	7.00	7.74	8.47
3	0.99	1.94	2.86	3.75	4.60	5.43	6.23	7.00	7.75	8.47
4	0.99	1.94	2.86	3.75	4.60	5.43	6.23	7.00	7.75	8.47
5	0.99	1.93	2.85	3.74	4.60	5.42	6.23	7.00	7.74	8.46
6	0.98	1.93	2.85	3.74	4.59	5.42	6.22	7.00	7.74	8.46
7	0.99	1.94	2.86	3.74	4.60	5.43	6.23	7.00	7.74	8.46
8	0.98	1.94	2.85	3.74	4.60	5.42	6.22	7.00	7.74	8.46
9	0.99	1.94	2.86	3.74	4.60	5.42	6.23	6.99	7.74	8.46
10	0.98	1.94	2.85	3.74	4.59	5.42	6.22	6.99	7.74	8.45
11	0.99	1.93	2.85	3.74	4.60	5.42	6.22	6.99	7.74	8.45
12	0.98	1.93	2.85	3.74	4.59	5.42	6.22	6.99	7.73	8.44
13	0.99	1.93	2.86	3.74	4.59	5.42	6.22	6.98	7.72	8.43
14	0.98	1.94	2.85	3.74	4.59	5.42	6.21	6.97	7.71	8.42
15	0.99	1.93	2.85	3.74	4.59	5.41	6.20	6.96	7.70	8.41
16	0.98	1.93	2.85	3.73	4.58	5.40	6.19	6.95	7.68	8.39
17	0.99	1.94	2.85	3.73	4.58	5.40	6.19	6.94	7.68	8.39
18	0.98	1.93	2.84	3.72	4.57	5.39	6.17	6.93	7.67	8.38
19	0.99	1.93	2.85	3.72	4.58	5.39	6.17	6.94	7.67	8.38
20	0.98	1.93	2.84	3.72	4.57	5.38	6.18	6.94	7.68	8.38
21	0.98	1.93	2.85	3.72	4.57	5.40	6.18	6.95	7.68	8.39
22	0.98	1.93	2.84	3.72	4.58	5.40	6.19	6.95	7.69	8.41
23	0.99	1.93	2.84	3.73	4.58	5.41	6.19	6.96	7.70	8.41
24	0.97	1.92	2.85	3.73	4.58	5.40	6.19	6.96	7.70	8.41
25	0.98	1.94	2.85	3.74	4.59	5.41	6.21	6.97	7.71	8.43
26	0.99	1.94	2.86	3.74	4.59	5.42	6.21	6.98	7.72	8.43
27	0.98	1.93	2.84	3.73	4.59	5.41	6.20	6.98	7.71	8.43
28	0.99	1.93	2.85	3.74	4.59	5.41	6.21	6.98	7.72	8.43
29	0.98	1.93	2.85	3.73	4.59	5.41	6.20	6.98	7.71	8.43
30	0.99	1.94	2.85	3.74	4.60	5.42	6.21	6.98	7.72	8.43
31	0.99	1.93	2.85	3.74	4.59	5.42	6.21	6.98	7.72	8.43
32	0.98	1.93	2.85	3.73	4.59	5.41	6.21	6.97	7.72	8.43
33	0.99	1.94	2.85	3.74	4.59	5.42	6.21	6.98	7.72	8.43
34	0.99	1.93	2.85	3.73	4.59	5.41	6.21	6.97	7.71	8.42
35	0.98	1.93	2.84	3.73	4.58	5.41	6.20	6.97	7.70	8.41
36	0.99	1.93	2.85	3.73	4.59	5.41	6.20	6.97	7.70	8.41
37	0.98	1.93	2.84	3.73	4.58	5.40	6.20	6.96	7.69	8.39
38	0.99	1.93	2.85	3.74	4.59	5.41	6.19	6.95	7.68	8.39
39	0.98	1.93	2.85	3.73	4.58	5.40	6.18	6.94	7.67	8.37
40	0.99	1.94	2.85	3.73	4.58	5.39	6.18	6.94	7.67	8.36
41	0.98	1.93	2.85	3.72	4.57	5.38	6.17	6.92	7.64	8.34
42	0.98	1.93	2.84	3.72	4.56	5.38	6.16	6.91	7.63	8.32
43	0.99	1.93	2.84	3.71	4.56	5.37	6.15	6.90	7.62	8.31
44	0.98	1.92	2.83	3.71	4.55	5.36	6.14	6.88	7.60	8.28
45	0.98	1.93	2.84	3.71	4.55	5.36	6.13	6.88	7.58	8.26
46	0.98	1.93	2.84	3.71	4.55	5.35	6.13	6.86	7.56	8.23
47	0.98	1.93	2.84	3.71	4.54	5.35	6.11	6.84	7.53	8.19
48	0.99	1.93	2.83	3.70	4.54	5.33	6.09	6.81	7.50	8.16
49	0.98	1.92	2.82	3.70	4.52	5.31	6.06	6.78	7.46	8.10

Beispiele ⑯ – ⑱, ㉓, ㉔, ㊲ – ㊴

ACTIVITÉ　　　　　　　　　　3½%　　　　　　　　　　Table 23
page 2

Rente temporaire d'activité – hommes

Age actuel	payable au plus pendant ... ans									
	1	2	3	4	5	6	7	8	9	10
50	0.98	1.92	2.83	3.69	4.51	5.30	6.04	6.75	7.42	8.05
51	0.98	1.92	2.82	3.68	4.49	5.27	6.01	6.71	7.37	7.99
52	0.99	1.92	2.82	3.67	4.48	5.25	5.98	6.67	7.32	7.93
53	0.98	1.91	2.80	3.65	4.46	5.22	5.94	6.61	7.25	7.84
54	0.98	1.91	2.80	3.65	4.44	5.20	5.90	6.57	7.19	7.77
55	0.97	1.90	2.79	3.62	4.42	5.16	5.86	6.50	7.11	7.67
56	0.97	1.91	2.78	3.61	4.39	5.13	5.81	6.45	7.03	7.58
57	0.98	1.91	2.78	3.60	4.37	5.09	5.76	6.38	6.95	7.47
58	0.97	1.90	2.76	3.58	4.33	5.04	5.69	6.29	6.84	7.34
59	0.97	1.89	2.75	3.55	4.30	4.99	5.63	6.20	6.73	7.20
60	0.97	1.88	2.73	3.53	4.26	4.93	5.55	6.10	6.60	7.04
61	0.97	1.87	2.72	3.50	4.22	4.87	5.46	5.99	6.46	6.88
62	0.96	1.87	2.70	3.47	4.16	4.80	5.36	5.86	6.31	6.69
63	0.97	1.86	2.69	3.43	4.11	4.72	5.26	5.74	6.15	6.51
64	0.96	1.85	2.66	3.39	4.04	4.63	5.14	5.59	5.97	6.31
65	0.97	1.84	2.64	3.34	3.98	4.53	5.02	5.44	5.80	6.10
66	0.95	1.83	2.60	3.29	3.90	4.43	4.89	5.28	5.61	5.89
67	0.96	1.81	2.57	3.24	3.83	4.33	4.76	5.13	5.43	5.68
68	0.95	1.79	2.54	3.18	3.74	4.23	4.63	4.97	5.25	5.48
69	0.95	1.78	2.51	3.13	3.67	4.13	4.50	4.82	5.07	5.28
70	0.95	1.77	2.48	3.09	3.60	4.03	4.38	4.67	4.90	5.09
71	0.94	1.75	2.45	3.03	3.52	3.93	4.26	4.52	4.73	4.90
72	0.94	1.74	2.41	2.98	3.45	3.83	4.13	4.38	4.57	4.72
73	0.94	1.72	2.38	2.93	3.37	3.73	4.01	4.24	4.41	4.54
74	0.92	1.70	2.34	2.86	3.28	3.62	3.88	4.08	4.23	4.35
75	0.92	1.69	2.31	2.81	3.21	3.53	3.77	3.95	4.08	4.18
76	0.92	1.67	2.27	2.76	3.13	3.42	3.64	3.80	3.92	4.00
77	0.91	1.64	2.23	2.69	3.04	3.31	3.50	3.65	3.75	3.82
78	0.90	1.63	2.19	2.63	2.95	3.19	3.37	3.49	3.58	3.64
79	0.91	1.61	2.15	2.56	2.86	3.08	3.24	3.34	3.41	3.46
80	0.90	1.59	2.10	2.49	2.76	2.96	3.10	3.19	3.24	3.28
81	0.89	1.56	2.05	2.41	2.67	2.84	2.96	3.03	3.08	3.10
82	0.88	1.53	2.01	2.35	2.58	2.73	2.83	2.89	2.92	2.94
83	0.88	1.51	1.97	2.28	2.48	2.62	2.69	2.74	2.77	2.78
84	0.87	1.49	1.91	2.19	2.37	2.48	2.54	2.58	2.60	2.61
85	0.87	1.46	1.85	2.10	2.25	2.34	2.39	2.41	2.43	2.43
86	0.85	1.41	1.77	1.99	2.12	2.19	2.23	2.24	2.25	2.25
87	0.83	1.37	1.69	1.88	1.99	2.05	2.07	2.08	2.08	2.08
88	0.83	1.33	1.63	1.79	1.88	1.92	1.93	1.93	1.93	1.93
89	0.81	1.29	1.56	1.70	1.76	1.78	1.78	1.78	1.78	1.78
90	0.80	1.25	1.48	1.58	1.62	1.62	1.62	1.62	1.62	1.62
91	0.79	1.20	1.37	1.43	1.44	1.44	1.44	1.44	1.44	1.44
92	0.75	1.09	1.19	1.21	1.21	1.21	1.21	1.21	1.21	1.21
93	0.71	0.94	0.97	0.97	0.97	0.97	0.97	0.97	0.97	0.97
94	0.62	0.71	0.71	0.71	0.71	0.71	0.71	0.71	0.71	0.71
95	0.54	0.54	0.54	0.54	0.54	0.54	0.54	0.54	0.54	0.54

Exemples (16) – (18), (23), (24), (37) – (39)

23 Tafel Seite 3   3½%   AKTIVITÄT

Temporäre Aktivitätsrente – Männer

Alter heute	zahlbar längstens während ... Jahren									
	11	12	13	14	15	16	17	18	19	20
0	9.15	9.82	10.47	11.09	11.69	12.28	12.84	13.39	13.91	14.42
1	9.16	9.83	10.48	11.11	11.71	12.29	12.86	13.41	13.93	14.44
2	9.16	9.83	10.48	11.11	11.71	12.30	12.86	13.41	13.93	14.43
3	9.17	9.84	10.49	11.11	11.72	12.30	12.86	13.40	13.93	14.43
4	9.16	9.84	10.48	11.11	11.71	12.30	12.86	13.40	13.92	14.42
5	9.16	9.83	10.48	11.10	11.71	12.29	12.85	13.38	13.91	14.40
6	9.15	9.83	10.47	11.10	11.70	12.28	12.84	13.38	13.89	14.39
7	9.16	9.83	10.48	11.10	11.70	12.27	12.83	13.37	13.88	14.39
8	9.15	9.82	10.47	11.09	11.68	12.26	12.82	13.35	13.87	14.37
9	9.15	9.82	10.46	11.08	11.68	12.25	12.81	13.35	13.86	14.36
10	9.14	9.81	10.45	11.07	11.66	12.24	12.79	13.33	13.85	14.34
11	9.14	9.80	10.44	11.06	11.65	12.23	12.78	13.32	13.83	14.33
12	9.13	9.79	10.42	11.04	11.64	12.21	12.77	13.30	13.82	14.31
13	9.12	9.78	10.41	11.03	11.63	12.20	12.75	13.29	13.80	14.30
14	9.10	9.76	10.40	11.02	11.61	12.18	12.74	13.27	13.78	14.28
15	9.09	9.76	10.39	11.01	11.60	12.17	12.72	13.25	13.77	14.27
16	9.08	9.74	10.37	10.98	11.58	12.15	12.70	13.24	13.75	14.25
17	9.07	9.73	10.36	10.98	11.57	12.14	12.70	13.23	13.74	14.24
18	9.06	9.72	10.35	10.97	11.56	12.13	12.68	13.21	13.73	14.22
19	9.06	9.73	10.36	10.97	11.57	12.15	12.70	13.23	13.74	14.24
20	9.07	9.73	10.37	10.98	11.58	12.15	12.71	13.24	13.76	14.25
21	9.08	9.74	10.38	11.00	11.59	12.17	12.72	13.26	13.77	14.28
22	9.09	9.75	10.40	11.01	11.61	12.18	12.74	13.27	13.79	14.29
23	9.10	9.77	10.41	11.03	11.62	12.20	12.75	13.29	13.81	14.31
24	9.11	9.77	10.41	11.03	11.63	12.20	12.76	13.30	13.81	14.31
25	9.12	9.79	10.42	11.05	11.64	12.22	12.78	13.31	13.83	14.33
26	9.13	9.79	10.43	11.05	11.65	12.23	12.78	13.32	13.83	14.33
27	9.12	9.79	10.43	11.05	11.64	12.22	12.78	13.31	13.82	14.32
28	9.13	9.79	10.43	11.05	11.65	12.23	12.78	13.31	13.82	14.32
29	9.12	9.79	10.43	11.05	11.64	12.21	12.77	13.30	13.81	14.30
30	9.13	9.79	10.43	11.05	11.64	12.21	12.76	13.29	13.81	14.29
31	9.12	9.78	10.43	11.04	11.63	12.20	12.75	13.28	13.79	14.27
32	9.11	9.78	10.41	11.03	11.62	12.19	12.74	13.26	13.77	14.25
33	9.12	9.78	10.41	11.02	11.61	12.18	12.72	13.25	13.75	14.23
34	9.10	9.76	10.40	11.01	11.60	12.16	12.70	13.22	13.72	14.19
35	9.09	9.75	10.38	10.99	11.58	12.14	12.67	13.19	13.68	14.15
36	9.09	9.74	10.38	10.98	11.56	12.12	12.66	13.16	13.65	14.11
37	9.07	9.73	10.35	10.96	11.53	12.09	12.62	13.12	13.60	14.06
38	9.07	9.72	10.34	10.94	11.51	12.06	12.59	13.08	13.56	14.01
39	9.05	9.69	10.31	10.91	11.48	12.02	12.54	13.03	13.49	13.94
40	9.03	9.68	10.30	10.88	11.45	11.98	12.49	12.97	13.43	13.86
41	9.01	9.65	10.26	10.84	11.40	11.92	12.43	12.90	13.35	13.77
42	8.99	9.62	10.23	10.80	11.35	11.87	12.36	12.83	13.27	13.68
43	8.96	9.59	10.19	10.75	11.30	11.81	12.29	12.74	13.17	13.57
44	8.93	9.55	10.14	10.70	11.23	11.73	12.20	12.65	13.06	13.44
45	8.90	9.51	10.10	10.65	11.17	11.66	12.12	12.55	12.95	13.31
46	8.86	9.47	10.04	10.59	11.09	11.57	12.01	12.43	12.81	13.17
47	8.83	9.42	9.98	10.51	11.01	11.47	11.90	12.30	12.67	13.00
48	8.77	9.36	9.91	10.42	10.90	11.35	11.77	12.15	12.50	12.81
49	8.71	9.28	9.82	10.32	10.79	11.22	11.62	11.98	12.31	12.60

Beispiele ⑯ — ⑱, ㉓, ㉔, ㊲ — ㊳

ACTIVITÉ   3½%   Table 23 page 4

Rente temporaire d'activité – hommes

Age actuel	payable au plus pendant ... ans									
	11	12	13	14	15	16	17	18	19	20
50	8.65	9.21	9.73	10.22	10.66	11.08	11.45	11.80	12.10	12.37
51	8.58	9.12	9.62	10.09	10.52	10.92	11.27	11.59	11.87	12.12
52	8.49	9.02	9.51	9.96	10.37	10.74	11.07	11.37	11.63	11.85
53	8.40	8.91	9.38	9.80	10.19	10.54	10.85	11.12	11.36	11.56
54	8.30	8.79	9.24	9.65	10.01	10.33	10.62	10.86	11.08	11.26
55	8.19	8.66	9.08	9.46	9.80	10.10	10.36	10.58	10.78	10.94
56	8.07	8.52	8.91	9.27	9.58	9.86	10.09	10.30	10.47	10.61
57	7.94	8.36	8.73	9.06	9.35	9.60	9.81	9.99	10.14	10.26
58	7.78	8.17	8.52	8.83	9.09	9.31	9.50	9.66	9.79	9.90
59	7.62	7.98	8.30	8.58	8.82	9.02	9.19	9.32	9.44	9.53
60	7.43	7.77	8.07	8.32	8.53	8.71	8.85	8.97	9.07	9.15
61	7.24	7.55	7.82	8.05	8.23	8.39	8.52	8.62	8.70	8.77
62	7.03	7.32	7.56	7.76	7.92	8.06	8.17	8.26	8.33	8.38
63	6.82	7.08	7.29	7.47	7.62	7.73	7.83	7.90	7.96	8.00
64	6.58	6.82	7.01	7.17	7.30	7.40	7.48	7.54	7.58	7.62
65	6.35	6.56	6.73	6.87	6.98	7.07	7.13	7.18	7.22	7.25
66	6.12	6.30	6.45	6.57	6.67	6.74	6.79	6.83	6.86	6.88
67	5.89	6.06	6.19	6.29	6.37	6.43	6.47	6.51	6.53	6.54
68	5.66	5.81	5.92	6.01	6.07	6.12	6.16	6.18	6.20	6.21
69	5.44	5.57	5.67	5.75	5.80	5.84	5.87	5.89	5.90	5.91
70	5.24	5.35	5.43	5.49	5.54	5.57	5.59	5.61	5.62	5.62
71	5.03	5.12	5.20	5.25	5.28	5.31	5.33	5.34	5.34	5.35
72	4.83	4.91	4.97	5.01	5.04	5.06	5.07	5.08	5.09	5.09
73	4.63	4.70	4.75	4.78	4.81	4.82	4.83	4.83	4.84	4.84
74	4.43	4.49	4.52	4.55	4.57	4.58	4.58	4.59	4.59	4.59
75	4.24	4.29	4.32	4.34	4.36	4.36	4.37	4.37	4.37	4.37
76	4.06	4.09	4.12	4.13	4.14	4.15	4.15	4.15	4.15	4.15
77	3.86	3.89	3.91	3.92	3.93	3.93	3.93	3.93	3.93	3.93
78	3.67	3.69	3.71	3.71	3.72	3.72	3.72	3.72	3.72	3.72
79	3.49	3.50	3.51	3.52	3.52	3.52	3.52	3.52	3.52	3.52
80	3.30	3.31	3.32	3.32	3.32	3.32	3.32	3.32	3.32	3.32
81	3.12	3.13	3.13	3.13	3.13	3.13	3.13	3.13	3.13	3.13
82	2.95	2.96	2.96	2.96	2.96	2.96	2.96	2.96	2.96	2.96
83	2.79	2.79	2.79	2.79	2.79	2.79	2.79	2.79	2.79	2.79
84	2.61	2.61	2.61	2.61	2.61	2.61	2.61	2.61	2.61	2.61
85	2.43	2.43	2.43	2.43	2.43	2.43	2.43	2.43	2.43	2.43
86	2.25	2.25	2.25	2.25	2.25	2.25	2.25	2.25	2.25	2.25
87	2.08	2.08	2.08	2.08	2.08	2.08	2.08	2.08	2.08	2.08
88	1.93	1.93	1.93	1.93	1.93	1.93	1.93	1.93	1.93	1.93
89	1.78	1.78	1.78	1.78	1.78	1.78	1.78	1.78	1.78	1.78
90	1.62	1.62	1.62	1.62	1.62	1.62	1.62	1.62	1.62	1.62
91	1.44	1.44	1.44	1.44	1.44	1.44	1.44	1.44	1.44	1.44
92	1.21	1.21	1.21	1.21	1.21	1.21	1.21	1.21	1.21	1.21
93	0.97	0.97	0.97	0.97	0.97	0.97	0.97	0.97	0.97	0.97
94	0.71	0.71	0.71	0.71	0.71	0.71	0.71	0.71	0.71	0.71
95	0.54	0.54	0.54	0.54	0.54	0.54	0.54	0.54	0.54	0.54

xemples ⑯ – ⑱, ㉓, ㉔, ㊲ – ㊳

23 Tafel Seite 5   3½%   AKTIVITÄT

Temporäre Aktivitätsrente – Männer

Alter heute	\multicolumn{10}{c}{zahlbar längstens während ... Jahren}
	21	22	23	24	25	26	27	28	29	30
0	14.90	15.37	15.83	16.26	16.68	17.09	17.48	17.86	18.22	18.57
1	14.92	15.39	15.85	16.28	16.70	17.11	17.50	17.88	18.24	18.59
2	14.92	15.39	15.84	16.27	16.69	17.10	17.49	17.87	18.23	18.59
3	14.92	15.38	15.83	16.27	16.69	17.10	17.48	17.86	18.23	18.58
4	14.90	15.37	15.82	16.26	16.68	17.08	17.47	17.85	18.21	18.57
5	14.89	15.36	15.81	16.24	16.66	17.06	17.46	17.83	18.19	18.55
6	14.88	15.34	15.79	16.23	16.65	17.05	17.44	17.82	18.18	18.53
7	14.87	15.34	15.78	16.22	16.64	17.04	17.43	17.81	18.17	18.52
8	14.85	15.32	15.77	16.20	16.62	17.02	17.41	17.79	18.15	18.50
9	14.84	15.31	15.76	16.19	16.61	17.01	17.40	17.78	18.14	18.49
10	14.82	15.29	15.74	16.17	16.59	16.99	17.38	17.75	18.12	18.47
11	14.81	15.27	15.72	16.16	16.57	16.98	17.36	17.74	18.10	18.45
12	14.79	15.26	15.71	16.14	16.55	16.96	17.35	17.72	18.08	18.43
13	14.78	15.24	15.69	16.12	16.54	16.94	17.33	17.70	18.06	18.41
14	14.76	15.22	15.67	16.10	16.52	16.92	17.31	17.68	18.04	18.39
15	14.74	15.21	15.65	16.09	16.50	16.90	17.29	17.66	18.02	18.37
16	14.73	15.19	15.63	16.06	16.48	16.88	17.27	17.64	17.99	18.34
17	14.72	15.18	15.63	16.06	16.47	16.87	17.26	17.63	17.98	18.33
18	14.71	15.17	15.61	16.04	16.46	16.86	17.24	17.61	17.96	18.31
19	14.72	15.18	15.63	16.06	16.47	16.87	17.25	17.62	17.98	18.32
20	14.74	15.20	15.64	16.07	16.49	16.88	17.27	17.64	17.99	18.33
21	14.75	15.22	15.66	16.09	16.50	16.90	17.29	17.66	18.01	18.35
22	14.77	15.24	15.68	16.11	16.52	16.92	17.30	17.67	18.02	18.36
23	14.79	15.25	15.69	16.12	16.53	16.93	17.31	17.68	18.03	18.37
24	14.79	15.25	15.70	16.12	16.54	16.93	17.31	17.67	18.02	18.35
25	14.80	15.26	15.71	16.14	16.54	16.94	17.31	17.68	18.02	18.35
26	14.80	15.26	15.71	16.13	16.54	16.93	17.31	17.66	18.01	18.33
27	14.79	15.25	15.69	16.12	16.52	16.91	17.28	17.63	17.97	18.29
28	14.79	15.25	15.68	16.10	16.51	16.89	17.26	17.61	17.94	18.26
29	14.77	15.23	15.66	16.08	16.48	16.86	17.22	17.56	17.89	18.20
30	14.76	15.21	15.65	16.06	16.45	16.83	17.18	17.53	17.85	18.15
31	14.74	15.19	15.61	16.02	16.41	16.78	17.13	17.47	17.78	18.08
32	14.71	15.15	15.58	15.98	16.36	16.73	17.07	17.40	17.70	17.99
33	14.69	15.13	15.54	15.94	16.32	16.67	17.01	17.33	17.63	17.90
34	14.65	15.08	15.49	15.88	16.25	16.60	16.93	17.24	17.52	17.79
35	14.60	15.03	15.43	15.82	16.18	16.52	16.84	17.13	17.41	17.67
36	14.55	14.98	15.37	15.75	16.10	16.43	16.74	17.03	17.29	17.54
37	14.50	14.91	15.30	15.66	16.00	16.32	16.62	16.90	17.15	17.38
38	14.43	14.84	15.21	15.57	15.90	16.21	16.50	16.76	17.00	17.22
39	14.35	14.75	15.12	15.46	15.78	16.07	16.35	16.59	16.82	17.02
40	14.27	14.65	15.01	15.34	15.65	15.93	16.19	16.42	16.63	16.81
41	14.17	14.54	14.88	15.20	15.49	15.76	16.00	16.22	16.41	16.58
42	14.06	14.42	14.75	15.05	15.33	15.58	15.80	16.00	16.18	16.33
43	13.94	14.28	14.60	14.88	15.14	15.38	15.58	15.76	15.92	16.06
44	13.80	14.13	14.42	14.70	14.94	15.15	15.34	15.50	15.65	15.77
45	13.65	13.96	14.24	14.49	14.72	14.91	15.09	15.23	15.36	15.47
46	13.49	13.78	14.04	14.27	14.48	14.65	14.81	14.94	15.05	15.14
47	13.30	13.57	13.81	14.03	14.21	14.37	14.51	14.62	14.72	14.80
48	13.09	13.34	13.56	13.76	13.92	14.07	14.18	14.28	14.37	14.44
49	12.86	13.09	13.29	13.46	13.61	13.74	13.84	13.93	14.00	14.05

Beispiele (16) – (18), (23), (24), (37) – (39)

ACTIVITÉ 3½% Table 23 page 6

Rente temporaire d'activité – hommes

Age actuel	\multicolumn{10}{c}{payable au plus pendant ... ans}									
	21	22	23	24	25	26	27	28	29	30
50	12.61	12.82	13.00	13.16	13.28	13.39	13.48	13.56	13.62	13.66
51	12.34	12.53	12.69	12.82	12.94	13.03	13.11	13.17	13.22	13.26
52	12.05	12.22	12.36	12.48	12.58	12.66	12.72	12.77	12.81	12.84
53	11.74	11.88	12.01	12.11	12.19	12.26	12.31	12.36	12.39	12.41
54	11.42	11.55	11.65	11.74	11.81	11.87	11.91	11.95	11.97	11.99
55	11.07	11.19	11.28	11.35	11.41	11.46	11.49	11.52	11.54	11.55
56	10.73	10.82	10.90	10.96	11.01	11.05	11.07	11.10	11.11	11.12
57	10.37	10.45	10.51	10.56	10.60	10.63	10.65	10.67	10.68	10.69
58	9.98	10.05	10.11	10.15	10.18	10.20	10.22	10.23	10.24	10.24
59	9.60	9.66	9.70	9.73	9.76	9.77	9.79	9.80	9.80	9.81
60	9.21	9.25	9.29	9.31	9.33	9.35	9.36	9.36	9.36	9.37
61	8.82	8.85	8.88	8.90	8.91	8.92	8.93	8.93	8.94	8.94
62	8.42	8.45	8.47	8.48	8.49	8.50	8.50	8.51	8.51	8.51
63	8.03	8.05	8.07	8.08	8.09	8.09	8.10	8.10	8.10	8.10
64	7.64	7.66	7.67	7.68	7.68	7.69	7.69	7.69	7.69	7.69
65	7.27	7.28	7.29	7.29	7.30	7.30	7.30	7.30	7.30	7.30
66	6.90	6.91	6.91	6.92	6.92	6.92	6.92	6.92	6.92	6.92
67	6.55	6.56	6.57	6.57	6.57	6.57	6.57	6.57	6.57	6.57
68	6.22	6.22	6.23	6.23	6.23	6.23	6.23	6.23	6.23	6.23
69	5.91	5.92	5.92	5.92	5.92	5.92	5.92	5.92	5.92	5.92
70	5.63	5.63	5.63	5.63	5.63	5.63	5.63	5.63	5.63	5.63
71	5.35	5.35	5.35	5.35	5.35	5.35	5.35	5.35	5.35	5.35
72	5.09	5.09	5.09	5.09	5.09	5.09	5.09	5.09	5.09	5.09
73	4.84	4.84	4.84	4.84	4.84	4.84	4.84	4.84	4.84	4.84
74	4.59	4.59	4.59	4.59	4.59	4.59	4.59	4.59	4.59	4.59
75	4.37	4.37	4.37	4.37	4.37	4.37	4.37	4.37	4.37	4.37
76	4.15	4.15	4.15	4.15	4.15	4.15	4.15	4.15	4.15	4.15
77	3.93	3.93	3.93	3.93	3.93	3.93	3.93	3.93	3.93	3.93
78	3.72	3.72	3.72	3.72	3.72	3.72	3.72	3.72	3.72	3.72
79	3.52	3.52	3.52	3.52	3.52	3.52	3.52	3.52	3.52	3.52
80	3.32	3.32	3.32	3.32	3.32	3.32	3.32	3.32	3.32	3.32
81	3.13	3.13	3.13	3.13	3.13	3.13	3.13	3.13	3.13	3.13
82	2.96	2.96	2.96	2.96	2.96	2.96	2.96	2.96	2.96	2.96
83	2.79	2.79	2.79	2.79	2.79	2.79	2.79	2.79	2.79	2.79
84	2.61	2.61	2.61	2.61	2.61	2.61	2.61	2.61	2.61	2.61
85	2.43	2.43	2.43	2.43	2.43	2.43	2.43	2.43	2.43	2.43
86	2.25	2.25	2.25	2.25	2.25	2.25	2.25	2.25	2.25	2.25
87	2.08	2.08	2.08	2.08	2.08	2.08	2.08	2.08	2.08	2.08
88	1.93	1.93	1.93	1.93	1.93	1.93	1.93	1.93	1.93	1.93
89	1.78	1.78	1.78	1.78	1.78	1.78	1.78	1.78	1.78	1.78
90	1.62	1.62	1.62	1.62	1.62	1.62	1.62	1.62	1.62	1.62
91	1.44	1.44	1.44	1.44	1.44	1.44	1.44	1.44	1.44	1.44
92	1.21	1.21	1.21	1.21	1.21	1.21	1.21	1.21	1.21	1.21
93	0.97	0.97	0.97	0.97	0.97	0.97	0.97	0.97	0.97	0.97
94	0.71	0.71	0.71	0.71	0.71	0.71	0.71	0.71	0.71	0.71
95	0.54	0.54	0.54	0.54	0.54	0.54	0.54	0.54	0.54	0.54

Exemples (16) – (18), (23), (24), (37) – (39)

24 Tafel Seite 1   3½%   AKTIVITÄT

Temporäre Aktivitätsrente – Frauen

| Alter heute | zahlbar längstens während ... Jahren ||||||||||
	1	2	3	4	5	6	7	8	9	10
0	0.99	1.93	2.85	3.73	4.59	5.42	6.21	6.98	7.73	8.45
1	0.98	1.93	2.85	3.73	4.60	5.42	6.22	6.99	7.74	8.46
2	0.99	1.94	2.85	3.75	4.60	5.43	6.23	7.00	7.75	8.47
3	0.98	1.93	2.85	3.74	4.59	5.42	6.22	6.99	7.74	8.46
4	0.99	1.94	2.86	3.74	4.60	5.43	6.23	7.00	7.75	8.47
5	0.99	1.94	2.85	3.74	4.60	5.43	6.23	7.00	7.75	8.47
6	0.98	1.93	2.85	3.74	4.59	5.42	6.22	7.00	7.74	8.46
7	0.98	1.94	2.86	3.74	4.60	5.43	6.23	7.00	7.75	8.47
8	0.99	1.94	2.86	3.74	4.60	5.43	6.23	7.00	7.75	8.47
9	0.98	1.93	2.85	3.74	4.60	5.43	6.23	7.00	7.74	8.47
10	0.98	1.93	2.85	3.74	4.60	5.43	6.23	6.99	7.74	8.46
11	0.99	1.94	2.86	3.75	4.60	5.43	6.23	7.00	7.74	8.46
12	0.98	1.94	2.86	3.74	4.60	5.42	6.23	7.00	7.74	8.46
13	0.99	1.94	2.86	3.75	4.60	5.43	6.22	6.99	7.74	8.45
14	0.99	1.93	2.86	3.74	4.60	5.42	6.21	6.99	7.73	8.44
15	0.98	1.94	2.85	3.74	4.59	5.41	6.21	6.98	7.72	8.44
16	0.99	1.93	2.85	3.74	4.59	5.42	6.21	6.98	7.72	8.44
17	0.98	1.93	2.85	3.73	4.59	5.41	6.20	6.97	7.71	8.43
18	0.99	1.94	2.85	3.74	4.59	5.41	6.21	6.98	7.72	8.43
19	0.98	1.93	2.85	3.73	4.58	5.41	6.21	6.98	7.71	8.43
20	0.98	1.94	2.85	3.73	4.59	5.42	6.21	6.98	7.72	8.44
21	0.99	1.94	2.85	3.74	4.60	5.42	6.22	6.99	7.73	8.45
22	0.98	1.93	2.85	3.74	4.59	5.41	6.22	6.98	7.73	8.45
23	0.98	1.94	2.86	3.74	4.59	5.42	6.22	6.99	7.74	8.45
24	0.99	1.94	2.86	3.74	4.60	5.42	6.22	7.00	7.74	8.45
25	0.98	1.93	2.85	3.74	4.59	5.42	6.22	6.99	7.73	8.45
26	0.99	1.93	2.85	3.74	4.59	5.42	6.22	6.99	7.73	8.45
27	0.98	1.93	2.85	3.74	4.59	5.42	6.21	6.99	7.73	8.45
28	0.99	1.94	2.86	3.74	4.60	5.42	6.22	7.00	7.74	8.46
29	0.98	1.93	2.85	3.74	4.59	5.42	6.22	6.99	7.73	8.45
30	0.98	1.94	2.85	3.74	4.59	5.42	6.22	6.99	7.73	8.45
31	0.99	1.93	2.85	3.74	4.60	5.42	6.22	6.99	7.73	8.45
32	0.98	1.93	2.85	3.74	4.59	5.42	6.21	6.98	7.73	8.44
33	0.98	1.93	2.86	3.74	4.59	5.42	6.21	6.99	7.73	8.44
34	0.99	1.94	2.85	3.74	4.60	5.42	6.22	6.98	7.73	8.43
35	0.99	1.94	2.85	3.74	4.59	5.42	6.21	6.98	7.71	8.43
36	0.98	1.93	2.85	3.73	4.59	5.41	6.21	6.97	7.71	8.42
37	0.98	1.94	2.85	3.74	4.59	5.41	6.20	6.97	7.70	8.42
38	0.99	1.93	2.85	3.74	4.59	5.40	6.20	6.96	7.70	8.41
39	0.98	1.93	2.85	3.73	4.58	5.40	6.19	6.96	7.70	8.40
40	0.99	1.94	2.85	3.73	4.59	5.40	6.20	6.96	7.69	8.40
41	0.98	1.93	2.84	3.73	4.57	5.40	6.19	6.94	7.68	8.39
42	0.98	1.93	2.84	3.72	4.58	5.40	6.18	6.94	7.67	8.38
43	0.98	1.93	2.84	3.73	4.58	5.39	6.18	6.94	7.67	8.37
44	0.99	1.93	2.85	3.73	4.57	5.39	6.18	6.94	7.66	8.37
45	0.98	1.94	2.85	3.72	4.57	5.39	6.17	6.92	7.65	8.35
46	0.99	1.94	2.84	3.72	4.57	5.39	6.17	6.92	7.64	8.34
47	0.98	1.92	2.84	3.72	4.56	5.37	6.16	6.90	7.63	8.31
48	0.97	1.92	2.84	3.72	4.56	5.37	6.15	6.90	7.61	8.30
49	0.99	1.93	2.85	3.72	4.56	5.37	6.15	6.89	7.61	8.29

Beispiele ⑧, ㉙, ㉚

ACTIVITÉ 3½% Table 24 page 2

Rente temporaire d'activité – femmes

Age actuel	\multicolumn{10}{c}{payable au plus pendant ... ans}
	1	2	3	4	5	6	7	8	9	10
50	0.99	1.94	2.84	3.72	4.55	5.36	6.14	6.88	7.59	8.28
51	0.99	1.93	2.84	3.71	4.55	5.35	6.13	6.86	7.58	8.26
52	0.98	1.93	2.83	3.70	4.54	5.34	6.11	6.85	7.56	8.23
53	0.99	1.93	2.84	3.70	4.54	5.34	6.11	6.85	7.54	8.21
54	0.98	1.92	2.82	3.70	4.53	5.33	6.09	6.82	7.52	8.18
55	0.99	1.92	2.83	3.69	4.53	5.33	6.08	6.81	7.50	8.15
56	0.98	1.92	2.82	3.69	4.52	5.31	6.06	6.78	7.46	8.10
57	0.99	1.92	2.83	3.69	4.51	5.30	6.05	6.76	7.42	8.04
58	0.98	1.92	2.82	3.68	4.50	5.28	6.02	6.71	7.36	7.97
59	0.99	1.93	2.82	3.68	4.49	5.26	5.98	6.66	7.30	7.90
60	0.98	1.92	2.81	3.66	4.46	5.22	5.92	6.59	7.22	7.79
61	0.97	1.91	2.79	3.64	4.42	5.16	5.86	6.51	7.12	7.67
62	0.98	1.91	2.79	3.61	4.38	5.11	5.80	6.43	7.01	7.54
63	0.97	1.90	2.77	3.58	4.35	5.07	5.73	6.35	6.91	7.42
64	0.98	1.89	2.75	3.56	4.32	5.02	5.67	6.26	6.80	7.29
65	0.97	1.88	2.74	3.54	4.29	4.97	5.60	6.18	6.70	7.16
66	0.97	1.88	2.74	3.52	4.26	4.92	5.53	6.09	6.58	7.02
67	0.97	1.88	2.72	3.50	4.21	4.86	5.45	5.98	6.44	6.85
68	0.97	1.87	2.71	3.47	4.16	4.79	5.36	5.85	6.29	6.67
69	0.97	1.86	2.68	3.42	4.10	4.71	5.24	5.71	6.12	6.47
70	0.97	1.85	2.65	3.39	4.04	4.61	5.12	5.56	5.93	6.25
71	0.96	1.83	2.63	3.33	3.96	4.51	4.98	5.39	5.74	6.02
72	0.95	1.82	2.60	3.28	3.88	4.40	4.85	5.23	5.54	5.80
73	0.96	1.81	2.57	3.23	3.80	4.29	4.71	5.05	5.34	5.57
74	0.95	1.79	2.52	3.16	3.71	4.17	4.56	4.87	5.13	5.34
75	0.94	1.77	2.48	3.10	3.62	4.05	4.41	4.70	4.93	5.11
76	0.94	1.75	2.45	3.04	3.53	3.94	4.27	4.53	4.74	4.90
77	0.94	1.74	2.42	2.98	3.45	3.83	4.13	4.36	4.55	4.69
78	0.94	1.72	2.37	2.91	3.35	3.70	3.97	4.19	4.35	4.47
79	0.93	1.70	2.33	2.85	3.26	3.58	3.83	4.02	4.17	4.27
80	0.92	1.67	2.29	2.78	3.17	3.47	3.69	3.86	3.98	4.07
81	0.92	1.66	2.25	2.72	3.08	3.36	3.56	3.71	3.81	3.88
82	0.91	1.64	2.22	2.66	3.00	3.25	3.43	3.55	3.63	3.69
83	0.91	1.62	2.17	2.59	2.90	3.13	3.28	3.39	3.45	3.49
84	0.90	1.60	2.13	2.52	2.80	3.00	3.13	3.21	3.26	3.29
85	0.89	1.57	2.08	2.44	2.69	2.86	2.96	3.02	3.06	3.08
86	0.88	1.54	2.01	2.34	2.55	2.69	2.77	2.82	2.84	2.85
87	0.88	1.51	1.94	2.23	2.41	2.53	2.59	2.62	2.63	2.64
88	0.86	1.46	1.86	2.11	2.26	2.35	2.39	2.41	2.42	2.42
89	0.85	1.42	1.77	1.99	2.10	2.17	2.20	2.21	2.21	2.21
90	0.84	1.36	1.68	1.85	1.95	1.99	2.00	2.01	2.01	2.01
91	0.82	1.31	1.59	1.73	1.80	1.82	1.83	1.83	1.83	1.83
92	0.81	1.25	1.49	1.59	1.64	1.65	1.65	1.65	1.65	1.65
93	0.78	1.19	1.38	1.46	1.48	1.48	1.48	1.48	1.48	1.48
94	0.77	1.12	1.26	1.29	1.30	1.30	1.30	1.30	1.30	1.30
95	0.73	1.02	1.10	1.11	1.11	1.11	1.11	1.11	1.11	1.11
96	0.69	0.88	0.91	0.91	0.91	0.91	0.91	0.91	0.91	0.91
97	0.63	0.73	0.73	0.73	0.73	0.73	0.73	0.73	0.73	0.73
98	0.54	0.54	0.54	0.54	0.54	0.54	0.54	0.54	0.54	0.54

Exemples ⑧ , ㉙ , ㉚

24 Tafel Seite 3   3½%   AKTIVITÄT

Temporäre Aktivitätsrente – Frauen

Alter heute	zahlbar längstens während ... Jahren									
	11	12	13	14	15	16	17	18	19	20
0	9.14	9.82	10.46	11.09	11.70	12.28	12.85	13.39	13.92	14.43
1	9.16	9.83	10.48	11.11	11.71	12.30	12.86	13.41	13.94	14.44
2	9.16	9.84	10.49	11.12	11.73	12.31	12.88	13.42	13.94	14.45
3	9.16	9.83	10.48	11.11	11.71	12.30	12.87	13.41	13.94	14.44
4	9.17	9.84	10.49	11.11	11.72	12.31	12.87	13.42	13.94	14.44
5	9.17	9.84	10.49	11.12	11.72	12.30	12.87	13.41	13.93	14.44
6	9.16	9.83	10.48	11.11	11.71	12.29	12.86	13.40	13.93	14.43
7	9.16	9.84	10.49	11.11	11.72	12.30	12.86	13.40	13.93	14.43
8	9.17	9.84	10.48	11.11	11.71	12.29	12.86	13.40	13.92	14.43
9	9.16	9.83	10.48	11.10	11.70	12.29	12.85	13.39	13.91	14.42
10	9.15	9.83	10.47	11.09	11.70	12.28	12.84	13.38	13.91	14.41
11	9.16	9.82	10.47	11.10	11.70	12.28	12.84	13.38	13.90	14.41
12	9.15	9.81	10.46	11.09	11.69	12.27	12.83	13.37	13.89	14.40
13	9.14	9.82	10.46	11.08	11.68	12.26	12.82	13.37	13.89	14.39
14	9.14	9.81	10.45	11.07	11.67	12.25	12.81	13.36	13.88	14.38
15	9.13	9.80	10.44	11.07	11.66	12.25	12.81	13.35	13.87	14.37
16	9.13	9.79	10.44	11.06	11.66	12.24	12.80	13.34	13.87	14.37
17	9.12	9.79	10.43	11.05	11.65	12.23	12.79	13.33	13.86	14.36
18	9.12	9.79	10.43	11.06	11.66	12.24	12.80	13.34	13.86	14.37
19	9.12	9.79	10.44	11.06	11.66	12.24	12.80	13.34	13.87	14.37
20	9.13	9.80	10.45	11.07	11.67	12.26	12.82	13.36	13.88	14.38
21	9.14	9.81	10.46	11.08	11.69	12.27	12.83	13.37	13.89	14.40
22	9.14	9.81	10.45	11.08	11.68	12.27	12.83	13.37	13.89	14.40
23	9.14	9.81	10.46	11.09	11.69	12.27	12.83	13.38	13.90	14.40
24	9.15	9.82	10.47	11.09	11.70	12.28	12.84	13.38	13.90	14.40
25	9.15	9.81	10.46	11.09	11.69	12.27	12.83	13.37	13.89	14.39
26	9.14	9.82	10.46	11.08	11.69	12.27	12.83	13.37	13.89	14.39
27	9.14	9.81	10.46	11.08	11.68	12.26	12.82	13.36	13.88	14.38
28	9.15	9.82	10.47	11.09	11.69	12.26	12.82	13.36	13.88	14.38
29	9.14	9.81	10.46	11.08	11.67	12.25	12.81	13.35	13.87	14.36
30	9.14	9.81	10.45	11.07	11.67	12.25	12.81	13.34	13.85	14.35
31	9.14	9.81	10.44	11.07	11.66	12.24	12.80	13.33	13.84	14.34
32	9.13	9.79	10.44	11.05	11.65	12.23	12.78	13.31	13.83	14.32
33	9.13	9.79	10.43	11.05	11.65	12.22	12.77	13.30	13.82	14.30
34	9.13	9.79	10.43	11.05	11.64	12.21	12.76	13.29	13.80	14.29
35	9.12	9.78	10.42	11.03	11.62	12.19	12.74	13.27	13.78	14.26
36	9.11	9.77	10.40	11.02	11.61	12.18	12.72	13.25	13.75	14.24
37	9.11	9.76	10.40	11.01	11.60	12.16	12.71	13.23	13.73	14.21
38	9.09	9.75	10.39	11.00	11.58	12.15	12.69	13.21	13.70	14.19
39	9.08	9.74	10.37	10.98	11.57	12.12	12.66	13.18	13.68	14.15
40	9.08	9.74	10.36	10.97	11.55	12.11	12.64	13.16	13.65	14.13
41	9.07	9.71	10.34	10.94	11.53	12.08	12.61	13.12	13.62	14.09
42	9.05	9.71	10.33	10.93	11.50	12.06	12.59	13.10	13.58	14.05
43	9.04	9.69	10.31	10.91	11.48	12.03	12.56	13.06	13.54	14.00
44	9.03	9.68	10.30	10.90	11.46	12.01	12.54	13.03	13.51	13.96
45	9.02	9.66	10.28	10.86	11.43	11.98	12.49	12.99	13.46	13.90
46	9.00	9.65	10.26	10.85	11.41	11.95	12.46	12.95	13.41	13.84
47	8.98	9.62	10.23	10.81	11.37	11.90	12.41	12.89	13.34	13.76
48	8.96	9.60	10.21	10.78	11.34	11.86	12.36	12.82	13.26	13.67
49	8.95	9.59	10.18	10.76	11.30	11.82	12.30	12.76	13.19	13.59

Beispiele ⑧, ㉙, ㉚

ACTIVITÉ 3½% Table 24 page 4

Rente temporaire d'activité – femmes

Age actuel	11	12	13	14	15	16	17	18	19	20
			payable au plus pendant ... ans							
50	8.93	9.56	10.15	10.72	11.26	11.76	12.23	12.68	13.09	13.48
51	8.90	9.53	10.11	10.67	11.19	11.68	12.15	12.58	12.98	13.35
52	8.88	9.49	10.07	10.61	11.12	11.60	12.05	12.47	12.85	13.20
53	8.85	9.45	10.02	10.55	11.05	11.52	11.95	12.35	12.71	13.05
54	8.81	9.39	9.95	10.47	10.95	11.40	11.82	12.20	12.55	12.86
55	8.76	9.34	9.88	10.38	10.85	11.28	11.68	12.04	12.37	12.66
56	8.69	9.26	9.79	10.27	10.72	11.14	11.51	11.86	12.16	12.43
57	8.63	9.18	9.69	10.16	10.59	10.98	11.34	11.65	11.93	12.18
58	8.54	9.07	9.56	10.01	10.42	10.79	11.12	11.41	11.67	11.89
59	8.45	8.96	9.43	9.85	10.24	10.59	10.89	11.16	11.39	11.59
60	8.33	8.82	9.26	9.67	10.03	10.35	10.62	10.87	11.08	11.25
61	8.18	8.65	9.07	9.45	9.78	10.08	10.33	10.55	10.73	10.88
62	8.03	8.47	8.87	9.22	9.52	9.79	10.02	10.21	10.37	10.50
63	7.89	8.30	8.67	8.99	9.27	9.51	9.71	9.88	10.02	10.13
64	7.73	8.12	8.46	8.75	9.01	9.22	9.40	9.54	9.66	9.76
65	7.57	7.93	8.24	8.51	8.74	8.93	9.08	9.21	9.31	9.39
66	7.40	7.73	8.02	8.26	8.46	8.62	8.75	8.86	8.94	9.01
67	7.20	7.51	7.77	7.98	8.15	8.30	8.41	8.50	8.57	8.62
68	6.99	7.27	7.50	7.68	7.84	7.96	8.05	8.13	8.18	8.23
69	6.76	7.00	7.21	7.37	7.50	7.60	7.68	7.74	7.79	7.82
70	6.52	6.73	6.91	7.05	7.16	7.25	7.31	7.36	7.40	7.42
71	6.26	6.45	6.61	6.73	6.82	6.89	6.94	6.98	7.01	7.03
72	6.01	6.18	6.31	6.41	6.49	6.54	6.59	6.61	6.63	6.65
73	5.76	5.90	6.01	6.10	6.16	6.21	6.24	6.26	6.27	6.28
74	5.50	5.62	5.72	5.79	5.84	5.87	5.90	5.91	5.92	5.93
75	5.25	5.36	5.44	5.50	5.54	5.56	5.58	5.59	5.60	5.60
76	5.02	5.11	5.17	5.22	5.25	5.27	5.28	5.28	5.29	5.29
77	4.79	4.87	4.92	4.95	4.97	4.99	4.99	5.00	5.00	5.00
78	4.55	4.61	4.65	4.68	4.69	4.70	4.71	4.71	4.71	4.71
79	4.34	4.38	4.41	4.43	4.44	4.45	4.45	4.45	4.45	4.45
80	4.12	4.16	4.18	4.19	4.20	4.20	4.20	4.20	4.20	4.20
81	3.92	3.94	3.96	3.96	3.97	3.97	3.97	3.97	3.97	3.97
82	3.72	3.73	3.74	3.75	3.75	3.75	3.75	3.75	3.75	3.75
83	3.51	3.52	3.53	3.53	3.53	3.53	3.53	3.53	3.53	3.53
84	3.30	3.31	3.31	3.31	3.31	3.31	3.31	3.31	3.31	3.31
85	3.09	3.09	3.09	3.09	3.09	3.09	3.09	3.09	3.09	3.09
86	2.86	2.86	2.86	2.86	2.86	2.86	2.86	2.86	2.86	2.86
87	2.64	2.64	2.64	2.64	2.64	2.64	2.64	2.64	2.64	2.64
88	2.42	2.42	2.42	2.42	2.42	2.42	2.42	2.42	2.42	2.42
89	2.21	2.21	2.21	2.21	2.21	2.21	2.21	2.21	2.21	2.21
90	2.01	2.01	2.01	2.01	2.01	2.01	2.01	2.01	2.01	2.01
91	1.83	1.83	1.83	1.83	1.83	1.83	1.83	1.83	1.83	1.83
92	1.65	1.65	1.65	1.65	1.65	1.65	1.65	1.65	1.65	1.65
93	1.48	1.48	1.48	1.48	1.48	1.48	1.48	1.48	1.48	1.48
94	1.30	1.30	1.30	1.30	1.30	1.30	1.30	1.30	1.30	1.30
95	1.11	1.11	1.11	1.11	1.11	1.11	1.11	1.11	1.11	1.11
96	0.91	0.91	0.91	0.91	0.91	0.91	0.91	0.91	0.91	0.91
97	0.73	0.73	0.73	0.73	0.73	0.73	0.73	0.73	0.73	0.73
98	0.54	0.54	0.54	0.54	0.54	0.54	0.54	0.54	0.54	0.54

Exemples ⑧, ㉙, ㉚

24 Tafel Seite 5 3½% AKTIVITÄT

Temporäre Aktivitätsrente – Frauen

Alter heute	zahlbar längstens während ... Jahren									
	21	22	23	24	25	26	27	28	29	30
0	14.91	15.39	15.84	16.28	16.71	17.12	17.52	17.90	18.27	18.63
1	14.94	15.41	15.86	16.31	16.73	17.15	17.54	17.93	18.29	18.65
2	14.94	15.41	15.87	16.31	16.74	17.15	17.55	17.93	18.30	18.66
3	14.93	15.41	15.86	16.30	16.73	17.14	17.54	17.92	18.29	18.65
4	14.94	15.41	15.87	16.30	16.73	17.14	17.54	17.92	18.29	18.65
5	14.93	15.40	15.86	16.30	16.72	17.13	17.53	17.91	18.28	18.64
6	14.92	15.39	15.85	16.29	16.71	17.12	17.52	17.90	18.27	18.63
7	14.92	15.39	15.85	16.29	16.71	17.12	17.52	17.90	18.27	18.63
8	14.92	15.39	15.84	16.29	16.71	17.12	17.51	17.90	18.27	18.62
9	14.91	15.38	15.83	16.27	16.70	17.11	17.50	17.89	18.26	18.61
10	14.90	15.37	15.83	16.26	16.69	17.10	17.50	17.88	18.25	18.60
11	14.90	15.37	15.82	16.26	16.69	17.10	17.49	17.87	18.24	18.60
12	14.89	15.36	15.81	16.25	16.68	17.09	17.48	17.86	18.23	18.59
13	14.88	15.35	15.81	16.25	16.67	17.08	17.47	17.86	18.22	18.58
14	14.87	15.34	15.80	16.23	16.66	17.07	17.46	17.84	18.21	18.56
15	14.86	15.33	15.79	16.23	16.65	17.06	17.45	17.83	18.19	18.55
16	14.86	15.33	15.78	16.22	16.65	17.05	17.45	17.82	18.19	18.54
17	14.85	15.32	15.77	16.21	16.63	17.04	17.43	17.81	18.17	18.53
18	14.85	15.32	15.78	16.21	16.63	17.04	17.43	17.81	18.18	18.53
19	14.86	15.33	15.78	16.22	16.64	17.05	17.44	17.82	18.18	18.53
20	14.88	15.34	15.80	16.23	16.65	17.06	17.45	17.83	18.19	18.54
21	14.89	15.36	15.81	16.24	16.66	17.07	17.46	17.84	18.20	18.55
22	14.88	15.35	15.80	16.24	16.66	17.07	17.45	17.83	18.19	18.54
23	14.89	15.36	15.81	16.25	16.67	17.07	17.46	17.83	18.19	18.54
24	14.89	15.36	15.81	16.25	16.66	17.06	17.45	17.83	18.19	18.53
25	14.88	15.35	15.80	16.23	16.65	17.05	17.44	17.81	18.17	18.51
26	14.88	15.34	15.79	16.22	16.64	17.04	17.42	17.79	18.15	18.49
27	14.87	15.33	15.78	16.21	16.62	17.02	17.41	17.77	18.13	18.47
28	14.86	15.32	15.77	16.20	16.61	17.01	17.39	17.76	18.11	18.45
29	14.84	15.31	15.75	16.18	16.59	16.98	17.36	17.73	18.08	18.41
30	14.83	15.29	15.73	16.16	16.57	16.96	17.34	17.70	18.05	18.38
31	14.82	15.27	15.72	16.14	16.54	16.93	17.31	17.67	18.01	18.34
32	14.79	15.25	15.69	16.11	16.51	16.90	17.27	17.63	17.97	18.30
33	14.78	15.23	15.67	16.09	16.49	16.87	17.24	17.60	17.93	18.26
34	14.76	15.21	15.64	16.06	16.46	16.84	17.21	17.56	17.89	18.21
35	14.73	15.18	15.61	16.02	16.42	16.80	17.16	17.51	17.84	18.15
36	14.70	15.15	15.57	15.99	16.38	16.75	17.11	17.45	17.77	18.07
37	14.68	15.12	15.54	15.95	16.34	16.71	17.06	17.40	17.71	18.00
38	14.64	15.09	15.51	15.91	16.29	16.66	17.00	17.33	17.63	17.92
39	14.61	15.05	15.46	15.86	16.24	16.60	16.93	17.25	17.55	17.82
40	14.58	15.01	15.42	15.82	16.19	16.53	16.86	17.17	17.46	17.72
41	14.53	14.96	15.37	15.75	16.11	16.45	16.77	17.07	17.34	17.60
42	14.49	14.91	15.31	15.68	16.04	16.37	16.68	16.96	17.23	17.47
43	14.44	14.85	15.24	15.61	15.95	16.27	16.57	16.84	17.09	17.32
44	14.39	14.79	15.17	15.53	15.86	16.17	16.45	16.71	16.95	17.17
45	14.32	14.71	15.08	15.43	15.75	16.04	16.31	16.56	16.78	16.98
46	14.25	14.63	14.99	15.32	15.63	15.91	16.16	16.40	16.60	16.79
47	14.16	14.53	14.87	15.19	15.48	15.74	15.99	16.20	16.39	16.56
48	14.06	14.42	14.75	15.05	15.32	15.58	15.80	16.00	16.17	16.32
49	13.96	14.30	14.62	14.90	15.16	15.39	15.60	15.78	15.93	16.07

Beispiele ⑧, ㉙, ㉚

ACTIVITÉ 3½% Table 24 page 6

Rente temporaire d'activité – femmes

Age actuel	payable au plus pendant ... ans									
	21	22	23	24	25	26	27	28	29	30
50	13.83	14.16	14.46	14.73	14.97	15.18	15.37	15.53	15.67	15.78
51	13.69	14.00	14.28	14.53	14.75	14.94	15.11	15.25	15.38	15.48
52	13.52	13.82	14.08	14.31	14.51	14.68	14.83	14.96	15.06	15.15
53	13.35	13.62	13.86	14.07	14.25	14.41	14.54	14.65	14.74	14.81
54	13.14	13.39	13.61	13.80	13.96	14.10	14.21	14.31	14.38	14.44
55	12.92	13.15	13.35	13.51	13.66	13.78	13.87	13.95	14.02	14.07
56	12.67	12.87	13.05	13.20	13.32	13.42	13.50	13.57	13.62	13.66
57	12.39	12.58	12.73	12.86	12.97	13.05	13.12	13.18	13.22	13.25
58	12.09	12.25	12.38	12.49	12.58	12.65	12.71	12.75	12.79	12.81
59	11.76	11.90	12.01	12.11	12.18	12.24	12.29	12.32	12.35	12.37
60	11.40	11.52	11.62	11.69	11.76	11.80	11.84	11.87	11.89	11.90
61	11.01	11.11	11.19	11.26	11.31	11.35	11.37	11.39	11.41	11.42
62	10.61	10.69	10.76	10.81	10.85	10.88	10.90	10.92	10.93	10.93
63	10.22	10.29	10.35	10.39	10.42	10.44	10.46	10.47	10.47	10.48
64	9.83	9.89	9.93	9.96	9.99	10.00	10.01	10.02	10.03	10.03
65	9.45	9.50	9.53	9.56	9.57	9.58	9.59	9.60	9.60	9.60
66	9.06	9.10	9.12	9.14	9.15	9.16	9.17	9.17	9.17	9.17
67	8.66	8.69	8.71	8.72	8.73	8.73	8.74	8.74	8.74	8.74
68	8.26	8.28	8.29	8.30	8.30	8.31	8.31	8.31	8.31	8.31
69	7.84	7.86	7.87	7.87	7.88	7.88	7.88	7.88	7.88	7.88
70	7.44	7.45	7.45	7.46	7.46	7.46	7.46	7.46	7.46	7.46
71	7.04	7.04	7.05	7.05	7.05	7.05	7.05	7.05	7.05	7.05
72	6.65	6.66	6.66	6.66	6.66	6.66	6.66	6.66	6.66	6.66
73	6.29	6.29	6.29	6.29	6.29	6.29	6.29	6.29	6.29	6.29
74	5.93	5.93	5.93	5.93	5.93	5.93	5.93	5.93	5.93	5.93
75	5.60	5.60	5.60	5.60	5.60	5.60	5.60	5.60	5.60	5.60
76	5.29	5.29	5.29	5.29	5.29	5.29	5.29	5.29	5.29	5.29
77	5.00	5.00	5.00	5.00	5.00	5.00	5.00	5.00	5.00	5.00
78	4.71	4.71	4.71	4.71	4.71	4.71	4.71	4.71	4.71	4.71
79	4.45	4.45	4.45	4.45	4.45	4.45	4.45	4.45	4.45	4.45
80	4.20	4.20	4.20	4.20	4.20	4.20	4.20	4.20	4.20	4.20
81	3.97	3.97	3.97	3.97	3.97	3.97	3.97	3.97	3.97	3.97
82	3.75	3.75	3.75	3.75	3.75	3.75	3.75	3.75	3.75	3.75
83	3.53	3.53	3.53	3.53	3.53	3.53	3.53	3.53	3.53	3.53
84	3.31	3.31	3.31	3.31	3.31	3.31	3.31	3.31	3.31	3.31
85	3.09	3.09	3.09	3.09	3.09	3.09	3.09	3.09	3.09	3.09
86	2.86	2.86	2.86	2.86	2.86	2.86	2.86	2.86	2.86	2.86
87	2.64	2.64	2.64	2.64	2.64	2.64	2.64	2.64	2.64	2.64
88	2.42	2.42	2.42	2.42	2.42	2.42	2.42	2.42	2.42	2.42
89	2.21	2.21	2.21	2.21	2.21	2.21	2.21	2.21	2.21	2.21
90	2.01	2.01	2.01	2.01	2.01	2.01	2.01	2.01	2.01	2.01
91	1.83	1.83	1.83	1.83	1.83	1.83	1.83	1.83	1.83	1.83
92	1.65	1.65	1.65	1.65	1.65	1.65	1.65	1.65	1.65	1.65
93	1.48	1.48	1.48	1.48	1.48	1.48	1.48	1.48	1.48	1.48
94	1.30	1.30	1.30	1.30	1.30	1.30	1.30	1.30	1.30	1.30
95	1.11	1.11	1.11	1.11	1.11	1.11	1.11	1.11	1.11	1.11
96	0.91	0.91	0.91	0.91	0.91	0.91	0.91	0.91	0.91	0.91
97	0.73	0.73	0.73	0.73	0.73	0.73	0.73	0.73	0.73	0.73
98	0.54	0.54	0.54	0.54	0.54	0.54	0.54	0.54	0.54	0.54

Exemples ⑧, ㉙, ㉚

25 Tafel Seite 1   3½%   AKTIVITÄT

Verbindungsrente für aktiven Versorger und Versorgte

Alter der Versorgten	Alter des Versorgers									
	0	1	2	3	4	5	6	7	8	9
0	25.50	25.46	25.36	25.25	25.14	25.02	24.90	24.78	24.65	24.51
1	25.54	25.50	25.39	25.29	25.18	25.06	24.94	24.82	24.69	24.55
2	25.52	25.48	25.38	25.28	25.17	25.05	24.93	24.81	24.68	24.54
3	25.51	25.46	25.37	25.26	25.15	25.04	24.92	24.80	24.67	24.53
4	25.49	25.45	25.35	25.25	25.14	25.03	24.91	24.78	24.65	24.52
5	25.47	25.43	25.33	25.23	25.12	25.01	24.89	24.77	24.64	24.51
6	25.44	25.40	25.31	25.21	25.10	24.99	24.88	24.75	24.63	24.50
7	25.42	25.38	25.29	25.19	25.08	24.97	24.86	24.74	24.61	24.48
8	25.39	25.35	25.26	25.16	25.06	24.95	24.84	24.72	24.59	24.46
9	25.35	25.32	25.23	25.14	25.03	24.93	24.81	24.70	24.57	24.44
10	25.32	25.29	25.20	25.11	25.01	24.90	24.79	24.67	24.55	24.42
11	25.28	25.25	25.16	25.07	24.97	24.87	24.76	24.64	24.52	24.40
12	25.24	25.21	25.12	25.03	24.94	24.84	24.73	24.62	24.50	24.37
13	25.19	25.17	25.08	25.00	24.90	24.80	24.70	24.58	24.47	24.34
14	25.14	25.12	25.04	24.95	24.86	24.76	24.66	24.55	24.43	24.31
15	25.09	25.07	24.99	24.91	24.82	24.72	24.62	24.51	24.40	24.28
16	25.03	25.02	24.94	24.86	24.77	24.68	24.58	24.48	24.36	24.25
17	24.97	24.96	24.89	24.81	24.73	24.64	24.54	24.44	24.33	24.21
18	24.91	24.90	24.83	24.76	24.67	24.59	24.49	24.39	24.29	24.17
19	24.85	24.84	24.77	24.70	24.62	24.54	24.44	24.35	24.24	24.13
20	24.78	24.77	24.71	24.64	24.56	24.48	24.39	24.30	24.20	24.09
21	24.70	24.70	24.64	24.57	24.50	24.42	24.34	24.24	24.15	24.04
22	24.62	24.62	24.56	24.50	24.43	24.36	24.27	24.19	24.09	23.99
23	24.54	24.54	24.48	24.42	24.36	24.29	24.21	24.12	24.03	23.93
24	24.45	24.45	24.40	24.34	24.28	24.21	24.13	24.05	23.96	23.87
25	24.35	24.35	24.30	24.25	24.19	24.12	24.05	23.97	23.89	23.80
26	24.24	24.25	24.20	24.15	24.09	24.03	23.96	23.89	23.81	23.72
27	24.13	24.14	24.09	24.05	23.99	23.93	23.87	23.80	23.72	23.64
28	24.01	24.02	23.98	23.93	23.88	23.83	23.76	23.70	23.62	23.54
29	23.88	23.90	23.86	23.81	23.77	23.71	23.65	23.59	23.52	23.45
30	23.75	23.77	23.73	23.69	23.64	23.59	23.54	23.48	23.41	23.34
31	23.61	23.63	23.59	23.55	23.51	23.47	23.41	23.36	23.29	23.22
32	23.46	23.48	23.45	23.41	23.37	23.33	23.28	23.23	23.17	23.10
33	23.31	23.33	23.30	23.27	23.23	23.19	23.14	23.09	23.03	22.97
34	23.15	23.17	23.14	23.11	23.07	23.04	22.99	22.94	22.89	22.83
35	22.98	23.00	22.98	22.95	22.91	22.88	22.84	22.79	22.74	22.69
36	22.81	22.83	22.81	22.78	22.75	22.71	22.67	22.63	22.59	22.53
37	22.63	22.65	22.63	22.60	22.57	22.54	22.50	22.47	22.42	22.37
38	22.44	22.47	22.44	22.42	22.39	22.36	22.33	22.29	22.25	22.20
39	22.25	22.27	22.25	22.23	22.20	22.18	22.14	22.11	22.07	22.03
40	22.05	22.07	22.06	22.03	22.01	21.98	21.95	21.92	21.88	21.84
41	21.84	21.87	21.85	21.83	21.81	21.78	21.75	21.72	21.69	21.65
42	21.62	21.65	21.64	21.62	21.60	21.57	21.54	21.52	21.48	21.45
43	21.40	21.43	21.42	21.40	21.38	21.35	21.33	21.30	21.27	21.24
44	21.17	21.20	21.19	21.17	21.15	21.13	21.11	21.08	21.05	21.02
45	20.94	20.97	20.95	20.94	20.92	20.90	20.88	20.85	20.83	20.80
46	20.70	20.73	20.71	20.70	20.68	20.66	20.64	20.62	20.59	20.56
47	20.45	20.48	20.47	20.45	20.44	20.42	20.40	20.37	20.35	20.32
48	20.20	20.23	20.21	20.20	20.18	20.16	20.14	20.12	20.10	20.08
49	19.93	19.96	19.95	19.94	19.92	19.91	19.89	19.87	19.84	19.82

Beispiele ㉔, ㉒ — ㉔, ㉞ — ㊴

ACTIVITÉ 3½% Table 25 page 2

Rente sur deux têtes
soutien actif masculin et femme soutenue

Age de la femme soutenue	Age du soutien masculin									
	0	1	2	3	4	5	6	7	8	9
50	19.66	19.69	19.68	19.67	19.65	19.64	19.62	19.60	19.58	19.56
51	19.39	19.42	19.40	19.39	19.38	19.36	19.35	19.33	19.31	19.29
52	19.10	19.13	19.12	19.11	19.10	19.08	19.06	19.05	19.03	19.01
53	18.81	18.84	18.83	18.82	18.80	18.79	18.77	18.76	18.74	18.72
54	18.51	18.54	18.53	18.52	18.50	18.49	18.47	18.46	18.44	18.42
55	18.20	18.23	18.22	18.21	18.20	18.18	18.17	18.15	18.13	18.12
56	17.88	17.91	17.90	17.89	17.88	17.86	17.85	17.84	17.82	17.80
57	17.55	17.58	17.57	17.56	17.55	17.54	17.52	17.51	17.49	17.48
58	17.22	17.24	17.23	17.23	17.21	17.20	17.19	17.18	17.16	17.14
59	16.87	16.90	16.89	16.88	16.87	16.86	16.85	16.83	16.82	16.80
60	16.52	16.54	16.54	16.53	16.52	16.51	16.49	16.48	16.47	16.45
61	16.16	16.18	16.17	16.17	16.16	16.15	16.13	16.12	16.11	16.09
62	15.78	15.81	15.80	15.79	15.79	15.78	15.76	15.75	15.74	15.72
63	15.40	15.43	15.42	15.41	15.41	15.40	15.39	15.37	15.36	15.35
64	15.01	15.04	15.03	15.02	15.02	15.01	15.00	14.99	14.97	14.96
65	14.61	14.63	14.63	14.62	14.61	14.61	14.60	14.58	14.57	14.56
66	14.20	14.22	14.21	14.21	14.20	14.19	14.18	14.17	14.16	14.15
67	13.77	13.79	13.79	13.78	13.78	13.77	13.76	13.75	13.74	13.73
68	13.34	13.36	13.35	13.35	13.34	13.34	13.33	13.32	13.31	13.30
69	12.89	12.92	12.91	12.91	12.90	12.90	12.89	12.88	12.87	12.86
70	12.45	12.47	12.46	12.46	12.45	12.45	12.44	12.43	12.42	12.41
71	11.99	12.01	12.01	12.00	12.00	11.99	11.99	11.98	11.97	11.96
72	11.53	11.55	11.55	11.54	11.54	11.53	11.53	11.52	11.51	11.50
73	11.06	11.09	11.08	11.08	11.08	11.07	11.07	11.06	11.05	11.04
74	10.60	10.62	10.62	10.62	10.61	10.61	10.60	10.60	10.59	10.58
75	10.13	10.15	10.15	10.15	10.14	10.14	10.14	10.13	10.13	10.12
76	9.66	9.68	9.68	9.68	9.68	9.67	9.67	9.66	9.66	9.65
77	9.20	9.21	9.21	9.21	9.21	9.21	9.20	9.20	9.19	9.19
78	8.73	8.75	8.75	8.75	8.75	8.75	8.74	8.74	8.73	8.73
79	8.28	8.30	8.30	8.30	8.29	8.29	8.29	8.29	8.28	8.28
80	7.83	7.85	7.85	7.85	7.85	7.85	7.84	7.84	7.84	7.84
81	7.40	7.41	7.41	7.41	7.41	7.41	7.41	7.41	7.40	7.40
82	6.97	6.99	6.99	6.99	6.99	6.99	6.98	6.98	6.98	6.98
83	6.56	6.57	6.57	6.57	6.57	6.57	6.57	6.57	6.57	6.57
84	6.16	6.17	6.17	6.17	6.17	6.17	6.17	6.17	6.17	6.17
85	5.77	5.79	5.79	5.79	5.79	5.78	5.78	5.78	5.78	5.78
86	5.40	5.41	5.41	5.41	5.41	5.41	5.41	5.41	5.41	5.40
87	5.03	5.04	5.04	5.04	5.04	5.04	5.04	5.04	5.04	5.04
88	4.68	4.69	4.69	4.69	4.69	4.69	4.69	4.69	4.69	4.69
89	4.35	4.36	4.36	4.36	4.36	4.36	4.36	4.36	4.36	4.36
90	4.03	4.03	4.03	4.03	4.03	4.03	4.03	4.03	4.03	4.03
91	3.72	3.73	3.73	3.73	3.73	3.73	3.73	3.73	3.73	3.73
92	3.43	3.44	3.44	3.44	3.44	3.44	3.44	3.44	3.44	3.44
93	3.16	3.16	3.16	3.16	3.16	3.16	3.16	3.16	3.16	3.16
94	2.90	2.91	2.91	2.91	2.91	2.91	2.91	2.91	2.91	2.91
95	2.66	2.66	2.66	2.67	2.67	2.67	2.67	2.67	2.67	2.66
96	2.44	2.44	2.44	2.44	2.44	2.44	2.44	2.44	2.44	2.44
97	2.23	2.23	2.23	2.23	2.23	2.23	2.23	2.23	2.23	2.23
98	2.03	2.04	2.04	2.04	2.04	2.04	2.04	2.04	2.04	2.04
99	1.86	1.86	1.86	1.86	1.86	1.86	1.86	1.86	1.86	1.86

Exemples ⑳, ㉒ — ㉔, ㉞ — ㊵

25 Tafel Seite 3   3½%   AKTIVITÄT

Verbindungsrente für aktiven Versorger und Versorgte

Alter der Versorgten	Alter des Versorgers									
	10	11	12	13	14	15	16	17	18	19
0	24.37	24.22	24.07	23.91	23.75	23.58	23.41	23.24	23.07	22.93
1	24.41	24.26	24.11	23.96	23.79	23.63	23.45	23.28	23.11	22.97
2	24.40	24.26	24.11	23.95	23.79	23.62	23.45	23.28	23.11	22.97
3	24.39	24.25	24.10	23.94	23.78	23.61	23.44	23.27	23.10	22.96
4	24.38	24.24	24.09	23.93	23.77	23.60	23.43	23.26	23.09	22.96
5	24.37	24.23	24.08	23.92	23.76	23.60	23.43	23.26	23.09	22.95
6	24.36	24.21	24.07	23.91	23.75	23.59	23.42	23.25	23.08	22.94
7	24.34	24.20	24.05	23.90	23.74	23.58	23.41	23.24	23.07	22.93
8	24.33	24.19	24.04	23.89	23.73	23.56	23.40	23.23	23.06	22.92
9	24.31	24.17	24.02	23.87	23.71	23.55	23.38	23.21	23.05	22.91
10	24.29	24.15	24.00	23.85	23.70	23.54	23.37	23.20	23.03	22.90
11	24.27	24.13	23.98	23.83	23.68	23.52	23.35	23.18	23.02	22.89
12	24.24	24.10	23.96	23.81	23.66	23.50	23.34	23.17	23.00	22.87
13	24.22	24.08	23.94	23.79	23.64	23.48	23.32	23.15	22.99	22.86
14	24.19	24.05	23.91	23.77	23.62	23.46	23.30	23.13	22.97	22.84
15	24.16	24.02	23.89	23.74	23.59	23.44	23.28	23.11	22.95	22.82
16	24.12	24.00	23.86	23.72	23.57	23.41	23.25	23.09	22.93	22.80
17	24.09	23.96	23.83	23.69	23.54	23.39	23.23	23.07	22.91	22.79
18	24.06	23.93	23.80	23.66	23.52	23.36	23.21	23.05	22.89	22.77
19	24.02	23.90	23.77	23.63	23.49	23.34	23.18	23.03	22.87	22.75
20	23.98	23.86	23.73	23.60	23.46	23.31	23.16	23.00	22.85	22.73
21	23.93	23.82	23.69	23.56	23.42	23.28	23.13	22.98	22.82	22.70
22	23.88	23.77	23.65	23.52	23.38	23.24	23.10	22.95	22.79	22.68
23	23.83	23.72	23.60	23.47	23.34	23.20	23.06	22.91	22.76	22.65
24	23.77	23.66	23.55	23.42	23.29	23.16	23.02	22.87	22.73	22.61
25	23.70	23.60	23.49	23.37	23.24	23.11	22.97	22.83	22.69	22.58
26	23.63	23.53	23.42	23.30	23.18	23.05	22.92	22.78	22.64	22.53
27	23.55	23.45	23.35	23.23	23.12	22.99	22.86	22.72	22.59	22.48
28	23.46	23.37	23.27	23.16	23.04	22.92	22.79	22.66	22.53	22.43
29	23.36	23.27	23.18	23.08	22.96	22.85	22.72	22.60	22.47	22.37
30	23.26	23.18	23.08	22.98	22.88	22.77	22.65	22.52	22.40	22.31
31	23.15	23.07	22.98	22.89	22.78	22.68	22.56	22.44	22.32	22.23
32	23.03	22.95	22.87	22.78	22.68	22.58	22.47	22.35	22.24	22.15
33	22.91	22.83	22.75	22.67	22.57	22.47	22.37	22.26	22.15	22.07
34	22.77	22.70	22.63	22.54	22.46	22.36	22.26	22.15	22.05	21.97
35	22.63	22.56	22.49	22.41	22.33	22.24	22.14	22.04	21.94	21.87
36	22.48	22.42	22.35	22.28	22.20	22.11	22.02	21.92	21.83	21.76
37	22.32	22.26	22.20	22.13	22.05	21.97	21.89	21.79	21.70	21.64
38	22.16	22.10	22.04	21.98	21.90	21.83	21.74	21.66	21.57	21.52
39	21.98	21.93	21.87	21.81	21.74	21.67	21.59	21.51	21.43	21.38
40	21.80	21.75	21.70	21.64	21.58	21.51	21.44	21.36	21.28	21.24
41	21.61	21.56	21.51	21.46	21.40	21.34	21.27	21.19	21.12	21.08
42	21.41	21.37	21.32	21.27	21.21	21.15	21.09	21.02	20.95	20.92
43	21.20	21.16	21.12	21.07	21.02	20.96	20.90	20.84	20.77	20.74
44	20.99	20.95	20.91	20.86	20.81	20.76	20.70	20.64	20.59	20.56
45	20.76	20.73	20.69	20.65	20.60	20.55	20.50	20.44	20.39	20.37
46	20.53	20.50	20.46	20.42	20.38	20.33	20.28	20.23	20.18	20.16
47	20.30	20.26	20.23	20.19	20.15	20.11	20.06	20.01	19.97	19.95
48	20.05	20.02	19.99	19.95	19.91	19.87	19.83	19.78	19.74	19.73
49	19.80	19.77	19.74	19.70	19.67	19.63	19.59	19.55	19.51	19.50

Beispiele ⑳, ㉒ — ㉔, ㉞ — ㊴

ACTIVITÉ 3½% Table 25 page 4

Rente sur deux têtes
soutien actif masculin et femme soutenue

Age de la femme soutenue	Age du soutien masculin									
	10	11	12	13	14	15	16	17	18	19
50	19.53	19.51	19.48	19.45	19.41	19.38	19.34	19.30	19.26	19.26
51	19.26	19.24	19.21	19.18	19.15	19.12	19.08	19.04	19.01	19.01
52	18.98	18.96	18.94	18.91	18.88	18.84	18.81	18.78	18.75	18.75
53	18.70	18.68	18.65	18.62	18.60	18.57	18.53	18.50	18.47	18.48
54	18.40	18.38	18.36	18.33	18.30	18.28	18.25	18.22	18.19	18.20
55	18.10	18.08	18.05	18.03	18.00	17.98	17.95	17.92	17.90	17.90
56	17.78	17.76	17.74	17.72	17.69	17.67	17.64	17.62	17.59	17.60
57	17.46	17.44	17.42	17.40	17.37	17.35	17.33	17.30	17.28	17.29
58	17.13	17.11	17.09	17.07	17.05	17.02	17.00	16.98	16.96	16.97
59	16.79	16.77	16.75	16.73	16.71	16.69	16.66	16.64	16.62	16.63
60	16.44	16.42	16.40	16.38	16.36	16.34	16.32	16.30	16.28	16.29
61	16.08	16.06	16.04	16.02	16.00	15.98	15.96	15.94	15.93	15.94
62	15.71	15.69	15.68	15.66	15.64	15.62	15.60	15.58	15.57	15.58
63	15.33	15.32	15.30	15.28	15.27	15.25	15.23	15.21	15.20	15.21
64	14.95	14.93	14.92	14.90	14.88	14.86	14.84	14.83	14.81	14.83
65	14.55	14.53	14.52	14.50	14.48	14.47	14.45	14.43	14.42	14.43
66	14.14	14.12	14.11	14.09	14.08	14.06	14.04	14.03	14.01	14.03
67	13.72	13.70	13.69	13.67	13.66	13.64	13.62	13.61	13.60	13.61
68	13.29	13.27	13.26	13.24	13.23	13.21	13.20	13.18	13.17	13.18
69	12.85	12.84	12.82	12.81	12.79	12.78	12.76	12.75	12.74	12.75
70	12.40	12.39	12.38	12.37	12.35	12.34	12.32	12.31	12.30	12.31
71	11.95	11.94	11.93	11.91	11.90	11.89	11.87	11.86	11.85	11.86
72	11.49	11.48	11.47	11.46	11.45	11.43	11.42	11.41	11.40	11.41
73	11.04	11.03	11.01	11.00	10.99	10.98	10.96	10.95	10.94	10.95
74	10.57	10.56	10.55	10.54	10.53	10.52	10.50	10.49	10.48	10.49
75	10.11	10.10	10.09	10.08	10.07	10.06	10.04	10.03	10.02	10.03
76	9.65	9.64	9.63	9.62	9.61	9.59	9.58	9.57	9.56	9.57
77	9.18	9.17	9.17	9.16	9.15	9.13	9.12	9.11	9.10	9.11
78	8.72	8.72	8.71	8.70	8.69	8.68	8.67	8.66	8.65	8.66
79	8.27	8.27	8.26	8.25	8.24	8.23	8.22	8.21	8.20	8.21
80	7.83	7.82	7.82	7.81	7.80	7.79	7.78	7.77	7.76	7.77
81	7.40	7.39	7.39	7.38	7.37	7.36	7.35	7.34	7.33	7.34
82	6.97	6.97	6.96	6.96	6.95	6.94	6.93	6.92	6.91	6.92
83	6.56	6.56	6.55	6.55	6.54	6.53	6.52	6.52	6.51	6.51
84	6.16	6.16	6.16	6.15	6.15	6.14	6.13	6.12	6.11	6.12
85	5.78	5.78	5.77	5.77	5.76	5.75	5.75	5.74	5.73	5.74
86	5.40	5.40	5.40	5.39	5.39	5.38	5.38	5.37	5.36	5.36
87	5.04	5.04	5.04	5.03	5.03	5.02	5.02	5.01	5.00	5.00
88	4.69	4.69	4.69	4.68	4.68	4.67	4.67	4.66	4.66	4.66
89	4.35	4.35	4.35	4.35	4.34	4.34	4.34	4.33	4.32	4.33
90	4.03	4.03	4.03	4.03	4.03	4.02	4.02	4.01	4.01	4.01
91	3.73	3.73	3.73	3.72	3.72	3.72	3.71	3.71	3.70	3.70
92	3.44	3.44	3.44	3.43	3.43	3.43	3.43	3.42	3.42	3.42
93	3.16	3.16	3.16	3.16	3.16	3.16	3.15	3.15	3.15	3.15
94	2.91	2.91	2.91	2.90	2.90	2.90	2.90	2.89	2.89	2.89
95	2.66	2.66	2.66	2.66	2.66	2.66	2.66	2.66	2.65	2.65
96	2.44	2.44	2.44	2.44	2.44	2.44	2.43	2.43	2.43	2.43
97	2.23	2.23	2.23	2.23	2.23	2.23	2.23	2.22	2.22	2.22
98	2.04	2.04	2.04	2.04	2.04	2.04	2.03	2.03	2.03	2.03
99	1.86	1.86	1.86	1.86	1.86	1.86	1.86	1.86	1.85	1.85

Exemples ⑳, ㉒ — ㉔, ㉞ — ㊴

25 Tafel Seite 5   3½%   AKTIVITÄT

Verbindungsrente für aktiven Versorger und Versorgte

Alter der Versorgten	Alter des Versorgers									
	20	21	22	23	24	25	26	27	28	29
0	22.79	22.64	22.49	22.32	22.14	21.94	21.73	21.52	21.29	21.04
1	22.83	22.68	22.53	22.36	22.18	21.98	21.77	21.56	21.33	21.08
2	22.83	22.68	22.52	22.36	22.18	21.98	21.77	21.55	21.32	21.08
3	22.82	22.67	22.52	22.35	22.17	21.98	21.77	21.55	21.32	21.08
4	22.82	22.67	22.51	22.35	22.17	21.97	21.76	21.55	21.32	21.07
5	22.81	22.66	22.51	22.34	22.16	21.97	21.76	21.54	21.31	21.07
6	22.80	22.66	22.50	22.33	22.15	21.96	21.76	21.54	21.31	21.07
7	22.79	22.65	22.49	22.33	22.15	21.95	21.75	21.53	21.30	21.06
8	22.78	22.64	22.49	22.32	22.14	21.95	21.74	21.53	21.30	21.06
9	22.77	22.63	22.48	22.31	22.13	21.94	21.73	21.52	21.29	21.05
10	22.76	22.62	22.47	22.30	22.12	21.93	21.73	21.51	21.28	21.04
11	22.75	22.61	22.45	22.29	22.11	21.92	21.72	21.50	21.27	21.03
12	22.73	22.59	22.44	22.28	22.10	21.91	21.71	21.49	21.26	21.02
13	22.72	22.58	22.43	22.26	22.09	21.90	21.69	21.48	21.25	21.01
14	22.70	22.56	22.41	22.25	22.07	21.88	21.68	21.47	21.24	21.00
15	22.69	22.55	22.40	22.24	22.06	21.87	21.67	21.46	21.23	21.00
16	22.67	22.53	22.38	22.22	22.05	21.86	21.66	21.45	21.22	20.99
17	22.65	22.52	22.37	22.21	22.04	21.85	21.65	21.44	21.21	20.98
18	22.64	22.50	22.35	22.19	22.02	21.84	21.64	21.43	21.20	20.97
19	22.62	22.48	22.34	22.18	22.01	21.82	21.63	21.42	21.19	20.96
20	22.60	22.46	22.32	22.17	22.00	21.81	21.61	21.40	21.18	20.95
21	22.58	22.44	22.30	22.15	21.98	21.80	21.60	21.39	21.17	20.94
22	22.55	22.42	22.28	22.13	21.96	21.78	21.59	21.38	21.16	20.93
23	22.53	22.40	22.26	22.11	21.94	21.76	21.57	21.36	21.15	20.92
24	22.49	22.37	22.23	22.08	21.92	21.74	21.55	21.35	21.13	20.90
25	22.46	22.33	22.20	22.05	21.89	21.72	21.53	21.32	21.11	20.88
26	22.42	22.30	22.17	22.02	21.86	21.69	21.50	21.30	21.09	20.86
27	22.37	22.25	22.13	21.98	21.83	21.66	21.47	21.27	21.06	20.84
28	22.32	22.21	22.08	21.94	21.79	21.62	21.44	21.24	21.03	20.81
29	22.27	22.15	22.03	21.90	21.75	21.58	21.40	21.21	21.00	20.78
30	22.20	22.10	21.98	21.84	21.70	21.53	21.36	21.17	20.96	20.75
31	22.14	22.03	21.92	21.79	21.64	21.48	21.31	21.12	20.92	20.71
32	22.06	21.96	21.85	21.72	21.58	21.43	21.26	21.07	20.88	20.67
33	21.98	21.88	21.78	21.65	21.52	21.37	21.20	21.02	20.83	20.62
34	21.89	21.80	21.69	21.58	21.45	21.30	21.14	20.96	20.77	20.57
35	21.79	21.70	21.61	21.50	21.37	21.23	21.07	20.90	20.71	20.51
36	21.69	21.60	21.51	21.41	21.28	21.15	20.99	20.83	20.64	20.45
37	21.57	21.50	21.41	21.31	21.19	21.06	20.91	20.75	20.57	20.38
38	21.45	21.38	21.30	21.20	21.09	20.96	20.82	20.67	20.49	20.31
39	21.32	21.26	21.18	21.09	20.98	20.86	20.73	20.57	20.41	20.23
40	21.18	21.12	21.05	20.97	20.87	20.75	20.62	20.47	20.31	20.14
41	21.03	20.98	20.91	20.83	20.74	20.63	20.51	20.37	20.21	20.04
42	20.87	20.82	20.76	20.69	20.60	20.50	20.38	20.25	20.10	19.94
43	20.70	20.66	20.61	20.54	20.46	20.36	20.25	20.12	19.98	19.82
44	20.53	20.49	20.44	20.38	20.30	20.21	20.10	19.98	19.85	19.70
45	20.34	20.30	20.26	20.20	20.13	20.05	19.95	19.84	19.71	19.57
46	20.14	20.11	20.07	20.02	19.96	19.88	19.79	19.68	19.56	19.42
47	19.93	19.91	19.87	19.83	19.77	19.70	19.61	19.51	19.40	19.27
48	19.71	19.69	19.66	19.63	19.57	19.51	19.43	19.33	19.23	19.11
49	19.49	19.47	19.45	19.41	19.36	19.30	19.23	19.14	19.05	18.93

Beispiele ⑳, ㉒ — ㉔, ㉞ — ㊴

ACTIVITÉ 3½% Table 25 page 6

Rente sur deux têtes
soutien actif masculin et femme soutenue

Age de la femme soutenue	Age du soutien masculin									
	20	21	22	23	24	25	26	27	28	29
50	19.25	19.24	19.22	19.19	19.15	19.09	19.02	18.94	18.85	18.75
51	19.00	18.99	18.98	18.95	18.91	18.87	18.80	18.73	18.65	18.55
52	18.74	18.74	18.73	18.70	18.67	18.63	18.57	18.51	18.43	18.34
53	18.48	18.47	18.46	18.45	18.42	18.38	18.33	18.27	18.20	18.11
54	18.20	18.20	18.19	18.18	18.15	18.12	18.08	18.02	17.96	17.88
55	17.91	17.91	17.91	17.90	17.88	17.85	17.81	17.76	17.70	17.63
56	17.61	17.61	17.61	17.60	17.59	17.56	17.53	17.48	17.43	17.37
57	17.30	17.30	17.30	17.30	17.29	17.27	17.24	17.20	17.15	17.09
58	16.98	16.98	16.99	16.99	16.98	16.96	16.93	16.90	16.85	16.80
59	16.64	16.65	16.66	16.66	16.65	16.64	16.61	16.58	16.55	16.50
60	16.30	16.31	16.32	16.32	16.32	16.31	16.29	16.26	16.23	16.18
61	15.95	15.96	15.97	15.98	15.97	15.96	15.95	15.92	15.89	15.86
62	15.59	15.60	15.61	15.62	15.62	15.61	15.60	15.58	15.55	15.52
63	15.22	15.23	15.25	15.25	15.25	15.25	15.24	15.22	15.20	15.17
64	14.84	14.85	14.87	14.87	14.88	14.87	14.86	14.85	14.83	14.80
65	14.45	14.46	14.47	14.48	14.48	14.48	14.48	14.46	14.45	14.42
66	14.04	14.05	14.07	14.08	14.08	14.08	14.07	14.06	14.05	14.03
67	13.62	13.64	13.65	13.66	13.66	13.66	13.66	13.65	13.64	13.62
68	13.20	13.21	13.22	13.23	13.24	13.24	13.24	13.23	13.22	13.21
69	12.76	12.78	12.79	12.80	12.81	12.81	12.81	12.80	12.79	12.78
70	12.32	12.33	12.35	12.36	12.36	12.37	12.37	12.36	12.36	12.35
71	11.87	11.88	11.90	11.91	11.91	11.92	11.92	11.92	11.91	11.90
72	11.42	11.43	11.44	11.45	11.46	11.46	11.46	11.46	11.46	11.45
73	10.96	10.97	10.98	10.99	11.00	11.01	11.01	11.01	11.00	11.00
74	10.50	10.51	10.53	10.54	10.54	10.55	10.55	10.55	10.55	10.54
75	10.04	10.05	10.06	10.07	10.08	10.08	10.09	10.09	10.09	10.08
76	9.58	9.59	9.60	9.61	9.62	9.62	9.62	9.62	9.62	9.62
77	9.12	9.13	9.14	9.15	9.15	9.16	9.16	9.16	9.16	9.16
78	8.66	8.67	8.68	8.69	8.70	8.70	8.70	8.70	8.70	8.70
79	8.22	8.22	8.23	8.24	8.25	8.25	8.25	8.25	8.26	8.25
80	7.78	7.78	7.79	7.80	7.80	7.81	7.81	7.81	7.81	7.81
81	7.34	7.35	7.36	7.37	7.37	7.38	7.38	7.38	7.38	7.38
82	6.92	6.93	6.94	6.94	6.95	6.95	6.96	6.96	6.96	6.96
83	6.52	6.52	6.53	6.54	6.54	6.54	6.55	6.55	6.55	6.55
84	6.12	6.13	6.13	6.14	6.14	6.15	6.15	6.15	6.15	6.15
85	5.74	5.74	5.75	5.75	5.76	5.76	5.76	5.76	5.77	5.77
86	5.37	5.37	5.38	5.38	5.38	5.39	5.39	5.39	5.39	5.39
87	5.01	5.01	5.02	5.02	5.02	5.02	5.03	5.03	5.03	5.03
88	4.66	4.66	4.67	4.67	4.67	4.68	4.68	4.68	4.68	4.68
89	4.33	4.33	4.33	4.34	4.34	4.34	4.34	4.34	4.35	4.35
90	4.01	4.01	4.01	4.02	4.02	4.02	4.02	4.02	4.03	4.03
91	3.71	3.71	3.71	3.71	3.72	3.72	3.72	3.72	3.72	3.72
92	3.42	3.42	3.42	3.42	3.43	3.43	3.43	3.43	3.43	3.43
93	3.15	3.15	3.15	3.15	3.15	3.16	3.16	3.16	3.16	3.16
94	2.89	2.89	2.89	2.90	2.90	2.90	2.90	2.90	2.90	2.90
95	2.65	2.65	2.66	2.66	2.66	2.66	2.66	2.66	2.66	2.66
96	2.43	2.43	2.43	2.43	2.43	2.43	2.44	2.44	2.44	2.44
97	2.22	2.22	2.22	2.22	2.23	2.23	2.23	2.23	2.23	2.23
98	2.03	2.03	2.03	2.03	2.03	2.03	2.03	2.03	2.04	2.04
99	1.85	1.85	1.86	1.86	1.86	1.86	1.86	1.86	1.86	1.86

Exemples ⑳, ㉒ — ㉔, ㉞ — ㊴

25 Tafel Seite 7   3½%   AKTIVITÄT

Verbindungsrente für aktiven Versorger und Versorgte

Alter der Versorgten	Alter des Versorgers									
	30	31	32	33	34	35	36	37	38	39
0	20.79	20.53	20.25	19.97	19.68	19.37	19.06	18.74	18.41	18.06
1	20.83	20.57	20.29	20.01	19.71	19.41	19.10	18.77	18.44	18.10
2	20.83	20.56	20.29	20.01	19.71	19.41	19.10	18.77	18.44	18.10
3	20.82	20.56	20.29	20.00	19.71	19.41	19.09	18.77	18.44	18.10
4	20.82	20.56	20.28	20.00	19.71	19.40	19.09	18.77	18.44	18.09
5	20.82	20.55	20.28	20.00	19.70	19.40	19.09	18.77	18.43	18.09
6	20.81	20.55	20.28	19.99	19.70	19.40	19.09	18.76	18.43	18.09
7	20.81	20.55	20.27	19.99	19.70	19.40	19.08	18.76	18.43	18.09
8	20.80	20.54	20.27	19.99	19.69	19.39	19.08	18.76	18.43	18.08
9	20.80	20.54	20.26	19.98	19.69	19.39	19.08	18.75	18.42	18.08
10	20.79	20.53	20.26	19.97	19.68	19.38	19.07	18.75	18.42	18.08
11	20.78	20.52	20.25	19.97	19.68	19.37	19.06	18.74	18.41	18.07
12	20.77	20.51	20.24	19.96	19.67	19.37	19.06	18.74	18.41	18.07
13	20.76	20.50	20.23	19.95	19.66	19.36	19.05	18.73	18.40	18.06
14	20.76	20.50	20.22	19.94	19.65	19.35	19.04	18.72	18.39	18.05
15	20.75	20.49	20.22	19.94	19.65	19.35	19.04	18.72	18.39	18.05
16	20.74	20.48	20.21	19.93	19.64	19.34	19.03	18.71	18.38	18.04
17	20.73	20.47	20.20	19.92	19.63	19.34	19.03	18.71	18.38	18.04
18	20.72	20.46	20.19	19.92	19.63	19.33	19.02	18.70	18.37	18.04
19	20.71	20.46	20.19	19.91	19.62	19.32	19.02	18.70	18.37	18.03
20	20.70	20.45	20.18	19.90	19.62	19.32	19.01	18.70	18.37	18.03
21	20.70	20.44	20.17	19.90	19.61	19.31	19.01	18.69	18.36	18.03
22	20.69	20.43	20.17	19.89	19.60	19.31	19.00	18.69	18.36	18.02
23	20.67	20.42	20.16	19.88	19.60	19.30	19.00	18.68	18.35	18.02
24	20.66	20.41	20.14	19.87	19.59	19.29	18.99	18.67	18.35	18.01
25	20.64	20.39	20.13	19.86	19.57	19.28	18.98	18.66	18.34	18.00
26	20.62	20.37	20.11	19.84	19.56	19.27	18.97	18.65	18.33	18.00
27	20.60	20.35	20.09	19.82	19.54	19.25	18.95	18.64	18.32	17.98
28	20.58	20.33	20.07	19.80	19.53	19.24	18.94	18.62	18.30	17.97
29	20.55	20.30	20.05	19.78	19.50	19.22	18.92	18.61	18.29	17.96
30	20.52	20.27	20.02	19.76	19.48	19.19	18.90	18.59	18.27	17.94
31	20.48	20.24	19.99	19.73	19.45	19.17	18.87	18.57	18.25	17.92
32	20.44	20.20	19.96	19.70	19.42	19.14	18.85	18.54	18.23	17.90
33	20.40	20.16	19.92	19.66	19.39	19.11	18.82	18.52	18.20	17.88
34	20.35	20.12	19.88	19.62	19.36	19.08	18.79	18.49	18.18	17.86
35	20.30	20.07	19.83	19.58	19.32	19.04	18.76	18.46	18.15	17.83
36	20.24	20.02	19.78	19.53	19.27	19.00	18.72	18.42	18.12	17.80
37	20.18	19.96	19.73	19.48	19.23	18.96	18.68	18.39	18.08	17.77
38	20.11	19.89	19.67	19.43	19.17	18.91	18.63	18.34	18.04	17.73
39	20.03	19.82	19.60	19.37	19.12	18.86	18.59	18.30	18.00	17.69
40	19.95	19.75	19.53	19.30	19.06	18.80	18.53	18.25	17.96	17.65
41	19.86	19.66	19.45	19.22	18.99	18.74	18.47	18.20	17.91	17.60
42	19.76	19.57	19.36	19.14	18.91	18.67	18.41	18.13	17.85	17.55
43	19.65	19.47	19.27	19.05	18.83	18.59	18.34	18.07	17.79	17.50
44	19.54	19.36	19.16	18.96	18.74	18.50	18.26	18.00	17.72	17.43
45	19.41	19.24	19.05	18.85	18.64	18.41	18.17	17.92	17.65	17.37
46	19.27	19.11	18.93	18.74	18.53	18.31	18.08	17.83	17.57	17.29
47	19.13	18.97	18.80	18.62	18.42	18.21	17.98	17.74	17.48	17.21
48	18.97	18.82	18.66	18.48	18.29	18.09	17.87	17.63	17.39	17.12
49	18.81	18.66	18.51	18.34	18.16	17.96	17.75	17.52	17.28	17.03

Beispiele ⑳, ㉒ — ㉔, ㉞ — ㊴

ACTIVITÉ 3½% Table **25** page 8

Rente sur deux têtes
soutien actif masculin et femme soutenue

Age de la femme soutenue	Age du soutien masculin									
	30	31	32	33	34	35	36	37	38	39
50	18.63	18.49	18.35	18.19	18.01	17.82	17.62	17.40	17.17	16.92
51	18.44	18.31	18.17	18.02	17.85	17.67	17.48	17.27	17.05	16.81
52	18.23	18.12	17.99	17.84	17.69	17.51	17.33	17.13	16.91	16.68
53	18.02	17.91	17.79	17.65	17.50	17.34	17.16	16.97	16.77	16.55
54	17.79	17.69	17.57	17.45	17.31	17.15	16.99	16.81	16.61	16.40
55	17.55	17.45	17.35	17.23	17.10	16.95	16.80	16.62	16.44	16.23
56	17.29	17.20	17.11	17.00	16.87	16.74	16.59	16.43	16.25	16.06
57	17.02	16.94	16.85	16.75	16.64	16.51	16.37	16.22	16.05	15.87
58	16.74	16.66	16.58	16.49	16.38	16.27	16.14	15.99	15.84	15.67
59	16.44	16.37	16.30	16.21	16.12	16.01	15.89	15.75	15.61	15.45
60	16.13	16.07	16.00	15.92	15.84	15.74	15.62	15.50	15.36	15.21
61	15.81	15.76	15.69	15.62	15.54	15.45	15.35	15.23	15.10	14.96
62	15.48	15.43	15.37	15.31	15.23	15.15	15.05	14.95	14.83	14.70
63	15.13	15.09	15.03	14.98	14.91	14.83	14.75	14.65	14.54	14.42
64	14.77	14.73	14.68	14.63	14.57	14.50	14.42	14.33	14.23	14.12
65	14.39	14.36	14.32	14.27	14.22	14.15	14.08	14.00	13.91	13.81
66	14.00	13.97	13.94	13.89	13.84	13.79	13.72	13.65	13.57	13.48
67	13.60	13.57	13.54	13.50	13.46	13.41	13.35	13.28	13.21	13.13
68	13.19	13.16	13.13	13.10	13.06	13.02	12.96	12.90	12.84	12.76
69	12.76	12.74	12.72	12.69	12.65	12.61	12.57	12.51	12.45	12.38
70	12.33	12.31	12.29	12.26	12.23	12.20	12.16	12.11	12.05	11.99
71	11.89	11.87	11.85	11.83	11.80	11.77	11.73	11.69	11.64	11.59
72	11.44	11.43	11.41	11.39	11.37	11.34	11.31	11.27	11.23	11.18
73	10.99	10.98	10.96	10.94	10.92	10.90	10.87	10.84	10.80	10.76
74	10.53	10.52	10.51	10.50	10.48	10.46	10.43	10.40	10.37	10.33
75	10.08	10.07	10.06	10.04	10.03	10.01	9.99	9.96	9.93	9.90
76	9.61	9.61	9.60	9.59	9.57	9.56	9.54	9.51	9.49	9.46
77	9.15	9.15	9.14	9.13	9.12	9.10	9.09	9.07	9.05	9.02
78	8.70	8.69	8.69	8.68	8.67	8.66	8.64	8.62	8.61	8.58
79	8.25	8.25	8.24	8.23	8.22	8.21	8.20	8.19	8.17	8.15
80	7.81	7.81	7.80	7.80	7.79	7.78	7.77	7.76	7.74	7.72
81	7.38	7.37	7.37	7.37	7.36	7.35	7.34	7.33	7.32	7.30
82	6.96	6.95	6.95	6.95	6.94	6.93	6.93	6.92	6.91	6.89
83	6.55	6.55	6.54	6.54	6.53	6.53	6.52	6.51	6.51	6.49
84	6.15	6.15	6.15	6.14	6.14	6.14	6.13	6.12	6.12	6.11
85	5.77	5.76	5.76	5.76	5.76	5.75	5.75	5.74	5.74	5.73
86	5.39	5.39	5.39	5.39	5.38	5.38	5.38	5.37	5.37	5.36
87	5.03	5.03	5.03	5.03	5.02	5.02	5.02	5.01	5.01	5.00
88	4.68	4.68	4.68	4.68	4.68	4.67	4.67	4.67	4.66	4.66
89	4.35	4.35	4.34	4.34	4.34	4.34	4.34	4.33	4.33	4.33
90	4.03	4.03	4.02	4.02	4.02	4.02	4.02	4.02	4.01	4.01
91	3.72	3.72	3.72	3.72	3.72	3.72	3.72	3.71	3.71	3.71
92	3.43	3.43	3.43	3.43	3.43	3.43	3.43	3.43	3.42	3.42
93	3.16	3.16	3.16	3.16	3.16	3.16	3.15	3.15	3.15	3.15
94	2.90	2.90	2.90	2.90	2.90	2.90	2.90	2.90	2.90	2.89
95	2.66	2.66	2.66	2.66	2.66	2.66	2.66	2.66	2.66	2.66
96	2.44	2.44	2.44	2.44	2.44	2.44	2.44	2.43	2.43	2.43
97	2.23	2.23	2.23	2.23	2.23	2.23	2.23	2.23	2.23	2.22
98	2.04	2.04	2.04	2.04	2.03	2.03	2.03	2.03	2.03	2.03
99	1.86	1.86	1.86	1.86	1.86	1.86	1.86	1.86	1.86	1.86

Exemples ⑳, ㉒ — ㉔, ㉞ — ㊴

25 Tafel Seite 9   3½%   AKTIVITÄT

Verbindungsrente für aktiven Versorger und Versorgte

Alter der Versorgten	Alter des Versorgers									
	40	41	42	43	44	45	46	47	48	49
0	17.71	17.35	16.98	16.61	16.22	15.83	15.43	15.02	14.60	14.18
1	17.75	17.39	17.02	16.64	16.25	15.86	15.46	15.05	14.63	14.21
2	17.75	17.39	17.02	16.64	16.25	15.86	15.46	15.05	14.63	14.21
3	17.74	17.38	17.01	16.64	16.25	15.86	15.46	15.05	14.63	14.21
4	17.74	17.38	17.01	16.63	16.25	15.86	15.46	15.05	14.63	14.21
5	17.74	17.38	17.01	16.63	16.25	15.85	15.45	15.05	14.63	14.20
6	17.74	17.38	17.01	16.63	16.25	15.85	15.45	15.04	14.63	14.20
7	17.74	17.38	17.01	16.63	16.24	15.85	15.45	15.04	14.63	14.20
8	17.73	17.37	17.00	16.63	16.24	15.85	15.45	15.04	14.62	14.20
9	17.73	17.37	17.00	16.62	16.24	15.85	15.45	15.04	14.62	14.20
10	17.73	17.36	17.00	16.62	16.23	15.84	15.44	15.03	14.62	14.20
11	17.72	17.36	16.99	16.61	16.23	15.84	15.44	15.03	14.62	14.19
12	17.71	17.35	16.99	16.61	16.23	15.83	15.43	15.03	14.61	14.19
13	17.71	17.35	16.98	16.61	16.22	15.83	15.43	15.02	14.61	14.19
14	17.70	17.34	16.98	16.60	16.22	15.83	15.43	15.02	14.60	14.18
15	17.70	17.34	16.97	16.60	16.21	15.82	15.42	15.02	14.60	14.18
16	17.69	17.34	16.97	16.59	16.21	15.82	15.42	15.01	14.60	14.18
17	17.69	17.33	16.97	16.59	16.21	15.82	15.42	15.01	14.60	14.17
18	17.69	17.33	16.96	16.59	16.21	15.81	15.42	15.01	14.60	14.17
19	17.68	17.33	16.96	16.59	16.20	15.81	15.42	15.01	14.59	14.17
20	17.68	17.32	16.96	16.58	16.20	15.81	15.41	15.01	14.59	14.17
21	17.68	17.32	16.96	16.58	16.20	15.81	15.41	15.01	14.59	14.17
22	17.68	17.32	16.95	16.58	16.20	15.81	15.41	15.01	14.59	14.17
23	17.67	17.32	16.95	16.58	16.20	15.81	15.41	15.01	14.59	14.17
24	17.67	17.31	16.95	16.57	16.19	15.81	15.41	15.00	14.59	14.17
25	17.66	17.31	16.94	16.57	16.19	15.80	15.41	15.00	14.59	14.17
26	17.65	17.30	16.93	16.56	16.18	15.80	15.40	15.00	14.59	14.16
27	17.64	17.29	16.93	16.56	16.18	15.79	15.40	14.99	14.58	14.16
28	17.63	17.28	16.92	16.55	16.17	15.78	15.39	14.99	14.57	14.16
29	17.62	17.27	16.90	16.54	16.16	15.77	15.38	14.98	14.57	14.15
30	17.60	17.25	16.89	16.52	16.15	15.76	15.37	14.97	14.56	14.14
31	17.58	17.24	16.88	16.51	16.14	15.75	15.36	14.96	14.55	14.13
32	17.57	17.22	16.86	16.50	16.12	15.74	15.35	14.95	14.54	14.12
33	17.54	17.20	16.84	16.48	16.11	15.73	15.34	14.94	14.53	14.11
34	17.52	17.18	16.82	16.46	16.09	15.71	15.32	14.92	14.52	14.10
35	17.50	17.15	16.80	16.44	16.07	15.69	15.31	14.91	14.50	14.09
36	17.47	17.13	16.78	16.42	16.05	15.67	15.29	14.89	14.49	14.08
37	17.44	17.10	16.75	16.40	16.03	15.65	15.27	14.88	14.48	14.06
38	17.41	17.07	16.73	16.37	16.01	15.63	15.25	14.86	14.46	14.05
39	17.37	17.04	16.70	16.34	15.98	15.61	15.23	14.84	14.44	14.03
40	17.33	17.00	16.66	16.31	15.95	15.58	15.20	14.82	14.42	14.01
41	17.29	16.96	16.63	16.28	15.92	15.55	15.18	14.79	14.40	13.99
42	17.24	16.92	16.59	16.24	15.89	15.52	15.15	14.77	14.37	13.97
43	17.19	16.87	16.54	16.20	15.85	15.49	15.12	14.74	14.35	13.95
44	17.13	16.82	16.49	16.16	15.81	15.45	15.08	14.71	14.32	13.92
45	17.07	16.76	16.44	16.11	15.76	15.41	15.05	14.67	14.29	13.89
46	17.00	16.70	16.38	16.05	15.72	15.37	15.01	14.63	14.25	13.86
47	16.93	16.63	16.32	16.00	15.66	15.32	14.96	14.59	14.22	13.83
48	16.85	16.55	16.25	15.93	15.60	15.26	14.91	14.55	14.18	13.79
49	16.76	16.47	16.17	15.86	15.54	15.21	14.86	14.50	14.13	13.75

Beispiele ⑳, ㉒ – ㉔, ㉞ – ㊴

ACTIVITÉ 3½% Table 25 page 10

Rente sur deux têtes
soutien actif masculin et femme soutenue

Age de la femme soutenue	Age du soutien masculin									
	40	41	42	43	44	45	46	47	48	49
50	16.66	16.38	16.09	15.79	15.47	15.14	14.80	14.45	14.08	13.71
51	16.55	16.28	16.00	15.70	15.39	15.07	14.74	14.39	14.03	13.66
52	16.44	16.17	15.90	15.61	15.31	14.99	14.67	14.33	13.97	13.61
53	16.31	16.06	15.79	15.51	15.22	14.91	14.59	14.25	13.91	13.55
54	16.17	15.93	15.67	15.40	15.11	14.81	14.50	14.17	13.83	13.48
55	16.02	15.78	15.54	15.27	15.00	14.71	14.40	14.09	13.75	13.41
56	15.85	15.63	15.39	15.14	14.87	14.59	14.30	13.99	13.66	13.33
57	15.67	15.46	15.23	14.99	14.73	14.46	14.18	13.88	13.56	13.23
58	15.48	15.28	15.06	14.83	14.58	14.32	14.05	13.76	13.45	13.13
59	15.27	15.08	14.87	14.65	14.42	14.17	13.91	13.63	13.33	13.02
60	15.05	14.87	14.67	14.47	14.24	14.00	13.75	13.48	13.20	12.90
61	14.81	14.64	14.46	14.26	14.05	13.82	13.58	13.33	13.05	12.76
62	14.56	14.40	14.23	14.04	13.84	13.63	13.40	13.15	12.89	12.62
63	14.29	14.14	13.98	13.81	13.62	13.42	13.20	12.97	12.72	12.46
64	14.00	13.87	13.72	13.55	13.38	13.19	12.99	12.77	12.53	12.28
65	13.70	13.57	13.43	13.28	13.12	12.94	12.75	12.54	12.32	12.08
66	13.37	13.26	13.13	12.99	12.84	12.68	12.50	12.30	12.09	11.87
67	13.03	12.93	12.81	12.68	12.54	12.39	12.22	12.04	11.85	11.64
68	12.68	12.58	12.47	12.36	12.23	12.09	11.94	11.77	11.59	11.39
69	12.31	12.22	12.12	12.02	11.90	11.77	11.63	11.48	11.31	11.12
70	11.92	11.84	11.76	11.66	11.55	11.44	11.31	11.17	11.01	10.84
71	11.53	11.46	11.38	11.29	11.19	11.09	10.97	10.84	10.70	10.54
72	11.12	11.06	10.99	10.91	10.82	10.73	10.62	10.50	10.37	10.23
73	10.71	10.65	10.59	10.52	10.44	10.35	10.26	10.15	10.03	9.90
74	10.29	10.24	10.18	10.12	10.05	9.97	9.88	9.79	9.68	9.56
75	9.86	9.81	9.76	9.71	9.65	9.58	9.50	9.41	9.32	9.21
76	9.42	9.39	9.34	9.29	9.24	9.18	9.11	9.03	8.95	8.85
77	8.99	8.96	8.92	8.87	8.82	8.77	8.71	8.64	8.57	8.48
78	8.56	8.53	8.49	8.45	8.41	8.36	8.31	8.25	8.18	8.11
79	8.13	8.10	8.07	8.04	8.00	7.96	7.91	7.86	7.80	7.73
80	7.70	7.68	7.66	7.63	7.59	7.56	7.52	7.47	7.42	7.36
81	7.29	7.27	7.24	7.22	7.19	7.16	7.12	7.08	7.04	6.98
82	6.88	6.86	6.84	6.82	6.80	6.77	6.74	6.70	6.66	6.62
83	6.48	6.47	6.45	6.43	6.41	6.39	6.36	6.33	6.29	6.25
84	6.09	6.08	6.07	6.05	6.03	6.01	5.99	5.96	5.93	5.90
85	5.72	5.71	5.69	5.68	5.66	5.65	5.63	5.61	5.58	5.55
86	5.35	5.34	5.33	5.32	5.31	5.29	5.27	5.25	5.23	5.21
87	5.00	4.99	4.98	4.97	4.96	4.94	4.93	4.91	4.89	4.87
88	4.65	4.65	4.64	4.63	4.62	4.61	4.60	4.58	4.57	4.55
89	4.32	4.32	4.31	4.30	4.29	4.29	4.28	4.26	4.25	4.23
90	4.01	4.00	4.00	3.99	3.98	3.98	3.97	3.96	3.95	3.93
91	3.70	3.70	3.70	3.69	3.68	3.68	3.67	3.66	3.65	3.64
92	3.42	3.41	3.41	3.41	3.40	3.40	3.39	3.38	3.38	3.37
93	3.15	3.14	3.14	3.14	3.13	3.13	3.12	3.12	3.11	3.10
94	2.89	2.89	2.89	2.88	2.88	2.88	2.87	2.87	2.86	2.86
95	2.65	2.65	2.65	2.65	2.64	2.64	2.64	2.63	2.63	2.62
96	2.43	2.43	2.43	2.43	2.42	2.42	2.42	2.41	2.41	2.41
97	2.22	2.22	2.22	2.22	2.22	2.21	2.21	2.21	2.21	2.20
98	2.03	2.03	2.03	2.03	2.03	2.02	2.02	2.02	2.02	2.02
99	1.86	1.85	1.85	1.85	1.85	1.85	1.85	1.85	1.84	1.84

Exemples ⑳, ㉒ — ㉔, ㉞ — ㊴

25 Tafel Seite 11   3½%   AKTIVITÄT

Verbindungsrente für aktiven Versorger und Versorgte

Alter der Versorgten	Alter des Versorgers									
	50	51	52	53	54	55	56	57	58	59
0	13.75	13.31	12.87	12.43	11.99	11.55	11.11	10.66	10.22	9.78
1	13.78	13.34	12.90	12.46	12.01	11.57	11.13	10.68	10.24	9.80
2	13.78	13.34	12.90	12.46	12.01	11.57	11.13	10.68	10.24	9.80
3	13.78	13.34	12.90	12.46	12.01	11.57	11.13	10.68	10.24	9.80
4	13.77	13.34	12.90	12.46	12.01	11.57	11.13	10.68	10.24	9.80
5	13.77	13.34	12.90	12.46	12.01	11.57	11.13	10.68	10.24	9.80
6	13.77	13.34	12.90	12.45	12.01	11.57	11.13	10.68	10.24	9.80
7	13.77	13.34	12.90	12.45	12.01	11.57	11.12	10.68	10.24	9.80
8	13.77	13.33	12.89	12.45	12.01	11.57	11.12	10.68	10.24	9.80
9	13.77	13.33	12.89	12.45	12.01	11.56	11.12	10.68	10.24	9.80
10	13.76	13.33	12.89	12.45	12.01	11.56	11.12	10.68	10.24	9.80
11	13.76	13.33	12.89	12.45	12.00	11.56	11.12	10.68	10.23	9.79
12	13.76	13.32	12.88	12.44	12.00	11.56	11.12	10.67	10.23	9.79
13	13.75	13.32	12.88	12.44	12.00	11.55	11.11	10.67	10.23	9.79
14	13.75	13.32	12.88	12.44	11.99	11.55	11.11	10.67	10.23	9.79
15	13.75	13.31	12.88	12.43	11.99	11.55	11.11	10.67	10.23	9.79
16	13.75	13.31	12.87	12.43	11.99	11.55	11.11	10.67	10.22	9.79
17	13.74	13.31	12.87	12.43	11.99	11.55	11.11	10.66	10.22	9.78
18	13.74	13.31	12.87	12.43	11.99	11.55	11.11	10.66	10.22	9.78
19	13.74	13.31	12.87	12.43	11.99	11.55	11.10	10.66	10.22	9.78
20	13.74	13.31	12.87	12.43	11.99	11.55	11.11	10.66	10.22	9.78
21	13.74	13.31	12.87	12.43	11.99	11.55	11.11	10.66	10.22	9.78
22	13.74	13.31	12.87	12.43	11.99	11.55	11.11	10.67	10.22	9.79
23	13.74	13.31	12.87	12.43	11.99	11.55	11.11	10.67	10.23	9.79
24	13.74	13.31	12.87	12.43	11.99	11.55	11.11	10.67	10.23	9.79
25	13.74	13.31	12.87	12.43	11.99	11.55	11.11	10.67	10.23	9.79
26	13.74	13.30	12.87	12.43	11.99	11.55	11.11	10.66	10.22	9.79
27	13.73	13.30	12.86	12.43	11.98	11.54	11.10	10.66	10.22	9.78
28	13.73	13.30	12.86	12.42	11.98	11.54	11.10	10.66	10.22	9.78
29	13.72	13.29	12.86	12.42	11.98	11.54	11.10	10.66	10.22	9.78
30	13.72	13.29	12.85	12.41	11.97	11.53	11.10	10.66	10.22	9.78
31	13.71	13.28	12.84	12.41	11.97	11.53	11.09	10.65	10.21	9.78
32	13.70	13.27	12.84	12.40	11.96	11.52	11.09	10.65	10.21	9.77
33	13.69	13.26	12.83	12.39	11.96	11.52	11.08	10.64	10.21	9.77
34	13.68	13.25	12.82	12.39	11.95	11.51	11.08	10.64	10.20	9.76
35	13.67	13.24	12.81	12.38	11.94	11.51	11.07	10.63	10.20	9.76
36	13.66	13.23	12.80	12.37	11.93	11.50	11.06	10.63	10.19	9.75
37	13.64	13.22	12.79	12.36	11.92	11.49	11.05	10.62	10.18	9.75
38	13.63	13.21	12.78	12.35	11.91	11.48	11.05	10.61	10.18	9.74
39	13.62	13.19	12.77	12.34	11.90	11.47	11.04	10.60	10.17	9.74
40	13.60	13.18	12.75	12.32	11.89	11.46	11.03	10.59	10.16	9.73
41	13.58	13.16	12.74	12.31	11.88	11.45	11.02	10.58	10.15	9.72
42	13.56	13.14	12.72	12.29	11.87	11.44	11.01	10.57	10.14	9.71
43	13.54	13.12	12.70	12.28	11.85	11.42	10.99	10.56	10.13	9.70
44	13.51	13.10	12.68	12.26	11.83	11.41	10.98	10.55	10.12	9.69
45	13.49	13.08	12.66	12.24	11.81	11.39	10.96	10.54	10.11	9.68
46	13.46	13.05	12.64	12.22	11.80	11.37	10.95	10.52	10.10	9.67
47	13.43	13.02	12.61	12.19	11.78	11.35	10.93	10.51	10.08	9.66
48	13.40	12.99	12.58	12.17	11.75	11.33	10.91	10.49	10.07	9.64
49	13.36	12.96	12.55	12.14	11.73	11.31	10.89	10.47	10.05	9.63

Beispiele ⑳, ㉒ — ㉔, ㉞ — ㊴

ACTIVITÉ 3½% Table 25 page 12

Rente sur deux têtes
soutien actif masculin et femme soutenue

Age de la femme soutenue	Age du soutien masculin									
	50	51	52	53	54	55	56	57	58	59
50	13.32	12.92	12.52	12.11	11.70	11.29	10.87	10.45	10.04	9.62
51	13.28	12.89	12.49	12.08	11.67	11.26	10.85	10.43	10.02	9.60
52	13.23	12.84	12.45	12.05	11.64	11.23	10.82	10.41	10.00	9.58
53	13.17	12.79	12.40	12.01	11.61	11.20	10.80	10.39	9.97	9.56
54	13.12	12.74	12.36	11.97	11.57	11.17	10.77	10.36	9.95	9.54
55	13.05	12.68	12.30	11.92	11.53	11.13	10.73	10.33	9.92	9.51
56	12.97	12.61	12.24	11.86	11.48	11.09	10.69	10.29	9.89	9.49
57	12.89	12.54	12.17	11.80	11.42	11.04	10.65	10.25	9.86	9.45
58	12.80	12.45	12.10	11.73	11.36	10.98	10.60	10.21	9.82	9.42
59	12.70	12.36	12.01	11.65	11.29	10.92	10.54	10.16	9.77	9.38
60	12.58	12.26	11.92	11.57	11.21	10.85	10.48	10.10	9.72	9.34
61	12.46	12.14	11.82	11.48	11.13	10.77	10.41	10.04	9.67	9.29
62	12.32	12.02	11.70	11.37	11.03	10.69	10.33	9.97	9.61	9.23
63	12.18	11.88	11.57	11.26	10.93	10.59	10.25	9.89	9.54	9.17
64	12.01	11.73	11.43	11.13	10.81	10.48	10.15	9.81	9.46	9.10
65	11.83	11.56	11.28	10.98	10.68	10.36	10.04	9.71	9.37	9.02
66	11.63	11.37	11.10	10.82	10.53	10.23	9.92	9.59	9.26	8.93
67	11.41	11.17	10.91	10.65	10.37	10.08	9.78	9.47	9.15	8.82
68	11.17	10.95	10.71	10.45	10.19	9.91	9.62	9.33	9.02	8.71
69	10.92	10.71	10.48	10.24	9.99	9.73	9.46	9.17	8.88	8.58
70	10.65	10.46	10.24	10.02	9.78	9.53	9.28	9.01	8.73	8.43
71	10.37	10.19	9.99	9.78	9.56	9.32	9.08	8.82	8.56	8.28
72	10.07	9.90	9.72	9.52	9.31	9.10	8.87	8.63	8.37	8.11
73	9.76	9.60	9.43	9.25	9.06	8.85	8.64	8.41	8.18	7.93
74	9.43	9.29	9.13	8.97	8.79	8.60	8.40	8.19	7.97	7.73
75	9.09	8.96	8.82	8.67	8.51	8.33	8.15	7.95	7.74	7.53
76	8.74	8.62	8.50	8.36	8.21	8.05	7.88	7.70	7.51	7.30
77	8.38	8.28	8.16	8.04	7.90	7.76	7.60	7.44	7.26	7.07
78	8.02	7.93	7.82	7.71	7.59	7.46	7.31	7.16	7.00	6.83
79	7.66	7.57	7.48	7.38	7.27	7.15	7.02	6.88	6.74	6.58
80	7.29	7.22	7.13	7.04	6.94	6.84	6.72	6.60	6.46	6.32
81	6.93	6.86	6.79	6.71	6.62	6.52	6.42	6.31	6.19	6.06
82	6.56	6.51	6.44	6.37	6.29	6.21	6.12	6.02	5.91	5.79
83	6.21	6.16	6.10	6.04	5.97	5.90	5.82	5.73	5.63	5.52
84	5.86	5.81	5.76	5.71	5.65	5.59	5.51	5.44	5.35	5.26
85	5.51	5.48	5.43	5.39	5.33	5.28	5.21	5.15	5.07	4.99
86	5.18	5.14	5.11	5.07	5.02	4.97	4.92	4.86	4.79	4.72
87	4.85	4.82	4.79	4.75	4.71	4.67	4.62	4.57	4.51	4.45
88	4.53	4.50	4.47	4.44	4.41	4.37	4.33	4.29	4.24	4.18
89	4.22	4.19	4.17	4.14	4.12	4.08	4.05	4.01	3.97	3.92
90	3.92	3.90	3.88	3.86	3.83	3.80	3.78	3.74	3.71	3.66
91	3.63	3.61	3.60	3.58	3.56	3.53	3.51	3.48	3.45	3.41
92	3.36	3.34	3.33	3.31	3.29	3.28	3.25	3.23	3.20	3.17
93	3.10	3.08	3.07	3.06	3.04	3.03	3.01	2.99	2.97	2.94
94	2.85	2.84	2.83	2.82	2.81	2.79	2.78	2.76	2.74	2.72
95	2.62	2.61	2.60	2.59	2.58	2.57	2.56	2.55	2.53	2.51
96	2.40	2.40	2.39	2.38	2.37	2.36	2.35	2.34	2.33	2.31
97	2.20	2.19	2.19	2.18	2.18	2.17	2.16	2.15	2.14	2.13
98	2.01	2.01	2.00	2.00	1.99	1.99	1.98	1.97	1.96	1.95
99	1.84	1.84	1.83	1.83	1.82	1.82	1.81	1.81	1.80	1.79

xemples ⑳, ㉒ — ㉔, ㉞ — ㊴

25 Tafel Seite 13 — 3½% — AKTIVITÄT

Verbindungsrente für aktiven Versorger und Versorgte

Alter der Versorgten	Alter des Versorgers									
	60	61	62	63	64	65	66	67	68	69
0	9.35	8.91	8.49	8.07	7.67	7.28	6.90	6.55	6.22	5.90
1	9.36	8.93	8.51	8.09	7.68	7.29	6.92	6.56	6.23	5.91
2	9.36	8.93	8.51	8.09	7.68	7.29	6.92	6.56	6.23	5.91
3	9.36	8.93	8.51	8.09	7.68	7.29	6.92	6.56	6.23	5.91
4	9.36	8.93	8.51	8.09	7.68	7.29	6.92	6.56	6.23	5.91
5	9.36	8.93	8.51	8.09	7.68	7.29	6.92	6.56	6.23	5.91
6	9.36	8.93	8.51	8.09	7.68	7.29	6.92	6.56	6.23	5.91
7	9.36	8.93	8.50	8.09	7.68	7.29	6.92	6.56	6.23	5.91
8	9.36	8.93	8.50	8.09	7.68	7.29	6.92	6.56	6.23	5.91
9	9.36	8.93	8.50	8.09	7.68	7.29	6.91	6.56	6.23	5.91
10	9.36	8.93	8.50	8.09	7.68	7.29	6.91	6.56	6.23	5.91
11	9.36	8.93	8.50	8.08	7.68	7.29	6.91	6.56	6.23	5.91
12	9.36	8.92	8.50	8.08	7.68	7.29	6.91	6.56	6.23	5.91
13	9.35	8.92	8.50	8.08	7.68	7.28	6.91	6.56	6.22	5.91
14	9.35	8.92	8.50	8.08	7.67	7.28	6.91	6.56	6.22	5.91
15	9.35	8.92	8.49	8.08	7.67	7.28	6.91	6.56	6.22	5.91
16	9.35	8.92	8.49	8.08	7.67	7.28	6.91	6.55	6.22	5.91
17	9.35	8.92	8.49	8.08	7.67	7.28	6.91	6.55	6.22	5.91
18	9.35	8.92	8.49	8.08	7.67	7.28	6.91	6.55	6.22	5.91
19	9.35	8.92	8.49	8.08	7.67	7.28	6.91	6.55	6.22	5.91
20	9.35	8.92	8.49	8.08	7.67	7.28	6.91	6.55	6.22	5.91
21	9.35	8.92	8.49	8.08	7.67	7.28	6.91	6.55	6.22	5.91
22	9.35	8.92	8.49	8.08	7.67	7.28	6.91	6.56	6.22	5.91
23	9.35	8.92	8.49	8.08	7.67	7.28	6.91	6.56	6.22	5.91
24	9.35	8.92	8.49	8.08	7.67	7.28	6.91	6.56	6.22	5.91
25	9.35	8.92	8.49	8.08	7.67	7.28	6.91	6.56	6.22	5.91
26	9.35	8.92	8.49	8.08	7.67	7.28	6.91	6.56	6.22	5.91
27	9.35	8.92	8.49	8.08	7.67	7.28	6.91	6.56	6.22	5.91
28	9.35	8.92	8.49	8.08	7.67	7.28	6.91	6.56	6.22	5.91
29	9.35	8.91	8.49	8.08	7.67	7.28	6.91	6.56	6.22	5.91
30	9.34	8.91	8.49	8.07	7.67	7.28	6.91	6.55	6.22	5.91
31	9.34	8.91	8.49	8.07	7.67	7.28	6.90	6.55	6.22	5.91
32	9.34	8.91	8.48	8.07	7.67	7.28	6.90	6.55	6.22	5.90
33	9.33	8.90	8.48	8.07	7.66	7.27	6.90	6.55	6.22	5.90
34	9.33	8.90	8.48	8.07	7.66	7.27	6.90	6.55	6.22	5.90
35	9.33	8.90	8.48	8.06	7.66	7.27	6.90	6.55	6.21	5.90
36	9.32	8.89	8.47	8.06	7.66	7.27	6.89	6.54	6.21	5.90
37	9.32	8.89	8.47	8.06	7.65	7.26	6.89	6.54	6.21	5.90
38	9.31	8.88	8.46	8.05	7.65	7.26	6.89	6.54	6.21	5.90
39	9.31	8.88	8.46	8.05	7.65	7.26	6.89	6.54	6.21	5.89
40	9.30	8.87	8.45	8.04	7.64	7.25	6.88	6.53	6.20	5.89
41	9.29	8.87	8.45	8.04	7.64	7.25	6.88	6.53	6.20	5.89
42	9.28	8.86	8.44	8.03	7.63	7.25	6.88	6.53	6.20	5.88
43	9.27	8.85	8.43	8.03	7.63	7.24	6.87	6.52	6.19	5.88
44	9.27	8.84	8.43	8.02	7.62	7.23	6.87	6.52	6.19	5.88
45	9.26	8.83	8.42	8.01	7.61	7.23	6.86	6.51	6.18	5.87
46	9.25	8.82	8.41	8.00	7.61	7.22	6.85	6.51	6.18	5.87
47	9.23	8.81	8.40	8.00	7.60	7.22	6.85	6.50	6.18	5.87
48	9.22	8.80	8.39	7.99	7.59	7.21	6.84	6.50	6.17	5.86
49	9.21	8.79	8.38	7.98	7.58	7.20	6.84	6.49	6.17	5.86

Beispiele ⑳, ㉒ — ㉔, ㉞ — ㊴

ACTIVITÉ 3½% Table 25 page 14

Rente sur deux têtes
soutien actif masculin et femme soutenue

Age de la femme soutenue	Age du soutien masculin									
	60	61	62	63	64	65	66	67	68	69
50	9.20	8.78	8.37	7.97	7.58	7.19	6.83	6.49	6.16	5.85
51	9.18	8.77	8.36	7.96	7.57	7.19	6.82	6.48	6.15	5.85
52	9.17	8.75	8.35	7.95	7.56	7.18	6.81	6.47	6.15	5.84
53	9.15	8.74	8.33	7.93	7.55	7.17	6.81	6.47	6.14	5.84
54	9.13	8.72	8.32	7.92	7.53	7.16	6.80	6.46	6.13	5.83
55	9.11	8.70	8.30	7.91	7.52	7.15	6.79	6.45	6.13	5.82
56	9.08	8.68	8.28	7.89	7.50	7.13	6.77	6.44	6.12	5.81
57	9.05	8.65	8.26	7.87	7.49	7.12	6.76	6.43	6.11	5.80
58	9.02	8.63	8.23	7.85	7.47	7.10	6.75	6.41	6.09	5.79
59	8.99	8.60	8.21	7.82	7.45	7.08	6.73	6.40	6.08	5.78
60	8.95	8.56	8.18	7.80	7.42	7.06	6.71	6.38	6.07	5.77
61	8.91	8.52	8.14	7.77	7.40	7.04	6.69	6.36	6.05	5.76
62	8.86	8.48	8.10	7.73	7.37	7.01	6.67	6.34	6.03	5.74
63	8.80	8.43	8.06	7.70	7.33	6.98	6.64	6.32	6.01	5.72
64	8.74	8.37	8.01	7.65	7.30	6.95	6.61	6.29	5.99	5.70
65	8.67	8.31	7.95	7.60	7.25	6.91	6.58	6.26	5.96	5.68
66	8.58	8.23	7.89	7.54	7.20	6.86	6.54	6.23	5.93	5.65
67	8.49	8.15	7.81	7.47	7.14	6.81	6.49	6.18	5.89	5.62
68	8.38	8.05	7.72	7.40	7.07	6.75	6.43	6.13	5.85	5.58
69	8.27	7.95	7.63	7.31	6.99	6.68	6.37	6.08	5.80	5.53
70	8.14	7.83	7.52	7.21	6.90	6.60	6.30	6.02	5.74	5.48
71	7.99	7.70	7.40	7.11	6.81	6.51	6.22	5.95	5.68	5.42
72	7.84	7.56	7.27	6.99	6.70	6.41	6.13	5.87	5.61	5.36
73	7.67	7.40	7.13	6.86	6.58	6.31	6.04	5.78	5.53	5.29
74	7.49	7.24	6.98	6.72	6.45	6.19	5.93	5.68	5.44	5.21
75	7.30	7.06	6.82	6.57	6.32	6.06	5.82	5.58	5.35	5.12
76	7.09	6.87	6.64	6.40	6.16	5.93	5.69	5.46	5.24	5.03
77	6.87	6.66	6.45	6.23	6.00	5.78	5.55	5.34	5.13	4.92
78	6.64	6.45	6.25	6.04	5.83	5.62	5.41	5.20	5.00	4.81
79	6.41	6.23	6.04	5.85	5.65	5.45	5.26	5.06	4.87	4.69
80	6.16	6.00	5.83	5.65	5.47	5.28	5.09	4.91	4.74	4.56
81	5.92	5.77	5.61	5.44	5.27	5.10	4.93	4.76	4.59	4.43
82	5.66	5.53	5.38	5.23	5.08	4.92	4.75	4.60	4.44	4.29
83	5.41	5.29	5.15	5.02	4.87	4.73	4.58	4.43	4.29	4.15
84	5.15	5.04	4.92	4.80	4.67	4.53	4.40	4.26	4.13	4.00
85	4.89	4.80	4.69	4.58	4.46	4.34	4.21	4.09	3.96	3.84
86	4.64	4.55	4.45	4.35	4.24	4.13	4.02	3.91	3.80	3.69
87	4.38	4.30	4.21	4.12	4.03	3.93	3.83	3.73	3.62	3.52
88	4.12	4.05	3.98	3.90	3.81	3.72	3.63	3.54	3.45	3.36
89	3.87	3.81	3.74	3.67	3.60	3.52	3.44	3.35	3.27	3.19
90	3.62	3.57	3.51	3.45	3.38	3.31	3.24	3.17	3.09	3.02
91	3.38	3.33	3.28	3.23	3.17	3.11	3.05	2.98	2.92	2.85
92	3.14	3.10	3.06	3.02	2.97	2.91	2.86	2.80	2.74	2.69
93	2.91	2.88	2.85	2.81	2.76	2.72	2.67	2.62	2.57	2.52
94	2.70	2.67	2.64	2.61	2.57	2.53	2.49	2.45	2.40	2.36
95	2.49	2.47	2.44	2.42	2.38	2.35	2.31	2.28	2.24	2.20
96	2.30	2.28	2.26	2.23	2.21	2.18	2.15	2.12	2.08	2.05
97	2.11	2.10	2.08	2.06	2.04	2.01	1.99	1.96	1.93	1.90
98	1.94	1.93	1.91	1.90	1.88	1.86	1.84	1.81	1.79	1.77
99	1.78	1.77	1.76	1.74	1.73	1.71	1.69	1.67	1.65	1.63

Exemples ⑳, ㉒ — ㉔, ㉞ — ㊴

25 Tafel Seite 15 3½% AKTIVITÄT

Verbindungsrente für aktiven Versorger und Versorgte

Alter der Versorgten	Alter des Versorgers									
	70	71	72	73	74	75	76	77	78	79
0	5.61	5.34	5.07	4.83	4.58	4.36	4.14	3.92	3.71	3.51
1	5.62	5.35	5.08	4.83	4.59	4.37	4.15	3.93	3.72	3.51
2	5.62	5.35	5.08	4.84	4.59	4.37	4.15	3.93	3.72	3.51
3	5.62	5.35	5.08	4.83	4.59	4.37	4.15	3.93	3.72	3.51
4	5.62	5.35	5.08	4.83	4.59	4.37	4.15	3.93	3.72	3.51
5	5.62	5.35	5.08	4.84	4.59	4.37	4.15	3.93	3.72	3.51
6	5.62	5.35	5.08	4.84	4.59	4.37	4.15	3.93	3.72	3.51
7	5.62	5.35	5.08	4.84	4.59	4.37	4.15	3.93	3.72	3.51
8	5.62	5.35	5.08	4.84	4.59	4.37	4.15	3.93	3.72	3.51
9	5.62	5.35	5.08	4.83	4.59	4.37	4.15	3.93	3.72	3.51
10	5.62	5.34	5.08	4.83	4.59	4.37	4.15	3.93	3.72	3.51
11	5.62	5.34	5.08	4.83	4.59	4.37	4.15	3.93	3.72	3.51
12	5.62	5.34	5.08	4.83	4.59	4.37	4.15	3.93	3.72	3.51
13	5.62	5.34	5.08	4.83	4.59	4.37	4.15	3.93	3.72	3.51
14	5.62	5.34	5.08	4.83	4.59	4.36	4.14	3.93	3.72	3.51
15	5.62	5.34	5.08	4.83	4.59	4.36	4.14	3.93	3.72	3.51
16	5.62	5.34	5.08	4.83	4.59	4.36	4.14	3.93	3.72	3.51
17	5.62	5.34	5.08	4.83	4.59	4.36	4.14	3.93	3.72	3.51
18	5.62	5.34	5.08	4.83	4.59	4.36	4.14	3.93	3.72	3.51
19	5.62	5.34	5.08	4.83	4.59	4.36	4.14	3.93	3.72	3.51
20	5.62	5.34	5.08	4.83	4.59	4.36	4.14	3.93	3.72	3.51
21	5.62	5.34	5.08	4.83	4.59	4.36	4.14	3.93	3.72	3.51
22	5.62	5.34	5.08	4.83	4.59	4.36	4.14	3.93	3.72	3.51
23	5.62	5.34	5.08	4.83	4.59	4.36	4.14	3.93	3.72	3.51
24	5.62	5.34	5.08	4.83	4.59	4.36	4.14	3.93	3.72	3.51
25	5.62	5.34	5.08	4.83	4.59	4.36	4.14	3.93	3.72	3.51
26	5.62	5.34	5.08	4.83	4.59	4.36	4.14	3.93	3.72	3.51
27	5.62	5.34	5.08	4.83	4.59	4.36	4.14	3.93	3.72	3.51
28	5.62	5.34	5.08	4.83	4.59	4.36	4.14	3.93	3.72	3.51
29	5.62	5.34	5.08	4.83	4.59	4.36	4.14	3.93	3.72	3.51
30	5.62	5.34	5.08	4.83	4.59	4.36	4.14	3.93	3.72	3.51
31	5.62	5.34	5.08	4.83	4.59	4.36	4.14	3.93	3.72	3.51
32	5.61	5.34	5.08	4.83	4.59	4.36	4.14	3.93	3.72	3.51
33	5.61	5.34	5.08	4.83	4.59	4.36	4.14	3.93	3.72	3.51
34	5.61	5.34	5.08	4.83	4.59	4.36	4.14	3.93	3.72	3.51
35	5.61	5.34	5.07	4.83	4.59	4.36	4.14	3.93	3.72	3.51
36	5.61	5.33	5.07	4.83	4.58	4.36	4.14	3.93	3.72	3.51
37	5.61	5.33	5.07	4.82	4.58	4.36	4.14	3.93	3.72	3.51
38	5.61	5.33	5.07	4.82	4.58	4.36	4.14	3.92	3.72	3.51
39	5.60	5.33	5.07	4.82	4.58	4.36	4.14	3.92	3.71	3.51
40	5.60	5.33	5.07	4.82	4.58	4.36	4.14	3.92	3.71	3.51
41	5.60	5.33	5.07	4.82	4.58	4.35	4.14	3.92	3.71	3.51
42	5.60	5.32	5.06	4.82	4.58	4.35	4.13	3.92	3.71	3.51
43	5.59	5.32	5.06	4.81	4.57	4.35	4.13	3.92	3.71	3.50
44	5.59	5.32	5.06	4.81	4.57	4.35	4.13	3.92	3.71	3.50
45	5.59	5.31	5.05	4.81	4.57	4.35	4.13	3.92	3.71	3.50
46	5.58	5.31	5.05	4.81	4.57	4.35	4.13	3.91	3.71	3.50
47	5.58	5.31	5.05	4.80	4.57	4.34	4.13	3.91	3.70	3.50
48	5.58	5.30	5.05	4.80	4.56	4.34	4.12	3.91	3.70	3.50
49	5.57	5.30	5.04	4.80	4.56	4.34	4.12	3.91	3.70	3.50

Beispiele ⑳, ㉒ — ㉔, ㉞ — ㊴

ACTIVITÉ 3½% Table 25
page 16

Rente sur deux têtes
soutien actif masculin et femme soutenue

Age de la femme soutenue	Age du soutien masculin									
	70	71	72	73	74	75	76	77	78	79
50	5.57	5.30	5.04	4.80	4.56	4.34	4.12	3.91	3.70	3.49
51	5.56	5.29	5.04	4.79	4.55	4.33	4.12	3.90	3.70	3.49
52	5.56	5.29	5.03	4.79	4.55	4.33	4.11	3.90	3.70	3.49
53	5.55	5.28	5.03	4.78	4.55	4.33	4.11	3.90	3.69	3.49
54	5.55	5.28	5.02	4.78	4.54	4.32	4.11	3.90	3.69	3.49
55	5.54	5.27	5.02	4.78	4.54	4.32	4.10	3.89	3.69	3.49
56	5.53	5.27	5.01	4.77	4.54	4.32	4.10	3.89	3.69	3.48
57	5.52	5.26	5.00	4.76	4.53	4.31	4.10	3.89	3.68	3.48
58	5.52	5.25	5.00	4.76	4.52	4.31	4.09	3.88	3.68	3.48
59	5.51	5.24	4.99	4.75	4.52	4.30	4.09	3.88	3.67	3.47
60	5.49	5.23	4.98	4.74	4.51	4.29	4.08	3.87	3.67	3.47
61	5.48	5.22	4.97	4.74	4.50	4.29	4.08	3.87	3.67	3.47
62	5.47	5.21	4.96	4.73	4.50	4.28	4.07	3.86	3.66	3.46
63	5.45	5.19	4.95	4.72	4.49	4.27	4.06	3.86	3.66	3.46
64	5.44	5.18	4.94	4.70	4.48	4.26	4.06	3.85	3.65	3.45
65	5.41	5.16	4.92	4.69	4.46	4.25	4.05	3.84	3.64	3.45
66	5.39	5.14	4.90	4.67	4.45	4.24	4.03	3.83	3.63	3.44
67	5.36	5.11	4.87	4.65	4.43	4.22	4.02	3.82	3.62	3.43
68	5.32	5.08	4.85	4.63	4.41	4.20	4.00	3.80	3.61	3.42
69	5.28	5.04	4.82	4.60	4.38	4.18	3.98	3.79	3.59	3.40
70	5.24	5.00	4.78	4.57	4.35	4.16	3.96	3.77	3.58	3.39
71	5.19	4.96	4.74	4.53	4.32	4.13	3.93	3.74	3.56	3.37
72	5.13	4.91	4.69	4.49	4.28	4.09	3.90	3.72	3.53	3.35
73	5.07	4.85	4.64	4.44	4.24	4.05	3.87	3.69	3.51	3.33
74	4.99	4.78	4.58	4.39	4.19	4.01	3.83	3.65	3.48	3.30
75	4.91	4.71	4.52	4.33	4.14	3.96	3.79	3.61	3.44	3.27
76	4.83	4.63	4.44	4.26	4.08	3.91	3.74	3.57	3.40	3.23
77	4.73	4.54	4.36	4.19	4.01	3.85	3.69	3.52	3.36	3.19
78	4.63	4.45	4.28	4.11	3.94	3.78	3.63	3.47	3.31	3.15
79	4.52	4.35	4.18	4.02	3.86	3.71	3.56	3.41	3.26	3.10
80	4.40	4.24	4.08	3.93	3.78	3.64	3.49	3.35	3.20	3.05
81	4.28	4.13	3.98	3.84	3.69	3.56	3.42	3.28	3.14	3.00
82	4.15	4.01	3.87	3.73	3.60	3.47	3.34	3.21	3.07	2.94
83	4.01	3.88	3.75	3.63	3.50	3.38	3.25	3.13	3.00	2.87
84	3.87	3.75	3.63	3.51	3.40	3.28	3.17	3.05	2.93	2.81
85	3.73	3.62	3.51	3.40	3.29	3.18	3.07	2.96	2.85	2.74
86	3.58	3.48	3.38	3.28	3.17	3.08	2.97	2.87	2.77	2.66
87	3.43	3.33	3.24	3.15	3.05	2.96	2.87	2.78	2.68	2.58
88	3.27	3.19	3.10	3.02	2.93	2.85	2.76	2.68	2.59	2.49
89	3.11	3.04	2.96	2.88	2.80	2.73	2.65	2.57	2.49	2.40
90	2.95	2.88	2.81	2.75	2.67	2.61	2.54	2.46	2.39	2.31
91	2.79	2.73	2.67	2.61	2.54	2.48	2.42	2.35	2.29	2.22
92	2.63	2.58	2.52	2.47	2.41	2.36	2.30	2.24	2.18	2.12
93	2.47	2.42	2.38	2.33	2.28	2.23	2.18	2.13	2.07	2.02
94	2.32	2.28	2.23	2.19	2.15	2.11	2.06	2.02	1.97	1.92
95	2.17	2.13	2.09	2.06	2.02	1.98	1.94	1.90	1.86	1.81
96	2.02	1.99	1.96	1.92	1.89	1.86	1.83	1.79	1.75	1.71
97	1.88	1.85	1.82	1.80	1.77	1.74	1.71	1.68	1.65	1.61
98	1.74	1.72	1.70	1.67	1.65	1.63	1.60	1.58	1.55	1.52
99	1.62	1.60	1.58	1.56	1.54	1.52	1.50	1.47	1.45	1.42

Exemples ⑳, ㉒ — ㉔, ㉞ — ㊴

25 Tafel Seite 17   3½%   AKTIVITÄT

Verbindungsrente für aktiven Versorger und Versorgte

Alter der Versorgten	Alter des Versorgers									
	80	81	82	83	84	85	86	87	88	89
0	3.31	3.13	2.96	2.78	2.60	2.42	2.25	2.08	1.92	1.78
1	3.32	3.13	2.96	2.79	2.61	2.43	2.25	2.08	1.93	1.78
2	3.32	3.13	2.96	2.79	2.61	2.43	2.25	2.08	1.93	1.78
3	3.32	3.13	2.96	2.79	2.61	2.43	2.25	2.08	1.93	1.78
4	3.32	3.13	2.96	2.79	2.61	2.43	2.25	2.08	1.93	1.78
5	3.32	3.13	2.96	2.79	2.61	2.43	2.25	2.08	1.93	1.78
6	3.32	3.13	2.96	2.79	2.61	2.43	2.25	2.08	1.93	1.78
7	3.32	3.13	2.96	2.79	2.61	2.43	2.25	2.08	1.93	1.78
8	3.32	3.13	2.96	2.79	2.61	2.43	2.25	2.08	1.93	1.78
9	3.32	3.13	2.96	2.79	2.61	2.43	2.25	2.08	1.93	1.78
10	3.32	3.13	2.96	2.79	2.61	2.43	2.25	2.08	1.93	1.78
11	3.32	3.13	2.96	2.79	2.61	2.43	2.25	2.08	1.93	1.78
12	3.32	3.13	2.96	2.79	2.61	2.43	2.25	2.08	1.93	1.78
13	3.32	3.13	2.96	2.79	2.61	2.43	2.25	2.08	1.93	1.78
14	3.32	3.13	2.96	2.79	2.61	2.43	2.25	2.08	1.93	1.78
15	3.31	3.13	2.96	2.79	2.61	2.43	2.25	2.08	1.93	1.78
16	3.31	3.13	2.96	2.79	2.61	2.43	2.25	2.08	1.93	1.78
17	3.31	3.13	2.96	2.79	2.61	2.43	2.25	2.08	1.93	1.78
18	3.31	3.13	2.96	2.79	2.60	2.43	2.25	2.08	1.93	1.78
19	3.31	3.13	2.96	2.79	2.60	2.43	2.25	2.08	1.93	1.78
20	3.31	3.13	2.96	2.79	2.60	2.43	2.25	2.08	1.93	1.78
21	3.31	3.13	2.96	2.79	2.60	2.43	2.25	2.08	1.93	1.78
22	3.31	3.13	2.96	2.79	2.61	2.43	2.25	2.08	1.93	1.78
23	3.31	3.13	2.96	2.79	2.61	2.43	2.25	2.08	1.93	1.78
24	3.31	3.13	2.96	2.79	2.61	2.43	2.25	2.08	1.93	1.78
25	3.31	3.13	2.96	2.79	2.61	2.43	2.25	2.08	1.93	1.78
26	3.31	3.13	2.96	2.79	2.61	2.43	2.25	2.08	1.93	1.78
27	3.31	3.13	2.96	2.79	2.61	2.43	2.25	2.08	1.93	1.78
28	3.31	3.13	2.96	2.79	2.61	2.43	2.25	2.08	1.93	1.78
29	3.31	3.13	2.96	2.79	2.61	2.43	2.25	2.08	1.93	1.78
30	3.31	3.13	2.96	2.79	2.61	2.43	2.25	2.08	1.93	1.78
31	3.31	3.13	2.96	2.79	2.61	2.43	2.25	2.08	1.93	1.78
32	3.31	3.13	2.96	2.79	2.61	2.43	2.25	2.08	1.93	1.78
33	3.31	3.13	2.96	2.79	2.61	2.43	2.25	2.08	1.93	1.78
34	3.31	3.13	2.96	2.79	2.61	2.43	2.25	2.08	1.93	1.78
35	3.31	3.13	2.96	2.79	2.60	2.43	2.25	2.08	1.93	1.78
36	3.31	3.13	2.96	2.79	2.60	2.43	2.25	2.08	1.93	1.78
37	3.31	3.13	2.96	2.79	2.60	2.43	2.25	2.08	1.93	1.78
38	3.31	3.13	2.96	2.79	2.60	2.42	2.25	2.08	1.93	1.78
39	3.31	3.13	2.96	2.79	2.60	2.42	2.25	2.08	1.93	1.78
40	3.31	3.13	2.96	2.78	2.60	2.42	2.25	2.08	1.93	1.78
41	3.31	3.12	2.96	2.78	2.60	2.42	2.25	2.08	1.93	1.78
42	3.31	3.12	2.95	2.78	2.60	2.42	2.25	2.08	1.93	1.78
43	3.31	3.12	2.95	2.78	2.60	2.42	2.25	2.08	1.92	1.78
44	3.31	3.12	2.95	2.78	2.60	2.42	2.25	2.08	1.92	1.78
45	3.31	3.12	2.95	2.78	2.60	2.42	2.25	2.08	1.92	1.78
46	3.30	3.12	2.95	2.78	2.60	2.42	2.25	2.08	1.92	1.78
47	3.30	3.12	2.95	2.78	2.60	2.42	2.25	2.08	1.92	1.78
48	3.30	3.12	2.95	2.78	2.60	2.42	2.25	2.08	1.92	1.78
49	3.30	3.12	2.95	2.78	2.60	2.42	2.25	2.08	1.92	1.78

Beispiele ⑳, ㉒ — ㉔, ㉞ — ㊴

ACTIVITÉ　　　　　　　　3½%　　　　　　　Table **25**
page 18

Rente sur deux têtes
soutien actif masculin et femme soutenue

Age de la femme soutenue	Age du soutien masculin									
	80	81	82	83	84	85	86	87	88	89
50	3.30	3.12	2.95	2.78	2.60	2.42	2.25	2.08	1.92	1.78
51	3.30	3.11	2.95	2.78	2.60	2.42	2.25	2.08	1.92	1.78
52	3.30	3.11	2.94	2.77	2.59	2.42	2.25	2.08	1.92	1.78
53	3.29	3.11	2.94	2.77	2.59	2.42	2.24	2.08	1.92	1.78
54	3.29	3.11	2.94	2.77	2.59	2.42	2.24	2.08	1.92	1.78
55	3.29	3.11	2.94	2.77	2.59	2.41	2.24	2.08	1.92	1.78
56	3.29	3.11	2.94	2.77	2.59	2.41	2.24	2.07	1.92	1.78
57	3.29	3.10	2.94	2.77	2.59	2.41	2.24	2.07	1.92	1.78
58	3.28	3.10	2.93	2.77	2.59	2.41	2.24	2.07	1.92	1.78
59	3.28	3.10	2.93	2.76	2.59	2.41	2.24	2.07	1.92	1.78
60	3.28	3.10	2.93	2.76	2.58	2.41	2.24	2.07	1.92	1.78
61	3.27	3.09	2.93	2.76	2.58	2.41	2.24	2.07	1.91	1.77
62	3.27	3.09	2.92	2.76	2.58	2.40	2.23	2.07	1.91	1.77
63	3.27	3.09	2.92	2.75	2.58	2.40	2.23	2.07	1.91	1.77
64	3.26	3.08	2.92	2.75	2.58	2.40	2.23	2.07	1.91	1.77
65	3.26	3.08	2.91	2.75	2.57	2.40	2.23	2.06	1.91	1.77
66	3.25	3.07	2.91	2.74	2.57	2.40	2.23	2.06	1.91	1.77
67	3.24	3.06	2.90	2.74	2.56	2.39	2.22	2.06	1.91	1.77
68	3.23	3.06	2.89	2.73	2.56	2.39	2.22	2.06	1.90	1.77
69	3.22	3.05	2.89	2.72	2.55	2.38	2.21	2.05	1.90	1.76
70	3.21	3.03	2.88	2.72	2.54	2.37	2.21	2.05	1.90	1.76
71	3.19	3.02	2.86	2.71	2.54	2.37	2.20	2.04	1.89	1.76
72	3.17	3.00	2.85	2.69	2.53	2.36	2.20	2.04	1.89	1.75
73	3.15	2.99	2.83	2.68	2.51	2.35	2.19	2.03	1.88	1.75
74	3.13	2.97	2.82	2.66	2.50	2.34	2.18	2.02	1.88	1.74
75	3.10	2.94	2.80	2.65	2.48	2.32	2.17	2.01	1.87	1.74
76	3.07	2.92	2.77	2.62	2.47	2.31	2.15	2.00	1.86	1.73
77	3.04	2.88	2.74	2.60	2.45	2.29	2.14	1.99	1.85	1.72
78	3.00	2.85	2.71	2.57	2.42	2.27	2.12	1.97	1.84	1.71
79	2.95	2.81	2.68	2.54	2.40	2.25	2.10	1.96	1.82	1.70
80	2.91	2.77	2.64	2.51	2.37	2.22	2.08	1.94	1.81	1.69
81	2.86	2.73	2.60	2.48	2.34	2.20	2.06	1.92	1.79	1.67
82	2.80	2.68	2.56	2.44	2.30	2.17	2.03	1.90	1.77	1.66
83	2.75	2.63	2.51	2.40	2.27	2.14	2.01	1.88	1.75	1.64
84	2.69	2.57	2.46	2.35	2.23	2.10	1.98	1.85	1.73	1.62
85	2.62	2.51	2.41	2.31	2.19	2.07	1.94	1.82	1.71	1.60
86	2.55	2.45	2.35	2.25	2.14	2.03	1.91	1.79	1.68	1.58
87	2.48	2.38	2.29	2.20	2.09	1.98	1.87	1.76	1.65	1.56
88	2.40	2.31	2.23	2.14	2.04	1.93	1.83	1.72	1.62	1.53
89	2.32	2.23	2.16	2.08	1.98	1.88	1.79	1.69	1.59	1.50
90	2.23	2.16	2.08	2.01	1.92	1.83	1.74	1.64	1.55	1.47
91	2.14	2.07	2.01	1.94	1.86	1.77	1.69	1.60	1.52	1.44
92	2.05	1.99	1.93	1.87	1.79	1.71	1.64	1.55	1.47	1.40
93	1.96	1.90	1.85	1.79	1.72	1.65	1.58	1.50	1.43	1.37
94	1.86	1.81	1.76	1.71	1.65	1.59	1.52	1.45	1.38	1.33
95	1.77	1.72	1.68	1.63	1.58	1.52	1.46	1.40	1.34	1.28
96	1.67	1.63	1.59	1.55	1.51	1.45	1.40	1.34	1.29	1.24
97	1.58	1.54	1.51	1.47	1.43	1.39	1.34	1.29	1.24	1.19
98	1.49	1.45	1.43	1.40	1.36	1.32	1.27	1.23	1.18	1.15
99	1.40	1.37	1.34	1.32	1.29	1.25	1.21	1.17	1.13	1.10

Exemples ⑳, ㉒ – ㉔, ㉞ – ㊴

Tafel Seite 19   3½%   AKTIVITÄT

Verbindungsrente für aktiven Versorger und Versorgte

Alter der Versorgten	Alter des Versorgers					
	90	91	92	93	94	95
0	1.62	1.43	1.21	0.97	0.71	0.54
1	1.62	1.43	1.21	0.97	0.71	0.54
2	1.62	1.44	1.21	0.97	0.71	0.54
3	1.62	1.44	1.21	0.97	0.71	0.54
4	1.62	1.44	1.21	0.97	0.71	0.54
5	1.62	1.44	1.21	0.97	0.71	0.54
6	1.62	1.44	1.21	0.97	0.71	0.54
7	1.62	1.44	1.21	0.97	0.71	0.54
8	1.62	1.44	1.21	0.97	0.71	0.54
9	1.62	1.44	1.21	0.97	0.71	0.54
10	1.62	1.44	1.21	0.97	0.71	0.54
11	1.62	1.44	1.21	0.97	0.71	0.54
12	1.62	1.44	1.21	0.97	0.71	0.54
13	1.62	1.44	1.21	0.97	0.71	0.54
14	1.62	1.43	1.21	0.97	0.71	0.54
15	1.62	1.43	1.21	0.97	0.71	0.54
16	1.62	1.43	1.21	0.97	0.71	0.54
17	1.62	1.43	1.21	0.97	0.71	0.54
18	1.62	1.43	1.21	0.97	0.71	0.54
19	1.62	1.43	1.21	0.97	0.71	0.54
20	1.62	1.43	1.21	0.97	0.71	0.54
21	1.62	1.43	1.21	0.97	0.71	0.54
22	1.62	1.43	1.21	0.97	0.71	0.54
23	1.62	1.43	1.21	0.97	0.71	0.54
24	1.62	1.43	1.21	0.97	0.71	0.54
25	1.62	1.43	1.21	0.97	0.71	0.54
26	1.62	1.43	1.21	0.97	0.71	0.54
27	1.62	1.43	1.21	0.97	0.71	0.54
28	1.62	1.43	1.21	0.97	0.71	0.54
29	1.62	1.43	1.21	0.97	0.71	0.54
30	1.62	1.43	1.21	0.97	0.71	0.54
31	1.62	1.43	1.21	0.97	0.71	0.54
32	1.62	1.43	1.21	0.97	0.71	0.54
33	1.62	1.43	1.21	0.97	0.71	0.54
34	1.62	1.43	1.21	0.97	0.71	0.54
35	1.62	1.43	1.21	0.97	0.71	0.54
36	1.62	1.43	1.21	0.97	0.71	0.54
37	1.62	1.43	1.21	0.97	0.71	0.54
38	1.62	1.43	1.21	0.97	0.71	0.54
39	1.62	1.43	1.21	0.97	0.71	0.54
40	1.62	1.43	1.21	0.97	0.71	0.54
41	1.62	1.43	1.21	0.97	0.71	0.54
42	1.62	1.43	1.21	0.97	0.71	0.54
43	1.62	1.43	1.21	0.97	0.71	0.54
44	1.62	1.43	1.21	0.97	0.71	0.54
45	1.62	1.43	1.21	0.97	0.71	0.54
46	1.62	1.43	1.21	0.97	0.71	0.54
47	1.62	1.43	1.21	0.97	0.71	0.54
48	1.62	1.43	1.21	0.97	0.71	0.54
49	1.62	1.43	1.21	0.97	0.71	0.54

Beispiele ⑳, ㉒ – ㉔, ㉞ – ㊴

ACTIVITÉ 3½% Table 25
page 20

Rente sur deux têtes
soutien actif masculin et femme soutenue

Age de la femme soutenue	Age du soutien masculin					
	90	91	92	93	94	95
50	1.62	1.43	1.21	0.97	0.71	0.54
51	1.62	1.43	1.21	0.97	0.71	0.54
52	1.62	1.43	1.21	0.97	0.71	0.54
53	1.62	1.43	1.21	0.97	0.71	0.54
54	1.62	1.43	1.21	0.97	0.71	0.54
55	1.62	1.43	1.21	0.97	0.71	0.54
56	1.62	1.43	1.21	0.97	0.71	0.54
57	1.62	1.43	1.21	0.97	0.71	0.54
58	1.61	1.43	1.21	0.97	0.71	0.54
59	1.61	1.43	1.21	0.97	0.71	0.54
60	1.61	1.43	1.21	0.97	0.71	0.54
61	1.61	1.43	1.21	0.97	0.71	0.54
62	1.61	1.43	1.21	0.96	0.71	0.54
63	1.61	1.43	1.21	0.96	0.71	0.54
64	1.61	1.43	1.21	0.96	0.71	0.54
65	1.61	1.43	1.21	0.96	0.71	0.54
66	1.61	1.43	1.21	0.96	0.71	0.54
67	1.61	1.43	1.21	0.96	0.71	0.54
68	1.61	1.42	1.21	0.96	0.71	0.54
69	1.60	1.42	1.21	0.96	0.71	0.54
70	1.60	1.42	1.20	0.96	0.71	0.54
71	1.60	1.42	1.20	0.96	0.71	0.54
72	1.60	1.42	1.20	0.96	0.71	0.54
73	1.59	1.41	1.20	0.96	0.71	0.54
74	1.59	1.41	1.20	0.96	0.71	0.54
75	1.58	1.41	1.20	0.96	0.71	0.54
76	1.58	1.40	1.19	0.96	0.71	0.54
77	1.57	1.40	1.19	0.95	0.71	0.54
78	1.56	1.39	1.19	0.95	0.70	0.54
79	1.55	1.39	1.18	0.95	0.70	0.54
80	1.54	1.38	1.18	0.95	0.70	0.54
81	1.53	1.37	1.17	0.95	0.70	0.54
82	1.52	1.36	1.17	0.94	0.70	0.54
83	1.51	1.35	1.16	0.94	0.70	0.54
84	1.49	1.34	1.15	0.93	0.70	0.54
85	1.48	1.33	1.15	0.93	0.70	0.54
86	1.46	1.32	1.14	0.93	0.70	0.54
87	1.44	1.30	1.13	0.92	0.69	0.54
88	1.42	1.29	1.12	0.91	0.69	0.54
89	1.40	1.27	1.11	0.91	0.69	0.54
90	1.37	1.25	1.09	0.90	0.69	0.54
91	1.35	1.23	1.08	0.89	0.68	0.54
92	1.32	1.21	1.06	0.88	0.68	0.54
93	1.28	1.18	1.04	0.87	0.68	0.54
94	1.25	1.15	1.03	0.86	0.67	0.54
95	1.21	1.13	1.01	0.85	0.67	0.54
96	1.18	1.10	0.98	0.84	0.66	0.54
97	1.14	1.06	0.96	0.83	0.66	0.54
98	1.10	1.03	0.94	0.81	0.65	0.54
99	1.05	1.00	0.91	0.80	0.65	0.54

Exemples ⑳, ㉒ — ㉔, ㉞ — ㊴

26 Tafel Seite 1   3½%   AKTIVITÄT

Temporäre Verbindungsrente
bis Alter 65 des aktiven Versorgers

Alter der Versorgten	Alter des Versorgers									
	0	1	2	3	4	5	6	7	8	9
0	25.04	24.98	24.86	24.73	24.60	24.45	24.31	24.16	24.01	23.84
1	25.09	25.03	24.89	24.77	24.64	24.49	24.35	24.21	24.05	23.88
2	25.07	25.01	24.89	24.77	24.63	24.49	24.34	24.20	24.04	23.88
3	25.07	25.00	24.89	24.75	24.62	24.48	24.34	24.19	24.04	23.87
4	25.06	25.00	24.87	24.75	24.61	24.48	24.33	24.18	24.02	23.87
5	25.05	24.98	24.86	24.73	24.60	24.47	24.32	24.17	24.02	23.86
6	25.03	24.96	24.85	24.72	24.59	24.45	24.32	24.16	24.01	23.86
7	25.02	24.95	24.84	24.71	24.58	24.44	24.30	24.16	24.00	23.84
8	25.00	24.93	24.82	24.69	24.56	24.43	24.29	24.14	23.99	23.83
9	24.97	24.92	24.80	24.68	24.54	24.42	24.27	24.13	23.97	23.81
10	24.96	24.90	24.78	24.66	24.54	24.40	24.26	24.11	23.96	23.80
11	24.93	24.87	24.75	24.64	24.51	24.38	24.24	24.09	23.94	23.79
12	24.91	24.85	24.73	24.61	24.49	24.36	24.22	24.08	23.93	23.77
13	24.87	24.82	24.71	24.60	24.47	24.33	24.20	24.05	23.91	23.75
14	24.84	24.79	24.68	24.56	24.44	24.31	24.18	24.04	23.88	23.73
15	24.81	24.76	24.65	24.54	24.42	24.29	24.15	24.01	23.87	23.72
16	24.77	24.73	24.62	24.51	24.39	24.26	24.13	24.00	23.84	23.70
17	24.73	24.69	24.59	24.48	24.37	24.24	24.11	23.98	23.83	23.68
18	24.69	24.65	24.55	24.45	24.33	24.21	24.08	23.94	23.81	23.65
19	24.65	24.61	24.51	24.41	24.30	24.19	24.05	23.92	23.78	23.63
20	24.60	24.57	24.48	24.37	24.26	24.15	24.02	23.90	23.76	23.61
21	24.55	24.52	24.43	24.33	24.23	24.11	24.00	23.86	23.73	23.58
22	24.49	24.46	24.37	24.28	24.18	24.08	23.95	23.83	23.70	23.56
23	24.42	24.40	24.31	24.22	24.13	24.03	23.92	23.79	23.66	23.52
24	24.35	24.33	24.26	24.17	24.08	23.98	23.86	23.74	23.62	23.49
25	24.27	24.25	24.18	24.10	24.01	23.91	23.81	23.69	23.57	23.44
26	24.17	24.17	24.10	24.02	23.93	23.85	23.74	23.64	23.52	23.39
27	24.08	24.07	24.00	23.94	23.86	23.77	23.68	23.58	23.46	23.34
28	23.97	23.97	23.91	23.84	23.77	23.69	23.59	23.50	23.39	23.27
29	23.85	23.86	23.80	23.74	23.68	23.59	23.51	23.42	23.31	23.21
30	23.73	23.74	23.69	23.63	23.56	23.49	23.42	23.33	23.23	23.13
31	23.59	23.61	23.56	23.51	23.45	23.39	23.31	23.24	23.14	23.03
32	23.45	23.46	23.43	23.38	23.32	23.27	23.20	23.13	23.04	22.94
33	23.30	23.32	23.28	23.25	23.20	23.14	23.08	23.01	22.92	22.84
34	23.15	23.16	23.13	23.09	23.04	23.00	22.94	22.87	22.80	22.72
35	22.98	23.00	22.97	22.94	22.89	22.85	22.80	22.74	22.67	22.60
36	22.81	22.83	22.81	22.77	22.74	22.69	22.64	22.59	22.54	22.46
37	22.63	22.65	22.63	22.60	22.56	22.53	22.48	22.44	22.38	22.31
38	22.44	22.47	22.44	22.42	22.39	22.35	22.32	22.27	22.22	22.16
39	22.25	22.27	22.25	22.23	22.20	22.18	22.13	22.10	22.05	22.00
40	22.05	22.07	22.06	22.03	22.01	21.98	21.94	21.91	21.87	21.82
41	21.84	21.87	21.85	21.83	21.81	21.78	21.75	21.71	21.68	21.64
42	21.62	21.65	21.64	21.62	21.60	21.57	21.54	21.52	21.47	21.44
43	21.40	21.43	21.42	21.40	21.38	21.35	21.33	21.30	21.27	21.23
44	21.17	21.20	21.19	21.17	21.15	21.13	21.11	21.08	21.05	21.02
45	20.94	20.97	20.95	20.94	20.92	20.90	20.88	20.85	20.83	20.80
46	20.70	20.73	20.71	20.70	20.68	20.66	20.64	20.62	20.59	20.56
47	20.45	20.48	20.47	20.45	20.44	20.42	20.40	20.37	20.35	20.32
48	20.20	20.23	20.21	20.20	20.18	20.16	20.14	20.12	20.10	20.08
49	19.93	19.96	19.95	19.94	19.92	19.91	19.89	19.87	19.84	19.82

Beispiel (21)

ACTIVITÉ 3½% Table 26 page 2

Rente temporaire sur deux têtes jusqu'à l'âge de 65 ans du soutien actif

Age de la personne soutenue	Age du soutien masculin									
	0	1	2	3	4	5	6	7	8	9
50	19.66	19.69	19.68	19.67	19.65	19.64	19.62	19.60	19.58	19.56
51	19.39	19.42	19.40	19.39	19.38	19.36	19.35	19.33	19.31	19.29
52	19.10	19.13	19.12	19.11	19.10	19.08	19.06	19.05	19.03	19.01
53	18.81	18.84	18.83	18.82	18.80	18.79	18.77	18.76	18.74	18.72
54	18.51	18.54	18.53	18.52	18.50	18.49	18.47	18.46	18.44	18.42
55	18.20	18.23	18.22	18.21	18.20	18.18	18.17	18.15	18.13	18.12
56	17.88	17.91	17.90	17.89	17.88	17.86	17.85	17.84	17.82	17.80
57	17.55	17.58	17.57	17.56	17.55	17.54	17.52	17.51	17.49	17.48
58	17.22	17.24	17.23	17.23	17.21	17.20	17.19	17.18	17.16	17.14
59	16.87	16.90	16.89	16.88	16.87	16.86	16.85	16.83	16.82	16.80
60	16.52	16.54	16.54	16.53	16.52	16.51	16.49	16.48	16.47	16.45
61	16.16	16.18	16.17	16.17	16.16	16.15	16.13	16.12	16.11	16.09
62	15.78	15.81	15.80	15.79	15.79	15.78	15.76	15.75	15.74	15.72
63	15.40	15.43	15.42	15.41	15.41	15.40	15.39	15.37	15.36	15.35
64	15.01	15.04	15.03	15.02	15.02	15.01	15.00	14.99	14.97	14.96
65	14.61	14.63	14.63	14.62	14.61	14.61	14.60	14.58	14.57	14.56
66	14.20	14.22	14.21	14.21	14.20	14.19	14.18	14.17	14.16	14.15
67	13.77	13.79	13.79	13.78	13.78	13.77	13.76	13.75	13.74	13.73
68	13.34	13.36	13.35	13.35	13.34	13.34	13.33	13.32	13.31	13.30
69	12.89	12.92	12.91	12.91	12.90	12.90	12.89	12.88	12.87	12.86
70	12.45	12.47	12.46	12.46	12.45	12.45	12.44	12.43	12.42	12.41
71	11.99	12.01	12.01	12.00	12.00	11.99	11.99	11.98	11.97	11.96
72	11.53	11.55	11.55	11.54	11.54	11.53	11.53	11.52	11.51	11.50
73	11.06	11.09	11.08	11.08	11.08	11.07	11.07	11.06	11.05	11.04
74	10.60	10.62	10.62	10.62	10.61	10.61	10.60	10.60	10.59	10.58
75	10.13	10.15	10.15	10.15	10.14	10.14	10.14	10.13	10.13	10.12
76	9.66	9.68	9.68	9.68	9.68	9.67	9.67	9.66	9.66	9.65
77	9.20	9.21	9.21	9.21	9.21	9.21	9.20	9.20	9.19	9.19
78	8.73	8.75	8.75	8.75	8.75	8.75	8.74	8.74	8.73	8.73
79	8.28	8.30	8.30	8.30	8.29	8.29	8.29	8.29	8.28	8.28
80	7.83	7.85	7.85	7.85	7.85	7.85	7.84	7.84	7.84	7.84
81	7.40	7.41	7.41	7.41	7.41	7.41	7.41	7.41	7.40	7.40
82	6.97	6.99	6.99	6.99	6.99	6.99	6.98	6.98	6.98	6.98
83	6.56	6.57	6.57	6.57	6.57	6.57	6.57	6.57	6.57	6.57
84	6.16	6.17	6.17	6.17	6.17	6.17	6.17	6.17	6.17	6.17
85	5.77	5.79	5.79	5.79	5.79	5.78	5.78	5.78	5.78	5.78
86	5.40	5.41	5.41	5.41	5.41	5.41	5.41	5.41	5.41	5.40
87	5.03	5.04	5.04	5.04	5.04	5.04	5.04	5.04	5.04	5.04
88	4.68	4.69	4.69	4.69	4.69	4.69	4.69	4.69	4.69	4.69
89	4.35	4.36	4.36	4.36	4.36	4.36	4.36	4.36	4.36	4.36
90	4.03	4.03	4.03	4.03	4.03	4.03	4.03	4.03	4.03	4.03
91	3.72	3.73	3.73	3.73	3.73	3.73	3.73	3.73	3.73	3.73
92	3.43	3.44	3.44	3.44	3.44	3.44	3.44	3.44	3.44	3.44
93	3.16	3.16	3.16	3.16	3.16	3.16	3.16	3.16	3.16	3.16
94	2.90	2.91	2.91	2.91	2.91	2.91	2.91	2.91	2.91	2.91
95	2.66	2.66	2.66	2.67	2.67	2.67	2.67	2.67	2.67	2.66
96	2.44	2.44	2.44	2.44	2.44	2.44	2.44	2.44	2.44	2.44
97	2.23	2.23	2.23	2.23	2.23	2.23	2.23	2.23	2.23	2.23
98	2.03	2.04	2.04	2.04	2.04	2.04	2.04	2.04	2.04	2.04
99	1.86	1.86	1.86	1.86	1.86	1.86	1.86	1.86	1.86	1.86

26 Tafel Seite 3 — 3½% — AKTIVITÄT

Temporäre Verbindungsrente bis Alter 65 des aktiven Versorgers

Alter der Versorgten	Alter des Versorgers									
	10	11	12	13	14	15	16	17	18	19
0	23.68	23.50	23.32	23.13	22.94	22.74	22.54	22.33	22.13	21.95
1	23.72	23.54	23.36	23.18	22.98	22.79	22.58	22.38	22.17	21.99
2	23.71	23.54	23.36	23.17	22.98	22.78	22.58	22.38	22.17	21.99
3	23.70	23.54	23.36	23.17	22.98	22.78	22.57	22.37	22.17	21.99
4	23.70	23.53	23.35	23.16	22.97	22.77	22.57	22.36	22.16	21.99
5	23.69	23.52	23.34	23.15	22.96	22.77	22.57	22.36	22.16	21.98
6	23.69	23.51	23.34	23.15	22.96	22.77	22.56	22.36	22.15	21.97
7	23.67	23.50	23.32	23.14	22.95	22.76	22.56	22.35	22.15	21.97
8	23.67	23.50	23.32	23.14	22.95	22.74	22.55	22.35	22.14	21.96
9	23.65	23.49	23.30	23.12	22.93	22.74	22.53	22.33	22.13	21.95
10	23.64	23.47	23.29	23.11	22.93	22.73	22.53	22.32	22.12	21.95
11	23.63	23.46	23.28	23.10	22.91	22.72	22.52	22.31	22.11	21.94
12	23.61	23.44	23.27	23.08	22.90	22.71	22.51	22.31	22.10	21.93
13	23.60	23.43	23.25	23.07	22.89	22.69	22.50	22.29	22.09	21.92
14	23.58	23.41	23.23	23.06	22.87	22.68	22.48	22.28	22.08	21.91
15	23.56	23.39	23.22	23.04	22.85	22.67	22.47	22.27	22.07	21.90
16	23.54	23.38	23.21	23.03	22.84	22.65	22.45	22.25	22.05	21.88
17	23.52	23.35	23.19	23.01	22.82	22.64	22.44	22.24	22.04	21.88
18	23.51	23.34	23.17	23.00	22.82	22.62	22.43	22.23	22.03	21.87
19	23.48	23.33	23.16	22.98	22.80	22.61	22.41	22.22	22.02	21.86
20	23.46	23.31	23.14	22.97	22.79	22.60	22.41	22.21	22.01	21.85
21	23.43	23.29	23.12	22.94	22.76	22.58	22.39	22.20	22.00	21.83
22	23.41	23.26	23.10	22.92	22.74	22.56	22.38	22.18	21.98	21.82
23	23.38	23.23	23.07	22.90	22.72	22.54	22.36	22.16	21.97	21.81
24	23.35	23.20	23.04	22.87	22.70	22.52	22.34	22.14	21.95	21.79
25	23.30	23.16	23.01	22.84	22.67	22.49	22.31	22.12	21.93	21.77
26	23.26	23.12	22.97	22.80	22.64	22.46	22.28	22.09	21.91	21.75
27	23.21	23.07	22.93	22.76	22.60	22.43	22.25	22.06	21.88	21.72
28	23.15	23.02	22.88	22.72	22.55	22.39	22.21	22.03	21.85	21.69
29	23.08	22.95	22.82	22.67	22.50	22.35	22.17	21.99	21.81	21.66
30	23.01	22.89	22.75	22.60	22.46	22.30	22.13	21.95	21.77	21.63
31	22.93	22.81	22.68	22.55	22.39	22.24	22.07	21.90	21.73	21.58
32	22.84	22.72	22.60	22.47	22.32	22.18	22.02	21.84	21.68	21.53
33	22.75	22.63	22.51	22.39	22.25	22.10	21.95	21.79	21.63	21.49
34	22.63	22.53	22.42	22.30	22.17	22.03	21.88	21.72	21.56	21.43
35	22.52	22.42	22.31	22.20	22.08	21.94	21.80	21.64	21.49	21.36
36	22.39	22.30	22.20	22.10	21.98	21.85	21.71	21.56	21.42	21.29
37	22.25	22.16	22.08	21.98	21.86	21.74	21.62	21.47	21.33	21.21
38	22.10	22.02	21.94	21.85	21.74	21.63	21.50	21.38	21.24	21.14
39	21.94	21.87	21.79	21.71	21.61	21.50	21.39	21.26	21.14	21.04
40	21.77	21.71	21.64	21.56	21.47	21.37	21.27	21.15	21.03	20.94
41	21.59	21.53	21.46	21.40	21.31	21.23	21.13	21.01	20.90	20.82
42	21.40	21.35	21.29	21.22	21.14	21.06	20.97	20.87	20.77	20.69
43	21.19	21.14	21.10	21.04	20.97	20.89	20.81	20.72	20.62	20.55
44	20.98	20.94	20.89	20.84	20.77	20.71	20.63	20.55	20.47	20.40
45	20.76	20.72	20.68	20.63	20.57	20.51	20.45	20.37	20.29	20.24
46	20.53	20.50	20.45	20.41	20.36	20.30	20.24	20.17	20.10	20.06
47	20.30	20.26	20.23	20.18	20.14	20.09	20.03	19.97	19.91	19.87
48	20.05	20.02	19.99	19.95	19.90	19.86	19.81	19.75	19.70	19.67
49	19.80	19.77	19.74	19.70	19.67	19.62	19.58	19.53	19.48	19.46

Beispiel ㉑

ACTIVITÉ 3½% Table 26
page 4

Rente temporaire sur deux têtes jusqu'à l'âge de 65 ans du soutien actif

Age de la personne soutenue	Age du soutien masculin									
	10	11	12	13	14	15	16	17	18	19
50	19.53	19.51	19.48	19.45	19.41	19.38	19.33	19.29	19.24	19.23
51	19.26	19.24	19.21	19.18	19.15	19.12	19.08	19.03	19.00	18.99
52	18.98	18.96	18.94	18.91	18.88	18.84	18.81	18.78	18.74	18.74
53	18.70	18.68	18.65	18.62	18.60	18.57	18.53	18.50	18.47	18.47
54	18.40	18.38	18.36	18.33	18.30	18.28	18.25	18.22	18.19	18.20
55	18.10	18.08	18.05	18.03	18.00	17.98	17.95	17.92	17.90	17.90
56	17.78	17.76	17.74	17.72	17.69	17.67	17.64	17.62	17.59	17.60
57	17.46	17.44	17.42	17.40	17.37	17.35	17.33	17.30	17.28	17.29
58	17.13	17.11	17.09	17.07	17.05	17.02	17.00	16.98	16.96	16.97
59	16.79	16.77	16.75	16.73	16.71	16.69	16.66	16.64	16.62	16.63
60	16.44	16.42	16.40	16.38	16.36	16.34	16.32	16.30	16.28	16.29
61	16.08	16.06	16.04	16.02	16.00	15.98	15.96	15.94	15.93	15.94
62	15.71	15.69	15.68	15.66	15.64	15.62	15.60	15.58	15.57	15.58
63	15.33	15.32	15.30	15.28	15.27	15.25	15.23	15.21	15.20	15.21
64	14.95	14.93	14.92	14.90	14.88	14.86	14.84	14.83	14.81	14.83
65	14.55	14.53	14.52	14.50	14.48	14.47	14.45	14.43	14.42	14.43
66	14.14	14.12	14.11	14.09	14.08	14.06	14.04	14.03	14.01	14.03
67	13.72	13.70	13.69	13.67	13.66	13.64	13.62	13.61	13.60	13.61
68	13.29	13.27	13.26	13.24	13.23	13.21	13.20	13.18	13.17	13.18
69	12.85	12.84	12.82	12.81	12.79	12.78	12.76	12.75	12.74	12.75
70	12.40	12.39	12.38	12.37	12.35	12.34	12.32	12.31	12.30	12.31
71	11.95	11.94	11.93	11.91	11.90	11.89	11.87	11.86	11.85	11.86
72	11.49	11.48	11.47	11.46	11.45	11.43	11.42	11.41	11.40	11.41
73	11.04	11.03	11.01	11.00	10.99	10.98	10.96	10.95	10.94	10.95
74	10.57	10.56	10.55	10.54	10.53	10.52	10.50	10.49	10.48	10.49
75	10.11	10.10	10.09	10.08	10.07	10.06	10.04	10.03	10.02	10.03
76	9.65	9.64	9.63	9.62	9.61	9.59	9.58	9.57	9.56	9.57
77	9.18	9.17	9.17	9.16	9.15	9.13	9.12	9.11	9.10	9.11
78	8.72	8.72	8.71	8.70	8.69	8.68	8.67	8.66	8.65	8.66
79	8.27	8.27	8.26	8.25	8.24	8.23	8.22	8.21	8.20	8.21
80	7.83	7.82	7.82	7.81	7.80	7.79	7.78	7.77	7.76	7.77
81	7.40	7.39	7.39	7.38	7.37	7.36	7.35	7.34	7.33	7.34
82	6.97	6.97	6.96	6.96	6.95	6.94	6.93	6.92	6.91	6.92
83	6.56	6.56	6.55	6.55	6.54	6.53	6.52	6.52	6.51	6.51
84	6.16	6.16	6.16	6.15	6.15	6.14	6.13	6.12	6.11	6.12
85	5.78	5.78	5.77	5.77	5.76	5.75	5.75	5.74	5.73	5.74
86	5.40	5.40	5.40	5.39	5.39	5.38	5.38	5.37	5.36	5.36
87	5.04	5.04	5.04	5.03	5.03	5.02	5.02	5.01	5.00	5.00
88	4.69	4.69	4.69	4.68	4.68	4.67	4.67	4.66	4.66	4.66
89	4.35	4.35	4.35	4.35	4.34	4.34	4.34	4.33	4.32	4.33
90	4.03	4.03	4.03	4.03	4.03	4.02	4.02	4.01	4.01	4.01
91	3.73	3.73	3.73	3.72	3.72	3.72	3.71	3.71	3.70	3.70
92	3.44	3.44	3.44	3.43	3.43	3.43	3.43	3.42	3.42	3.42
93	3.16	3.16	3.16	3.16	3.16	3.16	3.15	3.15	3.15	3.15
94	2.91	2.91	2.91	2.90	2.90	2.90	2.90	2.89	2.89	2.89
95	2.66	2.66	2.66	2.66	2.66	2.66	2.66	2.66	2.65	2.65
96	2.44	2.44	2.44	2.44	2.44	2.44	2.43	2.43	2.43	2.43
97	2.23	2.23	2.23	2.23	2.23	2.23	2.23	2.22	2.22	2.22
98	2.04	2.04	2.04	2.04	2.04	2.04	2.03	2.03	2.03	2.03
99	1.86	1.86	1.86	1.86	1.86	1.86	1.86	1.86	1.85	1.85

Tafel 26 Seite 5 — 3½% — AKTIVITÄT

Temporäre Verbindungsrente
bis Alter 65 des aktiven Versorgers

Alter der Versorgten	Alter des Versorgers									
	20	21	22	23	24	25	26	27	28	29
0	21.77	21.58	21.39	21.18	20.95	20.71	20.45	20.19	19.92	19.61
1	21.81	21.62	21.43	21.22	20.99	20.75	20.49	20.23	19.95	19.65
2	21.81	21.62	21.42	21.22	20.99	20.75	20.49	20.22	19.94	19.65
3	21.81	21.62	21.42	21.21	20.99	20.75	20.49	20.23	19.95	19.65
4	21.81	21.62	21.42	21.21	20.99	20.74	20.49	20.23	19.95	19.65
5	21.80	21.61	21.42	21.20	20.98	20.74	20.49	20.22	19.94	19.65
6	21.79	21.61	21.41	21.20	20.97	20.74	20.49	20.22	19.94	19.65
7	21.79	21.61	21.40	21.20	20.98	20.73	20.48	20.21	19.93	19.64
8	21.78	21.60	21.41	21.19	20.97	20.73	20.47	20.22	19.93	19.64
9	21.77	21.59	21.40	21.19	20.96	20.73	20.47	20.21	19.93	19.64
10	21.77	21.59	21.39	21.18	20.95	20.72	20.47	20.20	19.92	19.63
11	21.76	21.58	21.38	21.17	20.95	20.71	20.46	20.19	19.91	19.62
12	21.75	21.57	21.37	21.17	20.94	20.70	20.46	20.19	19.91	19.61
13	21.74	21.56	21.37	21.15	20.94	20.70	20.44	20.18	19.90	19.61
14	21.73	21.55	21.35	21.15	20.92	20.68	20.43	20.17	19.89	19.60
15	21.72	21.54	21.35	21.14	20.92	20.68	20.43	20.17	19.89	19.60
16	21.71	21.53	21.33	21.13	20.91	20.67	20.42	20.16	19.88	19.60
17	21.70	21.52	21.33	21.12	20.91	20.67	20.42	20.16	19.88	19.59
18	21.70	21.51	21.32	21.11	20.89	20.66	20.41	20.15	19.87	19.59
19	21.69	21.50	21.31	21.11	20.89	20.65	20.41	20.15	19.87	19.58
20	21.67	21.49	21.30	21.11	20.89	20.65	20.40	20.14	19.86	19.58
21	21.67	21.48	21.29	21.09	20.88	20.65	20.39	20.13	19.86	19.57
22	21.65	21.47	21.28	21.08	20.86	20.63	20.39	20.13	19.86	19.57
23	21.64	21.46	21.28	21.07	20.85	20.62	20.38	20.12	19.85	19.57
24	21.62	21.45	21.26	21.06	20.85	20.61	20.37	20.12	19.84	19.56
25	21.60	21.42	21.24	21.04	20.83	20.61	20.36	20.10	19.83	19.55
26	21.58	21.41	21.23	21.03	20.81	20.59	20.34	20.09	19.82	19.54
27	21.56	21.38	21.21	21.00	20.80	20.57	20.33	20.07	19.80	19.53
28	21.53	21.36	21.18	20.98	20.78	20.55	20.31	20.06	19.79	19.51
29	21.50	21.33	21.15	20.96	20.76	20.53	20.29	20.04	19.77	19.49
30	21.46	21.30	21.13	20.93	20.73	20.50	20.27	20.02	19.75	19.48
31	21.43	21.26	21.09	20.90	20.69	20.47	20.24	19.99	19.73	19.46
32	21.38	21.22	21.06	20.86	20.66	20.45	20.22	19.96	19.71	19.43
33	21.34	21.18	21.02	20.82	20.63	20.42	20.18	19.94	19.68	19.41
34	21.29	21.13	20.96	20.79	20.59	20.38	20.15	19.91	19.65	19.38
35	21.22	21.07	20.92	20.74	20.55	20.34	20.11	19.88	19.62	19.35
36	21.16	21.01	20.86	20.69	20.50	20.30	20.07	19.84	19.58	19.32
37	21.09	20.95	20.80	20.63	20.45	20.25	20.03	19.80	19.54	19.28
38	21.01	20.88	20.73	20.57	20.39	20.19	19.98	19.75	19.50	19.24
39	20.92	20.80	20.66	20.50	20.32	20.13	19.93	19.69	19.46	19.20
40	20.82	20.71	20.57	20.43	20.26	20.07	19.87	19.64	19.40	19.15
41	20.72	20.61	20.48	20.34	20.18	20.00	19.80	19.59	19.35	19.10
42	20.60	20.49	20.37	20.24	20.09	19.92	19.72	19.52	19.29	19.05
43	20.46	20.38	20.27	20.14	20.00	19.83	19.64	19.44	19.22	18.98
44	20.33	20.25	20.14	20.03	19.88	19.73	19.55	19.35	19.14	18.91
45	20.18	20.09	20.01	19.89	19.76	19.62	19.45	19.27	19.06	18.84
46	20.01	19.94	19.86	19.76	19.64	19.50	19.34	19.16	18.96	18.74
47	19.82	19.77	19.69	19.61	19.50	19.37	19.22	19.05	18.86	18.65
48	19.63	19.58	19.52	19.45	19.34	19.23	19.09	18.92	18.75	18.55
49	19.43	19.38	19.34	19.26	19.17	19.06	18.94	18.78	18.63	18.43

Beispiel (21)

ACTIVITÉ   3½%   Table 26 page 6

Rente temporaire sur deux têtes jusqu'à l'âge de 65 ans du soutien actif

Age de la personne soutenue	Age du soutien masculin									
	20	21	22	23	24	25	26	27	28	29
50	19.20	19.18	19.13	19.07	18.99	18.89	18.77	18.63	18.48	18.31
51	18.97	18.94	18.91	18.86	18.79	18.71	18.59	18.47	18.33	18.17
52	18.72	18.71	18.68	18.63	18.57	18.50	18.40	18.30	18.16	18.01
53	18.47	18.45	18.43	18.40	18.35	18.28	18.20	18.10	17.98	17.83
54	18.19	18.19	18.17	18.14	18.10	18.05	17.98	17.88	17.78	17.65
55	17.90	17.90	17.89	17.88	17.84	17.80	17.73	17.65	17.56	17.44
56	17.61	17.60	17.60	17.58	17.56	17.52	17.47	17.40	17.32	17.22
57	17.30	17.30	17.29	17.29	17.27	17.24	17.20	17.14	17.07	16.97
58	16.98	16.98	16.99	16.98	16.97	16.94	16.90	16.86	16.79	16.71
59	16.64	16.65	16.66	16.66	16.64	16.63	16.59	16.55	16.51	16.44
60	16.30	16.31	16.32	16.32	16.32	16.30	16.28	16.24	16.20	16.13
61	15.95	15.96	15.97	15.98	15.97	15.96	15.94	15.91	15.87	15.83
62	15.59	15.60	15.61	15.62	15.62	15.61	15.60	15.57	15.54	15.50
63	15.22	15.23	15.25	15.25	15.25	15.25	15.24	15.22	15.19	15.16
64	14.84	14.85	14.87	14.87	14.88	14.87	14.86	14.85	14.83	14.79
65	14.45	14.46	14.47	14.48	14.48	14.48	14.48	14.46	14.45	14.42
66	14.04	14.05	14.07	14.08	14.08	14.08	14.07	14.06	14.05	14.03
67	13.62	13.64	13.65	13.66	13.66	13.66	13.66	13.65	13.64	13.62
68	13.20	13.21	13.22	13.23	13.24	13.24	13.24	13.23	13.22	13.21
69	12.76	12.78	12.79	12.80	12.81	12.81	12.81	12.80	12.79	12.78
70	12.32	12.33	12.35	12.36	12.36	12.37	12.37	12.36	12.36	12.35
71	11.87	11.88	11.90	11.91	11.91	11.92	11.92	11.92	11.91	11.90
72	11.42	11.43	11.44	11.45	11.46	11.46	11.46	11.46	11.46	11.45
73	10.96	10.97	10.98	10.99	11.00	11.01	11.01	11.01	11.00	11.00
74	10.50	10.51	10.53	10.54	10.54	10.55	10.55	10.55	10.55	10.54
75	10.04	10.05	10.06	10.07	10.08	10.08	10.09	10.09	10.09	10.08
76	9.58	9.59	9.60	9.61	9.62	9.62	9.62	9.62	9.62	9.62
77	9.12	9.13	9.14	9.15	9.15	9.16	9.16	9.16	9.16	9.16
78	8.66	8.67	8.68	8.69	8.70	8.70	8.70	8.70	8.70	8.70
79	8.22	8.22	8.23	8.24	8.25	8.25	8.25	8.25	8.26	8.25
80	7.78	7.78	7.79	7.80	7.80	7.81	7.81	7.81	7.81	7.81
81	7.34	7.35	7.36	7.37	7.37	7.38	7.38	7.38	7.38	7.38
82	6.92	6.93	6.94	6.94	6.95	6.95	6.96	6.96	6.96	6.96
83	6.52	6.52	6.53	6.54	6.54	6.54	6.55	6.55	6.55	6.55
84	6.12	6.13	6.13	6.14	6.14	6.15	6.15	6.15	6.15	6.15
85	5.74	5.74	5.75	5.75	5.76	5.76	5.76	5.76	5.77	5.77
86	5.37	5.37	5.38	5.38	5.38	5.39	5.39	5.39	5.39	5.39
87	5.01	5.01	5.02	5.02	5.02	5.02	5.03	5.03	5.03	5.03
88	4.66	4.66	4.67	4.67	4.67	4.68	4.68	4.68	4.68	4.68
89	4.33	4.33	4.33	4.34	4.34	4.34	4.34	4.34	4.35	4.35
90	4.01	4.01	4.01	4.02	4.02	4.02	4.02	4.02	4.03	4.03
91	3.71	3.71	3.71	3.71	3.72	3.72	3.72	3.72	3.72	3.72
92	3.42	3.42	3.42	3.42	3.43	3.43	3.43	3.43	3.43	3.43
93	3.15	3.15	3.15	3.15	3.15	3.16	3.16	3.16	3.16	3.16
94	2.89	2.89	2.89	2.90	2.90	2.90	2.90	2.90	2.90	2.90
95	2.65	2.65	2.66	2.66	2.66	2.66	2.66	2.66	2.66	2.66
96	2.43	2.43	2.43	2.43	2.43	2.43	2.44	2.44	2.44	2.44
97	2.22	2.22	2.22	2.22	2.23	2.23	2.23	2.23	2.23	2.23
98	2.03	2.03	2.03	2.03	2.03	2.03	2.03	2.03	2.04	2.04
99	1.85	1.85	1.86	1.86	1.86	1.86	1.86	1.86	1.86	1.86

Exemple ㉑

Tafel Seite 7   3½%   **AKTIVITÄT**

Temporäre Verbindungsrente bis Alter 65 des aktiven Versorgers

Alter der Versorgten	Alter des Versorgers									
	30	31	32	33	34	35	36	37	38	39
0	19.31	19.00	18.66	18.32	17.97	17.60	17.23	16.84	16.44	16.02
1	19.35	19.03	18.70	18.36	18.00	17.64	17.26	16.86	16.46	16.05
2	19.35	19.02	18.70	18.36	18.00	17.64	17.26	16.86	16.46	16.05
3	19.34	19.03	18.70	18.35	18.00	17.64	17.25	16.87	16.47	16.05
4	19.34	19.03	18.69	18.35	18.00	17.63	17.26	16.87	16.47	16.04
5	19.34	19.02	18.69	18.35	17.99	17.63	17.26	16.87	16.46	16.04
6	19.34	19.02	18.69	18.35	18.00	17.63	17.26	16.86	16.46	16.04
7	19.34	19.02	18.69	18.35	18.00	17.63	17.25	16.86	16.46	16.05
8	19.33	19.01	18.69	18.35	17.99	17.62	17.25	16.86	16.46	16.04
9	19.33	19.02	18.68	18.34	17.99	17.63	17.25	16.85	16.45	16.04
10	19.32	19.01	18.68	18.33	17.98	17.62	17.24	16.85	16.45	16.04
11	19.32	19.00	18.67	18.33	17.98	17.61	17.23	16.84	16.44	16.03
12	19.31	18.99	18.67	18.33	17.98	17.61	17.24	16.85	16.45	16.03
13	19.30	18.99	18.66	18.32	17.97	17.60	17.23	16.84	16.44	16.02
14	19.31	18.99	18.65	18.31	17.96	17.60	17.22	16.83	16.43	16.02
15	19.30	18.98	18.66	18.32	17.96	17.60	17.22	16.83	16.43	16.02
16	19.29	18.98	18.65	18.31	17.96	17.59	17.22	16.83	16.43	16.01
17	19.29	18.97	18.64	18.30	17.95	17.59	17.22	16.83	16.43	16.02
18	19.28	18.97	18.64	18.31	17.95	17.59	17.21	16.82	16.42	16.01
19	19.28	18.97	18.64	18.30	17.95	17.58	17.22	16.82	16.42	16.01
20	19.27	18.96	18.64	18.29	17.95	17.59	17.21	16.83	16.43	16.01
21	19.28	18.96	18.63	18.30	17.95	17.58	17.21	16.82	16.42	16.01
22	19.27	18.96	18.64	18.29	17.94	17.58	17.21	16.83	16.42	16.01
23	19.26	18.95	18.63	18.29	17.95	17.58	17.21	16.82	16.42	16.01
24	19.26	18.95	18.62	18.29	17.94	17.58	17.21	16.82	16.42	16.01
25	19.25	18.94	18.62	18.28	17.93	17.57	17.20	16.81	16.42	16.00
26	19.24	18.93	18.61	18.27	17.93	17.57	17.20	16.81	16.41	16.01
27	19.23	18.92	18.59	18.26	17.91	17.56	17.19	16.80	16.41	15.99
28	19.22	18.91	18.58	18.25	17.91	17.56	17.18	16.79	16.40	15.99
29	19.20	18.89	18.58	18.24	17.89	17.55	17.17	16.79	16.40	15.99
30	19.19	18.87	18.56	18.23	17.88	17.53	17.16	16.78	16.38	15.98
31	19.16	18.86	18.54	18.22	17.87	17.52	17.14	16.77	16.37	15.96
32	19.14	18.83	18.53	18.20	17.85	17.50	17.14	16.75	16.36	15.96
33	19.12	18.81	18.51	18.18	17.83	17.48	17.12	16.74	16.35	15.95
34	19.09	18.79	18.48	18.15	17.82	17.47	17.10	16.73	16.34	15.94
35	19.07	18.77	18.45	18.13	17.80	17.45	17.09	16.71	16.32	15.92
36	19.04	18.74	18.43	18.10	17.77	17.43	17.07	16.69	16.31	15.91
37	19.01	18.71	18.41	18.08	17.75	17.41	17.05	16.68	16.28	15.89
38	18.97	18.67	18.38	18.06	17.72	17.38	17.02	16.65	16.26	15.87
39	18.93	18.64	18.34	18.03	17.70	17.36	17.00	16.63	16.24	15.85
40	18.89	18.61	18.30	17.99	17.67	17.32	16.97	16.60	16.23	15.83
41	18.84	18.56	18.26	17.95	17.63	17.30	16.94	16.58	16.20	15.80
42	18.78	18.51	18.22	17.91	17.59	17.26	16.91	16.54	16.17	15.78
43	18.72	18.46	18.17	17.86	17.55	17.22	16.88	16.52	16.15	15.76
44	18.67	18.40	18.11	17.82	17.51	17.18	16.84	16.49	16.11	15.72
45	18.59	18.34	18.05	17.76	17.46	17.14	16.80	16.45	16.08	15.70
46	18.51	18.26	17.99	17.71	17.40	17.08	16.76	16.41	16.04	15.66
47	18.43	18.18	17.92	17.65	17.35	17.04	16.71	16.37	16.00	15.63
48	18.33	18.09	17.84	17.57	17.28	16.98	16.66	16.31	15.97	15.59
49	18.23	18.00	17.76	17.49	17.21	16.91	16.60	16.26	15.91	15.55

Beispiel (21)

ACTIVITÉ   3½%   Table 26 page 8

Rente temporaire sur deux têtes jusqu'à l'âge de 65 ans du soutien actif

Age de la personne soutenue	Age du soutien masculin									
	30	31	32	33	34	35	36	37	38	39
50	18.11	17.89	17.66	17.41	17.13	16.84	16.53	16.20	15.86	15.50
51	17.98	17.77	17.55	17.30	17.04	16.76	16.46	16.14	15.81	15.45
52	17.83	17.65	17.43	17.19	16.95	16.67	16.38	16.07	15.74	15.39
53	17.68	17.50	17.30	17.07	16.83	16.57	16.28	15.99	15.67	15.33
54	17.50	17.33	17.14	16.94	16.71	16.45	16.19	15.90	15.59	15.26
55	17.31	17.15	16.98	16.78	16.57	16.32	16.08	15.79	15.49	15.17
56	17.09	16.95	16.80	16.62	16.41	16.19	15.94	15.68	15.39	15.08
57	16.86	16.74	16.59	16.42	16.24	16.03	15.80	15.55	15.27	14.97
58	16.62	16.50	16.37	16.22	16.04	15.86	15.64	15.39	15.14	14.86
59	16.35	16.24	16.13	15.99	15.84	15.66	15.46	15.23	14.99	14.72
60	16.06	15.98	15.87	15.75	15.61	15.45	15.25	15.05	14.82	14.57
61	15.76	15.69	15.59	15.48	15.36	15.21	15.05	14.85	14.63	14.40
62	15.45	15.38	15.30	15.21	15.09	14.96	14.80	14.63	14.43	14.21
63	15.11	15.06	14.98	14.91	14.80	14.68	14.55	14.39	14.21	14.01
64	14.76	14.71	14.65	14.58	14.49	14.39	14.27	14.13	13.96	13.78
65	14.38	14.35	14.30	14.23	14.16	14.07	13.96	13.84	13.70	13.53
66	14.00	13.96	13.93	13.87	13.80	13.73	13.64	13.53	13.40	13.26
67	13.60	13.57	13.53	13.49	13.44	13.37	13.29	13.19	13.08	12.96
68	13.19	13.16	13.13	13.09	13.04	12.99	12.92	12.84	12.75	12.63
69	12.76	12.74	12.72	12.69	12.64	12.59	12.54	12.47	12.38	12.28
70	12.33	12.31	12.29	12.26	12.23	12.19	12.14	12.08	12.01	11.92
71	11.89	11.87	11.85	11.83	11.80	11.76	11.72	11.67	11.61	11.54
72	11.44	11.43	11.41	11.39	11.37	11.34	11.30	11.26	11.21	11.15
73	10.99	10.98	10.96	10.94	10.92	10.90	10.87	10.83	10.79	10.74
74	10.53	10.52	10.51	10.50	10.48	10.46	10.43	10.40	10.36	10.32
75	10.08	10.07	10.06	10.04	10.03	10.01	9.99	9.96	9.93	9.89
76	9.61	9.61	9.60	9.59	9.57	9.56	9.54	9.51	9.49	9.46
77	9.15	9.15	9.14	9.13	9.12	9.10	9.09	9.07	9.05	9.02
78	8.70	8.69	8.69	8.68	8.67	8.66	8.64	8.62	8.61	8.58
79	8.25	8.25	8.24	8.23	8.22	8.21	8.20	8.19	8.17	8.15
80	7.81	7.81	7.80	7.80	7.79	7.78	7.77	7.76	7.74	7.72
81	7.38	7.37	7.37	7.37	7.36	7.35	7.34	7.33	7.32	7.30
82	6.96	6.95	6.95	6.95	6.94	6.93	6.93	6.92	6.91	6.89
83	6.55	6.55	6.54	6.54	6.53	6.53	6.52	6.51	6.51	6.49
84	6.15	6.15	6.15	6.14	6.14	6.14	6.13	6.12	6.12	6.11
85	5.77	5.76	5.76	5.76	5.76	5.75	5.75	5.74	5.74	5.73
86	5.39	5.39	5.39	5.39	5.38	5.38	5.38	5.37	5.37	5.36
87	5.03	5.03	5.03	5.03	5.02	5.02	5.02	5.01	5.01	5.00
88	4.68	4.68	4.68	4.68	4.68	4.67	4.67	4.67	4.66	4.66
89	4.35	4.35	4.34	4.34	4.34	4.34	4.34	4.33	4.33	4.33
90	4.03	4.03	4.02	4.02	4.02	4.02	4.02	4.02	4.01	4.01
91	3.72	3.72	3.72	3.72	3.72	3.72	3.72	3.71	3.71	3.71
92	3.43	3.43	3.43	3.43	3.43	3.43	3.43	3.43	3.42	3.42
93	3.16	3.16	3.16	3.16	3.16	3.16	3.16	3.15	3.15	3.15
94	2.90	2.90	2.90	2.90	2.90	2.90	2.90	2.90	2.90	2.89
95	2.66	2.66	2.66	2.66	2.66	2.66	2.66	2.66	2.66	2.66
96	2.44	2.44	2.44	2.44	2.44	2.44	2.44	2.43	2.43	2.43
97	2.23	2.23	2.23	2.23	2.23	2.23	2.23	2.23	2.23	2.22
98	2.04	2.04	2.04	2.04	2.04	2.03	2.03	2.03	2.03	2.03
99	1.86	1.86	1.86	1.86	1.86	1.86	1.86	1.86	1.86	1.86

Exemple (21)

26 Tafel Seite 9 3½% AKTIVITÄT

Temporäre Verbindungsrente
bis Alter 65 des aktiven Versorgers

Alter der Versorgten	Alter des Versorgers									
	40	41	42	43	44	45	46	47	48	49
0	15.59	15.15	14.70	14.24	13.76	13.28	12.77	12.26	11.73	11.19
1	15.63	15.19	14.73	14.27	13.79	13.30	12.80	12.28	11.75	11.21
2	15.63	15.19	14.73	14.27	13.79	13.30	12.80	12.28	11.75	11.21
3	15.62	15.18	14.73	14.27	13.79	13.30	12.80	12.29	11.75	11.22
4	15.62	15.18	14.73	14.26	13.79	13.30	12.80	12.29	11.75	11.22
5	15.62	15.18	14.73	14.26	13.79	13.29	12.79	12.29	11.76	11.21
6	15.62	15.18	14.73	14.26	13.79	13.29	12.79	12.28	11.76	11.21
7	15.62	15.18	14.73	14.26	13.78	13.29	12.79	12.28	11.76	11.21
8	15.61	15.17	14.72	14.26	13.78	13.30	12.79	12.28	11.75	11.21
9	15.61	15.17	14.72	14.25	13.78	13.30	12.80	12.28	11.75	11.21
10	15.61	15.16	14.72	14.25	13.77	13.29	12.79	12.27	11.75	11.21
11	15.60	15.16	14.71	14.25	13.77	13.29	12.79	12.27	11.75	11.20
12	15.60	15.16	14.71	14.25	13.78	13.28	12.78	12.27	11.74	11.20
13	15.60	15.16	14.70	14.25	13.77	13.28	12.78	12.26	11.74	11.20
14	15.59	15.15	14.71	14.24	13.77	13.28	12.78	12.26	11.73	11.19
15	15.59	15.15	14.70	14.24	13.76	13.27	12.77	12.27	11.73	11.19
16	15.58	15.15	14.70	14.23	13.76	13.27	12.77	12.26	11.74	11.19
17	15.58	15.15	14.70	14.23	13.76	13.28	12.77	12.26	11.74	11.19
18	15.59	15.15	14.69	14.24	13.76	13.27	12.78	12.26	11.74	11.19
19	15.58	15.15	14.69	14.24	13.76	13.27	12.78	12.26	11.73	11.19
20	15.58	15.14	14.70	14.23	13.76	13.27	12.77	12.26	11.73	11.19
21	15.59	15.14	14.70	14.23	13.76	13.27	12.77	12.26	11.73	11.19
22	15.59	15.15	14.69	14.24	13.76	13.27	12.77	12.27	11.73	11.19
23	15.58	15.15	14.70	14.24	13.77	13.28	12.77	12.27	11.73	11.19
24	15.59	15.15	14.70	14.23	13.76	13.28	12.78	12.26	11.74	11.20
25	15.58	15.15	14.69	14.23	13.76	13.27	12.78	12.26	11.74	11.20
26	15.58	15.15	14.69	14.23	13.75	13.28	12.77	12.27	11.74	11.19
27	15.57	15.14	14.70	14.24	13.76	13.27	12.78	12.26	11.74	11.19
28	15.57	15.14	14.69	14.23	13.76	13.27	12.77	12.26	11.73	11.20
29	15.57	15.13	14.68	14.23	13.75	13.26	12.77	12.26	11.74	11.19
30	15.55	15.12	14.67	14.21	13.75	13.26	12.76	12.25	11.73	11.19
31	15.54	15.12	14.67	14.21	13.74	13.25	12.76	12.25	11.72	11.18
32	15.54	15.11	14.66	14.21	13.73	13.25	12.76	12.25	11.72	11.18
33	15.52	15.10	14.65	14.19	13.73	13.25	12.75	12.24	11.72	11.18
34	15.51	15.09	14.64	14.19	13.72	13.24	12.74	12.23	11.71	11.17
35	15.51	15.07	14.63	14.18	13.71	13.23	12.74	12.23	11.70	11.17
36	15.49	15.06	14.62	14.17	13.70	13.22	12.73	12.22	11.70	11.17
37	15.48	15.05	14.60	14.16	13.69	13.21	12.72	12.22	11.70	11.16
38	15.46	15.03	14.60	14.14	13.68	13.20	12.71	12.21	11.69	11.15
39	15.44	15.02	14.58	14.13	13.67	13.19	12.70	12.20	11.68	11.14
40	15.42	15.00	14.56	14.11	13.65	13.18	12.69	12.19	11.67	11.14
41	15.40	14.98	14.55	14.10	13.64	13.16	12.68	12.18	11.67	11.13
42	15.38	14.96	14.53	14.08	13.63	13.15	12.67	12.17	11.65	11.12
43	15.35	14.94	14.51	14.06	13.61	13.14	12.66	12.16	11.65	11.12
44	15.32	14.91	14.48	14.05	13.59	13.12	12.64	12.15	11.63	11.10
45	15.30	14.89	14.46	14.02	13.57	13.10	12.63	12.13	11.62	11.09
46	15.27	14.86	14.43	13.99	13.55	13.09	12.61	12.11	11.60	11.08
47	15.24	14.83	14.41	13.98	13.52	13.07	12.59	12.09	11.59	11.07
48	15.21	14.80	14.38	13.95	13.50	13.04	12.57	12.08	11.58	11.05
49	15.17	14.76	14.35	13.92	13.48	13.03	12.55	12.06	11.56	11.04

Beispiel (21)

ACTIVITÉ 3½% Table 26 page 10

Rente temporaire sur deux têtes jusqu'à l'âge de 65 ans du soutien actif

Age de la personne soutenue	Age du soutien masculin									
	40	41	42	43	44	45	46	47	48	49
50	15.13	14.73	14.32	13.90	13.45	13.00	12.53	12.04	11.54	11.03
51	15.07	14.69	14.28	13.86	13.42	12.97	12.51	12.02	11.52	11.01
52	15.03	14.64	14.24	13.82	13.39	12.94	12.49	12.01	11.50	11.00
53	14.97	14.59	14.20	13.79	13.36	12.92	12.46	11.98	11.49	10.98
54	14.91	14.54	14.15	13.74	13.32	12.88	12.42	11.95	11.46	10.95
55	14.83	14.47	14.09	13.69	13.28	12.84	12.39	11.93	11.44	10.94
56	14.75	14.40	14.02	13.63	13.22	12.79	12.36	11.89	11.40	10.92
57	14.65	14.31	13.95	13.57	13.16	12.74	12.31	11.86	11.37	10.88
58	14.55	14.22	13.87	13.49	13.10	12.69	12.26	11.81	11.34	10.85
59	14.42	14.11	13.77	13.41	13.03	12.63	12.21	11.76	11.30	10.82
60	14.29	13.99	13.66	13.32	12.94	12.55	12.14	11.71	11.25	10.78
61	14.14	13.85	13.54	13.21	12.85	12.47	12.07	11.65	11.20	10.73
62	13.97	13.70	13.41	13.09	12.74	12.38	11.99	11.57	11.14	10.68
63	13.78	13.53	13.25	12.95	12.62	12.27	11.90	11.50	11.07	10.63
64	13.57	13.34	13.08	12.79	12.49	12.15	11.79	11.41	10.99	10.56
65	13.34	13.12	12.88	12.62	12.33	12.01	11.67	11.29	10.89	10.47
66	13.08	12.89	12.66	12.42	12.15	11.85	11.52	11.17	10.78	10.38
67	12.80	12.63	12.42	12.19	11.94	11.67	11.36	11.02	10.66	10.27
68	12.50	12.34	12.15	11.96	11.72	11.46	11.18	10.87	10.52	10.15
69	12.17	12.03	11.87	11.69	11.48	11.24	10.98	10.69	10.36	10.00
70	11.82	11.70	11.56	11.40	11.20	11.00	10.75	10.48	10.18	9.85
71	11.46	11.36	11.23	11.08	10.91	10.73	10.50	10.25	9.98	9.66
72	11.07	10.99	10.88	10.75	10.60	10.44	10.24	10.01	9.75	9.47
73	10.68	10.60	10.51	10.40	10.28	10.12	9.95	9.75	9.52	9.25
74	10.27	10.21	10.13	10.04	9.93	9.80	9.64	9.47	9.26	9.02
75	9.85	9.79	9.72	9.65	9.56	9.45	9.32	9.16	8.98	8.76
76	9.41	9.38	9.32	9.25	9.18	9.09	8.97	8.84	8.68	8.49
77	8.99	8.95	8.91	8.85	8.78	8.71	8.61	8.50	8.36	8.19
78	8.56	8.53	8.48	8.44	8.39	8.32	8.24	8.15	8.03	7.89
79	8.13	8.10	8.07	8.03	7.98	7.93	7.86	7.79	7.69	7.56
80	7.70	7.68	7.66	7.63	7.58	7.54	7.49	7.42	7.34	7.24
81	7.29	7.27	7.24	7.22	7.19	7.15	7.10	7.05	6.99	6.90
82	6.88	6.86	6.84	6.82	6.80	6.77	6.73	6.68	6.63	6.56
83	6.48	6.47	6.45	6.43	6.41	6.39	6.35	6.32	6.27	6.21
84	6.09	6.08	6.07	6.05	6.03	6.01	5.99	5.95	5.92	5.88
85	5.72	5.71	5.69	5.68	5.66	5.65	5.63	5.61	5.57	5.54
86	5.35	5.34	5.33	5.32	5.31	5.29	5.27	5.25	5.23	5.20
87	5.00	4.99	4.98	4.97	4.96	4.94	4.93	4.91	4.89	4.87
88	4.65	4.65	4.64	4.63	4.62	4.61	4.60	4.58	4.57	4.55
89	4.32	4.32	4.31	4.30	4.29	4.29	4.28	4.26	4.25	4.23
90	4.01	4.00	4.00	3.99	3.98	3.98	3.97	3.96	3.95	3.93
91	3.70	3.70	3.70	3.69	3.68	3.68	3.67	3.66	3.65	3.64
92	3.42	3.41	3.41	3.41	3.40	3.40	3.39	3.38	3.38	3.37
93	3.15	3.14	3.14	3.14	3.13	3.13	3.12	3.12	3.11	3.10
94	2.89	2.89	2.89	2.88	2.88	2.88	2.87	2.87	2.86	2.86
95	2.65	2.65	2.65	2.65	2.64	2.64	2.64	2.63	2.63	2.62
96	2.43	2.43	2.43	2.43	2.42	2.42	2.42	2.41	2.41	2.41
97	2.22	2.22	2.22	2.22	2.22	2.21	2.21	2.21	2.21	2.20
98	2.03	2.03	2.03	2.03	2.03	2.02	2.02	2.02	2.02	2.02
99	1.86	1.85	1.85	1.85	1.85	1.85	1.85	1.85	1.84	1.84

Exemple ㉑

Tafel 26
Seite 11

3½%   AKTIVITÄT

Temporäre Verbindungsrente
bis Alter 65 des aktiven Versorgers

Alter der Versorgten	Alter des Versorgers									
	50	51	52	53	54	55	56	57	58	59
0	10.64	10.06	9.48	8.88	8.28	7.66	7.02	6.36	5.68	4.98
1	10.66	10.09	9.50	8.91	8.29	7.67	7.03	6.37	5.69	4.99
2	10.66	10.09	9.50	8.91	8.29	7.67	7.03	6.37	5.69	4.99
3	10.66	10.09	9.50	8.91	8.29	7.67	7.03	6.37	5.69	4.99
4	10.65	10.09	9.50	8.91	8.29	7.67	7.04	6.37	5.69	4.99
5	10.65	10.09	9.51	8.91	8.30	7.67	7.04	6.37	5.69	4.99
6	10.65	10.09	9.51	8.90	8.30	7.68	7.04	6.37	5.70	4.99
7	10.65	10.09	9.51	8.90	8.30	7.68	7.03	6.37	5.70	4.99
8	10.65	10.08	9.50	8.90	8.30	7.68	7.03	6.37	5.70	4.99
9	10.66	10.08	9.50	8.91	8.30	7.67	7.03	6.37	5.70	4.99
10	10.65	10.08	9.50	8.91	8.30	7.67	7.03	6.38	5.70	5.00
11	10.65	10.08	9.50	8.91	8.29	7.67	7.03	6.38	5.69	4.99
12	10.65	10.08	9.49	8.90	8.29	7.67	7.03	6.37	5.69	4.99
13	10.64	10.08	9.49	8.90	8.29	7.66	7.03	6.37	5.69	4.99
14	10.64	10.08	9.49	8.90	8.29	7.66	7.03	6.37	5.69	4.99
15	10.64	10.07	9.50	8.89	8.29	7.67	7.03	6.37	5.69	4.99
16	10.64	10.07	9.49	8.89	8.29	7.67	7.03	6.37	5.69	4.99
17	10.63	10.07	9.49	8.89	8.29	7.67	7.03	6.36	5.69	4.98
18	10.63	10.07	9.49	8.89	8.29	7.67	7.03	6.36	5.69	4.98
19	10.63	10.07	9.48	8.89	8.29	7.67	7.02	6.36	5.69	4.98
20	10.63	10.07	9.49	8.89	8.29	7.67	7.03	6.36	5.69	4.98
21	10.63	10.07	9.49	8.90	8.28	7.66	7.03	6.36	5.69	4.98
22	10.64	10.07	9.49	8.89	8.29	7.66	7.03	6.37	5.68	4.99
23	10.64	10.08	9.49	8.89	8.29	7.67	7.03	6.37	5.69	4.99
24	10.64	10.08	9.49	8.89	8.29	7.67	7.03	6.37	5.69	4.99
25	10.64	10.08	9.49	8.90	8.29	7.67	7.03	6.38	5.69	4.99
26	10.64	10.07	9.49	8.90	8.29	7.67	7.03	6.37	5.69	4.99
27	10.64	10.07	9.49	8.90	8.28	7.66	7.02	6.37	5.69	4.99
28	10.64	10.07	9.49	8.90	8.29	7.66	7.03	6.37	5.69	4.99
29	10.64	10.07	9.49	8.90	8.29	7.67	7.03	6.37	5.69	4.99
30	10.64	10.08	9.49	8.89	8.28	7.66	7.03	6.37	5.70	4.99
31	10.64	10.07	9.48	8.90	8.28	7.66	7.03	6.36	5.69	5.00
32	10.63	10.06	9.49	8.89	8.28	7.66	7.03	6.37	5.69	4.99
33	10.63	10.06	9.48	8.89	8.29	7.66	7.02	6.36	5.70	4.99
34	10.62	10.06	9.48	8.89	8.28	7.66	7.03	6.37	5.69	4.99
35	10.62	10.05	9.48	8.89	8.28	7.66	7.02	6.36	5.69	4.99
36	10.62	10.05	9.47	8.88	8.27	7.66	7.02	6.37	5.69	4.98
37	10.60	10.05	9.47	8.88	8.27	7.65	7.01	6.36	5.68	4.99
38	10.60	10.04	9.47	8.88	8.27	7.65	7.02	6.36	5.69	4.98
39	10.60	10.03	9.46	8.88	8.27	7.65	7.02	6.35	5.69	4.99
40	10.59	10.03	9.45	8.86	8.26	7.65	7.02	6.35	5.68	4.98
41	10.59	10.02	9.45	8.86	8.26	7.64	7.02	6.35	5.68	4.98
42	10.58	10.02	9.44	8.85	8.26	7.64	7.01	6.35	5.68	4.98
43	10.57	10.01	9.44	8.85	8.25	7.63	7.00	6.35	5.68	4.98
44	10.56	10.00	9.43	8.85	8.24	7.63	7.00	6.35	5.67	4.98
45	10.55	10.00	9.43	8.84	8.24	7.63	6.99	6.35	5.67	4.97
46	10.54	9.99	9.42	8.84	8.24	7.62	6.99	6.34	5.67	4.97
47	10.53	9.97	9.41	8.82	8.24	7.61	6.99	6.34	5.66	4.97
48	10.52	9.96	9.40	8.82	8.22	7.61	6.98	6.34	5.66	4.96
49	10.51	9.96	9.39	8.81	8.22	7.61	6.98	6.33	5.66	4.96

Beispiel (21)

ACTIVITÉ 3½% Table 26
page 12

Rente temporaire sur deux têtes jusqu'à l'âge de 65 ans du soutien actif

Age de la personne soutenue	Age du soutien masculin									
	50	51	52	53	54	55	56	57	58	59
50	10.49	9.94	9.38	8.80	8.21	7.60	6.97	6.32	5.66	4.97
51	10.48	9.94	9.37	8.79	8.20	7.59	6.97	6.32	5.66	4.96
52	10.47	9.92	9.36	8.79	8.19	7.59	6.96	6.32	5.66	4.96
53	10.44	9.90	9.35	8.78	8.19	7.58	6.96	6.32	5.65	4.96
54	10.44	9.89	9.34	8.77	8.18	7.58	6.96	6.31	5.65	4.96
55	10.41	9.87	9.32	8.76	8.17	7.57	6.95	6.31	5.64	4.95
56	10.39	9.85	9.31	8.74	8.16	7.56	6.94	6.30	5.64	4.95
57	10.37	9.84	9.29	8.72	8.14	7.55	6.94	6.29	5.64	4.94
58	10.34	9.81	9.27	8.71	8.13	7.53	6.92	6.29	5.63	4.94
59	10.32	9.79	9.25	8.69	8.12	7.53	6.91	6.28	5.62	4.94
60	10.28	9.77	9.23	8.68	8.10	7.51	6.90	6.27	5.61	4.94
61	10.24	9.73	9.21	8.66	8.09	7.50	6.89	6.26	5.61	4.93
62	10.19	9.69	9.17	8.63	8.06	7.49	6.88	6.25	5.60	4.92
63	10.15	9.65	9.13	8.61	8.05	7.46	6.87	6.24	5.60	4.91
64	10.09	9.61	9.09	8.57	8.02	7.44	6.85	6.24	5.59	4.91
65	10.03	9.55	9.05	8.53	7.99	7.42	6.83	6.22	5.58	4.91
66	9.95	9.48	8.99	8.48	7.95	7.39	6.81	6.20	5.56	4.90
67	9.85	9.40	8.92	8.43	7.91	7.36	6.78	6.18	5.55	4.88
68	9.74	9.31	8.85	8.36	7.85	7.31	6.74	6.15	5.53	4.87
69	9.62	9.20	8.76	8.29	7.79	7.26	6.71	6.11	5.50	4.86
70	9.47	9.09	8.65	8.20	7.72	7.20	6.67	6.09	5.48	4.83
71	9.32	8.95	8.55	8.11	7.64	7.14	6.61	6.04	5.45	4.81
72	9.15	8.80	8.41	7.99	7.54	7.07	6.55	6.00	5.41	4.78
73	8.96	8.63	8.26	7.87	7.44	6.97	6.48	5.94	5.37	4.76
74	8.74	8.44	8.10	7.73	7.32	6.88	6.40	5.88	5.32	4.72
75	8.51	8.23	7.92	7.58	7.20	6.77	6.31	5.81	5.26	4.69
76	8.26	8.01	7.73	7.40	7.04	6.65	6.21	5.73	5.21	4.63
77	7.99	7.77	7.51	7.22	6.88	6.51	6.09	5.64	5.14	4.58
78	7.71	7.52	7.28	7.01	6.70	6.36	5.96	5.53	5.05	4.53
79	7.42	7.24	7.04	6.80	6.52	6.19	5.83	5.42	4.97	4.46
80	7.11	6.96	6.78	6.56	6.31	6.02	5.68	5.31	4.87	4.39
81	6.80	6.67	6.51	6.32	6.10	5.83	5.53	5.17	4.77	4.31
82	6.47	6.37	6.23	6.07	5.87	5.64	5.36	5.04	4.65	4.22
83	6.15	6.06	5.94	5.81	5.64	5.43	5.19	4.89	4.54	4.12
84	5.82	5.74	5.65	5.54	5.39	5.22	4.99	4.73	4.41	4.03
85	5.48	5.43	5.35	5.26	5.14	4.99	4.79	4.56	4.27	3.92
86	5.16	5.11	5.06	4.98	4.88	4.75	4.59	4.38	4.12	3.81
87	4.84	4.80	4.76	4.69	4.61	4.51	4.37	4.19	3.96	3.68
88	4.53	4.49	4.45	4.40	4.34	4.25	4.14	4.00	3.80	3.54
89	4.22	4.18	4.16	4.12	4.08	4.00	3.91	3.79	3.62	3.40
90	3.92	3.90	3.87	3.85	3.80	3.75	3.68	3.58	3.44	3.24
91	3.63	3.61	3.60	3.57	3.54	3.50	3.45	3.36	3.25	3.08
92	3.36	3.34	3.33	3.31	3.28	3.26	3.21	3.15	3.05	2.92
93	3.10	3.08	3.07	3.06	3.04	3.02	2.98	2.94	2.87	2.75
94	2.85	2.84	2.83	2.82	2.81	2.78	2.76	2.73	2.67	2.59
95	2.62	2.61	2.60	2.59	2.58	2.57	2.55	2.53	2.48	2.42
96	2.40	2.40	2.39	2.38	2.37	2.36	2.35	2.33	2.30	2.25
97	2.20	2.19	2.19	2.18	2.18	2.17	2.16	2.14	2.12	2.09
98	2.01	2.01	2.00	2.00	1.99	1.99	1.98	1.97	1.95	1.92
99	1.84	1.84	1.83	1.83	1.82	1.82	1.81	1.81	1.79	1.77

Exemple (21)

26 Tafel Seite 13   3½ %   AKTIVITÄT

Temporäre Verbindungsrente
bis Alter 65 des aktiven Versorgers

Alter der Versorgten	Alter des Versorgers					Alter der Versorgten	Alter des Versorgers				
	60	61	62	63	64		60	61	62	63	64
0	4.26	3.49	2.70	1.86	0.97	50	4.24	3.49	2.69	1.86	0.96
1	4.26	3.50	2.71	1.86	0.96	51	4.24	3.49	2.69	1.86	0.96
2	4.26	3.50	2.71	1.86	0.96	52	4.24	3.48	2.69	1.86	0.97
3	4.26	3.50	2.71	1.86	0.96	53	4.24	3.49	2.69	1.85	0.97
4	4.26	3.50	2.71	1.86	0.96	54	4.24	3.48	2.69	1.86	0.96
5	4.26	3.50	2.71	1.86	0.96	55	4.24	3.48	2.69	1.86	0.96
6	4.26	3.50	2.71	1.86	0.96	56	4.23	3.48	2.69	1.86	0.96
7	4.26	3.50	2.70	1.86	0.96	57	4.23	3.47	2.69	1.86	0.97
8	4.26	3.50	2.70	1.86	0.96	58	4.23	3.48	2.68	1.86	0.97
9	4.26	3.51	2.70	1.86	0.96	59	4.22	3.48	2.69	1.85	0.97
10	4.26	3.51	2.70	1.86	0.96	60	4.22	3.47	2.69	1.86	0.96
11	4.26	3.51	2.70	1.86	0.96	61	4.22	3.47	2.68	1.86	0.97
12	4.27	3.50	2.70	1.86	0.97	62	4.21	3.47	2.68	1.85	0.97
13	4.26	3.50	2.71	1.86	0.97	63	4.21	3.46	2.68	1.86	0.96
14	4.26	3.50	2.71	1.86	0.96	64	4.20	3.46	2.68	1.85	0.96
15	4.26	3.50	2.70	1.86	0.96	65	4.20	3.46	2.67	1.85	0.96
16	4.26	3.50	2.70	1.86	0.96	66	4.19	3.45	2.68	1.85	0.96
17	4.26	3.50	2.70	1.86	0.96	67	4.19	3.45	2.67	1.84	0.96
18	4.26	3.50	2.70	1.86	0.96	68	4.17	3.44	2.67	1.85	0.96
19	4.26	3.50	2.70	1.86	0.96	69	4.17	3.44	2.67	1.85	0.96
20	4.26	3.50	2.70	1.86	0.96	70	4.16	3.43	2.66	1.84	0.96
21	4.26	3.50	2.70	1.86	0.96	71	4.13	3.42	2.66	1.84	0.97
22	4.26	3.50	2.70	1.86	0.96	72	4.12	3.41	2.65	1.84	0.96
23	4.26	3.50	2.70	1.86	0.96	73	4.10	3.39	2.64	1.84	0.96
24	4.26	3.50	2.70	1.86	0.96	74	4.08	3.38	2.63	1.83	0.96
25	4.26	3.50	2.70	1.86	0.96	75	4.05	3.37	2.63	1.83	0.96
26	4.26	3.50	2.70	1.86	0.96	76	4.02	3.35	2.62	1.82	0.95
27	4.26	3.50	2.70	1.86	0.96	77	3.97	3.32	2.60	1.82	0.95
28	4.27	3.50	2.70	1.86	0.96	78	3.93	3.29	2.59	1.81	0.95
29	4.27	3.50	2.70	1.86	0.96	79	3.89	3.26	2.56	1.80	0.95
30	4.26	3.50	2.71	1.85	0.96	80	3.83	3.23	2.55	1.79	0.95
31	4.26	3.50	2.71	1.86	0.96	81	3.79	3.19	2.53	1.78	0.94
32	4.26	3.50	2.70	1.86	0.97	82	3.71	3.15	2.50	1.77	0.94
33	4.25	3.50	2.70	1.86	0.96	83	3.65	3.11	2.47	1.76	0.94
34	4.26	3.50	2.71	1.86	0.96	84	3.57	3.05	2.44	1.75	0.93
35	4.26	3.50	2.71	1.86	0.96	85	3.50	3.00	2.42	1.73	0.94
36	4.26	3.50	2.70	1.86	0.97	86	3.42	2.95	2.38	1.72	0.92
37	4.26	3.50	2.71	1.86	0.96	87	3.32	2.88	2.34	1.69	0.93
38	4.25	3.49	2.70	1.86	0.96	88	3.21	2.81	2.30	1.68	0.91
39	4.26	3.50	2.70	1.86	0.97	89	3.11	2.73	2.25	1.65	0.92
40	4.26	3.50	2.70	1.85	0.96	90	2.99	2.65	2.20	1.63	0.90
41	4.25	3.50	2.71	1.86	0.96	91	2.87	2.55	2.14	1.60	0.90
42	4.25	3.50	2.70	1.86	0.96	92	2.73	2.45	2.08	1.58	0.89
43	4.25	3.49	2.70	1.86	0.97	93	2.59	2.35	2.02	1.54	0.88
44	4.26	3.49	2.70	1.86	0.96	94	2.46	2.25	1.94	1.50	0.87
45	4.26	3.49	2.70	1.85	0.96	95	2.31	2.14	1.86	1.47	0.86
46	4.25	3.49	2.70	1.85	0.96	96	2.17	2.02	1.79	1.42	0.86
47	4.24	3.48	2.70	1.86	0.96	97	2.02	1.91	1.71	1.38	0.84
48	4.24	3.48	2.69	1.86	0.96	98	1.88	1.79	1.62	1.33	0.83
49	4.24	3.48	2.69	1.86	0.96	99	1.74	1.67	1.54	1.27	0.81

Beispiel ㉑

ACTIVITÉ 3½% Table **26a** page 1

Rente temporaire sur deux têtes
jusqu'à la fin de l'activité du soutien actif masculin
ou jusqu'à l'âge de 62 ans de la femme soutenue

Age de la personne soutenue	Age du soutien actif									
	17	18	19	20	21	22	23	24	25	26
17	21.83	21.77	21.74	21.70	21.66	21.60	21.53	21.44	21.32	21.19
18	21.67	21.61	21.59	21.55	21.51	21.46	21.39	21.31	21.21	21.09
19	21.49	21.44	21.42	21.39	21.35	21.31	21.25	21.18	21.08	20.98
20	21.30	21.25	21.24	21.22	21.18	21.15	21.11	21.04	20.95	20.85
21	21.11	21.06	21.04	21.03	21.01	20.98	20.94	20.88	20.80	20.71
22	20.90	20.85	20.85	20.83	20.81	20.79	20.76	20.70	20.63	20.56
23	20.67	20.63	20.63	20.63	20.61	20.59	20.56	20.51	20.45	20.38
24	20.44	20.41	20.40	20.40	20.40	20.38	20.35	20.32	20.26	20.19
25	20.20	20.17	20.17	20.17	20.16	20.15	20.13	20.09	20.06	20.00
26	19.94	19.91	19.91	19.92	19.92	19.91	19.89	19.86	19.83	19.77
27	19.66	19.64	19.65	19.65	19.65	19.66	19.64	19.62	19.59	19.54
28	19.38	19.36	19.37	19.38	19.39	19.38	19.38	19.36	19.33	19.29
29	19.10	19.07	19.08	19.09	19.10	19.10	19.10	19.09	19.06	19.03
30	18.78	18.77	18.78	18.78	18.80	18.81	18.80	18.80	18.77	18.75
31	18.46	18.45	18.46	18.48	18.48	18.50	18.50	18.48	18.47	18.45
32	18.13	18.12	18.13	18.15	18.16	18.17	18.17	18.17	18.16	18.14
33	17.79	17.78	17.79	17.80	17.82	17.83	17.83	17.84	17.83	17.81
34	17.42	17.42	17.43	17.45	17.46	17.47	17.48	17.49	17.48	17.47
35	17.06	17.04	17.06	17.08	17.09	17.11	17.12	17.12	17.12	17.11
36	16.67	16.66	16.67	16.70	16.71	16.72	16.74	16.74	16.74	16.73
37	16.27	16.26	16.28	16.29	16.31	16.33	16.34	16.34	16.35	16.34
38	15.86	15.84	15.87	15.88	15.90	15.92	15.93	15.93	15.93	15.93
39	15.43	15.42	15.43	15.45	15.48	15.49	15.50	15.51	15.51	15.51
40	14.99	14.97	15.00	15.01	15.03	15.04	15.06	15.07	15.07	15.07
41	14.52	14.51	14.53	14.54	14.57	14.58	14.59	14.61	14.61	14.62
42	14.05	14.04	14.06	14.07	14.08	14.10	14.12	14.13	14.14	14.14
43	13.56	13.54	13.56	13.57	13.59	13.61	13.63	13.64	13.64	13.65
44	13.04	13.04	13.05	13.07	13.09	13.10	13.12	13.12	13.13	13.13
45	12.52	12.51	12.53	12.54	12.55	12.57	12.58	12.59	12.60	12.61
46	11.97	11.97	11.97	12.00	12.01	12.02	12.03	12.05	12.05	12.06
47	11.41	11.40	11.41	11.42	11.45	11.45	11.47	11.48	11.48	11.49
48	10.83	10.82	10.83	10.84	10.85	10.86	10.88	10.89	10.90	10.90
49	10.23	10.22	10.23	10.24	10.25	10.26	10.27	10.27	10.28	10.29
50	9.60	9.59	9.60	9.61	9.62	9.64	9.64	9.66	9.65	9.66
51	8.95	8.94	8.95	8.96	8.97	8.98	8.99	8.99	9.01	9.00
52	8.29	8.28	8.28	8.28	8.30	8.31	8.31	8.32	8.32	8.33
53	7.59	7.58	7.59	7.59	7.59	7.60	7.62	7.62	7.62	7.62
54	6.88	6.86	6.87	6.87	6.88	6.88	6.89	6.89	6.89	6.90
55	6.12	6.12	6.11	6.12	6.13	6.13	6.13	6.14	6.14	6.14
56	5.35	5.33	5.34	5.34	5.34	5.35	5.35	5.36	5.36	5.36
57	4.54	4.53	4.54	4.54	4.54	4.54	4.55	4.55	4.55	4.55
58	3.71	3.71	3.70	3.70	3.70	3.70	3.71	3.71	3.71	3.70
59	2.83	2.83	2.83	2.82	2.83	2.83	2.83	2.83	2.84	2.83
60	1.93	1.92	1.92	1.92	1.92	1.92	1.92	1.92	1.93	1.93
61	0.98	0.98	0.98	0.98	0.98	0.98	0.98	0.98	0.98	0.98

Exemples ⑳, ㊱ — ㊴

26a Tafel Seite 2 3½% AKTIVITÄT

Temporäre Verbindungsrente
für aktiven Versorger
bzw. bis Alter 62 der weiblichen Versorgten

Alter der Versorgten	Alter des Versorgers									
	27	28	29	30	31	32	33	34	35	36
17	21.05	20.88	20.70	20.50	20.28	20.05	19.80	19.54	19.27	18.97
18	20.96	20.80	20.63	20.43	20.22	20.00	19.76	19.51	19.23	18.94
19	20.85	20.70	20.54	20.36	20.16	19.94	19.71	19.46	19.19	18.92
20	20.73	20.59	20.44	20.27	20.08	19.87	19.65	19.41	19.15	18.88
21	20.60	20.47	20.33	20.17	19.99	19.79	19.58	19.35	19.09	18.84
22	20.45	20.34	20.21	20.06	19.88	19.70	19.49	19.27	19.04	18.78
23	20.29	20.19	20.07	19.92	19.77	19.60	19.40	19.19	18.96	18.72
24	20.12	20.02	19.91	19.78	19.63	19.46	19.28	19.09	18.87	18.63
25	19.91	19.83	19.73	19.61	19.48	19.32	19.16	18.96	18.76	18.54
26	19.71	19.63	19.54	19.43	19.30	19.16	19.01	18.83	18.64	18.43
27	19.48	19.41	19.33	19.23	19.11	18.98	18.84	18.68	18.50	18.30
28	19.24	19.17	19.10	19.01	18.91	18.79	18.65	18.51	18.34	18.16
29	18.98	18.92	18.86	18.78	18.68	18.58	18.45	18.31	18.16	17.99
30	18.71	18.65	18.60	18.53	18.43	18.34	18.23	18.10	17.96	17.81
31	18.41	18.37	18.32	18.25	18.17	18.09	17.99	17.87	17.74	17.59
32	18.10	18.07	18.03	17.96	17.89	17.82	17.73	17.61	17.50	17.37
33	17.78	17.75	17.71	17.66	17.59	17.53	17.44	17.35	17.24	17.12
34	17.44	17.41	17.38	17.33	17.28	17.22	17.14	17.06	16.96	16.85
35	17.09	17.06	17.03	17.00	16.94	16.89	16.82	16.75	16.66	16.56
36	16.72	16.69	16.67	16.64	16.60	16.54	16.48	16.41	16.33	16.25
37	16.33	16.31	16.29	16.26	16.22	16.18	16.12	16.07	15.99	15.92
38	15.93	15.91	15.89	15.87	15.83	15.80	15.75	15.69	15.63	15.56
39	15.50	15.49	15.48	15.45	15.42	15.39	15.36	15.31	15.25	15.19
40	15.06	15.05	15.04	15.02	15.00	14.97	14.93	14.90	14.85	14.79
41	14.62	14.60	14.59	14.58	14.55	14.53	14.49	14.46	14.43	14.37
42	14.14	14.13	14.12	14.11	14.09	14.07	14.04	14.01	13.98	13.94
43	13.64	13.64	13.63	13.62	13.61	13.59	13.56	13.54	13.51	13.47
44	13.13	13.13	13.13	13.12	13.11	13.09	13.07	13.05	13.02	12.99
45	12.61	12.60	12.60	12.60	12.59	12.56	12.55	12.53	12.51	12.48
46	12.06	12.06	12.05	12.04	12.04	12.03	12.01	12.00	11.97	11.96
47	11.49	11.49	11.49	11.48	11.47	11.47	11.46	11.44	11.43	11.41
48	10.90	10.90	10.91	10.90	10.89	10.88	10.88	10.86	10.85	10.84
49	10.29	10.30	10.29	10.30	10.28	10.28	10.27	10.27	10.25	10.24
50	9.66	9.66	9.67	9.66	9.66	9.66	9.65	9.64	9.63	9.62
51	9.01	9.01	9.01	9.01	9.00	9.00	9.00	8.99	8.98	8.98
52	8.33	8.34	8.34	8.33	8.33	8.33	8.32	8.33	8.31	8.31
53	7.63	7.63	7.63	7.63	7.63	7.63	7.62	7.62	7.62	7.61
54	6.90	6.91	6.90	6.91	6.91	6.90	6.90	6.90	6.89	6.90
55	6.15	6.15	6.15	6.15	6.15	6.15	6.15	6.15	6.14	6.15
56	5.36	5.37	5.37	5.37	5.36	5.37	5.37	5.36	5.36	5.36
57	4.56	4.55	4.56	4.55	4.56	4.55	4.55	4.56	4.55	4.55
58	3.71	3.71	3.71	3.72	3.70	3.71	3.71	3.71	3.71	3.71
59	2.83	2.84	2.84	2.83	2.83	2.83	2.84	2.84	2.84	2.84
60	1.92	1.93	1.92	1.93	1.92	1.93	1.92	1.93	1.93	1.92
61	0.98	0.97	0.98	0.98	0.99	0.97	0.98	0.98	0.99	0.98

Beispiele ⑳, ㊱ — ㊴

ACTIVITÉ 3½% Table **26a** page 3

Rente temporaire sur deux têtes jusqu'à la fin de l'activité du soutien actif masculin ou jusqu'à l'âge de 62 ans de la femme soutenue

Age de la personne soutenue	Age du soutien actif									
	37	38	39	40	41	42	43	44	45	46
17	18.67	18.35	18.02	17.68	17.32	16.96	16.59	16.21	15.82	15.42
18	18.64	18.33	18.01	17.67	17.31	16.95	16.58	16.21	15.81	15.42
19	18.62	18.31	17.99	17.65	17.31	16.94	16.58	16.19	15.81	15.42
20	18.59	18.29	17.97	17.63	17.29	16.94	16.56	16.19	15.80	15.41
21	18.55	18.25	17.95	17.62	17.27	16.93	16.56	16.18	15.80	15.40
22	18.51	18.22	17.91	17.59	17.25	16.90	16.54	16.17	15.79	15.40
23	18.45	18.16	17.87	17.55	17.23	16.88	16.53	16.16	15.78	15.39
24	18.38	18.11	17.82	17.51	17.19	16.86	16.50	16.14	15.77	15.38
25	18.29	18.03	17.75	17.46	17.15	16.81	16.47	16.12	15.75	15.37
26	18.19	17.95	17.68	17.39	17.09	16.76	16.43	16.08	15.72	15.34
27	18.08	17.85	17.58	17.31	17.02	16.71	16.39	16.04	15.68	15.32
28	17.94	17.72	17.48	17.22	16.94	16.64	16.32	15.99	15.64	15.28
29	17.80	17.59	17.36	17.11	16.84	16.55	16.25	15.93	15.58	15.23
30	17.63	17.43	17.21	16.98	16.72	16.45	16.15	15.85	15.52	15.18
31	17.44	17.25	17.05	16.83	16.60	16.33	16.05	15.76	15.44	15.11
32	17.22	17.05	16.87	16.67	16.44	16.19	15.93	15.64	15.34	15.03
33	16.99	16.83	16.66	16.47	16.26	16.03	15.79	15.52	15.23	14.93
34	16.73	16.59	16.44	16.26	16.07	15.85	15.62	15.37	15.10	14.81
35	16.45	16.32	16.18	16.02	15.84	15.65	15.43	15.20	14.94	14.67
36	16.14	16.04	15.91	15.76	15.60	15.42	15.22	15.00	14.76	14.51
37	15.83	15.72	15.61	15.48	15.33	15.16	14.99	14.79	14.56	14.33
38	15.48	15.39	15.28	15.17	15.03	14.89	14.72	14.54	14.34	14.12
39	15.11	15.03	14.94	14.83	14.71	14.58	14.43	14.27	14.09	13.89
40	14.73	14.66	14.57	14.47	14.37	14.25	14.11	13.96	13.80	13.62
41	14.32	14.26	14.17	14.09	14.00	13.90	13.77	13.64	13.49	13.33
42	13.88	13.82	13.76	13.68	13.60	13.51	13.40	13.29	13.15	13.01
43	13.43	13.38	13.32	13.26	13.18	13.10	13.01	12.90	12.78	12.66
44	12.95	12.91	12.86	12.80	12.74	12.66	12.59	12.49	12.39	12.27
45	12.46	12.41	12.38	12.32	12.26	12.20	12.13	12.05	11.96	11.86
46	11.93	11.90	11.86	11.82	11.77	11.71	11.65	11.59	11.51	11.42
47	11.39	11.36	11.33	11.29	11.25	11.20	11.15	11.09	11.02	10.94
48	10.81	10.80	10.77	10.74	10.70	10.66	10.62	10.56	10.51	10.44
49	10.22	10.20	10.19	10.16	10.13	10.09	10.06	10.02	9.97	9.91
50	9.60	9.60	9.57	9.55	9.53	9.50	9.47	9.44	9.39	9.35
51	8.97	8.96	8.95	8.92	8.90	8.88	8.85	8.82	8.79	8.76
52	8.31	8.29	8.27	8.27	8.24	8.23	8.21	8.19	8.15	8.14
53	7.60	7.61	7.60	7.58	7.57	7.55	7.54	7.52	7.50	7.47
54	6.89	6.88	6.88	6.87	6.86	6.85	6.83	6.81	6.80	6.79
55	6.13	6.13	6.12	6.13	6.11	6.11	6.09	6.09	6.08	6.06
56	5.36	5.36	5.35	5.34	5.35	5.34	5.33	5.32	5.31	5.31
57	4.55	4.55	4.55	4.54	4.54	4.53	4.53	4.52	4.52	4.51
58	3.70	3.71	3.71	3.71	3.70	3.70	3.70	3.69	3.68	3.69
59	2.83	2.83	2.83	2.83	2.83	2.82	2.82	2.83	2.83	2.82
60	1.93	1.92	1.92	1.93	1.93	1.92	1.93	1.92	1.92	1.92
61	0.98	0.98	0.97	0.98	0.98	0.99	0.98	0.98	0.98	0.98

Exemples ⑳, ㊱ — ㊴

26a Tafel Seite 4   3½%   AKTIVITÄT

Temporäre Verbindungsrente für aktiven Versorger bzw. bis Alter 62 der weiblichen Versorgten

Alter der Versorgten	Alter des Versorgers									
	47	48	49	50	51	52	53	54	55	56
17	15.01	14.60	14.17	13.74	13.31	12.87	12.43	11.99	11.55	11.11
18	15.01	14.60	14.17	13.74	13.31	12.87	12.43	11.99	11.55	11.11
19	15.01	14.59	14.17	13.74	13.31	12.87	12.43	11.99	11.55	11.10
20	15.01	14.59	14.17	13.74	13.31	12.87	12.43	11.99	11.55	11.11
21	15.01	14.59	14.17	13.74	13.31	12.87	12.43	11.99	11.55	11.11
22	15.00	14.59	14.17	13.74	13.31	12.87	12.43	11.99	11.55	11.11
23	15.00	14.58	14.17	13.74	13.31	12.87	12.43	11.99	11.55	11.11
24	14.98	14.58	14.16	13.73	13.31	12.87	12.43	11.99	11.55	11.11
25	14.97	14.57	14.16	13.73	13.30	12.87	12.43	11.99	11.55	11.11
26	14.96	14.56	14.14	13.73	13.29	12.86	12.43	11.99	11.55	11.11
27	14.93	14.54	14.13	13.71	13.29	12.85	12.42	11.98	11.54	11.10
28	14.91	14.51	14.11	13.70	13.28	12.84	12.41	11.97	11.54	11.10
29	14.87	14.48	14.09	13.67	13.26	12.84	12.40	11.97	11.53	11.10
30	14.82	14.44	14.05	13.65	13.24	12.81	12.39	11.95	11.52	11.09
31	14.76	14.39	14.01	13.62	13.21	12.79	12.37	11.94	11.51	11.08
32	14.69	14.33	13.95	13.57	13.17	12.77	12.35	11.92	11.49	11.07
33	14.60	14.26	13.89	13.52	13.13	12.73	12.31	11.90	11.48	11.05
34	14.49	14.17	13.82	13.45	13.07	12.68	12.28	11.87	11.45	11.04
35	14.38	14.06	13.72	13.37	13.00	12.62	12.23	11.83	11.43	11.01
36	14.23	13.93	13.62	13.28	12.92	12.55	12.17	11.78	11.38	10.97
37	14.07	13.79	13.48	13.16	12.82	12.47	12.10	11.71	11.33	10.93
38	13.88	13.62	13.33	13.03	12.71	12.37	12.01	11.64	11.26	10.88
39	13.66	13.42	13.15	12.87	12.56	12.25	11.91	11.55	11.19	10.81
40	13.42	13.20	12.95	12.69	12.40	12.09	11.77	11.44	11.09	10.73
41	13.14	12.94	12.72	12.47	12.21	11.93	11.62	11.31	10.97	10.63
42	12.85	12.66	12.45	12.23	11.98	11.73	11.44	11.15	10.84	10.51
43	12.51	12.35	12.17	11.96	11.73	11.49	11.24	10.96	10.66	10.36
44	12.15	12.00	11.83	11.65	11.45	11.23	11.00	10.74	10.48	10.19
45	11.74	11.62	11.47	11.32	11.14	10.94	10.73	10.49	10.25	9.98
46	11.32	11.20	11.08	10.94	10.78	10.61	10.42	10.21	9.98	9.75
47	10.86	10.77	10.66	10.53	10.39	10.24	10.07	9.89	9.69	9.47
48	10.37	10.29	10.19	10.09	9.96	9.83	9.69	9.53	9.35	9.16
49	9.85	9.78	9.70	9.61	9.50	9.39	9.26	9.13	8.98	8.81
50	9.30	9.23	9.17	9.10	9.00	8.91	8.80	8.68	8.56	8.41
51	8.71	8.66	8.61	8.55	8.48	8.40	8.30	8.20	8.09	7.98
52	8.10	8.05	8.02	7.96	7.90	7.84	7.76	7.67	7.59	7.49
53	7.44	7.42	7.38	7.33	7.28	7.23	7.18	7.11	7.03	6.96
54	6.76	6.74	6.71	6.68	6.64	6.60	6.56	6.50	6.45	6.39
55	6.05	6.02	6.01	5.98	5.95	5.92	5.89	5.85	5.81	5.76
56	5.30	5.28	5.27	5.24	5.23	5.20	5.18	5.15	5.12	5.08
57	4.51	4.49	4.48	4.47	4.47	4.44	4.42	4.41	4.39	4.36
58	3.68	3.67	3.67	3.67	3.65	3.65	3.63	3.61	3.61	3.59
59	2.83	2.81	2.81	2.81	2.81	2.79	2.79	2.79	2.77	2.77
60	1.91	1.92	1.92	1.91	1.92	1.92	1.90	1.90	1.90	1.89
61	0.99	0.97	0.98	0.98	0.98	0.98	0.99	0.98	0.98	0.98

Beispiele (20), (36) — (39)

ACTIVITÉ 3½% Table **26a** page 5

Rente temporaire sur deux têtes jusqu'à la fin de l'activité du soutien actif masculin ou jusqu'à l'âge de 62 ans de la femme soutenue

Age de la personne soutenue	Age du soutien actif									
	57	58	59	60	61	62	63	64	65	66
17	10.66	10.22	9.78	9.35	8.92	8.49	8.08	7.67	7.28	6.91
18	10.66	10.22	9.78	9.35	8.92	8.49	8.08	7.67	7.28	6.91
19	10.66	10.22	9.78	9.35	8.92	8.49	8.08	7.67	7.28	6.91
20	10.66	10.22	9.78	9.35	8.92	8.49	8.08	7.67	7.28	6.91
21	10.66	10.22	9.78	9.35	8.92	8.49	8.08	7.67	7.28	6.91
22	10.67	10.22	9.79	9.35	8.92	8.49	8.08	7.67	7.28	6.91
23	10.67	10.23	9.79	9.35	8.92	8.49	8.08	7.67	7.28	6.91
24	10.67	10.23	9.79	9.35	8.92	8.49	8.08	7.67	7.28	6.91
25	10.67	10.23	9.79	9.35	8.92	8.49	8.08	7.67	7.28	6.91
26	10.66	10.22	9.79	9.35	8.92	8.49	8.08	7.67	7.28	6.91
27	10.66	10.22	9.78	9.35	8.92	8.49	8.08	7.67	7.28	6.91
28	10.66	10.22	9.78	9.35	8.92	8.49	8.08	7.67	7.28	6.91
29	10.66	10.22	9.78	9.35	8.91	8.49	8.08	7.67	7.28	6.91
30	10.66	10.22	9.78	9.34	8.91	8.49	8.07	7.67	7.28	6.91
31	10.64	10.21	9.78	9.34	8.91	8.49	8.07	7.67	7.28	6.90
32	10.64	10.20	9.77	9.34	8.91	8.48	8.07	7.67	7.28	6.90
33	10.62	10.20	9.76	9.33	8.90	8.48	8.07	7.66	7.27	6.90
34	10.61	10.18	9.75	9.32	8.89	8.48	8.07	7.66	7.27	6.90
35	10.59	10.17	9.74	9.32	8.89	8.47	8.06	7.66	7.27	6.90
36	10.56	10.14	9.72	9.30	8.87	8.46	8.05	7.66	7.27	6.89
37	10.53	10.11	9.70	9.28	8.87	8.45	8.05	7.64	7.26	6.89
38	10.48	10.08	9.67	9.26	8.84	8.43	8.03	7.64	7.25	6.89
39	10.42	10.03	9.64	9.23	8.82	8.42	8.02	7.63	7.25	6.88
40	10.35	9.97	9.59	9.19	8.79	8.39	8.00	7.61	7.23	6.87
41	10.26	9.90	9.52	9.14	8.75	8.36	7.98	7.59	7.22	6.86
42	10.16	9.81	9.44	9.07	8.70	8.32	7.94	7.56	7.20	6.84
43	10.03	9.70	9.35	8.99	8.63	8.26	7.90	7.53	7.16	6.81
44	9.88	9.56	9.23	8.90	8.54	8.19	7.83	7.48	7.12	6.79
45	9.70	9.41	9.09	8.77	8.43	8.10	7.75	7.41	7.07	6.74
46	9.48	9.22	8.92	8.62	8.30	7.98	7.65	7.33	7.00	6.68
47	9.24	8.99	8.72	8.44	8.14	7.85	7.54	7.23	6.92	6.61
48	8.95	8.73	8.48	8.23	7.96	7.68	7.39	7.10	6.80	6.51
49	8.62	8.43	8.21	7.98	7.73	7.48	7.21	6.94	6.66	6.40
50	8.25	8.09	7.90	7.69	7.47	7.24	7.00	6.75	6.49	6.24
51	7.84	7.70	7.53	7.35	7.17	6.96	6.74	6.52	6.29	6.06
52	7.38	7.26	7.12	6.97	6.80	6.63	6.44	6.24	6.04	5.83
53	6.87	6.77	6.66	6.54	6.40	6.24	6.08	5.92	5.74	5.56
54	6.31	6.23	6.15	6.05	5.93	5.81	5.68	5.53	5.39	5.23
55	5.70	5.64	5.57	5.50	5.41	5.32	5.21	5.09	4.98	4.85
56	5.04	5.00	4.95	4.89	4.83	4.76	4.68	4.58	4.49	4.39
57	4.33	4.31	4.26	4.23	4.18	4.14	4.08	4.02	3.95	3.87
58	3.57	3.56	3.53	3.50	3.48	3.44	3.41	3.37	3.32	3.27
59	2.76	2.75	2.74	2.73	2.71	2.69	2.66	2.65	2.62	2.59
60	1.89	1.88	1.89	1.88	1.87	1.86	1.86	1.84	1.83	1.82
61	0.97	0.98	0.97	0.97	0.97	0.97	0.97	0.97	0.96	0.96

Exemples (20), (36) — (39)

Temporäre Verbindungsrente für aktiven Versorger bzw. bis Alter 62 der weiblichen Versorgten

Alter der Versorgten	Alter des Versorgers									
	67	68	69	70	71	72	73	74	75	76
17	6.55	6.22	5.91	5.62	5.34	5.08	4.83	4.59	4.36	4.14
18	6.55	6.22	5.91	5.62	5.34	5.08	4.83	4.59	4.36	4.14
19	6.55	6.22	5.91	5.62	5.34	5.08	4.83	4.59	4.36	4.14
20	6.55	6.22	5.91	5.62	5.34	5.08	4.83	4.59	4.36	4.14
21	6.55	6.22	5.91	5.62	5.34	5.08	4.83	4.59	4.36	4.14
22	6.56	6.22	5.91	5.62	5.34	5.08	4.83	4.59	4.36	4.14
23	6.56	6.22	5.91	5.62	5.34	5.08	4.83	4.59	4.36	4.14
24	6.56	6.22	5.91	5.62	5.34	5.08	4.83	4.59	4.36	4.14
25	6.56	6.22	5.91	5.62	5.34	5.08	4.83	4.59	4.36	4.14
26	6.56	6.22	5.91	5.62	5.34	5.08	4.83	4.59	4.36	4.14
27	6.56	6.22	5.91	5.62	5.34	5.08	4.83	4.59	4.36	4.14
28	6.56	6.22	5.91	5.62	5.34	5.08	4.83	4.59	4.36	4.14
29	6.56	6.22	5.91	5.62	5.34	5.08	4.83	4.59	4.36	4.14
30	6.55	6.22	5.91	5.62	5.34	5.08	4.83	4.59	4.36	4.14
31	6.55	6.22	5.91	5.62	5.34	5.08	4.83	4.59	4.36	4.14
32	6.55	6.22	5.90	5.61	5.34	5.08	4.83	4.59	4.36	4.14
33	6.55	6.22	5.90	5.61	5.34	5.08	4.83	4.59	4.36	4.14
34	6.55	6.22	5.90	5.61	5.34	5.08	4.83	4.59	4.36	4.14
35	6.55	6.21	5.90	5.61	5.34	5.07	4.83	4.59	4.36	4.14
36	6.54	6.21	5.90	5.61	5.33	5.07	4.83	4.58	4.36	4.14
37	6.54	6.21	5.90	5.61	5.33	5.07	4.82	4.58	4.36	4.14
38	6.54	6.21	5.90	5.61	5.33	5.07	4.82	4.58	4.36	4.14
39	6.54	6.21	5.89	5.60	5.33	5.07	4.82	4.58	4.36	4.14
40	6.52	6.19	5.89	5.60	5.33	5.07	4.82	4.58	4.36	4.14
41	6.52	6.19	5.88	5.60	5.33	5.07	4.82	4.58	4.35	4.14
42	6.51	6.18	5.87	5.59	5.32	5.06	4.82	4.58	4.35	4.13
43	6.48	6.16	5.86	5.58	5.31	5.06	4.81	4.57	4.35	4.13
44	6.46	6.15	5.85	5.57	5.31	5.05	4.81	4.57	4.35	4.13
45	6.42	6.11	5.82	5.56	5.29	5.03	4.80	4.56	4.35	4.13
46	6.38	6.08	5.79	5.52	5.27	5.02	4.79	4.56	4.34	4.13
47	6.31	6.03	5.76	5.49	5.25	5.00	4.77	4.55	4.33	4.12
48	6.23	5.96	5.69	5.45	5.20	4.98	4.75	4.52	4.31	4.10
49	6.13	5.87	5.62	5.38	5.15	4.93	4.71	4.50	4.30	4.09
50	6.00	5.76	5.52	5.30	5.08	4.87	4.67	4.46	4.27	4.07
51	5.83	5.61	5.40	5.18	4.98	4.79	4.59	4.39	4.21	4.03
52	5.63	5.43	5.23	5.05	4.86	4.68	4.50	4.32	4.14	3.97
53	5.38	5.20	5.03	4.86	4.69	4.53	4.37	4.21	4.05	3.89
54	5.08	4.92	4.78	4.63	4.49	4.34	4.20	4.05	3.91	3.77
55	4.72	4.60	4.46	4.34	4.22	4.10	3.98	3.86	3.74	3.61
56	4.30	4.20	4.09	3.99	3.90	3.79	3.70	3.60	3.50	3.40
57	3.80	3.72	3.64	3.57	3.50	3.42	3.34	3.27	3.19	3.11
58	3.22	3.16	3.11	3.07	3.01	2.96	2.91	2.84	2.80	2.74
59	2.56	2.52	2.49	2.46	2.43	2.40	2.36	2.33	2.30	2.27
60	1.80	1.79	1.77	1.76	1.74	1.72	1.71	1.69	1.68	1.66
61	0.95	0.95	0.95	0.94	0.94	0.93	0.93	0.92	0.92	0.92

Beispiele (20), (36) – (39)

ACTIVITÉ — 3½% — Table 26a — page 7

Rente temporaire sur deux têtes jusqu'à la fin de l'activité du soutien actif masculin ou jusqu'à l'âge de 62 ans de la femme soutenue

Age de la personne soutenue	\multicolumn{10}{c}{Age du soutien actif}
	77	78	79	80	81	82	83	84	85	86
17	3.93	3.72	3.51	3.31	3.13	2.96	2.79	2.61	2.43	2.25
18	3.93	3.72	3.51	3.31	3.13	2.96	2.79	2.60	2.43	2.25
19	3.93	3.72	3.51	3.31	3.13	2.96	2.79	2.60	2.43	2.25
20	3.93	3.72	3.51	3.31	3.13	2.96	2.79	2.60	2.43	2.25
21	3.93	3.72	3.51	3.31	3.13	2.96	2.79	2.60	2.43	2.25
22	3.93	3.72	3.51	3.31	3.13	2.96	2.79	2.61	2.43	2.25
23	3.93	3.72	3.51	3.31	3.13	2.96	2.79	2.61	2.43	2.25
24	3.93	3.72	3.51	3.31	3.13	2.96	2.79	2.61	2.43	2.25
25	3.93	3.72	3.51	3.31	3.13	2.96	2.79	2.61	2.43	2.25
26	3.93	3.72	3.51	3.31	3.13	2.96	2.79	2.61	2.43	2.25
27	3.93	3.72	3.51	3.31	3.13	2.96	2.79	2.61	2.43	2.25
28	3.93	3.72	3.51	3.31	3.13	2.96	2.79	2.61	2.43	2.25
29	3.93	3.72	3.51	3.31	3.13	2.96	2.79	2.61	2.43	2.25
30	3.93	3.72	3.51	3.31	3.13	2.96	2.79	2.61	2.43	2.25
31	3.93	3.72	3.51	3.31	3.13	2.96	2.79	2.61	2.43	2.25
32	3.93	3.72	3.51	3.31	3.13	2.96	2.79	2.61	2.43	2.25
33	3.93	3.72	3.51	3.31	3.13	2.96	2.79	2.61	2.43	2.25
34	3.93	3.72	3.51	3.31	3.13	2.96	2.79	2.61	2.43	2.25
35	3.93	3.72	3.51	3.31	3.13	2.96	2.79	2.60	2.43	2.25
36	3.93	3.72	3.51	3.31	3.13	2.96	2.79	2.60	2.43	2.25
37	3.93	3.72	3.51	3.31	3.13	2.96	2.79	2.60	2.43	2.25
38	3.92	3.72	3.51	3.31	3.13	2.96	2.79	2.60	2.42	2.25
39	3.92	3.71	3.51	3.31	3.13	2.96	2.79	2.60	2.42	2.25
40	3.92	3.71	3.51	3.31	3.13	2.96	2.78	2.60	2.42	2.25
41	3.92	3.71	3.51	3.31	3.12	2.96	2.78	2.60	2.42	2.25
42	3.92	3.71	3.51	3.31	3.12	2.95	2.78	2.60	2.42	2.25
43	3.92	3.71	3.50	3.31	3.12	2.95	2.78	2.60	2.42	2.25
44	3.92	3.71	3.50	3.31	3.12	2.95	2.78	2.60	2.42	2.25
45	3.92	3.71	3.50	3.31	3.12	2.95	2.78	2.60	2.42	2.25
46	3.91	3.71	3.50	3.30	3.12	2.95	2.78	2.60	2.42	2.25
47	3.91	3.70	3.50	3.30	3.12	2.95	2.78	2.60	2.42	2.25
48	3.90	3.69	3.50	3.30	3.12	2.95	2.78	2.60	2.42	2.25
49	3.89	3.69	3.49	3.30	3.12	2.95	2.78	2.60	2.42	2.25
50	3.87	3.67	3.47	3.29	3.12	2.95	2.78	2.60	2.42	2.25
51	3.83	3.65	3.46	3.28	3.10	2.94	2.78	2.60	2.42	2.25
52	3.79	3.62	3.43	3.26	3.08	2.92	2.76	2.59	2.42	2.25
53	3.72	3.55	3.39	3.22	3.06	2.91	2.75	2.58	2.42	2.24
54	3.63	3.47	3.32	3.16	3.01	2.87	2.72	2.56	2.40	2.23
55	3.48	3.35	3.22	3.07	2.94	2.81	2.68	2.53	2.37	2.22
56	3.29	3.18	3.06	2.94	2.83	2.72	2.60	2.46	2.32	2.18
57	3.03	2.93	2.84	2.75	2.65	2.57	2.47	2.36	2.23	2.11
58	2.68	2.62	2.55	2.47	2.40	2.33	2.27	2.18	2.08	1.98
59	2.23	2.18	2.14	2.09	2.04	2.00	1.96	1.90	1.84	1.77
60	1.64	1.63	1.60	1.58	1.56	1.53	1.51	1.48	1.45	1.41
61	0.91	0.91	0.91	0.89	0.89	0.88	0.88	0.87	0.87	0.85

Exemples ⑳, ㊱ — ㊴

26a Tafel Seite 8   3½%   AKTIVITÄT

Temporäre Verbindungsrente
für aktiven Versorger
bzw. bis Alter 62 der weiblichen Versorgten

Alter der Versorgten	Alter des Versorgers								
	87	88	89	90	91	92	93	94	95
17	2.08	1.93	1.78	1.62	1.43	1.21	0.97	0.71	0.54
18	2.08	1.93	1.78	1.62	1.43	1.21	0.97	0.71	0.54
19	2.08	1.93	1.78	1.62	1.43	1.21	0.97	0.71	0.54
20	2.08	1.93	1.78	1.62	1.43	1.21	0.97	0.71	0.54
21	2.08	1.93	1.78	1.62	1.43	1.21	0.97	0.71	0.54
22	2.08	1.93	1.78	1.62	1.43	1.21	0.97	0.71	0.54
23	2.08	1.93	1.78	1.62	1.43	1.21	0.97	0.71	0.54
24	2.08	1.93	1.78	1.62	1.43	1.21	0.97	0.71	0.54
25	2.08	1.93	1.78	1.62	1.43	1.21	0.97	0.71	0.54
26	2.08	1.93	1.78	1.62	1.43	1.21	0.97	0.71	0.54
27	2.08	1.93	1.78	1.62	1.43	1.21	0.97	0.71	0.54
28	2.08	1.93	1.78	1.62	1.43	1.21	0.97	0.71	0.54
29	2.08	1.93	1.78	1.62	1.43	1.21	0.97	0.71	0.54
30	2.08	1.93	1.78	1.62	1.43	1.21	0.97	0.71	0.54
31	2.08	1.93	1.78	1.62	1.43	1.21	0.97	0.71	0.54
32	2.08	1.93	1.78	1.62	1.43	1.21	0.97	0.71	0.54
33	2.08	1.93	1.78	1.62	1.43	1.21	0.97	0.71	0.54
34	2.08	1.93	1.78	1.62	1.43	1.21	0.97	0.71	0.54
35	2.08	1.93	1.78	1.62	1.43	1.21	0.97	0.71	0.54
36	2.08	1.93	1.78	1.62	1.43	1.21	0.97	0.71	0.54
37	2.08	1.93	1.78	1.62	1.43	1.21	0.97	0.71	0.54
38	2.08	1.93	1.78	1.62	1.43	1.21	0.97	0.71	0.54
39	2.08	1.93	1.78	1.62	1.43	1.21	0.97	0.71	0.54
40	2.08	1.93	1.78	1.62	1.43	1.21	0.97	0.71	0.54
41	2.08	1.93	1.78	1.62	1.43	1.21	0.97	0.71	0.54
42	2.08	1.93	1.78	1.62	1.43	1.21	0.97	0.71	0.54
43	2.08	1.92	1.78	1.62	1.43	1.21	0.97	0.71	0.54
44	2.08	1.92	1.78	1.62	1.43	1.21	0.97	0.71	0.54
45	2.08	1.92	1.78	1.62	1.43	1.21	0.97	0.71	0.54
46	2.08	1.92	1.78	1.62	1.43	1.21	0.97	0.71	0.54
47	2.08	1.92	1.78	1.62	1.43	1.21	0.97	0.71	0.54
48	2.08	1.92	1.78	1.62	1.43	1.21	0.97	0.71	0.54
49	2.08	1.92	1.78	1.62	1.43	1.21	0.97	0.71	0.54
50	2.08	1.92	1.78	1.62	1.43	1.21	0.97	0.71	0.54
51	2.08	1.92	1.78	1.62	1.43	1.21	0.97	0.71	0.54
52	2.08	1.92	1.78	1.62	1.43	1.21	0.97	0.71	0.54
53	2.08	1.92	1.78	1.62	1.43	1.21	0.97	0.71	0.54
54	2.08	1.92	1.78	1.62	1.43	1.21	0.97	0.71	0.54
55	2.07	1.92	1.78	1.62	1.43	1.21	0.97	0.71	0.54
56	2.04	1.91	1.78	1.62	1.43	1.21	0.97	0.71	0.54
57	1.98	1.87	1.76	1.62	1.43	1.21	0.97	0.71	0.54
58	1.88	1.79	1.70	1.57	1.42	1.21	0.97	0.71	0.54
59	1.69	1.62	1.56	1.47	1.37	1.19	0.97	0.71	0.54
60	1.37	1.33	1.30	1.24	1.19	1.09	0.94	0.71	0.54
61	0.84	0.82	0.81	0.80	0.79	0.76	0.71	0.62	0.54

Beispiele ⑳, ㊱ — ㊴

ACTIVITÉ 3½% Table 26b page 1

Rente temporaire sur deux têtes jusqu'à l'âge de 65 du soutien actif masculin ou jusqu'à l'âge de 62 de la femme soutenue

Age de la personne soutenue	\multicolumn{10}{c}{Age du soutien masculin}
	15	16	17	18	19	20	21	22	23	24
17	21.96	21.89	21.83	21.77	21.74	21.70	21.52	21.33	21.12	20.91
18	21.77	21.72	21.67	21.61	21.59	21.55	21.51	21.32	21.11	20.89
19	21.59	21.54	21.49	21.44	21.42	21.39	21.35	21.31	21.11	20.89
20	21.40	21.35	21.30	21.25	21.24	21.22	21.18	21.15	21.11	20.89
21	21.19	21.15	21.11	21.06	21.04	21.03	21.01	20.98	20.94	20.88
22	20.97	20.94	20.90	20.85	20.85	20.83	20.81	20.79	20.76	20.70
23	20.75	20.71	20.67	20.63	20.63	20.63	20.61	20.59	20.56	20.51
24	20.51	20.48	20.44	20.41	20.40	20.40	20.40	20.38	20.35	20.32
25	20.26	20.23	20.20	20.17	20.17	20.17	20.16	20.15	20.13	20.09
26	19.99	19.97	19.94	19.91	19.91	19.92	19.92	19.91	19.89	19.86
27	19.72	19.70	19.66	19.64	19.65	19.65	19.65	19.66	19.64	19.62
28	19.44	19.41	19.38	19.36	19.37	19.38	19.39	19.38	19.38	19.36
29	19.15	19.11	19.10	19.07	19.08	19.09	19.10	19.10	19.10	19.09
30	18.84	18.81	18.78	18.77	18.78	18.78	18.80	18.81	18.80	18.80
31	18.51	18.49	18.46	18.45	18.46	18.48	18.48	18.50	18.50	18.48
32	18.18	18.16	18.13	18.12	18.13	18.15	18.16	18.17	18.17	18.17
33	17.83	17.81	17.79	17.78	17.79	17.80	17.82	17.83	17.83	17.84
34	17.47	17.45	17.42	17.42	17.43	17.45	17.46	17.47	17.48	17.49
35	17.09	17.07	17.06	17.04	17.06	17.08	17.09	17.11	17.12	17.12
36	16.71	16.69	16.67	16.66	16.67	16.70	16.71	16.72	16.74	16.74
37	16.30	16.29	16.27	16.26	16.28	16.29	16.31	16.33	16.34	16.34
38	15.90	15.87	15.86	15.84	15.87	15.88	15.90	15.92	15.93	15.93
39	15.46	15.44	15.43	15.42	15.43	15.45	15.48	15.49	15.50	15.51
40	15.02	15.01	14.99	14.97	15.00	15.01	15.03	15.04	15.06	15.07
41	14.56	14.54	14.52	14.51	14.53	14.54	14.57	14.58	14.59	14.61
42	14.08	14.07	14.05	14.04	14.06	14.07	14.08	14.10	14.12	14.13
43	13.59	13.57	13.56	13.54	13.56	13.57	13.59	13.61	13.63	13.64
44	13.08	13.06	13.04	13.04	13.05	13.07	13.09	13.10	13.12	13.12
45	12.55	12.54	12.52	12.51	12.53	12.54	12.55	12.57	12.58	12.59
46	12.00	11.99	11.97	11.97	11.97	12.00	12.01	12.02	12.03	12.05
47	11.44	11.43	11.41	11.40	11.41	11.42	11.45	11.45	11.47	11.48
48	10.86	10.84	10.83	10.82	10.83	10.84	10.85	10.86	10.88	10.89
49	10.26	10.24	10.23	10.22	10.23	10.24	10.25	10.26	10.27	10.27
50	9.63	9.62	9.60	9.59	9.60	9.61	9.62	9.64	9.64	9.66
51	8.99	8.97	8.95	8.94	8.95	8.96	8.97	8.98	8.99	8.99
52	8.31	8.30	8.29	8.28	8.28	8.28	8.30	8.31	8.31	8.32
53	7.62	7.60	7.59	7.58	7.59	7.59	7.59	7.60	7.62	7.62
54	6.90	6.88	6.88	6.86	6.87	6.87	6.88	6.88	6.89	6.89
55	6.15	6.13	6.12	6.12	6.11	6.12	6.13	6.13	6.13	6.14
56	5.37	5.36	5.35	5.33	5.34	5.34	5.34	5.35	5.35	5.36
57	4.56	4.56	4.54	4.53	4.54	4.54	4.54	4.54	4.55	4.55
58	3.71	3.71	3.71	3.71	3.70	3.70	3.70	3.70	3.71	3.71
59	2.84	2.83	2.83	2.83	2.83	2.82	2.83	2.83	2.83	2.83
60	1.93	1.93	1.93	1.92	1.92	1.92	1.92	1.92	1.92	1.92
61	0.98	0.98	0.98	0.98	0.98	0.98	0.98	0.98	0.98	0.98

Exemples ⑯ — ⑱, ㉑

26b Tafel Seite 2   3½%   AKTIVITÄT

Temporäre Verbindungsrente
bis Alter 65 des aktiven Versorgers
bzw. bis Alter 62 der weiblichen Versorgten

Alter der Versorgten	Alter des Versorgers									
	25	26	27	28	29	30	31	32	33	34
17	20.67	20.42	20.16	19.88	19.59	19.29	18.97	18.64	18.30	17.95
18	20.66	20.41	20.15	19.87	19.59	19.28	18.97	18.64	18.31	17.95
19	20.65	20.41	20.15	19.87	19.58	19.28	18.97	18.64	18.30	17.95
20	20.65	20.40	20.14	19.86	19.58	19.27	18.96	18.64	18.29	17.95
21	20.65	20.39	20.13	19.86	19.57	19.28	18.96	18.63	18.30	17.95
22	20.63	20.39	20.13	19.86	19.57	19.27	18.96	18.64	18.29	17.94
23	20.45	20.38	20.12	19.85	19.57	19.26	18.95	18.63	18.29	17.95
24	20.26	20.19	20.12	19.84	19.56	19.26	18.95	18.62	18.29	17.94
25	20.06	20.00	19.91	19.83	19.55	19.25	18.94	18.62	18.28	17.93
26	19.83	19.77	19.71	19.63	19.54	19.24	18.93	18.61	18.27	17.93
27	19.59	19.54	19.48	19.41	19.33	19.23	18.92	18.59	18.26	17.91
28	19.33	19.29	19.24	19.17	19.10	19.01	18.91	18.58	18.25	17.91
29	19.06	19.03	18.98	18.92	18.86	18.78	18.68	18.58	18.24	17.89
30	18.77	18.75	18.71	18.65	18.60	18.53	18.43	18.34	18.23	17.88
31	18.47	18.45	18.41	18.37	18.32	18.25	18.17	18.09	17.99	17.87
32	18.16	18.14	18.10	18.07	18.03	17.96	17.89	17.82	17.73	17.61
33	17.83	17.81	17.78	17.75	17.71	17.66	17.59	17.53	17.44	17.35
34	17.48	17.47	17.44	17.41	17.38	17.33	17.28	17.22	17.14	17.06
35	17.12	17.11	17.09	17.06	17.03	17.00	16.94	16.89	16.82	16.75
36	16.74	16.73	16.72	16.69	16.67	16.64	16.60	16.54	16.48	16.41
37	16.35	16.34	16.33	16.31	16.29	16.26	16.22	16.18	16.12	16.07
38	15.93	15.93	15.93	15.91	15.89	15.87	15.83	15.80	15.75	15.69
39	15.51	15.51	15.50	15.49	15.48	15.45	15.42	15.39	15.36	15.31
40	15.07	15.07	15.06	15.05	15.04	15.02	15.00	14.97	14.93	14.90
41	14.61	14.62	14.62	14.60	14.59	14.58	14.55	14.53	14.49	14.46
42	14.14	14.14	14.14	14.13	14.12	14.11	14.09	14.07	14.04	14.01
43	13.64	13.65	13.64	13.64	13.63	13.62	13.61	13.59	13.56	13.54
44	13.13	13.13	13.13	13.13	13.13	13.12	13.11	13.09	13.07	13.05
45	12.60	12.61	12.61	12.60	12.60	12.60	12.59	12.56	12.55	12.53
46	12.05	12.06	12.06	12.06	12.05	12.04	12.04	12.03	12.01	12.00
47	11.48	11.49	11.49	11.49	11.49	11.48	11.47	11.47	11.46	11.44
48	10.90	10.90	10.90	10.90	10.91	10.90	10.89	10.88	10.88	10.86
49	10.28	10.29	10.29	10.30	10.29	10.30	10.28	10.28	10.27	10.27
50	9.65	9.66	9.66	9.66	9.67	9.66	9.66	9.66	9.65	9.64
51	9.01	9.00	9.01	9.01	9.01	9.01	9.00	9.00	9.00	8.99
52	8.32	8.33	8.33	8.34	8.34	8.33	8.33	8.33	8.32	8.33
53	7.62	7.62	7.63	7.63	7.63	7.63	7.63	7.63	7.62	7.62
54	6.89	6.90	6.90	6.91	6.90	6.91	6.91	6.90	6.90	6.90
55	6.14	6.14	6.15	6.15	6.15	6.15	6.15	6.15	6.15	6.15
56	5.36	5.36	5.36	5.37	5.37	5.37	5.36	5.37	5.37	5.36
57	4.55	4.55	4.56	4.55	4.56	4.55	4.56	4.55	4.55	4.56
58	3.71	3.70	3.71	3.71	3.71	3.72	3.70	3.71	3.71	3.71
59	2.84	2.83	2.83	2.84	2.84	2.83	2.83	2.83	2.84	2.84
60	1.93	1.93	1.92	1.93	1.92	1.93	1.92	1.93	1.92	1.93
61	0.98	0.98	0.98	0.97	0.98	0.98	0.99	0.97	0.98	0.98

Beispiele (16) — (18), (21)

ACTIVITÉ 3½% Table **26b** page 3

Rente temporaire sur deux têtes jusqu'à l'âge de 65 du soutien actif masculin ou jusqu'à l'âge de 62 de la femme soutenue

Age de la personne soutenue	Age du soutien masculin									
	35	36	37	38	39	40	41	42	43	44
17	17.59	17.22	16.83	16.43	16.01	15.58	15.15	14.70	14.23	13.76
18	17.59	17.21	16.82	16.42	16.02	15.59	15.15	14.69	14.24	13.76
19	17.58	17.22	16.82	16.42	16.01	15.58	15.15	14.69	14.24	13.76
20	17.59	17.21	16.83	16.43	16.01	15.58	15.14	14.70	14.23	13.76
21	17.58	17.21	16.82	16.42	16.01	15.59	15.14	14.70	14.23	13.76
22	17.58	17.21	16.83	16.42	16.01	15.59	15.15	14.69	14.24	13.76
23	17.58	17.21	16.82	16.42	16.01	15.58	15.15	14.70	14.24	13.77
24	17.58	17.21	16.82	16.42	16.01	15.59	15.15	14.70	14.23	13.76
25	17.57	17.20	16.81	16.42	16.00	15.58	15.15	14.69	14.23	13.76
26	17.57	17.20	16.81	16.41	16.01	15.58	15.15	14.69	14.23	13.75
27	17.56	17.19	16.80	16.41	15.99	15.57	15.14	14.70	14.24	13.76
28	17.55	17.18	16.79	16.40	15.99	15.57	15.14	14.69	14.23	13.76
29	17.55	17.17	16.79	16.40	15.99	15.57	15.13	14.68	14.23	13.75
30	17.53	17.16	16.78	16.38	15.98	15.55	15.12	14.67	14.21	13.75
31	17.52	17.14	16.77	16.37	15.96	15.54	15.12	14.67	14.21	13.74
32	17.50	17.14	16.75	16.36	15.96	15.54	15.11	14.66	14.21	13.73
33	17.24	17.12	16.74	16.35	15.95	15.52	15.10	14.65	14.19	13.73
34	16.96	16.85	16.73	16.34	15.94	15.51	15.09	14.64	14.19	13.72
35	16.66	16.56	16.45	16.32	15.92	15.51	15.07	14.63	14.18	13.71
36	16.33	16.25	16.14	16.04	15.91	15.49	15.06	14.62	14.17	13.70
37	15.99	15.92	15.83	15.72	15.61	15.48	15.05	14.60	14.16	13.69
38	15.63	15.56	15.48	15.39	15.28	15.17	15.03	14.60	14.14	13.68
39	15.25	15.19	15.11	15.03	14.94	14.83	14.71	14.58	14.13	13.67
40	14.85	14.79	14.73	14.66	14.57	14.47	14.37	14.25	14.11	13.65
41	14.43	14.37	14.32	14.26	14.17	14.09	14.00	13.90	13.77	13.64
42	13.98	13.94	13.88	13.82	13.76	13.68	13.60	13.51	13.40	13.29
43	13.51	13.47	13.43	13.38	13.32	13.26	13.18	13.10	13.01	12.90
44	13.02	12.99	12.95	12.91	12.86	12.80	12.74	12.66	12.59	12.49
45	12.51	12.48	12.46	12.41	12.38	12.32	12.26	12.20	12.13	12.05
46	11.97	11.96	11.93	11.90	11.86	11.82	11.77	11.71	11.65	11.59
47	11.43	11.41	11.39	11.36	11.33	11.29	11.25	11.20	11.15	11.09
48	10.85	10.84	10.81	10.80	10.77	10.74	10.70	10.66	10.62	10.56
49	10.25	10.24	10.22	10.20	10.19	10.16	10.13	10.09	10.06	10.02
50	9.63	9.62	9.60	9.60	9.57	9.55	9.53	9.50	9.47	9.44
51	8.98	8.98	8.97	8.96	8.95	8.92	8.90	8.88	8.85	8.82
52	8.31	8.31	8.31	8.29	8.27	8.27	8.24	8.23	8.21	8.19
53	7.62	7.61	7.60	7.61	7.60	7.58	7.57	7.55	7.54	7.52
54	6.89	6.90	6.89	6.88	6.88	6.87	6.86	6.85	6.83	6.81
55	6.14	6.15	6.13	6.13	6.12	6.13	6.11	6.11	6.09	6.09
56	5.36	5.36	5.36	5.36	5.35	5.34	5.35	5.34	5.33	5.32
57	4.55	4.55	4.55	4.55	4.55	4.54	4.54	4.53	4.53	4.52
58	3.71	3.71	3.70	3.71	3.71	3.71	3.70	3.70	3.70	3.69
59	2.84	2.84	2.83	2.83	2.83	2.83	2.83	2.82	2.82	2.83
60	1.93	1.92	1.93	1.92	1.92	1.93	1.93	1.92	1.93	1.92
61	0.99	0.98	0.98	0.98	0.97	0.98	0.98	0.99	0.98	0.98

Exemples ⑯ — ⑱, ㉑

26b Tafel Seite 4   3½%   AKTIVITÄT

Temporäre Verbindungsrente
bis Alter 65 des aktiven Versorgers
bzw. bis Alter 62 der weiblichen Versorgten

Alter der Versorgten	Alter des Versorgers									
	45	46	47	48	49	50	51	52	53	54
17	13.28	12.77	12.26	11.74	11.19	10.63	10.07	9.49	8.89	8.29
18	13.27	12.78	12.26	11.74	11.19	10.63	10.07	9.49	8.89	8.29
19	13.27	12.78	12.26	11.73	11.19	10.63	10.07	9.48	8.89	8.29
20	13.27	12.77	12.26	11.73	11.19	10.63	10.07	9.49	8.89	8.29
21	13.27	12.77	12.26	11.73	11.19	10.63	10.07	9.49	8.90	8.28
22	13.27	12.77	12.27	11.73	11.19	10.64	10.07	9.49	8.89	8.29
23	13.28	12.77	12.27	11.73	11.19	10.64	10.08	9.49	8.89	8.29
24	13.28	12.78	12.26	11.74	11.20	10.64	10.08	9.49	8.89	8.29
25	13.27	12.78	12.26	11.74	11.20	10.64	10.08	9.49	8.90	8.29
26	13.28	12.77	12.27	11.74	11.19	10.64	10.07	9.49	8.90	8.29
27	13.27	12.78	12.26	11.74	11.19	10.64	10.07	9.49	8.90	8.28
28	13.27	12.77	12.26	11.73	11.20	10.64	10.07	9.49	8.90	8.29
29	13.26	12.77	12.26	11.74	11.19	10.64	10.07	9.49	8.90	8.29
30	13.26	12.76	12.25	11.73	11.19	10.64	10.08	9.49	8.89	8.28
31	13.25	12.76	12.25	11.72	11.18	10.64	10.07	9.48	8.90	8.28
32	13.25	12.76	12.25	11.72	11.18	10.63	10.06	9.49	8.89	8.28
33	13.25	12.75	12.24	11.72	11.18	10.63	10.06	9.48	8.89	8.29
34	13.24	12.74	12.23	11.71	11.17	10.62	10.06	9.48	8.89	8.28
35	13.23	12.74	12.23	11.70	11.17	10.62	10.05	9.48	8.89	8.28
36	13.22	12.73	12.22	11.70	11.17	10.62	10.05	9.47	8.88	8.27
37	13.21	12.72	12.22	11.70	11.16	10.60	10.05	9.47	8.88	8.27
38	13.20	12.71	12.21	11.69	11.15	10.60	10.04	9.47	8.88	8.27
39	13.19	12.70	12.20	11.68	11.14	10.60	10.03	9.46	8.88	8.27
40	13.18	12.69	12.19	11.67	11.14	10.59	10.03	9.45	8.86	8.26
41	13.16	12.68	12.18	11.67	11.13	10.59	10.02	9.45	8.86	8.26
42	13.15	12.67	12.17	11.65	11.12	10.58	10.02	9.44	8.85	8.26
43	12.78	12.66	12.16	11.65	11.12	10.57	10.01	9.44	8.85	8.25
44	12.39	12.27	12.15	11.63	11.10	10.56	10.00	9.43	8.85	8.24
45	11.96	11.86	11.74	11.62	11.09	10.55	10.00	9.43	8.84	8.24
46	11.51	11.42	11.32	11.20	11.08	10.54	9.99	9.42	8.84	8.24
47	11.02	10.94	10.86	10.77	10.66	10.53	9.97	9.41	8.82	8.24
48	10.51	10.44	10.37	10.29	10.19	10.09	9.96	9.40	8.82	8.22
49	9.97	9.91	9.85	9.78	9.70	9.61	9.50	9.39	8.81	8.22
50	9.39	9.35	9.30	9.23	9.17	9.10	9.00	8.91	8.80	8.21
51	8.79	8.76	8.71	8.66	8.61	8.55	8.48	8.40	8.30	8.20
52	8.15	8.14	8.10	8.05	8.02	7.96	7.90	7.84	7.76	7.67
53	7.50	7.47	7.44	7.42	7.38	7.33	7.28	7.23	7.18	7.11
54	6.80	6.79	6.76	6.74	6.71	6.68	6.64	6.60	6.56	6.50
55	6.08	6.06	6.05	6.02	6.01	5.98	5.95	5.92	5.89	5.85
56	5.31	5.31	5.30	5.28	5.27	5.24	5.23	5.20	5.18	5.15
57	4.52	4.51	4.51	4.49	4.48	4.47	4.47	4.44	4.42	4.41
58	3.68	3.69	3.68	3.67	3.67	3.67	3.65	3.65	3.63	3.61
59	2.83	2.82	2.83	2.81	2.81	2.81	2.81	2.79	2.79	2.79
60	1.92	1.92	1.91	1.92	1.92	1.91	1.92	1.92	1.90	1.90
61	0.98	0.98	0.99	0.97	0.98	0.98	0.98	0.98	0.99	0.98

Beispiele ⑯ — ⑱, ㉑

ACTIVITÉ 3½% Table **26b** page 5

Rente temporaire sur deux têtes jusqu'à l'âge de 65 du soutien actif masculin ou jusqu'à l'âge de 62 de la femme soutenue

Age de la personne soutenue	Age du soutien masculin									
	55	56	57	58	59	60	61	62	63	64
17	7.67	7.03	6.36	5.69	4.98	4.26	3.50	2.70	1.86	0.96
18	7.67	7.03	6.36	5.69	4.98	4.26	3.50	2.70	1.86	0.96
19	7.67	7.02	6.36	5.69	4.98	4.26	3.50	2.70	1.86	0.96
20	7.67	7.03	6.36	5.69	4.98	4.26	3.50	2.70	1.86	0.96
21	7.66	7.03	6.36	5.69	4.98	4.26	3.50	2.70	1.86	0.96
22	7.66	7.03	6.37	5.68	4.99	4.26	3.50	2.70	1.86	0.96
23	7.67	7.03	6.37	5.69	4.99	4.26	3.50	2.70	1.86	0.96
24	7.67	7.03	6.37	5.69	4.99	4.26	3.50	2.70	1.86	0.96
25	7.67	7.03	6.38	5.69	4.99	4.26	3.50	2.70	1.86	0.96
26	7.67	7.03	6.37	5.69	4.99	4.26	3.50	2.70	1.86	0.96
27	7.66	7.02	6.37	5.69	4.99	4.26	3.50	2.70	1.86	0.96
28	7.66	7.03	6.37	5.69	4.99	4.27	3.50	2.70	1.86	0.96
29	7.67	7.03	6.37	5.69	4.99	4.27	3.50	2.70	1.86	0.96
30	7.66	7.03	6.37	5.70	4.99	4.26	3.50	2.71	1.85	0.96
31	7.66	7.03	6.36	5.69	5.00	4.26	3.50	2.71	1.86	0.96
32	7.66	7.03	6.37	5.69	4.99	4.26	3.50	2.70	1.86	0.97
33	7.66	7.02	6.36	5.70	4.99	4.25	3.50	2.70	1.86	0.96
34	7.66	7.03	6.37	5.69	4.99	4.26	3.50	2.71	1.86	0.96
35	7.66	7.02	6.36	5.69	4.99	4.26	3.50	2.71	1.86	0.96
36	7.66	7.02	6.37	5.69	4.98	4.26	3.50	2.70	1.86	0.97
37	7.65	7.01	6.36	5.68	4.99	4.26	3.50	2.71	1.86	0.96
38	7.65	7.02	6.36	5.69	4.98	4.25	3.49	2.70	1.86	0.96
39	7.65	7.02	6.35	5.69	4.99	4.26	3.50	2.70	1.86	0.97
40	7.65	7.02	6.35	5.68	4.98	4.26	3.50	2.70	1.85	0.96
41	7.64	7.02	6.35	5.68	4.98	4.25	3.50	2.71	1.86	0.96
42	7.64	7.01	6.35	5.68	4.98	4.25	3.50	2.70	1.86	0.96
43	7.63	7.00	6.35	5.68	4.98	4.25	3.49	2.70	1.86	0.97
44	7.63	7.00	6.35	5.67	4.98	4.26	3.49	2.70	1.86	0.96
45	7.63	6.99	6.35	5.67	4.97	4.26	3.49	2.70	1.85	0.96
46	7.62	6.99	6.34	5.67	4.97	4.25	3.49	2.70	1.85	0.96
47	7.61	6.99	6.34	5.66	4.97	4.24	3.48	2.70	1.86	0.96
48	7.61	6.98	6.34	5.66	4.96	4.24	3.48	2.69	1.86	0.96
49	7.61	6.98	6.33	5.66	4.96	4.24	3.48	2.69	1.86	0.96
50	7.60	6.97	6.32	5.66	4.97	4.24	3.49	2.69	1.86	0.96
51	7.59	6.97	6.32	5.66	4.96	4.24	3.49	2.69	1.86	0.96
52	7.59	6.96	6.32	5.66	4.96	4.24	3.48	2.69	1.86	0.97
53	7.03	6.96	6.32	5.65	4.96	4.24	3.49	2.69	1.85	0.97
54	6.45	6.39	6.31	5.65	4.96	4.24	3.48	2.69	1.86	0.96
55	5.81	5.76	5.70	5.64	4.95	4.24	3.48	2.69	1.86	0.96
56	5.12	5.08	5.04	5.00	4.95	4.23	3.48	2.69	1.86	0.96
57	4.39	4.36	4.33	4.31	4.26	4.23	3.47	2.69	1.86	0.97
58	3.61	3.59	3.57	3.56	3.53	3.50	3.48	2.68	1.86	0.97
59	2.77	2.77	2.76	2.75	2.74	2.73	2.71	2.69	1.85	0.97
60	1.90	1.89	1.89	1.88	1.89	1.88	1.87	1.86	1.86	0.96
61	0.98	0.98	0.97	0.98	0.97	0.97	0.97	0.97	0.97	0.97

Exemples ⑯ — ⑱, ㉑

27 Tafel Seite 1 3½% AKTIVITÄT

Verbindungsrente für aktive Versorgerin und Versorgten

Alter des Versorgten	Alter der Versorgerin									
	0	1	2	3	4	5	6	7	8	9
0	25.71	25.70	25.64	25.57	25.49	25.42	25.34	25.25	25.16	25.06
1	25.72	25.71	25.65	25.58	25.51	25.43	25.35	25.27	25.18	25.09
2	25.67	25.66	25.60	25.54	25.47	25.39	25.32	25.23	25.15	25.05
3	25.62	25.61	25.56	25.49	25.42	25.35	25.28	25.20	25.11	25.02
4	25.56	25.56	25.50	25.44	25.37	25.30	25.23	25.15	25.07	24.98
5	25.50	25.50	25.45	25.38	25.32	25.25	25.18	25.10	25.02	24.93
6	25.43	25.43	25.38	25.32	25.26	25.20	25.13	25.05	24.97	24.89
7	25.36	25.37	25.32	25.26	25.20	25.14	25.07	25.00	24.92	24.84
8	25.29	25.29	25.25	25.19	25.13	25.07	25.01	24.94	24.86	24.78
9	25.21	25.22	25.17	25.12	25.06	25.00	24.94	24.87	24.80	24.72
10	25.12	25.13	25.09	25.04	24.99	24.93	24.87	24.80	24.73	24.66
11	25.03	25.04	25.00	24.96	24.91	24.85	24.79	24.73	24.66	24.59
12	24.94	24.95	24.91	24.87	24.82	24.77	24.71	24.65	24.59	24.51
13	24.84	24.85	24.82	24.77	24.73	24.68	24.63	24.57	24.50	24.44
14	24.73	24.75	24.72	24.68	24.63	24.58	24.53	24.48	24.42	24.35
15	24.62	24.64	24.61	24.57	24.53	24.49	24.44	24.38	24.33	24.26
16	24.51	24.53	24.50	24.46	24.42	24.38	24.34	24.29	24.23	24.17
17	24.40	24.42	24.39	24.35	24.32	24.28	24.23	24.19	24.13	24.07
18	24.28	24.30	24.28	24.24	24.21	24.17	24.13	24.08	24.03	23.98
19	24.17	24.19	24.17	24.14	24.10	24.07	24.03	23.99	23.94	23.89
20	24.06	24.08	24.06	24.03	24.00	23.97	23.93	23.89	23.85	23.80
21	23.95	23.98	23.96	23.93	23.90	23.87	23.83	23.80	23.75	23.71
22	23.84	23.87	23.85	23.83	23.80	23.77	23.74	23.70	23.66	23.62
23	23.73	23.76	23.74	23.72	23.69	23.66	23.63	23.60	23.56	23.52
24	23.61	23.64	23.62	23.60	23.57	23.55	23.52	23.49	23.45	23.41
25	23.47	23.50	23.49	23.47	23.44	23.42	23.39	23.36	23.33	23.29
26	23.33	23.36	23.35	23.33	23.31	23.28	23.26	23.23	23.20	23.16
27	23.18	23.21	23.20	23.18	23.16	23.14	23.12	23.09	23.06	23.03
28	23.02	23.06	23.04	23.02	23.01	22.99	22.96	22.94	22.91	22.88
29	22.85	22.89	22.87	22.86	22.84	22.82	22.80	22.78	22.75	22.72
30	22.68	22.71	22.70	22.68	22.67	22.65	22.63	22.61	22.58	22.56
31	22.49	22.52	22.51	22.50	22.48	22.47	22.45	22.43	22.40	22.38
32	22.29	22.33	22.32	22.30	22.29	22.27	22.26	22.24	22.22	22.19
33	22.09	22.12	22.12	22.10	22.09	22.07	22.06	22.04	22.02	22.00
34	21.88	21.91	21.91	21.89	21.88	21.87	21.85	21.84	21.82	21.79
35	21.66	21.70	21.69	21.68	21.66	21.65	21.64	21.62	21.60	21.58
36	21.43	21.47	21.46	21.45	21.44	21.43	21.41	21.40	21.38	21.36
37	21.20	21.23	21.23	21.22	21.20	21.19	21.18	21.17	21.15	21.13
38	20.96	20.99	20.98	20.97	20.96	20.95	20.94	20.93	20.91	20.90
39	20.70	20.74	20.73	20.72	20.71	20.70	20.69	20.68	20.67	20.65
40	20.44	20.48	20.47	20.46	20.45	20.45	20.43	20.42	20.41	20.39
41	20.18	20.21	20.21	20.20	20.19	20.18	20.17	20.16	20.15	20.13
42	19.90	19.94	19.93	19.92	19.92	19.91	19.90	19.89	19.88	19.86
43	19.62	19.66	19.65	19.64	19.64	19.63	19.62	19.61	19.60	19.59
44	19.34	19.37	19.36	19.36	19.35	19.34	19.33	19.33	19.31	19.30
45	19.04	19.08	19.07	19.06	19.06	19.05	19.04	19.03	19.02	19.01
46	18.74	18.78	18.77	18.76	18.76	18.75	18.74	18.74	18.73	18.72
47	18.44	18.47	18.46	18.46	18.45	18.45	18.44	18.43	18.42	18.41
48	18.12	18.15	18.15	18.14	18.14	18.13	18.12	18.12	18.11	18.10
49	17.80	17.83	17.82	17.82	17.81	17.81	17.80	17.79	17.78	17.78

Beispiele ㉖, ㉘ — ㉚

ACTIVITÉ 3½% Table 27 page 2

Rente sur deux têtes
soutien actif féminin et homme soutenu

Age de l'homme soutenu	Age du soutien féminin									
	0	1	2	3	4	5	6	7	8	9
50	17.46	17.49	17.49	17.48	17.48	17.47	17.47	17.46	17.45	17.44
51	17.12	17.15	17.15	17.15	17.14	17.14	17.13	17.12	17.12	17.11
52	16.78	16.81	16.81	16.80	16.80	16.79	16.79	16.78	16.77	16.76
53	16.43	16.46	16.46	16.45	16.45	16.44	16.44	16.43	16.43	16.42
54	16.08	16.11	16.10	16.10	16.10	16.09	16.09	16.08	16.07	16.07
55	15.72	15.75	15.75	15.74	15.74	15.74	15.73	15.73	15.72	15.71
56	15.36	15.39	15.39	15.38	15.38	15.38	15.37	15.37	15.36	15.35
57	15.00	15.03	15.02	15.02	15.02	15.01	15.01	15.00	15.00	14.99
58	14.63	14.66	14.65	14.65	14.65	14.64	14.64	14.64	14.63	14.62
59	14.26	14.28	14.28	14.28	14.27	14.27	14.27	14.26	14.26	14.25
60	13.88	13.90	13.90	13.90	13.89	13.89	13.89	13.88	13.88	13.87
61	13.49	13.52	13.52	13.51	13.51	13.51	13.50	13.50	13.49	13.49
62	13.11	13.13	13.13	13.13	13.13	13.12	13.12	13.12	13.11	13.11
63	12.72	12.75	12.75	12.74	12.74	12.74	12.74	12.73	12.73	12.72
64	12.34	12.36	12.36	12.36	12.36	12.35	12.35	12.35	12.34	12.34
65	11.95	11.97	11.97	11.97	11.97	11.97	11.96	11.96	11.96	11.95
66	11.57	11.59	11.59	11.59	11.58	11.58	11.58	11.58	11.57	11.57
67	11.18	11.20	11.20	11.20	11.20	11.20	11.19	11.19	11.19	11.18
68	10.79	10.81	10.81	10.81	10.81	10.81	10.81	10.80	10.80	10.80
69	10.40	10.42	10.42	10.42	10.42	10.42	10.42	10.41	10.41	10.41
70	10.02	10.03	10.03	10.03	10.03	10.03	10.03	10.03	10.02	10.02
71	9.63	9.64	9.64	9.64	9.64	9.64	9.64	9.64	9.63	9.63
72	9.24	9.26	9.26	9.26	9.26	9.25	9.25	9.25	9.25	9.25
73	8.86	8.87	8.87	8.87	8.87	8.87	8.87	8.87	8.86	8.86
74	8.47	8.49	8.49	8.49	8.49	8.48	8.48	8.48	8.48	8.48
75	8.09	8.11	8.11	8.10	8.10	8.10	8.10	8.10	8.10	8.10
76	7.72	7.73	7.73	7.73	7.73	7.73	7.73	7.73	7.72	7.72
77	7.35	7.36	7.36	7.36	7.36	7.36	7.36	7.36	7.36	7.36
78	6.99	7.01	7.01	7.01	7.00	7.00	7.00	7.00	7.00	7.00
79	6.65	6.66	6.66	6.66	6.66	6.66	6.66	6.66	6.66	6.66
80	6.32	6.33	6.33	6.33	6.33	6.33	6.33	6.33	6.33	6.33
81	6.00	6.01	6.01	6.01	6.01	6.01	6.01	6.01	6.01	6.01
82	5.70	5.71	5.71	5.71	5.71	5.71	5.71	5.71	5.71	5.71
83	5.40	5.41	5.41	5.41	5.41	5.41	5.41	5.41	5.41	5.41
84	5.12	5.13	5.13	5.13	5.13	5.13	5.13	5.13	5.13	5.13
85	4.84	4.85	4.85	4.85	4.85	4.85	4.85	4.85	4.85	4.85
86	4.56	4.57	4.57	4.57	4.57	4.57	4.57	4.57	4.57	4.57
87	4.30	4.30	4.30	4.30	4.30	4.30	4.30	4.30	4.30	4.30
88	4.04	4.04	4.04	4.04	4.04	4.04	4.04	4.04	4.04	4.04
89	3.78	3.79	3.79	3.79	3.79	3.79	3.79	3.79	3.79	3.79
90	3.54	3.55	3.55	3.55	3.55	3.55	3.55	3.55	3.55	3.55
91	3.32	3.32	3.32	3.32	3.32	3.32	3.32	3.32	3.32	3.32
92	3.10	3.10	3.10	3.10	3.10	3.10	3.10	3.10	3.10	3.10
93	2.89	2.89	2.89	2.89	2.89	2.89	2.89	2.89	2.89	2.89
94	2.69	2.70	2.70	2.70	2.70	2.70	2.70	2.70	2.70	2.70
95	2.51	2.51	2.51	2.51	2.51	2.51	2.51	2.51	2.51	2.51
96	2.33	2.34	2.34	2.34	2.34	2.34	2.34	2.34	2.34	2.34
97	2.17	2.17	2.17	2.17	2.17	2.17	2.17	2.17	2.17	2.17
98	2.02	2.02	2.02	2.02	2.02	2.02	2.02	2.02	2.02	2.02
99	1.88	1.88	1.88	1.88	1.88	1.88	1.88	1.88	1.88	1.88

Exemples ㉖, ㉘ — ㉚

27 Tafel Seite 3 — 3½% — AKTIVITÄT

Verbindungsrente für aktive Versorgerin und Versorgten

Alter des Versorgten	Alter der Versorgerin									
	10	11	12	13	14	15	16	17	18	19
0	24.96	24.86	24.74	24.63	24.51	24.39	24.26	24.13	23.99	23.88
1	24.99	24.88	24.77	24.66	24.54	24.41	24.29	24.16	24.02	23.91
2	24.95	24.85	24.74	24.63	24.51	24.39	24.26	24.13	24.00	23.89
3	24.92	24.82	24.71	24.60	24.48	24.36	24.24	24.11	23.98	23.87
4	24.88	24.78	24.68	24.57	24.45	24.33	24.21	24.08	23.95	23.84
5	24.84	24.74	24.64	24.53	24.42	24.30	24.18	24.05	23.92	23.82
6	24.80	24.70	24.60	24.49	24.38	24.26	24.14	24.02	23.89	23.79
7	24.75	24.65	24.55	24.45	24.34	24.22	24.11	23.98	23.86	23.76
8	24.69	24.60	24.50	24.40	24.29	24.18	24.07	23.95	23.82	23.72
9	24.64	24.55	24.45	24.35	24.25	24.14	24.02	23.90	23.78	23.68
10	24.57	24.49	24.39	24.30	24.19	24.09	23.97	23.86	23.74	23.64
11	24.51	24.42	24.33	24.24	24.14	24.03	23.92	23.81	23.69	23.59
12	24.44	24.36	24.27	24.17	24.08	23.97	23.87	23.76	23.64	23.55
13	24.36	24.28	24.20	24.11	24.01	23.91	23.81	23.70	23.58	23.49
14	24.28	24.20	24.12	24.03	23.94	23.84	23.74	23.64	23.52	23.44
15	24.19	24.12	24.04	23.96	23.87	23.77	23.67	23.57	23.46	23.38
16	24.10	24.03	23.96	23.87	23.79	23.70	23.60	23.50	23.39	23.31
17	24.01	23.94	23.87	23.79	23.71	23.62	23.53	23.43	23.33	23.25
18	23.92	23.85	23.78	23.71	23.63	23.54	23.45	23.36	23.26	23.18
19	23.83	23.77	23.70	23.63	23.55	23.47	23.38	23.29	23.19	23.12
20	23.74	23.68	23.62	23.55	23.47	23.39	23.31	23.22	23.13	23.06
21	23.65	23.60	23.54	23.47	23.40	23.32	23.24	23.16	23.07	23.00
22	23.57	23.51	23.45	23.39	23.32	23.25	23.17	23.09	23.01	22.94
23	23.47	23.42	23.36	23.30	23.24	23.17	23.10	23.02	22.94	22.88
24	23.37	23.32	23.26	23.21	23.15	23.08	23.01	22.94	22.86	22.80
25	23.25	23.20	23.15	23.10	23.04	22.98	22.91	22.84	22.77	22.71
26	23.13	23.08	23.03	22.98	22.93	22.87	22.81	22.74	22.67	22.62
27	22.99	22.95	22.91	22.86	22.80	22.75	22.69	22.63	22.56	22.51
28	22.85	22.81	22.77	22.72	22.67	22.62	22.56	22.50	22.44	22.39
29	22.69	22.65	22.61	22.57	22.53	22.48	22.42	22.37	22.31	22.27
30	22.52	22.49	22.45	22.41	22.37	22.32	22.27	22.22	22.16	22.13
31	22.35	22.32	22.28	22.25	22.20	22.16	22.11	22.06	22.01	21.98
32	22.17	22.14	22.10	22.07	22.03	21.99	21.94	21.90	21.85	21.82
33	21.97	21.94	21.91	21.88	21.84	21.81	21.77	21.72	21.68	21.65
34	21.77	21.74	21.72	21.68	21.65	21.62	21.58	21.54	21.49	21.47
35	21.56	21.54	21.51	21.48	21.45	21.41	21.38	21.34	21.30	21.28
36	21.34	21.32	21.29	21.27	21.24	21.21	21.17	21.14	21.10	21.08
37	21.11	21.09	21.07	21.04	21.02	20.99	20.95	20.92	20.89	20.87
38	20.88	20.86	20.83	20.81	20.78	20.76	20.73	20.70	20.67	20.66
39	20.63	20.61	20.59	20.57	20.54	20.52	20.49	20.46	20.43	20.43
40	20.38	20.36	20.34	20.32	20.30	20.27	20.25	20.22	20.19	20.19
41	20.12	20.10	20.08	20.06	20.04	20.02	19.99	19.97	19.94	19.94
42	19.85	19.83	19.81	19.80	19.78	19.75	19.73	19.71	19.69	19.68
43	19.57	19.56	19.54	19.52	19.50	19.48	19.46	19.44	19.42	19.42
44	19.29	19.27	19.26	19.24	19.22	19.21	19.19	19.17	19.15	19.15
45	19.00	18.99	18.97	18.96	18.94	18.92	18.90	18.89	18.87	18.87
46	18.70	18.69	18.68	18.66	18.65	18.63	18.61	18.60	18.58	18.58
47	18.40	18.39	18.37	18.36	18.34	18.33	18.31	18.30	18.28	18.29
48	18.09	18.07	18.06	18.05	18.03	18.02	18.01	17.99	17.98	17.98
49	17.76	17.75	17.74	17.73	17.72	17.70	17.69	17.67	17.66	17.67

Beispiele (26), (28) — (30)

ACTIVITÉ 3½% Table 27 page 4

Rente sur deux têtes
soutien actif féminin et homme soutenu

Age de l'homme soutenu	Age du soutien féminin									
	10	11	12	13	14	15	16	17	18	19
50	17.43	17.42	17.41	17.40	17.39	17.38	17.36	17.35	17.34	17.34
51	17.10	17.09	17.08	17.07	17.05	17.04	17.03	17.02	17.01	17.01
52	16.76	16.75	16.74	16.72	16.71	16.70	16.69	16.68	16.67	16.68
53	16.41	16.40	16.39	16.38	16.37	16.36	16.35	16.34	16.33	16.34
54	16.06	16.05	16.04	16.03	16.02	16.01	16.00	15.99	15.98	15.99
55	15.70	15.70	15.69	15.68	15.67	15.66	15.65	15.64	15.63	15.64
56	15.35	15.34	15.33	15.32	15.31	15.30	15.29	15.29	15.28	15.29
57	14.99	14.98	14.97	14.96	14.95	14.94	14.93	14.93	14.92	14.93
58	14.62	14.61	14.60	14.59	14.59	14.58	14.57	14.56	14.55	14.56
59	14.24	14.24	14.23	14.22	14.21	14.21	14.20	14.19	14.18	14.19
60	13.87	13.86	13.85	13.84	13.84	13.83	13.82	13.81	13.81	13.82
61	13.48	13.48	13.47	13.46	13.46	13.45	13.44	13.44	13.43	13.44
62	13.10	13.09	13.09	13.08	13.07	13.07	13.06	13.05	13.05	13.06
63	12.72	12.71	12.70	12.70	12.69	12.68	12.68	12.67	12.67	12.68
64	12.33	12.33	12.32	12.31	12.31	12.30	12.30	12.29	12.29	12.29
65	11.95	11.94	11.94	11.93	11.92	11.92	11.91	11.91	11.90	11.91
66	11.56	11.56	11.55	11.55	11.54	11.54	11.53	11.52	11.52	11.53
67	11.18	11.17	11.17	11.16	11.16	11.15	11.15	11.14	11.14	11.15
68	10.79	10.79	10.78	10.78	10.77	10.77	10.76	10.76	10.75	10.76
69	10.40	10.40	10.39	10.39	10.38	10.38	10.37	10.37	10.37	10.37
70	10.02	10.01	10.01	10.00	10.00	9.99	9.99	9.98	9.98	9.99
71	9.63	9.62	9.62	9.62	9.61	9.61	9.60	9.60	9.59	9.60
72	9.24	9.24	9.23	9.23	9.23	9.22	9.22	9.22	9.21	9.22
73	8.86	8.85	8.85	8.85	8.84	8.84	8.83	8.83	8.83	8.83
74	8.47	8.47	8.47	8.46	8.46	8.46	8.45	8.45	8.44	8.45
75	8.09	8.09	8.09	8.08	8.08	8.08	8.07	8.07	8.06	8.07
76	7.72	7.72	7.71	7.71	7.71	7.70	7.70	7.69	7.69	7.70
77	7.35	7.35	7.35	7.34	7.34	7.34	7.33	7.33	7.33	7.33
78	7.00	7.00	6.99	6.99	6.99	6.98	6.98	6.98	6.97	6.98
79	6.66	6.65	6.65	6.65	6.64	6.64	6.64	6.63	6.63	6.64
80	6.33	6.32	6.32	6.32	6.32	6.31	6.31	6.31	6.30	6.31
81	6.01	6.01	6.00	6.00	6.00	6.00	5.99	5.99	5.99	5.99
82	5.70	5.70	5.70	5.70	5.70	5.69	5.69	5.69	5.68	5.69
83	5.41	5.41	5.41	5.41	5.40	5.40	5.40	5.39	5.39	5.40
84	5.13	5.12	5.12	5.12	5.12	5.12	5.11	5.11	5.11	5.11
85	4.85	4.84	4.84	4.84	4.84	4.84	4.83	4.83	4.83	4.83
86	4.57	4.57	4.57	4.57	4.57	4.56	4.56	4.56	4.56	4.56
87	4.30	4.30	4.30	4.30	4.30	4.30	4.29	4.29	4.29	4.29
88	4.04	4.04	4.04	4.04	4.04	4.04	4.03	4.03	4.03	4.03
89	3.79	3.79	3.79	3.79	3.79	3.79	3.78	3.78	3.78	3.78
90	3.55	3.55	3.55	3.55	3.55	3.55	3.54	3.54	3.54	3.54
91	3.32	3.32	3.32	3.32	3.32	3.32	3.31	3.31	3.31	3.31
92	3.10	3.10	3.10	3.10	3.10	3.10	3.10	3.10	3.09	3.09
93	2.89	2.89	2.89	2.89	2.89	2.89	2.89	2.89	2.89	2.89
94	2.70	2.70	2.70	2.70	2.70	2.69	2.69	2.69	2.69	2.69
95	2.51	2.51	2.51	2.51	2.51	2.51	2.51	2.51	2.51	2.51
96	2.34	2.34	2.34	2.34	2.34	2.34	2.33	2.33	2.33	2.33
97	2.17	2.17	2.17	2.17	2.17	2.17	2.17	2.17	2.17	2.17
98	2.02	2.02	2.02	2.02	2.02	2.02	2.02	2.02	2.02	2.02
99	1.88	1.88	1.88	1.88	1.88	1.88	1.88	1.88	1.88	1.88

Exemples ㉖, ㉘ — ㉚

27 Tafel Seite 5 — 3½% — AKTIVITÄT

Verbindungsrente für aktive Versorgerin und Versorgten

Alter des Versorgten	\multicolumn{10}{c}{Alter der Versorgerin}									
	20	21	22	23	24	25	26	27	28	29
0	23.76	23.62	23.48	23.33	23.17	23.00	22.81	22.63	22.43	22.22
1	23.79	23.66	23.52	23.36	23.20	23.03	22.85	22.66	22.46	22.26
2	23.77	23.64	23.50	23.35	23.19	23.02	22.84	22.65	22.45	22.25
3	23.75	23.62	23.48	23.33	23.17	23.00	22.82	22.63	22.44	22.23
4	23.73	23.60	23.46	23.31	23.15	22.98	22.80	22.62	22.42	22.22
5	23.70	23.57	23.44	23.29	23.13	22.96	22.78	22.60	22.40	22.20
6	23.67	23.55	23.41	23.26	23.11	22.94	22.76	22.58	22.38	22.18
7	23.64	23.52	23.38	23.24	23.08	22.91	22.74	22.55	22.36	22.16
8	23.61	23.49	23.35	23.21	23.05	22.89	22.71	22.53	22.34	22.14
9	23.57	23.45	23.32	23.18	23.02	22.86	22.69	22.50	22.31	22.12
10	23.53	23.41	23.28	23.14	22.99	22.83	22.66	22.48	22.29	22.09
11	23.49	23.37	23.24	23.10	22.95	22.79	22.62	22.45	22.26	22.06
12	23.44	23.33	23.20	23.06	22.92	22.76	22.59	22.41	22.23	22.03
13	23.39	23.28	23.15	23.02	22.87	22.72	22.55	22.38	22.19	22.00
14	23.34	23.23	23.10	22.97	22.83	22.67	22.51	22.34	22.15	21.96
15	23.28	23.17	23.05	22.92	22.78	22.63	22.47	22.29	22.11	21.92
16	23.22	23.11	23.00	22.87	22.73	22.58	22.42	22.25	22.07	21.89
17	23.15	23.05	22.94	22.81	22.68	22.53	22.37	22.21	22.03	21.85
18	23.09	22.99	22.88	22.76	22.63	22.48	22.33	22.16	21.99	21.81
19	23.03	22.94	22.83	22.71	22.58	22.44	22.29	22.13	21.95	21.77
20	22.98	22.88	22.78	22.66	22.54	22.40	22.25	22.09	21.92	21.74
21	22.92	22.83	22.73	22.62	22.49	22.36	22.21	22.06	21.89	21.72
22	22.87	22.78	22.68	22.57	22.45	22.32	22.18	22.03	21.86	21.69
23	22.80	22.72	22.63	22.52	22.40	22.28	22.14	21.99	21.83	21.66
24	22.73	22.65	22.56	22.46	22.35	22.22	22.09	21.94	21.79	21.62
25	22.65	22.57	22.49	22.39	22.28	22.16	22.03	21.89	21.73	21.57
26	22.56	22.49	22.40	22.31	22.20	22.09	21.96	21.82	21.67	21.52
27	22.46	22.39	22.31	22.22	22.12	22.01	21.88	21.75	21.61	21.45
28	22.34	22.28	22.20	22.12	22.02	21.91	21.80	21.67	21.53	21.38
29	22.22	22.16	22.09	22.01	21.91	21.81	21.70	21.57	21.44	21.29
30	22.08	22.03	21.96	21.88	21.80	21.70	21.59	21.47	21.34	21.20
31	21.94	21.89	21.82	21.75	21.67	21.57	21.47	21.36	21.23	21.10
32	21.78	21.73	21.68	21.61	21.53	21.44	21.34	21.23	21.11	20.98
33	21.62	21.57	21.52	21.45	21.38	21.30	21.20	21.10	20.98	20.86
34	21.44	21.40	21.35	21.29	21.22	21.14	21.05	20.95	20.85	20.73
35	21.26	21.22	21.17	21.12	21.05	20.98	20.89	20.80	20.70	20.58
36	21.06	21.03	20.98	20.93	20.87	20.80	20.72	20.63	20.54	20.43
37	20.85	20.82	20.79	20.74	20.68	20.62	20.54	20.46	20.37	20.26
38	20.64	20.61	20.58	20.53	20.48	20.42	20.35	20.27	20.18	20.09
39	20.41	20.39	20.36	20.32	20.27	20.21	20.15	20.07	19.99	19.90
40	20.18	20.15	20.13	20.09	20.05	19.99	19.93	19.86	19.79	19.70
41	19.93	19.91	19.89	19.85	19.81	19.77	19.71	19.65	19.57	19.49
42	19.68	19.66	19.64	19.61	19.57	19.53	19.48	19.42	19.35	19.27
43	19.41	19.40	19.38	19.36	19.32	19.28	19.23	19.18	19.11	19.04
44	19.14	19.13	19.12	19.09	19.06	19.03	18.98	18.93	18.87	18.81
45	18.87	18.86	18.84	18.82	18.79	18.76	18.72	18.67	18.62	18.56
46	18.58	18.57	18.56	18.54	18.52	18.49	18.45	18.41	18.36	18.30
47	18.29	18.28	18.27	18.25	18.23	18.20	18.17	18.13	18.08	18.03
48	17.98	17.98	17.97	17.96	17.94	17.91	17.88	17.84	17.80	17.75
49	17.67	17.67	17.66	17.65	17.63	17.61	17.58	17.54	17.51	17.46

Beispiele ㉖, ㉘ — ㉚

ACTIVITÉ 3½% Table **27** page 6

Rente sur deux têtes
soutien actif féminin et homme soutenu

Age de l'homme soutenu	Age du soutien féminin									
	20	21	22	23	24	25	26	27	28	29
50	17.35	17.35	17.34	17.33	17.31	17.29	17.27	17.24	17.20	17.16
51	17.02	17.02	17.01	17.00	16.99	16.97	16.95	16.92	16.89	16.85
52	16.68	16.68	16.68	16.67	16.66	16.64	16.62	16.59	16.56	16.53
53	16.34	16.34	16.34	16.33	16.32	16.31	16.29	16.26	16.24	16.21
54	16.00	16.00	16.00	15.99	15.98	15.97	15.95	15.93	15.90	15.88
55	15.65	15.65	15.65	15.64	15.64	15.62	15.61	15.59	15.57	15.54
56	15.29	15.30	15.30	15.29	15.29	15.28	15.26	15.24	15.22	15.20
57	14.94	14.94	14.94	14.94	14.93	14.92	14.91	14.89	14.87	14.85
58	14.57	14.58	14.58	14.57	14.57	14.56	14.55	14.53	14.52	14.50
59	14.20	14.21	14.21	14.21	14.20	14.19	14.18	14.17	14.16	14.14
60	13.83	13.83	13.83	13.83	13.83	13.82	13.81	13.80	13.79	13.77
61	13.45	13.45	13.45	13.45	13.45	13.45	13.44	13.43	13.41	13.40
62	13.07	13.07	13.07	13.07	13.07	13.07	13.06	13.05	13.04	13.02
63	12.69	12.69	12.69	12.69	12.69	12.69	12.68	12.67	12.66	12.65
64	12.30	12.31	12.31	12.31	12.31	12.31	12.30	12.29	12.28	12.27
65	11.92	11.93	11.93	11.93	11.93	11.93	11.92	11.91	11.91	11.89
66	11.54	11.54	11.55	11.55	11.55	11.54	11.54	11.53	11.53	11.52
67	11.15	11.16	11.16	11.16	11.16	11.16	11.16	11.15	11.15	11.14
68	10.77	10.77	10.78	10.78	10.78	10.78	10.77	10.77	10.76	10.76
69	10.38	10.39	10.39	10.39	10.39	10.39	10.39	10.38	10.38	10.37
70	9.99	10.00	10.00	10.00	10.01	10.00	10.00	10.00	9.99	9.99
71	9.61	9.61	9.62	9.62	9.62	9.62	9.62	9.61	9.61	9.60
72	9.22	9.23	9.23	9.23	9.23	9.23	9.23	9.23	9.23	9.22
73	8.84	8.84	8.85	8.85	8.85	8.85	8.85	8.85	8.84	8.84
74	8.46	8.46	8.46	8.47	8.47	8.47	8.47	8.46	8.46	8.46
75	8.08	8.08	8.08	8.09	8.09	8.09	8.09	8.09	8.08	8.08
76	7.70	7.71	7.71	7.71	7.71	7.71	7.71	7.71	7.71	7.71
77	7.34	7.34	7.34	7.35	7.35	7.35	7.35	7.35	7.34	7.34
78	6.98	6.99	6.99	6.99	6.99	6.99	6.99	6.99	6.99	6.99
79	6.64	6.64	6.65	6.65	6.65	6.65	6.65	6.65	6.65	6.65
80	6.31	6.31	6.32	6.32	6.32	6.32	6.32	6.32	6.32	6.32
81	6.00	6.00	6.00	6.00	6.00	6.00	6.00	6.00	6.00	6.00
82	5.69	5.69	5.70	5.70	5.70	5.70	5.70	5.70	5.70	5.70
83	5.40	5.40	5.40	5.41	5.41	5.41	5.41	5.41	5.41	5.41
84	5.11	5.12	5.12	5.12	5.12	5.12	5.12	5.12	5.12	5.12
85	4.84	4.84	4.84	4.84	4.84	4.84	4.84	4.84	4.84	4.84
86	4.56	4.56	4.56	4.57	4.57	4.57	4.57	4.57	4.57	4.57
87	4.29	4.29	4.30	4.30	4.30	4.30	4.30	4.30	4.30	4.30
88	4.03	4.03	4.04	4.04	4.04	4.04	4.04	4.04	4.04	4.04
89	3.78	3.78	3.79	3.79	3.79	3.79	3.79	3.79	3.79	3.79
90	3.54	3.54	3.55	3.55	3.55	3.55	3.55	3.55	3.55	3.55
91	3.31	3.32	3.32	3.32	3.32	3.32	3.32	3.32	3.32	3.32
92	3.10	3.10	3.10	3.10	3.10	3.10	3.10	3.10	3.10	3.10
93	2.89	2.89	2.89	2.89	2.89	2.89	2.89	2.89	2.89	2.89
94	2.69	2.69	2.69	2.69	2.70	2.70	2.70	2.70	2.70	2.70
95	2.51	2.51	2.51	2.51	2.51	2.51	2.51	2.51	2.51	2.51
96	2.33	2.33	2.33	2.34	2.34	2.34	2.34	2.34	2.34	2.34
97	2.17	2.17	2.17	2.17	2.17	2.17	2.17	2.17	2.17	2.17
98	2.02	2.02	2.02	2.02	2.02	2.02	2.02	2.02	2.02	2.02
99	1.88	1.88	1.88	1.88	1.88	1.88	1.88	1.88	1.88	1.88

Exemples (26), (28) — (30)

Tafel Seite 7 3½% AKTIVITÄT

Verbindungsrente für aktive Versorgerin und Versorgten

Alter des Versorgten	Alter der Versorgerin									
	30	31	32	33	34	35	36	37	38	39
0	22.01	21.79	21.56	21.32	21.08	20.83	20.57	20.30	20.03	19.75
1	22.04	21.82	21.59	21.36	21.11	20.86	20.60	20.34	20.07	19.79
2	22.03	21.81	21.58	21.35	21.10	20.85	20.59	20.33	20.06	19.78
3	22.02	21.80	21.57	21.34	21.09	20.84	20.58	20.32	20.05	19.77
4	22.01	21.79	21.56	21.32	21.08	20.83	20.57	20.31	20.04	19.76
5	21.99	21.77	21.54	21.31	21.07	20.82	20.56	20.30	20.03	19.75
6	21.97	21.75	21.53	21.29	21.05	20.80	20.55	20.28	20.01	19.74
7	21.95	21.73	21.51	21.28	21.04	20.79	20.53	20.27	20.00	19.72
8	21.93	21.71	21.49	21.26	21.02	20.77	20.52	20.25	19.99	19.71
9	21.91	21.69	21.47	21.24	21.00	20.75	20.50	20.24	19.97	19.69
10	21.88	21.67	21.45	21.22	20.98	20.73	20.48	20.22	19.95	19.68
11	21.86	21.64	21.42	21.19	20.96	20.71	20.46	20.20	19.93	19.66
12	21.83	21.62	21.40	21.17	20.93	20.69	20.44	20.18	19.91	19.64
13	21.80	21.59	21.37	21.14	20.91	20.66	20.41	20.16	19.89	19.62
14	21.76	21.55	21.34	21.11	20.88	20.64	20.39	20.13	19.87	19.60
15	21.73	21.52	21.30	21.08	20.85	20.61	20.36	20.11	19.84	19.57
16	21.69	21.48	21.27	21.05	20.82	20.58	20.33	20.08	19.82	19.55
17	21.65	21.45	21.24	21.02	20.79	20.55	20.31	20.06	19.80	19.53
18	21.62	21.42	21.21	20.99	20.76	20.53	20.28	20.03	19.78	19.51
19	21.59	21.39	21.18	20.96	20.74	20.51	20.26	20.02	19.76	19.49
20	21.56	21.36	21.16	20.94	20.72	20.49	20.25	20.00	19.75	19.48
21	21.53	21.34	21.14	20.93	20.71	20.48	20.24	19.99	19.74	19.48
22	21.51	21.32	21.12	20.91	20.69	20.47	20.23	19.99	19.74	19.47
23	21.48	21.29	21.10	20.89	20.67	20.45	20.22	19.98	19.73	19.47
24	21.45	21.26	21.07	20.86	20.65	20.43	20.20	19.96	19.71	19.45
25	21.40	21.22	21.03	20.83	20.62	20.40	20.17	19.94	19.69	19.44
26	21.35	21.17	20.98	20.79	20.58	20.37	20.14	19.91	19.67	19.41
27	21.29	21.12	20.93	20.74	20.54	20.33	20.10	19.87	19.63	19.39
28	21.22	21.05	20.87	20.68	20.48	20.28	20.06	19.83	19.60	19.35
29	21.14	20.98	20.80	20.62	20.42	20.22	20.00	19.78	19.55	19.31
30	21.05	20.89	20.72	20.54	20.35	20.15	19.94	19.72	19.50	19.26
31	20.95	20.80	20.63	20.46	20.27	20.08	19.87	19.66	19.43	19.20
32	20.84	20.69	20.53	20.36	20.18	19.99	19.79	19.59	19.37	19.14
33	20.73	20.58	20.43	20.26	20.09	19.90	19.71	19.50	19.29	19.06
34	20.60	20.46	20.31	20.15	19.98	19.80	19.61	19.41	19.21	18.98
35	20.46	20.33	20.18	20.03	19.87	19.69	19.51	19.32	19.11	18.90
36	20.31	20.18	20.05	19.90	19.74	19.57	19.40	19.21	19.01	18.80
37	20.15	20.03	19.90	19.76	19.61	19.45	19.27	19.09	18.90	18.70
38	19.98	19.87	19.74	19.61	19.46	19.31	19.14	18.97	18.78	18.58
39	19.80	19.69	19.57	19.44	19.30	19.16	19.00	18.83	18.65	18.46
40	19.61	19.50	19.39	19.27	19.14	18.99	18.84	18.68	18.51	18.32
41	19.40	19.31	19.20	19.08	18.96	18.82	18.68	18.52	18.36	18.18
42	19.19	19.10	19.00	18.89	18.77	18.64	18.50	18.35	18.20	18.03
43	18.97	18.88	18.79	18.68	18.57	18.45	18.32	18.18	18.03	17.86
44	18.73	18.65	18.56	18.47	18.36	18.25	18.12	17.99	17.84	17.69
45	18.49	18.42	18.33	18.24	18.14	18.03	17.92	17.79	17.65	17.51
46	18.24	18.17	18.09	18.01	17.91	17.81	17.70	17.58	17.45	17.31
47	17.97	17.91	17.84	17.76	17.67	17.57	17.47	17.36	17.24	17.11
48	17.70	17.64	17.57	17.50	17.42	17.33	17.23	17.13	17.01	16.89
49	17.41	17.36	17.29	17.23	17.15	17.07	16.98	16.88	16.77	16.65

Beispiele ㉖, ㉘ — ㉚

ACTIVITÉ 3½% Table 27 page 8

Rente sur deux têtes
soutien actif féminin et homme soutenu

Age de l'homme soutenu	Age du soutien féminin									
	30	31	32	33	34	35	36	37	38	39
50	17.11	17.06	17.01	16.94	16.87	16.80	16.71	16.62	16.52	16.41
51	16.81	16.76	16.71	16.65	16.58	16.51	16.43	16.35	16.26	16.15
52	16.49	16.45	16.40	16.35	16.29	16.22	16.15	16.07	15.98	15.89
53	16.17	16.13	16.09	16.04	15.98	15.92	15.85	15.78	15.70	15.61
54	15.84	15.81	15.77	15.72	15.67	15.61	15.55	15.49	15.41	15.33
55	15.51	15.48	15.44	15.40	15.35	15.30	15.24	15.18	15.11	15.04
56	15.17	15.14	15.11	15.07	15.03	14.98	14.93	14.87	14.81	14.74
57	14.83	14.80	14.77	14.73	14.69	14.65	14.60	14.55	14.49	14.43
58	14.48	14.45	14.42	14.39	14.35	14.31	14.27	14.22	14.17	14.11
59	14.12	14.09	14.07	14.04	14.00	13.97	13.93	13.89	13.84	13.79
60	13.75	13.73	13.71	13.68	13.65	13.62	13.58	13.54	13.50	13.45
61	13.38	13.36	13.34	13.32	13.29	13.26	13.23	13.19	13.15	13.11
62	13.01	12.99	12.97	12.95	12.92	12.90	12.87	12.83	12.80	12.76
63	12.64	12.62	12.60	12.58	12.56	12.53	12.51	12.48	12.44	12.41
64	12.26	12.24	12.23	12.21	12.19	12.17	12.14	12.12	12.09	12.05
65	11.88	11.87	11.85	11.84	11.82	11.80	11.78	11.75	11.73	11.70
66	11.51	11.49	11.48	11.46	11.45	11.43	11.41	11.39	11.36	11.34
67	11.13	11.12	11.10	11.09	11.07	11.06	11.04	11.02	11.00	10.97
68	10.75	10.74	10.72	10.71	10.70	10.68	10.67	10.65	10.63	10.61
69	10.36	10.35	10.34	10.33	10.32	10.31	10.29	10.27	10.26	10.24
70	9.98	9.97	9.96	9.95	9.94	9.93	9.91	9.90	9.88	9.87
71	9.60	9.59	9.58	9.57	9.56	9.55	9.54	9.52	9.51	9.49
72	9.21	9.21	9.20	9.19	9.18	9.17	9.16	9.15	9.14	9.12
73	8.83	8.83	8.82	8.81	8.80	8.79	8.78	8.77	8.76	8.75
74	8.45	8.45	8.44	8.43	8.43	8.42	8.41	8.40	8.39	8.38
75	8.07	8.07	8.06	8.06	8.05	8.04	8.04	8.03	8.02	8.01
76	7.70	7.70	7.69	7.69	7.68	7.67	7.67	7.66	7.65	7.64
77	7.34	7.33	7.33	7.32	7.32	7.31	7.31	7.30	7.29	7.28
78	6.98	6.98	6.98	6.97	6.97	6.96	6.96	6.95	6.94	6.94
79	6.64	6.64	6.64	6.63	6.63	6.62	6.62	6.61	6.61	6.60
80	6.31	6.31	6.31	6.31	6.30	6.30	6.29	6.29	6.28	6.28
81	6.00	6.00	5.99	5.99	5.99	5.98	5.98	5.97	5.97	5.97
82	5.70	5.69	5.69	5.69	5.69	5.68	5.68	5.67	5.67	5.67
83	5.40	5.40	5.40	5.40	5.39	5.39	5.39	5.38	5.38	5.38
84	5.12	5.12	5.12	5.11	5.11	5.11	5.11	5.10	5.10	5.10
85	4.84	4.84	4.84	4.83	4.83	4.83	4.83	4.82	4.82	4.82
86	4.57	4.56	4.56	4.56	4.56	4.56	4.55	4.55	4.55	4.55
87	4.30	4.30	4.29	4.29	4.29	4.29	4.29	4.29	4.28	4.28
88	4.04	4.04	4.04	4.03	4.03	4.03	4.03	4.03	4.03	4.02
89	3.79	3.79	3.79	3.78	3.78	3.78	3.78	3.78	3.78	3.77
90	3.55	3.55	3.55	3.54	3.54	3.54	3.54	3.54	3.54	3.54
91	3.32	3.32	3.32	3.32	3.31	3.31	3.31	3.31	3.31	3.31
92	3.10	3.10	3.10	3.10	3.10	3.10	3.09	3.09	3.09	3.09
93	2.89	2.89	2.89	2.89	2.89	2.89	2.89	2.89	2.89	2.88
94	2.70	2.70	2.69	2.69	2.69	2.69	2.69	2.69	2.69	2.69
95	2.51	2.51	2.51	2.51	2.51	2.51	2.51	2.51	2.51	2.51
96	2.34	2.34	2.34	2.33	2.33	2.33	2.33	2.33	2.33	2.33
97	2.17	2.17	2.17	2.17	2.17	2.17	2.17	2.17	2.17	2.17
98	2.02	2.02	2.02	2.02	2.02	2.02	2.02	2.02	2.02	2.02
99	1.88	1.88	1.88	1.88	1.88	1.88	1.88	1.88	1.88	1.88

Exemples ㉖, ㉘ — ㉚

27 Tafel Seite 9 — 3½% — AKTIVITÄT

Verbindungsrente für aktive Versorgerin und Versorgten

Alter des Versorgten	Alter der Versorgerin									
	40	41	42	43	44	45	46	47	48	49
0	19.46	19.17	18.86	18.55	18.23	17.90	17.57	17.22	16.87	16.50
1	19.50	19.20	18.90	18.58	18.26	17.93	17.60	17.25	16.90	16.53
2	19.49	19.19	18.89	18.58	18.26	17.93	17.59	17.25	16.89	16.53
3	19.48	19.19	18.88	18.57	18.25	17.92	17.58	17.24	16.89	16.52
4	19.47	19.18	18.87	18.56	18.24	17.91	17.58	17.23	16.88	16.52
5	19.46	19.17	18.86	18.55	18.23	17.90	17.57	17.22	16.87	16.51
6	19.45	19.16	18.85	18.54	18.22	17.89	17.56	17.21	16.86	16.50
7	19.44	19.14	18.84	18.53	18.21	17.88	17.55	17.20	16.85	16.49
8	19.42	19.13	18.83	18.52	18.20	17.87	17.54	17.19	16.84	16.48
9	19.41	19.12	18.81	18.50	18.19	17.86	17.53	17.18	16.83	16.47
10	19.39	19.10	18.80	18.49	18.17	17.85	17.51	17.17	16.82	16.46
11	19.38	19.08	18.78	18.47	18.16	17.83	17.50	17.16	16.81	16.45
12	19.36	19.07	18.77	18.46	18.14	17.82	17.48	17.14	16.79	16.43
13	19.34	19.05	18.75	18.44	18.12	17.80	17.47	17.13	16.78	16.42
14	19.32	19.03	18.73	18.42	18.11	17.78	17.45	17.11	16.76	16.40
15	19.29	19.00	18.71	18.40	18.09	17.77	17.43	17.09	16.75	16.39
16	19.27	18.98	18.69	18.38	18.07	17.75	17.42	17.08	16.73	16.37
17	19.25	18.96	18.67	18.36	18.05	17.73	17.40	17.06	16.72	16.36
18	19.23	18.95	18.65	18.35	18.04	17.72	17.39	17.05	16.70	16.35
19	19.22	18.93	18.64	18.34	18.03	17.71	17.38	17.04	16.70	16.34
20	19.21	18.93	18.63	18.33	18.02	17.71	17.38	17.04	16.70	16.34
21	19.20	18.92	18.63	18.33	18.02	17.71	17.38	17.04	16.70	16.34
22	19.20	18.92	18.63	18.34	18.03	17.71	17.38	17.05	16.71	16.35
23	19.20	18.92	18.63	18.33	18.03	17.71	17.39	17.05	16.71	16.36
24	19.19	18.91	18.63	18.33	18.02	17.71	17.39	17.05	16.71	16.36
25	19.17	18.90	18.61	18.32	18.02	17.70	17.38	17.05	16.71	16.36
26	19.15	18.88	18.60	18.31	18.01	17.69	17.37	17.04	16.70	16.35
27	19.13	18.86	18.58	18.29	17.99	17.68	17.36	17.03	16.69	16.35
28	19.09	18.83	18.55	18.26	17.97	17.66	17.34	17.02	16.68	16.33
29	19.05	18.79	18.52	18.23	17.94	17.64	17.32	17.00	16.66	16.32
30	19.01	18.75	18.48	18.20	17.91	17.61	17.29	16.97	16.64	16.30
31	18.96	18.70	18.43	18.16	17.87	17.57	17.26	16.94	16.61	16.27
32	18.90	18.64	18.38	18.11	17.82	17.53	17.22	16.91	16.58	16.25
33	18.83	18.58	18.32	18.05	17.77	17.48	17.18	16.87	16.55	16.21
34	18.75	18.51	18.26	17.99	17.72	17.43	17.13	16.82	16.51	16.18
35	18.67	18.43	18.19	17.93	17.66	17.37	17.08	16.78	16.46	16.13
36	18.58	18.35	18.11	17.85	17.59	17.31	17.02	16.72	16.41	16.09
37	18.48	18.26	18.02	17.77	17.51	17.24	16.95	16.66	16.35	16.03
38	18.37	18.16	17.92	17.68	17.42	17.16	16.88	16.59	16.29	15.97
39	18.26	18.04	17.82	17.58	17.33	17.07	16.80	16.51	16.22	15.91
40	18.13	17.92	17.70	17.47	17.23	16.98	16.71	16.43	16.14	15.84
41	17.99	17.79	17.58	17.36	17.12	16.87	16.61	16.34	16.05	15.76
42	17.85	17.65	17.45	17.23	17.00	16.76	16.51	16.24	15.96	15.67
43	17.69	17.50	17.31	17.10	16.88	16.64	16.40	16.14	15.86	15.58
44	17.52	17.35	17.16	16.96	16.74	16.51	16.27	16.02	15.76	15.48
45	17.35	17.18	17.00	16.80	16.60	16.38	16.15	15.90	15.64	15.37
46	17.16	17.00	16.83	16.64	16.44	16.23	16.01	15.77	15.52	15.26
47	16.96	16.81	16.64	16.47	16.28	16.07	15.86	15.63	15.39	15.13
48	16.75	16.61	16.45	16.28	16.10	15.90	15.70	15.48	15.25	15.00
49	16.53	16.39	16.24	16.08	15.91	15.72	15.52	15.31	15.09	14.85

Beispiele ㉖, ㉘ — ㉚

ACTIVITÉ 3½% Table 27 page 10

Rente sur deux têtes
soutien actif féminin et homme soutenu

Age de l'homme soutenu	Age du soutien féminin									
	40	41	42	43	44	45	46	47	48	49
50	16.29	16.16	16.02	15.87	15.70	15.53	15.34	15.14	14.92	14.69
51	16.04	15.92	15.79	15.65	15.49	15.32	15.14	14.95	14.75	14.53
52	15.78	15.67	15.55	15.41	15.26	15.11	14.94	14.75	14.56	14.35
53	15.52	15.41	15.29	15.17	15.03	14.88	14.72	14.55	14.36	14.16
54	15.24	15.14	15.03	14.92	14.79	14.65	14.49	14.33	14.15	13.96
55	14.96	14.86	14.76	14.65	14.53	14.40	14.26	14.10	13.94	13.76
56	14.66	14.58	14.48	14.38	14.27	14.15	14.01	13.87	13.71	13.54
57	14.36	14.28	14.20	14.10	14.00	13.88	13.76	13.62	13.48	13.32
58	14.05	13.98	13.90	13.81	13.71	13.61	13.49	13.37	13.23	13.08
59	13.73	13.66	13.59	13.51	13.42	13.32	13.22	13.10	12.97	12.83
60	13.40	13.34	13.27	13.20	13.11	13.03	12.93	12.82	12.70	12.57
61	13.06	13.00	12.94	12.88	12.80	12.72	12.63	12.53	12.42	12.30
62	12.71	12.67	12.61	12.55	12.48	12.41	12.32	12.23	12.13	12.02
63	12.37	12.32	12.27	12.22	12.16	12.09	12.01	11.93	11.83	11.73
64	12.02	11.98	11.93	11.88	11.82	11.76	11.69	11.62	11.53	11.44
65	11.66	11.63	11.59	11.54	11.49	11.43	11.37	11.30	11.22	11.14
66	11.31	11.27	11.24	11.20	11.15	11.10	11.04	10.98	10.91	10.83
67	10.95	10.92	10.88	10.85	10.80	10.76	10.71	10.65	10.59	10.52
68	10.58	10.56	10.53	10.49	10.46	10.41	10.37	10.32	10.26	10.20
69	10.22	10.19	10.16	10.14	10.10	10.06	10.02	9.98	9.93	9.87
70	9.85	9.82	9.80	9.77	9.74	9.71	9.67	9.63	9.59	9.53
71	9.48	9.46	9.44	9.41	9.38	9.36	9.32	9.29	9.24	9.20
72	9.11	9.09	9.07	9.05	9.02	9.00	8.97	8.94	8.90	8.86
73	8.74	8.72	8.70	8.68	8.66	8.64	8.61	8.58	8.55	8.52
74	8.36	8.35	8.34	8.32	8.30	8.28	8.26	8.23	8.20	8.17
75	8.00	7.98	7.97	7.96	7.94	7.92	7.90	7.88	7.85	7.82
76	7.63	7.62	7.61	7.60	7.58	7.56	7.55	7.53	7.50	7.48
77	7.27	7.27	7.25	7.24	7.23	7.22	7.20	7.18	7.16	7.14
78	6.93	6.92	6.91	6.90	6.89	6.87	6.86	6.85	6.83	6.81
79	6.59	6.58	6.58	6.57	6.56	6.55	6.53	6.52	6.50	6.49
80	6.27	6.26	6.26	6.25	6.24	6.23	6.22	6.20	6.19	6.18
81	5.96	5.95	5.95	5.94	5.93	5.92	5.91	5.90	5.89	5.88
82	5.66	5.65	5.65	5.64	5.63	5.63	5.62	5.61	5.60	5.59
83	5.37	5.37	5.36	5.36	5.35	5.34	5.34	5.33	5.32	5.31
84	5.09	5.09	5.08	5.08	5.07	5.07	5.06	5.05	5.04	5.03
85	4.82	4.81	4.81	4.80	4.80	4.79	4.79	4.78	4.77	4.77
86	4.54	4.54	4.54	4.53	4.53	4.52	4.52	4.51	4.51	4.50
87	4.28	4.28	4.27	4.27	4.26	4.26	4.26	4.25	4.25	4.24
88	4.02	4.02	4.02	4.01	4.01	4.01	4.00	4.00	3.99	3.99
89	3.77	3.77	3.77	3.77	3.76	3.76	3.76	3.75	3.75	3.74
90	3.53	3.53	3.53	3.53	3.53	3.52	3.52	3.52	3.51	3.51
91	3.31	3.31	3.30	3.30	3.30	3.30	3.29	3.29	3.29	3.29
92	3.09	3.09	3.09	3.09	3.08	3.08	3.08	3.08	3.07	3.07
93	2.88	2.88	2.88	2.88	2.88	2.88	2.88	2.87	2.87	2.87
94	2.69	2.69	2.69	2.68	2.68	2.68	2.68	2.68	2.68	2.67
95	2.50	2.50	2.50	2.50	2.50	2.50	2.50	2.50	2.49	2.49
96	2.33	2.33	2.33	2.33	2.33	2.33	2.32	2.32	2.32	2.32
97	2.17	2.17	2.17	2.17	2.17	2.16	2.16	2.16	2.16	2.16
98	2.02	2.02	2.01	2.01	2.01	2.01	2.01	2.01	2.01	2.01
99	1.88	1.87	1.87	1.87	1.87	1.87	1.87	1.87	1.87	1.87

Exemples ㉖, ㉘ — ㉚

27 Tafel Seite 11 — 3½% — AKTIVITÄT

Verbindungsrente für aktive Versorgerin und Versorgten

Alter des Versorgten	\multicolumn{10}{c}{Alter der Versorgerin}
	50	51	52	53	54	55	56	57	58	59
0	16.13	15.75	15.36	14.96	14.55	14.13	13.70	13.26	12.81	12.34
1	16.16	15.78	15.39	14.99	14.58	14.16	13.72	13.28	12.83	12.37
2	16.16	15.78	15.38	14.98	14.57	14.15	13.72	13.28	12.83	12.37
3	16.15	15.77	15.38	14.98	14.57	14.15	13.72	13.28	12.83	12.36
4	16.15	15.76	15.37	14.98	14.57	14.15	13.71	13.27	12.82	12.36
5	16.14	15.76	15.37	14.97	14.56	14.14	13.71	13.27	12.82	12.36
6	16.13	15.75	15.36	14.96	14.55	14.13	13.70	13.26	12.81	12.35
7	16.12	15.74	15.35	14.95	14.55	14.13	13.70	13.26	12.81	12.35
8	16.11	15.73	15.34	14.95	14.54	14.12	13.69	13.25	12.80	12.34
9	16.10	15.72	15.33	14.94	14.53	14.11	13.68	13.24	12.79	12.33
10	16.09	15.71	15.32	14.93	14.52	14.10	13.67	13.24	12.79	12.33
11	16.08	15.70	15.31	14.92	14.51	14.09	13.66	13.23	12.78	12.32
12	16.07	15.69	15.30	14.90	14.50	14.08	13.65	13.22	12.77	12.31
13	16.05	15.67	15.29	14.89	14.49	14.07	13.64	13.21	12.76	12.30
14	16.04	15.66	15.27	14.88	14.47	14.06	13.63	13.19	12.75	12.29
15	16.02	15.65	15.26	14.87	14.46	14.04	13.62	13.18	12.74	12.28
16	16.01	15.63	15.25	14.85	14.45	14.03	13.61	13.17	12.72	12.27
17	15.99	15.62	15.23	14.84	14.44	14.02	13.60	13.16	12.71	12.26
18	15.98	15.61	15.22	14.83	14.43	14.01	13.59	13.15	12.71	12.25
19	15.98	15.60	15.22	14.83	14.42	14.01	13.58	13.15	12.70	12.25
20	15.98	15.60	15.22	14.83	14.42	14.01	13.58	13.15	12.70	12.25
21	15.98	15.61	15.22	14.83	14.43	14.01	13.59	13.15	12.71	12.25
22	15.99	15.62	15.23	14.84	14.44	14.02	13.60	13.16	12.72	12.26
23	15.99	15.62	15.24	14.85	14.44	14.03	13.60	13.17	12.72	12.27
24	16.00	15.63	15.24	14.85	14.45	14.03	13.61	13.18	12.73	12.27
25	16.00	15.63	15.24	14.85	14.45	14.04	13.61	13.18	12.73	12.28
26	15.99	15.62	15.24	14.85	14.45	14.04	13.62	13.18	12.74	12.28
27	15.99	15.62	15.24	14.85	14.45	14.04	13.61	13.18	12.74	12.28
28	15.98	15.61	15.23	14.84	14.44	14.03	13.61	13.18	12.74	12.28
29	15.96	15.60	15.22	14.83	14.44	14.03	13.61	13.17	12.73	12.28
30	15.95	15.58	15.21	14.82	14.43	14.02	13.60	13.17	12.72	12.27
31	15.92	15.56	15.19	14.81	14.41	14.00	13.59	13.16	12.72	12.26
32	15.90	15.54	15.17	14.79	14.39	13.99	13.57	13.14	12.71	12.26
33	15.87	15.51	15.14	14.76	14.37	13.97	13.56	13.13	12.69	12.24
34	15.83	15.48	15.11	14.74	14.35	13.95	13.54	13.11	12.68	12.23
35	15.79	15.44	15.08	14.71	14.32	13.93	13.52	13.09	12.66	12.21
36	15.75	15.40	15.05	14.68	14.29	13.90	13.49	13.07	12.64	12.20
37	15.70	15.36	15.00	14.64	14.26	13.87	13.46	13.05	12.62	12.18
38	15.65	15.31	14.96	14.60	14.22	13.83	13.43	13.02	12.59	12.15
39	15.59	15.25	14.91	14.55	14.18	13.79	13.39	12.98	12.56	12.12
40	15.52	15.19	14.85	14.50	14.13	13.75	13.35	12.95	12.53	12.09
41	15.45	15.12	14.79	14.44	14.07	13.70	13.31	12.91	12.49	12.06
42	15.37	15.05	14.72	14.37	14.02	13.65	13.26	12.86	12.45	12.02
43	15.28	14.97	14.64	14.31	13.95	13.59	13.21	12.81	12.41	11.98
44	15.19	14.88	14.56	14.23	13.89	13.52	13.15	12.76	12.36	11.94
45	15.09	14.79	14.48	14.15	13.81	13.46	13.09	12.70	12.31	11.89
46	14.98	14.69	14.38	14.07	13.73	13.38	13.02	12.64	12.25	11.84
47	14.86	14.58	14.28	13.97	13.64	13.30	12.95	12.57	12.19	11.79
48	14.74	14.46	14.17	13.87	13.55	13.21	12.86	12.50	12.12	11.72
49	14.60	14.33	14.05	13.76	13.44	13.12	12.77	12.42	12.04	11.65

Beispiele (26), (28) — (30)

ACTIVITÉ 3½% Table 27 page 12

Rente sur deux têtes
soutien actif féminin et homme soutenu

Age de l'homme soutenu	Age du soutien féminin									
	50	51	52	53	54	55	56	57	58	59
50	14.45	14.19	13.92	13.63	13.33	13.01	12.68	12.33	11.96	11.58
51	14.29	14.04	13.78	13.50	13.21	12.90	12.57	12.23	11.87	11.49
52	14.12	13.88	13.63	13.36	13.08	12.77	12.46	12.12	11.77	11.41
53	13.95	13.72	13.47	13.21	12.94	12.64	12.34	12.01	11.67	11.31
54	13.76	13.54	13.31	13.06	12.79	12.51	12.21	11.89	11.56	11.21
55	13.56	13.35	13.13	12.89	12.64	12.36	12.07	11.77	11.44	11.10
56	13.36	13.16	12.95	12.72	12.47	12.21	11.93	11.63	11.32	10.99
57	13.14	12.95	12.75	12.53	12.30	12.05	11.78	11.49	11.19	10.87
58	12.91	12.74	12.54	12.34	12.11	11.87	11.62	11.34	11.05	10.74
59	12.68	12.51	12.33	12.13	11.92	11.69	11.44	11.18	10.90	10.60
60	12.42	12.27	12.10	11.91	11.71	11.49	11.26	11.01	10.74	10.45
61	12.16	12.02	11.86	11.68	11.49	11.29	11.06	10.82	10.57	10.29
62	11.89	11.76	11.61	11.45	11.27	11.07	10.86	10.63	10.39	10.12
63	11.62	11.49	11.35	11.20	11.03	10.85	10.65	10.43	10.20	9.95
64	11.33	11.22	11.09	10.95	10.79	10.62	10.43	10.23	10.00	9.76
65	11.04	10.93	10.81	10.68	10.54	10.38	10.20	10.01	9.80	9.57
66	10.74	10.64	10.53	10.41	10.28	10.13	9.97	9.79	9.59	9.37
67	10.44	10.35	10.25	10.14	10.01	9.87	9.72	9.55	9.37	9.16
68	10.12	10.04	9.95	9.85	9.74	9.61	9.47	9.31	9.14	8.95
69	9.80	9.73	9.65	9.55	9.45	9.33	9.20	9.06	8.90	8.72
70	9.48	9.41	9.34	9.25	9.16	9.05	8.93	8.80	8.65	8.48
71	9.15	9.09	9.02	8.94	8.86	8.76	8.65	8.53	8.39	8.24
72	8.81	8.76	8.70	8.63	8.55	8.46	8.36	8.25	8.12	7.98
73	8.47	8.43	8.37	8.31	8.24	8.16	8.07	7.97	7.85	7.72
74	8.13	8.09	8.04	7.99	7.93	7.86	7.77	7.68	7.57	7.45
75	7.79	7.75	7.71	7.66	7.61	7.54	7.47	7.39	7.29	7.18
76	7.45	7.42	7.38	7.34	7.29	7.23	7.17	7.09	7.00	6.90
77	7.12	7.09	7.05	7.02	6.97	6.92	6.86	6.79	6.72	6.63
78	6.79	6.76	6.73	6.70	6.66	6.62	6.56	6.50	6.43	6.35
79	6.47	6.45	6.42	6.39	6.36	6.32	6.27	6.22	6.16	6.08
80	6.16	6.14	6.12	6.09	6.06	6.03	5.99	5.94	5.88	5.82
81	5.86	5.85	5.83	5.81	5.78	5.75	5.71	5.67	5.62	5.56
82	5.58	5.56	5.54	5.53	5.50	5.48	5.44	5.41	5.36	5.31
83	5.30	5.28	5.27	5.25	5.23	5.21	5.18	5.15	5.11	5.07
84	5.03	5.01	5.00	4.99	4.97	4.95	4.93	4.90	4.86	4.82
85	4.76	4.75	4.74	4.73	4.71	4.69	4.67	4.65	4.62	4.58
86	4.49	4.49	4.48	4.47	4.45	4.44	4.42	4.40	4.37	4.34
87	4.23	4.23	4.22	4.21	4.20	4.19	4.17	4.15	4.13	4.10
88	3.98	3.98	3.97	3.96	3.95	3.94	3.93	3.91	3.89	3.87
89	3.74	3.73	3.73	3.72	3.71	3.70	3.69	3.68	3.66	3.64
90	3.51	3.50	3.50	3.49	3.48	3.48	3.47	3.46	3.44	3.42
91	3.28	3.28	3.27	3.27	3.26	3.26	3.25	3.24	3.23	3.21
92	3.07	3.06	3.06	3.06	3.05	3.05	3.04	3.03	3.02	3.01
93	2.86	2.86	2.86	2.86	2.85	2.85	2.84	2.83	2.83	2.82
94	2.67	2.67	2.67	2.66	2.66	2.66	2.65	2.65	2.64	2.63
95	2.49	2.49	2.49	2.48	2.48	2.48	2.47	2.47	2.46	2.46
96	2.32	2.32	2.32	2.31	2.31	2.31	2.30	2.30	2.30	2.29
97	2.16	2.16	2.16	2.15	2.15	2.15	2.15	2.14	2.14	2.13
98	2.01	2.01	2.00	2.00	2.00	2.00	2.00	1.99	1.99	1.99
99	1.87	1.87	1.87	1.86	1.86	1.86	1.86	1.86	1.85	1.85

Exemples ㉖, ㉘ — ㉚

Tafel Seite 13 3½% **AKTIVITÄT**

Verbindungsrente für aktive Versorgerin und Versorgten

Alter des Versorgten	Alter der Versorgerin									
	60	61	62	63	64	65	66	67	68	69
0	11.87	11.39	10.90	10.44	9.99	9.57	9.14	8.71	8.28	7.86
1	11.90	11.41	10.92	10.46	10.01	9.59	9.15	8.72	8.30	7.87
2	11.89	11.41	10.92	10.46	10.01	9.59	9.15	8.72	8.30	7.87
3	11.89	11.41	10.92	10.46	10.01	9.59	9.15	8.72	8.30	7.87
4	11.89	11.41	10.91	10.46	10.01	9.59	9.15	8.72	8.30	7.87
5	11.89	11.40	10.91	10.46	10.01	9.58	9.15	8.72	8.30	7.87
6	11.88	11.40	10.91	10.45	10.01	9.58	9.15	8.72	8.29	7.87
7	11.88	11.40	10.90	10.45	10.00	9.58	9.15	8.72	8.29	7.87
8	11.87	11.39	10.90	10.45	10.00	9.58	9.14	8.71	8.29	7.87
9	11.87	11.39	10.89	10.44	9.99	9.57	9.14	8.71	8.29	7.87
10	11.86	11.38	10.89	10.44	9.99	9.57	9.14	8.71	8.28	7.86
11	11.85	11.37	10.88	10.43	9.98	9.56	9.13	8.70	8.28	7.86
12	11.84	11.36	10.87	10.42	9.98	9.56	9.13	8.70	8.27	7.85
13	11.83	11.35	10.87	10.41	9.97	9.55	9.12	8.69	8.27	7.85
14	11.82	11.35	10.86	10.41	9.96	9.54	9.11	8.69	8.26	7.84
15	11.81	11.34	10.85	10.40	9.95	9.53	9.10	8.68	8.26	7.84
16	11.80	11.33	10.84	10.39	9.94	9.52	9.10	8.67	8.25	7.83
17	11.79	11.32	10.83	10.38	9.94	9.52	9.09	8.66	8.24	7.82
18	11.79	11.31	10.82	10.37	9.93	9.51	9.08	8.66	8.24	7.82
19	11.78	11.31	10.82	10.37	9.93	9.51	9.08	8.65	8.23	7.82
20	11.78	11.31	10.82	10.37	9.93	9.51	9.08	8.65	8.23	7.82
21	11.79	11.31	10.82	10.37	9.93	9.51	9.08	8.66	8.24	7.82
22	11.79	11.32	10.83	10.38	9.94	9.52	9.09	8.66	8.24	7.82
23	11.80	11.32	10.84	10.39	9.94	9.52	9.09	8.67	8.25	7.83
24	11.81	11.33	10.84	10.39	9.95	9.53	9.10	8.67	8.25	7.83
25	11.81	11.33	10.85	10.40	9.95	9.53	9.10	8.68	8.25	7.83
26	11.81	11.34	10.85	10.40	9.95	9.53	9.11	8.68	8.26	7.84
27	11.82	11.34	10.85	10.40	9.96	9.54	9.11	8.68	8.26	7.84
28	11.82	11.34	10.85	10.40	9.96	9.54	9.11	8.68	8.26	7.84
29	11.81	11.34	10.85	10.40	9.96	9.54	9.11	8.68	8.26	7.84
30	11.81	11.33	10.85	10.40	9.95	9.54	9.11	8.68	8.26	7.84
31	11.80	11.33	10.84	10.39	9.95	9.53	9.10	8.68	8.26	7.84
32	11.79	11.32	10.84	10.39	9.95	9.53	9.10	8.68	8.25	7.84
33	11.78	11.31	10.83	10.38	9.94	9.52	9.10	8.67	8.25	7.83
34	11.77	11.30	10.82	10.37	9.93	9.52	9.09	8.67	8.25	7.83
35	11.76	11.29	10.81	10.36	9.93	9.51	9.08	8.66	8.24	7.83
36	11.74	11.27	10.80	10.35	9.92	9.50	9.08	8.66	8.24	7.82
37	11.72	11.26	10.78	10.34	9.90	9.49	9.07	8.65	8.23	7.81
38	11.70	11.24	10.76	10.32	9.89	9.48	9.06	8.64	8.22	7.81
39	11.68	11.22	10.74	10.31	9.87	9.46	9.04	8.63	8.21	7.80
40	11.65	11.19	10.72	10.29	9.86	9.45	9.03	8.61	8.20	7.79
41	11.62	11.17	10.70	10.27	9.84	9.43	9.01	8.60	8.19	7.78
42	11.59	11.14	10.67	10.24	9.82	9.41	9.00	8.58	8.17	7.77
43	11.55	11.10	10.64	10.21	9.79	9.39	8.98	8.57	8.16	7.75
44	11.51	11.07	10.61	10.19	9.77	9.37	8.96	8.55	8.14	7.74
45	11.47	11.03	10.58	10.16	9.74	9.34	8.94	8.53	8.13	7.72
46	11.42	10.99	10.54	10.12	9.71	9.32	8.91	8.51	8.11	7.71
47	11.37	10.94	10.50	10.08	9.67	9.28	8.88	8.48	8.08	7.69
48	11.31	10.89	10.45	10.04	9.64	9.25	8.85	8.46	8.06	7.67
49	11.25	10.83	10.40	9.99	9.59	9.21	8.82	8.43	8.03	7.64

Beispiele ㉖, ㉘ — ㉚

ACTIVITÉ 3½% Table **27** page 14

Rente sur deux têtes
soutien actif féminin et homme soutenu

Age de l'homme soutenu	Age du soutien féminin									
	60	61	62	63	64	65	66	67	68	69
50	11.18	10.77	10.34	9.94	9.55	9.17	8.78	8.39	8.00	7.61
51	11.10	10.70	10.28	9.89	9.49	9.12	8.74	8.35	7.97	7.58
52	11.02	10.62	10.21	9.82	9.44	9.07	8.69	8.31	7.93	7.55
53	10.94	10.54	10.14	9.76	9.38	9.02	8.64	8.27	7.89	7.51
54	10.84	10.46	10.06	9.69	9.32	8.96	8.59	8.22	7.85	7.48
55	10.75	10.37	9.98	9.61	9.25	8.90	8.54	8.17	7.80	7.44
56	10.64	10.28	9.89	9.53	9.18	8.83	8.48	8.12	7.76	7.39
57	10.53	10.17	9.80	9.45	9.10	8.76	8.41	8.06	7.70	7.35
58	10.41	10.06	9.70	9.36	9.01	8.69	8.34	8.00	7.65	7.30
59	10.28	9.94	9.59	9.26	8.92	8.60	8.27	7.93	7.59	7.24
60	10.14	9.82	9.47	9.15	8.82	8.51	8.19	7.86	7.52	7.18
61	9.99	9.68	9.35	9.03	8.72	8.42	8.10	7.77	7.45	7.11
62	9.84	9.54	9.21	8.91	8.61	8.31	8.00	7.69	7.37	7.05
63	9.68	9.38	9.07	8.78	8.49	8.21	7.91	7.60	7.29	6.97
64	9.50	9.23	8.93	8.65	8.36	8.09	7.80	7.50	7.20	6.89
65	9.33	9.06	8.77	8.51	8.23	7.97	7.69	7.40	7.11	6.81
66	9.14	8.89	8.61	8.36	8.09	7.84	7.57	7.30	7.01	6.72
67	8.94	8.70	8.44	8.20	7.95	7.71	7.45	7.18	6.91	6.63
68	8.74	8.51	8.26	8.03	7.79	7.56	7.32	7.06	6.80	6.53
69	8.52	8.31	8.07	7.85	7.63	7.41	7.17	6.93	6.68	6.42
70	8.30	8.10	7.87	7.67	7.45	7.25	7.02	6.79	6.55	6.30
71	8.06	7.88	7.67	7.47	7.27	7.08	6.87	6.65	6.42	6.18
72	7.82	7.65	7.45	7.27	7.08	6.90	6.70	6.49	6.27	6.05
73	7.58	7.41	7.23	7.06	6.88	6.71	6.53	6.33	6.12	5.91
74	7.32	7.17	7.00	6.84	6.68	6.52	6.34	6.16	5.96	5.76
75	7.06	6.92	6.76	6.61	6.46	6.31	6.15	5.98	5.80	5.60
76	6.79	6.66	6.52	6.38	6.24	6.11	5.95	5.79	5.62	5.44
77	6.52	6.41	6.27	6.15	6.02	5.89	5.75	5.60	5.45	5.28
78	6.26	6.15	6.03	5.91	5.79	5.68	5.55	5.41	5.27	5.11
79	6.00	5.90	5.79	5.68	5.57	5.47	5.35	5.22	5.09	4.94
80	5.74	5.65	5.55	5.45	5.36	5.26	5.15	5.03	4.91	4.77
81	5.49	5.41	5.32	5.23	5.14	5.05	4.95	4.85	4.73	4.61
82	5.25	5.18	5.09	5.01	4.93	4.85	4.76	4.66	4.56	4.44
83	5.01	4.94	4.86	4.79	4.72	4.65	4.57	4.48	4.38	4.28
84	4.77	4.71	4.64	4.58	4.51	4.45	4.37	4.29	4.21	4.11
85	4.54	4.48	4.42	4.36	4.30	4.25	4.18	4.11	4.03	3.94
86	4.30	4.25	4.20	4.15	4.09	4.04	3.98	3.92	3.85	3.77
87	4.07	4.03	3.97	3.93	3.88	3.84	3.79	3.73	3.66	3.59
88	3.84	3.80	3.76	3.72	3.67	3.63	3.59	3.54	3.48	3.42
89	3.62	3.58	3.54	3.51	3.47	3.44	3.40	3.35	3.30	3.24
90	3.40	3.37	3.34	3.30	3.27	3.24	3.21	3.17	3.12	3.07
91	3.19	3.17	3.13	3.11	3.08	3.05	3.02	2.99	2.95	2.90
92	2.99	2.97	2.94	2.92	2.89	2.87	2.84	2.81	2.78	2.74
93	2.80	2.78	2.76	2.74	2.71	2.69	2.67	2.64	2.62	2.58
94	2.62	2.60	2.58	2.56	2.54	2.53	2.51	2.48	2.46	2.43
95	2.45	2.43	2.41	2.40	2.38	2.36	2.35	2.33	2.31	2.28
96	2.28	2.27	2.25	2.24	2.22	2.21	2.20	2.18	2.16	2.14
97	2.13	2.12	2.10	2.09	2.08	2.07	2.05	2.04	2.02	2.00
98	1.98	1.97	1.96	1.95	1.94	1.93	1.92	1.91	1.89	1.88
99	1.85	1.84	1.83	1.82	1.81	1.80	1.79	1.78	1.77	1.76

Exemples ㉖, ㉘ — ㉚

27 Tafel Seite 15   3½%   AKTIVITÄT

Verbindungsrente für aktive Versorgerin und Versorgten

Alter des Versorgten	Alter der Versorgerin									
	70	71	72	73	74	75	76	77	78	79
0	7.44	7.03	6.64	6.27	5.92	5.59	5.28	4.98	4.69	4.44
1	7.45	7.05	6.66	6.28	5.93	5.60	5.29	4.99	4.70	4.45
2	7.45	7.05	6.66	6.28	5.93	5.60	5.29	4.99	4.70	4.45
3	7.45	7.05	6.66	6.28	5.93	5.60	5.29	4.99	4.70	4.45
4	7.45	7.05	6.66	6.28	5.93	5.60	5.29	4.99	4.70	4.45
5	7.45	7.05	6.66	6.28	5.93	5.60	5.29	4.99	4.70	4.45
6	7.45	7.05	6.65	6.28	5.93	5.60	5.29	4.99	4.70	4.45
7	7.45	7.04	6.65	6.28	5.93	5.60	5.29	4.99	4.70	4.45
8	7.45	7.04	6.65	6.28	5.93	5.60	5.29	4.99	4.70	4.45
9	7.45	7.04	6.65	6.28	5.93	5.60	5.29	4.99	4.70	4.45
10	7.44	7.04	6.65	6.28	5.92	5.60	5.29	4.99	4.70	4.45
11	7.44	7.04	6.65	6.27	5.92	5.59	5.28	4.99	4.70	4.45
12	7.44	7.03	6.64	6.27	5.92	5.59	5.28	4.99	4.70	4.44
13	7.43	7.03	6.64	6.27	5.92	5.59	5.28	4.99	4.70	4.44
14	7.43	7.02	6.63	6.26	5.91	5.58	5.28	4.98	4.69	4.44
15	7.42	7.02	6.63	6.26	5.91	5.58	5.27	4.98	4.69	4.44
16	7.41	7.01	6.62	6.25	5.90	5.58	5.27	4.98	4.69	4.43
17	7.41	7.01	6.62	6.25	5.90	5.57	5.26	4.97	4.68	4.43
18	7.40	7.00	6.61	6.24	5.89	5.57	5.26	4.97	4.68	4.43
19	7.40	7.00	6.61	6.24	5.89	5.57	5.26	4.97	4.68	4.43
20	7.40	7.00	6.61	6.24	5.89	5.56	5.26	4.97	4.68	4.42
21	7.40	7.00	6.61	6.24	5.89	5.57	5.26	4.97	4.68	4.43
22	7.41	7.00	6.62	6.25	5.90	5.57	5.26	4.97	4.68	4.43
23	7.41	7.01	6.62	6.25	5.90	5.57	5.26	4.97	4.68	4.43
24	7.41	7.01	6.62	6.25	5.90	5.57	5.27	4.97	4.68	4.43
25	7.42	7.01	6.63	6.25	5.90	5.58	5.27	4.98	4.69	4.43
26	7.42	7.02	6.63	6.26	5.91	5.58	5.27	4.98	4.69	4.43
27	7.42	7.02	6.63	6.26	5.91	5.58	5.27	4.98	4.69	4.43
28	7.42	7.02	6.63	6.26	5.91	5.58	5.27	4.98	4.69	4.44
29	7.42	7.02	6.63	6.26	5.91	5.58	5.27	4.98	4.69	4.44
30	7.42	7.02	6.63	6.26	5.91	5.58	5.27	4.98	4.69	4.44
31	7.42	7.02	6.63	6.26	5.91	5.58	5.27	4.98	4.69	4.44
32	7.42	7.02	6.63	6.26	5.91	5.58	5.27	4.98	4.69	4.44
33	7.42	7.02	6.63	6.26	5.91	5.58	5.27	4.98	4.69	4.44
34	7.42	7.01	6.63	6.26	5.91	5.58	5.27	4.98	4.69	4.44
35	7.41	7.01	6.62	6.25	5.90	5.58	5.27	4.98	4.69	4.43
36	7.41	7.01	6.62	6.25	5.90	5.57	5.27	4.98	4.69	4.43
37	7.40	7.00	6.62	6.25	5.90	5.57	5.26	4.97	4.68	4.43
38	7.40	7.00	6.61	6.24	5.89	5.57	5.26	4.97	4.68	4.43
39	7.39	6.99	6.60	6.24	5.89	5.56	5.26	4.97	4.68	4.43
40	7.38	6.98	6.60	6.23	5.88	5.56	5.25	4.96	4.68	4.42
41	7.37	6.97	6.59	6.22	5.88	5.55	5.25	4.96	4.67	4.42
42	7.36	6.96	6.58	6.22	5.87	5.55	5.24	4.96	4.67	4.42
43	7.35	6.95	6.57	6.21	5.86	5.54	5.24	4.95	4.66	4.41
44	7.33	6.94	6.56	6.20	5.86	5.54	5.23	4.95	4.66	4.41
45	7.32	6.93	6.55	6.19	5.85	5.53	5.23	4.94	4.66	4.41
46	7.31	6.92	6.54	6.18	5.84	5.52	5.22	4.93	4.65	4.40
47	7.29	6.90	6.53	6.17	5.83	5.51	5.21	4.93	4.64	4.40
48	7.27	6.89	6.51	6.16	5.82	5.50	5.20	4.92	4.64	4.39
49	7.25	6.87	6.50	6.14	5.81	5.49	5.19	4.91	4.63	4.38

Beispiele ㉖, ㉘ — ㉚

ACTIVITÉ   3½%   Table 27 page 16

Rente sur deux têtes
soutien actif féminin et homme soutenu

Age de l'homme soutenu	Age du soutien féminin									
	70	71	72	73	74	75	76	77	78	79
50	7.22	6.84	6.48	6.12	5.79	5.48	5.18	4.90	4.62	4.38
51	7.20	6.82	6.46	6.11	5.77	5.46	5.17	4.89	4.61	4.37
52	7.17	6.79	6.43	6.08	5.75	5.45	5.15	4.88	4.60	4.36
53	7.13	6.77	6.41	6.06	5.74	5.43	5.14	4.86	4.59	4.35
54	7.10	6.74	6.38	6.04	5.71	5.41	5.12	4.85	4.57	4.33
55	7.07	6.70	6.35	6.01	5.69	5.39	5.10	4.83	4.56	4.32
56	7.03	6.67	6.32	5.99	5.67	5.37	5.09	4.82	4.54	4.31
57	6.99	6.63	6.29	5.96	5.64	5.35	5.07	4.80	4.53	4.29
58	6.94	6.59	6.25	5.93	5.61	5.32	5.04	4.78	4.51	4.28
59	6.89	6.55	6.21	5.89	5.58	5.29	5.02	4.76	4.49	4.26
60	6.84	6.50	6.17	5.85	5.55	5.26	4.99	4.73	4.47	4.24
61	6.78	6.45	6.12	5.81	5.51	5.23	4.96	4.70	4.45	4.22
62	6.72	6.39	6.07	5.77	5.47	5.19	4.93	4.68	4.42	4.20
63	6.65	6.33	6.02	5.72	5.43	5.15	4.89	4.65	4.39	4.17
64	6.58	6.27	5.96	5.67	5.38	5.11	4.86	4.61	4.37	4.15
65	6.50	6.20	5.90	5.61	5.33	5.07	4.82	4.58	4.33	4.12
66	6.42	6.13	5.84	5.55	5.28	5.02	4.78	4.54	4.30	4.09
67	6.34	6.05	5.77	5.49	5.23	4.97	4.73	4.50	4.27	4.06
68	6.25	5.97	5.69	5.43	5.17	4.92	4.69	4.46	4.23	4.03
69	6.15	5.88	5.61	5.35	5.10	4.86	4.63	4.41	4.19	3.99
70	6.04	5.78	5.53	5.27	5.03	4.80	4.58	4.36	4.14	3.95
71	5.93	5.68	5.43	5.19	4.95	4.73	4.51	4.30	4.09	3.90
72	5.81	5.57	5.33	5.10	4.87	4.66	4.45	4.24	4.04	3.86
73	5.68	5.45	5.23	5.00	4.78	4.58	4.37	4.18	3.98	3.80
74	5.55	5.33	5.11	4.90	4.69	4.49	4.30	4.11	3.91	3.74
75	5.40	5.20	4.99	4.79	4.59	4.40	4.21	4.03	3.84	3.68
76	5.25	5.06	4.86	4.67	4.48	4.30	4.12	3.95	3.77	3.61
77	5.10	4.92	4.73	4.55	4.37	4.20	4.03	3.86	3.69	3.54
78	4.94	4.77	4.60	4.42	4.25	4.09	3.93	3.77	3.61	3.47
79	4.79	4.63	4.46	4.30	4.14	3.98	3.83	3.68	3.53	3.39
80	4.63	4.48	4.33	4.17	4.02	3.87	3.73	3.59	3.44	3.31
81	4.47	4.33	4.19	4.05	3.90	3.77	3.63	3.50	3.36	3.23
82	4.32	4.19	4.05	3.92	3.79	3.66	3.53	3.40	3.27	3.15
83	4.16	4.04	3.92	3.79	3.67	3.55	3.43	3.31	3.18	3.07
84	4.00	3.89	3.78	3.66	3.55	3.43	3.32	3.21	3.09	2.99
85	3.84	3.74	3.64	3.53	3.42	3.32	3.21	3.11	3.00	2.90
86	3.68	3.59	3.49	3.39	3.29	3.20	3.10	3.01	2.90	2.81
87	3.51	3.43	3.34	3.25	3.16	3.07	2.98	2.90	2.80	2.72
88	3.35	3.27	3.19	3.11	3.03	2.94	2.86	2.78	2.69	2.62
89	3.18	3.11	3.04	2.97	2.89	2.82	2.74	2.67	2.59	2.52
90	3.02	2.95	2.89	2.82	2.75	2.69	2.62	2.55	2.48	2.42
91	2.85	2.80	2.74	2.68	2.62	2.56	2.50	2.44	2.37	2.31
92	2.70	2.65	2.60	2.54	2.49	2.43	2.38	2.33	2.26	2.21
93	2.54	2.50	2.45	2.41	2.36	2.31	2.26	2.21	2.16	2.11
94	2.39	2.36	2.32	2.27	2.23	2.19	2.14	2.10	2.05	2.01
95	2.25	2.22	2.18	2.14	2.11	2.07	2.03	1.99	1.95	1.91
96	2.11	2.08	2.05	2.02	1.99	1.95	1.92	1.88	1.84	1.81
97	1.98	1.96	1.93	1.90	1.87	1.84	1.81	1.78	1.75	1.72
98	1.86	1.83	1.81	1.79	1.76	1.73	1.71	1.68	1.65	1.62
99	1.74	1.72	1.70	1.68	1.66	1.63	1.61	1.59	1.56	1.54

Exemples ㉖, ㉘ — ㉚

27 Tafel Seite 17   3½%   AKTIVITÄT

Verbindungsrente für aktive Versorgerin und Versorgten

Alter des Versorgten	Alter der Versorgerin									
	80	81	82	83	84	85	86	87	88	89
0	4.19	3.96	3.74	3.52	3.30	3.08	2.86	2.63	2.42	2.21
1	4.20	3.96	3.74	3.53	3.31	3.09	2.86	2.64	2.42	2.21
2	4.20	3.96	3.74	3.53	3.31	3.09	2.86	2.64	2.42	2.21
3	4.20	3.96	3.74	3.53	3.31	3.09	2.86	2.64	2.42	2.21
4	4.20	3.96	3.74	3.53	3.31	3.09	2.86	2.64	2.42	2.21
5	4.20	3.96	3.74	3.53	3.31	3.09	2.86	2.64	2.42	2.21
6	4.20	3.96	3.74	3.53	3.31	3.09	2.86	2.64	2.42	2.21
7	4.20	3.96	3.74	3.53	3.31	3.09	2.86	2.64	2.42	2.21
8	4.20	3.96	3.74	3.53	3.31	3.09	2.86	2.64	2.42	2.21
9	4.20	3.96	3.74	3.53	3.31	3.09	2.86	2.64	2.42	2.21
10	4.20	3.96	3.74	3.53	3.31	3.09	2.86	2.64	2.42	2.21
11	4.20	3.96	3.74	3.53	3.31	3.09	2.86	2.64	2.42	2.21
12	4.20	3.96	3.74	3.53	3.31	3.09	2.86	2.64	2.42	2.21
13	4.19	3.96	3.74	3.52	3.31	3.09	2.86	2.64	2.42	2.21
14	4.19	3.96	3.74	3.52	3.31	3.09	2.86	2.64	2.42	2.21
15	4.19	3.96	3.74	3.52	3.31	3.09	2.86	2.64	2.42	2.21
16	4.19	3.95	3.73	3.52	3.30	3.09	2.86	2.64	2.42	2.21
17	4.18	3.95	3.73	3.52	3.30	3.08	2.86	2.63	2.42	2.21
18	4.18	3.95	3.73	3.51	3.30	3.08	2.86	2.63	2.42	2.21
19	4.18	3.95	3.73	3.51	3.30	3.08	2.85	2.63	2.42	2.21
20	4.18	3.95	3.73	3.51	3.30	3.08	2.85	2.63	2.41	2.21
21	4.18	3.95	3.73	3.51	3.30	3.08	2.85	2.63	2.41	2.21
22	4.18	3.95	3.73	3.51	3.30	3.08	2.85	2.63	2.42	2.21
23	4.18	3.95	3.73	3.51	3.30	3.08	2.85	2.63	2.42	2.21
24	4.18	3.95	3.73	3.52	3.30	3.08	2.86	2.63	2.42	2.21
25	4.18	3.95	3.73	3.52	3.30	3.08	2.86	2.63	2.42	2.21
26	4.19	3.95	3.73	3.52	3.30	3.08	2.86	2.63	2.42	2.21
27	4.19	3.95	3.73	3.52	3.30	3.08	2.86	2.63	2.42	2.21
28	4.19	3.95	3.74	3.52	3.30	3.08	2.86	2.64	2.42	2.21
29	4.19	3.96	3.74	3.52	3.30	3.09	2.86	2.64	2.42	2.21
30	4.19	3.96	3.74	3.52	3.30	3.09	2.86	2.64	2.42	2.21
31	4.19	3.96	3.74	3.52	3.30	3.09	2.86	2.64	2.42	2.21
32	4.19	3.96	3.74	3.52	3.30	3.09	2.86	2.64	2.42	2.21
33	4.19	3.95	3.74	3.52	3.30	3.09	2.86	2.64	2.42	2.21
34	4.19	3.95	3.74	3.52	3.30	3.09	2.86	2.64	2.42	2.21
35	4.19	3.95	3.73	3.52	3.30	3.08	2.86	2.64	2.42	2.21
36	4.19	3.95	3.73	3.52	3.30	3.08	2.86	2.64	2.42	2.21
37	4.18	3.95	3.73	3.52	3.30	3.08	2.86	2.63	2.42	2.21
38	4.18	3.95	3.73	3.52	3.30	3.08	2.86	2.63	2.42	2.21
39	4.18	3.95	3.73	3.52	3.30	3.08	2.86	2.63	2.42	2.21
40	4.18	3.95	3.73	3.51	3.30	3.08	2.85	2.63	2.42	2.21
41	4.18	3.94	3.73	3.51	3.30	3.08	2.85	2.63	2.42	2.21
42	4.17	3.94	3.72	3.51	3.30	3.08	2.85	2.63	2.41	2.21
43	4.17	3.94	3.72	3.51	3.29	3.08	2.85	2.63	2.41	2.20
44	4.17	3.94	3.72	3.50	3.29	3.07	2.85	2.63	2.41	2.20
45	4.16	3.93	3.72	3.50	3.29	3.07	2.85	2.63	2.41	2.20
46	4.16	3.93	3.71	3.50	3.29	3.07	2.85	2.63	2.41	2.20
47	4.15	3.93	3.71	3.50	3.29	3.07	2.84	2.62	2.41	2.20
48	4.15	3.92	3.71	3.49	3.28	3.07	2.84	2.62	2.41	2.20
49	4.14	3.92	3.70	3.49	3.28	3.06	2.84	2.62	2.41	2.20

Beispiele ㉖, ㉘ — ㉚

ACTIVITÉ 3½% Table **27** page 18

Rente sur deux têtes
soutien actif féminin et homme soutenu

Age de l'homme soutenu	Age du soutien féminin									
	80	81	82	83	84	85	86	87	88	89
50	4.13	3.91	3.70	3.49	3.27	3.06	2.84	2.62	2.40	2.20
51	4.13	3.90	3.69	3.48	3.27	3.06	2.83	2.62	2.40	2.20
52	4.12	3.89	3.68	3.47	3.26	3.05	2.83	2.61	2.40	2.19
53	4.11	3.89	3.67	3.47	3.26	3.05	2.83	2.61	2.40	2.19
54	4.10	3.88	3.67	3.46	3.25	3.04	2.82	2.60	2.39	2.19
55	4.09	3.87	3.66	3.45	3.25	3.04	2.82	2.60	2.39	2.19
56	4.08	3.86	3.65	3.44	3.24	3.03	2.81	2.60	2.39	2.18
57	4.06	3.85	3.64	3.44	3.23	3.02	2.81	2.59	2.38	2.18
58	4.05	3.83	3.63	3.43	3.22	3.02	2.80	2.59	2.38	2.18
59	4.03	3.82	3.62	3.42	3.22	3.01	2.79	2.58	2.37	2.17
60	4.02	3.81	3.60	3.41	3.21	3.00	2.79	2.58	2.37	2.17
61	4.00	3.79	3.59	3.39	3.19	2.99	2.78	2.57	2.36	2.16
62	3.98	3.77	3.57	3.38	3.18	2.98	2.77	2.56	2.36	2.16
63	3.96	3.75	3.56	3.36	3.17	2.97	2.76	2.55	2.35	2.15
64	3.93	3.73	3.54	3.35	3.16	2.96	2.75	2.55	2.34	2.15
65	3.91	3.71	3.52	3.33	3.14	2.95	2.74	2.54	2.34	2.14
66	3.88	3.69	3.50	3.31	3.13	2.93	2.73	2.53	2.33	2.13
67	3.86	3.66	3.48	3.29	3.11	2.92	2.72	2.52	2.32	2.13
68	3.83	3.64	3.45	3.27	3.09	2.90	2.70	2.51	2.31	2.12
69	3.79	3.61	3.43	3.25	3.07	2.88	2.69	2.49	2.30	2.11
70	3.76	3.57	3.40	3.23	3.05	2.87	2.67	2.48	2.29	2.10
71	3.72	3.54	3.37	3.20	3.02	2.84	2.65	2.46	2.28	2.09
72	3.67	3.50	3.33	3.17	3.00	2.82	2.64	2.45	2.26	2.08
73	3.63	3.46	3.30	3.13	2.97	2.80	2.61	2.43	2.25	2.07
74	3.57	3.41	3.25	3.10	2.94	2.77	2.59	2.41	2.23	2.05
75	3.52	3.36	3.21	3.06	2.90	2.74	2.56	2.39	2.21	2.04
76	3.45	3.30	3.16	3.01	2.86	2.70	2.53	2.36	2.19	2.02
77	3.39	3.24	3.10	2.96	2.82	2.66	2.50	2.33	2.16	2.00
78	3.32	3.18	3.05	2.91	2.77	2.62	2.46	2.30	2.14	1.98
79	3.25	3.12	2.99	2.86	2.72	2.58	2.43	2.27	2.11	1.96
80	3.18	3.05	2.93	2.81	2.68	2.54	2.39	2.24	2.09	1.93
81	3.11	2.99	2.87	2.75	2.63	2.50	2.35	2.21	2.06	1.91
82	3.03	2.92	2.81	2.70	2.58	2.45	2.31	2.17	2.03	1.88
83	2.96	2.85	2.75	2.64	2.53	2.41	2.27	2.14	2.00	1.86
84	2.88	2.78	2.68	2.58	2.47	2.36	2.23	2.10	1.97	1.83
85	2.80	2.71	2.61	2.52	2.42	2.31	2.19	2.06	1.93	1.80
86	2.72	2.63	2.54	2.45	2.36	2.26	2.14	2.02	1.90	1.77
87	2.63	2.55	2.47	2.38	2.29	2.20	2.09	1.98	1.86	1.74
88	2.54	2.46	2.39	2.31	2.23	2.14	2.03	1.93	1.82	1.70
89	2.44	2.37	2.30	2.23	2.16	2.07	1.98	1.88	1.77	1.67
90	2.35	2.28	2.22	2.15	2.08	2.01	1.92	1.83	1.73	1.63
91	2.25	2.19	2.13	2.07	2.01	1.94	1.86	1.77	1.68	1.58
92	2.15	2.10	2.05	1.99	1.94	1.87	1.80	1.72	1.63	1.54
93	2.06	2.01	1.96	1.91	1.86	1.80	1.73	1.66	1.58	1.50
94	1.96	1.92	1.87	1.83	1.78	1.73	1.67	1.60	1.53	1.45
95	1.87	1.83	1.79	1.75	1.71	1.66	1.60	1.54	1.47	1.40
96	1.77	1.74	1.70	1.67	1.63	1.59	1.54	1.48	1.42	1.35
97	1.68	1.65	1.62	1.59	1.56	1.52	1.47	1.42	1.37	1.31
98	1.59	1.57	1.54	1.51	1.48	1.45	1.41	1.36	1.31	1.26
99	1.51	1.48	1.46	1.44	1.41	1.38	1.34	1.30	1.26	1.21

Exemples ㉖, ㉘ — ㉚

| **27** | Tafel Seite 19 | | 3½% | | | | | **AKTIVITÄT** | | |

Verbindungsrente für aktive Versorgerin und Versorgten

Alter des Versorgten	Alter der Versorgerin								
	90	91	92	93	94	95	96	97	98
0	2.01	1.83	1.64	1.48	1.30	1.11	0.91	0.73	0.54
1	2.01	1.83	1.65	1.48	1.30	1.11	0.91	0.73	0.54
2	2.01	1.83	1.65	1.48	1.30	1.11	0.91	0.73	0.54
3	2.01	1.83	1.65	1.48	1.30	1.11	0.91	0.73	0.54
4	2.01	1.83	1.65	1.48	1.30	1.11	0.91	0.73	0.54
5	2.01	1.83	1.65	1.48	1.30	1.11	0.91	0.73	0.54
6	2.01	1.83	1.65	1.48	1.30	1.11	0.91	0.73	0.54
7	2.01	1.83	1.65	1.48	1.30	1.11	0.91	0.73	0.54
8	2.01	1.83	1.65	1.48	1.30	1.11	0.91	0.73	0.54
9	2.01	1.83	1.65	1.48	1.30	1.11	0.91	0.73	0.54
10	2.01	1.83	1.65	1.48	1.30	1.11	0.91	0.73	0.54
11	2.01	1.83	1.65	1.48	1.30	1.11	0.91	0.73	0.54
12	2.01	1.83	1.65	1.48	1.30	1.11	0.91	0.73	0.54
13	2.01	1.83	1.65	1.48	1.30	1.11	0.91	0.73	0.54
14	2.01	1.83	1.65	1.48	1.30	1.11	0.91	0.73	0.54
15	2.01	1.83	1.65	1.48	1.30	1.11	0.91	0.73	0.54
16	2.01	1.83	1.64	1.48	1.30	1.11	0.91	0.73	0.54
17	2.01	1.83	1.64	1.48	1.30	1.11	0.91	0.73	0.54
18	2.01	1.83	1.64	1.48	1.30	1.11	0.91	0.73	0.54
19	2.01	1.83	1.64	1.48	1.30	1.11	0.91	0.73	0.54
20	2.01	1.83	1.64	1.48	1.30	1.11	0.91	0.73	0.54
21	2.01	1.83	1.64	1.48	1.30	1.11	0.91	0.73	0.54
22	2.01	1.83	1.64	1.48	1.30	1.11	0.91	0.73	0.54
23	2.01	1.83	1.64	1.48	1.30	1.11	0.91	0.73	0.54
24	2.01	1.83	1.64	1.48	1.30	1.11	0.91	0.73	0.54
25	2.01	1.83	1.64	1.48	1.30	1.11	0.91	0.73	0.54
26	2.01	1.83	1.64	1.48	1.30	1.11	0.91	0.73	0.54
27	2.01	1.83	1.64	1.48	1.30	1.11	0.91	0.73	0.54
28	2.01	1.83	1.64	1.48	1.30	1.11	0.91	0.73	0.54
29	2.01	1.83	1.64	1.48	1.30	1.11	0.91	0.73	0.54
30	2.01	1.83	1.64	1.48	1.30	1.11	0.91	0.73	0.54
31	2.01	1.83	1.64	1.48	1.30	1.11	0.91	0.73	0.54
32	2.01	1.83	1.64	1.48	1.30	1.11	0.91	0.73	0.54
33	2.01	1.83	1.64	1.48	1.30	1.11	0.91	0.73	0.54
34	2.01	1.83	1.64	1.48	1.30	1.11	0.91	0.73	0.54
35	2.01	1.83	1.64	1.48	1.30	1.11	0.91	0.73	0.54
36	2.01	1.83	1.64	1.48	1.30	1.11	0.91	0.73	0.54
37	2.01	1.83	1.64	1.48	1.30	1.11	0.91	0.73	0.54
38	2.01	1.83	1.64	1.48	1.30	1.11	0.91	0.73	0.54
39	2.01	1.83	1.64	1.48	1.30	1.11	0.91	0.73	0.54
40	2.01	1.83	1.64	1.48	1.30	1.11	0.91	0.73	0.54
41	2.01	1.83	1.64	1.48	1.30	1.11	0.91	0.73	0.54
42	2.01	1.83	1.64	1.48	1.30	1.11	0.91	0.73	0.54
43	2.01	1.83	1.64	1.48	1.30	1.11	0.91	0.73	0.54
44	2.01	1.83	1.64	1.48	1.30	1.11	0.91	0.73	0.54
45	2.01	1.83	1.64	1.48	1.30	1.11	0.91	0.73	0.54
46	2.00	1.83	1.64	1.48	1.29	1.11	0.91	0.73	0.54
47	2.00	1.83	1.64	1.48	1.29	1.11	0.91	0.73	0.54
48	2.00	1.82	1.64	1.48	1.29	1.11	0.91	0.73	0.54
49	2.00	1.82	1.64	1.48	1.29	1.11	0.91	0.73	0.54

Beispiele ㉖, ㉘ — ㉚

ACTIVITÉ 3½% Table 27
page 20

Rente sur deux têtes
soutien actif féminin et homme soutenu

Age de l'homme soutenu	Age du soutien féminin								
	90	91	92	93	94	95	96	97	98
50	2.00	1.82	1.64	1.48	1.29	1.11	0.91	0.73	0.54
51	2.00	1.82	1.64	1.48	1.29	1.11	0.90	0.73	0.54
52	2.00	1.82	1.64	1.48	1.29	1.11	0.90	0.73	0.54
53	2.00	1.82	1.64	1.48	1.29	1.11	0.90	0.73	0.54
54	1.99	1.82	1.63	1.47	1.29	1.11	0.90	0.73	0.54
55	1.99	1.82	1.63	1.47	1.29	1.11	0.90	0.73	0.54
56	1.99	1.81	1.63	1.47	1.29	1.11	0.90	0.73	0.54
57	1.99	1.81	1.63	1.47	1.29	1.11	0.90	0.73	0.54
58	1.98	1.81	1.63	1.47	1.29	1.10	0.90	0.73	0.54
59	1.98	1.81	1.63	1.47	1.29	1.10	0.90	0.73	0.54
60	1.98	1.80	1.62	1.47	1.29	1.10	0.90	0.73	0.54
61	1.97	1.80	1.62	1.46	1.28	1.10	0.90	0.73	0.54
62	1.97	1.80	1.62	1.46	1.28	1.10	0.90	0.73	0.54
63	1.96	1.79	1.62	1.46	1.28	1.10	0.90	0.73	0.54
64	1.96	1.79	1.61	1.46	1.28	1.10	0.90	0.73	0.54
65	1.95	1.79	1.61	1.46	1.28	1.10	0.90	0.73	0.54
66	1.95	1.78	1.61	1.45	1.28	1.10	0.90	0.73	0.54
67	1.94	1.78	1.60	1.45	1.27	1.10	0.90	0.73	0.54
68	1.94	1.77	1.60	1.45	1.27	1.09	0.90	0.73	0.54
69	1.93	1.77	1.59	1.44	1.27	1.09	0.90	0.73	0.54
70	1.92	1.76	1.59	1.44	1.27	1.09	0.89	0.73	0.54
71	1.91	1.75	1.58	1.44	1.26	1.09	0.89	0.73	0.54
72	1.91	1.75	1.58	1.43	1.26	1.09	0.89	0.73	0.54
73	1.90	1.74	1.57	1.43	1.26	1.08	0.89	0.73	0.54
74	1.88	1.73	1.56	1.42	1.25	1.08	0.89	0.73	0.54
75	1.87	1.72	1.56	1.41	1.25	1.08	0.89	0.73	0.54
76	1.86	1.71	1.55	1.41	1.24	1.07	0.89	0.73	0.54
77	1.84	1.69	1.54	1.40	1.24	1.07	0.88	0.72	0.54
78	1.82	1.68	1.52	1.39	1.23	1.07	0.88	0.72	0.54
79	1.80	1.66	1.51	1.38	1.22	1.06	0.88	0.72	0.54
80	1.78	1.65	1.50	1.37	1.21	1.06	0.88	0.72	0.54
81	1.76	1.63	1.48	1.36	1.21	1.05	0.87	0.72	0.54
82	1.74	1.61	1.47	1.35	1.20	1.04	0.87	0.72	0.54
83	1.72	1.59	1.46	1.34	1.19	1.04	0.87	0.72	0.54
84	1.70	1.58	1.44	1.32	1.18	1.03	0.86	0.71	0.54
85	1.68	1.56	1.43	1.31	1.17	1.03	0.86	0.71	0.54
86	1.65	1.54	1.41	1.30	1.16	1.02	0.85	0.71	0.54
87	1.62	1.51	1.39	1.28	1.15	1.01	0.85	0.71	0.54
88	1.59	1.49	1.37	1.27	1.14	1.00	0.84	0.71	0.54
89	1.56	1.46	1.35	1.25	1.12	0.99	0.84	0.70	0.54
90	1.52	1.43	1.32	1.23	1.11	0.98	0.83	0.70	0.54
91	1.49	1.40	1.30	1.21	1.09	0.97	0.83	0.70	0.54
92	1.45	1.37	1.27	1.19	1.08	0.96	0.82	0.69	0.54
93	1.41	1.33	1.24	1.16	1.06	0.95	0.81	0.69	0.54
94	1.37	1.30	1.21	1.14	1.04	0.93	0.80	0.69	0.54
95	1.33	1.26	1.18	1.11	1.02	0.92	0.80	0.68	0.54
96	1.29	1.22	1.15	1.09	1.00	0.91	0.79	0.68	0.54
97	1.25	1.19	1.12	1.06	0.98	0.89	0.78	0.67	0.54
98	1.20	1.15	1.09	1.03	0.96	0.87	0.77	0.67	0.54
99	1.16	1.11	1.05	1.00	0.93	0.86	0.76	0.66	0.54

Exemples ㉖, ㉘ — ㉚

27a Tafel Seite 1   3½%   AKTIVITÄT/MORTALITÄT

Verbindungsrente für aktive Versorgerin und Versorgten
Mittelwert Aktivität/Mortalität

Alter des Versorgten	Alter der Versorgerin									
	0	1	2	3	4	5	6	7	8	9
0	25.95	25.96	25.92	25.86	25.81	25.75	25.69	25.63	25.56	25.48
1	25.95	25.96	25.92	25.87	25.82	25.76	25.70	25.64	25.57	25.50
2	25.89	25.90	25.86	25.82	25.76	25.71	25.65	25.59	25.53	25.45
3	25.83	25.84	25.81	25.76	25.71	25.66	25.60	25.54	25.48	25.41
4	25.77	25.78	25.74	25.70	25.65	25.60	25.55	25.49	25.43	25.36
5	25.70	25.71	25.68	25.63	25.58	25.54	25.48	25.43	25.37	25.30
6	25.62	25.64	25.60	25.56	25.52	25.47	25.42	25.36	25.31	25.25
7	25.54	25.56	25.53	25.49	25.44	25.40	25.35	25.30	25.24	25.18
8	25.46	25.48	25.45	25.41	25.36	25.32	25.28	25.23	25.17	25.11
9	25.37	25.39	25.36	25.32	25.28	25.24	25.20	25.15	25.10	25.04
10	25.27	25.30	25.27	25.24	25.20	25.16	25.12	25.07	25.02	24.97
11	25.18	25.20	25.17	25.14	25.11	25.07	25.03	24.99	24.94	24.89
12	25.08	25.10	25.07	25.05	25.01	24.98	24.94	24.89	24.85	24.80
13	24.97	24.99	24.97	24.94	24.91	24.88	24.84	24.80	24.75	24.71
14	24.85	24.88	24.86	24.84	24.80	24.77	24.73	24.70	24.66	24.61
15	24.74	24.77	24.75	24.72	24.69	24.66	24.63	24.59	24.55	24.51
16	24.62	24.65	24.63	24.60	24.58	24.55	24.52	24.49	24.45	24.40
17	24.50	24.53	24.51	24.49	24.46	24.44	24.40	24.38	24.34	24.29
18	24.38	24.41	24.39	24.37	24.35	24.32	24.29	24.26	24.23	24.19
19	24.26	24.29	24.28	24.26	24.23	24.21	24.18	24.16	24.12	24.09
20	24.15	24.18	24.16	24.14	24.12	24.10	24.08	24.05	24.02	23.99
21	24.04	24.07	24.06	24.04	24.02	24.00	23.97	23.95	23.92	23.89
22	23.92	23.96	23.94	23.93	23.91	23.89	23.87	23.84	23.81	23.79
23	23.81	23.84	23.83	23.81	23.79	23.77	23.75	23.73	23.71	23.68
24	23.68	23.72	23.70	23.69	23.67	23.66	23.64	23.61	23.59	23.56
25	23.54	23.58	23.57	23.56	23.54	23.52	23.50	23.48	23.46	23.43
26	23.40	23.43	23.43	23.41	23.40	23.38	23.36	23.34	23.32	23.30
27	23.24	23.28	23.27	23.26	23.25	23.23	23.22	23.20	23.18	23.16
28	23.08	23.12	23.11	23.10	23.09	23.07	23.06	23.04	23.02	23.00
29	22.91	22.95	22.94	22.93	22.92	22.90	22.89	22.88	22.85	22.83
30	22.73	22.77	22.76	22.75	22.74	22.73	22.71	22.70	22.68	22.66
31	22.54	22.58	22.57	22.56	22.55	22.54	22.53	22.51	22.50	22.48
32	22.34	22.38	22.38	22.36	22.36	22.34	22.33	22.32	22.31	22.29
33	22.14	22.17	22.17	22.16	22.15	22.14	22.13	22.12	22.10	22.09
34	21.93	21.96	21.96	21.95	21.94	21.93	21.92	21.91	21.90	21.87
35	21.70	21.74	21.74	21.73	21.72	21.71	21.70	21.69	21.68	21.66
36	21.47	21.51	21.51	21.50	21.49	21.49	21.47	21.47	21.45	21.44
37	21.24	21.27	21.27	21.27	21.25	21.25	21.24	21.23	21.22	21.21
38	21.00	21.03	21.03	21.02	21.01	21.00	21.00	20.99	20.98	20.97
39	20.74	20.78	20.77	20.77	20.76	20.75	20.74	20.74	20.73	20.72
40	20.48	20.52	20.51	20.50	20.50	20.50	20.48	20.48	20.47	20.46
41	20.21	20.25	20.25	20.24	20.23	20.23	20.22	20.21	20.20	20.19
42	19.93	19.97	19.97	19.96	19.96	19.95	19.95	19.94	19.93	19.92
43	19.65	19.69	19.69	19.68	19.68	19.67	19.66	19.66	19.65	19.64
44	19.37	19.40	19.40	19.39	19.39	19.38	19.37	19.37	19.36	19.35
45	19.07	19.11	19.10	19.10	19.09	19.09	19.08	19.08	19.07	19.06
46	18.77	18.81	18.80	18.79	18.79	18.79	18.78	18.78	18.77	18.77
47	18.46	18.50	18.49	18.49	18.48	18.48	18.48	18.47	18.46	18.46
48	18.14	18.18	18.18	18.17	18.17	18.16	18.16	18.16	18.15	18.14
49	17.82	17.85	17.85	17.85	17.84	17.84	17.83	17.83	17.82	17.82

Beispiele ㉗, ㉘, ㉛

ACTIVITÉ/MORTALITÉ 3½% Table **27a** page 2

Rente sur deux têtes (soutien actif féminin)
Valeur moyenne activité/mortalité

Age de l'homme soutenu	Age du soutien féminin									
	0	1	2	3	4	5	6	7	8	9
50	17.48	17.52	17.51	17.51	17.51	17.50	17.50	17.49	17.49	17.48
51	17.14	17.17	17.17	17.17	17.17	17.17	17.16	17.15	17.15	17.15
52	16.80	16.83	16.83	16.82	16.82	16.82	16.82	16.81	16.80	16.80
53	16.45	16.48	16.48	16.47	16.47	16.47	16.47	16.46	16.46	16.45
54	16.10	16.13	16.12	16.12	16.12	16.11	16.11	16.11	16.10	16.10
55	15.74	15.77	15.77	15.76	15.76	15.76	15.76	15.75	15.75	15.74
56	15.38	15.41	15.41	15.40	15.40	15.40	15.39	15.39	15.39	15.38
57	15.01	15.04	15.04	15.04	15.04	15.03	15.03	15.03	15.02	15.02
58	14.64	14.67	14.67	14.67	14.67	14.66	14.66	14.66	14.65	14.65
59	14.27	14.29	14.29	14.29	14.29	14.29	14.29	14.28	14.28	14.27
60	13.89	13.91	13.91	13.91	13.91	13.91	13.91	13.90	13.90	13.89
61	13.50	13.53	13.53	13.53	13.52	13.52	13.52	13.52	13.51	13.51
62	13.12	13.14	13.14	13.14	13.14	13.14	13.14	13.14	13.13	13.13
63	12.73	12.76	12.76	12.75	12.75	12.75	12.75	12.75	12.75	12.74
64	12.35	12.37	12.37	12.37	12.37	12.36	12.36	12.36	12.36	12.36
65	11.96	11.98	11.98	11.98	11.98	11.98	11.98	11.98	11.97	11.97
66	11.58	11.60	11.60	11.60	11.59	11.59	11.59	11.59	11.59	11.58
67	11.19	11.21	11.21	11.21	11.21	11.21	11.20	11.20	11.20	11.20
68	10.80	10.82	10.82	10.82	10.82	10.82	10.82	10.81	10.81	10.81
69	10.41	10.43	10.43	10.43	10.43	10.43	10.43	10.42	10.42	10.42
70	10.02	10.04	10.04	10.04	10.04	10.04	10.04	10.04	10.03	10.03
71	9.63	9.65	9.65	9.65	9.65	9.65	9.65	9.65	9.64	9.64
72	9.25	9.26	9.26	9.26	9.26	9.26	9.26	9.26	9.26	9.26
73	8.86	8.88	8.88	8.88	8.88	8.88	8.88	8.88	8.87	8.87
74	8.48	8.49	8.49	8.49	8.49	8.49	8.49	8.49	8.49	8.49
75	8.09	8.11	8.11	8.11	8.11	8.11	8.11	8.11	8.11	8.11
76	7.72	7.73	7.73	7.73	7.73	7.73	7.73	7.73	7.73	7.73
77	7.35	7.37	7.37	7.37	7.37	7.37	7.37	7.37	7.36	7.36
78	7.00	7.01	7.01	7.01	7.01	7.01	7.01	7.01	7.01	7.01
79	6.65	6.66	6.66	6.66	6.66	6.66	6.66	6.66	6.66	6.66
80	6.32	6.33	6.33	6.33	6.33	6.33	6.33	6.33	6.33	6.33
81	6.00	6.02	6.02	6.02	6.02	6.02	6.02	6.02	6.02	6.02
82	5.70	5.71	5.71	5.71	5.71	5.71	5.71	5.71	5.71	5.71
83	5.41	5.42	5.42	5.42	5.42	5.42	5.42	5.42	5.42	5.42
84	5.12	5.13	5.13	5.13	5.13	5.13	5.13	5.13	5.13	5.13
85	4.84	4.85	4.85	4.85	4.85	4.85	4.85	4.85	4.85	4.85
86	4.57	4.57	4.57	4.57	4.57	4.57	4.57	4.57	4.57	4.57
87	4.30	4.30	4.30	4.30	4.30	4.30	4.30	4.30	4.30	4.30
88	4.04	4.04	4.04	4.04	4.04	4.04	4.04	4.04	4.04	4.04
89	3.79	3.79	3.79	3.79	3.79	3.79	3.79	3.79	3.79	3.79
90	3.55	3.55	3.55	3.55	3.55	3.55	3.55	3.55	3.55	3.55
91	3.32	3.32	3.32	3.32	3.32	3.32	3.32	3.32	3.32	3.32
92	3.10	3.10	3.10	3.10	3.10	3.10	3.10	3.10	3.10	3.10
93	2.89	2.89	2.89	2.89	2.89	2.89	2.89	2.89	2.89	2.89
94	2.69	2.70	2.70	2.70	2.70	2.70	2.70	2.70	2.70	2.70
95	2.51	2.51	2.51	2.51	2.51	2.51	2.51	2.51	2.51	2.51
96	2.33	2.34	2.34	2.34	2.34	2.34	2.34	2.34	2.34	2.34
97	2.17	2.17	2.17	2.17	2.17	2.17	2.17	2.17	2.17	2.17
98	2.02	2.02	2.02	2.02	2.02	2.02	2.02	2.02	2.02	2.02
99	1.88	1.88	1.88	1.88	1.88	1.88	1.88	1.88	1.88	1.88

Exemples ㉗, ㉘, ㉛

27a Tafel Seite 3 — 3½% — AKTIVITÄT/MORTALITÄT

Verbindungsrente für aktive Versorgerin und Versorgten
Mittelwert Aktivität/Mortalität

Alter des Versorgten	\multicolumn{10}{c}{Alter der Versorgerin}

Alter des Versorgten	10	11	12	13	14	15	16	17	18	19
0	25.40	25.32	25.23	25.14	25.05	24.95	24.85	24.74	24.63	24.54
1	25.42	25.34	25.25	25.16	25.07	24.97	24.87	24.77	24.66	24.56
2	25.38	25.30	25.21	25.13	25.03	24.94	24.84	24.73	24.63	24.53
3	25.33	25.26	25.17	25.09	24.99	24.90	24.81	24.70	24.60	24.50
4	25.28	25.21	25.13	25.05	24.95	24.86	24.77	24.67	24.56	24.47
5	25.23	25.16	25.08	25.00	24.91	24.82	24.73	24.63	24.52	24.44
6	25.18	25.10	25.03	24.95	24.86	24.77	24.68	24.58	24.48	24.40
7	25.12	25.04	24.97	24.89	24.81	24.72	24.63	24.53	24.44	24.35
8	25.05	24.98	24.91	24.83	24.75	24.67	24.58	24.49	24.39	24.31
9	24.98	24.92	24.84	24.77	24.69	24.61	24.52	24.43	24.34	24.25
10	24.90	24.84	24.77	24.70	24.62	24.55	24.46	24.37	24.28	24.20
11	24.83	24.76	24.70	24.63	24.56	24.48	24.39	24.31	24.22	24.14
12	24.74	24.69	24.62	24.55	24.48	24.40	24.33	24.25	24.16	24.08
13	24.65	24.60	24.54	24.47	24.40	24.33	24.25	24.17	24.08	24.01
14	24.56	24.50	24.44	24.38	24.31	24.24	24.17	24.10	24.01	23.94
15	24.46	24.41	24.35	24.29	24.23	24.16	24.09	24.01	23.93	23.87
16	24.36	24.31	24.25	24.19	24.13	24.07	24.00	23.93	23.85	23.78
17	24.25	24.20	24.15	24.10	24.04	23.97	23.91	23.84	23.77	23.70
18	24.15	24.10	24.05	24.00	23.94	23.88	23.82	23.75	23.68	23.62
19	24.05	24.00	23.95	23.91	23.85	23.79	23.73	23.67	23.60	23.54
20	23.95	23.90	23.86	23.81	23.76	23.70	23.65	23.58	23.52	23.46
21	23.85	23.81	23.77	23.72	23.67	23.62	23.56	23.50	23.44	23.39
22	23.75	23.71	23.67	23.63	23.58	23.53	23.48	23.42	23.36	23.31
23	23.64	23.61	23.57	23.53	23.48	23.44	23.39	23.33	23.28	23.23
24	23.53	23.50	23.46	23.42	23.38	23.33	23.28	23.24	23.18	23.14
25	23.40	23.37	23.34	23.30	23.26	23.22	23.17	23.12	23.08	23.03
26	23.27	23.24	23.21	23.17	23.14	23.09	23.05	23.01	22.96	22.92
27	23.13	23.10	23.07	23.04	23.00	22.96	22.92	22.88	22.83	22.80
28	22.98	22.95	22.92	22.89	22.85	22.82	22.78	22.74	22.70	22.66
29	22.81	22.79	22.76	22.73	22.70	22.67	22.63	22.59	22.55	22.52
30	22.64	22.62	22.59	22.56	22.53	22.50	22.47	22.43	22.39	22.37
31	22.46	22.44	22.41	22.39	22.36	22.33	22.29	22.26	22.23	22.20
32	22.27	22.25	22.22	22.20	22.17	22.15	22.11	22.09	22.05	22.03
33	22.07	22.05	22.03	22.01	21.98	21.96	21.93	21.90	21.87	21.85
34	21.86	21.84	21.83	21.80	21.78	21.76	21.73	21.70	21.67	21.65
35	21.65	21.63	21.61	21.59	21.57	21.54	21.52	21.50	21.47	21.45
36	21.42	21.41	21.39	21.37	21.35	21.33	21.30	21.28	21.26	21.24
37	21.19	21.18	21.16	21.14	21.12	21.10	21.08	21.06	21.04	21.02
38	20.95	20.94	20.92	20.90	20.88	20.87	20.85	20.83	20.81	20.80
39	20.70	20.69	20.67	20.66	20.64	20.62	20.60	20.58	20.56	20.56
40	20.45	20.43	20.42	20.40	20.39	20.37	20.35	20.34	20.32	20.31
41	20.18	20.17	20.15	20.14	20.13	20.11	20.09	20.08	20.06	20.05
42	19.91	19.90	19.88	19.87	19.86	19.84	19.83	19.81	19.80	19.79
43	19.63	19.62	19.61	19.59	19.58	19.56	19.55	19.54	19.52	19.52
44	19.35	19.33	19.32	19.31	19.30	19.29	19.27	19.26	19.25	19.24
45	19.05	19.04	19.03	19.02	19.01	19.00	18.98	18.97	18.96	18.96
46	18.75	18.74	18.74	18.72	18.71	18.70	18.69	18.68	18.67	18.66
47	18.45	18.44	18.43	18.42	18.41	18.40	18.38	18.38	18.36	18.37
48	18.13	18.12	18.11	18.11	18.09	18.08	18.08	18.06	18.06	18.05
49	17.81	17.80	17.79	17.78	17.77	17.76	17.75	17.74	17.74	17.74

Beispiele ㉗, ㉘, ㉛

ACTIVITÉ/MORTALITÉ   3½%   Table **27a**
page 4

Rente sur deux têtes (soutien actif féminin)
Valeur moyenne activité/mortalité

Age de l'homme soutenu	\multicolumn{10}{c}{Age du soutien féminin}
	10	11	12	13	14	15	16	17	18	19
50	17.47	17.47	17.46	17.45	17.44	17.44	17.42	17.42	17.41	17.41
51	17.14	17.13	17.12	17.12	17.10	17.10	17.09	17.08	17.07	17.07
52	16.80	16.79	16.78	16.77	16.76	16.75	16.75	16.74	16.73	16.74
53	16.45	16.44	16.43	16.42	16.42	16.41	16.40	16.40	16.39	16.39
54	16.09	16.09	16.08	16.07	16.06	16.06	16.05	16.04	16.04	16.04
55	15.73	15.73	15.73	15.72	15.71	15.70	15.70	15.69	15.68	15.69
56	15.38	15.37	15.37	15.36	15.35	15.34	15.34	15.34	15.33	15.33
57	15.02	15.01	15.00	15.00	14.99	14.98	14.98	14.97	14.97	14.97
58	14.65	14.64	14.63	14.63	14.62	14.62	14.61	14.60	14.60	14.60
59	14.27	14.27	14.26	14.25	14.25	14.24	14.24	14.23	14.23	14.23
60	13.89	13.89	13.88	13.87	13.87	13.86	13.86	13.85	13.85	13.86
61	13.51	13.50	13.50	13.49	13.49	13.48	13.48	13.48	13.47	13.47
62	13.12	13.12	13.11	13.11	13.10	13.10	13.09	13.09	13.09	13.09
63	12.74	12.73	12.73	12.72	12.72	12.71	12.71	12.71	12.70	12.71
64	12.35	12.35	12.34	12.34	12.34	12.33	12.33	12.32	12.32	12.32
65	11.97	11.96	11.96	11.95	11.95	11.95	11.94	11.94	11.93	11.94
66	11.58	11.58	11.57	11.57	11.56	11.56	11.56	11.55	11.55	11.56
67	11.20	11.19	11.19	11.18	11.18	11.17	11.17	11.17	11.17	11.17
68	10.81	10.80	10.80	10.80	10.79	10.79	10.78	10.78	10.78	10.78
69	10.42	10.41	10.41	10.41	10.40	10.40	10.39	10.39	10.39	10.39
70	10.03	10.02	10.02	10.02	10.02	10.01	10.01	10.00	10.00	10.01
71	9.64	9.64	9.63	9.63	9.63	9.63	9.62	9.62	9.61	9.62
72	9.25	9.25	9.25	9.24	9.24	9.24	9.24	9.23	9.23	9.24
73	8.87	8.86	8.86	8.86	8.86	8.85	8.85	8.85	8.85	8.85
74	8.48	8.48	8.48	8.47	8.47	8.47	8.47	8.47	8.46	8.47
75	8.10	8.10	8.10	8.09	8.09	8.09	8.09	8.09	8.08	8.09
76	7.73	7.73	7.72	7.72	7.72	7.71	7.71	7.71	7.71	7.71
77	7.36	7.36	7.36	7.35	7.35	7.35	7.35	7.34	7.34	7.34
78	7.01	7.01	7.00	7.00	7.00	6.99	6.99	6.99	6.99	6.99
79	6.66	6.66	6.66	6.66	6.65	6.65	6.65	6.65	6.64	6.65
80	6.33	6.33	6.33	6.33	6.33	6.32	6.32	6.32	6.31	6.32
81	6.01	6.01	6.01	6.01	6.01	6.01	6.00	6.00	6.00	6.00
82	5.71	5.71	5.71	5.71	5.71	5.70	5.70	5.70	5.69	5.70
83	5.42	5.42	5.41	5.41	5.41	5.41	5.41	5.40	5.40	5.41
84	5.13	5.13	5.13	5.13	5.13	5.13	5.12	5.12	5.12	5.12
85	4.85	4.85	4.85	4.85	4.85	4.85	4.84	4.84	4.84	4.84
86	4.57	4.57	4.57	4.57	4.57	4.57	4.57	4.57	4.57	4.57
87	4.30	4.30	4.30	4.30	4.30	4.30	4.30	4.30	4.30	4.30
88	4.04	4.04	4.04	4.04	4.04	4.04	4.04	4.04	4.04	4.04
89	3.79	3.79	3.79	3.79	3.79	3.79	3.79	3.79	3.79	3.79
90	3.55	3.55	3.55	3.55	3.55	3.55	3.55	3.55	3.55	3.55
91	3.32	3.32	3.32	3.32	3.32	3.32	3.32	3.32	3.32	3.32
92	3.10	3.10	3.10	3.10	3.10	3.10	3.10	3.10	3.10	3.10
93	2.89	2.89	2.89	2.89	2.89	2.89	2.89	2.89	2.89	2.89
94	2.70	2.70	2.70	2.70	2.70	2.70	2.70	2.70	2.70	2.70
95	2.51	2.51	2.51	2.51	2.51	2.51	2.51	2.51	2.51	2.51
96	2.34	2.34	2.34	2.34	2.34	2.34	2.34	2.34	2.34	2.34
97	2.17	2.17	2.17	2.17	2.17	2.17	2.17	2.17	2.17	2.17
98	2.02	2.02	2.02	2.02	2.02	2.02	2.02	2.02	2.02	2.02
99	1.88	1.88	1.88	1.88	1.88	1.88	1.88	1.88	1.88	1.88

Exemples ㉗, ㉘, ㉛

27a Tafel Seite 5   3½%   AKTIVITÄT/MORTALITÄT

Verbindungsrente für aktive Versorgerin und Versorgten
Mittelwert Aktivität/Mortalität

Alter des Versorgten	Alter der Versorgerin									
	20	21	22	23	24	25	26	27	28	29
0	24.43	24.31	24.20	24.07	23.94	23.79	23.64	23.49	23.32	23.15
1	24.46	24.35	24.23	24.10	23.96	23.82	23.67	23.52	23.35	23.18
2	24.43	24.32	24.20	24.08	23.95	23.81	23.66	23.50	23.33	23.17
3	24.40	24.29	24.18	24.05	23.92	23.78	23.63	23.48	23.32	23.15
4	24.37	24.27	24.15	24.03	23.90	23.76	23.61	23.46	23.29	23.13
5	24.34	24.23	24.12	24.00	23.87	23.73	23.58	23.43	23.27	23.10
6	24.30	24.20	24.08	23.96	23.84	23.70	23.55	23.40	23.24	23.08
7	24.26	24.16	24.04	23.93	23.80	23.66	23.52	23.37	23.21	23.05
8	24.21	24.12	24.00	23.89	23.76	23.63	23.49	23.34	23.19	23.02
9	24.16	24.07	23.96	23.85	23.72	23.59	23.45	23.30	23.15	22.99
10	24.11	24.02	23.91	23.80	23.68	23.55	23.41	23.27	23.12	22.95
11	24.06	23.96	23.86	23.75	23.63	23.50	23.37	23.23	23.08	22.92
12	24.00	23.91	23.81	23.70	23.58	23.46	23.32	23.18	23.03	22.88
13	23.93	23.84	23.74	23.64	23.52	23.40	23.27	23.14	22.99	22.83
14	23.86	23.78	23.68	23.58	23.47	23.34	23.22	23.08	22.93	22.78
15	23.79	23.70	23.61	23.51	23.40	23.29	23.16	23.02	22.88	22.73
16	23.71	23.63	23.54	23.44	23.34	23.22	23.10	22.97	22.83	22.68
17	23.63	23.55	23.47	23.37	23.27	23.16	23.03	22.91	22.77	22.63
18	23.55	23.48	23.39	23.30	23.20	23.09	22.98	22.85	22.71	22.57
19	23.47	23.41	23.32	23.23	23.14	23.03	22.92	22.80	22.66	22.52
20	23.40	23.33	23.26	23.17	23.08	22.97	22.86	22.74	22.61	22.47
21	23.33	23.26	23.19	23.11	23.01	22.92	22.81	22.69	22.56	22.43
22	23.26	23.19	23.12	23.04	22.95	22.86	22.75	22.64	22.52	22.39
23	23.17	23.12	23.05	22.97	22.88	22.80	22.69	22.58	22.46	22.34
24	23.09	23.03	22.96	22.89	22.81	22.72	22.62	22.51	22.40	22.28
25	22.99	22.93	22.87	22.80	22.72	22.64	22.54	22.44	22.32	22.21
26	22.88	22.83	22.76	22.70	22.62	22.54	22.45	22.35	22.24	22.13
27	22.76	22.71	22.65	22.59	22.52	22.44	22.35	22.26	22.16	22.04
28	22.62	22.58	22.53	22.47	22.40	22.32	22.25	22.15	22.05	21.95
29	22.49	22.44	22.40	22.34	22.27	22.20	22.12	22.03	21.94	21.83
30	22.33	22.30	22.25	22.19	22.14	22.07	21.99	21.91	21.82	21.72
31	22.17	22.14	22.09	22.04	21.99	21.92	21.85	21.77	21.68	21.59
32	22.00	21.97	21.93	21.88	21.83	21.77	21.70	21.62	21.54	21.45
33	21.82	21.79	21.75	21.71	21.66	21.60	21.54	21.47	21.39	21.30
34	21.63	21.60	21.57	21.53	21.48	21.43	21.37	21.30	21.23	21.15
35	21.44	21.41	21.38	21.34	21.29	21.25	21.19	21.12	21.06	20.97
36	21.23	21.20	21.17	21.14	21.10	21.05	21.00	20.94	20.87	20.80
37	21.01	20.99	20.96	20.93	20.89	20.85	20.80	20.74	20.68	20.61
38	20.78	20.76	20.74	20.71	20.67	20.63	20.59	20.53	20.47	20.41
39	20.54	20.53	20.51	20.48	20.45	20.41	20.37	20.32	20.26	20.20
40	20.30	20.28	20.27	20.24	20.21	20.17	20.13	20.09	20.04	19.98
41	20.05	20.03	20.02	19.99	19.96	19.94	19.90	19.86	19.80	19.75
42	19.79	19.77	19.76	19.74	19.71	19.68	19.65	19.61	19.56	19.51
43	19.51	19.50	19.49	19.48	19.45	19.42	19.39	19.36	19.31	19.26
44	19.24	19.23	19.22	19.20	19.18	19.16	19.13	19.09	19.05	19.01
45	18.96	18.95	18.93	18.92	18.90	18.88	18.85	18.82	18.79	18.75
46	18.66	18.65	18.65	18.63	18.62	18.60	18.57	18.54	18.51	18.47
47	18.36	18.36	18.35	18.34	18.32	18.30	18.28	18.26	18.22	18.19
48	18.05	18.05	18.04	18.04	18.02	18.00	17.98	17.96	17.93	17.90
49	17.74	17.73	17.73	17.72	17.71	17.69	17.67	17.65	17.63	17.59

Beispiele (27), (28), (31)

ACTIVITÉ/MORTALITÉ   3½%   Table **27a** page 6

Rente sur deux têtes (soutien actif féminin)
Valeur moyenne activité/mortalité

Age de l'homme soutenu	\multicolumn{10}{c}{Age du soutien féminin}
	20	21	22	23	24	25	26	27	28	29
50	17.41	17.41	17.40	17.40	17.38	17.37	17.35	17.33	17.31	17.28
51	17.08	17.08	17.07	17.06	17.05	17.04	17.03	17.01	16.99	16.96
52	16.74	16.73	16.73	16.73	16.72	16.71	16.69	16.67	16.65	16.63
53	16.39	16.39	16.39	16.38	16.38	16.37	16.35	16.34	16.32	16.30
54	16.05	16.05	16.04	16.04	16.03	16.02	16.01	16.00	15.98	15.96
55	15.69	15.69	15.69	15.69	15.68	15.67	15.66	15.65	15.64	15.62
56	15.33	15.34	15.34	15.33	15.33	15.32	15.31	15.30	15.28	15.27
57	14.98	14.98	14.98	14.98	14.97	14.96	14.96	14.94	14.93	14.91
58	14.61	14.61	14.61	14.61	14.61	14.60	14.59	14.58	14.57	14.56
59	14.24	14.24	14.24	14.24	14.23	14.23	14.22	14.21	14.21	14.19
60	13.86	13.86	13.86	13.86	13.86	13.85	13.85	13.84	13.83	13.82
61	13.48	13.48	13.48	13.48	13.48	13.48	13.47	13.46	13.45	13.44
62	13.10	13.10	13.10	13.10	13.10	13.10	13.09	13.08	13.08	13.06
63	12.71	12.71	12.71	12.71	12.71	12.71	12.71	12.70	12.69	12.69
64	12.33	12.33	12.33	12.33	12.33	12.33	12.33	12.32	12.31	12.30
65	11.94	11.95	11.95	11.95	11.95	11.95	11.94	11.94	11.93	11.92
66	11.56	11.56	11.57	11.57	11.57	11.56	11.56	11.55	11.55	11.55
67	11.17	11.18	11.18	11.18	11.18	11.18	11.18	11.17	11.17	11.16
68	10.79	10.79	10.79	10.79	10.79	10.79	10.79	10.79	10.78	10.78
69	10.40	10.40	10.40	10.41	10.41	10.40	10.40	10.40	10.40	10.39
70	10.01	10.01	10.01	10.02	10.02	10.02	10.01	10.01	10.01	10.01
71	9.63	9.63	9.63	9.63	9.63	9.63	9.63	9.63	9.62	9.62
72	9.24	9.24	9.24	9.24	9.24	9.24	9.24	9.24	9.24	9.24
73	8.85	8.85	8.86	8.86	8.86	8.86	8.86	8.86	8.85	8.85
74	8.47	8.47	8.47	8.48	8.48	8.48	8.48	8.47	8.47	8.47
75	8.09	8.09	8.09	8.10	8.10	8.10	8.10	8.10	8.09	8.09
76	7.71	7.72	7.72	7.72	7.72	7.72	7.72	7.72	7.72	7.72
77	7.35	7.35	7.35	7.36	7.36	7.36	7.36	7.36	7.35	7.35
78	6.99	7.00	7.00	7.00	7.00	7.00	7.00	7.00	7.00	7.00
79	6.65	6.65	6.66	6.66	6.66	6.66	6.66	6.66	6.66	6.66
80	6.32	6.32	6.33	6.33	6.33	6.33	6.33	6.33	6.33	6.33
81	6.01	6.01	6.01	6.01	6.01	6.01	6.01	6.01	6.01	6.01
82	5.70	5.70	5.70	5.70	5.71	5.71	5.71	5.71	5.71	5.70
83	5.41	5.41	5.41	5.41	5.41	5.41	5.41	5.41	5.41	5.41
84	5.12	5.12	5.13	5.13	5.13	5.13	5.13	5.13	5.13	5.13
85	4.84	4.84	4.85	4.85	4.85	4.85	4.85	4.85	4.85	4.85
86	4.57	4.57	4.57	4.57	4.57	4.57	4.57	4.57	4.57	4.57
87	4.30	4.30	4.30	4.30	4.30	4.30	4.30	4.30	4.30	4.30
88	4.04	4.04	4.04	4.04	4.04	4.04	4.04	4.04	4.04	4.04
89	3.79	3.79	3.79	3.79	3.79	3.79	3.79	3.79	3.79	3.79
90	3.55	3.55	3.55	3.55	3.55	3.55	3.55	3.55	3.55	3.55
91	3.32	3.32	3.32	3.32	3.32	3.32	3.32	3.32	3.32	3.32
92	3.10	3.10	3.10	3.10	3.10	3.10	3.10	3.10	3.10	3.10
93	2.89	2.89	2.89	2.89	2.89	2.89	2.89	2.89	2.89	2.89
94	2.70	2.70	2.70	2.70	2.70	2.70	2.70	2.70	2.70	2.70
95	2.51	2.51	2.51	2.51	2.51	2.51	2.51	2.51	2.51	2.51
96	2.34	2.34	2.34	2.34	2.34	2.34	2.34	2.34	2.34	2.34
97	2.17	2.17	2.17	2.17	2.17	2.17	2.17	2.17	2.17	2.17
98	2.02	2.02	2.02	2.02	2.02	2.02	2.02	2.02	2.02	2.02
99	1.88	1.88	1.88	1.88	1.88	1.88	1.88	1.88	1.88	1.88

Exemples (27), (28), (31)

27a Tafel Seite 7   3½%   AKTIVITÄT/MORTALITÄT

Verbindungsrente für aktive Versorgerin und Versorgten
Mittelwert Aktivität/Mortalität

Alter des Versorgten	\\ Alter der Versorgerin									
	30	31	32	33	34	35	36	37	38	39
0	22.97	22.78	22.59	22.39	22.19	21.97	21.75	21.53	21.29	21.05
1	23.00	22.82	22.62	22.43	22.22	22.01	21.79	21.56	21.33	21.09
2	22.99	22.80	22.61	22.41	22.20	21.99	21.77	21.55	21.32	21.08
3	22.97	22.79	22.59	22.40	22.19	21.98	21.76	21.54	21.31	21.07
4	22.95	22.77	22.58	22.38	22.18	21.97	21.75	21.52	21.29	21.06
5	22.93	22.75	22.56	22.36	22.16	21.95	21.73	21.51	21.28	21.04
6	22.90	22.72	22.54	22.34	22.14	21.93	21.72	21.49	21.26	21.03
7	22.88	22.70	22.51	22.32	22.12	21.91	21.69	21.47	21.24	21.01
8	22.85	22.67	22.49	22.29	22.09	21.89	21.67	21.45	21.23	20.99
9	22.82	22.64	22.46	22.27	22.07	21.86	21.65	21.43	21.20	20.97
10	22.79	22.61	22.43	22.24	22.04	21.84	21.63	21.41	21.18	20.95
11	22.75	22.58	22.39	22.21	22.01	21.81	21.60	21.38	21.16	20.93
12	22.71	22.54	22.36	22.17	21.98	21.78	21.57	21.35	21.13	20.90
13	22.67	22.50	22.32	22.14	21.95	21.74	21.53	21.32	21.10	20.87
14	22.62	22.45	22.28	22.10	21.91	21.71	21.50	21.29	21.07	20.84
15	22.58	22.41	22.23	22.05	21.87	21.67	21.47	21.26	21.04	20.81
16	22.53	22.36	22.19	22.01	21.83	21.63	21.43	21.22	21.00	20.78
17	22.47	22.31	22.15	21.97	21.78	21.59	21.39	21.19	20.97	20.75
18	22.43	22.27	22.10	21.93	21.74	21.55	21.35	21.15	20.94	20.72
19	22.38	22.22	22.06	21.88	21.71	21.52	21.32	21.12	20.91	20.69
20	22.33	22.18	22.02	21.85	21.67	21.49	21.30	21.09	20.89	20.67
21	22.29	22.14	21.99	21.82	21.65	21.46	21.27	21.07	20.87	20.65
22	22.25	22.10	21.95	21.79	21.61	21.44	21.25	21.05	20.85	20.64
23	22.20	22.06	21.91	21.75	21.58	21.40	21.22	21.03	20.83	20.62
24	22.15	22.01	21.86	21.70	21.54	21.36	21.18	20.99	20.79	20.59
25	22.08	21.94	21.80	21.65	21.49	21.32	21.14	20.95	20.76	20.56
26	22.01	21.87	21.73	21.59	21.43	21.26	21.09	20.90	20.71	20.51
27	21.92	21.80	21.66	21.51	21.36	21.20	21.02	20.85	20.66	20.47
28	21.83	21.70	21.57	21.43	21.28	21.13	20.96	20.78	20.60	20.41
29	21.73	21.61	21.48	21.34	21.19	21.04	20.88	20.71	20.53	20.34
30	21.61	21.49	21.37	21.24	21.10	20.95	20.79	20.62	20.45	20.27
31	21.49	21.38	21.26	21.13	20.99	20.85	20.69	20.53	20.36	20.18
32	21.35	21.24	21.13	21.01	20.87	20.74	20.59	20.44	20.27	20.09
33	21.21	21.11	21.00	20.88	20.75	20.62	20.47	20.32	20.16	19.99
34	21.06	20.96	20.85	20.74	20.62	20.49	20.35	20.20	20.05	19.88
35	20.89	20.80	20.70	20.59	20.47	20.35	20.22	20.08	19.92	19.77
36	20.72	20.63	20.53	20.43	20.32	20.20	20.07	19.94	19.79	19.64
37	20.53	20.45	20.36	20.26	20.15	20.04	19.91	19.79	19.65	19.50
38	20.34	20.26	20.17	20.08	19.98	19.87	19.75	19.63	19.49	19.35
39	20.13	20.06	19.98	19.89	19.79	19.69	19.58	19.46	19.33	19.19
40	19.92	19.84	19.77	19.69	19.60	19.49	19.39	19.28	19.16	19.02
41	19.69	19.63	19.55	19.47	19.39	19.29	19.19	19.08	18.97	18.84
42	19.46	19.40	19.33	19.25	19.17	19.08	18.99	18.88	18.78	18.66
43	19.21	19.15	19.09	19.02	18.94	18.86	18.77	18.68	18.57	18.46
44	18.96	18.91	18.84	18.78	18.71	18.63	18.55	18.46	18.35	18.25
45	18.70	18.65	18.59	18.53	18.46	18.39	18.31	18.23	18.13	18.03
46	18.43	18.38	18.33	18.28	18.21	18.14	18.07	17.99	17.90	17.80
47	18.15	18.11	18.06	18.01	17.95	17.88	17.81	17.74	17.66	17.57
48	17.86	17.82	17.77	17.73	17.67	17.61	17.55	17.48	17.40	17.31
49	17.56	17.52	17.48	17.44	17.38	17.33	17.27	17.20	17.13	17.05

Beispiele (27), (28), (31)

ACTIVITÉ/MORTALITÉ 3½% Table **27a** page 8

Rente sur deux têtes (soutien actif féminin)
Valeur moyenne activité/mortalité

Age de l'homme soutenu	Age du soutien féminin									
	30	31	32	33	34	35	36	37	38	39
50	17.25	17.21	17.18	17.13	17.09	17.04	16.98	16.92	16.85	16.78
51	16.93	16.90	16.87	16.82	16.78	16.73	16.68	16.62	16.56	16.49
52	16.60	16.58	16.54	16.51	16.47	16.42	16.37	16.32	16.26	16.20
53	16.27	16.25	16.22	16.18	16.15	16.10	16.06	16.01	15.96	15.90
54	15.94	15.91	15.89	15.85	15.82	15.78	15.74	15.70	15.65	15.59
55	15.60	15.58	15.55	15.52	15.49	15.45	15.41	15.37	15.33	15.28
56	15.25	15.23	15.21	15.18	15.15	15.12	15.09	15.05	15.00	14.96
57	14.90	14.88	14.86	14.83	14.81	14.78	14.74	14.71	14.67	14.63
58	14.54	14.52	14.50	14.48	14.46	14.43	14.40	14.37	14.33	14.29
59	14.18	14.16	14.14	14.12	14.10	14.08	14.05	14.02	13.99	13.95
60	13.81	13.79	13.78	13.76	13.74	13.71	13.69	13.66	13.63	13.60
61	13.43	13.42	13.40	13.39	13.37	13.35	13.33	13.30	13.27	13.24
62	13.06	13.04	13.03	13.01	12.99	12.98	12.96	12.93	12.91	12.88
63	12.68	12.67	12.65	12.64	12.62	12.60	12.59	12.57	12.54	12.52
64	12.30	12.28	12.28	12.26	12.25	12.23	12.21	12.20	12.18	12.15
65	11.92	11.91	11.90	11.89	11.87	11.86	11.84	11.82	11.81	11.79
66	11.54	11.53	11.52	11.51	11.50	11.48	11.47	11.46	11.44	11.42
67	11.16	11.15	11.14	11.13	11.12	11.11	11.09	11.08	11.07	11.05
68	10.77	10.77	10.75	10.75	10.74	10.73	10.72	10.70	10.69	10.68
69	10.39	10.38	10.37	10.36	10.36	10.35	10.34	10.32	10.31	10.30
70	10.00	9.99	9.99	9.98	9.97	9.97	9.95	9.94	9.93	9.92
71	9.62	9.61	9.60	9.60	9.59	9.58	9.58	9.56	9.55	9.54
72	9.23	9.23	9.22	9.22	9.21	9.20	9.19	9.19	9.18	9.17
73	8.85	8.85	8.84	8.83	8.83	8.82	8.81	8.81	8.80	8.79
74	8.47	8.46	8.46	8.45	8.45	8.44	8.44	8.43	8.42	8.42
75	8.09	8.08	8.08	8.08	8.07	8.06	8.06	8.06	8.05	8.04
76	7.71	7.71	7.71	7.71	7.70	7.69	7.69	7.68	7.68	7.67
77	7.35	7.34	7.34	7.34	7.34	7.33	7.33	7.32	7.32	7.31
78	6.99	6.99	6.99	6.98	6.98	6.98	6.98	6.97	6.96	6.96
79	6.65	6.65	6.65	6.64	6.64	6.64	6.64	6.63	6.63	6.62
80	6.32	6.32	6.32	6.32	6.31	6.31	6.31	6.30	6.30	6.30
81	6.01	6.01	6.00	6.00	6.00	5.99	5.99	5.99	5.99	5.99
82	5.70	5.70	5.70	5.70	5.70	5.69	5.69	5.69	5.68	5.68
83	5.41	5.41	5.41	5.41	5.40	5.40	5.40	5.39	5.39	5.39
84	5.13	5.13	5.12	5.12	5.12	5.12	5.12	5.11	5.11	5.11
85	4.85	4.85	4.84	4.84	4.84	4.84	4.84	4.83	4.83	4.83
86	4.57	4.57	4.57	4.57	4.57	4.57	4.57	4.56	4.56	4.56
87	4.30	4.30	4.30	4.30	4.30	4.30	4.30	4.30	4.29	4.29
88	4.04	4.04	4.04	4.04	4.04	4.04	4.04	4.04	4.04	4.03
89	3.79	3.79	3.79	3.79	3.79	3.79	3.79	3.79	3.79	3.78
90	3.55	3.55	3.55	3.55	3.55	3.55	3.55	3.55	3.55	3.55
91	3.32	3.32	3.32	3.32	3.32	3.32	3.32	3.32	3.32	3.32
92	3.10	3.10	3.10	3.10	3.10	3.10	3.10	3.10	3.10	3.10
93	2.89	2.89	2.89	2.89	2.89	2.89	2.89	2.89	2.89	2.89
94	2.70	2.70	2.70	2.70	2.70	2.70	2.70	2.70	2.69	2.69
95	2.51	2.51	2.51	2.51	2.51	2.51	2.51	2.51	2.51	2.51
96	2.34	2.34	2.34	2.34	2.34	2.34	2.34	2.34	2.34	2.34
97	2.17	2.17	2.17	2.17	2.17	2.17	2.17	2.17	2.17	2.17
98	2.02	2.02	2.02	2.02	2.02	2.02	2.02	2.02	2.02	2.02
99	1.88	1.88	1.88	1.88	1.88	1.88	1.88	1.88	1.88	1.88

Exemples ㉗, ㉘, ㉛

27a Tafel Seite 9   3½%   AKTIVITÄT/MORTALITÄT

Verbindungsrente für aktive Versorgerin und Versorgten
Mittelwert Aktivität/Mortalität

Alter des Versorgten	\multicolumn{10}{c}{Alter der Versorgerin}

Alter des Versorgten	40	41	42	43	44	45	46	47	48	49
0	20.81	20.56	20.29	20.02	19.75	19.46	19.18	18.88	18.57	18.25
1	20.85	20.59	20.33	20.06	19.78	19.50	19.21	18.91	18.60	18.29
2	20.83	20.58	20.32	20.05	19.78	19.49	19.20	18.90	18.59	18.28
3	20.82	20.57	20.31	20.04	19.77	19.48	19.19	18.89	18.59	18.27
4	20.81	20.56	20.30	20.03	19.75	19.47	19.18	18.88	18.58	18.27
5	20.80	20.55	20.28	20.02	19.74	19.46	19.17	18.87	18.57	18.26
6	20.78	20.53	20.27	20.00	19.73	19.45	19.16	18.86	18.56	18.25
7	20.77	20.51	20.26	19.99	19.72	19.43	19.15	18.85	18.55	18.23
8	20.75	20.50	20.24	19.98	19.70	19.42	19.13	18.83	18.53	18.22
9	20.73	20.48	20.22	19.96	19.69	19.41	19.12	18.82	18.52	18.21
10	20.71	20.46	20.20	19.94	19.67	19.39	19.10	18.81	18.51	18.19
11	20.69	20.44	20.18	19.92	19.65	19.37	19.08	18.79	18.49	18.18
12	20.66	20.42	20.16	19.90	19.63	19.35	19.06	18.77	18.47	18.16
13	20.64	20.39	20.14	19.88	19.60	19.33	19.05	18.75	18.45	18.14
14	20.61	20.36	20.11	19.85	19.58	19.31	19.02	18.73	18.43	18.12
15	20.58	20.33	20.09	19.82	19.56	19.29	19.00	18.71	18.41	18.11
16	20.55	20.30	20.06	19.80	19.53	19.26	18.98	18.69	18.39	18.08
17	20.52	20.28	20.03	19.77	19.51	19.24	18.96	18.67	18.37	18.07
18	20.49	20.25	20.00	19.75	19.49	19.22	18.94	18.65	18.35	18.05
19	20.47	20.23	19.98	19.73	19.47	19.20	18.92	18.64	18.34	18.04
20	20.45	20.21	19.97	19.72	19.46	19.19	18.91	18.63	18.34	18.03
21	20.43	20.20	19.96	19.71	19.45	19.18	18.91	18.62	18.33	18.03
22	20.41	20.18	19.95	19.70	19.44	19.18	18.90	18.62	18.33	18.03
23	20.40	20.17	19.93	19.69	19.43	19.17	18.90	18.62	18.33	18.03
24	20.37	20.15	19.92	19.67	19.42	19.16	18.89	18.61	18.32	18.03
25	20.34	20.12	19.89	19.65	19.40	19.14	18.87	18.60	18.31	18.02
26	20.30	20.08	19.86	19.62	19.37	19.11	18.85	18.57	18.29	18.00
27	20.26	20.04	19.82	19.58	19.34	19.09	18.82	18.55	18.27	17.98
28	20.20	19.99	19.77	19.54	19.30	19.05	18.79	18.52	18.24	17.95
29	20.14	19.93	19.72	19.49	19.25	19.01	18.75	18.49	18.21	17.93
30	20.07	19.87	19.66	19.43	19.20	18.96	18.70	18.44	18.17	17.89
31	20.00	19.80	19.58	19.37	19.14	18.90	18.65	18.39	18.12	17.84
32	19.91	19.71	19.51	19.29	19.07	18.83	18.59	18.34	18.07	17.80
33	19.81	19.62	19.42	19.21	18.99	18.76	18.52	18.27	18.01	17.74
34	19.71	19.52	19.33	19.12	18.91	18.68	18.45	18.20	17.95	17.68
35	19.59	19.41	19.23	19.03	18.82	18.60	18.37	18.13	17.88	17.61
36	19.47	19.30	19.12	18.92	18.72	18.50	18.28	18.04	17.80	17.54
37	19.34	19.17	19.00	18.81	18.61	18.40	18.18	17.95	17.71	17.46
38	19.20	19.04	18.86	18.68	18.49	18.29	18.07	17.85	17.61	17.36
39	19.05	18.89	18.73	18.55	18.36	18.16	17.96	17.74	17.51	17.27
40	18.88	18.73	18.57	18.40	18.22	18.03	17.83	17.62	17.40	17.16
41	18.71	18.57	18.41	18.25	18.07	17.89	17.70	17.49	17.27	17.05
42	18.53	18.39	18.24	18.08	17.92	17.74	17.55	17.35	17.14	16.92
43	18.34	18.20	18.06	17.91	17.75	17.58	17.40	17.21	17.00	16.79
44	18.13	18.01	17.88	17.73	17.58	17.41	17.24	17.05	16.86	16.65
45	17.92	17.80	17.68	17.54	17.39	17.24	17.07	16.89	16.70	16.50
46	17.70	17.59	17.47	17.34	17.19	17.05	16.89	16.71	16.53	16.34
47	17.46	17.36	17.24	17.12	16.99	16.84	16.69	16.53	16.36	16.17
48	17.22	17.12	17.01	16.90	16.77	16.63	16.49	16.33	16.17	15.99
49	16.97	16.87	16.77	16.66	16.54	16.41	16.27	16.12	15.97	15.80

Beispiele ㉗, ㉘, ㉛

ACTIVITÉ/MORTALITÉ 3½% Table **27a** page 10

Rente sur deux têtes (soutien actif féminin)
Valeur moyenne activité/mortalité

Age de l'homme soutenu	\multicolumn{10}{c}{Age du soutien féminin}

Age de l'homme soutenu	40	41	42	43	44	45	46	47	48	49
50	16.70	16.61	16.51	16.41	16.29	16.18	16.04	15.90	15.75	15.59
51	16.42	16.33	16.25	16.15	16.04	15.93	15.80	15.67	15.53	15.38
52	16.13	16.05	15.97	15.88	15.78	15.67	15.56	15.43	15.30	15.15
53	15.84	15.76	15.68	15.60	15.51	15.41	15.30	15.18	15.05	14.91
54	15.53	15.46	15.39	15.32	15.23	15.13	15.03	14.92	14.80	14.67
55	15.22	15.16	15.09	15.02	14.94	14.85	14.76	14.65	14.54	14.42
56	14.91	14.85	14.79	14.72	14.64	14.56	14.47	14.38	14.27	14.16
57	14.58	14.53	14.48	14.41	14.34	14.26	14.18	14.09	14.00	13.89
58	14.25	14.20	14.15	14.09	14.03	13.96	13.88	13.80	13.71	13.61
59	13.91	13.87	13.82	13.77	13.71	13.64	13.57	13.49	13.41	13.32
60	13.57	13.52	13.48	13.43	13.37	13.32	13.25	13.18	13.10	13.02
61	13.21	13.17	13.13	13.09	13.04	12.98	12.92	12.86	12.79	12.71
62	12.85	12.82	12.78	12.74	12.69	12.65	12.59	12.53	12.47	12.39
63	12.49	12.46	12.43	12.39	12.35	12.31	12.25	12.20	12.14	12.07
64	12.13	12.10	12.07	12.04	12.00	11.96	11.91	11.86	11.81	11.75
65	11.76	11.74	11.71	11.68	11.65	11.61	11.57	11.52	11.47	11.42
66	11.40	11.37	11.35	11.32	11.29	11.26	11.22	11.18	11.13	11.08
67	11.03	11.01	10.98	10.96	10.93	10.90	10.87	10.83	10.79	10.75
68	10.66	10.64	10.62	10.59	10.57	10.54	10.51	10.48	10.44	10.40
69	10.29	10.27	10.25	10.23	10.20	10.18	10.15	10.12	10.09	10.05
70	9.91	9.89	9.87	9.85	9.83	9.81	9.79	9.76	9.73	9.70
71	9.53	9.52	9.50	9.48	9.46	9.45	9.42	9.40	9.37	9.34
72	9.16	9.14	9.13	9.12	9.10	9.08	9.06	9.04	9.01	8.99
73	8.78	8.77	8.76	8.74	8.73	8.71	8.69	8.67	8.65	8.63
74	8.40	8.39	8.39	8.37	8.36	8.35	8.33	8.31	8.29	8.27
75	8.03	8.02	8.01	8.01	7.99	7.98	7.96	7.95	7.93	7.91
76	7.66	7.66	7.65	7.64	7.63	7.61	7.61	7.59	7.57	7.56
77	7.30	7.30	7.29	7.28	7.27	7.26	7.25	7.24	7.22	7.21
78	6.96	6.95	6.94	6.93	6.93	6.91	6.91	6.90	6.89	6.87
79	6.62	6.61	6.61	6.60	6.59	6.58	6.57	6.56	6.55	6.54
80	6.29	6.28	6.28	6.28	6.27	6.26	6.25	6.24	6.23	6.23
81	5.98	5.97	5.97	5.96	5.96	5.95	5.94	5.94	5.93	5.92
82	5.68	5.67	5.67	5.66	5.66	5.66	5.65	5.64	5.63	5.62
83	5.39	5.39	5.38	5.38	5.37	5.37	5.36	5.36	5.35	5.34
84	5.10	5.10	5.10	5.10	5.09	5.09	5.08	5.08	5.07	5.06
85	4.83	4.82	4.82	4.82	4.82	4.81	4.81	4.80	4.80	4.79
86	4.55	4.55	4.55	4.55	4.55	4.54	4.54	4.53	4.53	4.52
87	4.29	4.29	4.28	4.28	4.28	4.28	4.27	4.27	4.27	4.26
88	4.03	4.03	4.03	4.02	4.02	4.02	4.02	4.01	4.01	4.01
89	3.78	3.78	3.78	3.78	3.77	3.77	3.77	3.76	3.76	3.76
90	3.54	3.54	3.54	3.54	3.54	3.53	3.53	3.53	3.53	3.52
91	3.32	3.32	3.31	3.31	3.31	3.31	3.30	3.30	3.30	3.30
92	3.10	3.10	3.10	3.10	3.09	3.09	3.09	3.09	3.08	3.08
93	2.89	2.89	2.89	2.89	2.89	2.89	2.88	2.88	2.88	2.88
94	2.69	2.69	2.69	2.69	2.69	2.69	2.69	2.69	2.69	2.68
95	2.51	2.51	2.51	2.51	2.51	2.51	2.51	2.51	2.50	2.50
96	2.33	2.33	2.33	2.33	2.33	2.33	2.33	2.33	2.33	2.33
97	2.17	2.17	2.17	2.17	2.17	2.17	2.17	2.17	2.17	2.17
98	2.02	2.02	2.02	2.02	2.02	2.02	2.02	2.02	2.02	2.02
99	1.88	1.87	1.87	1.87	1.87	1.87	1.87	1.87	1.87	1.87

Exemples ㉗, ㉘, ㉛

27a

Tafel Seite 11   3½%   AKTIVITÄT/MORTALITÄT

Verbindungsrente für aktive Versorgerin und Versorgten
Mittelwert Aktivität/Mortalität

Alter des Versorgten	\multicolumn{10}{c}{Alter der Versorgerin}

Alter des Versorgten	50	51	52	53	54	55	56	57	58	59
0	17.93	17.60	17.26	16.92	16.56	16.19	15.82	15.43	15.04	14.63
1	17.96	17.63	17.30	16.95	16.59	16.22	15.84	15.46	15.06	14.66
2	17.96	17.63	17.29	16.94	16.58	16.22	15.84	15.46	15.06	14.66
3	17.95	17.62	17.28	16.94	16.58	16.21	15.84	15.45	15.06	14.65
4	17.95	17.61	17.27	16.93	16.57	16.21	15.83	15.44	15.05	14.65
5	17.94	17.61	17.27	16.92	16.57	16.20	15.82	15.44	15.04	14.64
6	17.93	17.60	17.26	16.91	16.55	16.19	15.81	15.43	15.03	14.63
7	17.91	17.58	17.25	16.90	16.55	16.18	15.81	15.42	15.03	14.63
8	17.90	17.57	17.24	16.89	16.54	16.17	15.80	15.41	15.02	14.62
9	17.89	17.56	17.22	16.88	16.53	16.16	15.79	15.40	15.01	14.61
10	17.88	17.55	17.21	16.87	16.51	16.15	15.77	15.40	15.00	14.60
11	17.86	17.53	17.20	16.86	16.50	16.14	15.76	15.38	14.99	14.59
12	17.85	17.52	17.18	16.84	16.49	16.12	15.75	15.37	14.98	14.58
13	17.83	17.50	17.17	16.82	16.47	16.11	15.74	15.36	14.97	14.56
14	17.81	17.48	17.15	16.81	16.46	16.10	15.72	15.34	14.95	14.55
15	17.79	17.47	17.13	16.79	16.44	16.08	15.71	15.33	14.94	14.54
16	17.77	17.45	17.12	16.77	16.43	16.06	15.70	15.31	14.92	14.53
17	17.75	17.43	17.10	16.76	16.41	16.05	15.68	15.30	14.91	14.51
18	17.74	17.42	17.08	16.75	16.40	16.04	15.67	15.29	14.90	14.50
19	17.73	17.41	17.08	16.74	16.39	16.03	15.66	15.29	14.89	14.50
20	17.72	17.40	17.07	16.74	16.39	16.03	15.66	15.28	14.89	14.50
21	17.72	17.40	17.07	16.74	16.39	16.03	15.67	15.29	14.90	14.50
22	17.73	17.41	17.08	16.74	16.40	16.04	15.67	15.29	14.91	14.51
23	17.72	17.41	17.08	16.75	16.40	16.04	15.67	15.30	14.91	14.52
24	17.72	17.41	17.08	16.74	16.40	16.04	15.68	15.30	14.92	14.52
25	17.71	17.40	17.07	16.74	16.40	16.04	15.67	15.30	14.91	14.52
26	17.70	17.38	17.06	16.73	16.39	16.04	15.68	15.30	14.92	14.52
27	17.68	17.37	17.05	16.72	16.38	16.03	15.66	15.29	14.91	14.51
28	17.66	17.35	17.03	16.70	16.36	16.01	15.65	15.28	14.90	14.51
29	17.63	17.33	17.01	16.68	16.35	16.00	15.64	15.27	14.89	14.50
30	17.60	17.29	16.98	16.66	16.32	15.98	15.62	15.25	14.87	14.48
31	17.55	17.26	16.95	16.63	16.29	15.95	15.60	15.23	14.86	14.46
32	17.51	17.22	16.91	16.59	16.26	15.92	15.57	15.20	14.83	14.45
33	17.46	17.17	16.86	16.55	16.22	15.89	15.54	15.18	14.80	14.42
34	17.40	17.12	16.81	16.51	16.18	15.85	15.50	15.14	14.78	14.40
35	17.34	17.05	16.76	16.45	16.13	15.81	15.46	15.11	14.74	14.36
36	17.27	16.99	16.70	16.40	16.08	15.76	15.42	15.07	14.70	14.33
37	17.19	16.92	16.63	16.34	16.03	15.70	15.37	15.02	14.66	14.29
38	17.11	16.84	16.56	16.27	15.96	15.64	15.31	14.97	14.61	14.25
39	17.02	16.75	16.48	16.19	15.89	15.58	15.25	14.91	14.56	14.20
40	16.92	16.66	16.39	16.11	15.81	15.50	15.18	14.85	14.50	14.14
41	16.81	16.55	16.29	16.02	15.72	15.42	15.11	14.78	14.44	14.08
42	16.69	16.44	16.19	15.91	15.64	15.34	15.03	14.70	14.37	14.02
43	16.56	16.33	16.07	15.81	15.53	15.25	14.94	14.62	14.30	13.95
44	16.43	16.20	15.95	15.70	15.43	15.14	14.85	14.54	14.21	13.88
45	16.29	16.06	15.83	15.58	15.31	15.04	14.75	14.44	14.13	13.79
46	16.14	15.92	15.69	15.45	15.19	14.92	14.64	14.34	14.03	13.71
47	15.97	15.77	15.54	15.31	15.06	14.80	14.53	14.23	13.93	13.61
48	15.80	15.60	15.39	15.16	14.92	14.66	14.40	14.12	13.82	13.51
49	15.62	15.42	15.22	15.00	14.77	14.52	14.26	13.99	13.70	13.39

Beispiele ㉗, ㉘, ㉛

ACTIVITÉ/MORTALITÉ 3½% Table **27a** page 12

Rente sur deux têtes (soutien actif féminin)
Valeur moyenne activité/mortalité

Age de l'homme soutenu	Age du soutien féminin									
	50	51	52	53	54	55	56	57	58	59
50	15.42	15.23	15.04	14.83	14.60	14.37	14.12	13.85	13.57	13.28
51	15.21	15.03	14.85	14.64	14.43	14.20	13.96	13.70	13.43	13.14
52	14.99	14.82	14.64	14.45	14.25	14.02	13.79	13.54	13.28	13.01
53	14.77	14.61	14.43	14.25	14.06	13.84	13.62	13.38	13.13	12.86
54	14.53	14.38	14.22	14.04	13.85	13.65	13.44	13.20	12.96	12.70
55	14.28	14.14	13.99	13.82	13.65	13.45	13.24	13.03	12.79	12.54
56	14.03	13.90	13.76	13.60	13.43	13.24	13.05	12.83	12.61	12.37
57	13.77	13.64	13.51	13.36	13.20	13.03	12.84	12.63	12.42	12.19
58	13.50	13.38	13.25	13.11	12.96	12.79	12.62	12.42	12.22	12.00
59	13.22	13.11	12.99	12.85	12.71	12.55	12.38	12.20	12.01	11.80
60	12.92	12.82	12.71	12.58	12.45	12.30	12.14	11.97	11.79	11.59
61	12.62	12.53	12.42	12.30	12.18	12.04	11.89	11.73	11.56	11.36
62	12.31	12.22	12.13	12.02	11.90	11.77	11.63	11.48	11.32	11.13
63	12.00	11.92	11.83	11.73	11.62	11.50	11.37	11.22	11.07	10.90
64	11.68	11.61	11.52	11.43	11.33	11.22	11.09	10.96	10.81	10.65
65	11.35	11.28	11.21	11.12	11.03	10.93	10.81	10.69	10.55	10.40
66	11.03	10.96	10.89	10.81	10.73	10.64	10.53	10.41	10.29	10.14
67	10.69	10.64	10.57	10.50	10.42	10.33	10.24	10.13	10.01	9.88
68	10.35	10.30	10.24	10.18	10.11	10.03	9.94	9.84	9.73	9.61
69	10.01	9.96	9.91	9.85	9.79	9.71	9.63	9.54	9.44	9.32
70	9.66	9.62	9.57	9.52	9.46	9.39	9.32	9.23	9.14	9.03
71	9.31	9.27	9.23	9.18	9.13	9.07	9.00	8.92	8.84	8.74
72	8.96	8.92	8.89	8.84	8.79	8.74	8.68	8.61	8.53	8.44
73	8.60	8.58	8.54	8.50	8.46	8.41	8.35	8.29	8.22	8.14
74	8.25	8.22	8.19	8.16	8.12	8.08	8.02	7.97	7.90	7.83
75	7.89	7.87	7.84	7.81	7.78	7.74	7.69	7.64	7.58	7.51
76	7.54	7.52	7.50	7.47	7.44	7.40	7.36	7.32	7.26	7.20
77	7.20	7.18	7.15	7.13	7.10	7.07	7.04	6.99	6.95	6.90
78	6.86	6.84	6.82	6.80	6.78	6.75	6.72	6.68	6.64	6.59
79	6.53	6.52	6.50	6.48	6.46	6.44	6.41	6.38	6.34	6.29
80	6.21	6.20	6.19	6.17	6.15	6.13	6.11	6.08	6.04	6.01
81	5.91	5.90	5.89	5.88	5.86	5.84	5.82	5.79	5.76	5.72
82	5.62	5.61	5.60	5.59	5.57	5.56	5.53	5.51	5.48	5.45
83	5.34	5.32	5.32	5.30	5.29	5.28	5.26	5.24	5.22	5.19
84	5.06	5.05	5.04	5.04	5.02	5.01	5.00	4.98	4.96	4.93
85	4.79	4.78	4.77	4.77	4.76	4.74	4.73	4.72	4.70	4.68
86	4.52	4.52	4.51	4.50	4.49	4.48	4.47	4.46	4.44	4.42
87	4.26	4.25	4.25	4.24	4.23	4.23	4.22	4.20	4.19	4.17
88	4.00	4.00	3.99	3.99	3.98	3.98	3.97	3.96	3.94	3.93
89	3.76	3.75	3.75	3.74	3.74	3.73	3.73	3.72	3.71	3.70
90	3.52	3.52	3.52	3.51	3.50	3.50	3.50	3.49	3.48	3.47
91	3.29	3.29	3.29	3.29	3.28	3.28	3.27	3.27	3.26	3.25
92	3.08	3.08	3.08	3.07	3.07	3.07	3.06	3.06	3.05	3.04
93	2.87	2.87	2.87	2.87	2.87	2.87	2.86	2.85	2.85	2.85
94	2.68	2.68	2.68	2.67	2.67	2.67	2.67	2.67	2.66	2.66
95	2.50	2.50	2.50	2.49	2.49	2.49	2.49	2.49	2.48	2.48
96	2.33	2.33	2.33	2.32	2.32	2.32	2.31	2.31	2.31	2.31
97	2.17	2.17	2.17	2.16	2.16	2.16	2.16	2.15	2.15	2.15
98	2.02	2.01	2.01	2.01	2.01	2.01	2.01	2.00	2.00	2.00
99	1.87	1.87	1.87	1.87	1.87	1.87	1.87	1.87	1.86	1.86

Exemples ㉗, ㉘, ㉛

27a Tafel Seite 13 — 3½% — AKTIVITÄT/MORTALITÄT

Verbindungsrente für aktive Versorgerin und Versorgten
Mittelwert Aktivität/Mortalität

Alter des Versorgten	Alter der Versorgerin									
	60	61	62	63	64	65	66	67	68	69
0	14.22	13.79	13.36	12.94	12.52	12.11	11.68	11.25	10.82	10.39
1	14.25	13.82	13.39	12.96	12.54	12.13	11.70	11.27	10.84	10.41
2	14.24	13.82	13.38	12.96	12.54	12.13	11.70	11.27	10.84	10.41
3	14.24	13.81	13.38	12.96	12.54	12.13	11.70	11.27	10.84	10.40
4	14.23	13.81	13.37	12.96	12.54	12.12	11.69	11.27	10.84	10.40
5	14.23	13.80	13.37	12.95	12.53	12.12	11.69	11.26	10.84	10.40
6	14.22	13.80	13.37	12.94	12.53	12.11	11.69	11.26	10.83	10.40
7	14.21	13.79	13.36	12.94	12.52	12.11	11.69	11.26	10.83	10.39
8	14.20	13.78	13.35	12.94	12.52	12.10	11.68	11.25	10.82	10.39
9	14.20	13.78	13.34	12.93	12.51	12.09	11.67	11.24	10.82	10.39
10	14.19	13.77	13.34	12.92	12.50	12.09	11.67	11.24	10.81	10.38
11	14.18	13.76	13.33	12.91	12.49	12.08	11.66	11.23	10.80	10.37
12	14.17	13.74	13.31	12.90	12.49	12.07	11.65	11.23	10.79	10.36
13	14.15	13.73	13.31	12.89	12.47	12.06	11.64	11.21	10.79	10.36
14	14.14	13.73	13.30	12.88	12.46	12.05	11.63	11.21	10.78	10.35
15	14.13	13.71	13.28	12.87	12.45	12.04	11.62	11.20	10.77	10.34
16	14.12	13.70	13.27	12.86	12.44	12.03	11.61	11.19	10.76	10.33
17	14.10	13.69	13.26	12.85	12.43	12.02	11.60	11.18	10.75	10.32
18	14.10	13.68	13.25	12.84	12.42	12.01	11.59	11.17	10.75	10.32
19	14.09	13.68	13.25	12.83	12.42	12.01	11.59	11.17	10.74	10.32
20	14.09	13.68	13.25	12.83	12.42	12.01	11.59	11.17	10.74	10.32
21	14.10	13.68	13.25	12.84	12.42	12.01	11.59	11.17	10.75	10.32
22	14.10	13.69	13.26	12.85	12.43	12.02	11.60	11.18	10.75	10.32
23	14.11	13.69	13.27	12.85	12.44	12.03	11.61	11.19	10.76	10.33
24	14.11	13.70	13.27	12.86	12.44	12.04	11.61	11.19	10.76	10.34
25	14.11	13.70	13.27	12.86	12.45	12.04	11.62	11.20	10.77	10.34
26	14.11	13.70	13.27	12.86	12.45	12.04	11.62	11.20	10.77	10.34
27	14.11	13.70	13.27	12.86	12.45	12.04	11.62	11.20	10.77	10.34
28	14.11	13.69	13.27	12.86	12.45	12.04	11.62	11.20	10.77	10.34
29	14.09	13.69	13.26	12.85	12.44	12.03	11.62	11.19	10.77	10.34
30	14.08	13.67	13.25	12.84	12.43	12.03	11.61	11.19	10.77	10.34
31	14.07	13.66	13.24	12.83	12.42	12.02	11.60	11.18	10.76	10.33
32	14.05	13.64	13.23	12.82	12.41	12.01	11.59	11.18	10.75	10.33
33	14.03	13.62	13.21	12.80	12.40	11.99	11.58	11.16	10.74	10.32
34	14.00	13.60	13.19	12.78	12.38	11.98	11.57	11.15	10.73	10.31
35	13.98	13.58	13.16	12.76	12.36	11.96	11.55	11.14	10.72	10.30
36	13.94	13.54	13.14	12.74	12.34	11.94	11.54	11.13	10.71	10.29
37	13.91	13.52	13.11	12.71	12.31	11.92	11.52	11.11	10.69	10.27
38	13.87	13.48	13.07	12.68	12.29	11.90	11.49	11.09	10.67	10.26
39	13.82	13.44	13.03	12.65	12.25	11.87	11.46	11.06	10.65	10.24
40	13.77	13.39	12.99	12.61	12.22	11.84	11.44	11.03	10.63	10.22
41	13.72	13.34	12.95	12.57	12.18	11.80	11.40	11.01	10.60	10.19
42	13.66	13.29	12.90	12.52	12.14	11.76	11.37	10.97	10.57	10.17
43	13.59	13.22	12.84	12.47	12.09	11.72	11.33	10.94	10.54	10.14
44	13.53	13.16	12.78	12.42	12.05	11.68	11.29	10.90	10.50	10.11
45	13.45	13.09	12.72	12.36	11.99	11.62	11.25	10.86	10.47	10.07
46	13.37	13.02	12.65	12.29	11.93	11.57	11.20	10.82	10.43	10.04
47	13.28	12.94	12.58	12.22	11.87	11.51	11.14	10.76	10.38	10.00
48	13.18	12.85	12.49	12.15	11.80	11.45	11.08	10.71	10.33	9.95
49	13.08	12.75	12.40	12.06	11.72	11.37	11.02	10.65	10.28	9.90

Beispiele ㉗, ㉘, ㉛

ACTIVITÉ/MORTALITÉ 3½% Table **27a** page 14

Rente sur deux têtes (soutien actif féminin)
Valeur moyenne activité/mortalité

Age de l'homme soutenu	Age du soutien féminin									
	60	61	62	63	64	65	66	67	68	69
50	12.96	12.64	12.30	11.97	11.63	11.30	10.94	10.58	10.22	9.84
51	12.84	12.53	12.20	11.87	11.54	11.21	10.87	10.51	10.15	9.78
52	12.71	12.40	12.08	11.76	11.44	11.12	10.78	10.43	10.08	9.72
53	12.57	12.27	11.96	11.65	11.34	11.02	10.69	10.35	10.00	9.65
54	12.42	12.14	11.83	11.53	11.23	10.92	10.60	10.26	9.92	9.58
55	12.28	11.99	11.70	11.41	11.11	10.81	10.50	10.17	9.84	9.50
56	12.11	11.84	11.55	11.27	10.99	10.69	10.39	10.07	9.75	9.41
57	11.94	11.68	11.40	11.13	10.85	10.57	10.27	9.97	9.65	9.32
58	11.76	11.51	11.24	10.98	10.71	10.44	10.15	9.85	9.54	9.23
59	11.57	11.33	11.07	10.82	10.56	10.30	10.02	9.73	9.43	9.12
60	11.37	11.14	10.89	10.65	10.40	10.15	9.88	9.60	9.31	9.01
61	11.16	10.94	10.70	10.47	10.23	9.99	9.73	9.46	9.18	8.89
62	10.94	10.73	10.50	10.28	10.06	9.82	9.57	9.32	9.05	8.77
63	10.72	10.51	10.30	10.09	9.87	9.65	9.41	9.16	8.90	8.63
64	10.48	10.29	10.09	9.89	9.68	9.47	9.24	9.00	8.75	8.49
65	10.24	10.06	9.87	9.68	9.48	9.28	9.06	8.83	8.60	8.35
66	9.99	9.82	9.64	9.46	9.27	9.08	8.88	8.66	8.43	8.20
67	9.73	9.58	9.40	9.24	9.06	8.88	8.69	8.48	8.27	8.04
68	9.47	9.32	9.16	9.00	8.84	8.67	8.49	8.29	8.09	7.87
69	9.20	9.06	8.91	8.76	8.61	8.45	8.27	8.09	7.90	7.69
70	8.92	8.79	8.65	8.51	8.36	8.22	8.05	7.88	7.70	7.51
71	8.63	8.52	8.38	8.25	8.12	7.98	7.83	7.67	7.50	7.31
72	8.34	8.23	8.11	7.99	7.87	7.74	7.60	7.45	7.28	7.12
73	8.05	7.94	7.83	7.72	7.60	7.49	7.36	7.22	7.06	6.91
74	7.75	7.65	7.55	7.45	7.34	7.23	7.11	6.98	6.84	6.69
75	7.44	7.36	7.26	7.17	7.07	6.97	6.86	6.74	6.61	6.47
76	7.13	7.06	6.97	6.88	6.79	6.71	6.60	6.49	6.37	6.24
77	6.83	6.76	6.68	6.60	6.52	6.44	6.34	6.24	6.13	6.01
78	6.53	6.47	6.40	6.32	6.25	6.18	6.09	6.00	5.90	5.79
79	6.24	6.18	6.12	6.05	5.98	5.92	5.84	5.75	5.66	5.56
80	5.96	5.91	5.85	5.79	5.73	5.67	5.59	5.52	5.43	5.34
81	5.68	5.64	5.58	5.53	5.48	5.42	5.35	5.29	5.21	5.12
82	5.42	5.38	5.33	5.28	5.23	5.18	5.12	5.06	4.99	4.91
83	5.16	5.12	5.07	5.03	4.99	4.94	4.89	4.84	4.77	4.70
84	4.90	4.87	4.83	4.79	4.75	4.71	4.66	4.61	4.56	4.49
85	4.65	4.62	4.59	4.55	4.51	4.48	4.44	4.39	4.34	4.28
86	4.40	4.37	4.34	4.31	4.28	4.25	4.21	4.17	4.13	4.08
87	4.16	4.13	4.10	4.08	4.05	4.02	3.99	3.95	3.91	3.86
88	3.91	3.89	3.87	3.85	3.82	3.79	3.77	3.74	3.70	3.66
89	3.68	3.66	3.64	3.62	3.60	3.58	3.55	3.52	3.49	3.45
90	3.46	3.44	3.42	3.40	3.38	3.36	3.34	3.32	3.29	3.26
91	3.24	3.23	3.21	3.19	3.18	3.16	3.14	3.12	3.10	3.07
92	3.03	3.02	3.00	2.99	2.98	2.96	2.95	2.93	2.91	2.88
93	2.84	2.82	2.81	2.80	2.78	2.77	2.76	2.74	2.73	2.70
94	2.65	2.64	2.63	2.62	2.60	2.60	2.59	2.57	2.56	2.54
95	2.47	2.46	2.45	2.45	2.43	2.42	2.42	2.40	2.39	2.37
96	2.30	2.30	2.29	2.28	2.27	2.26	2.26	2.24	2.23	2.22
97	2.15	2.14	2.13	2.12	2.12	2.11	2.10	2.10	2.08	2.07
98	2.00	1.99	1.99	1.98	1.97	1.97	1.96	1.96	1.94	1.94
99	1.86	1.86	1.85	1.84	1.84	1.83	1.83	1.82	1.82	1.81

Exemples ㉗, ㉘, ㉛

27a Tafel Seite 15 — 3½% — AKTIVITÄT/MORTALITÄT

Verbindungsrente für aktive Versorgerin und Versorgten
Mittelwert Aktivität/Mortalität

Alter des Versorgten	\multicolumn{10}{c}{Alter der Versorgerin}
	70	71	72	73	74	75	76	77	78	79
0	9.95	9.52	9.09	8.68	8.27	7.87	7.48	7.09	6.72	6.37
1	9.97	9.54	9.11	8.69	8.28	7.88	7.49	7.11	6.73	6.38
2	9.97	9.54	9.11	8.69	8.28	7.88	7.49	7.11	6.73	6.38
3	9.97	9.54	9.11	8.69	8.28	7.88	7.49	7.11	6.73	6.38
4	9.97	9.54	9.11	8.69	8.28	7.88	7.49	7.11	6.73	6.38
5	9.96	9.54	9.11	8.69	8.28	7.88	7.49	7.11	6.73	6.38
6	9.96	9.53	9.10	8.69	8.28	7.88	7.49	7.11	6.73	6.38
7	9.96	9.53	9.10	8.68	8.28	7.88	7.49	7.10	6.73	6.38
8	9.96	9.52	9.10	8.68	8.27	7.88	7.49	7.10	6.73	6.38
9	9.95	9.52	9.10	8.68	8.27	7.87	7.48	7.10	6.73	6.37
10	9.94	9.52	9.09	8.68	8.26	7.87	7.48	7.10	6.72	6.37
11	9.94	9.51	9.09	8.67	8.26	7.86	7.47	7.10	6.72	6.37
12	9.94	9.50	9.08	8.66	8.26	7.86	7.47	7.09	6.72	6.36
13	9.93	9.50	9.07	8.66	8.25	7.86	7.47	7.09	6.72	6.36
14	9.92	9.49	9.06	8.65	8.24	7.85	7.46	7.08	6.71	6.36
15	9.91	9.48	9.06	8.64	8.24	7.84	7.45	7.08	6.70	6.35
16	9.90	9.47	9.05	8.63	8.23	7.84	7.45	7.07	6.70	6.34
17	9.89	9.47	9.05	8.63	8.23	7.83	7.44	7.06	6.69	6.34
18	9.89	9.46	9.04	8.62	8.22	7.83	7.44	7.06	6.69	6.34
19	9.88	9.46	9.04	8.62	8.22	7.82	7.44	7.06	6.69	6.34
20	9.88	9.46	9.04	8.62	8.22	7.82	7.44	7.06	6.69	6.33
21	9.89	9.46	9.04	8.62	8.22	7.83	7.44	7.06	6.69	6.34
22	9.90	9.46	9.05	8.63	8.23	7.83	7.44	7.06	6.69	6.34
23	9.90	9.47	9.05	8.63	8.23	7.83	7.44	7.07	6.69	6.34
24	9.90	9.48	9.05	8.64	8.23	7.83	7.45	7.07	6.70	6.34
25	9.91	9.48	9.06	8.64	8.23	7.84	7.45	7.08	6.70	6.35
26	9.91	9.49	9.06	8.65	8.24	7.84	7.46	7.08	6.70	6.35
27	9.91	9.49	9.06	8.65	8.24	7.84	7.46	7.08	6.71	6.35
28	9.91	9.49	9.06	8.65	8.24	7.85	7.46	7.08	6.71	6.36
29	9.91	9.48	9.06	8.65	8.24	7.85	7.46	7.08	6.71	6.36
30	9.91	9.48	9.06	8.65	8.24	7.84	7.46	7.08	6.71	6.36
31	9.90	9.48	9.06	8.64	8.24	7.84	7.46	7.08	6.70	6.35
32	9.90	9.48	9.05	8.64	8.24	7.84	7.45	7.08	6.70	6.35
33	9.89	9.47	9.05	8.64	8.23	7.84	7.45	7.08	6.70	6.35
34	9.89	9.46	9.04	8.63	8.23	7.83	7.45	7.07	6.70	6.35
35	9.87	9.45	9.03	8.62	8.22	7.83	7.44	7.07	6.70	6.34
36	9.87	9.45	9.03	8.62	8.21	7.82	7.44	7.07	6.69	6.34
37	9.85	9.43	9.02	8.61	8.21	7.81	7.43	7.06	6.68	6.34
38	9.84	9.42	9.00	8.60	8.19	7.81	7.42	7.05	6.68	6.33
39	9.82	9.40	8.99	8.59	8.19	7.80	7.42	7.05	6.68	6.33
40	9.80	9.38	8.98	8.57	8.17	7.79	7.41	7.03	6.67	6.32
41	9.78	9.36	8.96	8.55	8.16	7.77	7.40	7.03	6.66	6.31
42	9.76	9.34	8.94	8.54	8.14	7.76	7.38	7.02	6.65	6.31
43	9.73	9.32	8.92	8.52	8.12	7.74	7.37	7.00	6.64	6.29
44	9.70	9.30	8.89	8.50	8.11	7.73	7.36	6.99	6.63	6.29
45	9.67	9.27	8.87	8.48	8.09	7.71	7.34	6.98	6.62	6.28
46	9.64	9.24	8.84	8.45	8.07	7.69	7.33	6.96	6.60	6.26
47	9.60	9.21	8.82	8.43	8.05	7.67	7.31	6.95	6.59	6.25
48	9.56	9.17	8.78	8.40	8.02	7.65	7.28	6.93	6.57	6.24
49	9.52	9.13	8.75	8.36	7.99	7.62	7.26	6.91	6.55	6.22

Beispiele (27), (28), (31)

ACTIVITÉ/MORTALITÉ 3½% Table **27a** page 16

Rente sur deux têtes (soutien actif féminin)
Valeur moyenne activité/mortalité

Age de l'homme soutenu	Age du soutien féminin									
	70	71	72	73	74	75	76	77	78	79
50	9.46	9.08	8.70	8.32	7.96	7.59	7.23	6.88	6.53	6.20
51	9.41	9.03	8.66	8.29	7.92	7.56	7.21	6.86	6.51	6.18
52	9.35	8.98	8.61	8.24	7.88	7.53	7.17	6.83	6.48	6.16
53	9.28	8.92	8.56	8.19	7.84	7.49	7.14	6.80	6.46	6.14
54	9.22	8.86	8.50	8.14	7.79	7.44	7.10	6.77	6.42	6.11
55	9.15	8.79	8.44	8.09	7.74	7.40	7.06	6.73	6.40	6.08
56	9.07	8.73	8.38	8.03	7.69	7.35	7.02	6.69	6.36	6.05
57	8.99	8.65	8.31	7.97	7.63	7.31	6.98	6.65	6.33	6.02
58	8.90	8.57	8.23	7.91	7.57	7.25	6.93	6.61	6.29	5.98
59	8.80	8.48	8.15	7.83	7.51	7.19	6.87	6.56	6.24	5.94
60	8.70	8.39	8.07	7.75	7.44	7.12	6.81	6.51	6.20	5.90
61	8.59	8.29	7.98	7.67	7.36	7.06	6.75	6.45	6.15	5.86
62	8.48	8.18	7.88	7.58	7.28	6.98	6.68	6.39	6.09	5.81
63	8.35	8.07	7.78	7.48	7.19	6.90	6.61	6.33	6.03	5.75
64	8.22	7.95	7.67	7.39	7.10	6.82	6.54	6.25	5.97	5.70
65	8.09	7.82	7.55	7.28	7.00	6.73	6.46	6.18	5.90	5.64
66	7.95	7.69	7.43	7.16	6.90	6.63	6.37	6.11	5.84	5.58
67	7.80	7.55	7.30	7.05	6.79	6.54	6.28	6.02	5.76	5.51
68	7.64	7.41	7.16	6.92	6.68	6.43	6.19	5.94	5.68	5.44
69	7.48	7.25	7.02	6.79	6.55	6.32	6.08	5.84	5.60	5.36
70	7.30	7.09	6.87	6.65	6.42	6.20	5.97	5.74	5.50	5.28
71	7.12	6.92	6.71	6.50	6.28	6.07	5.85	5.63	5.41	5.19
72	6.93	6.74	6.54	6.34	6.14	5.94	5.73	5.52	5.30	5.10
73	6.73	6.55	6.37	6.18	5.99	5.80	5.60	5.40	5.19	4.99
74	6.53	6.36	6.19	6.01	5.83	5.65	5.46	5.27	5.07	4.88
75	6.32	6.16	6.00	5.83	5.66	5.49	5.31	5.13	4.94	4.77
76	6.10	5.96	5.80	5.65	5.49	5.33	5.16	4.99	4.82	4.65
77	5.88	5.75	5.61	5.46	5.31	5.16	5.01	4.85	4.68	4.52
78	5.67	5.54	5.41	5.27	5.13	4.99	4.85	4.70	4.54	4.40
79	5.45	5.34	5.21	5.09	4.96	4.82	4.69	4.55	4.41	4.27
80	5.24	5.13	5.02	4.90	4.78	4.66	4.53	4.40	4.27	4.13
81	5.03	4.93	4.83	4.72	4.61	4.50	4.37	4.26	4.13	4.01
82	4.83	4.74	4.64	4.54	4.44	4.33	4.22	4.11	3.99	3.88
83	4.62	4.54	4.45	4.36	4.27	4.17	4.07	3.97	3.85	3.75
84	4.42	4.34	4.27	4.18	4.10	4.01	3.91	3.82	3.72	3.62
85	4.22	4.15	4.08	4.00	3.92	3.84	3.76	3.67	3.58	3.48
86	4.02	3.96	3.89	3.82	3.75	3.68	3.60	3.52	3.43	3.35
87	3.81	3.76	3.70	3.63	3.57	3.50	3.43	3.36	3.28	3.21
88	3.61	3.56	3.51	3.45	3.40	3.33	3.27	3.20	3.13	3.07
89	3.42	3.37	3.32	3.27	3.22	3.17	3.11	3.05	2.99	2.92
90	3.23	3.18	3.14	3.09	3.05	3.00	2.95	2.89	2.84	2.78
91	3.03	3.00	2.96	2.92	2.88	2.84	2.79	2.75	2.69	2.64
92	2.86	2.83	2.79	2.75	2.72	2.68	2.64	2.60	2.55	2.51
93	2.68	2.65	2.62	2.60	2.56	2.53	2.49	2.45	2.41	2.37
94	2.51	2.49	2.47	2.44	2.41	2.38	2.35	2.31	2.28	2.24
95	2.35	2.34	2.31	2.29	2.26	2.24	2.21	2.18	2.15	2.12
96	2.20	2.18	2.16	2.14	2.12	2.10	2.08	2.05	2.02	1.99
97	2.06	2.05	2.03	2.01	1.99	1.97	1.95	1.93	1.90	1.88
98	1.93	1.91	1.89	1.88	1.86	1.84	1.83	1.81	1.78	1.76
99	1.80	1.78	1.77	1.76	1.75	1.73	1.71	1.70	1.68	1.66

Exemples ㉗, ㉘, ㉛

27a Tafel Seite 17 — 3½% — AKTIVITÄT/MORTALITÄT

Verbindungsrente für aktive Versorgerin und Versorgten
Mittelwert Aktivität/Mortalität

Alter des Versorgten	\multicolumn{10}{c}{Alter der Versorgerin}
	80	81	82	83	84	85	86	87	88	89
0	6.02	5.68	5.36	5.04	4.73	4.43	4.13	3.84	3.56	3.28
1	6.03	5.69	5.37	5.06	4.75	4.44	4.14	3.85	3.56	3.29
2	6.03	5.69	5.37	5.06	4.75	4.44	4.14	3.85	3.56	3.29
3	6.03	5.69	5.37	5.06	4.75	4.44	4.14	3.85	3.56	3.29
4	6.03	5.69	5.37	5.06	4.75	4.44	4.14	3.85	3.56	3.29
5	6.03	5.69	5.37	5.06	4.75	4.44	4.14	3.85	3.56	3.29
6	6.03	5.69	5.37	5.06	4.75	4.44	4.14	3.85	3.56	3.29
7	6.03	5.69	5.37	5.06	4.75	4.44	4.14	3.85	3.56	3.29
8	6.03	5.69	5.37	5.06	4.75	4.44	4.14	3.85	3.56	3.29
9	6.03	5.69	5.37	5.05	4.74	4.44	4.14	3.85	3.56	3.29
10	6.02	5.69	5.36	5.05	4.74	4.44	4.14	3.84	3.56	3.29
11	6.02	5.69	5.36	5.05	4.74	4.44	4.14	3.84	3.56	3.29
12	6.02	5.68	5.36	5.05	4.74	4.44	4.13	3.84	3.56	3.29
13	6.01	5.68	5.36	5.04	4.74	4.44	4.13	3.84	3.56	3.28
14	6.01	5.68	5.36	5.04	4.74	4.43	4.13	3.84	3.56	3.28
15	6.01	5.68	5.35	5.04	4.74	4.43	4.13	3.84	3.55	3.28
16	6.00	5.67	5.35	5.04	4.73	4.43	4.13	3.84	3.55	3.28
17	6.00	5.66	5.34	5.03	4.73	4.42	4.13	3.83	3.55	3.28
18	5.99	5.66	5.34	5.03	4.72	4.42	4.12	3.83	3.55	3.28
19	5.99	5.66	5.34	5.02	4.72	4.42	4.12	3.83	3.55	3.28
20	5.99	5.66	5.34	5.02	4.72	4.42	4.12	3.83	3.54	3.28
21	5.99	5.66	5.34	5.03	4.72	4.42	4.12	3.83	3.54	3.28
22	5.99	5.66	5.34	5.03	4.72	4.42	4.12	3.83	3.55	3.28
23	6.00	5.66	5.34	5.03	4.73	4.42	4.12	3.83	3.55	3.28
24	6.00	5.67	5.34	5.04	4.73	4.42	4.13	3.83	3.55	3.28
25	6.00	5.67	5.35	5.04	4.73	4.42	4.13	3.83	3.55	3.28
26	6.01	5.67	5.35	5.04	4.73	4.43	4.13	3.83	3.55	3.28
27	6.01	5.67	5.35	5.04	4.73	4.43	4.13	3.83	3.55	3.28
28	6.01	5.67	5.35	5.04	4.73	4.43	4.13	3.84	3.55	3.28
29	6.01	5.68	5.35	5.04	4.73	4.43	4.13	3.84	3.55	3.28
30	6.01	5.68	5.35	5.04	4.73	4.43	4.13	3.84	3.55	3.28
31	6.01	5.68	5.35	5.04	4.73	4.43	4.13	3.84	3.55	3.28
32	6.01	5.68	5.35	5.04	4.73	4.43	4.13	3.84	3.55	3.28
33	6.01	5.67	5.35	5.04	4.73	4.43	4.13	3.84	3.55	3.28
34	6.00	5.67	5.35	5.04	4.73	4.43	4.13	3.84	3.55	3.28
35	6.00	5.67	5.35	5.04	4.73	4.43	4.13	3.84	3.55	3.28
36	6.00	5.66	5.34	5.03	4.73	4.42	4.13	3.84	3.55	3.28
37	5.99	5.66	5.34	5.03	4.73	4.42	4.13	3.83	3.55	3.28
38	5.99	5.66	5.34	5.03	4.72	4.42	4.13	3.83	3.55	3.28
39	5.98	5.66	5.34	5.03	4.72	4.42	4.12	3.83	3.55	3.28
40	5.98	5.65	5.33	5.02	4.72	4.42	4.12	3.83	3.55	3.28
41	5.97	5.64	5.33	5.02	4.72	4.41	4.11	3.82	3.55	3.27
42	5.96	5.64	5.32	5.01	4.71	4.41	4.11	3.82	3.54	3.27
43	5.96	5.63	5.31	5.01	4.70	4.41	4.11	3.82	3.54	3.27
44	5.95	5.62	5.31	5.00	4.70	4.40	4.11	3.82	3.54	3.26
45	5.94	5.61	5.30	4.99	4.70	4.40	4.10	3.82	3.53	3.26
46	5.93	5.61	5.29	4.99	4.69	4.39	4.10	3.81	3.53	3.26
47	5.92	5.60	5.29	4.98	4.69	4.39	4.09	3.80	3.53	3.26
48	5.91	5.59	5.28	4.97	4.68	4.38	4.09	3.80	3.53	3.26
49	5.89	5.58	5.26	4.96	4.67	4.37	4.08	3.80	3.52	3.25

Beispiele ㉗, ㉘, ㉛

ACTIVITÉ/MORTALITÉ 3½% Table **27a** page 18

Rente sur deux têtes (soutien actif féminin)
Valeur moyenne activité/mortalité

Age de l'homme soutenu	Age du soutien féminin									
	80	81	82	83	84	85	86	87	88	89
50	5.87	5.56	5.25	4.96	4.66	4.37	4.08	3.79	3.51	3.25
51	5.86	5.54	5.24	4.94	4.65	4.36	4.06	3.79	3.51	3.25
52	5.84	5.52	5.22	4.92	4.63	4.35	4.06	3.77	3.50	3.24
53	5.82	5.51	5.20	4.91	4.62	4.34	4.05	3.77	3.50	3.23
54	5.79	5.49	5.19	4.90	4.61	4.32	4.04	3.76	3.49	3.23
55	5.77	5.46	5.17	4.88	4.60	4.31	4.03	3.75	3.48	3.22
56	5.74	5.44	5.15	4.86	4.58	4.30	4.01	3.74	3.47	3.21
57	5.71	5.42	5.13	4.84	4.56	4.28	4.00	3.73	3.46	3.20
58	5.68	5.39	5.10	4.82	4.54	4.27	3.99	3.72	3.45	3.20
59	5.64	5.36	5.08	4.80	4.52	4.25	3.97	3.70	3.44	3.18
60	5.61	5.33	5.04	4.77	4.50	4.23	3.96	3.69	3.43	3.17
61	5.57	5.29	5.01	4.74	4.47	4.21	3.94	3.67	3.41	3.16
62	5.53	5.25	4.98	4.71	4.45	4.18	3.92	3.65	3.40	3.15
63	5.48	5.21	4.94	4.68	4.42	4.16	3.89	3.63	3.38	3.13
64	5.43	5.16	4.90	4.65	4.39	4.13	3.87	3.62	3.36	3.12
65	5.38	5.12	4.86	4.61	4.36	4.11	3.85	3.60	3.35	3.10
66	5.32	5.07	4.82	4.57	4.32	4.07	3.82	3.57	3.33	3.09
67	5.26	5.01	4.77	4.53	4.29	4.04	3.80	3.55	3.31	3.07
68	5.20	4.96	4.72	4.48	4.24	4.01	3.76	3.52	3.28	3.05
69	5.13	4.89	4.66	4.43	4.20	3.97	3.73	3.49	3.26	3.03
70	5.05	4.82	4.60	4.38	4.15	3.93	3.69	3.46	3.23	3.01
71	4.97	4.75	4.54	4.32	4.10	3.88	3.65	3.42	3.20	2.98
72	4.88	4.67	4.46	4.26	4.05	3.83	3.61	3.39	3.17	2.95
73	4.79	4.59	4.39	4.19	3.99	3.78	3.56	3.35	3.13	2.92
74	4.69	4.50	4.31	4.12	3.92	3.72	3.51	3.30	3.09	2.89
75	4.59	4.40	4.22	4.04	3.85	3.66	3.45	3.25	3.05	2.85
76	4.47	4.30	4.13	3.95	3.77	3.58	3.39	3.20	3.00	2.81
77	4.36	4.19	4.03	3.86	3.69	3.51	3.33	3.14	2.95	2.77
78	4.24	4.08	3.93	3.77	3.61	3.44	3.26	3.08	2.90	2.72
79	4.12	3.97	3.83	3.68	3.52	3.36	3.19	3.02	2.84	2.67
80	4.00	3.86	3.72	3.58	3.44	3.28	3.12	2.96	2.79	2.62
81	3.88	3.75	3.62	3.49	3.35	3.21	3.05	2.90	2.74	2.57
82	3.76	3.64	3.52	3.39	3.26	3.12	2.98	2.83	2.68	2.52
83	3.64	3.53	3.41	3.30	3.17	3.05	2.90	2.77	2.62	2.47
84	3.51	3.41	3.30	3.20	3.08	2.96	2.83	2.70	2.56	2.42
85	3.39	3.29	3.19	3.10	2.99	2.88	2.75	2.63	2.49	2.36
86	3.26	3.17	3.08	2.99	2.89	2.79	2.67	2.55	2.43	2.30
87	3.12	3.05	2.97	2.88	2.79	2.69	2.58	2.47	2.36	2.24
88	2.99	2.92	2.84	2.77	2.68	2.59	2.49	2.39	2.29	2.17
89	2.85	2.79	2.72	2.65	2.58	2.49	2.40	2.31	2.21	2.11
90	2.72	2.66	2.60	2.53	2.46	2.39	2.31	2.22	2.13	2.04
91	2.59	2.53	2.48	2.42	2.36	2.29	2.22	2.13	2.05	1.96
92	2.46	2.41	2.36	2.31	2.25	2.19	2.12	2.05	1.97	1.89
93	2.33	2.29	2.24	2.19	2.14	2.09	2.03	1.96	1.89	1.82
94	2.20	2.17	2.12	2.08	2.04	1.99	1.94	1.87	1.81	1.74
95	2.08	2.05	2.01	1.98	1.94	1.89	1.84	1.79	1.73	1.67
96	1.96	1.93	1.90	1.87	1.83	1.80	1.75	1.70	1.65	1.59
97	1.85	1.82	1.80	1.77	1.74	1.70	1.66	1.62	1.58	1.52
98	1.74	1.72	1.69	1.67	1.64	1.61	1.58	1.54	1.50	1.45
99	1.64	1.61	1.60	1.58	1.55	1.52	1.49	1.46	1.42	1.38

Exemples ㉗, ㉘, ㉛

27a Tafel Seite 19 — 3½% — AKTIVITÄT/MORTALITÄT

Verbindungsrente für aktive Versorgerin und Versorgten
Mittelwert Aktivität/Mortalität

Alter des Versorgten	Alter der Versorgerin								
	90	91	92	93	94	95	96	97	98
0	3.02	2.78	2.54	2.32	2.10	1.89	1.68	1.48	1.29
1	3.03	2.78	2.55	2.32	2.11	1.89	1.68	1.48	1.29
2	3.03	2.78	2.55	2.32	2.11	1.89	1.68	1.48	1.29
3	3.03	2.78	2.55	2.32	2.11	1.89	1.68	1.48	1.29
4	3.03	2.78	2.55	2.32	2.11	1.89	1.68	1.48	1.29
5	3.03	2.78	2.55	2.32	2.11	1.89	1.68	1.48	1.29
6	3.03	2.78	2.55	2.32	2.11	1.89	1.68	1.48	1.29
7	3.03	2.78	2.55	2.32	2.11	1.89	1.68	1.48	1.29
8	3.03	2.78	2.55	2.32	2.11	1.89	1.68	1.48	1.29
9	3.03	2.78	2.55	2.32	2.11	1.89	1.68	1.48	1.29
10	3.03	2.78	2.55	2.32	2.11	1.89	1.68	1.48	1.29
11	3.02	2.78	2.55	2.32	2.11	1.89	1.68	1.48	1.29
12	3.02	2.78	2.55	2.32	2.11	1.89	1.68	1.48	1.29
13	3.02	2.78	2.55	2.32	2.11	1.89	1.68	1.48	1.29
14	3.02	2.78	2.55	2.32	2.11	1.89	1.68	1.48	1.29
15	3.02	2.78	2.54	2.32	2.10	1.89	1.68	1.48	1.29
16	3.02	2.78	2.54	2.32	2.10	1.89	1.68	1.48	1.29
17	3.02	2.78	2.54	2.32	2.10	1.89	1.68	1.48	1.29
18	3.02	2.78	2.54	2.32	2.10	1.89	1.67	1.48	1.29
19	3.02	2.77	2.54	2.32	2.10	1.89	1.67	1.48	1.29
20	3.02	2.77	2.54	2.32	2.10	1.89	1.67	1.48	1.29
21	3.02	2.77	2.54	2.32	2.10	1.89	1.67	1.48	1.29
22	3.02	2.77	2.54	2.32	2.10	1.89	1.67	1.48	1.29
23	3.02	2.78	2.54	2.32	2.10	1.89	1.67	1.48	1.29
24	3.02	2.78	2.54	2.32	2.10	1.89	1.67	1.48	1.29
25	3.02	2.78	2.54	2.32	2.10	1.89	1.68	1.48	1.29
26	3.02	2.78	2.54	2.32	2.10	1.89	1.68	1.48	1.29
27	3.02	2.78	2.54	2.32	2.10	1.89	1.68	1.48	1.29
28	3.02	2.78	2.54	2.32	2.10	1.89	1.68	1.48	1.29
29	3.02	2.78	2.54	2.32	2.10	1.89	1.68	1.48	1.29
30	3.02	2.78	2.54	2.32	2.10	1.89	1.68	1.48	1.29
31	3.02	2.78	2.54	2.32	2.10	1.89	1.68	1.48	1.29
32	3.02	2.78	2.54	2.32	2.10	1.89	1.68	1.48	1.29
33	3.02	2.78	2.54	2.32	2.10	1.89	1.68	1.48	1.29
34	3.02	2.78	2.54	2.32	2.10	1.89	1.68	1.48	1.29
35	3.02	2.78	2.54	2.32	2.10	1.89	1.68	1.48	1.29
36	3.02	2.78	2.54	2.32	2.10	1.89	1.68	1.48	1.29
37	3.02	2.78	2.54	2.32	2.10	1.89	1.68	1.48	1.29
38	3.02	2.78	2.54	2.32	2.10	1.89	1.68	1.48	1.29
39	3.02	2.78	2.54	2.32	2.10	1.89	1.68	1.48	1.29
40	3.02	2.78	2.54	2.32	2.10	1.89	1.67	1.48	1.29
41	3.02	2.77	2.54	2.32	2.10	1.89	1.67	1.48	1.29
42	3.01	2.77	2.53	2.32	2.10	1.89	1.67	1.48	1.29
43	3.01	2.77	2.53	2.32	2.10	1.89	1.67	1.48	1.29
44	3.01	2.77	2.53	2.32	2.10	1.88	1.67	1.48	1.29
45	3.01	2.77	2.53	2.32	2.10	1.88	1.67	1.48	1.29
46	3.00	2.77	2.53	2.31	2.09	1.88	1.67	1.48	1.29
47	3.00	2.77	2.53	2.31	2.09	1.88	1.67	1.48	1.29
48	3.00	2.76	2.53	2.31	2.09	1.88	1.67	1.48	1.29
49	3.00	2.76	2.53	2.31	2.09	1.88	1.67	1.48	1.29

Beispiele ㉗, ㉘, ㉛

ACTIVITÉ/MORTALITÉ 3½% Table **27a** page 20

Rente sur deux têtes (soutien actif féminin)
Valeur moyenne activité/mortalité

Age de l'homme soutenue	\multicolumn{9}{c}{Age du soutien féminin}

Age de l'homme soutenue	90	91	92	93	94	95	96	97	98
50	2.99	2.75	2.52	2.31	2.09	1.87	1.67	1.48	1.29
51	2.99	2.75	2.52	2.31	2.09	1.87	1.66	1.47	1.28
52	2.99	2.75	2.52	2.30	2.08	1.87	1.66	1.47	1.28
53	2.98	2.74	2.51	2.30	2.08	1.87	1.66	1.47	1.28
54	2.97	2.74	2.51	2.29	2.08	1.87	1.66	1.47	1.28
55	2.97	2.74	2.50	2.29	2.08	1.87	1.66	1.47	1.28
56	2.96	2.73	2.50	2.29	2.07	1.87	1.65	1.47	1.28
57	2.96	2.72	2.50	2.29	2.07	1.87	1.65	1.47	1.28
58	2.95	2.72	2.49	2.28	2.07	1.86	1.65	1.47	1.28
59	2.94	2.71	2.49	2.28	2.07	1.86	1.65	1.46	1.28
60	2.93	2.70	2.48	2.27	2.06	1.85	1.65	1.46	1.27
61	2.92	2.69	2.47	2.26	2.05	1.85	1.64	1.46	1.27
62	2.91	2.69	2.46	2.26	2.05	1.85	1.64	1.46	1.27
63	2.90	2.67	2.46	2.25	2.04	1.84	1.64	1.45	1.27
64	2.89	2.67	2.44	2.25	2.04	1.84	1.63	1.45	1.26
65	2.87	2.66	2.44	2.24	2.03	1.83	1.63	1.45	1.26
66	2.86	2.64	2.43	2.23	2.03	1.83	1.62	1.44	1.26
67	2.84	2.63	2.42	2.22	2.02	1.82	1.62	1.44	1.26
68	2.83	2.61	2.41	2.21	2.01	1.81	1.62	1.44	1.25
69	2.81	2.60	2.39	2.20	2.00	1.81	1.61	1.43	1.25
70	2.79	2.58	2.38	2.19	1.99	1.80	1.60	1.43	1.24
71	2.77	2.56	2.36	2.18	1.98	1.79	1.59	1.42	1.24
72	2.75	2.55	2.35	2.16	1.97	1.78	1.59	1.42	1.24
73	2.72	2.52	2.33	2.15	1.96	1.77	1.58	1.41	1.23
74	2.69	2.50	2.30	2.13	1.94	1.76	1.57	1.40	1.22
75	2.66	2.47	2.28	2.11	1.93	1.75	1.56	1.39	1.22
76	2.62	2.44	2.26	2.09	1.91	1.73	1.55	1.38	1.21
77	2.58	2.41	2.23	2.06	1.89	1.71	1.53	1.37	1.20
78	2.54	2.37	2.20	2.04	1.87	1.70	1.52	1.36	1.19
79	2.50	2.33	2.17	2.01	1.84	1.68	1.50	1.35	1.18
80	2.46	2.30	2.14	1.98	1.82	1.66	1.49	1.33	1.17
81	2.41	2.26	2.10	1.96	1.80	1.64	1.47	1.32	1.16
82	2.37	2.22	2.07	1.93	1.77	1.62	1.46	1.31	1.15
83	2.32	2.18	2.04	1.90	1.75	1.60	1.44	1.30	1.14
84	2.28	2.14	2.00	1.87	1.72	1.58	1.42	1.28	1.13
85	2.23	2.10	1.97	1.83	1.69	1.56	1.40	1.26	1.12
86	2.18	2.06	1.92	1.80	1.67	1.53	1.38	1.25	1.10
87	2.12	2.00	1.87	1.76	1.63	1.50	1.36	1.23	1.09
88	2.06	1.95	1.83	1.73	1.60	1.47	1.34	1.21	1.07
89	2.00	1.90	1.79	1.68	1.56	1.44	1.31	1.19	1.06
90	1.93	1.84	1.73	1.64	1.53	1.41	1.28	1.17	1.04
91	1.87	1.78	1.69	1.59	1.49	1.38	1.26	1.15	1.02
92	1.80	1.72	1.63	1.55	1.45	1.34	1.23	1.12	1.00
93	1.74	1.66	1.58	1.50	1.41	1.31	1.20	1.10	0.98
94	1.67	1.60	1.52	1.45	1.36	1.27	1.17	1.07	0.96
95	1.60	1.54	1.47	1.40	1.32	1.24	1.14	1.05	0.94
96	1.54	1.48	1.41	1.35	1.28	1.20	1.11	1.02	0.92
97	1.47	1.42	1.36	1.30	1.23	1.16	1.08	0.99	0.90
98	1.40	1.36	1.30	1.25	1.19	1.12	1.04	0.97	0.87
99	1.34	1.30	1.25	1.20	1.14	1.09	1.01	0.94	0.85

Exemples (27), (28), (31)

28 Tafel Seite 1   3½%   AKTIVITÄT

Temporäre Verbindungsrente
bis Alter 62 der aktiven Versorgerin

Alter des Versorgten	\multicolumn{10}{c}{Alter der Versorgerin}
	0	1	2	3	4	5	6	7	8	9
0	24.87	24.81	24.70	24.57	24.44	24.31	24.17	24.02	23.87	23.71
1	24.91	24.84	24.73	24.60	24.47	24.34	24.20	24.06	23.90	23.75
2	24.88	24.81	24.70	24.58	24.46	24.32	24.19	24.04	23.89	23.73
3	24.86	24.79	24.68	24.56	24.43	24.30	24.17	24.03	23.87	23.72
4	24.82	24.77	24.65	24.53	24.40	24.27	24.14	24.00	23.86	23.70
5	24.79	24.73	24.63	24.50	24.38	24.25	24.12	23.97	23.83	23.67
6	24.75	24.69	24.59	24.47	24.35	24.23	24.10	23.95	23.80	23.66
7	24.71	24.66	24.56	24.44	24.32	24.20	24.06	23.93	23.78	23.63
8	24.67	24.62	24.52	24.40	24.28	24.16	24.03	23.90	23.75	23.60
9	24.62	24.58	24.47	24.36	24.24	24.12	24.00	23.86	23.72	23.57
10	24.57	24.52	24.43	24.32	24.21	24.08	23.96	23.82	23.68	23.54
11	24.51	24.47	24.37	24.27	24.16	24.04	23.91	23.79	23.65	23.51
12	24.46	24.41	24.32	24.22	24.11	24.00	23.87	23.74	23.61	23.46
13	24.39	24.35	24.26	24.16	24.06	23.94	23.83	23.70	23.56	23.43
14	24.32	24.28	24.20	24.10	23.99	23.88	23.77	23.65	23.52	23.38
15	24.24	24.21	24.13	24.03	23.93	23.83	23.72	23.59	23.47	23.33
16	24.17	24.14	24.06	23.96	23.86	23.76	23.66	23.54	23.41	23.28
17	24.09	24.06	23.98	23.89	23.80	23.70	23.59	23.48	23.35	23.22
18	24.00	23.98	23.91	23.82	23.73	23.63	23.53	23.42	23.30	23.18
19	23.92	23.90	23.84	23.76	23.66	23.58	23.48	23.37	23.25	23.13
20	23.84	23.82	23.76	23.68	23.60	23.52	23.42	23.31	23.21	23.09
21	23.76	23.75	23.69	23.62	23.54	23.46	23.36	23.27	23.15	23.04
22	23.68	23.67	23.62	23.55	23.48	23.40	23.31	23.21	23.11	23.00
23	23.59	23.59	23.54	23.48	23.40	23.33	23.24	23.16	23.05	22.95
24	23.49	23.49	23.44	23.39	23.32	23.25	23.17	23.09	22.99	22.89
25	23.37	23.38	23.34	23.29	23.22	23.16	23.08	23.00	22.91	22.81
26	23.25	23.26	23.22	23.17	23.12	23.05	22.99	22.91	22.83	22.73
27	23.12	23.13	23.09	23.05	23.00	22.94	22.88	22.81	22.73	22.64
28	22.97	22.99	22.95	22.91	22.87	22.82	22.76	22.70	22.62	22.54
29	22.81	22.84	22.80	22.77	22.73	22.68	22.63	22.57	22.50	22.42
30	22.65	22.67	22.64	22.61	22.58	22.53	22.48	22.43	22.36	22.30
31	22.47	22.49	22.47	22.44	22.41	22.37	22.33	22.28	22.21	22.15
32	22.27	22.31	22.29	22.26	22.23	22.19	22.16	22.11	22.06	22.00
33	22.08	22.10	22.10	22.07	22.04	22.01	21.98	21.94	21.89	21.84
34	21.87	21.90	21.89	21.87	21.85	21.82	21.79	21.76	21.71	21.65
35	21.65	21.69	21.68	21.66	21.63	21.61	21.59	21.55	21.51	21.47
36	21.43	21.46	21.45	21.44	21.42	21.40	21.37	21.35	21.31	21.27
37	21.20	21.23	21.22	21.21	21.19	21.17	21.15	21.13	21.10	21.06
38	20.96	20.99	20.98	20.96	20.95	20.94	20.92	20.90	20.87	20.85
39	20.70	20.74	20.73	20.72	20.70	20.69	20.68	20.66	20.64	20.61
40	20.44	20.48	20.47	20.46	20.45	20.44	20.42	20.41	20.39	20.36
41	20.18	20.21	20.21	20.20	20.19	20.18	20.16	20.15	20.13	20.11
42	19.90	19.94	19.93	19.92	19.92	19.91	19.90	19.88	19.87	19.84
43	19.62	19.66	19.65	19.64	19.64	19.63	19.62	19.61	19.59	19.58
44	19.34	19.37	19.36	19.36	19.35	19.34	19.33	19.33	19.31	19.29
45	19.04	19.08	19.07	19.06	19.06	19.05	19.04	19.03	19.02	19.01
46	18.74	18.78	18.77	18.76	18.76	18.75	18.74	18.74	18.73	18.72
47	18.44	18.47	18.46	18.46	18.45	18.45	18.44	18.43	18.42	18.41
48	18.12	18.15	18.15	18.14	18.14	18.13	18.12	18.12	18.11	18.10
49	17.80	17.83	17.82	17.82	17.81	17.81	17.80	17.79	17.78	17.78

Beispiel (28)

ACTIVITÉ   3½%   Table 28
                                                   page 2

Rente temporaire sur deux têtes
jusqu'à l'âge de 62 ans du soutien actif féminin

Age de la personne soutenue	Age du soutien féminin									
	0	1	2	3	4	5	6	7	8	9
50	17.46	17.49	17.49	17.48	17.48	17.47	17.47	17.46	17.45	17.44
51	17.12	17.15	17.15	17.15	17.14	17.14	17.13	17.12	17.12	17.11
52	16.78	16.81	16.81	16.80	16.80	16.79	16.79	16.78	16.77	16.76
53	16.43	16.46	16.46	16.45	16.45	16.44	16.44	16.43	16.43	16.42
54	16.08	16.11	16.10	16.10	16.10	16.09	16.09	16.08	16.07	16.07
55	15.72	15.75	15.75	15.74	15.74	15.74	15.73	15.73	15.72	15.71
56	15.36	15.39	15.39	15.38	15.38	15.38	15.37	15.37	15.36	15.35
57	15.00	15.03	15.02	15.02	15.02	15.01	15.01	15.00	15.00	14.99
58	14.63	14.66	14.65	14.65	14.65	14.64	14.64	14.64	14.63	14.62
59	14.26	14.28	14.28	14.28	14.27	14.27	14.27	14.26	14.26	14.25
60	13.88	13.90	13.90	13.90	13.89	13.89	13.89	13.88	13.88	13.87
61	13.49	13.52	13.52	13.51	13.51	13.51	13.50	13.50	13.49	13.49
62	13.11	13.13	13.13	13.13	13.13	13.12	13.12	13.12	13.11	13.11
63	12.72	12.75	12.75	12.74	12.74	12.74	12.74	12.73	12.73	12.72
64	12.34	12.36	12.36	12.36	12.36	12.35	12.35	12.35	12.34	12.34
65	11.95	11.97	11.97	11.97	11.97	11.97	11.96	11.96	11.96	11.95
66	11.57	11.59	11.59	11.59	11.58	11.58	11.58	11.58	11.57	11.57
67	11.18	11.20	11.20	11.20	11.20	11.20	11.19	11.19	11.19	11.18
68	10.79	10.81	10.81	10.81	10.81	10.81	10.81	10.80	10.80	10.80
69	10.40	10.42	10.42	10.42	10.42	10.42	10.42	10.41	10.41	10.41
70	10.02	10.03	10.03	10.03	10.03	10.03	10.03	10.03	10.02	10.02
71	9.63	9.64	9.64	9.64	9.64	9.64	9.64	9.64	9.63	9.63
72	9.24	9.26	9.26	9.26	9.26	9.25	9.25	9.25	9.25	9.25
73	8.86	8.87	8.87	8.87	8.87	8.87	8.87	8.87	8.86	8.86
74	8.47	8.49	8.49	8.49	8.49	8.48	8.48	8.48	8.48	8.48
75	8.09	8.11	8.11	8.10	8.10	8.10	8.10	8.10	8.10	8.10
76	7.72	7.73	7.73	7.73	7.73	7.73	7.73	7.73	7.72	7.72
77	7.35	7.36	7.36	7.36	7.36	7.36	7.36	7.36	7.36	7.36
78	6.99	7.01	7.01	7.00	7.00	7.00	7.00	7.00	7.00	7.00
79	6.65	6.66	6.66	6.66	6.66	6.66	6.66	6.66	6.66	6.66
80	6.32	6.33	6.33	6.33	6.33	6.33	6.33	6.33	6.33	6.33
81	6.00	6.01	6.01	6.01	6.01	6.01	6.01	6.01	6.01	6.01
82	5.70	5.71	5.71	5.71	5.71	5.71	5.71	5.71	5.71	5.71
83	5.40	5.41	5.41	5.41	5.41	5.41	5.41	5.41	5.41	5.41
84	5.12	5.13	5.13	5.13	5.13	5.13	5.13	5.13	5.13	5.13
85	4.84	4.85	4.85	4.85	4.85	4.85	4.85	4.85	4.85	4.85
86	4.56	4.57	4.57	4.57	4.57	4.57	4.57	4.57	4.57	4.57
87	4.30	4.30	4.30	4.30	4.30	4.30	4.30	4.30	4.30	4.30
88	4.04	4.04	4.04	4.04	4.04	4.04	4.04	4.04	4.04	4.04
89	3.78	3.79	3.79	3.79	3.79	3.79	3.79	3.79	3.79	3.79
90	3.54	3.55	3.55	3.55	3.55	3.55	3.55	3.55	3.55	3.55
91	3.32	3.32	3.32	3.32	3.32	3.32	3.32	3.32	3.32	3.32
92	3.10	3.10	3.10	3.10	3.10	3.10	3.10	3.10	3.10	3.10
93	2.89	2.89	2.89	2.89	2.89	2.89	2.89	2.89	2.89	2.89
94	2.69	2.70	2.70	2.70	2.70	2.70	2.70	2.70	2.70	2.70
95	2.51	2.51	2.51	2.51	2.51	2.51	2.51	2.51	2.51	2.51
96	2.33	2.34	2.34	2.34	2.34	2.34	2.34	2.34	2.34	2.34
97	2.17	2.17	2.17	2.17	2.17	2.17	2.17	2.17	2.17	2.17
98	2.02	2.02	2.02	2.02	2.02	2.02	2.02	2.02	2.02	2.02
99	1.88	1.88	1.88	1.88	1.88	1.88	1.88	1.88	1.88	1.88

Exemple (28)

28 Tafel Seite 3   3½%   AKTIVITÄT

Temporäre Verbindungsrente
bis Alter 62 der aktiven Versorgerin

Alter des Versorgten	\multicolumn{10}{c}{Alter der Versorgerin}
	10	11	12	13	14	15	16	17	18	19
0	23.54	23.38	23.19	23.01	22.82	22.63	22.43	22.22	22.00	21.81
1	23.59	23.41	23.23	23.05	22.86	22.66	22.46	22.26	22.04	21.85
2	23.56	23.40	23.22	23.04	22.85	22.65	22.45	22.24	22.03	21.83
3	23.55	23.38	23.20	23.02	22.83	22.64	22.44	22.23	22.02	21.83
4	23.53	23.36	23.19	23.01	22.82	22.62	22.43	22.22	22.01	21.81
5	23.51	23.35	23.17	22.99	22.81	22.61	22.41	22.20	21.99	21.80
6	23.50	23.33	23.16	22.97	22.79	22.59	22.39	22.19	21.98	21.79
7	23.47	23.30	23.13	22.95	22.77	22.57	22.38	22.17	21.96	21.78
8	23.44	23.28	23.10	22.93	22.74	22.55	22.36	22.16	21.94	21.75
9	23.42	23.26	23.08	22.90	22.73	22.54	22.33	22.13	21.92	21.73
10	23.38	23.23	23.05	22.88	22.69	22.51	22.31	22.11	21.91	21.72
11	23.35	23.19	23.02	22.85	22.67	22.48	22.29	22.09	21.88	21.69
12	23.32	23.16	23.00	22.82	22.64	22.45	22.27	22.07	21.86	21.68
13	23.28	23.12	22.96	22.79	22.61	22.42	22.24	22.04	21.83	21.64
14	23.23	23.08	22.92	22.75	22.57	22.39	22.20	22.01	21.80	21.62
15	23.18	23.04	22.88	22.71	22.54	22.36	22.17	21.98	21.77	21.60
16	23.14	22.99	22.84	22.67	22.50	22.32	22.13	21.94	21.74	21.56
17	23.09	22.94	22.79	22.63	22.46	22.28	22.10	21.91	21.72	21.54
18	23.04	22.90	22.74	22.59	22.43	22.25	22.07	21.88	21.69	21.51
19	23.00	22.86	22.71	22.56	22.39	22.22	22.04	21.86	21.66	21.49
20	22.95	22.82	22.68	22.52	22.36	22.19	22.02	21.83	21.64	21.47
21	22.91	22.79	22.65	22.49	22.34	22.17	21.99	21.82	21.63	21.45
22	22.88	22.74	22.61	22.46	22.31	22.15	21.97	21.80	21.62	21.44
23	22.83	22.70	22.57	22.42	22.28	22.12	21.96	21.78	21.60	21.43
24	22.78	22.65	22.52	22.39	22.24	22.08	21.92	21.75	21.57	21.41
25	22.71	22.59	22.46	22.33	22.19	22.04	21.88	21.71	21.54	21.37
26	22.64	22.52	22.39	22.26	22.13	21.98	21.83	21.67	21.50	21.34
27	22.54	22.44	22.33	22.20	22.06	21.92	21.77	21.62	21.45	21.29
28	22.45	22.35	22.24	22.11	21.99	21.85	21.70	21.55	21.39	21.24
29	22.33	22.23	22.13	22.02	21.90	21.77	21.62	21.48	21.32	21.18
30	22.21	22.12	22.02	21.91	21.80	21.67	21.53	21.39	21.24	21.11
31	22.08	22.00	21.90	21.80	21.68	21.57	21.44	21.30	21.15	21.02
32	21.93	21.86	21.76	21.67	21.57	21.46	21.33	21.20	21.06	20.93
33	21.77	21.70	21.62	21.53	21.43	21.33	21.22	21.08	20.96	20.83
34	21.60	21.53	21.47	21.38	21.29	21.20	21.08	20.97	20.83	20.72
35	21.42	21.36	21.29	21.22	21.14	21.04	20.94	20.83	20.71	20.60
36	21.23	21.17	21.11	21.05	20.97	20.88	20.78	20.68	20.57	20.46
37	21.02	20.97	20.92	20.85	20.79	20.71	20.61	20.52	20.42	20.32
38	20.81	20.76	20.71	20.65	20.59	20.52	20.44	20.35	20.25	20.17
39	20.57	20.53	20.49	20.44	20.38	20.32	20.24	20.16	20.07	20.00
40	20.34	20.30	20.26	20.22	20.17	20.10	20.04	19.96	19.88	19.81
41	20.09	20.06	20.02	19.98	19.93	19.88	19.82	19.75	19.67	19.62
42	19.83	19.80	19.76	19.74	19.70	19.64	19.59	19.53	19.47	19.40
43	19.55	19.54	19.51	19.47	19.43	19.39	19.35	19.29	19.23	19.19
44	19.28	19.25	19.24	19.20	19.17	19.14	19.10	19.05	19.00	18.96
45	18.99	18.98	18.95	18.93	18.90	18.87	18.83	18.80	18.75	18.71
46	18.70	18.68	18.67	18.64	18.62	18.59	18.56	18.53	18.48	18.45
47	18.40	18.39	18.36	18.35	18.32	18.30	18.27	18.24	18.20	18.19
48	18.09	18.07	18.05	18.04	18.02	18.00	17.98	17.95	17.92	17.90
49	17.76	17.75	17.74	17.72	17.71	17.69	17.67	17.64	17.62	17.61

Beispiel (28)

ACTIVITÉ 3½% Table 28 page 4

Rente temporaire sur deux têtes jusqu'à l'âge de 62 ans du soutien actif féminin

Age de la personne soutenue	Age du soutien féminin									
	10	11	12	13	14	15	16	17	18	19
50	17.43	17.42	17.41	17.40	17.38	17.37	17.35	17.33	17.31	17.30
51	17.10	17.09	17.08	17.07	17.05	17.03	17.02	17.01	16.99	16.98
52	16.76	16.75	16.74	16.72	16.71	16.70	16.68	16.67	16.66	16.66
53	16.41	16.40	16.39	16.38	16.37	16.36	16.35	16.33	16.32	16.32
54	16.06	16.05	16.04	16.03	16.02	16.01	16.00	15.99	15.97	15.98
55	15.70	15.70	15.69	15.68	15.67	15.66	15.65	15.64	15.63	15.63
56	15.35	15.34	15.33	15.32	15.31	15.30	15.29	15.29	15.28	15.29
57	14.99	14.98	14.97	14.96	14.95	14.94	14.93	14.93	14.92	14.93
58	14.62	14.61	14.60	14.59	14.59	14.58	14.57	14.56	14.55	14.56
59	14.24	14.24	14.23	14.22	14.21	14.21	14.20	14.19	14.18	14.19
60	13.87	13.86	13.85	13.84	13.84	13.83	13.82	13.81	13.81	13.82
61	13.48	13.48	13.47	13.46	13.46	13.45	13.44	13.44	13.43	13.44
62	13.10	13.09	13.09	13.08	13.07	13.07	13.06	13.05	13.05	13.06
63	12.72	12.71	12.70	12.70	12.69	12.68	12.68	12.67	12.67	12.68
64	12.33	12.33	12.32	12.31	12.31	12.30	12.30	12.29	12.29	12.29
65	11.95	11.94	11.94	11.93	11.92	11.92	11.91	11.91	11.90	11.91
66	11.56	11.56	11.55	11.55	11.54	11.54	11.53	11.52	11.52	11.53
67	11.18	11.17	11.17	11.16	11.16	11.15	11.15	11.14	11.14	11.15
68	10.79	10.79	10.78	10.78	10.77	10.77	10.76	10.76	10.75	10.76
69	10.40	10.40	10.39	10.39	10.38	10.38	10.37	10.37	10.37	10.37
70	10.02	10.01	10.01	10.00	10.00	9.99	9.99	9.98	9.98	9.99
71	9.63	9.62	9.62	9.62	9.61	9.61	9.60	9.60	9.59	9.60
72	9.24	9.24	9.23	9.23	9.23	9.22	9.22	9.21	9.21	9.22
73	8.86	8.85	8.85	8.85	8.84	8.84	8.83	8.83	8.83	8.83
74	8.47	8.47	8.47	8.46	8.46	8.46	8.45	8.45	8.44	8.45
75	8.09	8.09	8.09	8.08	8.08	8.08	8.07	8.07	8.06	8.07
76	7.72	7.72	7.71	7.71	7.71	7.70	7.70	7.69	7.69	7.70
77	7.35	7.35	7.35	7.34	7.34	7.34	7.33	7.33	7.33	7.33
78	7.00	7.00	6.99	6.99	6.99	6.98	6.98	6.98	6.97	6.98
79	6.66	6.65	6.65	6.65	6.64	6.64	6.64	6.63	6.63	6.64
80	6.33	6.32	6.32	6.32	6.32	6.31	6.31	6.31	6.30	6.31
81	6.01	6.01	6.00	6.00	6.00	6.00	5.99	5.99	5.99	5.99
82	5.70	5.70	5.70	5.70	5.70	5.69	5.69	5.69	5.68	5.69
83	5.41	5.41	5.41	5.41	5.40	5.40	5.40	5.39	5.39	5.40
84	5.13	5.12	5.12	5.12	5.12	5.12	5.11	5.11	5.11	5.11
85	4.85	4.84	4.84	4.84	4.84	4.84	4.83	4.83	4.83	4.83
86	4.57	4.57	4.57	4.57	4.57	4.56	4.56	4.56	4.56	4.56
87	4.30	4.30	4.30	4.30	4.30	4.30	4.29	4.29	4.29	4.29
88	4.04	4.04	4.04	4.04	4.04	4.04	4.03	4.03	4.03	4.03
89	3.79	3.79	3.79	3.79	3.79	3.79	3.78	3.78	3.78	3.78
90	3.55	3.55	3.55	3.55	3.55	3.55	3.54	3.54	3.54	3.54
91	3.32	3.32	3.32	3.32	3.32	3.32	3.31	3.31	3.31	3.31
92	3.10	3.10	3.10	3.10	3.10	3.10	3.10	3.10	3.09	3.09
93	2.89	2.89	2.89	2.89	2.89	2.89	2.89	2.89	2.89	2.89
94	2.70	2.70	2.70	2.70	2.70	2.69	2.69	2.69	2.69	2.69
95	2.51	2.51	2.51	2.51	2.51	2.51	2.51	2.51	2.51	2.51
96	2.34	2.34	2.34	2.34	2.34	2.34	2.33	2.33	2.33	2.33
97	2.17	2.17	2.17	2.17	2.17	2.17	2.17	2.17	2.17	2.17
98	2.02	2.02	2.02	2.02	2.02	2.02	2.02	2.02	2.02	2.02
99	1.88	1.88	1.88	1.88	1.88	1.88	1.88	1.88	1.88	1.88

28 Tafel Seite 5 — 3½% — **AKTIVITÄT**

Temporäre Verbindungsrente
bis Alter 62 der aktiven Versorgerin

Alter des Versorgten	Alter der Versorgerin									
	20	21	22	23	24	25	26	27	28	29
0	21.61	21.38	21.15	20.91	20.66	20.39	20.10	19.82	19.51	19.19
1	21.64	21.42	21.19	20.94	20.69	20.42	20.14	19.85	19.54	19.23
2	21.63	21.41	21.18	20.94	20.68	20.42	20.14	19.84	19.53	19.23
3	21.62	21.40	21.17	20.93	20.67	20.40	20.12	19.83	19.53	19.21
4	21.61	21.39	21.16	20.92	20.66	20.39	20.11	19.83	19.52	19.21
5	21.59	21.37	21.15	20.91	20.65	20.38	20.10	19.81	19.51	19.20
6	21.58	21.37	21.13	20.89	20.64	20.37	20.09	19.80	19.50	19.18
7	21.56	21.35	21.12	20.88	20.62	20.35	20.08	19.78	19.48	19.17
8	21.55	21.34	21.10	20.87	20.61	20.34	20.06	19.78	19.48	19.16
9	21.53	21.32	21.09	20.85	20.59	20.33	20.05	19.76	19.46	19.15
10	21.51	21.30	21.07	20.83	20.58	20.31	20.04	19.75	19.45	19.14
11	21.49	21.28	21.05	20.81	20.56	20.29	20.01	19.74	19.43	19.12
12	21.47	21.26	21.03	20.79	20.55	20.28	20.00	19.71	19.42	19.10
13	21.45	21.24	21.01	20.77	20.52	20.26	19.98	19.70	19.40	19.09
14	21.43	21.22	20.98	20.75	20.50	20.23	19.96	19.68	19.38	19.07
15	21.40	21.19	20.96	20.73	20.48	20.22	19.95	19.65	19.36	19.05
16	21.37	21.16	20.94	20.71	20.46	20.20	19.92	19.64	19.34	19.04
17	21.34	21.13	20.92	20.68	20.44	20.18	19.90	19.62	19.32	19.02
18	21.31	21.11	20.89	20.66	20.42	20.16	19.89	19.60	19.31	19.01
19	21.29	21.10	20.88	20.65	20.40	20.15	19.88	19.60	19.30	18.99
20	21.29	21.08	20.87	20.63	20.40	20.14	19.87	19.59	19.30	18.99
21	21.27	21.07	20.86	20.64	20.39	20.14	19.87	19.60	19.30	19.00
22	21.27	21.07	20.85	20.63	20.39	20.14	19.88	19.60	19.30	19.00
23	21.25	21.05	20.85	20.62	20.38	20.14	19.88	19.60	19.31	19.01
24	21.23	21.04	20.83	20.61	20.38	20.13	19.87	19.59	19.31	19.01
25	21.20	21.01	20.82	20.60	20.37	20.12	19.86	19.59	19.30	19.00
26	21.17	20.99	20.78	20.57	20.34	20.10	19.84	19.57	19.29	19.00
27	21.13	20.95	20.75	20.54	20.32	20.08	19.82	19.56	19.28	18.98
28	21.08	20.90	20.71	20.51	20.28	20.04	19.80	19.54	19.26	18.96
29	21.02	20.85	20.66	20.46	20.24	20.01	19.76	19.50	19.23	18.93
30	20.95	20.79	20.60	20.40	20.19	19.96	19.72	19.46	19.19	18.91
31	20.88	20.72	20.53	20.34	20.14	19.91	19.67	19.42	19.15	18.87
32	20.79	20.63	20.46	20.27	20.07	19.85	19.61	19.37	19.10	18.82
33	20.70	20.54	20.38	20.19	19.99	19.79	19.55	19.31	19.05	18.78
34	20.59	20.44	20.28	20.11	19.91	19.70	19.48	19.24	19.00	18.73
35	20.48	20.34	20.18	20.01	19.82	19.63	19.40	19.17	18.93	18.66
36	20.35	20.22	20.07	19.90	19.72	19.53	19.32	19.09	18.85	18.59
37	20.21	20.08	19.95	19.79	19.62	19.43	19.22	19.00	18.77	18.51
38	20.07	19.95	19.82	19.66	19.50	19.32	19.12	18.90	18.67	18.43
39	19.90	19.80	19.67	19.53	19.37	19.19	19.01	18.79	18.57	18.34
40	19.73	19.62	19.51	19.38	19.23	19.06	18.87	18.67	18.47	18.23
41	19.54	19.45	19.34	19.21	19.07	18.92	18.74	18.55	18.34	18.12
42	19.34	19.26	19.16	19.04	18.91	18.76	18.60	18.42	18.21	18.00
43	19.12	19.05	18.96	18.86	18.73	18.59	18.43	18.27	18.07	17.86
44	18.90	18.83	18.76	18.65	18.54	18.42	18.27	18.10	17.92	17.73
45	18.67	18.61	18.53	18.44	18.34	18.22	18.09	17.93	17.76	17.58
46	18.41	18.36	18.30	18.22	18.13	18.02	17.89	17.75	17.59	17.41
47	18.16	18.11	18.05	17.98	17.90	17.79	17.68	17.55	17.40	17.23
48	17.87	17.84	17.79	17.73	17.66	17.56	17.46	17.33	17.20	17.04
49	17.59	17.56	17.52	17.46	17.40	17.32	17.22	17.10	16.98	16.83

ACTIVITÉ 3½% Table 28 page 6

Rente temporaire sur deux têtes jusqu'à l'âge de 62 ans du soutien actif féminin

Age de la personne soutenue	\multicolumn{10}{c}{Age du soutien féminin}
	20	21	22	23	24	25	26	27	28	29
50	17.29	17.26	17.23	17.18	17.12	17.05	16.97	16.87	16.75	16.61
51	16.97	16.96	16.92	16.88	16.83	16.77	16.70	16.60	16.50	16.38
52	16.65	16.63	16.61	16.58	16.54	16.48	16.41	16.33	16.23	16.13
53	16.32	16.31	16.29	16.26	16.22	16.18	16.12	16.04	15.97	15.87
54	15.98	15.98	15.96	15.94	15.91	15.87	15.82	15.76	15.67	15.60
55	15.64	15.63	15.62	15.60	15.59	15.54	15.51	15.45	15.39	15.31
56	15.28	15.29	15.28	15.26	15.25	15.22	15.18	15.13	15.08	15.01
57	14.94	14.93	14.93	14.92	14.90	14.88	14.85	14.81	14.76	14.70
58	14.57	14.58	14.57	14.56	14.55	14.53	14.51	14.47	14.43	14.38
59	14.20	14.21	14.21	14.20	14.19	14.17	14.15	14.13	14.10	14.05
60	13.83	13.83	13.83	13.83	13.82	13.81	13.79	13.77	13.74	13.70
61	13.45	13.45	13.45	13.45	13.44	13.44	13.43	13.41	13.38	13.35
62	13.07	13.07	13.07	13.07	13.07	13.06	13.05	13.04	13.02	12.99
63	12.69	12.69	12.69	12.69	12.69	12.69	12.67	12.66	12.64	12.63
64	12.30	12.31	12.31	12.31	12.31	12.31	12.30	12.28	12.27	12.25
65	11.92	11.93	11.93	11.93	11.93	11.93	11.92	11.91	11.90	11.88
66	11.54	11.54	11.55	11.55	11.55	11.54	11.54	11.53	11.53	11.51
67	11.15	11.16	11.16	11.16	11.16	11.16	11.16	11.15	11.15	11.14
68	10.77	10.77	10.78	10.78	10.78	10.78	10.77	10.77	10.76	10.76
69	10.38	10.39	10.39	10.39	10.39	10.39	10.39	10.38	10.38	10.37
70	9.99	10.00	10.00	10.00	10.01	10.00	10.00	10.00	9.99	9.99
71	9.61	9.61	9.62	9.62	9.62	9.62	9.62	9.61	9.61	9.60
72	9.22	9.23	9.23	9.23	9.23	9.23	9.23	9.23	9.23	9.22
73	8.84	8.84	8.85	8.85	8.85	8.85	8.85	8.85	8.84	8.84
74	8.46	8.46	8.46	8.47	8.47	8.47	8.47	8.46	8.46	8.46
75	8.08	8.08	8.08	8.09	8.09	8.09	8.09	8.09	8.08	8.08
76	7.70	7.71	7.71	7.71	7.71	7.71	7.71	7.71	7.71	7.71
77	7.34	7.34	7.34	7.35	7.35	7.35	7.35	7.35	7.34	7.34
78	6.98	6.99	6.99	6.99	6.99	6.99	6.99	6.99	6.99	6.99
79	6.64	6.64	6.65	6.65	6.65	6.65	6.65	6.65	6.65	6.65
80	6.31	6.31	6.32	6.32	6.32	6.32	6.32	6.32	6.32	6.32
81	6.00	6.00	6.00	6.00	6.00	6.00	6.00	6.00	6.00	6.00
82	5.69	5.69	5.70	5.70	5.70	5.70	5.70	5.70	5.70	5.70
83	5.40	5.40	5.40	5.41	5.41	5.41	5.41	5.41	5.41	5.41
84	5.11	5.12	5.12	5.12	5.12	5.12	5.12	5.12	5.12	5.12
85	4.84	4.84	4.84	4.84	4.84	4.84	4.84	4.84	4.84	4.84
86	4.56	4.56	4.56	4.57	4.57	4.57	4.57	4.57	4.57	4.57
87	4.29	4.29	4.30	4.30	4.30	4.30	4.30	4.30	4.30	4.30
88	4.03	4.03	4.04	4.04	4.04	4.04	4.04	4.04	4.04	4.04
89	3.78	3.78	3.79	3.79	3.79	3.79	3.79	3.79	3.79	3.79
90	3.54	3.54	3.55	3.55	3.55	3.55	3.55	3.55	3.55	3.55
91	3.31	3.32	3.32	3.32	3.32	3.32	3.32	3.32	3.32	3.32
92	3.10	3.10	3.10	3.10	3.10	3.10	3.10	3.10	3.10	3.10
93	2.89	2.89	2.89	2.89	2.89	2.89	2.89	2.89	2.89	2.89
94	2.69	2.69	2.69	2.69	2.70	2.70	2.70	2.70	2.70	2.70
95	2.51	2.51	2.51	2.51	2.51	2.51	2.51	2.51	2.51	2.51
96	2.33	2.33	2.33	2.34	2.34	2.34	2.34	2.34	2.34	2.34
97	2.17	2.17	2.17	2.17	2.17	2.17	2.17	2.17	2.17	2.17
98	2.02	2.02	2.02	2.02	2.02	2.02	2.02	2.02	2.02	2.02
99	1.88	1.88	1.88	1.88	1.88	1.88	1.88	1.88	1.88	1.88

Exemple (28)

28 Tafel Seite 7   3½%   AKTIVITÄT

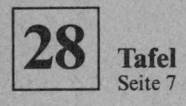

Temporäre Verbindungsrente
bis Alter 62 der aktiven Versorgerin

Alter des Versorgten	Alter der Versorgerin									
	30	31	32	33	34	35	36	37	38	39
0	18.87	18.54	18.18	17.82	17.45	17.07	16.67	16.25	15.83	15.40
1	18.90	18.56	18.21	17.86	17.48	17.09	16.70	16.29	15.87	15.43
2	18.89	18.56	18.21	17.85	17.47	17.09	16.69	16.28	15.86	15.42
3	18.89	18.55	18.20	17.84	17.47	17.08	16.68	16.28	15.86	15.42
4	18.88	18.55	18.20	17.83	17.46	17.08	16.68	16.27	15.85	15.41
5	18.87	18.53	18.18	17.83	17.45	17.07	16.67	16.26	15.84	15.41
6	18.86	18.52	18.18	17.81	17.44	17.06	16.66	16.25	15.83	15.40
7	18.85	18.51	18.17	17.81	17.44	17.05	16.65	16.24	15.82	15.39
8	18.84	18.50	18.15	17.80	17.42	17.04	16.65	16.23	15.82	15.38
9	18.83	18.49	18.14	17.78	17.41	17.02	16.63	16.23	15.80	15.37
10	18.81	18.48	18.13	17.77	17.40	17.01	16.62	16.21	15.79	15.36
11	18.80	18.46	18.11	17.75	17.39	17.00	16.61	16.20	15.78	15.35
12	18.78	18.45	18.10	17.74	17.37	16.99	16.60	16.19	15.76	15.34
13	18.77	18.44	18.09	17.73	17.36	16.97	16.58	16.18	15.76	15.32
14	18.75	18.41	18.07	17.71	17.34	16.96	16.57	16.16	15.75	15.31
15	18.73	18.40	18.05	17.70	17.33	16.95	16.55	16.15	15.73	15.30
16	18.71	18.38	18.04	17.68	17.31	16.93	16.54	16.13	15.72	15.29
17	18.70	18.37	18.02	17.67	17.30	16.92	16.53	16.13	15.71	15.28
18	18.69	18.36	18.02	17.66	17.29	16.91	16.51	16.11	15.70	15.27
19	18.68	18.35	18.01	17.65	17.29	16.91	16.51	16.11	15.70	15.26
20	18.68	18.35	18.01	17.65	17.29	16.91	16.52	16.11	15.70	15.26
21	18.68	18.35	18.01	17.66	17.30	16.92	16.52	16.11	15.70	15.27
22	18.69	18.36	18.02	17.67	17.30	16.93	16.53	16.13	15.72	15.28
23	18.69	18.36	18.03	17.67	17.30	16.93	16.54	16.14	15.72	15.29
24	18.70	18.37	18.03	17.68	17.31	16.94	16.55	16.14	15.73	15.29
25	18.69	18.37	18.03	17.68	17.32	16.94	16.55	16.15	15.73	15.31
26	18.68	18.36	18.02	17.68	17.31	16.94	16.55	16.15	15.74	15.30
27	18.67	18.36	18.02	17.67	17.31	16.94	16.55	16.15	15.73	15.31
28	18.66	18.34	18.01	17.66	17.30	16.94	16.55	16.14	15.74	15.30
29	18.63	18.32	17.99	17.65	17.29	16.92	16.53	16.14	15.73	15.30
30	18.61	18.29	17.97	17.63	17.27	16.90	16.52	16.12	15.72	15.29
31	18.57	18.27	17.94	17.61	17.25	16.89	16.50	16.12	15.70	15.28
32	18.53	18.23	17.91	17.57	17.22	16.86	16.48	16.10	15.69	15.27
33	18.50	18.19	17.88	17.54	17.20	16.83	16.46	16.07	15.67	15.25
34	18.44	18.15	17.83	17.50	17.16	16.80	16.43	16.04	15.65	15.23
35	18.38	18.10	17.78	17.46	17.13	16.77	16.40	16.02	15.62	15.21
36	18.32	18.03	17.73	17.41	17.08	16.73	16.37	15.99	15.59	15.18
37	18.25	17.97	17.67	17.36	17.03	16.69	16.32	15.95	15.56	15.16
38	18.17	17.90	17.60	17.30	16.97	16.64	16.28	15.91	15.52	15.11
39	18.08	17.81	17.53	17.22	16.90	16.58	16.23	15.86	15.48	15.08
40	17.99	17.72	17.44	17.15	16.84	16.51	16.16	15.81	15.43	15.03
41	17.88	17.63	17.35	17.06	16.76	16.44	16.10	15.75	15.38	14.99
42	17.77	17.52	17.26	16.98	16.68	16.36	16.03	15.68	15.32	14.94
43	17.65	17.40	17.15	16.87	16.58	16.28	15.96	15.62	15.26	14.87
44	17.51	17.28	17.03	16.77	16.49	16.19	15.87	15.54	15.18	14.81
45	17.37	17.15	16.91	16.65	16.38	16.09	15.78	15.45	15.10	14.75
46	17.22	17.01	16.78	16.53	16.26	15.98	15.68	15.36	15.02	14.67
47	17.05	16.85	16.63	16.40	16.14	15.86	15.57	15.26	14.93	14.59
48	16.87	16.68	16.47	16.25	16.00	15.74	15.45	15.16	14.83	14.50
49	16.67	16.50	16.29	16.09	15.85	15.60	15.33	15.03	14.72	14.39

Beispiel (28)

ACTIVITÉ 3½% Table 28 page 8

Rente temporaire sur deux têtes jusqu'à l'âge de 62 ans du soutien actif féminin

Âge de la personne soutenue	Âge du soutien féminin									
	30	31	32	33	34	35	36	37	38	39
50	16.46	16.29	16.12	15.91	15.68	15.45	15.18	14.90	14.60	14.28
51	16.24	16.08	15.91	15.72	15.51	15.28	15.03	14.76	14.47	14.16
52	16.00	15.86	15.70	15.52	15.33	15.10	14.87	14.61	14.33	14.03
53	15.75	15.62	15.48	15.31	15.12	14.92	14.69	14.45	14.18	13.89
54	15.48	15.37	15.24	15.08	14.91	14.71	14.51	14.28	14.02	13.75
55	15.21	15.11	14.98	14.85	14.69	14.51	14.31	14.09	13.85	13.59
56	14.93	14.83	14.72	14.60	14.45	14.29	14.10	13.90	13.67	13.42
57	14.63	14.55	14.45	14.33	14.20	14.05	13.88	13.69	13.48	13.25
58	14.32	14.24	14.15	14.05	13.93	13.79	13.64	13.47	13.27	13.05
59	14.00	13.93	13.85	13.76	13.65	13.53	13.39	13.23	13.05	12.85
60	13.66	13.60	13.54	13.45	13.36	13.25	13.12	12.98	12.81	12.63
61	13.31	13.26	13.21	13.14	13.05	12.96	12.85	12.71	12.56	12.39
62	12.96	12.92	12.87	12.81	12.73	12.65	12.55	12.43	12.30	12.14
63	12.60	12.57	12.52	12.47	12.41	12.33	12.25	12.15	12.02	11.88
64	12.23	12.20	12.17	12.13	12.08	12.01	11.93	11.85	11.74	11.61
65	11.86	11.84	11.81	11.78	11.73	11.68	11.62	11.53	11.44	11.33
66	11.50	11.47	11.45	11.42	11.39	11.34	11.28	11.22	11.13	11.04
67	11.12	11.11	11.08	11.06	11.02	10.99	10.94	10.89	10.82	10.73
68	10.75	10.73	10.71	10.69	10.67	10.63	10.60	10.55	10.49	10.42
69	10.36	10.35	10.33	10.32	10.30	10.28	10.24	10.20	10.15	10.09
70	9.98	9.97	9.96	9.94	9.93	9.91	9.87	9.85	9.80	9.76
71	9.60	9.59	9.58	9.57	9.55	9.54	9.52	9.48	9.45	9.41
72	9.21	9.21	9.20	9.19	9.17	9.16	9.14	9.12	9.10	9.06
73	8.83	8.83	8.82	8.81	8.80	8.78	8.77	8.75	8.73	8.71
74	8.45	8.45	8.44	8.43	8.43	8.42	8.40	8.39	8.37	8.35
75	8.07	8.07	8.06	8.06	8.05	8.04	8.04	8.02	8.01	7.99
76	7.70	7.70	7.69	7.69	7.68	7.67	7.67	7.66	7.64	7.63
77	7.34	7.33	7.33	7.32	7.32	7.31	7.31	7.30	7.29	7.27
78	6.98	6.98	6.98	6.97	6.97	6.96	6.96	6.95	6.94	6.94
79	6.64	6.64	6.64	6.63	6.63	6.62	6.62	6.61	6.61	6.60
80	6.31	6.31	6.31	6.31	6.30	6.30	6.29	6.29	6.28	6.28
81	6.00	6.00	5.99	5.99	5.99	5.98	5.98	5.97	5.97	5.97
82	5.70	5.69	5.69	5.69	5.69	5.68	5.68	5.67	5.67	5.67
83	5.40	5.40	5.40	5.40	5.39	5.39	5.39	5.38	5.38	5.38
84	5.12	5.12	5.12	5.11	5.11	5.11	5.11	5.10	5.10	5.10
85	4.84	4.84	4.84	4.83	4.83	4.83	4.83	4.82	4.82	4.82
86	4.57	4.56	4.56	4.56	4.56	4.56	4.55	4.55	4.55	4.55
87	4.30	4.30	4.29	4.29	4.29	4.29	4.29	4.29	4.28	4.28
88	4.04	4.04	4.04	4.03	4.03	4.03	4.03	4.03	4.03	4.02
89	3.79	3.79	3.79	3.78	3.78	3.78	3.78	3.78	3.78	3.77
90	3.55	3.55	3.55	3.54	3.54	3.54	3.54	3.54	3.54	3.54
91	3.32	3.32	3.32	3.32	3.31	3.31	3.31	3.31	3.31	3.31
92	3.10	3.10	3.10	3.10	3.10	3.10	3.09	3.09	3.09	3.09
93	2.89	2.89	2.89	2.89	2.89	2.89	2.89	2.89	2.89	2.88
94	2.70	2.70	2.69	2.69	2.69	2.69	2.69	2.69	2.69	2.69
95	2.51	2.51	2.51	2.51	2.51	2.51	2.51	2.51	2.51	2.51
96	2.34	2.34	2.34	2.33	2.33	2.33	2.33	2.33	2.33	2.33
97	2.17	2.17	2.17	2.17	2.17	2.17	2.17	2.17	2.17	2.17
98	2.02	2.02	2.02	2.02	2.02	2.02	2.02	2.02	2.02	2.02
99	1.88	1.88	1.88	1.88	1.88	1.88	1.88	1.88	1.88	1.88

Exemple (28)

28 Tafel Seite 9 3½% AKTIVITÄT

Temporäre Verbindungsrente
bis Alter 62 der aktiven Versorgerin

Alter des Versorgten	\multicolumn{10}{c}{Alter der Versorgerin}
	40	41	42	43	44	45	46	47	48	49
0	14.94	14.48	13.99	13.50	12.98	12.45	11.91	11.34	10.76	10.14
1	14.98	14.51	14.03	13.52	13.01	12.48	11.93	11.36	10.78	10.17
2	14.97	14.50	14.02	13.53	13.01	12.48	11.93	11.37	10.77	10.17
3	14.96	14.51	14.02	13.52	13.01	12.48	11.92	11.36	10.78	10.17
4	14.96	14.50	14.01	13.52	13.01	12.47	11.93	11.36	10.78	10.17
5	14.96	14.49	14.01	13.51	13.00	12.47	11.93	11.36	10.77	10.17
6	14.95	14.49	14.00	13.51	13.00	12.46	11.92	11.36	10.77	10.17
7	14.94	14.47	14.00	13.50	12.99	12.46	11.92	11.35	10.77	10.17
8	14.93	14.47	13.99	13.50	12.99	12.45	11.92	11.34	10.77	10.17
9	14.92	14.46	13.98	13.48	12.98	12.45	11.91	11.34	10.76	10.16
10	14.91	14.45	13.97	13.48	12.97	12.45	11.90	11.34	10.76	10.16
11	14.91	14.43	13.96	13.46	12.96	12.43	11.89	11.33	10.75	10.16
12	14.89	14.43	13.95	13.46	12.95	12.43	11.88	11.32	10.74	10.14
13	14.88	14.42	13.94	13.44	12.94	12.41	11.87	11.32	10.74	10.14
14	14.87	14.41	13.93	13.43	12.93	12.40	11.86	11.30	10.72	10.12
15	14.85	14.38	13.92	13.42	12.92	12.39	11.85	11.29	10.72	10.12
16	14.84	14.37	13.90	13.41	12.90	12.38	11.84	11.29	10.70	10.11
17	14.83	14.37	13.89	13.39	12.89	12.37	11.83	11.27	10.70	10.10
18	14.82	14.37	13.88	13.39	12.89	12.36	11.82	11.26	10.68	10.10
19	14.82	14.35	13.88	13.39	12.89	12.36	11.82	11.26	10.69	10.08
20	14.82	14.36	13.88	13.39	12.88	12.37	11.82	11.26	10.69	10.09
21	14.82	14.36	13.89	13.40	12.89	12.37	11.83	11.26	10.69	10.09
22	14.83	14.37	13.90	13.41	12.90	12.38	11.83	11.28	10.70	10.10
23	14.85	14.39	13.91	13.41	12.91	12.38	11.85	11.28	10.70	10.11
24	14.85	14.39	13.92	13.43	12.91	12.39	11.85	11.29	10.71	10.11
25	14.85	14.40	13.92	13.43	12.93	12.39	11.85	11.30	10.72	10.12
26	14.86	14.40	13.93	13.44	12.93	12.40	11.86	11.29	10.72	10.12
27	14.87	14.41	13.93	13.44	12.93	12.41	11.86	11.30	10.72	10.13
28	14.86	14.41	13.93	13.43	12.93	12.40	11.86	11.31	10.72	10.12
29	14.85	14.40	13.93	13.43	12.93	12.41	11.86	11.31	10.72	10.13
30	14.85	14.40	13.92	13.44	12.93	12.41	11.86	11.30	10.73	10.13
31	14.85	14.39	13.91	13.43	12.92	12.40	11.86	11.30	10.72	10.12
32	14.84	14.37	13.91	13.42	12.91	12.40	11.85	11.30	10.72	10.13
33	14.82	14.36	13.89	13.41	12.90	12.39	11.85	11.29	10.72	10.12
34	14.80	14.35	13.89	13.40	12.90	12.38	11.84	11.28	10.72	10.12
35	14.78	14.33	13.87	13.39	12.89	12.37	11.83	11.29	10.71	10.11
36	14.75	14.31	13.85	13.37	12.88	12.36	11.83	11.27	10.70	10.11
37	14.73	14.29	13.83	13.35	12.86	12.35	11.81	11.26	10.69	10.10
38	14.69	14.26	13.80	13.33	12.84	12.33	11.80	11.25	10.68	10.09
39	14.66	14.23	13.78	13.30	12.82	12.31	11.79	11.23	10.67	10.08
40	14.62	14.19	13.74	13.27	12.79	12.29	11.77	11.22	10.66	10.07
41	14.58	14.15	13.71	13.25	12.76	12.26	11.74	11.20	10.64	10.06
42	14.53	14.11	13.67	13.21	12.73	12.24	11.72	11.18	10.62	10.04
43	14.48	14.06	13.63	13.18	12.70	12.21	11.70	11.16	10.60	10.03
44	14.42	14.02	13.59	13.14	12.67	12.17	11.66	11.13	10.59	10.01
45	14.36	13.96	13.54	13.09	12.63	12.15	11.64	11.11	10.56	9.99
46	14.29	13.90	13.48	13.04	12.58	12.11	11.61	11.08	10.54	9.97
47	14.21	13.83	13.41	12.99	12.54	12.06	11.57	11.05	10.51	9.94
48	14.13	13.76	13.35	12.93	12.48	12.01	11.53	11.02	10.49	9.92
49	14.04	13.67	13.27	12.86	12.42	11.96	11.48	10.97	10.44	9.89

Beispiel (28)

ACTIVITÉ 3½% Table 28 page 10

Rente temporaire sur deux têtes jusqu'à l'âge de 62 ans du soutien actif féminin

Âge de la personne soutenue	Age du soutien féminin									
	40	41	42	43	44	45	46	47	48	49
50	13.94	13.57	13.19	12.79	12.35	11.90	11.43	10.93	10.40	9.85
51	13.83	13.47	13.10	12.71	12.28	11.83	11.36	10.87	10.36	9.82
52	13.70	13.37	13.00	12.61	12.20	11.77	11.31	10.82	10.31	9.78
53	13.59	13.25	12.89	12.52	12.11	11.69	11.24	10.76	10.26	9.73
54	13.45	13.13	12.78	12.42	12.03	11.61	11.16	10.70	10.20	9.68
55	13.31	12.99	12.66	12.30	11.92	11.52	11.09	10.63	10.15	9.63
56	13.15	12.86	12.53	12.19	11.82	11.43	11.00	10.55	10.08	9.58
57	12.99	12.70	12.40	12.06	11.71	11.32	10.92	10.47	10.01	9.52
58	12.81	12.55	12.25	11.93	11.58	11.22	10.81	10.39	9.94	9.45
59	12.62	12.37	12.09	11.79	11.46	11.09	10.72	10.30	9.85	9.38
60	12.42	12.18	11.92	11.63	11.31	10.97	10.60	10.20	9.76	9.30
61	12.20	11.97	11.73	11.46	11.16	10.83	10.47	10.09	9.67	9.22
62	11.96	11.76	11.53	11.28	10.99	10.68	10.34	9.97	9.56	9.13
63	11.72	11.53	11.32	11.09	10.82	10.53	10.20	9.84	9.45	9.03
64	11.46	11.30	11.10	10.88	10.63	10.35	10.04	9.71	9.33	8.93
65	11.19	11.05	10.87	10.66	10.44	10.17	9.89	9.57	9.21	8.82
66	10.92	10.78	10.62	10.44	10.23	9.99	9.71	9.41	9.08	8.70
67	10.63	10.51	10.36	10.20	10.00	9.78	9.53	9.25	8.93	8.58
68	10.32	10.22	10.09	9.94	9.77	9.56	9.33	9.07	8.77	8.44
69	10.02	9.92	9.80	9.68	9.51	9.33	9.12	8.88	8.61	8.29
70	9.69	9.60	9.51	9.39	9.25	9.09	8.89	8.67	8.42	8.12
71	9.36	9.29	9.21	9.10	8.97	8.84	8.66	8.46	8.21	7.95
72	9.02	8.96	8.89	8.80	8.69	8.57	8.41	8.23	8.01	7.76
73	8.67	8.62	8.56	8.49	8.40	8.28	8.14	7.98	7.79	7.56
74	8.31	8.28	8.24	8.17	8.09	8.00	7.88	7.73	7.55	7.35
75	7.97	7.93	7.89	7.85	7.78	7.69	7.59	7.47	7.31	7.12
76	7.61	7.59	7.56	7.52	7.46	7.39	7.31	7.20	7.05	6.89
77	7.26	7.25	7.21	7.18	7.14	7.09	7.01	6.91	6.80	6.65
78	6.92	6.91	6.88	6.86	6.83	6.77	6.71	6.64	6.54	6.41
79	6.59	6.57	6.56	6.54	6.51	6.48	6.42	6.36	6.27	6.17
80	6.27	6.25	6.25	6.23	6.21	6.18	6.14	6.08	6.01	5.92
81	5.96	5.95	5.94	5.93	5.91	5.89	5.85	5.81	5.75	5.68
82	5.66	5.65	5.65	5.63	5.62	5.61	5.58	5.55	5.50	5.44
83	5.37	5.37	5.36	5.36	5.34	5.33	5.31	5.29	5.25	5.20
84	5.09	5.09	5.08	5.08	5.07	5.06	5.04	5.02	4.99	4.95
85	4.82	4.81	4.81	4.80	4.80	4.78	4.78	4.76	4.74	4.71
86	4.54	4.54	4.54	4.53	4.53	4.52	4.51	4.50	4.49	4.46
87	4.28	4.28	4.28	4.27	4.27	4.26	4.26	4.24	4.24	4.21
88	4.02	4.02	4.02	4.01	4.01	4.01	4.00	4.00	3.98	3.97
89	3.77	3.77	3.77	3.77	3.76	3.76	3.76	3.75	3.74	3.73
90	3.53	3.53	3.53	3.53	3.53	3.52	3.52	3.52	3.51	3.50
91	3.31	3.31	3.30	3.30	3.30	3.30	3.29	3.29	3.29	3.29
92	3.09	3.09	3.09	3.09	3.08	3.08	3.08	3.08	3.07	3.07
93	2.88	2.88	2.88	2.88	2.88	2.88	2.88	2.87	2.87	2.87
94	2.69	2.69	2.69	2.69	2.68	2.68	2.68	2.68	2.68	2.67
95	2.50	2.50	2.50	2.50	2.50	2.50	2.50	2.50	2.49	2.49
96	2.33	2.33	2.33	2.33	2.33	2.33	2.32	2.32	2.32	2.32
97	2.17	2.17	2.17	2.17	2.17	2.16	2.16	2.16	2.16	2.16
98	2.02	2.02	2.01	2.01	2.01	2.01	2.01	2.01	2.01	2.01
99	1.88	1.87	1.87	1.87	1.87	1.87	1.87	1.87	1.87	1.87

Exemple (28)

28 Tafel Seite 11 — 3½% — AKTIVITÄT

Temporäre Verbindungsrente
bis Alter 62 der aktiven Versorgerin

Alter des Versorgten	Alter der Versorgerin									
	50	51	52	53	54	55	56	57	58	59
0	9.53	8.88	8.21	7.53	6.81	6.07	5.30	4.51	3.68	2.80
1	9.54	8.90	8.23	7.54	6.83	6.08	5.31	4.51	3.68	2.82
2	9.55	8.90	8.23	7.54	6.82	6.08	5.31	4.51	3.68	2.82
3	9.54	8.90	8.23	7.54	6.82	6.08	5.31	4.51	3.69	2.81
4	9.55	8.89	8.22	7.54	6.83	6.09	5.30	4.51	3.68	2.82
5	9.55	8.90	8.23	7.54	6.82	6.08	5.31	4.51	3.69	2.82
6	9.55	8.90	8.23	7.54	6.82	6.07	5.31	4.51	3.68	2.82
7	9.54	8.90	8.23	7.53	6.82	6.08	5.31	4.52	3.68	2.82
8	9.54	8.90	8.23	7.54	6.82	6.08	5.31	4.51	3.68	2.82
9	9.54	8.89	8.22	7.54	6.82	6.08	5.31	4.50	3.67	2.82
10	9.54	8.89	8.22	7.54	6.82	6.08	5.30	4.51	3.68	2.82
11	9.53	8.89	8.22	7.54	6.82	6.08	5.30	4.51	3.68	2.81
12	9.53	8.89	8.22	7.53	6.82	6.08	5.31	4.51	3.68	2.81
13	9.52	8.88	8.22	7.53	6.82	6.08	5.30	4.52	3.68	2.81
14	9.51	8.87	8.21	7.52	6.81	6.08	5.30	4.50	3.68	2.81
15	9.50	8.87	8.20	7.52	6.80	6.06	5.31	4.50	3.68	2.82
16	9.50	8.85	8.20	7.51	6.80	6.06	5.30	4.51	3.67	2.82
17	9.48	8.85	8.18	7.50	6.80	6.06	5.30	4.50	3.67	2.81
18	9.47	8.84	8.18	7.50	6.79	6.05	5.29	4.49	3.67	2.81
19	9.48	8.83	8.18	7.50	6.78	6.05	5.28	4.50	3.66	2.81
20	9.47	8.83	8.17	7.50	6.78	6.05	5.28	4.49	3.67	2.81
21	9.47	8.84	8.17	7.49	6.79	6.05	5.29	4.49	3.67	2.81
22	9.48	8.85	8.18	7.50	6.79	6.05	5.29	4.49	3.67	2.81
23	9.48	8.85	8.19	7.50	6.79	6.05	5.29	4.50	3.67	2.81
24	9.49	8.86	8.19	7.50	6.79	6.05	5.29	4.50	3.67	2.81
25	9.50	8.86	8.19	7.50	6.79	6.06	5.29	4.50	3.67	2.82
26	9.50	8.86	8.19	7.51	6.80	6.06	5.30	4.50	3.67	2.81
27	9.51	8.87	8.20	7.51	6.80	6.06	5.29	4.50	3.68	2.81
28	9.51	8.87	8.20	7.51	6.80	6.06	5.30	4.50	3.68	2.81
29	9.50	8.87	8.20	7.51	6.81	6.07	5.30	4.50	3.67	2.81
30	9.51	8.86	8.21	7.52	6.81	6.07	5.30	4.50	3.67	2.81
31	9.51	8.87	8.20	7.52	6.81	6.06	5.30	4.50	3.68	2.81
32	9.51	8.87	8.21	7.52	6.80	6.07	5.30	4.50	3.68	2.82
33	9.50	8.86	8.20	7.51	6.80	6.07	5.31	4.51	3.67	2.81
34	9.50	8.86	8.20	7.52	6.80	6.06	5.30	4.50	3.68	2.81
35	9.49	8.85	8.19	7.51	6.80	6.07	5.30	4.50	3.68	2.81
36	9.49	8.85	8.20	7.51	6.80	6.07	5.30	4.50	3.68	2.82
37	9.48	8.85	8.18	7.51	6.80	6.06	5.30	4.51	3.68	2.82
38	9.48	8.84	8.19	7.51	6.79	6.05	5.29	4.51	3.67	2.81
39	9.47	8.83	8.18	7.50	6.79	6.05	5.29	4.50	3.67	2.81
40	9.46	8.83	8.17	7.50	6.79	6.05	5.29	4.50	3.68	2.81
41	9.45	8.82	8.17	7.49	6.78	6.05	5.29	4.50	3.67	2.81
42	9.44	8.81	8.16	7.47	6.78	6.05	5.28	4.49	3.67	2.80
43	9.42	8.80	8.14	7.48	6.77	6.04	5.28	4.49	3.67	2.80
44	9.41	8.78	8.14	7.46	6.77	6.03	5.28	4.49	3.67	2.80
45	9.40	8.78	8.13	7.46	6.76	6.03	5.28	4.48	3.67	2.80
46	9.38	8.76	8.12	7.45	6.75	6.02	5.27	4.48	3.66	2.80
47	9.35	8.74	8.10	7.44	6.74	6.02	5.27	4.48	3.66	2.81
48	9.34	8.72	8.09	7.43	6.74	6.01	5.26	4.48	3.66	2.80
49	9.31	8.70	8.07	7.42	6.72	6.01	5.25	4.48	3.65	2.80

Beispiel (28)

ACTIVITÉ 3½% Table 28 page 12

Rente temporaire sur deux têtes jusqu'à l'âge de 62 ans du soutien actif féminin

Age de la personne soutenue	Age du soutien féminin									
	50	51	52	53	54	55	56	57	58	59
50	9.28	8.67	8.05	7.39	6.71	5.99	5.26	4.47	3.66	2.80
51	9.25	8.65	8.03	7.38	6.70	5.99	5.24	4.47	3.65	2.80
52	9.21	8.62	8.01	7.35	6.69	5.97	5.23	4.45	3.65	2.80
53	9.18	8.59	7.98	7.34	6.66	5.96	5.23	4.45	3.64	2.80
54	9.14	8.56	7.95	7.32	6.65	5.95	5.21	4.44	3.64	2.79
55	9.09	8.52	7.92	7.29	6.64	5.93	5.20	4.44	3.63	2.78
56	9.05	8.48	7.89	7.27	6.60	5.92	5.19	4.42	3.63	2.79
57	8.99	8.44	7.85	7.24	6.59	5.90	5.18	4.42	3.62	2.79
58	8.94	8.40	7.81	7.21	6.56	5.88	5.17	4.41	3.62	2.78
59	8.88	8.34	7.78	7.17	6.54	5.86	5.15	4.40	3.62	2.78
60	8.81	8.28	7.73	7.13	6.50	5.83	5.13	4.39	3.60	2.78
61	8.73	8.23	7.67	7.09	6.47	5.81	5.11	4.37	3.60	2.77
62	8.65	8.16	7.62	7.05	6.44	5.78	5.09	4.36	3.59	2.76
63	8.58	8.08	7.56	7.00	6.39	5.75	5.07	4.34	3.58	2.76
64	8.48	8.01	7.50	6.95	6.35	5.72	5.05	4.33	3.56	2.75
65	8.39	7.93	7.43	6.89	6.31	5.69	5.02	4.31	3.55	2.74
66	8.29	7.84	7.35	6.83	6.26	5.65	5.00	4.29	3.54	2.74
67	8.19	7.76	7.29	6.77	6.21	5.61	4.96	4.27	3.53	2.73
68	8.06	7.65	7.20	6.70	6.16	5.57	4.94	4.25	3.52	2.72
69	7.93	7.54	7.11	6.62	6.10	5.52	4.90	4.23	3.50	2.72
70	7.79	7.42	7.01	6.54	6.03	5.47	4.86	4.20	3.48	2.70
71	7.64	7.29	6.89	6.45	5.96	5.41	4.82	4.17	3.46	2.70
72	7.47	7.15	6.77	6.35	5.87	5.35	4.77	4.14	3.43	2.68
73	7.29	6.99	6.64	6.24	5.78	5.28	4.72	4.10	3.42	2.66
74	7.10	6.82	6.49	6.12	5.69	5.21	4.66	4.06	3.39	2.65
75	6.90	6.64	6.33	5.98	5.58	5.11	4.60	4.02	3.36	2.63
76	6.69	6.45	6.17	5.84	5.46	5.02	4.53	3.96	3.32	2.61
77	6.48	6.26	6.00	5.70	5.33	4.92	4.45	3.90	3.29	2.60
78	6.25	6.05	5.82	5.54	5.20	4.82	4.36	3.84	3.24	2.57
79	6.03	5.86	5.64	5.38	5.08	4.71	4.28	3.78	3.21	2.54
80	5.80	5.65	5.46	5.22	4.93	4.60	4.19	3.71	3.16	2.52
81	5.57	5.45	5.28	5.07	4.80	4.48	4.10	3.64	3.11	2.49
82	5.35	5.23	5.08	4.90	4.66	4.37	4.00	3.58	3.06	2.46
83	5.13	5.02	4.90	4.73	4.52	4.25	3.91	3.51	3.02	2.44
84	4.90	4.81	4.70	4.56	4.37	4.13	3.82	3.44	2.96	2.40
85	4.66	4.60	4.51	4.38	4.21	3.99	3.71	3.36	2.92	2.37
86	4.42	4.38	4.30	4.20	4.04	3.85	3.60	3.27	2.85	2.34
87	4.18	4.15	4.09	4.00	3.88	3.71	3.47	3.17	2.79	2.29
88	3.95	3.92	3.87	3.80	3.69	3.55	3.35	3.07	2.71	2.25
89	3.72	3.69	3.66	3.60	3.51	3.39	3.21	2.97	2.64	2.20
90	3.50	3.47	3.45	3.40	3.33	3.23	3.08	2.87	2.56	2.15
91	3.27	3.26	3.24	3.21	3.15	3.07	2.94	2.75	2.48	2.10
92	3.07	3.05	3.04	3.02	2.97	2.91	2.80	2.63	2.39	2.04
93	2.86	2.85	2.85	2.83	2.79	2.74	2.65	2.51	2.30	1.99
94	2.67	2.67	2.66	2.64	2.62	2.58	2.51	2.40	2.21	1.92
95	2.49	2.49	2.48	2.47	2.45	2.43	2.36	2.27	2.11	1.86
96	2.32	2.32	2.32	2.30	2.29	2.27	2.22	2.15	2.02	1.78
97	2.16	2.16	2.16	2.15	2.14	2.13	2.10	2.03	1.92	1.71
98	2.01	2.01	2.00	2.00	1.99	1.98	1.96	1.91	1.82	1.65
99	1.87	1.87	1.87	1.86	1.86	1.85	1.83	1.80	1.72	1.57

Exemple ㉘

28 Tafel Seite 13 — 3½% — AKTIVITÄT

Temporäre Verbindungsrente
bis Alter 62 der aktiven Versorgerin

Alter des Versorgten	Alter der Versorgerin 60	61	Alter des Versorgten	Alter der Versorgerin 60	61
0	1.91	0.98	50	1.91	0.98
1	1.92	0.98	51	1.90	0.98
2	1.92	0.98	52	1.91	0.97
3	1.92	0.98	53	1.91	0.97
4	1.92	0.98	54	1.91	0.98
5	1.93	0.97	55	1.91	0.98
6	1.92	0.98	56	1.90	0.98
7	1.92	0.98	57	1.90	0.97
8	1.91	0.98	58	1.90	0.97
9	1.92	0.98	59	1.90	0.97
10	1.92	0.98	60	1.90	0.98
11	1.91	0.98	61	1.90	0.98
12	1.91	0.97	62	1.89	0.98
13	1.91	0.97	63	1.90	0.97
14	1.91	0.98	64	1.89	0.98
15	1.91	0.98	65	1.89	0.97
16	1.92	0.98	66	1.89	0.98
17	1.91	0.99	67	1.88	0.97
18	1.92	0.98	68	1.88	0.97
19	1.92	0.98	69	1.87	0.97
20	1.91	0.99	70	1.87	0.97
21	1.91	0.98	71	1.86	0.97
22	1.91	0.98	72	1.85	0.97
23	1.91	0.98	73	1.86	0.96
24	1.92	0.98	74	1.84	0.96
25	1.92	0.97	75	1.84	0.96
26	1.91	0.98	76	1.83	0.96
27	1.92	0.98	77	1.81	0.96
28	1.92	0.98	78	1.81	0.95
29	1.92	0.98	79	1.80	0.95
30	1.91	0.98	80	1.78	0.94
31	1.91	0.98	81	1.77	0.94
32	1.91	0.98	82	1.76	0.95
33	1.91	0.98	83	1.74	0.94
34	1.91	0.98	84	1.72	0.93
35	1.92	0.98	85	1.72	0.92
36	1.92	0.98	86	1.69	0.92
37	1.92	0.99	87	1.68	0.92
38	1.92	0.98	88	1.65	0.91
39	1.92	0.98	89	1.64	0.90
40	1.92	0.97	90	1.61	0.90
41	1.92	0.99	91	1.58	0.90
42	1.92	0.99	92	1.55	0.88
43	1.91	0.98	93	1.52	0.88
44	1.91	0.98	94	1.49	0.87
45	1.91	0.98	95	1.46	0.86
46	1.91	0.98	96	1.42	0.85
47	1.91	0.98	97	1.38	0.84
48	1.91	0.98	98	1.34	0.82
49	1.91	0.98	99	1.30	0.82

Beispiel (28)

ACTIVITÉ　　　　　3½%　　　　　Table 29a page 1

Rente différée sur la tête d'un enfant (soutien futur) et d'une femme soutenue

Age de la femme soutenue	différée de ... ans									
	1	2	3	4	5	6	7	8	9	10
0	23.38	22.44	21.52	20.64	19.78	18.96	18.16	17.39	16.65	15.93
1	23.43	22.48	21.56	20.67	19.82	18.99	18.19	17.42	16.67	15.96
2	23.42	22.47	21.55	20.66	19.81	18.98	18.18	17.41	16.67	15.95
3	23.41	22.46	21.54	20.65	19.79	18.97	18.17	17.40	16.66	15.94
4	23.40	22.45	21.53	20.64	19.79	18.96	18.16	17.39	16.65	15.93
5	23.38	22.43	21.52	20.63	19.78	18.95	18.15	17.38	16.64	15.92
6	23.37	22.42	21.50	20.62	19.76	18.94	18.14	17.37	16.62	15.91
7	23.36	22.41	21.49	20.60	19.75	18.92	18.12	17.35	16.60	15.89
8	23.34	22.39	21.47	20.59	19.73	18.91	18.10	17.33	16.59	15.88
9	23.33	22.37	21.45	20.57	19.71	18.89	18.09	17.32	16.58	15.86
10	23.31	22.35	21.43	20.55	19.70	18.86	18.07	17.30	16.56	15.84
11	23.28	22.33	21.41	20.52	19.67	18.84	18.05	17.27	16.53	15.82
12	23.26	22.30	21.39	20.50	19.65	18.82	18.02	17.25	16.51	15.79
13	23.23	22.28	21.37	20.47	19.62	18.79	17.99	17.22	16.49	15.77
14	23.20	22.25	21.33	20.45	19.59	18.77	17.97	17.20	16.46	15.74
15	23.18	22.22	21.30	20.42	19.56	18.74	17.94	17.17	16.42	15.71
16	23.14	22.19	21.27	20.39	19.53	18.71	17.91	17.14	16.40	15.69
17	23.11	22.16	21.24	20.35	19.50	18.67	17.87	17.11	16.36	15.65
18	23.08	22.12	21.20	20.31	19.46	18.64	17.84	17.07	16.33	15.62
19	23.04	22.08	21.17	20.28	19.43	18.60	17.80	17.04	16.29	15.58
20	23.00	22.04	21.12	20.24	19.39	18.56	17.76	16.99	16.25	15.53
21	22.95	22.00	21.08	20.19	19.34	18.52	17.72	16.95	16.21	15.50
22	22.90	21.95	21.03	20.14	19.29	18.46	17.67	16.90	16.16	15.44
23	22.84	21.90	20.97	20.09	19.23	18.41	17.61	16.84	16.10	15.39
24	22.79	21.83	20.91	20.03	19.18	18.35	17.55	16.78	16.04	15.33
25	22.72	21.77	20.85	19.96	19.11	18.28	17.48	16.72	15.97	15.26
26	22.64	21.70	20.78	19.89	19.04	18.21	17.41	16.64	15.90	15.19
27	22.57	21.61	20.69	19.80	18.95	18.13	17.33	16.56	15.82	15.10
28	22.47	21.52	20.61	19.72	18.86	18.04	17.24	16.48	15.73	15.01
29	22.38	21.43	20.51	19.62	18.77	17.94	17.14	16.37	15.64	14.92
30	22.28	21.33	20.41	19.53	18.67	17.84	17.04	16.27	15.53	14.82
31	22.16	21.21	20.29	19.41	18.56	17.73	16.93	16.16	15.43	14.71
32	22.05	21.10	20.18	19.30	18.44	17.61	16.81	16.04	15.30	14.59
33	21.92	20.97	20.06	19.16	18.31	17.48	16.69	15.92	15.18	14.46
34	21.78	20.84	19.92	19.03	18.18	17.36	16.55	15.78	15.04	14.34
35	21.65	20.69	19.78	18.89	18.04	17.21	16.41	15.64	14.91	14.20
36	21.49	20.54	19.62	18.74	17.89	17.06	16.27	15.50	14.76	14.05
37	21.34	20.38	19.47	18.58	17.73	16.90	16.11	15.34	14.60	13.89
38	21.17	20.22	19.30	18.42	17.56	16.74	15.94	15.18	14.44	13.72
39	21.00	20.04	19.13	18.25	17.39	16.57	15.77	15.01	14.27	13.56
40	20.81	19.86	18.95	18.06	17.21	16.38	15.59	14.82	14.09	13.38
41	20.63	19.68	18.76	17.87	17.02	16.20	15.40	14.64	13.90	13.19
42	20.42	19.48	18.56	17.67	16.82	16.00	15.21	14.44	13.71	12.99
43	20.22	19.27	18.35	17.47	16.61	15.79	15.00	14.24	13.50	12.80
44	20.00	19.05	18.14	17.25	16.40	15.58	14.78	14.03	13.29	12.58
45	19.78	18.83	17.91	17.03	16.18	15.36	14.57	13.80	13.07	12.37
46	19.55	18.60	17.68	16.80	15.95	15.13	14.34	13.58	12.84	12.14
47	19.31	18.37	17.45	16.57	15.71	14.89	14.11	13.34	12.61	11.91
48	19.07	18.12	17.20	16.32	15.47	14.65	13.86	13.10	12.37	11.67
49	18.81	17.86	16.95	16.07	15.22	14.40	13.61	12.85	12.12	11.42

Exemple ㉝

29a Tafel Seite 2   3½%   AKTIVITÄT

Aufgeschobene Verbindungsrente für Kind als zukünftiger Versorger und weibliche Versorgte

Alter der Versorgten	um ... Jahre aufgeschoben									
	1	2	3	4	5	6	7	8	9	10
50	18.55	17.61	16.68	15.80	14.96	14.14	13.35	12.60	11.86	11.16
51	18.28	17.33	16.42	15.53	14.69	13.88	13.09	12.32	11.60	10.90
52	18.01	17.06	16.14	15.26	14.41	13.60	12.81	12.05	11.33	10.63
53	17.71	16.76	15.86	14.97	14.13	13.31	12.53	11.77	11.05	10.35
54	17.42	16.47	15.56	14.68	13.84	13.02	12.23	11.48	10.76	10.06
55	17.11	16.17	15.26	14.38	13.53	12.71	11.93	11.19	10.46	9.77
56	16.80	15.85	14.94	14.06	13.22	12.41	11.63	10.87	10.15	9.47
57	16.48	15.53	14.62	13.74	12.90	12.09	11.31	10.56	9.84	9.15
58	16.15	15.20	14.28	13.41	12.57	11.76	10.98	10.23	9.52	8.84
59	15.80	14.85	13.95	13.08	12.23	11.42	10.65	9.91	9.19	8.50
60	15.45	14.51	13.60	12.72	11.89	11.08	10.31	9.56	8.85	8.17
61	15.09	14.15	13.24	12.37	11.53	10.72	9.95	9.21	8.51	7.83
62	14.73	13.79	12.87	12.01	11.17	10.37	9.59	8.86	8.15	7.48
63	14.35	13.41	12.50	11.63	10.79	9.99	9.23	8.49	7.79	7.12
64	13.96	13.02	12.11	11.25	10.41	9.61	8.85	8.12	7.42	6.76
65	13.56	12.62	11.71	10.85	10.02	9.22	8.46	7.74	7.04	6.39
66	13.15	12.21	11.31	10.44	9.62	8.82	8.07	7.34	6.66	6.02
67	12.73	11.79	10.90	10.03	9.20	8.41	7.66	6.95	6.27	5.64
68	12.31	11.37	10.46	9.61	8.79	8.00	7.25	6.55	5.88	5.25
69	11.87	10.93	10.03	9.18	8.36	7.58	6.84	6.15	5.49	4.88
70	11.42	10.48	9.59	8.74	7.93	7.16	6.43	5.74	5.10	4.50
71	10.97	10.03	9.14	8.30	7.49	6.73	6.02	5.34	4.71	4.12
72	10.52	9.58	8.69	7.86	7.05	6.31	5.60	4.94	4.32	3.75
73	10.05	9.13	8.25	7.41	6.62	5.88	5.19	4.54	3.94	3.40
74	9.60	8.67	7.80	6.96	6.18	5.46	4.78	4.15	3.57	3.05
75	9.14	8.21	7.34	6.52	5.75	5.04	4.38	3.77	3.22	2.71
76	8.67	7.75	6.89	6.08	5.32	4.63	3.99	3.40	2.87	2.39
77	8.21	7.29	6.44	5.64	4.90	4.22	3.60	3.04	2.53	2.09
78	7.76	6.84	6.00	5.21	4.49	3.83	3.24	2.70	2.22	1.80
79	7.30	6.41	5.57	4.79	4.09	3.46	2.89	2.37	1.93	1.54
80	6.86	5.96	5.14	4.39	3.71	3.10	2.55	2.07	1.66	1.30
81	6.43	5.54	4.73	4.00	3.34	2.75	2.23	1.78	1.40	1.08
82	6.01	5.14	4.34	3.62	2.98	2.43	1.94	1.52	1.17	0.88
83	5.60	4.73	3.95	3.26	2.65	2.12	1.66	1.28	0.96	0.71
84	5.21	4.35	3.59	2.92	2.33	1.83	1.41	1.06	0.78	0.56
85	4.83	3.98	3.23	2.59	2.03	1.57	1.18	0.87	0.62	0.43
86	4.46	3.63	2.90	2.28	1.76	1.32	0.97	0.69	0.48	0.32
87	4.10	3.28	2.58	1.99	1.50	1.10	0.79	0.55	0.37	0.23
88	3.75	2.95	2.27	1.71	1.26	0.90	0.63	0.42	0.27	0.17
89	3.42	2.64	1.99	1.46	1.05	0.73	0.49	0.31	0.19	0.11
90	3.11	2.35	1.72	1.23	0.86	0.57	0.37	0.23	0.13	0.07
91	2.81	2.07	1.48	1.03	0.69	0.44	0.27	0.16	0.09	0.05
92	2.53	1.81	1.25	0.84	0.54	0.34	0.20	0.11	0.06	0.03
93	2.27	1.57	1.05	0.68	0.42	0.25	0.14	0.07	0.04	0.02
94	2.01	1.35	0.87	0.54	0.32	0.18	0.09	0.05	0.02	0.01
95	1.79	1.15	0.71	0.42	0.23	0.12	0.06	0.03	0.01	
96	1.57	0.97	0.57	0.32	0.17	0.08	0.04	0.02	0.01	
97	1.38	0.81	0.45	0.24	0.12	0.05	0.02	0.01		
98	1.20	0.67	0.35	0.17	0.08	0.03	0.01			
99	1.04	0.55	0.27	0.12	0.05	0.02	0.01			

Beispiel ㉝

ACTIVITÉ   3½%   Table **29a** page 3

Rente différée sur la tête d'un enfant (soutien futur) et d'une femme soutenue

Age de la femme soutenue	différée de ... ans									
	11	12	13	14	15	16	17	18	19	20
0	15.25	14.58	13.94	13.33	12.73	12.16	11.61	11.07	10.56	10.06
1	15.27	14.61	13.96	13.35	12.75	12.18	11.63	11.09	10.58	10.08
2	15.26	14.60	13.96	13.34	12.75	12.17	11.62	11.08	10.57	10.07
3	15.25	14.59	13.94	13.33	12.74	12.16	11.60	11.07	10.56	10.06
4	15.24	14.57	13.94	13.32	12.72	12.15	11.60	11.06	10.55	10.05
5	15.23	14.57	13.92	13.31	12.71	12.14	11.59	11.06	10.54	10.04
6	15.22	14.55	13.91	13.30	12.70	12.13	11.57	11.04	10.53	10.03
7	15.20	14.54	13.90	13.28	12.69	12.11	11.56	11.03	10.51	10.02
8	15.18	14.52	13.88	13.26	12.67	12.10	11.54	11.02	10.50	10.01
9	15.17	14.50	13.87	13.25	12.65	12.08	11.53	11.00	10.48	9.99
10	15.15	14.48	13.85	13.23	12.64	12.06	11.51	10.98	10.47	9.97
11	15.13	14.47	13.82	13.21	12.62	12.04	11.49	10.96	10.45	9.95
12	15.11	14.44	13.80	13.19	12.60	12.02	11.47	10.94	10.43	9.93
13	15.08	14.42	13.78	13.17	12.57	12.00	11.45	10.91	10.40	9.91
14	15.05	14.39	13.75	13.14	12.55	11.97	11.42	10.89	10.38	9.88
15	15.03	14.37	13.72	13.11	12.52	11.95	11.39	10.86	10.35	9.86
16	14.99	14.33	13.70	13.08	12.49	11.92	11.36	10.83	10.32	9.82
17	14.97	14.30	13.66	13.05	12.46	11.88	11.33	10.80	10.29	9.79
18	14.93	14.27	13.63	13.01	12.42	11.85	11.30	10.76	10.25	9.76
19	14.89	14.23	13.59	12.98	12.38	11.81	11.26	10.73	10.22	9.72
20	14.85	14.19	13.55	12.93	12.34	11.77	11.22	10.68	10.17	9.68
21	14.80	14.14	13.50	12.89	12.30	11.72	11.17	10.64	10.13	9.63
22	14.75	14.09	13.46	12.83	12.24	11.67	11.12	10.59	10.08	9.58
23	14.70	14.04	13.40	12.78	12.19	11.62	11.06	10.53	10.02	9.53
24	14.63	13.97	13.34	12.72	12.13	11.56	11.01	10.47	9.96	9.47
25	14.57	13.91	13.27	12.65	12.06	11.49	10.94	10.41	9.89	9.40
26	14.50	13.83	13.19	12.58	11.99	11.41	10.86	10.33	9.82	9.33
27	14.41	13.75	13.12	12.50	11.91	11.34	10.78	10.25	9.74	9.25
28	14.33	13.66	13.02	12.41	11.82	11.25	10.70	10.17	9.66	9.16
29	14.23	13.57	12.93	12.32	11.73	11.15	10.61	10.08	9.57	9.07
30	14.13	13.47	12.83	12.22	11.63	11.06	10.50	9.98	9.46	8.98
31	14.02	13.36	12.72	12.11	11.52	10.95	10.40	9.87	9.36	8.87
32	13.90	13.24	12.60	11.99	11.40	10.83	10.28	9.75	9.25	8.76
33	13.78	13.12	12.48	11.87	11.28	10.71	10.16	9.64	9.13	8.64
34	13.65	12.99	12.35	11.74	11.15	10.58	10.03	9.51	9.00	8.51
35	13.51	12.85	12.22	11.60	11.01	10.44	9.90	9.37	8.87	8.38
36	13.36	12.70	12.07	11.46	10.87	10.30	9.76	9.23	8.73	8.24
37	13.20	12.55	11.91	11.30	10.72	10.15	9.60	9.08	8.58	8.09
38	13.04	12.39	11.75	11.14	10.56	9.99	9.45	8.93	8.42	7.94
39	12.88	12.22	11.58	10.97	10.39	9.83	9.28	8.76	8.26	7.78
40	12.69	12.04	11.41	10.80	10.22	9.65	9.11	8.59	8.09	7.61
41	12.51	11.85	11.22	10.62	10.03	9.47	8.93	8.41	7.91	7.43
42	12.31	11.66	11.03	10.43	9.84	9.28	8.74	8.23	7.73	7.25
43	12.12	11.46	10.83	10.23	9.65	9.08	8.55	8.03	7.54	7.06
44	11.90	11.25	10.62	10.02	9.44	8.88	8.34	7.83	7.34	6.86
45	11.69	11.03	10.41	9.81	9.23	8.67	8.14	7.63	7.13	6.66
46	11.46	10.81	10.19	9.59	9.01	8.46	7.92	7.41	6.92	6.45
47	11.23	10.58	9.96	9.36	8.78	8.23	7.70	7.19	6.70	6.23
48	10.99	10.34	9.72	9.13	8.55	8.00	7.47	6.97	6.48	6.01
49	10.74	10.10	9.48	8.88	8.31	7.77	7.23	6.73	6.25	5.78

Exemple ③

29a

Tafel Seite 4

3½%

AKTIVITÄT

Aufgeschobene Verbindungsrente für Kind als zukünftiger Versorger und weibliche Versorgte

Alter der Versorgten	um ... Jahre aufgeschoben									
	11	12	13	14	15	16	17	18	19	20
50	10.49	9.84	9.23	8.64	8.06	7.52	6.99	6.49	6.01	5.55
51	10.23	9.59	8.97	8.38	7.81	7.27	6.74	6.24	5.77	5.31
52	9.96	9.32	8.70	8.11	7.55	7.01	6.49	5.99	5.52	5.06
53	9.68	9.04	8.43	7.84	7.28	6.74	6.22	5.73	5.26	4.81
54	9.40	8.76	8.15	7.57	7.01	6.47	5.96	5.47	5.00	4.55
55	9.10	8.47	7.86	7.28	6.72	6.19	5.68	5.19	4.73	4.30
56	8.81	8.17	7.57	6.98	6.43	5.90	5.40	4.92	4.46	4.03
57	8.49	7.86	7.26	6.68	6.13	5.61	5.12	4.64	4.19	3.77
58	8.18	7.55	6.95	6.38	5.84	5.32	4.83	4.36	3.92	3.50
59	7.85	7.23	6.63	6.07	5.53	5.02	4.53	4.07	3.64	3.23
60	7.52	6.90	6.31	5.75	5.22	4.71	4.24	3.78	3.36	2.97
61	7.18	6.57	5.99	5.43	4.90	4.41	3.94	3.50	3.09	2.71
62	6.84	6.23	5.65	5.11	4.59	4.10	3.64	3.21	2.82	2.45
63	6.48	5.88	5.31	4.77	4.27	3.79	3.35	2.93	2.55	2.20
64	6.13	5.54	4.98	4.45	3.95	3.48	3.05	2.66	2.29	1.95
65	5.77	5.18	4.63	4.12	3.63	3.18	2.77	2.38	2.03	1.72
66	5.40	4.83	4.29	3.78	3.32	2.88	2.48	2.12	1.79	1.50
67	5.03	4.47	3.95	3.46	3.00	2.59	2.21	1.87	1.56	1.29
68	4.67	4.12	3.61	3.14	2.70	2.31	1.95	1.63	1.34	1.09
69	4.30	3.77	3.27	2.82	2.41	2.03	1.70	1.40	1.14	0.91
70	3.94	3.42	2.95	2.51	2.13	1.77	1.46	1.19	0.95	0.75
71	3.58	3.09	2.63	2.22	1.86	1.53	1.24	1.00	0.78	0.60
72	3.23	2.76	2.33	1.94	1.60	1.30	1.04	0.82	0.63	0.48
73	2.90	2.45	2.04	1.68	1.37	1.09	0.86	0.66	0.50	0.37
74	2.57	2.15	1.77	1.44	1.15	0.90	0.70	0.52	0.39	0.28
75	2.26	1.87	1.51	1.21	0.95	0.73	0.55	0.41	0.29	0.20
76	1.97	1.60	1.28	1.01	0.78	0.58	0.43	0.31	0.21	0.14
77	1.70	1.35	1.07	0.82	0.62	0.45	0.33	0.23	0.15	0.10
78	1.44	1.13	0.87	0.66	0.48	0.35	0.24	0.16	0.10	0.06
79	1.21	0.93	0.70	0.51	0.37	0.26	0.17	0.11	0.07	0.04
80	1.00	0.75	0.55	0.40	0.27	0.18	0.12	0.07	0.04	0.02
81	0.81	0.60	0.43	0.30	0.20	0.13	0.08	0.05	0.03	0.01
82	0.65	0.46	0.32	0.21	0.14	0.09	0.05	0.03	0.01	0.01
83	0.51	0.35	0.23	0.15	0.09	0.06	0.03	0.02	0.01	
84	0.39	0.26	0.17	0.10	0.06	0.03	0.02	0.01		
85	0.29	0.18	0.11	0.07	0.04	0.02	0.01			
86	0.21	0.13	0.08	0.04	0.02	0.01				
87	0.15	0.09	0.05	0.03	0.01	0.01				
88	0.10	0.05	0.03	0.01						
89	0.06	0.03	0.02	0.01						
90	0.04	0.02	0.01							
91	0.02	0.01								
92	0.01	0.01								
93	0.01									

Beispiel ㉝

ACTIVITÉ 3½% Table page 5 **29a**

Rente différée sur la tête d'un enfant (soutien futur) et d'une femme soutenue

Age de la femme soutenue	différée de ... ans									
	21	22	23	24	25	26	27	28	29	30
0	9.59	9.13	8.68	8.25	7.84	7.44	7.05	6.68	6.32	5.97
1	9.60	9.14	8.69	8.26	7.85	7.45	7.06	6.69	6.33	5.98
2	9.59	9.13	8.69	8.25	7.84	7.44	7.05	6.68	6.32	5.97
3	9.59	9.12	8.68	8.24	7.83	7.43	7.04	6.67	6.31	5.96
4	9.57	9.11	8.66	8.24	7.82	7.42	7.04	6.66	6.30	5.96
5	9.56	9.10	8.65	8.22	7.81	7.41	7.02	6.65	6.29	5.95
6	9.55	9.09	8.64	8.22	7.80	7.40	7.01	6.64	6.28	5.94
7	9.54	9.08	8.63	8.20	7.79	7.39	7.00	6.63	6.27	5.92
8	9.52	9.06	8.62	8.19	7.77	7.37	6.99	6.62	6.26	5.91
9	9.51	9.05	8.61	8.17	7.76	7.36	6.97	6.60	6.24	5.89
10	9.49	9.03	8.59	8.16	7.74	7.34	6.96	6.58	6.22	5.88
11	9.47	9.01	8.57	8.14	7.72	7.32	6.94	6.56	6.21	5.86
12	9.45	8.99	8.55	8.11	7.70	7.30	6.92	6.55	6.19	5.84
13	9.43	8.97	8.52	8.10	7.68	7.28	6.89	6.52	6.16	5.82
14	9.40	8.94	8.50	8.07	7.66	7.25	6.87	6.50	6.14	5.79
15	9.38	8.92	8.47	8.04	7.63	7.23	6.84	6.47	6.11	5.77
16	9.35	8.89	8.44	8.01	7.60	7.20	6.82	6.44	6.09	5.74
17	9.31	8.85	8.41	7.98	7.57	7.17	6.79	6.41	6.06	5.71
18	9.28	8.82	8.37	7.95	7.53	7.14	6.75	6.38	6.02	5.68
19	9.24	8.78	8.34	7.91	7.49	7.10	6.71	6.34	5.98	5.64
20	9.20	8.74	8.29	7.87	7.45	7.06	6.67	6.30	5.95	5.60
21	9.16	8.70	8.25	7.82	7.41	7.01	6.63	6.26	5.90	5.56
22	9.11	8.64	8.20	7.77	7.36	6.96	6.58	6.21	5.86	5.51
23	9.05	8.59	8.15	7.72	7.31	6.91	6.53	6.16	5.80	5.46
24	8.99	8.53	8.09	7.66	7.25	6.85	6.47	6.10	5.75	5.40
25	8.92	8.46	8.02	7.60	7.18	6.79	6.41	6.04	5.68	5.34
26	8.85	8.39	7.95	7.52	7.11	6.72	6.34	5.97	5.61	5.28
27	8.77	8.31	7.87	7.45	7.04	6.64	6.26	5.90	5.54	5.20
28	8.69	8.23	7.79	7.37	6.95	6.56	6.18	5.82	5.46	5.13
29	8.60	8.14	7.70	7.27	6.87	6.48	6.10	5.73	5.38	5.04
30	8.50	8.05	7.60	7.18	6.77	6.38	6.00	5.64	5.29	4.95
31	8.40	7.94	7.50	7.08	6.67	6.28	5.90	5.54	5.19	4.86
32	8.29	7.83	7.39	6.97	6.56	6.17	5.80	5.43	5.09	4.76
33	8.17	7.71	7.28	6.86	6.45	6.06	5.69	5.32	4.98	4.65
34	8.04	7.59	7.15	6.73	6.33	5.94	5.57	5.21	4.86	4.53
35	7.91	7.46	7.02	6.61	6.20	5.82	5.44	5.08	4.74	4.41
36	7.77	7.32	6.88	6.47	6.07	5.68	5.31	4.95	4.61	4.28
37	7.62	7.18	6.74	6.33	5.93	5.54	5.17	4.82	4.48	4.15
38	7.47	7.02	6.59	6.18	5.78	5.40	5.03	4.68	4.34	4.02
39	7.31	6.86	6.44	6.02	5.63	5.24	4.88	4.53	4.19	3.87
40	7.15	6.70	6.27	5.86	5.46	5.08	4.72	4.37	4.04	3.72
41	6.97	6.52	6.10	5.69	5.30	4.92	4.56	4.21	3.88	3.57
42	6.79	6.35	5.92	5.51	5.13	4.75	4.39	4.04	3.72	3.40
43	6.60	6.16	5.74	5.33	4.95	4.57	4.22	3.87	3.55	3.24
44	6.41	5.97	5.55	5.14	4.76	4.39	4.03	3.70	3.38	3.07
45	6.20	5.77	5.35	4.95	4.57	4.20	3.85	3.52	3.20	2.90
46	6.00	5.56	5.15	4.75	4.37	4.01	3.66	3.33	3.02	2.72
47	5.78	5.36	4.94	4.55	4.17	3.81	3.47	3.14	2.83	2.54
48	5.56	5.14	4.73	4.34	3.96	3.61	3.27	2.95	2.65	2.36
49	5.34	4.91	4.51	4.12	3.75	3.40	3.07	2.76	2.46	2.18

Exemple ㉝

29a Tafel Seite 6 — 3½% — AKTIVITÄT

Aufgeschobene Verbindungsrente für Kind als zukünftiger Versorger und weibliche Versorgte

Alter der Versorgten	21	22	23	24	25	26	27	28	29	30
50	5.11	4.69	4.28	3.90	3.54	3.19	2.87	2.56	2.27	2.00
51	4.87	4.45	4.06	3.68	3.32	2.98	2.66	2.36	2.08	1.82
52	4.63	4.22	3.82	3.45	3.10	2.77	2.46	2.17	1.90	1.65
53	4.38	3.98	3.59	3.23	2.88	2.56	2.26	1.97	1.71	1.48
54	4.13	3.73	3.35	3.00	2.66	2.35	2.05	1.79	1.53	1.31
55	3.88	3.49	3.12	2.76	2.44	2.14	1.86	1.60	1.36	1.15
56	3.62	3.24	2.88	2.54	2.22	1.93	1.66	1.42	1.20	1.00
57	3.37	2.99	2.64	2.31	2.01	1.73	1.48	1.25	1.04	0.86
58	3.11	2.74	2.41	2.09	1.80	1.54	1.30	1.08	0.89	0.72
59	2.86	2.50	2.17	1.87	1.60	1.35	1.13	0.93	0.75	0.60
60	2.60	2.26	1.95	1.66	1.40	1.17	0.97	0.78	0.63	0.49
61	2.35	2.03	1.73	1.46	1.22	1.01	0.82	0.65	0.51	0.39
62	2.11	1.80	1.52	1.27	1.05	0.85	0.68	0.53	0.41	0.31
63	1.88	1.58	1.32	1.09	0.89	0.71	0.56	0.43	0.32	0.24
64	1.65	1.38	1.14	0.92	0.74	0.58	0.45	0.34	0.25	0.18
65	1.44	1.18	0.96	0.77	0.60	0.47	0.35	0.26	0.18	0.13
66	1.23	1.00	0.80	0.63	0.49	0.37	0.27	0.19	0.13	0.09
67	1.04	0.83	0.66	0.51	0.38	0.28	0.20	0.14	0.09	0.06
68	0.87	0.68	0.53	0.40	0.29	0.21	0.15	0.10	0.06	0.04
69	0.72	0.55	0.42	0.31	0.22	0.15	0.10	0.07	0.04	0.02
70	0.58	0.43	0.32	0.23	0.16	0.11	0.07	0.04	0.02	0.01
71	0.45	0.33	0.24	0.17	0.11	0.07	0.04	0.03	0.01	0.01
72	0.35	0.25	0.17	0.12	0.08	0.05	0.03	0.02	0.01	
73	0.26	0.18	0.12	0.08	0.05	0.03	0.02	0.01		
74	0.19	0.13	0.08	0.05	0.03	0.02	0.01			
75	0.14	0.09	0.05	0.03	0.02	0.01				
76	0.09	0.06	0.03	0.02	0.01					
77	0.06	0.04	0.02	0.01	0.01					
78	0.04	0.02	0.01	0.01						
79	0.02	0.01	0.01							
80	0.01	0.01								
81	0.01									

Beispiel ㉝

ACTIVITÉ 3½% Table **29b** page 1

Rente différée sur la tête d'un enfant (soutien futur) et d'un homme soutenu

Age de l'homme soutenu	différée de ... ans									
	1	2	3	4	5	6	7	8	9	10
0	23.98	23.03	22.11	21.23	20.37	19.55	18.75	17.98	17.24	16.52
1	24.00	23.05	22.14	21.25	20.39	19.57	18.77	17.99	17.25	16.53
2	23.97	23.02	22.10	21.21	20.35	19.53	18.73	17.96	17.21	16.50
3	23.93	22.99	22.07	21.18	20.32	19.49	18.70	17.93	17.18	16.46
4	23.90	22.95	22.03	21.14	20.29	19.45	18.66	17.89	17.14	16.43
5	23.86	22.90	21.99	21.10	20.25	19.41	18.62	17.84	17.11	16.39
6	23.81	22.86	21.94	21.05	20.20	19.37	18.57	17.80	17.06	16.34
7	23.76	22.81	21.90	21.01	20.15	19.33	18.53	17.75	17.01	16.29
8	23.71	22.75	21.84	20.96	20.10	19.27	18.47	17.70	16.96	16.24
9	23.65	22.70	21.78	20.90	20.04	19.21	18.41	17.65	16.90	16.18
10	23.59	22.64	21.72	20.83	19.98	19.15	18.35	17.58	16.84	16.12
11	23.53	22.58	21.65	20.77	19.91	19.09	18.29	17.51	16.77	16.06
12	23.45	22.50	21.59	20.70	19.84	19.01	18.22	17.45	16.70	15.99
13	23.37	22.43	21.50	20.62	19.76	18.94	18.14	17.37	16.63	15.92
14	23.30	22.35	21.43	20.54	19.69	18.86	18.07	17.30	16.56	15.84
15	23.21	22.26	21.34	20.46	19.60	18.77	17.98	17.22	16.48	15.77
16	23.12	22.17	21.26	20.36	19.51	18.69	17.90	17.13	16.39	15.69
17	23.02	22.08	21.16	20.28	19.42	18.61	17.81	17.05	16.31	15.60
18	22.94	21.99	21.07	20.18	19.34	18.51	17.72	16.96	16.22	15.51
19	22.84	21.90	20.98	20.10	19.25	18.43	17.64	16.87	16.13	15.43
20	22.76	21.80	20.89	20.02	19.16	18.34	17.55	16.79	16.05	15.34
21	22.67	21.72	20.81	19.92	19.08	18.26	17.46	16.70	15.96	15.26
22	22.58	21.63	20.72	19.84	18.99	18.16	17.38	16.61	15.87	15.16
23	22.49	21.53	20.62	19.74	18.89	18.06	17.27	16.51	15.77	15.06
24	22.38	21.43	20.52	19.63	18.79	17.96	17.16	16.40	15.66	14.95
25	22.26	21.32	20.40	19.52	18.66	17.84	17.05	16.29	15.54	14.84
26	22.14	21.20	20.27	19.39	18.54	17.71	16.92	16.15	15.41	14.70
27	22.01	21.05	20.14	19.25	18.40	17.58	16.79	16.02	15.28	14.56
28	21.86	20.91	20.00	19.11	18.26	17.44	16.64	15.87	15.13	14.42
29	21.71	20.75	19.84	18.95	18.11	17.28	16.49	15.72	14.98	14.26
30	21.54	20.59	19.67	18.79	17.93	17.11	16.31	15.55	14.81	14.10
31	21.37	20.41	19.49	18.62	17.76	16.93	16.14	15.37	14.64	13.92
32	21.18	20.24	19.31	18.43	17.58	16.75	15.95	15.19	14.45	13.74
33	20.98	20.04	19.13	18.24	17.39	16.56	15.76	14.99	14.26	13.54
34	20.79	19.83	18.92	18.03	17.18	16.36	15.56	14.80	14.06	13.34
35	20.58	19.63	18.71	17.82	16.97	16.15	15.35	14.59	13.85	13.14
36	20.36	19.40	18.49	17.61	16.76	15.93	15.13	14.37	13.63	12.92
37	20.13	19.18	18.26	17.38	16.52	15.70	14.91	14.15	13.41	12.70
38	19.89	18.94	18.03	17.15	16.29	15.47	14.68	13.91	13.18	12.46
39	19.65	18.70	17.79	16.90	16.05	15.22	14.44	13.67	12.93	12.23
40	19.40	18.44	17.53	16.64	15.79	14.97	14.18	13.42	12.69	11.98
41	19.13	18.18	17.27	16.39	15.53	14.71	13.92	13.16	12.43	11.73
42	18.87	17.92	17.00	16.12	15.27	14.45	13.66	12.90	12.17	11.47
43	18.58	17.64	16.72	15.84	14.99	14.18	13.39	12.63	11.90	11.20
44	18.31	17.36	16.44	15.56	14.71	13.90	13.11	12.35	11.63	10.93
45	18.02	17.07	16.16	15.28	14.43	13.61	12.83	12.07	11.34	10.65
46	17.72	16.77	15.86	14.98	14.13	13.32	12.54	11.78	11.06	10.36
47	17.41	16.47	15.56	14.67	13.83	13.02	12.24	11.48	10.77	10.08
48	17.10	16.15	15.25	14.36	13.52	12.71	11.93	11.18	10.46	9.78
49	16.78	15.84	14.92	14.05	13.20	12.40	11.62	10.87	10.15	9.47

Exemple (33)

29b Tafel Seite 2 — 3½% — AKTIVITÄT

Aufgeschobene Verbindungsrente für Kind als zukünftige Versorgerin und männlichen Versorgten

Alter des Versorgten	um ... Jahre aufgeschoben									
	1	2	3	4	5	6	7	8	9	10
50	16.45	15.51	14.60	13.72	12.88	12.07	11.30	10.55	9.84	9.17
51	16.12	15.17	14.26	13.39	12.55	11.74	10.97	10.23	9.53	8.85
52	15.77	14.83	13.92	13.05	12.21	11.41	10.64	9.91	9.21	8.54
53	15.43	14.49	13.58	12.71	11.88	11.08	10.31	9.58	8.88	8.22
54	15.08	14.13	13.23	12.37	11.53	10.73	9.98	9.25	8.56	7.89
55	14.72	13.78	12.87	12.01	11.19	10.39	9.63	8.91	8.22	7.57
56	14.37	13.42	12.52	11.66	10.84	10.05	9.29	8.58	7.89	7.25
57	14.00	13.06	12.16	11.31	10.48	9.70	8.95	8.23	7.56	6.92
58	13.64	12.70	11.80	10.94	10.12	9.34	8.60	7.89	7.23	6.60
59	13.26	12.33	11.43	10.57	9.76	8.98	8.24	7.55	6.89	6.26
60	12.89	11.95	11.06	10.21	9.39	8.62	7.89	7.20	6.55	5.93
61	12.50	11.57	10.67	9.83	9.03	8.27	7.54	6.86	6.22	5.61
62	12.12	11.19	10.30	9.46	8.66	7.90	7.19	6.51	5.88	5.28
63	11.74	10.81	9.93	9.09	8.29	7.54	6.83	6.17	5.55	4.96
64	11.35	10.42	9.54	8.71	7.92	7.18	6.48	5.83	5.21	4.64
65	10.97	10.05	9.17	8.34	7.56	6.82	6.13	5.49	4.88	4.33
66	10.58	9.66	8.79	7.97	7.20	6.47	5.79	5.15	4.56	4.01
67	10.21	9.28	8.41	7.59	6.83	6.11	5.44	4.81	4.24	3.71
68	9.82	8.90	8.04	7.23	6.47	5.75	5.10	4.49	3.92	3.41
69	9.43	8.51	7.65	6.85	6.10	5.40	4.75	4.16	3.62	3.12
70	9.04	8.13	7.28	6.48	5.74	5.05	4.42	3.84	3.32	2.84
71	8.66	7.75	6.90	6.11	5.38	4.71	4.10	3.53	3.02	2.57
72	8.27	7.37	6.52	5.75	5.03	4.37	3.77	3.23	2.74	2.31
73	7.89	6.99	6.16	5.39	4.68	4.04	3.46	2.94	2.47	2.06
74	7.51	6.61	5.78	5.03	4.34	3.72	3.16	2.65	2.22	1.83
75	7.13	6.24	5.42	4.68	4.01	3.40	2.87	2.39	1.97	1.61
76	6.76	5.87	5.07	4.34	3.69	3.10	2.59	2.14	1.74	1.41
77	6.40	5.52	4.73	4.01	3.38	2.82	2.33	1.90	1.53	1.22
78	6.04	5.17	4.39	3.70	3.09	2.55	2.08	1.68	1.34	1.05
79	5.70	4.84	4.08	3.40	2.81	2.29	1.85	1.47	1.16	0.89
80	5.38	4.52	3.78	3.12	2.55	2.05	1.64	1.28	0.99	0.75
81	5.06	4.22	3.49	2.85	2.30	1.83	1.44	1.11	0.84	0.63
82	4.76	3.93	3.21	2.59	2.07	1.62	1.25	0.95	0.71	0.51
83	4.47	3.65	2.95	2.35	1.84	1.42	1.08	0.80	0.58	0.42
84	4.18	3.38	2.69	2.12	1.63	1.24	0.92	0.67	0.48	0.33
85	3.91	3.12	2.45	1.89	1.44	1.07	0.78	0.55	0.38	0.26
86	3.64	2.86	2.21	1.68	1.25	0.91	0.65	0.45	0.30	0.20
87	3.38	2.61	1.98	1.48	1.08	0.77	0.53	0.36	0.23	0.15
88	3.12	2.37	1.77	1.29	0.92	0.64	0.43	0.28	0.18	0.11
89	2.88	2.14	1.56	1.11	0.77	0.52	0.34	0.22	0.13	0.08
90	2.64	1.93	1.37	0.96	0.64	0.42	0.27	0.16	0.10	0.05
91	2.42	1.72	1.20	0.81	0.53	0.34	0.21	0.12	0.07	0.04
92	2.21	1.54	1.04	0.68	0.43	0.26	0.16	0.09	0.05	0.02
93	2.01	1.36	0.89	0.56	0.35	0.20	0.11	0.06	0.03	0.02
94	1.82	1.20	0.76	0.46	0.27	0.15	0.08	0.04	0.02	0.01
95	1.65	1.04	0.64	0.38	0.21	0.11	0.06	0.03	0.01	0.01
96	1.48	0.91	0.53	0.30	0.16	0.08	0.04	0.02	0.01	
97	1.33	0.78	0.44	0.24	0.12	0.06	0.03	0.01		
98	1.19	0.67	0.36	0.18	0.09	0.04	0.02	0.01		
99	1.06	0.57	0.29	0.14	0.06	0.03	0.01			

Beispiel ㉝

ACTIVITÉ 3½% Table 29b page 3

Rente différée sur la tête d'un enfant (soutien futur) et d'un homme soutenu

Age de l'homme soutenu	différée de ... ans									
	11	12	13	14	15	16	17	18	19	20
0	15.83	15.17	14.52	13.90	13.30	12.72	12.17	11.63	11.10	10.61
1	15.84	15.17	14.52	13.90	13.30	12.72	12.16	11.62	11.10	10.60
2	15.81	15.14	14.49	13.87	13.27	12.69	12.13	11.59	11.07	10.57
3	15.77	15.10	14.46	13.84	13.23	12.66	12.10	11.56	11.04	10.54
4	15.73	15.07	14.42	13.80	13.20	12.62	12.06	11.52	11.01	10.51
5	15.69	15.03	14.38	13.76	13.16	12.58	12.03	11.49	10.97	10.47
6	15.65	14.98	14.34	13.72	13.12	12.54	11.98	11.45	10.93	10.43
7	15.60	14.93	14.29	13.67	13.07	12.50	11.94	11.40	10.89	10.39
8	15.55	14.88	14.24	13.62	13.02	12.45	11.89	11.36	10.84	10.35
9	15.49	14.82	14.18	13.56	12.97	12.40	11.84	11.31	10.79	10.30
10	15.43	14.77	14.13	13.51	12.92	12.34	11.79	11.26	10.74	10.25
11	15.37	14.71	14.07	13.45	12.86	12.28	11.73	11.20	10.69	10.19
12	15.30	14.64	14.00	13.39	12.80	12.23	11.67	11.14	10.63	10.13
13	15.23	14.58	13.94	13.32	12.73	12.16	11.61	11.07	10.56	10.07
14	15.16	14.50	13.86	13.25	12.66	12.09	11.54	11.00	10.49	10.00
15	15.09	14.42	13.79	13.17	12.58	12.01	11.46	10.93	10.42	9.92
16	15.00	14.34	13.71	13.10	12.50	11.93	11.38	10.86	10.34	9.85
17	14.92	14.26	13.62	13.01	12.42	11.85	11.30	10.77	10.26	9.76
18	14.83	14.17	13.54	12.93	12.34	11.76	11.22	10.69	10.17	9.68
19	14.75	14.09	13.45	12.84	12.25	11.68	11.13	10.60	10.09	9.59
20	14.66	14.00	13.36	12.75	12.16	11.59	11.04	10.51	10.00	9.50
21	14.57	13.91	13.27	12.66	12.07	11.50	10.95	10.42	9.90	9.41
22	14.48	13.82	13.18	12.56	11.98	11.40	10.85	10.32	9.80	9.31
23	14.38	13.71	13.08	12.46	11.87	11.30	10.74	10.21	9.70	9.21
24	14.27	13.60	12.97	12.35	11.76	11.18	10.64	10.10	9.59	9.09
25	14.15	13.49	12.84	12.23	11.63	11.06	10.51	9.98	9.47	8.97
26	14.01	13.36	12.72	12.10	11.51	10.94	10.38	9.85	9.34	8.84
27	13.88	13.22	12.58	11.96	11.37	10.79	10.24	9.71	9.20	8.70
28	13.73	13.07	12.43	11.81	11.22	10.65	10.10	9.57	9.05	8.56
29	13.57	12.91	12.27	11.66	11.07	10.49	9.94	9.41	8.90	8.41
30	13.41	12.75	12.11	11.49	10.90	10.33	9.78	9.25	8.74	8.24
31	13.23	12.57	11.93	11.32	10.73	10.16	9.61	9.08	8.57	8.08
32	13.05	12.39	11.75	11.14	10.54	9.98	9.43	8.90	8.39	7.90
33	12.86	12.20	11.56	10.95	10.36	9.79	9.25	8.72	8.21	7.72
34	12.66	12.00	11.36	10.76	10.17	9.60	9.05	8.52	8.02	7.53
35	12.45	11.79	11.16	10.55	9.96	9.40	8.85	8.33	7.82	7.34
36	12.24	11.58	10.95	10.34	9.75	9.19	8.64	8.12	7.62	7.14
37	12.02	11.36	10.73	10.12	9.53	8.97	8.43	7.91	7.41	6.93
38	11.79	11.13	10.50	9.89	9.31	8.75	8.21	7.69	7.20	6.72
39	11.55	10.89	10.26	9.66	9.08	8.52	7.98	7.47	6.98	6.51
40	11.30	10.65	10.02	9.42	8.84	8.29	7.75	7.24	6.76	6.29
41	11.05	10.40	9.77	9.18	8.60	8.05	7.52	7.01	6.53	6.06
42	10.79	10.15	9.52	8.93	8.35	7.80	7.28	6.77	6.29	5.83
43	10.53	9.88	9.26	8.67	8.10	7.55	7.03	6.53	6.05	5.60
44	10.26	9.62	9.00	8.41	7.84	7.30	6.78	6.29	5.82	5.37
45	9.98	9.34	8.73	8.14	7.58	7.04	6.53	6.04	5.57	5.13
46	9.70	9.06	8.46	7.87	7.32	6.78	6.27	5.79	5.33	4.89
47	9.42	8.78	8.17	7.59	7.04	6.51	6.01	5.54	5.08	4.65
48	9.12	8.49	7.89	7.31	6.77	6.25	5.75	5.28	4.83	4.41
49	8.82	8.19	7.60	7.03	6.49	5.97	5.48	5.02	4.58	4.16

Exemple ㉝

29b Tafel Seite 4 $3\frac{1}{2}\%$ AKTIVITÄT

Aufgeschobene Verbindungsrente für Kind als zukünftige Versorgerin und männlichen Versorgten

Alter des Versorgten	um ... Jahre aufgeschoben									
	11	12	13	14	15	16	17	18	19	20
50	8.51	7.89	7.30	6.74	6.21	5.70	5.22	4.76	4.33	3.92
51	8.21	7.59	7.01	6.45	5.92	5.42	4.95	4.50	4.08	3.68
52	7.90	7.29	6.71	6.16	5.64	5.15	4.68	4.24	3.83	3.44
53	7.58	6.98	6.41	5.87	5.36	4.87	4.42	3.99	3.58	3.20
54	7.27	6.67	6.11	5.58	5.07	4.60	4.15	3.73	3.34	2.97
55	6.95	6.36	5.81	5.28	4.79	4.32	3.89	3.48	3.10	2.74
56	6.64	6.06	5.51	4.99	4.51	4.05	3.63	3.23	2.86	2.52
57	6.31	5.75	5.20	4.70	4.22	3.78	3.37	2.98	2.63	2.30
58	6.00	5.43	4.91	4.41	3.95	3.52	3.12	2.74	2.40	2.09
59	5.68	5.13	4.61	4.12	3.67	3.26	2.87	2.51	2.18	1.88
60	5.36	4.82	4.31	3.84	3.40	2.99	2.62	2.28	1.97	1.68
61	5.04	4.51	4.02	3.56	3.13	2.74	2.38	2.06	1.76	1.50
62	4.73	4.21	3.73	3.28	2.88	2.50	2.16	1.85	1.57	1.32
63	4.42	3.91	3.44	3.02	2.62	2.26	1.94	1.65	1.39	1.16
64	4.11	3.62	3.17	2.75	2.38	2.04	1.73	1.46	1.22	1.00
65	3.81	3.33	2.90	2.50	2.14	1.82	1.53	1.28	1.06	0.86
66	3.51	3.05	2.64	2.26	1.92	1.61	1.35	1.11	0.91	0.73
67	3.23	2.78	2.38	2.02	1.70	1.42	1.17	0.96	0.78	0.62
68	2.94	2.52	2.14	1.80	1.50	1.24	1.01	0.82	0.65	0.51
69	2.67	2.27	1.91	1.59	1.32	1.07	0.87	0.69	0.54	0.42
70	2.41	2.03	1.69	1.40	1.14	0.92	0.73	0.58	0.45	0.34
71	2.16	1.80	1.49	1.22	0.98	0.78	0.61	0.47	0.36	0.27
72	1.92	1.59	1.30	1.05	0.83	0.66	0.51	0.38	0.29	0.21
73	1.70	1.39	1.12	0.89	0.70	0.54	0.41	0.31	0.22	0.16
74	1.49	1.20	0.96	0.75	0.58	0.44	0.33	0.24	0.17	0.12
75	1.30	1.04	0.81	0.63	0.48	0.35	0.26	0.18	0.13	0.09
76	1.12	0.88	0.68	0.52	0.38	0.28	0.20	0.14	0.09	0.06
77	0.96	0.74	0.56	0.42	0.30	0.22	0.15	0.10	0.07	0.04
78	0.81	0.62	0.46	0.33	0.24	0.17	0.11	0.07	0.05	0.03
79	0.68	0.50	0.37	0.26	0.18	0.12	0.08	0.05	0.03	0.02
80	0.56	0.41	0.29	0.20	0.14	0.09	0.06	0.03	0.02	0.01
81	0.46	0.32	0.23	0.15	0.10	0.06	0.04	0.02	0.01	0.01
82	0.37	0.25	0.17	0.11	0.07	0.04	0.03	0.01	0.01	
83	0.29	0.20	0.13	0.08	0.05	0.03	0.02	0.01		
84	0.22	0.15	0.09	0.06	0.03	0.02	0.01	0.01		
85	0.17	0.11	0.07	0.04	0.02	0.01	0.01			
86	0.13	0.08	0.05	0.03	0.01	0.01				
87	0.09	0.05	0.03	0.02	0.01					
88	0.06	0.04	0.02	0.01						
89	0.04	0.02	0.01	0.01						
90	0.03	0.01	0.01							
91	0.02	0.01								
92	0.01	0.01								
93	0.01									

Beispiel (33)

ACTIVITÉ 3½% Table **29b** page 5

Rente différée sur la tête d'un enfant (soutien futur) et d'un homme soutenu

Age de l'homme soutenu	différée de ... ans									
	21	22	23	24	25	26	27	28	29	30
0	10.12	9.65	9.20	8.77	8.35	7.95	7.56	7.19	6.83	6.48
1	10.12	9.65	9.20	8.77	8.35	7.94	7.56	7.18	6.82	6.47
2	10.09	9.62	9.17	8.74	8.32	7.92	7.53	7.16	6.80	6.45
3	10.06	9.59	9.14	8.71	8.30	7.89	7.50	7.13	6.77	6.42
4	10.02	9.56	9.11	8.68	8.26	7.86	7.47	7.10	6.74	6.39
5	9.99	9.52	9.08	8.64	8.23	7.83	7.44	7.07	6.70	6.36
6	9.95	9.49	9.04	8.61	8.19	7.79	7.40	7.03	6.67	6.32
7	9.91	9.45	9.00	8.57	8.15	7.75	7.36	6.99	6.63	6.28
8	9.87	9.40	8.96	8.52	8.11	7.71	7.32	6.95	6.59	6.24
9	9.82	9.35	8.91	8.48	8.06	7.66	7.28	6.90	6.54	6.20
10	9.77	9.30	8.86	8.43	8.01	7.61	7.23	6.85	6.50	6.15
11	9.71	9.25	8.80	8.38	7.96	7.56	7.18	6.80	6.44	6.10
12	9.65	9.19	8.75	8.32	7.90	7.50	7.12	6.74	6.39	6.04
13	9.59	9.13	8.68	8.25	7.84	7.44	7.05	6.68	6.33	5.98
14	9.52	9.06	8.61	8.18	7.77	7.37	6.99	6.62	6.26	5.91
15	9.44	8.99	8.54	8.11	7.70	7.30	6.91	6.55	6.19	5.85
16	9.37	8.91	8.46	8.04	7.62	7.22	6.84	6.47	6.12	5.77
17	9.29	8.83	8.38	7.96	7.54	7.15	6.76	6.39	6.04	5.69
18	9.20	8.74	8.30	7.87	7.46	7.06	6.68	6.31	5.96	5.61
19	9.11	8.66	8.21	7.79	7.37	6.98	6.59	6.22	5.87	5.53
20	9.03	8.57	8.12	7.69	7.28	6.89	6.50	6.13	5.78	5.44
21	8.93	8.47	8.03	7.60	7.19	6.79	6.41	6.04	5.69	5.35
22	8.83	8.37	7.93	7.50	7.09	6.69	6.31	5.95	5.59	5.25
23	8.73	8.27	7.83	7.40	6.99	6.59	6.21	5.84	5.49	5.15
24	8.62	8.16	7.71	7.29	6.87	6.48	6.10	5.73	5.38	5.04
25	8.50	8.04	7.59	7.16	6.76	6.36	5.98	5.61	5.26	4.93
26	8.37	7.91	7.47	7.04	6.63	6.23	5.85	5.49	5.14	4.80
27	8.23	7.77	7.33	6.90	6.49	6.10	5.72	5.36	5.01	4.68
28	8.09	7.63	7.19	6.76	6.35	5.96	5.58	5.23	4.88	4.55
29	7.93	7.48	7.04	6.61	6.20	5.81	5.44	5.08	4.74	4.41
30	7.77	7.32	6.88	6.46	6.05	5.67	5.29	4.94	4.60	4.27
31	7.61	7.15	6.71	6.30	5.89	5.51	5.14	4.78	4.44	4.12
32	7.43	6.98	6.55	6.13	5.73	5.34	4.98	4.63	4.29	3.97
33	7.25	6.80	6.37	5.95	5.56	5.18	4.81	4.46	4.13	3.82
34	7.07	6.62	6.19	5.78	5.38	5.00	4.64	4.30	3.97	3.66
35	6.87	6.43	6.00	5.59	5.20	4.83	4.47	4.13	3.80	3.50
36	6.68	6.23	5.81	5.41	5.02	4.65	4.29	3.96	3.64	3.33
37	6.47	6.04	5.62	5.21	4.83	4.46	4.11	3.78	3.47	3.17
38	6.27	5.83	5.42	5.01	4.64	4.27	3.93	3.60	3.29	3.00
39	6.05	5.62	5.21	4.82	4.44	4.09	3.75	3.43	3.12	2.84
40	5.84	5.41	5.00	4.61	4.24	3.89	3.56	3.24	2.95	2.67
41	5.62	5.19	4.79	4.41	4.04	3.70	3.37	3.06	2.77	2.50
42	5.39	4.98	4.58	4.20	3.84	3.50	3.18	2.88	2.60	2.33
43	5.16	4.75	4.36	3.99	3.64	3.31	3.00	2.70	2.42	2.17
44	4.94	4.53	4.15	3.78	3.44	3.11	2.81	2.52	2.25	2.00
45	4.71	4.31	3.93	3.57	3.24	2.92	2.62	2.34	2.09	1.84
46	4.48	4.08	3.71	3.36	3.03	2.72	2.44	2.17	1.92	1.69
47	4.24	3.86	3.49	3.15	2.83	2.53	2.25	2.00	1.75	1.53
48	4.01	3.63	3.28	2.94	2.63	2.34	2.08	1.82	1.59	1.39
49	3.77	3.41	3.06	2.74	2.44	2.16	1.90	1.66	1.44	1.24

Exemple ㉝

29b Tafel Seite 6 — 3½% — AKTIVITÄT

Aufgeschobene Verbindungsrente für Kind als zukünftige Versorgerin und männlichen Versorgten

Alter des Versorgten	um ... Jahre aufgeschoben									
	21	22	23	24	25	26	27	28	29	30
50	3.54	3.18	2.85	2.54	2.24	1.98	1.73	1.50	1.29	1.11
51	3.31	2.96	2.63	2.33	2.05	1.80	1.56	1.35	1.15	0.98
52	3.08	2.74	2.43	2.14	1.87	1.63	1.40	1.20	1.02	0.86
53	2.86	2.53	2.23	1.95	1.69	1.46	1.25	1.06	0.89	0.74
54	2.63	2.32	2.03	1.76	1.52	1.30	1.10	0.93	0.77	0.64
55	2.42	2.11	1.84	1.58	1.36	1.15	0.97	0.81	0.67	0.54
56	2.20	1.92	1.65	1.41	1.20	1.01	0.84	0.70	0.57	0.46
57	2.00	1.73	1.48	1.25	1.05	0.88	0.73	0.59	0.48	0.38
58	1.80	1.54	1.31	1.10	0.92	0.76	0.62	0.50	0.40	0.31
59	1.61	1.37	1.15	0.96	0.79	0.65	0.52	0.42	0.33	0.25
60	1.43	1.20	1.00	0.83	0.68	0.55	0.44	0.34	0.26	0.20
61	1.26	1.05	0.87	0.71	0.57	0.46	0.36	0.28	0.21	0.16
62	1.10	0.91	0.74	0.60	0.48	0.37	0.29	0.22	0.16	0.12
63	0.96	0.78	0.63	0.50	0.39	0.30	0.23	0.17	0.12	0.09
64	0.82	0.66	0.53	0.41	0.32	0.24	0.18	0.13	0.09	0.06
65	0.70	0.55	0.43	0.34	0.25	0.19	0.14	0.10	0.07	0.05
66	0.58	0.46	0.35	0.27	0.20	0.15	0.10	0.07	0.05	0.03
67	0.48	0.37	0.28	0.21	0.15	0.11	0.08	0.05	0.03	0.02
68	0.40	0.30	0.22	0.16	0.12	0.08	0.05	0.04	0.02	0.01
69	0.32	0.24	0.17	0.12	0.09	0.06	0.04	0.02	0.01	0.01
70	0.25	0.18	0.13	0.09	0.06	0.04	0.03	0.02	0.01	0.01
71	0.20	0.14	0.10	0.07	0.04	0.03	0.02	0.01	0.01	
72	0.15	0.10	0.07	0.05	0.03	0.02	0.01	0.01		
73	0.11	0.07	0.05	0.03	0.02	0.01	0.01			
74	0.08	0.05	0.03	0.02	0.01	0.01				
75	0.06	0.04	0.02	0.01	0.01					
76	0.04	0.02	0.01	0.01						
77	0.03	0.02	0.01							
78	0.02	0.01	0.01							
79	0.01	0.01								
80	0.01									

Beispiel (33)

Mortalitätstafeln

	Tafel
Barwert einer sofort beginnenden, lebenslänglichen Rente — Männer und Frauen	30
Barwert einer aufgeschobenen Leibrente — Männer	31
Barwert einer aufgeschobenen Leibrente — Frauen	32
Barwert einer temporären Leibrente — Männer	33
Barwert einer temporären Leibrente — Frauen	34
Barwert einer lebenslänglichen Verbindungsrente — Mann und Frau	35
Barwert einer temporären Verbindungsrente bis Alter 65 des Mannes	36
Barwert einer temporären Verbindungsrente bis Alter 62 der Frau	37
Barwert für lebenslängliche Leistungen — Männer zahlbar alle 2, 3, 4, 5 und 6 Jahre	38
Barwert für lebenslängliche Leistungen — Frauen zahlbar alle 2, 3, 4, 5 und 6 Jahre	39

MORTALITÄT
MORTALITÉ   3½%   Tafel 30
                                                         Table

Sofort beginnende, lebenslängliche Rente – Rente viagère immédiate

Alter	Männer	Frauen	Age	Hommes	Femmes
0	26.60	27.23	50	17.58	19.90
1	26.58	27.23	51	17.23	19.61
2	26.49	27.17	52	16.88	19.32
3	26.41	27.10	53	16.53	19.02
4	26.32	27.04	54	16.17	18.71
5	26.22	26.97	55	15.81	18.39
6	26.13	26.90	56	15.45	18.06
7	26.03	26.82	57	15.08	17.72
8	25.92	26.74	58	14.71	17.38
9	25.81	26.66	59	14.33	17.02
10	25.70	26.58	60	13.94	16.66
11	25.59	26.49	61	13.56	16.29
12	25.47	26.40	62	13.17	15.91
13	25.34	26.31	63	12.78	15.52
14	25.21	26.22	64	12.39	15.12
15	25.08	26.12	65	12.00	14.71
16	24.95	26.02	66	11.62	14.29
17	24.82	25.92	67	11.23	13.86
18	24.68	25.82	68	10.84	13.42
19	24.55	25.71	69	10.44	12.97
20	24.43	25.60	70	10.05	12.51
21	24.31	25.49	71	9.66	12.05
22	24.19	25.38	72	9.27	11.58
23	24.06	25.26	73	8.89	11.12
24	23.92	25.13	74	8.50	10.65
25	23.78	25.00	75	8.12	10.18
26	23.62	24.87	76	7.74	9.70
27	23.46	24.73	77	7.37	9.23
28	23.29	24.58	78	7.01	8.77
29	23.11	24.43	79	6.67	8.31
30	22.93	24.28	80	6.34	7.86
31	22.73	24.11	81	6.02	7.42
32	22.53	23.95	82	5.71	7.00
33	22.32	23.77	83	5.42	6.58
34	22.10	23.59	84	5.13	6.18
35	21.87	23.41	85	4.85	5.79
36	21.63	23.22	86	4.58	5.41
37	21.39	23.02	87	4.31	5.05
38	21.14	22.82	88	4.04	4.70
39	20.88	22.61	89	3.79	4.36
40	20.62	22.40	90	3.55	4.04
41	20.34	22.18	91	3.32	3.73
42	20.06	21.95	92	3.10	3.44
43	19.78	21.72	93	2.90	3.17
44	19.48	21.48	94	2.70	2.91
45	19.18	21.23	95	2.51	2.67
46	18.88	20.98	96	2.34	2.44
47	18.57	20.72	97	2.17	2.23
48	18.24	20.45	98	2.02	2.04
49	17.91	20.18	99	1.88	1.86

Beispiele/Exemples ⑭, ㊸, ㊻, ㊼, ㊾, ㊶   Tafeln/Tables 44 , 45

31 Tafel Seite 1 — 3½% — MORTALITÄT

Aufgeschobene Leibrente – Männer

Alter heute	\multicolumn{10}{c}{um ... Jahre aufgeschoben}
	1	2	3	4	5	6	7	8	9	10
0	25.62	24.66	23.75	22.87	22.01	21.19	20.39	19.61	18.87	18.15
1	25.59	24.64	23.72	22.83	21.98	21.15	20.35	19.57	18.83	18.11
2	25.51	24.56	23.64	22.76	21.90	21.07	20.26	19.49	18.75	18.03
3	25.43	24.47	23.56	22.67	21.81	20.98	20.18	19.41	18.66	17.94
4	25.33	24.39	23.47	22.57	21.72	20.89	20.09	19.32	18.57	17.85
5	25.24	24.29	23.37	22.48	21.62	20.80	20.00	19.22	18.47	17.75
6	25.15	24.19	23.27	22.38	21.53	20.70	19.90	19.12	18.38	17.66
7	25.04	24.09	23.17	22.29	21.43	20.60	19.79	19.02	18.28	17.56
8	24.93	23.98	23.07	22.18	21.32	20.49	19.69	18.92	18.18	17.45
9	24.83	23.88	22.96	22.07	21.21	20.38	19.59	18.82	18.07	17.34
10	24.72	23.77	22.85	21.96	21.10	20.27	19.48	18.70	17.95	17.24
11	24.60	23.65	22.73	21.84	20.99	20.16	19.36	18.59	17.84	17.13
12	24.48	23.53	22.61	21.73	20.87	20.04	19.24	18.47	17.73	17.01
13	24.35	23.40	22.49	21.61	20.74	19.92	19.12	18.35	17.61	16.89
14	24.23	23.28	22.37	21.47	20.62	19.79	19.00	18.23	17.49	16.77
15	24.10	23.15	22.23	21.34	20.49	19.67	18.87	18.10	17.36	16.65
16	23.97	23.01	22.09	21.21	20.36	19.54	18.74	17.97	17.24	16.52
17	23.83	22.88	21.97	21.08	20.23	19.41	18.61	17.85	17.10	16.39
18	23.70	22.75	21.84	20.95	20.10	19.27	18.49	17.71	16.98	16.27
19	23.57	22.62	21.71	20.82	19.97	19.15	18.35	17.59	16.85	16.14
20	23.45	22.50	21.58	20.70	19.85	19.02	18.23	17.47	16.73	16.02
21	23.33	22.38	21.46	20.58	19.72	18.90	18.11	17.34	16.61	15.89
22	23.20	22.25	21.34	20.45	19.60	18.78	17.98	17.22	16.48	15.77
23	23.07	22.13	21.21	20.32	19.47	18.65	17.86	17.09	16.35	15.64
24	22.94	21.98	21.07	20.19	19.33	18.52	17.72	16.95	16.21	15.50
25	22.79	21.84	20.92	20.04	19.19	18.37	17.57	16.81	16.07	15.35
26	22.64	21.69	20.77	19.89	19.04	18.21	17.42	16.65	15.91	15.19
27	22.48	21.53	20.62	19.73	18.88	18.05	17.26	16.49	15.74	15.03
28	22.31	21.36	20.44	19.56	18.71	17.88	17.08	16.31	15.57	14.85
29	22.13	21.18	20.27	19.38	18.53	17.70	16.90	16.13	15.39	14.67
30	21.94	21.00	20.08	19.19	18.34	17.51	16.71	15.94	15.20	14.49
31	21.75	20.80	19.88	18.99	18.14	17.31	16.52	15.75	15.01	14.29
32	21.55	20.60	19.68	18.79	17.93	17.11	16.31	15.55	14.80	14.09
33	21.33	20.38	19.46	18.58	17.72	16.90	16.10	15.33	14.59	13.88
34	21.11	20.16	19.24	18.36	17.50	16.68	15.88	15.11	14.38	13.66
35	20.88	19.93	19.02	18.13	17.28	16.45	15.66	14.89	14.15	13.43
36	20.65	19.70	18.78	17.90	17.04	16.22	15.43	14.65	13.91	13.20
37	20.41	19.46	18.54	17.65	16.80	15.98	15.18	14.41	13.68	12.97
38	20.15	19.21	18.29	17.40	16.56	15.73	14.93	14.17	13.43	12.72
39	19.90	18.95	18.03	17.15	16.29	15.47	14.68	13.92	13.17	12.46
40	19.63	18.68	17.77	16.88	16.03	15.21	14.42	13.65	12.91	12.21
41	19.36	18.41	17.49	16.61	15.76	14.94	14.14	13.38	12.65	11.94
42	19.08	18.13	17.21	16.33	15.48	14.66	13.87	13.11	12.37	11.67
43	18.79	17.84	16.93	16.05	15.19	14.37	13.59	12.83	12.10	11.39
44	18.50	17.55	16.64	15.75	14.90	14.09	13.30	12.54	11.81	11.11
45	18.20	17.26	16.34	15.45	14.61	13.79	13.00	12.25	11.52	10.82
46	17.90	16.94	16.03	15.16	14.30	13.49	12.71	11.95	11.22	10.53
47	17.58	16.63	15.72	14.84	13.99	13.18	12.40	11.64	10.92	10.23
48	17.26	16.32	15.40	14.52	13.68	12.86	12.08	11.33	10.61	9.93
49	16.93	15.98	15.07	14.20	13.35	12.54	11.76	11.02	10.30	9.61

Beispiele ④, ㊸, ㊽

MORTALITÉ 3½% Table 31 page 2

Rente viagère différée – hommes

Age actuel	différée de ... ans									
	1	2	3	4	5	6	7	8	9	10
50	16.59	15.64	14.74	13.86	13.02	12.21	11.44	10.69	9.98	9.29
51	16.25	15.30	14.39	13.52	12.68	11.88	11.11	10.36	9.65	8.98
52	15.90	14.95	14.05	13.18	12.34	11.54	10.77	10.03	9.33	8.65
53	15.54	14.60	13.70	12.83	11.99	11.19	10.42	9.70	8.99	8.32
54	15.19	14.25	13.34	12.48	11.64	10.84	10.09	9.36	8.66	8.00
55	14.83	13.89	12.99	12.12	11.29	10.50	9.74	9.01	8.32	7.67
56	14.47	13.53	12.63	11.76	10.94	10.14	9.39	8.67	7.98	7.34
57	14.10	13.16	12.25	11.40	10.57	9.79	9.04	8.32	7.65	7.01
58	13.73	12.78	11.89	11.03	10.21	9.43	8.68	7.98	7.31	6.68
59	13.34	12.41	11.51	10.66	9.84	9.06	8.33	7.63	6.97	6.34
60	12.97	12.03	11.13	10.28	9.47	8.70	7.97	7.28	6.62	6.00
61	12.58	11.64	10.75	9.90	9.10	8.34	7.61	6.92	6.28	5.67
62	12.19	11.26	10.37	9.53	8.73	7.97	7.25	6.57	5.94	5.34
63	11.80	10.87	9.99	9.15	8.36	7.60	6.89	6.23	5.60	5.02
64	11.41	10.49	9.61	8.77	7.98	7.24	6.54	5.88	5.27	4.69
65	11.03	10.10	9.23	8.39	7.61	6.87	6.18	5.54	4.93	4.37
66	10.64	9.72	8.84	8.02	7.24	6.51	5.84	5.20	4.61	4.06
67	10.25	9.33	8.46	7.64	6.87	6.16	5.48	4.86	4.28	3.75
68	9.86	8.94	8.08	7.26	6.51	5.80	5.14	4.53	3.96	3.44
69	9.47	8.55	7.69	6.89	6.14	5.44	4.79	4.20	3.65	3.15
70	9.08	8.16	7.32	6.52	5.78	5.09	4.45	3.87	3.35	2.87
71	8.69	7.79	6.93	6.15	5.41	4.74	4.12	3.56	3.05	2.59
72	8.31	7.40	6.56	5.78	5.06	4.40	3.80	3.26	2.77	2.33
73	7.92	7.02	6.18	5.41	4.71	4.07	3.48	2.96	2.49	2.08
74	7.54	6.64	5.81	5.05	4.36	3.74	3.18	2.67	2.23	1.84
75	7.15	6.26	5.44	4.70	4.03	3.42	2.88	2.41	1.99	1.62
76	6.78	5.89	5.09	4.36	3.71	3.12	2.61	2.15	1.76	1.42
77	6.41	5.54	4.74	4.03	3.39	2.83	2.34	1.91	1.55	1.23
78	6.06	5.19	4.41	3.71	3.10	2.56	2.09	1.69	1.35	1.06
79	5.72	4.86	4.09	3.41	2.82	2.30	1.86	1.48	1.16	0.90
80	5.39	4.53	3.79	3.13	2.56	2.07	1.65	1.29	1.00	0.76
81	5.07	4.23	3.50	2.86	2.31	1.84	1.44	1.11	0.85	0.63
82	4.77	3.94	3.22	2.60	2.07	1.62	1.26	0.95	0.71	0.52
83	4.48	3.66	2.96	2.36	1.85	1.43	1.08	0.81	0.59	0.42
84	4.19	3.39	2.70	2.12	1.64	1.24	0.93	0.67	0.48	0.33
85	3.92	3.12	2.45	1.89	1.44	1.07	0.78	0.56	0.39	0.26
86	3.65	2.86	2.21	1.68	1.25	0.91	0.65	0.45	0.31	0.20
87	3.38	2.61	1.98	1.48	1.08	0.77	0.53	0.36	0.24	0.15
88	3.12	2.37	1.77	1.29	0.92	0.64	0.43	0.28	0.18	0.11
89	2.88	2.14	1.56	1.12	0.78	0.52	0.34	0.22	0.13	0.08
90	2.64	1.93	1.38	0.96	0.65	0.42	0.27	0.16	0.10	0.05
91	2.42	1.73	1.20	0.81	0.53	0.34	0.21	0.12	0.07	0.04
92	2.22	1.54	1.04	0.68	0.43	0.26	0.16	0.09	0.05	0.02
93	2.01	1.36	0.89	0.56	0.35	0.20	0.12	0.06	0.03	0.02
94	1.82	1.20	0.76	0.46	0.27	0.15	0.08	0.04	0.02	0.01
95	1.65	1.04	0.64	0.38	0.21	0.11	0.06	0.03	0.01	0.01
96	1.48	0.91	0.53	0.30	0.16	0.08	0.04	0.02	0.01	
97	1.33	0.78	0.44	0.24	0.12	0.06	0.03	0.01		
98	1.19	0.67	0.36	0.18	0.09	0.04	0.02	0.01		
99	1.06	0.57	0.29	0.14	0.06	0.03	0.01			

Exemples ④, ㊸, ㊹

Tafel 31 — Seite 3 — 3½% — MORTALITÄT

Aufgeschobene Leibrente – Männer

Alter heute	um ... Jahre aufgeschoben									
	11	12	13	14	15	16	17	18	19	20
0	17.46	16.79	16.13	15.50	14.90	14.32	13.76	13.21	12.68	12.17
1	17.41	16.74	16.09	15.46	14.85	14.27	13.70	13.15	12.63	12.12
2	17.33	16.65	16.00	15.38	14.77	14.18	13.62	13.07	12.55	12.04
3	17.24	16.57	15.92	15.29	14.68	14.10	13.53	12.99	12.47	11.96
4	17.15	16.48	15.83	15.20	14.59	14.01	13.45	12.90	12.38	11.87
5	17.06	16.39	15.73	15.11	14.50	13.92	13.36	12.81	12.29	11.78
6	16.96	16.29	15.64	15.01	14.41	13.83	13.26	12.72	12.20	11.69
7	16.86	16.19	15.54	14.92	14.31	13.73	13.17	12.63	12.10	11.60
8	16.76	16.09	15.44	14.82	14.21	13.63	13.07	12.53	12.01	11.50
9	16.65	15.98	15.34	14.71	14.11	13.53	12.97	12.43	11.91	11.40
10	16.55	15.88	15.23	14.60	14.01	13.42	12.86	12.32	11.80	11.30
11	16.43	15.77	15.12	14.50	13.89	13.32	12.76	12.22	11.70	11.20
12	16.32	15.65	15.01	14.38	13.78	13.21	12.65	12.11	11.59	11.09
13	16.20	15.54	14.89	14.27	13.67	13.09	12.54	12.00	11.48	10.98
14	16.08	15.41	14.77	14.15	13.55	12.98	12.42	11.89	11.37	10.87
15	15.95	15.29	14.65	14.03	13.44	12.86	12.30	11.77	11.25	10.75
16	15.83	15.17	14.53	13.91	13.31	12.74	12.18	11.64	11.12	10.62
17	15.70	15.04	14.40	13.78	13.19	12.61	12.06	11.52	11.00	10.50
18	15.58	14.92	14.28	13.66	13.06	12.49	11.93	11.39	10.87	10.37
19	15.46	14.79	14.15	13.54	12.94	12.36	11.80	11.27	10.75	10.25
20	15.33	14.67	14.03	13.41	12.81	12.23	11.68	11.14	10.62	10.12
21	15.21	14.55	13.90	13.28	12.68	12.11	11.55	11.01	10.50	9.99
22	15.08	14.42	13.77	13.15	12.55	11.98	11.42	10.88	10.36	9.86
23	14.95	14.28	13.64	13.02	12.42	11.84	11.28	10.74	10.22	9.73
24	14.81	14.14	13.49	12.87	12.27	11.70	11.14	10.60	10.08	9.58
25	14.65	13.99	13.35	12.72	12.13	11.54	10.99	10.45	9.93	9.43
26	14.50	13.83	13.19	12.57	11.97	11.39	10.83	10.29	9.77	9.27
27	14.33	13.67	13.03	12.40	11.80	11.23	10.66	10.12	9.61	9.11
28	14.16	13.50	12.85	12.23	11.63	11.05	10.49	9.96	9.44	8.94
29	13.99	13.31	12.67	12.05	11.45	10.87	10.32	9.78	9.26	8.76
30	13.79	13.13	12.49	11.86	11.26	10.69	10.13	9.59	9.07	8.58
31	13.60	12.93	12.29	11.67	11.07	10.50	9.94	9.40	8.89	8.39
32	13.40	12.73	12.08	11.47	10.87	10.29	9.74	9.21	8.69	8.19
33	13.18	12.52	11.88	11.26	10.66	10.09	9.54	9.00	8.49	7.99
34	12.97	12.31	11.67	11.04	10.45	9.88	9.32	8.79	8.28	7.79
35	12.75	12.08	11.44	10.82	10.23	9.66	9.11	8.58	8.07	7.58
36	12.52	11.85	11.21	10.60	10.00	9.43	8.89	8.36	7.85	7.36
37	12.28	11.61	10.98	10.36	9.77	9.21	8.66	8.13	7.63	7.14
38	12.03	11.38	10.74	10.12	9.54	8.97	8.42	7.90	7.40	6.92
39	11.79	11.12	10.49	9.88	9.29	8.73	8.19	7.67	7.17	6.69
40	11.52	10.87	10.24	9.63	9.04	8.48	7.94	7.43	6.93	6.45
41	11.26	10.61	9.97	9.37	8.79	8.23	7.70	7.18	6.69	6.22
42	10.99	10.34	9.71	9.11	8.53	7.98	7.44	6.93	6.45	5.98
43	10.71	10.06	9.44	8.84	8.27	7.72	7.18	6.68	6.20	5.74
44	10.43	9.79	9.17	8.57	8.00	7.45	6.93	6.43	5.95	5.49
45	10.15	9.51	8.89	8.30	7.72	7.19	6.66	6.17	5.70	5.25
46	9.86	9.22	8.60	8.01	7.45	6.91	6.40	5.91	5.44	5.00
47	9.57	8.93	8.31	7.73	7.17	6.64	6.13	5.65	5.19	4.75
48	9.26	8.63	8.02	7.44	6.89	6.36	5.86	5.39	4.93	4.50
49	8.95	8.33	7.72	7.15	6.60	6.08	5.59	5.12	4.67	4.25

Beispiele ④, ㊸, ㊽

MORTALITÉ 3½% Table 31 page 4

Rente viagère différée – hommes

Age actuel	différée de ... ans									
	11	12	13	14	15	16	17	18	19	20
50	8.64	8.02	7.42	6.85	6.31	5.80	5.31	4.85	4.41	4.00
51	8.33	7.71	7.12	6.55	6.03	5.52	5.04	4.58	4.16	3.75
52	8.01	7.39	6.81	6.26	5.73	5.24	4.76	4.32	3.90	3.51
53	7.69	7.08	6.51	5.96	5.44	4.95	4.49	4.06	3.65	3.27
54	7.36	6.77	6.20	5.66	5.15	4.67	4.22	3.79	3.40	3.03
55	7.05	6.45	5.89	5.36	4.86	4.39	3.95	3.54	3.15	2.79
56	6.72	6.14	5.58	5.06	4.57	4.11	3.69	3.28	2.91	2.56
57	6.40	5.82	5.28	4.77	4.29	3.84	3.42	3.03	2.67	2.34
58	6.07	5.51	4.97	4.47	4.01	3.57	3.16	2.79	2.44	2.12
59	5.75	5.19	4.67	4.18	3.73	3.30	2.91	2.55	2.21	1.91
60	5.42	4.88	4.37	3.89	3.45	3.04	2.66	2.31	2.00	1.71
61	5.10	4.57	4.07	3.61	3.18	2.78	2.42	2.09	1.79	1.52
62	4.79	4.26	3.78	3.33	2.91	2.53	2.19	1.88	1.59	1.34
63	4.47	3.96	3.49	3.05	2.66	2.29	1.97	1.67	1.41	1.17
64	4.16	3.66	3.21	2.79	2.41	2.06	1.75	1.48	1.23	1.02
65	3.85	3.37	2.93	2.53	2.17	1.84	1.55	1.30	1.07	0.88
66	3.55	3.09	2.67	2.29	1.94	1.64	1.37	1.13	0.92	0.75
67	3.26	2.82	2.41	2.05	1.73	1.44	1.19	0.97	0.79	0.63
68	2.98	2.55	2.17	1.82	1.52	1.26	1.03	0.83	0.66	0.52
69	2.70	2.29	1.93	1.61	1.33	1.09	0.88	0.70	0.55	0.42
70	2.44	2.05	1.71	1.41	1.16	0.93	0.74	0.58	0.45	0.34
71	2.18	1.82	1.50	1.23	0.99	0.79	0.62	0.48	0.36	0.27
72	1.94	1.61	1.31	1.06	0.85	0.66	0.51	0.39	0.29	0.21
73	1.72	1.40	1.14	0.90	0.71	0.55	0.42	0.31	0.23	0.16
74	1.51	1.22	0.97	0.76	0.59	0.45	0.33	0.24	0.17	0.12
75	1.31	1.05	0.82	0.63	0.48	0.36	0.26	0.19	0.13	0.09
76	1.13	0.89	0.69	0.52	0.39	0.28	0.20	0.14	0.09	0.06
77	0.97	0.75	0.57	0.42	0.31	0.22	0.15	0.10	0.07	0.04
78	0.82	0.62	0.46	0.34	0.24	0.17	0.11	0.07	0.05	0.03
79	0.68	0.51	0.37	0.26	0.18	0.12	0.08	0.05	0.03	0.02
80	0.56	0.41	0.29	0.20	0.14	0.09	0.06	0.04	0.02	0.01
81	0.46	0.33	0.23	0.15	0.10	0.06	0.04	0.02	0.01	0.01
82	0.37	0.26	0.17	0.11	0.07	0.04	0.03	0.01	0.01	
83	0.29	0.20	0.13	0.08	0.05	0.03	0.02	0.01		
84	0.23	0.15	0.09	0.06	0.03	0.02	0.01	0.01		
85	0.17	0.11	0.07	0.04	0.02	0.01	0.01			
86	0.13	0.08	0.05	0.03	0.01	0.01				
87	0.09	0.05	0.03	0.02	0.01					
88	0.06	0.04	0.02	0.01						
89	0.04	0.02	0.01	0.01						
90	0.03	0.02	0.01							
91	0.02	0.01								
92	0.01	0.01								
93	0.01									

Exemples ④, ㊸, ㊹

31 Tafel Seite 5   3½%   **MORTALITÄT**

Aufgeschobene Leibrente – Männer

Alter heute	um ... Jahre aufgeschoben									
	21	22	23	24	25	26	27	28	29	30
0	11.68	11.21	10.75	10.31	9.89	9.48	9.08	8.70	8.34	7.98
1	11.63	11.16	10.70	10.26	9.83	9.42	9.03	8.65	8.28	7.93
2	11.55	11.08	10.62	10.18	9.76	9.35	8.95	8.57	8.20	7.85
3	11.47	11.00	10.54	10.10	9.68	9.27	8.88	8.49	8.13	7.77
4	11.38	10.91	10.46	10.02	9.59	9.19	8.79	8.41	8.05	7.69
5	11.29	10.82	10.37	9.93	9.51	9.10	8.71	8.33	7.96	7.61
6	11.20	10.73	10.28	9.85	9.42	9.02	8.62	8.24	7.87	7.52
7	11.11	10.64	10.19	9.75	9.33	8.92	8.53	8.15	7.78	7.43
8	11.02	10.55	10.10	9.66	9.24	8.83	8.44	8.05	7.69	7.34
9	10.92	10.45	10.00	9.56	9.14	8.73	8.34	7.96	7.59	7.24
10	10.82	10.35	9.90	9.46	9.04	8.63	8.24	7.86	7.49	7.14
11	10.71	10.25	9.80	9.36	8.93	8.53	8.14	7.76	7.39	7.04
12	10.61	10.14	9.69	9.25	8.83	8.42	8.03	7.65	7.29	6.93
13	10.50	10.03	9.57	9.14	8.72	8.31	7.92	7.54	7.18	6.83
14	10.38	9.91	9.46	9.03	8.60	8.20	7.81	7.43	7.07	6.71
15	10.26	9.79	9.34	8.91	8.49	8.08	7.69	7.32	6.95	6.60
16	10.14	9.67	9.22	8.79	8.37	7.96	7.58	7.20	6.83	6.48
17	10.02	9.55	9.10	8.66	8.25	7.84	7.45	7.07	6.71	6.36
18	9.89	9.43	8.97	8.54	8.12	7.72	7.33	6.95	6.59	6.24
19	9.77	9.30	8.85	8.42	8.00	7.59	7.20	6.83	6.47	6.12
20	9.64	9.17	8.72	8.29	7.87	7.47	7.08	6.70	6.34	5.99
21	9.51	9.04	8.59	8.16	7.74	7.34	6.95	6.57	6.21	5.87
22	9.38	8.91	8.46	8.03	7.61	7.20	6.82	6.44	6.08	5.74
23	9.24	8.77	8.32	7.89	7.47	7.07	6.68	6.31	5.95	5.60
24	9.09	8.63	8.18	7.74	7.33	6.93	6.54	6.17	5.81	5.46
25	8.95	8.48	8.03	7.60	7.18	6.78	6.39	6.02	5.66	5.32
26	8.79	8.32	7.87	7.44	7.02	6.62	6.24	5.87	5.51	5.17
27	8.62	8.16	7.71	7.28	6.86	6.47	6.08	5.71	5.36	5.02
28	8.45	7.99	7.54	7.11	6.70	6.30	5.92	5.55	5.20	4.86
29	8.28	7.82	7.37	6.94	6.53	6.13	5.75	5.39	5.04	4.70
30	8.10	7.64	7.19	6.76	6.35	5.96	5.58	5.22	4.87	4.54
31	7.91	7.45	7.01	6.58	6.17	5.78	5.41	5.05	4.70	4.37
32	7.72	7.26	6.82	6.40	5.99	5.60	5.23	4.87	4.53	4.20
33	7.52	7.06	6.63	6.20	5.80	5.41	5.04	4.69	4.35	4.03
34	7.32	6.86	6.43	6.01	5.61	5.22	4.86	4.51	4.17	3.85
35	7.11	6.66	6.22	5.81	5.41	5.03	4.67	4.32	3.99	3.67
36	6.90	6.45	6.02	5.60	5.21	4.83	4.48	4.13	3.81	3.50
37	6.68	6.23	5.80	5.40	5.01	4.64	4.28	3.94	3.62	3.32
38	6.46	6.01	5.59	5.19	4.80	4.43	4.08	3.75	3.44	3.14
39	6.23	5.79	5.38	4.98	4.59	4.23	3.89	3.56	3.25	2.96
40	6.00	5.57	5.15	4.76	4.38	4.03	3.69	3.37	3.07	2.78
41	5.77	5.34	4.93	4.54	4.18	3.82	3.49	3.18	2.88	2.60
42	5.54	5.11	4.71	4.33	3.96	3.62	3.29	2.99	2.70	2.43
43	5.30	4.88	4.49	4.11	3.75	3.41	3.09	2.80	2.51	2.25
44	5.06	4.65	4.26	3.89	3.54	3.21	2.90	2.61	2.34	2.08
45	4.82	4.42	4.03	3.67	3.33	3.01	2.70	2.42	2.16	1.91
46	4.58	4.18	3.80	3.45	3.12	2.80	2.51	2.24	1.98	1.75
47	4.34	3.95	3.58	3.23	2.91	2.61	2.32	2.06	1.81	1.59
48	4.10	3.71	3.36	3.02	2.70	2.41	2.14	1.88	1.65	1.43
49	3.86	3.48	3.13	2.81	2.50	2.22	1.95	1.71	1.49	1.28

Beispiele ④, ㊸, ㊽

MORTALITÉ 3½% Table 31 page 6

Rente viagère différée – hommes

Age actuel	_____ différée de ... ans _____									
	21	22	23	24	25	26	27	28	29	30
50	3.62	3.25	2.91	2.60	2.30	2.03	1.77	1.54	1.33	1.14
51	3.38	3.03	2.69	2.39	2.10	1.84	1.60	1.38	1.19	1.01
52	3.14	2.80	2.48	2.19	1.91	1.66	1.44	1.23	1.05	0.88
53	2.91	2.58	2.27	1.99	1.73	1.49	1.28	1.09	0.92	0.77
54	2.68	2.36	2.07	1.80	1.55	1.33	1.13	0.95	0.80	0.66
55	2.46	2.15	1.87	1.62	1.39	1.18	0.99	0.83	0.68	0.56
56	2.24	1.95	1.69	1.44	1.23	1.03	0.86	0.71	0.58	0.47
57	2.03	1.76	1.51	1.28	1.08	0.90	0.74	0.61	0.49	0.39
58	1.83	1.57	1.33	1.12	0.94	0.77	0.63	0.51	0.41	0.32
59	1.64	1.39	1.17	0.98	0.81	0.66	0.53	0.43	0.33	0.26
60	1.46	1.23	1.02	0.84	0.69	0.56	0.44	0.35	0.27	0.20
61	1.28	1.07	0.88	0.72	0.58	0.47	0.36	0.28	0.21	0.16
62	1.12	0.93	0.76	0.61	0.49	0.38	0.30	0.22	0.17	0.12
63	0.97	0.79	0.64	0.51	0.40	0.31	0.23	0.17	0.13	0.09
64	0.83	0.67	0.54	0.42	0.32	0.25	0.18	0.13	0.10	0.07
65	0.71	0.56	0.44	0.34	0.26	0.19	0.14	0.10	0.07	0.05
66	0.59	0.47	0.36	0.27	0.20	0.15	0.11	0.07	0.05	0.03
67	0.49	0.38	0.29	0.21	0.16	0.11	0.08	0.05	0.03	0.02
68	0.40	0.30	0.23	0.17	0.12	0.08	0.06	0.04	0.02	0.01
69	0.32	0.24	0.18	0.13	0.09	0.06	0.04	0.02	0.01	0.01
70	0.26	0.19	0.13	0.09	0.06	0.04	0.03	0.02	0.01	0.01
71	0.20	0.14	0.10	0.07	0.04	0.03	0.02	0.01	0.01	
72	0.15	0.10	0.07	0.05	0.03	0.02	0.01	0.01		
73	0.11	0.08	0.05	0.03	0.02	0.01	0.01			
74	0.08	0.05	0.03	0.02	0.01	0.01				
75	0.06	0.04	0.02	0.01	0.01					
76	0.04	0.02	0.01	0.01						
77	0.03	0.02	0.01							
78	0.02	0.01	0.01							
79	0.01	0.01								
	31	32	33	34	35	36	37	38	39	40
50	0.97	0.82	0.68	0.56	0.46	0.37	0.30	0.23	0.18	0.14
51	0.85	0.71	0.58	0.48	0.39	0.31	0.24	0.19	0.14	0.11
52	0.74	0.61	0.50	0.40	0.32	0.25	0.19	0.15	0.11	0.08
53	0.63	0.52	0.42	0.33	0.26	0.20	0.15	0.11	0.08	0.06
54	0.54	0.43	0.35	0.27	0.21	0.16	0.12	0.09	0.06	0.04
55	0.45	0.36	0.28	0.22	0.17	0.12	0.09	0.06	0.04	0.03
56	0.38	0.29	0.23	0.17	0.13	0.09	0.07	0.05	0.03	0.02
57	0.31	0.24	0.18	0.13	0.10	0.07	0.05	0.03	0.02	0.01
58	0.25	0.19	0.14	0.10	0.07	0.05	0.03	0.02	0.01	0.01
59	0.20	0.15	0.11	0.08	0.05	0.04	0.02	0.01	0.01	0.01
60	0.15	0.11	0.08	0.06	0.04	0.02	0.02	0.01	0.01	
61	0.12	0.08	0.06	0.04	0.03	0.02	0.01	0.01		
62	0.09	0.06	0.04	0.03	0.02	0.01	0.01			
63	0.06	0.04	0.03	0.02	0.01	0.01				
64	0.04	0.03	0.02	0.01	0.01					

Exemples ④, ㊽, ㊺

31 Tafel Seite 7   3½%   MORTALITÄT

Aufgeschobene Leibrente – Männer

Alter heute	um ... Jahre aufgeschoben									
	31	32	33	34	35	40	45	50	55	60
0	7.64	7.31	6.99	6.68	6.38	5.04	3.92	2.99	2.21	1.58
1	7.58	7.25	6.93	6.62	6.32	4.98	3.86	2.92	2.15	1.52
2	7.51	7.18	6.86	6.55	6.25	4.91	3.79	2.85	2.09	1.46
3	7.43	7.10	6.78	6.47	6.17	4.83	3.71	2.78	2.02	1.40
4	7.35	7.02	6.70	6.39	6.09	4.75	3.64	2.71	1.95	1.34
5	7.26	6.93	6.61	6.31	6.01	4.67	3.56	2.64	1.88	1.28
6	7.18	6.85	6.53	6.22	5.92	4.59	3.48	2.56	1.81	1.22
7	7.09	6.76	6.44	6.13	5.83	4.50	3.39	2.48	1.74	1.15
8	6.99	6.67	6.35	6.04	5.74	4.41	3.31	2.40	1.67	1.09
9	6.90	6.57	6.25	5.95	5.65	4.32	3.22	2.32	1.59	1.03
10	6.80	6.47	6.16	5.85	5.55	4.23	3.13	2.24	1.52	0.96
11	6.70	6.37	6.05	5.75	5.45	4.13	3.04	2.15	1.45	0.90
12	6.60	6.27	5.95	5.65	5.35	4.03	2.95	2.07	1.37	0.84
13	6.49	6.16	5.84	5.54	5.24	3.93	2.85	1.98	1.30	0.78
14	6.37	6.05	5.74	5.43	5.14	3.83	2.76	1.89	1.22	0.72
15	6.26	5.94	5.62	5.32	5.03	3.72	2.66	1.81	1.14	0.66
16	6.15	5.82	5.51	5.21	4.91	3.62	2.56	1.72	1.07	0.60
17	6.03	5.70	5.39	5.09	4.80	3.51	2.46	1.63	1.00	0.54
18	5.90	5.58	5.27	4.97	4.68	3.40	2.36	1.54	0.93	0.49
19	5.78	5.46	5.15	4.85	4.56	3.28	2.25	1.45	0.85	0.44
20	5.66	5.33	5.03	4.73	4.44	3.17	2.15	1.36	0.78	0.39
21	5.53	5.21	4.90	4.60	4.32	3.06	2.05	1.28	0.72	0.34
22	5.40	5.08	4.77	4.48	4.19	2.94	1.95	1.19	0.65	0.30
23	5.27	4.95	4.64	4.35	4.06	2.82	1.84	1.11	0.59	0.26
24	5.13	4.81	4.51	4.21	3.93	2.70	1.74	1.02	0.53	0.22
25	4.99	4.67	4.37	4.08	3.80	2.58	1.64	0.94	0.47	0.19
26	4.84	4.53	4.23	3.93	3.66	2.46	1.53	0.86	0.41	0.16
27	4.69	4.38	4.08	3.79	3.52	2.33	1.43	0.78	0.36	0.13
28	4.54	4.23	3.93	3.65	3.37	2.21	1.32	0.70	0.31	0.11
29	4.38	4.07	3.78	3.50	3.23	2.08	1.22	0.63	0.27	0.08
30	4.22	3.91	3.62	3.34	3.08	1.95	1.12	0.56	0.22	0.07
31	4.05	3.75	3.46	3.19	2.93	1.83	1.02	0.49	0.19	0.05
32	3.89	3.59	3.31	3.04	2.78	1.70	0.93	0.43	0.16	0.04
33	3.72	3.42	3.15	2.88	2.63	1.58	0.84	0.37	0.13	0.03
34	3.55	3.26	2.99	2.73	2.48	1.46	0.75	0.32	0.10	0.02
35	3.38	3.09	2.82	2.57	2.33	1.34	0.66	0.27	0.08	0.01
36	3.20	2.93	2.66	2.41	2.18	1.22	0.58	0.22	0.06	0.01
37	3.03	2.76	2.50	2.26	2.03	1.11	0.51	0.19	0.05	0.01
38	2.86	2.59	2.34	2.10	1.89	1.00	0.44	0.15	0.03	
39	2.68	2.42	2.18	1.95	1.74	0.89	0.38	0.12	0.02	
40	2.51	2.26	2.02	1.80	1.60	0.79	0.32	0.09	0.02	
41	2.34	2.10	1.87	1.66	1.46	0.70	0.27	0.07	0.01	
42	2.17	1.94	1.72	1.51	1.32	0.61	0.22	0.06	0.01	
43	2.01	1.78	1.57	1.37	1.19	0.53	0.18	0.04		
44	1.84	1.62	1.42	1.24	1.07	0.45	0.14	0.03		
45	1.68	1.47	1.28	1.11	0.95	0.38	0.11	0.02		
46	1.53	1.33	1.15	0.98	0.84	0.32	0.09	0.01		
47	1.38	1.19	1.02	0.87	0.73	0.27	0.07	0.01		
48	1.24	1.06	0.90	0.76	0.63	0.22	0.05	0.01		
49	1.10	0.93	0.79	0.66	0.54	0.17	0.04			

Beispiele ④, ㊸, ㊺

MORTALITÉ — 3½% — Table 32

Rente viagère différée – femmes

Age actuel	différée de ... ans									
	1	2	3	4	5	6	7	8	9	10
0	26.25	25.30	24.38	23.50	22.65	21.82	21.02	20.24	19.50	18.78
1	26.25	25.29	24.38	23.49	22.63	21.80	21.00	20.22	19.48	18.76
2	26.18	25.24	24.32	23.43	22.57	21.74	20.94	20.17	19.42	18.70
3	26.12	25.17	24.25	23.36	22.50	21.67	20.87	20.10	19.35	18.63
4	26.05	25.10	24.18	23.29	22.43	21.61	20.81	20.03	19.29	18.57
5	25.99	25.03	24.11	23.22	22.37	21.54	20.74	19.96	19.22	18.50
6	25.91	24.96	24.04	23.15	22.29	21.47	20.67	19.90	19.15	18.43
7	25.83	24.88	23.97	23.08	22.22	21.39	20.60	19.82	19.07	18.35
8	25.76	24.81	23.89	23.00	22.14	21.32	20.52	19.74	19.00	18.28
9	25.68	24.73	23.81	22.92	22.07	21.24	20.44	19.66	18.92	18.19
10	25.59	24.64	23.72	22.84	21.98	21.15	20.35	19.58	18.83	18.11
11	25.51	24.56	23.64	22.75	21.89	21.07	20.27	19.49	18.74	18.02
12	25.42	24.47	23.55	22.66	21.80	20.98	20.18	19.40	18.66	17.94
13	25.33	24.38	23.46	22.57	21.72	20.88	20.08	19.31	18.57	17.85
14	25.23	24.28	23.36	22.48	21.62	20.79	19.99	19.22	18.47	17.75
15	25.13	24.18	23.27	22.38	21.52	20.69	19.90	19.12	18.37	17.65
16	25.04	24.09	23.17	22.28	21.42	20.60	19.80	19.02	18.28	17.56
17	24.94	23.98	23.06	22.18	21.32	20.50	19.69	18.92	18.18	17.46
18	24.83	23.88	22.96	22.08	21.22	20.39	19.59	18.82	18.08	17.36
19	24.72	23.77	22.86	21.97	21.11	20.28	19.49	18.72	17.97	17.25
20	24.62	23.67	22.75	21.86	21.00	20.18	19.38	18.61	17.86	17.15
21	24.51	23.56	22.64	21.75	20.90	20.07	19.27	18.50	17.76	17.03
22	24.39	23.44	22.52	21.64	20.78	19.95	19.15	18.39	17.64	16.92
23	24.27	23.32	22.41	21.52	20.66	19.83	19.04	18.26	17.52	16.80
24	24.15	23.20	22.28	21.39	20.54	19.71	18.91	18.14	17.39	16.67
25	24.02	23.07	22.15	21.26	20.41	19.58	18.78	18.01	17.26	16.54
26	23.89	22.93	22.01	21.13	20.27	19.45	18.64	17.87	17.13	16.41
27	23.74	22.79	21.88	20.99	20.14	19.30	18.50	17.73	16.99	16.27
28	23.60	22.65	21.73	20.85	19.98	19.16	18.36	17.59	16.84	16.12
29	23.45	22.49	21.58	20.69	19.83	19.01	18.21	17.43	16.69	15.97
30	23.29	22.34	21.42	20.53	19.68	18.85	18.05	17.28	16.53	15.82
31	23.13	22.18	21.26	20.37	19.52	18.69	17.89	17.12	16.37	15.65
32	22.96	22.01	21.09	20.21	19.35	18.52	17.72	16.95	16.21	15.49
33	22.79	21.84	20.92	20.03	19.17	18.35	17.55	16.78	16.03	15.32
34	22.61	21.66	20.74	19.85	18.99	18.17	17.37	16.60	15.86	15.14
35	22.43	21.47	20.55	19.67	18.81	17.99	17.19	16.42	15.67	14.95
36	22.23	21.28	20.36	19.48	18.62	17.80	17.00	16.23	15.48	14.77
37	22.04	21.08	20.17	19.28	18.43	17.60	16.81	16.03	15.29	14.57
38	21.83	20.89	19.97	19.08	18.23	17.40	16.60	15.84	15.09	14.37
39	21.63	20.68	19.76	18.88	18.02	17.19	16.40	15.63	14.88	14.17
40	21.42	20.46	19.55	18.66	17.81	16.98	16.19	15.41	14.67	13.96
41	21.19	20.25	19.33	18.44	17.59	16.76	15.96	15.20	14.46	13.74
42	20.97	20.02	19.10	18.22	17.36	16.53	15.74	14.97	14.23	13.52
43	20.74	19.78	18.87	17.98	17.12	16.30	15.51	14.74	14.00	13.29
44	20.49	19.55	18.63	17.74	16.89	16.06	15.27	14.51	13.77	13.06
45	20.25	19.30	18.38	17.50	16.64	15.82	15.03	14.26	13.53	12.82
46	20.00	19.04	18.13	17.24	16.39	15.57	14.78	14.02	13.28	12.57
47	19.73	18.79	17.87	16.98	16.14	15.32	14.52	13.76	13.02	12.31
48	19.47	18.52	17.60	16.72	15.87	15.05	14.26	13.50	12.76	12.06
49	19.20	18.24	17.33	16.45	15.60	14.78	13.99	13.23	12.50	11.79

Exemple (58)

Tafel 32, Seite 2 — 3½% — **MORTALITÄT**

Aufgeschobene Leibrente – Frauen

Alter heute	\multicolumn{10}{c}{um … Jahre aufgeschoben}
	1	2	3	4	5	6	7	8	9	10
50	18.91	17.97	17.06	16.17	15.32	14.50	13.71	12.96	12.22	11.51
51	18.63	17.68	16.77	15.89	15.04	14.22	13.43	12.67	11.94	11.23
52	18.34	17.39	16.48	15.59	14.74	13.93	13.14	12.38	11.65	10.95
53	18.04	17.09	16.17	15.29	14.45	13.62	12.84	12.08	11.35	10.65
54	17.73	16.78	15.86	14.99	14.13	13.32	12.53	11.78	11.05	10.35
55	17.41	16.45	15.55	14.66	13.82	13.00	12.22	11.46	10.74	10.04
56	17.07	16.13	15.21	14.34	13.49	12.68	11.89	11.14	10.42	9.72
57	16.74	15.79	14.88	14.00	13.16	12.34	11.56	10.81	10.09	9.40
58	16.39	15.45	14.54	13.66	12.81	12.00	11.22	10.48	9.76	9.07
59	16.04	15.09	14.18	13.31	12.46	11.65	10.88	10.13	9.41	8.72
60	15.68	14.73	13.82	12.95	12.10	11.30	10.52	9.78	9.06	8.37
61	15.31	14.36	13.45	12.58	11.74	10.93	10.16	9.42	8.70	8.02
62	14.93	13.98	13.07	12.20	11.37	10.56	9.79	9.04	8.34	7.66
63	14.54	13.59	12.69	11.82	10.98	10.18	9.40	8.67	7.96	7.29
64	14.14	13.20	12.29	11.42	10.58	9.78	9.02	8.28	7.59	6.92
65	13.73	12.79	11.88	11.01	10.18	9.38	8.61	7.89	7.20	6.54
66	13.31	12.37	11.46	10.59	9.76	8.97	8.21	7.49	6.80	6.15
67	12.88	11.93	11.03	10.17	9.34	8.55	7.80	7.09	6.40	5.76
68	12.44	11.49	10.59	9.73	8.91	8.13	7.38	6.67	6.00	5.37
69	11.98	11.05	10.15	9.29	8.48	7.70	6.96	6.26	5.60	4.98
70	11.53	10.59	9.70	8.85	8.04	7.26	6.53	5.85	5.20	4.59
71	11.07	10.14	9.25	8.40	7.59	6.83	6.11	5.43	4.80	4.20
72	10.61	9.68	8.79	7.94	7.14	6.39	5.68	5.02	4.40	3.83
73	10.14	9.21	8.32	7.49	6.70	5.96	5.26	4.61	4.02	3.46
74	9.67	8.74	7.86	7.04	6.25	5.52	4.84	4.22	3.63	3.11
75	9.20	8.27	7.40	6.58	5.81	5.10	4.44	3.82	3.27	2.76
76	8.73	7.81	6.94	6.13	5.38	4.68	4.03	3.45	2.91	2.43
77	8.26	7.34	6.48	5.69	4.95	4.27	3.65	3.08	2.58	2.13
78	7.80	6.88	6.04	5.26	4.53	3.87	3.27	2.73	2.26	1.84
79	7.34	6.43	5.60	4.83	4.13	3.49	2.91	2.41	1.96	1.57
80	6.89	6.00	5.17	4.42	3.74	3.12	2.58	2.10	1.68	1.32
81	6.46	5.57	4.76	4.02	3.36	2.78	2.26	1.81	1.42	1.10
82	6.03	5.15	4.36	3.64	3.01	2.45	1.96	1.54	1.19	0.90
83	5.62	4.75	3.97	3.28	2.67	2.13	1.68	1.29	0.98	0.72
84	5.22	4.36	3.60	2.93	2.35	1.85	1.42	1.07	0.79	0.57
85	4.84	3.99	3.25	2.60	2.05	1.58	1.19	0.88	0.63	0.44
86	4.47	3.64	2.91	2.29	1.76	1.33	0.98	0.70	0.49	0.33
87	4.11	3.29	2.59	1.99	1.50	1.11	0.79	0.55	0.37	0.24
88	3.76	2.96	2.28	1.72	1.27	0.91	0.63	0.42	0.27	0.17
89	3.43	2.64	1.99	1.47	1.05	0.73	0.49	0.32	0.20	0.12
90	3.11	2.35	1.73	1.24	0.86	0.58	0.37	0.23	0.14	0.08
91	2.81	2.07	1.48	1.03	0.69	0.45	0.28	0.16	0.09	0.05
92	2.54	1.81	1.26	0.84	0.54	0.34	0.20	0.11	0.06	0.03
93	2.27	1.58	1.06	0.68	0.42	0.25	0.14	0.07	0.04	0.02
94	2.02	1.35	0.87	0.54	0.32	0.18	0.09	0.05	0.02	0.01
95	1.79	1.15	0.71	0.42	0.24	0.12	0.06	0.03	0.01	
96	1.57	0.98	0.57	0.32	0.17	0.08	0.04	0.02	0.01	
97	1.38	0.81	0.45	0.24	0.12	0.05	0.02	0.01		
98	1.20	0.67	0.35	0.17	0.08	0.03	0.01			
99	1.04	0.55	0.27	0.12	0.05	0.02	0.01			

Beispiel (58)

MORTALITÉ 3½% Table 32 page 3

Rente viagère différée – femmes

Age actuel	différée de ... ans									
	11	12	13	14	15	16	17	18	19	20
0	18.08	17.41	16.76	16.14	15.53	14.95	14.38	13.84	13.31	12.80
1	18.06	17.39	16.74	16.11	15.50	14.92	14.35	13.80	13.27	12.76
2	18.00	17.33	16.68	16.05	15.44	14.86	14.29	13.74	13.21	12.70
3	17.94	17.26	16.61	15.98	15.38	14.79	14.22	13.68	13.15	12.64
4	17.87	17.20	16.55	15.92	15.31	14.72	14.16	13.61	13.08	12.57
5	17.80	17.13	16.48	15.85	15.24	14.65	14.09	13.54	13.01	12.50
6	17.73	17.06	16.40	15.77	15.17	14.59	14.02	13.47	12.94	12.44
7	17.66	16.98	16.33	15.70	15.10	14.51	13.94	13.40	12.87	12.36
8	17.58	16.90	16.25	15.63	15.02	14.43	13.87	13.32	12.80	12.29
9	17.50	16.82	16.18	15.55	14.94	14.35	13.79	13.25	12.72	12.21
10	17.41	16.74	16.09	15.46	14.86	14.28	13.71	13.16	12.64	12.13
11	17.33	16.66	16.01	15.38	14.78	14.19	13.62	13.08	12.56	12.04
12	17.24	16.57	15.92	15.29	14.69	14.10	13.54	13.00	12.46	11.96
13	17.15	16.48	15.83	15.20	14.60	14.01	13.45	12.90	12.38	11.87
14	17.05	16.39	15.74	15.11	14.51	13.92	13.36	12.81	12.28	11.78
15	16.96	16.29	15.64	15.02	14.41	13.83	13.27	12.72	12.19	11.68
16	16.87	16.19	15.54	14.92	14.31	13.73	13.16	12.62	12.10	11.59
17	16.76	16.09	15.45	14.82	14.22	13.63	13.06	12.52	12.00	11.48
18	16.66	15.99	15.34	14.72	14.11	13.53	12.96	12.42	11.89	11.38
19	16.56	15.88	15.24	14.61	14.01	13.42	12.86	12.31	11.79	11.28
20	16.45	15.78	15.13	14.50	13.90	13.32	12.75	12.20	11.68	11.17
21	16.34	15.67	15.02	14.39	13.79	13.20	12.64	12.09	11.57	11.06
22	16.22	15.55	14.90	14.28	13.67	13.09	12.52	11.98	11.45	10.94
23	16.10	15.43	14.78	14.15	13.55	12.96	12.40	11.86	11.33	10.82
24	15.98	15.31	14.66	14.03	13.42	12.84	12.28	11.73	11.21	10.70
25	15.85	15.17	14.53	13.90	13.30	12.71	12.15	11.60	11.08	10.57
26	15.71	15.04	14.39	13.77	13.16	12.58	12.01	11.47	10.94	10.44
27	15.57	14.90	14.25	13.63	13.02	12.44	11.87	11.33	10.81	10.30
28	15.42	14.76	14.11	13.48	12.88	12.29	11.73	11.19	10.66	10.15
29	15.28	14.61	13.96	13.33	12.73	12.14	11.58	11.04	10.51	10.01
30	15.12	14.45	13.80	13.18	12.57	11.99	11.43	10.88	10.36	9.86
31	14.96	14.29	13.64	13.02	12.41	11.83	11.27	10.73	10.20	9.70
32	14.79	14.12	13.47	12.85	12.25	11.66	11.10	10.56	10.04	9.54
33	14.62	13.95	13.31	12.68	12.08	11.50	10.94	10.39	9.88	9.37
34	14.44	13.78	13.13	12.50	11.90	11.32	10.76	10.22	9.70	9.20
35	14.26	13.59	12.95	12.32	11.72	11.14	10.59	10.05	9.53	9.03
36	14.07	13.40	12.76	12.14	11.54	10.96	10.40	9.87	9.35	8.85
37	13.88	13.21	12.57	11.95	11.35	10.77	10.22	9.68	9.16	8.66
38	13.68	13.02	12.37	11.75	11.16	10.58	10.02	9.49	8.97	8.47
39	13.48	12.81	12.17	11.55	10.96	10.38	9.82	9.29	8.77	8.28
40	13.27	12.60	11.96	11.35	10.75	10.17	9.62	9.09	8.57	8.08
41	13.05	12.39	11.75	11.13	10.54	9.96	9.41	8.88	8.36	7.87
42	12.83	12.17	11.53	10.91	10.32	9.75	9.19	8.66	8.15	7.66
43	12.61	11.94	11.30	10.69	10.10	9.52	8.97	8.44	7.93	7.44
44	12.37	11.71	11.07	10.46	9.86	9.29	8.75	8.22	7.71	7.22
45	12.13	11.47	10.83	10.22	9.63	9.06	8.52	7.99	7.48	7.00
46	11.88	11.23	10.59	9.98	9.39	8.82	8.28	7.75	7.25	6.77
47	11.63	10.97	10.34	9.73	9.14	8.58	8.03	7.51	7.01	6.53
48	11.37	10.72	10.08	9.48	8.89	8.33	7.79	7.27	6.77	6.29
49	11.11	10.45	9.82	9.21	8.63	8.07	7.53	7.02	6.52	6.04

Exemple (58)

Tafel 32 — Seite 4 3½% MORTALITÄT

Aufgeschobene Leibrente – Frauen

Alter heute	um ... Jahre aufgeschoben									
	11	12	13	14	15	16	17	18	19	20
50	10.84	10.18	9.55	8.95	8.37	7.81	7.27	6.76	6.26	5.79
51	10.56	9.90	9.28	8.67	8.10	7.54	7.01	6.49	6.00	5.53
52	10.27	9.62	8.99	8.40	7.82	7.27	6.73	6.22	5.74	5.27
53	9.98	9.33	8.71	8.11	7.54	6.98	6.45	5.95	5.46	5.00
54	9.68	9.03	8.41	7.82	7.24	6.69	6.17	5.67	5.19	4.73
55	9.37	8.73	8.11	7.52	6.94	6.40	5.88	5.39	4.91	4.46
56	9.06	8.42	7.80	7.21	6.64	6.10	5.59	5.10	4.63	4.18
57	8.73	8.09	7.48	6.89	6.33	5.80	5.29	4.80	4.34	3.90
58	8.40	7.76	7.16	6.57	6.02	5.49	4.99	4.51	4.05	3.63
59	8.06	7.43	6.82	6.25	5.70	5.18	4.68	4.21	3.77	3.35
60	7.72	7.09	6.49	5.92	5.38	4.86	4.37	3.91	3.48	3.07
61	7.36	6.75	6.15	5.59	5.05	4.54	4.07	3.61	3.19	2.80
62	7.01	6.40	5.81	5.25	4.72	4.23	3.76	3.32	2.91	2.53
63	6.65	6.04	5.46	4.91	4.39	3.91	3.45	3.02	2.63	2.27
64	6.28	5.68	5.11	4.57	4.06	3.59	3.15	2.74	2.36	2.02
65	5.91	5.31	4.76	4.23	3.73	3.27	2.85	2.46	2.10	1.77
66	5.53	4.95	4.40	3.88	3.41	2.97	2.56	2.18	1.85	1.54
67	5.15	4.58	4.05	3.55	3.09	2.66	2.27	1.92	1.61	1.33
68	4.77	4.22	3.70	3.22	2.77	2.37	2.00	1.67	1.38	1.12
69	4.40	3.85	3.36	2.89	2.47	2.09	1.75	1.44	1.17	0.94
70	4.02	3.50	3.02	2.58	2.18	1.82	1.51	1.22	0.98	0.77
71	3.66	3.16	2.70	2.28	1.90	1.57	1.28	1.02	0.81	0.62
72	3.30	2.82	2.39	1.99	1.65	1.34	1.07	0.84	0.65	0.49
73	2.96	2.50	2.09	1.72	1.40	1.12	0.88	0.68	0.51	0.38
74	2.63	2.19	1.81	1.47	1.18	0.93	0.72	0.54	0.40	0.28
75	2.31	1.91	1.55	1.24	0.98	0.75	0.57	0.42	0.30	0.21
76	2.01	1.64	1.31	1.03	0.79	0.60	0.44	0.32	0.22	0.15
77	1.73	1.38	1.09	0.84	0.63	0.47	0.33	0.23	0.16	0.10
78	1.47	1.16	0.89	0.67	0.50	0.35	0.25	0.17	0.11	0.07
79	1.23	0.95	0.72	0.53	0.38	0.26	0.18	0.11	0.07	0.04
80	1.02	0.77	0.57	0.40	0.28	0.19	0.12	0.08	0.04	0.02
81	0.83	0.61	0.44	0.30	0.20	0.13	0.08	0.05	0.03	0.01
82	0.66	0.47	0.33	0.22	0.14	0.09	0.05	0.03	0.02	
83	0.52	0.36	0.24	0.15	0.10	0.06	0.03	0.02	0.01	
84	0.39	0.26	0.17	0.11	0.06	0.03	0.02	0.01		
85	0.29	0.19	0.12	0.07	0.04	0.02	0.01			
86	0.21	0.13	0.08	0.04	0.02	0.01	0.01			
87	0.15	0.09	0.05	0.03	0.01	0.01				
88	0.10	0.06	0.03	0.01	0.01					
89	0.06	0.03	0.02	0.01						
90	0.04	0.02	0.01							
91	0.02	0.01								
92	0.01	0.01								
93	0.01									

Beispiel 58

MORTALITÉ 3½% Table 32 page 5

Rente viagère différée – femmes

| Age actuel | différée de ... ans ||||||||||
	21	22	23	24	25	26	27	28	29	30
0	12.30	11.83	11.37	10.93	10.50	10.09	9.69	9.30	8.93	8.57
1	12.27	11.80	11.33	10.89	10.46	10.05	9.65	9.26	8.89	8.53
2	12.21	11.73	11.27	10.83	10.40	9.99	9.59	9.20	8.83	8.47
3	12.14	11.67	11.21	10.77	10.34	9.92	9.53	9.14	8.77	8.40
4	12.08	11.61	11.15	10.70	10.27	9.86	9.46	9.08	8.70	8.34
5	12.01	11.54	11.08	10.63	10.21	9.79	9.39	9.01	8.63	8.27
6	11.94	11.47	11.01	10.57	10.13	9.72	9.32	8.94	8.56	8.20
7	11.87	11.39	10.94	10.49	10.07	9.65	9.25	8.87	8.49	8.13
8	11.79	11.32	10.86	10.42	9.99	9.57	9.18	8.79	8.42	8.06
9	11.72	11.24	10.79	10.34	9.91	9.50	9.10	8.71	8.34	7.98
10	11.63	11.16	10.70	10.26	9.83	9.42	9.02	8.63	8.26	7.90
11	11.55	11.08	10.62	10.18	9.75	9.33	8.94	8.55	8.18	7.82
12	11.47	10.99	10.53	10.09	9.66	9.25	8.85	8.47	8.09	7.73
13	11.38	10.90	10.45	10.00	9.57	9.16	8.76	8.38	8.00	7.65
14	11.29	10.81	10.35	9.91	9.48	9.07	8.67	8.29	7.92	7.56
15	11.19	10.72	10.26	9.81	9.39	8.98	8.58	8.19	7.82	7.46
16	11.09	10.62	10.16	9.72	9.29	8.88	8.48	8.10	7.73	7.37
17	10.99	10.52	10.06	9.62	9.19	8.78	8.38	8.00	7.63	7.27
18	10.89	10.42	9.96	9.52	9.09	8.68	8.28	7.90	7.53	7.17
19	10.79	10.31	9.86	9.41	8.99	8.58	8.18	7.79	7.42	7.07
20	10.68	10.20	9.75	9.31	8.88	8.47	8.07	7.69	7.32	6.96
21	10.57	10.09	9.64	9.19	8.77	8.36	7.96	7.58	7.21	6.85
22	10.45	9.98	9.52	9.08	8.65	8.24	7.85	7.46	7.09	6.74
23	10.33	9.86	9.40	8.96	8.53	8.12	7.73	7.34	6.98	6.62
24	10.21	9.74	9.28	8.84	8.41	8.00	7.61	7.23	6.86	6.50
25	10.08	9.61	9.15	8.71	8.28	7.87	7.48	7.10	6.73	6.38
26	9.95	9.47	9.02	8.58	8.15	7.75	7.35	6.97	6.61	6.25
27	9.81	9.34	8.88	8.44	8.02	7.61	7.22	6.84	6.47	6.12
28	9.67	9.19	8.74	8.30	7.88	7.47	7.08	6.70	6.34	5.99
29	9.52	9.05	8.60	8.16	7.74	7.33	6.94	6.56	6.20	5.84
30	9.37	8.90	8.45	8.01	7.59	7.18	6.79	6.42	6.05	5.70
31	9.21	8.75	8.29	7.86	7.44	7.03	6.64	6.26	5.90	5.56
32	9.05	8.59	8.13	7.70	7.28	6.88	6.49	6.11	5.75	5.40
33	8.89	8.42	7.97	7.54	7.12	6.71	6.33	5.95	5.60	5.25
34	8.72	8.25	7.80	7.37	6.95	6.55	6.17	5.79	5.43	5.09
35	8.54	8.08	7.63	7.20	6.78	6.38	6.00	5.63	5.27	4.93
36	8.36	7.90	7.45	7.02	6.61	6.21	5.83	5.46	5.10	4.76
37	8.18	7.72	7.27	6.84	6.43	6.03	5.65	5.28	4.93	4.59
38	7.99	7.53	7.09	6.66	6.25	5.85	5.47	5.11	4.76	4.42
39	7.80	7.34	6.90	6.47	6.06	5.67	5.29	4.93	4.58	4.24
40	7.60	7.14	6.70	6.28	5.87	5.48	5.10	4.74	4.39	4.06
41	7.40	6.94	6.50	6.08	5.67	5.28	4.91	4.55	4.20	3.88
42	7.19	6.73	6.29	5.87	5.47	5.08	4.71	4.35	4.01	3.69
43	6.97	6.52	6.09	5.67	5.27	4.88	4.51	4.16	3.82	3.50
44	6.75	6.30	5.87	5.46	5.06	4.67	4.31	3.95	3.62	3.30
45	6.53	6.08	5.65	5.24	4.84	4.46	4.10	3.75	3.42	3.11
46	6.30	5.86	5.43	5.01	4.62	4.25	3.89	3.55	3.22	2.91
47	6.07	5.62	5.20	4.79	4.40	4.03	3.68	3.34	3.02	2.71
48	5.83	5.39	4.96	4.56	4.18	3.81	3.46	3.13	2.81	2.52
49	5.58	5.15	4.73	4.33	3.95	3.59	3.24	2.91	2.61	2.32

Exemple (58)

32 Tafel Seite 6   3½%   MORTALITÄT

Aufgeschobene Leibrente – Frauen

Alter heute	um ... Jahre aufgeschoben									
	21	22	23	24	25	26	27	28	29	30
50	5.33	4.90	4.49	4.09	3.72	3.36	3.02	2.70	2.40	2.12
51	5.08	4.65	4.24	3.85	3.48	3.13	2.80	2.49	2.20	1.93
52	4.83	4.40	4.00	3.61	3.25	2.91	2.58	2.28	2.00	1.74
53	4.56	4.15	3.75	3.37	3.02	2.68	2.37	2.08	1.81	1.56
54	4.30	3.89	3.50	3.13	2.78	2.46	2.15	1.88	1.62	1.38
55	4.03	3.63	3.25	2.88	2.55	2.23	1.95	1.68	1.43	1.21
56	3.76	3.37	2.99	2.64	2.32	2.02	1.74	1.49	1.26	1.05
57	3.49	3.11	2.74	2.41	2.09	1.81	1.54	1.30	1.09	0.90
58	3.22	2.85	2.50	2.17	1.87	1.60	1.35	1.13	0.93	0.76
59	2.96	2.59	2.26	1.95	1.66	1.41	1.17	0.97	0.79	0.63
60	2.69	2.35	2.02	1.73	1.46	1.22	1.01	0.82	0.66	0.52
61	2.44	2.10	1.79	1.52	1.27	1.05	0.85	0.68	0.54	0.41
62	2.18	1.87	1.58	1.32	1.09	0.89	0.71	0.56	0.43	0.32
63	1.94	1.64	1.37	1.13	0.92	0.74	0.58	0.45	0.34	0.25
64	1.71	1.42	1.18	0.96	0.77	0.60	0.46	0.35	0.26	0.18
65	1.48	1.22	1.00	0.80	0.63	0.48	0.36	0.27	0.19	0.13
66	1.27	1.04	0.83	0.65	0.50	0.38	0.28	0.20	0.14	0.09
67	1.08	0.86	0.68	0.52	0.40	0.29	0.21	0.14	0.10	0.06
68	0.90	0.71	0.55	0.41	0.30	0.22	0.15	0.10	0.07	0.04
69	0.74	0.57	0.43	0.32	0.23	0.16	0.11	0.07	0.04	0.02
70	0.59	0.45	0.33	0.24	0.16	0.11	0.07	0.04	0.03	0.01
71	0.47	0.35	0.25	0.17	0.11	0.07	0.05	0.03	0.02	0.01
72	0.36	0.26	0.18	0.12	0.08	0.05	0.03	0.02	0.01	
73	0.27	0.19	0.13	0.08	0.05	0.03	0.02	0.01		
74	0.20	0.13	0.09	0.05	0.03	0.02	0.01			
75	0.14	0.09	0.06	0.03	0.02	0.01				
76	0.09	0.06	0.03	0.02	0.01					
77	0.06	0.04	0.02	0.01	0.01					
78	0.04	0.02	0.01	0.01						
79	0.02	0.01	0.01							
	31	32	33	34	35	36	37	38	39	40
50	1.86	1.62	1.40	1.19	1.01	0.84	0.70	0.57	0.45	0.36
51	1.68	1.45	1.24	1.05	0.87	0.72	0.59	0.47	0.37	0.28
52	1.50	1.28	1.09	0.91	0.75	0.61	0.49	0.38	0.30	0.22
53	1.33	1.13	0.94	0.78	0.63	0.51	0.40	0.31	0.23	0.17
54	1.17	0.98	0.81	0.66	0.52	0.41	0.32	0.24	0.18	0.13
55	1.01	0.84	0.68	0.54	0.43	0.33	0.25	0.18	0.13	0.09
56	0.87	0.71	0.56	0.44	0.34	0.26	0.19	0.14	0.09	0.06
57	0.73	0.59	0.46	0.36	0.27	0.20	0.14	0.10	0.07	0.04
58	0.61	0.48	0.37	0.28	0.21	0.15	0.10	0.07	0.04	0.03
59	0.50	0.38	0.29	0.21	0.15	0.11	0.07	0.05	0.03	0.02
60	0.40	0.30	0.22	0.16	0.11	0.07	0.05	0.03	0.02	0.01
61	0.31	0.23	0.16	0.11	0.08	0.05	0.03	0.02	0.01	0.01
62	0.24	0.17	0.12	0.08	0.05	0.03	0.02	0.01	0.01	
63	0.18	0.12	0.08	0.05	0.03	0.02	0.01	0.01		
64	0.13	0.09	0.06	0.03	0.02	0.01	0.01			

Beispiel (58)

MORTALITÉ 3½% Table 32 page 7

Rente viagère différée – femmes

Age actuel	\multicolumn{10}{c}{différée de ... ans}

Age actuel	31	32	33	34	35	40	45	50	55	60
0	8.22	7.89	7.56	7.25	6.95	5.58	4.44	3.48	2.68	2.01
1	8.18	7.84	7.52	7.21	6.90	5.54	4.39	3.43	2.63	1.96
2	8.12	7.78	7.46	7.15	6.84	5.48	4.33	3.37	2.57	1.91
3	8.06	7.72	7.40	7.08	6.78	5.42	4.27	3.31	2.52	1.86
4	7.99	7.66	7.33	7.02	6.71	5.35	4.21	3.25	2.46	1.80
5	7.93	7.59	7.26	6.95	6.65	5.29	4.14	3.19	2.40	1.74
6	7.86	7.52	7.19	6.88	6.58	5.22	4.08	3.13	2.34	1.68
7	7.78	7.45	7.12	6.81	6.51	5.15	4.01	3.06	2.27	1.62
8	7.71	7.37	7.05	6.74	6.44	5.07	3.94	2.99	2.21	1.56
9	7.63	7.30	6.97	6.66	6.36	5.00	3.87	2.92	2.14	1.50
10	7.55	7.22	6.90	6.58	6.28	4.92	3.79	2.85	2.07	1.43
11	7.47	7.14	6.81	6.50	6.20	4.84	3.71	2.77	2.00	1.37
12	7.39	7.05	6.73	6.42	6.12	4.76	3.63	2.70	1.93	1.30
13	7.30	6.97	6.64	6.33	6.03	4.68	3.55	2.62	1.85	1.23
14	7.21	6.88	6.55	6.24	5.94	4.59	3.47	2.54	1.78	1.16
15	7.12	6.78	6.46	6.15	5.85	4.51	3.39	2.46	1.70	1.09
16	7.02	6.69	6.37	6.06	5.76	4.41	3.30	2.38	1.62	1.02
17	6.92	6.59	6.27	5.96	5.66	4.32	3.21	2.29	1.54	0.95
18	6.83	6.49	6.17	5.86	5.56	4.23	3.12	2.20	1.46	0.88
19	6.72	6.39	6.07	5.76	5.46	4.13	3.02	2.12	1.38	0.81
20	6.62	6.29	5.97	5.66	5.36	4.03	2.93	2.02	1.30	0.74
21	6.51	6.18	5.86	5.55	5.25	3.92	2.83	1.93	1.22	0.67
22	6.40	6.07	5.75	5.44	5.14	3.82	2.73	1.84	1.13	0.61
23	6.28	5.95	5.63	5.32	5.03	3.71	2.62	1.74	1.05	0.54
24	6.16	5.83	5.51	5.21	4.91	3.60	2.52	1.65	0.97	0.48
25	6.04	5.71	5.39	5.09	4.79	3.48	2.41	1.55	0.88	0.42
26	5.91	5.58	5.27	4.96	4.67	3.37	2.30	1.45	0.80	0.36
27	5.78	5.45	5.14	4.84	4.54	3.25	2.19	1.35	0.72	0.31
28	5.65	5.32	5.01	4.70	4.41	3.12	2.07	1.25	0.65	0.26
29	5.51	5.18	4.87	4.57	4.28	3.00	1.96	1.15	0.57	0.22
30	5.37	5.04	4.73	4.43	4.14	2.87	1.84	1.05	0.50	0.18
31	5.22	4.90	4.59	4.29	4.00	2.74	1.72	0.95	0.43	0.14
32	5.07	4.75	4.44	4.14	3.86	2.60	1.60	0.86	0.37	0.11
33	4.92	4.60	4.29	4.00	3.71	2.47	1.49	0.77	0.31	0.08
34	4.76	4.44	4.14	3.85	3.56	2.33	1.37	0.68	0.26	0.06
35	4.60	4.28	3.98	3.69	3.41	2.19	1.25	0.59	0.21	0.04
36	4.44	4.12	3.82	3.53	3.25	2.05	1.14	0.51	0.17	0.03
37	4.27	3.96	3.66	3.37	3.09	1.91	1.02	0.44	0.13	0.02
38	4.10	3.78	3.49	3.20	2.94	1.77	0.91	0.37	0.10	0.01
39	3.92	3.61	3.32	3.04	2.77	1.63	0.81	0.31	0.07	0.01
40	3.74	3.44	3.15	2.87	2.61	1.49	0.71	0.25	0.05	
41	3.56	3.26	2.97	2.70	2.44	1.35	0.61	0.20	0.04	
42	3.38	3.08	2.80	2.53	2.27	1.22	0.52	0.16	0.02	
43	3.19	2.90	2.62	2.35	2.11	1.09	0.44	0.12	0.02	
44	3.00	2.71	2.44	2.18	1.94	0.96	0.37	0.09	0.01	
45	2.81	2.53	2.26	2.01	1.78	0.84	0.30	0.06	0.01	
46	2.62	2.34	2.08	1.84	1.61	0.73	0.24	0.04		
47	2.43	2.16	1.91	1.67	1.46	0.63	0.19	0.03		
48	2.24	1.98	1.73	1.51	1.30	0.53	0.14	0.02		
49	2.05	1.80	1.56	1.35	1.15	0.44	0.11	0.01		

Exemple ⑤⑧

33 Tafel Seite 1   3½%   MORTALITÄT

Temporäre Leibrente – Männer

Alter heute	\multicolumn{10}{c}{zahlbar längstens während ... Jahren}
	1	2	3	4	5	6	7	8	9	10
0	0.98	1.94	2.85	3.73	4.59	5.41	6.21	6.99	7.73	8.45
1	0.99	1.94	2.86	3.75	4.60	5.43	6.23	7.01	7.75	8.47
2	0.98	1.93	2.85	3.73	4.59	5.42	6.23	7.00	7.74	8.46
3	0.98	1.94	2.85	3.74	4.60	5.43	6.23	7.00	7.75	8.47
4	0.99	1.93	2.85	3.75	4.60	5.43	6.23	7.00	7.75	8.47
5	0.98	1.93	2.85	3.74	4.60	5.42	6.22	7.00	7.75	8.47
6	0.98	1.94	2.86	3.75	4.60	5.43	6.23	7.01	7.75	8.47
7	0.99	1.94	2.86	3.74	4.60	5.43	6.24	7.01	7.75	8.47
8	0.99	1.94	2.85	3.74	4.60	5.43	6.23	7.00	7.74	8.47
9	0.98	1.93	2.85	3.74	4.60	5.43	6.22	6.99	7.74	8.47
10	0.98	1.93	2.85	3.74	4.60	5.43	6.22	7.00	7.75	8.46
11	0.99	1.94	2.86	3.75	4.60	5.43	6.23	7.00	7.75	8.46
12	0.99	1.94	2.86	3.74	4.60	5.43	6.23	7.00	7.74	8.46
13	0.99	1.94	2.85	3.73	4.60	5.42	6.22	6.99	7.73	8.45
14	0.98	1.93	2.84	3.74	4.59	5.42	6.21	6.98	7.72	8.44
15	0.98	1.93	2.85	3.74	4.59	5.41	6.21	6.98	7.72	8.43
16	0.98	1.94	2.86	3.74	4.59	5.41	6.21	6.98	7.71	8.43
17	0.99	1.94	2.85	3.74	4.59	5.41	6.21	6.97	7.72	8.43
18	0.98	1.93	2.84	3.73	4.58	5.41	6.19	6.97	7.70	8.41
19	0.98	1.93	2.84	3.73	4.58	5.40	6.20	6.96	7.70	8.41
20	0.98	1.93	2.85	3.73	4.58	5.41	6.20	6.96	7.70	8.41
21	0.98	1.93	2.85	3.73	4.59	5.41	6.20	6.97	7.70	8.42
22	0.99	1.94	2.85	3.74	4.59	5.41	6.21	6.97	7.71	8.42
23	0.99	1.93	2.85	3.74	4.59	5.41	6.20	6.97	7.71	8.42
24	0.98	1.94	2.85	3.73	4.59	5.40	6.20	6.97	7.71	8.42
25	0.99	1.94	2.86	3.74	4.59	5.41	6.21	6.97	7.71	8.43
26	0.98	1.93	2.85	3.73	4.58	5.41	6.20	6.97	7.71	8.43
27	0.98	1.93	2.84	3.73	4.58	5.41	6.20	6.97	7.72	8.43
28	0.98	1.93	2.85	3.73	4.58	5.41	6.21	6.98	7.72	8.44
29	0.98	1.93	2.84	3.73	4.58	5.41	6.21	6.98	7.72	8.44
30	0.99	1.93	2.85	3.74	4.59	5.42	6.22	6.99	7.73	8.44
31	0.98	1.93	2.85	3.74	4.59	5.42	6.21	6.98	7.72	8.44
32	0.98	1.93	2.85	3.74	4.60	5.42	6.22	6.98	7.73	8.44
33	0.99	1.94	2.86	3.74	4.60	5.42	6.22	6.99	7.73	8.44
34	0.99	1.94	2.86	3.74	4.60	5.42	6.22	6.99	7.72	8.44
35	0.99	1.94	2.85	3.74	4.59	5.42	6.21	6.98	7.72	8.44
36	0.98	1.93	2.85	3.73	4.59	5.41	6.20	6.98	7.72	8.43
37	0.98	1.93	2.85	3.73	4.59	5.41	6.21	6.98	7.71	8.42
38	0.99	1.93	2.85	3.74	4.58	5.41	6.21	6.97	7.71	8.42
39	0.98	1.93	2.85	3.73	4.59	5.41	6.20	6.96	7.71	8.42
40	0.99	1.94	2.85	3.74	4.59	5.41	6.20	6.97	7.71	8.41
41	0.98	1.93	2.85	3.73	4.58	5.40	6.20	6.96	7.69	8.40
42	0.98	1.93	2.85	3.73	4.58	5.40	6.19	6.95	7.69	8.39
43	0.99	1.94	2.85	3.73	4.59	5.41	6.19	6.95	7.68	8.39
44	0.98	1.93	2.84	3.73	4.58	5.39	6.18	6.94	7.67	8.37
45	0.98	1.92	2.84	3.73	4.57	5.39	6.18	6.93	7.66	8.36
46	0.98	1.94	2.85	3.72	4.58	5.39	6.17	6.93	7.66	8.35
47	0.99	1.94	2.85	3.73	4.58	5.39	6.17	6.93	7.65	8.34
48	0.99	1.92	2.84	3.72	4.56	5.38	6.16	6.91	7.63	8.31
49	0.98	1.93	2.84	3.71	4.56	5.37	6.15	6.89	7.61	8.30

Beispiele ㊷, ㊹, ㊿

MORTALITÉ　　　　　　　　3½%　　　　　　　　Table 33 page 2

Rente temporaire sur la vie d'un homme

Age actuel	payable au plus pendant ... ans									
	1	2	3	4	5	6	7	8	9	10
50	0.99	1.94	2.84	3.72	4.56	5.37	6.14	6.89	7.60	8.29
51	0.98	1.93	2.84	3.71	4.55	5.35	6.12	6.87	7.58	8.25
52	0.98	1.93	2.83	3.70	4.54	5.34	6.11	6.85	7.55	8.23
53	0.99	1.93	2.83	3.70	4.54	5.34	6.11	6.83	7.54	8.21
54	0.98	1.92	2.83	3.69	4.53	5.33	6.08	6.81	7.51	8.17
55	0.98	1.92	2.82	3.69	4.52	5.31	6.07	6.80	7.49	8.14
56	0.98	1.92	2.82	3.69	4.51	5.31	6.06	6.78	7.47	8.11
57	0.98	1.92	2.83	3.68	4.51	5.29	6.04	6.76	7.43	8.07
58	0.98	1.93	2.82	3.68	4.50	5.28	6.03	6.73	7.40	8.03
59	0.99	1.92	2.82	3.67	4.49	5.27	6.00	6.70	7.36	7.99
60	0.97	1.91	2.81	3.66	4.47	5.24	5.97	6.66	7.32	7.94
61	0.98	1.92	2.81	3.66	4.46	5.22	5.95	6.64	7.28	7.89
62	0.98	1.91	2.80	3.64	4.44	5.20	5.92	6.60	7.23	7.83
63	0.98	1.91	2.79	3.63	4.42	5.18	5.89	6.55	7.18	7.76
64	0.98	1.90	2.78	3.62	4.41	5.15	5.85	6.51	7.12	7.70
65	0.97	1.90	2.77	3.61	4.39	5.13	5.82	6.46	7.07	7.63
66	0.98	1.90	2.78	3.60	4.38	5.11	5.78	6.42	7.01	7.56
67	0.98	1.90	2.77	3.59	4.36	5.07	5.75	6.37	6.95	7.48
68	0.98	1.90	2.76	3.58	4.33	5.04	5.70	6.31	6.88	7.40
69	0.97	1.89	2.75	3.55	4.30	5.00	5.65	6.24	6.79	7.29
70	0.97	1.89	2.73	3.53	4.27	4.96	5.60	6.18	6.70	7.18
71	0.97	1.87	2.73	3.51	4.25	4.92	5.54	6.10	6.61	7.07
72	0.96	1.87	2.71	3.49	4.21	4.87	5.47	6.01	6.50	6.94
73	0.97	1.87	2.71	3.48	4.18	4.82	5.41	5.93	6.40	6.81
74	0.96	1.86	2.69	3.45	4.14	4.76	5.32	5.83	6.27	6.66
75	0.97	1.86	2.68	3.42	4.09	4.70	5.24	5.71	6.13	6.50
76	0.96	1.85	2.65	3.38	4.03	4.62	5.13	5.59	5.98	6.32
77	0.96	1.83	2.63	3.34	3.98	4.54	5.03	5.46	5.82	6.14
78	0.95	1.82	2.60	3.30	3.91	4.45	4.92	5.32	5.66	5.95
79	0.95	1.81	2.58	3.26	3.85	4.37	4.81	5.19	5.51	5.77
80	0.95	1.81	2.55	3.21	3.78	4.27	4.69	5.05	5.34	5.58
81	0.95	1.79	2.52	3.16	3.71	4.18	4.58	4.91	5.17	5.39
82	0.94	1.77	2.49	3.11	3.64	4.09	4.45	4.76	5.00	5.19
83	0.94	1.76	2.46	3.06	3.57	3.99	4.34	4.61	4.83	5.00
84	0.94	1.74	2.43	3.01	3.49	3.89	4.20	4.46	4.65	4.80
85	0.93	1.73	2.40	2.96	3.41	3.78	4.07	4.29	4.46	4.59
86	0.93	1.72	2.37	2.90	3.33	3.67	3.93	4.13	4.27	4.38
87	0.93	1.70	2.33	2.83	3.23	3.54	3.78	3.95	4.07	4.16
88	0.92	1.67	2.27	2.75	3.12	3.40	3.61	3.76	3.86	3.93
89	0.91	1.65	2.23	2.67	3.01	3.27	3.45	3.57	3.66	3.71
90	0.91	1.62	2.17	2.59	2.90	3.13	3.28	3.39	3.45	3.50
91	0.90	1.59	2.12	2.51	2.79	2.98	3.11	3.20	3.25	3.28
92	0.88	1.56	2.06	2.42	2.67	2.84	2.94	3.01	3.05	3.08
93	0.89	1.54	2.01	2.34	2.55	2.70	2.78	2.84	2.87	2.88
94	0.88	1.50	1.94	2.24	2.43	2.55	2.62	2.66	2.68	2.69
95	0.86	1.47	1.87	2.13	2.30	2.40	2.45	2.48	2.50	2.50
96	0.86	1.43	1.81	2.04	2.18	2.26	2.30	2.32	2.33	2.34
97	0.84	1.39	1.73	1.93	2.05	2.11	2.14	2.16	2.17	2.17
98	0.83	1.35	1.66	1.84	1.93	1.98	2.00	2.01	2.02	2.02
99	0.82	1.31	1.59	1.74	1.82	1.85	1.87	1.88	1.88	1.88

Exemples ㊷, ㊹, ㊿

33 Tafel Seite 3 — 3½% — MORTALITÄT

Temporäre Leibrente – Männer

Alter heute	zahlbar längstens während ... Jahren									
	11	12	13	14	15	16	17	18	19	20
0	9.14	9.81	10.47	11.10	11.70	12.28	12.84	13.39	13.92	14.43
1	9.17	9.84	10.49	11.12	11.73	12.31	12.88	13.43	13.95	14.46
2	9.16	9.84	10.49	11.11	11.72	12.31	12.87	13.42	13.94	14.45
3	9.17	9.84	10.49	11.12	11.73	12.31	12.88	13.42	13.94	14.45
4	9.17	9.84	10.49	11.12	11.73	12.31	12.87	13.42	13.94	14.45
5	9.16	9.83	10.49	11.11	11.72	12.30	12.86	13.41	13.93	14.44
6	9.17	9.84	10.49	11.12	11.72	12.30	12.87	13.41	13.93	14.44
7	9.17	9.84	10.49	11.11	11.72	12.30	12.86	13.40	13.93	14.43
8	9.16	9.83	10.48	11.10	11.71	12.29	12.85	13.39	13.91	14.42
9	9.16	9.83	10.47	11.10	11.70	12.28	12.84	13.38	13.90	14.41
10	9.15	9.82	10.47	11.10	11.69	12.28	12.84	13.38	13.90	14.40
11	9.16	9.82	10.47	11.09	11.70	12.27	12.83	13.37	13.89	14.39
12	9.15	9.82	10.46	11.09	11.69	12.26	12.82	13.36	13.88	14.38
13	9.14	9.80	10.45	11.07	11.67	12.25	12.80	13.34	13.86	14.36
14	9.13	9.80	10.44	11.06	11.66	12.23	12.79	13.32	13.84	14.34
15	9.13	9.79	10.43	11.05	11.64	12.22	12.78	13.31	13.83	14.33
16	9.12	9.78	10.42	11.04	11.64	12.21	12.77	13.31	13.83	14.33
17	9.12	9.78	10.42	11.04	11.63	12.21	12.76	13.30	13.82	14.32
18	9.10	9.76	10.40	11.02	11.62	12.19	12.75	13.29	13.81	14.31
19	9.09	9.76	10.40	11.01	11.61	12.19	12.75	13.28	13.80	14.30
20	9.10	9.76	10.40	11.02	11.62	12.20	12.75	13.29	13.81	14.31
21	9.10	9.76	10.41	11.03	11.63	12.20	12.76	13.30	13.81	14.32
22	9.11	9.77	10.42	11.04	11.64	12.21	12.77	13.31	13.83	14.33
23	9.11	9.78	10.42	11.04	11.64	12.22	12.78	13.32	13.84	14.33
24	9.11	9.78	10.43	11.05	11.65	12.22	12.78	13.32	13.84	14.34
25	9.13	9.79	10.43	11.06	11.65	12.24	12.79	13.33	13.85	14.35
26	9.12	9.79	10.43	11.05	11.65	12.23	12.79	13.33	13.85	14.35
27	9.13	9.79	10.43	11.06	11.66	12.23	12.80	13.34	13.85	14.35
28	9.13	9.79	10.44	11.06	11.66	12.24	12.80	13.33	13.85	14.35
29	9.12	9.80	10.44	11.06	11.66	12.24	12.79	13.33	13.85	14.35
30	9.14	9.80	10.44	11.07	11.67	12.24	12.80	13.34	13.86	14.35
31	9.13	9.80	10.44	11.06	11.66	12.23	12.79	13.33	13.84	14.34
32	9.13	9.80	10.45	11.06	11.66	12.24	12.79	13.32	13.84	14.34
33	9.14	9.80	10.44	11.06	11.66	12.23	12.78	13.32	13.83	14.33
34	9.13	9.79	10.43	11.06	11.65	12.22	12.78	13.31	13.82	14.31
35	9.12	9.79	10.43	11.05	11.64	12.21	12.76	13.29	13.80	14.29
36	9.11	9.78	10.42	11.03	11.63	12.20	12.74	13.27	13.78	14.27
37	9.11	9.78	10.41	11.03	11.62	12.18	12.73	13.26	13.76	14.25
38	9.11	9.76	10.40	11.02	11.60	12.17	12.72	13.24	13.74	14.22
39	9.09	9.76	10.39	11.00	11.59	12.15	12.69	13.21	13.71	14.19
40	9.10	9.75	10.38	10.99	11.58	12.14	12.68	13.19	13.69	14.17
41	9.08	9.73	10.37	10.97	11.55	12.11	12.64	13.16	13.65	14.12
42	9.07	9.72	10.35	10.95	11.53	12.08	12.62	13.13	13.61	14.08
43	9.07	9.72	10.34	10.94	11.51	12.06	12.60	13.10	13.58	14.04
44	9.05	9.69	10.31	10.91	11.48	12.03	12.55	13.05	13.53	13.99
45	9.03	9.67	10.29	10.88	11.46	11.99	12.52	13.01	13.48	13.93
46	9.02	9.66	10.28	10.87	11.43	11.97	12.48	12.97	13.44	13.88
47	9.00	9.64	10.26	10.84	11.40	11.93	12.44	12.92	13.38	13.82
48	8.98	9.61	10.22	10.80	11.35	11.88	12.38	12.85	13.31	13.74
49	8.96	9.58	10.19	10.76	11.31	11.83	12.32	12.79	13.24	13.66

Beispiele (42), (44), (60)

MORTALITÉ 3½% Table 33

Rente temporaire sur la vie d'un homme

Age actuel	payable au plus pendant ... ans									
	11	12	13	14	15	16	17	18	19	20
50	8.94	9.56	10.16	10.73	11.27	11.78	12.27	12.73	13.17	13.58
51	8.90	9.52	10.11	10.68	11.20	11.71	12.19	12.65	13.07	13.48
52	8.87	9.49	10.07	10.62	11.15	11.64	12.12	12.56	12.98	13.37
53	8.84	9.45	10.02	10.57	11.09	11.58	12.04	12.47	12.88	13.26
54	8.81	9.40	9.97	10.51	11.02	11.50	11.95	12.38	12.77	13.14
55	8.76	9.36	9.92	10.45	10.95	11.42	11.86	12.27	12.66	13.02
56	8.73	9.31	9.87	10.39	10.88	11.34	11.76	12.17	12.54	12.89
57	8.68	9.26	9.80	10.31	10.79	11.24	11.66	12.05	12.41	12.74
58	8.64	9.20	9.74	10.24	10.70	11.14	11.55	11.92	12.27	12.59
59	8.58	9.14	9.66	10.15	10.60	11.03	11.42	11.78	12.12	12.42
60	8.52	9.06	9.57	10.05	10.49	10.90	11.28	11.63	11.94	12.23
61	8.46	8.99	9.49	9.95	10.38	10.78	11.14	11.47	11.77	12.04
62	8.38	8.91	9.39	9.84	10.26	10.64	10.98	11.29	11.58	11.83
63	8.31	8.82	9.29	9.73	10.12	10.49	10.81	11.11	11.37	11.61
64	8.23	8.73	9.18	9.60	9.98	10.33	10.64	10.91	11.16	11.37
65	8.15	8.63	9.07	9.47	9.83	10.16	10.45	10.70	10.93	11.12
66	8.07	8.53	8.95	9.33	9.68	9.98	10.25	10.49	10.70	10.87
67	7.97	8.41	8.82	9.18	9.50	9.79	10.04	10.26	10.44	10.60
68	7.86	8.29	8.67	9.02	9.32	9.58	9.81	10.01	10.18	10.32
69	7.74	8.15	8.51	8.83	9.11	9.35	9.56	9.74	9.89	10.02
70	7.61	8.00	8.34	8.64	8.89	9.12	9.31	9.47	9.60	9.71
71	7.48	7.84	8.16	8.43	8.67	8.87	9.04	9.18	9.30	9.39
72	7.33	7.66	7.96	8.21	8.42	8.61	8.76	8.88	8.98	9.06
73	7.17	7.49	7.75	7.99	8.18	8.34	8.47	8.58	8.66	8.73
74	6.99	7.28	7.53	7.74	7.91	8.05	8.17	8.26	8.33	8.38
75	6.81	7.07	7.30	7.49	7.64	7.76	7.86	7.93	7.99	8.03
76	6.61	6.85	7.05	7.22	7.35	7.46	7.54	7.60	7.65	7.68
77	6.40	6.62	6.80	6.95	7.06	7.15	7.22	7.27	7.30	7.33
78	6.19	6.39	6.55	6.67	6.77	6.84	6.90	6.94	6.96	6.98
79	5.99	6.16	6.30	6.41	6.49	6.55	6.59	6.62	6.64	6.65
80	5.78	5.93	6.05	6.14	6.20	6.25	6.28	6.30	6.32	6.33
81	5.56	5.69	5.79	5.87	5.92	5.96	5.98	6.00	6.01	6.01
82	5.34	5.45	5.54	5.60	5.64	5.67	5.68	5.70	5.70	5.71
83	5.13	5.22	5.29	5.34	5.37	5.39	5.40	5.41	5.42	5.42
84	4.90	4.98	5.04	5.07	5.10	5.11	5.12	5.12	5.13	5.13
85	4.68	4.74	4.78	4.81	4.83	4.84	4.84	4.85	4.85	4.85
86	4.45	4.50	4.53	4.55	4.57	4.57	4.58	4.58	4.58	4.58
87	4.22	4.26	4.28	4.29	4.30	4.31	4.31	4.31	4.31	4.31
88	3.98	4.00	4.02	4.03	4.04	4.04	4.04	4.04	4.04	4.04
89	3.75	3.77	3.78	3.78	3.79	3.79	3.79	3.79	3.79	3.79
90	3.52	3.53	3.54	3.55	3.55	3.55	3.55	3.55	3.55	3.55
91	3.30	3.31	3.32	3.32	3.32	3.32	3.32	3.32	3.32	3.32
92	3.09	3.09	3.10	3.10	3.10	3.10	3.10	3.10	3.10	3.10
93	2.89	2.90	2.90	2.90	2.90	2.90	2.90	2.90	2.90	2.90
94	2.70	2.70	2.70	2.70	2.70	2.70	2.70	2.70	2.70	2.70
95	2.51	2.51	2.51	2.51	2.51	2.51	2.51	2.51	2.51	2.51
96	2.34	2.34	2.34	2.34	2.34	2.34	2.34	2.34	2.34	2.34
97	2.17	2.17	2.17	2.17	2.17	2.17	2.17	2.17	2.17	2.17
98	2.02	2.02	2.02	2.02	2.02	2.02	2.02	2.02	2.02	2.02
99	1.88	1.88	1.88	1.88	1.88	1.88	1.88	1.88	1.88	1.88

Exemples ㊷, ㊹, ㊿

33 Tafel Seite 5   3½%   MORTALITÄT

Temporäre Leibrente – Männer

Alter heute	zahlbar längstens während ... Jahren									
	21	22	23	24	25	26	27	28	29	30
0	14.92	15.39	15.85	16.29	16.71	17.12	17.52	17.90	18.26	18.62
1	14.95	15.42	15.88	16.32	16.75	17.16	17.55	17.93	18.30	18.65
2	14.94	15.41	15.87	16.31	16.73	17.14	17.54	17.92	18.29	18.64
3	14.94	15.41	15.87	16.31	16.73	17.14	17.53	17.92	18.28	18.64
4	14.94	15.41	15.86	16.30	16.73	17.13	17.53	17.91	18.27	18.63
5	14.93	15.40	15.85	16.29	16.71	17.12	17.51	17.89	18.26	18.61
6	14.93	15.40	15.85	16.28	16.71	17.11	17.51	17.89	18.26	18.61
7	14.92	15.39	15.84	16.28	16.70	17.11	17.50	17.88	18.25	18.60
8	14.90	15.37	15.82	16.26	16.68	17.09	17.48	17.87	18.23	18.58
9	14.89	15.36	15.81	16.25	16.67	17.08	17.47	17.85	18.22	18.57
10	14.88	15.35	15.80	16.24	16.66	17.07	17.46	17.84	18.21	18.56
11	14.88	15.34	15.79	16.23	16.66	17.06	17.45	17.83	18.20	18.55
12	14.86	15.33	15.78	16.22	16.64	17.05	17.44	17.82	18.18	18.54
13	14.84	15.31	15.77	16.20	16.62	17.03	17.42	17.80	18.16	18.51
14	14.83	15.30	15.75	16.18	16.61	17.01	17.40	17.78	18.14	18.50
15	14.82	15.29	15.74	16.17	16.59	17.00	17.39	17.76	18.13	18.48
16	14.81	15.28	15.73	16.16	16.58	16.99	17.37	17.75	18.12	18.47
17	14.80	15.27	15.72	16.16	16.57	16.98	17.37	17.75	18.11	18.46
18	14.79	15.25	15.71	16.14	16.56	16.96	17.35	17.73	18.09	18.44
19	14.78	15.25	15.70	16.13	16.55	16.96	17.35	17.72	18.08	18.43
20	14.79	15.26	15.71	16.14	16.56	16.96	17.35	17.73	18.09	18.44
21	14.80	15.27	15.72	16.15	16.57	16.97	17.36	17.74	18.10	18.44
22	14.81	15.28	15.73	16.16	16.58	16.99	17.37	17.75	18.11	18.45
23	14.82	15.29	15.74	16.17	16.59	16.99	17.38	17.75	18.11	18.46
24	14.83	15.29	15.74	16.18	16.59	16.99	17.38	17.75	18.11	18.46
25	14.83	15.30	15.75	16.18	16.60	17.00	17.39	17.76	18.12	18.46
26	14.83	15.30	15.75	16.18	16.60	17.00	17.38	17.75	18.11	18.45
27	14.84	15.30	15.75	16.18	16.60	16.99	17.38	17.75	18.10	18.44
28	14.84	15.30	15.75	16.18	16.59	16.99	17.37	17.74	18.09	18.43
29	14.83	15.29	15.74	16.17	16.58	16.98	17.36	17.72	18.07	18.41
30	14.83	15.29	15.74	16.17	16.58	16.97	17.35	17.71	18.06	18.39
31	14.82	15.28	15.72	16.15	16.56	16.95	17.32	17.68	18.03	18.36
32	14.81	15.27	15.71	16.13	16.54	16.93	17.30	17.66	18.00	18.33
33	14.80	15.26	15.69	16.12	16.52	16.91	17.28	17.63	17.97	18.29
34	14.78	15.24	15.67	16.09	16.49	16.88	17.24	17.59	17.93	18.25
35	14.76	15.21	15.65	16.06	16.46	16.84	17.20	17.55	17.88	18.20
36	14.73	15.18	15.61	16.03	16.42	16.80	17.15	17.50	17.82	18.13
37	14.71	15.16	15.59	15.99	16.38	16.75	17.11	17.45	17.77	18.07
38	14.68	15.13	15.55	15.95	16.34	16.71	17.06	17.39	17.70	18.00
39	14.65	15.09	15.50	15.90	16.29	16.65	16.99	17.32	17.63	17.92
40	14.62	15.05	15.47	15.86	16.24	16.59	16.93	17.25	17.55	17.84
41	14.57	15.00	15.41	15.80	16.16	16.52	16.85	17.16	17.46	17.74
42	14.52	14.95	15.35	15.73	16.10	16.44	16.77	17.07	17.36	17.63
43	14.48	14.90	15.29	15.67	16.03	16.37	16.69	16.98	17.27	17.53
44	14.42	14.83	15.22	15.59	15.94	16.27	16.58	16.87	17.14	17.40
45	14.36	14.76	15.15	15.51	15.85	16.17	16.48	16.76	17.02	17.27
46	14.30	14.70	15.08	15.43	15.76	16.08	16.37	16.64	16.90	17.13
47	14.23	14.62	14.99	15.34	15.66	15.96	16.25	16.51	16.76	16.98
48	14.14	14.53	14.88	15.22	15.54	15.83	16.10	16.36	16.59	16.81
49	14.05	14.43	14.78	15.10	15.41	15.69	15.96	16.20	16.42	16.63

Beispiele �42, �44, ㊿

MORTALITÉ 3½% Table 33

Rente temporaire sur la vie d'un homme

Âge actuel	payable au plus pendant ... ans									
	21	22	23	24	25	26	27	28	29	30
50	13.96	14.33	14.67	14.98	15.28	15.55	15.81	16.04	16.25	16.44
51	13.85	14.20	14.54	14.84	15.13	15.39	15.63	15.85	16.04	16.22
52	13.74	14.08	14.40	14.69	14.97	15.22	15.44	15.65	15.83	16.00
53	13.62	13.95	14.26	14.54	14.80	15.04	15.25	15.44	15.61	15.76
54	13.49	13.81	14.10	14.37	14.62	14.84	15.04	15.22	15.37	15.51
55	13.35	13.66	13.94	14.19	14.42	14.63	14.82	14.98	15.13	15.25
56	13.21	13.50	13.76	14.01	14.22	14.42	14.59	14.74	14.87	14.98
57	13.05	13.32	13.57	13.80	14.00	14.18	14.34	14.47	14.59	14.69
58	12.88	13.14	13.38	13.59	13.77	13.94	14.08	14.20	14.30	14.39
59	12.69	12.94	13.16	13.35	13.52	13.67	13.80	13.90	14.00	14.07
60	12.48	12.71	12.92	13.10	13.25	13.38	13.50	13.59	13.67	13.74
61	12.28	12.49	12.68	12.84	12.98	13.09	13.20	13.28	13.35	13.40
62	12.05	12.24	12.41	12.56	12.68	12.79	12.87	12.95	13.00	13.05
63	11.81	11.99	12.14	12.27	12.38	12.47	12.55	12.61	12.65	12.69
64	11.56	11.72	11.85	11.97	12.07	12.14	12.21	12.26	12.29	12.32
65	11.29	11.44	11.56	11.66	11.74	11.81	11.86	11.90	11.93	11.95
66	11.03	11.15	11.26	11.35	11.42	11.47	11.51	11.55	11.57	11.59
67	10.74	10.85	10.94	11.02	11.07	11.12	11.15	11.18	11.20	11.21
68	10.44	10.54	10.61	10.67	10.72	10.76	10.78	10.80	10.82	10.83
69	10.12	10.20	10.26	10.31	10.35	10.38	10.40	10.42	10.43	10.43
70	9.79	9.86	9.92	9.96	9.99	10.01	10.02	10.03	10.04	10.04
71	9.46	9.52	9.56	9.59	9.62	9.63	9.64	9.65	9.65	9.66
72	9.12	9.17	9.20	9.22	9.24	9.25	9.26	9.26	9.27	9.27
73	8.78	8.81	8.84	8.86	8.87	8.88	8.88	8.89	8.89	8.89
74	8.42	8.45	8.47	8.48	8.49	8.49	8.50	8.50	8.50	8.50
75	8.06	8.08	8.10	8.11	8.11	8.12	8.12	8.12	8.12	8.12
76	7.70	7.72	7.73	7.73	7.74	7.74	7.74	7.74	7.74	7.74
77	7.34	7.35	7.36	7.37	7.37	7.37	7.37	7.37	7.37	7.37
78	6.99	7.00	7.00	7.01	7.01	7.01	7.01	7.01	7.01	7.01
79	6.66	6.66	6.67	6.67	6.67	6.67	6.67	6.67	6.67	6.67
80	6.33	6.34	6.34	6.34	6.34	6.34	6.34	6.34	6.34	6.34
81	6.02	6.02	6.02	6.02	6.02	6.02	6.02	6.02	6.02	6.02
82	5.71	5.71	5.71	5.71	5.71	5.71	5.71	5.71	5.71	5.71
83	5.42	5.42	5.42	5.42	5.42	5.42	5.42	5.42	5.42	5.42
84	5.13	5.13	5.13	5.13	5.13	5.13	5.13	5.13	5.13	5.13
85	4.85	4.85	4.85	4.85	4.85	4.85	4.85	4.85	4.85	4.85
86	4.58	4.58	4.58	4.58	4.58	4.58	4.58	4.58	4.58	4.58
87	4.31	4.31	4.31	4.31	4.31	4.31	4.31	4.31	4.31	4.31
88	4.04	4.04	4.04	4.04	4.04	4.04	4.04	4.04	4.04	4.04
89	3.79	3.79	3.79	3.79	3.79	3.79	3.79	3.79	3.79	3.79
90	3.55	3.55	3.55	3.55	3.55	3.55	3.55	3.55	3.55	3.55
91	3.32	3.32	3.32	3.32	3.32	3.32	3.32	3.32	3.32	3.32
92	3.10	3.10	3.10	3.10	3.10	3.10	3.10	3.10	3.10	3.10
93	2.90	2.90	2.90	2.90	2.90	2.90	2.90	2.90	2.90	2.90
94	2.70	2.70	2.70	2.70	2.70	2.70	2.70	2.70	2.70	2.70
95	2.51	2.51	2.51	2.51	2.51	2.51	2.51	2.51	2.51	2.51
96	2.34	2.34	2.34	2.34	2.34	2.34	2.34	2.34	2.34	2.34
97	2.17	2.17	2.17	2.17	2.17	2.17	2.17	2.17	2.17	2.17
98	2.02	2.02	2.02	2.02	2.02	2.02	2.02	2.02	2.02	2.02
99	1.88	1.88	1.88	1.88	1.88	1.88	1.88	1.88	1.88	1.88

Exemples ㊷, ㊹, ⑥⓪

33 Tafel Seite 7 — 3½% — MORTALITÄT

Temporäre Leibrente – Männer

Alter heute	zahlbar bis zum Alter ...									
	56	57	58	59	60	61	62	63	64	65
0	24.52	24.66	24.78	24.90	25.02	25.13	25.24	25.34	25.44	25.53
1	24.43	24.56	24.69	24.82	24.94	25.06	25.17	25.27	25.37	25.47
2	24.26	24.40	24.54	24.67	24.79	24.91	25.03	25.14	25.24	25.34
3	24.10	24.25	24.39	24.52	24.65	24.78	24.90	25.01	25.12	25.22
4	23.93	24.08	24.23	24.37	24.50	24.63	24.75	24.87	24.98	25.09
5	23.75	23.91	24.06	24.20	24.34	24.47	24.60	24.72	24.83	24.94
6	23.57	23.73	23.89	24.04	24.18	24.32	24.45	24.57	24.69	24.81
7	23.38	23.55	23.71	23.87	24.01	24.15	24.29	24.42	24.54	24.66
8	23.18	23.35	23.52	23.68	23.83	23.98	24.12	24.25	24.38	24.50
9	22.97	23.15	23.32	23.49	23.65	23.80	23.95	24.08	24.22	24.34
10	22.76	22.95	23.13	23.30	23.46	23.62	23.77	23.91	24.05	24.18
11	22.55	22.74	22.93	23.10	23.28	23.44	23.59	23.74	23.88	24.02
12	22.32	22.52	22.71	22.90	23.07	23.24	23.40	23.56	23.70	23.84
13	22.08	22.29	22.49	22.68	22.86	23.03	23.20	23.36	23.51	23.66
14	21.84	22.05	22.26	22.45	22.64	22.82	22.99	23.16	23.32	23.47
15	21.59	21.81	22.02	22.23	22.42	22.61	22.79	22.96	23.12	23.27
16	21.33	21.56	21.78	22.00	22.20	22.39	22.58	22.75	22.92	23.08
17	21.08	21.31	21.54	21.76	21.97	22.17	22.36	22.54	22.72	22.88
18	20.80	21.05	21.28	21.51	21.73	21.94	22.13	22.32	22.50	22.68
19	20.53	20.79	21.03	21.27	21.49	21.71	21.91	22.11	22.30	22.47
20	20.27	20.53	20.78	21.03	21.26	21.48	21.70	21.90	22.09	22.28
21	19.99	20.27	20.53	20.78	21.02	21.25	21.48	21.69	21.89	22.08
22	19.71	20.00	20.27	20.53	20.78	21.02	21.25	21.47	21.68	21.88
23	19.42	19.71	20.00	20.27	20.53	20.77	21.01	21.24	21.46	21.66
24	19.11	19.41	19.71	19.99	20.26	20.51	20.76	21.00	21.22	21.43
25	18.79	19.11	19.41	19.70	19.98	20.25	20.50	20.75	20.98	21.20
26	18.45	18.78	19.09	19.39	19.69	19.96	20.23	20.48	20.72	20.95
27	18.10	18.44	18.77	19.08	19.38	19.67	19.94	20.20	20.45	20.69
28	17.74	18.09	18.43	18.75	19.06	19.36	19.64	19.92	20.17	20.42
29	17.36	17.72	18.07	18.41	18.73	19.04	19.33	19.61	19.88	20.14
30	16.97	17.35	17.71	18.06	18.39	18.71	19.02	19.31	19.59	19.85
31	16.56	16.95	17.32	17.68	18.03	18.36	18.68	18.98	19.27	19.54
32	16.13	16.54	16.93	17.30	17.66	18.00	18.33	18.64	18.94	19.22
33	15.69	16.12	16.52	16.91	17.28	17.63	17.97	18.29	18.60	18.90
34	15.24	15.67	16.09	16.49	16.88	17.24	17.59	17.93	18.25	18.55
35	14.76	15.21	15.65	16.06	16.46	16.84	17.20	17.55	17.88	18.20
36	14.27	14.73	15.18	15.61	16.03	16.42	16.80	17.15	17.50	17.82
37	13.76	14.25	14.71	15.16	15.59	15.99	16.38	16.75	17.11	17.45
38	13.24	13.74	14.22	14.68	15.13	15.55	15.95	16.34	16.71	17.06
39	12.69	13.21	13.71	14.19	14.65	15.09	15.50	15.90	16.29	16.65
40	12.14	12.68	13.19	13.69	14.17	14.62	15.05	15.47	15.86	16.24
41	11.55	12.11	12.64	13.16	13.65	14.12	14.57	15.00	15.41	15.80
42	10.95	11.53	12.08	12.62	13.13	13.61	14.08	14.52	14.95	15.35
43	10.34	10.94	11.51	12.06	12.60	13.10	13.58	14.04	14.48	14.90
44	9.69	10.31	10.91	11.48	12.03	12.55	13.05	13.53	13.99	14.42
45	9.03	9.67	10.29	10.88	11.46	11.99	12.52	13.01	13.48	13.93
46	8.35	9.02	9.66	10.28	10.87	11.43	11.97	12.48	12.97	13.44
47	7.65	8.34	9.00	9.64	10.26	10.84	11.40	11.93	12.44	12.92
48	6.91	7.63	8.31	8.98	9.61	10.22	10.80	11.35	11.88	12.38
49	6.15	6.89	7.61	8.30	8.96	9.58	10.19	10.76	11.31	11.83

Beispiele (42), (44), (60)

MORTALITÉ 3½% Table 33
page 8

Rente temporaire sur la vie d'un homme

Age actuel	payable jusqu'à l'âge de ...									
	56	57	58	59	60	61	62	63	64	65
50	5.37	6.14	6.89	7.60	8.29	8.94	9.56	10.16	10.73	11.27
51	4.55	5.35	6.12	6.87	7.58	8.25	8.90	9.52	10.11	10.68
52	3.70	4.54	5.34	6.11	6.85	7.55	8.23	8.87	9.49	10.07
53	2.83	3.70	4.54	5.34	6.11	6.83	7.54	8.21	8.84	9.45
54	1.92	2.83	3.69	4.53	5.33	6.08	6.81	7.51	8.17	8.81
55	0.98	1.92	2.82	3.69	4.52	5.31	6.07	6.80	7.49	8.14
56		0.98	1.92	2.82	3.69	4.51	5.31	6.06	6.78	7.47
57			0.98	1.92	2.83	3.68	4.51	5.29	6.04	6.76
58				0.98	1.93	2.82	3.68	4.50	5.28	6.03
59					0.99	1.92	2.82	3.67	4.49	5.27
60						0.97	1.91	2.81	3.66	4.47
61							0.98	1.92	2.81	3.66
62								0.98	1.91	2.80
63									0.98	1.91
64										0.98

Age actuel	payable jusqu'à l'âge de ...									
	66	67	68	69	70	71	72	73	74	75
50	11.78	12.27	12.73	13.17	13.58	13.96	14.33	14.67	14.98	15.28
51	11.20	11.71	12.19	12.65	13.07	13.48	13.85	14.20	14.54	14.84
52	10.62	11.15	11.64	12.12	12.56	12.98	13.37	13.74	14.08	14.40
53	10.02	10.57	11.09	11.58	12.04	12.47	12.88	13.26	13.62	13.95
54	9.40	9.97	10.51	11.02	11.50	11.95	12.38	12.77	13.14	13.49
55	8.76	9.36	9.92	10.45	10.95	11.42	11.86	12.27	12.66	13.02
56	8.11	8.73	9.31	9.87	10.39	10.88	11.34	11.76	12.17	12.54
57	7.43	8.07	8.68	9.26	9.80	10.31	10.79	11.24	11.66	12.05
58	6.73	7.40	8.03	8.64	9.20	9.74	10.24	10.70	11.14	11.55
59	6.00	6.70	7.36	7.99	8.58	9.14	9.66	10.15	10.60	11.03
60	5.24	5.97	6.66	7.32	7.94	8.52	9.06	9.57	10.05	10.49
61	4.46	5.22	5.95	6.64	7.28	7.89	8.46	8.99	9.49	9.95
62	3.64	4.44	5.20	5.92	6.60	7.23	7.83	8.38	8.91	9.39
63	2.79	3.63	4.42	5.18	5.89	6.55	7.18	7.76	8.31	8.82
64	1.90	2.78	3.62	4.41	5.15	5.85	6.51	7.12	7.70	8.23
65	0.97	1.90	2.77	3.61	4.39	5.13	5.82	6.46	7.07	7.63
66		0.98	1.90	2.78	3.60	4.38	5.11	5.78	6.42	7.01
67			0.98	1.90	2.77	3.59	4.36	5.07	5.75	6.37
68				0.98	1.90	2.76	3.58	4.33	5.04	5.70
69					0.97	1.89	2.75	3.55	4.30	5.00
70						0.97	1.89	2.73	3.53	4.27
71							0.97	1.87	2.73	3.51
72								0.96	1.87	2.71
73									0.97	1.87
74										0.96

Exemples ㊷, ㊹, ㊿

33 Tafel Seite 9   3½%   MORTALITÄT

Temporäre Leibrente – Männer

Alter heute	zahlbar bis zum Alter ...									
	66	67	68	69	70	71	72	73	74	75
0	25.61	25.70	25.78	25.85	25.92	25.99	26.05	26.10	26.16	26.21
1	25.56	25.64	25.72	25.80	25.87	25.94	26.01	26.07	26.12	26.17
2	25.43	25.52	25.60	25.68	25.76	25.83	25.90	25.96	26.02	26.07
3	25.31	25.41	25.49	25.58	25.65	25.73	25.80	25.86	25.92	25.98
4	25.19	25.28	25.37	25.46	25.54	25.61	25.68	25.75	25.81	25.87
5	25.05	25.14	25.24	25.33	25.41	25.49	25.56	25.63	25.69	25.75
6	24.91	25.02	25.11	25.21	25.29	25.37	25.45	25.52	25.59	25.65
7	24.77	24.88	24.98	25.07	25.16	25.25	25.32	25.40	25.47	25.53
8	24.62	24.73	24.83	24.93	25.02	25.11	25.19	25.27	25.34	25.40
9	24.46	24.57	24.68	24.78	24.88	24.97	25.05	25.13	25.21	25.28
10	24.30	24.42	24.53	24.64	24.74	24.83	24.92	25.00	25.08	25.15
11	24.14	24.27	24.38	24.49	24.59	24.69	24.78	24.86	24.94	25.02
12	23.97	24.10	24.22	24.33	24.44	24.54	24.63	24.72	24.80	24.88
13	23.79	23.92	24.04	24.16	24.27	24.38	24.47	24.56	24.65	24.73
14	23.61	23.74	23.87	23.99	24.10	24.21	24.31	24.40	24.49	24.57
15	23.42	23.56	23.69	23.82	23.94	24.05	24.15	24.25	24.34	24.42
16	23.23	23.38	23.51	23.64	23.76	23.88	23.99	24.09	24.18	24.27
17	23.04	23.19	23.33	23.47	23.59	23.71	23.82	23.93	24.02	24.11
18	22.84	22.99	23.14	23.28	23.41	23.53	23.65	23.75	23.86	23.95
19	22.64	22.80	22.95	23.10	23.23	23.36	23.48	23.59	23.70	23.79
20	22.45	22.62	22.78	22.93	23.07	23.20	23.32	23.44	23.55	23.65
21	22.26	22.43	22.59	22.75	22.90	23.03	23.16	23.28	23.39	23.50
22	22.06	22.24	22.41	22.57	22.72	22.86	23.00	23.12	23.24	23.35
23	21.85	22.04	22.22	22.38	22.54	22.69	22.82	22.95	23.07	23.19
24	21.63	21.83	22.01	22.18	22.34	22.50	22.64	22.77	22.90	23.01
25	21.41	21.61	21.80	21.98	22.14	22.30	22.45	22.59	22.72	22.84
26	21.16	21.37	21.57	21.75	21.93	22.09	22.24	22.39	22.52	22.65
27	20.91	21.13	21.33	21.52	21.70	21.87	22.03	22.18	22.32	22.45
28	20.65	20.87	21.08	21.28	21.47	21.65	21.81	21.97	22.11	22.24
29	20.38	20.61	20.82	21.03	21.22	21.41	21.58	21.74	21.89	22.03
30	20.10	20.34	20.56	20.78	20.98	21.17	21.34	21.51	21.66	21.81
31	19.80	20.04	20.28	20.50	20.71	20.90	21.09	21.26	21.42	21.57
32	19.49	19.75	19.99	20.22	20.43	20.64	20.83	21.00	21.17	21.33
33	19.17	19.44	19.69	19.93	20.15	20.36	20.56	20.74	20.91	21.07
34	18.84	19.11	19.37	19.62	19.85	20.07	20.27	20.46	20.64	20.81
35	18.49	18.78	19.05	19.30	19.54	19.77	19.98	20.17	20.36	20.53
36	18.13	18.43	18.70	18.97	19.22	19.45	19.67	19.87	20.07	20.24
37	17.77	18.07	18.36	18.63	18.89	19.13	19.36	19.57	19.77	19.95
38	17.39	17.70	18.00	18.28	18.55	18.80	19.04	19.25	19.46	19.65
39	16.99	17.32	17.63	17.92	18.20	18.46	18.70	18.93	19.14	19.34
40	16.59	16.93	17.25	17.55	17.84	18.11	18.36	18.60	18.82	19.02
41	16.16	16.52	16.85	17.16	17.46	17.74	18.00	18.24	18.47	18.68
42	15.73	16.10	16.44	16.77	17.07	17.36	17.63	17.89	18.12	18.34
43	15.29	15.67	16.03	16.37	16.69	16.98	17.27	17.53	17.77	18.00
44	14.83	15.22	15.59	15.94	16.27	16.58	16.87	17.14	17.40	17.64
45	14.36	14.76	15.15	15.51	15.85	16.17	16.48	16.76	17.02	17.27
46	13.88	14.30	14.70	15.08	15.43	15.76	16.08	16.37	16.64	16.90
47	13.38	13.82	14.23	14.62	14.99	15.34	15.66	15.96	16.25	16.51
48	12.85	13.31	13.74	14.14	14.53	14.88	15.22	15.54	15.83	16.10
49	12.32	12.79	13.24	13.66	14.05	14.43	14.78	15.10	15.41	15.69

Beispiele (42), (44), (60)

MORTALITÉ 3½% Table 33 page 10

Rente temporaire sur la vie d'un homme

Âge actuel	payable jusqu'à l'âge de ...									
	76	77	78	79	80	81	82	83	84	85
0	26.26	26.30	26.34	26.37	26.41	26.44	26.46	26.48	26.50	26.52
1	26.22	26.27	26.31	26.35	26.38	26.41	26.44	26.46	26.48	26.50
2	26.12	26.17	26.21	26.25	26.28	26.31	26.34	26.37	26.39	26.41
3	26.03	26.07	26.12	26.16	26.19	26.23	26.26	26.28	26.30	26.32
4	25.92	25.97	26.02	26.06	26.10	26.13	26.16	26.19	26.21	26.23
5	25.81	25.86	25.91	25.95	25.99	26.02	26.05	26.08	26.11	26.13
6	25.71	25.76	25.81	25.85	25.89	25.93	25.96	25.99	26.01	26.03
7	25.59	25.65	25.70	25.74	25.78	25.82	25.85	25.88	25.91	25.93
8	25.46	25.52	25.57	25.62	25.66	25.70	25.74	25.77	25.79	25.82
9	25.34	25.40	25.45	25.50	25.54	25.58	25.62	25.65	25.68	25.70
10	25.21	25.27	25.33	25.38	25.43	25.47	25.50	25.54	25.56	25.59
11	25.09	25.15	25.21	25.26	25.31	25.35	25.39	25.42	25.45	25.48
12	24.95	25.01	25.07	25.13	25.18	25.22	25.26	25.29	25.32	25.35
13	24.80	24.87	24.93	24.98	25.04	25.08	25.12	25.16	25.19	25.22
14	24.65	24.72	24.78	24.84	24.89	24.94	24.98	25.02	25.05	25.08
15	24.50	24.57	24.64	24.70	24.75	24.80	24.85	24.88	24.92	24.95
16	24.35	24.42	24.49	24.56	24.61	24.66	24.71	24.75	24.78	24.81
17	24.20	24.28	24.35	24.41	24.47	24.52	24.57	24.61	24.65	24.68
18	24.04	24.12	24.19	24.26	24.32	24.37	24.42	24.46	24.50	24.53
19	23.88	23.97	24.04	24.11	24.17	24.23	24.28	24.33	24.36	24.40
20	23.74	23.83	23.90	23.98	24.04	24.10	24.15	24.20	24.24	24.27
21	23.59	23.68	23.76	23.84	23.91	23.97	24.02	24.07	24.11	24.15
22	23.45	23.54	23.62	23.70	23.77	23.83	23.89	23.94	23.98	24.02
23	23.29	23.39	23.47	23.55	23.63	23.69	23.75	23.80	23.85	23.89
24	23.12	23.22	23.31	23.39	23.47	23.54	23.60	23.65	23.70	23.74
25	22.95	23.06	23.15	23.24	23.31	23.38	23.45	23.50	23.55	23.59
26	22.76	22.87	22.97	23.06	23.14	23.21	23.27	23.33	23.38	23.43
27	22.57	22.68	22.78	22.88	22.96	23.03	23.10	23.16	23.21	23.26
28	22.37	22.48	22.59	22.68	22.77	22.85	22.92	22.98	23.03	23.08
29	22.16	22.27	22.38	22.48	22.57	22.65	22.73	22.79	22.84	22.89
30	21.94	22.06	22.18	22.28	22.37	22.46	22.53	22.60	22.66	22.71
31	21.71	21.83	21.95	22.06	22.15	22.24	22.32	22.39	22.45	22.50
32	21.47	21.60	21.72	21.83	21.93	22.02	22.10	22.17	22.24	22.29
33	21.22	21.36	21.48	21.60	21.70	21.79	21.88	21.95	22.01	22.07
34	20.96	21.10	21.23	21.35	21.46	21.55	21.64	21.72	21.78	21.84
35	20.69	20.84	20.97	21.09	21.21	21.31	21.39	21.47	21.54	21.60
36	20.41	20.56	20.70	20.83	20.94	21.05	21.14	21.22	21.29	21.35
37	20.12	20.28	20.43	20.56	20.68	20.78	20.88	20.96	21.04	21.10
38	19.83	19.99	20.14	20.28	20.40	20.51	20.61	20.70	20.78	20.84
39	19.52	19.69	19.85	19.99	20.11	20.23	20.33	20.42	20.50	20.57
40	19.21	19.39	19.55	19.69	19.83	19.95	20.05	20.15	20.23	20.30
41	18.88	19.06	19.23	19.38	19.52	19.64	19.75	19.85	19.93	20.01
42	18.55	18.74	18.91	19.07	19.21	19.34	19.45	19.55	19.64	19.72
43	18.21	18.41	18.59	18.75	18.90	19.03	19.15	19.25	19.34	19.42
44	17.86	18.06	18.24	18.41	18.56	18.70	18.83	18.93	19.03	19.11
45	17.50	17.71	17.90	18.07	18.23	18.37	18.50	18.61	18.71	18.80
46	17.13	17.35	17.55	17.73	17.90	18.04	18.18	18.29	18.39	18.48
47	16.76	16.98	17.19	17.38	17.55	17.70	17.84	17.96	18.07	18.16
48	16.36	16.59	16.81	17.00	17.18	17.34	17.48	17.61	17.72	17.81
49	15.96	16.20	16.42	16.63	16.81	16.98	17.12	17.25	17.37	17.47

Exemples ㊷, ㊹, ㊿

Tafel 33 Seite 11 — 3½% — **MORTALITÄT**

Temporäre Leibrente – Männer

Alter heute	\multicolumn{10}{c}{zahlbar bis zum Alter ...}
	76	77	78	79	80	81	82	83	84	85
50	15.55	15.81	16.04	16.25	16.44	16.61	16.76	16.90	17.02	17.12
51	15.13	15.39	15.63	15.85	16.04	16.22	16.38	16.52	16.65	16.75
52	14.69	14.97	15.22	15.44	15.65	15.83	16.00	16.14	16.27	16.38
53	14.26	14.54	14.80	15.04	15.25	15.44	15.61	15.76	15.90	16.01
54	13.81	14.10	14.37	14.62	14.84	15.04	15.22	15.37	15.51	15.63
55	13.35	13.66	13.94	14.19	14.42	14.63	14.82	14.98	15.13	15.25
56	12.89	13.21	13.50	13.76	14.01	14.22	14.42	14.59	14.74	14.87
57	12.41	12.74	13.05	13.32	13.57	13.80	14.00	14.18	14.34	14.47
58	11.92	12.27	12.59	12.88	13.14	13.38	13.59	13.77	13.94	14.08
59	11.42	11.78	12.12	12.42	12.69	12.94	13.16	13.35	13.52	13.67
60	10.90	11.28	11.63	11.94	12.23	12.48	12.71	12.92	13.10	13.25
61	10.38	10.78	11.14	11.47	11.77	12.04	12.28	12.49	12.68	12.84
62	9.84	10.26	10.64	10.98	11.29	11.58	11.83	12.05	12.24	12.41
63	9.29	9.73	10.12	10.49	10.81	11.11	11.37	11.61	11.81	11.99
64	8.73	9.18	9.60	9.98	10.33	10.64	10.91	11.16	11.37	11.56
65	8.15	8.63	9.07	9.47	9.83	10.16	10.45	10.70	10.93	11.12
66	7.56	8.07	8.53	8.95	9.33	9.68	9.98	10.25	10.49	10.70
67	6.95	7.48	7.97	8.41	8.82	9.18	9.50	9.79	10.04	10.26
68	6.31	6.88	7.40	7.86	8.29	8.67	9.02	9.32	9.58	9.81
69	5.65	6.24	6.79	7.29	7.74	8.15	8.51	8.83	9.11	9.35
70	4.96	5.60	6.18	6.70	7.18	7.61	8.00	8.34	8.64	8.89
71	4.25	4.92	5.54	6.10	6.61	7.07	7.48	7.84	8.16	8.43
72	3.49	4.21	4.87	5.47	6.01	6.50	6.94	7.33	7.66	7.96
73	2.71	3.48	4.18	4.82	5.41	5.93	6.40	6.81	7.17	7.49
74	1.86	2.69	3.45	4.14	4.76	5.32	5.83	6.27	6.66	6.99
75	0.97	1.86	2.68	3.42	4.09	4.70	5.24	5.71	6.13	6.50
76		0.96	1.85	2.65	3.38	4.03	4.62	5.13	5.59	5.98
77			0.96	1.83	2.63	3.34	3.98	4.54	5.03	5.46
78				0.95	1.82	2.60	3.30	3.91	4.45	4.92
79					0.95	1.81	2.58	3.26	3.85	4.37
80						0.95	1.81	2.55	3.21	3.78
81							0.95	1.79	2.52	3.16
82								0.94	1.77	2.49
83									0.94	1.76
84										0.94

Beispiele ㊷, ㊹, ㊿

MORTALITÉ — 3½% — Table 34

Rente temporaire sur la vie d'une femme

Age actuel	\multicolumn{10}{c}{payable au plus pendant ... ans}
	1	2	3	4	5	6	7	8	9	10
0	0.98	1.93	2.85	3.73	4.58	5.41	6.21	6.99	7.73	8.45
1	0.98	1.94	2.85	3.74	4.60	5.43	6.23	7.01	7.75	8.47
2	0.99	1.93	2.85	3.74	4.60	5.43	6.23	7.00	7.75	8.47
3	0.98	1.93	2.85	3.74	4.60	5.43	6.23	7.00	7.75	8.47
4	0.99	1.94	2.86	3.75	4.61	5.43	6.23	7.01	7.75	8.47
5	0.98	1.94	2.86	3.75	4.60	5.43	6.23	7.01	7.75	8.47
6	0.99	1.94	2.86	3.75	4.61	5.43	6.23	7.00	7.75	8.47
7	0.99	1.94	2.85	3.74	4.60	5.43	6.22	7.00	7.75	8.47
8	0.98	1.93	2.85	3.74	4.60	5.42	6.22	7.00	7.74	8.46
9	0.98	1.93	2.85	3.74	4.59	5.42	6.22	7.00	7.74	8.47
10	0.99	1.94	2.86	3.74	4.60	5.43	6.23	7.00	7.75	8.47
11	0.98	1.93	2.85	3.74	4.60	5.42	6.22	7.00	7.75	8.47
12	0.98	1.93	2.85	3.74	4.60	5.42	6.22	7.00	7.74	8.46
13	0.98	1.93	2.85	3.74	4.59	5.43	6.23	7.00	7.74	8.46
14	0.99	1.94	2.86	3.74	4.60	5.43	6.23	7.00	7.75	8.47
15	0.99	1.94	2.85	3.74	4.60	5.43	6.22	7.00	7.75	8.47
16	0.98	1.93	2.85	3.74	4.60	5.42	6.22	7.00	7.74	8.46
17	0.98	1.94	2.86	3.74	4.60	5.42	6.23	7.00	7.74	8.46
18	0.99	1.94	2.86	3.74	4.60	5.43	6.23	7.00	7.74	8.46
19	0.99	1.94	2.85	3.74	4.60	5.43	6.22	6.99	7.74	8.46
20	0.98	1.93	2.85	3.74	4.60	5.42	6.22	6.99	7.74	8.45
21	0.98	1.93	2.85	3.74	4.59	5.42	6.22	6.99	7.73	8.46
22	0.99	1.94	2.86	3.74	4.60	5.43	6.23	6.99	7.74	8.46
23	0.99	1.94	2.85	3.74	4.60	5.43	6.22	7.00	7.74	8.46
24	0.98	1.93	2.85	3.74	4.59	5.42	6.22	6.99	7.74	8.46
25	0.98	1.93	2.85	3.74	4.59	5.42	6.22	6.99	7.74	8.46
26	0.98	1.94	2.86	3.74	4.60	5.42	6.23	7.00	7.74	8.46
27	0.99	1.94	2.85	3.74	4.59	5.43	6.23	7.00	7.74	8.46
28	0.98	1.93	2.85	3.73	4.60	5.42	6.22	6.99	7.74	8.46
29	0.98	1.94	2.85	3.74	4.60	5.42	6.22	7.00	7.74	8.46
30	0.99	1.94	2.86	3.75	4.60	5.43	6.23	7.00	7.75	8.46
31	0.98	1.93	2.85	3.74	4.59	5.42	6.22	6.99	7.74	8.46
32	0.99	1.94	2.86	3.74	4.60	5.43	6.23	7.00	7.74	8.46
33	0.98	1.93	2.85	3.74	4.60	5.42	6.22	6.99	7.74	8.45
34	0.98	1.93	2.85	3.74	4.60	5.42	6.22	6.99	7.73	8.45
35	0.98	1.94	2.86	3.74	4.60	5.42	6.22	6.99	7.74	8.46
36	0.99	1.94	2.86	3.74	4.60	5.42	6.22	6.99	7.74	8.45
37	0.98	1.94	2.85	3.74	4.59	5.42	6.21	6.99	7.73	8.45
38	0.99	1.93	2.85	3.74	4.59	5.42	6.22	6.98	7.73	8.45
39	0.98	1.93	2.85	3.73	4.59	5.42	6.21	6.98	7.73	8.44
40	0.98	1.94	2.85	3.74	4.59	5.42	6.21	6.99	7.73	8.44
41	0.99	1.93	2.85	3.74	4.59	5.42	6.22	6.98	7.72	8.44
42	0.98	1.93	2.85	3.73	4.59	5.42	6.21	6.98	7.72	8.43
43	0.98	1.94	2.85	3.74	4.60	5.42	6.21	6.98	7.72	8.43
44	0.99	1.93	2.85	3.74	4.59	5.42	6.21	6.97	7.71	8.42
45	0.98	1.93	2.85	3.73	4.59	5.41	6.20	6.97	7.70	8.41
46	0.98	1.94	2.85	3.74	4.59	5.41	6.20	6.96	7.70	8.41
47	0.99	1.93	2.85	3.74	4.58	5.40	6.20	6.96	7.70	8.41
48	0.98	1.93	2.85	3.73	4.58	5.40	6.19	6.95	7.69	8.39
49	0.98	1.94	2.85	3.73	4.58	5.40	6.19	6.95	7.68	8.39

Exemples ㊾, ㊹

34 Tafel Seite 2 — 3½% — MORTALITÄT

Temporäre Leibrente – Frauen

Alter heute	zahlbar längstens während ... Jahren									
	1	2	3	4	5	6	7	8	9	10
50	0.99	1.93	2.84	3.73	4.58	5.40	6.19	6.94	7.68	8.39
51	0.98	1.93	2.84	3.72	4.57	5.39	6.18	6.94	7.67	8.38
52	0.98	1.93	2.84	3.73	4.58	5.39	6.18	6.94	7.67	8.37
53	0.98	1.93	2.85	3.73	4.57	5.40	6.18	6.94	7.67	8.37
54	0.98	1.93	2.85	3.72	4.58	5.39	6.18	6.93	7.66	8.36
55	0.98	1.94	2.84	3.73	4.57	5.39	6.17	6.93	7.65	8.35
56	0.99	1.93	2.85	3.72	4.57	5.38	6.17	6.92	7.64	8.34
57	0.98	1.93	2.84	3.72	4.56	5.38	6.16	6.91	7.63	8.32
58	0.99	1.93	2.84	3.72	4.57	5.38	6.16	6.90	7.62	8.31
59	0.98	1.93	2.84	3.71	4.56	5.37	6.14	6.89	7.61	8.30
60	0.98	1.93	2.84	3.71	4.56	5.36	6.14	6.88	7.60	8.29
61	0.98	1.93	2.84	3.71	4.55	5.36	6.13	6.87	7.59	8.27
62	0.98	1.93	2.84	3.71	4.54	5.35	6.12	6.87	7.57	8.25
63	0.98	1.93	2.83	3.70	4.54	5.34	6.12	6.85	7.56	8.23
64	0.98	1.92	2.83	3.70	4.54	5.34	6.10	6.84	7.53	8.20
65	0.98	1.92	2.83	3.70	4.53	5.33	6.10	6.82	7.51	8.17
66	0.98	1.92	2.83	3.70	4.53	5.32	6.08	6.80	7.49	8.14
67	0.98	1.93	2.83	3.69	4.52	5.31	6.06	6.77	7.46	8.10
68	0.98	1.93	2.83	3.69	4.51	5.29	6.04	6.75	7.42	8.05
69	0.99	1.92	2.82	3.68	4.49	5.27	6.01	6.71	7.37	7.99
70	0.98	1.92	2.81	3.66	4.47	5.25	5.98	6.66	7.31	7.92
71	0.98	1.91	2.80	3.65	4.46	5.22	5.94	6.62	7.25	7.85
72	0.97	1.90	2.79	3.64	4.44	5.19	5.90	6.56	7.18	7.75
73	0.98	1.91	2.80	3.63	4.42	5.16	5.86	6.51	7.10	7.66
74	0.98	1.91	2.79	3.61	4.40	5.13	5.81	6.43	7.02	7.54
75	0.98	1.91	2.78	3.60	4.37	5.08	5.74	6.36	6.91	7.42
76	0.97	1.89	2.76	3.57	4.32	5.02	5.67	6.25	6.79	7.27
77	0.97	1.89	2.75	3.54	4.28	4.96	5.58	6.15	6.65	7.10
78	0.97	1.89	2.73	3.51	4.24	4.90	5.50	6.04	6.51	6.93
79	0.97	1.88	2.71	3.48	4.18	4.82	5.40	5.90	6.35	6.74
80	0.97	1.86	2.69	3.44	4.12	4.74	5.28	5.76	6.18	6.54
81	0.96	1.85	2.66	3.40	4.06	4.64	5.16	5.61	6.00	6.32
82	0.97	1.85	2.64	3.36	3.99	4.55	5.04	5.46	5.81	6.10
83	0.96	1.83	2.61	3.30	3.91	4.45	4.90	5.29	5.60	5.86
84	0.96	1.82	2.58	3.25	3.83	4.33	4.76	5.11	5.39	5.61
85	0.95	1.80	2.54	3.19	3.74	4.21	4.60	4.91	5.16	5.35
86	0.94	1.77	2.50	3.12	3.65	4.08	4.43	4.71	4.92	5.08
87	0.94	1.76	2.46	3.06	3.55	3.94	4.26	4.50	4.68	4.81
88	0.94	1.74	2.42	2.98	3.43	3.79	4.07	4.28	4.43	4.53
89	0.93	1.72	2.37	2.89	3.31	3.63	3.87	4.04	4.16	4.24
90	0.93	1.69	2.31	2.80	3.18	3.46	3.67	3.81	3.90	3.96
91	0.92	1.66	2.25	2.70	3.04	3.28	3.45	3.57	3.64	3.68
92	0.90	1.63	2.18	2.60	2.90	3.10	3.24	3.33	3.38	3.41
93	0.90	1.59	2.11	2.49	2.75	2.92	3.03	3.10	3.13	3.15
94	0.89	1.56	2.04	2.37	2.59	2.73	2.82	2.86	2.89	2.90
95	0.88	1.52	1.96	2.25	2.43	2.55	2.61	2.64	2.66	2.67
96	0.87	1.46	1.87	2.12	2.27	2.36	2.40	2.42	2.43	2.44
97	0.85	1.42	1.78	1.99	2.11	2.18	2.21	2.22	2.23	2.23
98	0.84	1.37	1.69	1.87	1.96	2.01	2.03	2.04	2.04	2.04
99	0.82	1.31	1.59	1.74	1.81	1.84	1.85	1.86	1.86	1.86

Beispiele (52), (63)

MORTALITÉ 3½% Table 34 page 3

Rente temporaire sur la vie d'une femme

Age actuel	payable au plus pendant ... ans									
	11	12	13	14	15	16	17	18	19	20
0	9.15	9.82	10.47	11.09	11.70	12.28	12.85	13.39	13.92	14.43
1	9.17	9.84	10.49	11.12	11.73	12.31	12.88	13.43	13.96	14.47
2	9.17	9.84	10.49	11.12	11.73	12.31	12.88	13.43	13.96	14.47
3	9.16	9.84	10.49	11.12	11.72	12.31	12.88	13.42	13.95	14.46
4	9.17	9.84	10.49	11.12	11.73	12.32	12.88	13.43	13.96	14.47
5	9.17	9.84	10.49	11.12	11.73	12.32	12.88	13.43	13.96	14.47
6	9.17	9.84	10.50	11.13	11.73	12.31	12.88	13.43	13.96	14.46
7	9.16	9.84	10.49	11.12	11.72	12.31	12.88	13.42	13.95	14.46
8	9.16	9.84	10.49	11.11	11.72	12.31	12.87	13.42	13.94	14.45
9	9.16	9.84	10.48	11.11	11.72	12.31	12.87	13.41	13.94	14.45
10	9.17	9.84	10.49	11.12	11.72	12.30	12.87	13.42	13.94	14.45
11	9.16	9.83	10.48	11.11	11.71	12.30	12.87	13.41	13.93	14.45
12	9.16	9.83	10.48	11.11	11.71	12.30	12.86	13.40	13.94	14.44
13	9.16	9.83	10.48	11.11	11.71	12.30	12.86	13.41	13.93	14.44
14	9.17	9.83	10.48	11.11	11.71	12.30	12.86	13.41	13.94	14.44
15	9.16	9.83	10.48	11.10	11.71	12.29	12.85	13.40	13.93	14.44
16	9.15	9.83	10.48	11.10	11.71	12.29	12.86	13.40	13.92	14.43
17	9.16	9.83	10.47	11.10	11.70	12.29	12.86	13.40	13.92	14.44
18	9.16	9.83	10.48	11.10	11.71	12.29	12.86	13.40	13.93	14.44
19	9.15	9.83	10.47	11.10	11.70	12.29	12.85	13.40	13.92	14.43
20	9.15	9.82	10.47	11.10	11.70	12.28	12.85	13.40	13.92	14.43
21	9.15	9.82	10.47	11.10	11.70	12.29	12.85	13.40	13.92	14.43
22	9.16	9.83	10.48	11.10	11.71	12.29	12.86	13.40	13.93	14.44
23	9.16	9.83	10.48	11.11	11.71	12.30	12.86	13.40	13.93	14.44
24	9.15	9.82	10.47	11.10	11.71	12.29	12.85	13.40	13.92	14.43
25	9.15	9.83	10.47	11.10	11.70	12.29	12.85	13.40	13.92	14.43
26	9.16	9.83	10.48	11.10	11.71	12.29	12.86	13.40	13.93	14.43
27	9.16	9.83	10.48	11.10	11.71	12.29	12.86	13.40	13.92	14.43
28	9.16	9.82	10.47	11.10	11.70	12.29	12.85	13.39	13.92	14.43
29	9.15	9.82	10.47	11.10	11.70	12.29	12.85	13.39	13.92	14.42
30	9.16	9.83	10.48	11.10	11.71	12.29	12.85	13.40	13.92	14.42
31	9.15	9.82	10.47	11.09	11.70	12.28	12.84	13.38	13.91	14.41
32	9.16	9.83	10.48	11.10	11.70	12.29	12.85	13.39	13.91	14.41
33	9.15	9.82	10.46	11.09	11.69	12.27	12.83	13.38	13.89	14.40
34	9.15	9.81	10.46	11.09	11.69	12.27	12.83	13.37	13.89	14.39
35	9.15	9.82	10.46	11.09	11.69	12.27	12.82	13.36	13.88	14.38
36	9.15	9.82	10.46	11.08	11.68	12.26	12.82	13.35	13.87	14.37
37	9.14	9.81	10.45	11.07	11.67	12.25	12.80	13.34	13.86	14.36
38	9.14	9.80	10.45	11.07	11.66	12.24	12.80	13.33	13.85	14.35
39	9.13	9.80	10.44	11.06	11.65	12.23	12.79	13.32	13.84	14.33
40	9.13	9.80	10.44	11.05	11.65	12.23	12.78	13.31	13.83	14.32
41	9.13	9.79	10.43	11.05	11.64	12.22	12.77	13.30	13.82	14.31
42	9.12	9.78	10.42	11.04	11.63	12.20	12.76	13.29	13.80	14.29
43	9.11	9.78	10.42	11.03	11.62	12.20	12.75	13.28	13.79	14.28
44	9.11	9.77	10.41	11.02	11.62	12.19	12.73	13.26	13.77	14.26
45	9.10	9.76	10.40	11.01	11.60	12.17	12.71	13.24	13.75	14.23
46	9.10	9.75	10.39	11.00	11.59	12.16	12.70	13.23	13.73	14.21
47	9.09	9.75	10.38	10.99	11.58	12.14	12.69	13.21	13.71	14.19
48	9.08	9.73	10.37	10.97	11.56	12.12	12.66	13.18	13.68	14.16
49	9.07	9.73	10.36	10.97	11.55	12.11	12.65	13.16	13.66	14.14

Exemples ㊾, ㊿

34 Tafel Seite 4 — 3½% — MORTALITÄT

Temporäre Leibrente – Frauen

Alter heute	zahlbar längstens während ... Jahren									
	11	12	13	14	15	16	17	18	19	20
50	9.06	9.72	10.35	10.95	11.53	12.09	12.63	13.14	13.64	14.11
51	9.05	9.71	10.33	10.94	11.51	12.07	12.60	13.12	13.61	14.08
52	9.05	9.70	10.33	10.92	11.50	12.05	12.59	13.10	13.58	14.05
53	9.04	9.69	10.31	10.91	11.48	12.04	12.57	13.07	13.56	14.02
54	9.03	9.68	10.30	10.89	11.47	12.02	12.54	13.04	13.52	13.98
55	9.02	9.66	10.28	10.87	11.45	11.99	12.51	13.00	13.48	13.93
56	9.00	9.64	10.26	10.85	11.42	11.96	12.47	12.96	13.43	13.88
57	8.99	9.63	10.24	10.83	11.39	11.92	12.43	12.92	13.38	13.82
58	8.98	9.62	10.22	10.81	11.36	11.89	12.39	12.87	13.33	13.75
59	8.96	9.59	10.20	10.77	11.32	11.84	12.34	12.81	13.25	13.67
60	8.94	9.57	10.17	10.74	11.28	11.80	12.29	12.75	13.18	13.59
61	8.93	9.54	10.14	10.70	11.24	11.75	12.22	12.68	13.10	13.49
62	8.90	9.51	10.10	10.66	11.19	11.68	12.15	12.59	13.00	13.38
63	8.87	9.48	10.06	10.61	11.13	11.61	12.07	12.50	12.89	13.25
64	8.84	9.44	10.01	10.55	11.06	11.53	11.97	12.38	12.76	13.10
65	8.80	9.40	9.95	10.48	10.98	11.44	11.86	12.25	12.61	12.94
66	8.76	9.34	9.89	10.41	10.88	11.32	11.73	12.11	12.44	12.75
67	8.71	9.28	9.81	10.31	10.77	11.20	11.59	11.94	12.25	12.53
68	8.65	9.20	9.72	10.20	10.65	11.05	11.42	11.75	12.04	12.30
69	8.57	9.12	9.61	10.08	10.50	10.88	11.22	11.53	11.80	12.03
70	8.49	9.01	9.49	9.93	10.33	10.69	11.00	11.29	11.53	11.74
71	8.39	8.89	9.35	9.77	10.15	10.48	10.77	11.03	11.24	11.43
72	8.28	8.76	9.19	9.59	9.93	10.24	10.51	10.74	10.93	11.09
73	8.16	8.62	9.03	9.40	9.72	10.00	10.24	10.44	10.61	10.74
74	8.02	8.46	8.84	9.18	9.47	9.72	9.93	10.11	10.25	10.37
75	7.87	8.27	8.63	8.94	9.20	9.43	9.61	9.76	9.88	9.97
76	7.69	8.06	8.39	8.67	8.91	9.10	9.26	9.38	9.48	9.55
77	7.50	7.85	8.14	8.39	8.60	8.76	8.90	9.00	9.07	9.13
78	7.30	7.61	7.88	8.10	8.27	8.42	8.52	8.60	8.66	8.70
79	7.08	7.36	7.59	7.78	7.93	8.05	8.13	8.20	8.24	8.27
80	6.84	7.09	7.29	7.46	7.58	7.67	7.74	7.78	7.82	7.84
81	6.59	6.81	6.98	7.12	7.22	7.29	7.34	7.37	7.39	7.41
82	6.34	6.53	6.67	6.78	6.86	6.91	6.95	6.97	6.98	6.99
83	6.06	6.22	6.34	6.43	6.48	6.52	6.55	6.56	6.57	6.58
84	5.79	5.92	6.01	6.07	6.12	6.15	6.16	6.17	6.18	6.18
85	5.50	5.60	5.67	5.72	5.75	5.77	5.78	5.79	5.79	5.79
86	5.20	5.28	5.33	5.37	5.39	5.40	5.40	5.41	5.41	5.41
87	4.90	4.96	5.00	5.02	5.04	5.04	5.05	5.05	5.05	5.05
88	4.60	4.64	4.67	4.69	4.69	4.70	4.70	4.70	4.70	4.70
89	4.30	4.33	4.34	4.35	4.36	4.36	4.36	4.36	4.36	4.36
90	4.00	4.02	4.03	4.04	4.04	4.04	4.04	4.04	4.04	4.04
91	3.71	3.72	3.73	3.73	3.73	3.73	3.73	3.73	3.73	3.73
92	3.43	3.43	3.44	3.44	3.44	3.44	3.44	3.44	3.44	3.44
93	3.16	3.17	3.17	3.17	3.17	3.17	3.17	3.17	3.17	3.17
94	2.91	2.91	2.91	2.91	2.91	2.91	2.91	2.91	2.91	2.91
95	2.67	2.67	2.67	2.67	2.67	2.67	2.67	2.67	2.67	2.67
96	2.44	2.44	2.44	2.44	2.44	2.44	2.44	2.44	2.44	2.44
97	2.23	2.23	2.23	2.23	2.23	2.23	2.23	2.23	2.23	2.23
98	2.04	2.04	2.04	2.04	2.04	2.04	2.04	2.04	2.04	2.04
99	1.86	1.86	1.86	1.86	1.86	1.86	1.86	1.86	1.86	1.86

Beispiele (52), (63)

MORTALITÉ 3½% Table 34 page 5

Rente temporaire sur la vie d'une femme

| Age actuel | \multicolumn{10}{c}{payable au plus pendant ... ans} |
	21	22	23	24	25	26	27	28	29	30
0	14.93	15.40	15.86	16.30	16.73	17.14	17.54	17.93	18.30	18.66
1	14.96	15.43	15.90	16.34	16.77	17.18	17.58	17.97	18.34	18.70
2	14.96	15.44	15.90	16.34	16.77	17.18	17.58	17.97	18.34	18.70
3	14.96	15.43	15.89	16.33	16.76	17.18	17.57	17.96	18.33	18.70
4	14.96	15.43	15.89	16.34	16.77	17.18	17.58	17.96	18.34	18.70
5	14.96	15.43	15.89	16.34	16.76	17.18	17.58	17.96	18.34	18.70
6	14.96	15.43	15.89	16.33	16.77	17.18	17.58	17.96	18.34	18.70
7	14.95	15.43	15.88	16.33	16.75	17.17	17.57	17.95	18.33	18.69
8	14.95	15.42	15.88	16.32	16.75	17.17	17.56	17.95	18.32	18.68
9	14.94	15.42	15.87	16.32	16.75	17.16	17.56	17.95	18.32	18.68
10	14.95	15.42	15.88	16.32	16.75	17.16	17.56	17.95	18.32	18.68
11	14.94	15.41	15.87	16.31	16.74	17.16	17.55	17.94	18.31	18.67
12	14.93	15.41	15.87	16.31	16.74	17.15	17.55	17.93	18.31	18.67
13	14.93	15.41	15.86	16.31	16.74	17.15	17.55	17.93	18.31	18.66
14	14.93	15.41	15.87	16.31	16.74	17.15	17.55	17.93	18.30	18.66
15	14.93	15.40	15.86	16.31	16.73	17.14	17.54	17.93	18.30	18.66
16	14.93	15.40	15.86	16.30	16.73	17.14	17.54	17.92	18.29	18.65
17	14.93	15.40	15.86	16.30	16.73	17.14	17.54	17.92	18.29	18.65
18	14.93	15.40	15.86	16.30	16.73	17.14	17.54	17.92	18.29	18.65
19	14.92	15.40	15.85	16.30	16.72	17.13	17.53	17.92	18.29	18.64
20	14.92	15.40	15.85	16.29	16.72	17.13	17.53	17.91	18.28	18.64
21	14.92	15.40	15.85	16.30	16.72	17.13	17.53	17.91	18.28	18.64
22	14.93	15.40	15.86	16.30	16.73	17.14	17.53	17.92	18.29	18.64
23	14.93	15.40	15.86	16.30	16.73	17.14	17.53	17.92	18.28	18.64
24	14.92	15.39	15.85	16.29	16.72	17.13	17.52	17.90	18.27	18.63
25	14.92	15.39	15.85	16.29	16.72	17.13	17.52	17.90	18.27	18.62
26	14.92	15.40	15.85	16.29	16.72	17.12	17.52	17.90	18.26	18.62
27	14.92	15.39	15.85	16.29	16.71	17.12	17.51	17.89	18.26	18.61
28	14.91	15.39	15.84	16.28	16.70	17.11	17.50	17.88	18.24	18.59
29	14.91	15.38	15.83	16.27	16.69	17.10	17.49	17.87	18.23	18.59
30	14.91	15.38	15.83	16.27	16.69	17.10	17.49	17.86	18.23	18.58
31	14.90	15.36	15.82	16.25	16.67	17.08	17.47	17.85	18.21	18.55
32	14.90	15.36	15.82	16.25	16.67	17.07	17.46	17.84	18.20	18.55
33	14.88	15.35	15.80	16.23	16.65	17.06	17.44	17.82	18.17	18.52
34	14.87	15.34	15.79	16.22	16.64	17.04	17.42	17.80	18.16	18.50
35	14.87	15.33	15.78	16.21	16.63	17.03	17.41	17.78	18.14	18.48
36	14.86	15.32	15.77	16.20	16.61	17.01	17.39	17.76	18.12	18.46
37	14.84	15.30	15.75	16.18	16.59	16.99	17.37	17.74	18.09	18.43
38	14.83	15.29	15.73	16.16	16.57	16.97	17.35	17.71	18.06	18.40
39	14.81	15.27	15.71	16.14	16.55	16.94	17.32	17.68	18.03	18.37
40	14.80	15.26	15.70	16.12	16.53	16.92	17.30	17.66	18.01	18.34
41	14.78	15.24	15.68	16.10	16.51	16.90	17.27	17.63	17.98	18.30
42	14.76	15.22	15.66	16.08	16.48	16.87	17.24	17.60	17.94	18.26
43	14.75	15.20	15.63	16.05	16.45	16.84	17.21	17.56	17.90	18.22
44	14.73	15.18	15.61	16.02	16.42	16.81	17.17	17.53	17.86	18.18
45	14.70	15.15	15.58	15.99	16.39	16.77	17.13	17.48	17.81	18.12
46	14.68	15.12	15.55	15.97	16.36	16.73	17.09	17.43	17.76	18.07
47	14.65	15.10	15.52	15.93	16.32	16.69	17.04	17.38	17.70	18.01
48	14.62	15.06	15.49	15.89	16.27	16.64	16.99	17.32	17.64	17.93
49	14.60	15.03	15.45	15.85	16.23	16.59	16.94	17.27	17.57	17.86

Exemples (52), (63)

34 Tafel Seite 6 — 3½% — MORTALITÄT

Temporäre Leibrente – Frauen

Alter heute	zahlbar längstens während ... Jahren									
	21	22	23	24	25	26	27	28	29	30
50	14.57	15.00	15.41	15.81	16.18	16.54	16.88	17.20	17.50	17.78
51	14.53	14.96	15.37	15.76	16.13	16.48	16.81	17.12	17.41	17.68
52	14.49	14.92	15.32	15.71	16.07	16.41	16.74	17.04	17.32	17.58
53	14.46	14.87	15.27	15.65	16.00	16.34	16.65	16.94	17.21	17.46
54	14.41	14.82	15.21	15.58	15.93	16.25	16.56	16.83	17.09	17.33
55	14.36	14.76	15.14	15.51	15.84	16.16	16.44	16.71	16.96	17.18
56	14.30	14.69	15.07	15.42	15.74	16.04	16.32	16.57	16.80	17.01
57	14.23	14.61	14.98	15.31	15.63	15.91	16.18	16.42	16.63	16.82
58	14.16	14.53	14.88	15.21	15.51	15.78	16.03	16.25	16.45	16.62
59	14.06	14.43	14.76	15.07	15.36	15.61	15.85	16.05	16.23	16.39
60	13.97	14.31	14.64	14.93	15.20	15.44	15.65	15.84	16.00	16.14
61	13.85	14.19	14.50	14.77	15.02	15.24	15.44	15.61	15.75	15.88
62	13.73	14.04	14.33	14.59	14.82	15.02	15.20	15.35	15.48	15.59
63	13.58	13.88	14.15	14.39	14.60	14.78	14.94	15.07	15.18	15.27
64	13.41	13.70	13.94	14.16	14.35	14.52	14.66	14.77	14.86	14.94
65	13.23	13.49	13.71	13.91	14.08	14.23	14.35	14.44	14.52	14.58
66	13.02	13.25	13.46	13.64	13.79	13.91	14.01	14.09	14.15	14.20
67	12.78	13.00	13.18	13.34	13.46	13.57	13.65	13.72	13.76	13.80
68	12.52	12.71	12.87	13.01	13.12	13.20	13.27	13.32	13.35	13.38
69	12.23	12.40	12.54	12.65	12.74	12.81	12.86	12.90	12.93	12.95
70	11.92	12.06	12.18	12.27	12.35	12.40	12.44	12.47	12.48	12.50
71	11.58	11.70	11.80	11.88	11.94	11.98	12.00	12.02	12.03	12.04
72	11.22	11.32	11.40	11.46	11.50	11.53	11.55	11.56	11.57	11.58
73	10.85	10.93	10.99	11.04	11.07	11.09	11.10	11.11	11.12	11.12
74	10.45	10.52	10.56	10.60	10.62	10.63	10.64	10.65	10.65	10.65
75	10.04	10.09	10.12	10.15	10.16	10.17	10.18	10.18	10.18	10.18
76	9.61	9.64	9.67	9.68	9.69	9.70	9.70	9.70	9.70	9.70
77	9.17	9.19	9.21	9.22	9.22	9.23	9.23	9.23	9.23	9.23
78	8.73	8.75	8.76	8.76	8.77	8.77	8.77	8.77	8.77	8.77
79	8.29	8.30	8.30	8.31	8.31	8.31	8.31	8.31	8.31	8.31
80	7.85	7.85	7.86	7.86	7.86	7.86	7.86	7.86	7.86	7.86
81	7.41	7.42	7.42	7.42	7.42	7.42	7.42	7.42	7.42	7.42
82	7.00	7.00	7.00	7.00	7.00	7.00	7.00	7.00	7.00	7.00
83	6.58	6.58	6.58	6.58	6.58	6.58	6.58	6.58	6.58	6.58
84	6.18	6.18	6.18	6.18	6.18	6.18	6.18	6.18	6.18	6.18
85	5.79	5.79	5.79	5.79	5.79	5.79	5.79	5.79	5.79	5.79
86	5.41	5.41	5.41	5.41	5.41	5.41	5.41	5.41	5.41	5.41
87	5.05	5.05	5.05	5.05	5.05	5.05	5.05	5.05	5.05	5.05
88	4.70	4.70	4.70	4.70	4.70	4.70	4.70	4.70	4.70	4.70
89	4.36	4.36	4.36	4.36	4.36	4.36	4.36	4.36	4.36	4.36
90	4.04	4.04	4.04	4.04	4.04	4.04	4.04	4.04	4.04	4.04
91	3.73	3.73	3.73	3.73	3.73	3.73	3.73	3.73	3.73	3.73
92	3.44	3.44	3.44	3.44	3.44	3.44	3.44	3.44	3.44	3.44
93	3.17	3.17	3.17	3.17	3.17	3.17	3.17	3.17	3.17	3.17
94	2.91	2.91	2.91	2.91	2.91	2.91	2.91	2.91	2.91	2.91
95	2.67	2.67	2.67	2.67	2.67	2.67	2.67	2.67	2.67	2.67
96	2.44	2.44	2.44	2.44	2.44	2.44	2.44	2.44	2.44	2.44
97	2.23	2.23	2.23	2.23	2.23	2.23	2.23	2.23	2.23	2.23
98	2.04	2.04	2.04	2.04	2.04	2.04	2.04	2.04	2.04	2.04
99	1.86	1.86	1.86	1.86	1.86	1.86	1.86	1.86	1.86	1.86

Beispiele (52), (63)

MORTALITÉ 3½% Table 34 page 7

Rente temporaire sur la vie d'une femme

Âge actuel	\multicolumn{10}{c}{payable jusqu'à l'âge de ...}
	53	54	55	56	57	58	59	60	61	62
0	24.25	24.40	24.55	24.69	24.83	24.97	25.09	25.22	25.34	25.45
1	24.14	24.30	24.45	24.60	24.74	24.88	25.01	25.14	25.27	25.38
2	23.97	24.13	24.29	24.45	24.60	24.74	24.88	25.01	25.14	25.26
3	23.79	23.96	24.12	24.28	24.44	24.58	24.73	24.86	24.99	25.12
4	23.61	23.79	23.96	24.12	24.28	24.43	24.58	24.72	24.86	24.99
5	23.42	23.60	23.78	23.95	24.12	24.27	24.43	24.57	24.71	24.85
6	23.22	23.41	23.60	23.77	23.94	24.11	24.27	24.42	24.56	24.71
7	23.01	23.21	23.40	23.58	23.76	23.93	24.09	24.25	24.40	24.55
8	22.80	23.00	23.20	23.39	23.57	23.75	23.92	24.08	24.24	24.39
9	22.58	22.79	23.00	23.19	23.38	23.56	23.74	23.91	24.07	24.23
10	22.36	22.58	22.79	22.99	23.19	23.37	23.56	23.73	23.90	24.06
11	22.12	22.35	22.57	22.78	22.98	23.17	23.36	23.54	23.72	23.88
12	21.88	22.11	22.34	22.56	22.77	22.97	23.16	23.35	23.53	23.70
13	21.63	21.87	22.11	22.33	22.55	22.76	22.96	23.15	23.34	23.52
14	21.38	21.63	21.87	22.10	22.33	22.54	22.75	22.95	23.14	23.33
15	21.11	21.36	21.61	21.86	22.09	22.31	22.53	22.73	22.93	23.13
16	20.83	21.10	21.36	21.61	21.85	22.08	22.30	22.52	22.72	22.92
17	20.55	20.82	21.09	21.35	21.60	21.84	22.07	22.29	22.51	22.71
18	20.26	20.54	20.82	21.09	21.35	21.59	21.83	22.06	22.28	22.50
19	19.95	20.25	20.53	20.81	21.08	21.33	21.58	21.82	22.05	22.27
20	19.63	19.94	20.24	20.53	20.80	21.07	21.33	21.57	21.81	22.04
21	19.31	19.63	19.94	20.24	20.52	20.80	21.06	21.32	21.57	21.80
22	18.98	19.31	19.63	19.94	20.24	20.52	20.80	21.06	21.32	21.56
23	18.64	18.98	19.31	19.63	19.94	20.23	20.52	20.79	21.05	21.31
24	18.27	18.63	18.97	19.30	19.62	19.92	20.22	20.50	20.77	21.04
25	17.90	18.27	18.62	18.96	19.29	19.61	19.91	20.21	20.49	20.76
26	17.52	17.90	18.26	18.62	18.96	19.29	19.60	19.91	20.20	20.48
27	17.12	17.51	17.89	18.26	18.61	18.95	19.28	19.59	19.89	20.19
28	16.70	17.11	17.50	17.88	18.24	18.59	18.93	19.26	19.57	19.88
29	16.27	16.69	17.10	17.49	17.87	18.23	18.59	18.92	19.25	19.56
30	15.83	16.27	16.69	17.10	17.49	17.86	18.23	18.58	18.91	19.24
31	15.36	15.82	16.25	16.67	17.08	17.47	17.85	18.21	18.55	18.89
32	14.90	15.36	15.82	16.25	16.67	17.07	17.46	17.84	18.20	18.55
33	14.40	14.88	15.35	15.80	16.23	16.65	17.06	17.44	17.82	18.17
34	13.89	14.39	14.87	15.34	15.79	16.22	16.64	17.04	17.42	17.80
35	13.36	13.88	14.38	14.87	15.33	15.78	16.21	16.63	17.03	17.41
36	12.82	13.35	13.87	14.37	14.86	15.32	15.77	16.20	16.61	17.01
37	12.25	12.80	13.34	13.86	14.36	14.84	15.30	15.75	16.18	16.59
38	11.66	12.24	12.80	13.33	13.85	14.35	14.83	15.29	15.73	16.16
39	11.06	11.65	12.23	12.79	13.32	13.84	14.33	14.81	15.27	15.71
40	10.44	11.05	11.65	12.23	12.78	13.31	13.83	14.32	14.80	15.26
41	9.79	10.43	11.05	11.64	12.22	12.77	13.30	13.82	14.31	14.78
42	9.12	9.78	10.42	11.04	11.63	12.20	12.76	13.29	13.80	14.29
43	8.43	9.11	9.78	10.42	11.03	11.62	12.20	12.75	13.28	13.79
44	7.71	8.42	9.11	9.77	10.41	11.02	11.62	12.19	12.73	13.26
45	6.97	7.70	8.41	9.10	9.76	10.40	11.01	11.60	12.17	12.71
46	6.20	6.96	7.70	8.41	9.10	9.75	10.39	11.00	11.59	12.16
47	5.40	6.20	6.96	7.70	8.41	9.09	9.75	10.38	10.99	11.58
48	4.58	5.40	6.19	6.95	7.69	8.39	9.08	9.73	10.37	10.97
49	3.73	4.58	5.40	6.19	6.95	7.68	8.39	9.07	9.73	10.36

Exemples ㊷, ㊺

34 Tafel Seite 8 — 3½% — MORTALITÄT

Temporäre Leibrente – Frauen

Alter heute	zahlbar bis zum Alter ...									
	53	54	55	56	57	58	59	60	61	62
50	2.84	3.73	4.58	5.40	6.19	6.94	7.68	8.39	9.06	9.72
51	1.93	2.84	3.72	4.57	5.39	6.18	6.94	7.67	8.38	9.05
52	0.98	1.93	2.84	3.73	4.58	5.39	6.18	6.94	7.67	8.37
53		0.98	1.93	2.85	3.73	4.57	5.40	6.18	6.94	7.67
54			0.98	1.93	2.85	3.72	4.58	5.39	6.18	6.93
55				0.98	1.94	2.84	3.73	4.57	5.39	6.17
56					0.99	1.93	2.85	3.72	4.57	5.38
57						0.98	1.93	2.84	3.72	4.56
58							0.99	1.93	2.84	3.72
59								0.98	1.93	2.84
60									0.98	1.93
61										0.98

Alter heute	zahlbar bis zum Alter ...									
	63	64	65	66	67	68	69	70	71	72
50	10.35	10.95	11.53	12.09	12.63	13.14	13.64	14.11	14.57	15.00
51	9.71	10.33	10.94	11.51	12.07	12.60	13.12	13.61	14.08	14.53
52	9.05	9.70	10.33	10.92	11.50	12.05	12.59	13.10	13.58	14.05
53	8.37	9.04	9.69	10.31	10.91	11.48	12.04	12.57	13.07	13.56
54	7.66	8.36	9.03	9.68	10.30	10.89	11.47	12.02	12.54	13.04
55	6.93	7.65	8.35	9.02	9.66	10.28	10.87	11.45	11.99	12.51
56	6.17	6.92	7.64	8.34	9.00	9.64	10.26	10.85	11.42	11.96
57	5.38	6.16	6.91	7.63	8.32	8.99	9.63	10.24	10.83	11.39
58	4.57	5.38	6.16	6.90	7.62	8.31	8.98	9.62	10.22	10.81
59	3.71	4.56	5.37	6.14	6.89	7.61	8.30	8.96	9.59	10.20
60	2.84	3.71	4.56	5.36	6.14	6.88	7.60	8.29	8.94	9.57
61	1.93	2.84	3.71	4.55	5.36	6.13	6.87	7.59	8.27	8.93
62	0.98	1.93	2.84	3.71	4.54	5.35	6.12	6.87	7.57	8.25
63		0.98	1.93	2.83	3.70	4.54	5.34	6.12	6.85	7.56
64			0.98	1.92	2.83	3.70	4.54	5.34	6.10	6.84
65				0.98	1.92	2.83	3.70	4.53	5.33	6.10
66					0.98	1.92	2.83	3.70	4.53	5.32
67						0.98	1.93	2.83	3.69	4.52
68							0.98	1.93	2.83	3.69
69								0.99	1.92	2.82
70									0.98	1.92
71										0.98

Beispiele (52), (63)

MORTALITÉ 3½% Table 34 page 9

Rente temporaire sur la vie d'une femme

Âge actuel	payable jusqu'à l'âge de ...									
	63	64	65	66	67	68	69	70	71	72
0	25.56	25.67	25.77	25.86	25.96	26.05	26.14	26.22	26.30	26.37
1	25.50	25.61	25.71	25.81	25.91	26.00	26.09	26.18	26.26	26.34
2	25.38	25.49	25.60	25.70	25.80	25.90	25.99	26.08	26.17	26.25
3	25.24	25.36	25.47	25.58	25.69	25.79	25.88	25.98	26.06	26.15
4	25.12	25.24	25.36	25.47	25.58	25.68	25.78	25.88	25.97	26.05
5	24.98	25.11	25.23	25.34	25.46	25.56	25.67	25.77	25.86	25.95
6	24.84	24.97	25.10	25.22	25.33	25.44	25.55	25.65	25.75	25.84
7	24.69	24.82	24.95	25.08	25.20	25.31	25.42	25.53	25.63	25.73
8	24.53	24.67	24.81	24.94	25.06	25.18	25.29	25.40	25.51	25.61
9	24.38	24.52	24.66	24.79	24.92	25.04	25.16	25.28	25.38	25.49
10	24.22	24.37	24.51	24.65	24.78	24.91	25.03	25.15	25.26	25.37
11	24.04	24.20	24.35	24.49	24.63	24.76	24.89	25.01	25.12	25.24
12	23.87	24.03	24.18	24.33	24.47	24.61	24.74	24.87	24.99	25.10
13	23.69	23.86	24.01	24.17	24.31	24.46	24.59	24.72	24.85	24.97
14	23.51	23.68	23.84	24.00	24.15	24.30	24.44	24.58	24.70	24.83
15	23.31	23.49	23.66	23.82	23.98	24.13	24.28	24.42	24.55	24.68
16	23.11	23.30	23.47	23.64	23.81	23.96	24.11	24.26	24.40	24.53
17	22.91	23.10	23.28	23.46	23.63	23.79	23.95	24.10	24.24	24.38
18	22.70	22.90	23.09	23.27	23.45	23.62	23.78	23.93	24.08	24.22
19	22.48	22.69	22.88	23.07	23.25	23.43	23.59	23.76	23.91	24.06
20	22.26	22.47	22.67	22.87	23.06	23.24	23.41	23.58	23.73	23.89
21	22.03	22.25	22.46	22.66	22.86	23.04	23.22	23.39	23.56	23.72
22	21.80	22.02	22.24	22.45	22.65	22.85	23.03	23.21	23.38	23.54
23	21.55	21.79	22.01	22.23	22.44	22.64	22.83	23.01	23.19	23.36
24	21.29	21.53	21.77	21.99	22.21	22.41	22.61	22.80	22.99	23.16
25	21.02	21.28	21.52	21.75	21.97	22.19	22.39	22.59	22.78	22.96
26	20.75	21.01	21.26	21.50	21.73	21.96	22.17	22.38	22.57	22.76
27	20.47	20.74	21.00	21.25	21.48	21.71	21.94	22.15	22.35	22.54
28	20.17	20.45	20.71	20.97	21.22	21.46	21.69	21.91	22.12	22.32
29	19.86	20.15	20.43	20.69	20.95	21.20	21.43	21.66	21.88	22.09
30	19.55	19.85	20.14	20.41	20.68	20.93	21.18	21.41	21.64	21.85
31	19.21	19.52	19.82	20.11	20.38	20.64	20.90	21.14	21.37	21.60
32	18.88	19.20	19.51	19.81	20.09	20.36	20.63	20.88	21.12	21.35
33	18.52	18.85	19.17	19.48	19.77	20.06	20.33	20.59	20.84	21.08
34	18.16	18.50	18.83	19.15	19.45	19.74	20.03	20.30	20.55	20.80
35	17.78	18.14	18.48	18.81	19.13	19.43	19.72	20.00	20.27	20.52
36	17.39	17.76	18.12	18.46	18.78	19.10	19.40	19.69	19.97	20.23
37	16.99	17.37	17.74	18.09	18.43	18.75	19.06	19.36	19.65	19.93
38	16.57	16.97	17.35	17.71	18.06	18.40	18.72	19.04	19.33	19.62
39	16.14	16.55	16.94	17.32	17.68	18.03	18.37	18.69	19.00	19.29
40	15.70	16.12	16.53	16.92	17.30	17.66	18.01	18.34	18.66	18.96
41	15.24	15.68	16.10	16.51	16.90	17.27	17.63	17.98	18.30	18.62
42	14.76	15.22	15.66	16.08	16.48	16.87	17.24	17.60	17.94	18.26
43	14.28	14.75	15.20	15.63	16.05	16.45	16.84	17.21	17.56	17.90
44	13.77	14.26	14.73	15.18	15.61	16.02	16.42	16.81	17.17	17.53
45	13.24	13.75	14.23	14.70	15.15	15.58	15.99	16.39	16.77	17.13
46	12.70	13.23	13.73	14.21	14.68	15.12	15.55	15.97	16.36	16.73
47	12.14	12.69	13.21	13.71	14.19	14.65	15.10	15.52	15.93	16.32
48	11.56	12.12	12.66	13.18	13.68	14.16	14.62	15.06	15.49	15.89
49	10.97	11.55	12.11	12.65	13.16	13.66	14.14	14.60	15.03	15.45

Exemples ⑤², ⑥³

34 Tafel Seite 10 — 3½% — MORTALITÄT

Temporäre Leibrente – Frauen

Alter heute	zahlbar bis zum Alter ...									
	73	74	75	76	77	78	79	80	81	82
0	26.45	26.51	26.58	26.64	26.70	26.76	26.81	26.86	26.90	26.95
1	26.42	26.49	26.56	26.62	26.68	26.74	26.79	26.85	26.89	26.94
2	26.33	26.40	26.47	26.54	26.60	26.66	26.72	26.77	26.82	26.87
3	26.23	26.30	26.38	26.45	26.51	26.57	26.63	26.69	26.74	26.79
4	26.14	26.22	26.29	26.36	26.43	26.50	26.56	26.61	26.67	26.71
5	26.04	26.12	26.20	26.27	26.34	26.41	26.47	26.53	26.58	26.63
6	25.93	26.02	26.10	26.18	26.25	26.32	26.38	26.44	26.50	26.55
7	25.82	25.91	25.99	26.07	26.15	26.22	26.28	26.35	26.40	26.46
8	25.70	25.79	25.88	25.96	26.04	26.12	26.18	26.25	26.31	26.37
9	25.59	25.68	25.77	25.86	25.94	26.01	26.09	26.15	26.22	26.27
10	25.47	25.57	25.66	25.75	25.83	25.91	25.99	26.05	26.12	26.18
11	25.34	25.44	25.54	25.63	25.72	25.80	25.87	25.95	26.01	26.07
12	25.21	25.31	25.41	25.51	25.60	25.68	25.76	25.84	25.91	25.97
13	25.08	25.19	25.29	25.39	25.48	25.57	25.65	25.73	25.80	25.87
14	24.95	25.06	25.16	25.27	25.36	25.45	25.54	25.62	25.69	25.76
15	24.80	24.92	25.03	25.13	25.23	25.32	25.41	25.50	25.57	25.64
16	24.65	24.77	24.89	25.00	25.10	25.20	25.29	25.37	25.45	25.53
17	24.51	24.63	24.75	24.86	24.97	25.07	25.16	25.25	25.33	25.41
18	24.36	24.48	24.61	24.72	24.83	24.94	25.04	25.13	25.21	25.29
19	24.19	24.33	24.45	24.58	24.69	24.80	24.90	24.99	25.08	25.16
20	24.03	24.17	24.30	24.43	24.54	24.65	24.76	24.86	24.95	25.03
21	23.86	24.01	24.14	24.27	24.40	24.51	24.62	24.72	24.82	24.90
22	23.70	23.84	23.99	24.12	24.25	24.37	24.48	24.58	24.68	24.77
23	23.52	23.67	23.82	23.96	24.09	24.21	24.33	24.44	24.54	24.63
24	23.33	23.48	23.63	23.78	23.92	24.04	24.16	24.28	24.38	24.48
25	23.13	23.30	23.45	23.60	23.74	23.87	24.00	24.12	24.23	24.33
26	22.94	23.11	23.27	23.42	23.57	23.70	23.83	23.95	24.07	24.17
27	22.73	22.90	23.07	23.23	23.38	23.52	23.66	23.78	23.90	24.01
28	22.51	22.69	22.86	23.03	23.18	23.33	23.47	23.60	23.72	23.83
29	22.28	22.47	22.65	22.82	22.98	23.14	23.28	23.41	23.54	23.65
30	22.06	22.25	22.44	22.62	22.78	22.94	23.09	23.23	23.36	23.48
31	21.81	22.01	22.20	22.39	22.56	22.72	22.88	23.02	23.16	23.28
32	21.57	21.78	21.98	22.17	22.35	22.51	22.67	22.82	22.96	23.09
33	21.30	21.52	21.73	21.92	22.11	22.28	22.45	22.60	22.75	22.88
34	21.04	21.26	21.47	21.68	21.87	22.05	22.22	22.38	22.53	22.67
35	20.77	21.00	21.22	21.43	21.63	21.82	21.99	22.16	22.31	22.46
36	20.48	20.72	20.95	21.17	21.38	21.57	21.75	21.93	22.08	22.23
37	20.19	20.43	20.67	20.90	21.11	21.31	21.50	21.68	21.84	22.00
38	19.88	20.14	20.39	20.62	20.84	21.05	21.25	21.43	21.60	21.76
39	19.57	19.84	20.09	20.34	20.56	20.78	20.98	21.17	21.35	21.51
40	19.25	19.53	19.79	20.04	20.28	20.50	20.71	20.91	21.09	21.26
41	18.92	19.21	19.48	19.74	19.99	20.22	20.43	20.64	20.83	21.00
42	18.57	18.87	19.15	19.42	19.68	19.92	20.14	20.35	20.55	20.73
43	18.22	18.53	18.82	19.10	19.37	19.61	19.85	20.07	20.27	20.46
44	17.86	18.18	18.48	18.77	19.04	19.30	19.54	19.77	19.98	20.17
45	17.48	17.81	18.12	18.42	18.70	18.97	19.22	19.45	19.67	19.87
46	17.09	17.43	17.76	18.07	18.36	18.64	18.90	19.14	19.37	19.58
47	16.69	17.04	17.38	17.70	18.01	18.29	18.56	18.81	19.05	19.26
48	16.27	16.64	16.99	17.32	17.64	17.93	18.21	18.47	18.72	18.94
49	15.85	16.23	16.59	16.94	17.27	17.57	17.86	18.13	18.38	18.62

Beispiele (52), (63)

MORTALITÉ 3½% Table 34 page 11

Rente temporaire sur la vie d'une femme

Age actuel	payable jusqu'à l'âge de ...									
	73	74	75	76	77	78	79	80	81	82
50	15.41	15.81	16.18	16.54	16.88	17.20	17.50	17.78	18.04	18.28
51	14.96	15.37	15.76	16.13	16.48	16.81	17.12	17.41	17.68	17.93
52	14.49	14.92	15.32	15.71	16.07	16.41	16.74	17.04	17.32	17.58
53	14.02	14.46	14.87	15.27	15.65	16.00	16.34	16.65	16.94	17.21
54	13.52	13.98	14.41	14.82	15.21	15.58	15.93	16.25	16.56	16.83
55	13.00	13.48	13.93	14.36	14.76	15.14	15.51	15.84	16.16	16.44
56	12.47	12.96	13.43	13.88	14.30	14.69	15.07	15.42	15.74	16.04
57	11.92	12.43	12.92	13.38	13.82	14.23	14.61	14.98	15.31	15.63
58	11.36	11.89	12.39	12.87	13.33	13.75	14.16	14.53	14.88	15.21
59	10.77	11.32	11.84	12.34	12.81	13.25	13.67	14.06	14.43	14.76
60	10.17	10.74	11.28	11.80	12.29	12.75	13.18	13.59	13.97	14.31
61	9.54	10.14	10.70	11.24	11.75	12.22	12.68	13.10	13.49	13.85
62	8.90	9.51	10.10	10.66	11.19	11.68	12.15	12.59	13.00	13.38
63	8.23	8.87	9.48	10.06	10.61	11.13	11.61	12.07	12.50	12.89
64	7.53	8.20	8.84	9.44	10.01	10.55	11.06	11.53	11.97	12.38
65	6.82	7.51	8.17	8.80	9.40	9.95	10.48	10.98	11.44	11.86
66	6.08	6.80	7.49	8.14	8.76	9.34	9.89	10.41	10.88	11.32
67	5.31	6.06	6.77	7.46	8.10	8.71	9.28	9.81	10.31	10.77
68	4.51	5.29	6.04	6.75	7.42	8.05	8.65	9.20	9.72	10.20
69	3.68	4.49	5.27	6.01	6.71	7.37	7.99	8.57	9.12	9.61
70	2.81	3.66	4.47	5.25	5.98	6.66	7.31	7.92	8.49	9.01
71	1.91	2.80	3.65	4.46	5.22	5.94	6.62	7.25	7.85	8.39
72	0.97	1.90	2.79	3.64	4.44	5.19	5.90	6.56	7.18	7.75
73		0.98	1.91	2.80	3.63	4.42	5.16	5.86	6.51	7.10
74			0.98	1.91	2.79	3.61	4.40	5.13	5.81	6.43
75				0.98	1.91	2.78	3.60	4.37	5.08	5.74
76					0.97	1.89	2.76	3.57	4.32	5.02
77						0.97	1.89	2.75	3.54	4.28
78							0.97	1.89	2.73	3.51
79								0.97	1.88	2.71
80									0.97	1.86
81										0.96

Exemples ㊵, ㊳

35 Tafel Seite 1 — 3½% — MORTALITÄT

Lebenslängliche Verbindungsrente

Alter der Frau	Alter des Mannes									
	0	1	2	3	4	5	6	7	8	9
0	26.19	26.18	26.11	26.04	25.97	25.89	25.80	25.71	25.62	25.53
1	26.21	26.21	26.14	26.07	26.00	25.92	25.84	25.75	25.66	25.56
2	26.19	26.18	26.12	26.05	25.98	25.90	25.82	25.73	25.64	25.54
3	26.15	26.15	26.09	26.02	25.95	25.87	25.79	25.71	25.62	25.52
4	26.12	26.12	26.05	25.99	25.92	25.84	25.77	25.68	25.59	25.50
5	26.08	26.08	26.02	25.96	25.89	25.82	25.74	25.66	25.57	25.48
6	26.04	26.04	25.98	25.92	25.86	25.78	25.71	25.63	25.54	25.45
7	26.00	26.00	25.94	25.88	25.82	25.75	25.67	25.60	25.51	25.43
8	25.95	25.95	25.90	25.84	25.78	25.71	25.64	25.56	25.48	25.39
9	25.90	25.90	25.85	25.79	25.73	25.67	25.60	25.52	25.44	25.36
10	25.84	25.85	25.80	25.74	25.68	25.62	25.55	25.48	25.40	25.32
11	25.78	25.79	25.74	25.69	25.63	25.57	25.50	25.43	25.36	25.28
12	25.72	25.73	25.68	25.63	25.58	25.52	25.45	25.38	25.31	25.23
13	25.65	25.66	25.62	25.57	25.52	25.46	25.40	25.33	25.26	25.18
14	25.58	25.59	25.55	25.50	25.45	25.40	25.34	25.27	25.20	25.13
15	25.51	25.52	25.48	25.44	25.39	25.33	25.28	25.21	25.15	25.07
16	25.43	25.45	25.41	25.37	25.32	25.27	25.21	25.15	25.09	25.02
17	25.35	25.37	25.33	25.29	25.25	25.20	25.14	25.08	25.02	24.96
18	25.27	25.29	25.25	25.21	25.17	25.12	25.07	25.02	24.96	24.89
19	25.19	25.21	25.17	25.13	25.09	25.05	25.00	24.94	24.89	24.82
20	25.10	25.12	25.09	25.05	25.01	24.97	24.92	24.87	24.81	24.75
21	25.00	25.03	25.00	24.96	24.93	24.88	24.84	24.79	24.74	24.68
22	24.91	24.93	24.90	24.87	24.83	24.79	24.75	24.70	24.65	24.60
23	24.81	24.83	24.80	24.77	24.74	24.70	24.66	24.61	24.56	24.51
24	24.70	24.72	24.70	24.67	24.64	24.60	24.56	24.52	24.47	24.42
25	24.58	24.61	24.59	24.56	24.53	24.49	24.45	24.41	24.37	24.32
26	24.46	24.49	24.47	24.44	24.41	24.38	24.34	24.30	24.26	24.21
27	24.34	24.37	24.34	24.32	24.29	24.26	24.22	24.19	24.15	24.10
28	24.21	24.24	24.21	24.19	24.16	24.13	24.10	24.06	24.03	23.98
29	24.07	24.10	24.08	24.06	24.03	24.00	23.97	23.94	23.90	23.86
30	23.92	23.96	23.94	23.91	23.89	23.86	23.83	23.80	23.77	23.73
31	23.77	23.81	23.79	23.77	23.74	23.72	23.69	23.66	23.62	23.59
32	23.62	23.65	23.63	23.61	23.59	23.57	23.54	23.51	23.48	23.44
33	23.45	23.49	23.47	23.45	23.43	23.41	23.38	23.35	23.32	23.29
34	23.29	23.32	23.30	23.29	23.27	23.24	23.22	23.19	23.16	23.13
35	23.11	23.15	23.13	23.11	23.10	23.07	23.05	23.03	23.00	22.97
36	22.93	22.97	22.95	22.94	22.92	22.90	22.88	22.85	22.82	22.80
37	22.75	22.78	22.77	22.75	22.73	22.72	22.69	22.67	22.65	22.62
38	22.55	22.59	22.58	22.56	22.54	22.53	22.51	22.48	22.46	22.43
39	22.35	22.39	22.38	22.36	22.35	22.33	22.31	22.29	22.27	22.24
40	22.15	22.19	22.17	22.16	22.15	22.13	22.11	22.09	22.07	22.05
41	21.94	21.97	21.96	21.95	21.94	21.92	21.90	21.88	21.86	21.84
42	21.72	21.75	21.74	21.73	21.72	21.70	21.69	21.67	21.65	21.63
43	21.49	21.53	21.52	21.51	21.49	21.48	21.46	21.45	21.43	21.41
44	21.26	21.30	21.29	21.28	21.26	21.25	21.23	21.22	21.20	21.18
45	21.02	21.06	21.05	21.04	21.03	21.01	21.00	20.98	20.96	20.95
46	20.78	20.81	20.80	20.79	20.78	20.77	20.75	20.74	20.72	20.71
47	20.53	20.56	20.55	20.54	20.53	20.52	20.51	20.49	20.47	20.46
48	20.27	20.30	20.29	20.29	20.27	20.26	20.25	20.24	20.22	20.20
49	20.00	20.04	20.03	20.02	20.01	20.00	19.99	19.97	19.96	19.94

Beispiele (25), (31), (40) — (42), (51), (59), (61)

MORTALITÉ 3½% Table 35
page 2

Rente viagère sur deux têtes

| Age de la femme | \multicolumn{10}{c}{Age de l'homme} |
	0	1	2	3	4	5	6	7	8	9
50	19.73	19.76	19.76	19.75	19.74	19.73	19.72	19.70	19.69	19.67
51	19.45	19.48	19.48	19.47	19.46	19.45	19.44	19.42	19.41	19.40
52	19.16	19.20	19.19	19.18	19.17	19.16	19.15	19.14	19.13	19.11
53	18.87	18.90	18.89	18.89	18.88	18.87	18.86	18.84	18.83	18.82
54	18.56	18.60	18.59	18.58	18.57	18.57	18.55	18.54	18.53	18.52
55	18.25	18.28	18.28	18.27	18.26	18.25	18.24	18.23	18.22	18.21
56	17.93	17.96	17.96	17.95	17.94	17.93	17.92	17.91	17.90	17.89
57	17.60	17.63	17.63	17.62	17.61	17.60	17.59	17.58	17.57	17.56
58	17.26	17.29	17.29	17.28	17.27	17.26	17.25	17.24	17.23	17.22
59	16.91	16.94	16.94	16.93	16.93	16.92	16.91	16.90	16.89	16.88
60	16.56	16.59	16.58	16.58	16.57	16.56	16.55	16.54	16.53	16.52
61	16.19	16.22	16.22	16.21	16.20	16.20	16.19	16.18	16.17	16.16
62	15.82	15.85	15.84	15.84	15.83	15.82	15.82	15.81	15.80	15.79
63	15.43	15.46	15.46	15.45	15.45	15.44	15.43	15.43	15.42	15.41
64	15.04	15.07	15.07	15.06	15.06	15.05	15.04	15.03	15.03	15.02
65	14.64	14.66	14.66	14.66	14.65	14.65	14.64	14.63	14.62	14.61
66	14.22	14.25	14.24	14.24	14.23	14.23	14.22	14.22	14.21	14.20
67	13.79	13.82	13.82	13.81	13.81	13.80	13.80	13.79	13.78	13.77
68	13.36	13.38	13.38	13.38	13.37	13.37	13.36	13.36	13.35	13.34
69	12.91	12.94	12.94	12.93	12.93	12.92	12.92	12.91	12.91	12.90
70	12.46	12.49	12.48	12.48	12.48	12.47	12.47	12.46	12.46	12.45
71	12.00	12.03	12.03	12.02	12.02	12.02	12.01	12.01	12.00	12.00
72	11.54	11.56	11.56	11.56	11.56	11.56	11.55	11.55	11.54	11.54
73	11.08	11.10	11.10	11.10	11.09	11.09	11.09	11.08	11.08	11.07
74	10.61	10.63	10.63	10.63	10.63	10.62	10.62	10.62	10.61	10.61
75	10.14	10.16	10.16	10.16	10.16	10.16	10.15	10.15	10.15	10.14
76	9.67	9.69	9.69	9.69	9.69	9.69	9.68	9.68	9.68	9.67
77	9.20	9.22	9.22	9.22	9.22	9.22	9.22	9.21	9.21	9.21
78	8.74	8.76	8.76	8.76	8.76	8.76	8.75	8.75	8.75	8.75
79	8.29	8.30	8.30	8.30	8.30	8.30	8.30	8.30	8.30	8.29
80	7.84	7.85	7.86	7.86	7.85	7.85	7.85	7.85	7.85	7.85
81	7.40	7.42	7.42	7.42	7.42	7.42	7.42	7.41	7.41	7.41
82	6.98	6.99	6.99	6.99	6.99	6.99	6.99	6.99	6.99	6.99
83	6.56	6.58	6.58	6.58	6.58	6.58	6.58	6.58	6.58	6.57
84	6.16	6.18	6.18	6.18	6.18	6.18	6.18	6.18	6.18	6.17
85	5.78	5.79	5.79	5.79	5.79	5.79	5.79	5.79	5.79	5.79
86	5.40	5.41	5.41	5.41	5.41	5.41	5.41	5.41	5.41	5.41
87	5.04	5.05	5.05	5.05	5.05	5.05	5.05	5.05	5.05	5.05
88	4.69	4.69	4.69	4.70	4.70	4.70	4.70	4.69	4.69	4.69
89	4.35	4.36	4.36	4.36	4.36	4.36	4.36	4.36	4.36	4.36
90	4.03	4.04	4.04	4.04	4.04	4.04	4.04	4.04	4.04	4.04
91	3.72	3.73	3.73	3.73	3.73	3.73	3.73	3.73	3.73	3.73
92	3.43	3.44	3.44	3.44	3.44	3.44	3.44	3.44	3.44	3.44
93	3.16	3.16	3.16	3.16	3.16	3.16	3.16	3.16	3.16	3.16
94	2.90	2.91	2.91	2.91	2.91	2.91	2.91	2.91	2.91	2.91
95	2.66	2.67	2.67	2.67	2.67	2.67	2.67	2.67	2.67	2.67
96	2.44	2.44	2.44	2.44	2.44	2.44	2.44	2.44	2.44	2.44
97	2.23	2.23	2.23	2.23	2.23	2.23	2.23	2.23	2.23	2.23
98	2.03	2.04	2.04	2.04	2.04	2.04	2.04	2.04	2.04	2.04
99	1.86	1.86	1.86	1.86	1.86	1.86	1.86	1.86	1.86	1.86

Exemples ㉕, ㉛, ㊵ – ㊷, ㊶, ㊾, ㊶

Tafel Seite 3 3½% MORTALITÄT

Lebenslängliche Verbindungsrente

Alter der Frau	Alter des Mannes									
	10	11	12	13	14	15	16	17	18	19
0	25.42	25.32	25.21	25.09	24.97	24.85	24.73	24.60	24.47	24.35
1	25.46	25.36	25.25	25.13	25.01	24.89	24.76	24.64	24.51	24.39
2	25.45	25.34	25.23	25.12	25.00	24.88	24.76	24.63	24.50	24.38
3	25.43	25.32	25.22	25.10	24.99	24.87	24.74	24.62	24.49	24.37
4	25.41	25.30	25.20	25.09	24.97	24.85	24.73	24.60	24.48	24.36
5	25.38	25.28	25.18	25.07	24.95	24.83	24.71	24.59	24.47	24.35
6	25.36	25.26	25.16	25.05	24.93	24.82	24.70	24.57	24.45	24.33
7	25.33	25.24	25.13	25.03	24.91	24.80	24.68	24.56	24.43	24.32
8	25.30	25.21	25.11	25.00	24.89	24.77	24.66	24.54	24.42	24.30
9	25.27	25.18	25.08	24.97	24.86	24.75	24.63	24.51	24.39	24.28
10	25.23	25.14	25.04	24.94	24.83	24.72	24.61	24.49	24.37	24.26
11	25.19	25.10	25.01	24.91	24.80	24.69	24.58	24.46	24.34	24.23
12	25.15	25.06	24.97	24.87	24.76	24.66	24.54	24.43	24.32	24.20
13	25.10	25.02	24.92	24.83	24.73	24.62	24.51	24.40	24.29	24.18
14	25.05	24.97	24.88	24.78	24.68	24.58	24.47	24.36	24.25	24.14
15	25.00	24.92	24.83	24.74	24.64	24.54	24.43	24.32	24.22	24.11
16	24.94	24.86	24.78	24.69	24.59	24.50	24.39	24.29	24.18	24.08
17	24.88	24.81	24.73	24.64	24.55	24.45	24.35	24.24	24.14	24.04
18	24.82	24.75	24.67	24.58	24.49	24.40	24.30	24.20	24.10	24.00
19	24.76	24.69	24.61	24.53	24.44	24.35	24.25	24.15	24.06	23.96
20	24.69	24.62	24.55	24.47	24.38	24.29	24.20	24.10	24.01	23.91
21	24.62	24.55	24.48	24.40	24.32	24.23	24.14	24.05	23.96	23.87
22	24.54	24.47	24.41	24.33	24.25	24.17	24.08	23.99	23.90	23.81
23	24.45	24.39	24.33	24.25	24.18	24.10	24.01	23.93	23.84	23.75
24	24.36	24.31	24.24	24.17	24.10	24.02	23.94	23.86	23.77	23.69
25	24.27	24.21	24.15	24.08	24.01	23.94	23.86	23.78	23.70	23.62
26	24.16	24.11	24.05	23.99	23.92	23.85	23.77	23.69	23.62	23.54
27	24.05	24.00	23.95	23.89	23.82	23.75	23.68	23.60	23.53	23.46
28	23.94	23.89	23.83	23.78	23.71	23.65	23.58	23.51	23.43	23.37
29	23.81	23.77	23.72	23.66	23.60	23.54	23.47	23.40	23.33	23.27
30	23.69	23.64	23.59	23.54	23.48	23.42	23.36	23.29	23.23	23.16
31	23.55	23.51	23.46	23.41	23.35	23.30	23.23	23.17	23.11	23.05
32	23.41	23.36	23.32	23.27	23.22	23.16	23.11	23.05	22.99	22.93
33	23.26	23.22	23.17	23.13	23.08	23.02	22.97	22.91	22.86	22.80
34	23.10	23.06	23.02	22.98	22.93	22.88	22.83	22.77	22.72	22.67
35	22.94	22.90	22.86	22.82	22.77	22.73	22.68	22.62	22.57	22.53
36	22.77	22.73	22.69	22.65	22.61	22.57	22.52	22.47	22.42	22.38
37	22.59	22.56	22.52	22.48	22.44	22.40	22.35	22.31	22.26	22.22
38	22.41	22.38	22.34	22.31	22.27	22.23	22.18	22.14	22.10	22.06
39	22.22	22.19	22.16	22.12	22.08	22.04	22.00	21.96	21.92	21.89
40	22.02	21.99	21.96	21.93	21.89	21.86	21.82	21.78	21.74	21.71
41	21.82	21.79	21.76	21.73	21.69	21.66	21.62	21.59	21.55	21.52
42	21.60	21.58	21.55	21.52	21.49	21.46	21.42	21.38	21.35	21.32
43	21.38	21.36	21.33	21.31	21.28	21.24	21.21	21.18	21.15	21.12
44	21.16	21.14	21.11	21.08	21.05	21.02	20.99	20.96	20.93	20.91
45	20.93	20.90	20.88	20.85	20.83	20.80	20.77	20.74	20.71	20.69
46	20.69	20.66	20.64	20.62	20.59	20.56	20.53	20.51	20.48	20.46
47	20.44	20.42	20.40	20.37	20.35	20.32	20.30	20.27	20.24	20.23
48	20.19	20.17	20.15	20.12	20.10	20.07	20.05	20.02	20.00	19.98
49	19.92	19.91	19.89	19.86	19.84	19.82	19.79	19.77	19.75	19.73

Beispiele (25), (31), (40) – (42), (51), (59), (61)

Rente viagère sur deux têtes

Age de la femme	Age de l'homme 10	11	12	13	14	15	16	17	18	19
50	19.66	19.64	19.62	19.60	19.58	19.55	19.53	19.51	19.49	19.47
51	19.38	19.36	19.34	19.32	19.30	19.28	19.26	19.24	19.22	19.21
52	19.10	19.08	19.06	19.04	19.02	19.00	18.98	18.96	18.94	18.93
53	18.80	18.79	18.77	18.75	18.73	18.71	18.69	18.67	18.66	18.65
54	18.50	18.49	18.47	18.45	18.44	18.42	18.40	18.38	18.36	18.35
55	18.19	18.18	18.16	18.15	18.13	18.11	18.09	18.07	18.06	18.05
56	17.87	17.86	17.85	17.83	17.81	17.79	17.78	17.76	17.75	17.74
57	17.55	17.53	17.52	17.50	17.49	17.47	17.45	17.44	17.42	17.42
58	17.21	17.20	17.18	17.17	17.15	17.14	17.12	17.10	17.09	17.08
59	16.87	16.85	16.84	16.82	16.81	16.79	16.78	16.76	16.75	16.74
60	16.51	16.50	16.49	16.47	16.46	16.44	16.43	16.41	16.40	16.40
61	16.15	16.14	16.12	16.11	16.10	16.08	16.07	16.05	16.04	16.04
62	15.78	15.77	15.75	15.74	15.73	15.71	15.70	15.69	15.68	15.67
63	15.40	15.39	15.37	15.36	15.35	15.33	15.32	15.31	15.30	15.29
64	15.01	15.00	14.99	14.97	14.96	14.95	14.93	14.92	14.91	14.91
65	14.60	14.59	14.58	14.57	14.56	14.55	14.53	14.52	14.51	14.51
66	14.19	14.18	14.17	14.16	14.15	14.13	14.12	14.11	14.10	14.10
67	13.77	13.76	13.75	13.73	13.72	13.71	13.70	13.69	13.68	13.68
68	13.33	13.32	13.31	13.30	13.29	13.28	13.27	13.26	13.25	13.25
69	12.89	12.88	12.87	12.86	12.85	12.84	12.83	12.82	12.81	12.81
70	12.44	12.44	12.43	12.42	12.41	12.39	12.38	12.37	12.37	12.36
71	11.99	11.98	11.97	11.96	11.95	11.94	11.93	11.92	11.92	11.91
72	11.53	11.52	11.51	11.50	11.49	11.48	11.47	11.47	11.46	11.46
73	11.07	11.06	11.05	11.04	11.03	11.02	11.01	11.01	11.00	11.00
74	10.60	10.60	10.59	10.58	10.57	10.56	10.55	10.55	10.54	10.54
75	10.14	10.13	10.12	10.12	10.11	10.10	10.09	10.08	10.08	10.07
76	9.67	9.66	9.66	9.65	9.64	9.63	9.63	9.62	9.61	9.61
77	9.20	9.20	9.19	9.19	9.18	9.17	9.16	9.15	9.15	9.15
78	8.74	8.74	8.73	8.73	8.72	8.71	8.70	8.70	8.69	8.69
79	8.29	8.28	8.28	8.27	8.27	8.26	8.25	8.25	8.24	8.24
80	7.84	7.84	7.84	7.83	7.83	7.82	7.81	7.81	7.80	7.80
81	7.41	7.41	7.40	7.40	7.39	7.39	7.38	7.37	7.37	7.36
82	6.98	6.98	6.98	6.97	6.97	6.96	6.96	6.95	6.95	6.94
83	6.57	6.57	6.57	6.56	6.56	6.55	6.55	6.54	6.54	6.53
84	6.17	6.17	6.17	6.16	6.16	6.16	6.15	6.15	6.14	6.14
85	5.78	5.78	5.78	5.78	5.77	5.77	5.77	5.76	5.76	5.75
86	5.41	5.41	5.40	5.40	5.40	5.40	5.39	5.39	5.38	5.38
87	5.04	5.04	5.04	5.04	5.04	5.03	5.03	5.03	5.02	5.02
88	4.69	4.69	4.69	4.69	4.69	4.68	4.68	4.68	4.67	4.67
89	4.36	4.36	4.36	4.35	4.35	4.35	4.35	4.34	4.34	4.34
90	4.04	4.03	4.03	4.03	4.03	4.03	4.03	4.02	4.02	4.02
91	3.73	3.73	3.73	3.73	3.73	3.72	3.72	3.72	3.72	3.71
92	3.44	3.44	3.44	3.44	3.44	3.43	3.43	3.43	3.43	3.43
93	3.16	3.16	3.16	3.16	3.16	3.16	3.16	3.16	3.16	3.15
94	2.91	2.91	2.91	2.91	2.91	2.90	2.90	2.90	2.90	2.90
95	2.67	2.67	2.67	2.66	2.66	2.66	2.66	2.66	2.66	2.66
96	2.44	2.44	2.44	2.44	2.44	2.44	2.44	2.44	2.43	2.43
97	2.23	2.23	2.23	2.23	2.23	2.23	2.23	2.23	2.23	2.23
98	2.04	2.04	2.04	2.04	2.04	2.04	2.04	2.04	2.03	2.03
99	1.86	1.86	1.86	1.86	1.86	1.86	1.86	1.86	1.86	1.86

Exemples (25), (31), (40) – (42), (51), (59), (61)

35 Tafel Seite 5   3½%   MORTALITÄT

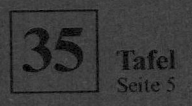

Lebenslängliche Verbindungsrente

Alter der Frau	Alter des Mannes									
	20	21	22	23	24	25	26	27	28	29
0	24.23	24.12	24.00	23.88	23.75	23.61	23.46	23.30	23.14	22.96
1	24.27	24.16	24.04	23.92	23.79	23.65	23.50	23.34	23.18	23.01
2	24.26	24.15	24.03	23.91	23.78	23.64	23.50	23.34	23.18	23.00
3	24.25	24.14	24.02	23.90	23.77	23.64	23.49	23.33	23.17	23.00
4	24.24	24.13	24.01	23.89	23.76	23.63	23.48	23.33	23.16	22.99
5	24.23	24.12	24.00	23.88	23.76	23.62	23.47	23.32	23.15	22.98
6	24.22	24.11	23.99	23.87	23.75	23.61	23.46	23.31	23.15	22.97
7	24.20	24.09	23.98	23.86	23.73	23.60	23.45	23.30	23.14	22.97
8	24.19	24.08	23.96	23.85	23.72	23.58	23.44	23.29	23.13	22.95
9	24.17	24.06	23.95	23.83	23.71	23.57	23.43	23.28	23.11	22.94
10	24.15	24.04	23.93	23.81	23.69	23.55	23.41	23.26	23.10	22.93
11	24.12	24.02	23.91	23.79	23.67	23.54	23.40	23.24	23.09	22.92
12	24.10	23.99	23.88	23.77	23.65	23.52	23.38	23.23	23.07	22.90
13	24.07	23.97	23.86	23.75	23.63	23.50	23.36	23.21	23.05	22.88
14	24.04	23.94	23.83	23.72	23.60	23.47	23.34	23.19	23.03	22.87
15	24.01	23.91	23.81	23.70	23.58	23.45	23.31	23.17	23.01	22.85
16	23.98	23.88	23.78	23.67	23.55	23.43	23.29	23.15	22.99	22.83
17	23.94	23.84	23.75	23.64	23.53	23.40	23.27	23.13	22.97	22.81
18	23.90	23.81	23.71	23.61	23.50	23.38	23.24	23.10	22.95	22.79
19	23.86	23.77	23.68	23.58	23.47	23.35	23.22	23.08	22.93	22.77
20	23.82	23.73	23.64	23.54	23.44	23.32	23.19	23.05	22.90	22.75
21	23.78	23.69	23.60	23.51	23.40	23.28	23.16	23.02	22.88	22.72
22	23.73	23.64	23.56	23.46	23.36	23.25	23.12	22.99	22.85	22.70
23	23.67	23.59	23.51	23.42	23.32	23.21	23.09	22.96	22.81	22.66
24	23.61	23.53	23.45	23.36	23.27	23.16	23.04	22.91	22.78	22.63
25	23.54	23.47	23.39	23.31	23.21	23.11	22.99	22.87	22.73	22.59
26	23.47	23.40	23.32	23.24	23.15	23.05	22.94	22.82	22.69	22.54
27	23.39	23.32	23.25	23.17	23.08	22.99	22.88	22.76	22.63	22.49
28	23.30	23.23	23.17	23.09	23.01	22.91	22.81	22.70	22.57	22.44
29	23.20	23.14	23.08	23.01	22.93	22.84	22.74	22.63	22.51	22.37
30	23.10	23.04	22.98	22.92	22.84	22.75	22.66	22.55	22.43	22.31
31	22.99	22.94	22.88	22.82	22.75	22.66	22.57	22.47	22.35	22.23
32	22.88	22.83	22.77	22.71	22.64	22.57	22.48	22.38	22.27	22.15
33	22.75	22.70	22.66	22.60	22.54	22.46	22.38	22.28	22.18	22.06
34	22.62	22.58	22.53	22.48	22.42	22.35	22.27	22.18	22.08	21.96
35	22.48	22.44	22.40	22.35	22.29	22.23	22.15	22.06	21.97	21.86
36	22.34	22.30	22.26	22.21	22.16	22.10	22.03	21.94	21.85	21.75
37	22.18	22.15	22.11	22.07	22.02	21.96	21.89	21.82	21.73	21.63
38	22.02	21.99	21.96	21.92	21.87	21.82	21.75	21.68	21.60	21.51
39	21.85	21.82	21.80	21.76	21.72	21.67	21.61	21.54	21.46	21.37
40	21.68	21.65	21.62	21.59	21.55	21.51	21.45	21.39	21.31	21.23
41	21.49	21.47	21.44	21.42	21.38	21.34	21.28	21.22	21.15	21.07
42	21.30	21.28	21.26	21.23	21.20	21.16	21.11	21.05	20.99	20.91
43	21.10	21.08	21.06	21.04	21.01	20.97	20.93	20.87	20.81	20.74
44	20.89	20.87	20.85	20.83	20.81	20.77	20.73	20.68	20.63	20.56
45	20.67	20.65	20.64	20.62	20.60	20.57	20.53	20.49	20.43	20.37
46	20.44	20.43	20.42	20.41	20.38	20.36	20.32	20.28	20.23	20.17
47	20.21	20.20	20.19	20.18	20.16	20.14	20.10	20.07	20.02	19.97
48	19.97	19.96	19.95	19.94	19.93	19.91	19.88	19.84	19.80	19.75
49	19.72	19.71	19.71	19.70	19.69	19.67	19.64	19.61	19.57	19.53

Beispiele ㉕, ㉛, ㊵ — ㊷, ㊶, ㊾, ㊹

MORTALITÉ 3½% Table 35 page 6

Rente viagère sur deux têtes

Age de la femme	Age de l'homme									
	20	21	22	23	24	25	26	27	28	29
50	19.46	19.46	19.46	19.45	19.44	19.42	19.40	19.37	19.33	19.29
51	19.20	19.19	19.19	19.19	19.18	19.16	19.14	19.12	19.08	19.05
52	18.92	18.92	18.92	18.92	18.91	18.90	18.88	18.86	18.83	18.79
53	18.64	18.64	18.64	18.64	18.63	18.62	18.61	18.59	18.56	18.53
54	18.35	18.35	18.35	18.35	18.35	18.34	18.32	18.30	18.28	18.25
55	18.05	18.05	18.05	18.05	18.05	18.04	18.03	18.01	17.99	17.96
56	17.73	17.74	17.74	17.74	17.74	17.73	17.73	17.71	17.69	17.67
57	17.41	17.42	17.42	17.42	17.42	17.42	17.41	17.40	17.38	17.36
58	17.08	17.09	17.09	17.10	17.10	17.09	17.09	17.08	17.06	17.04
59	16.74	16.75	16.75	16.76	16.76	16.76	16.75	16.74	16.73	16.71
60	16.39	16.40	16.41	16.41	16.41	16.41	16.41	16.40	16.39	16.37
61	16.04	16.04	16.05	16.05	16.06	16.06	16.06	16.05	16.04	16.03
62	15.67	15.67	15.68	15.69	15.69	15.69	15.69	15.69	15.68	15.67
63	15.29	15.30	15.31	15.31	15.32	15.32	15.32	15.32	15.31	15.30
64	14.91	14.91	14.92	14.93	14.93	14.94	14.94	14.93	14.93	14.92
65	14.51	14.51	14.52	14.53	14.54	14.54	14.54	14.54	14.53	14.52
66	14.10	14.10	14.11	14.12	14.12	14.13	14.13	14.13	14.12	14.12
67	13.68	13.68	13.69	13.70	13.70	13.71	13.71	13.71	13.71	13.70
68	13.25	13.25	13.26	13.27	13.27	13.28	13.28	13.28	13.28	13.27
69	12.81	12.81	12.82	12.83	12.84	12.84	12.84	12.84	12.84	12.84
70	12.36	12.37	12.38	12.38	12.39	12.39	12.40	12.40	12.40	12.40
71	11.91	11.92	11.92	11.93	11.94	11.94	11.95	11.95	11.95	11.94
72	11.46	11.46	11.47	11.47	11.48	11.49	11.49	11.49	11.49	11.49
73	11.00	11.00	11.01	11.01	11.02	11.02	11.03	11.03	11.03	11.03
74	10.54	10.54	10.55	10.55	10.56	10.56	10.57	10.57	10.57	10.57
75	10.07	10.08	10.08	10.09	10.09	10.10	10.10	10.10	10.11	10.11
76	9.61	9.61	9.62	9.62	9.63	9.63	9.64	9.64	9.64	9.64
77	9.15	9.15	9.15	9.16	9.16	9.17	9.17	9.17	9.18	9.18
78	8.69	8.69	8.70	8.70	8.71	8.71	8.71	8.72	8.72	8.72
79	8.24	8.24	8.25	8.25	8.25	8.26	8.26	8.26	8.27	8.27
80	7.80	7.80	7.80	7.81	7.81	7.82	7.82	7.82	7.82	7.82
81	7.36	7.37	7.37	7.37	7.38	7.38	7.38	7.39	7.39	7.39
82	6.94	6.94	6.95	6.95	6.95	6.96	6.96	6.96	6.96	6.96
83	6.53	6.54	6.54	6.54	6.55	6.55	6.55	6.55	6.55	6.55
84	6.14	6.14	6.14	6.15	6.15	6.15	6.15	6.15	6.16	6.16
85	5.75	5.75	5.76	5.76	5.76	5.76	5.77	5.77	5.77	5.77
86	5.38	5.38	5.38	5.39	5.39	5.39	5.39	5.39	5.39	5.40
87	5.02	5.02	5.02	5.02	5.03	5.03	5.03	5.03	5.03	5.03
88	4.67	4.67	4.67	4.67	4.68	4.68	4.68	4.68	4.68	4.68
89	4.34	4.34	4.34	4.34	4.34	4.34	4.34	4.35	4.35	4.35
90	4.02	4.02	4.02	4.02	4.02	4.02	4.02	4.03	4.03	4.03
91	3.71	3.71	3.71	3.72	3.72	3.72	3.72	3.72	3.72	3.72
92	3.43	3.43	3.43	3.43	3.43	3.43	3.43	3.43	3.43	3.43
93	3.15	3.15	3.15	3.15	3.16	3.16	3.16	3.16	3.16	3.16
94	2.90	2.90	2.90	2.90	2.90	2.90	2.90	2.90	2.90	2.90
95	2.66	2.66	2.66	2.66	2.66	2.66	2.66	2.66	2.66	2.66
96	2.43	2.43	2.43	2.43	2.43	2.44	2.44	2.44	2.44	2.44
97	2.23	2.23	2.23	2.23	2.23	2.23	2.23	2.23	2.23	2.23
98	2.03	2.03	2.03	2.03	2.03	2.03	2.03	2.04	2.04	2.04
99	1.86	1.86	1.86	1.86	1.86	1.86	1.86	1.86	1.86	1.86

Exemples ㉕, ㉛, ㊵ – ㊷, ㊿, ㊾, ㊶

35 Tafel Seite 7   3½%   MORTALITÄT

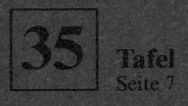

Lebenslängliche Verbindungsrente

Alter der Frau	Alter des Mannes									
	30	31	32	33	34	35	36	37	38	39
0	22.78	22.59	22.39	22.18	21.97	21.74	21.51	21.27	21.03	20.77
1	22.82	22.63	22.43	22.22	22.01	21.78	21.55	21.31	21.07	20.81
2	22.82	22.63	22.43	22.22	22.01	21.78	21.55	21.31	21.07	20.81
3	22.81	22.62	22.42	22.21	22.00	21.78	21.55	21.31	21.06	20.81
4	22.81	22.62	22.42	22.21	21.99	21.77	21.54	21.30	21.06	20.80
5	22.80	22.61	22.41	22.20	21.99	21.77	21.54	21.30	21.05	20.80
6	22.79	22.60	22.40	22.20	21.98	21.76	21.53	21.30	21.05	20.79
7	22.78	22.59	22.40	22.19	21.98	21.76	21.53	21.29	21.04	20.79
8	22.77	22.59	22.39	22.18	21.97	21.75	21.52	21.28	21.04	20.78
9	22.76	22.57	22.38	22.17	21.96	21.74	21.51	21.28	21.03	20.78
10	22.75	22.56	22.37	22.16	21.95	21.73	21.50	21.27	21.02	20.77
11	22.74	22.55	22.35	22.15	21.94	21.72	21.49	21.26	21.01	20.76
12	22.72	22.54	22.34	22.14	21.93	21.71	21.48	21.25	21.00	20.75
13	22.71	22.52	22.33	22.13	21.92	21.70	21.47	21.24	20.99	20.74
14	22.69	22.51	22.31	22.11	21.90	21.68	21.46	21.22	20.98	20.73
15	22.67	22.49	22.30	22.10	21.89	21.67	21.45	21.21	20.97	20.72
16	22.66	22.47	22.28	22.08	21.87	21.66	21.43	21.20	20.96	20.71
17	22.64	22.46	22.27	22.07	21.86	21.65	21.42	21.19	20.95	20.70
18	22.62	22.44	22.25	22.05	21.85	21.63	21.41	21.18	20.94	20.69
19	22.60	22.42	22.23	22.04	21.83	21.62	21.40	21.17	20.93	20.68
20	22.58	22.40	22.22	22.02	21.82	21.61	21.39	21.16	20.92	20.67
21	22.56	22.38	22.20	22.00	21.80	21.59	21.37	21.15	20.91	20.66
22	22.53	22.36	22.18	21.98	21.78	21.58	21.36	21.13	20.90	20.65
23	22.50	22.33	22.15	21.96	21.76	21.56	21.34	21.11	20.88	20.64
24	22.47	22.30	22.12	21.94	21.74	21.53	21.32	21.10	20.86	20.62
25	22.43	22.27	22.09	21.90	21.71	21.51	21.30	21.07	20.84	20.60
26	22.39	22.23	22.05	21.87	21.68	21.48	21.27	21.05	20.82	20.58
27	22.34	22.18	22.01	21.83	21.64	21.44	21.24	21.02	20.79	20.56
28	22.29	22.13	21.96	21.79	21.60	21.41	21.20	20.99	20.76	20.53
29	22.23	22.08	21.91	21.74	21.56	21.36	21.16	20.95	20.73	20.50
30	22.17	22.02	21.86	21.69	21.51	21.32	21.12	20.91	20.69	20.46
31	22.09	21.95	21.79	21.63	21.45	21.26	21.07	20.86	20.65	20.42
32	22.02	21.88	21.72	21.56	21.39	21.21	21.01	20.81	20.60	20.38
33	21.93	21.80	21.65	21.49	21.32	21.14	20.95	20.76	20.55	20.33
34	21.84	21.71	21.56	21.41	21.25	21.07	20.89	20.69	20.49	20.27
35	21.74	21.61	21.48	21.33	21.17	21.00	20.82	20.63	20.43	20.21
36	21.64	21.51	21.38	21.23	21.08	20.92	20.74	20.55	20.36	20.15
37	21.52	21.40	21.28	21.14	20.99	20.83	20.66	20.48	20.28	20.08
38	21.40	21.29	21.16	21.03	20.89	20.73	20.57	20.39	20.20	20.00
39	21.27	21.16	21.04	20.91	20.78	20.63	20.47	20.30	20.11	19.92
40	21.13	21.03	20.92	20.79	20.66	20.51	20.36	20.19	20.02	19.83
41	20.99	20.89	20.78	20.66	20.53	20.39	20.24	20.08	19.91	19.73
42	20.83	20.73	20.63	20.52	20.40	20.26	20.12	19.97	19.80	19.63
43	20.66	20.57	20.47	20.37	20.25	20.12	19.99	19.84	19.68	19.51
44	20.49	20.40	20.31	20.21	20.10	19.97	19.84	19.70	19.55	19.39
45	20.30	20.22	20.13	20.04	19.93	19.82	19.69	19.56	19.41	19.25
46	20.11	20.03	19.95	19.86	19.76	19.65	19.53	19.40	19.26	19.11
47	19.91	19.84	19.76	19.67	19.58	19.47	19.36	19.24	19.10	18.96
48	19.69	19.63	19.55	19.47	19.38	19.29	19.18	19.06	18.93	18.80
49	19.47	19.41	19.34	19.27	19.18	19.09	18.99	18.88	18.75	18.62

Beispiele ㉕, ㉛, ㊵ – ㊷, �51, �59, �61

MORTALITÉ 3½% Table 35 page 8

Rente viagère sur deux têtes

Age de la femme	Age de l'homme									
	30	31	32	33	34	35	36	37	38	39
50	19.24	19.18	19.12	19.05	18.97	18.88	18.79	18.68	18.57	18.44
51	19.00	18.95	18.89	18.82	18.75	18.66	18.57	18.47	18.37	18.25
52	18.75	18.70	18.64	18.58	18.51	18.43	18.35	18.26	18.15	18.04
53	18.49	18.44	18.39	18.33	18.27	18.19	18.11	18.03	17.93	17.83
54	18.21	18.17	18.12	18.07	18.01	17.94	17.87	17.79	17.70	17.60
55	17.93	17.89	17.85	17.80	17.74	17.68	17.61	17.53	17.45	17.36
56	17.64	17.60	17.56	17.51	17.46	17.40	17.34	17.27	17.19	17.10
57	17.33	17.30	17.26	17.22	17.17	17.12	17.06	16.99	16.92	16.84
58	17.02	16.99	16.95	16.91	16.87	16.82	16.76	16.70	16.63	16.56
59	16.69	16.66	16.63	16.60	16.56	16.51	16.46	16.40	16.34	16.27
60	16.35	16.33	16.30	16.27	16.23	16.19	16.14	16.09	16.03	15.96
61	16.01	15.99	15.96	15.93	15.90	15.86	15.81	15.77	15.71	15.65
62	15.65	15.63	15.61	15.58	15.55	15.51	15.47	15.43	15.38	15.32
63	15.28	15.27	15.25	15.22	15.19	15.16	15.12	15.08	15.04	14.98
64	14.91	14.89	14.87	14.85	14.82	14.79	14.76	14.72	14.68	14.63
65	14.51	14.50	14.48	14.46	14.44	14.41	14.38	14.35	14.31	14.27
66	14.11	14.10	14.08	14.06	14.04	14.02	13.99	13.96	13.92	13.88
67	13.69	13.68	13.67	13.65	13.63	13.61	13.59	13.56	13.53	13.49
68	13.27	13.26	13.25	13.23	13.21	13.19	13.17	13.15	13.12	13.09
69	12.83	12.82	12.81	12.80	12.79	12.77	12.75	12.73	12.70	12.67
70	12.39	12.38	12.37	12.36	12.35	12.33	12.32	12.30	12.27	12.25
71	11.94	11.93	11.93	11.92	11.90	11.89	11.88	11.86	11.84	11.81
72	11.49	11.48	11.47	11.46	11.45	11.44	11.43	11.41	11.39	11.37
73	11.03	11.02	11.02	11.01	11.00	10.99	10.98	10.96	10.95	10.93
74	10.57	10.56	10.56	10.55	10.54	10.53	10.52	10.51	10.49	10.48
75	10.10	10.10	10.10	10.09	10.08	10.08	10.07	10.05	10.04	10.03
76	9.64	9.64	9.63	9.63	9.62	9.61	9.61	9.60	9.58	9.57
77	9.17	9.17	9.17	9.17	9.16	9.15	9.15	9.14	9.13	9.12
78	8.72	8.71	8.71	8.71	8.70	8.70	8.69	8.68	8.68	8.67
79	8.27	8.26	8.26	8.26	8.26	8.25	8.24	8.24	8.23	8.22
80	7.82	7.82	7.82	7.82	7.81	7.81	7.81	7.80	7.79	7.78
81	7.39	7.39	7.39	7.38	7.38	7.38	7.37	7.37	7.36	7.36
82	6.96	6.96	6.96	6.96	6.96	6.96	6.95	6.95	6.94	6.94
83	6.56	6.55	6.55	6.55	6.55	6.55	6.54	6.54	6.54	6.53
84	6.16	6.16	6.16	6.15	6.15	6.15	6.15	6.15	6.14	6.14
85	5.77	5.77	5.77	5.77	5.77	5.77	5.76	5.76	5.76	5.75
86	5.40	5.40	5.39	5.39	5.39	5.39	5.39	5.39	5.39	5.38
87	5.03	5.03	5.03	5.03	5.03	5.03	5.03	5.03	5.02	5.02
88	4.68	4.68	4.68	4.68	4.68	4.68	4.68	4.68	4.68	4.67
89	4.35	4.35	4.35	4.35	4.35	4.35	4.35	4.34	4.34	4.34
90	4.03	4.03	4.03	4.03	4.03	4.03	4.03	4.02	4.02	4.02
91	3.72	3.72	3.72	3.72	3.72	3.72	3.72	3.72	3.72	3.72
92	3.43	3.43	3.43	3.43	3.43	3.43	3.43	3.43	3.43	3.43
93	3.16	3.16	3.16	3.16	3.16	3.16	3.16	3.16	3.16	3.16
94	2.90	2.90	2.90	2.90	2.90	2.90	2.90	2.90	2.90	2.90
95	2.66	2.66	2.66	2.66	2.66	2.66	2.66	2.66	2.66	2.66
96	2.44	2.44	2.44	2.44	2.44	2.44	2.44	2.44	2.44	2.44
97	2.23	2.23	2.23	2.23	2.23	2.23	2.23	2.23	2.23	2.23
98	2.04	2.04	2.04	2.04	2.04	2.04	2.04	2.04	2.04	2.03
99	1.86	1.86	1.86	1.86	1.86	1.86	1.86	1.86	1.86	1.86

Exemples ㉕, ㉛, ㊵ — ㊷, ㊶, ㊾, ㊶

35 Tafel Seite 9   3½%   MORTALITÄT

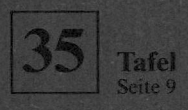

Lebenslängliche Verbindungsrente

Alter der Frau	Alter des Mannes									
	40	41	42	43	44	45	46	47	48	49
0	20.51	20.24	19.96	19.68	19.39	19.09	18.79	18.48	18.16	17.84
1	20.55	20.28	20.00	19.72	19.43	19.13	18.83	18.52	18.20	17.87
2	20.55	20.28	20.00	19.72	19.43	19.13	18.83	18.52	18.20	17.87
3	20.54	20.27	20.00	19.71	19.42	19.13	18.82	18.51	18.20	17.87
4	20.54	20.27	19.99	19.71	19.42	19.12	18.82	18.51	18.19	17.87
5	20.54	20.27	19.99	19.71	19.42	19.12	18.82	18.51	18.19	17.86
6	20.53	20.26	19.99	19.70	19.41	19.12	18.82	18.51	18.19	17.86
7	20.53	20.26	19.98	19.70	19.41	19.12	18.81	18.50	18.19	17.86
8	20.52	20.25	19.98	19.70	19.41	19.11	18.81	18.50	18.18	17.86
9	20.52	20.25	19.97	19.69	19.40	19.11	18.81	18.50	18.18	17.85
10	20.51	20.24	19.97	19.68	19.40	19.10	18.80	18.49	18.17	17.85
11	20.50	20.23	19.96	19.68	19.39	19.09	18.79	18.48	18.17	17.84
12	20.49	20.22	19.95	19.67	19.38	19.09	18.79	18.48	18.16	17.84
13	20.48	20.22	19.94	19.66	19.37	19.08	18.78	18.47	18.16	17.83
14	20.47	20.21	19.93	19.65	19.37	19.07	18.77	18.47	18.15	17.82
15	20.46	20.20	19.92	19.64	19.36	19.07	18.77	18.46	18.14	17.82
16	20.45	20.19	19.92	19.64	19.35	19.06	18.76	18.45	18.14	17.81
17	20.45	20.18	19.91	19.63	19.34	19.05	18.75	18.45	18.13	17.81
18	20.44	20.17	19.90	19.62	19.34	19.05	18.75	18.44	18.13	17.81
19	20.43	20.16	19.89	19.62	19.33	19.04	18.74	18.44	18.12	17.80
20	20.42	20.16	19.89	19.61	19.33	19.04	18.74	18.43	18.12	17.80
21	20.41	20.15	19.88	19.60	19.32	19.03	18.73	18.43	18.12	17.79
22	20.40	20.14	19.87	19.60	19.31	19.02	18.73	18.42	18.11	17.79
23	20.39	20.13	19.86	19.59	19.30	19.02	18.72	18.42	18.11	17.79
24	20.37	20.11	19.85	19.57	19.29	19.01	18.71	18.41	18.10	17.78
25	20.35	20.10	19.83	19.56	19.28	19.00	18.70	18.40	18.09	17.77
26	20.33	20.08	19.81	19.54	19.27	18.98	18.69	18.39	18.08	17.76
27	20.31	20.06	19.79	19.53	19.25	18.97	18.67	18.38	18.07	17.75
28	20.28	20.03	19.77	19.50	19.23	18.95	18.66	18.36	18.05	17.74
29	20.25	20.00	19.75	19.48	19.21	18.93	18.64	18.34	18.04	17.72
30	20.22	19.97	19.72	19.45	19.18	18.90	18.62	18.32	18.02	17.70
31	20.18	19.94	19.69	19.42	19.16	18.88	18.59	18.30	18.00	17.68
32	20.14	19.90	19.65	19.39	19.12	18.85	18.57	18.28	17.97	17.66
33	20.10	19.86	19.61	19.35	19.09	18.82	18.54	18.25	17.95	17.64
34	20.05	19.81	19.57	19.31	19.05	18.78	18.50	18.22	17.92	17.61
35	19.99	19.76	19.52	19.27	19.01	18.74	18.47	18.18	17.89	17.58
36	19.93	19.70	19.47	19.22	18.97	18.70	18.43	18.15	17.86	17.55
37	19.87	19.64	19.41	19.17	18.92	18.66	18.39	18.11	17.82	17.52
38	19.80	19.58	19.35	19.11	18.86	18.61	18.34	18.07	17.78	17.48
39	19.72	19.50	19.28	19.05	18.80	18.55	18.29	18.02	17.73	17.44
40	19.63	19.42	19.20	18.98	18.74	18.49	18.23	17.96	17.69	17.40
41	19.54	19.34	19.12	18.90	18.67	18.42	18.17	17.91	17.63	17.35
42	19.44	19.24	19.03	18.81	18.59	18.35	18.10	17.84	17.57	17.29
43	19.33	19.14	18.93	18.72	18.50	18.27	18.03	17.77	17.51	17.23
44	19.21	19.02	18.83	18.62	18.41	18.18	17.94	17.70	17.44	17.17
45	19.08	18.90	18.71	18.52	18.31	18.09	17.86	17.61	17.36	17.09
46	18.95	18.78	18.59	18.40	18.20	17.98	17.76	17.52	17.28	17.01
47	18.80	18.64	18.46	18.27	18.08	17.87	17.65	17.43	17.18	16.93
48	18.65	18.49	18.32	18.14	17.95	17.75	17.54	17.32	17.08	16.84
49	18.48	18.33	18.17	18.00	17.81	17.62	17.42	17.20	16.98	16.74

Beispiele ㉕, ㉛, ㊵ – ㊷, ㊾, ㊾, ㊿

MORTALITÉ 3½% Table page 10 **35**

Rente viagère sur deux têtes

Age de la femme	Age de l'homme									
	40	41	42	43	44	45	46	47	48	49
50	18.31	18.16	18.01	17.84	17.67	17.48	17.29	17.08	16.86	16.63
51	18.12	17.98	17.83	17.68	17.51	17.33	17.15	16.95	16.73	16.51
52	17.92	17.79	17.65	17.50	17.34	17.17	16.99	16.80	16.60	16.38
53	17.71	17.59	17.45	17.31	17.16	17.00	16.83	16.64	16.45	16.24
54	17.49	17.37	17.25	17.11	16.97	16.81	16.65	16.48	16.29	16.09
55	17.25	17.14	17.03	16.90	16.76	16.62	16.46	16.29	16.11	15.92
56	17.01	16.90	16.79	16.67	16.54	16.41	16.26	16.10	15.93	15.74
57	16.75	16.65	16.54	16.43	16.31	16.18	16.04	15.89	15.73	15.55
58	16.47	16.38	16.28	16.18	16.06	15.94	15.81	15.67	15.52	15.35
59	16.19	16.10	16.01	15.91	15.81	15.69	15.57	15.43	15.29	15.13
60	15.89	15.81	15.73	15.63	15.54	15.43	15.31	15.19	15.05	14.90
61	15.58	15.51	15.43	15.34	15.25	15.15	15.04	14.93	14.80	14.66
62	15.26	15.19	15.12	15.04	14.95	14.86	14.76	14.65	14.53	14.40
63	14.93	14.86	14.80	14.72	14.64	14.56	14.46	14.36	14.25	14.13
64	14.58	14.52	14.46	14.39	14.32	14.24	14.15	14.06	13.95	13.84
65	14.22	14.16	14.11	14.04	13.98	13.90	13.82	13.73	13.64	13.53
66	13.84	13.79	13.74	13.68	13.62	13.55	13.48	13.40	13.31	13.21
67	13.45	13.41	13.36	13.30	13.25	13.18	13.12	13.04	12.96	12.87
68	13.05	13.01	12.96	12.92	12.86	12.81	12.74	12.68	12.60	12.52
69	12.64	12.60	12.56	12.52	12.47	12.42	12.36	12.30	12.23	12.15
70	12.22	12.18	12.15	12.11	12.06	12.02	11.96	11.91	11.85	11.78
71	11.78	11.75	11.72	11.69	11.65	11.60	11.56	11.51	11.45	11.39
72	11.35	11.32	11.29	11.26	11.22	11.18	11.14	11.10	11.04	10.99
73	10.90	10.88	10.85	10.82	10.79	10.76	10.72	10.68	10.63	10.58
74	10.46	10.44	10.41	10.39	10.36	10.33	10.29	10.26	10.22	10.17
75	10.01	9.99	9.97	9.94	9.92	9.89	9.86	9.83	9.79	9.75
76	9.56	9.54	9.52	9.50	9.48	9.45	9.43	9.40	9.36	9.32
77	9.10	9.09	9.07	9.05	9.03	9.01	8.99	8.96	8.93	8.90
78	8.65	8.64	8.62	8.61	8.59	8.57	8.55	8.53	8.50	8.47
79	8.21	8.20	8.19	8.17	8.16	8.14	8.12	8.10	8.08	8.05
80	7.78	7.76	7.75	7.74	7.73	7.71	7.70	7.68	7.66	7.64
81	7.35	7.34	7.33	7.32	7.31	7.29	7.28	7.26	7.25	7.23
82	6.93	6.92	6.91	6.90	6.89	6.88	6.87	6.86	6.84	6.82
83	6.53	6.52	6.51	6.50	6.49	6.48	6.47	6.46	6.45	6.43
84	6.13	6.13	6.12	6.11	6.10	6.10	6.09	6.08	6.07	6.05
85	5.75	5.74	5.74	5.73	5.73	5.72	5.71	5.70	5.69	5.68
86	5.38	5.37	5.37	5.36	5.36	5.35	5.34	5.34	5.33	5.32
87	5.02	5.01	5.01	5.01	5.00	5.00	4.99	4.98	4.98	4.97
88	4.67	4.67	4.66	4.66	4.66	4.65	4.65	4.64	4.64	4.63
89	4.34	4.33	4.33	4.33	4.32	4.32	4.32	4.31	4.31	4.30
90	4.02	4.02	4.01	4.01	4.01	4.01	4.00	4.00	3.99	3.99
91	3.72	3.71	3.71	3.71	3.71	3.70	3.70	3.70	3.69	3.69
92	3.43	3.43	3.42	3.42	3.42	3.42	3.41	3.41	3.41	3.41
93	3.15	3.15	3.15	3.15	3.15	3.15	3.14	3.14	3.14	3.14
94	2.90	2.90	2.90	2.89	2.89	2.89	2.89	2.89	2.89	2.88
95	2.66	2.66	2.66	2.66	2.65	2.65	2.65	2.65	2.65	2.65
96	2.43	2.43	2.43	2.43	2.43	2.43	2.43	2.43	2.43	2.42
97	2.23	2.23	2.23	2.22	2.22	2.22	2.22	2.22	2.22	2.22
98	2.03	2.03	2.03	2.03	2.03	2.03	2.03	2.03	2.03	2.03
99	1.86	1.86	1.86	1.86	1.86	1.85	1.85	1.85	1.85	1.85

Exemples ㉕, ㉛, ㊵ — ㊷, ㊶, ㊾, �

35 Tafel Seite 11   3½%   MORTALITÄT

Lebenslängliche Verbindungsrente

Alter der Frau	Alter des Mannes									
	50	51	52	53	54	55	56	57	58	59
0	17.50	17.16	16.81	16.46	16.11	15.75	15.39	15.02	14.65	14.28
1	17.54	17.19	16.85	16.49	16.14	15.78	15.42	15.05	14.68	14.30
2	17.53	17.19	16.85	16.49	16.14	15.78	15.42	15.05	14.68	14.30
3	17.53	17.19	16.84	16.49	16.14	15.78	15.42	15.05	14.68	14.30
4	17.53	17.19	16.84	16.49	16.14	15.78	15.42	15.05	14.68	14.30
5	17.53	17.19	16.84	16.49	16.13	15.78	15.42	15.05	14.68	14.30
6	17.53	17.19	16.84	16.49	16.13	15.78	15.41	15.05	14.68	14.30
7	17.52	17.18	16.84	16.49	16.13	15.77	15.41	15.05	14.68	14.30
8	17.52	17.18	16.83	16.48	16.13	15.77	15.41	15.04	14.67	14.30
9	17.52	17.18	16.83	16.48	16.13	15.77	15.41	15.04	14.67	14.29
10	17.51	17.17	16.83	16.48	16.12	15.76	15.40	15.04	14.67	14.29
11	17.51	17.17	16.82	16.47	16.12	15.76	15.40	15.03	14.66	14.29
12	17.50	17.16	16.82	16.47	16.11	15.76	15.40	15.03	14.66	14.28
13	17.50	17.16	16.81	16.46	16.11	15.75	15.39	15.03	14.66	14.28
14	17.49	17.15	16.81	16.46	16.10	15.75	15.39	15.02	14.65	14.28
15	17.49	17.15	16.80	16.45	16.10	15.74	15.38	15.02	14.65	14.27
16	17.48	17.14	16.80	16.45	16.10	15.74	15.38	15.02	14.65	14.27
17	17.48	17.14	16.79	16.45	16.09	15.74	15.38	15.01	14.64	14.27
18	17.47	17.13	16.79	16.44	16.09	15.73	15.38	15.01	14.64	14.27
19	17.47	17.13	16.79	16.44	16.09	15.73	15.37	15.01	14.64	14.27
20	17.47	17.13	16.79	16.44	16.09	15.73	15.37	15.01	14.64	14.27
21	17.46	17.13	16.78	16.44	16.09	15.73	15.37	15.01	14.64	14.27
22	17.46	17.12	16.78	16.43	16.08	15.73	15.37	15.01	14.64	14.27
23	17.46	17.12	16.78	16.43	16.08	15.73	15.37	15.01	14.64	14.26
24	17.45	17.11	16.77	16.43	16.08	15.72	15.37	15.00	14.64	14.26
25	17.44	17.11	16.77	16.42	16.07	15.72	15.36	15.00	14.63	14.26
26	17.43	17.10	16.76	16.41	16.07	15.71	15.36	15.00	14.63	14.26
27	17.42	17.09	16.75	16.41	16.06	15.71	15.35	14.99	14.62	14.25
28	17.41	17.08	16.74	16.40	16.05	15.70	15.34	14.98	14.62	14.25
29	17.40	17.07	16.73	16.39	16.04	15.69	15.33	14.97	14.61	14.24
30	17.38	17.05	16.71	16.37	16.03	15.68	15.32	14.97	14.60	14.23
31	17.36	17.03	16.70	16.36	16.01	15.67	15.31	14.96	14.59	14.22
32	17.34	17.02	16.68	16.34	16.00	15.65	15.30	14.94	14.58	14.21
33	17.32	16.99	16.66	16.32	15.98	15.64	15.29	14.93	14.57	14.20
34	17.30	16.97	16.64	16.31	15.96	15.62	15.27	14.92	14.56	14.19
35	17.27	16.95	16.62	16.28	15.95	15.60	15.25	14.90	14.54	14.18
36	17.24	16.92	16.59	16.26	15.92	15.58	15.24	14.88	14.53	14.16
37	17.21	16.89	16.57	16.24	15.90	15.56	15.22	14.87	14.51	14.15
38	17.18	16.86	16.54	16.21	15.88	15.54	15.19	14.85	14.49	14.13
39	17.14	16.83	16.51	16.18	15.85	15.51	15.17	14.82	14.47	14.11
40	17.10	16.79	16.47	16.15	15.82	15.48	15.15	14.80	14.45	14.09
41	17.05	16.74	16.43	16.11	15.78	15.45	15.12	14.77	14.42	14.07
42	17.00	16.70	16.39	16.07	15.75	15.42	15.09	14.75	14.40	14.04
43	16.94	16.65	16.34	16.03	15.71	15.38	15.05	14.71	14.37	14.02
44	16.88	16.59	16.29	15.98	15.66	15.34	15.01	14.68	14.34	13.99
45	16.82	16.53	16.23	15.93	15.61	15.30	14.97	14.64	14.30	13.96
46	16.74	16.46	16.17	15.87	15.56	15.25	14.93	14.60	14.26	13.92
47	16.66	16.39	16.10	15.81	15.50	15.20	14.88	14.56	14.22	13.88
48	16.58	16.31	16.03	15.74	15.44	15.14	14.83	14.51	14.18	13.84
49	16.48	16.22	15.95	15.66	15.37	15.07	14.77	14.45	14.13	13.80

Beispiele ㉕, ㉛, ㊵ – ㊷, ㊼, ㊾, ㊿

MORTALITÉ 3½% Table page 12 35

Rente viagère sur deux têtes

Age de la femme	Age de l'homme									
	50	51	52	53	54	55	56	57	58	59
50	16.38	16.12	15.86	15.58	15.30	15.00	14.70	14.40	14.08	13.75
51	16.27	16.02	15.76	15.49	15.21	14.93	14.63	14.33	14.02	13.70
52	16.15	15.91	15.65	15.39	15.12	14.84	14.56	14.26	13.95	13.64
53	16.02	15.78	15.54	15.28	15.02	14.75	14.47	14.18	13.88	13.57
54	15.87	15.65	15.41	15.17	14.91	14.65	14.38	14.09	13.80	13.50
55	15.72	15.50	15.27	15.04	14.79	14.54	14.27	14.00	13.71	13.41
56	15.55	15.34	15.12	14.90	14.66	14.41	14.16	13.89	13.61	13.32
57	15.37	15.17	14.96	14.74	14.51	14.28	14.03	13.77	13.50	13.22
58	15.17	14.98	14.78	14.58	14.36	14.13	13.89	13.64	13.38	13.11
59	14.97	14.79	14.60	14.40	14.19	13.97	13.74	13.50	13.25	12.99
60	14.74	14.57	14.39	14.20	14.00	13.80	13.58	13.35	13.11	12.86
61	14.51	14.35	14.18	14.00	13.81	13.61	13.40	13.18	12.95	12.71
62	14.26	14.11	13.95	13.78	13.60	13.41	13.21	13.00	12.78	12.55
63	13.99	13.85	13.70	13.54	13.37	13.20	13.01	12.81	12.60	12.38
64	13.71	13.58	13.44	13.29	13.13	12.96	12.79	12.60	12.40	12.19
65	13.42	13.29	13.16	13.02	12.87	12.72	12.55	12.37	12.19	11.99
66	13.10	12.99	12.86	12.73	12.60	12.45	12.29	12.13	11.95	11.77
67	12.77	12.67	12.55	12.43	12.30	12.16	12.02	11.87	11.70	11.53
68	12.43	12.33	12.22	12.11	11.99	11.87	11.73	11.59	11.43	11.27
69	12.07	11.98	11.88	11.78	11.67	11.55	11.43	11.29	11.15	11.00
70	11.70	11.62	11.53	11.43	11.33	11.22	11.11	10.99	10.85	10.71
71	11.32	11.24	11.16	11.07	10.98	10.88	10.78	10.66	10.54	10.41
72	10.92	10.85	10.78	10.70	10.62	10.53	10.43	10.33	10.21	10.09
73	10.52	10.46	10.39	10.32	10.24	10.16	10.07	9.98	9.88	9.77
74	10.12	10.06	10.00	9.93	9.86	9.79	9.71	9.62	9.53	9.43
75	9.70	9.65	9.60	9.54	9.47	9.41	9.33	9.26	9.17	9.08
76	9.28	9.24	9.19	9.13	9.08	9.02	8.95	8.88	8.81	8.72
77	8.86	8.82	8.77	8.73	8.68	8.62	8.56	8.50	8.43	8.36
78	8.44	8.40	8.36	8.32	8.27	8.23	8.17	8.12	8.06	7.99
79	8.02	7.99	7.95	7.92	7.88	7.83	7.79	7.74	7.68	7.62
80	7.61	7.58	7.55	7.52	7.48	7.44	7.40	7.36	7.31	7.25
81	7.20	7.18	7.15	7.12	7.09	7.05	7.02	6.98	6.94	6.89
82	6.80	6.78	6.76	6.73	6.70	6.67	6.64	6.61	6.57	6.53
83	6.42	6.40	6.37	6.35	6.33	6.30	6.27	6.24	6.21	6.17
84	6.04	6.02	6.00	5.98	5.96	5.94	5.91	5.89	5.86	5.82
85	5.67	5.65	5.64	5.62	5.60	5.58	5.56	5.54	5.51	5.48
86	5.31	5.29	5.28	5.26	5.25	5.23	5.21	5.19	5.17	5.15
87	4.96	4.95	4.93	4.92	4.91	4.89	4.88	4.86	4.84	4.82
88	4.62	4.61	4.60	4.59	4.58	4.56	4.55	4.53	4.52	4.50
89	4.29	4.29	4.28	4.27	4.26	4.25	4.23	4.22	4.21	4.19
90	3.98	3.97	3.97	3.96	3.95	3.94	3.93	3.92	3.91	3.90
91	3.68	3.68	3.67	3.66	3.66	3.65	3.64	3.63	3.62	3.61
92	3.40	3.40	3.39	3.38	3.38	3.37	3.36	3.36	3.35	3.34
93	3.13	3.13	3.12	3.12	3.11	3.11	3.10	3.10	3.09	3.08
94	2.88	2.88	2.87	2.87	2.86	2.86	2.85	2.85	2.84	2.84
95	2.64	2.64	2.64	2.63	2.63	2.63	2.62	2.62	2.61	2.61
96	2.42	2.42	2.42	2.41	2.41	2.41	2.40	2.40	2.40	2.39
97	2.22	2.21	2.21	2.21	2.21	2.20	2.20	2.20	2.20	2.19
98	2.03	2.02	2.02	2.02	2.02	2.02	2.01	2.01	2.01	2.01
99	1.85	1.85	1.85	1.85	1.84	1.84	1.84	1.84	1.84	1.83

Exemples ㉕, ㉛, ㊵ — ㊷, ㊿, ㊾, ㊶

35 Tafel Seite 13   3½%   MORTALITÄT

Lebenslängliche Verbindungsrente

Alter der Frau	Alter des Mannes									
	60	61	62	63	64	65	66	67	68	69
0	13.90	13.51	13.13	12.74	12.35	11.97	11.58	11.19	10.80	10.41
1	13.92	13.54	13.15	12.76	12.38	11.99	11.60	11.21	10.82	10.43
2	13.92	13.54	13.15	12.76	12.38	11.99	11.60	11.21	10.82	10.43
3	13.92	13.54	13.15	12.76	12.38	11.99	11.60	11.21	10.82	10.43
4	13.92	13.53	13.15	12.76	12.37	11.99	11.60	11.21	10.82	10.43
5	13.92	13.53	13.15	12.76	12.37	11.99	11.60	11.21	10.82	10.43
6	13.92	13.53	13.15	12.76	12.37	11.99	11.60	11.21	10.82	10.43
7	13.92	13.53	13.15	12.76	12.37	11.99	11.60	11.21	10.82	10.43
8	13.91	13.53	13.14	12.76	12.37	11.98	11.60	11.21	10.82	10.43
9	13.91	13.53	13.14	12.76	12.37	11.98	11.59	11.21	10.82	10.43
10	13.91	13.53	13.14	12.75	12.37	11.98	11.59	11.21	10.82	10.43
11	13.91	13.52	13.14	12.75	12.36	11.98	11.59	11.20	10.81	10.42
12	13.90	13.52	13.13	12.75	12.36	11.97	11.59	11.20	10.81	10.42
13	13.90	13.52	13.13	12.74	12.36	11.97	11.59	11.20	10.81	10.42
14	13.90	13.51	13.13	12.74	12.36	11.97	11.58	11.20	10.81	10.42
15	13.89	13.51	13.12	12.74	12.35	11.97	11.58	11.19	10.81	10.42
16	13.89	13.51	13.12	12.74	12.35	11.96	11.58	11.19	10.80	10.41
17	13.89	13.51	13.12	12.74	12.35	11.96	11.58	11.19	10.80	10.41
18	13.89	13.50	13.12	12.73	12.35	11.96	11.58	11.19	10.80	10.41
19	13.89	13.50	13.12	12.73	12.35	11.96	11.58	11.19	10.80	10.41
20	13.89	13.50	13.12	12.73	12.35	11.96	11.58	11.19	10.80	10.41
21	13.89	13.50	13.12	12.73	12.35	11.96	11.58	11.19	10.80	10.41
22	13.89	13.50	13.12	12.73	12.35	11.96	11.58	11.19	10.80	10.41
23	13.89	13.50	13.12	12.73	12.35	11.96	11.58	11.19	10.80	10.42
24	13.88	13.50	13.12	12.73	12.35	11.96	11.58	11.19	10.80	10.42
25	13.88	13.50	13.12	12.73	12.35	11.96	11.58	11.19	10.80	10.41
26	13.88	13.50	13.11	12.73	12.35	11.96	11.58	11.19	10.80	10.41
27	13.87	13.49	13.11	12.73	12.34	11.96	11.57	11.19	10.80	10.41
28	13.87	13.49	13.11	12.72	12.34	11.95	11.57	11.19	10.80	10.41
29	13.86	13.48	13.10	12.72	12.33	11.95	11.57	11.18	10.80	10.41
30	13.86	13.48	13.10	12.71	12.33	11.95	11.56	11.18	10.79	10.41
31	13.85	13.47	13.09	12.71	12.32	11.94	11.56	11.17	10.79	10.40
32	13.84	13.46	13.08	12.70	12.32	11.94	11.55	11.17	10.78	10.40
33	13.83	13.45	13.07	12.69	12.31	11.93	11.55	11.16	10.78	10.39
34	13.82	13.44	13.06	12.68	12.30	11.92	11.54	11.16	10.77	10.39
35	13.80	13.43	13.05	12.67	12.29	11.91	11.53	11.15	10.77	10.38
36	13.79	13.42	13.04	12.66	12.28	11.90	11.52	11.14	10.76	10.38
37	13.78	13.40	13.03	12.65	12.27	11.89	11.52	11.14	10.75	10.37
38	13.76	13.39	13.01	12.64	12.26	11.88	11.51	11.13	10.75	10.36
39	13.74	13.37	13.00	12.63	12.25	11.87	11.50	11.12	10.74	10.35
40	13.73	13.36	12.98	12.61	12.24	11.86	11.48	11.11	10.73	10.35
41	13.70	13.34	12.97	12.60	12.22	11.85	11.47	11.10	10.72	10.34
42	13.68	13.32	12.95	12.58	12.21	11.83	11.46	11.08	10.71	10.33
43	13.66	13.29	12.93	12.56	12.19	11.82	11.44	11.07	10.69	10.31
44	13.63	13.27	12.90	12.54	12.17	11.80	11.43	11.06	10.68	10.30
45	13.60	13.24	12.88	12.52	12.15	11.78	11.41	11.04	10.67	10.29
46	13.57	13.21	12.85	12.49	12.13	11.76	11.39	11.02	10.65	10.28
47	13.54	13.18	12.83	12.47	12.10	11.74	11.37	11.01	10.63	10.26
48	13.50	13.15	12.80	12.44	12.08	11.72	11.35	10.99	10.62	10.25
49	13.46	13.11	12.76	12.41	12.05	11.69	11.33	10.97	10.60	10.23

Beispiele ㉕, ㉛, ㊵ – ㊷, ㊿, ㊾, ㊽

MORTALITÉ 3½% Table 35 page 14

Rente viagère sur deux têtes

Age de la femme	Age de l'homme									
	60	61	62	63	64	65	66	67	68	69
50	13.41	13.07	12.72	12.37	12.02	11.66	11.31	10.94	10.58	10.21
51	13.36	13.03	12.68	12.34	11.99	11.63	11.28	10.92	10.56	10.19
52	13.31	12.98	12.64	12.30	11.95	11.60	11.25	10.89	10.53	10.17
53	13.25	12.92	12.59	12.25	11.91	11.56	11.21	10.86	10.51	10.14
54	13.18	12.86	12.53	12.20	11.86	11.52	11.18	10.83	10.48	10.12
55	13.11	12.79	12.47	12.14	11.81	11.48	11.14	10.79	10.44	10.09
56	13.02	12.72	12.40	12.08	11.75	11.42	11.09	10.75	10.40	10.05
57	12.93	12.63	12.32	12.01	11.69	11.36	11.03	10.70	10.36	10.01
58	12.83	12.54	12.24	11.93	11.62	11.30	10.98	10.65	10.31	9.97
59	12.72	12.43	12.14	11.84	11.54	11.23	10.91	10.59	10.26	9.92
60	12.59	12.32	12.04	11.75	11.45	11.15	10.84	10.52	10.20	9.87
61	12.46	12.19	11.92	11.64	11.35	11.06	10.75	10.45	10.13	9.81
62	12.31	12.05	11.79	11.52	11.24	10.96	10.66	10.36	10.06	9.74
63	12.15	11.90	11.65	11.39	11.12	10.85	10.56	10.27	9.97	9.67
64	11.97	11.74	11.50	11.25	10.99	10.72	10.45	10.17	9.88	9.58
65	11.78	11.56	11.33	11.09	10.84	10.59	10.32	10.05	9.77	9.48
66	11.57	11.36	11.14	10.91	10.68	10.43	10.18	9.92	9.65	9.37
67	11.34	11.14	10.94	10.72	10.50	10.26	10.02	9.77	9.52	9.25
68	11.10	10.91	10.72	10.51	10.30	10.08	9.85	9.62	9.37	9.11
69	10.84	10.66	10.48	10.29	10.09	9.88	9.67	9.44	9.21	8.96
70	10.56	10.40	10.23	10.05	9.86	9.67	9.47	9.25	9.03	8.80
71	10.27	10.12	9.96	9.80	9.62	9.44	9.25	9.05	8.84	8.62
72	9.96	9.83	9.68	9.53	9.37	9.20	9.02	8.83	8.63	8.43
73	9.65	9.52	9.39	9.24	9.10	8.94	8.77	8.60	8.41	8.22
74	9.32	9.20	9.08	8.95	8.81	8.67	8.52	8.35	8.18	8.00
75	8.98	8.88	8.76	8.64	8.52	8.39	8.24	8.10	7.94	7.77
76	8.63	8.54	8.43	8.33	8.21	8.09	7.96	7.82	7.68	7.52
77	8.28	8.19	8.10	8.00	7.89	7.78	7.67	7.54	7.41	7.27
78	7.92	7.84	7.76	7.67	7.57	7.47	7.37	7.25	7.13	7.00
79	7.56	7.49	7.41	7.33	7.25	7.16	7.06	6.96	6.85	6.73
80	7.20	7.13	7.07	7.00	6.92	6.84	6.75	6.66	6.56	6.46
81	6.84	6.78	6.72	6.66	6.59	6.52	6.44	6.36	6.27	6.17
82	6.48	6.43	6.38	6.32	6.26	6.20	6.13	6.06	5.98	5.89
83	6.13	6.09	6.04	5.99	5.94	5.88	5.82	5.76	5.69	5.61
84	5.79	5.75	5.71	5.66	5.62	5.57	5.51	5.46	5.39	5.33
85	5.45	5.42	5.38	5.34	5.30	5.26	5.21	5.16	5.11	5.05
86	5.12	5.09	5.06	5.02	4.99	4.95	4.91	4.87	4.82	4.76
87	4.80	4.77	4.74	4.71	4.68	4.65	4.61	4.57	4.53	4.49
88	4.48	4.46	4.43	4.41	4.38	4.35	4.32	4.29	4.25	4.21
89	4.17	4.16	4.13	4.11	4.09	4.06	4.04	4.01	3.98	3.94
90	3.88	3.86	3.85	3.83	3.81	3.79	3.76	3.74	3.71	3.68
91	3.60	3.58	3.57	3.55	3.54	3.52	3.50	3.48	3.45	3.43
92	3.33	3.32	3.30	3.29	3.27	3.26	3.24	3.23	3.21	3.18
93	3.07	3.06	3.05	3.04	3.03	3.01	3.00	2.98	2.97	2.95
94	2.83	2.82	2.81	2.80	2.79	2.78	2.77	2.76	2.74	2.73
95	2.60	2.59	2.59	2.58	2.57	2.56	2.55	2.54	2.53	2.52
96	2.39	2.38	2.37	2.37	2.36	2.35	2.34	2.34	2.33	2.32
97	2.19	2.18	2.18	2.17	2.17	2.16	2.15	2.14	2.14	2.13
98	2.00	2.00	1.99	1.99	1.98	1.98	1.97	1.97	1.96	1.95
99	1.83	1.83	1.82	1.82	1.82	1.81	1.81	1.80	1.80	1.79

Exemples ㉕, ㉛, ㊵ — ㊷, ㊶, ㊾, ㊽

35 Tafel Seite 15 — 3½% — MORTALITÄT

Lebenslängliche Verbindungsrente

Alter der Frau	Alter des Mannes									
	70	71	72	73	74	75	76	77	78	79
0	10.02	9.63	9.25	8.86	8.48	8.09	7.72	7.35	7.00	6.65
1	10.04	9.65	9.26	8.88	8.49	8.11	7.73	7.37	7.01	6.66
2	10.04	9.65	9.26	8.88	8.49	8.11	7.73	7.37	7.01	6.66
3	10.04	9.65	9.26	8.88	8.49	8.11	7.73	7.37	7.01	6.66
4	10.04	9.65	9.26	8.88	8.49	8.11	7.73	7.37	7.01	6.66
5	10.04	9.65	9.26	8.88	8.49	8.11	7.73	7.37	7.01	6.66
6	10.04	9.65	9.26	8.88	8.49	8.11	7.73	7.37	7.01	6.66
7	10.04	9.65	9.26	8.88	8.49	8.11	7.73	7.37	7.01	6.66
8	10.04	9.65	9.26	8.88	8.49	8.11	7.73	7.36	7.01	6.66
9	10.04	9.65	9.26	8.88	8.49	8.11	7.73	7.36	7.01	6.66
10	10.04	9.65	9.26	8.87	8.49	8.11	7.73	7.36	7.01	6.66
11	10.03	9.65	9.26	8.87	8.49	8.11	7.73	7.36	7.01	6.66
12	10.03	9.64	9.26	8.87	8.49	8.10	7.73	7.36	7.00	6.66
13	10.03	9.64	9.25	8.87	8.48	8.10	7.73	7.36	7.00	6.66
14	10.03	9.64	9.25	8.87	8.48	8.10	7.73	7.36	7.00	6.66
15	10.03	9.64	9.25	8.86	8.48	8.10	7.72	7.36	7.00	6.66
16	10.02	9.64	9.25	8.86	8.48	8.10	7.72	7.36	7.00	6.66
17	10.02	9.64	9.25	8.86	8.48	8.10	7.72	7.35	7.00	6.66
18	10.02	9.63	9.25	8.86	8.48	8.10	7.72	7.35	7.00	6.65
19	10.02	9.63	9.25	8.86	8.48	8.10	7.72	7.35	7.00	6.65
20	10.02	9.64	9.25	8.86	8.48	8.10	7.72	7.35	7.00	6.66
21	10.02	9.64	9.25	8.86	8.48	8.10	7.72	7.36	7.00	6.66
22	10.02	9.64	9.25	8.86	8.48	8.10	7.72	7.36	7.00	6.66
23	10.03	9.64	9.25	8.86	8.48	8.10	7.72	7.36	7.00	6.66
24	10.03	9.64	9.25	8.87	8.48	8.10	7.72	7.36	7.00	6.66
25	10.03	9.64	9.25	8.87	8.48	8.10	7.72	7.36	7.00	6.66
26	10.02	9.64	9.25	8.86	8.48	8.10	7.72	7.36	7.00	6.66
27	10.02	9.64	9.25	8.86	8.48	8.10	7.72	7.36	7.00	6.66
28	10.02	9.63	9.25	8.86	8.48	8.10	7.72	7.36	7.00	6.66
29	10.02	9.63	9.25	8.86	8.48	8.10	7.72	7.36	7.00	6.66
30	10.02	9.63	9.24	8.86	8.48	8.10	7.72	7.35	7.00	6.66
31	10.01	9.63	9.24	8.86	8.47	8.09	7.72	7.35	7.00	6.65
32	10.01	9.62	9.24	8.85	8.47	8.09	7.72	7.35	7.00	6.65
33	10.01	9.62	9.24	8.85	8.47	8.09	7.72	7.35	6.99	6.65
34	10.00	9.62	9.23	8.85	8.47	8.09	7.71	7.35	6.99	6.65
35	10.00	9.61	9.23	8.84	8.46	8.08	7.71	7.34	6.99	6.65
36	9.99	9.61	9.22	8.84	8.46	8.08	7.71	7.34	6.99	6.65
37	9.98	9.60	9.22	8.84	8.45	8.08	7.70	7.34	6.98	6.64
38	9.98	9.59	9.21	8.83	8.45	8.07	7.70	7.34	6.98	6.64
39	9.97	9.59	9.21	8.83	8.45	8.07	7.70	7.33	6.98	6.64
40	9.96	9.58	9.20	8.82	8.44	8.06	7.69	7.33	6.98	6.64
41	9.95	9.57	9.19	8.81	8.43	8.06	7.69	7.32	6.97	6.63
42	9.94	9.56	9.19	8.81	8.43	8.05	7.68	7.32	6.97	6.63
43	9.93	9.55	9.18	8.80	8.42	8.05	7.68	7.31	6.96	6.62
44	9.92	9.54	9.17	8.79	8.41	8.04	7.67	7.31	6.96	6.62
45	9.91	9.53	9.16	8.78	8.41	8.03	7.66	7.30	6.95	6.61
46	9.90	9.52	9.15	8.77	8.40	8.02	7.66	7.30	6.95	6.61
47	9.89	9.51	9.14	8.76	8.39	8.02	7.65	7.29	6.94	6.60
48	9.87	9.50	9.12	8.75	8.38	8.01	7.64	7.28	6.94	6.60
49	9.86	9.48	9.11	8.74	8.37	8.00	7.63	7.28	6.93	6.59

Beispiele ㉕, ㉛, ㊵ — ㊷, ㊶, ㊾, ㊶

MORTALITÉ 3½% Table page 16 35

Rente viagère sur deux têtes

Age de la femme	Age de l'homme									
	70	71	72	73	74	75	76	77	78	79
50	9.84	9.47	9.10	8.73	8.36	7.99	7.63	7.27	6.92	6.59
51	9.82	9.45	9.08	8.72	8.35	7.98	7.62	7.26	6.91	6.58
52	9.80	9.44	9.07	8.70	8.33	7.97	7.61	7.25	6.91	6.57
53	9.78	9.42	9.05	8.69	8.32	7.96	7.60	7.24	6.90	6.57
54	9.76	9.39	9.03	8.67	8.30	7.94	7.58	7.23	6.89	6.56
55	9.73	9.37	9.01	8.65	8.29	7.93	7.57	7.22	6.88	6.55
56	9.70	9.34	8.99	8.63	8.27	7.91	7.55	7.21	6.87	6.54
57	9.66	9.31	8.96	8.60	8.25	7.89	7.54	7.19	6.85	6.53
58	9.63	9.28	8.93	8.58	8.22	7.87	7.52	7.17	6.84	6.51
59	9.58	9.24	8.89	8.55	8.20	7.84	7.50	7.16	6.82	6.50
60	9.53	9.20	8.86	8.51	8.17	7.82	7.47	7.13	6.80	6.48
61	9.48	9.15	8.81	8.47	8.13	7.79	7.45	7.11	6.78	6.46
62	9.42	9.09	8.76	8.43	8.09	7.75	7.42	7.08	6.76	6.44
63	9.35	9.03	8.71	8.38	8.05	7.72	7.38	7.05	6.73	6.42
64	9.27	8.96	8.65	8.32	8.00	7.67	7.34	7.02	6.70	6.39
65	9.18	8.88	8.57	8.26	7.94	7.62	7.30	6.98	6.67	6.36
66	9.08	8.79	8.49	8.19	7.87	7.56	7.25	6.93	6.63	6.33
67	8.97	8.69	8.40	8.10	7.80	7.49	7.18	6.88	6.58	6.28
68	8.84	8.57	8.29	8.00	7.71	7.41	7.11	6.81	6.52	6.23
69	8.71	8.44	8.18	7.90	7.61	7.33	7.04	6.74	6.46	6.18
70	8.55	8.30	8.05	7.78	7.51	7.23	6.95	6.66	6.39	6.11
71	8.39	8.15	7.90	7.65	7.39	7.12	6.85	6.58	6.31	6.04
72	8.21	7.98	7.75	7.51	7.26	7.00	6.74	6.48	6.22	5.96
73	8.02	7.80	7.58	7.35	7.12	6.87	6.62	6.37	6.12	5.87
74	7.81	7.61	7.40	7.19	6.96	6.73	6.49	6.25	6.01	5.77
75	7.59	7.41	7.21	7.01	6.80	6.57	6.35	6.12	5.89	5.66
76	7.36	7.19	7.01	6.82	6.62	6.41	6.20	5.98	5.76	5.55
77	7.12	6.96	6.79	6.61	6.43	6.23	6.03	5.83	5.62	5.42
78	6.86	6.72	6.56	6.40	6.23	6.04	5.86	5.67	5.47	5.28
79	6.61	6.47	6.33	6.18	6.02	5.85	5.68	5.50	5.32	5.14
80	6.34	6.22	6.09	5.95	5.80	5.65	5.49	5.32	5.15	4.98
81	6.07	5.96	5.84	5.72	5.58	5.44	5.29	5.14	4.98	4.82
82	5.80	5.70	5.59	5.48	5.36	5.23	5.09	4.95	4.80	4.66
83	5.53	5.44	5.34	5.24	5.13	5.01	4.88	4.75	4.62	4.49
84	5.25	5.17	5.09	5.00	4.90	4.79	4.68	4.56	4.44	4.31
85	4.98	4.91	4.83	4.75	4.66	4.57	4.46	4.36	4.25	4.13
86	4.71	4.65	4.58	4.51	4.43	4.34	4.25	4.15	4.05	3.95
87	4.44	4.38	4.32	4.26	4.19	4.11	4.03	3.94	3.86	3.76
88	4.17	4.12	4.07	4.01	3.95	3.89	3.81	3.74	3.66	3.57
89	3.91	3.87	3.82	3.77	3.72	3.66	3.60	3.53	3.46	3.38
90	3.65	3.62	3.58	3.53	3.49	3.44	3.38	3.32	3.26	3.19
91	3.40	3.37	3.34	3.30	3.26	3.22	3.17	3.12	3.06	3.00
92	3.16	3.14	3.11	3.08	3.04	3.00	2.96	2.92	2.87	2.82
93	2.93	2.91	2.89	2.86	2.83	2.80	2.76	2.72	2.68	2.64
94	2.71	2.69	2.67	2.65	2.63	2.60	2.57	2.53	2.50	2.46
95	2.50	2.49	2.47	2.45	2.43	2.41	2.38	2.35	2.32	2.29
96	2.30	2.29	2.28	2.26	2.24	2.22	2.20	2.18	2.15	2.12
97	2.12	2.11	2.10	2.08	2.07	2.05	2.03	2.01	1.99	1.97
98	1.94	1.94	1.93	1.92	1.90	1.89	1.87	1.86	1.84	1.82
99	1.78	1.78	1.77	1.76	1.75	1.74	1.73	1.71	1.70	1.68

Exemples ㉕, ㉛, ㊵ — ㊷, ㊶, ㊾, ㊶

35 Tafel Seite 17   3½%   MORTALITÄT

Lebenslängliche Verbindungsrente

Alter der Frau	Alter des Mannes									
	80	81	82	83	84	85	86	87	88	89
0	6.32	6.00	5.70	5.41	5.12	4.84	4.57	4.30	4.04	3.79
1	6.33	6.02	5.71	5.42	5.13	4.85	4.57	4.30	4.04	3.79
2	6.33	6.02	5.71	5.42	5.13	4.85	4.57	4.30	4.04	3.79
3	6.33	6.02	5.71	5.42	5.13	4.85	4.57	4.30	4.04	3.79
4	6.33	6.02	5.71	5.42	5.13	4.85	4.57	4.30	4.04	3.79
5	6.33	6.02	5.71	5.42	5.13	4.85	4.57	4.30	4.04	3.79
6	6.33	6.02	5.71	5.42	5.13	4.85	4.57	4.30	4.04	3.79
7	6.33	6.02	5.71	5.42	5.13	4.85	4.57	4.30	4.04	3.79
8	6.33	6.02	5.71	5.42	5.13	4.85	4.57	4.30	4.04	3.79
9	6.33	6.02	5.71	5.42	5.13	4.85	4.57	4.30	4.04	3.79
10	6.33	6.01	5.71	5.42	5.13	4.85	4.57	4.30	4.04	3.79
11	6.33	6.01	5.71	5.42	5.13	4.85	4.57	4.30	4.04	3.79
12	6.33	6.01	5.71	5.41	5.13	4.85	4.57	4.30	4.04	3.79
13	6.33	6.01	5.71	5.41	5.13	4.85	4.57	4.30	4.04	3.79
14	6.33	6.01	5.71	5.41	5.13	4.85	4.57	4.30	4.04	3.79
15	6.33	6.01	5.70	5.41	5.13	4.85	4.57	4.30	4.04	3.79
16	6.33	6.01	5.70	5.41	5.13	4.85	4.57	4.30	4.04	3.79
17	6.33	6.01	5.70	5.41	5.12	4.84	4.57	4.30	4.04	3.79
18	6.32	6.01	5.70	5.41	5.12	4.84	4.57	4.30	4.04	3.79
19	6.32	6.01	5.70	5.41	5.12	4.84	4.57	4.30	4.04	3.79
20	6.33	6.01	5.70	5.41	5.12	4.84	4.57	4.30	4.04	3.79
21	6.33	6.01	5.70	5.41	5.12	4.84	4.57	4.30	4.04	3.79
22	6.33	6.01	5.70	5.41	5.13	4.85	4.57	4.30	4.04	3.79
23	6.33	6.01	5.70	5.41	5.13	4.85	4.57	4.30	4.04	3.79
24	6.33	6.01	5.71	5.41	5.13	4.85	4.57	4.30	4.04	3.79
25	6.33	6.01	5.71	5.41	5.13	4.85	4.57	4.30	4.04	3.79
26	6.33	6.01	5.71	5.41	5.13	4.85	4.57	4.30	4.04	3.79
27	6.33	6.01	5.71	5.41	5.13	4.85	4.57	4.30	4.04	3.79
28	6.33	6.01	5.71	5.41	5.13	4.85	4.57	4.30	4.04	3.79
29	6.33	6.01	5.70	5.41	5.13	4.85	4.57	4.30	4.04	3.79
30	6.33	6.01	5.70	5.41	5.13	4.85	4.57	4.30	4.04	3.79
31	6.32	6.01	5.70	5.41	5.13	4.85	4.57	4.30	4.04	3.79
32	6.32	6.01	5.70	5.41	5.12	4.84	4.57	4.30	4.04	3.79
33	6.32	6.01	5.70	5.41	5.12	4.84	4.57	4.30	4.04	3.79
34	6.32	6.00	5.70	5.41	5.12	4.84	4.57	4.30	4.04	3.79
35	6.32	6.00	5.70	5.41	5.12	4.84	4.57	4.30	4.04	3.79
36	6.32	6.00	5.70	5.41	5.12	4.84	4.57	4.30	4.04	3.79
37	6.31	6.00	5.70	5.40	5.12	4.84	4.57	4.30	4.04	3.79
38	6.31	6.00	5.69	5.40	5.12	4.84	4.56	4.30	4.04	3.79
39	6.31	6.00	5.69	5.40	5.12	4.84	4.56	4.30	4.04	3.79
40	6.31	5.99	5.69	5.40	5.11	4.84	4.56	4.29	4.03	3.78
41	6.30	5.99	5.69	5.40	5.11	4.83	4.56	4.29	4.03	3.78
42	6.30	5.99	5.69	5.39	5.11	4.83	4.56	4.29	4.03	3.78
43	6.30	5.98	5.68	5.39	5.11	4.83	4.56	4.29	4.03	3.78
44	6.29	5.98	5.68	5.39	5.11	4.83	4.56	4.29	4.03	3.78
45	6.29	5.98	5.68	5.39	5.10	4.83	4.55	4.29	4.03	3.78
46	6.28	5.97	5.67	5.38	5.10	4.82	4.55	4.28	4.03	3.78
47	6.28	5.97	5.67	5.38	5.10	4.82	4.55	4.28	4.02	3.77
48	6.27	5.96	5.66	5.38	5.09	4.82	4.55	4.28	4.02	3.77
49	6.27	5.96	5.66	5.37	5.09	4.81	4.54	4.28	4.02	3.77

Beispiele (25), (31), (40) — (42), (51), (59), (61)

MORTALITÉ 3½% Table 35 page 18

Rente viagère sur deux têtes

Age de la femme	Age de l'homme									
	80	81	82	83	84	85	86	87	88	89
50	6.26	5.95	5.66	5.37	5.09	4.81	4.54	4.28	4.02	3.77
51	6.26	5.95	5.65	5.36	5.08	4.81	4.54	4.27	4.02	3.77
52	6.25	5.94	5.65	5.36	5.08	4.80	4.53	4.27	4.01	3.77
53	6.25	5.94	5.64	5.35	5.08	4.80	4.53	4.27	4.01	3.76
54	6.24	5.93	5.63	5.35	5.07	4.80	4.53	4.26	4.01	3.76
55	6.23	5.92	5.63	5.34	5.07	4.79	4.52	4.26	4.01	3.76
56	6.22	5.92	5.62	5.34	5.06	4.79	4.52	4.26	4.00	3.76
57	6.21	5.91	5.61	5.33	5.05	4.78	4.51	4.25	4.00	3.75
58	6.20	5.90	5.60	5.32	5.05	4.78	4.51	4.25	3.99	3.75
59	6.19	5.88	5.59	5.31	5.04	4.77	4.50	4.24	3.99	3.75
60	6.17	5.87	5.58	5.30	5.03	4.76	4.50	4.24	3.98	3.74
61	6.16	5.86	5.57	5.29	5.02	4.75	4.49	4.23	3.98	3.74
62	6.14	5.84	5.56	5.28	5.01	4.75	4.48	4.22	3.97	3.73
63	6.12	5.83	5.54	5.27	5.00	4.74	4.47	4.22	3.97	3.73
64	6.09	5.81	5.52	5.25	4.99	4.72	4.46	4.21	3.96	3.72
65	6.07	5.78	5.50	5.23	4.97	4.71	4.45	4.20	3.95	3.71
66	6.03	5.75	5.48	5.21	4.95	4.69	4.44	4.19	3.94	3.70
67	6.00	5.72	5.45	5.19	4.93	4.67	4.42	4.17	3.93	3.69
68	5.95	5.68	5.41	5.16	4.90	4.65	4.40	4.15	3.91	3.68
69	5.90	5.63	5.37	5.12	4.87	4.62	4.38	4.13	3.89	3.66
70	5.84	5.58	5.33	5.08	4.84	4.59	4.35	4.11	3.87	3.65
71	5.78	5.53	5.28	5.03	4.79	4.56	4.32	4.08	3.85	3.63
72	5.71	5.46	5.22	4.98	4.75	4.52	4.28	4.05	3.82	3.60
73	5.63	5.39	5.15	4.92	4.70	4.47	4.24	4.01	3.79	3.57
74	5.54	5.31	5.08	4.86	4.64	4.42	4.20	3.98	3.76	3.54
75	5.44	5.22	5.00	4.79	4.58	4.36	4.15	3.93	3.72	3.51
76	5.33	5.12	4.91	4.71	4.50	4.30	4.09	3.88	3.67	3.47
77	5.21	5.01	4.82	4.62	4.42	4.22	4.02	3.82	3.62	3.43
78	5.09	4.90	4.71	4.52	4.34	4.15	3.95	3.76	3.57	3.38
79	4.95	4.78	4.60	4.42	4.24	4.06	3.88	3.69	3.51	3.32
80	4.81	4.65	4.48	4.31	4.14	3.97	3.80	3.62	3.44	3.26
81	4.67	4.51	4.35	4.20	4.04	3.87	3.71	3.54	3.37	3.20
82	4.51	4.37	4.22	4.07	3.92	3.77	3.62	3.46	3.29	3.13
83	4.35	4.22	4.08	3.95	3.81	3.67	3.52	3.37	3.22	3.06
84	4.19	4.07	3.94	3.81	3.69	3.55	3.42	3.28	3.13	2.99
85	4.02	3.91	3.79	3.68	3.56	3.44	3.31	3.18	3.04	2.91
86	3.85	3.74	3.64	3.53	3.43	3.31	3.20	3.07	2.95	2.82
87	3.67	3.58	3.48	3.39	3.29	3.19	3.08	2.96	2.85	2.73
88	3.49	3.41	3.32	3.24	3.15	3.05	2.95	2.85	2.75	2.64
89	3.31	3.23	3.16	3.08	3.00	2.92	2.83	2.73	2.64	2.54
90	3.13	3.06	2.99	2.92	2.85	2.78	2.70	2.61	2.52	2.43
91	2.95	2.89	2.83	2.77	2.70	2.64	2.57	2.49	2.41	2.33
92	2.77	2.72	2.66	2.61	2.55	2.50	2.43	2.36	2.29	2.22
93	2.59	2.55	2.50	2.46	2.41	2.35	2.30	2.24	2.18	2.11
94	2.42	2.38	2.34	2.30	2.26	2.21	2.17	2.11	2.06	2.00
95	2.26	2.22	2.19	2.15	2.12	2.08	2.04	1.99	1.94	1.89
96	2.10	2.07	2.04	2.01	1.98	1.94	1.91	1.87	1.83	1.78
97	1.94	1.92	1.89	1.87	1.84	1.81	1.78	1.75	1.71	1.67
98	1.80	1.78	1.76	1.74	1.71	1.69	1.66	1.63	1.60	1.57
99	1.66	1.65	1.63	1.61	1.59	1.57	1.55	1.52	1.50	1.47

Exemples ㉕, ㉛, ㊵ – ㊷, ㊹, ㊾, ㊶

Lebenslängliche Verbindungsrente

Alter der Frau	Alter des Mannes									
	90	91	92	93	94	95	96	97	98	99
0	3.55	3.32	3.10	2.89	2.69	2.51	2.33	2.17	2.02	1.88
1	3.55	3.32	3.10	2.89	2.70	2.51	2.34	2.17	2.02	1.88
2	3.55	3.32	3.10	2.89	2.70	2.51	2.34	2.17	2.02	1.88
3	3.55	3.32	3.10	2.89	2.70	2.51	2.34	2.17	2.02	1.88
4	3.55	3.32	3.10	2.89	2.70	2.51	2.34	2.17	2.02	1.88
5	3.55	3.32	3.10	2.89	2.70	2.51	2.34	2.17	2.02	1.88
6	3.55	3.32	3.10	2.89	2.70	2.51	2.34	2.17	2.02	1.88
7	3.55	3.32	3.10	2.89	2.70	2.51	2.34	2.17	2.02	1.88
8	3.55	3.32	3.10	2.89	2.70	2.51	2.34	2.17	2.02	1.88
9	3.55	3.32	3.10	2.89	2.70	2.51	2.34	2.17	2.02	1.88
10	3.55	3.32	3.10	2.89	2.70	2.51	2.34	2.17	2.02	1.88
11	3.55	3.32	3.10	2.89	2.70	2.51	2.34	2.17	2.02	1.88
12	3.55	3.32	3.10	2.89	2.70	2.51	2.34	2.17	2.02	1.88
13	3.55	3.32	3.10	2.89	2.70	2.51	2.34	2.17	2.02	1.88
14	3.55	3.32	3.10	2.89	2.70	2.51	2.34	2.17	2.02	1.88
15	3.55	3.32	3.10	2.89	2.70	2.51	2.34	2.17	2.02	1.88
16	3.55	3.32	3.10	2.89	2.70	2.51	2.34	2.17	2.02	1.88
17	3.55	3.32	3.10	2.89	2.70	2.51	2.34	2.17	2.02	1.88
18	3.55	3.32	3.10	2.89	2.70	2.51	2.34	2.17	2.02	1.88
19	3.55	3.32	3.10	2.89	2.70	2.51	2.34	2.17	2.02	1.88
20	3.55	3.32	3.10	2.89	2.70	2.51	2.34	2.17	2.02	1.88
21	3.55	3.32	3.10	2.89	2.70	2.51	2.34	2.17	2.02	1.88
22	3.55	3.32	3.10	2.89	2.70	2.51	2.34	2.17	2.02	1.88
23	3.55	3.32	3.10	2.89	2.70	2.51	2.34	2.17	2.02	1.88
24	3.55	3.32	3.10	2.89	2.70	2.51	2.34	2.17	2.02	1.88
25	3.55	3.32	3.10	2.89	2.70	2.51	2.34	2.17	2.02	1.88
26	3.55	3.32	3.10	2.89	2.70	2.51	2.34	2.17	2.02	1.88
27	3.55	3.32	3.10	2.89	2.70	2.51	2.34	2.17	2.02	1.88
28	3.55	3.32	3.10	2.89	2.70	2.51	2.34	2.17	2.02	1.88
29	3.55	3.32	3.10	2.89	2.70	2.51	2.34	2.17	2.02	1.88
30	3.55	3.32	3.10	2.89	2.70	2.51	2.34	2.17	2.02	1.88
31	3.55	3.32	3.10	2.89	2.70	2.51	2.34	2.17	2.02	1.88
32	3.55	3.32	3.10	2.89	2.70	2.51	2.34	2.17	2.02	1.88
33	3.55	3.32	3.10	2.89	2.70	2.51	2.34	2.17	2.02	1.88
34	3.55	3.32	3.10	2.89	2.70	2.51	2.34	2.17	2.02	1.88
35	3.55	3.32	3.10	2.89	2.70	2.51	2.34	2.17	2.02	1.88
36	3.55	3.32	3.10	2.89	2.70	2.51	2.34	2.17	2.02	1.88
37	3.55	3.32	3.10	2.89	2.70	2.51	2.34	2.17	2.02	1.88
38	3.55	3.32	3.10	2.89	2.69	2.51	2.34	2.17	2.02	1.88
39	3.55	3.32	3.10	2.89	2.69	2.51	2.34	2.17	2.02	1.88
40	3.54	3.32	3.10	2.89	2.69	2.51	2.33	2.17	2.02	1.88
41	3.54	3.32	3.10	2.89	2.69	2.51	2.33	2.17	2.02	1.88
42	3.54	3.31	3.10	2.89	2.69	2.51	2.33	2.17	2.02	1.88
43	3.54	3.31	3.10	2.89	2.69	2.51	2.33	2.17	2.02	1.88
44	3.54	3.31	3.09	2.89	2.69	2.51	2.33	2.17	2.02	1.88
45	3.54	3.31	3.09	2.89	2.69	2.51	2.33	2.17	2.02	1.88
46	3.54	3.31	3.09	2.89	2.69	2.51	2.33	2.17	2.02	1.88
47	3.54	3.31	3.09	2.88	2.69	2.51	2.33	2.17	2.02	1.88
48	3.54	3.31	3.09	2.88	2.69	2.50	2.33	2.17	2.02	1.88
49	3.53	3.31	3.09	2.88	2.69	2.50	2.33	2.17	2.02	1.87

Beispiele (25), (31), (40) – (42), (51), (59), (61)

MORTALITÉ 3½% Table 35
page 20

Rente viagère sur deux têtes

Age de la femme	\multicolumn{10}{c}{Age de l'homme}
	90	91	92	93	94	95	96	97	98	99
50	3.53	3.30	3.09	2.88	2.69	2.50	2.33	2.17	2.02	1.87
51	3.53	3.30	3.09	2.88	2.69	2.50	2.33	2.17	2.01	1.87
52	3.53	3.30	3.09	2.88	2.69	2.50	2.33	2.17	2.01	1.87
53	3.53	3.30	3.08	2.88	2.68	2.50	2.33	2.17	2.01	1.87
54	3.52	3.30	3.08	2.88	2.68	2.50	2.33	2.16	2.01	1.87
55	3.52	3.30	3.08	2.88	2.68	2.50	2.33	2.16	2.01	1.87
56	3.52	3.29	3.08	2.87	2.68	2.50	2.32	2.16	2.01	1.87
57	3.52	3.29	3.08	2.87	2.68	2.50	2.32	2.16	2.01	1.87
58	3.51	3.29	3.07	2.87	2.68	2.49	2.32	2.16	2.01	1.87
59	3.51	3.29	3.07	2.87	2.68	2.49	2.32	2.16	2.01	1.87
60	3.51	3.28	3.07	2.87	2.67	2.49	2.32	2.16	2.01	1.87
61	3.50	3.28	3.07	2.86	2.67	2.49	2.32	2.16	2.01	1.87
62	3.50	3.28	3.06	2.86	2.67	2.49	2.32	2.16	2.01	1.87
63	3.49	3.27	3.06	2.86	2.67	2.49	2.31	2.15	2.00	1.86
64	3.49	3.27	3.06	2.85	2.66	2.48	2.31	2.15	2.00	1.86
65	3.48	3.26	3.05	2.85	2.66	2.48	2.31	2.15	2.00	1.86
66	3.47	3.26	3.05	2.85	2.66	2.48	2.31	2.15	2.00	1.86
67	3.47	3.25	3.04	2.84	2.65	2.47	2.30	2.15	2.00	1.86
68	3.45	3.24	3.03	2.83	2.65	2.47	2.30	2.14	1.99	1.86
69	3.44	3.23	3.02	2.82	2.64	2.46	2.29	2.14	1.99	1.85
70	3.43	3.21	3.01	2.81	2.63	2.45	2.29	2.13	1.99	1.85
71	3.41	3.20	3.00	2.80	2.62	2.45	2.28	2.13	1.98	1.84
72	3.39	3.18	2.98	2.79	2.61	2.44	2.27	2.12	1.97	1.84
73	3.36	3.16	2.96	2.78	2.60	2.43	2.26	2.11	1.97	1.83
74	3.34	3.14	2.94	2.76	2.58	2.41	2.25	2.10	1.96	1.83
75	3.31	3.11	2.92	2.74	2.56	2.40	2.24	2.09	1.95	1.82
76	3.27	3.08	2.90	2.72	2.55	2.38	2.23	2.08	1.94	1.81
77	3.23	3.05	2.86	2.69	2.52	2.36	2.21	2.07	1.93	1.80
78	3.19	3.01	2.83	2.66	2.50	2.34	2.19	2.05	1.91	1.79
79	3.14	2.97	2.80	2.63	2.47	2.32	2.17	2.03	1.90	1.78
80	3.09	2.92	2.76	2.59	2.44	2.29	2.15	2.01	1.88	1.76
81	3.04	2.87	2.71	2.56	2.41	2.26	2.12	1.99	1.86	1.74
82	2.98	2.82	2.66	2.51	2.37	2.23	2.09	1.97	1.84	1.73
83	2.91	2.76	2.62	2.47	2.33	2.20	2.06	1.94	1.82	1.71
84	2.84	2.70	2.56	2.42	2.29	2.16	2.03	1.91	1.80	1.69
85	2.77	2.64	2.50	2.37	2.24	2.12	2.00	1.88	1.77	1.66
86	2.70	2.57	2.44	2.32	2.20	2.08	1.96	1.85	1.74	1.64
87	2.61	2.49	2.38	2.26	2.14	2.03	1.92	1.81	1.71	1.61
88	2.53	2.42	2.31	2.20	2.09	1.98	1.88	1.78	1.68	1.58
89	2.44	2.33	2.23	2.13	2.03	1.93	1.83	1.73	1.64	1.55
90	2.34	2.25	2.15	2.06	1.97	1.87	1.78	1.69	1.60	1.52
91	2.24	2.16	2.07	1.99	1.90	1.81	1.73	1.64	1.56	1.48
92	2.14	2.07	1.99	1.91	1.83	1.75	1.67	1.59	1.51	1.44
93	2.04	1.97	1.90	1.83	1.76	1.68	1.61	1.54	1.47	1.40
94	1.94	1.88	1.81	1.75	1.68	1.62	1.55	1.48	1.42	1.35
95	1.84	1.78	1.72	1.67	1.61	1.55	1.49	1.43	1.37	1.31
96	1.73	1.69	1.64	1.58	1.53	1.48	1.42	1.37	1.31	1.26
97	1.63	1.59	1.55	1.50	1.45	1.41	1.36	1.31	1.26	1.21
98	1.53	1.50	1.46	1.42	1.38	1.34	1.29	1.25	1.21	1.16
99	1.44	1.41	1.37	1.34	1.30	1.27	1.23	1.19	1.15	1.11

Exemples ㉕, ㉛, ㊵ – ㊷, �, ㊸, ㊽

36 Tafel Seite 1 — 3½% — MORTALITÄT

Temporäre Verbindungsrente bis Alter 65 des Mannes

Alter der Frau	Alter des Mannes									
	0	1	2	3	4	5	6	7	8	9
0	25.31	25.25	25.13	25.01	24.89	24.76	24.62	24.47	24.33	24.18
1	25.35	25.29	25.18	25.05	24.93	24.80	24.67	24.52	24.38	24.22
2	25.34	25.28	25.17	25.05	24.93	24.80	24.66	24.52	24.37	24.21
3	25.33	25.27	25.16	25.04	24.92	24.78	24.65	24.51	24.36	24.21
4	25.32	25.26	25.14	25.03	24.90	24.77	24.64	24.50	24.35	24.20
5	25.30	25.25	25.13	25.02	24.89	24.77	24.63	24.49	24.34	24.19
6	25.29	25.23	25.12	25.00	24.89	24.75	24.62	24.48	24.33	24.18
7	25.27	25.22	25.10	24.99	24.87	24.74	24.60	24.47	24.32	24.18
8	25.25	25.20	25.09	24.97	24.86	24.73	24.60	24.46	24.31	24.16
9	25.23	25.18	25.07	24.95	24.83	24.71	24.58	24.44	24.30	24.15
10	25.21	25.16	25.05	24.93	24.81	24.69	24.56	24.43	24.28	24.14
11	25.18	25.13	25.02	24.92	24.79	24.67	24.54	24.40	24.27	24.12
12	25.16	25.11	25.00	24.89	24.78	24.65	24.52	24.39	24.25	24.10
13	25.12	25.07	24.98	24.86	24.75	24.63	24.50	24.37	24.23	24.08
14	25.09	25.04	24.94	24.83	24.72	24.61	24.48	24.34	24.20	24.06
15	25.06	25.01	24.91	24.81	24.70	24.57	24.46	24.32	24.19	24.04
16	25.01	24.98	24.88	24.78	24.67	24.55	24.43	24.30	24.17	24.03
17	24.97	24.94	24.84	24.74	24.64	24.53	24.40	24.27	24.14	24.01
18	24.93	24.90	24.80	24.70	24.60	24.49	24.37	24.25	24.12	23.98
19	24.89	24.86	24.76	24.67	24.57	24.46	24.35	24.22	24.10	23.95
20	24.83	24.80	24.72	24.63	24.53	24.43	24.31	24.19	24.06	23.93
21	24.77	24.75	24.67	24.58	24.49	24.38	24.28	24.16	24.04	23.91
22	24.71	24.69	24.61	24.53	24.44	24.34	24.24	24.12	24.00	23.87
23	24.64	24.62	24.55	24.47	24.39	24.29	24.19	24.08	23.96	23.83
24	24.56	24.54	24.48	24.41	24.33	24.24	24.14	24.04	23.92	23.80
25	24.46	24.46	24.41	24.34	24.26	24.17	24.07	23.97	23.87	23.75
26	24.37	24.37	24.32	24.25	24.18	24.10	24.01	23.91	23.81	23.69
27	24.27	24.27	24.21	24.16	24.09	24.02	23.93	23.85	23.75	23.63
28	24.15	24.16	24.11	24.06	24.00	23.93	23.85	23.76	23.67	23.56
29	24.03	24.04	24.00	23.96	23.90	23.83	23.76	23.68	23.59	23.49
30	23.89	23.92	23.88	23.83	23.78	23.72	23.65	23.58	23.50	23.41
31	23.75	23.78	23.75	23.71	23.66	23.61	23.55	23.48	23.39	23.31
32	23.61	23.63	23.60	23.56	23.53	23.48	23.42	23.36	23.29	23.21
33	23.44	23.48	23.45	23.42	23.38	23.34	23.29	23.23	23.17	23.10
34	23.28	23.31	23.28	23.27	23.24	23.19	23.15	23.10	23.04	22.97
35	23.11	23.14	23.12	23.09	23.08	23.03	23.00	22.96	22.90	22.84
36	22.93	22.97	22.94	22.93	22.90	22.87	22.84	22.80	22.75	22.70
37	22.75	22.78	22.77	22.74	22.72	22.70	22.66	22.63	22.59	22.54
38	22.55	22.59	22.58	22.56	22.53	22.52	22.49	22.45	22.42	22.37
39	22.35	22.39	22.38	22.36	22.35	22.32	22.30	22.27	22.24	22.20
40	22.15	22.19	22.17	22.16	22.15	22.13	22.10	22.08	22.05	22.02
41	21.94	21.97	21.96	21.95	21.94	21.92	21.90	21.87	21.85	21.82
42	21.72	21.75	21.74	21.73	21.72	21.70	21.69	21.67	21.64	21.62
43	21.49	21.53	21.52	21.51	21.49	21.48	21.46	21.45	21.43	21.40
44	21.26	21.30	21.29	21.28	21.26	21.25	21.23	21.22	21.20	21.18
45	21.02	21.06	21.05	21.04	21.03	21.01	21.00	20.98	20.96	20.95
46	20.78	20.81	20.80	20.79	20.78	20.77	20.75	20.74	20.72	20.71
47	20.53	20.56	20.55	20.54	20.53	20.52	20.51	20.49	20.47	20.46
48	20.27	20.30	20.29	20.29	20.27	20.26	20.25	20.24	20.22	20.20
49	20.00	20.04	20.03	20.02	20.01	20.00	19.99	19.97	19.96	19.94

Beispiel (41)

MORTALITÉ 3½% Table 36 page 2

Rente temporaire sur deux têtes jusqu'à l'âge de 65 ans de l'homme

Age de la femme	Age de l'homme									
	0	1	2	3	4	5	6	7	8	9
50	19.73	19.76	19.76	19.75	19.74	19.73	19.72	19.70	19.69	19.67
51	19.45	19.48	19.48	19.47	19.46	19.45	19.44	19.42	19.41	19.40
52	19.16	19.20	19.19	19.18	19.17	19.16	19.15	19.14	19.13	19.11
53	18.87	18.90	18.89	18.89	18.88	18.87	18.86	18.84	18.83	18.82
54	18.56	18.60	18.59	18.58	18.57	18.57	18.55	18.54	18.53	18.52
55	18.25	18.28	18.28	18.27	18.26	18.25	18.24	18.23	18.22	18.21
56	17.93	17.96	17.96	17.95	17.94	17.93	17.92	17.91	17.90	17.89
57	17.60	17.63	17.63	17.62	17.61	17.60	17.59	17.58	17.57	17.56
58	17.26	17.29	17.29	17.28	17.27	17.26	17.25	17.24	17.23	17.22
59	16.91	16.94	16.94	16.93	16.93	16.92	16.91	16.90	16.89	16.88
60	16.56	16.59	16.58	16.58	16.57	16.56	16.55	16.54	16.53	16.52
61	16.19	16.22	16.22	16.21	16.20	16.20	16.19	16.18	16.17	16.16
62	15.82	15.85	15.84	15.84	15.83	15.82	15.82	15.81	15.80	15.79
63	15.43	15.46	15.46	15.45	15.45	15.44	15.43	15.43	15.42	15.41
64	15.04	15.07	15.07	15.06	15.06	15.05	15.04	15.03	15.03	15.02
65	14.64	14.66	14.66	14.66	14.65	14.65	14.64	14.63	14.62	14.61
66	14.22	14.25	14.24	14.24	14.23	14.23	14.22	14.22	14.21	14.20
67	13.79	13.82	13.82	13.81	13.81	13.80	13.80	13.79	13.78	13.77
68	13.36	13.38	13.38	13.38	13.37	13.37	13.36	13.36	13.35	13.34
69	12.91	12.94	12.94	12.93	12.93	12.92	12.92	12.91	12.91	12.90
70	12.46	12.49	12.48	12.48	12.48	12.47	12.47	12.46	12.46	12.45
71	12.00	12.03	12.03	12.02	12.02	12.02	12.01	12.01	12.00	12.00
72	11.54	11.56	11.56	11.56	11.56	11.56	11.55	11.55	11.54	11.54
73	11.08	11.10	11.10	11.10	11.09	11.09	11.09	11.08	11.08	11.07
74	10.61	10.63	10.63	10.63	10.63	10.62	10.62	10.62	10.61	10.61
75	10.14	10.16	10.16	10.16	10.16	10.16	10.15	10.15	10.15	10.14
76	9.67	9.69	9.69	9.69	9.69	9.69	9.68	9.68	9.68	9.67
77	9.20	9.22	9.22	9.22	9.22	9.22	9.22	9.21	9.21	9.21
78	8.74	8.76	8.76	8.76	8.76	8.76	8.75	8.75	8.75	8.75
79	8.29	8.30	8.30	8.30	8.30	8.30	8.30	8.30	8.30	8.29
80	7.84	7.85	7.86	7.86	7.85	7.85	7.85	7.85	7.85	7.85
81	7.40	7.42	7.42	7.42	7.42	7.42	7.42	7.41	7.41	7.41
82	6.98	6.99	6.99	6.99	6.99	6.99	6.99	6.99	6.99	6.99
83	6.56	6.58	6.58	6.58	6.58	6.58	6.58	6.58	6.58	6.57
84	6.16	6.18	6.18	6.18	6.18	6.18	6.18	6.18	6.18	6.17
85	5.78	5.79	5.79	5.79	5.79	5.79	5.79	5.79	5.79	5.79
86	5.40	5.41	5.41	5.41	5.41	5.41	5.41	5.41	5.41	5.41
87	5.04	5.05	5.05	5.05	5.05	5.05	5.05	5.05	5.05	5.05
88	4.69	4.69	4.69	4.70	4.70	4.70	4.70	4.69	4.69	4.69
89	4.35	4.36	4.36	4.36	4.36	4.36	4.36	4.36	4.36	4.36
90	4.03	4.04	4.04	4.04	4.04	4.04	4.04	4.04	4.04	4.04
91	3.72	3.73	3.73	3.73	3.73	3.73	3.73	3.73	3.73	3.73
92	3.43	3.44	3.44	3.44	3.44	3.44	3.44	3.44	3.44	3.44
93	3.16	3.16	3.16	3.16	3.16	3.16	3.16	3.16	3.16	3.16
94	2.90	2.91	2.91	2.91	2.91	2.91	2.91	2.91	2.91	2.91
95	2.66	2.67	2.67	2.67	2.67	2.67	2.67	2.67	2.67	2.67
96	2.44	2.44	2.44	2.44	2.44	2.44	2.44	2.44	2.44	2.44
97	2.23	2.23	2.23	2.23	2.23	2.23	2.23	2.23	2.23	2.23
98	2.03	2.04	2.04	2.04	2.04	2.04	2.04	2.04	2.04	2.04
99	1.86	1.86	1.86	1.86	1.86	1.86	1.86	1.86	1.86	1.86

Exemple ④

Tafel Seite 3 — 3½% — **MORTALITÄT**

Temporäre Verbindungsrente bis Alter 65 des Mannes

Alter der Frau	Alter des Mannes									
	10	11	12	13	14	15	16	17	18	19
0	24.02	23.86	23.69	23.51	23.32	23.14	22.95	22.75	22.55	22.35
1	24.06	23.90	23.73	23.55	23.37	23.18	22.98	22.79	22.59	22.39
2	24.06	23.89	23.72	23.55	23.37	23.18	22.99	22.79	22.59	22.39
3	24.06	23.89	23.72	23.54	23.36	23.18	22.98	22.79	22.58	22.39
4	24.05	23.88	23.72	23.54	23.35	23.17	22.98	22.78	22.58	22.38
5	24.03	23.87	23.71	23.53	23.35	23.16	22.97	22.78	22.58	22.38
6	24.03	23.87	23.70	23.53	23.34	23.16	22.97	22.77	22.57	22.37
7	24.02	23.86	23.69	23.52	23.33	23.15	22.96	22.77	22.56	22.37
8	24.01	23.85	23.68	23.51	23.33	23.14	22.95	22.76	22.56	22.36
9	24.00	23.84	23.67	23.49	23.31	23.13	22.94	22.74	22.55	22.35
10	23.98	23.82	23.65	23.48	23.30	23.12	22.93	22.74	22.54	22.35
11	23.96	23.81	23.65	23.47	23.29	23.11	22.92	22.72	22.53	22.33
12	23.95	23.79	23.63	23.46	23.27	23.10	22.90	22.71	22.52	22.32
13	23.93	23.78	23.61	23.44	23.27	23.08	22.89	22.70	22.51	22.32
14	23.91	23.76	23.60	23.42	23.24	23.07	22.88	22.69	22.49	22.30
15	23.90	23.74	23.58	23.41	23.23	23.05	22.86	22.67	22.49	22.29
16	23.87	23.72	23.56	23.39	23.21	23.04	22.85	22.67	22.47	22.28
17	23.85	23.70	23.55	23.38	23.21	23.02	22.84	22.64	22.46	22.27
18	23.83	23.68	23.53	23.35	23.18	23.01	22.82	22.64	22.45	22.26
19	23.82	23.67	23.51	23.34	23.17	23.00	22.81	22.62	22.44	22.25
20	23.79	23.64	23.49	23.33	23.15	22.98	22.80	22.61	22.43	22.23
21	23.77	23.62	23.47	23.30	23.14	22.96	22.78	22.60	22.41	22.23
22	23.74	23.59	23.45	23.28	23.11	22.94	22.76	22.58	22.39	22.21
23	23.70	23.56	23.42	23.25	23.09	22.92	22.74	22.57	22.38	22.19
24	23.66	23.53	23.38	23.22	23.07	22.89	22.72	22.54	22.36	22.18
25	23.62	23.49	23.34	23.19	23.03	22.87	22.69	22.52	22.34	22.15
26	23.57	23.44	23.30	23.16	23.00	22.84	22.66	22.48	22.31	22.13
27	23.51	23.39	23.26	23.11	22.96	22.80	22.63	22.45	22.28	22.10
28	23.46	23.33	23.20	23.06	22.91	22.76	22.59	22.42	22.24	22.07
29	23.38	23.27	23.14	23.00	22.86	22.71	22.54	22.38	22.20	22.04
30	23.31	23.19	23.07	22.94	22.80	22.65	22.50	22.33	22.17	21.99
31	23.22	23.12	23.00	22.87	22.73	22.60	22.43	22.28	22.12	21.95
32	23.12	23.02	22.91	22.79	22.66	22.52	22.38	22.23	22.07	21.90
33	23.02	22.92	22.81	22.71	22.58	22.44	22.31	22.15	22.01	21.84
34	22.90	22.81	22.71	22.61	22.49	22.37	22.23	22.08	21.94	21.78
35	22.77	22.69	22.60	22.50	22.39	22.28	22.15	22.00	21.86	21.72
36	22.64	22.56	22.47	22.38	22.28	22.17	22.05	21.92	21.78	21.64
37	22.49	22.42	22.34	22.26	22.16	22.06	21.94	21.82	21.69	21.56
38	22.33	22.27	22.20	22.13	22.04	21.94	21.83	21.72	21.60	21.47
39	22.16	22.11	22.05	21.97	21.89	21.80	21.70	21.59	21.48	21.37
40	21.98	21.93	21.87	21.81	21.74	21.66	21.57	21.47	21.36	21.25
41	21.79	21.75	21.70	21.64	21.57	21.50	21.42	21.33	21.23	21.13
42	21.58	21.55	21.50	21.45	21.40	21.34	21.26	21.17	21.08	20.99
43	21.37	21.34	21.30	21.26	21.21	21.14	21.08	21.01	20.93	20.84
44	21.15	21.13	21.09	21.05	21.00	20.95	20.89	20.83	20.75	20.68
45	20.93	20.89	20.87	20.83	20.80	20.75	20.70	20.64	20.57	20.51
46	20.69	20.66	20.63	20.61	20.57	20.52	20.48	20.43	20.37	20.32
47	20.44	20.42	20.40	20.36	20.34	20.30	20.26	20.21	20.16	20.12
48	20.19	20.17	20.15	20.11	20.09	20.05	20.03	19.98	19.94	19.90
49	19.92	19.91	19.89	19.86	19.83	19.81	19.77	19.74	19.71	19.67

Beispiel ㊶

MORTALITÉ 3½% Table 36 page 4

Rente temporaire sur deux têtes jusqu'à l'âge de 65 ans de l'homme

Age de la femme	\multicolumn{10}{c}{Age de l'homme}
	10	11	12	13	14	15	16	17	18	19
50	19.66	19.64	19.62	19.60	19.58	19.54	19.52	19.49	19.46	19.43
51	19.38	19.36	19.34	19.32	19.30	19.28	19.25	19.23	19.20	19.18
52	19.10	19.08	19.06	19.04	19.02	19.00	18.98	18.95	18.93	18.91
53	18.80	18.79	18.77	18.75	18.73	18.71	18.69	18.67	18.65	18.64
54	18.50	18.49	18.47	18.45	18.44	18.42	18.40	18.38	18.36	18.34
55	18.19	18.18	18.16	18.15	18.13	18.11	18.09	18.07	18.06	18.05
56	17.87	17.86	17.85	17.83	17.81	17.79	17.78	17.76	17.75	17.74
57	17.55	17.53	17.52	17.50	17.49	17.47	17.45	17.44	17.42	17.42
58	17.21	17.20	17.18	17.17	17.15	17.14	17.12	17.10	17.09	17.08
59	16.87	16.85	16.84	16.82	16.81	16.79	16.78	16.76	16.75	16.74
60	16.51	16.50	16.49	16.47	16.46	16.44	16.43	16.41	16.40	16.40
61	16.15	16.14	16.12	16.11	16.10	16.08	16.07	16.05	16.04	16.04
62	15.78	15.77	15.75	15.74	15.73	15.71	15.70	15.69	15.68	15.67
63	15.40	15.39	15.37	15.36	15.35	15.33	15.32	15.31	15.30	15.29
64	15.01	15.00	14.99	14.97	14.96	14.95	14.93	14.92	14.91	14.91
65	14.60	14.59	14.58	14.57	14.56	14.55	14.53	14.52	14.51	14.51
66	14.19	14.18	14.17	14.16	14.15	14.13	14.12	14.11	14.10	14.10
67	13.77	13.76	13.75	13.73	13.72	13.71	13.70	13.69	13.68	13.68
68	13.33	13.32	13.31	13.30	13.29	13.28	13.27	13.26	13.25	13.25
69	12.89	12.88	12.87	12.86	12.85	12.84	12.83	12.82	12.81	12.81
70	12.44	12.44	12.43	12.42	12.41	12.39	12.38	12.37	12.37	12.36
71	11.99	11.98	11.97	11.96	11.95	11.94	11.93	11.92	11.92	11.91
72	11.53	11.52	11.51	11.50	11.49	11.48	11.47	11.47	11.46	11.46
73	11.07	11.06	11.05	11.04	11.03	11.02	11.01	11.01	11.00	11.00
74	10.60	10.60	10.59	10.58	10.57	10.56	10.55	10.55	10.54	10.54
75	10.14	10.13	10.12	10.12	10.11	10.10	10.09	10.08	10.08	10.07
76	9.67	9.66	9.66	9.65	9.64	9.63	9.63	9.62	9.61	9.61
77	9.20	9.20	9.19	9.19	9.18	9.17	9.16	9.15	9.15	9.15
78	8.74	8.74	8.73	8.73	8.72	8.71	8.70	8.70	8.69	8.69
79	8.29	8.28	8.28	8.27	8.27	8.26	8.25	8.25	8.24	8.24
80	7.84	7.84	7.84	7.83	7.83	7.82	7.81	7.81	7.80	7.80
81	7.41	7.41	7.40	7.40	7.39	7.39	7.38	7.37	7.37	7.36
82	6.98	6.98	6.98	6.97	6.97	6.96	6.96	6.95	6.95	6.94
83	6.57	6.57	6.57	6.56	6.56	6.55	6.55	6.54	6.54	6.53
84	6.17	6.17	6.17	6.16	6.16	6.16	6.15	6.15	6.14	6.14
85	5.78	5.78	5.78	5.78	5.77	5.77	5.77	5.76	5.76	5.75
86	5.41	5.41	5.40	5.40	5.40	5.40	5.39	5.39	5.38	5.38
87	5.04	5.04	5.04	5.04	5.04	5.03	5.03	5.03	5.02	5.02
88	4.69	4.69	4.69	4.69	4.69	4.68	4.68	4.68	4.67	4.67
89	4.36	4.36	4.36	4.35	4.35	4.35	4.35	4.34	4.34	4.34
90	4.04	4.03	4.03	4.03	4.03	4.03	4.03	4.02	4.02	4.02
91	3.73	3.73	3.73	3.73	3.73	3.72	3.72	3.72	3.72	3.71
92	3.44	3.44	3.44	3.44	3.44	3.43	3.43	3.43	3.43	3.43
93	3.16	3.16	3.16	3.16	3.16	3.16	3.16	3.16	3.16	3.15
94	2.91	2.91	2.91	2.91	2.91	2.90	2.90	2.90	2.90	2.90
95	2.67	2.67	2.67	2.66	2.66	2.66	2.66	2.66	2.66	2.66
96	2.44	2.44	2.44	2.44	2.44	2.44	2.44	2.44	2.43	2.43
97	2.23	2.23	2.23	2.23	2.23	2.23	2.23	2.23	2.23	2.23
98	2.04	2.04	2.04	2.04	2.04	2.04	2.04	2.04	2.03	2.03
99	1.86	1.86	1.86	1.86	1.86	1.86	1.86	1.86	1.86	1.86

Exemple (41)

36 Tafel Seite 5 — 3½% — MORTALITÄT

Temporäre Verbindungsrente bis Alter 65 des Mannes

Alter der Frau	\<td colspan=10>Alter des Mannes									
	20	21	22	23	24	25	26	27	28	29
0	22.15	21.96	21.76	21.55	21.33	21.10	20.85	20.59	20.33	20.04
1	22.19	22.00	21.80	21.59	21.37	21.13	20.89	20.63	20.37	20.09
2	22.19	22.00	21.79	21.58	21.36	21.13	20.89	20.63	20.37	20.08
3	22.19	21.99	21.79	21.58	21.36	21.13	20.89	20.63	20.36	20.09
4	22.18	21.99	21.78	21.58	21.35	21.13	20.88	20.63	20.36	20.08
5	22.18	21.99	21.78	21.57	21.36	21.13	20.88	20.63	20.35	20.08
6	22.18	21.99	21.78	21.57	21.36	21.12	20.87	20.62	20.36	20.07
7	22.17	21.98	21.78	21.57	21.34	21.12	20.87	20.62	20.35	20.08
8	22.17	21.98	21.77	21.57	21.34	21.11	20.87	20.62	20.35	20.06
9	22.16	21.97	21.77	21.56	21.34	21.11	20.87	20.61	20.34	20.06
10	22.15	21.96	21.76	21.55	21.33	21.10	20.86	20.60	20.34	20.06
11	22.14	21.95	21.75	21.54	21.32	21.10	20.86	20.59	20.34	20.06
12	22.13	21.94	21.73	21.53	21.32	21.09	20.85	20.59	20.33	20.05
13	22.12	21.93	21.73	21.52	21.31	21.08	20.84	20.58	20.32	20.04
14	22.11	21.92	21.72	21.51	21.29	21.06	20.83	20.58	20.31	20.04
15	22.10	21.91	21.71	21.51	21.29	21.06	20.82	20.57	20.30	20.03
16	22.09	21.90	21.70	21.50	21.28	21.06	20.81	20.56	20.30	20.02
17	22.08	21.88	21.69	21.49	21.28	21.04	20.81	20.56	20.29	20.02
18	22.06	21.88	21.68	21.48	21.27	21.04	20.80	20.55	20.28	20.01
19	22.05	21.86	21.67	21.47	21.26	21.03	20.80	20.55	20.28	20.01
20	22.04	21.86	21.66	21.46	21.25	21.03	20.79	20.54	20.27	20.01
21	22.04	21.85	21.66	21.46	21.24	21.01	20.78	20.53	20.27	20.00
22	22.03	21.83	21.65	21.44	21.23	21.01	20.77	20.52	20.27	20.00
23	22.01	21.82	21.64	21.44	21.23	21.00	20.77	20.52	20.25	19.98
24	21.99	21.81	21.62	21.42	21.21	20.99	20.75	20.50	20.25	19.98
25	21.97	21.79	21.60	21.41	21.19	20.98	20.74	20.50	20.24	19.97
26	21.95	21.77	21.58	21.38	21.18	20.96	20.73	20.49	20.23	19.96
27	21.93	21.74	21.56	21.36	21.16	20.95	20.71	20.47	20.21	19.94
28	21.89	21.71	21.54	21.34	21.14	20.91	20.69	20.45	20.19	19.93
29	21.86	21.68	21.50	21.31	21.11	20.90	20.67	20.43	20.18	19.91
30	21.82	21.65	21.47	21.29	21.08	20.87	20.65	20.41	20.15	19.90
31	21.78	21.61	21.43	21.25	21.06	20.84	20.62	20.38	20.13	19.87
32	21.74	21.57	21.39	21.21	21.01	20.81	20.59	20.35	20.11	19.85
33	21.68	21.52	21.36	21.17	20.98	20.77	20.56	20.32	20.08	19.82
34	21.63	21.47	21.30	21.13	20.94	20.74	20.52	20.29	20.05	19.78
35	21.56	21.41	21.25	21.08	20.89	20.69	20.48	20.25	20.01	19.76
36	21.50	21.35	21.19	21.02	20.84	20.65	20.44	20.21	19.97	19.72
37	21.42	21.28	21.12	20.96	20.78	20.59	20.38	20.17	19.93	19.68
38	21.33	21.20	21.05	20.90	20.72	20.54	20.33	20.12	19.89	19.65
39	21.24	21.11	20.98	20.82	20.66	20.48	20.28	20.07	19.84	19.60
40	21.14	21.01	20.88	20.74	20.58	20.41	20.21	20.01	19.78	19.55
41	21.02	20.91	20.78	20.65	20.49	20.33	20.14	19.94	19.72	19.49
42	20.89	20.79	20.68	20.54	20.40	20.24	20.06	19.86	19.66	19.43
43	20.76	20.66	20.55	20.43	20.30	20.14	19.98	19.78	19.58	19.36
44	20.60	20.51	20.41	20.30	20.18	20.03	19.87	19.69	19.50	19.29
45	20.43	20.35	20.27	20.17	20.05	19.92	19.76	19.60	19.40	19.20
46	20.25	20.19	20.11	20.02	19.91	19.79	19.64	19.48	19.31	19.11
47	20.06	20.00	19.94	19.86	19.76	19.65	19.51	19.37	19.19	19.01
48	19.86	19.81	19.75	19.68	19.60	19.49	19.37	19.23	19.07	18.89
49	19.64	19.59	19.55	19.49	19.42	19.32	19.21	19.08	18.93	18.77

Beispiel (41)

MORTALITÉ 3½% Table 36 page 6

Rente temporaire sur deux têtes jusqu'à l'âge de 65 ans de l'homme

Age de la femme	\multicolumn{10}{c}{Age de l'homme}
	20	21	22	23	24	25	26	27	28	29
50	19.40	19.37	19.34	19.28	19.22	19.14	19.04	18.92	18.78	18.63
51	19.16	19.13	19.10	19.06	19.01	18.93	18.84	18.75	18.62	18.48
52	18.89	18.88	18.85	18.82	18.78	18.72	18.64	18.55	18.44	18.31
53	18.62	18.61	18.59	18.57	18.53	18.48	18.42	18.34	18.24	18.13
54	18.34	18.33	18.32	18.30	18.28	18.24	18.18	18.11	18.02	17.92
55	18.04	18.04	18.03	18.02	18.00	17.97	17.92	17.86	17.79	17.69
56	17.73	17.73	17.73	17.72	17.71	17.68	17.65	17.60	17.54	17.46
57	17.41	17.42	17.41	17.41	17.40	17.39	17.36	17.32	17.26	17.20
58	17.08	17.09	17.09	17.09	17.09	17.07	17.05	17.02	16.98	16.92
59	16.74	16.75	16.75	16.76	16.75	16.75	16.73	16.70	16.67	16.62
60	16.39	16.40	16.41	16.41	16.41	16.40	16.40	16.38	16.35	16.31
61	16.04	16.04	16.05	16.05	16.06	16.06	16.05	16.04	16.01	15.99
62	15.67	15.67	15.68	15.69	15.69	15.69	15.69	15.68	15.66	15.64
63	15.29	15.30	15.31	15.31	15.32	15.32	15.32	15.32	15.30	15.28
64	14.91	14.91	14.92	14.93	14.93	14.94	14.94	14.93	14.93	14.91
65	14.51	14.51	14.52	14.53	14.54	14.54	14.54	14.54	14.53	14.51
66	14.10	14.10	14.11	14.12	14.12	14.13	14.13	14.13	14.12	14.12
67	13.68	13.68	13.69	13.70	13.70	13.71	13.71	13.71	13.71	13.70
68	13.25	13.25	13.26	13.27	13.27	13.28	13.28	13.28	13.28	13.27
69	12.81	12.81	12.82	12.83	12.84	12.84	12.84	12.84	12.84	12.84
70	12.36	12.37	12.38	12.38	12.39	12.39	12.40	12.40	12.40	12.40
71	11.91	11.92	11.92	11.93	11.94	11.94	11.95	11.95	11.95	11.94
72	11.46	11.46	11.47	11.47	11.48	11.49	11.49	11.49	11.49	11.49
73	11.00	11.00	11.01	11.01	11.02	11.02	11.03	11.03	11.03	11.03
74	10.54	10.54	10.55	10.55	10.56	10.56	10.57	10.57	10.57	10.57
75	10.07	10.08	10.08	10.09	10.09	10.10	10.10	10.10	10.11	10.11
76	9.61	9.61	9.62	9.62	9.63	9.63	9.64	9.64	9.64	9.64
77	9.15	9.15	9.15	9.16	9.16	9.17	9.17	9.17	9.18	9.18
78	8.69	8.69	8.70	8.70	8.71	8.71	8.71	8.72	8.72	8.72
79	8.24	8.24	8.25	8.25	8.25	8.26	8.26	8.26	8.27	8.27
80	7.80	7.80	7.80	7.81	7.81	7.82	7.82	7.82	7.82	7.82
81	7.36	7.37	7.37	7.37	7.38	7.38	7.38	7.39	7.39	7.39
82	6.94	6.94	6.95	6.95	6.95	6.96	6.96	6.96	6.96	6.96
83	6.53	6.54	6.54	6.54	6.55	6.55	6.55	6.55	6.55	6.55
84	6.14	6.14	6.14	6.15	6.15	6.15	6.15	6.15	6.16	6.16
85	5.75	5.75	5.76	5.76	5.76	5.76	5.77	5.77	5.77	5.77
86	5.38	5.38	5.38	5.39	5.39	5.39	5.39	5.39	5.39	5.40
87	5.02	5.02	5.02	5.02	5.03	5.03	5.03	5.03	5.03	5.03
88	4.67	4.67	4.67	4.67	4.68	4.68	4.68	4.68	4.68	4.68
89	4.34	4.34	4.34	4.34	4.34	4.34	4.34	4.35	4.35	4.35
90	4.02	4.02	4.02	4.02	4.02	4.02	4.02	4.03	4.03	4.03
91	3.71	3.71	3.71	3.71	3.72	3.72	3.72	3.72	3.72	3.72
92	3.43	3.43	3.43	3.43	3.43	3.43	3.43	3.43	3.43	3.43
93	3.15	3.15	3.15	3.15	3.16	3.16	3.16	3.16	3.16	3.16
94	2.90	2.90	2.90	2.90	2.90	2.90	2.90	2.90	2.90	2.90
95	2.66	2.66	2.66	2.66	2.66	2.66	2.66	2.66	2.66	2.66
96	2.43	2.43	2.43	2.43	2.43	2.43	2.44	2.44	2.44	2.44
97	2.23	2.23	2.23	2.23	2.23	2.23	2.23	2.23	2.23	2.23
98	2.03	2.03	2.03	2.03	2.03	2.03	2.03	2.04	2.04	2.04
99	1.86	1.86	1.86	1.86	1.86	1.86	1.86	1.86	1.86	1.86

Exemple (41)

Tafel Seite 7 — 3½% — **MORTALITÄT**

Temporäre Verbindungsrente bis Alter 65 des Mannes

Alter der Frau	Alter des Mannes									
	30	31	32	33	34	35	36	37	38	39
0	19.76	19.45	19.14	18.81	18.47	18.11	17.75	17.38	16.99	16.59
1	19.79	19.49	19.17	18.84	18.51	18.15	17.79	17.41	17.03	16.62
2	19.80	19.49	19.18	18.85	18.51	18.15	17.79	17.41	17.03	16.62
3	19.79	19.49	19.17	18.84	18.50	18.16	17.79	17.41	17.02	16.62
4	19.79	19.49	19.17	18.84	18.50	18.15	17.78	17.41	17.02	16.61
5	19.79	19.48	19.17	18.84	18.50	18.15	17.79	17.41	17.01	16.62
6	19.78	19.48	19.16	18.84	18.50	18.15	17.78	17.41	17.02	16.61
7	19.78	19.47	19.17	18.84	18.50	18.15	17.79	17.41	17.01	16.61
8	19.77	19.48	19.16	18.83	18.49	18.15	17.78	17.40	17.02	16.61
9	19.77	19.46	19.16	18.82	18.49	18.14	17.78	17.41	17.01	16.61
10	19.77	19.46	19.15	18.82	18.48	18.13	17.77	17.40	17.01	16.61
11	19.77	19.46	19.14	18.82	18.48	18.13	17.77	17.40	17.00	16.60
12	19.75	19.46	19.14	18.82	18.48	18.13	17.76	17.39	17.00	16.60
13	19.75	19.45	19.14	18.81	18.48	18.12	17.76	17.39	16.99	16.59
14	19.74	19.45	19.13	18.80	18.47	18.11	17.75	17.38	16.99	16.59
15	19.74	19.44	19.13	18.80	18.46	18.11	17.75	17.37	16.99	16.58
16	19.74	19.43	19.12	18.79	18.45	18.11	17.74	17.37	16.98	16.58
17	19.73	19.43	19.12	18.79	18.45	18.11	17.74	17.37	16.98	16.58
18	19.73	19.43	19.11	18.79	18.46	18.10	17.74	17.37	16.98	16.58
19	19.72	19.42	19.11	18.79	18.45	18.10	17.74	17.37	16.98	16.58
20	19.72	19.42	19.11	18.78	18.45	18.11	17.74	17.37	16.98	16.58
21	19.72	19.41	19.11	18.78	18.44	18.10	17.74	17.37	16.98	16.58
22	19.71	19.41	19.10	18.78	18.44	18.10	17.74	17.37	16.98	16.58
23	19.70	19.41	19.10	18.77	18.44	18.10	17.74	17.36	16.98	16.58
24	19.70	19.40	19.09	18.78	18.44	18.09	17.73	17.37	16.97	16.58
25	19.68	19.40	19.08	18.76	18.43	18.09	17.73	17.35	16.97	16.57
26	19.68	19.39	19.07	18.76	18.43	18.08	17.72	17.35	16.97	16.57
27	19.66	19.37	19.06	18.74	18.41	18.07	17.72	17.34	16.96	16.57
28	19.65	19.35	19.05	18.74	18.40	18.07	17.71	17.34	16.95	16.56
29	19.63	19.34	19.03	18.72	18.39	18.05	17.69	17.33	16.95	16.55
30	19.62	19.33	19.03	18.71	18.38	18.04	17.69	17.32	16.94	16.54
31	19.59	19.31	19.00	18.69	18.36	18.02	17.67	17.30	16.93	16.53
32	19.57	19.29	18.98	18.67	18.35	18.01	17.65	17.29	16.91	16.52
33	19.54	19.27	18.97	18.65	18.33	17.99	17.63	17.28	16.90	16.51
34	19.52	19.24	18.93	18.63	18.31	17.97	17.62	17.25	16.88	16.49
35	19.49	19.20	18.92	18.61	18.29	17.95	17.61	17.24	16.87	16.47
36	19.46	19.17	18.89	18.57	18.26	17.93	17.58	17.22	16.85	16.46
37	19.42	19.14	18.86	18.55	18.24	17.91	17.56	17.21	16.83	16.44
38	19.38	19.11	18.82	18.52	18.21	17.88	17.54	17.18	16.81	16.42
39	19.34	19.07	18.78	18.48	18.18	17.85	17.51	17.16	16.78	16.40
40	19.29	19.03	18.75	18.45	18.14	17.81	17.48	17.12	16.77	16.38
41	19.25	18.98	18.71	18.41	18.10	17.78	17.45	17.10	16.73	16.36
42	19.19	18.92	18.65	18.37	18.07	17.74	17.42	17.07	16.71	16.34
43	19.12	18.87	18.60	18.32	18.02	17.70	17.38	17.04	16.68	16.30
44	19.06	18.81	18.55	18.27	17.98	17.66	17.33	17.00	16.64	16.28
45	18.98	18.74	18.48	18.21	17.92	17.62	17.29	16.96	16.61	16.24
46	18.90	18.66	18.41	18.15	17.87	17.56	17.25	16.91	16.57	16.20
47	18.81	18.58	18.34	18.07	17.80	17.50	17.20	16.87	16.52	16.17
48	18.70	18.49	18.25	18.00	17.73	17.45	17.14	16.82	16.47	16.13
49	18.58	18.38	18.15	17.92	17.65	17.37	17.08	16.77	16.42	16.07

Beispiel (41)

MORTALITÉ 3½% Table 36
page 8

Rente temporaire sur deux têtes jusqu'à l'âge de 65 ans de l'homme

Age de la femme	Age de l'homme									
	30	31	32	33	34	35	36	37	38	39
50	18.46	18.26	18.05	17.82	17.57	17.29	17.01	16.70	16.38	16.02
51	18.32	18.14	17.93	17.71	17.47	17.20	16.92	16.62	16.31	15.97
52	18.16	17.99	17.80	17.59	17.36	17.10	16.84	16.55	16.23	15.90
53	17.99	17.83	17.65	17.45	17.24	16.99	16.73	16.46	16.16	15.84
54	17.79	17.65	17.48	17.30	17.10	16.87	16.63	16.36	16.07	15.76
55	17.59	17.46	17.31	17.14	16.95	16.73	16.50	16.24	15.97	15.67
56	17.36	17.24	17.11	16.95	16.77	16.57	16.36	16.12	15.85	15.56
57	17.11	17.01	16.89	16.75	16.59	16.41	16.20	15.97	15.72	15.45
58	16.85	16.76	16.65	16.52	16.38	16.22	16.02	15.81	15.57	15.32
59	16.57	16.49	16.40	16.29	16.16	16.00	15.83	15.63	15.41	15.17
60	16.26	16.20	16.12	16.03	15.91	15.77	15.61	15.44	15.23	15.00
61	15.95	15.90	15.83	15.74	15.65	15.52	15.38	15.22	15.03	14.82
62	15.61	15.56	15.51	15.44	15.36	15.25	15.12	14.98	14.81	14.61
63	15.25	15.23	15.18	15.12	15.04	14.96	14.85	14.72	14.57	14.39
64	14.89	14.86	14.82	14.78	14.71	14.64	14.55	14.43	14.30	14.14
65	14.50	14.48	14.45	14.41	14.37	14.30	14.22	14.13	14.01	13.88
66	14.10	14.09	14.06	14.03	13.99	13.94	13.88	13.80	13.69	13.57
67	13.69	13.67	13.66	13.63	13.60	13.56	13.51	13.44	13.36	13.25
68	13.27	13.26	13.24	13.22	13.19	13.16	13.12	13.07	13.00	12.91
69	12.83	12.82	12.81	12.79	12.78	12.75	12.71	12.67	12.61	12.54
70	12.39	12.38	12.37	12.36	12.34	12.32	12.30	12.26	12.21	12.16
71	11.94	11.93	11.93	11.92	11.90	11.88	11.87	11.84	11.80	11.75
72	11.49	11.48	11.47	11.46	11.45	11.44	11.42	11.40	11.37	11.33
73	11.03	11.02	11.02	11.01	11.00	10.99	10.98	10.95	10.94	10.91
74	10.57	10.56	10.56	10.55	10.54	10.53	10.52	10.51	10.48	10.47
75	10.10	10.10	10.10	10.09	10.08	10.08	10.07	10.05	10.04	10.02
76	9.64	9.64	9.63	9.63	9.62	9.61	9.61	9.60	9.58	9.57
77	9.17	9.17	9.17	9.17	9.16	9.15	9.15	9.14	9.13	9.12
78	8.72	8.71	8.71	8.71	8.70	8.70	8.69	8.68	8.68	8.67
79	8.27	8.26	8.26	8.26	8.26	8.25	8.24	8.24	8.23	8.22
80	7.82	7.82	7.82	7.82	7.81	7.81	7.81	7.80	7.79	7.78
81	7.39	7.39	7.39	7.38	7.38	7.38	7.37	7.37	7.36	7.36
82	6.96	6.96	6.96	6.96	6.96	6.96	6.95	6.95	6.94	6.94
83	6.56	6.55	6.55	6.55	6.55	6.55	6.54	6.54	6.54	6.53
84	6.16	6.16	6.16	6.15	6.15	6.15	6.15	6.15	6.14	6.14
85	5.77	5.77	5.77	5.77	5.77	5.77	5.76	5.76	5.76	5.75
86	5.40	5.40	5.39	5.39	5.39	5.39	5.39	5.39	5.39	5.38
87	5.03	5.03	5.03	5.03	5.03	5.03	5.03	5.03	5.02	5.02
88	4.68	4.68	4.68	4.68	4.68	4.68	4.68	4.68	4.68	4.67
89	4.35	4.35	4.35	4.35	4.35	4.35	4.35	4.35	4.34	4.34
90	4.03	4.03	4.03	4.03	4.03	4.03	4.03	4.02	4.02	4.02
91	3.72	3.72	3.72	3.72	3.72	3.72	3.72	3.72	3.72	3.72
92	3.43	3.43	3.43	3.43	3.43	3.43	3.43	3.43	3.43	3.43
93	3.16	3.16	3.16	3.16	3.16	3.16	3.16	3.16	3.16	3.16
94	2.90	2.90	2.90	2.90	2.90	2.90	2.90	2.90	2.90	2.90
95	2.66	2.66	2.66	2.66	2.66	2.66	2.66	2.66	2.66	2.66
96	2.44	2.44	2.44	2.44	2.44	2.44	2.44	2.44	2.44	2.44
97	2.23	2.23	2.23	2.23	2.23	2.23	2.23	2.23	2.23	2.23
98	2.04	2.04	2.04	2.04	2.04	2.04	2.04	2.04	2.04	2.03
99	1.86	1.86	1.86	1.86	1.86	1.86	1.86	1.86	1.86	1.86

Exemple ④

Tafel 36 Seite 9   3½%   MORTALITÄT

Temporäre Verbindungsrente bis Alter 65 des Mannes

Alter der Frau	Alter des Mannes									
	40	41	42	43	44	45	46	47	48	49
0	16.17	15.75	15.30	14.85	14.38	13.89	13.39	12.88	12.35	11.80
1	16.21	15.78	15.33	14.88	14.41	13.92	13.42	12.91	12.38	11.82
2	16.21	15.78	15.33	14.88	14.41	13.92	13.43	12.91	12.38	11.82
3	16.20	15.77	15.33	14.87	14.40	13.92	13.42	12.90	12.38	11.83
4	16.20	15.77	15.32	14.87	14.40	13.92	13.42	12.90	12.37	11.83
5	16.20	15.77	15.33	14.87	14.40	13.92	13.42	12.91	12.37	11.82
6	16.20	15.76	15.33	14.87	14.39	13.92	13.42	12.91	12.37	11.82
7	16.20	15.77	15.32	14.87	14.40	13.92	13.41	12.90	12.38	11.82
8	16.19	15.76	15.33	14.87	14.40	13.91	13.41	12.90	12.37	11.83
9	16.20	15.76	15.32	14.87	14.39	13.92	13.42	12.90	12.37	11.82
10	16.19	15.76	15.32	14.86	14.40	13.91	13.41	12.90	12.36	11.82
11	16.19	15.75	15.32	14.86	14.39	13.90	13.40	12.89	12.37	11.81
12	16.18	15.75	15.31	14.86	14.38	13.90	13.41	12.89	12.36	11.82
13	16.18	15.76	15.31	14.85	14.38	13.90	13.40	12.89	12.36	11.81
14	16.17	15.75	15.30	14.85	14.38	13.89	13.39	12.89	12.36	11.80
15	16.17	15.75	15.30	14.84	14.38	13.90	13.40	12.88	12.35	11.80
16	16.16	15.74	15.30	14.85	14.38	13.89	13.40	12.88	12.35	11.80
17	16.17	15.74	15.30	14.84	14.37	13.89	13.39	12.88	12.35	11.80
18	16.17	15.74	15.29	14.84	14.38	13.89	13.40	12.88	12.35	11.81
19	16.17	15.73	15.29	14.84	14.37	13.89	13.39	12.88	12.35	11.80
20	16.17	15.74	15.30	14.84	14.38	13.90	13.40	12.88	12.35	11.80
21	16.17	15.74	15.30	14.84	14.38	13.89	13.39	12.88	12.36	11.80
22	16.17	15.74	15.30	14.85	14.37	13.89	13.40	12.88	12.35	11.81
23	16.17	15.74	15.30	14.85	14.37	13.90	13.40	12.88	12.36	11.81
24	16.16	15.73	15.30	14.84	14.37	13.90	13.39	12.88	12.35	11.81
25	16.16	15.74	15.29	14.84	14.37	13.90	13.39	12.88	12.35	11.80
26	16.16	15.74	15.29	14.83	14.38	13.89	13.40	12.88	12.35	11.81
27	16.15	15.73	15.29	14.84	14.37	13.89	13.39	12.89	12.35	11.80
28	16.14	15.72	15.28	14.83	14.37	13.89	13.39	12.88	12.35	11.81
29	16.14	15.71	15.28	14.83	14.37	13.89	13.39	12.87	12.35	11.80
30	16.13	15.71	15.28	14.82	14.36	13.88	13.39	12.87	12.35	11.80
31	16.12	15.70	15.27	14.81	14.36	13.88	13.38	12.87	12.34	11.79
32	16.11	15.69	15.26	14.81	14.34	13.87	13.38	12.87	12.33	11.79
33	16.10	15.68	15.25	14.79	14.34	13.86	13.37	12.86	12.34	11.79
34	16.09	15.67	15.24	14.79	14.32	13.85	13.36	12.86	12.33	11.78
35	16.07	15.66	15.23	14.78	14.32	13.84	13.36	12.84	12.32	11.77
36	16.06	15.64	15.21	14.77	14.31	13.83	13.34	12.84	12.32	11.77
37	16.05	15.62	15.20	14.76	14.30	13.83	13.34	12.83	12.31	11.77
38	16.03	15.61	15.19	14.74	14.28	13.82	13.33	12.83	12.30	11.76
39	16.01	15.59	15.17	14.73	14.27	13.80	13.32	12.82	12.29	11.75
40	15.98	15.57	15.15	14.72	14.26	13.79	13.30	12.80	12.29	11.75
41	15.97	15.56	15.13	14.70	14.25	13.77	13.29	12.79	12.27	11.74
42	15.94	15.53	15.11	14.67	14.23	13.76	13.27	12.77	12.26	11.72
43	15.91	15.51	15.09	14.65	14.21	13.74	13.26	12.76	12.25	11.71
44	15.88	15.48	15.07	14.63	14.19	13.73	13.24	12.75	12.24	11.70
45	15.85	15.45	15.04	14.62	14.17	13.71	13.24	12.73	12.22	11.68
46	15.82	15.43	15.01	14.59	14.15	13.68	13.21	12.72	12.21	11.67
47	15.78	15.40	14.98	14.56	14.12	13.66	13.19	12.70	12.19	11.66
48	15.75	15.36	14.95	14.53	14.10	13.64	13.17	12.69	12.17	11.65
49	15.70	15.32	14.92	14.51	14.06	13.62	13.15	12.66	12.16	11.64

Beispiel (41)

MORTALITÉ 3½% Table page 10 36

Rente temporaire sur deux têtes jusqu'à l'âge de 65 ans de l'homme

| Age de la femme | \multicolumn{10}{c}{Age de l'homme} |
	40	41	42	43	44	45	46	47	48	49
50	15.66	15.28	14.89	14.47	14.04	13.59	13.13	12.64	12.14	11.62
51	15.61	15.23	14.84	14.44	14.01	13.56	13.11	12.63	12.12	11.61
52	15.56	15.19	14.80	14.39	13.97	13.53	13.07	12.60	12.11	11.59
53	15.49	15.14	14.75	14.35	13.93	13.50	13.05	12.57	12.08	11.57
54	15.42	15.07	14.70	14.30	13.89	13.46	13.01	12.55	12.05	11.54
55	15.34	14.99	14.64	14.25	13.84	13.42	12.97	12.51	12.02	11.51
56	15.25	14.91	14.56	14.18	13.79	13.38	12.93	12.47	11.99	11.48
57	15.15	14.82	14.47	14.11	13.73	13.32	12.88	12.43	11.96	11.45
58	15.02	14.72	14.38	14.03	13.65	13.25	12.83	12.39	11.92	11.42
59	14.90	14.60	14.28	13.94	13.58	13.18	12.77	12.33	11.87	11.38
60	14.74	14.46	14.17	13.83	13.49	13.10	12.70	12.28	11.82	11.34
61	14.58	14.32	14.03	13.71	13.38	13.01	12.62	12.21	11.77	11.30
62	14.40	14.15	13.88	13.58	13.26	12.91	12.53	12.13	11.69	11.24
63	14.19	13.96	13.72	13.43	13.12	12.80	12.43	12.04	11.62	11.17
64	13.96	13.75	13.52	13.26	12.97	12.66	12.31	11.94	11.53	11.10
65	13.71	13.52	13.31	13.06	12.80	12.50	12.17	11.81	11.43	11.00
66	13.43	13.26	13.07	12.85	12.60	12.32	12.02	11.68	11.31	10.90
67	13.13	12.98	12.81	12.60	12.38	12.12	11.84	11.51	11.16	10.78
68	12.80	12.67	12.51	12.34	12.13	11.90	11.63	11.34	11.01	10.64
69	12.45	12.34	12.21	12.05	11.87	11.66	11.41	11.14	10.83	10.48
70	12.08	11.98	11.88	11.74	11.57	11.39	11.16	10.92	10.64	10.32
71	11.68	11.61	11.52	11.41	11.26	11.09	10.90	10.68	10.41	10.12
72	11.29	11.22	11.14	11.05	10.92	10.78	10.61	10.41	10.17	9.90
73	10.86	10.81	10.74	10.66	10.57	10.45	10.30	10.12	9.90	9.66
74	10.43	10.40	10.34	10.28	10.20	10.09	9.96	9.81	9.63	9.41
75	9.99	9.96	9.92	9.86	9.80	9.72	9.61	9.48	9.32	9.13
76	9.55	9.52	9.49	9.45	9.40	9.33	9.25	9.14	8.99	8.82
77	9.10	9.08	9.05	9.02	8.98	8.93	8.86	8.77	8.65	8.51
78	8.65	8.64	8.61	8.59	8.56	8.51	8.46	8.39	8.29	8.17
79	8.21	8.20	8.18	8.16	8.14	8.10	8.06	8.00	7.93	7.83
80	7.78	7.76	7.75	7.73	7.72	7.69	7.66	7.62	7.56	7.48
81	7.35	7.34	7.33	7.32	7.30	7.28	7.26	7.22	7.18	7.12
82	6.93	6.92	6.91	6.90	6.89	6.87	6.86	6.84	6.80	6.75
83	6.53	6.52	6.51	6.50	6.49	6.48	6.46	6.45	6.42	6.38
84	6.13	6.13	6.12	6.11	6.10	6.10	6.09	6.07	6.05	6.02
85	5.75	5.74	5.74	5.73	5.73	5.72	5.71	5.70	5.68	5.66
86	5.38	5.37	5.37	5.36	5.36	5.35	5.34	5.34	5.33	5.31
87	5.02	5.01	5.01	5.01	5.00	5.00	4.99	4.98	4.98	4.97
88	4.67	4.67	4.66	4.66	4.66	4.65	4.65	4.64	4.64	4.63
89	4.34	4.33	4.33	4.33	4.32	4.32	4.32	4.31	4.31	4.30
90	4.02	4.02	4.01	4.01	4.01	4.01	4.00	4.00	3.99	3.99
91	3.72	3.71	3.71	3.71	3.71	3.70	3.70	3.70	3.69	3.69
92	3.43	3.43	3.42	3.42	3.42	3.42	3.41	3.41	3.41	3.41
93	3.15	3.15	3.15	3.15	3.15	3.15	3.14	3.14	3.14	3.14
94	2.90	2.90	2.90	2.89	2.89	2.89	2.89	2.89	2.89	2.88
95	2.66	2.66	2.66	2.66	2.65	2.65	2.65	2.65	2.65	2.65
96	2.43	2.43	2.43	2.43	2.43	2.43	2.43	2.43	2.43	2.42
97	2.23	2.23	2.23	2.22	2.22	2.22	2.22	2.22	2.22	2.22
98	2.03	2.03	2.03	2.03	2.03	2.03	2.03	2.03	2.03	2.03
99	1.86	1.86	1.86	1.86	1.86	1.85	1.85	1.85	1.85	1.85

Exemple ㊶

36 Tafel Seite 11   3½%   MORTALITÄT

Temporäre Verbindungsrente bis Alter 65 des Mannes

Alter der Frau	Alter des Mannes									
	50	51	52	53	54	55	56	57	58	59
0	11.23	10.65	10.04	9.42	8.78	8.12	7.44	6.74	6.00	5.25
1	11.26	10.66	10.07	9.44	8.80	8.14	7.46	6.75	6.02	5.25
2	11.25	10.67	10.07	9.44	8.80	8.14	7.46	6.75	6.02	5.26
3	11.25	10.67	10.06	9.44	8.80	8.14	7.46	6.75	6.02	5.26
4	11.25	10.67	10.06	9.44	8.80	8.14	7.46	6.75	6.02	5.26
5	11.26	10.67	10.07	9.45	8.80	8.14	7.46	6.75	6.03	5.26
6	11.26	10.67	10.07	9.45	8.80	8.15	7.45	6.75	6.02	5.26
7	11.25	10.67	10.07	9.45	8.80	8.14	7.46	6.75	6.02	5.26
8	11.25	10.67	10.06	9.44	8.80	8.14	7.46	6.75	6.02	5.26
9	11.25	10.67	10.06	9.44	8.81	8.14	7.46	6.75	6.02	5.26
10	11.25	10.66	10.07	9.45	8.80	8.14	7.46	6.76	6.03	5.26
11	11.25	10.67	10.06	9.44	8.80	8.14	7.46	6.75	6.02	5.27
12	11.24	10.66	10.06	9.44	8.80	8.14	7.46	6.75	6.02	5.26
13	11.25	10.66	10.05	9.43	8.80	8.14	7.45	6.75	6.02	5.26
14	11.24	10.66	10.05	9.43	8.79	8.14	7.46	6.75	6.02	5.26
15	11.24	10.66	10.05	9.43	8.79	8.13	7.45	6.75	6.02	5.26
16	11.23	10.65	10.05	9.43	8.79	8.13	7.45	6.75	6.02	5.26
17	11.23	10.65	10.04	9.43	8.79	8.13	7.45	6.74	6.01	5.26
18	11.23	10.64	10.05	9.42	8.79	8.13	7.45	6.74	6.01	5.26
19	11.23	10.65	10.05	9.43	8.79	8.13	7.45	6.74	6.01	5.26
20	11.24	10.65	10.05	9.43	8.79	8.12	7.45	6.75	6.01	5.26
21	11.23	10.66	10.05	9.43	8.79	8.13	7.44	6.75	6.02	5.26
22	11.24	10.65	10.05	9.43	8.79	8.13	7.45	6.74	6.02	5.26
23	11.24	10.66	10.06	9.43	8.79	8.13	7.45	6.75	6.01	5.25
24	11.24	10.65	10.05	9.44	8.80	8.13	7.45	6.74	6.02	5.25
25	11.24	10.66	10.06	9.43	8.79	8.14	7.45	6.75	6.01	5.26
26	11.23	10.66	10.06	9.43	8.80	8.13	7.46	6.75	6.02	5.26
27	11.24	10.65	10.05	9.44	8.80	8.14	7.45	6.75	6.01	5.26
28	11.23	10.66	10.05	9.44	8.80	8.14	7.45	6.75	6.02	5.26
29	11.24	10.66	10.05	9.43	8.79	8.14	7.45	6.75	6.02	5.26
30	11.23	10.65	10.04	9.43	8.79	8.13	7.45	6.75	6.02	5.26
31	11.23	10.64	10.05	9.43	8.79	8.13	7.45	6.75	6.02	5.26
32	11.22	10.65	10.04	9.42	8.79	8.13	7.45	6.74	6.02	5.26
33	11.22	10.64	10.04	9.42	8.78	8.13	7.45	6.74	6.02	5.26
34	11.22	10.63	10.04	9.43	8.78	8.13	7.44	6.75	6.02	5.26
35	11.22	10.64	10.04	9.41	8.79	8.12	7.44	6.74	6.01	5.26
36	11.21	10.63	10.03	9.41	8.77	8.12	7.45	6.74	6.01	5.26
37	11.21	10.63	10.03	9.42	8.77	8.12	7.45	6.74	6.01	5.26
38	11.21	10.62	10.03	9.41	8.78	8.12	7.44	6.74	6.01	5.25
39	11.20	10.62	10.02	9.41	8.77	8.11	7.43	6.73	6.01	5.25
40	11.19	10.61	10.02	9.40	8.77	8.11	7.44	6.73	6.01	5.25
41	11.18	10.60	10.01	9.40	8.76	8.11	7.44	6.73	6.00	5.25
42	11.17	10.60	10.00	9.39	8.76	8.11	7.44	6.74	6.01	5.24
43	11.16	10.59	10.00	9.38	8.76	8.10	7.43	6.73	6.01	5.25
44	11.15	10.58	9.99	9.38	8.74	8.10	7.42	6.72	6.00	5.25
45	11.14	10.57	9.98	9.38	8.74	8.09	7.42	6.72	5.99	5.25
46	11.12	10.56	9.97	9.36	8.74	8.09	7.41	6.72	5.99	5.24
47	11.11	10.55	9.96	9.36	8.72	8.09	7.41	6.71	5.99	5.24
48	11.10	10.54	9.95	9.35	8.72	8.08	7.41	6.71	5.99	5.24
49	11.09	10.52	9.95	9.33	8.71	8.06	7.40	6.71	5.99	5.23

Beispiel (41)

MORTALITÉ — 3½% — Table 36 page 12

Rente temporaire sur deux têtes jusqu'à l'âge de 65 ans de l'homme

Âge de la femme	Âge de l'homme									
	50	51	52	53	54	55	56	57	58	59
50	11.07	10.51	9.93	9.33	8.71	8.06	7.39	6.71	5.99	5.24
51	11.06	10.50	9.92	9.32	8.69	8.06	7.38	6.70	5.98	5.24
52	11.05	10.49	9.90	9.31	8.69	8.04	7.39	6.69	5.97	5.23
53	11.03	10.47	9.90	9.29	8.68	8.04	7.38	6.69	5.97	5.22
54	11.01	10.46	9.88	9.29	8.67	8.04	7.37	6.68	5.97	5.22
55	10.99	10.44	9.86	9.28	8.66	8.03	7.37	6.68	5.96	5.21
56	10.96	10.42	9.85	9.27	8.65	8.02	7.36	6.68	5.96	5.21
57	10.94	10.40	9.83	9.24	8.63	8.01	7.35	6.66	5.95	5.21
58	10.90	10.36	9.80	9.23	8.63	7.99	7.34	6.66	5.94	5.21
59	10.88	10.35	9.79	9.21	8.61	7.98	7.33	6.65	5.94	5.20
60	10.83	10.31	9.76	9.18	8.58	7.97	7.32	6.64	5.94	5.20
61	10.80	10.28	9.73	9.16	8.57	7.95	7.30	6.63	5.93	5.20
62	10.75	10.24	9.70	9.14	8.55	7.93	7.29	6.62	5.92	5.19
63	10.69	10.19	9.66	9.10	8.52	7.92	7.28	6.61	5.91	5.18
64	10.63	10.14	9.62	9.07	8.49	7.89	7.26	6.59	5.90	5.17
65	10.56	10.07	9.57	9.03	8.46	7.86	7.24	6.58	5.89	5.17
66	10.46	10.00	9.50	8.97	8.42	7.83	7.20	6.56	5.87	5.16
67	10.36	9.91	9.43	8.91	8.37	7.79	7.18	6.54	5.85	5.15
68	10.25	9.81	9.34	8.84	8.31	7.75	7.14	6.51	5.83	5.13
69	10.11	9.69	9.24	8.76	8.24	7.69	7.10	6.47	5.81	5.11
70	9.95	9.56	9.13	8.66	8.16	7.62	7.05	6.44	5.78	5.09
71	9.78	9.41	9.00	8.56	8.07	7.55	7.00	6.39	5.75	5.07
72	9.58	9.24	8.86	8.43	7.98	7.47	6.92	6.34	5.70	5.04
73	9.38	9.06	8.69	8.30	7.85	7.37	6.84	6.28	5.67	5.01
74	9.15	8.85	8.52	8.14	7.72	7.27	6.76	6.21	5.61	4.97
75	8.89	8.63	8.33	7.98	7.58	7.15	6.66	6.14	5.55	4.92
76	8.62	8.39	8.11	7.78	7.42	7.01	6.55	6.04	5.49	4.87
77	8.33	8.12	7.86	7.58	7.25	6.86	6.42	5.94	5.40	4.82
78	8.03	7.84	7.61	7.35	7.04	6.70	6.28	5.84	5.32	4.75
79	7.70	7.55	7.35	7.12	6.84	6.52	6.15	5.72	5.23	4.68
80	7.37	7.24	7.07	6.87	6.62	6.32	5.98	5.59	5.12	4.60
81	7.03	6.92	6.78	6.60	6.39	6.12	5.81	5.44	5.02	4.52
82	6.68	6.59	6.48	6.33	6.14	5.91	5.62	5.29	4.89	4.43
83	6.34	6.27	6.17	6.04	5.89	5.68	5.43	5.12	4.76	4.32
84	5.99	5.93	5.85	5.75	5.62	5.45	5.23	4.96	4.62	4.21
85	5.64	5.59	5.54	5.46	5.35	5.20	5.02	4.78	4.47	4.10
86	5.29	5.25	5.21	5.15	5.07	4.95	4.79	4.58	4.31	3.98
87	4.95	4.93	4.89	4.84	4.78	4.68	4.56	4.38	4.14	3.84
88	4.61	4.60	4.57	4.54	4.49	4.41	4.31	4.16	3.96	3.70
89	4.29	4.28	4.27	4.24	4.20	4.15	4.06	3.94	3.78	3.54
90	3.98	3.97	3.96	3.94	3.92	3.87	3.81	3.72	3.58	3.38
91	3.68	3.68	3.67	3.65	3.64	3.61	3.56	3.49	3.37	3.21
92	3.40	3.40	3.39	3.38	3.37	3.34	3.31	3.26	3.17	3.04
93	3.13	3.13	3.12	3.12	3.10	3.10	3.07	3.03	2.97	2.86
94	2.88	2.88	2.87	2.87	2.86	2.85	2.83	2.81	2.76	2.68
95	2.64	2.64	2.64	2.63	2.63	2.63	2.61	2.60	2.56	2.50
96	2.42	2.42	2.42	2.41	2.41	2.41	2.39	2.39	2.37	2.31
97	2.22	2.21	2.21	2.21	2.21	2.20	2.20	2.19	2.18	2.14
98	2.03	2.02	2.02	2.02	2.02	2.02	2.01	2.01	2.00	1.98
99	1.85	1.85	1.85	1.85	1.84	1.84	1.84	1.84	1.83	1.81

Exemple (41)

36 Tafel Seite 13 — 3½% — MORTALITÄT

Temporäre Verbindungsrente bis Alter 65 des Mannes

Alter der Frau	Alter des Mannes					Alter der Frau	Alter des Mannes				
	60	61	62	63	64		60	61	62	63	64
0	4.47	3.64	2.80	1.91	0.97	50	4.45	3.64	2.79	1.90	0.98
1	4.47	3.65	2.80	1.90	0.98	51	4.45	3.64	2.79	1.91	0.98
2	4.47	3.65	2.80	1.90	0.98	52	4.45	3.64	2.79	1.91	0.98
3	4.47	3.65	2.80	1.90	0.98	53	4.45	3.64	2.79	1.90	0.98
4	4.47	3.65	2.80	1.90	0.97	54	4.44	3.63	2.79	1.91	0.97
5	4.47	3.65	2.80	1.90	0.97	55	4.44	3.63	2.79	1.90	0.98
6	4.47	3.65	2.80	1.91	0.97	56	4.44	3.63	2.78	1.90	0.98
7	4.48	3.65	2.80	1.91	0.98	57	4.44	3.63	2.78	1.90	0.98
8	4.47	3.66	2.79	1.91	0.98	58	4.44	3.63	2.79	1.90	0.98
9	4.47	3.66	2.80	1.91	0.98	59	4.44	3.62	2.78	1.90	0.97
10	4.47	3.66	2.80	1.91	0.98	60	4.42	3.63	2.79	1.90	0.97
11	4.48	3.65	2.80	1.91	0.98	61	4.43	3.62	2.79	1.90	0.97
12	4.47	3.66	2.79	1.91	0.98	62	4.43	3.62	2.78	1.90	0.97
13	4.47	3.66	2.80	1.90	0.98	63	4.42	3.62	2.78	1.90	0.98
14	4.48	3.65	2.80	1.91	0.98	64	4.41	3.62	2.78	1.90	0.97
15	4.47	3.65	2.80	1.91	0.98	65	4.41	3.62	2.78	1.90	0.98
16	4.47	3.66	2.80	1.91	0.98	66	4.40	3.61	2.78	1.90	0.98
17	4.47	3.66	2.80	1.92	0.98	67	4.39	3.60	2.78	1.90	0.98
18	4.47	3.65	2.80	1.91	0.98	68	4.39	3.59	2.77	1.89	0.98
19	4.47	3.65	2.80	1.91	0.98	69	4.37	3.58	2.76	1.89	0.97
20	4.47	3.65	2.80	1.91	0.98	70	4.35	3.58	2.76	1.89	0.97
21	4.47	3.65	2.80	1.91	0.98	71	4.34	3.57	2.75	1.89	0.97
22	4.47	3.65	2.80	1.91	0.98	72	4.32	3.56	2.74	1.89	0.98
23	4.48	3.65	2.80	1.91	0.98	73	4.30	3.55	2.74	1.87	0.97
24	4.47	3.65	2.80	1.91	0.98	74	4.27	3.53	2.73	1.88	0.96
25	4.47	3.65	2.81	1.90	0.98	75	4.24	3.51	2.72	1.87	0.97
26	4.47	3.65	2.80	1.91	0.98	76	4.20	3.49	2.70	1.88	0.97
27	4.46	3.65	2.80	1.91	0.98	77	4.17	3.46	2.70	1.86	0.96
28	4.47	3.65	2.80	1.91	0.98	78	4.13	3.43	2.68	1.86	0.96
29	4.47	3.65	2.79	1.91	0.97	79	4.07	3.40	2.66	1.84	0.96
30	4.48	3.66	2.80	1.90	0.98	80	4.02	3.36	2.64	1.84	0.96
31	4.48	3.66	2.80	1.91	0.97	81	3.96	3.32	2.61	1.83	0.96
32	4.48	3.65	2.80	1.91	0.98	82	3.89	3.28	2.59	1.81	0.95
33	4.48	3.65	2.80	1.91	0.98	83	3.82	3.23	2.56	1.80	0.95
34	4.48	3.65	2.80	1.91	0.98	84	3.74	3.18	2.53	1.79	0.95
35	4.47	3.65	2.80	1.91	0.98	85	3.65	3.13	2.50	1.77	0.94
36	4.47	3.65	2.80	1.91	0.98	86	3.56	3.06	2.47	1.76	0.94
37	4.47	3.64	2.80	1.91	0.98	87	3.46	2.99	2.42	1.74	0.94
38	4.46	3.65	2.79	1.91	0.98	88	3.35	2.92	2.37	1.72	0.93
39	4.46	3.64	2.80	1.91	0.98	89	3.23	2.84	2.32	1.69	0.92
40	4.47	3.65	2.79	1.91	0.98	90	3.11	2.74	2.28	1.67	0.92
41	4.46	3.65	2.80	1.91	0.98	91	2.98	2.64	2.21	1.64	0.91
42	4.46	3.65	2.80	1.91	0.98	92	2.84	2.55	2.14	1.61	0.90
43	4.46	3.64	2.80	1.91	0.98	93	2.69	2.44	2.08	1.57	0.90
44	4.46	3.64	2.79	1.91	0.98	94	2.54	2.32	2.00	1.53	0.88
45	4.46	3.64	2.79	1.91	0.98	95	2.38	2.20	1.93	1.50	0.87
46	4.46	3.64	2.79	1.90	0.98	96	2.24	2.08	1.84	1.45	0.86
47	4.46	3.64	2.80	1.91	0.97	97	2.08	1.96	1.75	1.40	0.85
48	4.46	3.64	2.80	1.91	0.98	98	1.93	1.84	1.66	1.35	0.83
49	4.46	3.64	2.79	1.91	0.98	99	1.78	1.72	1.57	1.30	0.82

Beispiel (41)

MORTALITÉ 3½% Table 37 page 1

Rente temporaire sur deux têtes jusqu'à l'âge de 62 ans de la femme

Age de l'homme	Age de la femme									
	0	1	2	3	4	5	6	7	8	9
0	25.04	24.98	24.87	24.74	24.63	24.49	24.36	24.22	24.07	23.92
1	25.07	25.01	24.90	24.78	24.66	24.53	24.39	24.26	24.11	23.95
2	25.04	24.98	24.88	24.76	24.63	24.51	24.37	24.24	24.10	23.94
3	25.01	24.96	24.85	24.74	24.62	24.49	24.36	24.22	24.08	23.92
4	24.99	24.93	24.83	24.71	24.59	24.47	24.34	24.20	24.06	23.90
5	24.95	24.90	24.80	24.68	24.56	24.44	24.31	24.18	24.03	23.89
6	24.91	24.87	24.76	24.65	24.54	24.41	24.29	24.15	24.01	23.87
7	24.87	24.83	24.72	24.62	24.50	24.38	24.26	24.13	23.98	23.83
8	24.82	24.79	24.68	24.58	24.46	24.34	24.22	24.09	23.95	23.81
9	24.78	24.73	24.63	24.53	24.42	24.31	24.18	24.06	23.92	23.78
10	24.72	24.69	24.60	24.49	24.38	24.26	24.15	24.02	23.88	23.75
11	24.67	24.64	24.54	24.44	24.33	24.22	24.10	23.98	23.85	23.71
12	24.61	24.58	24.48	24.39	24.28	24.17	24.06	23.93	23.81	23.67
13	24.54	24.51	24.42	24.32	24.23	24.12	24.01	23.89	23.76	23.62
14	24.46	24.44	24.35	24.27	24.17	24.06	23.95	23.83	23.71	23.58
15	24.39	24.36	24.29	24.20	24.10	24.00	23.90	23.78	23.65	23.53
16	24.31	24.28	24.22	24.12	24.04	23.94	23.84	23.73	23.61	23.48
17	24.23	24.21	24.14	24.06	23.96	23.87	23.77	23.67	23.55	23.42
18	24.14	24.12	24.05	23.98	23.90	23.81	23.71	23.60	23.50	23.37
19	24.06	24.05	23.98	23.91	23.83	23.74	23.65	23.55	23.44	23.32
20	23.97	23.97	23.90	23.83	23.76	23.68	23.59	23.49	23.39	23.28
21	23.90	23.89	23.84	23.77	23.70	23.62	23.54	23.44	23.34	23.23
22	23.81	23.81	23.75	23.69	23.63	23.55	23.47	23.39	23.29	23.19
23	23.72	23.72	23.67	23.61	23.55	23.48	23.41	23.32	23.24	23.13
24	23.61	23.62	23.57	23.52	23.46	23.41	23.34	23.25	23.16	23.07
25	23.50	23.51	23.47	23.43	23.37	23.31	23.25	23.17	23.08	22.99
26	23.37	23.38	23.35	23.31	23.26	23.20	23.14	23.07	23.00	22.91
27	23.23	23.25	23.22	23.18	23.14	23.09	23.03	22.97	22.90	22.82
28	23.08	23.10	23.08	23.05	23.00	22.96	22.91	22.85	22.79	22.70
29	22.92	22.95	22.92	22.90	22.86	22.82	22.77	22.72	22.65	22.59
30	22.75	22.77	22.76	22.73	22.70	22.67	22.62	22.57	22.52	22.45
31	22.57	22.60	22.58	22.56	22.54	22.50	22.46	22.42	22.37	22.31
32	22.37	22.40	22.39	22.37	22.35	22.32	22.29	22.26	22.21	22.16
33	22.17	22.20	22.19	22.17	22.16	22.13	22.11	22.07	22.03	21.98
34	21.96	22.00	21.99	21.97	21.95	21.94	21.91	21.89	21.85	21.81
35	21.73	21.77	21.77	21.76	21.74	21.73	21.70	21.69	21.65	21.61
36	21.51	21.54	21.54	21.54	21.52	21.51	21.49	21.47	21.44	21.41
37	21.27	21.31	21.30	21.30	21.29	21.28	21.27	21.25	21.22	21.20
38	21.03	21.07	21.07	21.05	21.05	21.03	21.03	21.01	21.00	20.97
39	20.77	20.81	20.81	20.81	20.79	20.79	20.77	20.77	20.75	20.73
40	20.51	20.55	20.55	20.54	20.54	20.53	20.52	20.51	20.50	20.49
41	20.24	20.28	20.28	20.27	20.27	20.27	20.25	20.25	20.23	20.23
42	19.96	20.00	20.00	20.00	19.99	19.99	19.99	19.97	19.97	19.95
43	19.68	19.72	19.72	19.71	19.71	19.71	19.70	19.70	19.69	19.68
44	19.39	19.43	19.43	19.42	19.42	19.42	19.41	19.41	19.41	19.39
45	19.09	19.13	19.13	19.13	19.12	19.12	19.12	19.12	19.11	19.11
46	18.79	18.83	18.83	18.82	18.82	18.82	18.82	18.81	18.81	18.81
47	18.48	18.52	18.52	18.51	18.51	18.51	18.51	18.50	18.50	18.50
48	18.16	18.20	18.20	18.20	18.19	18.19	18.19	18.19	18.18	18.18
49	17.84	17.87	17.87	17.87	17.87	17.86	17.86	17.86	17.86	17.85

Exemple (41)

37 Tafel Seite 2 — 3½% — MORTALITÄT

Temporäre Verbindungsrente bis Alter 62 der Frau

Alter des Mannes	Alter der Frau									
	0	1	2	3	4	5	6	7	8	9
50	17.50	17.54	17.53	17.53	17.53	17.53	17.53	17.52	17.52	17.52
51	17.16	17.19	17.19	17.19	17.19	17.19	17.19	17.18	17.18	17.18
52	16.81	16.85	16.85	16.84	16.84	16.84	16.84	16.84	16.83	16.83
53	16.46	16.49	16.49	16.49	16.49	16.49	16.49	16.49	16.48	16.48
54	16.11	16.14	16.14	16.14	16.14	16.13	16.13	16.13	16.13	16.13
55	15.75	15.78	15.78	15.78	15.78	15.78	15.78	15.77	15.77	15.77
56	15.39	15.42	15.42	15.42	15.42	15.42	15.41	15.41	15.41	15.41
57	15.02	15.05	15.05	15.05	15.05	15.05	15.05	15.05	15.04	15.04
58	14.65	14.68	14.68	14.68	14.68	14.68	14.68	14.68	14.67	14.67
59	14.28	14.30	14.30	14.30	14.30	14.30	14.30	14.30	14.30	14.29
60	13.90	13.92	13.92	13.92	13.92	13.92	13.92	13.92	13.91	13.91
61	13.51	13.54	13.54	13.54	13.53	13.53	13.53	13.53	13.53	13.53
62	13.13	13.15	13.15	13.15	13.15	13.15	13.15	13.15	13.14	13.14
63	12.74	12.76	12.76	12.76	12.76	12.76	12.76	12.76	12.76	12.76
64	12.35	12.38	12.38	12.38	12.37	12.37	12.37	12.37	12.37	12.37
65	11.97	11.99	11.99	11.99	11.99	11.99	11.99	11.99	11.98	11.98
66	11.58	11.60	11.60	11.60	11.60	11.60	11.60	11.60	11.60	11.59
67	11.19	11.21	11.21	11.21	11.21	11.21	11.21	11.21	11.21	11.21
68	10.80	10.82	10.82	10.82	10.82	10.82	10.82	10.82	10.82	10.82
69	10.41	10.43	10.43	10.43	10.43	10.43	10.43	10.43	10.43	10.43
70	10.02	10.04	10.04	10.04	10.04	10.04	10.04	10.04	10.04	10.04
71	9.63	9.65	9.65	9.65	9.65	9.65	9.65	9.65	9.65	9.65
72	9.25	9.26	9.26	9.26	9.26	9.26	9.26	9.26	9.26	9.26
73	8.86	8.88	8.88	8.88	8.88	8.88	8.88	8.88	8.88	8.88
74	8.48	8.49	8.49	8.49	8.49	8.49	8.49	8.49	8.49	8.49
75	8.09	8.11	8.11	8.11	8.11	8.11	8.11	8.11	8.11	8.11
76	7.72	7.73	7.73	7.73	7.73	7.73	7.73	7.73	7.73	7.73
77	7.35	7.37	7.37	7.37	7.37	7.37	7.37	7.37	7.36	7.36
78	7.00	7.01	7.01	7.01	7.01	7.01	7.01	7.01	7.01	7.01
79	6.65	6.66	6.66	6.66	6.66	6.66	6.66	6.66	6.66	6.66
80	6.32	6.33	6.33	6.33	6.33	6.33	6.33	6.33	6.33	6.33
81	6.00	6.02	6.02	6.02	6.02	6.02	6.02	6.02	6.02	6.02
82	5.70	5.71	5.71	5.71	5.71	5.71	5.71	5.71	5.71	5.71
83	5.41	5.42	5.42	5.42	5.42	5.42	5.42	5.42	5.42	5.42
84	5.12	5.13	5.13	5.13	5.13	5.13	5.13	5.13	5.13	5.13
85	4.84	4.85	4.85	4.85	4.85	4.85	4.85	4.85	4.85	4.85
86	4.57	4.57	4.57	4.57	4.57	4.57	4.57	4.57	4.57	4.57
87	4.30	4.30	4.30	4.30	4.30	4.30	4.30	4.30	4.30	4.30
88	4.04	4.04	4.04	4.04	4.04	4.04	4.04	4.04	4.04	4.04
89	3.79	3.79	3.79	3.79	3.79	3.79	3.79	3.79	3.79	3.79
90	3.55	3.55	3.55	3.55	3.55	3.55	3.55	3.55	3.55	3.55
91	3.32	3.32	3.32	3.32	3.32	3.32	3.32	3.32	3.32	3.32
92	3.10	3.10	3.10	3.10	3.10	3.10	3.10	3.10	3.10	3.10
93	2.89	2.89	2.89	2.89	2.89	2.89	2.89	2.89	2.89	2.89
94	2.69	2.70	2.70	2.70	2.70	2.70	2.70	2.70	2.70	2.70
95	2.51	2.51	2.51	2.51	2.51	2.51	2.51	2.51	2.51	2.51
96	2.33	2.34	2.34	2.34	2.34	2.34	2.34	2.34	2.34	2.34
97	2.17	2.17	2.17	2.17	2.17	2.17	2.17	2.17	2.17	2.17
98	2.02	2.02	2.02	2.02	2.02	2.02	2.02	2.02	2.02	2.02
99	1.88	1.88	1.88	1.88	1.88	1.88	1.88	1.88	1.88	1.88

Beispiel (41)

MORTALITÉ 3½% Table 37 page 3

Rente temporaire sur deux têtes jusqu'à l'âge de 62 ans de la femme

Age de l'homme	\multicolumn{10}{c}{Age de la femme}
	10	11	12	13	14	15	16	17	18	19
0	23.76	23.59	23.42	23.24	23.06	22.87	22.67	22.47	22.26	22.05
1	23.80	23.63	23.46	23.28	23.09	22.90	22.71	22.51	22.30	22.09
2	23.78	23.62	23.44	23.27	23.08	22.89	22.70	22.50	22.29	22.07
3	23.76	23.60	23.43	23.26	23.07	22.89	22.69	22.49	22.28	22.06
4	23.75	23.58	23.42	23.24	23.05	22.87	22.68	22.48	22.27	22.05
5	23.73	23.57	23.40	23.22	23.04	22.85	22.66	22.46	22.25	22.04
6	23.71	23.54	23.38	23.21	23.03	22.84	22.64	22.44	22.24	22.03
7	23.68	23.52	23.35	23.18	23.00	22.81	22.62	22.42	22.22	22.00
8	23.65	23.50	23.33	23.16	22.98	22.80	22.61	22.40	22.21	21.99
9	23.63	23.47	23.31	23.13	22.96	22.77	22.59	22.39	22.18	21.97
10	23.59	23.44	23.28	23.11	22.93	22.75	22.56	22.36	22.16	21.95
11	23.56	23.41	23.25	23.08	22.91	22.73	22.53	22.34	22.14	21.94
12	23.52	23.38	23.22	23.04	22.88	22.69	22.51	22.32	22.12	21.91
13	23.48	23.34	23.18	23.01	22.84	22.66	22.48	22.29	22.08	21.89
14	23.44	23.29	23.13	22.98	22.80	22.63	22.44	22.26	22.06	21.86
15	23.39	23.25	23.10	22.94	22.77	22.59	22.42	22.22	22.03	21.83
16	23.35	23.20	23.05	22.89	22.73	22.55	22.38	22.19	22.00	21.79
17	23.29	23.15	23.01	22.85	22.69	22.51	22.35	22.15	21.97	21.76
18	23.24	23.10	22.97	22.81	22.65	22.49	22.31	22.13	21.94	21.75
19	23.20	23.06	22.92	22.78	22.61	22.45	22.28	22.10	21.91	21.72
20	23.16	23.02	22.89	22.74	22.58	22.43	22.26	22.08	21.89	21.70
21	23.11	22.99	22.85	22.71	22.56	22.40	22.24	22.06	21.88	21.68
22	23.07	22.95	22.81	22.68	22.53	22.38	22.21	22.05	21.86	21.67
23	23.02	22.90	22.77	22.64	22.49	22.35	22.19	22.02	21.84	21.66
24	22.96	22.85	22.73	22.60	22.45	22.31	22.15	21.99	21.82	21.64
25	22.89	22.79	22.67	22.54	22.40	22.26	22.11	21.95	21.78	21.60
26	22.81	22.72	22.60	22.48	22.35	22.20	22.06	21.90	21.73	21.57
27	22.73	22.62	22.52	22.40	22.28	22.14	22.00	21.85	21.68	21.52
28	22.62	22.54	22.43	22.32	22.19	22.06	21.93	21.78	21.62	21.46
29	22.51	22.43	22.33	22.22	22.11	21.98	21.85	21.71	21.56	21.40
30	22.38	22.30	22.21	22.12	22.00	21.88	21.76	21.62	21.48	21.32
31	22.24	22.17	22.09	21.99	21.89	21.78	21.65	21.53	21.39	21.24
32	22.10	22.02	21.95	21.86	21.76	21.66	21.54	21.42	21.28	21.14
33	21.93	21.87	21.80	21.72	21.63	21.53	21.42	21.30	21.17	21.04
34	21.76	21.70	21.64	21.57	21.48	21.39	21.28	21.17	21.06	20.92
35	21.57	21.52	21.46	21.40	21.31	21.23	21.14	21.04	20.92	20.80
36	21.37	21.32	21.27	21.21	21.15	21.07	20.98	20.88	20.78	20.66
37	21.17	21.12	21.08	21.02	20.95	20.88	20.81	20.72	20.62	20.51
38	20.94	20.90	20.86	20.81	20.76	20.69	20.62	20.54	20.45	20.35
39	20.71	20.67	20.64	20.59	20.55	20.49	20.42	20.35	20.27	20.17
40	20.46	20.43	20.40	20.36	20.32	20.27	20.21	20.15	20.08	19.99
41	20.20	20.18	20.15	20.13	20.09	20.04	19.99	19.93	19.86	19.78
42	19.94	19.92	19.90	19.87	19.83	19.80	19.76	19.70	19.64	19.57
43	19.66	19.65	19.63	19.61	19.58	19.54	19.51	19.46	19.41	19.35
44	19.39	19.37	19.35	19.33	19.31	19.28	19.25	19.21	19.17	19.11
45	19.09	19.08	19.07	19.05	19.03	19.01	18.98	18.94	18.91	18.86
46	18.79	18.78	18.78	18.76	18.74	18.73	18.70	18.67	18.64	18.60
47	18.49	18.47	18.47	18.46	18.45	18.43	18.41	18.39	18.35	18.33
48	18.17	18.17	18.15	18.15	18.14	18.12	18.11	18.08	18.07	18.03
49	17.85	17.84	17.84	17.82	17.81	17.81	17.79	17.78	17.76	17.73

37 Tafel Seite 4 — 3½% — MORTALITÄT

Temporäre Verbindungsrente bis Alter 62 der Frau

Alter des Mannes	\ Alter der Frau 10	11	12	13	14	15	16	17	18	19
50	17.51	17.51	17.50	17.50	17.48	17.48	17.46	17.46	17.44	17.42
51	17.17	17.17	17.16	17.16	17.15	17.14	17.13	17.12	17.11	17.09
52	16.83	16.82	16.82	16.81	16.81	16.80	16.79	16.78	16.77	16.76
53	16.48	16.47	16.47	16.46	16.46	16.45	16.45	16.44	16.43	16.42
54	16.12	16.12	16.11	16.11	16.10	16.10	16.10	16.09	16.08	16.08
55	15.76	15.76	15.76	15.75	15.75	15.74	15.74	15.74	15.73	15.72
56	15.40	15.40	15.40	15.39	15.39	15.38	15.38	15.38	15.38	15.37
57	15.04	15.03	15.03	15.03	15.02	15.02	15.02	15.01	15.01	15.01
58	14.67	14.66	14.66	14.66	14.65	14.65	14.65	14.64	14.64	14.64
59	14.29	14.29	14.28	14.28	14.28	14.27	14.27	14.27	14.27	14.27
60	13.91	13.91	13.90	13.90	13.90	13.89	13.89	13.89	13.89	13.89
61	13.53	13.52	13.52	13.52	13.51	13.51	13.51	13.51	13.50	13.50
62	13.14	13.14	13.13	13.13	13.13	13.12	13.12	13.12	13.12	13.12
63	12.75	12.75	12.75	12.74	12.74	12.74	12.74	12.74	12.73	12.73
64	12.37	12.36	12.36	12.36	12.36	12.35	12.35	12.35	12.35	12.35
65	11.98	11.98	11.97	11.97	11.97	11.97	11.96	11.96	11.96	11.96
66	11.59	11.59	11.59	11.59	11.58	11.58	11.58	11.58	11.58	11.58
67	11.21	11.20	11.20	11.20	11.20	11.19	11.19	11.19	11.19	11.19
68	10.82	10.81	10.81	10.81	10.81	10.81	10.81	10.80	10.80	10.80
69	10.43	10.42	10.42	10.42	10.42	10.42	10.41	10.41	10.41	10.41
70	10.04	10.03	10.03	10.03	10.03	10.03	10.02	10.02	10.02	10.02
71	9.65	9.65	9.64	9.64	9.64	9.64	9.64	9.64	9.63	9.63
72	9.26	9.26	9.26	9.25	9.25	9.25	9.25	9.25	9.25	9.25
73	8.87	8.87	8.87	8.87	8.87	8.86	8.86	8.86	8.86	8.86
74	8.49	8.49	8.49	8.48	8.48	8.48	8.48	8.48	8.48	8.48
75	8.11	8.11	8.10	8.10	8.10	8.10	8.10	8.10	8.10	8.10
76	7.73	7.73	7.73	7.73	7.73	7.72	7.72	7.72	7.72	7.72
77	7.36	7.36	7.36	7.36	7.36	7.36	7.36	7.35	7.35	7.35
78	7.01	7.01	7.00	7.00	7.00	7.00	7.00	7.00	7.00	7.00
79	6.66	6.66	6.66	6.66	6.66	6.66	6.66	6.66	6.65	6.65
80	6.33	6.33	6.33	6.33	6.33	6.33	6.33	6.33	6.32	6.32
81	6.01	6.01	6.01	6.01	6.01	6.01	6.01	6.01	6.01	6.01
82	5.71	5.71	5.71	5.71	5.71	5.70	5.70	5.70	5.70	5.70
83	5.42	5.42	5.41	5.41	5.41	5.41	5.41	5.41	5.41	5.41
84	5.13	5.13	5.13	5.13	5.13	5.13	5.13	5.12	5.12	5.12
85	4.85	4.85	4.85	4.85	4.85	4.85	4.85	4.84	4.84	4.84
86	4.57	4.57	4.57	4.57	4.57	4.57	4.57	4.57	4.57	4.57
87	4.30	4.30	4.30	4.30	4.30	4.30	4.30	4.30	4.30	4.30
88	4.04	4.04	4.04	4.04	4.04	4.04	4.04	4.04	4.04	4.04
89	3.79	3.79	3.79	3.79	3.79	3.79	3.79	3.79	3.79	3.79
90	3.55	3.55	3.55	3.55	3.55	3.55	3.55	3.55	3.55	3.55
91	3.32	3.32	3.32	3.32	3.32	3.32	3.32	3.32	3.32	3.32
92	3.10	3.10	3.10	3.10	3.10	3.10	3.10	3.10	3.10	3.10
93	2.89	2.89	2.89	2.89	2.89	2.89	2.89	2.89	2.89	2.89
94	2.70	2.70	2.70	2.70	2.70	2.70	2.70	2.70	2.70	2.70
95	2.51	2.51	2.51	2.51	2.51	2.51	2.51	2.51	2.51	2.51
96	2.34	2.34	2.34	2.34	2.34	2.34	2.34	2.34	2.34	2.34
97	2.17	2.17	2.17	2.17	2.17	2.17	2.17	2.17	2.17	2.17
98	2.02	2.02	2.02	2.02	2.02	2.02	2.02	2.02	2.02	2.02
99	1.88	1.88	1.88	1.88	1.88	1.88	1.88	1.88	1.88	1.88

Beispiel (41)

MORTALITÉ 3½ % Table 37 page 5

Rente temporaire sur deux têtes jusqu'à l'âge de 62 ans de la femme

Age de l'homme	\multicolumn{10}{c}{Age de la femme}
	20	21	22	23	24	25	26	27	28	29
0	21.83	21.59	21.36	21.12	20.86	20.59	20.31	20.03	19.73	19.42
1	21.86	21.64	21.39	21.15	20.89	20.62	20.35	20.06	19.77	19.45
2	21.86	21.63	21.38	21.14	20.89	20.62	20.34	20.05	19.75	19.45
3	21.84	21.61	21.38	21.13	20.88	20.61	20.33	20.05	19.75	19.44
4	21.83	21.61	21.36	21.12	20.87	20.60	20.32	20.04	19.73	19.43
5	21.82	21.59	21.35	21.11	20.85	20.59	20.31	20.03	19.72	19.42
6	21.81	21.58	21.34	21.10	20.84	20.57	20.30	20.01	19.72	19.41
7	21.79	21.56	21.32	21.08	20.83	20.56	20.28	20.00	19.70	19.40
8	21.77	21.55	21.31	21.06	20.81	20.55	20.27	19.99	19.69	19.39
9	21.75	21.53	21.30	21.05	20.80	20.53	20.26	19.97	19.67	19.37
10	21.74	21.51	21.28	21.03	20.78	20.52	20.24	19.95	19.67	19.35
11	21.71	21.49	21.25	21.01	20.77	20.50	20.23	19.94	19.65	19.34
12	21.70	21.47	21.24	21.00	20.74	20.48	20.21	19.93	19.63	19.33
13	21.67	21.45	21.21	20.97	20.72	20.46	20.19	19.91	19.62	19.31
14	21.64	21.42	21.19	20.95	20.70	20.44	20.17	19.89	19.59	19.29
15	21.61	21.39	21.17	20.93	20.68	20.42	20.15	19.87	19.58	19.27
16	21.59	21.37	21.14	20.90	20.66	20.40	20.13	19.85	19.56	19.25
17	21.56	21.34	21.12	20.89	20.64	20.38	20.11	19.83	19.54	19.24
18	21.54	21.32	21.10	20.86	20.62	20.36	20.10	19.82	19.52	19.22
19	21.51	21.31	21.08	20.84	20.61	20.35	20.08	19.81	19.52	19.22
20	21.50	21.29	21.07	20.84	20.60	20.34	20.08	19.81	19.51	19.21
21	21.48	21.28	21.06	20.83	20.59	20.35	20.08	19.81	19.51	19.21
22	21.48	21.27	21.06	20.83	20.59	20.34	20.08	19.81	19.52	19.22
23	21.46	21.27	21.04	20.83	20.58	20.34	20.08	19.81	19.52	19.23
24	21.45	21.24	21.03	20.81	20.58	20.33	20.07	19.80	19.52	19.23
25	21.42	21.21	21.01	20.80	20.56	20.32	20.06	19.80	19.51	19.22
26	21.38	21.19	20.98	20.77	20.54	20.30	20.05	19.78	19.50	19.21
27	21.33	21.14	20.95	20.74	20.50	20.27	20.03	19.76	19.49	19.20
28	21.28	21.10	20.90	20.69	20.48	20.24	20.00	19.73	19.46	19.18
29	21.23	21.04	20.86	20.64	20.43	20.20	19.96	19.70	19.44	19.15
30	21.16	20.98	20.79	20.59	20.38	20.15	19.92	19.66	19.40	19.12
31	21.07	20.90	20.73	20.53	20.32	20.10	19.87	19.62	19.35	19.09
32	20.99	20.83	20.65	20.46	20.25	20.04	19.81	19.57	19.31	19.03
33	20.89	20.73	20.56	20.38	20.18	19.96	19.74	19.50	19.26	18.99
34	20.78	20.63	20.46	20.28	20.10	19.89	19.67	19.44	19.19	18.94
35	20.67	20.52	20.37	20.19	20.00	19.81	19.60	19.36	19.13	18.86
36	20.54	20.39	20.25	20.08	19.90	19.71	19.51	19.29	19.05	18.79
37	20.40	20.27	20.12	19.96	19.80	19.60	19.41	19.19	18.97	18.72
38	20.24	20.12	19.99	19.83	19.66	19.49	19.30	19.09	18.87	18.63
39	20.07	19.96	19.83	19.69	19.53	19.36	19.18	18.98	18.77	18.54
40	19.90	19.79	19.67	19.54	19.39	19.22	19.05	18.86	18.65	18.42
41	19.71	19.61	19.50	19.37	19.23	19.08	18.91	18.73	18.52	18.31
42	19.50	19.41	19.31	19.19	19.07	18.92	18.75	18.58	18.39	18.19
43	19.28	19.20	19.11	19.01	18.88	18.75	18.59	18.44	18.25	18.05
44	19.05	18.98	18.89	18.79	18.68	18.56	18.43	18.27	18.09	17.91
45	18.81	18.74	18.66	18.59	18.48	18.37	18.24	18.09	17.93	17.75
46	18.55	18.49	18.43	18.35	18.26	18.15	18.04	17.90	17.75	17.58
47	18.28	18.24	18.17	18.11	18.03	17.93	17.82	17.70	17.56	17.40
48	18.00	17.96	17.91	17.85	17.78	17.69	17.59	17.48	17.35	17.21
49	17.71	17.67	17.63	17.58	17.51	17.44	17.35	17.25	17.13	16.99

Exemple ㊶

37 Tafel Seite 6 — 3½% — MORTALITÄT

Temporäre Verbindungsrente bis Alter 62 der Frau

Alter des Mannes	Alter der Frau									
	20	21	22	23	24	25	26	27	28	29
50	17.40	17.36	17.33	17.29	17.23	17.16	17.08	16.99	16.89	16.77
51	17.08	17.06	17.02	16.99	16.94	16.88	16.81	16.73	16.63	16.53
52	16.75	16.73	16.71	16.68	16.63	16.59	16.53	16.45	16.37	16.27
53	16.41	16.40	16.37	16.35	16.32	16.28	16.22	16.17	16.09	16.00
54	16.07	16.06	16.04	16.02	16.00	15.96	15.92	15.86	15.80	15.72
55	15.72	15.71	15.70	15.69	15.66	15.64	15.59	15.55	15.50	15.43
56	15.36	15.36	15.35	15.34	15.33	15.30	15.27	15.23	15.18	15.12
57	15.01	15.00	15.00	14.99	14.97	14.95	14.93	14.90	14.85	14.80
58	14.64	14.64	14.63	14.63	14.62	14.60	14.58	14.55	14.52	14.48
59	14.27	14.27	14.26	14.25	14.25	14.24	14.23	14.20	14.18	14.14
60	13.89	13.89	13.89	13.88	13.87	13.87	13.86	13.83	13.82	13.79
61	13.50	13.50	13.50	13.50	13.49	13.49	13.48	13.47	13.45	13.43
62	13.12	13.12	13.12	13.12	13.12	13.11	13.10	13.09	13.08	13.06
63	12.73	12.73	12.73	12.73	12.73	12.73	12.72	12.72	12.70	12.69
64	12.35	12.35	12.35	12.35	12.35	12.35	12.35	12.33	12.33	12.31
65	11.96	11.96	11.96	11.96	11.96	11.96	11.96	11.96	11.94	11.94
66	11.58	11.58	11.58	11.58	11.58	11.58	11.58	11.57	11.57	11.56
67	11.19	11.19	11.19	11.19	11.19	11.19	11.19	11.19	11.19	11.18
68	10.80	10.80	10.80	10.80	10.80	10.80	10.80	10.80	10.80	10.80
69	10.41	10.41	10.41	10.42	10.42	10.41	10.41	10.41	10.41	10.41
70	10.02	10.02	10.02	10.03	10.03	10.03	10.02	10.02	10.02	10.02
71	9.64	9.64	9.64	9.64	9.64	9.64	9.64	9.64	9.63	9.63
72	9.25	9.25	9.25	9.25	9.25	9.25	9.25	9.25	9.25	9.25
73	8.86	8.86	8.86	8.86	8.87	8.87	8.86	8.86	8.86	8.86
74	8.48	8.48	8.48	8.48	8.48	8.48	8.48	8.48	8.48	8.48
75	8.10	8.10	8.10	8.10	8.10	8.10	8.10	8.10	8.10	8.10
76	7.72	7.72	7.72	7.72	7.72	7.72	7.72	7.72	7.72	7.72
77	7.35	7.36	7.36	7.36	7.36	7.36	7.36	7.36	7.36	7.36
78	7.00	7.00	7.00	7.00	7.00	7.00	7.00	7.00	7.00	7.00
79	6.66	6.66	6.66	6.66	6.66	6.66	6.66	6.66	6.66	6.66
80	6.33	6.33	6.33	6.33	6.33	6.33	6.33	6.33	6.33	6.33
81	6.01	6.01	6.01	6.01	6.01	6.01	6.01	6.01	6.01	6.01
82	5.70	5.70	5.70	5.70	5.71	5.71	5.71	5.71	5.71	5.70
83	5.41	5.41	5.41	5.41	5.41	5.41	5.41	5.41	5.41	5.41
84	5.12	5.12	5.13	5.13	5.13	5.13	5.13	5.13	5.13	5.13
85	4.84	4.84	4.85	4.85	4.85	4.85	4.85	4.85	4.85	4.85
86	4.57	4.57	4.57	4.57	4.57	4.57	4.57	4.57	4.57	4.57
87	4.30	4.30	4.30	4.30	4.30	4.30	4.30	4.30	4.30	4.30
88	4.04	4.04	4.04	4.04	4.04	4.04	4.04	4.04	4.04	4.04
89	3.79	3.79	3.79	3.79	3.79	3.79	3.79	3.79	3.79	3.79
90	3.55	3.55	3.55	3.55	3.55	3.55	3.55	3.55	3.55	3.55
91	3.32	3.32	3.32	3.32	3.32	3.32	3.32	3.32	3.32	3.32
92	3.10	3.10	3.10	3.10	3.10	3.10	3.10	3.10	3.10	3.10
93	2.89	2.89	2.89	2.89	2.89	2.89	2.89	2.89	2.89	2.89
94	2.70	2.70	2.70	2.70	2.70	2.70	2.70	2.70	2.70	2.70
95	2.51	2.51	2.51	2.51	2.51	2.51	2.51	2.51	2.51	2.51
96	2.34	2.34	2.34	2.34	2.34	2.34	2.34	2.34	2.34	2.34
97	2.17	2.17	2.17	2.17	2.17	2.17	2.17	2.17	2.17	2.17
98	2.02	2.02	2.02	2.02	2.02	2.02	2.02	2.02	2.02	2.02
99	1.88	1.88	1.88	1.88	1.88	1.88	1.88	1.88	1.88	1.88

Beispiel (41)

MORTALITÉ 3½% Table 37
page 7

Rente temporaire sur deux têtes jusqu'à l'âge de 62 ans de la femme

Age de l'homme	\	\	\	\	Age de la femme	\	\	\	\	\
	30	31	32	33	34	35	36	37	38	39
0	19.09	18.76	18.42	18.06	17.70	17.31	16.92	16.52	16.08	15.64
1	19.14	18.80	18.45	18.10	17.73	17.35	16.95	16.54	16.12	15.68
2	19.13	18.79	18.44	18.09	17.72	17.34	16.94	16.54	16.12	15.68
3	19.11	18.79	18.44	18.08	17.72	17.33	16.94	16.53	16.10	15.67
4	19.11	18.77	18.43	18.07	17.71	17.33	16.93	16.52	16.09	15.66
5	19.09	18.77	18.43	18.07	17.69	17.31	16.92	16.52	16.09	15.65
6	19.08	18.76	18.41	18.05	17.69	17.31	16.92	16.50	16.09	15.64
7	19.08	18.75	18.40	18.04	17.68	17.30	16.90	16.49	16.07	15.64
8	19.07	18.73	18.39	18.03	17.66	17.29	16.89	16.49	16.06	15.63
9	19.06	18.72	18.38	18.02	17.65	17.28	16.89	16.48	16.05	15.62
10	19.04	18.71	18.37	18.02	17.64	17.27	16.88	16.47	16.05	15.61
11	19.02	18.70	18.35	18.00	17.63	17.25	16.86	16.46	16.04	15.60
12	19.01	18.68	18.34	17.98	17.62	17.24	16.84	16.44	16.02	15.59
13	18.99	18.67	18.32	17.97	17.61	17.22	16.83	16.42	16.01	15.57
14	18.97	18.64	18.31	17.95	17.59	17.21	16.81	16.41	15.99	15.55
15	18.96	18.63	18.29	17.93	17.57	17.20	16.81	16.40	15.98	15.54
16	18.94	18.61	18.28	17.92	17.56	17.18	16.79	16.38	15.96	15.53
17	18.92	18.60	18.26	17.90	17.54	17.16	16.78	16.37	15.96	15.52
18	18.91	18.59	18.25	17.90	17.53	17.15	16.77	16.36	15.95	15.51
19	18.90	18.58	18.24	17.89	17.53	17.15	16.76	16.36	15.94	15.51
20	18.90	18.57	18.24	17.89	17.53	17.15	16.77	16.36	15.94	15.51
21	18.90	18.58	18.25	17.89	17.54	17.16	16.77	16.37	15.95	15.51
22	18.91	18.59	18.25	17.91	17.54	17.17	16.78	16.37	15.96	15.53
23	18.92	18.60	18.26	17.91	17.55	17.18	16.78	16.39	15.97	15.54
24	18.92	18.60	18.26	17.92	17.56	17.18	16.79	16.39	15.97	15.55
25	18.91	18.59	18.27	17.92	17.56	17.19	16.80	16.40	15.98	15.55
26	18.91	18.59	18.26	17.92	17.56	17.19	16.80	16.39	15.98	15.56
27	18.90	18.58	18.26	17.91	17.56	17.18	16.79	16.40	15.98	15.56
28	18.87	18.56	18.24	17.91	17.55	17.18	16.79	16.39	15.98	15.55
29	18.86	18.55	18.22	17.89	17.53	17.17	16.78	16.38	15.98	15.55
30	18.83	18.52	18.20	17.86	17.51	17.15	16.77	16.37	15.96	15.54
31	18.80	18.49	18.18	17.84	17.49	17.13	16.75	16.36	15.96	15.52
32	18.76	18.45	18.14	17.81	17.46	17.11	16.73	16.35	15.93	15.51
33	18.71	18.42	18.10	17.78	17.43	17.08	16.70	16.33	15.92	15.49
34	18.66	18.36	18.06	17.73	17.40	17.05	16.68	16.30	15.90	15.48
35	18.60	18.31	18.01	17.69	17.35	17.01	16.65	16.27	15.87	15.46
36	18.53	18.25	17.95	17.63	17.31	16.97	16.61	16.24	15.84	15.43
37	18.46	18.18	17.89	17.59	17.25	16.92	16.56	16.20	15.80	15.40
38	18.38	18.11	17.82	17.52	17.20	16.87	16.52	16.14	15.76	15.36
39	18.29	18.02	17.75	17.45	17.13	16.80	16.46	16.10	15.71	15.32
40	18.19	17.93	17.66	17.37	17.07	16.74	16.40	16.05	15.67	15.28
41	18.07	17.83	17.57	17.28	16.98	16.67	16.33	15.98	15.61	15.22
42	17.96	17.73	17.46	17.19	16.90	16.59	16.26	15.92	15.56	15.17
43	17.83	17.60	17.35	17.08	16.80	16.50	16.18	15.84	15.49	15.11
44	17.70	17.48	17.23	16.98	16.70	16.41	16.10	15.77	15.41	15.04
45	17.55	17.34	17.11	16.86	16.59	16.30	16.00	15.68	15.34	14.97
46	17.40	17.19	16.97	16.73	16.47	16.20	15.90	15.59	15.25	14.90
47	17.22	17.03	16.83	16.59	16.35	16.07	15.79	15.48	15.16	14.81
48	17.04	16.86	16.65	16.44	16.20	15.94	15.67	15.37	15.05	14.71
49	16.84	16.66	16.48	16.27	16.04	15.79	15.53	15.25	14.94	14.61

Exemple (41)

Tafel 37

Seite 8 — 3½% — MORTALITÄT

Temporäre Verbindungsrente bis Alter 62 der Frau

Alter des Mannes	\	Alter der Frau								
	30	31	32	33	34	35	36	37	38	39
50	16.62	16.46	16.29	16.09	15.88	15.64	15.39	15.11	14.82	14.50
51	16.39	16.24	16.09	15.89	15.70	15.48	15.23	14.96	14.68	14.38
52	16.14	16.02	15.86	15.69	15.50	15.30	15.06	14.81	14.54	14.24
53	15.89	15.77	15.63	15.47	15.30	15.10	14.88	14.65	14.38	14.10
54	15.63	15.51	15.39	15.24	15.07	14.90	14.69	14.47	14.22	13.95
55	15.34	15.25	15.13	15.00	14.85	14.68	14.49	14.28	14.05	13.78
56	15.04	14.96	14.86	14.75	14.61	14.45	14.28	14.08	13.85	13.61
57	14.75	14.67	14.57	14.47	14.35	14.21	14.04	13.87	13.66	13.43
58	14.42	14.36	14.28	14.19	14.08	13.95	13.81	13.64	13.44	13.23
59	14.09	14.04	13.97	13.89	13.79	13.68	13.54	13.40	13.22	13.02
60	13.76	13.71	13.65	13.58	13.49	13.38	13.27	13.13	12.97	12.79
61	13.40	13.36	13.31	13.25	13.18	13.09	12.99	12.85	12.71	12.54
62	13.04	13.01	12.97	12.91	12.85	12.77	12.68	12.57	12.44	12.29
63	12.67	12.65	12.61	12.57	12.52	12.45	12.37	12.27	12.16	12.03
64	12.30	12.28	12.26	12.22	12.17	12.12	12.05	11.96	11.87	11.75
65	11.93	11.91	11.90	11.86	11.83	11.78	11.72	11.65	11.56	11.45
66	11.55	11.54	11.52	11.50	11.47	11.43	11.38	11.33	11.25	11.16
67	11.17	11.16	11.15	11.13	11.11	11.08	11.03	10.99	10.93	10.85
68	10.79	10.78	10.77	10.76	10.74	10.72	10.68	10.64	10.59	10.53
69	10.41	10.40	10.39	10.38	10.37	10.34	10.32	10.29	10.24	10.18
70	10.02	10.01	10.01	10.00	9.98	9.98	9.95	9.92	9.89	9.84
71	9.63	9.63	9.62	9.61	9.61	9.59	9.58	9.56	9.53	9.50
72	9.24	9.24	9.24	9.24	9.22	9.22	9.20	9.19	9.17	9.14
73	8.86	8.86	8.85	8.85	8.85	8.83	8.83	8.82	8.80	8.78
74	8.48	8.47	8.47	8.47	8.47	8.46	8.45	8.44	8.43	8.42
75	8.10	8.09	8.09	8.09	8.09	8.08	8.08	8.07	8.06	8.05
76	7.72	7.72	7.72	7.72	7.71	7.71	7.71	7.70	7.69	7.69
77	7.35	7.35	7.35	7.35	7.35	7.34	7.34	7.34	7.34	7.32
78	7.00	7.00	7.00	6.99	6.99	6.99	6.99	6.98	6.98	6.98
79	6.66	6.65	6.65	6.65	6.65	6.65	6.65	6.64	6.64	6.64
80	6.33	6.32	6.32	6.32	6.32	6.32	6.32	6.31	6.31	6.31
81	6.01	6.01	6.01	6.01	6.00	6.00	6.00	6.00	6.00	6.00
82	5.70	5.70	5.70	5.70	5.70	5.70	5.70	5.70	5.69	5.69
83	5.41	5.41	5.41	5.41	5.41	5.41	5.41	5.40	5.40	5.40
84	5.13	5.13	5.12	5.12	5.12	5.12	5.12	5.12	5.12	5.12
85	4.85	4.85	4.84	4.84	4.84	4.84	4.84	4.84	4.84	4.84
86	4.57	4.57	4.57	4.57	4.57	4.57	4.57	4.57	4.56	4.56
87	4.30	4.30	4.30	4.30	4.30	4.30	4.30	4.30	4.30	4.30
88	4.04	4.04	4.04	4.04	4.04	4.04	4.04	4.04	4.04	4.04
89	3.79	3.79	3.79	3.79	3.79	3.79	3.79	3.79	3.79	3.79
90	3.55	3.55	3.55	3.55	3.55	3.55	3.55	3.55	3.55	3.55
91	3.32	3.32	3.32	3.32	3.32	3.32	3.32	3.32	3.32	3.32
92	3.10	3.10	3.10	3.10	3.10	3.10	3.10	3.10	3.10	3.10
93	2.89	2.89	2.89	2.89	2.89	2.89	2.89	2.89	2.89	2.89
94	2.70	2.70	2.70	2.70	2.70	2.70	2.70	2.70	2.69	2.69
95	2.51	2.51	2.51	2.51	2.51	2.51	2.51	2.51	2.51	2.51
96	2.34	2.34	2.34	2.34	2.34	2.34	2.34	2.34	2.34	2.34
97	2.17	2.17	2.17	2.17	2.17	2.17	2.17	2.17	2.17	2.17
98	2.02	2.02	2.02	2.02	2.02	2.02	2.02	2.02	2.02	2.02
99	1.88	1.88	1.88	1.88	1.88	1.88	1.88	1.88	1.88	1.88

Beispiel (41)

MORTALITÉ 3½% Table 37
page 9

Rente temporaire sur deux têtes
jusqu'à l'âge de 62 ans de la femme

Age de l'homme	Age de la femme									
	40	41	42	43	44	45	46	47	48	49
0	15.20	14.73	14.24	13.73	13.21	12.67	12.12	11.54	10.94	10.33
1	15.23	14.75	14.26	13.76	13.24	12.70	12.14	11.56	10.97	10.35
2	15.22	14.75	14.26	13.76	13.24	12.70	12.14	11.56	10.96	10.35
3	15.22	14.75	14.26	13.76	13.24	12.70	12.14	11.56	10.97	10.35
4	15.22	14.75	14.26	13.75	13.23	12.70	12.14	11.56	10.96	10.35
5	15.20	14.74	14.25	13.75	13.23	12.69	12.14	11.56	10.96	10.35
6	15.20	14.73	14.25	13.74	13.22	12.69	12.13	11.57	10.97	10.35
7	15.19	14.72	14.24	13.74	13.22	12.68	12.13	11.56	10.97	10.35
8	15.18	14.71	14.23	13.73	13.22	12.68	12.12	11.55	10.96	10.35
9	15.17	14.70	14.22	13.72	13.20	12.68	12.13	11.55	10.95	10.34
10	15.16	14.70	14.21	13.71	13.20	12.67	12.12	11.54	10.95	10.33
11	15.15	14.68	14.20	13.70	13.19	12.65	12.10	11.53	10.95	10.34
12	15.13	14.67	14.19	13.69	13.18	12.64	12.09	11.52	10.94	10.33
13	15.13	14.66	14.18	13.68	13.16	12.63	12.08	11.51	10.92	10.31
14	15.11	14.64	14.17	13.67	13.15	12.63	12.07	11.50	10.92	10.30
15	15.10	14.64	14.16	13.65	13.14	12.61	12.06	11.49	10.90	10.30
16	15.09	14.62	14.14	13.65	13.13	12.60	12.04	11.49	10.90	10.28
17	15.08	14.61	14.12	13.64	13.12	12.59	12.04	11.47	10.88	10.28
18	15.06	14.60	14.12	13.63	13.11	12.58	12.03	11.46	10.88	10.27
19	15.07	14.60	14.12	13.62	13.11	12.58	12.03	11.47	10.87	10.26
20	15.07	14.60	14.12	13.63	13.11	12.58	12.03	11.46	10.87	10.27
21	15.07	14.61	14.13	13.63	13.12	12.58	12.03	11.47	10.88	10.27
22	15.08	14.61	14.14	13.64	13.12	12.59	12.04	11.47	10.88	10.28
23	15.09	14.63	14.15	13.65	13.13	12.60	12.06	11.48	10.89	10.28
24	15.10	14.63	14.16	13.66	13.14	12.61	12.05	11.49	10.90	10.29
25	15.11	14.64	14.16	13.66	13.14	12.62	12.07	11.50	10.91	10.30
26	15.11	14.64	14.17	13.67	13.15	12.62	12.07	11.50	10.91	10.30
27	15.11	14.64	14.16	13.67	13.15	12.63	12.07	11.51	10.91	10.30
28	15.11	14.64	14.17	13.67	13.16	12.62	12.08	11.50	10.91	10.31
29	15.11	14.64	14.16	13.67	13.16	12.62	12.07	11.51	10.92	10.31
30	15.09	14.64	14.16	13.67	13.16	12.62	12.08	11.51	10.91	10.30
31	15.09	14.63	14.15	13.66	13.15	12.62	12.07	11.51	10.92	10.31
32	15.08	14.62	14.14	13.65	13.14	12.61	12.07	11.50	10.91	10.30
33	15.06	14.61	14.13	13.65	13.14	12.61	12.06	11.49	10.90	10.30
34	15.05	14.59	14.12	13.63	13.13	12.60	12.05	11.49	10.90	10.29
35	15.02	14.57	14.10	13.61	13.11	12.59	12.05	11.48	10.90	10.29
36	15.00	14.55	14.09	13.61	13.10	12.57	12.03	11.47	10.89	10.29
37	14.97	14.52	14.07	13.59	13.08	12.57	12.02	11.46	10.88	10.28
38	14.94	14.50	14.04	13.56	13.07	12.55	12.01	11.45	10.86	10.26
39	14.90	14.46	14.02	13.54	13.05	12.53	11.99	11.44	10.86	10.25
40	14.86	14.43	13.98	13.51	13.02	12.50	11.98	11.42	10.85	10.24
41	14.81	14.39	13.94	13.48	12.98	12.48	11.96	11.41	10.83	10.23
42	14.76	14.34	13.90	13.44	12.96	12.45	11.93	11.38	10.81	10.22
43	14.72	14.30	13.85	13.40	12.92	12.43	11.90	11.35	10.79	10.21
44	14.66	14.25	13.82	13.36	12.89	12.40	11.88	11.34	10.77	10.18
45	14.59	14.18	13.76	13.32	12.84	12.36	11.84	11.30	10.75	10.16
46	14.51	14.12	13.70	13.26	12.80	12.32	11.81	11.27	10.72	10.14
47	14.44	14.05	13.64	13.20	12.75	12.27	11.77	11.25	10.70	10.11
48	14.36	13.97	13.57	13.15	12.70	12.22	11.73	11.20	10.66	10.10
49	14.26	13.89	13.49	13.07	12.64	12.16	11.67	11.16	10.63	10.06

Exemple (41)

Tafel Seite 10   3½%   **MORTALITÄT**

Temporäre Verbindungsrente bis Alter 62 der Frau

Alter des Mannes	Alter der Frau									
	40	41	42	43	44	45	46	47	48	49
50	14.16	13.79	13.41	12.99	12.56	12.11	11.62	11.11	10.59	10.02
51	14.04	13.68	13.32	12.91	12.49	12.04	11.56	11.07	10.54	9.99
52	13.92	13.58	13.21	12.82	12.41	11.96	11.50	11.01	10.49	9.95
53	13.79	13.46	13.10	12.73	12.32	11.89	11.43	10.95	10.44	9.90
54	13.65	13.33	12.99	12.62	12.22	11.80	11.35	10.88	10.37	9.85
55	13.50	13.19	12.86	12.50	12.12	11.72	11.28	10.81	10.32	9.79
56	13.35	13.06	12.74	12.39	12.01	11.61	11.19	10.74	10.25	9.74
57	13.18	12.89	12.60	12.25	11.90	11.51	11.10	10.66	10.18	9.67
58	12.99	12.73	12.44	12.12	11.78	11.40	10.99	10.56	10.11	9.61
59	12.80	12.55	12.27	11.97	11.64	11.28	10.89	10.47	10.02	9.54
60	12.59	12.35	12.09	11.81	11.49	11.14	10.77	10.37	9.93	9.46
61	12.36	12.15	11.91	11.63	11.33	11.00	10.64	10.25	9.83	9.37
62	12.12	11.93	11.70	11.45	11.16	10.85	10.50	10.14	9.72	9.28
63	11.87	11.69	11.48	11.25	10.98	10.69	10.36	10.00	9.61	9.18
64	11.61	11.44	11.26	11.04	10.79	10.52	10.21	9.86	9.49	9.08
65	11.33	11.19	11.01	10.82	10.59	10.33	10.04	9.72	9.36	8.96
66	11.04	10.91	10.76	10.57	10.37	10.13	9.86	9.56	9.21	8.84
67	10.75	10.64	10.49	10.33	10.15	9.92	9.67	9.39	9.07	8.71
68	10.44	10.34	10.22	10.07	9.90	9.70	9.47	9.20	8.91	8.57
69	10.12	10.04	9.93	9.79	9.64	9.46	9.25	9.01	8.73	8.41
70	9.78	9.71	9.62	9.50	9.37	9.21	9.02	8.80	8.54	8.25
71	9.45	9.38	9.30	9.21	9.09	8.94	8.77	8.57	8.34	8.06
72	9.10	9.05	8.99	8.91	8.80	8.68	8.52	8.34	8.12	7.87
73	8.75	8.70	8.66	8.59	8.50	8.39	8.25	8.09	7.90	7.67
74	8.39	8.35	8.32	8.26	8.18	8.09	7.98	7.83	7.66	7.45
75	8.03	8.01	7.97	7.93	7.86	7.78	7.68	7.56	7.41	7.22
76	7.67	7.65	7.62	7.59	7.54	7.47	7.39	7.28	7.14	6.98
77	7.32	7.29	7.28	7.25	7.21	7.16	7.09	7.00	6.88	6.74
78	6.97	6.95	6.94	6.92	6.89	6.84	6.79	6.71	6.62	6.49
79	6.63	6.62	6.61	6.59	6.57	6.53	6.49	6.42	6.35	6.24
80	6.31	6.29	6.29	6.28	6.26	6.24	6.19	6.15	6.08	5.99
81	5.99	5.99	5.98	5.97	5.96	5.94	5.91	5.87	5.81	5.74
82	5.69	5.69	5.69	5.67	5.67	5.66	5.63	5.60	5.55	5.49
83	5.40	5.40	5.39	5.39	5.38	5.37	5.35	5.33	5.30	5.25
84	5.11	5.11	5.11	5.11	5.10	5.09	5.08	5.07	5.03	5.00
85	4.84	4.83	4.83	4.83	4.83	4.82	4.81	4.80	4.78	4.75
86	4.56	4.56	4.56	4.56	4.56	4.55	4.54	4.54	4.53	4.50
87	4.29	4.29	4.29	4.29	4.29	4.29	4.28	4.27	4.26	4.25
88	4.03	4.03	4.03	4.03	4.03	4.03	4.03	4.02	4.01	4.00
89	3.78	3.78	3.78	3.78	3.78	3.78	3.78	3.77	3.76	3.76
90	3.54	3.54	3.54	3.54	3.54	3.54	3.54	3.54	3.54	3.52
91	3.32	3.32	3.31	3.31	3.31	3.31	3.31	3.31	3.31	3.31
92	3.10	3.10	3.10	3.10	3.09	3.09	3.09	3.09	3.09	3.09
93	2.89	2.89	2.89	2.89	2.89	2.89	2.89	2.88	2.88	2.88
94	2.69	2.69	2.69	2.69	2.69	2.69	2.69	2.69	2.69	2.69
95	2.51	2.51	2.51	2.51	2.51	2.51	2.51	2.51	2.50	2.50
96	2.33	2.33	2.33	2.33	2.33	2.33	2.33	2.33	2.33	2.33
97	2.17	2.17	2.17	2.17	2.17	2.17	2.17	2.17	2.17	2.17
98	2.02	2.02	2.02	2.02	2.02	2.02	2.02	2.02	2.02	2.02
99	1.88	1.88	1.88	1.88	1.88	1.88	1.88	1.88	1.88	1.87

Beispiel (41)

MORTALITÉ   3½ %   Table 37
page 11

Rente temporaire sur deux têtes jusqu'à l'âge de 62 ans de la femme

Age de l'homme	\multicolumn{10}{c}{Age de la femme}
	50	51	52	53	54	55	56	57	58	59
0	9.69	9.03	8.34	7.64	6.91	6.15	5.36	4.56	3.71	2.83
1	9.71	9.05	8.37	7.66	6.93	6.16	5.37	4.56	3.72	2.84
2	9.71	9.05	8.37	7.65	6.92	6.17	5.38	4.57	3.72	2.84
3	9.72	9.05	8.37	7.67	6.92	6.16	5.38	4.56	3.71	2.83
4	9.71	9.05	8.36	7.66	6.92	6.16	5.38	4.56	3.71	2.84
5	9.71	9.05	8.37	7.66	6.93	6.17	5.37	4.56	3.71	2.84
6	9.71	9.05	8.37	7.66	6.92	6.16	5.38	4.56	3.71	2.84
7	9.71	9.04	8.37	7.65	6.93	6.16	5.38	4.56	3.71	2.84
8	9.71	9.05	8.37	7.65	6.92	6.17	5.38	4.56	3.72	2.84
9	9.71	9.05	8.36	7.66	6.92	6.17	5.38	4.56	3.71	2.85
10	9.71	9.05	8.37	7.65	6.92	6.16	5.37	4.57	3.71	2.84
11	9.70	9.04	8.36	7.66	6.93	6.16	5.37	4.56	3.72	2.83
12	9.69	9.03	8.36	7.65	6.92	6.16	5.38	4.56	3.71	2.84
13	9.69	9.03	8.35	7.65	6.92	6.17	5.38	4.56	3.71	2.83
14	9.68	9.02	8.34	7.64	6.92	6.16	5.37	4.56	3.71	2.84
15	9.66	9.01	8.34	7.64	6.91	6.16	5.37	4.56	3.72	2.83
16	9.66	9.00	8.33	7.63	6.91	6.15	5.37	4.56	3.71	2.84
17	9.65	9.00	8.32	7.62	6.90	6.14	5.36	4.56	3.71	2.83
18	9.64	8.99	8.31	7.62	6.89	6.14	5.37	4.55	3.71	2.84
19	9.63	8.99	8.31	7.62	6.88	6.14	5.36	4.55	3.70	2.83
20	9.63	8.99	8.31	7.61	6.89	6.14	5.35	4.55	3.71	2.83
21	9.64	8.98	8.31	7.61	6.89	6.14	5.36	4.55	3.71	2.84
22	9.65	8.99	8.31	7.62	6.89	6.14	5.36	4.54	3.71	2.83
23	9.66	9.00	8.32	7.62	6.89	6.14	5.35	4.54	3.71	2.84
24	9.66	9.01	8.33	7.62	6.90	6.15	5.36	4.54	3.71	2.83
25	9.66	9.01	8.34	7.63	6.90	6.14	5.36	4.55	3.70	2.84
26	9.67	9.01	8.34	7.64	6.90	6.15	5.37	4.55	3.71	2.83
27	9.67	9.02	8.34	7.64	6.90	6.15	5.37	4.55	3.72	2.83
28	9.67	9.01	8.34	7.64	6.91	6.15	5.37	4.55	3.71	2.84
29	9.68	9.02	8.34	7.64	6.91	6.15	5.37	4.56	3.71	2.83
30	9.67	9.02	8.34	7.64	6.90	6.15	5.37	4.56	3.71	2.84
31	9.67	9.02	8.34	7.64	6.91	6.15	5.37	4.56	3.72	2.83
32	9.67	9.02	8.34	7.64	6.90	6.16	5.37	4.55	3.71	2.84
33	9.67	9.02	8.34	7.63	6.91	6.15	5.37	4.56	3.71	2.84
34	9.67	9.02	8.34	7.64	6.91	6.15	5.37	4.56	3.71	2.84
35	9.66	9.01	8.33	7.63	6.90	6.15	5.37	4.56	3.71	2.84
36	9.66	9.00	8.33	7.63	6.91	6.15	5.37	4.56	3.71	2.84
37	9.65	9.00	8.33	7.63	6.90	6.15	5.37	4.55	3.71	2.84
38	9.65	9.00	8.32	7.62	6.90	6.15	5.37	4.55	3.71	2.84
39	9.63	8.99	8.31	7.62	6.90	6.15	5.36	4.56	3.71	2.84
40	9.63	8.98	8.31	7.61	6.89	6.13	5.36	4.55	3.71	2.83
41	9.61	8.97	8.30	7.61	6.88	6.13	5.35	4.55	3.70	2.83
42	9.60	8.95	8.29	7.59	6.88	6.14	5.35	4.54	3.70	2.83
43	9.59	8.95	8.28	7.59	6.87	6.13	5.35	4.54	3.71	2.83
44	9.58	8.94	8.27	7.58	6.87	6.12	5.34	4.54	3.70	2.83
45	9.56	8.92	8.26	7.58	6.86	6.12	5.35	4.54	3.70	2.83
46	9.54	8.92	8.25	7.57	6.85	6.11	5.34	4.53	3.70	2.83
47	9.52	8.90	8.24	7.56	6.85	6.10	5.34	4.53	3.70	2.82
48	9.49	8.87	8.23	7.55	6.84	6.10	5.33	4.53	3.70	2.83
49	9.47	8.85	8.21	7.54	6.83	6.09	5.32	4.52	3.69	2.82

Exemple ㊶

Tafel 37 — Seite 12 — 3½% — MORTALITÄT

Temporäre Verbindungsrente bis Alter 62 der Frau

Alter des Mannes	Alter der Frau									
	50	51	52	53	54	55	56	57	58	59
50	9.44	8.83	8.19	7.52	6.81	6.09	5.32	4.52	3.69	2.83
51	9.40	8.80	8.17	7.49	6.80	6.07	5.31	4.52	3.68	2.83
52	9.37	8.77	8.13	7.48	6.78	6.06	5.30	4.51	3.68	2.82
53	9.33	8.74	8.11	7.45	6.77	6.05	5.30	4.50	3.69	2.82
54	9.29	8.69	8.08	7.43	6.75	6.03	5.28	4.49	3.68	2.82
55	9.24	8.67	8.04	7.41	6.73	6.02	5.27	4.49	3.67	2.82
56	9.19	8.62	8.02	7.38	6.71	6.00	5.26	4.48	3.66	2.81
57	9.15	8.58	7.98	7.35	6.68	5.99	5.25	4.47	3.66	2.80
58	9.09	8.53	7.94	7.32	6.66	5.96	5.23	4.46	3.65	2.81
59	9.03	8.48	7.90	7.28	6.64	5.94	5.21	4.45	3.65	2.80
60	8.95	8.42	7.85	7.24	6.59	5.92	5.20	4.44	3.64	2.80
61	8.88	8.36	7.80	7.20	6.56	5.89	5.19	4.43	3.63	2.79
62	8.80	8.28	7.74	7.16	6.52	5.86	5.15	4.41	3.63	2.78
63	8.71	8.22	7.68	7.10	6.49	5.83	5.13	4.39	3.61	2.78
64	8.62	8.14	7.62	7.05	6.44	5.80	5.11	4.38	3.60	2.78
65	8.53	8.05	7.55	6.99	6.40	5.77	5.08	4.35	3.59	2.77
66	8.43	7.97	7.47	6.93	6.36	5.73	5.06	4.34	3.58	2.76
67	8.31	7.88	7.39	6.87	6.31	5.69	5.03	4.32	3.57	2.75
68	8.19	7.78	7.31	6.81	6.25	5.65	5.00	4.30	3.55	2.75
69	8.06	7.66	7.22	6.72	6.19	5.60	4.96	4.27	3.53	2.74
70	7.91	7.53	7.10	6.64	6.12	5.55	4.92	4.24	3.52	2.72
71	7.75	7.39	7.00	6.55	6.04	5.49	4.88	4.21	3.50	2.72
72	7.58	7.24	6.87	6.44	5.96	5.43	4.84	4.19	3.47	2.70
73	7.40	7.09	6.73	6.33	5.87	5.35	4.79	4.14	3.46	2.69
74	7.21	6.92	6.58	6.20	5.76	5.28	4.72	4.11	3.42	2.68
75	7.00	6.74	6.43	6.07	5.65	5.19	4.66	4.06	3.40	2.65
76	6.79	6.55	6.26	5.92	5.53	5.09	4.57	4.01	3.36	2.64
77	6.56	6.34	6.08	5.77	5.40	4.99	4.51	3.94	3.32	2.62
78	6.33	6.13	5.90	5.62	5.28	4.88	4.42	3.88	3.28	2.59
79	6.10	5.93	5.71	5.46	5.14	4.77	4.33	3.83	3.23	2.57
80	5.87	5.72	5.53	5.30	5.00	4.65	4.24	3.75	3.19	2.54
81	5.64	5.51	5.34	5.13	4.86	4.54	4.15	3.69	3.14	2.51
82	5.41	5.30	5.15	4.96	4.71	4.42	4.06	3.62	3.09	2.47
83	5.18	5.08	4.96	4.78	4.57	4.30	3.96	3.55	3.05	2.45
84	4.95	4.86	4.76	4.62	4.42	4.18	3.86	3.47	3.00	2.43
85	4.71	4.65	4.55	4.43	4.26	4.04	3.75	3.39	2.95	2.39
86	4.47	4.42	4.34	4.24	4.09	3.89	3.64	3.30	2.88	2.35
87	4.23	4.18	4.13	4.04	3.91	3.74	3.52	3.21	2.81	2.31
88	3.99	3.96	3.90	3.84	3.74	3.59	3.38	3.11	2.74	2.27
89	3.75	3.73	3.69	3.63	3.55	3.43	3.25	3.00	2.66	2.23
90	3.52	3.50	3.48	3.44	3.36	3.26	3.11	2.89	2.58	2.17
91	3.29	3.28	3.26	3.23	3.18	3.10	2.96	2.77	2.50	2.12
92	3.08	3.08	3.07	3.03	3.00	2.93	2.82	2.66	2.40	2.05
93	2.88	2.87	2.87	2.85	2.82	2.77	2.67	2.53	2.32	2.00
94	2.69	2.69	2.68	2.66	2.64	2.60	2.53	2.41	2.22	1.93
95	2.50	2.50	2.49	2.49	2.47	2.44	2.39	2.29	2.12	1.86
96	2.33	2.33	2.33	2.32	2.31	2.29	2.24	2.16	2.03	1.79
97	2.17	2.17	2.17	2.17	2.15	2.13	2.10	2.04	1.93	1.73
98	2.02	2.01	2.01	2.01	2.00	1.99	1.97	1.92	1.83	1.65
99	1.87	1.87	1.87	1.87	1.87	1.86	1.84	1.81	1.73	1.58

Beispiel (41)

MORTALITÉ　　　　　　　　3½%　　　　　　　　Table page 13　　37

Rente temporaire sur deux têtes jusqu'à l'âge de 62 ans de la femme

Age de l'homme	Age de la femme 60	61	Age de l'homme	Age de la femme 60	61
0	1.93	0.98	50	1.92	0.98
1	1.93	0.98	51	1.91	0.98
2	1.93	0.98	52	1.91	0.98
3	1.94	0.98	53	1.92	0.98
4	1.93	0.98	54	1.92	0.98
5	1.92	0.98	55	1.92	0.98
6	1.92	0.98	56	1.92	0.98
7	1.92	0.98	57	1.92	0.98
8	1.92	0.98	58	1.91	0.98
9	1.92	0.98	59	1.92	0.98
10	1.93	0.98	60	1.91	0.99
11	1.93	0.99	61	1.91	0.98
12	1.93	0.98	62	1.91	0.98
13	1.93	0.98	63	1.90	0.98
14	1.93	0.99	64	1.90	0.97
15	1.92	0.98	65	1.90	0.98
16	1.93	0.98	66	1.89	0.97
17	1.93	0.97	67	1.89	0.97
18	1.93	0.98	68	1.89	0.97
19	1.93	0.98	69	1.89	0.97
20	1.92	0.99	70	1.88	0.97
21	1.93	0.98	71	1.88	0.98
22	1.93	0.98	72	1.88	0.97
23	1.93	0.98	73	1.86	0.97
24	1.92	0.99	74	1.86	0.97
25	1.92	0.99	75	1.85	0.96
26	1.93	0.98	76	1.84	0.97
27	1.92	0.98	77	1.83	0.96
28	1.93	0.98	78	1.81	0.96
29	1.92	0.99	79	1.81	0.95
30	1.92	0.99	80	1.79	0.96
31	1.93	0.98	81	1.78	0.95
32	1.93	0.98	82	1.77	0.94
33	1.93	0.98	83	1.75	0.94
34	1.93	0.99	84	1.74	0.93
35	1.93	0.99	85	1.73	0.93
36	1.92	0.98	86	1.71	0.93
37	1.93	0.99	87	1.69	0.93
38	1.93	0.98	88	1.66	0.92
39	1.93	0.98	89	1.64	0.91
40	1.92	0.98	90	1.62	0.90
41	1.92	0.98	91	1.59	0.90
42	1.93	0.98	92	1.56	0.89
43	1.92	0.98	93	1.53	0.88
44	1.93	0.98	94	1.49	0.87
45	1.93	0.98	95	1.46	0.86
46	1.92	0.98	96	1.42	0.85
47	1.93	0.99	97	1.39	0.84
48	1.92	0.98	98	1.35	0.83
49	1.92	0.98	99	1.31	0.82

Exemple ㊶

38 Tafel Seite 1 — 3½% — MORTALITÄT

Lebenslängliche Leistungen – Männer
zahlbar alle 2 Jahre

Alter heute	um ... Jahre aufgeschoben			Alter heute	um ... Jahre aufgeschoben		
	0	1	2		0	1	2
0	13.78	13.27	12.78	50	9.27	8.76	8.27
1	13.77	13.26	12.77	51	9.10	8.59	8.10
2	13.73	13.22	12.73	52	8.93	8.42	7.93
3	13.69	13.18	12.69	53	8.75	8.24	7.75
4	13.64	13.13	12.64	54	8.57	8.06	7.57
5	13.60	13.09	12.60	55	8.39	7.88	7.39
6	13.55	13.04	12.55	56	8.21	7.70	7.21
7	13.50	12.99	12.50	57	8.02	7.51	7.02
8	13.44	12.94	12.44	58	7.84	7.33	6.84
9	13.39	12.88	12.39	59	7.65	7.14	6.65
10	13.33	12.83	12.33	60	7.46	6.95	6.46
11	13.28	12.77	12.28	61	7.26	6.75	6.26
12	13.22	12.71	12.22	62	7.07	6.56	6.07
13	13.15	12.65	12.15	63	6.88	6.36	5.88
14	13.09	12.58	12.09	64	6.68	6.17	5.68
15	13.03	12.52	12.03	65	6.49	5.97	5.49
16	12.96	12.45	11.96	66	6.29	5.78	5.29
17	12.89	12.38	11.89	67	6.10	5.59	5.10
18	12.82	12.32	11.82	68	5.90	5.39	4.90
19	12.76	12.25	11.76	69	5.71	5.19	4.71
20	12.70	12.19	11.70	70	5.51	5.00	4.51
21	12.64	12.13	11.64	71	5.32	4.80	4.32
22	12.58	12.07	11.58	72	5.12	4.61	4.12
23	12.51	12.00	11.51	73	4.93	4.41	3.93
24	12.44	11.94	11.44	74	4.74	4.22	3.74
25	12.37	11.86	11.37	75	4.55	4.03	3.55
26	12.30	11.79	11.30	76	4.36	3.84	3.36
27	12.22	11.71	11.22	77	4.18	3.65	3.18
28	12.13	11.62	11.13	78	4.00	3.47	3.00
29	12.04	11.53	11.04	79	3.83	3.30	2.83
30	11.95	11.44	10.95	80	3.66	3.13	2.66
31	11.85	11.34	10.85	81	3.50	2.97	2.50
32	11.75	11.24	10.75	82	3.35	2.82	2.35
33	11.64	11.13	10.64	83	3.21	2.67	2.21
34	11.53	11.02	10.53	84	3.06	2.53	2.06
35	11.42	10.91	10.42	85	2.92	2.39	1.92
36	11.30	10.79	10.30	86	2.79	2.25	1.79
37	11.18	10.67	10.18	87	2.65	2.11	1.65
38	11.05	10.55	10.05	88	2.52	1.98	1.52
39	10.93	10.42	9.93	89	2.40	1.85	1.40
40	10.79	10.28	9.79	90	2.28	1.73	1.28
41	10.66	10.15	9.66	91	2.17	1.61	1.17
42	10.52	10.01	9.52	92	2.06	1.50	1.06
43	10.37	9.86	9.37	93	1.96	1.39	0.96
44	10.23	9.72	9.23	94	1.87	1.29	0.87
45	10.08	9.57	9.08	95	1.78	1.19	0.78
46	9.92	9.41	8.92	96	1.69	1.10	0.69
47	9.77	9.26	8.77	97	1.62	1.02	0.62
48	9.61	9.10	8.61	98	1.54	0.94	0.54
49	9.44	8.93	8.44	99	1.48	0.86	0.48

Beispiel (15)

MORTALITÉ 3½% Table 38 page 2

Prestations viagères – hommes
payables tous les 3 ans

Age actuel	différée de ... ans				Age actuel	différée de ... ans			
	0	1	2	3		0	1	2	3
0	9.36	9.01	8.68	8.36	50	6.35	6.01	5.67	5.35
1	9.35	9.01	8.67	8.35	51	6.24	5.89	5.56	5.24
2	9.32	8.98	8.65	8.32	52	6.12	5.78	5.44	5.12
3	9.30	8.95	8.62	8.30	53	6.00	5.66	5.33	5.00
4	9.27	8.92	8.59	8.27	54	5.89	5.54	5.21	4.89
5	9.24	8.89	8.56	8.24	55	5.77	5.42	5.09	4.77
6	9.20	8.86	8.52	8.20	56	5.64	5.30	4.96	4.64
7	9.17	8.82	8.49	8.17	57	5.52	5.18	4.84	4.52
8	9.13	8.79	8.46	8.13	58	5.40	5.05	4.72	4.40
9	9.10	8.75	8.42	8.10	59	5.27	4.92	4.59	4.27
10	9.06	8.72	8.38	8.06	60	5.14	4.80	4.46	4.14
11	9.02	8.68	8.34	8.02	61	5.02	4.67	4.33	4.02
12	8.98	8.64	8.30	7.98	62	4.89	4.54	4.20	3.89
13	8.94	8.60	8.26	7.94	63	4.76	4.41	4.07	3.76
14	8.90	8.55	8.22	7.90	64	4.63	4.28	3.95	3.63
15	8.86	8.51	8.18	7.86	65	4.50	4.15	3.82	3.50
16	8.81	8.47	8.13	7.81	66	4.37	4.02	3.69	3.37
17	8.77	8.42	8.09	7.77	67	4.24	3.89	3.56	3.24
18	8.72	8.38	8.04	7.72	68	4.11	3.76	3.43	3.11
19	8.68	8.33	8.00	7.68	69	3.98	3.63	3.29	2.98
20	8.64	8.29	7.96	7.64	70	3.85	3.50	3.16	2.85
21	8.60	8.25	7.92	7.60	71	3.72	3.37	3.03	2.72
22	8.56	8.21	7.88	7.56	72	3.59	3.24	2.90	2.59
23	8.51	8.17	7.83	7.51	73	3.46	3.11	2.77	2.46
24	8.47	8.12	7.79	7.47	74	3.34	2.98	2.64	2.34
25	8.42	8.07	7.74	7.42	75	3.21	2.85	2.52	2.21
26	8.37	8.02	7.69	7.37	76	3.08	2.72	2.39	2.08
27	8.32	7.97	7.64	7.32	77	2.96	2.60	2.27	1.96
28	8.26	7.91	7.58	7.26	78	2.84	2.48	2.15	1.84
29	8.20	7.85	7.52	7.20	79	2.73	2.36	2.03	1.73
30	8.14	7.79	7.46	7.14	80	2.62	2.25	1.92	1.62
31	8.07	7.73	7.39	7.07	81	2.52	2.15	1.81	1.52
32	8.00	7.66	7.32	7.00	82	2.42	2.04	1.71	1.42
33	7.93	7.59	7.25	6.93	83	2.32	1.94	1.61	1.32
34	7.86	7.51	7.18	6.86	84	2.23	1.85	1.52	1.23
35	7.78	7.44	7.11	6.78	85	2.14	1.75	1.42	1.14
36	7.71	7.36	7.03	6.71	86	2.05	1.66	1.33	1.05
37	7.62	7.28	6.95	6.62	87	1.96	1.57	1.24	0.96
38	7.54	7.20	6.86	6.54	88	1.88	1.48	1.15	0.88
39	7.46	7.11	6.78	6.46	89	1.80	1.39	1.06	0.80
40	7.37	7.02	6.69	6.37	90	1.72	1.31	0.98	0.72
41	7.28	6.93	6.60	6.28	91	1.65	1.23	0.90	0.65
42	7.18	6.84	6.50	6.18	92	1.58	1.16	0.83	0.58
43	7.09	6.74	6.41	6.09	93	1.51	1.08	0.76	0.51
44	6.99	6.64	6.31	5.99	94	1.45	1.01	0.69	0.45
45	6.89	6.54	6.21	5.89	95	1.40	0.95	0.62	0.40
46	6.79	6.44	6.11	5.79	96	1.35	0.89	0.56	0.35
47	6.68	6.34	6.00	5.68	97	1.30	0.83	0.51	0.30
48	6.58	6.23	5.90	5.58	98	1.26	0.77	0.45	0.26
49	6.47	6.12	5.79	5.47	99	1.22	0.72	0.40	0.22

Exemple ⑮

38 Tafel Seite 3 — 3½% — MORTALITÄT

Lebenslängliche Leistungen – Männer
zahlbar alle 4 Jahre

Alter heute	um ... Jahre aufgeschoben					Alter heute	um ... Jahre aufgeschoben				
	0	1	2	3	4		0	1	2	3	4
0	7.15	6.89	6.63	6.39	6.15	50	4.90	4.63	4.38	4.13	3.90
1	7.14	6.88	6.63	6.38	6.14	51	4.81	4.55	4.29	4.05	3.81
2	7.12	6.86	6.61	6.36	6.12	52	4.72	4.46	4.20	3.96	3.72
3	7.10	6.84	6.58	6.34	6.10	53	4.63	4.37	4.11	3.87	3.63
4	7.08	6.82	6.56	6.32	6.08	54	4.55	4.28	4.03	3.78	3.55
5	7.06	6.79	6.54	6.29	6.06	55	4.46	4.19	3.94	3.69	3.46
6	7.03	6.77	6.51	6.27	6.03	56	4.36	4.10	3.84	3.60	3.36
7	7.01	6.74	6.49	6.24	6.01	57	4.27	4.01	3.75	3.51	3.27
8	6.98	6.72	6.46	6.22	5.98	58	4.18	3.91	3.66	3.41	3.18
9	6.95	6.69	6.44	6.19	5.95	59	4.09	3.82	3.56	3.32	3.09
10	6.93	6.66	6.41	6.16	5.93	60	3.99	3.72	3.47	3.22	2.99
11	6.90	6.63	6.38	6.13	5.90	61	3.89	3.63	3.37	3.13	2.89
12	6.87	6.60	6.35	6.10	5.87	62	3.80	3.53	3.27	3.03	2.80
13	6.84	6.57	6.32	6.07	5.84	63	3.70	3.43	3.18	2.93	2.70
14	6.80	6.54	6.29	6.04	5.80	64	3.60	3.33	3.08	2.83	2.60
15	6.77	6.51	6.25	6.01	5.77	65	3.51	3.24	2.98	2.74	2.51
16	6.74	6.47	6.22	5.98	5.74	66	3.41	3.14	2.88	2.64	2.41
17	6.70	6.44	6.19	5.94	5.70	67	3.31	3.04	2.79	2.54	2.31
18	6.67	6.41	6.15	5.91	5.67	68	3.22	2.94	2.69	2.45	2.22
19	6.64	6.38	6.12	5.88	5.64	69	3.12	2.85	2.59	2.35	2.12
20	6.61	6.34	6.09	5.84	5.61	70	3.02	2.75	2.49	2.25	2.02
21	6.58	6.31	6.06	5.81	5.58	71	2.92	2.65	2.39	2.15	1.92
22	6.55	6.28	6.03	5.78	5.55	72	2.83	2.55	2.30	2.05	1.83
23	6.52	6.25	6.00	5.75	5.52	73	2.73	2.46	2.20	1.96	1.73
24	6.48	6.22	5.96	5.72	5.48	74	2.64	2.36	2.10	1.86	1.64
25	6.45	6.18	5.93	5.68	5.45	75	2.54	2.26	2.00	1.76	1.54
26	6.41	6.14	5.89	5.64	5.41	76	2.45	2.17	1.91	1.67	1.45
27	6.37	6.10	5.85	5.60	5.37	77	2.36	2.08	1.82	1.58	1.36
28	6.32	6.06	5.81	5.56	5.32	78	2.27	1.99	1.73	1.49	1.27
29	6.28	6.02	5.76	5.52	5.28	79	2.19	1.90	1.64	1.40	1.19
30	6.23	5.97	5.71	5.47	5.23	80	2.11	1.82	1.55	1.32	1.11
31	6.18	5.92	5.67	5.42	5.18	81	2.03	1.74	1.47	1.24	1.03
32	6.13	5.87	5.61	5.37	5.13	82	1.96	1.66	1.39	1.16	0.96
33	6.08	5.82	5.56	5.32	5.08	83	1.89	1.59	1.32	1.09	0.89
34	6.02	5.76	5.51	5.26	5.02	84	1.82	1.51	1.25	1.02	0.82
35	5.97	5.70	5.45	5.20	4.97	85	1.75	1.44	1.17	0.94	0.75
36	5.91	5.65	5.39	5.15	4.91	86	1.68	1.37	1.10	0.88	0.68
37	5.85	5.59	5.33	5.09	4.85	87	1.62	1.30	1.03	0.81	0.62
38	5.79	5.52	5.27	5.02	4.79	88	1.56	1.24	0.97	0.74	0.56
39	5.72	5.46	5.20	4.96	4.72	89	1.50	1.17	0.90	0.68	0.50
40	5.65	5.39	5.14	4.89	4.65	90	1.45	1.11	0.84	0.62	0.45
41	5.59	5.32	5.07	4.82	4.59	91	1.39	1.05	0.78	0.56	0.39
42	5.52	5.25	5.00	4.75	4.52	92	1.35	0.99	0.72	0.50	0.35
43	5.44	5.18	4.93	4.68	4.44	93	1.30	0.94	0.66	0.45	0.30
44	5.37	5.11	4.85	4.61	4.37	94	1.26	0.89	0.61	0.40	0.26
45	5.30	5.03	4.78	4.53	4.30	95	1.22	0.84	0.56	0.36	0.22
46	5.22	4.96	4.70	4.46	4.22	96	1.19	0.79	0.51	0.31	0.19
47	5.14	4.88	4.62	4.38	4.14	97	1.16	0.74	0.46	0.27	0.16
48	5.06	4.80	4.54	4.30	4.06	98	1.13	0.70	0.42	0.24	0.13
49	4.98	4.72	4.46	4.22	3.98	99	1.10	0.66	0.37	0.20	0.10

Beispiel (15)

MORTALITÉ 3½% Table 38 page 4

Prestations viagères – hommes
payables tous les 5 ans

Age actuel	différée de ... ans					Age actuel	différée de ... ans				
	0	1	2	3	4		0	1	2	3	4
0	5.83	5.61	5.40	5.20	5.01	50	4.02	3.81	3.60	3.40	3.21
1	5.82	5.61	5.40	5.20	5.01	51	3.95	3.74	3.53	3.33	3.14
2	5.80	5.59	5.38	5.18	4.99	52	3.88	3.67	3.46	3.26	3.07
3	5.79	5.57	5.37	5.17	4.97	53	3.81	3.60	3.39	3.19	3.00
4	5.77	5.55	5.35	5.15	4.96	54	3.74	3.53	3.32	3.12	2.93
5	5.75	5.54	5.33	5.13	4.94	55	3.67	3.45	3.25	3.05	2.85
6	5.73	5.52	5.31	5.11	4.92	56	3.60	3.38	3.17	2.97	2.78
7	5.71	5.50	5.29	5.09	4.90	57	3.52	3.31	3.10	2.90	2.71
8	5.69	5.48	5.27	5.07	4.88	58	3.45	3.23	3.02	2.82	2.63
9	5.67	5.45	5.25	5.05	4.85	59	3.37	3.16	2.95	2.75	2.56
10	5.65	5.43	5.23	5.03	4.83	60	3.30	3.08	2.87	2.67	2.48
11	5.62	5.41	5.20	5.00	4.81	61	3.22	3.00	2.79	2.59	2.40
12	5.60	5.38	5.18	4.98	4.79	62	3.14	2.93	2.72	2.52	2.33
13	5.57	5.36	5.15	4.95	4.76	63	3.07	2.85	2.64	2.44	2.25
14	5.55	5.33	5.13	4.93	4.73	64	2.99	2.77	2.56	2.36	2.17
15	5.52	5.31	5.10	4.90	4.71	65	2.91	2.69	2.48	2.28	2.09
16	5.50	5.28	5.07	4.87	4.68	66	2.84	2.61	2.40	2.20	2.02
17	5.47	5.25	5.05	4.85	4.65	67	2.76	2.54	2.33	2.13	1.94
18	5.44	5.23	5.02	4.82	4.63	68	2.68	2.46	2.25	2.05	1.86
19	5.42	5.20	5.00	4.80	4.60	69	2.60	2.38	2.17	1.97	1.78
20	5.39	5.18	4.97	4.77	4.58	70	2.53	2.30	2.09	1.89	1.70
21	5.37	5.15	4.95	4.75	4.55	71	2.45	2.22	2.01	1.81	1.62
22	5.34	5.13	4.92	4.72	4.53	72	2.37	2.15	1.93	1.73	1.55
23	5.32	5.10	4.90	4.70	4.50	73	2.30	2.07	1.85	1.66	1.47
24	5.29	5.08	4.87	4.67	4.48	74	2.22	1.99	1.78	1.58	1.39
25	5.26	5.05	4.84	4.64	4.45	75	2.15	1.91	1.70	1.50	1.32
26	5.23	5.02	4.81	4.61	4.42	76	2.07	1.84	1.62	1.42	1.24
27	5.20	4.98	4.78	4.58	4.38	77	2.00	1.77	1.55	1.35	1.17
28	5.16	4.95	4.74	4.54	4.35	78	1.93	1.69	1.48	1.28	1.09
29	5.13	4.91	4.71	4.51	4.31	79	1.87	1.62	1.41	1.21	1.03
30	5.09	4.88	4.67	4.47	4.28	80	1.80	1.56	1.34	1.14	0.96
31	5.05	4.84	4.63	4.43	4.24	81	1.74	1.49	1.27	1.07	0.90
32	5.01	4.80	4.59	4.39	4.20	82	1.68	1.43	1.21	1.01	0.84
33	4.97	4.75	4.55	4.35	4.15	83	1.63	1.37	1.15	0.95	0.78
34	4.92	4.71	4.50	4.30	4.11	84	1.57	1.32	1.09	0.89	0.72
35	4.88	4.67	4.46	4.26	4.07	85	1.52	1.26	1.03	0.83	0.66
36	4.83	4.62	4.41	4.21	4.02	86	1.47	1.20	0.97	0.78	0.61
37	4.78	4.57	4.36	4.16	3.97	87	1.42	1.15	0.92	0.72	0.56
38	4.73	4.52	4.31	4.11	3.92	88	1.38	1.10	0.86	0.67	0.50
39	4.68	4.47	4.26	4.06	3.87	89	1.33	1.05	0.81	0.61	0.46
40	4.63	4.41	4.21	4.01	3.82	90	1.29	1.00	0.76	0.56	0.41
41	4.57	4.36	4.15	3.95	3.76	91	1.25	0.95	0.71	0.51	0.36
42	4.52	4.30	4.10	3.90	3.70	92	1.22	0.90	0.66	0.47	0.32
43	4.46	4.25	4.04	3.84	3.65	93	1.18	0.86	0.61	0.42	0.28
44	4.40	4.19	3.98	3.78	3.59	94	1.15	0.82	0.56	0.38	0.24
45	4.34	4.13	3.92	3.72	3.53	95	1.13	0.78	0.52	0.34	0.21
46	4.28	4.07	3.86	3.66	3.47	96	1.10	0.74	0.48	0.30	0.18
47	4.22	4.00	3.80	3.60	3.41	97	1.08	0.70	0.44	0.26	0.15
48	4.16	3.94	3.73	3.53	3.34	98	1.06	0.66	0.40	0.23	0.12
49	4.09	3.87	3.67	3.47	3.27	99	1.05	0.63	0.36	0.20	0.10

Exemple ⑮

38 Tafel Seite 5 — 3½% — MORTALITÄT

Lebenslängliche Leistungen – Männer
zahlbar alle 6 Jahre

Alter heute	um ... Jahre aufgeschoben						
	0	1	2	3	4	5	6
0	4.94	4.76	4.59	4.42	4.25	4.10	3.94
1	4.94	4.76	4.58	4.41	4.25	4.09	3.94
2	4.93	4.74	4.57	4.40	4.24	4.08	3.93
3	4.91	4.73	4.55	4.39	4.22	4.06	3.91
4	4.90	4.71	4.54	4.37	4.21	4.05	3.90
5	4.88	4.70	4.52	4.35	4.19	4.03	3.88
6	4.86	4.68	4.51	4.34	4.17	4.02	3.86
7	4.85	4.67	4.49	4.32	4.16	4.00	3.85
8	4.83	4.65	4.47	4.30	4.14	3.98	3.83
9	4.81	4.63	4.46	4.29	4.12	3.96	3.81
10	4.79	4.61	4.44	4.27	4.10	3.95	3.79
11	4.77	4.59	4.42	4.25	4.08	3.93	3.77
12	4.75	4.57	4.40	4.23	4.06	3.91	3.75
13	4.73	4.55	4.38	4.21	4.04	3.89	3.73
14	4.71	4.53	4.36	4.19	4.02	3.87	3.71
15	4.69	4.51	4.33	4.16	4.00	3.84	3.69
16	4.67	4.49	4.31	4.14	3.98	3.82	3.67
17	4.65	4.46	4.29	4.12	3.96	3.80	3.65
18	4.62	4.44	4.27	4.10	3.93	3.78	3.62
19	4.60	4.42	4.25	4.08	3.91	3.75	3.60
20	4.58	4.40	4.22	4.05	3.89	3.73	3.58
21	4.56	4.38	4.20	4.03	3.87	3.71	3.56
22	4.54	4.36	4.18	4.01	3.85	3.69	3.54
23	4.52	4.34	4.16	3.99	3.83	3.67	3.52
24	4.50	4.32	4.14	3.97	3.81	3.65	3.50
25	4.47	4.29	4.12	3.95	3.78	3.63	3.47
26	4.45	4.27	4.09	3.92	3.76	3.60	3.45
27	4.42	4.24	4.06	3.89	3.73	3.57	3.42
28	4.39	4.21	4.04	3.87	3.70	3.54	3.39
29	4.36	4.18	4.01	3.84	3.67	3.51	3.36
30	4.33	4.15	3.97	3.80	3.64	3.48	3.33
31	4.30	4.12	3.94	3.77	3.61	3.45	3.30
32	4.26	4.08	3.91	3.74	3.57	3.42	3.26
33	4.23	4.05	3.87	3.70	3.54	3.38	3.23
34	4.19	4.01	3.84	3.67	3.50	3.35	3.19
35	4.16	3.97	3.80	3.63	3.47	3.31	3.16
36	4.12	3.93	3.76	3.59	3.43	3.27	3.12
37	4.08	3.89	3.72	3.55	3.39	3.23	3.08
38	4.03	3.85	3.68	3.51	3.34	3.19	3.03
39	3.99	3.81	3.63	3.46	3.30	3.14	2.99
40	3.95	3.76	3.59	3.42	3.26	3.10	2.95
41	3.90	3.72	3.54	3.37	3.21	3.05	2.90
42	3.85	3.67	3.50	3.33	3.16	3.01	2.85
43	3.81	3.62	3.45	3.28	3.12	2.96	2.81
44	3.76	3.58	3.40	3.23	3.07	2.91	2.76
45	3.71	3.53	3.35	3.18	3.02	2.86	2.71
46	3.66	3.48	3.30	3.13	2.97	2.81	2.66
47	3.61	3.42	3.25	3.08	2.91	2.76	2.61
48	3.55	3.37	3.19	3.02	2.86	2.70	2.55
49	3.50	3.31	3.14	2.97	2.81	2.65	2.50

Beispiel (15)

MORTALITÉ   3½%   Table 38 page 6

Prestations viagères – hommes
payables tous les 6 ans

Age actuel	différée de ... ans						
	0	1	2	3	4	5	6
50	3.44	3.26	3.08	2.91	2.75	2.59	2.44
51	3.38	3.20	3.02	2.86	2.69	2.53	2.38
52	3.33	3.14	2.97	2.80	2.63	2.48	2.33
53	3.27	3.08	2.91	2.74	2.57	2.42	2.27
54	3.21	3.02	2.85	2.68	2.51	2.36	2.21
55	3.15	2.96	2.79	2.62	2.45	2.30	2.15
56	3.09	2.90	2.73	2.56	2.39	2.24	2.09
57	3.03	2.84	2.67	2.50	2.33	2.18	2.03
58	2.97	2.78	2.60	2.43	2.27	2.11	1.97
59	2.90	2.72	2.54	2.37	2.21	2.05	1.90
60	2.84	2.65	2.48	2.31	2.14	1.99	1.84
61	2.77	2.59	2.41	2.24	2.08	1.92	1.77
62	2.71	2.52	2.35	2.18	2.01	1.86	1.71
63	2.65	2.46	2.28	2.11	1.95	1.79	1.65
64	2.58	2.40	2.22	2.05	1.88	1.73	1.58
65	2.52	2.33	2.15	1.98	1.82	1.66	1.52
66	2.45	2.27	2.09	1.92	1.75	1.60	1.45
67	2.39	2.20	2.02	1.85	1.69	1.53	1.39
68	2.33	2.14	1.96	1.78	1.62	1.47	1.33
69	2.26	2.07	1.89	1.72	1.56	1.40	1.26
70	2.20	2.01	1.82	1.65	1.49	1.34	1.20
71	2.13	1.94	1.76	1.59	1.43	1.27	1.13
72	2.07	1.88	1.69	1.52	1.36	1.21	1.07
73	2.01	1.81	1.63	1.46	1.30	1.15	1.01
74	1.94	1.75	1.56	1.39	1.23	1.08	0.94
75	1.88	1.68	1.50	1.33	1.17	1.02	0.88
76	1.82	1.62	1.43	1.26	1.10	0.96	0.82
77	1.76	1.56	1.37	1.20	1.04	0.89	0.76
78	1.71	1.50	1.31	1.14	0.98	0.84	0.71
79	1.65	1.44	1.25	1.08	0.92	0.78	0.65
80	1.60	1.39	1.20	1.02	0.86	0.72	0.60
81	1.55	1.34	1.14	0.97	0.81	0.67	0.55
82	1.51	1.29	1.09	0.91	0.76	0.62	0.51
83	1.46	1.24	1.04	0.86	0.71	0.57	0.46
84	1.42	1.19	0.99	0.81	0.66	0.53	0.42
85	1.37	1.14	0.94	0.76	0.61	0.48	0.37
86	1.33	1.10	0.89	0.71	0.56	0.44	0.33
87	1.29	1.05	0.84	0.67	0.52	0.39	0.29
88	1.26	1.01	0.80	0.62	0.47	0.35	0.26
89	1.22	0.97	0.75	0.57	0.43	0.31	0.22
90	1.19	0.93	0.71	0.53	0.39	0.28	0.19
91	1.16	0.89	0.66	0.48	0.35	0.24	0.16
92	1.14	0.85	0.62	0.44	0.31	0.21	0.14
93	1.11	0.81	0.58	0.40	0.27	0.18	0.11
94	1.09	0.78	0.54	0.36	0.24	0.15	0.09
95	1.07	0.74	0.50	0.33	0.20	0.12	0.07
96	1.06	0.71	0.46	0.29	0.18	0.10	0.06
97	1.04	0.68	0.43	0.26	0.15	0.08	0.04
98	1.03	0.65	0.39	0.22	0.12	0.06	0.03
99	1.02	0.62	0.35	0.19	0.10	0.05	0.02

Exemple ⑮

Tafel 39, Seite 1 — 3½% — **MORTALITÄT**

Lebenslängliche Leistungen – Frauen
zahlbar alle 2 Jahre

Alter heute	um ... Jahre aufgeschoben			Alter heute	um ... Jahre aufgeschoben		
	0	1	2		0	1	2
0	14.10	13.59	13.10	50	10.43	9.93	9.43
1	14.10	13.59	13.10	51	10.29	9.78	9.29
2	14.07	13.56	13.07	52	10.14	9.63	9.14
3	14.03	13.53	13.03	53	9.99	9.48	8.99
4	14.00	13.49	13.00	54	9.84	9.33	8.84
5	13.97	13.46	12.97	55	9.68	9.17	8.68
6	13.93	13.42	12.93	56	9.51	9.00	8.51
7	13.89	13.39	12.89	57	9.34	8.83	8.34
8	13.86	13.35	12.86	58	9.17	8.66	8.17
9	13.82	13.31	12.82	59	8.99	8.48	7.99
10	13.77	13.26	12.77	60	8.81	8.30	7.81
11	13.73	13.22	12.73	61	8.63	8.12	7.63
12	13.68	13.18	12.68	62	8.44	7.93	7.44
13	13.64	13.13	12.64	63	8.24	7.73	7.24
14	13.59	13.08	12.59	64	8.04	7.53	7.04
15	13.54	13.03	12.54	65	7.84	7.33	6.84
16	13.49	12.98	12.49	66	7.63	7.12	6.63
17	13.44	12.93	12.44	67	7.41	6.90	6.41
18	13.39	12.88	12.39	68	7.19	6.68	6.19
19	13.34	12.83	12.34	69	6.97	6.46	5.97
20	13.29	12.78	12.29	70	6.74	6.23	5.74
21	13.23	12.72	12.23	71	6.51	6.00	5.51
22	13.17	12.66	12.17	72	6.28	5.77	5.28
23	13.11	12.60	12.11	73	6.04	5.53	5.04
24	13.05	12.54	12.05	74	5.81	5.30	4.81
25	12.99	12.48	11.99	75	5.57	5.06	4.57
26	12.92	12.41	11.92	76	5.34	4.82	4.34
27	12.85	12.34	11.85	77	5.10	4.59	4.10
28	12.78	12.27	11.78	78	4.87	4.36	3.87
29	12.70	12.19	11.70	79	4.64	4.13	3.64
30	12.62	12.11	11.62	80	4.42	3.90	3.42
31	12.54	12.03	11.54	81	4.20	3.68	3.20
32	12.46	11.95	11.46	82	3.99	3.47	2.99
33	12.37	11.86	11.37	83	3.78	3.26	2.78
34	12.28	11.77	11.28	84	3.58	3.06	2.58
35	12.19	11.68	11.19	85	3.39	2.86	2.39
36	12.09	11.58	11.09	86	3.20	2.67	2.20
37	11.99	11.49	10.99	87	3.02	2.49	2.02
38	11.89	11.39	10.89	88	2.85	2.31	1.85
39	11.79	11.28	10.79	89	2.68	2.14	1.68
40	11.68	11.17	10.68	90	2.52	1.98	1.52
41	11.57	11.06	10.57	91	2.37	1.82	1.37
42	11.46	10.95	10.46	92	2.23	1.67	1.23
43	11.34	10.83	10.34	93	2.09	1.53	1.09
44	11.22	10.71	10.22	94	1.97	1.40	0.97
45	11.10	10.59	10.10	95	1.85	1.28	0.85
46	10.97	10.46	9.97	96	1.74	1.16	0.74
47	10.84	10.33	9.84	97	1.64	1.05	0.64
48	10.71	10.20	9.71	98	1.55	0.95	0.55
49	10.57	10.06	9.57	99	1.47	0.85	0.47

Beispiel (15)

MORTALITÉ 3½% Table 39 page 2

Prestations viagères – femmes
payables tous les 3 ans

Age actuel	différée de ... ans				Age actuel	différée de ... ans			
	0	1	2	3		0	1	2	3
0	9.57	9.23	8.89	8.57	50	7.13	6.78	6.45	6.13
1	9.57	9.22	8.89	8.57	51	7.03	6.69	6.35	6.03
2	9.55	9.20	8.87	8.55	52	6.93	6.59	6.26	5.93
3	9.53	9.18	8.85	8.53	53	6.83	6.49	6.15	5.83
4	9.51	9.16	8.83	8.51	54	6.73	6.38	6.05	5.73
5	9.48	9.14	8.80	8.48	55	6.62	6.28	5.94	5.62
6	9.46	9.11	8.78	8.46	56	6.51	6.17	5.83	5.51
7	9.43	9.09	8.76	8.43	57	6.40	6.06	5.72	5.40
8	9.41	9.06	8.73	8.41	58	6.29	5.94	5.61	5.29
9	9.38	9.04	8.70	8.38	59	6.17	5.82	5.49	5.17
10	9.35	9.01	8.68	8.35	60	6.05	5.70	5.37	5.05
11	9.32	8.98	8.65	8.32	61	5.92	5.58	5.24	4.92
12	9.29	8.95	8.62	8.29	62	5.80	5.45	5.12	4.80
13	9.26	8.92	8.59	8.26	63	5.67	5.32	4.99	4.67
14	9.23	8.89	8.55	8.23	64	5.54	5.19	4.86	4.54
15	9.20	8.86	8.52	8.20	65	5.40	5.05	4.72	4.40
16	9.17	8.82	8.49	8.17	66	5.26	4.91	4.58	4.26
17	9.13	8.79	8.46	8.13	67	5.11	4.77	4.43	4.11
18	9.10	8.75	8.42	8.10	68	4.97	4.62	4.29	3.97
19	9.06	8.72	8.39	8.06	69	4.82	4.47	4.14	3.82
20	9.03	8.68	8.35	8.03	70	4.67	4.32	3.99	3.67
21	8.99	8.65	8.31	7.99	71	4.51	4.16	3.83	3.51
22	8.95	8.61	8.27	7.95	72	4.36	4.01	3.68	3.36
23	8.91	8.57	8.24	7.91	73	4.20	3.85	3.52	3.20
24	8.87	8.53	8.19	7.87	74	4.05	3.70	3.36	3.05
25	8.83	8.48	8.15	7.83	75	3.89	3.54	3.21	2.89
26	8.78	8.44	8.11	7.78	76	3.73	3.38	3.05	2.73
27	8.74	8.39	8.06	7.74	77	3.58	3.22	2.89	2.58
28	8.69	8.34	8.01	7.69	78	3.42	3.07	2.74	2.42
29	8.64	8.29	7.96	7.64	79	3.27	2.92	2.58	2.27
30	8.59	8.24	7.91	7.59	80	3.12	2.77	2.43	2.12
31	8.53	8.19	7.85	7.53	81	2.98	2.62	2.29	1.98
32	8.48	8.13	7.80	7.48	82	2.84	2.48	2.14	1.84
33	8.42	8.07	7.74	7.42	83	2.70	2.34	2.00	1.70
34	8.36	8.01	7.68	7.36	84	2.57	2.20	1.87	1.57
35	8.30	7.95	7.62	7.30	85	2.44	2.07	1.74	1.44
36	8.23	7.89	7.55	7.23	86	2.32	1.94	1.61	1.32
37	8.17	7.82	7.49	7.17	87	2.20	1.82	1.49	1.20
38	8.10	7.76	7.42	7.10	88	2.08	1.70	1.37	1.08
39	8.03	7.69	7.35	7.03	89	1.97	1.59	1.26	0.97
40	7.96	7.62	7.28	6.96	90	1.87	1.48	1.15	0.87
41	7.89	7.54	7.21	6.89	91	1.77	1.37	1.04	0.77
42	7.81	7.47	7.13	6.81	92	1.68	1.27	0.94	0.68
43	7.73	7.39	7.05	6.73	93	1.59	1.18	0.85	0.59
44	7.65	7.31	6.97	6.65	94	1.51	1.09	0.76	0.51
45	7.57	7.23	6.89	6.57	95	1.44	1.01	0.68	0.44
46	7.49	7.14	6.81	6.49	96	1.37	0.93	0.60	0.37
47	7.40	7.06	6.72	6.40	97	1.31	0.85	0.53	0.31
48	7.31	6.97	6.63	6.31	98	1.26	0.78	0.46	0.26
49	7.22	6.88	6.54	6.22	99	1.21	0.71	0.40	0.21

Exemple ⑮

39 Tafel Seite 3   3½%   **MORTALITÄT**

Lebenslängliche Leistungen – Frauen
zahlbar alle 4 Jahre

Alter heute	um ... Jahre aufgeschoben					Alter heute	um ... Jahre aufgeschoben				
	0	1	2	3	4		0	1	2	3	4
0	7.31	7.04	6.79	6.55	6.31	50	5.48	5.21	4.96	4.71	4.48
1	7.31	7.04	6.79	6.54	6.31	51	5.40	5.14	4.89	4.64	4.40
2	7.29	7.03	6.77	6.53	6.29	52	5.33	5.07	4.81	4.57	4.33
3	7.28	7.01	6.76	6.51	6.28	53	5.26	4.99	4.74	4.49	4.26
4	7.26	7.00	6.74	6.50	6.26	54	5.18	4.91	4.66	4.41	4.18
5	7.24	6.98	6.72	6.48	6.24	55	5.10	4.83	4.58	4.33	4.10
6	7.22	6.96	6.71	6.46	6.22	56	5.02	4.75	4.50	4.25	4.02
7	7.21	6.94	6.69	6.44	6.21	57	4.93	4.67	4.41	4.17	3.93
8	7.19	6.92	6.67	6.42	6.19	58	4.85	4.58	4.33	4.08	3.85
9	7.17	6.90	6.65	6.40	6.17	59	4.76	4.49	4.24	3.99	3.76
10	7.15	6.88	6.63	6.38	6.15	60	4.67	4.40	4.15	3.90	3.67
11	7.12	6.86	6.61	6.36	6.12	61	4.57	4.31	4.05	3.81	3.57
12	7.10	6.84	6.58	6.34	6.10	62	4.48	4.21	3.96	3.71	3.48
13	7.08	6.81	6.56	6.32	6.08	63	4.38	4.12	3.86	3.62	3.38
14	7.05	6.79	6.54	6.29	6.05	64	4.28	4.02	3.76	3.52	3.28
15	7.03	6.77	6.51	6.27	6.03	65	4.18	3.91	3.66	3.41	3.18
16	7.01	6.74	6.49	6.24	6.01	66	4.07	3.81	3.55	3.31	3.07
17	6.98	6.72	6.46	6.22	5.98	67	3.97	3.70	3.45	3.20	2.97
18	6.95	6.69	6.44	6.19	5.95	68	3.86	3.59	3.34	3.09	2.86
19	6.93	6.66	6.41	6.17	5.93	69	3.74	3.48	3.22	2.98	2.74
20	6.90	6.64	6.38	6.14	5.90	70	3.63	3.36	3.11	2.87	2.63
21	6.87	6.61	6.36	6.11	5.87	71	3.52	3.25	2.99	2.75	2.52
22	6.84	6.58	6.33	6.08	5.84	72	3.40	3.13	2.88	2.63	2.40
23	6.82	6.55	6.30	6.05	5.82	73	3.28	3.02	2.76	2.52	2.28
24	6.78	6.52	6.27	6.02	5.78	74	3.17	2.90	2.64	2.40	2.17
25	6.75	6.49	6.23	5.99	5.75	75	3.05	2.78	2.52	2.28	2.05
26	6.72	6.45	6.20	5.95	5.72	76	2.93	2.66	2.41	2.16	1.93
27	6.68	6.42	6.17	5.92	5.68	77	2.82	2.54	2.29	2.04	1.82
28	6.65	6.38	6.13	5.88	5.65	78	2.70	2.43	2.17	1.93	1.70
29	6.61	6.35	6.09	5.85	5.61	79	2.59	2.31	2.05	1.81	1.59
30	6.57	6.31	6.05	5.81	5.57	80	2.48	2.20	1.94	1.70	1.48
31	6.53	6.27	6.01	5.77	5.53	81	2.37	2.09	1.83	1.59	1.37
32	6.49	6.22	5.97	5.72	5.49	82	2.26	1.98	1.72	1.48	1.26
33	6.44	6.18	5.93	5.68	5.44	83	2.16	1.88	1.62	1.38	1.16
34	6.40	6.14	5.88	5.64	5.40	84	2.07	1.78	1.52	1.28	1.07
35	6.35	6.09	5.84	5.59	5.35	85	1.97	1.68	1.42	1.18	0.97
36	6.30	6.04	5.79	5.54	5.30	86	1.88	1.59	1.32	1.09	0.88
37	6.26	5.99	5.74	5.49	5.26	87	1.79	1.49	1.23	0.99	0.79
38	6.21	5.94	5.69	5.44	5.21	88	1.71	1.40	1.14	0.91	0.71
39	6.15	5.89	5.64	5.39	5.15	89	1.63	1.32	1.05	0.82	0.63
40	6.10	5.84	5.58	5.34	5.10	90	1.55	1.24	0.97	0.74	0.55
41	6.05	5.78	5.53	5.28	5.05	91	1.48	1.16	0.89	0.66	0.48
42	5.99	5.73	5.47	5.23	4.99	92	1.42	1.08	0.81	0.59	0.42
43	5.93	5.67	5.41	5.17	4.93	93	1.35	1.01	0.74	0.52	0.35
44	5.87	5.61	5.35	5.11	4.87	94	1.30	0.95	0.67	0.46	0.30
45	5.81	5.54	5.29	5.05	4.81	95	1.25	0.88	0.60	0.39	0.25
46	5.75	5.48	5.23	4.98	4.75	96	1.20	0.82	0.54	0.34	0.20
47	5.68	5.42	5.16	4.92	4.68	97	1.16	0.76	0.48	0.29	0.16
48	5.61	5.35	5.10	4.85	4.61	98	1.13	0.71	0.42	0.24	0.13
49	5.55	5.28	5.03	4.78	4.55	99	1.10	0.66	0.37	0.20	0.10

Beispiel (15)

MORTALITÉ 3½% Table 39 page 4

Prestations viagères – femmes
payables tous les 5 ans

Age actuel	différée de ... ans					Age actuel	différée de ... ans				
	0	1	2	3	4		0	1	2	3	4
0	5.95	5.74	5.53	5.33	5.14	50	4.49	4.27	4.06	3.86	3.67
1	5.95	5.74	5.53	5.33	5.14	51	4.43	4.21	4.01	3.81	3.61
2	5.94	5.72	5.52	5.32	5.13	52	4.37	4.16	3.95	3.75	3.56
3	5.93	5.71	5.51	5.31	5.11	53	4.31	4.09	3.89	3.69	3.50
4	5.91	5.70	5.49	5.29	5.10	54	4.25	4.03	3.83	3.63	3.43
5	5.90	5.68	5.48	5.28	5.09	55	4.18	3.97	3.76	3.56	3.37
6	5.88	5.67	5.46	5.26	5.07	56	4.12	3.90	3.70	3.50	3.30
7	5.87	5.66	5.45	5.25	5.06	57	4.05	3.84	3.63	3.43	3.24
8	5.85	5.64	5.43	5.23	5.04	58	3.98	3.77	3.56	3.36	3.17
9	5.84	5.62	5.42	5.22	5.02	59	3.91	3.70	3.49	3.29	3.10
10	5.82	5.61	5.40	5.20	5.01	60	3.84	3.62	3.42	3.22	3.02
11	5.80	5.59	5.38	5.18	4.99	61	3.76	3.55	3.34	3.14	2.95
12	5.79	5.57	5.37	5.17	4.97	62	3.69	3.47	3.27	3.07	2.87
13	5.77	5.55	5.35	5.15	4.95	63	3.61	3.40	3.19	2.99	2.80
14	5.75	5.53	5.33	5.13	4.93	64	3.53	3.32	3.11	2.91	2.72
15	5.73	5.52	5.31	5.11	4.92	65	3.45	3.23	3.03	2.83	2.63
16	5.71	5.50	5.29	5.09	4.90	66	3.37	3.15	2.94	2.74	2.55
17	5.69	5.48	5.27	5.07	4.88	67	3.28	3.06	2.85	2.65	2.46
18	5.67	5.45	5.25	5.05	4.86	68	3.19	2.97	2.77	2.57	2.38
19	5.65	5.43	5.23	5.03	4.83	69	3.10	2.88	2.68	2.48	2.29
20	5.63	5.41	5.21	5.01	4.81	70	3.01	2.79	2.59	2.39	2.19
21	5.60	5.39	5.18	4.98	4.79	71	2.92	2.70	2.49	2.29	2.10
22	5.58	5.37	5.16	4.96	4.77	72	2.83	2.61	2.40	2.20	2.01
23	5.56	5.34	5.14	4.94	4.74	73	2.73	2.51	2.31	2.11	1.92
24	5.53	5.32	5.11	4.91	4.72	74	2.64	2.42	2.21	2.01	1.82
25	5.51	5.29	5.09	4.89	4.69	75	2.55	2.33	2.12	1.92	1.73
26	5.48	5.27	5.06	4.86	4.67	76	2.45	2.23	2.02	1.82	1.63
27	5.45	5.24	5.03	4.83	4.64	77	2.36	2.14	1.93	1.73	1.54
28	5.42	5.21	5.00	4.80	4.61	78	2.27	2.05	1.83	1.63	1.45
29	5.39	5.18	4.97	4.77	4.58	79	2.18	1.95	1.74	1.54	1.35
30	5.36	5.15	4.94	4.74	4.55	80	2.09	1.86	1.65	1.45	1.26
31	5.33	5.11	4.91	4.71	4.51	81	2.01	1.78	1.56	1.36	1.18
32	5.29	5.08	4.87	4.67	4.48	82	1.92	1.69	1.47	1.27	1.09
33	5.26	5.05	4.84	4.64	4.45	83	1.84	1.61	1.39	1.19	1.01
34	5.22	5.01	4.80	4.60	4.41	84	1.77	1.53	1.31	1.11	0.93
35	5.19	4.97	4.77	4.57	4.37	85	1.69	1.45	1.23	1.03	0.85
36	5.15	4.94	4.73	4.53	4.34	86	1.62	1.37	1.15	0.95	0.78
37	5.11	4.90	4.69	4.49	4.30	87	1.55	1.30	1.08	0.88	0.70
38	5.07	4.86	4.65	4.45	4.26	88	1.49	1.23	1.00	0.80	0.63
39	5.03	4.81	4.61	4.41	4.21	89	1.43	1.16	0.93	0.73	0.57
40	4.99	4.77	4.56	4.36	4.17	90	1.37	1.10	0.86	0.67	0.50
41	4.94	4.73	4.52	4.32	4.13	91	1.31	1.03	0.80	0.60	0.44
42	4.90	4.68	4.47	4.27	4.08	92	1.26	0.98	0.73	0.54	0.38
43	4.85	4.63	4.43	4.23	4.04	93	1.22	0.92	0.67	0.48	0.33
44	4.80	4.59	4.38	4.18	3.99	94	1.18	0.87	0.62	0.42	0.28
45	4.75	4.54	4.33	4.13	3.94	95	1.14	0.81	0.56	0.37	0.24
46	4.70	4.49	4.28	4.08	3.89	96	1.11	0.77	0.51	0.32	0.19
47	4.65	4.44	4.23	4.03	3.84	97	1.08	0.72	0.46	0.28	0.16
48	4.60	4.38	4.17	3.98	3.78	98	1.06	0.67	0.41	0.23	0.12
49	4.54	4.33	4.12	3.92	3.73	99	1.04	0.63	0.36	0.19	0.09

Exemple (15)

Tafel Seite 5 — 3½% — MORTALITÄT

Lebenslängliche Leistungen – Frauen
zahlbar alle 6 Jahre

Alter heute	um ... Jahre aufgeschoben						
	0	1	2	3	4	5	6
0	5.05	4.87	4.69	4.52	4.36	4.20	4.05
1	5.05	4.87	4.69	4.52	4.36	4.20	4.05
2	5.04	4.86	4.68	4.51	4.35	4.19	4.04
3	5.03	4.85	4.67	4.50	4.34	4.18	4.03
4	5.02	4.83	4.66	4.49	4.33	4.17	4.02
5	5.00	4.82	4.65	4.48	4.31	4.16	4.00
6	4.99	4.81	4.64	4.47	4.30	4.15	3.99
7	4.98	4.80	4.62	4.45	4.29	4.13	3.98
8	4.97	4.79	4.61	4.44	4.28	4.12	3.97
9	4.95	4.77	4.60	4.43	4.26	4.11	3.95
10	4.94	4.76	4.58	4.41	4.25	4.09	3.94
11	4.93	4.74	4.57	4.40	4.24	4.08	3.93
12	4.91	4.73	4.55	4.38	4.22	4.06	3.91
13	4.89	4.71	4.54	4.37	4.21	4.05	3.89
14	4.88	4.70	4.52	4.35	4.19	4.03	3.88
15	4.86	4.68	4.51	4.34	4.17	4.02	3.86
16	4.85	4.67	4.49	4.32	4.16	4.00	3.85
17	4.83	4.65	4.47	4.30	4.14	3.98	3.83
18	4.81	4.63	4.46	4.29	4.12	3.97	3.81
19	4.80	4.61	4.44	4.27	4.11	3.95	3.80
20	4.78	4.60	4.42	4.25	4.09	3.93	3.78
21	4.76	4.58	4.40	4.23	4.07	3.91	3.76
22	4.74	4.56	4.38	4.21	4.05	3.89	3.74
23	4.72	4.54	4.36	4.19	4.03	3.87	3.72
24	4.70	4.52	4.34	4.17	4.01	3.85	3.70
25	4.68	4.50	4.32	4.15	3.99	3.83	3.68
26	4.65	4.47	4.30	4.13	3.97	3.81	3.65
27	4.63	4.45	4.27	4.11	3.94	3.78	3.63
28	4.61	4.43	4.25	4.08	3.92	3.76	3.61
29	4.58	4.40	4.23	4.06	3.89	3.73	3.58
30	4.56	4.37	4.20	4.03	3.87	3.71	3.56
31	4.53	4.35	4.17	4.00	3.84	3.68	3.53
32	4.50	4.32	4.14	3.97	3.81	3.65	3.50
33	4.47	4.29	4.12	3.95	3.78	3.62	3.47
34	4.44	4.26	4.09	3.92	3.75	3.59	3.44
35	4.41	4.23	4.05	3.89	3.72	3.56	3.41
36	4.38	4.20	4.02	3.85	3.69	3.53	3.38
37	4.35	4.17	3.99	3.82	3.66	3.50	3.35
38	4.31	4.13	3.96	3.79	3.62	3.47	3.31
39	4.28	4.10	3.92	3.75	3.59	3.43	3.28
40	4.24	4.06	3.89	3.72	3.55	3.40	3.24
41	4.21	4.02	3.85	3.68	3.52	3.36	3.21
42	4.17	3.99	3.81	3.64	3.48	3.32	3.17
43	4.13	3.95	3.77	3.60	3.44	3.28	3.13
44	4.09	3.91	3.73	3.56	3.40	3.24	3.09
45	4.05	3.87	3.69	3.52	3.36	3.20	3.05
46	4.01	3.82	3.65	3.48	3.32	3.16	3.01
47	3.96	3.78	3.61	3.44	3.27	3.12	2.96
48	3.92	3.74	3.56	3.39	3.23	3.07	2.92
49	3.87	3.69	3.52	3.35	3.18	3.03	2.87

Beispiel (15)

MORTALITÉ 3½% Table 39 page 6

Prestations viagères – femmes
payables tous les 6 ans

Age actuel	différée de ... ans						
	0	1	2	3	4	5	6
50	3.83	3.65	3.47	3.30	3.14	2.98	2.83
51	3.78	3.60	3.42	3.25	3.09	2.93	2.78
52	3.73	3.55	3.37	3.20	3.04	2.88	2.73
53	3.68	3.50	3.32	3.15	2.99	2.83	2.68
54	3.63	3.45	3.27	3.10	2.94	2.78	2.63
55	3.58	3.39	3.22	3.05	2.88	2.73	2.58
56	3.52	3.34	3.16	2.99	2.83	2.67	2.52
57	3.46	3.28	3.11	2.94	2.77	2.62	2.46
58	3.41	3.22	3.05	2.88	2.72	2.56	2.41
59	3.35	3.17	2.99	2.82	2.66	2.50	2.35
60	3.29	3.11	2.93	2.76	2.60	2.44	2.29
61	3.23	3.04	2.87	2.70	2.53	2.38	2.23
62	3.16	2.98	2.80	2.63	2.47	2.31	2.16
63	3.10	2.92	2.74	2.57	2.41	2.25	2.10
64	3.03	2.85	2.67	2.50	2.34	2.18	2.03
65	2.96	2.78	2.60	2.43	2.27	2.11	1.96
66	2.89	2.71	2.53	2.36	2.20	2.04	1.89
67	2.82	2.64	2.46	2.29	2.13	1.97	1.82
68	2.75	2.56	2.39	2.22	2.06	1.90	1.75
69	2.67	2.49	2.31	2.14	1.98	1.82	1.67
70	2.60	2.41	2.24	2.07	1.90	1.75	1.60
71	2.52	2.34	2.16	1.99	1.83	1.67	1.52
72	2.45	2.26	2.08	1.91	1.75	1.59	1.45
73	2.37	2.18	2.00	1.83	1.67	1.52	1.37
74	2.29	2.10	1.93	1.75	1.59	1.44	1.29
75	2.21	2.03	1.85	1.68	1.51	1.36	1.21
76	2.14	1.95	1.77	1.60	1.43	1.28	1.14
77	2.06	1.87	1.69	1.52	1.35	1.20	1.06
78	1.98	1.79	1.61	1.44	1.28	1.13	0.98
79	1.91	1.72	1.53	1.36	1.20	1.05	0.91
80	1.84	1.64	1.46	1.28	1.12	0.97	0.84
81	1.77	1.57	1.38	1.21	1.05	0.90	0.77
82	1.70	1.50	1.31	1.14	0.98	0.83	0.70
83	1.63	1.43	1.24	1.07	0.91	0.76	0.63
84	1.57	1.36	1.17	1.00	0.84	0.70	0.57
85	1.51	1.30	1.11	0.93	0.77	0.63	0.51
86	1.45	1.24	1.04	0.86	0.71	0.57	0.45
87	1.40	1.18	0.98	0.80	0.65	0.51	0.40
88	1.34	1.12	0.92	0.74	0.59	0.45	0.34
89	1.30	1.06	0.86	0.68	0.53	0.40	0.30
90	1.25	1.01	0.80	0.62	0.47	0.35	0.25
91	1.21	0.96	0.74	0.56	0.42	0.30	0.21
92	1.17	0.91	0.69	0.51	0.37	0.25	0.17
93	1.14	0.86	0.64	0.46	0.32	0.21	0.14
94	1.11	0.82	0.59	0.41	0.27	0.17	0.11
95	1.08	0.78	0.54	0.36	0.23	0.14	0.08
96	1.06	0.74	0.49	0.31	0.19	0.11	0.06
97	1.04	0.70	0.44	0.27	0.15	0.08	0.04
98	1.03	0.66	0.40	0.23	0.12	0.06	0.03
99	1.02	0.62	0.35	0.19	0.09	0.04	0.02

Exemple (15)

Zusatztafeln

	Tafel
Ausscheideordnung – Mortalität	40
Ausscheideordnung – Aktivität	41
Mittlere Lebenserwartung	42
Mittlere Dauer der Aktivität	43
Barwert einer lebenslänglichen Rente – Männer (1% bis 12%)	44
Barwert einer lebenslänglichen Rente – Frauen (1% bis 12%)	45
Aufgeschobene Verbindungsrente (Aktivität) – Korrekturfaktoren	46
Temporäre Verbindungsrente (Aktivität) – Korrekturfaktoren	47
Abzinsungsfaktoren (½% bis 6%)	48
Aufzinsungsfaktoren (½% bis 6%)	49
Barwert einer Zeitrente (½% bis 6%)	50
Endwert einer Zeitrente (½% bis 6%)	51
Reziproker Barwert einer Zeitrente (½% bis 6%)	52

Ausscheideordnung – Mortalität
Ordre de sortie – mortalité

Alter	Anzahl Lebende Männer	Anzahl Lebende Frauen	Age	Personnes vivantes Hommes	Personnes vivantes Femmes	Alter	Anzahl Lebende Männer	Anzahl Lebende Frauen
0	100000	100000	50	94893	97637	100	637	2147
1	99763	99782	51	94574	97465	101	381	1280
2	99740	99761	52	94213	97279	102	217	712
3	99719	99751	53	93800	97076	103	117	367
4	99701	99738	54	93329	96860	104	59	174
5	99685	99723	55	92798	96630	105	28	75
6	99671	99708	56	92204	96385	106	12	29
7	99657	99695	57	91550	96122	107	5	10
8	99642	99685	58	90839	95836	108	2	3
9	99627	99676	59	90069	95525	109	1	1
10	99612	99669	60	89233	95186			
11	99598	99663	61	88315	94818			
12	99583	99656	62	87300	94417			
13	99569	99647	63	86182	93982			
14	99553	99636	64	84956	93516			
15	99532	99619	65	83618	93027			
16	99503	99597	66	82163	92510			
17	99460	99568	67	80593	91952			
18	99390	99534	68	78910	91332			
19	99288	99495	69	77115	90639			
20	99150	99451	70	75198	89870			
21	98981	99405	71	73143	89012			
22	98793	99359	72	70947	88043			
23	98613	99315	73	68617	86937			
24	98447	99273	74	66151	85682			
25	98296	99236	75	63540	84274			
26	98157	99202	76	60766	82696			
27	98030	99170	77	57822	80915			
28	97914	99139	78	54699	78888			
29	97811	99110	79	51408	76589			
30	97718	99080	80	47972	74012			
31	97632	99052	81	44423	71149			
32	97549	99024	82	40807	67985			
33	97468	98994	83	37164	64505			
34	97387	98963	84	33556	60744			
35	97305	98928	85	30027	56730			
36	97222	98888	86	26607	52494			
37	97136	98843	87	23318	48068			
38	97047	98793	88	20176	43495			
39	96954	98739	89	17205	38826			
40	96853	98680	90	14437	34128			
41	96743	98617	91	11900	29478			
42	96617	98549	92	9616	24960			
43	96473	98475	93	7603	20662			
44	96308	98391	94	5867	16672			
45	96121	98297	95	4408	13067			
46	95913	98191	96	3216	9911			
47	95685	98072	97	2271	7243			
48	95441	97940	98	1548	5075			
49	95179	97795	99	1014	3390			

AKTIVITÄT
ACTIVITÉ

Tafel 41
Table

Ausscheideordnung – Aktivität
Ordre de sortie – activité

Alter	Anzahl Aktive		Age	Personnes acitves	
	Männer	Frauen		Hommes	Femmes
0	99597	99602	50	91836	94826
1	99355	99379	51	91185	94452
2	99324	99351	52	90437	94047
3	99293	99334	53	89577	93603
4	99265	99314	54	88589	93123
5	99239	99292	55	87464	92604
6	99216	99269	56	86186	92043
7	99191	99248	57	84757	91432
8	99165	99230	58	83161	90764
9	99138	99213	59	81393	90036
10	99111	99197	60	79433	89239
11	99084	99181	61	77260	88368
12	99055	99164	62	74848	87417
13	99026	99144	63	72189	85994
14	98995	99121	64	69271	84351
15	98957	99092	65	66083	82329
16	98910	99057	66	62608	80206
17	98845	99013	67	58833	77883
18	98746	98960	68	54842	75349
19	98469	98790	69	50665	72602
20	98198	98638	70	46322	69649
21	97927	98510	71	41984	66403
22	97663	98399	72	37673	62863
23	97428	98308	73	33485	59030
24	97221	98229	74	29437	54922
25	97045	98164	75	25607	50564
26	96888	98110	76	21997	46062
27	96749	98061	77	18677	41509
28	96623	98016	78	15699	36998
29	96515	97973	79	13006	32550
30	96416	97930	80	10602	28273
31	96322	97885	81	8485	24191
32	96231	97839	82	6652	20396
33	96138	97784	83	5129	16965
34	96041	97726	84	3892	13910
35	95941	97657	85	2883	11233
36	95832	97577	86	2075	8924
37	95717	97485	87	1446	6922
38	95590	97379	88	968	5219
39	95453	97265	89	619	3805
40	95299	97136	90	383	2662
41	95126	96994	91	226	1769
42	94925	96838	92	125	1123
43	94693	96665	93	61	661
44	94422	96476	94	23	367
45	94112	96262	95	4	183
46	93757	96028	96		79
47	93356	95769	97		25
48	92906	95482	98		5
49	92404	95168			

N 1279–1282

Mittlere Lebenserwartung – Espérance de vie

Alter	Männer	Frauen	Age	Hommes	Femmes	Alter	Männer	Frauen
0	76.55	83.97	50	28.94	35.23	100	1.79	1.73
1	75.73	83.15	51	28.03	34.29	101	1.66	1.57
2	74.75	82.17	52	27.14	33.36	102	1.53	1.43
3	73.76	81.18	53	26.26	32.42	103	1.41	1.30
4	72.77	80.19	54	25.39	31.49	104	1.31	1.18
5	71.79	79.20	55	24.53	30.57	105	1.21	1.07
6	70.80	78.21	56	23.68	29.65	106	1.17	0.98
7	69.81	77.22	57	22.85	28.72	107	1.10	0.90
8	68.82	76.23	58	22.03	27.81	108	1.00	0.83
9	67.83	75.24	59	21.21	26.90	109	0.50	0.50
10	66.84	74.24	60	20.40	25.99			
11	65.85	73.25	61	19.61	25.09			
12	64.86	72.25	62	18.83	24.20			
13	63.87	71.26	63	18.07	23.31			
14	62.88	70.27	64	17.32	22.42			
15	61.89	69.28	65	16.59	21.53			
16	60.91	68.29	66	15.88	20.65			
17	59.93	67.31	67	15.18	19.77			
18	58.97	66.34	68	14.49	18.90			
19	58.03	65.36	69	13.82	18.05			
20	57.11	64.39	70	13.16	17.20			
21	56.21	63.42	71	12.51	16.36			
22	55.32	62.45	72	11.88	15.53			
23	54.42	61.48	73	11.27	14.72			
24	53.51	60.50	74	10.67	13.93			
25	52.59	59.53	75	10.09	13.15			
26	51.66	58.55	76	9.53	12.40			
27	50.73	57.56	77	8.99	11.66			
28	49.79	56.58	78	8.47	10.94			
29	48.84	55.60	79	7.98	10.26			
30	47.89	54.62	80	7.52	9.60			
31	46.93	53.63	81	7.08	8.96			
32	45.97	52.65	82	6.66	8.36			
33	45.01	51.66	83	6.26	7.78			
34	44.04	50.68	84	5.88	7.23			
35	43.08	49.69	85	5.52	6.71			
36	42.12	48.71	86	5.16	6.21			
37	41.15	47.74	87	4.82	5.74			
38	40.19	46.76	88	4.49	5.29			
39	39.23	45.79	89	4.18	4.86			
40	38.27	44.81	90	3.89	4.46			
41	37.31	43.84	91	3.61	4.09			
42	36.36	42.87	92	3.35	3.74			
43	35.41	41.90	93	3.10	3.41			
44	34.47	40.94	94	2.87	3.11			
45	33.54	39.98	95	2.66	2.83			
46	32.61	39.02	96	2.46	2.57			
47	31.69	38.07	97	2.27	2.33			
48	30.77	37.12	98	2.10	2.11			
49	29.85	36.17	99	1.94	1.91			

AKTIVITÄT
ACTIVITÉ

Tafel 43
Table

Mittlere Dauer der Aktivität – Durée moyenne de l'activité

Alter	Männer	Frauen	Age	Hommes	Femmes
0	67.00	73.03	50	19.84	25.00
1	66.16	72.19	51	18.98	24.10
2	65.18	71.21	52	18.13	23.20
3	64.20	70.22	53	17.30	22.31
4	63.22	69.24	54	16.49	21.42
5	62.24	68.25	55	15.69	20.54
6	61.25	67.27	56	14.92	19.66
7	60.27	66.28	57	14.16	18.79
8	59.28	65.30	58	13.43	17.92
9	58.30	64.31	59	12.71	17.06
10	57.32	63.32	60	12.01	16.21
11	56.33	62.33	61	11.33	15.36
12	55.35	61.34	62	10.68	14.53
13	54.36	60.35	63	10.05	13.76
14	53.38	59.36	64	9.46	13.02
15	52.40	58.38	65	8.89	12.32
16	51.43	57.40	66	8.35	11.64
17	50.46	56.43	67	7.86	10.97
18	49.51	55.46	68	7.39	10.32
19	48.65	54.55	69	6.96	9.69
20	47.78	53.63	70	6.57	9.08
21	46.91	52.70	71	6.20	8.50
22	46.04	51.76	72	5.85	7.95
23	45.15	50.81	73	5.52	7.44
24	44.24	49.85	74	5.21	6.95
25	43.32	48.88	75	4.92	6.51
26	42.39	47.91	76	4.64	6.10
27	41.45	46.93	77	4.37	5.71
28	40.50	45.96	78	4.10	5.33
29	39.55	44.97	79	3.85	5.01
30	38.59	43.99	80	3.61	4.69
31	37.63	43.01	81	3.39	4.40
32	36.66	42.03	82	3.18	4.12
33	35.70	41.06	83	2.98	3.85
34	34.73	40.08	84	2.76	3.59
35	33.77	39.11	85	2.56	3.33
36	32.80	38.14	86	2.36	3.06
37	31.84	37.18	87	2.17	2.80
38	30.89	36.22	88	1.99	2.55
39	29.93	35.26	89	1.83	2.31
40	28.98	34.31	90	1.65	2.08
41	28.03	33.35	91	1.44	1.88
42	27.09	32.41	92	1.20	1.68
43	26.15	31.46	93	0.94	1.50
44	25.23	30.53	94	0.67	1.30
45	24.31	29.59	95	0.50	1.10
46	23.40	28.66	96		0.88
47	22.49	27.74	97		0.70
48	21.60	26.82	98		0.50
49	20.72	25.91			

N 1287–1291

44 Tafel Seite 1 — MORTALITÄT

Sofort beginnende, lebenslängliche Rente – Männer

Alter	1.00%	1.50%	2.00%	2.50%	3.00%	3.50%	4.00%	4.50%	5.00%	5.50%	6.00%
0	53.05	45.10	38.85	33.87	29.87	26.60	23.91	21.67	19.79	18.19	16.82
1	52.70	44.88	38.71	33.79	29.82	26.58	23.90	21.67	19.80	18.20	16.83
2	52.23	44.55	38.48	33.63	29.70	26.49	23.84	21.63	19.76	18.18	16.81
3	51.76	44.22	38.25	33.46	29.58	26.41	23.78	21.58	19.73	18.15	16.79
4	51.28	43.88	38.01	33.29	29.46	26.32	23.71	21.53	19.69	18.12	16.77
5	50.80	43.54	37.76	33.11	29.33	26.22	23.64	21.48	19.65	18.09	16.75
6	50.31	43.19	37.51	32.93	29.20	26.13	23.57	21.43	19.61	18.06	16.72
7	49.81	42.84	37.26	32.75	29.06	26.03	23.50	21.37	19.57	18.03	16.70
8	49.31	42.48	37.00	32.56	28.92	25.92	23.42	21.31	19.52	17.99	16.67
9	48.81	42.12	36.73	32.36	28.78	25.81	23.34	21.25	19.47	17.95	16.64
10	48.30	41.75	36.46	32.16	28.63	25.70	23.25	21.18	19.42	17.91	16.61
11	47.78	41.37	36.19	31.96	28.48	25.59	23.16	21.11	19.37	17.87	16.57
12	47.26	40.99	35.91	31.75	28.32	25.47	23.07	21.04	19.31	17.83	16.54
13	46.73	40.60	35.62	31.53	28.16	25.34	22.98	20.97	19.25	17.78	16.50
14	46.20	40.21	35.32	31.31	27.99	25.21	22.88	20.89	19.19	17.73	16.46
15	45.67	39.81	35.03	31.09	27.82	25.08	22.77	20.81	19.13	17.68	16.42
16	45.13	39.41	34.73	30.86	27.65	24.95	22.67	20.73	19.07	17.63	16.38
17	44.60	39.01	34.43	30.63	27.47	24.82	22.57	20.65	19.00	17.57	16.33
18	44.07	38.62	34.13	30.41	27.30	24.68	22.46	20.57	18.94	17.52	16.29
19	43.55	38.23	33.84	30.19	27.13	24.55	22.36	20.49	18.88	17.48	16.26
20	43.04	37.85	33.55	29.97	26.97	24.43	22.27	20.42	18.82	17.43	16.22
21	42.54	37.47	33.27	29.76	26.81	24.31	22.18	20.35	18.77	17.39	16.19
22	42.04	37.10	32.98	29.54	26.65	24.19	22.08	20.28	18.71	17.35	16.16
23	41.53	36.71	32.69	29.32	26.48	24.06	21.99	20.20	18.66	17.31	16.13
24	41.01	36.32	32.39	29.09	26.30	23.92	21.88	20.12	18.59	17.26	16.09
25	40.48	35.91	32.08	28.85	26.11	23.78	21.77	20.03	18.53	17.21	16.05
26	39.94	35.49	31.76	28.60	25.92	23.62	21.65	19.94	18.45	17.15	16.00
27	39.38	35.06	31.42	28.34	25.71	23.46	21.52	19.84	18.37	17.09	15.95
28	38.82	34.62	31.08	28.07	25.50	23.29	21.39	19.73	18.29	17.02	15.90
29	38.24	34.17	30.72	27.79	25.28	23.11	21.24	19.62	18.19	16.94	15.84
30	37.65	33.70	30.35	27.49	25.04	22.93	21.09	19.49	18.09	16.86	15.77
31	37.06	33.23	29.98	27.19	24.80	22.73	20.93	19.36	17.99	16.77	15.70
32	36.45	32.75	29.59	26.88	24.55	22.53	20.77	19.23	17.88	16.68	15.62
33	35.84	32.26	29.20	26.56	24.29	22.32	20.59	19.09	17.76	16.58	15.54
34	35.23	31.76	28.79	26.24	24.02	22.10	20.41	18.94	17.63	16.48	15.45
35	34.60	31.26	28.38	25.90	23.75	21.87	20.23	18.78	17.50	16.37	15.36
36	33.97	30.74	27.96	25.56	23.46	21.63	20.03	18.62	17.37	16.25	15.26
37	33.34	30.22	27.54	25.20	23.17	21.39	19.83	18.45	17.22	16.13	15.16
38	32.70	29.70	27.10	24.84	22.87	21.14	19.62	18.27	17.07	16.01	15.05
39	32.05	29.16	26.66	24.47	22.56	20.88	19.40	18.09	16.92	15.87	14.93
40	31.40	28.62	26.21	24.10	22.25	20.62	19.17	17.89	16.75	15.73	14.81
41	30.74	28.08	25.75	23.72	21.92	20.34	18.94	17.70	16.58	15.58	14.69
42	30.08	27.53	25.29	23.33	21.59	20.06	18.70	17.49	16.41	15.43	14.56
43	29.42	26.97	24.82	22.93	21.26	19.78	18.46	17.28	16.22	15.28	14.42
44	28.76	26.41	24.35	22.53	20.92	19.48	18.21	17.06	16.04	15.11	14.28
45	28.10	25.85	23.87	22.12	20.57	19.18	17.95	16.84	15.84	14.94	14.13
46	27.43	25.29	23.39	21.71	20.21	18.88	17.68	16.61	15.64	14.77	13.98
47	26.77	24.72	22.90	21.29	19.85	18.57	17.41	16.37	15.44	14.59	13.82
48	26.10	24.14	22.41	20.86	19.48	18.24	17.13	16.13	15.22	14.40	13.65
49	25.43	23.56	21.91	20.43	19.10	17.91	16.84	15.87	15.00	14.20	13.47

Beispiele ㊽ – ㊿, ㉟ – ㊼, ㉜ – ㉞

MORTALITÉ

Table 44 page 2

Rente viagère immédiate – hommes

Age	1.00%	1.50%	2.00%	2.50%	3.00%	3.50%	4.00%	4.50%	5.00%	5.50%	6.00%
50	24.75	22.98	21.40	19.99	18.72	17.58	16.55	15.61	14.77	13.99	13.29
51	24.07	22.39	20.89	19.54	18.33	17.23	16.24	15.34	14.53	13.78	13.10
52	23.40	21.81	20.38	19.09	17.93	16.88	15.93	15.07	14.28	13.56	12.91
53	22.73	21.22	19.86	18.64	17.53	16.53	15.62	14.79	14.03	13.34	12.71
54	22.07	20.64	19.35	18.18	17.13	16.17	15.30	14.51	13.78	13.11	12.50
55	21.41	20.05	18.83	17.73	16.73	15.81	14.98	14.22	13.52	12.88	12.29
56	20.75	19.48	18.32	17.27	16.32	15.45	14.65	13.93	13.26	12.64	12.08
57	20.10	18.90	17.81	16.81	15.91	15.08	14.32	13.63	12.99	12.40	11.85
58	19.45	18.32	17.29	16.35	15.49	14.71	13.99	13.32	12.71	12.15	11.63
59	18.80	17.74	16.77	15.88	15.07	14.33	13.64	13.01	12.43	11.89	11.39
60	18.16	17.16	16.25	15.42	14.65	13.94	13.30	12.70	12.14	11.63	11.15
61	17.52	16.58	15.73	14.95	14.22	13.56	12.94	12.38	11.85	11.36	10.91
62	16.89	16.01	15.21	14.48	13.80	13.17	12.59	12.05	11.55	11.09	10.65
63	16.26	15.45	14.70	14.01	13.37	12.78	12.23	11.73	11.25	10.81	10.40
64	15.65	14.89	14.19	13.55	12.95	12.39	11.88	11.40	10.95	10.53	10.14
65	15.04	14.34	13.69	13.09	12.52	12.00	11.52	11.07	10.65	10.25	9.88
66	14.45	13.80	13.19	12.63	12.10	11.62	11.16	10.74	10.34	9.97	9.62
67	13.86	13.26	12.69	12.17	11.68	11.23	10.80	10.40	10.03	9.68	9.35
68	13.28	12.72	12.20	11.71	11.26	10.84	10.44	10.07	9.72	9.39	9.08
69	12.71	12.19	11.71	11.26	10.84	10.44	10.07	9.73	9.40	9.09	8.80
70	12.14	11.67	11.22	10.81	10.42	10.05	9.71	9.38	9.08	8.79	8.52
71	11.59	11.15	10.74	10.36	10.00	9.66	9.34	9.04	8.76	8.49	8.24
72	11.05	10.65	10.27	9.92	9.59	9.27	8.98	8.70	8.44	8.19	7.95
73	10.51	10.15	9.80	9.48	9.17	8.89	8.61	8.36	8.11	7.88	7.66
74	9.99	9.65	9.34	9.04	8.76	8.50	8.25	8.01	7.79	7.57	7.37
75	9.47	9.17	8.88	8.61	8.36	8.12	7.89	7.67	7.46	7.26	7.08
76	8.97	8.70	8.44	8.19	7.96	7.74	7.53	7.33	7.14	6.96	6.78
77	8.49	8.24	8.01	7.78	7.57	7.37	7.18	7.00	6.82	6.65	6.50
78	8.03	7.81	7.59	7.39	7.20	7.01	6.84	6.67	6.51	6.36	6.21
79	7.59	7.39	7.19	7.01	6.84	6.67	6.51	6.36	6.21	6.07	5.94
80	7.17	6.99	6.81	6.65	6.49	6.34	6.19	6.05	5.92	5.79	5.67
81	6.77	6.61	6.45	6.30	6.16	6.02	5.89	5.76	5.64	5.52	5.41
82	6.39	6.24	6.10	5.97	5.84	5.71	5.59	5.48	5.37	5.26	5.16
83	6.03	5.89	5.77	5.65	5.53	5.42	5.31	5.21	5.11	5.01	4.92
84	5.68	5.56	5.45	5.34	5.23	5.13	5.04	4.94	4.85	4.77	4.68
85	5.34	5.23	5.13	5.04	4.94	4.85	4.77	4.68	4.60	4.52	4.45
86	5.01	4.92	4.83	4.74	4.66	4.58	4.50	4.42	4.35	4.28	4.21
87	4.69	4.61	4.53	4.45	4.38	4.31	4.24	4.17	4.11	4.04	3.98
88	4.38	4.31	4.24	4.17	4.11	4.04	3.98	3.92	3.87	3.81	3.76
89	4.09	4.03	3.97	3.91	3.85	3.79	3.74	3.69	3.64	3.59	3.54
90	3.81	3.76	3.70	3.65	3.60	3.55	3.51	3.46	3.41	3.37	3.33
91	3.55	3.50	3.46	3.41	3.37	3.32	3.28	3.24	3.20	3.16	3.12
92	3.30	3.26	3.22	3.18	3.14	3.10	3.07	3.03	3.00	2.96	2.93
93	3.07	3.03	3.00	2.96	2.93	2.90	2.86	2.83	2.80	2.77	2.74
94	2.85	2.82	2.79	2.76	2.73	2.70	2.67	2.64	2.62	2.59	2.57
95	2.64	2.62	2.59	2.56	2.54	2.51	2.49	2.47	2.44	2.42	2.40
96	2.45	2.43	2.40	2.38	2.36	2.34	2.32	2.30	2.28	2.26	2.24
97	2.27	2.25	2.23	2.21	2.19	2.17	2.16	2.14	2.12	2.10	2.09
98	2.10	2.09	2.07	2.05	2.04	2.02	2.01	1.99	1.98	1.96	1.95
99	1.95	1.94	1.92	1.91	1.89	1.88	1.87	1.85	1.84	1.83	1.82

Exemples (48) – (50), (55) – (57), (62) – (64)

Tafel Seite 3 — MORTALITÄT

Sofort beginnende, lebenslängliche Rente – Männer

Alter	6.50%	7.00%	7.50%	8.00%	8.50%	9.00%	9.50%	10.00%	10.50%	11.00%	12.00%
0	15.63	14.60	13.70	12.90	12.19	11.55	10.98	10.47	10.00	9.57	8.83
1	15.65	14.62	13.72	12.92	12.21	11.57	11.00	10.49	10.02	9.59	8.84
2	15.64	14.61	13.71	12.91	12.20	11.57	11.00	10.48	10.02	9.59	8.84
3	15.62	14.60	13.70	12.90	12.20	11.56	10.99	10.48	10.01	9.59	8.84
4	15.60	14.58	13.69	12.89	12.19	11.56	10.99	10.48	10.01	9.58	8.84
5	15.58	14.57	13.67	12.88	12.18	11.55	10.98	10.47	10.01	9.58	8.84
6	15.57	14.55	13.66	12.87	12.17	11.54	10.98	10.46	10.00	9.58	8.83
7	15.54	14.54	13.65	12.86	12.16	11.53	10.97	10.46	9.99	9.57	8.83
8	15.52	14.52	13.63	12.85	12.15	11.53	10.96	10.45	9.99	9.57	8.82
9	15.50	14.50	13.62	12.84	12.14	11.52	10.95	10.44	9.98	9.56	8.82
10	15.47	14.48	13.60	12.82	12.13	11.50	10.94	10.44	9.98	9.55	8.81
11	15.44	14.45	13.58	12.81	12.11	11.49	10.93	10.43	9.97	9.55	8.81
12	15.42	14.43	13.56	12.79	12.10	11.48	10.92	10.42	9.96	9.54	8.80
13	15.38	14.40	13.54	12.77	12.08	11.47	10.91	10.41	9.95	9.53	8.79
14	15.35	14.38	13.52	12.75	12.07	11.45	10.90	10.40	9.94	9.52	8.79
15	15.32	14.35	13.49	12.73	12.05	11.44	10.88	10.38	9.93	9.51	8.78
16	15.28	14.32	13.47	12.71	12.03	11.42	10.87	10.37	9.92	9.50	8.77
17	15.25	14.29	13.44	12.69	12.01	11.40	10.86	10.36	9.90	9.49	8.76
18	15.22	14.26	13.42	12.67	12.00	11.39	10.84	10.35	9.89	9.48	8.75
19	15.18	14.24	13.40	12.65	11.98	11.38	10.83	10.34	9.89	9.48	8.75
20	15.16	14.22	13.38	12.64	11.97	11.37	10.83	10.33	9.88	9.47	8.75
21	15.14	14.20	13.37	12.63	11.97	11.37	10.82	10.33	9.88	9.47	8.75
22	15.11	14.19	13.36	12.62	11.96	11.36	10.82	10.33	9.88	9.47	8.75
23	15.09	14.17	13.35	12.61	11.95	11.36	10.82	10.33	9.88	9.47	8.75
24	15.06	14.15	13.33	12.60	11.94	11.35	10.81	10.33	9.88	9.47	8.75
25	15.03	14.12	13.31	12.58	11.93	11.34	10.81	10.32	9.88	9.47	8.75
26	14.99	14.09	13.29	12.57	11.92	11.33	10.80	10.31	9.87	9.46	8.75
27	14.95	14.06	13.26	12.55	11.90	11.32	10.79	10.31	9.86	9.46	8.74
28	14.91	14.02	13.23	12.52	11.88	11.30	10.77	10.29	9.86	9.45	8.74
29	14.86	13.98	13.20	12.49	11.86	11.28	10.76	10.28	9.84	9.44	8.73
30	14.80	13.93	13.16	12.46	11.83	11.26	10.74	10.27	9.83	9.43	8.72
31	14.74	13.88	13.12	12.43	11.80	11.23	10.72	10.25	9.81	9.42	8.71
32	14.68	13.83	13.07	12.39	11.77	11.21	10.69	10.23	9.80	9.40	8.70
33	14.61	13.77	13.02	12.35	11.73	11.18	10.67	10.20	9.78	9.39	8.69
34	14.53	13.71	12.97	12.30	11.69	11.14	10.64	10.18	9.76	9.37	8.67
35	14.46	13.64	12.91	12.25	11.65	11.11	10.61	10.15	9.73	9.35	8.66
36	14.37	13.57	12.85	12.20	11.61	11.07	10.57	10.12	9.71	9.32	8.64
37	14.28	13.50	12.79	12.14	11.56	11.03	10.54	10.09	9.68	9.30	8.62
38	14.19	13.42	12.72	12.08	11.51	10.98	10.50	10.05	9.64	9.27	8.60
39	14.09	13.33	12.64	12.02	11.45	10.93	10.45	10.01	9.61	9.24	8.57
40	13.99	13.24	12.57	11.95	11.39	10.88	10.41	9.97	9.57	9.20	8.54
41	13.88	13.15	12.48	11.88	11.33	10.82	10.35	9.93	9.53	9.17	8.52
42	13.76	13.05	12.39	11.80	11.26	10.76	10.30	9.88	9.49	9.13	8.48
43	13.65	12.94	12.30	11.72	11.19	10.69	10.24	9.83	9.44	9.09	8.45
44	13.52	12.83	12.21	11.63	11.11	10.63	10.18	9.77	9.40	9.04	8.41
45	13.39	12.72	12.11	11.54	11.03	10.56	10.12	9.72	9.34	9.00	8.38
46	13.26	12.60	12.00	11.45	10.95	10.48	10.05	9.66	9.29	8.95	8.34
47	13.11	12.47	11.89	11.35	10.86	10.40	9.98	9.59	9.23	8.90	8.29
48	12.97	12.34	11.77	11.25	10.76	10.32	9.90	9.52	9.17	8.84	8.24
49	12.81	12.20	11.65	11.13	10.66	10.23	9.82	9.45	9.10	8.78	8.19

Beispiele ㊽ – ㊿, ㊌ – ㊼, ㊢ – ㊏

MORTALITÉ

Table 44 page 4

Rente viagère immédiate – hommes

Age	6.50%	7.00%	7.50%	8.00%	8.50%	9.00%	9.50%	10.00%	10.50%	11.00%	12.00%
50	12.65	12.06	11.52	11.02	10.56	10.13	9.73	9.37	9.03	8.71	8.13
51	12.48	11.91	11.38	10.89	10.44	10.03	9.64	9.28	8.95	8.64	8.07
52	12.30	11.75	11.24	10.76	10.33	9.92	9.55	9.19	8.87	8.56	8.01
53	12.12	11.58	11.09	10.63	10.20	9.81	9.44	9.10	8.78	8.49	7.94
54	11.94	11.42	10.94	10.49	10.08	9.70	9.34	9.01	8.69	8.40	7.87
55	11.75	11.24	10.78	10.35	9.95	9.58	9.23	8.91	8.60	8.32	7.80
56	11.55	11.07	10.62	10.20	9.81	9.45	9.12	8.80	8.51	8.23	7.72
57	11.35	10.89	10.45	10.05	9.67	9.32	9.00	8.69	8.40	8.14	7.64
58	11.14	10.70	10.28	9.89	9.53	9.19	8.87	8.58	8.30	8.04	7.56
59	10.93	10.50	10.10	9.72	9.38	9.05	8.74	8.46	8.19	7.93	7.47
60	10.71	10.30	9.91	9.55	9.22	8.90	8.61	8.33	8.07	7.82	7.37
61	10.48	10.09	9.72	9.37	9.05	8.75	8.46	8.20	7.94	7.71	7.27
62	10.25	9.87	9.52	9.19	8.88	8.59	8.32	8.06	7.82	7.59	7.17
63	10.02	9.66	9.32	9.01	8.71	8.43	8.17	7.92	7.69	7.46	7.06
64	9.78	9.44	9.12	8.81	8.53	8.26	8.01	7.77	7.55	7.34	6.94
65	9.54	9.21	8.91	8.62	8.35	8.09	7.85	7.62	7.41	7.21	6.83
66	9.29	8.98	8.69	8.42	8.16	7.92	7.69	7.47	7.26	7.07	6.71
67	9.04	8.75	8.47	8.22	7.97	7.74	7.52	7.31	7.12	6.93	6.58
68	8.79	8.51	8.25	8.01	7.77	7.55	7.35	7.15	6.96	6.78	6.45
69	8.53	8.27	8.02	7.79	7.57	7.36	7.17	6.98	6.80	6.63	6.31
70	8.26	8.02	7.79	7.57	7.36	7.17	6.98	6.80	6.63	6.47	6.17
71	7.99	7.77	7.55	7.35	7.15	6.97	6.79	6.62	6.46	6.31	6.02
72	7.72	7.51	7.31	7.12	6.94	6.76	6.60	6.44	6.29	6.14	5.87
73	7.45	7.25	7.06	6.89	6.71	6.55	6.40	6.25	6.10	5.97	5.71
74	7.18	6.99	6.82	6.65	6.49	6.34	6.19	6.05	5.92	5.79	5.55
75	6.90	6.73	6.56	6.41	6.26	6.12	5.98	5.85	5.73	5.61	5.38
76	6.62	6.46	6.31	6.17	6.03	5.90	5.77	5.65	5.53	5.42	5.21
77	6.34	6.20	6.06	5.93	5.80	5.68	5.56	5.45	5.34	5.23	5.04
78	6.07	5.94	5.81	5.69	5.57	5.46	5.35	5.24	5.14	5.05	4.86
79	5.81	5.69	5.57	5.46	5.35	5.24	5.14	5.04	4.95	4.86	4.69
80	5.55	5.44	5.33	5.23	5.13	5.03	4.94	4.85	4.76	4.68	4.52
81	5.31	5.20	5.10	5.01	4.92	4.83	4.74	4.66	4.58	4.50	4.36
82	5.07	4.97	4.88	4.79	4.71	4.63	4.55	4.47	4.40	4.33	4.19
83	4.83	4.75	4.66	4.58	4.51	4.43	4.36	4.29	4.22	4.16	4.03
84	4.60	4.52	4.45	4.38	4.31	4.24	4.17	4.11	4.05	3.99	3.87
85	4.37	4.30	4.24	4.17	4.11	4.04	3.98	3.93	3.87	3.81	3.71
86	4.15	4.08	4.02	3.96	3.91	3.85	3.79	3.74	3.69	3.64	3.55
87	3.92	3.87	3.81	3.76	3.71	3.66	3.61	3.56	3.51	3.47	3.38
88	3.70	3.65	3.60	3.56	3.51	3.46	3.42	3.38	3.34	3.29	3.22
89	3.49	3.45	3.40	3.36	3.32	3.28	3.24	3.20	3.16	3.13	3.06
90	3.29	3.25	3.21	3.17	3.13	3.10	3.06	3.03	2.99	2.96	2.90
91	3.09	3.05	3.02	2.98	2.95	2.92	2.89	2.86	2.83	2.80	2.74
92	2.90	2.87	2.84	2.81	2.78	2.75	2.72	2.69	2.67	2.64	2.59
93	2.72	2.69	2.66	2.63	2.61	2.58	2.56	2.53	2.51	2.49	2.44
94	2.54	2.52	2.49	2.47	2.45	2.43	2.40	2.38	2.36	2.34	2.30
95	2.38	2.35	2.33	2.31	2.29	2.28	2.26	2.24	2.22	2.20	2.17
96	2.22	2.20	2.18	2.17	2.15	2.13	2.11	2.10	2.08	2.07	2.04
97	2.07	2.06	2.04	2.03	2.01	2.00	1.98	1.97	1.95	1.94	1.91
98	1.93	1.92	1.91	1.89	1.88	1.87	1.85	1.84	1.83	1.82	1.79
99	1.80	1.79	1.78	1.77	1.76	1.75	1.73	1.72	1.71	1.70	1.68

Exemples ㊽ – ㊿, ㊺ – ㊼, ㊻ – ㊾

45 Tafel
Seite 1

MORTALITÄT

Sofort beginnende, lebenslängliche Rente – Frauen

Alter	1.00%	1.50%	2.00%	2.50%	3.00%	3.50%	4.00%	4.50%	5.00%	5.50%	6.00%
0	56.57	47.55	40.57	35.10	30.74	27.23	24.37	22.01	20.04	18.38	16.96
1	56.25	47.36	40.46	35.04	30.71	27.23	24.38	22.03	20.06	18.40	16.99
2	55.82	47.07	40.27	34.91	30.63	27.17	24.34	22.00	20.04	18.39	16.98
3	55.38	46.78	40.07	34.77	30.53	27.10	24.29	21.97	20.02	18.37	16.97
4	54.93	46.48	39.86	34.63	30.44	27.04	24.25	21.93	20.00	18.36	16.95
5	54.48	46.17	39.66	34.49	30.34	26.97	24.20	21.90	19.97	18.34	16.94
6	54.03	45.86	39.44	34.34	30.24	26.90	24.15	21.86	19.95	18.32	16.93
7	53.57	45.55	39.23	34.19	30.13	26.82	24.10	21.83	19.92	18.30	16.91
8	53.11	45.23	39.01	34.04	30.02	26.74	24.04	21.79	19.89	18.28	16.90
9	52.64	44.90	38.78	33.88	29.91	26.66	23.98	21.74	19.86	18.26	16.88
10	52.16	44.57	38.55	33.71	29.79	26.58	23.92	21.70	19.83	18.23	16.86
11	51.68	44.24	38.31	33.54	29.67	26.49	23.86	21.65	19.79	18.21	16.84
12	51.20	43.89	38.07	33.37	29.55	26.40	23.79	21.61	19.76	18.18	16.82
13	50.71	43.55	37.82	33.19	29.42	26.31	23.73	21.56	19.72	18.15	16.80
14	50.22	43.20	37.57	33.01	29.29	26.22	23.66	21.50	19.68	18.12	16.78
15	49.72	42.85	37.32	32.83	29.16	26.12	23.58	21.45	19.64	18.09	16.75
16	49.23	42.49	37.06	32.65	29.02	26.02	23.51	21.40	19.60	18.06	16.73
17	48.73	42.13	36.80	32.46	28.88	25.92	23.44	21.34	19.56	18.03	16.71
18	48.23	41.77	36.54	32.27	28.74	25.82	23.36	21.28	19.52	18.00	16.68
19	47.72	41.40	36.27	32.07	28.60	25.71	23.28	21.23	19.47	17.96	16.66
20	47.21	41.04	36.01	31.88	28.46	25.60	23.20	21.17	19.43	17.93	16.63
21	46.70	40.66	35.73	31.67	28.31	25.49	23.12	21.10	19.38	17.89	16.61
22	46.19	40.28	35.45	31.47	28.15	25.38	23.03	21.04	19.33	17.86	16.58
23	45.66	39.90	35.17	31.25	27.99	25.26	22.94	20.97	19.28	17.82	16.55
24	45.13	39.50	34.87	31.04	27.83	25.13	22.85	20.90	19.23	17.78	16.52
25	44.60	39.10	34.57	30.81	27.66	25.00	22.75	20.82	19.17	17.73	16.48
26	44.05	38.69	34.27	30.58	27.48	24.87	22.65	20.74	19.10	17.68	16.44
27	43.50	38.28	33.95	30.34	27.30	24.73	22.54	20.66	19.04	17.63	16.40
28	42.94	37.86	33.63	30.09	27.11	24.58	22.43	20.57	18.97	17.58	16.36
29	42.38	37.43	33.30	29.84	26.92	24.43	22.31	20.48	18.90	17.52	16.31
30	41.81	36.99	32.97	29.58	26.72	24.28	22.19	20.38	18.82	17.46	16.26
31	41.24	36.55	32.62	29.32	26.51	24.11	22.06	20.28	18.74	17.39	16.21
32	40.65	36.10	32.28	29.04	26.30	23.95	21.92	20.18	18.66	17.33	16.16
33	40.07	35.64	31.92	28.76	26.08	23.77	21.79	20.07	18.57	17.25	16.10
34	39.48	35.18	31.56	28.48	25.85	23.59	21.64	19.95	18.47	17.18	16.04
35	38.88	34.71	31.19	28.19	25.62	23.41	21.49	19.83	18.38	17.10	15.97
36	38.28	34.24	30.81	27.89	25.38	23.22	21.34	19.71	18.28	17.02	15.90
37	37.67	33.76	30.43	27.59	25.14	23.02	21.18	19.58	18.17	16.93	15.83
38	37.06	33.28	30.05	27.28	24.89	22.82	21.02	19.45	18.06	16.84	15.76
39	36.45	32.79	29.65	26.96	24.63	22.61	20.85	19.31	17.95	16.75	15.68
40	35.83	32.29	29.25	26.64	24.37	22.40	20.68	19.16	17.83	16.65	15.60
41	35.21	31.79	28.85	26.31	24.10	22.18	20.49	19.01	17.71	16.55	15.51
42	34.58	31.28	28.43	25.97	23.82	21.95	20.31	18.86	17.58	16.44	15.42
43	33.94	30.76	28.01	25.62	23.54	21.72	20.11	18.70	17.44	16.32	15.33
44	33.30	30.24	27.59	25.27	23.25	21.48	19.91	18.53	17.30	16.21	15.23
45	32.66	29.72	27.15	24.92	22.96	21.23	19.71	18.36	17.16	16.08	15.12
46	32.02	29.19	26.71	24.55	22.65	20.98	19.50	18.18	17.01	15.96	15.02
47	31.37	28.65	26.27	24.18	22.34	20.72	19.28	18.00	16.85	15.82	14.90
48	30.72	28.11	25.82	23.81	22.03	20.45	19.05	17.81	16.69	15.69	14.78
49	30.07	27.57	25.36	23.42	21.71	20.18	18.82	17.61	16.52	15.54	14.66

Beispiele ㊽ – ㊿, ㊺ – ㊼, ㊻ – ㊾

MORTALITÉ

Table 45 page 2

Rente viagère immédiate – femmes

Age	1.00%	1.50%	2.00%	2.50%	3.00%	3.50%	4.00%	4.50%	5.00%	5.50%	6.00%
50	29.41	27.02	24.90	23.03	21.38	19.90	18.58	17.41	16.35	15.39	14.53
51	28.75	26.46	24.43	22.64	21.04	19.61	18.34	17.20	16.17	15.24	14.40
52	28.09	25.90	23.96	22.23	20.69	19.32	18.09	16.98	15.98	15.08	14.26
53	27.43	25.33	23.47	21.82	20.34	19.02	17.83	16.75	15.79	14.91	14.11
54	26.75	24.76	22.99	21.40	19.98	18.71	17.56	16.52	15.58	14.73	13.96
55	26.08	24.18	22.49	20.97	19.61	18.39	17.28	16.28	15.37	14.55	13.80
56	25.40	23.60	21.98	20.54	19.23	18.06	16.99	16.03	15.15	14.36	13.63
57	24.72	23.01	21.47	20.09	18.85	17.72	16.70	15.77	14.93	14.16	13.45
58	24.03	22.41	20.96	19.64	18.45	17.38	16.40	15.51	14.69	13.95	13.27
59	23.34	21.81	20.43	19.18	18.05	17.02	16.08	15.23	14.45	13.73	13.07
60	22.65	21.21	19.90	18.72	17.64	16.66	15.76	14.94	14.19	13.51	12.87
61	21.96	20.60	19.37	18.24	17.22	16.29	15.43	14.65	13.93	13.27	12.66
62	21.27	19.99	18.82	17.76	16.79	15.91	15.10	14.35	13.66	13.03	12.45
63	20.57	19.37	18.28	17.28	16.36	15.52	14.75	14.04	13.38	12.78	12.22
64	19.87	18.75	17.72	16.78	15.91	15.12	14.39	13.71	13.09	12.51	11.98
65	19.17	18.12	17.16	16.27	15.46	14.71	14.02	13.38	12.79	12.24	11.73
66	18.46	17.48	16.58	15.76	14.99	14.29	13.64	13.03	12.47	11.95	11.47
67	17.75	16.84	16.00	15.23	14.52	13.86	13.24	12.67	12.14	11.65	11.19
68	17.04	16.20	15.42	14.70	14.03	13.42	12.84	12.31	11.81	11.34	10.91
69	16.33	15.55	14.83	14.17	13.54	12.97	12.43	11.93	11.46	11.02	10.62
70	15.63	14.91	14.24	13.63	13.05	12.51	12.01	11.54	11.11	10.70	10.31
71	14.92	14.27	13.65	13.08	12.55	12.05	11.59	11.15	10.74	10.36	10.00
72	14.23	13.63	13.06	12.54	12.05	11.58	11.15	10.75	10.37	10.01	9.67
73	13.54	12.99	12.48	11.99	11.54	11.12	10.72	10.34	9.99	9.66	9.35
74	12.86	12.36	11.89	11.45	11.04	10.65	10.28	9.93	9.61	9.30	9.01
75	12.19	11.74	11.31	10.91	10.53	10.18	9.84	9.52	9.22	8.94	8.67
76	11.54	11.12	10.74	10.37	10.03	9.70	9.40	9.10	8.83	8.57	8.32
77	10.89	10.52	10.17	9.84	9.53	9.23	8.95	8.69	8.44	8.20	7.97
78	10.26	9.93	9.62	9.32	9.04	8.77	8.51	8.27	8.04	7.82	7.62
79	9.65	9.36	9.07	8.81	8.55	8.31	8.08	7.86	7.65	7.46	7.27
80	9.07	8.80	8.55	8.31	8.08	7.86	7.66	7.46	7.27	7.09	6.92
81	8.50	8.26	8.04	7.82	7.62	7.42	7.24	7.06	6.89	6.73	6.57
82	7.95	7.74	7.54	7.35	7.17	7.00	6.83	6.67	6.52	6.37	6.23
83	7.43	7.24	7.07	6.90	6.74	6.58	6.43	6.29	6.16	6.02	5.90
84	6.93	6.77	6.61	6.46	6.32	6.18	6.05	5.92	5.80	5.68	5.57
85	6.45	6.31	6.17	6.04	5.91	5.79	5.68	5.56	5.46	5.35	5.25
86	5.99	5.87	5.75	5.63	5.52	5.41	5.31	5.21	5.12	5.03	4.94
87	5.55	5.44	5.34	5.24	5.14	5.05	4.96	4.87	4.79	4.71	4.63
88	5.13	5.04	4.95	4.86	4.78	4.70	4.62	4.54	4.47	4.40	4.33
89	4.74	4.66	4.58	4.50	4.43	4.36	4.29	4.23	4.16	4.10	4.04
90	4.36	4.29	4.23	4.16	4.10	4.04	3.98	3.92	3.87	3.81	3.76
91	4.01	3.95	3.89	3.84	3.78	3.73	3.68	3.63	3.58	3.54	3.49
92	3.68	3.63	3.58	3.53	3.48	3.44	3.40	3.36	3.31	3.27	3.24
93	3.37	3.32	3.28	3.24	3.20	3.17	3.13	3.09	3.06	3.02	2.99
94	3.08	3.04	3.01	2.97	2.94	2.91	2.88	2.85	2.82	2.79	2.76
95	2.81	2.78	2.75	2.72	2.69	2.67	2.64	2.61	2.59	2.56	2.54
96	2.56	2.53	2.51	2.49	2.46	2.44	2.42	2.40	2.38	2.36	2.34
97	2.33	2.31	2.29	2.27	2.25	2.23	2.21	2.20	2.18	2.16	2.14
98	2.12	2.10	2.09	2.07	2.05	2.04	2.02	2.01	1.99	1.98	1.96
99	1.93	1.91	1.90	1.89	1.87	1.86	1.85	1.84	1.82	1.81	1.80

Exemples ㊽ – ㊿, ㊹ – ㊸, ㊽ – ㊽

45 Tafel Seite 3 — MORTALITÄT

Sofort beginnende, lebenslängliche Rente – Frauen

Alter	6.50%	7.00%	7.50%	8.00%	8.50%	9.00%	9.50%	10.00%	10.50%	11.00%	12.00%
0	15.75	14.69	13.77	12.96	12.23	11.59	11.02	10.50	10.02	9.59	8.84
1	15.77	14.71	13.79	12.98	12.26	11.61	11.04	10.51	10.04	9.61	8.86
2	15.76	14.71	13.79	12.98	12.26	11.61	11.03	10.51	10.04	9.61	8.86
3	15.76	14.70	13.78	12.97	12.25	11.61	11.03	10.51	10.04	9.61	8.86
4	15.75	14.70	13.78	12.97	12.25	11.61	11.03	10.51	10.04	9.61	8.86
5	15.74	14.69	13.77	12.96	12.25	11.60	11.03	10.51	10.04	9.61	8.86
6	15.73	14.68	13.77	12.96	12.24	11.60	11.03	10.51	10.04	9.61	8.86
7	15.72	14.67	13.76	12.96	12.24	11.60	11.02	10.51	10.04	9.61	8.86
8	15.70	14.67	13.75	12.95	12.23	11.60	11.02	10.50	10.03	9.61	8.85
9	15.69	14.66	13.75	12.94	12.23	11.59	11.02	10.50	10.03	9.60	8.85
10	15.68	14.64	13.74	12.94	12.22	11.59	11.01	10.50	10.03	9.60	8.85
11	15.66	14.63	13.73	12.93	12.22	11.58	11.01	10.49	10.03	9.60	8.85
12	15.65	14.62	13.72	12.92	12.21	11.58	11.01	10.49	10.02	9.60	8.85
13	15.63	14.61	13.71	12.91	12.20	11.57	11.00	10.49	10.02	9.59	8.84
14	15.61	14.59	13.70	12.90	12.20	11.56	11.00	10.48	10.01	9.59	8.84
15	15.59	14.58	13.69	12.89	12.19	11.56	10.99	10.48	10.01	9.59	8.84
16	15.58	14.57	13.67	12.89	12.18	11.55	10.99	10.47	10.01	9.58	8.84
17	15.56	14.55	13.66	12.88	12.18	11.55	10.98	10.47	10.00	9.58	8.83
18	15.54	14.54	13.65	12.87	12.17	11.54	10.98	10.47	10.00	9.58	8.83
19	15.52	14.52	13.64	12.86	12.16	11.54	10.97	10.46	10.00	9.58	8.83
20	15.50	14.51	13.63	12.85	12.16	11.53	10.97	10.46	10.00	9.57	8.83
21	15.48	14.49	13.62	12.84	12.15	11.53	10.96	10.46	9.99	9.57	8.83
22	15.46	14.48	13.61	12.83	12.14	11.52	10.96	10.45	9.99	9.57	8.83
23	15.44	14.46	13.59	12.82	12.13	11.51	10.95	10.45	9.99	9.57	8.83
24	15.41	14.44	13.58	12.81	12.12	11.51	10.95	10.44	9.98	9.56	8.82
25	15.38	14.42	13.56	12.80	12.11	11.50	10.94	10.44	9.98	9.56	8.82
26	15.35	14.39	13.54	12.78	12.10	11.49	10.93	10.43	9.97	9.56	8.82
27	15.32	14.37	13.52	12.76	12.09	11.48	10.92	10.42	9.97	9.55	8.82
28	15.29	14.34	13.50	12.75	12.07	11.46	10.91	10.42	9.96	9.54	8.81
29	15.25	14.31	13.47	12.73	12.06	11.45	10.90	10.41	9.95	9.54	8.81
30	15.21	14.28	13.45	12.70	12.04	11.44	10.89	10.40	9.94	9.53	8.80
31	15.17	14.24	13.42	12.68	12.02	11.42	10.88	10.38	9.93	9.52	8.79
32	15.12	14.21	13.39	12.66	12.00	11.40	10.86	10.37	9.92	9.51	8.79
33	15.08	14.17	13.36	12.63	11.98	11.38	10.85	10.36	9.91	9.50	8.78
34	15.03	14.13	13.32	12.60	11.95	11.36	10.83	10.34	9.90	9.49	8.77
35	14.97	14.08	13.29	12.57	11.93	11.34	10.81	10.33	9.88	9.48	8.76
36	14.92	14.04	13.25	12.54	11.90	11.32	10.79	10.31	9.87	9.47	8.75
37	14.86	13.99	13.21	12.50	11.87	11.29	10.77	10.29	9.85	9.45	8.74
38	14.80	13.94	13.16	12.47	11.84	11.27	10.75	10.27	9.84	9.44	8.73
39	14.73	13.88	13.12	12.43	11.80	11.24	10.72	10.25	9.82	9.42	8.72
40	14.66	13.82	13.07	12.39	11.77	11.21	10.70	10.23	9.80	9.40	8.70
41	14.59	13.76	13.02	12.34	11.73	11.18	10.67	10.20	9.78	9.39	8.69
42	14.51	13.70	12.96	12.29	11.69	11.14	10.64	10.18	9.75	9.37	8.67
43	14.43	13.63	12.90	12.24	11.65	11.10	10.61	10.15	9.73	9.34	8.66
44	14.35	13.56	12.84	12.19	11.60	11.06	10.57	10.12	9.70	9.32	8.64
45	14.26	13.48	12.78	12.14	11.55	11.02	10.53	10.09	9.67	9.29	8.62
46	14.17	13.40	12.71	12.08	11.50	10.98	10.49	10.05	9.64	9.27	8.60
47	14.07	13.32	12.64	12.01	11.45	10.93	10.45	10.02	9.61	9.24	8.57
48	13.97	13.23	12.56	11.95	11.39	10.88	10.41	9.98	9.58	9.21	8.55
49	13.86	13.14	12.48	11.88	11.33	10.83	10.36	9.94	9.54	9.18	8.52

Beispiele ㊽ – ㊿, ㊺ – ㊼, ㊾ – ㊿

Rente viagère immédiate – femmes

Age	6.50%	7.00%	7.50%	8.00%	8.50%	9.00%	9.50%	10.00%	10.50%	11.00%	12.00%
50	13.75	13.04	12.40	11.81	11.27	10.77	10.31	9.89	9.50	9.14	8.50
51	13.64	12.94	12.31	11.73	11.20	10.71	10.26	9.85	9.46	9.11	8.47
52	13.51	12.84	12.22	11.65	11.13	10.65	10.20	9.80	9.42	9.07	8.43
53	13.39	12.72	12.12	11.56	11.05	10.58	10.14	9.74	9.37	9.02	8.40
54	13.25	12.61	12.01	11.47	10.97	10.51	10.08	9.69	9.32	8.98	8.36
55	13.11	12.48	11.90	11.37	10.88	10.43	10.01	9.62	9.26	8.93	8.32
56	12.96	12.35	11.79	11.27	10.79	10.35	9.94	9.56	9.20	8.87	8.28
57	12.80	12.21	11.66	11.16	10.69	10.26	9.86	9.49	9.14	8.82	8.23
58	12.64	12.06	11.53	11.04	10.59	10.17	9.77	9.41	9.07	8.75	8.18
59	12.47	11.91	11.40	10.92	10.48	10.07	9.68	9.33	9.00	8.69	8.12
60	12.29	11.75	11.25	10.79	10.36	9.96	9.59	9.24	8.92	8.61	8.06
61	12.10	11.58	11.10	10.65	10.23	9.85	9.49	9.15	8.83	8.54	8.00
62	11.90	11.40	10.94	10.51	10.10	9.73	9.38	9.05	8.74	8.45	7.93
63	11.70	11.22	10.77	10.35	9.96	9.60	9.26	8.94	8.65	8.37	7.85
64	11.48	11.02	10.59	10.19	9.82	9.47	9.14	8.83	8.54	8.27	7.77
65	11.26	10.81	10.40	10.02	9.66	9.32	9.00	8.71	8.43	8.16	7.68
66	11.02	10.59	10.20	9.83	9.49	9.16	8.86	8.57	8.30	8.05	7.58
67	10.76	10.36	9.99	9.64	9.31	9.00	8.70	8.43	8.17	7.93	7.48
68	10.50	10.12	9.77	9.43	9.12	8.82	8.54	8.28	8.03	7.79	7.36
69	10.23	9.87	9.53	9.22	8.92	8.63	8.37	8.12	7.88	7.65	7.24
70	9.95	9.61	9.29	8.99	8.71	8.44	8.18	7.95	7.72	7.50	7.11
71	9.66	9.34	9.04	8.75	8.49	8.23	7.99	7.76	7.55	7.34	6.96
72	9.36	9.06	8.78	8.51	8.26	8.02	7.79	7.57	7.37	7.17	6.81
73	9.05	8.77	8.51	8.26	8.02	7.79	7.58	7.38	7.18	7.00	6.66
74	8.74	8.48	8.23	7.99	7.77	7.56	7.36	7.17	6.99	6.81	6.49
75	8.41	8.17	7.94	7.72	7.52	7.32	7.13	6.95	6.78	6.62	6.32
76	8.09	7.86	7.65	7.45	7.26	7.07	6.90	6.73	6.57	6.42	6.13
77	7.75	7.55	7.35	7.16	6.99	6.82	6.65	6.50	6.35	6.21	5.94
78	7.42	7.23	7.05	6.88	6.71	6.56	6.41	6.26	6.12	5.99	5.74
79	7.09	6.91	6.75	6.59	6.44	6.29	6.16	6.02	5.90	5.77	5.54
80	6.75	6.60	6.45	6.30	6.16	6.03	5.90	5.78	5.66	5.55	5.34
81	6.42	6.28	6.14	6.01	5.89	5.77	5.65	5.54	5.43	5.32	5.13
82	6.10	5.97	5.84	5.73	5.61	5.50	5.39	5.29	5.19	5.10	4.92
83	5.78	5.66	5.55	5.44	5.34	5.24	5.14	5.05	4.96	4.87	4.71
84	5.46	5.36	5.26	5.16	5.07	4.98	4.89	4.81	4.72	4.65	4.50
85	5.15	5.06	4.97	4.88	4.80	4.72	4.64	4.56	4.49	4.42	4.28
86	4.85	4.77	4.69	4.61	4.54	4.46	4.39	4.32	4.26	4.19	4.07
87	4.55	4.48	4.41	4.34	4.27	4.21	4.15	4.09	4.03	3.97	3.86
88	4.26	4.20	4.14	4.08	4.02	3.96	3.90	3.85	3.80	3.75	3.65
89	3.98	3.93	3.87	3.82	3.76	3.71	3.67	3.62	3.57	3.53	3.44
90	3.71	3.66	3.61	3.57	3.52	3.48	3.43	3.39	3.35	3.31	3.23
91	3.45	3.41	3.36	3.32	3.28	3.24	3.21	3.17	3.13	3.10	3.03
92	3.20	3.16	3.12	3.09	3.05	3.02	2.99	2.96	2.93	2.90	2.84
93	2.96	2.93	2.90	2.87	2.84	2.81	2.78	2.75	2.72	2.70	2.65
94	2.73	2.70	2.68	2.65	2.63	2.60	2.58	2.55	2.53	2.51	2.46
95	2.52	2.49	2.47	2.45	2.43	2.41	2.39	2.37	2.35	2.33	2.29
96	2.32	2.30	2.28	2.26	2.24	2.22	2.20	2.19	2.17	2.15	2.12
97	2.13	2.11	2.09	2.08	2.06	2.05	2.03	2.02	2.00	1.99	1.96
98	1.95	1.94	1.92	1.91	1.90	1.88	1.87	1.86	1.85	1.84	1.81
99	1.79	1.78	1.77	1.75	1.74	1.73	1.72	1.71	1.70	1.69	1.67

Exemples (48) – (50), (55) – (57), (62) – (64)

46 Tafel 3½% AKTIVITÄT

Aufgeschobene Verbindungsrente
(... Prozent der sofort beginnenden)

Alter des Versorgers	Alter der Versorgten	um .. Jahre aufgeschoben											
		1	2	3	4	5	6	7	8	9	10	11	12
0 – 14	0 – 24	96	92	89	85	82	78	75	72	69	66	64	61
	25 – 34	96	92	88	84	80	77	73	70	67	64	61	58
	35 – 44	95	91	87	83	79	75	71	67	64	61	57	54
	45 – 50	95	90	85	80	75	71	67	63	59	55	52	48
	60	94	88	82	77	72	67	62	57	52	48	44	40
	65	93	87	80	74	68	63	58	53	48	43	38	34
	70	92	84	77	70	64	57	51	46	41	36	31	27
15 – 24	0 – 24	96	92	88	84	80	76	73	69	66	63	60	57
	25 – 34	96	91	87	83	79	76	72	69	65	62	59	56
	35 – 44	95	91	86	82	78	74	70	67	64	61	57	54
	45 – 50	95	90	85	80	75	71	67	63	59	55	52	48
	60	94	88	82	77	72	67	62	57	52	48	44	40
	65	93	87	80	74	68	62	57	52	48	43	38	34
	70	92	84	77	70	64	57	51	46	41	36	31	27
25 – 32	0 – 34	95	91	86	82	78	74	70	66	62	59	56	52
	35 – 44	95	90	86	81	77	73	68	65	62	59	56	52
	45 – 50	95	89	84	80	75	71	67	63	59	55	52	48
	60	94	88	82	77	72	67	62	57	52	48	44	40
	65	93	86	80	74	68	62	57	52	47	42	38	34
	70	92	84	77	70	64	57	51	46	41	36	30	26
33 – 37	0 – 34	95	90	85	81	76	72	68	64	60	56	53	49
	35 – 44	95	90	85	81	76	72	68	64	60	55	51	48
	45 – 50	94	89	84	79	75	70	65	61	57	53	49	46
	60	94	88	82	77	72	66	61	56	52	47	43	39
	65	93	86	80	74	68	62	57	52	46	42	37	33
	70	92	84	77	70	64	57	50	45	39	34	30	26
38 – 42	0 – 34	94	89	84	80	75	70	66	61	57	53	49	46
	35 – 44	94	89	83	79	74	70	65	61	56	52	49	45
	45 – 50	94	88	83	78	73	68	63	59	54	50	46	43
	60	94	87	81	76	71	65	60	55	50	45	41	37
	65	93	86	79	74	68	62	56	51	45	40	36	32
	70	92	84	76	70	63	56	50	44	38	34	29	25
43 – 47	0 – 44	94	88	82	77	72	67	62	57	52	48	44	40
	45 – 54	93	87	82	76	71	66	61	55	50	46	41	37
	60	93	87	81	75	70	64	58	52	47	42	38	34
	70	91	83	76	69	62	54	47	41	36	31	27	23
48 – 52	0 – 44	94	87	80	73	67	61	56	51	45	41	36	32
	45 – 54	93	86	79	73	66	60	55	50	45	40	36	32
	60	93	85	78	71	65	58	52	47	41	36	32	28
	70	91	82	74	67	60	52	46	40	33	28	23	19
55	0 – 54	92	84	76	69	62	55	50	45	39	33	28	24
	55 – 60	92	82	75	67	60	53	48	43	37	32	27	22
	70	90	80	71	63	56	48	41	36	30	25	20	16
60	0 – 54	90	79	70	62	54	47	40	35	29	24	19	15
	55 – 64	89	78	69	61	53	45	39	34	28	23	18	14
	70	88	76	66	57	49	41	35	29	24	20	15	11
65	0 – 60	87	74	63	54	45	37	30	25	20	16	12	9
	70	85	71	60	50	41	33	26	21	17	13	9	7
70	0 – 60	83	68	55	44	36	28	22	17	12	8	5	4
	70	82	67	53	42	33	25	19	14	10	7	5	4

ACTIVITÉ 3½% Table 46

Rente différée sur deux têtes
(... pourcents de la rente immédiate sur deux têtes)

Age du soutien	Age de la personne soutenue	différée de ... ans									
		13	14	15	16	17	18	19	20	22	25	30	35
0 - 14	0 - 14	59	57	54	52	50	48	46	44	40	35	27	21
	15 - 24	58	55	53	50	48	46	44	42	38	32	25	18
	25 - 34	55	53	50	48	45	43	41	38	34	29	21	15
	35 - 44	52	49	47	44	41	39	37	34	30	24	16	11
	50	46	43	41	38	35	32	30	27	23	17	10	5
	55	42	38	35	32	30	27	24	22	16	11	5	2
	60	37	33	30	27	24	20	18	16	11	7	3	1
	65	30	27	24	20	17	14	12	10	6	3	1	
	70	23	20	17	14	12	10	8	6	4	2		
15 - 24	0 - 24	54	52	49	46	44	42	39	37	33	27	19	13
	25 - 34	54	51	48	45	42	40	38	35	31	26	17	11
	35 - 44	51	48	45	43	40	37	34	32	27	22	14	7
	50	46	42	39	36	33	31	28	26	20	14	7	3
	55	42	38	35	32	28	25	23	20	15	10	4	1
	60	37	33	30	26	23	19	17	15	11	6	2	
	65	30	27	23	20	17	14	12	10	6	3	1	
	70	23	20	17	14	12	10	8	6	4	2		
25 - 32	0 - 34	49	47	44	41	38	35	33	31	26	20	12	6
	35 - 44	48	45	42	39	36	33	30	28	24	18	10	4
	45 - 50	45	41	38	34	31	28	25	23	18	12	5	2
	60	36	32	29	25	22	19	16	14	10	6	2	1
	65	30	26	23	19	16	13	11	9	6	3	1	
	70	23	20	17	14	11	9	7	6	4	2		
33 - 37	0 - 34	46	43	40	37	34	31	29	26	22	16	8	3
	35 - 44	44	41	38	35	32	30	28	26	21	15	7	2
	45 - 50	43	39	36	33	30	27	24	21	17	11	5	1
	60	35	31	28	25	21	19	16	14	10	5	2	
	65	29	26	22	19	16	13	11	9	6	3	1	
	70	22	19	16	13	10	8	6	5	3	2		
38 - 42	0 - 34	42	39	37	34	30	27	24	22	17	11	5	2
	35 - 44	41	38	35	32	29	26	23	21	16	11	5	2
	45 - 50	40	37	34	31	28	25	22	20	15	9	3	1
	60	33	30	27	23	20	18	15	13	9	4	1	
	65	28	24	21	17	15	13	10	8	6	3		
	70	22	19	16	13	10	8	6	5	3	2		
43 - 47	0 - 44	36	32	29	26	23	20	17	15	11	6	2	
	45 - 54	34	30	27	24	21	19	16	14	10	5	2	
	60	30	26	23	19	16	14	12	10	7	3	1	
	65	25	21	18	15	12	10	8	7	5	2		
	70	19	16	14	12	9	7	5	4	3	1		
48 - 52	0 - 44	28	24	21	18	15	13	12	10	6	4	1	
	45 - 54	28	24	21	18	15	13	11	9	5	2	1	
	60	24	20	17	14	12	10	8	7	4	2	1	
	70	16	13	11	9	7	5	4	3	2			
55	0 - 54	20	17	14	12	10	7	5	4	2	1		
	55 - 64	19	16	13	10	8	5	4	4	2	1		
	70	12	10	8	6	5	4	3	2	1			
60	0 - 64	12	10	8	6	4	3	2	1				
	70	8	6	5	4	3	2	1					

n. 1294 – 1299

47 Tafel — 3½% — AKTIVITÄT

Temporäre Verbindungsrente
(... Prozent der sofort beginnenden)

Alter des Versorgers	Alter der Versorgten	\multicolumn{12}{c}{zahlbar längstens während ... Jahren}											
		1	2	3	4	5	6	7	8	9	10	11	12
		Vorbehalt: siehe N 1298											
0 – 14	0 – 24	4	8	11	15	18	22	25	28	31	34	36	39
	25 – 34	4	8	12	16	20	23	27	30	33	36	39	42
	35 – 44	5	9	13	17	21	25	29	33	36	39	43	46
	45 – 50	5	10	15	20	25	29	33	37	41	45	48	52
	60	6	12	18	23	28	33	38	43	48	52	56	60
	65	7	13	20	26	32	37	42	47	52	57	62	66
	70	8	16	23	30	36	43	49	54	59	64	69	73
15 – 24	0 – 24	4	8	12	16	20	24	27	31	34	37	40	43
	25 – 34	4	9	13	17	21	24	28	31	35	38	41	44
	35 – 44	5	9	14	18	22	26	30	33	36	39	43	46
	45 – 50	5	10	15	20	25	29	33	37	41	45	48	52
	60	6	12	18	23	28	33	38	43	48	52	56	50
	65	7	13	20	26	32	38	43	48	52	57	62	56
	70	8	16	23	30	36	43	49	54	59	64	69	73
25 – 32	0 – 34	5	9	14	18	22	26	30	34	38	41	44	48
	35 – 44	5	10	14	19	23	27	32	35	38	41	44	48
	45 – 50	5	11	16	20	25	29	33	37	41	45	48	52
	60	6	12	18	23	28	33	38	43	48	52	56	60
	65	7	14	20	26	32	38	43	48	53	58	62	66
	70	8	16	23	30	36	43	49	54	59	64	70	74
33 – 37	0 – 34	5	10	15	19	24	28	32	36	40	44	47	51
	35 – 44	5	10	15	19	24	28	32	36	40	45	49	52
	45 – 50	6	11	16	21	25	30	35	39	43	47	51	54
	60	6	12	18	23	28	34	39	44	48	53	57	61
	65	7	14	20	26	32	38	43	48	54	58	63	67
	70	8	16	23	30	36	43	50	55	61	66	70	74
38 – 42	0 – 34	6	11	16	20	25	30	34	39	43	47	51	54
	35 – 44	6	11	17	21	26	30	35	39	44	48	51	55
	45 – 50	6	12	17	22	27	32	37	41	46	50	54	57
	60	6	13	19	24	29	35	40	45	50	55	59	63
	65	7	14	21	26	32	38	44	49	55	60	64	68
	70	8	16	24	30	37	44	50	56	62	66	71	75
43 – 47	0 – 44	6	12	18	23	28	33	38	43	48	52	56	60
	45 – 54	7	13	18	24	29	34	39	45	50	54	59	63
	60	7	13	19	25	30	36	42	48	53	58	62	66
	70	9	17	24	31	38	46	53	59	64	69	73	77
48 – 52	0 – 44	6	13	20	27	33	39	44	49	55	59	64	68
	45 – 54	7	14	21	27	34	40	45	50	55	60	64	68
	60	7	15	22	29	35	42	48	53	59	64	68	72
	70	9	18	26	33	40	48	54	60	67	72	77	81
55	0 – 54	8	16	24	31	38	45	50	55	61	67	72	76
	55 – 60	8	18	25	33	40	47	52	57	63	68	73	78
	70	10	20	29	37	44	52	59	64	70	75	80	84
60	0 – 54	10	21	30	38	46	53	60	65	71	76	81	85
	55 – 64	11	22	31	39	47	55	61	66	72	77	82	86
	70	12	24	34	43	51	59	65	71	76	80	85	89
65	0 – 60	13	26	37	46	55	63	70	75	80	84	88	91
	70	15	29	40	50	59	67	74	79	83	87	91	93
70	0 – 60	17	32	45	56	64	72	78	83	88	92	95	95
	70	18	33	47	58	67	75	81	86	90	93	95	95

N 1294–1299

ACTIVITÉ 3½% Table 47

Rente temporaire sur deux têtes
(... pourcents de la rente immédiate sur deux têtes)

Age du soutien	Age de la personne soutenue	13	14	15	16	17	18	19	20	22	25	30	35
0 - 14	0 - 14	41	43	46	48	50	52	54	56	60	65	73	79
	15 - 24	42	45	47	50	52	54	56	58	62	68	75	82
	25 - 34	45	47	50	52	55	57	59	62	66	71	79	85
	35 - 44	48	51	53	56	59	61	63	66	70	76	84	89
	50	54	57	59	62	65	68	70	73	77	83	90	95
	55	58	62	65	68	70	73	76	78	84	89	95	98
	60	63	67	70	73	76	80	82	84	89	93	97	99
	65	70	73	76	80	83	86	88	90	94	97	99	
	70	77	80	83	86	88	90	92	94	96	98		
15 - 24	0 - 24	46	48	51	54	56	58	61	63	67	73	81	87
	25 - 34	46	49	52	55	58	60	62	65	69	74	83	89
	35 - 44	49	52	55	57	60	63	66	68	73	78	86	93
	50	54	58	61	64	67	69	72	74	80	86	93	97
	55	58	62	65	68	72	75	77	80	85	90	96	99
	60	63	67	70	74	77	81	83	85	89	94	98	
	65	70	73	77	80	83	86	88	90	94	97	99	
	70	77	80	83	86	88	90	92	94	96	98		
25 - 32	0 - 34	51	53	56	59	62	65	67	69	74	80	88	94
	35 - 44	52	55	58	61	64	67	70	72	76	82	90	96
	45 - 50	55	59	62	66	69	72	75	77	82	88	95	98
	60	64	68	71	75	78	81	84	86	90	94	98	99
	65	70	74	77	81	84	87	89	91	94	97	99	
	70	77	80	83	86	89	91	93	94	96	98		
33 - 37	0 - 34	54	57	60	63	66	69	71	74	78	84	92	97
	35 - 44	56	59	62	65	68	70	72	74	79	85	93	98
	45 - 50	57	61	64	67	70	73	76	79	83	89	95	99
	60	65	69	72	75	79	81	84	86	90	95	98	
	65	71	74	78	81	84	87	89	91	94	97	99	
	70	78	81	84	87	90	92	94	95	97	98		
38 - 42	0 - 34	58	61	63	66	70	73	76	78	83	89	95	97
	35 - 44	59	62	65	68	71	74	77	79	84	89	95	98
	45 - 50	60	63	66	69	72	75	78	80	85	91	97	99
	60	67	70	73	77	80	82	85	87	91	96	99	
	65	72	76	79	83	85	87	90	92	94	97		
	70	78	81	84	87	90	92	94	95	97	98		
43 - 47	0 - 44	64	68	71	74	77	80	83	85	89	94	98	
	45 - 54	66	70	73	76	79	81	84	86	90	95	98	
	60	70	74	77	81	84	86	88	90	93	97	99	
	65	75	79	82	85	88	90	92	93	95	97		
	70	81	84	86	88	91	93	95	96	97	99		
48 - 52	0 - 44	72	76	79	82	85	87	88	90	94	96	99	
	45 - 54	72	76	79	82	85	87	89	91	95	98	99	
	60	76	80	83	86	88	90	92	93	96	98	99	
	70	84	87	89	91	93	95	96	97	98			
55	0 - 54	80	83	86	88	90	93	95	96	98	99		
	55 - 64	81	84	87	90	92	95	96	96	98	99		
	70	88	90	92	94	95	96	97	98	99			
60	0 - 64	88	90	92	94	96	97	98	99				
	70	92	94	95	96	97	98	99					

n. 1294 – 1299

Abzinsungsfaktoren

Dauer	0.5 %	1.0 %	1.5 %	2.0 %	2.5 %	3.0 %
0	1.000000	1.000000	1.000000	1.000000	1.000000	1.000000
1	0.995025	0.990099	0.985222	0.980392	0.975610	0.970874
2	0.990075	0.980296	0.970662	0.961169	0.951814	0.942596
3	0.985149	0.970590	0.956317	0.942322	0.928599	0.915142
4	0.980248	0.960980	0.942184	0.923845	0.905951	0.888487
5	0.975371	0.951466	0.928260	0.905731	0.883854	0.862609
6	0.970518	0.942045	0.914542	0.887971	0.862297	0.837484
7	0.965690	0.932718	0.901027	0.870560	0.841265	0.813092
8	0.960885	0.923483	0.887711	0.853490	0.820747	0.789409
9	0.956105	0.914340	0.874592	0.836755	0.800728	0.766417
10	0.951348	0.905287	0.861667	0.820348	0.781198	0.744094
11	0.946615	0.896324	0.848933	0.804263	0.762145	0.722421
12	0.941905	0.887449	0.836387	0.788493	0.743556	0.701380
13	0.937219	0.878663	0.824027	0.773033	0.725420	0.680951
14	0.932556	0.869963	0.811849	0.757875	0.707727	0.661118
15	0.927917	0.861349	0.799852	0.743015	0.690466	0.641862
16	0.923300	0.852821	0.788031	0.728446	0.673625	0.623167
17	0.918707	0.844377	0.776385	0.714163	0.657195	0.605016
18	0.914136	0.836017	0.764912	0.700159	0.641166	0.587395
19	0.909588	0.827740	0.753607	0.686431	0.625528	0.570286
20	0.905063	0.819544	0.742470	0.672971	0.610271	0.553676
21	0.900560	0.811430	0.731498	0.659776	0.595386	0.537549
22	0.896080	0.803396	0.720688	0.646839	0.580865	0.521893
23	0.891622	0.795442	0.710037	0.634156	0.566697	0.506692
24	0.887186	0.787566	0.699544	0.621721	0.552875	0.491934
25	0.882772	0.779768	0.689206	0.609531	0.539391	0.477606
26	0.878380	0.772048	0.679021	0.597579	0.526235	0.463695
27	0.874010	0.764404	0.668986	0.585862	0.513400	0.450189
28	0.869662	0.756836	0.659099	0.574375	0.500878	0.437077
29	0.865335	0.749342	0.649359	0.563112	0.488661	0.424346
30	0.861030	0.741923	0.639762	0.552071	0.476743	0.411987
31	0.856746	0.734577	0.630308	0.541246	0.465115	0.399987
32	0.852484	0.727304	0.620993	0.530633	0.453771	0.388337
33	0.848242	0.720103	0.611816	0.520229	0.442703	0.377026
34	0.844022	0.712973	0.602774	0.510028	0.431905	0.366045
35	0.839823	0.705914	0.593866	0.500028	0.421371	0.355383
36	0.835645	0.698925	0.585090	0.490223	0.411094	0.345032
37	0.831487	0.692005	0.576443	0.480611	0.401067	0.334983
38	0.827351	0.685153	0.567924	0.471187	0.391285	0.325226
39	0.823235	0.678370	0.559531	0.461948	0.381741	0.315754
40	0.819139	0.671653	0.551262	0.452890	0.372431	0.306557
41	0.815064	0.665003	0.543116	0.444010	0.363347	0.297628
42	0.811009	0.658419	0.535089	0.435304	0.354485	0.288959
43	0.806974	0.651900	0.527182	0.426769	0.345839	0.280543
44	0.802959	0.645445	0.519391	0.418401	0.337404	0.272372
45	0.798964	0.639055	0.511715	0.410197	0.329174	0.264439
46	0.794989	0.632728	0.504153	0.402154	0.321146	0.256737
47	0.791034	0.626463	0.496702	0.394268	0.313313	0.249259
48	0.787098	0.620260	0.489362	0.386538	0.305671	0.241999
49	0.783182	0.614119	0.482130	0.378958	0.298216	0.234950

Beispiele (21), (38), (42), (70)

Facteurs d'escompte

Durée	0.5 %	1.0 %	1.5 %	2.0 %	2.5 %	3.0 %
50	0.779286	0.608039	0.475005	0.371528	0.290942	0.228107
51	0.775409	0.602019	0.467985	0.364243	0.283846	0.221463
52	0.771551	0.596058	0.461069	0.357101	0.276923	0.215013
53	0.767713	0.590156	0.454255	0.350099	0.270169	0.208750
54	0.763893	0.584313	0.447542	0.343234	0.263579	0.202670
55	0.760093	0.578528	0.440928	0.336504	0.257151	0.196767
56	0.756311	0.572800	0.434412	0.329906	0.250879	0.191036
57	0.752548	0.567129	0.427992	0.323437	0.244760	0.185472
58	0.748804	0.561514	0.421667	0.317095	0.238790	0.180070
59	0.745079	0.555954	0.415435	0.310878	0.232966	0.174825
60	0.741372	0.550450	0.409296	0.304782	0.227284	0.169733
61	0.737684	0.545000	0.403247	0.298806	0.221740	0.164789
62	0.734014	0.539604	0.397288	0.292947	0.216332	0.159990
63	0.730362	0.534261	0.391417	0.287203	0.211055	0.155330
64	0.726728	0.528971	0.385632	0.281572	0.205908	0.150806
65	0.723113	0.523734	0.379933	0.276051	0.200886	0.146413
66	0.719515	0.518548	0.374318	0.270638	0.195986	0.142149
67	0.715935	0.513414	0.368787	0.265331	0.191206	0.138009
68	0.712374	0.508331	0.363337	0.260129	0.186542	0.133989
69	0.708829	0.503298	0.357967	0.255028	0.181992	0.130086
70	0.705303	0.498315	0.352677	0.250028	0.177554	0.126297
71	0.701794	0.493381	0.347465	0.245125	0.173223	0.122619
72	0.698302	0.488496	0.342330	0.240319	0.168998	0.119047
73	0.694828	0.483659	0.337271	0.235607	0.164876	0.115580
74	0.691371	0.478871	0.332287	0.230987	0.160855	0.112214
75	0.687932	0.474129	0.327376	0.226458	0.156931	0.108945
76	0.684509	0.469435	0.322538	0.222017	0.153104	0.105772
77	0.681104	0.464787	0.317771	0.217664	0.149370	0.102691
78	0.677715	0.460185	0.313075	0.213396	0.145726	0.099700
79	0.674343	0.455629	0.308448	0.209212	0.142172	0.096796
80	0.670988	0.451118	0.303890	0.205110	0.138705	0.093977
81	0.667650	0.446651	0.299399	0.201088	0.135322	0.091240
82	0.664329	0.442229	0.294975	0.197145	0.132021	0.088582
83	0.661023	0.437851	0.290615	0.193279	0.128801	0.086002
84	0.657735	0.433515	0.286321	0.189490	0.125659	0.083497
85	0.654462	0.429223	0.282089	0.185774	0.122595	0.081065
86	0.651206	0.424974	0.277920	0.182132	0.119605	0.078704
87	0.647967	0.420766	0.273813	0.178560	0.116687	0.076412
88	0.644743	0.416600	0.269767	0.175059	0.113841	0.074186
89	0.641535	0.412475	0.265780	0.171627	0.111065	0.072026
90	0.638344	0.408391	0.261852	0.168261	0.108356	0.069928
91	0.635168	0.404348	0.257982	0.164962	0.105713	0.067891
92	0.632008	0.400344	0.254170	0.161728	0.103135	0.065914
93	0.628863	0.396380	0.250414	0.158556	0.100619	0.063994
94	0.625735	0.392456	0.246713	0.155448	0.098165	0.062130
95	0.622622	0.388570	0.243067	0.152400	0.095771	0.060320
96	0.619524	0.384723	0.239475	0.149411	0.093435	0.058563
97	0.616442	0.380914	0.235936	0.146482	0.091156	0.056858
98	0.613375	0.377142	0.232449	0.143609	0.088933	0.055202
99	0.610323	0.373408	0.229014	0.140794	0.086764	0.053594

Exemples ㉑, ㊳, ㊷, ㊲

Abzinsungsfaktoren

Dauer	3.5 %	4.0 %	4.5 %	5.0 %	5.5 %	6.0 %
0	1.000000	1.000000	1.000000	1.000000	1.000000	1.000000
1	0.966184	0.961538	0.956938	0.952381	0.947867	0.943396
2	0.933511	0.924556	0.915730	0.907029	0.898452	0.889996
3	0.901943	0.888996	0.876297	0.863838	0.851614	0.839619
4	0.871442	0.854804	0.838561	0.822702	0.807217	0.792094
5	0.841973	0.821927	0.802451	0.783526	0.765134	0.747258
6	0.813501	0.790315	0.767896	0.746215	0.725246	0.704961
7	0.785991	0.759918	0.734828	0.710681	0.687437	0.665057
8	0.759412	0.730690	0.703185	0.676839	0.651599	0.627412
9	0.733731	0.702587	0.672904	0.644609	0.617629	0.591898
10	0.708919	0.675564	0.643928	0.613913	0.585431	0.558395
11	0.684946	0.649581	0.616199	0.584679	0.554911	0.526788
12	0.661783	0.624597	0.589664	0.556837	0.525982	0.496969
13	0.639404	0.600574	0.564272	0.530321	0.498561	0.468839
14	0.617782	0.577475	0.539973	0.505068	0.472569	0.442301
15	0.596891	0.555265	0.516720	0.481017	0.447933	0.417265
16	0.576706	0.533908	0.494469	0.458112	0.424581	0.393646
17	0.557204	0.513373	0.473176	0.436297	0.402447	0.371364
18	0.538361	0.493628	0.452800	0.415521	0.381466	0.350344
19	0.520156	0.474642	0.433302	0.395734	0.361579	0.330513
20	0.502566	0.456387	0.414643	0.376889	0.342729	0.311805
21	0.485571	0.438834	0.396787	0.358942	0.324862	0.294155
22	0.469151	0.421955	0.379701	0.341850	0.307926	0.277505
23	0.453286	0.405726	0.363350	0.325571	0.291873	0.261797
24	0.437957	0.390121	0.347703	0.310068	0.276657	0.246979
25	0.423147	0.375117	0.332731	0.295303	0.262234	0.232999
26	0.408838	0.360689	0.318402	0.281241	0.248563	0.219810
27	0.395012	0.346817	0.304691	0.267848	0.235605	0.207368
28	0.381654	0.333477	0.291571	0.255094	0.223322	0.195630
29	0.368748	0.320651	0.279015	0.242946	0.211679	0.184557
30	0.356278	0.308319	0.267000	0.231377	0.200644	0.174110
31	0.344230	0.296460	0.255502	0.220359	0.190184	0.164255
32	0.332590	0.285058	0.244500	0.209866	0.180269	0.154957
33	0.321343	0.274094	0.233971	0.199873	0.170871	0.146186
34	0.310476	0.263552	0.223896	0.190355	0.161963	0.137912
35	0.299977	0.253415	0.214254	0.181290	0.153520	0.130105
36	0.289833	0.243669	0.205028	0.172657	0.145516	0.122741
37	0.280032	0.234297	0.196199	0.164436	0.137930	0.115793
38	0.270562	0.225285	0.187750	0.156605	0.130739	0.109239
39	0.261413	0.216621	0.179665	0.149148	0.123924	0.103056
40	0.252572	0.208289	0.171929	0.142046	0.117463	0.097222
41	0.244031	0.200278	0.164525	0.135282	0.111339	0.091719
42	0.235779	0.192575	0.157440	0.128840	0.105535	0.086527
43	0.227806	0.185168	0.150661	0.122704	0.100033	0.081630
44	0.220102	0.178046	0.144173	0.116861	0.094818	0.077009
45	0.212659	0.171198	0.137964	0.111297	0.089875	0.072650
46	0.205468	0.164614	0.132023	0.105997	0.085190	0.068538
47	0.198520	0.158283	0.126338	0.100949	0.080748	0.064658
48	0.191806	0.152195	0.120898	0.096142	0.076539	0.060998
49	0.185320	0.146341	0.115692	0.091564	0.072549	0.057546

Beispiele ㉑, ㊳, ㊷, ⑦⓪

Table 48
page 4

Facteurs d'escompte

Durée	3.5 %	4.0 %	4.5 %	5.0 %	5.5 %	6.0 %
50	0.179053	0.140713	0.110710	0.087204	0.068767	0.054288
51	0.172998	0.135301	0.105942	0.083051	0.065182	0.051215
52	0.167148	0.130097	0.101380	0.079096	0.061783	0.048316
53	0.161496	0.125093	0.097014	0.075330	0.058563	0.045582
54	0.156035	0.120282	0.092837	0.071743	0.055509	0.043001
55	0.150758	0.115656	0.088839	0.068326	0.052616	0.040567
56	0.145660	0.111207	0.085013	0.065073	0.049873	0.038271
57	0.140734	0.106930	0.081353	0.061974	0.047273	0.036105
58	0.135975	0.102817	0.077849	0.059023	0.044808	0.034061
59	0.131377	0.098863	0.074497	0.056212	0.042472	0.032133
60	0.126934	0.095060	0.071289	0.053536	0.040258	0.030314
61	0.122642	0.091404	0.068219	0.050986	0.038159	0.028598
62	0.118495	0.087889	0.065281	0.048558	0.036170	0.026980
63	0.114487	0.084508	0.062470	0.046246	0.034284	0.025453
64	0.110616	0.081258	0.059780	0.044044	0.032497	0.024012
65	0.106875	0.078133	0.057206	0.041946	0.030803	0.022653
66	0.103261	0.075128	0.054743	0.039949	0.029197	0.021370
67	0.099769	0.072238	0.052385	0.038047	0.027675	0.020161
68	0.096395	0.069460	0.050129	0.036235	0.026232	0.019020
69	0.093136	0.066788	0.047971	0.034509	0.024865	0.017943
70	0.089986	0.064219	0.045905	0.032866	0.023568	0.016927
71	0.086943	0.061749	0.043928	0.031301	0.022340	0.015969
72	0.084003	0.059374	0.042037	0.029811	0.021175	0.015065
73	0.081162	0.057091	0.040226	0.028391	0.020071	0.014213
74	0.078418	0.054895	0.038494	0.027039	0.019025	0.013408
75	0.075766	0.052784	0.036836	0.025752	0.018033	0.012649
76	0.073204	0.050754	0.035250	0.024525	0.017093	0.011933
77	0.070728	0.048801	0.033732	0.023357	0.016202	0.011258
78	0.068336	0.046924	0.032280	0.022245	0.015357	0.010620
79	0.066026	0.045120	0.030890	0.021186	0.014556	0.010019
80	0.063793	0.043384	0.029559	0.020177	0.013798	0.009452
81	0.061636	0.041716	0.028287	0.019216	0.013078	0.008917
82	0.059551	0.040111	0.027068	0.018301	0.012396	0.008412
83	0.057537	0.038569	0.025903	0.017430	0.011750	0.007936
84	0.055592	0.037085	0.024787	0.016600	0.011138	0.007487
85	0.053712	0.035659	0.023720	0.015809	0.010557	0.007063
86	0.051896	0.034287	0.022699	0.015056	0.010007	0.006663
87	0.050141	0.032969	0.021721	0.014339	0.009485	0.006286
88	0.048445	0.031701	0.020786	0.013657	0.008990	0.005930
89	0.046807	0.030481	0.019891	0.013006	0.008522	0.005595
90	0.045224	0.029309	0.019034	0.012387	0.008078	0.005278
91	0.043695	0.028182	0.018215	0.011797	0.007656	0.004979
92	0.042217	0.027098	0.017430	0.011235	0.007257	0.004697
93	0.040789	0.026056	0.016680	0.010700	0.006879	0.004432
94	0.039410	0.025053	0.015961	0.010191	0.006520	0.004181
95	0.038077	0.024090	0.015274	0.009705	0.006180	0.003944
96	0.036790	0.023163	0.014616	0.009243	0.005858	0.003721
97	0.035546	0.022272	0.013987	0.008803	0.005553	0.003510
98	0.034344	0.021416	0.013385	0.008384	0.005263	0.003312
99	0.033182	0.020592	0.012808	0.007985	0.004989	0.003124

Exemples ㉑, ㊳, ㊷, ㊊

Aufzinsungsfaktoren

Dauer	0.5 %	1.0 %	1.5 %	2.0 %	2.5 %	3.0 %
0	1.000000	1.000000	1.000000	1.000000	1.000000	1.000000
1	1.005000	1.010000	1.015000	1.020000	1.025000	1.030000
2	1.010025	1.020100	1.030225	1.040400	1.050625	1.060900
3	1.015075	1.030301	1.045678	1.061208	1.076891	1.092727
4	1.020151	1.040604	1.061364	1.082432	1.103813	1.125509
5	1.025251	1.051010	1.077284	1.104081	1.131408	1.159274
6	1.030378	1.061520	1.093443	1.126162	1.159693	1.194052
7	1.035529	1.072135	1.109845	1.148686	1.188686	1.229874
8	1.040707	1.082857	1.126493	1.171659	1.218403	1.266770
9	1.045911	1.093685	1.143390	1.195093	1.248863	1.304773
10	1.051140	1.104622	1.160541	1.218994	1.280085	1.343916
11	1.056396	1.115668	1.177949	1.243374	1.312087	1.384234
12	1.061678	1.126825	1.195618	1.268242	1.344889	1.425761
13	1.066986	1.138093	1.213552	1.293607	1.378511	1.468534
14	1.072321	1.149474	1.231756	1.319479	1.412974	1.512590
15	1.077683	1.160969	1.250232	1.345868	1.448298	1.557967
16	1.083071	1.172579	1.268986	1.372786	1.484506	1.604706
17	1.088487	1.184304	1.288020	1.400241	1.521618	1.652848
18	1.093929	1.196147	1.307341	1.428246	1.559659	1.702433
19	1.099399	1.208109	1.326951	1.456811	1.598650	1.753506
20	1.104896	1.220190	1.346855	1.485947	1.638616	1.806111
21	1.110420	1.232392	1.367058	1.515666	1.679582	1.860295
22	1.115972	1.244716	1.387564	1.545980	1.721571	1.916103
23	1.121552	1.257163	1.408377	1.576899	1.764611	1.973587
24	1.127160	1.269735	1.429503	1.608437	1.808726	2.032794
25	1.132796	1.282432	1.450945	1.640606	1.853944	2.093778
26	1.138460	1.295256	1.472710	1.673418	1.900293	2.156591
27	1.144152	1.308209	1.494800	1.706886	1.947800	2.221289
28	1.149873	1.321291	1.517222	1.741024	1.996495	2.287928
29	1.155622	1.334504	1.539981	1.775845	2.046407	2.356566
30	1.161400	1.347849	1.563080	1.811362	2.097568	2.427262
31	1.167207	1.361327	1.586526	1.847589	2.150007	2.500080
32	1.173043	1.374941	1.610324	1.884541	2.203757	2.575083
33	1.178908	1.388690	1.634479	1.922231	2.258851	2.652335
34	1.184803	1.402577	1.658996	1.960676	2.315322	2.731905
35	1.190727	1.416603	1.683881	1.999890	2.373205	2.813862
36	1.196681	1.430769	1.709140	2.039887	2.432535	2.898278
37	1.202664	1.445076	1.734777	2.080685	2.493349	2.985227
38	1.208677	1.459527	1.760798	2.122299	2.555682	3.074783
39	1.214721	1.474123	1.787210	2.164745	2.619574	3.167027
40	1.220794	1.488864	1.814018	2.208040	2.685064	3.262038
41	1.226898	1.503752	1.841229	2.252200	2.752190	3.359899
42	1.233033	1.518790	1.868847	2.297244	2.820995	3.460696
43	1.239198	1.533978	1.896880	2.343189	2.891520	3.564517
44	1.245394	1.549318	1.925333	2.390053	2.963808	3.671452
45	1.251621	1.564811	1.954213	2.437854	3.037903	3.781596
46	1.257879	1.580459	1.983526	2.486611	3.113851	3.895044
47	1.264168	1.596263	2.013279	2.536344	3.191697	4.011895
48	1.270489	1.612226	2.043478	2.587070	3.271490	4.132252
49	1.276842	1.628348	2.074130	2.638812	3.353277	4.256219

Beispiel (69)

Facteurs d'intérêts composés

Durée	0.5 %	1.0 %	1.5 %	2.0 %	2.5 %	3.0 %
50	1.283226	1.644632	2.105242	2.691588	3.437109	4.383906
51	1.289642	1.661078	2.136821	2.745420	3.523036	4.515423
52	1.296090	1.677689	2.168873	2.800328	3.611112	4.650886
53	1.302571	1.694466	2.201406	2.856335	3.701390	4.790412
54	1.309083	1.711410	2.234428	2.913461	3.793925	4.934125
55	1.315629	1.728525	2.267944	2.971731	3.888773	5.082149
56	1.322207	1.745810	2.301963	3.031165	3.985992	5.234613
57	1.328818	1.763268	2.336493	3.091789	4.085642	5.391651
58	1.335462	1.780901	2.371540	3.153624	4.187783	5.553401
59	1.342139	1.798710	2.407113	3.216697	4.292478	5.720003
60	1.348850	1.816697	2.443220	3.281031	4.399790	5.891603
61	1.355594	1.834864	2.479868	3.346651	4.509784	6.068351
62	1.362372	1.853212	2.517066	3.413584	4.622529	6.250402
63	1.369184	1.871744	2.554822	3.481856	4.738092	6.437914
64	1.376030	1.890462	2.593144	3.551493	4.856545	6.631051
65	1.382910	1.909366	2.632042	3.622523	4.977958	6.829983
66	1.389825	1.928460	2.671522	3.694974	5.102407	7.034882
67	1.396774	1.947745	2.711595	3.768873	5.229967	7.245929
68	1.403758	1.967222	2.752269	3.844251	5.360717	7.463307
69	1.410777	1.986894	2.793553	3.921136	5.494734	7.687206
70	1.417831	2.006763	2.835456	3.999558	5.632103	7.917822
71	1.424920	2.026831	2.877988	4.079549	5.772905	8.155357
72	1.432044	2.047099	2.921158	4.161140	5.917228	8.400017
73	1.439204	2.067570	2.964975	4.244363	6.065159	8.652018
74	1.446401	2.088246	3.009450	4.329250	6.216788	8.911578
75	1.453633	2.109128	3.054592	4.415835	6.372207	9.178926
76	1.460901	2.130220	3.100411	4.504152	6.531513	9.454293
77	1.468205	2.151522	3.146917	4.594235	6.694800	9.737922
78	1.475546	2.173037	3.194120	4.686120	6.862170	10.030060
79	1.482924	2.194768	3.242032	4.779842	7.033725	10.330962
80	1.490339	2.216715	3.290663	4.875439	7.209568	10.640891
81	1.497790	2.238882	3.340023	4.972948	7.389807	10.960117
82	1.505279	2.261271	3.390123	5.072407	7.574552	11.288921
83	1.512806	2.283884	3.440975	5.173855	7.763916	11.627588
84	1.520370	2.306723	3.492590	5.277332	7.958014	11.976416
85	1.527971	2.329790	3.544978	5.382879	8.156964	12.335709
86	1.535611	2.353088	3.598153	5.490536	8.360888	12.705780
87	1.543289	2.376619	3.652125	5.600347	8.569911	13.086953
88	1.551006	2.400385	3.706907	5.712354	8.784158	13.479562
89	1.558761	2.424389	3.762511	5.826601	9.003762	13.883949
90	1.566555	2.448633	3.818949	5.943133	9.228856	14.300467
91	1.574387	2.473119	3.876233	6.061996	9.459578	14.729481
92	1.582259	2.497850	3.934376	6.183236	9.696067	15.171366
93	1.590171	2.522829	3.993392	6.306900	9.938469	15.626507
94	1.598122	2.548057	4.053293	6.433038	10.186931	16.095302
95	1.606112	2.573538	4.114092	6.561699	10.441604	16.578161
96	1.614143	2.599273	4.175804	6.692933	10.702642	17.075506
97	1.622213	2.625266	4.238441	6.826792	10.970210	17.587771
98	1.630324	2.651518	4.302017	6.963328	11.244465	18.115404
99	1.638476	2.678033	4.366547	7.102594	11.525577	18.658866

Exemple (69)

Aufzinsungsfaktoren

Dauer	3.5 %	4.0 %	4.5 %	5.0 %	5.5 %	6.0 %
0	1.000000	1.000000	1.000000	1.000000	1.000000	1.000000
1	1.035000	1.040000	1.045000	1.050000	1.055000	1.060000
2	1.071225	1.081600	1.092025	1.102500	1.113025	1.123600
3	1.108718	1.124864	1.141166	1.157625	1.174241	1.191016
4	1.147523	1.169859	1.192519	1.215506	1.238825	1.262477
5	1.187686	1.216653	1.246182	1.276282	1.306960	1.338226
6	1.229255	1.265319	1.302260	1.340096	1.378843	1.418519
7	1.272279	1.315932	1.360862	1.407100	1.454679	1.503630
8	1.316809	1.368569	1.422101	1.477455	1.534687	1.593848
9	1.362897	1.423312	1.486095	1.551328	1.619094	1.689479
10	1.410599	1.480244	1.552969	1.628895	1.708144	1.790848
11	1.459970	1.539454	1.622853	1.710339	1.802092	1.898299
12	1.511069	1.601032	1.695881	1.795856	1.901207	2.012196
13	1.563956	1.665074	1.772196	1.885649	2.005774	2.132928
14	1.618695	1.731676	1.851945	1.979932	2.116091	2.260904
15	1.675349	1.800944	1.935282	2.078928	2.232476	2.396558
16	1.733986	1.872981	2.022370	2.182875	2.355263	2.540352
17	1.794676	1.947900	2.113377	2.292018	2.484802	2.692773
18	1.857489	2.025817	2.208479	2.406619	2.621466	2.854339
19	1.922501	2.106849	2.307860	2.526950	2.765647	3.025600
20	1.989789	2.191123	2.411714	2.653298	2.917757	3.207135
21	2.059431	2.278768	2.520241	2.785963	3.078234	3.399564
22	2.131512	2.369919	2.633652	2.925261	3.247537	3.603537
23	2.206114	2.464716	2.752166	3.071524	3.426152	3.819750
24	2.283328	2.563304	2.876014	3.225100	3.614590	4.048935
25	2.363245	2.665836	3.005434	3.386355	3.813392	4.291871
26	2.445959	2.772470	3.140679	3.555673	4.023129	4.549383
27	2.531567	2.883369	3.282010	3.733456	4.244401	4.822346
28	2.620172	2.998703	3.429700	3.920129	4.477843	5.111687
29	2.711878	3.118651	3.584036	4.116136	4.724124	5.418388
30	2.806794	3.243398	3.745318	4.321942	4.983951	5.743491
31	2.905031	3.373133	3.913857	4.538039	5.258069	6.088101
32	3.006708	3.508059	4.089981	4.764941	5.547262	6.453387
33	3.111942	3.648381	4.274030	5.003189	5.852362	6.840590
34	3.220860	3.794316	4.466362	5.253348	6.174242	7.251025
35	3.333590	3.946089	4.667348	5.516015	6.513825	7.686087
36	3.450266	4.103933	4.877378	5.791816	6.872085	8.147252
37	3.571025	4.268090	5.096860	6.081407	7.250050	8.636087
38	3.696011	4.438813	5.326219	6.385477	7.648803	9.154252
39	3.825372	4.616366	5.565899	6.704751	8.069487	9.703507
40	3.959260	4.801021	5.816365	7.039989	8.513309	10.285718
41	4.097834	4.993061	6.078101	7.391988	8.981541	10.902861
42	4.241258	5.192784	6.351615	7.761588	9.475525	11.557033
43	4.389702	5.400495	6.637438	8.149667	9.996679	12.250455
44	4.543342	5.616515	6.936123	8.557150	10.546497	12.985482
45	4.702359	5.841176	7.248248	8.985008	11.126554	13.764611
46	4.866941	6.074823	7.574420	9.434258	11.738515	14.590487
47	5.037284	6.317816	7.915268	9.905971	12.384133	15.465917
48	5.213589	6.570528	8.271456	10.401270	13.065260	16.393872
49	5.396065	6.833349	8.643671	10.921333	13.783849	17.377504

Beispiel (69)

Table 49 page 4

Facteurs d'intérêts composés

Durée	3.5 %	4.0 %	4.5 %	5.0 %	5.5 %	6.0 %
50	5.584927	7.106683	9.032636	11.467400	14.541961	18.420154
51	5.780399	7.390951	9.439105	12.040770	15.341769	19.525364
52	5.982713	7.686589	9.863865	12.642808	16.185566	20.696885
53	6.192108	7.994052	10.307739	13.274949	17.075773	21.938698
54	6.408832	8.313814	10.771587	13.938696	18.014940	23.255020
55	6.633141	8.646367	11.256308	14.635631	19.005762	24.650322
56	6.865301	8.992222	11.762842	15.367412	20.051079	26.129341
57	7.105587	9.351910	12.292170	16.135783	21.153888	27.697101
58	7.354282	9.725987	12.845318	16.942572	22.317352	29.358927
59	7.611682	10.115026	13.423357	17.789701	23.544806	31.120463
60	7.878091	10.519627	14.027408	18.679186	24.839770	32.987691
61	8.153824	10.940413	14.658641	19.613145	26.205958	34.966952
62	8.439208	11.378029	15.318280	20.593802	27.647285	37.064969
63	8.734580	11.833150	16.007603	21.623493	29.167886	39.288868
64	9.040291	12.306476	16.727945	22.704667	30.772120	41.646200
65	9.356701	12.798735	17.480702	23.839901	32.464587	44.144972
66	9.684185	13.310685	18.267334	25.031896	34.250139	46.793670
67	10.023132	13.843112	19.089364	26.283490	36.133896	49.601290
68	10.373941	14.396836	19.948385	27.597665	38.121261	52.577368
69	10.737029	14.972710	20.846063	28.977548	40.217930	55.732010
70	11.112825	15.571618	21.784136	30.426426	42.429916	59.075930
71	11.501774	16.194483	22.764422	31.947747	44.763562	62.620486
72	11.904336	16.842262	23.788821	33.545134	47.225558	66.377715
73	12.320988	17.515953	24.859318	35.222391	49.822963	70.360378
74	12.752223	18.216591	25.977987	36.983510	52.563226	74.582001
75	13.198550	18.945255	27.146996	38.832686	55.454204	79.056921
76	13.660500	19.703065	28.368611	40.774320	58.504185	83.800336
77	14.138617	20.491187	29.645199	42.813036	61.721915	88.828356
78	14.633469	21.310835	30.979233	44.953688	65.116620	94.158058
79	15.145640	22.163268	32.373298	47.201372	68.698034	99.807541
80	15.675738	23.049799	33.830096	49.561441	72.476426	105.795993
81	16.224388	23.971791	35.352451	52.039513	76.462630	112.143753
82	16.792242	24.930663	36.943311	54.641489	80.668074	118.872378
83	17.379970	25.927889	38.605760	57.373563	85.104818	126.004721
84	17.988269	26.965005	40.343019	60.242241	89.785583	133.565004
85	18.617859	28.043605	42.158455	63.254353	94.723791	141.578904
86	19.269484	29.165349	44.055586	66.417071	99.933599	150.073639
87	19.943916	30.331963	46.038087	69.737925	105.429947	159.078057
88	20.641953	31.545242	48.109801	73.224821	111.228594	168.622741
89	21.364421	32.807051	50.274742	76.886062	117.346167	178.740105
90	22.112176	34.119333	52.537105	80.730365	123.800206	189.464511
91	22.886102	35.484107	54.901275	84.766883	130.609217	200.832382
92	23.687116	36.903471	57.371832	89.005227	137.792724	212.882325
93	24.516165	38.379610	59.953565	93.455489	145.371324	225.655264
94	25.374230	39.914794	62.651475	98.128263	153.366747	239.194580
95	26.262329	41.511386	65.470792	103.034676	161.801918	253.546255
96	27.181510	43.171841	68.416977	108.186410	170.701023	268.759030
97	28.132863	44.898715	71.495741	113.595731	180.089580	284.884572
98	29.117513	46.694664	74.713050	119.275517	189.994507	301.977646
99	30.136626	48.562450	78.075137	125.239293	200.444204	320.096305

Exemple (69)

50 Tafel
Seite 1

Barwert einer Zeitrente

Dauer	0.5 %	1.0 %	1.5 %	2.0 %	2.5 %	3.0 %
1	0.997718	0.995454	0.993208	0.990981	0.988771	0.986579
2	1.990472	1.981052	1.971739	1.962531	1.953426	1.944423
3	2.978286	2.956891	2.935808	2.915031	2.894553	2.874369
4	3.961187	3.923069	3.885630	3.848854	3.812725	3.777228
5	4.939197	4.879681	4.821416	4.764368	4.708503	4.653791
6	5.912342	5.826821	5.743372	5.661929	5.582433	5.504823
7	6.880645	6.764584	6.651702	6.541892	6.435048	6.331068
8	7.844130	7.693061	7.546610	7.404601	7.266866	7.133247
9	8.802822	8.612346	8.428292	8.250393	8.078397	7.912062
10	9.756745	9.522529	9.296944	9.079602	8.870134	8.668193
11	10.705922	10.423701	10.152759	9.892551	9.642561	9.402300
12	11.650376	11.315950	10.995927	10.689561	10.396148	10.115026
13	12.590132	12.199365	11.826634	11.470943	11.131355	10.806993
14	13.525212	13.074033	12.645065	12.237003	11.848629	11.478805
15	14.455640	13.940041	13.451400	12.988043	12.548410	12.131050
16	15.381439	14.797474	14.245819	13.724356	13.231122	12.764298
17	16.302631	15.646419	15.028498	14.446232	13.897183	13.379102
18	17.219242	16.486958	15.799611	15.153954	14.546999	13.975998
19	18.131292	17.319174	16.559326	15.847798	15.180965	14.555510
20	19.038803	18.143150	17.307816	16.528038	15.799469	15.118142
21	19.941799	18.958969	18.045244	17.194941	16.402887	15.664387
22	20.840305	19.766710	18.771774	17.848764	16.991589	16.194721
23	21.734341	20.566454	19.487566	18.489771	17.565929	16.709610
24	22.623926	21.358280	20.192781	19.118206	18.126265	17.209501
25	23.509089	22.142265	20.887573	19.734320	18.672932	17.694834
26	24.389845	22.918489	21.572100	20.338354	19.206266	18.166027
27	25.266220	23.687029	22.246508	20.930544	19.726591	18.623501
28	26.138235	24.447956	22.910950	21.511122	20.234226	19.067648
29	27.005913	25.201351	23.565575	22.080317	20.729481	19.498857
30	27.869272	25.947287	24.210522	22.638350	21.212654	19.917509
31	28.728336	26.685839	24.845940	23.185442	21.684044	20.323969
32	29.583126	27.417074	25.471966	23.721806	22.143936	20.718586
33	30.433664	28.141071	26.088741	24.247652	22.592609	21.101711
34	31.279972	28.857903	26.696402	24.763189	23.030342	21.473679
35	32.122066	29.567635	27.295082	25.268618	23.457397	21.834810
36	32.959972	30.270338	27.884916	25.764135	23.874039	22.185425
37	33.793713	30.966085	28.466032	26.249937	24.280516	22.525826
38	34.623299	31.654945	29.038561	26.726213	24.677080	22.856314
39	35.448765	32.336983	29.602627	27.193151	25.063971	23.177174
40	36.270119	33.012272	30.158358	27.650934	25.441425	23.488689
41	37.087387	33.680866	30.705875	28.099737	25.809673	23.791132
42	37.900593	34.342850	31.245304	28.539743	26.168941	24.084766
43	38.709747	34.998276	31.776758	28.971123	26.519445	24.369848
44	39.514881	35.647213	32.300362	29.394041	26.861403	24.646626
45	40.316010	36.289719	32.816223	29.808670	27.195017	24.915342
46	41.113148	36.925873	33.324463	30.215166	27.520494	25.176231
47	41.906319	37.555725	33.825191	30.613693	27.838034	25.429522
48	42.695553	38.179337	34.318520	31.004406	28.147829	25.675436
49	43.480850	38.796780	34.804558	31.387459	28.450068	25.914186

Beispiele (42), (44), (47), (53), (54), (65), (66)

Table 50 page 2

Valeur actuelle d'une rente certaine

Durée	0.5 %	1.0 %	1.5 %	2.0 %	2.5 %	3.0 %
50	44.262249	39.408104	35.283413	31.762999	28.744936	26.145985
51	45.039757	40.013378	35.755192	32.131172	29.032610	26.371031
52	45.813393	40.612659	36.219997	32.492130	29.313271	26.589520
53	46.583183	41.206013	36.677937	32.846012	29.587082	26.801647
54	47.349144	41.793484	37.129105	33.192955	29.854218	27.007595
55	48.111298	42.375141	37.573608	33.533092	30.114838	27.207546
56	48.869652	42.951038	38.011539	33.866562	30.369101	27.401674
57	49.624237	43.521236	38.443005	34.193493	30.617163	27.590145
58	50.375069	44.085785	38.868088	34.514011	30.859175	27.773129
59	51.122166	44.644749	39.286892	34.828247	31.095282	27.950783
60	51.865543	45.198174	39.699505	35.136326	31.325632	28.123260
61	52.605225	45.746120	40.106022	35.438354	31.550364	28.290716
62	53.341225	46.288643	40.506527	35.734467	31.769613	28.453295
63	54.073559	46.825790	40.901119	36.024773	31.983517	28.611135
64	54.802258	47.357624	41.289875	36.309383	32.192204	28.764380
65	55.527325	47.884193	41.672894	36.588417	32.395798	28.913162
66	56.248787	48.405544	42.050243	36.861977	32.594429	29.057610
67	56.966660	48.921738	42.422020	37.130177	32.788212	29.197851
68	57.680965	49.432816	42.788300	37.393112	32.977272	29.334007
69	58.391712	49.938835	43.149174	37.650894	33.161716	29.466198
70	59.098923	50.439842	43.504707	37.903625	33.341667	29.594540
71	59.802616	50.935898	43.854988	38.151398	33.517227	29.719143
72	60.502808	51.427032	44.200092	38.394314	33.688503	29.840115
73	61.199516	51.913307	44.540096	38.632465	33.855602	29.957563
74	61.892761	52.394768	44.875080	38.865944	34.018627	30.071594
75	62.582554	52.871464	45.205109	39.094849	34.177681	30.182301
76	63.268913	53.343437	45.530258	39.319263	34.332848	30.289783
77	63.951859	53.810741	45.850609	39.539276	34.484234	30.394136
78	64.631409	54.273411	46.166222	39.754978	34.631924	30.495449
79	65.307579	54.731503	46.477173	39.966454	34.776016	30.593813
80	65.980385	55.185062	46.783524	40.173775	34.916592	30.689310
81	66.649841	55.634132	47.085354	40.377037	35.053738	30.782024
82	67.315971	56.078751	47.382717	40.576309	35.187538	30.872040
83	67.978775	56.518970	47.675690	40.771675	35.318081	30.959435
84	68.638290	56.954830	47.964329	40.963211	35.445431	31.044283
85	69.294525	57.386375	48.248703	41.150993	35.569679	31.126657
86	69.947495	57.813648	48.528877	41.335091	35.690899	31.206636
87	70.597214	58.236687	48.804913	41.515579	35.809158	31.284285
88	71.243706	58.655540	49.076862	41.692532	35.924541	31.359671
89	71.886978	59.070248	49.344799	41.866013	36.037102	31.432861
90	72.527046	59.480846	49.608772	42.036087	36.146919	31.503920
91	73.163925	59.887383	49.868847	42.202831	36.254059	31.572910
92	73.797646	60.289890	50.125076	42.366306	36.358585	31.639891
93	74.428215	60.688416	50.377522	42.526577	36.460560	31.704918
94	75.055641	61.082996	50.626236	42.683704	36.560047	31.768053
95	75.679955	61.473667	50.871273	42.837749	36.657112	31.829350
96	76.301155	61.860470	51.112686	42.988773	36.751808	31.888861
97	76.919258	62.243443	51.350536	43.136837	36.844193	31.946638
98	77.534294	62.622627	51.584869	43.282001	36.934322	32.002731
99	78.146271	62.998051	51.815739	43.424313	37.022259	32.057194
ewig/perpétuel	200.541272	100.540845	67.207102	50.540028	40.539625	33.872255

Exemples ㊷, ㊹, ㊼, ㊾, ㊺, ㊻

50 Tafel
Seite 3

Barwert einer Zeitrente

Dauer	3.5 %	4.0 %	4.5 %	5.0 %	5.5 %	6.0 %
1	0.984405	0.982247	0.980106	0.977982	0.975875	0.973784
2	1.935520	1.926715	1.918007	1.909394	1.900875	1.892448
3	2.854472	2.834858	2.815520	2.796453	2.777652	2.759112
4	3.742349	3.708072	3.674384	3.641271	3.608720	3.576719
5	4.600200	4.547701	4.496263	4.445859	4.396463	4.348047
6	5.429043	5.355036	5.282750	5.212134	5.143138	5.075715
7	6.229856	6.131320	6.035370	5.941920	5.850887	5.762194
8	7.003589	6.877747	6.755580	6.636953	6.521740	6.409816
9	7.751158	7.595465	7.444776	7.298890	7.157619	7.020780
10	8.473446	8.285579	8.104294	7.929306	7.760348	7.597161
11	9.171309	8.949150	8.735411	8.529703	8.331654	8.140916
12	9.845572	9.587199	9.339352	9.101509	8.873178	8.653893
13	10.497035	10.200707	9.917285	9.646086	9.386470	9.137834
14	11.126467	10.790619	10.470331	10.164731	9.873003	9.594382
15	11.734614	11.357842	10.999562	10.658678	10.334171	10.025087
16	12.322196	11.903249	11.506003	11.129105	10.771298	10.431413
17	12.889908	12.427679	11.990635	11.577130	11.185636	10.814740
18	13.438422	12.931938	12.454398	12.003820	11.578373	11.176368
19	13.968387	13.416803	12.898191	12.410192	11.950636	11.517527
20	14.480431	13.883019	13.322873	12.797213	12.303492	11.839375
21	14.975159	14.331304	13.729267	13.165804	12.637953	12.143006
22	15.453157	14.762347	14.118161	13.516843	12.954977	12.429449
23	15.914991	15.176811	14.490308	13.851166	13.255474	12.699679
24	16.361206	15.575335	14.846430	14.169569	13.540305	12.954613
25	16.792334	15.958530	15.187216	14.472810	13.810287	13.195117
26	17.208881	16.326988	15.513327	14.761611	14.066195	13.422007
27	17.611343	16.681273	15.825396	15.036660	14.308761	13.636055
28	18.000196	17.021933	16.124025	15.298611	14.538681	13.837986
29	18.375898	17.349489	16.409796	15.548088	14.756615	14.028488
30	18.738894	17.664448	16.683260	15.785685	14.963188	14.208206
31	19.089617	17.967629	16.944948	16.011969	15.158992	14.377752
32	19.428478	18.258490	17.195368	16.227476	15.344587	14.537700
33	19.755882	18.538488	17.435003	16.432720	15.520507	14.688595
34	20.072212	18.807716	17.664320	16.628193	15.687256	14.830949
35	20.377846	19.066589	17.883762	16.814356	15.845312	14.965245
36	20.673145	19.315506	18.093754	16.991653	15.995128	15.091939
37	20.958458	19.554569	18.294704	17.160570	16.137135	15.211462
38	21.234121	19.784986	18.487000	17.321325	16.271736	15.324220
39	21.500463	20.006271	18.671017	17.474483	16.399321	15.430595
40	21.757799	20.219048	18.847107	17.620348	16.520254	15.530949
41	22.006433	20.423637	19.015614	17.759266	16.634886	15.625622
42	22.246660	20.620359	19.176867	17.891567	16.743538	15.714936
43	22.478762	20.809519	19.331175	18.017572	16.846525	15.799195
44	22.703014	20.991398	19.478838	18.137573	16.944145	15.878685
45	22.919683	21.166285	19.620142	18.251862	17.036678	15.953675
46	23.129028	21.334442	19.755362	18.360708	17.124384	16.024422
47	23.331289	21.496134	19.884760	18.464373	17.207518	16.091162
48	23.526714	21.651606	20.008583	18.563099	17.286318	16.154125
49	23.715530	21.801100	20.127075	18.657124	17.361012	16.213524

Beispiele ㊷, ㊹, ㊼, ㊳, ㊴, ㊻, ㊽

Table 50 page 4

Valeur actuelle d'une rente certaine

Durée	3.5 %	4.0 %	4.5 %	5.0 %	5.5 %	6.0 %
50	23.897961	21.944841	20.240465	18.746670	17.431810	16.269562
51	24.074221	22.083057	20.348974	18.831953	17.498919	16.322426
52	24.244522	22.215956	20.452808	18.913177	17.562527	16.372299
53	24.409061	22.343742	20.552172	18.990532	17.622820	16.419350
54	24.568041	22.466616	20.647257	19.064203	17.679968	16.463736
55	24.721642	22.584763	20.738247	19.134365	17.734140	16.505610
56	24.870049	22.698364	20.825317	19.201187	17.785486	16.545113
57	25.013435	22.807596	20.908640	19.264828	17.834154	16.582380
58	25.151976	22.912628	20.988375	19.325438	17.880285	16.617540
59	25.285830	23.013620	21.064676	19.383162	17.924013	16.650707
60	25.415157	23.110727	21.137690	19.438135	17.965462	16.681999
61	25.540113	23.204100	21.207561	19.490492	18.004747	16.711517
62	25.660843	23.293882	21.274424	19.540356	18.041988	16.739367
63	25.777491	23.380211	21.338406	19.587847	18.077284	16.765638
64	25.890192	23.463219	21.399633	19.633074	18.110743	16.790424
65	25.999083	23.543034	21.458223	19.676147	18.142454	16.813807
66	26.104290	23.619780	21.514292	19.717171	18.172514	16.835863
67	26.205942	23.693575	21.567945	19.756241	18.201006	16.856676
68	26.304153	23.764530	21.619289	19.793447	18.228014	16.876308
69	26.399046	23.832756	21.668423	19.828886	18.253614	16.894829
70	26.490730	23.898357	21.715439	19.862637	18.277878	16.912300
71	26.579311	23.961437	21.760429	19.894777	18.300879	16.928783
72	26.664900	24.022091	21.803484	19.925390	18.322678	16.944336
73	26.747593	24.080412	21.844685	19.954544	18.343342	16.959005
74	26.827490	24.136488	21.884109	19.982309	18.362930	16.972845
75	26.904684	24.190411	21.921839	20.008755	18.381496	16.985903
76	26.979267	24.242256	21.957941	20.033937	18.399092	16.998220
77	27.051331	24.292109	21.992493	20.057924	18.415773	17.009840
78	27.120956	24.340044	22.025553	20.080767	18.431583	17.020802
79	27.188227	24.386133	22.057190	20.102522	18.446569	17.031143
80	27.253222	24.430454	22.087463	20.123241	18.460775	17.040899
81	27.316019	24.473068	22.116436	20.142975	18.474239	17.050106
82	27.376694	24.514042	22.144159	20.161768	18.487003	17.058788
83	27.435318	24.553442	22.170691	20.179667	18.499100	17.066980
84	27.491959	24.591326	22.196077	20.196712	18.510569	17.074709
85	27.546682	24.627752	22.220371	20.212946	18.521437	17.082001
86	27.599556	24.662779	22.243620	20.228407	18.531738	17.088879
87	27.650642	24.696457	22.265867	20.243132	18.541504	17.095366
88	27.700003	24.728840	22.287155	20.257156	18.550760	17.101488
89	27.747690	24.759977	22.307528	20.270512	18.559534	17.107262
90	27.793768	24.789919	22.327024	20.283230	18.567850	17.112711
91	27.838285	24.818707	22.345680	20.295345	18.575731	17.117849
92	27.881300	24.846388	22.363531	20.306883	18.583204	17.122698
93	27.922857	24.873005	22.380613	20.317869	18.590286	17.127274
94	27.963013	24.898598	22.396961	20.328335	18.597000	17.131588
95	28.001806	24.923206	22.412605	20.338303	18.603361	17.135660
96	28.039289	24.946869	22.427576	20.347794	18.609394	17.139500
97	28.075506	24.969620	22.441902	20.356833	18.615110	17.143124
98	28.110498	24.991495	22.455610	20.365442	18.620529	17.146542
99	28.144306	25.012531	22.468727	20.373642	18.625666	17.149767
ewig/perpétuel	29.110249	25.538422	22.760246	20.537630	18.719054	17.203514

Exemples ㊷, ㊹, ㊼, ㊻, ㊼, ㊿, ㊿

51 Tafel
Seite 1

Endwert einer Zeitrente

Dauer	0.5 %	1.0 %	1.5 %	2.0 %
1	1.002706	1.005408	1.008107	1.010801
2	2.010426	2.020871	2.031335	2.041817
3	3.023184	3.046488	3.069911	3.093454
4	4.041007	4.082361	4.124066	4.166124
5	5.063918	5.128593	5.194034	5.260247
6	6.091944	6.185288	6.280051	6.376252
7	7.125110	7.252549	7.382358	7.514578
8	8.163442	8.330483	8.501200	8.675670
9	9.206965	9.419196	9.636825	9.859984
10	10.255706	10.518797	10.789483	11.067984
11	11.309691	11.629393	11.959432	12.300144
12	12.368946	12.751095	13.146930	13.556948
13	13.433497	13.884015	14.352241	14.838887
14	14.503370	15.028263	15.575631	16.146465
15	15.578594	16.183954	16.817371	17.480194
16	16.659193	17.351202	18.077738	18.840599
17	17.745193	18.530123	19.357012	20.228212
18	18.836626	19.720833	20.655472	21.643576
19	19.933516	20.923449	21.973412	23.087248
20	21.035891	22.138092	23.311119	24.559793
21	22.143776	23.364882	24.668892	26.061790
22	23.257200	24.603937	26.047031	27.593828
23	24.376194	25.855387	27.445845	29.156504
24	25.500780	27.119349	28.865639	30.750750
25	26.630989	28.395950	30.306730	32.376244
26	27.766851	29.685318	31.769438	34.034569
27	28.908392	30.987579	33.254086	35.726059
28	30.055639	32.302864	34.761002	37.451385
29	31.208626	33.631302	36.290524	39.211212
30	32.367374	34.973019	37.842987	41.006237
31	33.531918	36.328159	39.418739	42.837158
32	34.702286	37.696854	41.018127	44.704704
33	35.878502	39.079227	42.641502	46.609600
34	37.060600	40.475430	44.289234	48.552593
35	38.248608	41.885593	45.961681	50.534443
36	39.442554	43.309856	47.659210	52.555931
37	40.642475	44.748363	49.382202	54.617851
38	41.848396	46.201256	51.131042	56.721012
39	43.060345	47.668674	52.906116	58.866234
40	44.278351	49.150772	54.707817	61.054356
41	45.502449	50.647690	56.536541	63.286243
42	46.732670	52.159573	58.392696	65.562775
43	47.969036	53.686577	60.276691	67.884827
44	49.211590	55.228851	62.188950	70.253319
45	50.460354	56.786549	64.129890	72.669189
46	51.715359	58.359821	66.099945	75.133377
47	52.976643	59.948830	68.099541	77.646843
48	54.244236	61.553722	70.129143	80.210579
49	55.518162	63.174671	72.189194	82.825592

Beispiel (69)

Valeur finale d'une rente certaine

Durée	0.5 %	1.0 %	1.5 %	2.0 %
50	56.798458	64.811821	74.280136	85.492905
51	58.085155	66.465355	76.402451	88.213562
52	59.378288	68.135414	78.556587	90.988632
53	60.677887	69.822174	80.743042	93.819206
54	61.983986	71.525810	82.962296	96.706390
55	63.296608	73.246475	85.214844	99.651321
56	64.615799	74.984344	87.501167	102.655144
57	65.941582	76.739601	89.821793	105.719048
58	67.273994	78.512398	92.177223	108.844231
59	68.613075	80.302933	94.567986	112.031921
60	69.958839	82.111366	96.994614	115.283363
61	71.311340	83.937897	99.457642	118.599823
62	72.670609	85.782677	101.957611	121.982620
63	74.036667	87.645920	104.495079	125.433075
64	75.409554	89.527786	107.070618	128.952530
65	76.789314	91.428474	109.684784	132.542389
66	78.175957	93.348160	112.338158	136.204025
67	79.569550	95.287056	115.031334	139.938919
68	80.970100	97.245338	117.764915	143.748489
69	82.377655	99.223190	120.539497	147.634262
70	83.792259	101.220833	123.355698	151.597748
71	85.213921	103.238449	126.214134	155.640518
72	86.642693	105.276245	129.115463	159.764114
73	88.078613	107.334419	132.060303	163.970200
74	89.521721	109.413170	135.049301	168.260406
75	90.972031	111.512703	138.083145	172.636414
76	92.429604	113.633240	141.162491	177.099930
77	93.894455	115.774986	144.288055	181.652740
78	95.366631	117.938141	147.460464	186.296585
79	96.846169	120.122932	150.680481	191.033325
80	98.333107	122.329567	153.948807	195.864807
81	99.827477	124.558273	157.266144	200.792892
82	101.329323	126.809265	160.633224	205.819550
83	102.838676	129.082764	164.050842	210.946732
84	104.355576	131.378998	167.519714	216.176483
85	105.880058	133.698196	171.040604	221.510818
86	107.412170	136.040588	174.614334	226.951828
87	108.951935	138.406403	178.241653	232.501663
88	110.499397	140.795868	181.923370	238.162491
89	112.054604	143.209244	185.660339	243.936539
90	113.617584	145.646729	189.453339	249.826080
91	115.188377	148.108627	193.303268	255.833405
92	116.767021	150.595123	197.210907	261.960876
93	118.353569	153.106476	201.177185	268.210876
94	119.948036	155.642944	205.202942	274.585876
95	121.550491	158.204788	209.289108	281.088409
96	123.160942	160.792236	213.436539	287.720978
97	124.779457	163.405563	217.646194	294.486206
98	126.406059	166.045044	221.918991	301.386719
99	128.040802	168.710892	226.255890	308.425293

Endwert einer Zeitrente

Dauer	2.5 %	3.0 %	3.5 %	4.0 %
1	1.013491	1.016177	1.018859	1.021537
2	2.052318	2.062839	2.073377	2.083935
3	3.117117	3.140900	3.164804	3.188829
4	4.208535	4.251304	4.294431	4.337919
5	5.327239	5.395020	5.463595	5.532973
6	6.473911	6.573047	6.673680	6.775829
7	7.649249	7.786415	7.926117	8.068399
8	8.853971	9.036184	9.222390	9.412672
9	10.088811	10.323446	10.564032	10.810715
10	11.354522	11.649326	11.952632	12.264681
11	12.651876	13.014982	13.389833	13.776805
12	13.981663	14.421609	14.877336	15.349414
13	15.344695	15.870433	16.416901	16.984926
14	16.741802	17.362722	18.010349	18.685860
15	18.173838	18.899780	19.659573	20.454832
16	19.641674	20.482950	21.366516	22.294561
17	21.146208	22.113617	23.133202	24.207882
18	22.688354	23.793201	24.961721	26.197735
19	24.269053	25.523174	26.854242	28.267179
20	25.889271	27.305046	28.813000	30.419403
21	27.549992	29.140373	30.840311	32.657715
22	29.252232	31.030762	32.938583	34.985561
23	30.997028	32.977863	35.110291	37.406521
24	32.785442	34.983372	37.358009	39.924320
25	34.618572	37.049053	39.684399	42.542828
26	36.497524	39.176701	42.092213	45.266079
27	38.423454	41.368176	44.584297	48.098259
28	40.397533	43.625401	47.163609	51.043724
29	42.420959	45.950336	49.833191	54.107014
30	44.494976	48.345024	52.596210	57.292828
31	46.620838	50.811550	55.455940	60.606079
32	48.799850	53.352077	58.415756	64.051857
33	51.033340	55.968811	61.479164	67.635475
34	53.322662	58.664051	64.649796	71.362427
35	55.669220	61.440151	67.931389	75.238457
36	58.074440	64.299530	71.327850	79.269539
37	60.539791	67.244698	74.843185	83.461845
38	63.066776	70.278206	78.481552	87.821861
39	65.656937	73.402733	82.247269	92.356270
40	68.311852	76.620995	86.144783	97.072067
41	71.033134	79.935799	90.178711	101.976479
42	73.822456	83.350044	94.353821	107.077080
43	76.681503	86.866730	98.675064	112.381699
44	79.612038	90.488907	103.147552	117.898506
45	82.615822	94.219749	107.776573	123.635979
46	85.694710	98.062523	112.567619	129.602951
47	88.850578	102.020576	117.526337	135.808609
48	92.085327	106.097366	122.658615	142.262497
49	95.400955	110.296463	127.970528	148.974533

Table 51 page 4

Valeur finale d'une rente certaine

Durée	2.5 %	3.0 %	3.5 %	4.0 %
50	98.799461	114.621536	133.468353	155.955048
51	102.282944	119.076363	139.158615	163.214783
52	105.853500	123.664825	145.048019	170.764908
53	109.513336	128.390945	151.143555	178.617035
54	113.264656	133.258850	157.452438	186.783264
55	117.109772	138.272781	163.982132	195.276123
56	121.051003	143.437149	170.740372	204.108719
57	125.090767	148.756454	177.735138	213.294586
58	129.231522	154.235306	184.974716	222.847916
59	133.475815	159.878540	192.467697	232.783371
60	137.826187	165.691086	200.222931	243.116241
61	142.285324	171.677979	208.249588	253.862427
62	146.855957	177.844513	216.557190	265.038452
63	151.540848	184.196014	225.155533	276.661530
64	156.342865	190.738083	234.054855	288.749542
65	161.264923	197.476395	243.265625	301.321045
66	166.310028	204.416870	252.798782	314.395416
67	171.481277	211.565552	262.665588	327.992798
68	176.781799	218.928680	272.877747	342.134033
69	182.214828	226.512741	283.447327	356.840942
70	187.783691	234.324295	294.386841	372.136108
71	193.491776	242.370193	305.709259	388.043091
72	199.342560	250.657471	317.427948	404.586365
73	205.339615	259.193390	329.556763	421.791321
74	211.486603	267.985352	342.110107	439.684540
75	217.787262	277.041077	355.102814	458.293427
76	224.245422	286.368469	368.550262	477.646729
77	230.865051	295.975708	382.468384	497.774139
78	237.650177	305.871155	396.873627	518.706604
79	244.604919	316.063477	411.783081	540.476440
80	251.733536	326.561554	427.214325	563.117004
81	259.040375	337.374603	443.185699	586.663208
82	266.529846	348.511993	459.716064	611.151306
83	274.206604	359.983551	476.824982	636.618896
84	282.075226	371.799225	494.532745	663.105225
85	290.140594	383.969391	512.860229	690.650940
86	298.407623	396.504639	531.829163	719.298523
87	306.881317	409.415955	551.462097	749.091980
88	315.566803	422.714630	571.782104	780.077209
89	324.469513	436.412231	592.813293	812.301819
90	333.594727	450.520782	614.580688	845.815430
91	342.948059	465.052582	637.109802	880.669617
92	352.535278	480.020325	660.427490	916.917969
93	362.362152	495.437134	684.561340	954.616211
94	372.434692	511.316406	709.539917	993.822327
95	382.759033	527.672058	735.392639	1034.596802
96	393.341492	544.518372	762.150208	1077.002197
97	404.188538	561.870117	789.844360	1121.103760
98	415.306763	579.742371	818.507751	1166.969482
99	426.702911	598.150818	848.174377	1214.669800

Exemple ⑲

Tafel Seite 5

Endwert einer Zeitrente

Dauer	4.5 %	5.0 %	5.5 %	6.0 %
1	1.024211	1.026881	1.029548	1.032211
2	2.094512	2.105107	2.115721	2.126354
3	3.212976	3.237244	3.261634	3.286146
4	4.381771	4.425987	4.470572	4.515525
5	5.603162	5.674168	5.746001	5.818668
6	6.879515	6.984758	7.091579	7.199998
7	8.213304	8.360878	8.511164	8.664209
8	9.607114	9.805803	10.008826	10.216272
9	11.063645	11.322974	11.588859	11.861459
10	12.585720	12.916005	13.255795	13.605358
11	14.176289	14.588686	15.014411	15.453890
12	15.838433	16.345001	16.869753	17.413334
13	17.575373	18.189135	18.827135	19.490343
14	19.390476	20.125471	20.892176	21.691977
15	21.287258	22.158627	23.070793	24.025703
16	23.269396	24.293440	25.369236	26.499458
17	25.340731	26.534992	27.794092	29.121635
18	27.505274	28.888624	30.352314	31.901144
19	29.767221	31.359936	33.051239	34.847424
20	32.130959	33.954811	35.898605	37.970482
21	34.601059	36.679436	38.902576	41.280918
22	37.182320	39.540287	42.071770	44.789986
23	39.879738	42.544186	45.415260	48.509598
24	42.698536	45.698277	48.942650	52.452381
25	45.644180	49.010071	52.664043	56.631737
26	48.722382	52.487457	56.590111	61.061848
27	51.939098	56.138714	60.732117	65.757774
28	55.300568	59.972527	65.101929	70.735451
29	58.813305	63.998035	69.712090	76.011787
30	62.484116	68.224815	74.575798	81.604706
31	66.320114	72.662933	79.707016	87.533195
32	70.328728	77.322968	85.120445	93.817398
33	74.517731	82.216003	90.831627	100.478653
34	78.895241	87.353683	96.856911	107.539581
35	83.469734	92.748245	103.213585	115.024170
36	88.250092	98.412537	109.919884	122.957832
37	93.245552	104.360046	116.995026	131.367508
38	98.465805	110.604935	124.459297	140.281754
39	103.920982	117.162064	132.334106	149.730881
40	109.621643	124.047050	140.642029	159.746948
41	115.578827	131.276276	149.406876	170.363983
42	121.804077	138.866974	158.653809	181.618027
43	128.309479	146.837204	168.409332	193.547318
44	135.107620	155.205933	178.701385	206.192368
45	142.211670	163.993118	189.559509	219.596130
46	149.635406	173.219666	201.014832	233.804092
47	157.393204	182.907516	213.100189	248.864563
48	165.500107	193.079773	225.850250	264.828644
49	173.971817	203.760651	239.301575	281.750549

Beispiel 69

Valeur finale d'une rente certaine

Durée	4.5 %	5.0 %	5.5 %	6.0 %
50	182.824768	214.975571	253.492706	299.687805
51	192.076096	226.751236	268.464355	318.701294
52	201.743729	239.115662	284.259430	338.855591
53	211.846420	252.098343	300.923218	360.219147
54	222.403717	265.730133	318.503571	382.864471
55	233.436096	280.043518	337.050812	406.868561
56	244.964935	295.072571	356.618134	432.312897
57	257.012573	310.853088	377.261688	459.283875
58	269.602325	327.422638	399.040649	487.873108
59	282.758667	344.820648	422.017426	518.177734
60	296.507019	363.088531	446.257965	550.300598
61	310.874023	382.269807	471.831665	584.350830
62	325.887573	402.410248	498.811981	620.444092
63	341.576721	423.557617	527.276184	658.703003
64	357.971863	445.762390	557.305908	699.257324
65	375.104828	469.077423	588.987244	742.244995
66	393.008759	493.558136	622.411133	787.811890
67	411.718353	519.262939	657.673279	836.112854
68	431.269928	546.252930	694.874878	887.311829
69	451.701233	574.592468	734.122559	941.582703
70	473.052032	604.348999	775.528809	999.109863
71	495.363586	635.593323	819.212463	1060.088745
72	518.679138	668.399902	865.298706	1124.726318
73	543.043884	702.846741	913.919678	1193.241943
74	568.505066	739.015930	965.214783	1265.868774
75	595.112061	776.993652	1019.331116	1342.853149
76	622.916260	816.870178	1076.423950	1424.456421
77	651.971802	858.740601	1136.656738	1510.956055
78	682.334717	902.704529	1200.202515	1602.645630
79	714.063965	948.866638	1267.243164	1699.836670
80	747.221069	997.336853	1337.971069	1802.859009
81	781.870178	1048.230591	1412.589111	1912.062744
82	818.078613	1101.668945	1491.311035	2027.818726
83	855.916382	1157.779927	1574.362671	2150.520020
84	895.456787	1216.695190	1661.982056	2280.583496
85	936.776550	1278.556763	1754.420654	2418.450684
86	979.955688	1343.511475	1851.943237	2564.589844
87	1025.078003	1411.713867	1954.829834	2719.497559
88	1072.230713	1483.326538	2063.375000	2883.699707
89	1121.505127	1558.519653	2177.890137	3057.753906
90	1172.997070	1637.472656	2298.703613	3242.251221
91	1226.806274	1720.373169	2426.161865	3437.818604
92	1283.036621	1807.418579	2560.630371	3645.120117
93	1341.797607	1898.816528	2702.494385	3864.859375
94	1403.202637	1994.784302	2852.161377	4097.783203
95	1467.370972	2095.550293	3010.059814	4344.682129
96	1534.427002	2201.354492	3176.642578	4606.395508
97	1604.500366	2312.449219	3352.387207	4883.811523
98	1677.727051	2429.098389	3537.798340	5177.872559
99	1754.249146	2551.580322	3733.406738	5489.577148

Reziproker Barwert einer Zeitrente

Dauer	0.5 %	1.0 %	1.5 %	2.0 %	2.5 %	3.0 %
1	1.002288	1.004567	1.006838	1.009101	1.011356	1.013603
2	0.502394	0.504782	0.507167	0.509546	0.511921	0.514291
3	0.335764	0.338193	0.340622	0.343050	0.345476	0.347902
4	0.252450	0.254902	0.257359	0.259818	0.262280	0.264744
5	0.202462	0.204931	0.207408	0.209891	0.212382	0.214879
6	0.169138	0.171620	0.174114	0.176618	0.179133	0.181659
7	0.145335	0.147829	0.150337	0.152861	0.155399	0.157951
8	0.127484	0.129987	0.132510	0.135051	0.137611	0.140189
9	0.113600	0.116112	0.118648	0.121206	0.123787	0.126389
10	0.102493	0.105014	0.107562	0.110137	0.112738	0.115364
11	0.093406	0.095935	0.098495	0.101086	0.103707	0.106357
12	0.085834	0.088371	0.090943	0.093549	0.096189	0.098863
13	0.079427	0.081971	0.084555	0.087177	0.089836	0.092533
14	0.073936	0.076487	0.079082	0.081719	0.084398	0.087117
15	0.069177	0.071736	0.074342	0.076994	0.079691	0.082433
16	0.065013	0.067579	0.070196	0.072863	0.075579	0.078344
17	0.061340	0.063912	0.066540	0.069222	0.071957	0.074743
18	0.058075	0.060654	0.063293	0.065989	0.068743	0.071551
19	0.055153	0.057739	0.060389	0.063100	0.065872	0.068703
20	0.052524	0.055117	0.057777	0.060503	0.063293	0.066146
21	0.050146	0.052745	0.055416	0.058157	0.060965	0.063839
22	0.047984	0.050590	0.053271	0.056026	0.058853	0.061749
23	0.046010	0.048623	0.051315	0.054084	0.056928	0.059846
24	0.044201	0.046820	0.049523	0.052306	0.055169	0.058107
25	0.042537	0.045162	0.047875	0.050673	0.053553	0.056514
26	0.041001	0.043633	0.046356	0.049168	0.052066	0.055048
27	0.039579	0.042217	0.044951	0.047777	0.050693	0.053696
28	0.038258	0.040903	0.043647	0.046488	0.049421	0.052445
29	0.037029	0.039680	0.042435	0.045289	0.048240	0.051285
30	0.035882	0.038540	0.041304	0.044173	0.047142	0.050207
31	0.034809	0.037473	0.040248	0.043131	0.046117	0.049203
32	0.033803	0.036474	0.039259	0.042155	0.045159	0.048266
33	0.032858	0.035535	0.038331	0.041241	0.044262	0.047390
34	0.031969	0.034653	0.037458	0.040383	0.043421	0.046569
35	0.031131	0.033821	0.036637	0.039575	0.042630	0.045798
36	0.030340	0.033036	0.035862	0.038814	0.041887	0.045075
37	0.029591	0.032293	0.035130	0.038095	0.041185	0.044393
38	0.028882	0.031591	0.034437	0.037416	0.040523	0.043752
39	0.028210	0.030924	0.033781	0.036774	0.039898	0.043146
40	0.027571	0.030292	0.033158	0.036165	0.039306	0.042574
41	0.026963	0.029690	0.032567	0.035588	0.038745	0.042032
42	0.026385	0.029118	0.032005	0.035039	0.038213	0.041520
43	0.025833	0.028573	0.031470	0.034517	0.037708	0.041034
44	0.025307	0.028053	0.030959	0.034020	0.037228	0.040574
45	0.024804	0.027556	0.030473	0.033547	0.036771	0.040136
46	0.024323	0.027081	0.030008	0.033096	0.036337	0.039720
47	0.023863	0.026627	0.029564	0.032665	0.035922	0.039324
48	0.023422	0.026192	0.029139	0.032253	0.035527	0.038948
49	0.022999	0.025775	0.028732	0.031860	0.035149	0.038589

Beispiel (70)

Valeur actuelle réciproque d'une rente certaine

Durée	0.5 %	1.0 %	1.5 %	2.0 %	2.5 %	3.0 %
50	0.022593	0.025375	0.028342	0.031483	0.034789	0.038247
51	0.022203	0.024992	0.027968	0.031122	0.034444	0.037920
52	0.021828	0.024623	0.027609	0.030777	0.034114	0.037609
53	0.021467	0.024268	0.027264	0.030445	0.033799	0.037311
54	0.021120	0.023927	0.026933	0.030127	0.033496	0.037027
55	0.020785	0.023599	0.026614	0.029821	0.033206	0.036755
56	0.020463	0.023282	0.026308	0.029528	0.032928	0.036494
57	0.020151	0.022977	0.026013	0.029245	0.032661	0.036245
58	0.019851	0.022683	0.025728	0.028974	0.032405	0.036006
59	0.019561	0.022399	0.025454	0.028712	0.032159	0.035777
60	0.019281	0.022125	0.025189	0.028461	0.031923	0.035558
61	0.019010	0.021860	0.024934	0.028218	0.031695	0.035347
62	0.018747	0.021604	0.024687	0.027984	0.031477	0.035145
63	0.018493	0.021356	0.024449	0.027759	0.031266	0.034951
64	0.018247	0.021116	0.024219	0.027541	0.031063	0.034765
65	0.018009	0.020884	0.023996	0.027331	0.030868	0.034586
66	0.017778	0.020659	0.023781	0.027128	0.030680	0.034414
67	0.017554	0.020441	0.023573	0.026932	0.030499	0.034249
68	0.017337	0.020229	0.023371	0.026743	0.030324	0.034090
69	0.017126	0.020024	0.023175	0.026560	0.030155	0.033937
70	0.016921	0.019826	0.022986	0.026383	0.029993	0.033790
71	0.016722	0.019633	0.022802	0.026211	0.029835	0.033648
72	0.016528	0.019445	0.022624	0.026046	0.029684	0.033512
73	0.016340	0.019263	0.022452	0.025885	0.029537	0.033381
74	0.016157	0.019086	0.022284	0.025729	0.029396	0.033254
75	0.015979	0.018914	0.022121	0.025579	0.029259	0.033132
76	0.015806	0.018746	0.021963	0.025433	0.029127	0.033014
77	0.015637	0.018584	0.021810	0.025291	0.028999	0.032901
78	0.015472	0.018425	0.021661	0.025154	0.028875	0.032792
79	0.015312	0.018271	0.021516	0.025021	0.028755	0.032686
80	0.015156	0.018121	0.021375	0.024892	0.028640	0.032585
81	0.015004	0.017975	0.021238	0.024767	0.028528	0.032486
82	0.014855	0.017832	0.021105	0.024645	0.028419	0.032392
83	0.014710	0.017693	0.020975	0.024527	0.028314	0.032300
84	0.014569	0.017558	0.020849	0.024412	0.028212	0.032212
85	0.014431	0.017426	0.020726	0.024301	0.028114	0.032127
86	0.014296	0.017297	0.020606	0.024193	0.028018	0.032044
87	0.014165	0.017171	0.020490	0.024087	0.027926	0.031965
88	0.014036	0.017049	0.020376	0.023985	0.027836	0.031888
89	0.013911	0.016929	0.020266	0.023886	0.027749	0.031814
90	0.013788	0.016812	0.020158	0.023789	0.027665	0.031742
91	0.013668	0.016698	0.020053	0.023695	0.027583	0.031673
92	0.013551	0.016587	0.019950	0.023604	0.027504	0.031606
93	0.013436	0.016478	0.019850	0.023515	0.027427	0.031541
94	0.013323	0.016371	0.019753	0.023428	0.027352	0.031478
95	0.013214	0.016267	0.019657	0.023344	0.027280	0.031418
96	0.013106	0.016165	0.019565	0.023262	0.027210	0.031359
97	0.013001	0.016066	0.019474	0.023182	0.027141	0.031302
98	0.012898	0.015969	0.019386	0.023104	0.027075	0.031247
99	0.012797	0.015874	0.019299	0.023029	0.027011	0.031194
ewig/perpétuel	0.004987	0.009946	0.014879	0.019786	0.024667	0.029522

Exemple ⑦⓪

Reziproker Barwert einer Zeitrente

Dauer	3.5 %	4.0 %	4.5 %	5.0 %	5.5 %	6.0 %
1	1.015843	1.018074	1.020297	1.022513	1.024722	1.026922
2	0.516657	0.519018	0.521375	0.523726	0.526074	0.528416
3	0.350327	0.352751	0.355174	0.357596	0.360016	0.362436
4	0.267212	0.269682	0.272154	0.274629	0.277107	0.279586
5	0.217382	0.219891	0.222407	0.224928	0.227456	0.229988
6	0.184195	0.186740	0.189295	0.191860	0.194434	0.197017
7	0.160517	0.163097	0.165690	0.168296	0.170914	0.173545
8	0.142784	0.145396	0.148026	0.150672	0.153333	0.156011
9	0.129013	0.131658	0.134322	0.137007	0.139711	0.142434
10	0.118016	0.120692	0.123391	0.126114	0.128860	0.131628
11	0.109036	0.111742	0.114477	0.117237	0.120024	0.122836
12	0.101568	0.104306	0.107074	0.109872	0.112699	0.115555
13	0.095265	0.098032	0.100834	0.103669	0.106536	0.109435
14	0.089876	0.092673	0.095508	0.098379	0.101286	0.104228
15	0.085218	0.088045	0.090913	0.093820	0.096766	0.099750
16	0.081154	0.084011	0.086911	0.089854	0.092839	0.095864
17	0.077580	0.080466	0.083398	0.086377	0.089400	0.092466
18	0.074413	0.077328	0.080293	0.083307	0.086368	0.089475
19	0.071590	0.074533	0.077530	0.080579	0.083678	0.086824
20	0.069059	0.072030	0.075059	0.078142	0.081278	0.084464
21	0.066777	0.069777	0.072837	0.075954	0.079127	0.082352
22	0.064712	0.067740	0.070831	0.073982	0.077190	0.080454
23	0.062834	0.065890	0.069012	0.072196	0.075441	0.078742
24	0.061120	0.064204	0.067356	0.070574	0.073854	0.077193
25	0.059551	0.062662	0.065845	0.069095	0.072410	0.075786
26	0.058110	0.061248	0.064461	0.067743	0.071092	0.074505
27	0.056782	0.059947	0.063190	0.066504	0.069887	0.073335
28	0.055555	0.058748	0.062019	0.065365	0.068782	0.072265
29	0.054419	0.057639	0.060939	0.064317	0.067766	0.071284
30	0.053365	0.056611	0.059940	0.063349	0.066831	0.070382
31	0.052384	0.055657	0.059015	0.062453	0.065967	0.069552
32	0.051471	0.054769	0.058155	0.061624	0.065170	0.068787
33	0.050618	0.053942	0.057356	0.060854	0.064431	0.068080
34	0.049820	0.053170	0.056611	0.060139	0.063746	0.067427
35	0.049073	0.052448	0.055917	0.059473	0.063110	0.066821
36	0.048372	0.051772	0.055268	0.058852	0.062519	0.066261
37	0.047713	0.051138	0.054661	0.058273	0.061969	0.065740
38	0.047094	0.050543	0.054092	0.057732	0.061456	0.065256
39	0.046511	0.049984	0.053559	0.057226	0.060978	0.064806
40	0.045961	0.049458	0.053059	0.056753	0.060532	0.064388
41	0.045441	0.048963	0.052588	0.056309	0.060115	0.063997
42	0.044951	0.048496	0.052146	0.055892	0.059725	0.063634
43	0.044486	0.048055	0.051730	0.055501	0.059359	0.063294
44	0.044047	0.047639	0.051338	0.055134	0.059017	0.062978
45	0.043631	0.047245	0.050968	0.054789	0.058697	0.062681
46	0.043236	0.046873	0.050619	0.054464	0.058396	0.062405
47	0.042861	0.046520	0.050290	0.054158	0.058114	0.062146
48	0.042505	0.046186	0.049979	0.053870	0.057849	0.061904
49	0.042166	0.045869	0.049684	0.053599	0.057600	0.061677

Valeur actuelle réciproque d'une rente certaine

Durée	3.5 %	4.0 %	4.5 %	5.0 %	5.5 %	6.0 %
50	0.041845	0.045569	0.049406	0.053343	0.057366	0.061464
51	0.041538	0.045284	0.049143	0.053101	0.057146	0.061265
52	0.041246	0.045013	0.048893	0.052873	0.056939	0.061079
53	0.040968	0.044755	0.048657	0.052658	0.056745	0.060904
54	0.040703	0.044510	0.048433	0.052454	0.056561	0.060740
55	0.040450	0.044278	0.048220	0.052262	0.056388	0.060585
56	0.040209	0.044056	0.048018	0.052080	0.056226	0.060441
57	0.039979	0.043845	0.047827	0.051908	0.056072	0.060305
58	0.039758	0.043644	0.047645	0.051745	0.055928	0.060177
59	0.039548	0.043453	0.047473	0.051591	0.055791	0.060058
60	0.039347	0.043270	0.047309	0.051445	0.055662	0.059945
61	0.039154	0.043096	0.047153	0.051307	0.055541	0.059839
62	0.038970	0.042930	0.047005	0.051176	0.055426	0.059739
63	0.038794	0.042771	0.046864	0.051052	0.055318	0.059646
64	0.038625	0.042620	0.046730	0.050934	0.055216	0.059558
65	0.038463	0.042475	0.046602	0.050823	0.055119	0.059475
66	0.038308	0.042337	0.046481	0.050717	0.055028	0.059397
67	0.038159	0.042206	0.046365	0.050617	0.054942	0.059324
68	0.038017	0.042080	0.046255	0.050522	0.054861	0.059255
69	0.037880	0.041959	0.046150	0.050431	0.054784	0.059190
70	0.037749	0.041844	0.046050	0.050346	0.054711	0.059129
71	0.037623	0.041734	0.045955	0.050264	0.054642	0.059071
72	0.037502	0.041628	0.045864	0.050187	0.054577	0.059017
73	0.037387	0.041528	0.045778	0.050114	0.054516	0.058966
74	0.037275	0.041431	0.045695	0.050044	0.054458	0.058918
75	0.037168	0.041339	0.045617	0.049978	0.054403	0.058872
76	0.037065	0.041250	0.045542	0.049915	0.054351	0.058830
77	0.036967	0.041166	0.045470	0.049856	0.054301	0.058790
78	0.036872	0.041085	0.045402	0.049799	0.054255	0.058752
79	0.036781	0.041007	0.045337	0.049745	0.054211	0.058716
80	0.036693	0.040933	0.045275	0.049694	0.054169	0.058682
81	0.036609	0.040861	0.045215	0.049645	0.054129	0.058651
82	0.036527	0.040793	0.045159	0.049599	0.054092	0.058621
83	0.036449	0.040727	0.045105	0.049555	0.054057	0.058593
84	0.036374	0.040665	0.045053	0.049513	0.054023	0.058566
85	0.036302	0.040605	0.045004	0.049473	0.053991	0.058541
86	0.036232	0.040547	0.044957	0.049435	0.053961	0.058518
87	0.036166	0.040492	0.044912	0.049399	0.053933	0.058495
88	0.036101	0.040439	0.044869	0.049365	0.053906	0.058474
89	0.036039	0.040388	0.044828	0.049333	0.053881	0.058455
90	0.035979	0.040339	0.044789	0.049302	0.053857	0.058436
91	0.035922	0.040292	0.044751	0.049272	0.053834	0.058419
92	0.035866	0.040247	0.044716	0.049244	0.053812	0.058402
93	0.035813	0.040204	0.044682	0.049218	0.053792	0.058386
94	0.035762	0.040163	0.044649	0.049192	0.053772	0.058372
95	0.035712	0.040123	0.044618	0.049168	0.053754	0.058358
96	0.035664	0.040085	0.044588	0.049145	0.053736	0.058345
97	0.035618	0.040049	0.044560	0.049124	0.053720	0.058332
98	0.035574	0.040014	0.044532	0.049103	0.053704	0.058321
99	0.035531	0.039980	0.044506	0.049083	0.053689	0.058310
ewig/perpétuel	0.034352	0.039157	0.043936	0.048691	0.053422	0.058128

Anhang

		Seite
I.	Literaturverzeichnis	652
II.	Entscheidungsregister	657
III.	Mathematische Beschreibung der Tafeln	
	A. Rechnungsgrundlagen	664
	B. Formeln zum Textteil	665
	C. Formeln zu den Tafeln	667
IV.	Abkürzungsverzeichnis	672
V.	Sachregister	674

I. Literaturverzeichnis
(weitere Literaturhinweise im Text)

AMREIN Urs-Peter, CHUARD Claude, WECHSLER Martin: Kosten und Reserven für BVG- und Pensionskassenleistungen (Barwerttafeln), Zug 1988

BERICHT und Entwurf zu einem Allgemeinen Teil der Sozialversicherung, Beiheft zur SZS, Bern 1984

BREHM Roland: Berner Kommentar zum Obligationenrecht (OR 41–61), Allgemeine Bestimmungen:
- 1. Lieferung (Art. 41–44 OR), Bern 1986
- 2. Lieferung (Art. 45–48 OR), Bern 1987

BÜHLER Walter/SPÜHLER Karl: Berner Kommentar zum Familienrecht, Die Ehescheidung (ZGB 137–158), 3. Auflage, Bern 1980

BUNDESAMT FÜR SOZIALVERSICHERUNG: Invaliditätsstatistik (Invalide Rentner und Bezüger von Hilflosenentschädigungen), Bern 1987

BUNDESAMT FÜR STATISTIK:
- Schweizerische Sterbetafel 1978/1983, (Grundzahlen und Nettowerte), Statistische Quellenwerke, Heft 779, Bern 1985
- Schweizerische Sterbetafel 1978/1983, (Sterblichkeit nach Todesursachen/Ausscheide- und Überlebensordnungen nach Zivilstand), Statistische Berichte Nr. 150, Bern 1988
- Eidg. Volkszählung 1980, (Erwerbstätigkeit), Statistische Quellenwerke, Heft 709, Band 9, Bern 1985
- Die Scheidungen in der Schweiz seit 1967, Statistische Hefte, Bern 1985
- Die Wiederverheiratung der Geschiedenen, Statistische Hefte, Bern 1985

BUSSY André: La *dépréciation* de la monnaie et son influence sur le mode d'indemnisation et le calcul des dommages-intérêts en matière extra-contractuelle, Juristische Schriften des Touring Clubs Nr. 5, Genf 1974

ders.: L'indemnisation des *lésions corporelles* de la femme mariée, in Festschrift Assista 1968–1978, Genf 1979, S. 147–196

DESCHENAUX Henri/STEINAUER Paul-Henri: Le nouveau droit matrimonial, Bern 1987

DESCHENAUX Henri/TERCIER Pierre: La responsabilité civile, 2. Auflage, Bern 1982

DRUEY Jean Nicolas: Das neue Erbrecht und seine Übergangsordnung, in: Vom alten zum neuen Erbrecht, Bern 1986, S. 167–179

ENGEL Pierre: Traité des obligations en droit suisse, Neuchâtel 1973

GEISER Thomas: Artikel 473 ZGB und das neue Eherecht, in ZBJV 122/1986, S. 126–132

GERBER Hans U.: Lebensversicherungsmathematik, Vereinigung schweizerischer Versicherungsmathematiker, Berlin 1986

GIRSBERGER Andreas: Die Ehefrau als Versorgerin des Ehemannes im Haftpflichtrecht, in SJZ 61/1965 S. 273–276

GIOJA Melchiore: Dell'ingiuria dei danni del soddisfacimento e relative basi di stima avanti i tribunali civili, Milano 1829

GIOVANNONI Pierre: Le dommage indirect en droit suisse de la responsabilité civile, comparé aux droits allemand et français, in ZSR 96/1977 I S. 31−64

GRAF André/SZÖLLÖSY Paul: La capitalisation de l'arrêt Blein: une inadvertance? in SJZ 81/1985 S. 225−229

GREDIG Werner: Technische Grundlagen der Invalidenversicherung, in Mitteilungen der Vereinigung schweizerischer Versicherungsmathematiker, 1987, Heft 2, S. 171−180

GUHL Theo/MERZ Hans/KUMMER Max: Das Schweizerische Obligationenrecht mit Einschluss des Handels- und Wertpapierrechts, 7. Auflage, Zürich 1980

GULDENER Max: Schweizerisches Zivilprozessrecht, 3. Auflage, Zürich 1979

HAUSHEER Heinz: Neuere Tendenzen der bundesgerichtlichen Rechtsprechung im Bereiche der Ehescheidung, in Festschrift für Cyril Hegnauer, Bern 1986, S. 167−185

HAUSHEER Heinz/GEISER Thomas: Güterrechtliche Sonderprobleme, in: Vom alten zum neuen Eherecht, Bern 1986, S. 79−110

HEGNAUER Cyril: Grundriss des Eherechts, 2. Auflage, Bern 1987

HELBLING Carl: Personalvorsorge und BVG, 3. Auflage, Bern 1987

HERZOG Bernd: Die Überlebensordnungen AHV VI und AHV VIbis, in Mitteilungen der Vereinigung schweizerischer Versicherungsmathematiker, 1987, Heft 2, S. 147−170

IM OBERSTEG Christoph Benedikt: Die Berücksichtigung der Geldentwertung im schweizerischen Privatrecht, Diss. Basel 1978

JERMANN Ignaz: Die Unterhaltsansprüche des geschiedenen Ehegatten nach Art. 151 Abs. 1 und Art. 152 ZGB, Diss. Bern 1980

KELLER Alfred: Haftpflicht im Privatrecht, Band I, 4. Auflage, Bern 1979; Band II (Schadenberechnung/Genugtuung/Ersatzpflicht mehrerer/Verjährung), 1. Auflage, Bern 1987

KELLER Max: Die Anwendung obligationenrechtlicher Regeln auf den Anspruch gemäss Art. 151 I ZGB, in Festschrift für Cyril Hegnauer, Bern 1986, S. 215−230

KELLER Max/GABI Sonja: Das Schweizerische Schuldrecht, Band II, Haftpflichtrecht, 2. Auflage, Basel/Frankfurt a. M. 1988

KELLER Max/LANDMANN Valentin: Haftpflichtrecht. Ein Grundriss in Tafeln, 2. Auflage, Zürich 1980

KUHN Rolf: Die Anrechnung von Vorteilen im Haftpflichtrecht, St. Galler Studien zum Privat-, Handels- und Wirtschaftsrecht, Bern 1987

MASSHARD Heinz: Kommentar zur direkten Bundessteuer, 2. Auflage, Zürich 1985

MAURER Alfred: Schweizerisches *Sozialversicherungsrecht,* Band I: Allgemeiner Teil, Bern 1979; Band II: Besonderer Teil (Sozialversicherungszweige), Bern 1981

ders: Schweizerisches *Unfallversicherungsrecht,* Bern 1985

ders.: *Kumulation* und Subrogation in der Sozial- und Privatversicherung. Ein Beitrag zur Harmonisierung der Gesetzgebung, Bern 1975

LITERATURVERZEICHNIS

MERZ Hans: Obligationenrecht, Allgemeiner Teil, in: Schweizerisches Privatrecht, Band VI/1, Basel/Frankfurt a. M. 1984

METZLER Martin: Die Unterhaltsverträge nach dem neuen Kindesrecht (Art. 287 und 288 ZGB), Diss. Freiburg 1980

NÄF-HOFMANN Marlies und Heinz: Das neue Ehe- und Erbrecht im Zivilgesetzbuch, Zürich 1986

NAEGELI Wolfgang: Handbuch des Liegenschaftenschätzers, 2. Auflage, Zürich 1980

NEHLS Jürgen: Kapitalisierungstabellen, Systematische Darstellung der Kapitalisierung und Verrentung (mit Beispielen sowie Tabellenwerk), Berlin 1977

NEURY J.-E.: Die Wiederverheiratung der Geschiedenen, Bundesamt für Statistik, Statistische Hefte, 01005, Bern 1985

ders.: Die Scheidungen in der Schweiz seit 1967, Bundesamt für Statistik, Statistische Hefte, 01001, Bern 1985

OFTINGER Karl: Schweizerisches Haftpflichtrecht, Band I: Allgemeiner Teil, 4. Auflage, Zürich 1975

PICCARD Paul: Kapitalisierung von periodischen Leistungen, 6. Auflage, Bern 1956

REUSSER Ruth: Unterhaltspflicht, Unterstützungspflicht, Kindesvermögen, in: Das neue Kindesrecht, Berner Tage für die juristische Praxis 1977, S. 61–83

RIEMER Hans Michael: Das Recht der beruflichen Vorsorge in der Schweiz, Bern 1985

RUSCONI Baptiste: Note sur la perte de soutien de la veuve et le droit de recours de l'AVS, in JT 1984 I 458–462

ders.: L'imputation des avantages dans l'indemnisation du dommage consécutif au décès, Strassenverkehrsrechts-Tagung, Freiburg 1986

SCHAER Roland: Grundzüge des Zusammenwirkens von Schadenausgleichsystemen, Basel/Frankfurt a. M. 1984

SCHAETZLE Marc: *Personalvorsorge* und Haftpflichtrecht in Konkurrenz, Diss. Zürich 1972

ders.: Berner Kommentar zum Obligationenrecht (OR 516–529), Der *Leibrentenvertrag* und die Verpfründung, 2. Auflage, Bern 1978

SCHMID Edgar: Die Leistungen des Versicherers und die Ansprüche der Geschädigten, Strassenverkehrsrechts-Tagung, Freiburg 1984

SCHNEIDER Rudolf/SCHLUND Gerhard/HAAS Albert: Kapitalisierungs- und Verrentungstabellen, Heidelberg 1977

SCHWARZENBACH René: Die Vererblichkeit der Leistungen bei Scheidung (Art. 151 und 152 ZGB), Diss. Zürich 1987

SECRÉTAN Roger: Note sur l'arrêt Hirschberg c. Blanc et consorts, in JT 1960 I 335–341

SOLDAN Charles: La responsabilité des fabricants et autres chefs d'exploitations industrielles, 2. Auflage, Lausanne 1903

STARK Emil: Ausservertragliches Haftpflichtrecht. Skriptum, 2. Auflage, Zürich 1988

ders.: Berechnung des Versorgerschadens (ausgewählte Fragen), in ZSR 105/1986 S. 337–378

STAUFFER Wilhelm/SCHAETZLE Theo: Barwerttafeln, 3. Auflage, Zürich 1970

dies.: Die Berücksichtigung der Teuerung bei der Bestimmung von Invaliditäts- und Versorgungsschäden, in SJZ 71/1975 S. 120

STEIN Peter: Probleme des *Regressrechts* der AHV/IV gegenüber dem Haftpflichtigen und die Stellung des Geschädigten, in Festschrift Assista 1968–1978, Genf 1979, S. 315–332

ders.: Die *Vorteilsanrechnung,* insbesondere bei Versicherungsleistungen, in SVZ 1986, S. 241–256 und 269–288

ders.: Wird die zukünftige Erwerbseinbusse des Geschädigten bzw. seiner Hinterlassenen bei Körperverletzung und Tötung ausreichend entschädigt? in ZBJV 90/1954 S. 396–399

ders.: Einige Bemerkungen zur neueren Haftpflicht- und Sozialversicherungspraxis des Bundesgerichts, in SJZ 57/1961 S. 105–110

ders.: Die zutreffende Rententafel, in SJZ 67/1971 S. 49–53

STEIN Peter/RENNHARD Josef: Unfall, was nun? Ein Handbuch für Versicherte, Glattbrugg 1984

STEINAUER Paul-Henri: L'art. 473 al. 3 CC: Droit actuel et projet de révision, in ZSR 1980 I 341–377

STETTLER Martin: Le droit suisse de la filiation, in: Traité de droit privé suisse, vol. III, tome II, 1, Fribourg 1987

STOESSEL Gerhard: Das Regressrecht der AHV/IV gegen den Haftpflichtigen, Diss. Zürich 1982

STREIT Toni/GREDIG Werner: Herleitung einer Aktivitätsordnung auf Grund der Erfahrungen bei der IV, in Mitteilungen der Vereinigung schweizerischer Versicherungsmathematiker, 1984, Heft 2, S. 131–148

SZÖLLÖSY Paul: Die Berechnung des *Invaliditätsschadens* im Haftpflichtrecht europäischer Länder, Zürich 1970

ders.: Der Richter und die *Teuerung:* Die ausservertragliche Schadenersatzpraxis, in ZBJV 112/1976 S. 20–41

Von TUHR Andreas/ESCHER Arnold: Allgemeiner Teil des Schweizerischen Obligationenrechts, 2. Band, 3. Auflage, Zürich 1974, Supplement 1984

Von TUHR Andreas/PETER Hans: Allgemeiner Teil des Schweizerischen Obligationenrechts, 1. Band, 3. Auflage, Zürich 1974/79, Supplement 1984

VAVERKA J.: Weitere Überlegungen zum Entscheid i. S. Blein, in SJZ 81/1985 S. 370–372

WEBER Rolf: Berner Kommentar zum Obligationenrecht, Allgemeine Bestimmungen (OR 68–96), Bern 1983

LITERATURVERZEICHNIS

Wegleitung der SUVA durch die Unfallversicherung, Luzern 1984

Wegleitung der Privatversicherer zur obligatorischen Unfallversicherung, Zürich 1985

Wussow Werner/Küppersbusch Gerhard: Ersatzansprüche bei Personenschäden. Eine praxisbezogene Anleitung, 4. Auflage, München 1986

Zen-Ruffinen Piermarco: La perte de soutien, Bern 1979

ders.: Note sur l'arrêt Blein, in JT 1983 I 194–203

ders.: Les dommages consécutifs au décès, Strassenverkehrsrechts-Tagung, Freiburg 1986

ders.: Le mensonge du nominalisme ou quelques réflexions sur l'indexation des rentes alimentaires et des rentes indemnitaires, in Hommage à Raymond Jeanprêtre, Neuchâtel 1982, S. 141–158

Zuppinger Ferdinand: Zürcher Steuergesetze, Band II, 2. Auflage, Zürich 1987

II. Entscheidungsregister

Die Zahlen verweisen auf Randnoten (N), ◯ auf Beispiele.

1. Bundesgericht

a) Publizierte Entscheide

BGE 113 II 345	(1a) (4) (5a) (7) (8) (27) (28) (31) 24, 593, 633, 636, 640, 670, 681, 689, 701, 716, 978, 1002, 1003, 1078, 1215
BGE 113 II 323	(20a) (20b) (21a) (21b) (21c) (34) – (39) 636, 653, 766, 769, 779, 783, 817, 818, 828, 854, 855, 858, 865, 1133, 1137
BGE 113 II 209	(54) 1081
BGE 113 II 86	569, 573, 625, 681
BGE 113 III 10	(61) (68)
BGE 112 II 226	663
BGE 112 II 199	(44)
BGE 112 II 167	573
BGE 112 II 118	(1a) (1b) (16) (20a) (32) (33) 574, 581, 607, 660, 663, 732, 768, 795, 1137, 1194, 1197
BGE 112 II 87	(20b) (25) (37) 767, 788
BGE 112 Ib 514	(53) (65)
BGE 111 II 305	(42)
BGE 111 II 295	(6) (12) 690
BGE 111 II 260	(55) (56)
BGE 110 II 455	(2a) 704 (n. p. Erw. in JT 1985 I S. 429)
BGE 110 II 423	(1a) (20a) 633, 978 (n. p. Erw. in JT 1985 I S. 424)
BGE 110 II 225	(42)
BGE 110 V 242	(42) (43)
BGE 109 II 371	(44)
BGE 109 II 286	(42)
BGE 109 II 188	(40)

BGE 109 II 184	(42)
BGE 109 II 87	(42)
BGE 109 II 65	(25) 788, 872
BGE 109 Ib 26	(65)
BGE 108 II 434	(7) (20a) (22) (25) (27) (31) (36) 24, 639, 766, 767, 778, 788, 792, 794, 843, 864, 1001, 1188
BGE 108 II 422	(5a) (13) (14a) (14b)
BGE 108 II 30	(41)
BGE 107 II 489	604, 1141
BGE 107 II 465	(44)
BGE 107 II 396	(66)
BGE 107 II 226	(55)
BGE 105 II 166	(41)
BGE 105 V 29	601
BGE 104 II 307	(1a) (12) (15) (19b) (20a) 548
BGE 104 V 79	1291
BGE 102 II 90	(29) (30) (35) 766, 767, 785, 798, 843, 1188
BGE 102 II 33	(1a) 690
BGE 101 II 346	(24) (34)–(36) (38) 800, 1132, 1136
BGE 101 II 257	(30) (35) 827, 853, 1138
BGE 101 V 43, 96, 100	1291
BGE 100 II 352	(5a)(12) 694
BGE 100 II 298	(9a) 696
BGE 100 II 245	(40) (41) 1140
BGE 100 II 1	786
BGE 99 II 221	(8) 705
BGE 99 II 214	(13) 666, 672, 679, 723
BGE 99 II 207	(20a) (22) (36) 768, 789
BGE 98 II 313	(56) (68)
BGE 98 II 257	(47)
BGE 98 II 129	(3) (19b)
BGE 97 II 259	752, 789
BGE 97 II 123	(24) (36) (38) 851, 883, 1138
BGE 96 II 446	607, 653, 1132, 1135, 1136
BGE 96 II 355	(19b) 1188, 1197
BGE 95 II 582	(1c) (19a) (38) 565, 574

ENTSCHEIDUNGSREGISTER

BGE 95 II 411	768, 789, 844, 858
BGE 95 II 255	⑨a
BGE 94 II 217	㊸
BGE 93 I 586	768, 778
BGE 93 II 407	⑲b
BGE 93 II 290	1081
BGE 93 II 71	891
BGE 91 II 218	843
BGE 91 II 94	㊿
BGE 90 II 184	④ 690
BGE 90 II 79	564, 774, 797, 800
BGE 89 II 287	㊴ ㊻
BGE 89 II 23	⑮ 762
BGE 88 II 455	766
BGE 86 II 154	950
BGE 86 II 41	644
BGE 86 II 7	21, 620, 625, 723, 938, 950, 968, 1048, 1068
BGE 85 II 256	564
BGE 84 II 292	㊱ 723, 864
BGE 84 II 1	㊸
BGE 82 II 132	㉖
BGE 82 II 36	767
BGE 82 II 25	728
BGE 81 II 587	㊵
BGE 81 II 512	⑨a
BGE 81 II 159	594
BGE 81 II 38	620, 968
BGE 77 II 152	723, 1188
BGE 77 II 40	817, 1068
BGE 74 II 202	766
BGE 72 II 214	㊱
BGE 72 II 198	674, 758
BGE 72 II 192	765
BGE 72 II 165	766, 778
BGE 72 II 132	㊱ 1132
BGE 69 II 25	579

BGE 66 II 206	766
BGE 66 II 175	797, 831
BGE 64 II 420	564, 788
BGE 63 II 199	564
BGE 62 II 58	835
BGE 60 II 150	564
BGE 60 II 30	564
BGE 59 II 461	785
BGE 59 II 364	766
BGE 58 II 29	835
BGE 57 II 292	611, 625, 941
BGE 57 II 180	767
BGE 56 II 267	788
BGE 54 II 464	564
BGE 54 II 294	579, 857
BGE 53 II 123	768
BGE 53 II 50	766, 789
BGE 52 II 100	ⓖ₆ 967
BGE 49 II 159	666
BGE 42 II 389	ⓖ₆
BGE 37 II 365	768
BGE 34 II 439	967
BGE 29 II 604	967
BGE 29 II 485	20, 620
BGE 28 II 37	620, 947
BGE 22, 604	620, 947
BGE 18, 803	620
BGE 18, 248	967
BGE 7, 823	620
BGE 6, 621	620
BGer. in JT 1985 I S. 424	ⓛₐ 633
BGer. in JT 1985 I S. 425	②ₐ
BGer. in JT 1981 I S. 456	720
BGer. in JT 1981 I S. 457	②ₐ ⑫ ⑲ₐ 694
BGer. in JT 1981 I S. 461	728
BGer. in JT 1980 I S. 449	㉓ 855
BGer. in JT 1976 I S. 457	⑥

BGer. in SJ 1974 S. 241		⓴ₐ
BGer. in JT 1958 I S. 450		607, 653
BGer. in JT 1953 I S. 74		968

b) Nicht publizierte Bundesgerichtsentscheide

31. 5.1988	(Mondin/Zürich)	766, 768
28. 4.1987	(Gentinetta/National)	789
21.10.1985	(Ibrahim/Helvetia)	⑩
3. 2.1981	(Bourquin/Andina)	⑬
29. 1.1981	(Tonossi SA/Gaudin)	①ₐ
11.11.1980	(Alpina/Neuhaus)	④ ⑥ 693
13. 5.1980	(Beuchat/Croisier)	①ₐ
14.11.1978	(Bücheler/Rickert)	⑮
7. 6.1977	(Spuhler/Schweizer Union)	①ₐ
6. 7.1976	(Dunkel/Bühlmann)	⑮
15. 6.1976	(Arnold/Waadt)	①ₐ
10. 2.1976	(Donnet/Alpina)	①ₐ
27. 5.1975	(Continentale/Soldati)	①ₐ
27. 5.1975	(Winterthur/Simone)	694
21. 5.1975	(Waadt/Schneps)	⑨ₐ
9. 5.1972	(Tonezzer/Zürich)	③
7. 2.1956	(Charrière/Gschwind)	653

2. Entscheide kantonaler und unterer Instanzen

a) Publizierte Entscheide

Oberger. ZH	8. 4.1988	Plädoyer 1988 Nr. 3 S. 35	640, 678, 701, 704, 792, 1006
Oberger. LU	14. 9.1987	SJZ 1988 S. 47	1081
Oberger. ZH	19.12.1986	ZR 1987 Nr. 29	(47)
ZivGer. NE	3.11.1986	RJN 1986 S. 52	(31)
Oberger. ZH	3.10.1986	SJZ 1987 S. 275	(20a) (20b) (21c) (22) (36) (38) 593, 649, 784, 853, 855, 858
Oberger. BL	4. 2.1986	z. T. in SJZ 1987 S. 48	(2a) (2b) 567, 682
BezGer. Rorschach	11. 2.1986	Plädoyer 1986 Nr. 5 S. 30	(43)
ZivGer. BS	12. 8.1985	BJM 1986 S. 148	581, 607, 1140
KantGer. SG	7. 7.1985	SJZ 1987 S. 398	701
Oberger. BL	19. 3.1985	JT 1985 I S. 425	(9a)
VerwGer. BS	28.10.1983	BJM 1984 S. 206	(51) (55) (62)
ZivGer. BS	7. 2.1983	BJM 1983 S. 67	(5a) (8)
AppHof BE	13. 9.1982	ZBJV 1984 S. 280	(20a) (21c) (22) 855
KantGer. VS	7. 9.1982	ZWR 1983 S. 174	(1a)
ZivGer. NE	5. 4.1982	RJN 1982 S. 41	(8)
ZivGer. BS	6. 7.1981	BJM 1981 S. 340	(67)
Oberger. ZH	23. 6.1981	ZR 1987 Nr. 27	(47)
Steuerrek. AG	22. 5.1981	AGVE 1981 S. 396	(56) (62)
ZivGer. NE	2. 2.1981	JT 1984 S. 437	(20a) (21c) (22)
AppGer. BS	23. 5.1980	BJM 1980 S. 323	(67)
ZivGer. FR	1. 4.1980	Extraits 1980 S. 16	(9a)
BezGer. Zurzach	14.11.1978	SJZ 1980 S. 11	(2a) (3) (12) 693
KantGer. VD	1. 8.1978	JT 1981 I S. 456	(32)
KantGer. GR	4./5.7.1978	PKG 1978 S. 15	(20a) (22)
Oberger. ZH	8. 7.1977	ZR 1977 Nr. 100	(47)

Oberger. ZH	2. 4.1975	ZR 1976 Nr. 34	⑥⑦
Oberger. ZH	21. 2.1975	ZR 1975 Nr. 25	⑨a
Oberger. ZH	21. 4.1972	ZR 1972 Nr. 72	㉚ 794, 797, 815, 1194
AppGer. BS	7.12.1971	BJM 1972 S. 83	⑤a ⑧
KantGer. TI	17.11.1970	JT 1973 S. 469	855
Oberger. ZH	26. 5.1970	ZR 1970 Nr. 141	㉔ 651, 865
KantGer. VD	28. 6.1968	JT 1969 S. 474	1138
VerwGer. ZR	15.11.1966	ZR 1967 Nr. 1	㊻
Handelsger. ZH	7.11.1966	ZR 1969 Nr. 2	⑥
Aufsichtskomm. ZH	5. 2.1964	ZR 1967 Nr. 86	⑥⑦

b) Nicht publizierte Entscheide kantonaler und unterer Instanzen

ZivGer. BS	15.6.1987	(Berger/Basler)	①a ⑪ ⑬ ⑭a 581, 650, 655
KantGer. JU	24. 4.1987	(AHV/Teutschmann)	㉔ ㊲ 855
Handelsger. ZH	20.10.1986	(Serrao/Winterthur)	⑭a 1138
ZivGer. Sarine	2.12.1985	(Musy/Alpina)	855
ZivGer. BS	12. 8.1985	(Durst/Zürich)	⑦
KantGer. VS	22.11.1984	(Combe/SAREM)	⑩
KantGer. VD	18.11.1982	(Luthy/Winterthur)	①a
KantGer. VD	23. 4.1980	(Scherrer/Bourquin)	①a
KantGer. VD	1. 2.1980	(Schneeberger/Chabod)	⑳a
KantGer. VS	12.12.1979	(Jacquier/Continentale)	⑤a ⑬
KantGer. VS	6. 9.1979	(Hennemuth/Betten-Bettmeralp AG)	⑭a ⑮ ㊻ 579, 610, 626, 1141
KantGer. VS	15. 6.1979	(Praz/H. C. Nendaz)	①a
KantGer. VS	9. 3.1979	(Zufferey/Alpina)	㉚ 855
KantGer. VS	1.12.1978	(Jordan/Waadt)	⑨a
KantGer. VS	24.11.1978	(Mariéthoz/Glassey)	⑨a
KantGer. VS	1.10.1976	(Cretol/Kt. Wallis)	㉔
KantGer. VS	27. 2.1976	(Monnet/Nussbaumer)	①a
KantGer. VS	30. 1.1975	(Spira/Crans-Montana)	⑨a ⑩

III. Mathematische Beschreibung der Tafeln

A. Rechnungsgrundlagen

Sterblichkeit: ℓ_x und ℓ_y der Sterbetafel AHV VIbis in Mitteilungen der Vereinigung schweizerischer Versicherungsmathematiker, 1987, S. 167 ff (→ N 951 ff).

Aktivität: j_x und j_y (ergänzt) der «Technischen Grundlagen der Invalidenversicherung» in Mitteilungen der Vereinigung schweizerischer Versicherungsmathematiker, 1987, S. 178 f (→ N 970 ff).

Verheiratung:
– ℓ^r, ℓ^w und ℓ^s der Schweizerischen Sterbetafel 1978/83 in Amtliche Statistik der Schweiz, Nr. 150, Statistische Berichte 1988, S. 72–81, 98–107 (→ N 1023 ff).
– SUVA-Grundlagen 1980/81 (→ N 1021).

Zinsfuss: Tafeln 18–39, 46/47 zu 3.5%
Tafeln 44/45 zu 1%–12%
Tafeln 48–52 zu 0.5%–6%

MATHEMATISCHE BESCHREIBUNG DER TAFELN

B. Formeln zum Textteil

Note 293 **Aufgeschobene, lebenslängliche Verbindungsrenten**

Zuschlag = $_{10|}\ddot{a}^{(12)}_{x=10,y} - {}_{10|}\ddot{a}^{a(12)}_{x=10,y}$

Note 806 ff **Versorgungsquoten**

in % des Einkommens der Versorger(in)

Variante C: Fixkosten 20%
80% je zur Hälfte an Versorger(in) und Witwe(r)
→ Quote Witwe(r) = 40% + 20% = 60%

Anzahl Kinder	0	1	2	3	4	5	6	7	8	9	10
Quote Witwe(r)	60%	54%	50%	46%	43%	40%	37%	34%	31%	28%	25%
Total der Quoten Witwe(r) und Kinder	60%	72%	82%	91%	99%	105%	109%	111%	111%	113%	115%

Quote je Kind ≃ ⅓ Quote Witwe(r)

Variante	Fixkosten	Witwe(r) ohne Kind	alle Quoten im Verhältnis zur Variante C
A	0%	50%	50:60
B	10%	55%	55:60
C	20%	60%	60:60
D	30%	65%	65:60
E	40%	70%	70:60

MATHEMATISCHE BESCHREIBUNG DER TAFELN

Wiederverheiratung — Abzug in Prozenten

Note 845 Wiederverheiratung von verwitweten Personen

$$1 - \frac{\ddot{a}_x^{w(12)}}{\ddot{a}_x^{(12)}} = 1 - \frac{\ell_x}{\ell_x^w} \cdot \frac{\sum_{k=o}^{\omega-x} v^k \ell_{x+k}^w - 0{,}46\, \ell_x^w}{\sum_{k=o}^{\omega-x} v^k \ell_{x+k} - 0{,}46\, \ell_x}$$

Note 355 Wiederverheiratung von geschiedenen Personen

$$\text{Abzug} = 1 - \frac{\ddot{a}_x^{s(12)}}{\ddot{a}_x^{(12)}}$$

Note 284 Verheiratung lediger Personen

$$\text{Abzug} = 1 - \frac{\ddot{a}_x^{\ell(12)}}{\ddot{a}_x^{(12)}}$$

Note 1005 **Beurteilung der Aktivitätstafeln**

$$40\%\, \ell_{y=75} + \frac{1}{2} 40\%\, \ell_{y=75} = \ell_{y=75}^a$$

Note 1156 **Zinsfussänderung**

$$\text{Korrektur} = 1 - \frac{\ddot{a}_x^{(12)}\,(3\%)}{\ddot{a}_x^{(12)}\,(3{,}5\%)}$$

Note 1179 **Zahlungsart der sofort beginnenden Leib-, Aktivitäts- und Verbindungsrenten**

$$\ddot{a}_x = \ddot{a}_x^{(m)} + \frac{m-1}{2m} = \ddot{a}_x^{(12)} + \frac{11}{24}$$

Note 1184 **Zahlungsart der Zeitrenten**

$$\ddot{a}_{\overline{n}|} = \frac{m}{i v} \left(1 - v^{\frac{1}{m}}\right) \ddot{a}_{\overline{n}|}^{(m)}$$

$$a_{\overline{n}|}^{(m)} = v^{\frac{1}{m}} \ddot{a}_{\overline{n}|}^{(m)}$$

C. Formeln zu den Tafeln

Aktivität

Tafel 18/19   Temporäre Aktivitätsrente (bis Schlussalter s)

$$\ddot{a}^{a(12)}_{x:\overline{s-x}|} = \ddot{a}^{a(12)}_x - {}_{s-x|}\ddot{a}^{a(12)}_x$$

Tafel 20   Sofort beginnende Aktivitätsrente

$$\ddot{a}^{a(12)}_x = \frac{1}{\ell^a_x} \sum_{k=0}^{\omega-x} v^k \ell^a_{x+k} - 0{,}46$$

Tafel 20a   Sofort beginnende Rente
Mittelwert: Aktivität/Mortalität

$$\frac{\text{Tafel } 20 + \text{Tafel } 30}{2}$$

Tafel 21/22   Aufgeschobene Aktivitätsrente

$$_{n|}\ddot{a}^{a(12)}_x = \frac{1}{\ell^a_x} v^n \ell^a_{x+n} \ddot{a}^{a(12)}_{x+n}$$

Tafel 23/24   Temporäre Aktivitätsrente (während n Jahren)

$$\ddot{a}^{a(12)}_{x:\overline{n}|} = \ddot{a}^{a(12)}_x - {}_{n|}\ddot{a}^{a(12)}_x$$

Tafel 25   Verbindungsrente für aktiven Versorger und Versorgte

$$\ddot{a}^{a(12)}_{x,y} = \frac{1}{\ell^a_x \ell_y} \sum_{k=0}^{\omega-x} v^k \ell^a_{x+k} \ell_{y+k} - 0{,}46$$

Tafel 26   Temporäre Verbindungsrente bis Alter 65 des Aktiven

$$\ddot{a}^{a(12)}_{x,y:\overline{65-x}|} = \ddot{a}^{a(12)}_{x,y} - \frac{1}{\ell^a_x \ell_y} v^{65-x} \ell^a_{x=65} \ell_{y+(65-x)} \ddot{a}^{a(12)}_{x=65,\,y+(65-x)}$$

Tafel 26a   Temporäre Verbindungsrente bis Alter 62 der Versorgten

$$\ddot{a}^{a(12)}_{x,y:\overline{62-y}|} = \ddot{a}^{a(12)}_{x,y} - \frac{1}{\ell^a_x \ell_y} v^{62-y} \ell^a_{x+(62-y)} \ell_{y=62} \ddot{a}^{a(12)}_{x+(62-y),\,y=62}$$

MATHEMATISCHE BESCHREIBUNG DER TAFELN

Tafel 26b   Temporäre Verbindungsrente
bis Alter 65 des Aktiven bzw.
bis Alter 62 der Versorgten

für $x-y \geqslant 3$ $\ddot{a}^{a(12)}_{x,y:\overline{65-x}|}$ von Tafel 26

für $x-y < 3$ $\ddot{a}^{a(12)}_{x,y:\overline{62-y}|}$ von Tafel 26a

Tafel 27   Verbindungsrente für aktive Versorgerin und Versorgten

$$\ddot{a}^{a(12)}_{y,x} = \frac{1}{\ell^a_y \ell_x} \sum_{k=0}^{\omega-y} v^k \ell^a_{y+k} \ell_{x+k} - 0{,}46$$

Tafel 27a   Sofort beginnende Verbindungsrente
Mittelwert: Aktivität/Mortalität

$$\frac{\text{Tafel 27} + \text{Tafel 35}}{2}$$

Tafel 28   Temporäre Verbindungsrente bis Alter 62 der Aktiven

$$\ddot{a}^{a(12)}_{y,x:\overline{62-y}|} = \ddot{a}^{a(12)}_{y,x} - \frac{1}{\ell^a_y \ell_x} v^{62-y} \ell^a_{y=62} \ell_{x+(62-y)} \ddot{a}^{a(12)}_{y=62,\,x+(62-y)}$$

Tafel 29a/b   Aufgeschobene Verbindungsrente
für Kind als zukünftige(r) Versorger(in)

$$_{n|}\ddot{a}^{a(12)}_{x,y} = \frac{1}{\ell^a_x \ell_y} v^n \ell^a_{x+n} \ell_{y+n} \ddot{a}^{a(12)}_{x+n,\,y+n} \text{ wobei } x = 10$$

MATHEMATISCHE BESCHREIBUNG DER TAFELN

Mortalität

Tafel 30   Sofort beginnende, lebenslängliche Rente

$$\ddot{a}_x^{(12)} = \frac{1}{\ell_x} \sum_{k=0}^{\omega-x} v^k \ell_{x+k} - 0{,}46$$

Tafel 31/32   Aufgeschobene Leibrente

$$_{n|}\ddot{a}_x^{(12)} = \frac{1}{\ell_x} v^n \ell_{x+n} \ddot{a}_{x+n}^{(12)}$$

Tafel 33/34   Temporäre Leibrente

$$\ddot{a}_{x:\overline{n|}}^{(12)} = \ddot{a}_x^{(12)} - {_{n|}}\ddot{a}_x^{(12)}$$

bzw. $\ddot{a}_{x:\overline{s-x|}}^{(12)} = \ddot{a}_x^{(12)} - {_{s-x|}}\ddot{a}_x^{(12)}$

Tafel 35   Lebenslängliche Verbindungsrente

$$\ddot{a}_{x,y}^{(12)} = \frac{1}{\ell_x \ell_y} \sum_{k=0}^{\omega-x} v^k \ell_{x+k} \ell_{y+k} - 0{,}46$$

Tafel 36   Temporäre Verbindungsrente bis Alter 65 des Mannes

$$\ddot{a}_{x,y:\overline{65-x|}}^{(12)} = \ddot{a}_{x,y}^{(12)} - \frac{1}{\ell_x \ell_y} v^{65-x} \ell_{x=65} \ell_{y+(65-x)} \ddot{a}_{x=65,\,y+(65-x)}^{(12)}$$

Tafel 37   Temporäre Verbindungsrente bis Alter 62 der Frau

$$\ddot{a}_{x,y:\overline{62-y|}}^{(12)} = \ddot{a}_{x,y}^{(12)} - \frac{1}{\ell_x \ell_y} v^{62-y} \ell_{x+(62-y)} \ell_{y=62} \ddot{a}_{x+(62-y),\,y=62}^{(12)}$$

Tafel 38/39   Lebenslängliche Leistungen alle p Jahre

$$_{t|}\ddot{a}_x = \frac{1}{\ell_x} \sum_{k=0}^{\frac{\omega-x-t}{p}} v^{t+k\cdot p} \ell_{x+t+k\cdot p}$$

$p = 2, 3, 4, 5, 6$

MATHEMATISCHE BESCHREIBUNG DER TAFELN

Zusatztafeln

Tafel 40 Ausscheideordnung — Mortalität

ℓ_x von AHV VIbis

Tafel 41 Ausscheideordnung — Aktivität

$\ell_x^a = \ell_x \, (1-j_x)$

Tafel 42 Mittlere Lebenserwartung

$$\overset{\circ}{e}_x = \frac{1}{\ell_x} \sum_{k=0}^{\omega-x} \ell_{x+k} - 0{,}5$$

Tafel 43 Mittlere Dauer der Aktivität

$$\overset{\circ}{e}_x^a = \frac{1}{\ell_x^a} \sum_{k=0}^{\omega-x} \ell_{x+k}^a - 0{,}5$$

Tafel 44/45 Sofort beginnende, lebenslängliche Rente
wie Tafel 30, Zinsfuss i = 1% – 12%

Tafel 46 Aufgeschobene Verbindungsrente

$$\text{Korrekturfaktor} = \frac{_{n|}\ddot{a}_{x,y}^{a(12)}}{\ddot{a}_{x,y}^{a(12)}} = v^n \, \frac{\ell_{x+n}^a \, \ell_{y+n} \, \ddot{a}_{x+n,y+n}^{a(12)}}{\ell_x^a \, \ell_y \, \ddot{a}_{x,y}^{a(12)}}$$

Tafel 47 Temporäre Verbindungsrente

$$\text{Korrekturfaktor} = \frac{\ddot{a}_{x,\overline{y:n|}}^{a(12)}}{\ddot{a}_{x,y}^{a(12)}} = 100\% - \text{Tafel 46}$$

Tafel 48 Abzinsungsfaktor

$v^n = (1 + i)^{-n}$

Tafel 49 Aufzinsungsfaktor

$(1 + i)^n$

Tafel 50 Barwert einer Zeitrente

$$\ddot{a}_{\overline{n}|}^{(12)} = \frac{i}{12\,(1-v^{\frac{1}{12}})}\, a_{\overline{n}|}$$

Tafel 51 Endwert einer Zeitrente

$$\ddot{s}_{\overline{n}|}^{(12)} = \ddot{a}_{\overline{n}|}^{(12)}\,(1+i)^n$$

Tafel 52 Reziproker Barwert einer Zeitrente

$$\frac{1}{\ddot{a}_{\overline{n}|}^{(12)}}$$

Die Tafeln 19, 20, 20a, 22, 24, 29b, 30, 32, 34, 39, 40–43, 45 sind für y-jährige Frauen berechnet anstelle von bzw. zusätzlich zu x-jährigen Männern.

IV. Abkürzungsverzeichnis

A. (oder Aufl.)	Auflage
AGVE	Aargauische Gerichts- und Verwaltungsentscheide (Aarau)
AHV	Alters- und Hinterlassenenversicherung
AHVG	BG über die AHV vom 20. Dezember 1946 (SR 831.10)
AHVV	Verordnung über die AHV vom 31. Oktober 1947 (SR 831.101)
AppHof	Appellationshof
BezGer.	Bezirksgericht
BG	Bundesgesetz
BGE	Entscheidung(en) des Schweizerischen Bundesgerichts
BGer	Bundesgericht
BIGA	Bundesamt für Industrie, Gewerbe und Arbeit
BJM	Basler Juristische Mitteilungen (Basel)
BSV	Bundesamt für Sozialversicherung
BtG	Beamtengesetz vom 30. Juni 1927 (SR 172.221.10)
BVG	BG über die berufliche Alters-, Hinterlassenen- und Invalidenvorsorge vom 25. Juni 1982 (SR 831.40)
BVV 2	Verordnung über die berufliche Alters-, Hinterlassenen- und Invalidenvorsorge vom 18. April 1984 (SR 831.441.1)
Diss.	Dissertation (thèse)
EHG	BG betreffend die Haftpflicht der Eisenbahn- und Dampfschiffahrtsunternehmungen und der Post vom 28. März 1905 (SR 221.112.742)
ElG	BG betreffend die elektrischen Schwach- und Starkstromanlagen vom 24. Juni 1902 (SR 734.0)
EntG	BG über die Enteignung vom 20. Juni 1930 (SR 711)
Erw.	Erwägung
EVK	Eidgenössische Versicherungskasse (Statuten vom 29. September 1950: SR 172.222.1)
Ger.	Gericht
IV	Eidg. Invalidenversicherung
IVG	BG über die IV vom 19. Juni 1959 (SR 831.20)
IVV	Verordnung über die IV vom 17. Januar 1961 (SR 831.201)
JT (oder JdT)	Journal des Tribunaux (Lausanne)
KantGer.	Kantonsgericht
Komm.	Kommentar
KUVG	BG über die Krankenversicherung vom 13. Juni 1911 (SR 832.10)
MVG	BG über die Militärversicherung vom 20. September 1949 (SR 833.1)
N	Note (Randnote, Fussnote, Randziffer)
n.	note (= N)

n. p.	nicht publiziert
NZZ	Neue Zürcher Zeitung (Zürich)
OG	BG über die Organisation der Bundesrechtspflege vom 16. Dezember 1943 (SR 173.110)
OR	BG über das Obligationenrecht vom 30. März 1911/18. Dezember 1936 (SR 220)
PKG	Die Praxis des Kantonsgerichtes von Graubünden (Chur)
Plädoyer	Das Magazin für Recht und Politik (Zürich)
Pra.	Die Praxis des Bundesgerichts (Basel)
rev.	revidiert
Rep.	Repertorio di Giurisprudenza Patria (Bellinzona)
RJN	Recueil de jurisprudence neuchâteloise (Neuchâtel)
Rz	Randziffer (= N)
SchKG	BG über Schuldbetreibung und Konkurs vom 11. April 1889 (SR 281.1)
SJ	La Semaine judiciaire (Genève)
SJZ	Schweizerische Juristen-Zeitung (Zürich)
SR	Systematische Sammlung des Bundesrechts
StGB	Schweizerisches Strafgesetzbuch vom 21. Dezember 1937 (SR 311.0)
SUVA	Schweizerische Unfallversicherungsanstalt (Luzern)
SVG	BG über den Strassenverkehr vom 19. Dezember 1958 (SR 741.01)
SVZ	Schweizerische Versicherungs-Zeitschrift (Bern)
SZS	Schweizerische Zeitschrift für Sozialversicherung und berufliche Vorsorge (Bern)
TC	Tribunal cantonal, KantGer.
UV	Obligatorische Unfallversicherung
UVG	BG über die Unfallversicherung vom 20. März 1981 (SR 832.20)
UVV	Verordnung über die Unfallversicherung vom 20. Dezember 1982 (SR 832.202)
VerwGer.	Verwaltungsgericht
vgl.	vergleiche (→)
Vorbem.	Vorbemerkungen
VVG	BG über den Versicherungsvertrag vom 2. April 1908 (SR 221.229.1)
VZ	Versicherungskasse der Stadt Zürich
ZBJV	Zeitschrift des Bernischen Juristenvereins (Bern)
ZGB	Schweizerisches Zivilgesetzbuch vom 10. Dezember 1907 (SR 210)
zit.	zitiert
ZivGer.	Zivilgericht
ZPO	Zivilprozessordnung
ZR	Blätter für Zürcherische Rechtsprechung (Zürich)
ZSR	Zeitschrift für Schweizerisches Recht (Basel)
ZWR	Zeitschrift für Walliser Rechtsprechung (Sitten) = RVJ (Sion)

V. Sachregister

> Die Zahlen verweisen auf Randnoten (N), ◯ auf Beispiele, ☐ auf Tafeln.

A

Abrundung
- Alter 1188 ff
- Vorteile der Kapitalabfindung 593, 935

Abfindung
- → Kapitalabfindung
- bei Wiederverheiratung 843, 1029

Abkürzungen → Anhang IV

Abzinsung (Diskontierung) 687, 1102, 1118 ff ⑦⓪

Abzinsungsfaktoren ☐48☐ 1300–1304

Abzug
- wegen Kapitalabfindung 593, 935, 967
- wegen verkürzter Lebenserwartung 625 f, 681, 718–721
- wegen Wiederverheiratung Verwitweter ㉒ 421 f, 843 ff, 925
- wegen Wiederverheiratung Geschiedener 353–358, 924
- wegen Verheiratung Lediger 283–286

Abweichen von Durchschnittswerten 625 f, 941–943, 1035, 1329

Abzahlung einer Schuld ⑦⓪

Änderung
- gegenüber 3. Auflage 16, 1201
- von Unterhaltsrenten 358, 368 372, 406
- → Rente (veränderliche)
- → Rentenrevision

AHV
- → Regress
- → Sterbetafel
- → Altersrente; → Hinterlassenenrente

Aktivenrente → Aktivitätsrente

Aktivität 965 ff

Aktivitätsdauer 629 ff, 707–717, 818 ff
- mittlere ☐43☐ 721, 1011 f, 1173, 1287–1291
- überdurchschnittliche 942
- verkürzte 625, 720 f, 943
- Invaliditätsschaden: Verzeichnis der Beispiele 1–19: 53
- Versorgungsschaden: Verzeichnis der Beispiele 20–39: 198

Aktivitätsquote 1005

Aktivitätsrente 627 ff, 1051 ff
- Umwandlung in Leibrente 614–618

Aktivitätstafeln (braune Seiten) ☐18☐–☐29☐ 21–24, 627 ff, 965 ff
- Rechnungsgrundlagen 936, 970 ff
- Anwendung ① – ㊴
- Vergleiche 1011–1018

Aktivitätsstatistik 970–1018

Alimente 786 (Versorgungsschaden)
- → Unterhaltsrente

Altersbestimmung 726 f, 1187–1198

Alterskapital ㊻ 482

674

Altersrente
– der AHV 66, 209, 561, 635, 740, 870
– von Pensionskassen (4) (43) (57) (58)
– Verlust/Kürzung → Pensionsschaden

Alters- und Hinterlassenenversicherung → AHV

Anleitung zur Kapitalisierung S. 364

Anrechnung → Vorteilsanrechnung

Anspruchsgrundlagen
– beim Invaliditätsschaden 659–667
– beim Versorgungsschaden 764–769

Anwartschaft (43)(58)(59)

Arbeitgeberbeiträge 97, 689, 693

Arbeit im eigenen Haushalt → Haushaltarbeit

Arbeitsausfall
– Invalididätsschaden 700–706
– Versorgungsschaden 790–794

Arbeits(un)fähigkeit 629 ff, 638 ff, 666, 679, 965 ff, 989 ff

Arithmetisches Mittel → Mittelwert

Aufgeschobene Rente 1060–1065
– Leibrente [31/32] [38/39]
– Aktivitätsrente [21/22] 567, 695
– Verbindungsrente [29a/b] [46] 1294–1299, 1322 ff

Äufnung eines Kapitals (69)

Aufrundung 593, 1188 f

Aufwendungen
– eingesparte 296, 752, 793, 795
– Mehraufwendungen 794

Aufzinsungsfaktoren [49] 1305 f, 1315 (69)

Auskauf (Rentenauskauf) 889 ff, 908

Ausländer 694, 835, 1138 (12)

Ausscheideordnung (21a) (38) (42)
– der Lebenden [40] 955, 1275–1278, 1330
– der Aktiven [41] 973, 1279–1282, 1330

Aussergerichtliche Erledigung 582, 596, 628, 727, 939

B

Barwert 3, 9 f, 888, 1036 ff, 1118

Barwerttafeln
– im Haftpflichtrecht 619 ff
– ausserhalb des Haftpflichtrechts 903–913
– fehlende Tafeln 1321 ff

Baurecht (53)

Bedürftigkeit des Versorgten 768

Bedürftigkeitsrente (40)–(43)

Beispiele (gelbe Seiten)
– Körperverletzung: Verzeichnis 53
– Tötung: Verzeichnis 198
– ausserhalb des Haftpflichtrechts: Verzeichnis 338

Beiträge an Sozialeinrichtungen 97, 689, 693

Beruf
– Haupt/Nebenberuf (3) (12) 692
– Invaliditätsgrad 672, 696 f
– in der Aktivitätsstatistik 977–982

Berufliche Vorsorge (BVG) → Personalvorsorge

Besuchskosten 663, 749

Beweis des Schadens 548

Bisheriger Schaden
– Invalididätsschaden (13) 722–729
– Versorgungsschaden (36) 862

Bruttoeinkommen 97, 689

C

Clausula rebus sic stantibus 596

SACHREGISTER

D

Dauer der Rente 1042 ff
- Invaliditätsschaden 707–721
- Versorgungsschaden 817 ff
- Scheidungsrenten ⑳–㊹
- ausserhalb des Haftpflichtrechts 916 ff
- → Aktivitätsdauer
- → Schlussalter

Dauerschaden 644 ff, 664 ff

Deckungskapital ㊿

Dienstbarkeit 891

Differenzierte Anwendung 632 ff, 642 f, 772, 778, 819 ff, 942

Differenztheorie 536 f

Direktschaden
- Restschaden 566 f, 602 ff, 727
- Reflexschaden 663, 704, 768

Diskontierung → Abzinsung

Disponible Quote ㊽ ㊾

Durchschnittseinkommen 60, 656 f, 686 f, 775 f
- → Geldentwertung
- → Realeinkommen

Durchschnittswerte 643, 1090–1092, 1100–1103, 1149
- statistische 545 ff, 619, 937–939
- durchschnittliche Aktivitätsdauer 631
- Abweichen von Durchschnittswerten 625 f, 941–943, 1329
- Kapitalertrag 1121–1123, 1133
- Konsumentenpreise 1125

Durchschnittliche Versorgungsquoten 643, 811–816 ㉓ ㉔ ㊲

E

Ehescheidung → Scheidung

Eidg. Invalidenversicherung
→ Invalidenversicherung

Eidg. Steuerverwaltung → Steuerrecht

Eidg. Versicherungskasse 1015–1017

Eigengut ㊺ ㊻

Eigenerwerb ㉒ ㉖ 784 f

Einkommens/-Ausfall → Erwerbsausfall

Einkommensentwicklung 644 ff, 684 ff, 725, 774 f, 794, 866, 1139 ⑪ ⑫ ㉞
→ Geldentwertung

Einkommenssteuer ㊿

Einzelfall → konkrete Verhältnisse

Eltern
- als Versorger 831–834
- als Versorgte 835–839

Endalter
→ Schlussalter
→ Pensionierung

Endwert von Zeitrenten [51] ㊻ 1315

Enteignung ㉕ 894

Entscheidungsregister → Anhang II

Erbrecht ㊽ ㊾

Erbschaft/-Ertrag 789

Erbschaftssteuern ㊼

Ermessen des Richters 19, 46, 548, 579, 1141

Ersatzkraft → Haushalthilfe

Errungenschaftsbeteiligung ㊺ ㊻

Erschwerung des wirtschaftlichen Fortkommens 679 f

Erwerbsausfall 645 ff, 671 f, 679 f, 684 ff, 705

Erwerbsbeginn ⑨ ⑩ ㉝ 705, 828

Erwerbseinkommen
→ Einkommensentwicklung

676

- des Versorgers 774, 821 – 827
- des Versorgten (22) (26) 784 f

Erwerbsstatistik 974

Erwerbs(un)fähigkeit 666
→ Arbeits(un)fähigkeit

Ewige Rente 922, 1079 – 1082 (54) [50] [52]

ex aequo et bono 680, 967

Expropriation (65) 894

Extrapolation
- Zinsfuss 1171 f
- Sterbetafel 949 ff
- Invaliditätsstatistik 973
- SUVA-Statistik (Heirat) 1021, 1026

F

Faktor → Kapitalisierungsfaktor

Familienrecht (40) – (47) 890

Fixkosten 778 ff, 793, 808
(20) – (22) (25) – (27) (31)

Fehlende Tafeln 1322 ff

Formeln → Anhang III

G

Gabrielli (formule) 682

Gastarbeiter 694, 835 (12)

Gebrauchsanleitung S. X und S. 364

Geldentwertung 1124 – 1131
- im Haftpflichtrecht 586, 594, 606 – 610, 653 – 655, 725, 865 f, 1132 ff (13) (36)
- ausserhalb des Haftpflichtrechts 343, 360, 932, 1095 – 1098, 1146 – 1150

Genugtuung 538, 663, 721, 790

Geometrisches Mittel 1123, 1127

Gesamtschaden 566, 570, 727

Gewinnungskosten 690

Gewogenes Mittel (7) (27) 639, 1001

Gleichartige Leistungen → Kongruenz

Gleichgeschlechtige 1325

Grabunterhalt 769

Gratifikation 691

Grundlast 891, 911

Gütergemeinschaft (45)

Güterrechtliche Auseinandersetzung (45) (46)

H

Haftung 533 ff

Haftungsquote → Teilhaftung

Haftpflichtrecht 532 ff
- Anwendung (1) – (39)
- Kapitalabfindung 576 – 594
- Aktivitätstafeln 627 ff

Haftpflichtversicherung 571, 581, 603, 674

Haushaltarbeit 638 ff, 700 ff, 790 – 794, 999 – 1010
- Invaliditätsschaden (7) (8)
- Versorgungsschaden (27) – (31)

Haushalthilfe (7) (27) 701 – 704, 790 – 794

Heilungskosten (14) 749 – 755

Heirat
- Verwitweter (22) 421 f, 600, 843 – 858, 883, 925
- Geschiedener (40) 924
- Lediger 283 – 286
- Waisen 884
- Unterhaltsrenten 353 f
- Abfindung bei Wiederverheiratung 1029

Heiratswahrscheinlichkeit
- Verwitweter 1020 ff

– Geschiedener 1030 f
– Lediger 1032

Herabsetzung (Erbrecht) (49)

Hilflosenentschädigung (14b)

Hilfsmittel 756–763 (15)

Hilfskraft 701 ff, 790 ff (7) (27)

Hinterlassenenrente 565, 601–605, 798
– AHV 868 ff (20b) (21b) (37)–(39)
– UV 878 ff (21c) (38) (39)

Hypothetischer Schaden → zukünftiger Schaden

I

Identische Leistungen → Kongruenz

Indexierte Rente 1124–1131, 1146 ff, (40) (53)
– im Haftpflichtrecht 581, 606–610, 1140 f
– im Familienrecht 360, 932

Inflation → Geldentwertung

Interpolation
– Zinsfuss 1168–1170
– Alter 1194–1196

Invalidenrente 565, 601–605
– nach IVG (1b) (2b) (5b) (9b) (16)–(18) 731–741
– nach UVG (1c) (2b) (5b) (18) (19) 742–748
– Versorgung aus Invalidenrente 788

Invalidenversicherung, eidg.
– Renten 731–741
– Kosten/Hilfsmittel 749–763 (14b) (15)
→ Regress
→ Invaliditätsstatistik

Invaliditätsgrad 598, 668–683, 975 f (6) (19)

Invaliditätsschaden 659 ff
– Verzeichnis der Beispiele (1)–(19): 53
– Schema 54

Invaliditätsstatistik 970–976, 1004

J

Jährlich → Zahlungsweise

Jahresbetrag der Rente 9 f, 16, 623, 656, 691, 1083–1087

K

Kapitalabfindung 1036
– im Haftpflichtrecht 576 ff, 592–594, 603 f, 609
– ausserhalb des Haftpflichtrechts 889–895 (40)
– im Sozialversicherungsrecht 746, 893, 1026
– Abzug wegen Kapitalabfindung 593, 935, 967
– wegen Arbeitsunfähigkeit (45)
– bei Pensionierung (46) (61) (64)

Kapitalertrag 1121–1123, 1133 ff

Kapitalisierungsfaktor 9 ff, 623, 914 f, 1036–1041, 1083

Kapitalisierungstabellen
– im Haftpflichtrecht 619 ff
– ausserhalb des Haftpflichtrechts 903 ff

Kapitalisierungszinsfuss → Zins

Kapital oder Rente 576–618, 899

Kapitalwert 3, 9, 888 ff, 914, 935, 1036 ff

Kauf einer Rente (55)

Kind
– wird verletzt 695–699 (9) (10)
– als Versorgtes 831–834 (23) (24) (29) (30)
– als Versorger 795, 835–839 (32) (33)

SACHREGISTER

Kinderbetreuung 700 ff, 790 ff

Kinderrente 732 ff, 927 ⑯ – ⑱

Kindersterbenswahrscheinlichkeit 1324

Koeffizient → Kapitalisierungsfaktor

Körperverletzung 659 ff

Komplementärrente
- Invaliditätsschaden ⓒ ②ⓑ ⑤ⓑ ⑱ 743 f
- Versorgungsschaden ㉑ⓒ ㊳ ㊴ 880, 1026
- unechte 228 ㊳

Kongruenz 561 ff, 642 f, 692, 798, 1137
- IV-Regress 731 – 741
  ①ⓑ ②ⓑ ⑤ⓑ ⑨ⓑ ⑭ⓑ ⑯ – ⑱
- UV-Regress 746 f, 882 ff
  ①ⓒ ②ⓑ ⑤ⓑ ⑱ ⑲; ㉑ⓒ ㊳ ㊴
- AHV-Regress 740, 869 ff
  ⑳ⓑ ㉑ⓑ ㊲ – ㊴
- → zeitliche Kongruenz
- → sachliche Kongruenz

Konkordanz zur dritten Auflage 16, 1201

Konkrete Schadensberechnung 544, 664, 723, 774

Konkrete Verhältnisse/Einzelfall 23 – 26, 622 ff, 672, 705, 709, 780, 803, 816, 819, 844, 848 f, 906, 926, 941 – 943, 1329

Konkubinat 353, 766, 849, 1031 ㉕

Konkurs ㊻ 895

Konstitutionelle Prädisposition 552, 625, 681 f

Konstante Rente 1088 – 1092

Kontinuierlich 1037, 1184
→ Zahlungsweise

Konzession ㊺ 894

Korrekturfaktoren
- Verbindungsrente ⑯ ⑰ 1294 – 1299 ㉞ ㉟

- Zahlungsweise 1179 – 1186 ㊺
- Zinsfuss 1156 – 1160 ㊵ ㊶

Korrekturzins 316

Kosten
- Heilungs-/Pflegekosten ⑭ 706, 728, 749 – 755
- Hilfsmittel ⑮ 756 – 763
- Haushalthilfe 701 ff, 790 – 794
- fixe/variable 778 ff, 793, 808, ⑳ – ㉒ ㉕ – ㉗ ㉛

Krankhafte Veranlagung 552, 625, 681 f

Krankheit 625, 630, 660, 779, 833, 965, 976

Krankenversicherung 77, 558

L

Laufende Rente ㊼

Lebenserwartung
- mittlere 42 14, 546, 1283 – 1286, 1293, 1325
- verkürzte 158, 207, 625 f, 681, 718 – 721, 943
- extrapolierte 949 ff
- Vergleiche 960 f

Lebenslängliche Rente → Leibrente

Lebensstandard 767 ff

Lebensversicherung 457 – 460, 497, 559, 789, 910 ㊻

Legalzession → Regress

Leibrente 753, 1045 – 1050, 1248 – 1274, 1292 f

Leibrentenvertrag 1050 ㊺

Literaturverzeichnis → Anhang I, 532, 936

Lohn → Erwerbseinkommen

Lohnskala 650, 698

M

Mathematische Beschreibung der Tafeln
→ Anhang III

Mathematische Methoden 1326, 1330

Mehrere Versorgte → Versorgung mehrerer

Militärversicherung 72 f, 558, 575, 850

Missverhältnis von Leistungen 897

Mittelwert
- Aktivität/Mortalität [20a] [27a] (7) (8) (27) (28) (31) 638 ff, 829, 999 ff, 1214 f, 1239–1241
- Tafeln Piccard und Stauffer/Schaetzle 968
- Kapitalertrag 1123, 1127

Mittlere Lebenserwartung
→ Lebenserwartung

Mittlere Aktivitätserwartung [43] 629–631, 1287–1291

Monatlich → Zahlungsweise

Mortalitätstafeln [30]–[39] [44/45] 14, 25, 339, 345, 905 ff, 954 ff
- Rechnungsgrundlagen → Sterbetafel
- im Haftpflichtrecht (4) (14) (15) (25) (31)

N

Nachlass (48) (49)

Nachschüssig → Zahlungsweise

Naturalleistung 790 ff

Naturalrestitution 576

Näherungsverfahren 189 ff, 643, 1153 ff, 1323 ff

Nebenberuf/-Verdienst (3) (12) 692

Nominalzins 438, 654, 1121–1123, 1143–1145

Notbehelf 27, 619, 937 ff

Nutzniessung
- erbrechtliche (48) (49)
- sachenrechtliche (52)
- Steuerrecht 912
- Wiederverheiratung 925

O

Obligatorische Unfallversicherung (UV)
→ Unfallversicherung

Operation 660, 677

P

Periodische Leistung 4, 912, 914, 1037
→ Rente

Pensionierung
- Invaliditätsschaden (2) (3) (6) (8)
- Versorgungsschaden (21) (28)
- Familienrecht (41)
- vorzeitige (4)
→ Rücktrittsalter/-Wahrscheinlichkeit

Pensionierungsalter 62, 636, 657, 712 (41)
→ Rücktrittsalter/-Wahrscheinlichkeit

Pensionskasse → Personalvorsorge
- EVK und VZ 1015–1017

Pensionsschaden (4) 693, 717, 788, 830

Personalvorsorge
- Leistungen (46) (57)–(61) (64)
- Rechnungsgrundlagen 909
- Regress 77, 558, 575

Pflegekosten 749–755, 790 (14)

Pflichtteil 896, (48) (49)

Pfrund (56) (68)

Post-/praenumerando → Zahlungsweise

Praktikabilität 641, 643, 772

Prädisposition 552, 625, 681 ff

Privatversicherung 192, 559, 742, 789

Prognosen 619, 637, 652, 656, 690, 697, 719, 905, 952 f, 981, 1021, 1091, 1130, 1149;
→ Extrapolation

Prothesen ⑮ 661, 756−763

Prozessrecht ㊴

Q

Quellenrecht ㊺

Quote
- Versorgungsquote 643, 777−783, 796−816
- Haftungsquote → Teilhaftung

Quotenteilung 572

Quotenvorrecht 553, 569−571, 741, 876
⑴ᵇ ⑰ − ⑲ ㊴

R

Reaktivierung 972, 1280

Realeinkommen/-Lohn 649−652, 655, 685, 698, 725, 794, 866, 1139 ⑬ ㊱

Realzins 1126−1130, 1141, 1146−1150

Rechnungsgrundlagen
- Barwerttafeln 936−1035
- (Volks)-Sterbetafel 946−953
- Aktivitätsstatistik 970−1018
- Erwerbsstatistik 974
- Heirat/Scheidung 1019−1035
- schweizerische Verhältnisse 42, 954, 971
- Regress 574
- Tarife der Lebensversicherungs-Gesellschaften 457−460, 497, 910, ㊽
- «solide Rentenanstalt» 464 ㊽
- Personalvorsorge 479, 909
- Eidg. Steuerverwaltung ㊶ 912

Rechnungstag

- Invaliditätsschaden ⑬ 171, 722−729, 1187, 1197
- Versorgungsschaden ㊱ 858, 862−866, 1198
- Scheidung 393, 399

Rechtssicherheit 628, 939, 1132

Reflexschaden 663, 704, 768

Regress 28, 535, 554−575, 642 f, 692, 730, 1137
- AHV 161, 740, 852, 868−877, 1229−1234 ⑳ᵇ ㉑ᵇ ㊲ − ㊴
- IV 731−741
  ⑴ᵇ ⑵ᵇ ⑸ᵇ ⑼ᵇ ⑭ᵇ ⑯ − ⑱
- UV 742−748, 878−884
  ⑴ᶜ ⑵ᵇ ⑸ᵇ ⑱ ⑲ ㉑ᶜ ㊳ ㊴
- Militärversicherung 72 f, 558, 575, 850
- Privatversicherung 192, 559, 789
- Pensionskasse 77, 558, 575
- Krankenkasse 77, 558
- Zeitpunkt 560, 727
- Kapitalform 603
- Rechnungsgrundlage 574
- Wiederverheiratung 850−852, 883
- → Kongruenz
- → Teilhaftung
- → Quotenvorrecht

Rektifikationsvorbehalt
- Invaliditätsschaden 596 ff, 675
- Versorgungsschaden 857
- → Rentenrevision

Rente 4−8, 917, 1036 ff, 1042 ff
- aufgeschobene 1060−1065
  21/22 29a/b 31/32 38/39 46
- temporäre 1056−1059, 1063−1065, 1208 18/19 23/24 26 26a/b 28 33/34 36/37 47
- konstante 1088−1092, 1100−1103
- veränderliche 643, 657, 714, 800 f, 1063−1065, 1093−1117, 1327 ⑧
  ⑪ ⑫ ㉘ ㉞ ㉟ ㊳ ㊴ ㊶ ㊼

SACHREGISTER

- indexierte 360, 581, 606−610, 1115−1117, 1128−1131, 1140 f, 1146−1150 ㊵ ㊽
- Aktivitätsrente 627 ff, 1051−1055, 1068 ⑱ − ㉙ (braune Seiten)
- Leibrente (lebenslängliche) 1045−1050 ㉚ − ㊴ (rot) 44/45 (blau)
- Zeitrente 1071−1078 ㊿ − 52
- ewige 1079−1082 ㊴ ㊿ 52
- anwartschaftliche ㊸ ㊻ ㊾
- Dauer (Beginn und Ende) 916−931, 1042 ff; → Aktivitätsdauer
- Arten 917, 1043 f
- Rente oder Kapital 576−618, 899
- auf ein Leben 1043
- → Verbindungsrente (auf mehrere Leben)
- Zahlungsweise 934, 1174−1186
- Jahresbetrag 9 f, 16, 623, 656, 691, 1083−1087
- Schadenersatzrente 595 ff
- → Altersrente
- → Invalidenrente
- → Komplementärrente
- → Kinderrente
- → Witwen-, Witwerrente
- → Waisenrente
- → Zusatzrente für die Ehefrau

Rentenauskauf/-Ablösung 889−895, 908

Rentenkauf ㊺

Rentenrevision 596−605, 674 f, 1140

Rentner ㉕ ㉛

Restschaden/-Anspruch 566 f, 602 ff, 727

Reziproker Barwert 52 1317−1320 ㊸

Richterliches Ermessen 19, 46, 548, 579, 1141

Richtwert 238, 286, 357, 619, 780, 845 ff, 926, 1035

Rückgriff → Regress

Rückfallklausel 358, 406

Rückkauf einer Rentenversicherung 892

Rücktrittsalter/-Wahrscheinlichkeit 633−637, 712, 989−998
- Invaliditätsschaden ② ③ ④ ⑥ ⑫
- Versorgungsschaden ㉑ ㉘

Rückzahlung einer Schuld ㊴

Rundung
- Alter 1188−1193
- Vorteile der Kapitalabfindung 593, 935

S

Sachenrecht 891
- Nutzniessung 52
- Baurecht ㊽
- Quellenrecht ㊴
- Wohnrecht ㊿ 51

Sachliche Kongruenz 562 ff, 732 f, 746, 755, 867 ff; → Kongruenz

Schaden 536 ff
- Beweis 548
- zukünftiger/mutmasslicher 544, 644−657, 684 ff, 723 ff, 774 ff ⑬ ㊱
- bisheriger/gegenwärtiger ⑬ ㊱ 722 ff

Schadenersatz 549−553
- Kapital 576 ff
- Rente 595 ff

Schadenminderungspflicht 676 f, 785

Schadensposten/-Perioden 547, 570, 642, 741, 755, 841, 853, 876, 1008
- Invaliditätsschaden ⑰ ⑱
- Versorgungsschaden ㊳ ㊴

Schadensversicherung 543, 559

Schadenszins 728 f ⑬

Scheidung
- Familienrecht ㊵ − ㊻

SACHREGISTER

- Versorgungsschaden 859–861

Scheidungswahrscheinlichkeit 1033 f

Schema
- Invaliditätsschaden 54
- Versorgungsschaden 199

Schenkungssteuer ⓒ62 901, 912

Schlussalter 632 ff, 712, 1052, 1057 ff
- Invaliditätsschaden
  ⓒ2a ⓒ3 ⓒ4 ⓒ6 ⓒ8 ⓒ12
- Versorgungsschaden ⓒ21 ⓒ28
- bei Kindern ⓒ9 ⓒ23 ⓒ24 ⓒ29 ⓒ30 832, 881, 927
- Regress ⓒ1b ⓒ1c ⓒ2b ⓒ5b ⓒ9b ⓒ16 – ⓒ18; ⓒ20 ⓒ21 ⓒ37 – ⓒ39
- Familienrecht ⓒ44 ⓒ47
- → Temporäre Rente

Schweizerische Verhältnisse 42, 954, 971

Sicherheitsleistung/ – Stellung ⓒ66 610, 900

Sozialversicherungsregress → Regress

Sparen ⓒ69

Sparquote 235, 240, 299

Statistik
- → Rechnungsgrundlagen
- Statistische Durchschnittswerte 619 ff, 937–945

Sterbenswahrscheinlichkeit
- → Lebenserwartung
- vernachlässigt 382 f, 404–407, 833, 1324

Sterbetafel
- AHV VIbis 936, 951–953
- schweiz. (Volks-)Sterbetafel 946 ff
- Vergleich 3. Auflage 960 ff
- Zuschnitt auf schweiz. Verhältnisse 954

Steuern (Versorgungsschaden) 783

Steuerrecht 901, 912 ⓒ62 – ⓒ64

Stichtag → Rechnungstag

Streitwert 901, 911 ⓒ67

Subrogation → Regress

SUVA
- → Unfallversicherung
- → Regress
- Statistik (Wiederverheiratung) 845 ff, 1021 f

T

Tabellen 619 ff, 903 ff, 947 ff

Tafeln
- Verzeichnis S. XXIII
- Aktivitätstafeln (braun) 18 – 29b 21–24, 627 ff, 965 ff, 1203–1247
- Mortalitätstafeln (rot) 30 – 39 44/45 (blau) 25, 905 ff, 946 ff, 1248–1274
- Zusatztafeln (blau) 40 – 52 1275 ff
- Beschreibung der Tafeln 1203 ff
- Numerierung 1199 f
- Konkordanz zur 3. Auflage 1201
- fehlende 1321 ff
- Grenzen der Verwendung 1329

Täglich → Zahlungsweise

Taggeld 171

Tarife der Lebensversicherungs-Gesellschaften 457 ff, 497, 620, 910 ⓒ68

Teilhaftung 54, 69 f, 551–553, 568–572, 748
- Invaliditätsschaden ⓒ1b ⓒ17 – ⓒ19
- Versorgungsschaden ⓒ39

Teilinvalidität 671 f, 686, 696, 975 f ⓒ6 ⓒ19

Teilzeitarbeit
- Invaliditätsschaden ⓒ8
- Versorgungsschaden ⓒ28

683

SACHREGISTER

Temporäre Rente 1056−1059, 1063−1065
- Leibrente ⟨33/34⟩ 1047
- Aktivitätsrente ⟨18/19⟩ ⟨23/24⟩ 567, 632 ff
- Verbindungsrente ⟨26⟩ ⟨26a/b⟩ ⟨28⟩ ⟨36/37⟩ ⟨47⟩ 1294−1299

Teuerung → Geldentwertung

Tilgung einer Schuld ⑦⓪

Todestag des Versorgers ㊱ 858, 862−866

Tötung 764 ff

U

Überlebensordnung
→ Sterbetafel
→ Ausscheideordnung

Umrechnung bei anderer Zahlungsweise 1179−1186 ㊼

Umrechnung auf einen anderen Zinsfuss 1152−1173 ㊵ ㊶ ㊷ ㊹ ㊿

Umwandlung
- in Leibrenten 611−618
- von Kapital in Rente → Verrentung

Unfall 660

Unfallversicherung
- obligatorische (UV) 558, 565, 742 ff, 878 ff
- private 559, 742, 789
- Rentenkauf ㊺
→ Invalidenrente
→ Hinterlassenenrente
→ Regress UV

Ungedeckter Schaden 566 ff

Unterhalt → Versorgung

Unterhaltsbeitrag (Versorgungsschaden) 784, 786, 793, 827, 861

Unterhaltsrente 890, 924, 928, 1095, 1148 f
- des Geschiedenen 786, 1030 ㊵−㊸

- für das Kind ㊹ ㊼
- Vererblichkeit 352, 378, 382

Unterhaltsvertrag ㊼
- Wiederverheiratung 353−357, 372

Unterstützungsbedürftigkeit 768, 1245

Urteilstag → Rechnungstag

V

Variable Kosten 778 ff ⑳−㉒ ㉕−㉗ ㉛

Veränderlicher Erwerbsausfall ⑧ ⑪ ⑫

Veränderlicher Versorgungsausfall ㉘ ㉞ ㉟ ㊳ ㊴ 1093 ff

Veränderliche Rente → Rente

Veranlagung (krankhafte) 552, 625, 681 ff

Verbindungsrente ⟨25⟩−⟨29b⟩ ⟨35⟩−⟨37⟩ 931, 1066−1070, 1222−1247, 1264−1274, 1294−1299, 1322−1326
- auf das kürzere Leben 817 f, 1066−1070 ㉕ ㉛ ㊵ ㊶ ㊷
- auf das längere Leben 1067 ㊿ ㉛
- auf mehr als zwei Leben 1326
- aufgeschobene ⟨29a/b⟩ ⟨46⟩ 1245−1247
- temporäre ⟨26⟩ ⟨26a/b⟩ ⟨28⟩ ⟨36⟩ ⟨37⟩ ⟨47⟩ 1226 ff
- Näherungsverfahren 1323 ff
- Umwandlung in Leibrente 611−613

Verdienstausfall → Erwerbsausfall

Vereinfachungen 643, 813, 931

Vererblichkeit 352, 378, 382, 437, 918−922

Verfügbare Quote ㊽ ㊾

Vergleich
- Rente mit einem Kapital 896 ff
- zur 3. Auflage 14 ff, 1201
- Mortalität 960−964
- Aktivität 1011−1018

684

Vergleichs-/Verhandlungstag
→ Rechnungstag

Verheiratungswahrscheinlichkeit
→ Heiratswahrscheinlichkeit

Verkürzte Lebenserwartung
→ Lebenserwartung

Vermächtnis (48) (49) 439

Vermehrte Bedürfnisse 756, 779

Vermögen/-Ertrag 789, 830

Vermögenssteuer 901 (63)

Verpflegungskosten 156

Verpfründung (56) (68) 1150

Verrentung 11, 580, 611 ff, 902, 1040
(43) (45) (46) (49) (55) (61) (64)

Versicherter Verdienst (UV) 228, 330, 692, 743 f, 880

Versicherungskasse (EVK und VZ) 1015–1017

Versicherungsmathematik 12, 1153, 1326, 1330; → Anhang III

Versicherungsmathematische Gutachten 804

Versorger(in) 766

Versorgerschaden 764
→ Versorgungsschaden

Versorgung 767
- aus Erwerbseinkommen 773–789, 821 ff
- aus Naturalleistungen 790–795, 829
- aus Vermögen/-Ertrag 787, 830
- aus Renten/Pension 788, 827, 830
- von Kindern 831–834
- der Eltern 835–839
- Mehrerer 796 ff, 842

Versorgungsausfall 770 ff

Versorgungsbedürftigkeit 768

Versorgungsschaden 764 ff
- Verzeichnis der Beispiele (20)–(39): 198
- Schema 199
- Versorgungsdauer 817 ff
- Zeitpunkt der Kapitalisierung 828, 862 ff (36)
- Wiederverheiratung 843 ff (22)

Versorgungsquoten 776 ff, 797 ff
- durchschnittliche 811–816 (23) (24) (37)

Verwaltungsrecht 894 (65)

Verzögerter Erwerbsbeginn 699 (10)

Verzugszins 729

Volkszählung 1980 974, 1004

Vorsorgeeinrichtung → Personalvorsorge

vorschüssig → Zahlungsweise

Vorteil einer Kapitalabfindung 593, 935

Vorteilsanrechnung 542 f
- Invaliditätsschaden 752 (14a)
- Versorgungsschaden 296, 768, 784, 789, 795, 859

Vorzeitige Pensionierung (4)

Vorzustand 552, 625, 681 ff

W

Wahrscheinlichkeit 544 ff
- invalid zu sein 972
→ Sterbetafel
- Heirats- 843 ff, 1019 ff
- Scheidungs- 859–861, 1033 f

Waisenrente 927
- AHV 798, 874, (37)
- UV 879 ff

Wertvergleich 896–899, 1041

Wiederkehrende Leistungen → Rente

Wiederverheiratung → Heirat
- Rechnungsgrundlagen 1019 ff

SACHREGISTER

- von Verwitweten 421 f, 798, 843 ff, 925, 1020 ff ㉒
- von Geschiedenen 924, 1030 f ㊵
- Ledige ㉜ 1032
- Abfindung bei Wiederverheiratung 1029

Witwen-, Witwerrente
- der AHV 870 ff ⓴ᵇ ㉑ᵇ ㊲ – ㊴
- der UV 879 ff ㉑ᶜ ㊳ ㊴
- der Pensionskasse ㊾
- Wiederverheiratung 850 ff, 873, 883

Wohnrecht ㊿ ㊽ 427

Z

Zahlungsweise (-Modus, -Art) 934, 1037, 1174–1186, 1310 ㊼

Zahlungsunfähigkeit 571, 588

Zeitliche Kongruenz 562 ff, 734–739, 747, 869 ff, 882, 1213, 1225, 1228, 1232; → Kongruenz

Zeitpunkt der Kapitalisierung
→ Rechnungstag

Zeitrente |50|–|52| 1071–1078, 1308
㊷ ㊹ ㊼ ㊽ ㉕ ㊻

Zins, Zinsfuss 343, 1118–1173, 1328
- im Haftpflichtrecht 48, 607, 654, 1132–1141
- ausserhalb des Haftpflichtrechts 932, 1142 ff
- Nominalzins 438, 1121–1123, 1143–1145
- Realzins 1126–1130, 1141, 1146–1150
- Schadenszins 728 f ⑬
- Verzugszins 729
- Korrekturzins 316
- Umrechnung 1152–1173

Zinseszins ㊹ ㊱

Zivilstandsänderung → Heirat, Scheidung

Zukünftiger Schaden 544, 548, 644–657, 684 f, 723 f, 774 ff, 794 ⑬ ㊱

Zusatzrente für die Ehefrau 732, 738, 788
⑯ – ⑱ ㉖ᵇ

Zusatztafeln (blaue Seiten) |40|–|52|